BEIHEFTE ZUM TÜBINGER ATLAS
DES VORDEREN ORIENTS

herausgegeben im Auftrag des Sonderforschungsbereichs 19
von Heinz Gaube und Wolfgang Röllig

Reihe B
(Geisteswissenschaften)
Nr. 7

Répertoire Géographique des Textes Cunéiformes

In Zusammenarbeit mit
Jean-Robert Kupper † · Wilhelmus François Leemans † · Jean Nougayrol †

herausgegeben von
Wolfgang Röllig

Band 7/2-1

Die Orts- und Gewässernamen der neuassyrischen Zeit
Teil 2: Zentralassyrien und benachbarte Gebiete, Ägypten und die arabische Halbinsel

von
Ariel M. Bagg

WIESBADEN 2017
DR. LUDWIG REICHERT VERLAG

Répertoire Géographique des Textes Cunéiformes VII/2-1

Die Orts- und Gewässernamen der neuassyrischen Zeit
Teil 2: Zentralassyrien und benachbarte Gebiete, Ägypten und die arabische Halbinsel

Heft 1

von

Ariel M. Bagg

WIESBADEN 2017
DR. LUDWIG REICHERT VERLAG

Diese Arbeit wurde auf der Grundlage des Gesamtprojektes im SFB 19,
Tübinger Atlas des Vorderen Orients, begonnen und mit einer Sachbeihilfe
der der Deutschen Forschungsgemeinschaft zu Ende geführt und zum Druck gebracht.

Bibliografische Information der Deutschen Nationalbibliothek
Die Deutsche Nationalbibliothek verzeichnet diese Publikation
in der Deutschen Nationalbibliografie; detaillierte bibliografische Daten
sind im Internet über http://dnb.dnb.de abrufbar.

ISBN: 978-3-95490-262-0
www.reichert-verlag.de

Gedruckt auf säurefreiem Papier
(alterungsbeständig pH7–, neutral)
Printed in Germany

VORWORT DES HERAUSGEBERS

Es ist für mich eine große Freude, mit den vorliegenden beiden Teilbänden von Band 7 des „Répertoire Géographique des Textes Cunéiformes" einen weiteren großen Fortschritt zur Vollendung des großen Vorhabens einer Sammlung aller Toponyme und Oronyme aus den Keilschrifttexten der verschiedensten Epochen vorlegen zu können. 1964 hat der allzeit zuverlässige Verlag Dr. Ludwig Reichert den ersten Band, damals noch von einem mit Schreibmaschine erstellten Manuskript, herausgebracht. Heute nun hat Herr PD Dr. Ariel Bagg, mein Schüler und überaus gewissenhafter und zuverlässiger Mitarbeiter, mit den modernen Möglichkeiten elektronischer Sammlung und Ergänzung des umfänglichen Materials und mit namhafter finanzieller Unterstützung durch die Deutsche Forschungsgemeinschaft die stattliche Reihe der Bände um zwei weitere ergänzt, denen noch weitere zwei folgen sollen. Das lässt mich hoffen, dass ich den Abschluss des Vorhabens noch erleben werde, nachdem die verdienstvollen Mitherausgeber der ersten Bände, J.-R. Kupper, W. F. Leemans und J. Nougayrol schon seit Jahren verstorben sind. Es ist mir bewusst, dass bei dem ständigen Zustrom neuer Keilschrifttexte und bei der ebenfalls stetig wachsenden Erkenntnis auf dem Gebiet der historischen Geographie auch dieses Werk bald überholt sein wird. Gerade deshalb aber danke ich Ariel Bagg sehr herzlich für die Mühe und Sorgfalt, mit der er auch die vorliegenden Teilbände erarbeitet und zum Druck gebracht hat.

Tübingen, im Oktober 2016 Wolfgang Röllig

INHALTSVERZEICHNIS

VORWORT

In diesem Band wird die Publikation der Orts- und Gewässernamen der neuassyrischen Zeit in der Reihe *Répertoire Géographique des Textes Cunéiformes* fortgesetzt. Der erste Band (RGTC 7/1) erschien 2007 und umfasste die Toponymie der Levante. Im vorliegenden Buch (RGTC 7/2) werden die Ortsnamen aus Ägypten, der arabischen Halbinsel, der Ǧazīra, Nordmesopotamien, dem Gebiet am Mittleren Euphrat, Zentralassyrien und dem Osttigrisgebiet behandelt. Die restlichen Regionen, nämlich Urartu, das Zagros-Gebiet, Elam und Babylonien, werden in einem dritten Band (RGTC 7/3), der in Vorbereitung ist, erfasst. Somit wird die Publikation der neuassyrischen Toponyme insgesamt drei statt zwei Bände – wie ursprünglich geplant (RGTC 7/1, xi) – umfassen.

Die Fortsetzung der Untersuchung der neuassyrischen Ortsnamen wurde im Rahmen des von mir geleiteten Projekts „Die Orts- und Gewässernamen der neuassyrischen Texte“ durchgeführt, das von der Deutschen Forschungsgemeinschaft (DFG) finanziert wurde (GZ BA 4464/2-1). Für die finanzielle Förderung sowie für die Genehmigung des Druckkostenzuschusses möchte ich mich an dieser Stelle bei der DFG ausdrücklich bedanken.

Stefan M. Maul, Ordinarius für Assyriologie am Seminar für Sprachen und Kulturen des Vorderen Orients/Assyriologie der Ruprecht-Karls-Universität Heidelberg, stellte die notwendige Grundausstattung zur Verfügung und unterstützte und verfolgte das Projekt mit Interesse. Ihm sei aufrichtig dafür gedankt, dass er eine studentische Hilfskraft für das Lektorieren des Manuskripts bereitgestellt hat. Meinem Lehrer Wolfgang Röllig verdanke ich die Möglichkeit, mich mit den neuassyrischen Toponymen zu beschäftigen. Für seine großzügige Unterstützung in fachlichen sowie verwaltungstechnischen Angelegenheiten sei ihm ganz herzlich gedankt. Nicht zuletzt schulde ich ihm großen Dank für die Aufnahme des vorliegenden Bandes in die von ihm herausgegebene Reihe *Répertoire Géographique des Textes Cunéiformes.* Simo Parpola (University of Helsinki) sei besonders gedankt, dass er mir die elekronische Datenbank vom *Neo-Assyrian Text Corpus Project* zur Vefügung stellte.

Abschließend möchte ich mich bei Saskia Baderschneider ganz herzlich bedanken, die die Aufgabe übernahm, das Manuskript zu lektorieren.

Heidelberg, im Oktober 2016 Ariel M. Bagg

ABKÜRZUNGSVERZEICHNIS

1. Bibliographische Abkürzungen

3R	H. C. Rawlinson, The Cuneiform Inscriptions of Western Asia Volume III, London, 1870.
4° Heft	BIWA, Abkürzung für die Mikrofiches [zit. nach Seite].
8° Heft	BIWA, Abkürzung für die Mikrofiches [zit. nach Seite].
A	Signatur für Texte in Istanbul oder im Oriental Institute (Chicago).
AAA	Annals of Archaeology and Anhropology (Liverpool).
AAA 20	s. Thompson (1933).
AAAS	Annales Archéologiques Arabes Syriennes (Damaskus).
AASOR	The Annual of the American Schools of Oriental Research (Cambridge).
AAS	Les annales archéologiques de Syrie. Revue d'archéologie et d'histoire syriennes [ab 1996 AAAS].
ABD	The Anchor Bible Dictionary.
ABL	R. F. Harper, Assyrian and Babylonian Letters, Chicago, 1892–1914.
ABRT 1	J. A. Craig, Assyrian and Babylonian Religious Texts I, 1895.
ABZ	R. Borger, Assyrisch-babylonische Zeichenliste, Neukirchen-Vluyn, 1988[4] (AOAT 33/33A).
ADPV	Abhandlungen des Deutschen Palästina Vereins.
ADOG	Abhandlungenden der Deutschen Orient-Gesellschaft.
AECT	F. M. Fales, Aramaic Epigraphs on Clay Tablets of the Neo-Assyrian Period, Rom, 1986. [zit. nach Textnummer]
AfO	Archiv für Orientforschung (Berlin, Graz, Wien).
AfO 50, 105f.	K. Kessler, Der Bau der Stadtmauer von Mē-Turān unter Sargon II. Eine Prismeninschrift aus Tell Baradān, AfO 50, 2003–2004, 105–110.
AfO Beih.	Archiv für Orientforschung, Beihefte (Berlin, Graz, Wien), 1933ff.
Ahmad, Qadhiah	A. Y. Ahmad, Excavation at Qadhiah: The texts of Tukulti-Ninurta II (890-884 B.C.), Al-Rāfidān 21, 2000, 51–60. [zit. nach Textnr.]
AJNES	Armenian Journal of Near Eastern Studies.
AJNES 2	Ziegelinschrift des Assurnasipal II., nach M. Badalyan et al., An unpublished brick of Aššur-naṣir-apli II from the Erebuni Museum, AJNES 2, 2012, 49–53.

AKL	Assyrische Königsliste.
AMI	Archäologische Mitteilungen aus Iran (Berlin).
Andrae Stelen	W. Andrae, Die Stelenreihen in Assur, Leipzig, 1913 (WVDOG 24) [zit. Nach Nummer der Stele und Zeilen].
AnOr	Analecta Orientalia (Rom).
AnSt	Anatolian Studies (Ankara).
AnSt 7	J. J. Finkelstein, Assyrian contracts from Sultantepe, AnSt 7, 1957, 137–145 [zit. nach Seiten].
AoF	Altorientalische Forschungen (Berlin)
AoF 39, 272	Inschrift des Nergal-ēreš, Fragment einer Stelle aus Tall Šēḫ-Ḥamad, nach K. Radner, The stele of Adad-nērārī III and Nergal-ēreš from Dūr-Katlimmu (Tell Šaiḫ Ḥamad), AoF 39, 2012, 265–277.
AoF 40, 46	E. Frahm, A sculptured slab with an inscription of Sargon II mentioning the rebellion of Yau-bi'di of Hamath, AoF 40/1, 2013, 42–54.
AOAT	Alter Orient und Altes Testament (Neukirchen-Vluyn, Münster).
AR	L. Kohler / A. Ungnad, Assyrische Rechtsurkunden, Leipzig, 1913. [zit. nach Textnr.]
ARM	Archives Royales de Mari (Paris).
ARRIM	Annual Review of the Royal Inscriptions of Mesopotamia Project (Toronto).
Asb A	Assurbanipal Prisma A.
Asb B	Assurbanipal Prisma B.
Asb C	Assurbanipal Prisma C.
Asb C Kalach	Assurbanipal Prisma C aus Kalach, zit. nach BIWA 164f.
Asb E, Stück 1–19	Assurbanipal Prisma E, Stücke 1–19, zit. nach BIWA 175–184.
Asb F	Assurbanipal Prisma F.
Asb G	Assurbanipal Prisma G.
Asb IT	Assurbanipals Inschrift vom Ištar-Tempel, zit. nach BIWA 264–290.
Asb LET	Assurbanipal Large Egyptian Tablets zit. nach Onasch (1994) 104–114 (= SAACT 10, 20).
Asb T	Assurbanipal Prisma T (= SAACT 10, 2).
ASJ	Acta Sumerologica Japanica.
AT	Altes Testament.
AUAM	Signatur des Andrews University Archaeological Museum (Berrien Springs, MI).
AUAM 72.0072	Text AUAM 72.0072, publ. nur als Photo in CDLI (Nr. P249670).

AuOr 20	D. Arnaud, Légendes cunéiformes sur pierre et sur bronze, Aula Orientalis 20, 2002, 21–47 [zit. nach Seite, Textnummer und Zeile].
BA	Beiträge zur Assyriololgie und vergleichenden semitischen Sprachwissenschaft (Leipzig).
BaM	Baghdader Mitteilungen (Berlin).
Barrington Atlas	R. J. A. Talbert (Hrsg.), Barrington Atlas of the Greek and Roman World, Princeton, 2000.
BASOR	Bulletin of the American School of Oriental Research (Cambridge, Mass.).
BATSH	Berichte der Ausgrabungen aus Tall Šēẖ Ḥamad.
BATSH 4	E. Cancik-Kirschbaum, Die mittelassyrischen Briefe aus Tall Šēẖ Ḥamad, Berlin, 1996.
BATSH 6	K. Radner, Die neuassyrischen Texten von Dūr-Katlimmu, Berlin, 2002.
BBVO	Berliner Beiträge zum Vorderen Orient (Berlin).
Bezold Catalogue I	C. Bezold, Catalogue of the Cuneiform Tablets in the Kouyunjik Collection of the British Museum I, London, 1889.
Billa	Texte aus Tell Billa nach Finkelstein (1953) [zit. nach Grabungsnummer].
BiOr	Bibliotheca Orientalis (Leiden).
BIWA	R. Borger, Beiträge zum Inschriftenwerk Assurbanipals, Wiesbaden, 1996.
BIWA 69f.	K 3087, nach BIWA 69–70.
BIWA 77ff.	Der grosse „Gottesbrief", nach BIWA 77–82.
BIWA 187f.	Assurbanipals Inschrift L^4 (= SAACT 10, 18)
BIWA 199f.	Der Zylinder BM 122616+, nach BIWA 199f.
BM	Signatur des British Museum (London).
Bronze bands	J. E. Curtis / N. Tallis, The Balawat Gates of Ashurnasirpal II, London, 2008. [zit. nach Seite]
BSMS	Bulletin of the Society for Mesopotamian Studies (Toronto).
BT	Signatur der Texte aus Balawat, nach B. Parker, Economic Tablets from the Tempel of Mamu in Balawat, Iraq 25, 1963, 86–103 [zit. nach Textnummer].
CAD	The Assyrian Dictionary of the Oriental Institute of the University of Chicago (Chicago).
Canon	Eponym Canon nach Millard (1994) [zit. nach dem jeweiligen Jahr]
CBI	C. B. F. Walker, Cuneiform Brick Inscriptions in the British Museum, the Ashmolean Museum, Oxford, the City of Birmingham Museums and Art Gallery, the City of

	Bristol Museum and Art Gallery, London, 1981 [zit. nach Seite und Nummer].
CHLI	J. D. Hawkins, Corpus of Hieroglyphic Luwian Inscriptions, Berlin-New York, 2000 [zit. nach Seite, Text, und §].
CNA	Corpus of Neo-Assyrian (Helsinki).
CRRAI	Compte rendu de la …^{e} Rencontre Assyriologique Internationale, 1951ff.
CT	Cuneiform Texts from Babylonian Tablets in the British Museum (London).
CT 53	S. Parpola, Babylonian Tablets in the British Museum Part 53. Neo-Assyrian Letters from the Kuyunjik Collection, London, 1979.
CTDS	Cuneiform Texts from Dur-Sharrukin (unpubl.; nur in PNA zitierten Belegstellen).
CTN	Cuneiform Texts from Nimrud.
CTN 1	J. V. Kinnier Wilson, The Nimrud Wine Lists, Oxford, 1972.
CTN 3	S. Dalley / J. N. Postgate, The Tablets from Fort Shalmaneser. Oxford, 1984.
CTN 5	H. W. F. Saggs, The Nimrud Letters, 1952, Trowbridge, 2001.
DamM	Damaszener Mitteilungen (Mainz).
DCM	F. Joannès (Hrsg.), Dictionnaire de la civilisation mésopotamienne, Paris, 2001.
DECF	P. Xella / J. A. Zamora (Hrsg.), Dizionario Enciclopedico Della Civiltà Fenicia, 2012ff. (www.decf-cnr.org).
DG	H. Gauthier, Dictionnaire des noms géographiques contenus dans les textes hiéroglyphiques, 6 Bde., Kairo, 1925–29.
DNG	Der Neue Georges. Ausführliches Lateinisch-Deustches Handwörterbuch, Darmstadt, 2013.
DNWSI	J. Hoftijzer / K. Jongeling, Dictionary of the North-West Semitic Inscriptions, Leiden, 1995.
DT	Signatur des British Museum.
EAK 2	W. Schramm, Einleitung in die assyrischen Königsinschriften Teil II: 934–722 v. Chr., Leiden, 1973.
Edubba 10	A. Y. Ahmad/J. N. Postgate, Archives from the Domestic Wing of the North-West Palace at Kalhu/Nimrud, London, 2007 [zit. nach Textnummer].
Eponym	Eponym List nach Millard (1994) [zit. nach dem jeweiligen Jahr].

Fs Garelli	A. K. Grayson, Three Neo-Assyrian Documents, in: D. Charpin / F. Joannès (Hrsg.), Marchands, diplomates et empereurs. Études sur la civilisation mésopotamienne offertes à Paul Garelli, Paris, 1991, 357–362 [zit. nach Textnummer].
FM	Florilegium Marianum (Paris).
FuB	Forschungen und Berichte (Staatliche Museen zu Berlin).
FuB 22	L. Jakob-Rost, Die Tonnägel-Inschriften aus Assur, FuB 22, 1982, 137–177 [zit. nach Seite].
Gezer 3	Urkunde aus Gezer, zit. nach Horowitz/Oshima (2006) 55ff.
GGA	Göttinger Gelehrte Anzeigen.
Gir.	Signatur der Texte aus Girnavaz.
GPA	J. N. Postgate, The Governor's Palace Archive, Hertford, 1973 (CTN 2) [zit. nach Textnummer].
Gräber	A. Kamil, Inscriptions on Objects from Yaba's Tomb in Nimrud, in: M. S. B. Damerji, Gräber Assyrischer Königinnen aus Nimrud, Mainz, 1999, 13–18.
Hadid	Texte aus Tall Hadid, zit. nach N. Na'aman / R. Zadok, Assyrian deportations to the province of Samerina in the light of two cuneiform tablets from Tel Hadid, Tel Aviv 27, 2000, 159–188.
HAL	L. Kohler / W. Baumgartner, Hebräisches und aramäisches Lexikon zum Alten Testament, Leiden, 2004 (unveränderter Nachdruck der 3. Auflage [1967–1995]).
Harrak 2004	A. Harrak, Two fragmentary inscriptions of Ashurnasirpal II, in: G. Frame (Hrsg.), From the Upper Sea to the Lower Sea. Studies on the History of Assyria and Babylonia in Honour of A. K. Grayson, Leiden, 2004, 145–150 (Side 1, S. 149; Side 2, S. 150).
Hdt.	Herodot, Historien.
HEC	J. R. Kohlenberger III / J. A. Swanson, The Hebrew English Concordance to the Old Testament, Grand Rapids, 1998.
Helsinki Atlas	S. Parpola / M. Porter, The Helsinki Atlas of the Near East in the Neo-Assyrian Period, Helsinki, 2001.
ICC	A. E. Layard, Inscriptions in the Cuneiform Character from Assyrian Monuments, London, 1851.
IM 72131	Inschrift auf der Rückseite einer Reliefplatte, zit. nach Frame (2004b) 101.
Iraq 7	R. C. Thompson, A Selection from Historical Texts from Nineveh, Iraq 7, 1940, 85–111.

Iraq 15	D. J. Wiseman, The Nimrud Tablets, 1953, Iraq 15, 1953, 135–160 [zit. nach Tafel (pl.) mit Grabungsnummer in Klammern].
Iraq 16, 198ff.	Sg Zylinder (ND 3411), nach C. J. Gadd, Inscribed Prisms of Sargon II. from Nimrud, Iraq 16, 1954, 173–201 [zit. nach Zeilen].
Iraq 19	B. Parker, The Nimrud Tablets, 1956. Economic and Legal Texts from the Nabu Temple, Iraq 19, 1957, 125–138 [zit. nach Grabungsnummer mit Tafel (pl.) in Klammern].
Iraq 23	B. Parker, Administrative Tablets from the North-West Palace, Nimrud, Iraq 23, 1961, 15–67 [zit. nach Grabungsnummer mit Tafel (pl.) in Klammern].
Iraq 25	B. Parker, Economic tablet from the Temple of Mamu at Balawat, Iraq 25, 1963, 86–103.
Iraq 32	J. N. Postgate, More "Assyrian deeds and documents", Iraq 32, 1970, 129–164 [zit. nach Seite und Textnummer].
Iraq 32, 31	J. N. Postgate, A Neo-Assyrian Tablet from Tell al-Rimah, Iraq 32, 1970, 31–35.
Iraq 35	J. N. Postgate, Assyrian texts and fragments, Iraq 35, 1973, 13–36 [zit. nach Textnummer].
Iraq 56, 37f.	Fragment eines Sargon-Prisma, nach F. N. H. Al-Rawi, Texts from Tell Haddad and elsewhere, Iraq 56, 1994, 35–43.
IWA	Th. Bauer, Das Inschriftenwerk Assurbanipals, Leipzig, 1933.
JAOS	Journal of the American Oriental Society.
Jastrow	M. Jastrow, Dictionary of the Targumim, the Talmud Babli and Yerushalmi, and the Midrashic Literature, London-New York, 1903 (Neudruck New York, 1996).
JCS	Journal of Cuneiform Studies.
JCS 19, 76f	Sîn-šar-iškun-Zylinder B, zit. nach: R. Borger, Der Aufstieg des neubabylonischen Reiches, JCS 19, 1965, 76–78.
JCS 40	Beischriften Assurbanipals, nach P. Gerardi, Epigraphs and Assyrian Palace Reliefs: The Development of the Epigraphic Texts, JCS 40, 1988, 1–35.
JCS 54, 81f.	M. W. Waters, A letter from Assurbanipal to the elders of Elam (BM 132980), JCS 54, 2002, 79–86.
JCS 64	J. Lauinger, Esarhaddon's succession treaty at Tell Tayinat: Text and commentary, JCS 64, 2012, 87–123 [zit. nach den Zeilen des Taynat-Exemplars].

JESHO	Journal of the Economic and Social History of the Orient (Leiden).
JNES	Journal of Near Eastern Studies (Chicago).
JNES 13, 209ff	Assyrische Königsliste, nach I. J. Gelb, Two Assyrian king lists, JNES 13, 1964, 209–230.
JOS	Journal of Oman Studies (Muscat).
JSOR	Journal of the Society for Oriental Research (Chicago, Toronto)
JSS	Journal of Semitic Studies (Oxford).
K	Signatur für Texte in der Kouyunjik Colletion des British Museum (London).
KAI	H. Donner/W. Röllig, Kanaanäische und aramische Inschriften, Wiesbaden, Bd. 1 1971[3], Bd. 2 1976[3], Bd. 3 1976[3].
KAV	O. Schroeder, Keilschrifttexte aus Assur verschiedenen Inhalts, Leipzig, 1920.
Kayseri	Kayseri 71/155-2, unpubl. Text gefunden in Eğriköy, erwähnt in Donbaz (1988) 6.
LBAT	T. G. Pinches / J. N. Strassmaier / A. Sachs, Late Babylonian Astronomical and Related Texts, Providence, 1955.
LGN	(Early Dynastic) List of Geographical Names [zit. nach Frayne (1992)].
LoBl	BIWA, Abkürzung für die Mikrofiches [zit. nach Seite].
M.	Signatur für Texte aus Mari.
Malatya 3	Sargon II, Zylinder-Fragment aus Malatya, nach: G. R. Castellino, Il frammento degli Annali di Sargon II, in: P.E. Peccorella, Malatya 3, 1975, 69-73 mit Taf. 68 [zit. nach Zeilen].
MAM	Mission archéologique de Mari.
MAOG	Mittelkungen der Altorientalischen Gesellschaft (Leipzig).
MAOG 3, 14	Keulenkopf des Bēl-Ilāja, zit. nach E. Nassouhi, Textes divers relatifs à l'histoire de l'Assyrie, Leipzig, 1927, S. 14 (In RIMA 3 nicht berücksichtigt, s. dort S. 245).
MC	Mesopotamian Civilizations (Winona Lake).
MDOG	Mitteilungen der Deustchen Orient-Gesellschaft (Berlin).
MDOG 114,105	Bronzeschale mit Beischrift aus Assur, nach: D. Sürenhagen / J. Renger, Datierungsprobleme der Gruft 30 (Ass. 11 190) in Aššur, MDOG 114, 1983, 103–128.
Mich 110	G. Pettinato, Il uomo cominciò a scrivere. Iscrizione cuneiformi della collezione Michail, Milan, 1997, Text Nr. 110.

Morello (2012) 114	Ziegelinschrift des Assurnaṣirpal II., zit. nach Morello (2012) 114 (Spalte b).
MSL	Materials for the Sumerian Lexicon (Rom).
MVAG	Mitteilungen der Vorderasiatischen Gesellschaft (Berlin).
MZL	R. Borger, Mesopotamisches Zeichenlexikon, Münster, 2004 (AOAT 305).
NABU	Nouvelles assyriologiques brèves et utilitaires (Paris) [zit. nach Jahrgang und Seite].
NABU 2009, 98	K. Kessler, Fragment einer Steininschrift Assurnasirpals II., NABU 2009, 98, Nr. 76. [zit. nach Z.]
NALK	Th. Kwasman, Neo-Assyrian Legal Documents in the Kouyunjik Collection of the British Museum, Rom, 1988.
NARGD	J. N. Postgate, Neo-Assyrian Royal Grants and Decrees, Rom, 1969.
NAT	S. Parpola, Neo-Assyrian Toponyms, Neukirchen-Vluyn, 1970 (AOAT 6).
ND	Signatur für Texte aus Nimrud.
NPN	I. J. Gelb / P. M. Purves / A.A. MacRae, Nuzi Personal Names, Chicago, 1943 (OIP 57).
O	Signatur für die unpublizierten Texte aus Ma'allanate.
OBTR	S. Dalley / C. B. F. Walker / J. D. Hawkins, The Old Babylonian Tablets from Tell al-Rimah, Hertford, 1976.
OEANE	E. M. Meyers (Hrsg.), The Oxford Encyclopaedia of Archaeology in the Near East, New York-Oxford, 1997.
OIP	Oriental Institut Publications (Chicago).
OIP 2	D. D. Luckenbill, The Annals of Sennacherib, Chicago, 1924.
OLA	Orientalia Lovaniensia Analecta (Löwen).
OLZ	Orientalische Literaturzeitung (Berlin/Leipzig).
OLZ 8	F. E. Peiser, Ein neuer assyrischer Kontrakt, OLZ 8, 1905, 130–134.
OrAnt.	Oriens antiquus: rivista del Centro per la antichità e la storia dell'arte del Vicino Oriente (Rom).
Orient 29	K. Watanabe, Neuassyrische Siegellegenden, Orient 29, 1993, 109–138 [zit. nach Textnummer].
OrNS	Orientalia Nova Series (Rom).
PKOM	Publikationen der Kaiserlich-Osmanischen Museen (Konstantinopel).
PKTA	E. Ebeling, Parfümrezepte und kultische Texte aus Assur, Rom, 1950.
Plin	Plinius der Ältere, Naturalis Historia.
PNA	The Prosopography of the Neo-Assyrian Empire (Helsinki).

PSBA	Proceedings of the Society of Biblical Archaeology (London).
Ptol.	Claudius Ptolemäus, Geographia.
PVA	Practical Vocabulary of Assur, zit. nach Landsberger/ Gurney (1957–58).
Qaruz	Qaruz-Stele, nach K. Kohlmeyer, Drei Stelen mit Sin-Symbol aus Nordsyrien, in: B. Hrouda et al. (Hrsg.), Von Uruk nach Tuttul. Eine Festschrift für Eva Strommenger, München, 1992, 96.
RA	Revue d'assyriologie et d'archéologie orientale (Paris).
RA 30, 53ff	Sargon II., Ašarne-Stele, zit nach: F. Thureau-Dangin, La stèle d'Asharné, RA 30, 1933, 53–56.
RA 103, 93	Z. Niederreiter ‚La „sainte offrande" de Nergal-ēreš à Aššur et Adad en 775. Une interprétation de l'inscription votive de la masse d'armes Ass 10274 (VA 5929), RA 103, 2009, 91–110.
RCAE	L. Waterman, Royal Correspondence of the Assyrian Empire 1–4, Ann Arbor, 1930–1936.
RE	A. Pauly / G. Wissowa et al. (Hrsg.), Paulys Real-Encyclopädie der classischen Altertumswissenschaft.
Rfdn	A. Y. Ahmad, The archive of Aššur-mātu-taqqin found in the New Town of Aššur and dated mainly by post-canonical eponyms, Al-Rāfidān 17, 1996, 207–288 [zit. nach Textnummer].
RGTC	Répertoire Géographique des Textes Cunéiformes.
RGTC 1	D. O. Edzard / G. Farber, Die Orts- und Gewässernamen der präsargonischen und sargonischen Zeit, Wiesbaden, 1977 (TAVO Beih. B 7/1).
RGCT 2	D. O. Edzard / G. Farber, Die Orts- und Gewässernamen der Zeit der 3. Dynastie von Ur, Wiesbaden, 1974 (TAVO Beih. B 7/2).
RGTC 3	B. Groneberg, Die Orts- und Gewässernamen der altbabylonischen Zeit, Wiesbaden, 1980 (TAVO Beih. B 7/3).
RGTC 4	Kh. Nashef, Die Orts- und Gewässernamen der altassyrischen Zeit, Wiesbaden, 1991 (TAVO Beih. B 7/4).
RGTC 5	Kh. Nashef, Die Orts- und Gewässernamen der mitteltbabylonischen und mittelassyrischen Zeit, Wiesbaden, 1982 (TAVO Beih. B 7/5).
RGTC 6/1	G. F. del Monte / J. Tischler, Die Orts- und Gewässernamen der hethitischen Texte, Wiesbaden, 1978 (TAVO Beih. B 7/6).

RGTC 6/2 — G. F. del Monte, Die Orts- und Gewässernamen der hethitischen Texte. Teil 2 Supplement, Wiesbaden, 1992 (TAVO Beih. B 7/6).

RGTC 8 — R. Zadok, Geographical Names According to New- and Late-Babylonian Texts, Wiesbaden, 1985 (TAVO Beih. B 7/8).

RGTC 9 — I. M. Diakonoff / S. M. Kashkai, Geographical Names According to Urartean Texts, Wiesbaden, 1981 (TAVO Beih. B 7/9).

RGTC 10 — J. Fincke, Die Orts- und Gewässernamen der Nuzi-Texte, Wiesbaden, 1993 (TAVO Beih. B 7/10).

RGTC 11 — F. Vallat, Les noms géographiques des sources suso-élamites, Wiesbaden, 1993 (TAVO Beih. B 7/11).

RGTC 12/1 — M. Bonechi, I nomi geografici dei testi di Ebla, Wiesbaden, 1993 (TAVO Beih. B 12/1).

RGTC 12/2 — J. A. Belmonte Marín, Die Orts- und Gewässernamen der Texte aus Syrien im 2. Jt. v. Chr., Wiesbaden, 2001 (TAVO Beih. B 7/12/2).

RIMA — The Royal Inscriptions of Mesopotamia Assyrian Periods (Toronto).

RIMA 2 — A. K. Grayson, Assyrian Rulers of the Early First Millennium BC I (1114–859 BC), Toronto, 1991.

RIMA 3 — A. K. Grayson, Assyrian Rulers of the Early First Millenium BC II (858–745 BC), Toronto, 1996.

RIMB — The Royal Inscriptions of Mesopotamia Babylonian Periods (Toronto).

RIMB 2 — G. Frame, Rulers from Babylonia. From the Second Dynasty of Isin to the End of Assyrian Domination (1157–612 BC), Toronto, 1995.

RIMS — The Royal Inscriptions of Mesopotamia Supplements.

RIMS 1 — V. Donbaz / A. K. Grayson, Royal Inscriptions on Clay Cones from Ashur now in Istanbul, Toronto, 1984.

RINAP — The Royal Inscriptions of the Neo-Assyrian Period.

RINAP 1 — H. Tadmor / S. Yamada, The Royal Inscriptions of Tiglath-pileser III (744–727 BC) and Shalmaneser V (726–722 BC), Kings of Assyria, Winona Lake, 2011.

RINAP 4 — E. Leichty, The Royal Incriptions of Esarhaddon, King of Assyria (680–669 BC), Winona Lake, 2011.

RINAP 3/1 — A. K. Grayson / J. Novotny, The Royal Incriptions of Sennacherib, King of Assyria (704–681 BC), Part 1, Winona Lake, 2012.

RINAP 3/2	A. K. Grayson / J. Novotny, The Royal Incriptions of Sennacherib, King of Assyria (704–681 BC), Part 2, Winona Lake, 2014.
RlA	Reallexikon der Assyriologie und Vorderasiatischen Archäologie.
Rm	Rassam, Museumssignatur des British Museum (London).
RSO	Rivista degli studi orientali (Rom).
SAA	State Archives of Assyria (Helsinki).
SAA 1	S. Parpola, The Correspondence of Sargon II, Part I. Letters from Assyria and the West, Helsinki, 1987 [zit. nach Textnummer].
SAA 2	S. Parpola / K. Watanabe, Neo-Assyrian Treaties and Loyalty Oaths, Helsinki, 1988 *[zit. nach Textnummer].*
SAA 4	I. Starr, Queries to the Sungod: Divination and Politics in Sargonid Assyria, Helsinki, 1990.
SAA 5	G. Lanfranchi / S. Parpola, The Correspondence of Sargon II, Part II. Letters from the Northern and Northeastern Provinces, Helsinki, 1990 [zit. nach Textnummer].
SAA 6	T. Kwasman / S. Parpola, Legal Transactions of the Royal Court of Nineveh, Part I. Tiglath-Pileser III through Esarhaddon, Helsinki, 1992 [zit. nach Textnummer].
SAA 7	F. M. Fales / J. N. Postgate, Imperial and Administrative Records, Part I. Palace and Temple Administration, Helsinki, 1992 [zit. nach Textnummer].
SAA 8	H. Hunger, Astrological Reports to Assyrian Kings, Helsinki, 1992 [zit. nach Textnummer].
SAA 10	S. Parpola, Letters from Assyrian and Babylonian Scholars, Helsinki, 1993 [zit. nach Textnummer].
SAA 11	F. M. Fales / J. N. Postgate, Imperial Administrative Records, Part II: Provincial and Military Administration, Helsinki, 1995. *[zit. nach Textnummer]*
SAA 12	L. Kataja / R. Whiting, Grants, Decrees, and Gifts of the Neo-Assyrian Period, Helsinki, 1995 [zit. nach Textnummer].
SAA 13	S. W. Cole / P. Machinist, Letters from Priests to the Kings Esarhaddon and Assurbanipal, Helsinki, 1999 [zit. nach Textnummer].
SAA 14	R. Mattila, Legal Transactions of the Royal Court of Nineveh, Part II, Helsinki, 2002 [zit. nach Textnummer].
SAA 15	A. Fuchs / S. Parpola, The Correspondence of Sargon II, Part III. Letters from Babylonia and the Eastern Provinces, Helsinki, 2001 [zit. nach Textnummer].

SAA 16	M. Luukko / G. van Buylaere, The Political Correspondence of Esarhaddon, Helsinki, 2002 [zit. nach Textnummer].
SAA 19	M. Luukko, The Correspondence of Tiglath-pileser III and Sargon II from Calah/Nimrud, Helsinki, 2012 [zit. nach Textnummer].
SAAB	State Archives of Assyria Bulletin.
SAAB 2	V. Donbaz, Some Neo-Assyrian contracts from Girnavaz and vicinity, SAAB 2, 1988, 3–30. [zit. nach Textnummer].
SAAB 3, 61–62	Texte aus Tall Baqqaq 2, zit. nach Ismail (1989).
SAAB 3, 67	Tafel aus der Erlenmeyer Sammlung, zit. nach I. Finkel, A Neo-Assyrian exchange contract, SAAB 3, 1989, 65–67.
SAAB 5	F. M. Fales / L. Jacob-Rost, Neo-Assyrian Texts from Assur. Private Archives in the Vorderasiatisches Museum of Berlin. Part 1, SAAB 5, 1991 (NATAPA 1).
SAAB 9	K. Deller / F. M. Fales / L. Jakob-Rost, Neo-Assyrian texts from Assur. Private archives in the Vorderasiatisches Museum of Berlin. Part 2, SAAB 9, 1995, 3–137 (NATAPA 2).
SAACT	State Archives of Assyria Cuneiform Texts.
SAACT 10	J. Novotny, Inscriptions of Assurbanipal, Helsinki, 2014 (SAACT 10).
SAAS	State Archives of Assyria Studies.
SAAS 2	A. R. Millard, The Eponyms of the Assyian Empire 910–612 B.C., Helsinki, 1994.
SAAS 4	S. W. Cole, Nippur in Late Assyrien Times c. 755–612 BC, Helsinki, 1996.
SAAS 8	A. Fuchs, Die Annalen des Jahres 711 v. Chr., Helsinki, 1998.
SCCNH	Studies on the Civilization and Culture of Nuzi and the Hurrians (Winona Lake).
Schøyen	G. Frame, Assyrian royal inscriptions, in: A. R. George (Hrsg.), Cuneiform Royal Inscriptions and Related Texts in the Schøyen Collection, Bethesda, 2011, 136–152 [zit. nach Textnummer].
Sef	Sefire Inschriften, zit. nach Fitzmyer (1995).
Sg 8	Sargons Bericht über der 8. Feldzug, nach TCL 3.
Sg Clh D	Sargons Prisma D aus Kalhu, nach C. J. Gadd, Inscribed Prisms of Sargon II from Nimrud, Iraq 16, 1954, 173–201 (Komposittext).

Sg Clh E	Sargons Prisma E aus Kalhu, nach C. J. Gadd, Inscribed Prisms of Sargon II from Nimrud, Iraq 16, 1954, 173–201 (Komposittext).
SgF Ann	Sargon II., die Annalen nach Fuchs (1994) 86–188 [zit. nach Zeilen].
SgF Ant	Sargon II., die Inschrift auf der ‚Antimon'-Tafel nach Fuchs (1994) 52f.[zit. nach Zeilen].
SgF Bro	Sargon II., die Inschrift auf der Bronzetafel nach Fuchs (1994) 45–48 [zit. nach Zeilen].
SgF Gold	Sargon II., die Inschrift auf der Goldtafel nach Fuchs (1994) 51f. [zit. nach Zeilen].
SgF L	Sg II., die Inschrift auf Türschwellen in Palast L, nach Fuchs (1994) 285 [zit. nach Zeilen].
SgF Platten	Sargon II., die Inschriften auf den Plattenrückseiten nach Fuchs (1994) 54–59 [zit. nach Seite u. Zeilen].
SgF Prunk	Sargon II., die „Große Prunkinschrift" nach Fuchs (1994) 190–248 [zit. nach Zeilen].
SgF Rel	Sargon II., Reliefbeischriften nach Fuchs (1994) 276–279 [zit. nach Seite, Saal u. Zeilen].
SgF S1	Sargon II., Schwelleninschrift Typ I nach Fuchs (1994) 249–251 [zit. nach Zeilen].
SgF S2	Sargon II., Schwelleninschrift Typ II nach Fuchs (1994) 251–254 [zit. nach Zeilen].
SgF S3	Sargon II., Schwelleninschrift Typ III nach Fuchs (1994) 255–259 [zit. nach Zeilen].
SgF S4	Sargon II., Schwelleninschrift Typ IV nach Fuchs (1994) 259–271 [zit. nach Zeilen].
SgF S5	Sargon II., Schwelleninschrift Typ V nach Fuchs (1994) 272–275 [zit. nach Zeilen].
SgF Sebetti	Sargon II., Inschrift auf den Altären im Sebetti-Heiligtum, nach Fuchs (1994) 284 [zit. nach Zeilen].
SgF Silber	Sargon II., die Inschrift auf der Silberetafel nach Fuchs (1994) 49f. [zit. nach Zeilen]
SgF Stier	Sargon II., die Inschrift auf den Stierkolossen nach Fuchs (1994) 61–74 [zit. nach Zeilen].
SgF Tempel 1	Sargon II., Türschwelle des Ea-Tempels, nach Fuchs (1994) 280 [zit. nach Zeilen].
SgF Tempel 2	Sargon II., Türschwelle des Sîn-Tempels, nach Fuchs (1994) 280 [zit. nach Zeilen].
SgF Tempel 3	Sargon II., Türschwelle des Ningal-Tempels, nach Fuchs (1994) 281 [zit. nach Zeilen].
SgF Tempel 5	Sargon II., Türschwelle des Nabû-Tempels, nach Fuchs (1994) 282 [zit. nach Zeilen].

SgF Tempel 6	Sargon II., Türschwelle des Adad-Tempels, nach Fuchs (1994) 282 [zit. nach Zeilen].
SgF Tempel 7	Sargon II., Türschwelle des Ninurta-Tempels, nach Fuchs (1994) 283 [zit. nach Zeilen].
SgF XIV	Sargon II., die ‚Kleine Prunkinschrift' des Saales XIV nach Fuchs (1994) 75–81 [zit. nach Zeilen].
SgF Ziegel (a bis f)	Sargon II., die Inschriften auf Ziegeln nach Fuchs (1994) 286f. [zit. nach Zeilen].
SgF Zyl	Sargon II., die Inschrift auf den Tonzylinder nach Fuchs (1994) 31–44 [zit. nach Zeilen].
Sg Geographie	„Sargons Geographie" nach Horowitz (1998) 68–75 [zit. nach Zeilen].
Sg Gewichte	Bronzene Gewichte nach Fales (1995b) [zit. nach Nr. u. Zeile]
Sg Hamat	Sargon II., Hamat-Stele, nach: Hawkins (2004) [zit. nach Seite A/B und Zeilen].
Sg Malatya 3	Sargon II., Fragment eines Zylinders gefunden in Arslantepe, nach G. R. Castellino, Il frammento degli annali di Sargon II., in: P. E. Pecorella (Hrsg.), Malatya – III. Rapporto preliminare delle campagne 1963–1968: il livello eteo imperiale e quelli neoetei, Rom, 1975, 63–73 u. pl. 68. [zit. nach Zeilen].
Sg Melid	Sargon II., Zylinder aus Melid nach Frame (2009) [zit. nach Zeilen].
Sg Najaf	Sargon II., Najafehabad-Stele, zit. nach: L. D. Levine, Two Neo-Assyrian Stelae from Iran. Ontario, 1972 [zit. nach Spalten und Zeilen].
Sg Persepolis 1	Sargon II., Siegelinschrift nach E. F. Schmidt, Persepolis II: Contents of the Treasury and Other Discoveries, Chicago, 1957, pl. 25, Nr. 1.
Sg Tang	Sargon II., Tang-i-var-Inschrift nach G. Frame, The inscription of Sargon II at Tang-i Var, OrNS 68, 1999, 31–57.
Sg Wi	Sargon II., Inschriften, zit. nach H. Winckler, Die Keilschrifttexte Sargons nach den Papierabklatschen und Originalien neu herausgegeben, Band I: Historisch-sachliche Einleitung, Umschrift und Übersetzung, Wörterverzeichnis, Band II: Texte autographiert von Dr. Ludwig Abel, Leipzig, 1889 [zit. nach Seiten].
Sg Wi, 168ff.	Sargon II., Nimrud-Inschrift (Juniper Palace Inscription), zit. nach Sg Wi.
Sg Wi, 174ff.	Sargon II., Larnaka-Stele, Kol. ii und iv zit. nach Sg Wi, 174ff., Kol. i nach VAS 1, Nr. 71.

SH	Signatur der Tontafel aus Tall Šemšāra.
SKT 2	H. Winckler, Sammlung von Keilschrifttexten II, Leipzig, 1893.
SMEA	Studi Micenei ed Egeo-Anatolici (Rom).
SQ 11-T14	Inschrift des Assurnasirpal II. Zit. nach W. van Soldt et al., Satu Qala: A preliminary report on the seasons 2010–2011, Anatolica 39, 2013, 213.
Sši Zyl A	Sîn-šar-iškun Zylinder A, nach F. M. T. Böhl, Assyrische en nieuw-babylonische oorkonden (1100–91 v. Chr.), Amsterdam, 1936, 34–42.
Sši Zyl C	Sîn-šar-iškun Zylinder C, nach: A. K. Grayson, Cylinder C of Sîn–šarra–iškun. A new text from Baghdad, in: J. W. Wevers / D. B. Redford (Hrsg.), Studies on the Ancient Palestinian World Presented to Prof. F. V. Winnett on the Occasion of His Retirement, 1 July 1971, Toronto, 1972, 157–168.
StAT	Studien zu den Assur-Texten.
StAT 1	K. Radner, Ein neuassyrisches Privatarchiv der Tempelgoldschmiede von Assur, Saarbrücken, 1999 [zit. nach Textnummer].
StAT 2	V. Donbaz / S. Parpola, Neo-ASsyrian Legal Texts in Istanbul, Saarbrücken, 2001 [zit. nach Textnummer].
StAT 3	B. Faist, Alltagstexte aus neuassyrischen Archiven und Bibliotheken der Stadt Assur, Wiesbaden, 2007 [zit. nach Textnummer].
St Chab I	K. Radner, Neue neuassyrische Texte aus Dūr-Katlimmu, in: H. Kühne (Hrsg.), Dūr-Katlimmu 2008 and Beyond, Wiesbaden, 2010 (Studia Chaburensia I), 175–186 [zit. nach Seite u. Textnummer].
StEL	Studi Epigrafici e Linguistici sul Vicino Oriente (Verona).
Stone text 3	BT 38, Steintafelinschrift des Assurnasirpal II. aus Balāwāt, zit. nach Curtis/Tallis (2008) 96.
Streck Asb	M. Streck, Assurbanipal und die letzten assyrischen Könige bis zum Untergange Niniveh's, Leipzig, 1916 (VAB 7).
STT	O. R. Gurney, The Sultantepe Tablets, London, Bd. 1 1957, Bd. 2 1963 [zit. nach Textnummer].
Sumer 61, 4	Ziegelinschrift des Sargon II., nach Q. M. Abdulkareen, Cuneiform text on a building bricks (sic!) of the modern Assyrian period, Sumer 61, 2015, 1–10.
Sumer 61	M. Ali, Nabu-tuklatua archives in new texts from Nimrud, Sumer 61, 2015, 11–28 [zit. nach Textnummer].
T	Signatur für Sanherib-Inschriften nach Frahm (1997).

TADAE	B. Porten / A. Yardeni, Textbook of Aramaic Documents from Ancient Egypt. Newly Copied, Edited and Translated into Hebrew and English, 4 Bände, Jerusalem, 1986–1999.
TADAE I	B. Porten / A. Yardeni, Textbook of Aramaic Documents of Ancient Egypt, I: Letters, Jerusalem, 1986.
Tall Bdēri A	mA Zylinderinschrift A aus Tall Bdēri, nach Maul (1992) 20–21.
TAVO	Tübinger Atlas des Vorderen Orients.
TAVO Register	H. Kopp / W. Röllig (Hrsg.), Tübinger Atlas des Vorderen Orients. Register zu den Karten, Wiesbaden, 1994 (3 Bände).
TB	Signatur für die Texte aus Til-Barsip, zit. nach Dalley (1996/97).
TCL	Textes Cunéiformes du Louvre.
TCL 3	F. Thureau-Dangin, Une rélation de la huitième campagne de Sargon, Paris, 1912.
TF	Aramäische Version der Inschrift aus Tall Faḫarīya, zit. nach Abou-Assaf et al. (1982).
TH	J. Friedrich et al., Die Inschriften vom Tell Halaf. Keilschrifttexte und aramäische Urkunden aus einer assyrischen Provinzhauptstadt, Graz, 1940 (AfO Beih. 6) [zit. nach Text-Nr.]. Für TH 1–98 wurde Dornauer (2014) berücksichtigt.
Thureau-Dangin TB	F. Thureau-Dangin / M. Dunand, Til-Barsib, Paris, 1936 [zit. nach Seite].
Tigl Ann	Tigl III., die Annalen von Kalḫu, nach Tadmor (1994) [zit. nach Einheit und Zeilen].
Tigl Stele	Tigl III., die Stele aus Iran, nach Tadmor (1994) [zit. nach Spalten und Zeilen].
Tigl RR	Tigl III., Mila Mergi Rock Relief, nach Tadmor (1994) [zit. nach Zeilen].
Tigl Summ	Tigl III., Summary Inscriptions, nach Tadmor (1994) [zit. nach Textnummer und Zeilen].
Tigl M I	Tigl III., Miscellaneous Inscriptions I*: Stone Monuments*, nach Tadmor (1994) [zit. nach Textnummer und Zeilen].
Tigl M II	Tigl III., Miscellaneous Inscriptions II*: Captions*, nach Tadmor (1994) [zit. nach Textnummer und Zeilen].
Tigl M III	Tigl III., Miscellaneous Inscriptions III*: Bricks*, nach Tadmor (1994) [zit. nach Textnummer und Zeilen].
Tigl M IV	Tigl III., Miscellaneous Inscriptions IV*: Weights*, nach Tadmor (1994) [zit. nach Textnummer und Zeilen].
Tigl M V	Tigl III., Miscellaneous Inscriptions V*: Bead*, nach Tadmor (1994) [zit. nach Zeilen].

TCAE	J. N. Postgate, Transaction and Conscription in the Assyrian Empire, Rom, 1974 (Studia Pohl, Series Maior 3).
TPC	Tactical Pilot Chart, 1:500000, Defense Mapping Agency, USA.
TUAT	Texte zur Umwelt des Alten Testaments (Gütersloh, 1982ff.).
UF	Ugarit Forschungen (Neukirchen-Vluyn, Münster).
VAB	Vorderasiatische Bibliothek (Leipzig).
WO	Die Welt des Orients (Wuppertal, Göttingen).
WO 8, 46f	Sîn-šar-iškun Zylinder D, zit. nach: W. Schramm, Assyrische Königsinschriften, WO 8, 1975/76, 46–47.
WSB	R. Zadok, On West Semites in Babylonia During the Chaldean and Achaemenian Periods: An Onomastic Study, Jerusalem, 1978 (rev. version).
WVDOG	Wissenschaftliche Veröffentlichungen der Deutschen Orient-Gesellschaft.
WVDOG 121	E. Frahm, Historische und historisch-literarische Texte, Wiesbaden, 2009. [zit. nach Seite]
WVDOG 123	S. Lundström, Die Königsgrufte im Alten Palast von Assur, Wiesbaden, 2009, 157–214.
WVDOG 136	S. Lundströn/ J. Orlamünde, Die Orthostaten Tiglat-Pilesers I. und Assurnasirpals II. aus dem alten Palast von Assur, Wiesbaden, 2011, 19–29. [zit. nach Seite und Ass. Nr.]
YBC 11382	E. Frahm, Hochverrat in Assur, in: S. Maul / N. Heeßel (Hrsg.), Assur-Forschungen, Wiesbaden, 2010, 91–95. (nA Brief).
ZA	Zeitschrift für Assyriologie und Vorderasiatische Archäologie (Leipzig, Berlin).
ZÄS	Zeitschrift für ägyptische Sprache und Altertumskunde (Leipzig, Berlin)
ZAW	Zeitschrift für alttestamentliche Wissenschaft (Berlin).
ZDMG	Zeitschrift der Deutschen Morgenländischen Gesellschaft (Wiesbaden).
ZDPV	Zeitschrift des Deutschen Palästina-Vereins (Wiesbaden).
ZTT	S. Parpola, Cuneiform texts from Ziyaret Tepe (Tušḫan), 2002–2003 (with Plates I – XXV), SAAB 17, 2008, 1–113. [zit. nach Textnummer]

2. Allgemeine Abkürzungen

2x	ON zwei Mal in der gleichen Zeile erwähnt
äg.	ägyptisch
aA	altassyrisch (Belege in RGTC 4)
aB	altbabylonisch (Belege in RGTC 3)
Adn II.	Adad-nērārī II.
Adn III.	Adad-nērārī III.
akk.	Akkadisch
Al.	Alalaḫ (Belege in RGTC 12/2)
am.	amurritisch
Am.	El-Amarna (Belege in RGTC 12/2)
Anm.	Anmerkung
Anp II.	Assurnasirpal II.
aram.	aramäisch
arab.	arabisch
Asb	Assurbanipal
Ash	Asarhaddon
Beih.	Beiheft
bes.	besonders
bibl.	biblisch (bezeugt im AT)
bzw.	beziehungsweise
ca.	*circa*
ebl.	eblaitisch (Belege in RGTC 12/1)
elam.	elamisch (Belege in RGTC 11)
erg.	ergänzt
erw.	erwähnt
et al.	*et alii*
evtl.	eventuell
Etym.	Etymologie
etym.	etymologisch
Ex.	Exemplar
f.	(und) folgende
ff.	(und) folgende
FN	Flußname
GN	Göttername
heth.	hethitisch (Belege in RGTC 6/1-2, unabhängig davon ob akk., heth. oder hurr.)
id.	*idem* (derselbe, dasselbe)
i.d.N.v.	in der Nähe von
It.	Itinerar
klass.	klassich (Beleg aus den klassischen Quellen)
li. Rd.	linker Rand

Lit.	Literatur
loc. cit.	*loco citato*
luw.	hieroglyphenluwisch
mA	mittelassyrisch (Belege in RGTC 5)
mA/mB hist.	historiographische Texte (Belege in RGTC 5)
mB	mittelbabylonisch (Belege in RGTC 5)
MEup.	Texte aus dem Mittleren Euphrat:Tall Munbāqa, Maskana, Tall Ḥadīdā (Belege in RGTC 12/2)
nA	neuassyrisch
nB/spB	neubabylonisch/spätbabylonisch (Belege in RGTC 8)
N	nördlich
NÖ	nordöstlich
NO	Nordosten
Nuzi	Nuzi-Texte (Belege in RGTC 10)
NW	Nordwesten, nordwestlich
Ö	östlich
ob. Rd.	oberer Rand
ON	Ortsname
pl.	*plate*
PN	Personenname
präsarg.	präsargonisch (Belege in RGTC 1)
Rez.	Rezension
Rs.	Rückseite
s.	siehe
S	südlich
S.	Seite
sarg.	sargonisch (Belege in RGTC 1)
sem.	semitisch
Sg II.	Sargon II.
Slm III.	Salmanassar III.
Sn	Sanherib
SÖ	südöstlich
SO	Südosten
sum.	sumerisch
s. v.	*sub voce*
SW	Südwesten, südwestlich
syr.	syrisch
Tab. Peut.	Tabula Peutingeriana (s. TAVO Karte B S 1.2)
Taf.	Tafel
Tigl III.	Tiglatpileser III.
Tn II.	Tukultī-Ninurta II.
u.	und
u. a.	unter anderem

u. Rd.	unterer Rand
ug.	ugaritisch (Belege in RGTC 12/2)
Ur III	Ur III-zeitlich (Belege in RGTC 2)
urar.	urartäisch (Belege in RGTC 9)
v.	von
vgl.	vergleiche
W	westlich
wsem.	westsemitisch
zit.	zitiert
zw.	zwischen
z. Z.	zur Zeit

3. Umschriftzeichen

x	zerbrochenes oder nicht identifiziertes Zeichen
⌈x⌉	beschädigtes Zeichen
[x]	Lücke von x Zeichen
[...]	Lücke von nicht bestimmbarer Zeichenanzahl
[[x]]	Tilgung
< >	zu ergänzendes Zeichen
{ }	zu streichendes Zeichen
( )	Ergänzung in der Übersetzung
...	Übersetzung nicht möglich
?	Lesung/Bedeutung unsicher
!	Kollation (nicht vom Verfasser)
!!	Umschrift weicht vom Originaltext ab (Emendierung in der Publikation)
*	graphische Variante eines Zeichens
:.	Umschrift für Trennungs- und Wiederholungszeichen

1. Literaturliste

Abou-Assaf et al. (1982) — A. Abou-Assaf / P. Bordreuil / A. R. Millard, La statue de Tell Fekherye et son inscription bilingue assyro-araméenne, Paris 1982.

Ahmad (2000) — A. Y. Ahmad, Excavation at Qadhiah: The texts of Tukulti-Ninurta II (890-884 B.C.), Al-Rāfidān 21, 2000, 51–60.

Albright (1924) — W. F. Albright, Shinar-Šangār and its monarch Amraphel, AJSL 40, 1924, 125–133.

Albright (1925) — W. F. Albright, A Babylonian geographical treatise on Sargon of Akkad's empire, JAOS 45, 1925, 220–230.

Albright (1926) — W. F. Albright, Notes on the topography of Ancient Mesopotamia, JAOS 46, 1926, 220–230.

Albright (1956) — W. F. Albright, The date of the Kapara period at Gozan, AnSt 6, 1956, 75–85.

Alster (1983) — B. Alster, Dilmun, Bahrain, and the alleged paradise in Sumerian myth and literature, in: Potts (1983) 39–82.

Alt (1925) — A. Alt, Išḫupri, OLZ 28, 1925, 573–578.

Anastasio (2004) — S. Anastasio / M. Lebeau / M. Sauvage, Atlas of Pre-Classical Mesopotamia, Turnhout, 2004 (Subartu 13).

Anastasio (2007) — S. Anastasio, Das Obere Ḫabur-Tal in der Jazira zwischen dem 13. und 5. Jh. v. Chr., Florenz, 2007.

Anderson (1897) — J. G. C. Anderson, The road-system of eastern Asia Minor with evidence of Byzantine campaigns, Journal of Hellenic Studies 17, 1897, 22–44.

Andrae (1913) — W. Andrae, Die Festungswerke von Assur, Leipzig, 1913.

Andrae (1977) — W. Andrae, Das wiedererstandene Assur, München, 1977 (Nachdruck der ersten Auflage, Leipzig, 1938).

Angerstorfer (2003) — A. Angerstorfer, Die alt- und reichsaramäischen Formen für 'Aššur / Assyrien – ein verzögertes Lautgesetz oder amtliche Graphik im persischen Weltreich, Biblische Notizen 117, 2003, 47–58.

Archi et al. (1971) — A. Archi / P. E. Pecorella / M. Salvini, Gaziantep e la sua regione. Uno studio storico e topografico degli insedimenti preclassici, Rom, 1971.

Arutjunjan (1985) — N. V. Arutjunjan, Toponimika Urartu, Erevan, 1985.

Astour (1968) M. C. Astour, Mesopotamian and Transtigridian place names in the Medinet Habu lists of Ramses III, JAOS 88, 1968, 733–752.

Astour (1979) M. C. Astour, The arena of Tiglat-pileser III's campaign against Sarduri II (743 B. C.), Assur 2/3, 1979, 1–23.

Astour (1981) M. C. Astour, Toponymic parallels between the Nuzi area and Northern Syria, in: M. A. Morrison / D. I. Owen (Hrsg.), Studies on the Civilization and Culture of Nuzi and the Hurrians in the Honour of E. R. Lacheman on his 75th Birthday, Winona Lake, 1981 (SCCNH 1), 11–26.

Astour (1987) M. Astour, Semites and Hurrians in northern Transtigris, SCCNH 2, 1987, 3–69.

Astour (1992) M. Astour, The north Mesopotamian kingdom of Ilānṣurā, in: G. D. Young (Hrsg.), Mari in Retrospect, Winona Lake, 1992, 1–33.

Astour (1995) M. C. Astour, Remarks and Suggestions Concerning the Map of the Neo-Assyrian Empire, 1995 (unpubliziertes Manuskript).

Bachmann (1927) W. Bachmann, Felsreliefs in Assyrien, Leipzig, 1927 (WVDOG 52).

Bagg (2000) A. M. Bagg, Assyrische Wasserbauten, Mainz, 2000 (BaF 24).

Bagg (2010) A. M. Bagg, Interaktionsformen zwischen Nomaden und Sesshaften in Palästina anhand neuassyrischer Quellen, WO 40, 2010, 190–215.

Bagg (im Druck) A. M. Bagg, Untersuchungen zu den „arabischen" Toponymen und zur Rezeption der „Araber" in den historischen Quellen der Assyrer, in: R. Eichmann/A. Hausleiter (Hrsg.), Tayma I, im Druck.

Bär (2006) J. Bär, New observations on Khinis/Bavian (northern Iraq), SAAB 15, 2006, 43–92.

Bauer (1931) Th. Bauer, Ein Erstbericht Asarhaddons, ZA 40, 1931, 235–259.

Benediková/Barta (2009) L. Benediková / P. Barta, A Bronze Age settlement at al-Khidr, Failakah Island, Kuwait, in: J. Starkey (Hrsg.): Proceedings of the Seminar for Arabian Studies 39: Papers From the Forty-Second Meeting of the Seminar for Arabian Studies Held in London, 24–26 July 2008, Oxford, 2009, 43–56.

Bernbeck (1993) R. Bernbeck, Steppe als Kulturlandschaft, Berlin, 1993.

Beuger (2011) C. Beuger, Notes on the Neo-Assyrian re-settlement in Kar-Tukulti-Ninurta, in: P. Miglus / S. Mühl (Hrsg.), Between the Cultures. The Central Tigris Region From the

3rd to the 1st Millennium BC, Heidelberg, 2011, 179–189 (HSAO 14).

Bezold (1899) C. Bezold, Catalogue of the Cuneiform Tablets in the Kouyunjik Collection of the British Museum. Volume 5, London, 1899.

Billerbeck (1898) A. Billerbeck, Die Sandschak Suleimania und dessen persische Nachbarlandschaften zur babylonischen und assyrischer Zeit, Leipzig, 1898.

Birot (1972) M. Birot, Simaḫlanê, roi de Kurdâ, RA 66, 1972, 131–139.

Birot (1993) M. Birot, Correspondence des gouverneurs de Qaṭṭunān, Paris, 1993 (ARM 27).

Boehmer (1997) R. M. Boehmer, Bemerkungen bzw. Ergänzungen zu Ğerwan, Khinis und Fahidi, BaM 28, 1997, 225–249.

Borger (1970) R. Borger, Vier Grenzsteinurkunden Merodachbaladans I. von Babylonien, AfO 23, 1970, 1–26.

Borger (1972) R. Borger, Rez. zu: S. Parpola, Neo-Assyrian Toponyms, Neukirchen-Vluyn, 1970, in: ZA 62, 1972, 134–137.

Borger (1982-85) R. Borger, Der dritte Feldzug Sanheribs, TUAT I, 388-391.

Börker-Klähn (1982) J. Börker-Klähn, Altvorderasiatische Bildstelen und vergleichbare Felsreliefs, Mainz, 1982 (BaF 4).

Brinkman (1968) J. A. Brinkman, A Political History of Post-Kassite Babylonia, Rom, 1968 (AnOr 43).

Budge (1893) E. W. Budge, The Book of Governors: The Historia Monastica of Thomas Bishof of Margā A.D. 840, Vol. II: The English Translation, London, 1893.

Bunnens (2000) G. Bunnens (Hrsg.), Essays on Syria in the Iron Age, Löwen, 2000.

Burke (2007) A. A. Burke, *Magdalūma*, *Migdalîm*, *Magdoloi*, and *Majādīl*: The historical geography of the *Magdalu* (*Migdāl*), BASOR 346, 2007, 20–57

Byrne (2003) R. Byrne, Early Assyrian contacts with Arabs and the impact on Levantine vassal tribute, BASOR 331, 2003, 11–25.

Cancik-Kirschbaum (2003) E. Cancik-Kirschbaum, Die Assyrer. Geschichte, Gesellschaft, Kultur, München, 2003, 59–67.

Catagnoti/Bonechi (1992) A. Catagnoti / M. Bonechi, Le volcan Kawkab, Nagar et problèmes connexes, NABU 1992, Nr. 65, 50–53.

Cavigneaux/Ismail (1990) A. Cavigneaux / B. K. Ismail, Die Statthalter von Suḫu und Mari im 8. Jh. v. Chr., BaM 21, 1990, 321–456.

Charpin (1987) D. Charpin, Mallanum et Mallanate, NABU 1987/2, Nr. 38, 21–22.

Charpin (1997) D. Charpin, Sapîratum, ville du Suhûm, MARI 8, 1997, 341–366.

Charpin (1990) D. Charpin, A contribution to the geography and history of the kingdom of Kaḫat, in: S. Eichler et al. (Hrsg.), Tall-al-Ḥamīdīya 2, Freiburg (Schweiz), 1990, 67–85.

Charpin/Durand (1997) D. Charpin / J.-M. Durand, Aššur avant l'Assyrie, MARI 8, 1997, 367–390.

Charpin/Ziegler (2003) D. Chapin / N. Ziegler, Mari et le Proche-Orient à l'époque amorrite. Essai d'histoire politique, Paris, 2003 (FM 5).

Cholidis/Martin (2011) N. Cholidis / L. Martin (Hrsg.), Die geretteten Götter aus dem Palast vom Tell Halaf, Berlin, 2011.

Cole (1996) S. W. Cole, Nippur in Late Assyrien Times c. 755–612 BC, Helsinki, 1996 (SAAS 4).

Cole/Gasche (1998) S. W. Cole / H. Gasche, Second- and first-millennium BC rivers in Northern Babylonia, in: H. Gasche / M. Tanret (Hrsg.), Changing Watercourses in Babylonia, Ghent/ Chicago, 1998, 1–64.

Comfort et al. (2000) A. Comfort / C. Abadie-Reynal / R. Ergec, Crossing the Euphrates in Antiquity, AnSt 50, 2000, 99–126.

Córdoba (1990) J. M. Córdoba ‚Tell es-Seman = Aḫunā?, AfO 17, 1990, 360–378.

Curtis (2008) J. E. Curtis, The excavations and discoveries at Balawat, in: Curtis / Tallis (2008) 7–22.

Curtis/Tallis (2008) J. E. Curtis / N. Tallis (Hrsg.), The Balawat Gates of Ashurnasirpal II, London, 2008.

Dalley (1994) S. Dalley, Nineveh, Babylon and the Hanging Gardens: Cuneiform and Classical Sources Reconciled, Iraq 56, 1994, 45–58.

Dalley (1996-97) S. Dalley, Neo-Assyrian tablets from Til-Barsip, Abr-Nahraim 34, 1996-1997, 66–99.

Delitzsch (1881) F. Delitzsch, Wo lag das Paradies?, Leipzig, 1881.

Delitzsch (1894) F. Delitzsch, Beiträge zur Erklärung der babylonisch-assyrischen Briefliteratur II, BA 2, 1894, 19–57.

Deller (1962) K. Deller, Zweisilbige Lautwerte des Typs KVKV im Neuassyrischen, OrNS 31, 1962, 7–26.

Deller (1984a) K. Deller, Ausgewählte neuassyrische Briefe betreffend Urartu zur Zeit Sargons II., in: P. E. Pecorella / M. Salvini, Tra lo Zagro e l'Urmia, Rom, 1984, 97–122.

Deller (1984b) K. Deller, Drei wiederentdeckte neuassyrische Rechtsurkunden aus Assur, BaM 15, 1984, 225–252.

Deller (1990a) K. Deller, Bēt-Adad-Erība, Provinz Tamnūnu, NABU 1990, Nr. 66, 50–51.

Deller (1990b) K. Deller, aB Kaštappum, mA Kaltappu, nA Kasappa, NABU 1990, Nr. 83, 50–51.

Deller (1990c) K. Deller, Eine Erwägung zur Lokalisierung des aB ON Qabrā/Qabarā, NABU 1990, Nr. 84, 62–63.

Deller (1991) K. Deller, Qab(a)râ "Grabstadt", NABU 1991, Nr. 76, 49.

Deller/Millard (1993) K. Deller / A. R. Millard, Die Bestallungsurkunden des Nergal-Āpil-Kūmūja von Kalḫu, BaM 24, 1993, 217–242.

Deller/Postgate (1985) K. Deller / J. N. Postgate, Nachträge und Verbesserungen zu RGTC 5. Mittelassyrischer Teil, AfO 32, 1985, 68–76.

Deszö (2006) T. Deszö, Šubria and the Assyrian Empire, Acta Antiqua Academiae Scientiarum Hungaricae 46, 2006, 33–88.

Dillemann (1962) L. Dillemann, Haute Mésopotamie orientale et pays adjacents, Paris, 1962.

Dion (1997) P.-E. Dion, Les Araméens à l'âge du fer: histoire politique et structures sociales, Paris, 1997.

Dittmann (1990) R. Dittmann, Ausgrabungen der Freien Universität Berlin in Assur und Kār-Tukultī-Ninurta in den Jahren 1986–1989, MDOG 122, 1990, 157–171.

Donbaz (1988) V. Donbaz, Some Neo-Assyrian contracts from Girnavaz and vicinity, SAAB 2, 1988, 3–30.

Donbaz/Galter (1997) V. Donbaz / H. Galter, Assurnasirpal II. und die Subnatquelle, MDOG 129, 1997, 173–186.

Dornauer (2014) A. A. Dornauer, Das Archiv des assyrischen Statthalters Mannu-kī-Aššūr von Gūzāna/Tall Ḥalaf, Wiesbaden, 2014.

Driver (1954) G. R. Driver, Aramaic Documents of the Fifth Century B. C., Oxford, 1954.

Driver (1957) G. R. Driver, Aramaic Documents of the Fifth Century B.C., Oxford, 1957 (abridged and revised edition).

Durand (1990) J.-M. Durand, Problèmes d'eau et d'irrigation au royaume de Mari: l'apport des textes anciens, in: B. Geyer (Hrsg.), Techniques et pratiques hydroagricoles traditionnelles en domaine irrigué, Paris, 1990, Bd. I, 1990, 101–142.

Durand (1991) J.-M. Durand, L'emploi des toponymes dans l'onomastique d'époque amorrite. (I) Les noms an Mut-, StEL 8, 1991, 81–97.

Dussaud (1927) R. Dussaud, Topographie historique de la Syrie antique et médiévale, Paris, 1927.

Edens/Bawden (1989) C. Edens / G. Bawden, History of Taymā' und Hejazi Trade during the First Millennium B.C., JESHO 32, 1989, 48–103.

Eichler et al. (1985) — S. Eichler / V. Haas / S. Steudler / M. Wäfler / D. Warburton, Tall al-Hamidiya 1. Vorbericht 1984, Freiburg (Schweiz), 1985.

Eickhoff (1985) — T. Eickhoff, Kār Tukulti Ninurta. Eine mittelassyrische Residenzstadt, Berlin, 1985.

Elat (1998) — M. Elat, Die wirtschaftlichen Beziehungen der Assyrer mit den Arabern, in: S. M. Maul (Hrsg.), *tikip santakki mala bašmu* ... Festschrift für Rykle Borger zu seinem 65. Geburtstag am 24. Mai 1994, Groningen, 1998, 39–57

Elat (2000) — M. Elat, Arguments for the identification of the ^{LÚ}Urbi in Assyrian royal inscriptions. In: G. Galil/M. Weinfeld (Hrsg.), Studies in Historical Geography and Biblical Historiography presented to Zecharia Kallai, Leiden, 2000, 232–238.

Eph'al (1974) — I. Eph'al, "Arabs" in Babylonia in the 8th Century B.C., JAOS 94, 1974, 108–115.

Eph'al (1984) — I. Eph'al, "Ishmael" and "Arab(s)": A transformation of ethnological terms, JNES 35, 1976, 225–235.

Eph'al (1984) — I. Eph'al, The Ancient Arabs. Nomads on the Border of the Fertile Crescent, 9th–5th Centuries B. C., Jerusalem, 1984^2.

Eph'al (2005) — I. Eph'al, Esarhaddon, Egypt and Shubria: Politics and Propaganda, JCS 57, 2005, 99–111.

Ergenzinger/Kühne (1991) — P. J. Ergenzinger / H. Kühne, Ein regionales Bewässerungssystem am Habur, in: H. Kühne (Hrsg.), Die Rezente Umwelt von Tall Šēẖ Ḥamad und Daten zur Umweltrekonstruktion der assyrischen Stadt Dūr-Katlimmu, Berlin, 1991 (BATSH 1), 163–190.

Fadhil (1983) — A. Fadhil, Studien zur Topographie und Prosopographie der Provinzstädte des Königsreiches Arrapẖe, Mainz, 1983 (BaF 6).

Fales (1970) — F. M. Fales, Il paese di Q/Kipani, RSO 45, 1970, 21–28.

Fales (1973) — F. M. Fales, Cencimenti e catasti di epoca neo-assira, Rom, 1973.

Fales (1979) — F. M. Fales, Studies on Neo-Assyrian texts I: Joins and collations to the Tell Halaf documents, ZA 69, 1979, 192–216.

Fales (1981) — F. M. Fales, Il villagio assiro Bit Abu-ila'a, Dialoghi di Archeologia 3, 1981, 66–84.

Fales (1983) — F. M. Fales, Il taglio e il transporto de legname nelle lettere a Sargon II, in: O. Carruba (Hrsg.), Studi orientalistichi in ricordo di Franco Pintore, Pavia, 1983, 49–92.

Fales (1989a) F. M. Fales, Pastoriza e politica: nuovi dati sugli Arabi nelle fonti die età neo-assira, in: A. Avanzini (Hrsg.), Problemi di onomatisca semitica orientale, Pisa, 1989, 119–134.

Fales (1989b) F. M. Fales, From Allabra to Lapsia, SAAB 3, 1989, 133.

Fales (1989c) F. M. Fales, The Assyrian Village of Bīt Abu-Ila'a, in: C. Zaccagnini (Hrsg.), Production and Consumption in the Ancient Near East, Budapest, 1989, 169–200.

Fales (1990) F. M. Fales, The rural landscape of the Neo-Assyrian Empire: A Survey, SAAB 4, 1990, 81–142.

Fales (1992) F. M. Fales, Mari: an additional note on „Raṣappu and Ḫatallu", SAAB 6, 1992, 105–107.

Fales (1993) F. M. Fales, River transport in Neo-Assyrian letters, in: J. Zablocka / S. Zawadzki (Hrsg.), Šulmu IV, Poznan, 1993, 79–92.

Fales (1995a) F. M. Fales, Rivers in Neo-Assyrian geography, in: Liverani (1995) 203–215.

Fales (1995b) F. M. Fales, Assyro-Aramaica: The Assyrian lion-weights, in: K. van Lerberghe / A. Schoors (Hrsg.), Immigration and Emigration within the Ancient near East. Festschrift E. Lipinski, Leuven, 1995 (OLA 65), 33–55.

Fales (1996) F. M. Fales, Attraversare la Mesopotamia. Parte prima: Documenti di itinerario, in: A. Aloni / L de Finis (Hrsg.), Dall'Indo a Thule: i Greci, i Romani, gli altri, Trento, 1996, 113–146.

Fales (2001) F. M. Fales, L'impero Assiro, Rom, 2001.

Fales (2002) F. M. Fales, The Djezireh in Neo-Assyrian sources, in: M. al-Maqdissi et al. (Hrsg.), The Syrian Jezira. Cultural Heritage and Interrelations. Proceeding of the International Conference Held in Deir ez-Zor April 22nd – 25th 1996, Damaskus, 2002, 181–199.

Fales (2008) F. M. Fales, Canals in the Neo-Assyrian Rural Landscape: A View form the Ḫābūr and Middle Euphrates, in: H. Kühne (Hrsg.), Umwelt und Subsistenz der Assyrischen Stadt Dūr-Katlimmu am unteren Ḫābūr, Wiesbaden, 2008 (BATSH 8), 181–186.

Fales (2012) F. M. Fales, "Ḫanigalbat" in the early Neo-Assyrian royal inscriptions: a retrospective view, in: G. Galil et al. (Hrsg.), The Ancient Near East in the 12th – 10th centuries, Culture and History, Münster, 2012 (AOAT 392), 99–119.

Fales (2015) F. M. Fales, Ethnicity in the Assyrian empire: A view from the *nisbe* (II); "Assyrians", in: G. Biga et al. (Hrsg.), Homenaje a Mario Liverani. Fundador de una ciencia nueva (I), Madrid, 2015 (ISIMU 11-12, 2009–2010), 183–204.

Fales/Del Fabbro (2014) F. M. Fales / R. Del Fabbro, Back to Sennacherib's aqueduct at Jerwan: A reassessment of the textual evidence, Iraq 76, 2014, 65–98.

Fales/Postgate (1995) F. M. Fales / J. N. Postgate, Imperial Administrative Records, Part II, Helsinki, 1995 (SAA 11).

Falkner (1957-58) M. Falkner, Studien zur Geographie des alten Mesopotamien, AfO 18, 1957–58, 1–37.

Fiey (1965) J.-M. Fiey, Assyrie chrétienne, Bd. 1, Beirut, 1965.

Finkel (1989) I. Finkel, A Neo-Assyrian exchange contract, SAAB 3, 1989, 65–67.

Finkelstein (1953) J. J. Finkelstein, Cuneiform texts from Tell Billa, JCS 7, 109-176.

Finkelstein (1955) J. J. Finkelstein, Subartu and Subarians in Old Babylonian sources, JCS 9, 1955, 1–7.

Finkelstein (1957) J. J. Finkelstein, Assyrian contratcs from Sultantepe, AnSt 7, 1957, 137–145.

Fitzmyer (1995^2) J. A. Fitzmyer, The Aramaic Inscriptions of Sefire, Rom, 1995^2.

Forrer (1920) E. Forrer, Die Provinzteilung des assyrischen Reiches, Leipzig, 1920.

Frahm (1997) E. Frahm, Einleitung in die Sanherib-Inschriften, Wien, 1997 (AfO Beih. 26).

Frahm (1997-98) E. Frahm, Rez. zu: H. Tadmor, The Inscriptions of Tiglath-pileser III, Jerusalem, 1994, in: AfO 44/45, 1997–98, 399–404.

Frahm (1999) E. Frahm, Perlen von den Rändern der Welt, in: K. van Lerberghe / G. Voegt (Hrsg.), Languages and Cultures in Contact, Löwen, 1999 (OLA 96), 79–99.

Frahm (2003) E. Frahm, New sources for Sennacherib's "First Campaign", in: J. M. Córdoba / P. Miglus (Hrsg.), Assur und sein Umland, ISIMU 6 2003 (erschienen 2007), 129–163.

Frahm (2009) E. Frahm, Historische und historisch-literarische Texte, Wiesbaden, 2009 (WVDOG 121).

Frahm (2011) E. Frahm. Mensch, Land und Volk: Aššur im Alten Testament, in: J. Renger (Hrsg.), Assur – Gott, Stadt und Land, Wiesbaden, 2011, 267–285.

Frahm (2013) E. Frahm, Geschichte des alten Mesopotamiens, Stuttgart, 2013, 188–203.

Frame (2004a) G. Frame (Hrsg.), From the Upper Sea to the Lower Sea. Studies on the History of Assyria and Babylonia in Honor of A. K. Grayson, Leiden, 2004.

Frame (2004b) G. Frame, The order of the wall slabs with the annals of Sargon II in room V of the palace at Khorsabad, in: Frame (2004a) 89–102.

Frame (2009) G. Frame, A "new" cylinder inscription of Sargon II of Assyria from Melid", in: M. Luukko / S. Svärd / R. Mattila (Hrsg.), Of God(s), Trees , Kings, and Scholars: Neo-Assyrian and Related Studies in Honour of Simo Parpola, Helsinki, 2009 (Studia Orientalia 106), 65–82.

Frayne (1997) D. R. Frane, On the Location of Simurrum, in: G. D. Young / M. W. Chavalas / R. E. Averbeck (Hrsg.), Crossing Boundaries and Linking Horizons, Bethesda, Maryland, 1997 (Fs Astour), 243–269.

Frayne (1992) D. R. Frayne, The Early Dynastic List of Geographic Names, 1992 (AOS 74).

Frayne (2001) D. R. Frayne, In Abraham's footsteps, in: P. M. M. Daviau et al. (Hrsg.), The World of the Aramaeans. Biblical Studies in Honour of Paul-Eugène Dion, I, Sheffield, 2001, 216–236.

Fuchs (1994) A. Fuchs, Die Inschriften Sargons II. aus Khorsabad, Göttingen, 1994.

Fuchs (2000) A. Fuchs, Māt Ḫabḫi, in: J. Marzahn / H. Neumann (Hrsg.), Assyriologica et Semitica, Festschrift für Joachim Oelsner, Münster, 2000, 73–94 (AOAT 252).

Fuchs (2003) A. Fuchs, Ein Inschriftenfragment Tiglatpilesers III., in: I. Eph'al / A. Ben-Tor / P. Machinist (Hrsg.), Hayim and Miriam Tadmor Volume, Jerusalem, 2003 (Eretz-Israel 27), 49*–54*.

Fuchs (2011a) A. Fuchs, Das Osttigrisgebiet von Agum II. bis zu Darius I. (ca. 1500 bis 500 v. Chr.), in: Miglus/Mühl (2011), 229–320.

Fuchs (2011b) A. Fuchs, Zur Geschichte von Guzana, in: Cholidis/Martin (2011), 353–358.

Garelli (1986) P. Garelli, Les archives inédites d'un centre provincial de l'empire assyrien, in: K. Veenhof (Hrsg.), Cuneiform Archives and Libraries, Leiden, 1986, 241–246.

Gasche/Tanret (1998) H. Gasche / M. Tanret (Hrsg.), Changing Watercourses in Babylonia, Ghent, 1998.

Gasche et al. (2002) H. Gasche / M. Tanret / A. W.Cole / K. Verhoeven, Fleuves du temps et de la vie. Permanence et instabilité due réseau fluviatile babylonien entre 2500 et 1500 avant notre ère, Annales 57/3, 2002, 531–544.

Gaspa (2012) S. Gaspa, Alimenti e practiche alimentari in Assiria, Padova, 2012.

Gawlikowski (1983-84) M. Gawlikowski, Bēğān Island, AfO 29, 1983-84, 207.

Gelb (1980) I. J. Gelb, Computer-Aided Analyses of Amorite, Chicago, 1980 (AS 21).

George (1993) A. R. George, House Most High, Winona Lake, 1993.

Gerardi (1992) P. Gerardi, The Arab campaigns of Aššurbanipal: Scribal reconstruction of the past, SAAB 6, 1992, 67–103.

Gerardi (1993) P. Gerardi, Prism fragments from Sippar: New Esarhaddon inscriptions, Iraq 55, 1993, 119–133.

Geyer/Monchambert (1987) B. Geyer / J.-Y. Monchambert, Prospection de la moyenne vallée de l'Euphrate: Rapport préliminaire 1982–1985, MARI 5, 1987, 293–344.

Geyer/Monchambert (2003) B. Geyer / J.-Y. Monchambert, La basse vallée de l'Euphrate Syrien du Néolithique à l'avènement de l'Islam I, Beirut, 2003 (MAM 6).

Glassner/Foster (2004) J.-J. Glassner / B. R. Foster, Mesopotamian Chronicles, Bethesda, 2004.

Goetze (1953) A. Goetze, An Old Babylonian itinerary, JCS 7, 1953, 51-72.

Goetze (1957) A. Goetze, The Syrian town of Emar, BASOR 147, 1957, 22–27.

Gordon (1967) E. I. Gordon, The meaning of the ideogram ^{d}KASKAL.KUR = "underground water course" and its significance for Bronze Age historical geography, JCS 21, 1967, 70–88.

Grainger (1997) J. Grainger, A Seleukid Prosopography and Gazetteer, Leiden-New York, 1997.

Grayson (1963) A. K. Grayson, The Walters Art Gallery Sennacherib inscription, AfO 20, 1963, 83–96.

Grayson (1982) A. K. Grayson, Rez. zu: K. Kessler, Untersuchungen zur historischen Topographie Nordmesopotamiens nach keilschriftlichen Quellen des 1. Jahrtausends v. Chr., Wiesbaden, 1980, in: BiOr 39, 1982, 352–356.

Grayson (1991) A. K. Grayson, Three Neo-Assyrian Documents, in: D. Charpin - F. Joannès (Hrsg.), Marchands, diplomates et empereurs. Études sur la civilisation mésopotamienne offertes à Paul Garelli, Paris, 1991, 357-362

Grayson/Levine (1975) A. K. Grayson / L. Levine, The Assyrian Relief from Shikaft-i Gulgul, Ir Ant 11, 1975, 29–38.

Háklár (1983)	N. Háklár, Die Stellung Suḫis in der Geschichte. Eine Zwischenbilanz, OrAnt. 22, 1983, 25–36.
Hallo (1964)	W. W. Hallo, The road to Emar, JCS 18, 1964, 57–88.
Hannoon (1986)	N. Hannoon, Studies in the Historic Geography of Northern Iraq During the Middle and Neo-Assyrian Periods, PhD Diss., University of Toronto, 1986.
Harouthyounyan (1984)	N. Harouthyouyan, La localisation du pays Mehri des sources cunéiformes, Anatolica 11, 1984, 84–90.
Hausleiter (2011)	A. Hausleiter, Das antike Tayma': eine Oase im Kontaktbereich der Kulturen Neue Forschungen an einem Zentralort der Karawanenstraße, in: U. Franke / J. Gierlich (Hrsg.), Roads of Arabia. Archaeologische Schätze aus Saudi Arabien, Tübingen, 2011, 102–120.
Hausleiter (2012)	A. Hausleiter, North Arabian Kingdoms, in: D. T. Potts (Hrsg.), A Companion to the Archaeology of the Ancient Near East, Malden-Oxford, 2012, 816–832.
Hawkins (2000)	J. D. Hawkins, Corpus of Hieroglyphic Luwian Inscrip tions Volume 1. Inscriptions from the Iron Age, Berlin-New York, 2000.
Hawkins (2004)	J. D. Hawkins, The new Sargon stele from Hama, in: Frame (2004a) 151–164.
Heimpel (1987)	W. Heimpel, Das untere Meer, ZA 77, 1987, 22–91.
Herzfeld (1914)	E. Herzfeld, Ḫana und Mari, RA 11, 1914, 131–139.
Hommel (1885)	F. Hommel, Geschichte Babyloniens und Assyriens, Berlin, 1885.
Hommel (1926)	F. Hommel, Ethnologie und Geographie des Alten Orients, München, 1926.
Honigmann (1935)	E. Honigmann, Die Ostgrenze des byzantinischen Reiches, Brüssel, 1935.
Horn (1922)	S. Horn, Zur Geographie Mesopotamiens, ZA 34, 1922, 123-156.
Hornig (2006)	K. Hornig, Wandernde Künstler und ihre Rolle in Migrationsprozessen, in: E. Olshausen / H. Sonnabend (Hrsg.), „Troianer sind es gewesen“ – Migrationen in der Antiken Welt, Stuttgart, 2006, 201–210.
Horowitz (1998)	W. Horowitz, Mesopotamian Cosmic Geography, Winona Lake, 1998 (MC 8).
Horowitz/Oshima (2006)	W. Horowitz / T. Oshima, Cuneiform in Canaan, Jerusalem, 2006.
Howard-Johnston (1983)	J. D. Howard-Johnston, Byzantine Anzitene, in: S. Mitchell (Hrsg.), Armies and Frontiers in Roman and Byzantine Anatolia, Oxford, 1983, 239–290 (BAR International Series 156).

Hoyland (2001)	R. G. Hoyland, Arabia and the Arabs: from the Bronze Age to the Coming of Islam, London, 2001.
Ionides (1937)	M. G. Ionides, The Regime of the Rivers Euphrates and Tigris, London, 1937.
Ismail et al. (1983)	B. K. Ismail / M. D. Roaf / J. Black, 'Āna in the cuneiform sources, Sumer 39, 1983, 191–194.
Ismail et al. (1988)	B. K. Ismail / M. D. Roaf / J. Black, 'Āna in the cuneiform sources, in: Northedge et al. (1988) 1–5.
Ismail (1989)	B. K. Ismail, Two Neo-Assyrian tablets, SAAB 3, 1989, 61–64.
Jacobsen/Loyd (1935)	Th. Jacobsen / S. Lloyd, Sennacherib's Aqueduct at Jerwan. Chicago, 1935 (OIP 24).
Jakob (2009)	S. Jakob, Die mittelassyrischen Texte aus Tell Chuēra in Nordost-Syrien, Wiesbaden, 2009.
Jas (1996)	R. Jas, Neo-Assyrian Judicial Procedures, Helsinki, 1996 (SAAS 5).
Joannès (1987)	F. Joannès, LAMxKUR.RU^{ki} = Baṣ, NABU 1987/99, 55–56.
Joannès (1988)	F. Joannès, Lettres de Yasim-El, ARM 26/2, 235–355.
Joannès (2006)	F. Joannès, Haradum 2. Les textes de la période paléo-babylonienne (Samsu-iluna – Ammi-ṣaduqa), Paris, 2006.
Joannès/Ziegler (1995)	F. Joannès / N. Ziegler, Une attestation de Kumme à l'époque de Samsî-Addu et un Turukkéen de renom à Shemshâra, NABU 1995, Nr. 16, 16–17.
Kahn (2006)	D. Kahn, The Assyrian invasions of Egypt (673–663 B. C.) an the final expulsion of the Kushites, Studien zur Altägyptischen Kultur 34, 2006, 251–267.
Kaufman (1974)	S. Kaufmann, The Akkadian Influence on Aramaic, Chicago, 1974 (AS 19).
Kennedy/Northedge (1988)	D. Kennedy / A. Northedge, 'Āna in the Classical sources, in: Northedge et al. (1988) 6–8.
Kepinski (2006)	Ch. Kepinski, Haradu. A general outline of the Middle and Neo-Assyrian Fortress, with a brief history of the French excavations at Khirbet ed-Diniyeh, in: Kepinski et al. (2006) 329–338.
Kepinski et al. (2006)	Ch. Kepinski / O. Lecomte / A. Tenu (Hrsg.), Studia Euphratica. Le moyen Euphrate iraquien révélé par les fouilles preventives de Haditha, Paris, 2006.
Kessler (1978-79)	K. Kessler, Nawala und Nabula, AfO 26, 1978–79, 99–103.
Kessler (1979)	K. Kessler, Geographische Notizen, ZA 69, 1979, 217–220.

Kessler (1980) | K. Kessler, Untersuchungen zur historischen Topographie Nordmesopotamiens nach keilschriftlichen Quellen des 1. Jahrtausends v. Chr., Wiesbaden, 1980 (TAVO Beih. B 26).

Kessler (1983) | K. Kessler, Kassitische Tontafeln vom Tell Imliḥiye, BaM 13, 1982, 51–116.

Kessler (1983) | K. Kessler, Zu den keilschriftlichen Quellen des 2./1. Jahrtausend v. Chr. über Dilmun, in: Potts (1983) 147–160.

Kessler (1984) | K. Kessler, Nilabšinu und der altorientalische Name des Tell Brak, SMEA 24, 1984, 21–31.

Kessler (1991) | K. Kessler, Die Assyrer, in: B. Hrouda (Hrsg.), Der Alte Orient, München, 1991, 123–139.

Kessler (1995) | K. Kessler, Šubria, Urartu and Aššur. Topographical questions around the Tigris sources, in: Liverani (1995) 55–67.

Kessler (1997) | K. Kessler, "Royal roads" and other questions of the Neo-Assyrian communication system, in: Parpola/Whiting (1997) 129–136.

Kessler (2000) | K. Kessler, Untersuchungen zur Historischen Topographie von Nordmesopotamien. Eine philologische Perspektive, in: O. Rouault / M. Wäfler (Hrsg.), La Djéziré et l'Euphrat syriens de la protohistoire à la fin du IIe millénaire av. J.-C., Turnhout, 2000, 309–315.

Kessler (2003) | K. Kessler, Qurašute und Xenophon Korsotē, NABU 2003, 10, Nr. 13.

Kessler (2003-04) | K. Kessler, Der Bau der Stadtmauer von Mē–Turān unter Sargon II. Eine Prismeninschrift aus Tell Baradān, AfO 50, 2003–2004, 105–110.

Killick/Black (1985) | R. G. Killick / J. Black, Excavations in Iraq, 1983–84, Iraq 47, 1985, 215–239.

Kinnier-Wilson (1962) | J. V. Kinnier-Wilson, The Kurba'il statue of Shalmaneser III, Iraq 24, 1962, 90–115.

Knauf (1985) | E. A. Knauf, Ismael. Untersuchungen zur Geschichte Palästinas und Nordarabiens im 1. Jahrtausend v. Chr., Wiesbaden, 1985 (ADPV 7)

Knauf (1988) | E. A. Knauf, Midian. Untersuchungen zur Geschichte Palästinas und Nordarabiens am Ende des 2. Jahrtausends v. Chr, Wiesbaden, 1988.

Kopanias/Macginnis (2016) | K. Kopanias / J. Macginnis (Hrsg.), The Archaeology of the Kurdistan Region of Iraq and Adjacent Regions, Oxford, 2016.

Kühne (1995) C. Kühne, Ein mittelassyrisches Verwaltungsarchiv und andere Keilschrifttexte, in: W. Orthmann, Ausgraben in Tell Chuēra in Nordost-Syrien I., Saarbrücken, 1995, 203–225.

Kühne (1974-75) H. Kühne, Zur historischen Geographie am Unteren Hābūr, AfO 25, 1974–75, 249–255.

Kühne (1980) H. Kühne, Zur Rekonstruktion der Feldzüge Adad–Nīrārairī II., Tukultī–Ninurta II. und Aššurnaṣirpal II. im Hābūr Gebiet, BaM 11, 1980, 44–70.

Kühne (1990) H. Kühne, Ein Bewässerungssystem des Ersten Jahrtausends v. Chr. am Unteren Hābūr, in: B. Geyer (Hrsg.), Techniques et pratiques hydroagricoles traditionnelles en domaine irrigué I, Paris, 1990, 193–216.

Kühne (2013) H. Kühne, Tell Sheikh Hamad – The Assyrian-Aramaean centre of Dūr-Katlimmu/Magdalu, in: D. Bonatz / L. Martin (Hrsg.), Hundert Jahre archäologische Forschungen in Nordost-Syrien: eine Bilanz, Wiesbaden, 2013, 235–258.

Kühne/Luther (1998) H. Kühne / A. Luther, Tall Šēḫ Ḥamad/Dūr–Katlimmu/ Magdalu?, NABU 1998, Nr. 117, 106–109.

Kühne/Radner (2008) H. Kühne / K. Radner, Das Siegel des Išme-ilu, Eunuch des Nergal-ēreš, aus Dūr-Katlimmu, ZA 98, 2008, 26–44.

Laessøe (1959) J. Laessøe, The Shemshāra Tablets, Kopenhagen, 1959.

Landsberger/ Gurney (1957-58) B. Landsberger / O. R. Gurney, Practical Vocabulary of Assur, AfO 18, 1957-1958, 328–341.

Lanfranchi (1990) G. B. Lanfranchi, I Cimmeri. Emergenza dell'elites militari iraniche nel Vicino Oriente (VIII-VII sec. a. C.), Padua, 1990.

Lanfranchi (1995) G. B. Lanfranchi, Assyrian geography and Neo-Assyrian letters. The location of Ḫubuškia again, in: Liverani (1995), 127–137.

Lanfranchi (2004) G. B. Lanfranchi, Mesopotamia e Arabia nelle iscrizioni reali Assire, in: F. M. Fales / D. Morandi Bonacossi (Hrsg.), Mesopotamia e Arabia, Venedig, 2004, 219–253.

Lanfranchi (2012) G. B. Lanfranchi et al. (Hrsg.), Leggo! Studies presented to Frederick Mario Fales, Wiesbaden, 2012.

Layard (1849) A. H. Layard, Nineveh and Its Remains I, London, 1849.

Layard (1853) A. H. Layard, Discoveries Among the Ruins of Nineveh and Babylon, London, 1853.

Leichty (1991) E. Leichty, Esarhaddon's "Letter to the Gods" , in: M. Cogan / I. Eph'al, Ah Assyria ... Studies in Assyrian History and Ancient Near Eastern Historiography Presented to Hayim Tadmor, Jerusalem, 1991, 52–57.

Levine (1973) L. D. Levine, Geographical studies in the Neo-Assyrian Zagros I, Iran 11, 1973, 1–27.

Levine (1989) L. D. Levine, K. 4675+. The Zamua itinerary, SAAB 3, 1989, 75–92.

Lewy (1952a) J. Lewy, Studies in the Historic Geography of the Ancient Near East I: Šamši-Adad's Journey from Šubat-Enlil to Mari, Or NS 21, 1952, 1–12.

Lewy (1952b) J. Lewy, Studies in the historic geography of the Ancient Near East II: Old Assyrian Caravan Roads in the Valley of the Habūr and the Euphrates and in Northern Syria, OrNS 21, 1952, 265-292 u. 393-425.

Lewy (1968) H. Lewy, A Contribution to the historical geography of the Nuzi texts, JAOS 88, 1968, 150–162.

Lipiński (1976) E. Lipiński, Textes juridiques et économiques araméens de l'époque sargonide, in: J. Harmatta (Hrsg.), Wirtschaft und Gesellschaft im Alten Vorderasien, Acta Antiqua Academiae Scientiarum Hungaricae 22, Budapest, 1976, 373–384.

Lipiński (1976b) E. Lipiński, Apladad, Or. NS 45, 1976, 53–74.

Lipiński (1989-90) E. Lipiński, Rez. zu: Sader (1987), in: WO 20-21, 1989-90, 301–303.

Lipiński (1994) E. Lipiński, Studies in Aramaic Inscriptions and Onomastics II, Löwen, 1994 (OLA 57).

Lipiński (1999) E. Lipiński, Transfer and mortage in Ancient Aramaic documents, Eretz Israel 26, 1999, 116*–122*.

Lipiński (2000) E. Lipiński, The Aramaeans. Their Ancient History, Culture, Religion, Löwen, 2000 (OLA 100).

Lipiński (2002) E. Lipiński, Diyarbakir. An Aramaean capital of the 9th century B.C. and its territory, in: P. Taracha (Hrsg.), Silva Anatolica. Anatolian Studies Presented to Marciej Popko on the Occasion of His 65th Birthday, Warschau, 2002, 225–239.

Lipiński (2006) E. Lipiński, On the Skirts of Canaan in the Iron Age, Löwen, 2006 (OLA 153).

Liverani (1988) M. Liverani, The growth of the Assyrian Empire in the Habur / Middle Euphrates area: A new paradigm, SAAB 2, 1988, 81–98.

Liverani (1992a) M. Liverani, Studies on the Annals of Ashurnasirpal II. 2: Topographical Analysis, Rom, 1992.

Liverani (1992b) M. Liverani, Early Caravan Trade between South–Arabia and Mesopotamia, Yemen 1, 1992, 111–115.

Liverani (1992c) M. Liverani, Raṣappu and Ḫatallu, SAAB 6, 1992, 35–40.

Liverani (1995) M. Liverani (Hrsg.), Neo-Assyrian Geography, Rom, 1995 (Quaderni di Geografia Storica 5).

Liverani (1999-2001) M. Liverani, The Sargon Geography and the Late Assyrian mensuration of the earth, SAAB 13, 1999–2001, 57–85.

Luciani (1999) M. Luciani, Zur Lage Terqa in schriftlichen Quellen, ZA 89, 1999, 1–23.

Luciani (1999-2001) M. Luciani, On Assyrian frontiers and the Middle Euphrates, SAAB 13, 1999–2001, 1–30.

Lumsden (2005) S. Lumsden, The production of space at Nineveh, Iraq 66, 2005, 187–197.

Luther (1999) A. Luther, Die Einnahme von Birtha Asporaku durch Sapor I., Göttinger Forum für Altertumswissenschaften 2, 1999, 77–84.

Luther (2002) A. Luther, Römische Militärposten der Severerzeit am Unteren Ḫābūr, Göttinger Forum für Altertumswissenschaften 5, 2002, 1–9.

MacDonald (1995) B. MacDonald, North Arabia in the First Millennium BCE, in: J. Sasson (Hrsg.), Civilizations ofd the Ancient Near East, New York, 1995, 1355–1369.

MacDonald (1997) B. Macdonald, Trade routes and trade goods at the northern end of the "incence road" in the first millennium B.C., in: A. Avanzini (Hrsg.), Profumi d'Arabia, Rom, 1997, 333–349.

Mallowan (1946) M. Mallowan, Excavations in the Baliḫ Valley, 1938, Iraq 8, 1946, 111–159.

Maniori (2014) F. Maniori, Le campagne babilonesi ed orientali di Sargon II d'Assyria, Rom, 2014.

Marzahn/Salje (2003) J. Marzahn / B. Salje (Hrsg.), Wiederstehendes Assur. 100 Jahre deutsche Ausgrabungen in Assyrien, Mainz, 2003.

Masetti-Rouault (2010) M.-G. Masetti-Rouault, Rural economy and stepe management in an Assyrian colony in the West, in: H. Kühne (Hrsg.), Dūr-Katlimmu and Beyond, Wiesbaden, 2010, 129–149.

Mattila (2000) R. Mattila, The King's Magnates, Helsinki, 2000 (SAAS 11).

Maul (1992) S. M. Maul, Die Inschriften von Tall Bderi, Berlin, 1992.

Mayer (2002) W. Mayer, Die Stadt Kumme als überregionales religiöses Zentrum, in: O. Loretz / K. A. Metzler / H. Schaudig, Ex Mesopotamia et Syria Lux. Festschrift für Manfried Dietrich zu seinem 65. Geburtstag, Münster, 2002 (AOAT 281), 329–358.

Medveskaja (1997) I. Medveskaja, The localization of Hubuškia, in: Parpola/Whiting 1997, 197–206.

Meissner (1933) B. Meissner, Die Keilschrifttexte auf den steinernen Orthostaten und Statuen aus dem Tell Halaf, in: E. Weidner (Hrsg.), Aus fünf Jahrtausenden morgenländischer Kultur. Festschrift Max Freiherr von Oppenheim zum 70. Geburtstag gewidmet von Freunden und Mitarbeitern, AfO Beih. 1, Berlin, 1933, 71–79.

Menzel (1981a) B. Menzel, Assyrische Tempel. Band 1; Untersuchungen zu Kult, Administration und Personal, Rom, 1981 (Studia Pohl Series Maior 10/1).

Menzel (1981b) B. Menzel, Assyrische Tempel. Band 2; Anmerkungen, Textbuch, Tabellen und Indices, Rom, 1981 (Studia Pohl Series Maior 10/2).

Michaux-Colombot (2001) D. Michaux-Colombot, Magan and Meluḫḫa: A reappraisal through the historiography of thalassocratic powers, in: Tz. Abusch et al. (Hrsg.), Historiography in the Cuneiform World I, Maryland, 2001, 329–355.

Michaux-Colombot (2011) D. Michaux-Colombot, Is Maga/Magan the ancient name of Sinai? Assyrian, Achemenian, Egyptian, and Greek first millennium sources compared and discussed, in: E. Kormysheva et al. (Hrsg.), Egpyt and Ancient Near Eastern Countries III Millennium B.C. – I Millennium A. D., Moskau–Orléans-Rom, 2011, 191–212.

Miglus/Mühl (2011) P. Miglus / S. Mühl (Hrsg.), Between the Cultures. The Central Tigris Region Form the 3rd to the 1st Millennium BC, Heidelberg, 2011 (HSAO 14).

Millard (1962) A. R. Millard, Ezekiel XXVII.19: The wine trade of Damaskus, JSS 7, 1962, 201–203.

Millard (1973) A. R. Millard, ^{URU}šaḫuppa, AfO 24, 1973, 72.

Millard (1981) A. R. Millard, Rez. zu: A. K. Grayson, Assyrian Royal Inscriptions. Part 2: From Tiglath-pileser I to Ashur-nasir-apli II, Wiesbaden, 1976, in: JAOS 100, 1981, 368–369.

Morandi Bonacossi (1994-95) D. Morandi Bonacossi, Paesagio rurale e popolamento del territorio nella bassa valle del fiume Ḫābūr (Siria nordorientale) in età tardo-assira (VIII–VII sec. a. C.), Geographia Antiqua, 3–4, 1994–1995, 3–40.

Morandi Bonacossi (1996) D. Morandi Bonacossi, Tra il fiume e la steppa: Insedia mento e uso del territorio nella bassa valle del fiume Ḫābūr in epoca neo-assira, Padua, 1996.

Morandi Bonacossi (1996a) D. Morandi Bonacossi, "Landscapes of power". The political organisation of space in the Lower Habur Valley in the Neo-Assyrian period, SAAB 10, 1996, 15–49.

Morandi Bonacossi (2000a) D. Morandi Bonacossi, Marina ša šadê, Marinâ, Burmarina: The many names of an Assyrian town on the

Euphrates, in: E. Rova (Hrsg.), Patavina Orientalia Selecta, Padova, 2000, 221–230.

Morandi Bonacossi (2000b) D. Morandi Bonacossi, The Syrian Jezireh in the Late Assyrian Period: A view from the countryside, in: Bunnens (2000) 349–396.

Morandi Bonacossi/ Iamoni (2015) D. Morandi Bonacossi / M. Iamoni, Landscape and settlement in the eastern upper Iraqi Tigris and Navkur plains: The Land of Nineveh Archaeological Project, seasons 2012–2013, Iraq 77, 2015, 9–39.

Morello (2012) N. Morello, New inscribed bricks from Nimrud, Mesopotamia 47, 2012, 113–116.

Morony (1982) M. G. Morony, Continuity and change in the administrative geography of Late Sasanian and Early Islamic al-'Irāq, Iran 20, 1982, 1–49.

Mühl (2013) S. Mühl, Siedlungsgeschichte im mittleren Osttigrisgebiet, Wiesbaden, 2013 (ADOG 28).

Müller (1855) C. Müller, Geographi Graeci Minores I, Paris, 1855.

Musil (1927a) A. Musil, The Middle Euphrates. A Topographical Itinerary, New York, 1927.

Musil (1927b) A. Musil, Arabia Deserta. A Topographical Itinerary, New York, 1927.

Na'aman (2000) N. Na'aman, Ḫabiru-like bands in the Assyrian Empire and bands in Biblical historiography, JAOS 120, 2000, 621–624.

Nadali (2004) D. Nadali, La campagna di Assurbanipal contro gli Arabi: proposta di lettura delle dinamiche di una battaglia in campo aperto, SMEA 46, 2004, 59–78.

Nashef (1982) K. Nashef, Der Ṭaban-Fluss, BagM 13, 1982, 117–139.

Nissen (1967) H.-J. Nissen, Aus dem Geschäftsleben assyrischer Kaufleute im 14. Jahrhundert v. Chr., Heidelberger Studien zum Alten Orient. Adam Falkenstein zum 17. September 1966, Wiesbaden, 1967 (HSAO 1), 111–120.

Nogaret (1985) M. Nogaret, Prospection au Cudi Dağ, RA 79, 1985, 64–66.

Nöldecke (1948) A. Nöldecke, Zur Hydrographie des Euphrat im Schwemmlande, WO 1, 1948, 158–171.

Northedge et al. (1988) A. Northedge / A. Bamber / M. Roaf, Excavations at 'Āna, Warminster, 1988.

Novotny (2003) J. Novotny, Rez. zu: F. M. Fales / J. N. Postgate, Imperial Administrative Records Part II, Helsinki, 1995 (SAA 11), in: BiOr 60, 2003, 664–665.

Oates (1962) D. Oates, The excavations at Nimrud, Kalḫu 1961, Iraq 24, 1962, 1–25.

Oates (1968a) D. Oates, Studies in the Ancient History of Northern Iraq, Cambridge, 1968.

Oates (1968b) D. Oates, The excavations at Tell al Rimah, 1967, Iraq 30, 1968, 115–138.

Oates (1985) D. Oates, Excavations at Tell Brak, 1983–1984, Iraq 47, 1985, 159–173.

Olmstead (1917) A. T. Olmstead, Tiglath-Pileser I and his wars, JAOS 37, 1917, 169–185.

Olmstead (1918) A. T. Olmstead, The calculated frightfulness of Ashur Nasir Apal, JAOS 38, 1918, 209–263.

Olmstead (1921) A. T. Olmstead, Shalmaneser III and the establishment of the Assyrian power, JAOS 41, 1921, 345–382.

Onasch (1994) H.-U. Onasch, Die assyrischen Eroberungen Ägyptens, Teil 1: Kommentare und Anmerkungen, Wiesbaden, 1994.

Onasch (1994b) H.-U. Onasch, Die assyrischen Eroberungen Ägyptens. Teil 2: Texte in Umschrift, Wiesbaden,1994.

Opitz (1927) D. Opitz, Die Lage von Waššuganni, ZA 37, 299–301.

Opitz (1931-32) D. Opitz, Die Darstellungen der Araberkämpfe Assurbanipals aus dem Palast zu Ninive, AfO 7, 1931–32, 7–13.

Oppenheim (1954) A. L. Oppenheim, The seafaring merchants of Ur, JAOS 74, 1954, 6–17.

Oren (1984) E. Oren, Migdol, A new fortress on the edge of the eastern Nile Delta, BASOR 256, 1984, 7–44.

Orthmann (2002) W. Orthmann, Die aramäisch-assyrische Stadt Guzana. Ein Rückblick auf die Ausgrabungen Max von Oppenheims in Tell Halaf, Saarbrücken, 2002.

Page (1968) S. Page, A stela of Adad-nirari III and Nergal-ereš from Tell al Rimah, Iraq 30, 1968, 139–153.

Pappi (2006) C. Pappi, The Jebel Bišri in the physical and cultural landscape of the Ancient Near East, KASKAL 3, 2006, 241–256.

Pappi (2012) C. Pappi, Assyrians at the Lower-Zab, in: Lanfranchi et al. (2012) 597–611.

Parker (1998) B. J. Parker, Archaeological evidence for the location of Tušḫan: A provincial capital on the northern frontier of Assyria, in: J. Prosecky (Hrsg.), Intellectual Life of the Ancient Mesopotamia, Prag, 1998, 299–314.

Parker (2001) B. J. Parker, The Mechanics of Empire. The Northern Frontier of Assyria as a Case Study in Imperial Dynamics, Helsinki, 2001.

Parpola (1975) S. Parpola, A note on the Neo-Assyrian census lists, ZA 64, 1975, 96-115.

Parpola (1976) — S. Parpola, Rez. zu: J. V. Kinnier Wilson, The Nimrud Wine Lists, London, 1972 (CTN 1), in: JSS 21, 1976, 165–174.

Parpola (1983) — S. Parpola, Letters from Assyrian Scholars to the Kings Esarhaddon and Assurbanipal II, Neukirchen-Vluyn, 1983 (AOAT 5/2).

Parpola (1986) — S. Parpola, The Royal Archives of Nineveh, in: K. Veenhof (Hrsg.), Cuneiform Archives and Libraries, Leiden, 1986, 223–236.

Parpola (1988) — S. Parpola, The reading of the Neo-Assyrian logogram lúSIMUG.KUG.GI "goldsmith", SAAB 2, 1988, 77–80.

Parpola (1995) — S. Parpola, The construction of Dur-Šarrukin in the Assyrian royal correspondence, in: A. Caubet (Hrsg.), Khorsabad, le palais de Sargon II, roi d'Assyrie, Paris, 1995, 47–77.

Parpola (2008) — S. Parpola, Cuneiform texts from Ziyaret Tepe (Tušḫan), 2002–2003 (with Plates I – XXV), SAAB 17, 2008, 1–113.

Parpola (2016) — S. Parpola, Etymological Dictionary of the Sumerian Language II, Winona Lake, 2016.

Parpola/Whiting (1997) — S. Parpola / R. M. Whiting (Hrsg.), Assyria 1995, Helsinki, 1997.

Pedersén (1997) — O. Pedersén, Katalog der beschrifteten Objekte aus Assur, Saarbrücken, 1997 (ADOG 23).

Pinker (2006) — A. Pinker, Nahum and the Greek tradition on Nineveh's fall, The Journal of Hebrew Scriptures, article 8, 2006, 2–16.

Place (1870) — V. Place, Ninive et l'Assyrie II, Paris, 1870.

Podany (1991-1993) — A. H. Podany, A Middle Babylonian date for the Ḫana Kingdom, JCS 43/45, 1991–1993, 53–62.

Pognon (1879-80) — H. Pognon, L'inscription de Bavian. Texte, traduction et commentaire philologique, Paris, 1879–1880.

Poidebard (1931) — A. Poidebard, Recherches sur le limes romain, Syria 12, 1931, 274–280.

Pongratz-Leisten (1994) — B. Pongratz-Leisten, Ina šulmi īrub, Mainz, 1994 (BaF 16).

Pongratz-Leisten (1997) — B. Pongratz-Leisten, Toponyme als Ausdruck assyrischen Herrschaftsanspruchs, in: B. Pongratz-Leisten / H. Kühne / P. Xella (Hrsg.), Ana šadî Labnāni lū allik. Beiträge zu altorientalischen und mittelmeerischen Kulturen. Festschrift für Wolfgang Röllig, Neukirchen-Vluyn, 1997 (AOAT 247), 325–343.

Postgate (1969) J. N. Postgate, Neo-Assyrian Royal Grants and Decrees, Rom, 1969 (Studia Pohl: Series Maior 1).

Postgate (1970a) J. N. Postgate, A Neo-Assyrian tablet from Tell al Rimah, Iraq 32, 1970, 31–35.

Postgate (1970b) J. N. Postgate, More "Assyrian Deeds and Documents", Iraq 32, 1970, 129–164.

Postgate (1971) J. N. Postgate, Rez. zu: NAT, in: BSOAS 34, 1971, 389–390.

Postgate (1973) J. N. Postgate, The inscription of Tiglat-pileser III at Mila Mergi, Sumer 29, 1973, 47–59.

Postgate (1985) J. N. Postgate, Rez. zu: Kh. Nashef, RGTC 5, Wiesbaden, 1982, in: AfO 32, 1985, 95–101.

Postgate (1987) J. N. Postgate, The historical geography of the Hamrin Basin, Sumer 40, 1987, 149–159.

Postgate (1989) J. N. Postgate, The ownership and exploitation of land in Assyria in the first millennium B.C., in: M. Lebeau / P. Talon (Hrsg.), Reflets des deux fleuves. Volume des mélanges offerts à André Finet, Löwen, 1989, 141–152.

Postgate (1992) J. N. Postgate, The land of Assur and the yoke of Assur, World Archaeology 23/3, 1992, 247–263.

Postgate (1995) J. N. Postgate, Assyria: The home provinces, in: Liverani (1995) 1–17.

Postgate (2000) J. N. Postgate, The Assyrian army in Zamua, Iraq 62, 2000, 89–108.

Postgate/Mattila (2004) J. N. Postgate / R. Mattila, Il-yada' and Sargon's southeast frontier, in: Frame (2004a) 235–254.

Potts (1982) D. T. Potts, The road to Meluḫḫa, JNES 41, 1982, 279–288.

Potts (1983) D. T. Potts (Hrsg.), Dilmun. New Studies in the Archaeology and Early History of Bahrain, Berlin, 1983 (BBVO 2).

Potts (1985a) D. T. Potts, From Qadê to Mazûn. Four notes on Oman, c. 700 BC to 700 AD, JOS 8/1, 1985, 81–95.

Potts (1985b) D. T. Potts, The Location of Iz-ki-e, RA 79, 1985, 75–76.

Potts (1988) D. T. Potts, Trans-Arabian routes of the Pre-Islamic period, in: J.-F. Salles (Hrsg.), L'Arabie et ses mers bordières. 1. Itinéraires et voisinages, Travaux de la Maison de l'Orient N° 16, Lyon, 1988, 127-162.

Potts (1990) D. T. Potts, The Arabian Gulf in Antiquity I, Oxford, 1990.

Potts (1991) D. T. Potts, Tayma and the Assyrian Empire, Arabian Archaeology and Epigraphy 2, 1991, 10–23.

Potts (2011) D. T. Potts, Das alte Arabien in historischen Quellen, in: U. Franke / J. Gierlich (Hrsg.), Roads of Arabia. Archäologische Schätze aus Saudi Arabien, Tübingen, 2011, 86–101.

Priese (1970) K.-H. Priese, Der Beginn der kuschitischen Herrschaft in Ägypten, ZÄS 98, 1970, 16–32.

Rabinowitz (1956) I. Rabinowitz, Aramaic inscriptions of the fifth century B.C.E. from a North Arab shrine in Egypt, JNES 15, 1956, 1–9.

Radner (1997a) K. Radner, Erntearbeiter und Wein. Neuassyrische Urkunden und Briefe im Louvre, SAAB 11, 1997, 3–29.

Radner (1997b) K. Radner, Die neuassyrischen Privatrechtsurkunden als Quelle für Mensch und Umwelt, Helsinki, 1997 (SAAS 6).

Radner (1998) K. Radner, Der Gott Salmānu (Šulmānu) und seine Beziehung zur Stadt Dūr-Katlimmu, WO 29, 1998, 29–47.

Radner (2002) K. Radner, Die neuassyrischen Texten von Dūr-Katlimmu, Berlin, 2002 (BATSH 6).

Radner (2006a) K. Radner, How to reach the Upper Tigris: the route through the Ṭūr 'Abdīn, SAAB 15, 2006, 273–305.

Radner (2006b) K. Radner, Rez. zu: A.-M. Wittke, Mušker und Phryger, Wiesbaden, 2004, in: ZA 96, 2006, 144–149.

Radner (2007) K. Radner, The winged snakes of Arabia and the fossil site of Makhtesh Ramon in the Negev, WZKM 97, 2007, 353–366.

Radner (2008) K. Radner, Esarhaddon's expedition from Palestine to Egypt in 671 BCE: A trek through Negev and Sinai, in: D. Bonatz/R. M. Czichon/ F. J. Kreppner (Hrsg.), Fundstellen: Gesammelte Schriften zur Archäologie und Geschichte Altvorderasiens ad honorem Hartmut Kühne, Wiesbaden, 2008, 305–314.

Radner (2009) K. Radner, Die assyrischen Reliefs und Inschriften, in: A. Schachner, Assyrische Könige an einer der Quellen des Tigris, Tübingen, 2009, 172–223.

Radner (2011) K. Radner, The Assur-Nineveh-Arbela triangle: Central Assyria in the Neo-Assyrian Period, in: Miglus/Mühl (2011) 321–329.

Radner (2012) K. Radner, "Between a rock and a hard place: Muṣaṣir, Kumme, Ukku and Šubria – the buffer states between Assyria and Urarṭu", in: S. Kroll et al. (Hrsg.), Urartu-Bianili, Leuven, 2012 (Acta Iranica 51), 243–264.

Radner (2015) K. Radner, Ancient Assyria: A Very Short Introduction, Oxford, 2015.

Radner/Schachner (2001) K. Radner / A. Schachner, From Tušhan to Amēdi: topographical questions concerning the Upper Tigris region in the Assyrian period, in: N. Tuna / J. Öztürk / J. Velibeyoğlu (Hrsg.), Salvage Project of the Archaeological Heritage of the Ilısu and Carchemish Dam Reservoirs Activities in 1999, Ankara, 2001, 753–776 (mit Abb. auf S. 749–752 der türkischen Fassung).

Ranke (1910) H. Ranke, Keilschriftliches Material zur altägyptischen Vokalisation, Abhandlungen der Preußischen Akademie der Wissenschaften, Anhang, Berlin, 1910, 1–96.

Reade (1968) J. E. Reade, Tell Taya (1967): Summary report, Iraq 30, 1968, 234–264.

Reade (1976) J. E. Reade, The Neo-Assyrian court and army: Evidence from the sculptures, Iraq 34, 1972, 87–112.

Reade (1978a) J. E. Reade, Studies in Assyrian geography, Part I: Sennacherib and the waters of Nineveh, RA 72, 1978, 47–72 u. 157–175.

Reade (1978b) J. E. Reade, Studies in Assyrian geography, Part II., RA 72, 1978, 175–180.

Reade (1978c) J. E. Reade, Kassites and Assyrians in Iran, Iran 16, 1978, 137–143.

Reade (1998a) J. E. Reade, Assyrian illustrations of Arabs, in: C.S. Phillips / D. T. Potts / S. Searight (Hrsg.), Arabia and Its Neighbours. Essays on Prehistorical and Historical Developments Presented in Honour of Beatrice de Cardi, Turnhout, 1998, 221–232.

Reade (1998b) J. E. Reade, Assyrian Illustrations of Nineveh, Iranica Antiqua 33, 1998, 81–94.

Reade (2002) J. E. Reade, Shiru Malikhta and the Bandwai canal system, in: Al–Gailani et al. (Hrsg.), Of Pots and Plans, Papers on the Archaeology and History of Mesopotamia and Syria presented to David Oates in Honour of his 75th Birthday, London, 2002, 309–318.

Reiner/Civil (1967) E. Reiner / M. Civil, Another volume of Sultantepe tablets, JNES 26, 1967, 177–211.

Retsö (2003) J. Retsö, The Arabs in Antiquity, London, 2003.

Roaf (2002) M. Roaf, Tushhan in the cuneiform texts, in: T. Matney / M. Roaf / J. MacGinnis / H. McDonald, Archaeological Excavations at Ziyaret Tepe, 2000 and 2001, Anatolica 28, 2002, 49–51.

Röllig (1978) W. Röllig, Dūr-katlimmu, OrNS 47, 1978, 419–430.

Röllig (1983) W. Röllig, Ein Itinerar aus Dūr-Katlimmu, DaM 1, 1983, 279–284.

Röllig (1993) W. Röllig, Die aramäischen Beischriften auf den Texten 1 und 3, SAAB 7, 1993, 125–128.

Röllig (1997) W. Röllig, Aspects of the historical geography of Northeastern Syria from Middle Assyrian to Neo-Assyrian times, in: Parpola/Whiting (1997) 281–293.

Röllig/Kühne (1977-78) W. Röllig / H. Kühne, A preliminary report on a survey conducted by the Tübinger Atlas de Vorderen Orients in 1975, AAAS 27–28, 1977–1978, 115–138.

Rollinger (2006a) R. Rollinger, Assyrios, Syrios, Syros und Leukosyros, WO 36, 2006, 72–82.

Rollinger (2006b) R. Rollinger, The terms "Assyria" and "Syria" again, JNES 65, 2006, 283–287.

Rollinger (2011) R. Rollinger, Assur, Assyrien und die klassische Überlieferung. Nachwirken, Deutungsmuster und historische Reflexion, in: J. Renger (Hrsg.), Assur – Gott, Stadt und Land, Wiesbaden, 2011, 311–145.

Rosmarin (1932) T. W. Rosmarin, Aribi und Arabien in den babylonisch-assyrischen Quellen, JSOR 16, 1932, 1–37.

Rouault (2001) O. Rouault, Terqa et sa région (6e–1er millénaires av. J.-C.), Akkadica 122, 2001, 1–26.

Rouault/ Masetti-Rouault (2015) O. Roualt / M. G. Masetti-Rouault, French excavations in Qasr-Shemamok/Kilizu (Iraqi Kurdistan): The first mission (2011), in: A. Archi (Hrsg.), Tradition and Innovation in the Ancient Near East, Winona Lake, 2015 (CRRAI 57^{e}), 481–489.

Rost (1893) P. Rost, Die Keilschrifttexte Tiglat-Pilesers III. Teil I: Einleitung, Transcription und Übersetzung, Wörterverzeichnis mit Commentar, Leipzig, 1893.

Russell (1984) H. F. Russell, Shalmaneser's campaign to Urarṭu in 856 B. C. and the historical geography of eastern Anatolia according to the Assyrian sources, An St 34, 1984, 171–201.

Russell (1985) H. F. Russell, The historical geography of the Euphrates and Habur according to the Middle- and Neo-Assyrian sources, Iraq 47, 1985, 57–74.

Rzóska (1980) J. Rzóska, Euphrates and Tigris, Mesopotamian Ecology and Destiny, Den Haag, 1980.

Sachau (1882) E. Sachau, The Capadocian cuneiform inscription, PSBA 1882, 117.

Sachau (1883) E. Sachau, Reisen in Syrien und Mesopotamien, Leipzig, 1883.

Sachau (1897) E. Sachau, Glossen zu den historischen Inschriften assyrischer Könige, ZA 12, 1897, 42-61

Sachau (1911) E. C. Sachau, Aramäische Papyrus und Ostraka aus einer jüdischen Militär-Kolonie zu Elephantine, 2 Bände, Leipzig, 1911.

Sader (1987) H. S. Sader, Les états araméens de Syrie depuis leur fondation jusqu'à leur transformation en provinces assyriennes, Beirut-Wiesbaden, 1987.

Safar (1947) F. Safar, Sennacherib's project for supplying Erbil with water, Sumer 3, 1947, 23–25 u. 71–86 (Arabisch).

Saggs (1958) H. W. F. Saggs, The Nimrud letters, 1952. Part IV, Iraq 20, 1958, 182–212.

Salvini (1967) M. Salvini, Nairi e Uru(a)ṭri, Rom, 1967.

Salvini (1984) M. Salvini, Storia della regione in epoca urartea, in: P. E. Pecorella / M. Salvini, Tra lo Zagros e l'Urmia, Rom, 1984, 9–51.

Salvini (1995) M. Salvini, Gechichte und Kultur der Urartäer, Darmstadt, 1995.

Sarsowsky (1912) A. Sarsowsky, Notizen zu einigen biblischen geographischen und ethnographischen Namen, ZAW 32, 1912, 146–151.

Savaş (1998) A. Ö. Savaş, Divine, Personal and Geographical Names in the Anatolian (Hittite - Luwian) Hierolyphic Inscriptions, Istanbul, 1998.

Schachner (2007) A. Schachner, Bilder eines Weltreichs, Turnhout, 2007.

Schachner (2012) A. Schachner, Assyriens Herrschaft im Norden – Eine Stele aus İdil im südöstlichen Tur Abdin, in: H. D. Baker / K. Kaniuth / A. Otto (Hrsg.), Stories of Long Ago: Festschrift für Michael D. Roaf, Münster, 2012 (AOAT 397), 595–614.

Scheil (1909) V. Scheil, Annales de Tukulti-Ninip II, Paris, 1909.

Schiffer (1911) S. Schiffer, Die Aramäer. Historisch-geographische Untersuchungen, Leipzig, 1911.

Schneider (1932) N. Schneider, Die Drehem- und Djohatexte im Kloster Montserrat (Barcelona), Rom, 1932 (AnOr 7).

Schramm (1970) W. Schramm, Die Annalen des assyrischen Königs Tukulti-Ninurta II. (890–884 v. Chr.), BiOr 27, 1970, 147–160.

Schwemer (2001) D. Schwemer, Die Wettergottgestalten Mesopotamiens und Nordsyriens im Zeitalter der Keilschriftkulturen, Wiesbaden, 2001.

Scott / MacGinnis (1990) M. L. Scott / J. MacGinnis, Notes on Nineveh, Iraq 52, 1990, 63–73.

Segal (1983) J. B. Segal, Aramaic Texts from North Saqqara with Some Fragments in Phoenician, London, 1983.

Seidmann (1935) J. Seidmann, Die Inschriften Adadnirâris II., Leipzig, 1935 (MAOG 9/3).

Spalinger (1974a) A. Spalinger, Esarhaddon and Egypt: An analysis of the first invasion of Egypt, OrNS 43, 1974, 295–326.

Spalinger (1974b) A. Spalinger, Assurbanipal and Egypt: A Source Study, JAOS 94, 1974, 316–328.

Speiser (1926-27) E. A. Southern Kurdistan in the annals of Ashurnasirpal and today, AASOR 8, 1926–27, 1–41.

Steindorff (1890) G. Steindorff, Die keilschriftliche Umschreibung ägyptischer Eigennamen, BA 1, 1890, 330–361, 593–612.

Stephens (1953) F. J. Stephens, The proveniance of the gold and silver tablets of Ashurnaṣirpal, JCS 7, 1943, 73–74.

Stol (1979) M. Stol, On Trees, Mountains, and Millstones in the Ancient Near East, Leiden, 1979.

Streck (1898) M. Streck, Das Gebiet der heutigen Landschaften Armenien, Kurdistan und Westpersien nach den babylonisch-assyrischen Keilschrifttten, ZA 13, 1898, 57–110.

Streck (1900) M. Streck, Das Gebiet der heutigen Landschaften Armenien, Kurdistan und Westpersien nach den babylonisch-assyrischen Keilschriften. Fortsetzung, ZA 15, 1900, 257–382.

Streck (1916) M. Streck, Assurbanipal und die letzten assyrischen Könige bis zum Untergange Niniveh's, Teil 1: Einleitung, Leipzig, 1916.

Streck (2000) M. P. Streck, Das amurritische Onomastikon der altbabylonischen Zeit. Band 1: Die Amurriter. Die amurritische Forschung. Orthographie und Phonologie. Nominalmorphologie, Münster, 2000 (AOAT 271/1)

Streck (2014) M. P. Streck, Babylonia, in: H. Niehr (Hrsg.), The Aramaeans in Ancient Syria, Leiden, 2014, 297–318.

Stronach (1994) D. Stronach, Village to metropolis: Nineveh and the beginnings of urbanism in Northern Mesopotamia, in: S. Mazzoni (Hrsg.), Nuove fondazioni del vicino oriente antico: Realità e ideologia, Pisa, 1994, 85–114.

Stepniowski (2011) F. M. Stepniowski, From Imgur-Illil to Mēturna, in: Miglus/Mühl (2011) 331–342.

Tadmor (1985) H. Tadmor, Towards the early history of qaṭālu, JQR 76, 1985, 51–54.

Tadmor (1994) H. Tadmor, The Inscriptions of Tiglath-pileser III, Jerusalem, 1994.

Tenu (2006) A. Tenu, Le moyen Euphrate à l'époque médio-assyrienne, in: Kepinski et al. (2006) 217–245.

Thompson (1933)	R. C. Thompson, The British Museum excavations at Nineveh, 1931–32, AAA 20, 1933, 71–127 + pl. 35–106.
Thompson (1940)	R. C. Thompson, A Selection from historical texts from Nineveh, Iraq 7, 1940, 85–111.
Thompson/ Hutchinson (1929)	R. C. Thompson / R W. Hutchinson, A Century of Exploration at Nineveh, London, 1929.
Toffteen (1907)	O. A. Toffteen, Notes on Assyrian and Babylonian geography, Part I, AJSL 23, 1907, 323–357.
Tournay/Saouaf (1952)	R. J. Tournay / S. Saouaf, Stele de Tukulti-Ninurta II, AAS 2, 1952, 169–190.
Tucker (1994)	D. J. Tucker, Representations of Imgur-Enlil on the Balawat Gates, Iraq 56, 1994, 107–116.
Ur (2005)	J. Ur, Sennacherib's northern Assyrian canals: new insights from satellite imagery and aerial photography, Iraq 67, 2005, 317–345.
Ur (2013)	J. Ur et al., Ancient Cities and Landscapes in the Kurdistan Region of Iraq: The Erbil Plain Archaeological Survey 2012 Season, Iraq, 75, 2013, 89–117.
van Driel (1981)	G. van Driel, Wine lists and beyond?, BiOr 38, 1981, 259–272.
van Buylaere/Luukko (2016)	G. van Buylaere / M. Luukko, A Neo-Assyrian estate sale contract from the late seventh century, WO 46, 2016, 152–161.
van Liere/Lauffray (1954-55)	W. J. van Liere / J. Lauffray, Nouvelle prospection archéologique dans la Haute Jezireh Syrienne, AAS 4/5, 1954–55, 129–148.
van Soldt (2013)	W. van Soldt et al., Satu Qala: A preliminary report on the seasons 2010–2011, Anatolica 39, 2013, 197–239.
van Soldt (2008)	W. van Soldt, The location of Idu, NABU 2008/2, Nr. 55, 72–74.
Vera Chamaza (1995-96)	G. Vera Chamaza, Der VIII. Feldzug Sargons II. Eine Untersuchung zu Politik und historischer Geographie des späten 8. Jhs. v. Chr. (Teil II), AMI 28, 1995–96, 235–267.
Verreth (1999)	M. Verreth, The Egyptian eastern border region in Assyrian sources, JAOS 119,1999, 234–247.
Villard (2000)	P. Villard, Les limites du monde connu à l'époque néo-assyrienne, in: L. Milano / S. de Martino / F. M. Fales / G. B. Lanfranchi (Hrsg.), Landscapes. Territories, Frontiers and Horizons in the Ancient Near East. Part 2: Geography and Cultural Landscapes, Padova, 2000, 73–81.
von Soden/Röllig (1991)	W. von Soden / W. Röllig, Das akkadische Syllabar, Rom, 1991^4 (AnOr 42).

Wäfler (1975) — M. Wäfler, Nicht-Assyrer neuassyrischer Darstellungen, Neukirchen-Vluyn, 1975 (AOAT 26).

Walker (2006-2007) — J. Walker, The legacy of Mesopotamia in Late-Antiquity Iraq: The christian martyr shrine at Melqi (Neo-Assyrian Milqia), ARAM 18-19, 2007–2007, 483–508.

Watanabe (1991) — K. Watanabe, Rez. zu: S. Parpola, The Correspondence of Sargon II, Part I, Helsinki, 1987, in: BiOr 48, 1991, 183–202.

Watanabe (1992) — K. Watanabe, Nabû-uṣalla, Statthalter Sargons in Tam(a)nūna, BaM 23, 1992, 357–369.

Weidner (1933-34) — E. Weidner, Die Feldzüge Šamši-Adads V. gegen Babylonien, AfO 9, 1933–34, 89–104.

Weidner (1940) — E. Weidner, Das Archiv des Mannu-kî-Aššur, in: J. Friedrich et al., Die Inschriften vom Tell Halaf, Berlin, 1940, 8–46.

Weidner (1966) — E. Weidner, Assyrische Itinerare, AfO 21, 1966, 42–46.

Weippert (1969) — M. Weippert, Ein ugaritischer Beleg für das Land „Qadi“ der ägyptischen Texte?, ZDPV 85, 1969, 35–50

Weippert (1972) — M. Weippert, Rez. zu: S. Parpola, Neo-Assyrian Top onyms, Neukirchen-Vluyn, 1970, in: GGA 224, 1972, 150–161.

Weippert (1973) — M. Weippert, Menahem von Israel und seine Zeitgenossen in einer Steleninschrift des assyrischen Königs Tiglath-pilesers aus dem Iran, ZDPV 89, 1973, 26–53.

Weippert (1973-74) — M. Weippert, Die Kämpfe des assyrischen Königs Assurbanipal gegen die Araber, WO 7, 1973–74, 39-85.

Weippert (1992) — M. Weippert, Die Feldzüge Adadnararis III. nach Syrien. Voraussetzungen, Verlauf, Folgen, ZDPV 108, 1992, 42–67.

Whiting (1976) — R. M. Whiting, Tiš-Atal of Ninive and Babati, uncle of Šu-Sin, JCS 28, 1976, 173–182.

Wilhelm (1989) — G. Wilhelm, The Hurrians, Warminster, 1989.

Wilhelm (1994) — G. Wilhelm, Kumme und *Kumar: Zur hurritischen Ortsnamenbildung, in P. Calmeyer et al. (Hrsg.), Beiträge zur Altorientalischen Archaologie und Altertumskunde: Festschrift fur Barthel Hrouda, Wiesbaden, 1994, 315–319.

Winnet/Reed (1970) — F. V. Winnet / W. L. Reed, Ancient Records from North Arabia, Toronto, 1970.

Wiseman (1953) — D. J. Wiseman, The Nimrud Tablets, 1953, Iraq 15, 1953, 135–160.

Wittke (2004) A.-M. Wittke, MuŠker und Phryger. Ein Beitrag zur Geschichte Anatoliens vom 12. bis zum 7 Jh. v. Chr., Wiesbaden, 2004.

Woods (2005) Ch. Woods, On the Euphrates, ZA 95, 2005, 7–45.

Wunsch (2013) C. Wunsch, Glimpses on the lives of deportees in rural Babylonia, in: A. Berlejung / M. P. Streck (Hrsg.), Arameans, Chaldeans, and Arabs in Babylonia and Palestine in the First Millennium B.C., Wiesbaden, 2013, 247–260.

Yamada (2005) K. Yamada, "From the Upper Sea to the Lower Sea". The development of the names of the seas in the Assyrian royal inscriptions, Orient 40, 2005, 31–55.

Yamada (2000) S. Yamada, The Construction of the Assyrian Empire, Leiden, 2000.

Young (1983) T. Cuyler Young Jr., The Assyrian army on the Middle Euphrates: Evidence from current excavations, BSMS 6, 1983, 19–32.

Yoyotte (1952) J. Yoyotte, Quelques toponymes Egyptiens mentionnés dans les «Annales d'Assurbanipal» (Rm. I, 101-105), RA 46, 1952, 212–214.

Zadok (1976a) R. Zadok, Geographical and onomastic notes, JANES 8, 1976, 113–126.

Zadok (1976b) R. Zadok, Syro-Palestinian parallels to Lebanese Toponyms, Rez. zu: S. Wild, Libanesische Ortsnamen, Beirut, 1973, in: BiOr 33, 1976, 304–310.

Zadok (1977) R. Zadok, On the toponym Ḥl/l_2 kr, Tel Aviv 4, 1977, 174.

Zadok (1977-78a) R. Zadok, Historical and onomastic notes, WO 9, 1977-78, 35–56.

Zadok (1977-78b) R. Zadok, Addenda to Historical and Onomastic Notes, WO 9, 1977–78, 240–241.

Zadok (1978a) R. Zadok, West Semitic toponyms in Assyrian and Babylonian sources, in: J. Avishur and J. Blau (Hrsg.), Studies in Bible and the Ancient Near East. Festschrift S. E. Loewenstamm, Jerusalem, 1978, 163–179.

Zadok (1978b) R. Zadok, On West Semites in Babylonia During the Chaldean and Achaemenian Periods: An Onomastic Study, Jerusalem, 1978 (revised version).

Zadok (1978c) R. Zadok, Phoenicians, Philistines, and Moabites in Mesopotamia, BASOR 230, 1978, 57–65.

Zadok (1981a) R. Zadok, Arabians in Mesopotamia during the Late-Assyrian, Chaldean, Achaemenian and Hellenistic periods chiefly according to cuneiform sources, ZDMG 131, 1981, 42–84.

Zadok (1981b) R. Zadok, The toponymy of the Nippur region during the 1st millennium B.C. within the general framework of the Mesopotamian toponymy, WO 12, 1981, 39–69.

Zadok (1981c) R. Zadok, Rez. zu: The Chicago Colloquium on Aramaic Studies, JNES 37/2, 1978, in: WO 12, 1981, 196–200.

Zadok (1981-82) R. Zadok, Iranian and Babylonian notes, AfO 28, 1981-82, 135–139.

Zadok (1982a) R. Zadok, Remarks on the inscription of HDYS'Y from Tall Fakhariya, Tel Aviv 9, 1982, 117–129.

Zadok (1982b) R. Zadok, Lexical, onomastic and geographical notes, RA 76, 1983, 174–178.

Zadok (1983) R. Zadok, Rez. zu: I. J. Gelb, Computer-Aided Analysis of Amorite, Chicago, 1980, in: WO 14, 1983, 235–240.

Zadok (1984) R. Zadok, Assyro-Babylonian lexical and onomastic notes, BiOr 41, 1984, 33–46.

Zadok (1985a) R. Zadok, Notes on modern Palestinian toponymy, ZDPV 101, 1985, 156–161.

Zadok (1985b) R. Zadok, Zur Geographie Babyloniens während des sargonidischen, chaldäischen, achämenidischen und hellenistischen Zeitalters, WO 16, 1985, 19–79.

Zadok (1985c) R. Zadok, Rez. zu: H.-J. Nissen / J. Renger (Hrsg.), Mesopotamien und seine Nachbarn, Berlin, 1982 (CRRAI 25), in: AfO 32, 1985, 112–114.

Zadok (1988) R. Zadok, The Pre-Hellenistic Israelite Anthroponymy and Prosopography, Löwen, 1988 (OLA 28).

Zadok (1989) R. Zadok, Notes on the historical geography of Mesopotamia and Northern Syria, Abr-Nahrain 27, 1989, 154–169.

Zadok (1990) R. Zadok, On early Arabians in the Fertile Crescent, Tel Aviv 17, 1990, 223–232.

Zadok (1991a) R. Zadok, On the onomasticon of the Old Aramaic sources, BiOr 48, 1991, 25–40.

Zadok (1991b) R. Zadok, Geographical and Topographical Notes, NABU 1991, Nr. 70, 43–44.

Zadok (1991c) R. Zadok, Elements of Aramean pre–history, in: M. Cogan / I. Eph'al (Hrsg.), Ah, Assyria ... Studies in Assyrian History and Ancient Near Eastern Historiography Presented to Hayim Tadmor, Jerusalem, 1991, 104–117.

Zadok (1994) R. Zadok, On some anthroponyms and toponyms, NABU 1994/14, 15–16.

Zadok (1995a) R. Zadok, The Ethno-Linguistic character of the Jezireh and adjacent regions in the 9th-7th centuries, in: Liverani (1995) 217–282.

Zadok (1995b) R. Zadok, On the Late-Assyrian texts from Dūr-Katlimmu and the significance of the NA documentation for ethno-linguistic classification, NABU 1995, Nr. 3, 2–4.

Zadok (1995c) R. Zadok, Notes on Syro-Palestinian toponymy and anthroponymy, UF 27, 1995, 627–640.

Zadok (1996a) R. Zadok, Notes on Syro-Palestinian history, toponymy and anthroponymy, UF 28, 1996, 721-749.

Zadok (1996b) R. Zadok, Geographical and onomastics remarks on H. Tadmor, The Inscriptions of Tiglat-Pileser III King of Assyria (Jerusalem 1994), NABU, 1996/17, 11–13.

Zadok (1996c) R. Zadok, Geographical notes, NABU, 1996/79, 70–71.

Zadok (1997) R. Zadok, The ethnolinguistic composition of Assyria proper in the 9th–7th centuries BC, in: H. Waetzoldt / H. Hauptmann (Hrsg.), Assyrien im Wandel der Zeiten, Heidelberg, 1997, 209–216.

Zadok (1998) R. Zadok, On Some Upper Mesopotamian toponyms, NABU 1998/67, 69-71.

Zadok (2000a) R. Zadok, Some non-Semitic names in Akkadian sources, NABU 2000, 10–12

Zadok (2000b) R. Zadok, Notes on Babylonian geography, NABU 2000, 3–8.

Zadok (2000c) R. Zadok, Prosopography and onomastics of Syria-Palestine and adjacent regions, UF 32, 2000 (erschienen 2001), 599–674.

Zadok (2002) R. Zadok, The Ethno-linguistic character of Northwestern Iran and Kurdistan in the Neo-Assyrian period, Iran 40, 2002, 89–151 (auch als Buch 2002 in Jerusalem erschienen).

Zadok (2003a) R. Zadok, West Semites in administrative and epistolary documents from Northern and Central Babylonia, in: R. Deutsch (Hrsg.), Shlomo. Studies in Epigraphy, Iconography, History and Archaeology in Honour of Shlomo Moussaieff, Tel Aviv-Jaffa, 2003, 255–271.

Zadok (2003b) R. Zadok, NA Qu-ra-šu-te, NABU 2003, 62, Nr. 53.

Zadok (2008) R. Zadok, Neo-Assyrian notes, in: M. Cogan / D. Kahn (Hrsg.), Treasures on Camels' Humps. Historical and Literary Studies from the Ancient Near East Presented to Israel Eph'al, Jerusalem, 2008, 313–330.

Zadok (2009-10) R. Zadok, The archive of Šulmu-šarri from Dūr-Katlimmu, SAAB 18, 2009–2010, 47–90.

Zadok (2012) R. Zadok, Kannu', in: Lanfranchi (2012), 875–891.

Zadok (2013) R. Zadok, The onomastics of the Chaldean, Aramean, and Arabian Tribes in Babylonia during the first millennium, in: A. Berlejung / M. P. Streck (Hrsg.), Arameans, Chaldeans, and Arabs in Babylonia and Palestine in the First Millennium B. C., Wiesbaden, 2013, 261–336.

Zadok (2014) R. Zadok, Hīt in Sūhu, KASKAL 11, 2014, 1–22.

Zimansky (1990) P. E. Zimansky, Urartian geography and Sargon's eighth campaign, JNES 49, 1990, 1–21.

2. TAVO-Karten

TAVO Karte A I 1 G. Schweizer / S. Rinnebach / G. Müller Vorderer Orient. Relief und Gewässer, Wiesbaden, 1993.

TAVO Karte A I 2 (O) W. Denk, Türkei. Relief, Gewässer und Siedlungen (Ostteil), Wiesbaden, 1992.

TAVO Karte A I 4 W. Denk, Mesopotamien. Relief, Gewässer und Siedlungen, Wiesbaden, 1985.

TAVO Karte A I 5 W. Denk, Levante. Relief, Gewässer und Siedlungen. Wiesbaden, 1993.

TAVO Karte A VIII 1 K.-P. Hartmann/H. Pohlmann, Vorderer Orient. Staats- und Verwaltungsgliederung, Wiesbaden, 1979.

TAVO Karte B I 16 P. P. Vértesalji, Mesopotamien. Chalkolithikum, Wiesbaden, 1982.

TAVO Karte B I 17 P. P. Vértesalji, Mesopotamien zu Beginn der Städtebil dung, Wiesbaden, 1982.

TAVO Karte B II 2 F. Gomaà, Ägypten während der Ersten Zwischenzeit, Wiesbaden, 1980.

TAVO Karte B II 7 U. Finkbeiner / W. Röllig, Mesopotamien. Frühdynastische Zeit, Wiesbaden, 1988.

TAVO Karte B II 12.1 U. Finkbeiner / B. Groneberg, Mesopotamien in altbabylonischer Zeit. Besiedlung, Wiesbaden, 1991.

TAVO Karte B III 3 G. Bunnens / A. Kuschke / W. Röllig, Palästina und Syrien zur Zeit der ägyptisch-hethitischen Vorherrschaft, Wiesbaden, 1990.

TAVO Karte B III 7 K. Nashef, Babylonien und Assyrien in der zweiten Hälfte des zweiten Jahrtausends v. Chr., Wiesbaden, 1985.

TAVO Karte B IV 2 F. Gomaà, Nildelta (Ägypten): Libysche Fürstentümer, Wiesbaden, 1977.

TAVO Karte B IV 3 K. Zibelius, Nubien und Sudan von der 25. Dynastie bis in die ptolemäisch-römische Zeit (Nordteil), Wiesbaden, 1981.

TAVO Karte B IV 8 A.-M. Wittke / F. Prayon / W. Röllig / I. von Bredow, Östlicher Mittelmeerraum und Mesopotamien um 700 v. Chr, Wiesbaden, 1993.

TAVO Karte B IV 10	K. Kessler, Assyrien bis 800 v. Chr., Wiesbaden, 1987.
TAVO Karte B IV 11	B. Groneberg / F. Vallat, Die elamischen Reiche, Wiesbaden, 1992.
TAVO Karte B IV 13	K. Kessler, Das Neuassyrische Reich der Sargoniden (720-612 v. Chr.) und das Neubabylonische Reich (612-539 v. Chr.), Wiesbaden, 1991.
TAVO Karte B IV 20	U. Finkbeiner et al., Beispiele altorientalischer Städte. Residenzen des neuassyrischen Reiches, Wiesbaden, 1993.
TAVO Karte B IV 21	U. Finkbeiner / B. Pongratz-Leisten, Beispiele altorientalischer Städte. Residenzen des neuassyrischen Reiches. Assur, Wiesbaden, 1992.
TAVO Karte B IV 23	P. Högemann / K. Buschmann, Östlicher Mittelmeerraum. Das achämenidische Westreich von Kyros bis Xerxes (547-479/78 v. Chr.), Wiesbaden, 1986.
TAVO Karte B V 2	W. Orth, Vorderer Orient. Die Diadochenreiche, Wiesbaden, 1992.
TAVO Karte B V 3	H. Waldmann, Vorderer Orient. Die hellenistische Staatenwelt im 3. Jahrhundert v. Chr., Wiesbaden, 1983.
TAVO Karte B V 8	I. Pill-Rademacher / S. Podes / R. Rademacher / J. Wagner, Vorderer Orient. Römer und Parther (14–138 n. Chr.), Wiesbaden, 1988.
TAVO Karte B V 11	E. Kettenhofen, Vorderer Orient. Römer und Sāsāniden in der Zeit der Reichskrise (224–284 n. Chr.), Wiesbaden, 1982.
TAVO Karte B V 12	E. Kettenhofen, Östlicher Mittelmeerraum und Mesopotamien. Die Zeit der Reichskrise (235–284 n. Chr.), Wiesbaden, 1983.
TAVO Karte B V 13	J. Wagner, Die Ostgrenze des Römischen Reiches (1.–5. Jh. n. Chr.), Wiesbaden, 1992.
TAVO Karte B V 21	H. Heinen, Ägypten in hellenistischer-römischer Zeit, Wiesbaden, 1989.
TAVO Karte B VI 1	E. Kettenhofen, Östlicher Mittelmeerraum und Mesopotamien. Die Neuordnung des Orients in diokletianisch-konstantinischer Zeit (285 – 237 n. Chr.), Wiesbaden, 1984.
TAVO Karte B VI 4	E. Kettenhofen, Östlicher Mittelmeerraum und Mesopotamien. Spätrömische Zeit (337 – 527 n. Chr.), Wiesbaden, 1984.
TAVO Karte B VI 10 (N)	D. Jericke / G. Schmitt, Palästina in spätrömisch-byzantinischer Zeit (ca. 300–640 n. Chr.) (Nordteil), Wiesbaden, 1993.

TAVO Karte B VI 10 (S)	D. Jericke / G. Schmitt, Palästina in spätrömisch-byzantinischer Zeit (ca. 300–640 n. Chr.) (Südteil), Wiesbaden, 1993.
TAVO Karte B VI 11	S. Pirker, Vorderer Orient. Das Christentum in der Spätantike (4. – 7. Jahrhundert), Wiesbaden, 1989.
TAVO Karte B VII 3.2	U. Rebstock, Das islamische Reich unter ʿAbdalmalik (685–705 n. Chr. / 66–85 h): Die Konsolidierung des Umayyadenreiches, Wiesbaden, 1989.
TAVO Karte B VII 12	H. Halm / T. Riplinger, Ägypten und Syrien. Ṭūlūniden, Iḫšīdiden, Ḥamdāniden, Wiesbaden, 1979.
TAVO Karte B VII 16	R. H. Hewsen, Armenien und Georgien im 10. und 11. Jahrhundert, Wiesbaden, 1988.
TAVO Karte B S 1.2	J. Wagner, Weltkarten der Antike. 1.2 Tabula Peutingeriana, Segmente VIII-XII nach der Bearbeitung von Konrad Miller, Wiesbaden, 1984.

EINFÜHRUNG

Es gelten die Richtlinien der Einführung zu RGTC 7/1 (s. dort S. lxv–lxxxii) mit folgenden Ergänzungen:

1. Corpus

Es wurden alle neuassyrischen Texte berücksichtigt, die bis Dezember 2016 publiziert wurden.

2. Geographische Regionen

Der 2007 publizierte Band RGTC 7/1 (ca. 450 Lemmata) umfasst die Levante, Zypern und Anatolien so wie arabische Ortsnamen und Stämme in Südpalästina und der Palmyrene so wie Gebiete am Oberen Euphrat (Bīt-Adini, Kummuḫu). Im vorliegenden Band 7/2 werden folgende Regionen behandelt (von Zentralassyrien aus im Uhrzeigersinn): das Kernland Assyriens, das Osttigrisgebiet, der Mittlere Euphrat, die nordwestliche Ǧazīra, das Ḫābūr-Gebiet und die östliche Ǧazīra und Nordmesopotamien (nämlich das Gebiet an und um dem Oberen Tigris mit dem Murat-Su als nördliche und dem Euphrat als westliche Grenze). Außerdem werden die arabische Halbinsel und Ägypten so wie urartäische Städte an der nordmesopotamischen Grenze, die von Tiglatpileser III. erobert und annektiert wurden, berücksichtigt. Im abschließenden Band RGTC 7/3 werden Urarṭu, das Zagros-Gebiet, Elam, Babylonien so wie Ortsnamen unbekannter Lage behandelt werden.

Wegen der großen Anzahl von Ortsnamen (ca. 1600) mußte dieser Band in zwei Halbbände geteilt werden, die durchpaginiert sind. Daher reicht für Zitate die Angabe des Bandes „RGTC 7/2“ und der entsprechenden Seite.

3. Etymologien

Anders als in RGTC 7/1 beschränken sich die Angaben über die Etymologie der Ortsnamen auf eine kodierte Zuordnung nach Sprachen (mit Verweisen auf die entsprechende Sekundärliteratur). Wie in RGTC 7/1 findet man in den Registern eine alphabetische Liste der bearbeiteten Ortsnamen mit deren sprachlichen Herkunft. Wenn Götter des assyrischen Pantheons Teil von Ortsnamen sind, deren restlichen Teile eine akkadische Etymologie haben (z. B. Dūr-GN, Kār-GN, theophore Satznamen), werden diese Ortsnamen wie in PNA als akkadisch betrachtet, unabhängig von der Etymologie des GN, die sumerisch (z. B. Nergal, Ninurta), semitisch (z. B. Ištar, Nabû) oder unbekannt (Sîn) sein kann.

4. Königsinschriften

Vor der Publikation der Bände RINAP 1 (Tiglatpileser III. und Salmanassar V.), RINAP 3/1-2 (Sanherib) und RINAP 4 (Asarhaddon) waren die Inschriften der entsprechenden Herrscher vom Verfasser bereits zusammengestellt und exzerpiert worden. Da die frühere Publikationslage dieser Inschriften je nach Herrscher unterschiedlich war, wurden wie folgt verfahren: Die in RINAP 1 (H. Tadmor/Sh. Yamada, *The Royal Inscriptions of Tiglath-pileser III (744–727 BC) and Shalmaneser V (726–722 BC), Kings of Assyria*, Winona Lake, 2011) neu publizierte Texte wurden exzerpiert und mit einem „RINAP"-Sigel versehen. Die anderen Texte, die in der fürheren Publikation von H. Tadmor bereits vorlagen (*The Inscriptions of Tiglath-pileser III King of Assyria*, Jerusalem, 1994^1, 2007^2), wurden weiterhin nach dieser Edition zitiert. Eine diesem Band beigefügte Konkordanz der in RGTC 7 verwendeten Sigel und der Nummerierung in RINAP 1 (s. Anhang 1) ermöglicht, die Belege in der neuen Edition leicht zu finden. Diese Konkordanz ist auch für RGTC 7/1 gültig.

Die große Mehrheit der Sanherib-Inschriften waren für RGTC 7 bereits exzerpiert und mit einem Sigel nach den entsprechenden Publikationen versehen worden. Die neue Edition in RINAP 3/1 (A. K. Grayson / J. Novotny, *The Royal Inscrptions of Sennacherib, King of Assyria (704–681 BC), Part 1*, Winona Lake, 2012) und 3/2 (id. *Part 2*, Winona Lake, 2014) enthält einerseits bisher unpublizierte Texte. Andererseits wurden einige Texte neu ediert und mit einer neuen Zeilennummerierung versehen. Aus diesen Gründen wurde, anders als im Fall von Tiglatpileser III., die Entscheidung getroffen, alle Sanherib-Texte nach der neuen Edition zu zitieren. Da die ursprüngliche Kodierung der Texte auch mit den T-Nummern von E. Frahms Katalog (*Einleitung in die Sanherib-Inschriften*, Wien, 1997) versehen war, konnte die Identifizierung und Konvertierung der Sigel mit einem erträglichen Zeitaufwand durchgeführt werden. Eine Konkordanz der in RGTC 7/1 verwendeten Sigel und der Nummerierung in RINAP 3/1 und 3/2 findet man im Anhang 2.

Im Fall der Inschriften Asarhaddons entsprachen die älteren Publikationen nicht der Gliederung in Texte (d. h. Inschriften, die mehere Duplikate haben können) und Exemplare (d. h. eine Inschrift auf einem Objekt) von RINAP 4 (E. Leichty, *The Royal Inscriptions of Esarhaddon, King of Assyria [680–669] BC*, Winona Lake, 2011; s. dort S. xxiii). In der 55 Jahre lang unübertroffenen Edition von R. Borger (*Die Inschriften Asarhaddons, Königs von Assyrien*, Graz, 1956) wurden die meisten Inschriften als Episoden der entsprechenden Komposittexte publiziert. In CNA (Corpus of Neo-Assyrian Inscriptions, Helsinki) wurden dagegen alle einzelnen Textvertreter eingetragen. Die Verwendung der entsprechenden Belegsammlung hätte zu einer Vervielfälltigung der Belege gegenüber der neuen Edition geführt, was den aktuellen Publikationsstand nicht entsprochen hätte. Deswegen wurde die Entscheidung getroffen, die Inschriften Asarhaddons nach RINAP 4 zu exzerpieren und zitieren. Beim Zitieren des Textes RINAP 4, 112.33 („Gottesbrief") handelt es sich, falls nicht anders bemerkt, um die zweite Tafel (Tablet 2: K 2852 + K 9662). Eine Konkordanz der in RGTC 7/1 verwendeten Sigel und der Nummerierung in RINAP 4 findet man im Anhang 3.

5. Wiedergabe der Toponyme

5.1 Ortsnamen mit /ua/, /ue/ oder /ui/ im Anlaut werden – anders als in RGTC 7/1, lxxii, 6.1.1.2 angegeben – mit „U" transkribiert, z. B. ^{uru}*ú-al-li-a*, Uallia.

5.2 Ass. *-e* im Auslaut wird bei der Normalisierung der Lemmata nur dann berücksichtigt, wenn /e/ zumindest einmal graphisch bezeugt ist, z. B. Bīt-eleppāte (^{uru}É-^{giš}MÁ^{meš}*-te*) oder Nampagāte (^{uru}*nam-pa-ga-a-te*, neben ^{uru}*nam-pa-ga-a-ti*), aber Āl-Sirāšî statt Āl-Sirāšê, da dieser Ortsname nur logographisch belegt ist.

6. Wiedergabe der Götternamen

Die als Bestandteil von Ortsnamen vorkommenden Götternamen Aššur, Enlil, Ištar und Ninurta werden konventionell so wie in den RIM- und RINAP Bänden, im RlA und im TAVO-Register wiedergegeben. Für eine meist auf aramäischen Belegen basierte Wiedergabe Aššūr, Illil, Issār und Inūrta, die versucht, sich an die vermutete neuassyrischen Aussprache anzunähren, s. PNA 1/I, xivf.

7. Ägyptische Ortsnamen

Im Fall der Ortsnamen in Ägypten wird ausnahmsweise (s. RGTC 7/1, lxxx, 6.3.2) die ägyptische Form angegeben.

8. Kommentare

Der Begriff „Zentralassyrien" bezieht sich auf das Kernland Assyriens, nämlich das Aššur-Ninive-Arbail-Dreieck. Für viele Ortsnamen, die besonders in Rechtsurkunden genannt werden und meist Hapax legomena sind, gibt es wenige Anhaltspunkte für eine geographische Zuordnung. Dass ein ON in einer Rechtsurkunde aus einer Stadt in Zentralassyrien erwähnt wird, bedeutet nicht zwingend, dass der ON in der Umgebung des Fundortes zu suchen ist. Dass es sich aber um einen Ort in Zentralassyrien handeln kann, ist auch nicht zwingend, aber in vielen Fällen wahrscheinlich. Noch wahrscheinlicher ist die Möglichkeit, dass sich der ON in Zentralassyrien bzw. in einer der anderen in diesem Band behandelten Regionen (die Ǧazīra, Nordmesopotamien und das Osttigrisgebiet) befindet. Für ON, die in Rechtsurkunden aus Aššur, Kalḫu und Ninive vorkommen, wird daher oft statt „Lage unbekannt" die Angabe „wahrscheinlich/ möglicherweise/vermutlich in Zentralassyrien bzw. in einem benachbarten Gebiet" verwendet, und zwar in dem Sinne, dass sich der Ort in einer der in diesem Band behandelten Regionen befinden könnte. Darüber hinaus wird in Klammern der Fundort angegeben: (A) für Aššur, (K) für Kalḫu und (N) für Ninive. Die Ausdrücke „wahrscheinlich", „möglicherweise und „vermutlich" deuten auf eine absteigende Wahrscheinlichkeit hin, die aufgrund des Kontexts ermittelt wird.

9. Sekundärliteratur

Die Sekundärliteratur wurde bis Dezember 2015 erfasst. Die Anzahl der Ortsnamen und Belege erforderte ein ökonomisches Vorgehen mit der Sekundärliteratur. Die Information beschränkt sich wie üblicherweise in den meisten RGTC-Bänden und anders als in RGTC 7/1 auf die umfassendsten bzw. neuesten Arbeiten. Ältere, ggf. überholte Sekundärliteratur wird meist nicht erwähnt, da sie in den neuesten zitierten Publikationen zu finden ist. Auch Diskussionen über ältere, überholte Lokalisierungsvorschläge werden vermieden.

10. Querverweise

Das Zeichen „→" vor einem Ortsname bedeutet, dass der Ortsname in diesem Band bearbeitet wurde. Dagegen weisen „$\rightarrow^{1}$" und „$\rightarrow^{3}$" auf Ortsnamen, die jeweils in RGTC 7/1 oder RGTC 7/3 zu finden sind bzw. sein werden. „$\rightarrow^{1add}$" bezieht sich auf die Ergänzungen zu RGTC 7/1, die als Addenda in RGTC 7/3 zu finden sein werden. Verweise auf fragmentarische Ortsnamen, die zu einer der in diesem Band behandelten Regionen gehören aber in RGTC 7/3 zu finden sein werden (s. u.) werden mit „$\rightarrow^{fr}$" markiert.

11. Fragmentarische Orts- und Gewässernamen

Wegen der große Anzahl von fragmentarischen Toponymen (Akephala) werden in diesem Band diejenige behandelt, deren Ende erhalten ist, um ein vollständiges rückläufiges Verzeichnis für die entsprechenden Regionen anzubieten. Auch werden die wenigen Ortsnamen behandelt, von denen nur der mittlere Teil erhalten ist. Die restlichen fragmentarischen Toponyme, von denen meistens nur das Determinativ erhalten ist, werden in RGTC 7/3 zusammen mit denen aus jenem Band behandelt.

12. Karten

Die große Mehrheit der in diesem Band behandelten Ortsnamen, die lokalisierbar sind, wurden in zwei Karten zusammengestellt: Karte 1 „Ägypten“ und Karte 2 „Die Ǧazīra, Nordmesopotamien, Zentralassyrien und das Osttigrisgebiet“. Beide Karten sind am Ende des Buches zu finden. Die Grundkarten (Gewässer, Breiten- und Längenkreise) wurden auf der Basis von den TAVO Karten B V 21 (Karte 1), B IV 10 und B IV 12 (Karte 2) gezeichnet. Nur folgende Ortsnamen an der südlichen und südöstlichen Grenze des behandelten Gebiets konnten in der Karte 2 nicht aufgenommen werden: Dēru, Ḫalman, Ḫaleḫašta, Rapiqu und Upî. Für die wenigen lokalisierbaren Ortsnamen auf der arabischen Halbinsel wurde keine Karte erstellt.

Nach ihrer sprachlichen Herkunft werden die Ortsnamen den folgenden Gruppen zugeordnet:

1. Ägyptisch
2. Akkadisch
3. Amurritisch
4. Anatolisch
5. Arabisch/Südwestsemitisch
6. Elamisch
7. Hurritisch-Urartäisch
8. Iranisch
9. Kassitisch
10. Sumerisch oder mesopotamisches Substrat
11. (Nord)Westsemitisch
12. Hybride mit Akkadisch
    12.1 Akkadisch-Altanatolisch
    12.2 Akkadisch-Sumerisch oder mesopotamisches Substrat
    12.3 Akkadisch-(Nord)Westsemitisch
    12.4 Akkadisch-unbekannte Herkunft
    12.5 Akkadisch-Arabisch
13. Hybride ohne Akkadisch
    13.1 Westsem.-unbekannte Herkunft
    13.2 Westsem.-Hurritisch/Urartäisch
14. Unklare Herkunft
    14.1 Vielleicht (West)Semitisch
    14.2 Vielleicht Anatolisch
    14.3 Vielleicht Hurritisch/Urartäisch
    14.4 Unklare bzw. unbekannte Herkunft

Anmerkung: Für die alphabetische Zuordnung wird ' nicht beachtet. Unvollständige ON und Akephala werden nicht betrachtet.

1. Ägyptisch

→Aḫni; **→Ḫatḫariba**; **→Ḫimuni** (Steindorff [1890] 608f.); **→Ḫininši** (Steindorff [1890] 602f.); **→Išḫupri**; **→ Jaru'u**; **→Kipkipi**; **→Kūsu**; **→Mempi** (Ranke [1910] 30, Steindorff [1890] 594f.); **→Natḫû** (Ranke [1910] 31, Steindorff [1890] 600f.); **→Nī'**

(Ranke [1910] 31, Steindorff [1890] 596f.); →**Paturisu** (Ranke [1910] 31, Spalinger [1974a] 320); →**Paḫnuti** (Yoyotte [1952] 214); → **Piḫattiḫurunpiki** (Ranke [1910] 32, Steindorff (1890) 606f.);→**Pinṭiṭi** (Steindorff [1890] 604f.); →**Pišapdi'a** (Ranke [1910] 32, RlA 10, 577 [M. Görg]); →**Pišaptu** (Ranke [1910] 33, Steindorff [1890] 601); →**Punubu** (Ranke [1910] 33, Yoyotte [1952] 212f.); →**Puširu** (Ranke [1910] 33, Steindorff (1890) 605f.);→**Sai**; →**Ṣabnūti**; →**Ṣa'nu**; →**Ṣi'nu** (Onasch [1994] 38); →**Šijāutu**; →**Tajani**; →**Unu**; →**Urişṣu** (vgl. äg. *'u(w)-rīsj* „südlicher Bezirk", Fuchs [1994] 469, s. DG 1, 153 unter *'arisiз*).

2. Akkadisch (grundsätzlich werden nur Satznamen übersetzt)

→**Abat-Aššur-lā-tenni** („Ändere nicht das Wort Assurs!"); →**Abat-šarri-lā-tenni** („Ändere nicht das Wort des Königs!"); →**Abattê (??)** (< *abattu* „Stein", CAD A/1, 39f. s. v. *abattu* A u. „Kalkstein", CAD A/1, 40f. s. v. *abattu* B); →**Āl-Adad** (Zadok [1995a] 240, 3.10.4); →**Āl-Adad**-[…]; **Āl-Adad-ilā'ī (?)** („Adad ist mein Gott"); →**Āl-Adad-išmanni**; →**Āl-āpiāni**; →**Āl-ašlākāni**; →**Āl-Aššur-ēṭir**; →**Āl-Bēl-[…]**; →**Āl-Bēl-iqbi**; →**Āl-Bēl-libūr**; →**Āl-Bēl-na'di**; →**Āl-Dajjān-Adad**; →**Āl-Dannāja** (Zadok [1995a] 263, 4.34.5); →**Āl-ērib-bīti**; →**Āl-Iddin-Aššur (?)**; →**Āl-ikkārāti**; →**Āl-Ištar (?)**; →**Āl-masenni**; →**Āl-Mannu-lušēzib (?)**; →**Āl-Mār-Danna-Adda**; →**Āl-paḫḫārāni**; →**Āl-nukaribbī**; →**Āl-rā'âni-ša-mār-šarri** („Stadt der Hirten des Kronprinzen"); →**Āl-rādi-imāri**; →**Āl-sasinnī**; →**Āl-Sîn-ēṭir**; →**Āl-sirāšî**; →**Āl-sūsānī**; →**Āl-ṣarrāpī**; →**Āl-Šī-tabni**; →**Āl-Ubru-Nabû**; →**Ālu-eššu**; →**Ālum-labīr** (Zadok [1995a] 263, 4.34.5); →**Ālum-riksi** (< *riksu*, CAD R, 347–354; wenn Ālum-ṣusi, dann ist der zweite Teil nicht akk. zu deuten; die Schreibung *-ṣu-ṣi* in Zadok [1995a] 263, 4.34.5 ist falsch); →**Ālu-ša-[…]**; →**Ālu-ša-Birtāja**; →**Ālu-ša-Dagān-bēlu-uṣur**; →**Ālu-ša-Emūqī** (PNA 1/II, 396, s. v. Emūqī); →**Ālu-ša-ḫābīšu** (< *ḫabû*, "[Wasser] schöpfen"; Zadok [1995a] 263, 4.34.5); →**Ālu-ša-Ilu-[…] (?)**; →**Ālu-ša-Ilu-ēreš**; →**Ālu-ša-Ilu-zarû** (PNA 2/I, 538, s. v. Ilu-zārû); →**Ālu-ša-Kē-lamši** (Zadok [1995a] 264, 4.36); →**Ālu-ša-kubšātīšu**; →**Ālu-ša-Kurbailāju** (Zadok [1995a] 263, 4.34.5); →**Ālu-ša-Libluṭāja** (Zadok [1995a] 263, 4.34.5); →**Ālu-ša-Lā-ḫīṭāja** (s. PNA 2/II, 650 s. v. Lā-ḫīṭāju); →**Ālu-ša-Libbālāja**; →**Ālu-ša-mar'at-šarri**; →**Ālu-ša-Mār-bīti-erība** (PNA 2/II, 702f., s. v. Mār-bīti-erība); →**Ālu-ša-mār-šarri**; →**Ālu-ša-nappāḫī**; →**Ālu-ša-Nasḫur-Bēl**; →**Ālu-ša-pūlīšu (?)**;→**Ālu-ša-qāribi**; →**Ālu-ša-rāṭāṭīšu** (zu *rāṭu* s. CAD R, 219f.); →**Ālu-ša-rēšāni**; →**Ālu-ša-Ṣillāja**; →**Ālu-ša-Šallimanni-Aššur**; →**Ālu-ša-tamkāri**; →**Ālu-ša-Zibâ** (ev. auch akk.-wsem., vgl. PN Zībāiu, PNA 3/II, 1446);→**Anduli** (Zadok [1995a] 271, 6.5); →**Amat-šarri-dūru-[…] (?)**; →**Āmiršu-liglud** („Sie [die Stadt] sehend, möge er [der Feind] erschrecken!"); →**Asajāti** (*asītu* „Turm", pl. *asajāti*; Zadok [1995a] 263, 4.34, 5); →**Aššur-aṣbat**; →**Aššur-inâr-garū'a** („Assur tötet meine Feinde"); →**Aššur-iqīša** („Assur hat [sie, nämlich die Stadt] mir geschenkt"); →**Aššur-mannu-išannan** („Wer kommt Assur gleich?"); →**Aššur-māssu-urappiš** („Assur hat sein Land erweitert"); →**Aššur-māssu-utēr** („Ich habe Assur sein Land [wieder] zugeführt."); →**Aššur-nāsiḫ-gallî** („Assur ist

Vertreiber des Dämons“);→**Aššur-nīrka-uṣur** (“Assur, schütze dein Joch”); →**Aššur-nīrka-rappiš** („Assur, erweitere dein Joch!“); →**Aššur-nīršu-urappiš** („Assur hat sein Joch erweitert“); →**Bāb-bitqi**; →**Bāb-būri**; →**Bābelat-ḫegalli**; →**Balāṭāja**; →**Bariḫti** (Zadok [1995a] 270, 6.1.7); →**Birte**; →**Birtu 1**; →**Birtu 2**; →**Birtu 3**; →**Bīt-Abu-ilā'ī** (Zadok [1995a] 240, 3.10.5); →**Bīt-Adad-ēreš**; →**Bīt-Adad-erība**; →**Bīt-Adad-lē'i**; →**Bīt-Adad-[(...)]**; →**Bīt-Aššur-lē'i**; →**Bīt-eleppāte**; →**Bīt-erî**; →**Bīt-ili**; →**Bīt-Rība-ilu**; →**Bīt-Ḫurāpî** (Zadok [19956a] 263, 4.35.4); →**Bīt-Marduk**; →**Bīt-rēdûti**; →**Bīt-sangî**; →**Bīt-Sîn-ibni**; →**Bīt-Šamaš**; →**Bītu-ša-muḫḫī-āli** (Zadok [1995a] 240, 3.10.4); →**Būr-šarri** (Zadok [1995a] 240, 3.10.4); →**Burukutunte** (wahrscheinlich Būr-kutunte „Brunnen der Tunika“, Zadok [1982] 174f., id. [1995a] 263, 4.34.5); →**Būru-Wēr**; →Bīt-šaššeri (*šaššeru* „roter Ton“, CAD Š/2, 124, s. v. *šaršarru*; vgl. aber nA PN Ša-šēr „(Er ist) von Šēr“, PNA 3/II, 1253); →**Būrāte** (Zadok [1995a] 240, 3.10.4); →**Daḫri** (<*daḫru*?, CAD D, 6); Dalajāin (Zadok [1976b] 306 zu 96, id. [1995a] 264, 4.34.7); →**Dannāni**; →**Dannuna**; →**Dāri-abu** („Der Vater ist ewig“); →**Dariki** (vgl. *darku, darīku*; westsem. nach Zadok [1985c] 113); →**Da'unāni** (GPA, S. 194 zu Nr. 195,4); →**Dunnāte**; →**Dunni** (Zadok [1995a] 263, 4.34.5); →**Dūr-Adad-nērārī**; →**Dūr-ajjumma (?)**; →**Dūr-Anunīti**; →**Dūr-Aššur** (Zadok [1995a] 240, 3.10.4); →**Dūr-Aššur-aḫu-iddina**; →**Dūr-atānāte**; →**Dūr-balāṭi**; →**Dūr-Bēl-Ḫarrān-bēlu-uṣur** („Burg des Bēl-Ḫarrān-bēlu-uṣur [Herr von Harran, beschütze den Herrn!])“; →**Dūr-Bēl-ilā'ī**; →**Dūr-bēltīja**; →**Dūr-Enlil**; →**Dūr-Ištar**; →**Dūr-Marduk** Zadok [1995a] 240, 3.10.4); →**Dūr-Nabû**; →**Dūr-Nanāja** (Zadok [1995a] 240, jedoch nicht < Dūr-Inanna); →**Dūr-Nergal-ēreš** (Zadok [1995a] 240, 3.10.4); →**Dūr-Papsukkal**; →**Dūr-Sāmedi** (*sāmidu* „Müller“); →**Dūr-Šamaš**; →**Dūr-Šarrukīn**; →**Dūr-Šarrukkāja**; →**Dūr-Šarrukku**; →**Dūr-tālitte** (*tālittu* „Nachwuchs”); →**Dūru**; →**Dūr-Ubru-Aia**; →**Ekal-pî-nāri**; →**Ekallāte**; →**Elammaki** (Zadok [1995a] 263, 4.34.5); →**Gulgul** (*gulgullu* „Schädel”; Zadok [1976b] 306 zu 108f., id. [1995a] 264, 4.34.7); →**Ḫalzi-atbāri** (Zadok [1995a] 263, 4.34.5); →**Ḫalzi**; →**Ḫarrānu**; →**Ḫazāni** (s. CAD Ḫ, 163–165; gegen Zadok [1995a] 259 u. 263, 4.34.3 [nicht sem.]); →**Ḫuzīrīna** (akk. *ḫuzīru* „Schwein” bzw. westsem. *ḥzwr* DNWSI, 357, Zadok [1976b] 308, id. [1995a] 275, 7.1.15.1); →**Idu**; →*Illatu (*illatu* „Sippe“, Zadok [1995a] 269, 5.5.2); →**Ilqi-amat** (verkürtzer Satzname, Zadok [1995a] 263, 4.34.5); →**Imgur-Enlil** („Enlil stimmte zu“); →**Immerina** (< *immeru* „Schaff“, Zadok [1976b] 306); →**Īnāti** (Zadok [1995a] 240, 3.10.4); →**Īn-Ištar** (Zadok [1981b] 59 mit Anm. 114, id. [1995a] 276); →***Irbû** (Zadok [1995a] 263, 4.34.5); →**Isītāti**; →**Issētu** (Zadok [1995a] 263, 4.34.5); →**Išittu (?)**; →**Ištarāte** (ob eine akk. Etymologie vorliegt, ist unklar, vgl. Nuzi Ištarašše [RGTC 10, 124], s. dazu Kessler [1980] 40); →**Kalzu** (*kalzu* “community, contingent”, AEAD, 45); →**Kamanāte** (s. *kamānu*, CAD K, 110f); →**Kankānu**; →**Kapar-[...]-ili (?)**; →**Kapar-Abu-[...]**; →**Kapar-Adallal** (Zadok [1995a] 276); →**Kapar-Aḫu-bani** (Zadok [1995a] 264, 4.36); →**Kapar-Aḫu-lāmur** (Zadok [1995a] 241); →**Kapar-Aḫūni**; →**Kapar-ālāni** (Zadok [1995a] 270, 5.6b); →**Kapar-āpiāni**; →**Kapar-Aššur-ilā'ī**; →**Kapar-Bāni-aḫḫē** (Zadok [1995a] 264, 4.36); →**Kapar-Bēl-abū'a** (Zadok [1995a] 276, 7.1.16b); →**Kapar-Bēl-aḫḫē**; →**Kapar-Bīt-balāṭi** (wenn der ON Kapar-Bīt-Palṭi lautete, dann, akk.-westsem.); →**Kapar-Dannāja** (Zadok [1995a] 241, 3.11.b);

→**Kapar-diqārāte** (Zadok [1995a] 241, 3.22.b); →**Kapar-ikkāri**; →**Kapar-ili;** →**Kapar-Ilit(t)i** (westsem. nach Zadok [1985c] 113); →**Kapar-ilkāti**; →**Kapar-Ilu-bāni**; →**Kapar-Ilumma-lē'i;** →**Kapar-issi-ekalli**; →**Kapar-Išme-ilu;** →**Kapar-Kansi-Ištar**; →**Kapar-Kīni** (Zadok [1995a] 241, 3.11c); →**Kapar-Kuṣur**; →**Kapar-Lā-qēpu** (Zadok [1995a] 241, 3.11b); →**Kapar-Lū-aḫḫē** (Zadok [1995a] 226, 1.2.29a); →**Kapar-Mannu-lū-aḫū'a** („Wer wird mein Bruder sein?"); →**Kapar-mār-šarri**; →**Kapar-Maṣi-ili**; →**Kapar-Nabû**; →**Kapar-Nabû-nāṣir** (Zadok [1995a] 270, 5.6); →**Kapar-Nabû-šēzib** (Zadok [1995a] 226, 1.2.29b); →**Kapar-Nabû-šimanni** (Zadok [1995a] 264, 4.36); →**Kapar-Nergal**; →**Kapar-Nūr-bīti**; →**Kapar-rabûti** (Zadok [1995a] 241, 3.11b); →**Kapar-Rēmanni-ilu** (Zadok [1995a] 276); →**Kapar-Rēmūti** (Zadok [1995a] 241, 3.11.b); →**Kapar-rēšēti** (??); →**Kapar-sēgalli**; →**Kapar-sukkalli**; →**Kapar-Ṣil-[...]**; →**Kapar-Ṣil-Bēl** (Zadok [1995a] 226, 1.2.29a); →**Kapar-Šamaš**; →**Kapar-šāqê**; →**Kapar-šarri**; →**Kapar-Šašši**; →**Kapar-Šumma-ilā'ī**; →**Kapar-Šumma-šarri**; →**Kapar-tartāni**; →**Kapar-Ṭāb-[...]**; →**Kapar-Ṭāb-Bēl**; →**Kapar-Ṭāb-Ninurta** (Zadok [1995a] 241, 3.11.c); →**Kapar-Ṭūba** (vgl. nA PN Ṭūbūssu, PNA 3/II, 1350); →**Kapar-Uradâ** (Zadok [1995a] 264, 4.36); →**Kapar-Urdî** (Zadok [1995a] 276, 7.1.16b); →**Kapar-Zārūtî** (bzw. westsem., Zadok [1995a] 226, 1.2.29a); →**Kapar-Zizānu-ilī** (Parpola [2008] 79); →**Kapar-Zumbi** (akk. *zumbu/zunbu*, CAD z, 154f.); →**Kapri-Bēl-[...]**; →**Kapri-Birtāja**; →**Kapri-eššu**; →**Kapri...BAD** (vielleicht **Kapri-labīri,** Zadok [1995a] 241, 3.11b); →**Kapri-Qurdi-Aššur**; →**Kapri-ša-muḫḫi-nāri**; →**Kapri-[(...)]-ša-rab-āli (?)**; →**Kapri-ša-Sîn-[...]** (die meisten Sîn-Namen sind akk., aber ein westsem. Glied ist ebenfalls möglich, s. PNA 3/I, 1112ff.); →**Kār-Adad-nērārī** (Zadok [1995a] 240, 3.10.4); →**Kār-balāṭi**; →**Kār-Adad 2**; →**Karaš** (?) (vgl. *karāšu* „Feldlager"); →**Kār-Aššur**; →**Kār-Aššur-nāṣir-apli**; →**Kār-balāṭi** (Zadok [1995a] 240, 3.10.4); →**Kār-Banīte**; →**Kār-bēl-mātāti** („Hafen des Herrn der [beiden] Länder"); →**Kār-Diglatāja** (?); →**Kār-Ištar 1**; →**Karmê** (< akk. *karmu* „Getreidehaufen" bzw. „Ruine", oder alternativ < westsem. *krm* „Weinberg", DNWSL, 536; Lipiński [2000] 461); →**Kār-Mullissi**; →**Kār-nūri**; →**Kār-Salmānu**; →**Kār-Sîn**; →**Kār-Šamaš**; →**Kār-Šamaš-nāṣir**; →**Kār-Tukultī-Ninurta**; → **Kāšissu-lilbur** („Derjenige, der sie [die Stadt] erobert, möge dauern!"); →**Kisiri** (Zadok [1995a] 240, 3.10.4); →**Kišād-[...]-Ninurta**; →**Kunuš-lā-kanšū** („Unterwirf die Rebellen!"); →**Kurbail** (< *karābu* + *ilu*); →***Labīru**; →**Lā-iplaḫ-māssu-iḫpi** („Er fürchtete sich nicht, [deshalb] har er sein [des Feindes] Land zerstört."); →**Libbi-āli**; →**Lilbur-munīḫ-libbi-Aššur** („Es möge dauern, der das Herz Assurs beruhigt!"); →**Limmer-iššak-Aššur** („Möge der Stadtfürst Assurs scheinen!"); →**Lītir-aj-imṭi** („[Das Land/die Stadt] möge mehr sein, aber nicht weniger!", Zitat aus *Ana ittišu* I, IV, 72, s. Pongratz-Leisten [1997] 336 mit Anm. 73); →**Luddin-ilu** (Zadok [1995a] 226, 1.2.28a); →**Maḫri-gārê-šarri** („Ebenbürtiger der Gegner des Königs"); →**Māliku** (bzw. westsem.); →**Mannu-[...]**; →**Mannu-dān (?)**; →**Mannu-kalla**; →**Mannu-lišissu** („Wer sollte ihn [Assur] verachten?"); →**Mannu-šānin-Aššur** („Wer ist der Rivale Assurs?"); →**Mār-Ṣillī-[...]** (Zadok [1995a] 263, 4.34.5); →**Marriti-ša-šakin-Kalḫu**; →**Marriti-ša-šakin-Libbi-āli**; →**Mašqīte** (Horn [1922] 137, Zadok [1995a] 229, 2.1.4c); →**Māt-Aššur;** →**Māt-Masenni**; →**Māt-Rab-šāqê**; →**Meḫrāni**

(RlA 5, 31 s. v., Zadok [1976a] 123f.); →**Meḫri** (s. Meḫrānu); →**Mê-ṭābūte**; →**Muḫḫi-naḫli**; →**Mukīn-palê-kussīšu** („Derjenige, der die Herrschaft seines Throns festig macht.“); →**Muṣri**; →**Muṣur** (AHw, 650 s. v. *miṣru*, HAL, 591, RGTC 8, xvii, 4.4; nach RGTC 12/2, xxviii westsem.); →**Mušakšid-nakirī** („Der [Gott, der den König] die Feinde erobern läßt.“); →**Mušēzib-Šamaš**; →**Nagba (?)** (*nagbu* „Quelle“, jedoch Lesung unsicher!); →**Naḫal-ṣarbite** (Zadok [1995a] 263, 4.34.5); →**Nār-Sîn-aḫḫē-erība**; →**Nēbarti-Aššur**; →**Nēmed-Ištar**; →**Nēmed-Tukultī-Ninurta**; →**Nēmetti-šarri**; →**Nirbu** (< *nērebu* „Pass“); →**Parakkīšu**; →**Patti-ḫegalli**; →**Patti-nuḫši**; →**Patti-Sîn-aḫḫē-erība**; →**Pīḫat-Bīt-turtāni**; →**Pilaḫma-mātka-šallim** („Sei ehrfürchtig und erhalte dein Land unversehrt!“); →**Qappata** (Zadok [1985b] 78, Zadok [1995a] 240, 3.10.4); →**Qerebti-ālāni**; →**Qibīt-Aššur** („Befehl des Assur“); →**Qurdê** (falls Gurdê, dann wsem., Zadok [1995a] 241, 3.10.7); →**Radāni(/Raṭāni)**, s. Radānu; →**Radānu** (falls < *rāṭum*, RlA 11, 221, §1; alternativ westsem < **rdy*, Zadok (1985b) 78, 220); →**Rapšu** (auch wsem. möglich, Zadok [1995a] 241, 3.10.7); →**Rebīt-Rēmanni-ilu** (Zadok [1995a] 276, 7.1.15.4); →**Rešāli** (Zadok [1995a] 263, 4.34.5); →**Rēš-ēni**; →**Sapānu** (< *sapānu* „einebnen“; ev.westsem. vgl. Zadok [1978c] 58, Nr. 15); →**Sē'-altaru (?)** (ev. akk. mit westsem. GN; vgl. *altaru* „zugeteilte Aufgabe“, CAD A/1, 373f.); →**Si[...]ḫu-nāṣir-apli**; →**Sik(k)ur** (wahrschenlich < *sikkūru* „Riegel“); →**Sumurunu** (vielleicht < *šimru*, CAD Š/3, 8f. auch in Nuzi bezeugt; vgl Al. Šimeru, RGTC 12/2, 272); →**Supūri-eddette** („Schafhürde des Bocksdorns“, < *supūru* “sheepfold”, AEAD, 101, CAD S, 396 u. *eddettu* “boxtdorn”, AEAD, 23, CAD E, 23; Zadok [1995a] 263, 4.34.5); →**Sur-marrāti** („Graben bitteren [Wassers]“, RlA 13, 329); →**Ṣābū-Adad** („Truppen des Adad“); →**Ṣabat-lū-kūn**; →**Ṣābissu-likūn** („Derjenige, der sie [die Stadt] gefangen hält, möge dauern!“); →**Ṣabit-akšudu** (Zadok [1995a] 263, 4.34.5); →**Ṣibate** (Zadok [1995a] 229, 2.1.4c]; →**Ṣibte** (Zadok [1995a] 228, 1.3.15c); →**Ṣibti**; →**Ṣuṣāni** (Zadok [1995a] 263, 4.34.5); →**Ša-Aššur-tāru** („Das des Assur ist zurückgeführt“, Onasch [1994a] 34 zu 8'); →**Šabbu** (Zadok [1995a] 263, 4.34.5); →**Šabirēšu**; →**Ša-emūq-Aššur** („Der/die, des Kraftes Assurs“); →**Šal[...]tu-da'attu** (vielleicht *šallatu da'attu* „Schwere Beute“?); →**Šalimu** (Zadok [1995a] 263, 4.34.5); →**Šamaš-nāṣir** („Šamaš ist Beschützer“); →**Šānini-aj-irši** („Rivalen mögen sie [die Stadt] nicht bekommen!“); →**Šappārīšu** (wahrscheinlich < *ša appāri-šu*, Zadok [1995a] 263, 4.34.5); →**Šarru-iddina** („Der König hat gegeben“); →**Šiddi-ḫirīti**; →**Šipir-šulmi-amat-šarrīšu (?)** („Eine Heilsbotschaft ist das Wort seines Königs.“); →**Šulmu-belāti**; →**Šulmu-birāti**; →**Tarbiṣi** (nach Streck [1916] 250 Anm. 1 < *tarbāṣu* „Viehhürde, -hof“, AHw 1327f., bes. B2); →**Til-Adad (?)**; →**Til-bāri** (der Name könnte Til-bārî gedeutet werden, vgl. nB/spB Bīt-bārî, RGTC 8, 84; der zweite Teil des ON kann aber auch eine andere Etymologie haben); →**Til-kišādi**; →**Til-kunāši** (Zadok [1995a] 240, 3.10.4); →**Tillu**; →**Til-kurgarrî**; →**Til-mašqâti (?)** („Hügel der Wasserstellen“, Parpola [2008] 81); →**Til-Ninurta**; →**Til-paḫḫāri** (Zadok [1995a] 263, 4.34.6); →**Til-sūti (?)** (Lesung unsicher, könnte Akk. oder wsem. sein); →**Til-ša-turāḫi** („Hügel der Steinböcke“; alternativ kann der ON als Til-ša-Turāḫi interpretiert wird, vgl. bobl. PN *teraḥ* HAL, 1649, dann Hybrid akk.-westsem.); →**Ṭābtāja** (Zadok [1995a] 263, 4.34.5); →**Zāba elû** (Astour [1987] 18f. mit Anm.

106); →**Zāba šaplû**, s. Zāba elû; →**[...]ni-Aššur**; →**[...]ti-Aššur** (wahrscheilich Līt-Aššur „Sieg des Assur").

3. Amurritisch

→**Anat** (RGTC 12/2, xxxi, Zadok [1995a] 229, 2.1.4a); →**Baqarri** (< aB Qabrā, Zadok [1976b] 305 zu 94, id. [1995a] 228, 1.4.7a); →**Ḫaradu** (Zadok [1995a] 229, 2.1.4a, vgl. bibl. *ḥ*[a]*rādâ* (HAL, 337), id. [1978a] 168; nach Joannès [2006] 17 dagegen *parras* v. *ḫarādum* „wachen", also akk.); →**Jamutbal(u)** (RlA 5, 258, WSB 284, Anm. 10, Zadok [1985b] 77, Nr. 16); →**Rapiqu** (möglicherweise, Zadok [1995a] 229, 2.1.4a); →**Sūḫu** (RGTC 12/2, xxxi; nach RGTC 8, xxi wsem.); →**Til-naḫīri** (Zadok [1995a] 240, 3.10.1, könnte auch akk. sein).

4. Anatolisch (im vorliegenden Band keine Beispiele vorhanden)

5. Arabisch/Südwestsemitisch

5.1 Arabisch

→**Raṣâ** (WSB 212, Zadok [1985b] 78f., Nr. 223).

5.2 Südwestsemitisch (Südarabisch)

→**Diḫrānu** (Zadok [1978b] 206f.); →**Ga'uani** (WSB 207f.; evtl. aram., Zadok [1981a] 56); →**Ḫaldisu** s. Ḫandasu; →**Ḫandasu** (WSB 207, Zadok [1977], id. [1981a] 56); →**Ḫāu** (Zadok [1978a] 169); →**Idiba'il** (WSB 208f., Zadok [1981a] 56); →**Magalānu** (WSB 208; vgl. nB/spB Magullu, RGTC 8, 216); →**Marsīmani** (WSB 208); →**Qadaba'** s. Qatabu'; →**Qatabu'** (WSB 206f.); →**Tamudi** (WSB, 209, Zadok [1981a] 56 Anm. 133).

5.3 Südwest- bzw. Nordwestsemitisch

→**Alpijana** (WSB 208, Zadok [1981] 56); →**Ḫatte** (arab. nach Zadok [1990] 228); →**Ibādidi** (WSB 209); →**Iḫilu** (WSB 208; Zadok [1977-78a] 53); →**Ḫajappa** (Knauf [1988] 79; WSB 209); →**Ḫasame** (WSB 209, Zadok [1995a] 275); →**Ḫasamu** (WSB 209); →**Ḫazmāni** (WSB 209); →**Ilpi'atu** s. Alpijana; →**Izkê** (WSB 209, Zadok [1981a] 56); →**Padê** (WSB 208; Zadok [1977-78a] 53); →**Puda'** s. Padê; → **Qadê** (Zadok [1981a] 56); →**Saba'a** (WSB 245).

6. Elamisch

→**Ampiḫābi** (Zadok [1985b] 31 u. 76, Nr. 37).

7. Hurritisch-Urartäisch

→**Amante** (Zadok [1995a] 262, 4. 34.2); →**Buralli** (Zadok [1995a] 262, 4.34.2; vgl. aber nA ^{na4}*burallu* „Beryl", s. Dornauer [2014] 21); →**Burralim (?)** (s. Buralli); →**Elamunia** (hurr. < elami „Eid", Astour [1987] 21); →**Ḫariḫumba** (Zadok [1995a] 262, 4.34.2); →**Ḫašiniḫê** (Zadok [1995a] 262, 4.34.2); →**Irinniḫ** (Zadok [1995a] 262, 4.34.2); →**Kubanaše** (Zadok [1995a] 240, 3.10.2); →**Kummu** (hurr., Wilhelm [1994] 318; die hurr. Etymologie ist der akk. [< *kummu*] zu bevorzugen, Radner [2012] 254); →**Kurru[…]** (falls Kurruḫanni Zadok [1995a] 228, 1.3.15a); →**Sardurianu**; →**Sasiqani** (Zadok [1995a] 262, 4.34.2); →**Zikkû** (Zadok [1995a] 262, 4.34.2; Al. Zikku wird in RGTC 12/2, xxx akk. gedeutet).

8. Iranisch

→**Arzabīa** (bzw. hurr.-urar., Zadok [2002] 109).

9. Kassitisch

→**Babsaḫ** (Zadok [1985b] 48); →**Ḫašmar** (RlA 4, 134 s. v.); →**Ḫašimur** (RGTC 5, 122, s. v.; Zadok [1985b] 79, F Nr. 141); →**Ḫalēḫasta** (vielleicht kass., Zadok [1985b] 48); →**Jasubigallu**; →**Jasubu** (RGTC 8, xxii, 4.7); →**Matuḫanzaḫ** (Zadok [1985b] 48); →**Šanḫara** (vielleicht kass., Zadok [1985b] 48).

10. Sumerisch oder mesopotamisches Substrat

→**Arbail** (akkadisierte Form v. Urbilum); →**Aššur**; →**Diglat** („Lazuli-Fluss" nach Heimpel [1987] 51 Anm. 92; „mächtiger Fluss" nach Parpola [2016] 58, Nr. 466); →**Ebiḫ**; →**Ešarra**; →**Ešnunna**; →**Ḫanigalbat**; →**Ninua**; →**Sirara 2**; →**Subartu** (< sum. Subir); →**Šišil** (falls es sich um die Stadt im Osttigrisgebiet, die in LGN 83 bezeugt ist, handelt.); →**Šubarû** (< sum. Subir, akk. Šubartu; s. → Subartu); →**Šubria** (< sum. Subir, akk. Šubartu; s. →Subartu); →**Turnat**; →**Upî.**

11. (Nord)Westsemitisch

→**Abilāte** (Zadok [1978a] 164); →**Abisite** (Zadok [1991a] 37, id. [1995a] 276, 7.1.15.2); →**Adari** (Zadok [1978a] 164,); →**Adummatu** (Zadok [1976b] 306, id. [1978] 164); →**Agganu** (Kaufman [1974] 33, Zadok [1995a] 269, 5.5.2); →**Ajanatâ** (Zadok [1995a] 276, 7.1.16a); →**Alê 1** (Zadok [1995a] 228, 1.4.7c); →**Aliqina** (Zadok [1976b] 395, id. [1995a] 276, 7.1.15.2); →**Allî 1** (Zadok [1995a] 240, 3.10.6); →**Amātu** (Lipiński [2000] 469); →**Ammanajâ** (Zadok [1995a] 276, 7.1.15.2); →**Anî-il** (Zadok [1978a] 365, Nr. 4); →**Apku** (< *'*pk*, DNWSI, 95); →**Appina** (Zadok [1976b] 307 zu 175, id. [1981c] 197, id. [1995a] 269, 5.5.3b); →**Appūni** (Zadok [1976b] 307 zu 175, id. [1995a] 264, 4.34.7); →**Apsia** (Zadok [1978a] 165, id. [1995a] 271, 6.5a); →**Aqarbāni/Naqarabāni** (Lipiński [2000] 94f., Zadok [1978] 165f., id. [1995a] 230, 2.3.4b); →**Aradina** (WSB 174, Zadok [1995a] 241, 3.10.7); →**Arbate** (Lipiński [2000] 96, Zadok [1995a] 230, 2.3.4b); →**Argūnu** (Zadok [1995a] 264, 4.34.7); →**Ariauāte** (WSB 175, Zadok [1982] 122, id. [1995a] 264, 4.34.7, id. [1996c] 70); →**Aridi** (Zadok [1976b] 309, id. [1995a] 241, 3.10.7; ferner Lipiński [2000] 112); →**Arnabāni** (Zadok [1978a] 179); →**Asamānu** (Zadok [1995a] 241, 3.10.7); →**Aṣūṣi/Ṣūṣi** (s. u. → Ṣūṣi); →**Azamâ** (vgl. Azmu, RGTC 7/1, lxxxxvi); →**Azubiti** (Zadok [1995a] 264, 4.34.7); →**Badāni** (Lipiński [2000] 73, Zadok [1977-78a] 39 Anm. 26, WSB 209); →***Barikatu** (< brkh „pool“, Zadok [1995a] 263, 4.34.7; vgl. aber akk. *barikatu* als Herkunftsbezeichnung von einem bestimmten Salz, CAD B, 110 u. Gaspa [2012] 215); →**Binini** (< *bn* „Sohn“, vgl. PN Binūnî, PNA 1/II, 345); →**Bir-nāri** (Zadok [1995a] 276, 7.1.15.2); →**Bisuru** (Zadok [1991c] 108); →**Bīt-Baḫiāni** (Lipiński [2000] 119, WSB 430f.); →**Bīt-Dagan** (?) (falls die Lesung stimmt); →**Bīt-Dērāja**; →**Bīt-Ḫalupê** (Lipiński [2000] 80–82, WSB 129, Zadok [1995a] 230, 2.3.4b); →**Bīt-ḫardini** (Zadok [1978a] 166, 14 u. id. [1995a] 264, 4.34.7); →**Bīt-Jaḫiri** (Zadok [1995a] 275, 7.1.15.2); →**Bīt-Ramannu** (< Bēt-Rammān, Zadok [1995a] 240, 3.10.7); →**Bīt-Šabāja** (Zadok [1995a] 229, 2.1.4b); →**Bīt-Zamāni** (Lipiński [2000] 135); →**Dajašeti** (Zadok [1981c] 198; id. [1995a] 229, 2.1.4b); →**Dalājin** (Zadok [1995a] 264, 4.34.7); →**Dargu** (Zadok [1995a] 263, 4.34.7); →**Darigu** (Zadok [1995a] 224, 1.1.30c); →**Dēru** (RGTC 8, xx); →**Di'bina** (Zadok [1985b] 79, Nr. 87); →**Dibirāti (?)** (Zadok [1976b] 309; die Lesung kann aber auch →Šulmu-birāti lauten); →**Dimmeti** (Zadok [1995a] 276, 7.1.15.2); →**Diqūqīna** (Zadok [1976b] 309 mit Anm. 14; id., [1995a] 226, 1.2.28b); →**Gabê** (**gb*, „Wassergrube, Zisterne“, DNWSI, 207; Zadok [1985b] 76, Nr. 123); →**Gabšuete** (Zadok [1995a] 264, 4.34.7); → **Gadisê** (WSB 173 u. 341, Zadok [1995a] 276, 7.1.15.2); →**Gaduatâ** (WSB 173, 175, 341; Zadok [1995a] 276, 7.1.15.2); →**Galali** (vgl. WSB 118 u. 334); →**Gamuzānu** (Zadok [1981c] 199, id. [1995a] 240, 3.10.7); →**Gannanāte** (Zadok [1976b] 306, id. [1977-78a] 55f.); →**Gumedu** (Zadok [1978a] 167, id. [1995a] 241, 3.10.7); →**Gurēte** (Zadok [1978a] 168 Anm. 7, id. [1995a] 240, 3.10.7); →**Guzāna** (Lipiński [2000] 119, s. aber Zadok [1995a] 241 [3.10.9]); →**Ḫadabiti** (Zadok [1978a] 167f., id. [1995a] 264, 4.34.7); →**Ḫaiai** (< **ḥwy*, DNWSI, 353–356); →**Ḫaldiānu** (Zadok [1995a] 241, 3.10.7); →**Ḫalulê** (Zadok [1984] 43); →**Ḫamedê** (Zadok [1995a] 276, 7.1.15.2); →**Ḫanduāte** (Zadok [1995a] 264, 4.34.7, c5); →**Ḫanimu** (Zadok [1995a] 228, 1.4.7c); → **Ḫansūri** („Der Gott ‘an ist meine Mauer“, WSB 39 u. 99); →**Ḫanūri** (Zadok [1995a] 240, 3.10.7); → **Ḫararate** (s. →**Ḫarutu**); →**Ḫarbāte**; →**Ḫarbat-Ilā'ī-Bēl** (Zadok [1995a] 275, 7.1.15.2); →**Ḫarbat-Raḫî** (Zadok [1995a] 264, 4.34.7); →**Ḫarbê** (Zadok [1976b] 307, id. [1995a] 229, 2.1.4a); → **Ḫarutu/Ḫararate** (Zadok [1978a] 168); →**Ḫašānu** (PNA 2/I, 464, Zadok [1995a] 240, 3.10.7); →**Ḫatallu** (RGTC 8, xxi); →**Ḫāurīna** (Zadok [1995a] 276, 7.1.15.2); →**Ḫilapi** (Zadok [1978a] 170, id. [1995a] 241, 3.10.7); →**Ḫindānu** (RGTC 8, xx); →**Ḫinzānu**; →**Ḫirāna** (Lipiński (2000) 46, WSB 186, Zadok [1995a] 226, 1.2.28b; →**Ḫirimmu** (Zadok [1978a] 170); →**Ḫirini** (Lipiński [2000] 126 Anm. 41, Zadok [1991] 38, id. [1995a] 240, 3.10.7); →***Ḫuddukia** (Zadok [1995a] 264, 4.34.7); →**Ḫudubili** (Zadok [1995a] 229, 2.1.4b); →**Ḫurubiti** (Zadok [1991] 37f., id. [1995a] 240, 3.10.7); →**Ib'al** (Zadok [1995a] 240, 3.10.1; vgl. RGTC 12/2, xxvii s. v. Ebla); →**Ibli** (Zadok [1984] 43, id. [1995a] 240, 3.10.1; vgl. RGTC 12/2, xxvii s. v. Ebla); →**Idri[...] (?)** (vgl. nA PN Idrī-, PNA 2/I, 506f.); →**Ilḫini** (WSB 98, Zadok [1995a] 240, 3.10.7);→**Inabir-Manāt** (WSB 220 mit Anm. 16 auf S. 322, Zadok [1977-78a] 50 Anm. 103, id. [1995a] 276, 7.1.15.2); →**Inagibi** (Zadok [1995a] 264, 4.34.7); →**Iṣunâ** (Zadok [1995a] 240, 3.10.7); →**Itu'u** (Zadok [1995a] 224, 1.1.30c); →**Jadi'** (WSB 208, Zadok [1981a] 56); →**Jada'i** (Zadok [1995a] 271, 6.5a); →**Jaḫānu 2** (s. RGTC 7/1, lxxxviii, s. v.); →**Jaḫudê** (Zadok [1995a] 270, 6.1.7c); →**Jalūna** (WSB 422 *ad* 33, Zadok [1977-78a] 42. 52); →**Janata'** (Zadok [1995a] 276); →**Janibir-ṣuḫuri** (WSB 220 mit Anm. 17 auf S. 323, Zadok [1977-78a] 50 mit Anm. 102f., id. [1995a] 276, 7.1.15.2); →**Jarānu** (Zadok [1995a] 241, 3.10.7); →**Jasume**; →***Jausa** (Zadok [1976b] 309 mit Anm. 19); →**Kabsite** (Zadok [1995a] 229, 2.1.4b); →**Kailete** (Zadok [1995a] 229, 2.1.4b); →**Kannu'** (Zadok [1995a] 264, 4.34.7); →**Karuḫa** (Zadok [1995a] 264, 4.34.7); →***Kasappu** (vgl. Kašpi u. nB/spB Kašappi, RGTC 8, xx); →**Kašpi** (Zadok [1978a] 172, id. [1995a] 271, 6.5a); →**Kipina** (Lipiński [2000] 97, Zadok [1995a] 230, 2.3.4b); →**Kupruna 1** (Zadok [1995a] 269, 5.5.3); →**Laḫīru** (RGTC 8, xx); →**Lāqê** (Lipiński [2000] 77, WSB 93, Zadok [1995a] 230, 2.3.4b); →**Magarisu** (Zadok [1995a] 240, 3.10.1, WSB 140); →**Magdali** (RlA 8, 200); →**Mardijānê** (Zadok [1976b] 306, id. [1995a] 241, 3.10.7); →**Magdalu**; →**Makurrete** (Zadok [1978a] 168 Anm. 7 u. id. [1982b] 77, Nr. 184; aber ev. < akk. *makurru*, Postgate/Mattila [2004] 243 Anm. 22); →**Malḫina** (Zadok [1995a] 270); →**Malijāti** (WSB 167f., Zadok [1978a] 172, id. [1995a] 264, 4.34.7); →**Malka**; →**Mallanāte** (Garelli [1986] 242; amurritisch, Zadok [1995a] 240, 3.10.1); →**Mariametu** (Zadok [1995a] 240, 3.10.7); →**Marpada** (Zadok [1976b] 309, id. [1995a] 226); →**Maš'a** (RGTC 8, xxii, 4.7); →***Maškaritu** (Zadok [1995a] 264, 4.34.7) →**Meḫinî** (WSB 155, Zadok [1995a] 240f., 3.10.7); →**Milqia** (Zadok [1995a] 263, 4.34.7); →**Mezê** (Zadok [1976b] 309 zu 267); →**Nabajāti** (RGTC 8, xxi, 4.6; Zadok [1990] 228); →**Nabiḫu** (Zadok [1991] 38, id. [1995a] 240, 3.10.7); →**Nagiāte** (Lipiński [2000] 94); →**Nampagāte** (Zadok [1988] 82, id. [1995a] 264, 4.34.7); →**Napisina** (Zadok [1995a] 264, 4.34.7); →**Napisu** (Zadok [1995a] 226, 1.2.28b); →***Naq(i)ru** (Lipiński [2000] 471, Zadok [1985b] 79 Nr. 194); →**Nasikku** (WSB 124 u. 335, Zadok [1985b] 77, Nr. 198); →**Naṣībīna** (Lipiński [2000] 110, WSB, 173, Zadok [1995a] 240, 3.10.7);

→**Ni'mite** (Zadok [1991a] 37, id. [1995a] 240, 3.10.7); →*__Nuḫubu__ (Zadok [1978a] 173, id. [1995a] 264, 4.34.7, WST. 168); →**Padnu** (RGTC 8, xvi); →**Palê (?)** (Zadok [1995a] 241, 3.10.7); →**Paqutu/Paqud** (Zadok [1976b] 309 zu 273, id. [1995a] 226, 1.2.28b); →**Parute** (Zadok [1995a] 264, 4.34.7); →**Piqdani** (Zadok [1995a] 241, 3.10.7); →**Qablit** (Zadok [1976b] 308, id. [1995a] 240, 3.10.7); →**Qabrīna 1** (Zadok [1976b] 305 zu 94, id. [1985b] 78 Nr. 210; wenn der ON Gabrīna lautete s. Zadok [1995a] 264, 4.34.7); →**Qamani** (Zadok [1977-78a] 41 Anm. 41, id. [1995a] 241, 3.10.7); →**Qaqīni** (Zadok [1995a] 240, 3.10.7); →**Qarat-baqa'āni** (Fales [1979] 205, Zadok (1976b) 308, id. [1981c] 198, id. [1995a] 240, 3.10.7); →**Qarnê** (Zadok [1985b] 78, Nr. 217); →**Qassu** (s. Qaštu); →**Qaštu** (Lipiński [2000] 126 Anm. 40, Zadok [1995a] 241, 3.10.7); →**Qidru**; →**Qipāni** (SAA 11, xxxi; Zadok [1995a] 276, 7.1.15.2); →**Qubbāte** (Zadok [1976b] 307, id. [1995a] 240, 3.10.7); →**Qudāru** (Zadok [1995a] 263, 4.34.7; dagegen arab. in id. [1990] 228); →**Qurašute** (**qrs*, DNWSI 1034f., Kessler [2003]); →**Quri'** (Zadok [1985b] 78 zu 216); →**Qurubi** (Zadok [1995a] 263, 4.34.7); →**Radamena** (WSB 335f., Zadok [1995a] 240, 3.10.7); →**Radme** (Zadok [1995a] 241, 3.10.7); →**Raḫimmu** (Zadok [1978a] 174 Anm. 15, Zadok [1995a] 229, 2.1.4b); →**Rami** (Zadok [1978a] 173, id. [1995a] 241, 3.10.7); →**Raqamātu** (Zadok [1983] 240, 3.10.1); →**Raṣappa** (Zadok [1995a] 241, 3.10.7); →**Rubu** (Lipiński [2000] 439); →**Rummunina** (Zadok [1978-89b] 241, id. [1995a] 230, 2.3.4b); →**Ruqāḫu** (Lipiński [2000] 48, Zadok [1978a] 168 Anm. 8, id. [1995a] 224, 1.1.30c, id. [2013] 313 gegen Lipiński loc. Cit.); →**Sabirutu** (Zadok [1978a] 174, id. [1995a] 229, 2.1.4b); →**Saḫiru** (RGTC 8, xxi, 4.6); →**Sairi** (Zadok [1995a] 240, 3.10.7); →**Salimāni** (Zadok [1995a] 264, 4.34.7); →**Samānu** (bzw. akk., s. PNA 3/I, 1082 s. v.); →**Sapalāte** (Zadok [1991a] 38, id. [1995a] 240, 3.10.7); →**Si'immê** (Zadok [1995a] 240, 3.10.7); →**Sikāni** (Lipiński [2000] 120, Zadok [1995a] 240, 3.10.1); →**Sailu** (Zadok [1995a] 228, 1.4.8); →**Salammê**; →**Salilānu** (Zadok [1995a] 241, 3.10.7); →**Samak(k)u** (Zadok [1978a] 173f., id. [1995a] 241, 3.10.7); →**Samatu** (Zadok [1995a] 241, 3.10.7); →**Saraku** (Zadok [1995a] 241, 3.10.7); →**Singāra** (Zadok [1995a] 240, 3.10.1); →**Sumu'il** (WSB 393; vgl. aber Weippert [1972] 159 Anm 14 u. Knauf [1985] 7); →**Sūru** (Zadok [1995a] 230, 2.3.4b); →*__Ṣaidinu__ (WSB 173); →**Ṣūṣi** (vgl. nA PN Ṣūṣâ < *qūl* v. **ṣwlyṣ* u. Ṣūṣu PNA 3/I, 1178; alternativ < akk. *ṣūṣî* "Rohrdickicht am Fluss", Zadok [1995a] 263, 4.34.5); →**Tabite** (Zadok [1978a] 168 Anm. 7, id. [1995a] 240, 3.10.7); →**Tagaritejāni** (WSB 174 u. 258 zu nB Tagritajn); →**Tanê** (Lipiński [2000] 471f., Zadok [2013] 306 gegen Lipiński loc. Cit.); →**Tarninu** (Zadok [1978a] 176, id. [1995a] 270, 5.5.43); →**Tastiāte** (Zadok [1995a] 264, 4.34.8); →**Tēma** (RGTC 8, xxii, 4.7); →**Temannu** (Lipiński [2000] 109, Zadok [1996a] 723); →**Temeni** (vgl. Temannu); →**Tillê** (da < Tiluli, jedoch nicht < Til-līni, wie in Zadok [1976a] 116; s. auch id. [1976b] 305); →**Til-līni** (Zadok [1995a] 276, 7.1.15.2); →**Til-Saḫiḫâ (?)** (Zadok [1976b] 309, id. [1995a] 240, 3.10.7); →**Tiluli 2**; →*__Tiluli 3__; →**Til-ulina** (Zadok [1995a] 241, 3.10.7); →**Ṭābēte** (Zadok [1995a] 240, 3.10.7, oder eher akk.?); →**Ṭuḫuna** (Zadok [1985c] 113, id. [1995a] 241, 3.10.7); →**Usalâ** (wsem. bzw. akk. < sum. usal, Lipiński [2000] 83, Zadok [1995a] 230, 2.3.4b); →**Zaddi** (Zadok [1978a] 175); →**Zadidāni** (Zadok [1978a] 175, id. [1995a] 229,

2.1.4b); →**Zaḫê** (Zadok [1995a] 229, 2.1.4b); →**Zamaḫi** (Zadok [1995a] 240, 3.10.7); →**Zūriḫ** (Zadok [1995a] 230, 3.4a); →**Zuzāna** (WSB 159, Zadok [1995a] 240, 3.10.7).

12. Hybride mit Akkadisch

12.1 Akkadisch-Anatolisch

→**Kapar-Tabālāja**; →**Kapar-Quāja** (Zadok [1995a] 264, 4.36).

12.2 Akkadisch-Sumerisch oder mesopotamisches Substrat

→**Mê-Turnat**.

12.3 Akkadisch-(Nord)Westsemitisch

→**Āl-Abi-ḫimme** (Zadok [1995a] 264, 4.37.4); →**Āl-Maḫdî** (WSB, 139); →**Āl-Armāja**; →**Āl-Ṣāṣi** (vgl. *ṣṣ, DNWSI, 973f.; nach Zadok [1995a] 270, 5.5.4 "atypical"); →**Ālu-ša-Addâ** (PNA 1/I, 43 s. v. Addâ); →**Ālu-ša-Bi-Dādi** (PNA 1/II, 343, s. v. Bi-Dādi); →**Ālu-ša-Ḫarāni** (zum PN, PNA 2/I, 459); →**Ālu-ša-mār-Raḫīmi-[...]** (PNA 2/I, 1030 s. v. Raḫīmi-[...]); →***Ālu-ša-Zabīni** (Zadok [1995a] 269, 5.5.2); →**Barḫalzu** (Zadok [1995a] 240, 3.10.5); →**Bīt-Gabiu**; →**Bīt-Sa'īli** (PN Sa'īlu, PNA 3/I, 1063f.); →**Bīt-ṣuṣāni**; →**Buruqi** (Zadok [1995a] 240, 3.10.5 u. 263, 4.34.6); →**Dūr-katlimmu** (Zadok [1995a] 230, 2.3.4a); →**Dūr-pariki/pariqi** (vgl. **prk*, DNWSI 938 bzw. **prq*, DNWSI 943; Zadok [1978a] 167, id. [1995a] 264, 4.34.7); →**Ḫirbat-Ilā'i-Bēl**; →**Kapar-Adda-bi'di** (Zadok [1995a] 276, 7.1.16a); →**Kapar-Aḫi-iaqar** (Zadok [1995a] 226, 1.2.29c); →**Kapar-Akaru** (Zadok [1995a] 276, 7.1.16a); →**Kapar-Amdānu** (Zadok [1995a] 241, 3.11a); →**Kapar-'Anâ** (Zadok [1995a] 276, 7.1.16a); →**Kapar-Andarāni** (s. PNA 1/I, 111, s. v. Andarānu); →**Kapar-Armāja**; →**Kapar-Bābî** (?) („atypical", Zadok [1995a] 264, 4.36c); →**Kapar-Bābû** ("atypical", Zadok [1995a] 264, 4.36c); →**Kapar-Baḫāja** (Zadok [1995a] 226, 1.2.29b); →**Kapar-Bir-Ḫanū(ni)** (WSB 107. 158. 161); →**Kapar-Gurrabâ** (Zadok [1995a] 276, 7.1.16a); →**Kapar-Ḫamû** (Zadok [1995a] 276, 7.1.16a); →**Kapar-Ḫanê** (< *hnn* „wohlwollend sein", Zadok [1995a] 270, 5.6c); →**Kapar-Ilu-ṣalê** (Zadok [1995] 270, 5.6b); →**Kapar-Ilṭiši** (Zadok [1995a] 241, 3.11a); →**Kapar-Jaqīri;** →**Kapar-Kaldu** (Zadok [1995a] 264, 4.36); →**Kapar-Kaparu** (Zadok [1995a] 276, 7.1.16a); →**Kapar-Lāqê** (Zadok [1995a] 276, 7.1.16a); →**Kapar-Mār-jaba** (Zadok [1995a] 241, 3.11a, WSB, 65. 83); →**Kapar-Milki-[...]**; →**Kapar-Nūni** (Zadok [1995a] 241, 3.11); →**Kapar-Qajāni** (vgl. bibl. *qayin* [Jos 15, 57], Zadok [1978a] 171); →**Kapar-Qanâ-il**; →**Kapar-Qarīḫi** (Zadok [1995a] 276, 7.1.16a); →**Kapar-Saḫarunāja** (Zadok [1995a] 264, 4.36, d3); →**Kapar-Sa'īli** (Zadok [1995a] 270, 5.6c); →**Kapar-Saqamānu** (Zadok [1995a] 270, 5.6c); →**Kapar-Sumu'il** (Zadok [1995a] 264, 4.36); →**Kapar-Sūrī-Ba'al**; →**Kapar-Šugāja** (SAAB 5, S. 90 zu Z. 2;

Zadok [1995a] 264, 4.36); →**Kapar-Temanāja** (Zadok [1989] 241); →**Kapar-Ter** (Zadok [1989] 161); →**Kapri-ša-Ḫunnî**; →**Kurzuḫā[(...)]** (Zadok [1995a] 263, 4.34.6e); →**Pabite elû** (Zadok [1995a] 263, 4.34.6); →**Pabite šaplû** s. Pabite elû; →**Sūru-Nūrāni** (ev. auch nur wsem.); →**Šamaš-rīqa** (Zadok [1995a] 228, 1.3.15d); →**Til-ḫalulina** (Zadok [1995a] 269, 5.5.3); →**Til-ḫauar** (**ḥwr* „weiß", DNWSI, 356; Zadok [1978a] 170, Nr. 32, id. [1995a] 269, 5.53); →**Til-raḫaua** (Zadok [1978a] 176, id. [1995a] 240, 3.10.7); →**Til-ša-Abtāni**; →**Til-ša-Zabdāni** (s. PNA 3/II, 1428 s. v. Zabdānu); →**Til-zanî** (Zadok [1976b] 309).

12.4 Akkadisch-unbekannte Herkunft

→**Aḫ-Sāna**; →**Āl-Purattāja** (falls Āl-Burātāja, dann akk., Zadok [1995a] 263, 4.34.6); →**Ālu-ša-Qurâ**; →**Ālu-ša-Turmiš** (vgl. mit dem Fremdwort *turmu* in den Nuzi-Texten, CAD T, 487, s. v. turmu A u. 488 s. v. turmu B); →**Bīt-ḫijaṣi[(...)]**; →**Bīt-Urbiru** (Zadok [1985c] 113 u. id. [1995a] 264, 4.34.9: PNA 3/I, 1193 interpretiert den PN Urburu als akk. „Wolf", aber das akk. Wort lautet *barbaru* (UR.BAR.RA), nA *barburu* (AEAD, 13) und eine Graphie *ur-bu-ru* ist nicht bezeugt, s. CAD B, 108f.); →**Bīt-Zīzê** (s. PNA 3/II, 447, s. v. Zīzê, dagegen westsem. nach Zadok [1995a] 240, 3.10.7); →**Dunābu-Enlil** (?) (eine Lesung Dunābube ist nicht ausgeschlossen, eine Deutung Dun-abūbi – Zadok [1995a] 263, 4.34.5 – scheint wegen der Graphie unwahrscheinlich); →**Dūr-kuššia**; →**Ḫalziluḫa** (wahrscheinlich *ḫalzi* + *luḫa*); →**Kapar-Akkulāni** (die Etymologie vom Akkulānu ist unbekannt, PNA 1/I, 95; Zadok [1995a] 264, 4.36 betrachtet den ON als akkadisch); →**Kapar-am[...]**; →**Kapar-Arrizu** (< westsem. *'rz*?, Zadok [1995a] 276, 7.1.16f); →**Kapar-Azḫula**; →**Kapar-Bisê** (Zadok [1995a] 264, 4.36); →**Kapar-Bīt-sasanâ** (?) (vgl. akk. *sassannu* u. *sassānu*, CAD S, 194); →**Kapar-Būdāja** (vgl. phön. Būdâ, PNA 1/II, 349); →**Kapar-Dakanâ** (PNA 1/II, 665; nach Zadok [1995a] 226, 1.2.29c westsem. wegen der alten Lesung [l]*da-ka-na-ni*); →**Kapar-kaUD (?)**; →**Kapar-Mallaṣi**; →**Kapar-Qiqî**; →**Kapar-Sangari** (vgl. nA PN Sangara, PNA 3/I, 1088f.); →**Kapar-Ṣidqī (?)** (nA PN Ṣidqī, PNA 3/I, 1169); →**Kapar-Tapḫa-ari** (nach Zadok [1995a] 226, 1.2.29e ev. akk.-westsem.; vgl. akk. *tapḫaru*, CAD T, 179f.); →**Kapar-Tatû** (Zadok [1995a] 241, 3.11.d); →**Kapar-Usāni**; →**Kapar-Utani** (Zadok [1995a] 264, 4.36); → **Kapar-Zīzî** (s. PNA 3/II, 1147 s. v. Zizî); →***(Naḫallu-)Kusu**; →**Nār-Ilabbiašu** (nicht. sem., Zadok [1995a] 264, 4.35); →**Šiddi-asika** (Zadok [1995a] 264, 4.34.9); →**Til-ḫarrapina**; →**Til-zae**; →**Ugār-sallum**.

12.5 Akkadisch-Arabisch

→**Bīt-Ḫa'iri** (WSB 212, Zadok [1981a] 67); →**Kapar-Kiluḫte/Qiluḫte** (PN Qiluḫte ev. arab., Zadok [1991a] 38).

13. Hybride ohne Akkadisch

13.1 Westsem.-unbekannte Herkunft (im vorliegenden Band keine Beispiele vorhanden)

13.2 Westsem.-Hurritisch/Urartäisch

→**Ḫarbat-niāri** (CAD N/2, 201 s. v. niāru, Zadok [1995a] 264, 4.34.8); →**Qarti-Ḫaldi** (Zadok [1976b] 308, id. [1981b] 49 Anm. 38, id. [1995a] 241, 3.10.8).

14. Unklare Herkunft

14.1. Vielleicht (West-)Semitisch

→**Abdudu**; →**Adumānu** (Zadok [1978a] 164, id. [1985b] 48; wegen der geographischen Lage unsicher); →**Aguna** (?) (<'*gn*, vgl. nA PN Agīnu, PNA 1/I, 56); →**'Akuānu** (Zadok [1995a] 276, 7.1.16d); →**Apallâ** (vgl. RGTC 8, 1 [nB/spB Aballi] u. xix Anm. 26); →**Arbunâ** (Zadok [1985a] 157 mit Anm. 18, id. [1995a] 240, 3.10.7; >Arubu?, s. Komm. hier s. v. u. WSB, 222 u. Zadok [1981a] 65); →**Argasu** (Zadok [1995a] 270, 5.5.3); →**Arubu** (Etym. unklar, Fales [1989] 130 Anm. 8, Lanfranchi [2004] 224f.; nach Eph'al [1984] 7 scheint A. eine Eingenbezeichnung wiederzugeben, so dass eine arabische Etymologie möglich wäre; nach RGTC 8, xix (4.6) westsemitisch; der PN Arbāju wird in PNA 1/I, 127 als akkadisch betrachtet); →**Asiḫi** (Zadok [1995a] 271, 6.5a); →**Asiḫ-Zabīnu** (s. Asiḫi; der PN Zabīnu ist aram., PNA 3/II, 1430); →**Ašiḫi** (Zadok [1989] 165); →**Badiadin** (vielleicht wsem., vgl. nA PN Bādia, PNA 1/II, 250 u. sem. *dīn* „Gesetz"); →**Barūri** (vgl. nA PN Bar-ūri, „Sohn des Lichtes", PNA 1/II, 274; →**Bazrê** (Zadok [1995a] 270, 5.5.3); →**Bāzu** (nach RGTC 8, xix [4.6] westsemitisch. Eine Verbindung mit bibl. *bûz* [gegen HAL, 110 s. v. bûz II] wird von Eph'al [1984] 133 abgelehnt. Vielleicht steckt hinter manchen Graphien von B. ein Wortspiel mit akk. *bāṣu/baṣṣu* „Sand", Eph'al [1984] 132, Lanfranchi [2004] 237, RGTC 8, 72 s. v. Bāṣ. Nach Eph'al loc. cit. könnte der nB Beleg ABL 839, Rs. 9 [*Laialê* LUGAL ^{lú}*be-zu*] auf die urprüngliche Form des ON hinweisen.); →**Bīt-šelēbuna** (vgl. akk. *šēlepu* „Fuchs", CAD Š/2, 269f. bzw. *šlp, DNWSI, 1153); →**Buramma** (Zadok [1995a] 241, 3.10.9); →**Burrim** (Zadok [1995a] 241, 3.10.9); →**Daduni** (Zadok [1978b] 166); →**Daria** (vielleicht < *dāriu* „ewig"); →**Dumâ**; →**Duna (?)**; →**Erudi** (Zadok [1995a] 270, 5.5.3); →**Gabmuri**; →**Gidara**; →**Ḫābūr** (*qatūl* v. *ḫbr*?); →**GubBAD** (Gubbat, nach Zadok [1976] 305f. u. id. [1985b] 48 westsem.; Gubbe könnte auch westsem. sein; wegen der geographischen Lage unsicher); →**Gulsunu** (Zadok [1995a] 269, 5.5.3); →**Gurru** (Zadok [1985b] 70; könnte auch iranisch sein, Lipiński [2000] 483f.); →**Ḫallāja** (Zadok [1985b] 48 u. 76, Nr.134;

wegen der geographischen Lage unsicher); →**Ḫalulî** (Zadok [1995a] 276, 7.1.15.2); →**Ḫamaru**; →**Ḫamê** (Zadok [1995a] 270, 5.5.3); →**Ḫarbina** (Zadok [1976] 116, id. [1976b] 307); →**Ḫazû** (vgl. bibl. *ḥ^{a}zô* [HAL, 289], Eph'al [1984] 133; arab. nach Zadok [1990] 228, id. [1995a] 269, 5.5.3); →**Ḫidana** (< **ḥdy* „sich freuen", DNWSI, 349, + -*ān*); →**Ḫīrānu** (vgl. →Ḫirana); →**Ḫiriba** (< *ḥrbr*?, WSB 113); →**Ḫumut** (Zadok [1978a] 168; id. [1995a] 226, 1.2.28b; →**Ḫurumu (?)**; →**Ināja**; →**Ismeani**; →***Itâ**; →**Ītu** (wsem. nach RGTC 8, xx u. Zadok [1995a] 229, 2.1.4a); →**Kapānu**; →**Karania**; →**Kukibi** (Zadok [1995a] 240, 3.10.1); →**Kuppi (?)**; →**Lubdu** (< **lbd*?, vgl. Labdūdu, Lipiński [2000] 441); →**Mallānu** (vgl. Mallanāte); →**Maqallu** (vgl. **qlū* „verbrennen"); →**Mariri** (Zadok [1978a] 173); →**Masiḫi** (< **msḫ*?, vgl. akk. *masāḫu*, AHw, 618); →**Masiti** (Zadok [1995a] 264, 4.34.7); →**Mattani** (?); →**Mutianni** (Zadok [1995a] 240, 3.10.7 weist auf am. *Mu-ti-i-ia-na* in Gelb [1980] 326 hin; Durand [1991] 93 schlägt aber die Korrektur *Mu-ti-i-ia-ti*! vor, s. auch Streck [2000] 360, Nr. 4792); →**Napiḫi** (vgl. bibl. ON *nōpaḥ*, Zadok [1995a] 263, 4.34.6); →**Niḫutu** (Zadok [1995a] 230, 2.3.4a); →***Niramu** (Zadok [1995a] 240, 3.10.7); →**Piru'a** (Zadok [1995a] 276, 7.1.15.2e); →**Qatnu** (Zadok [1995a] 240, 3.10.1); →**Qirbit** (RGTC 8, xxi, 4.6); →**Qitu** (vielleicht akk. *qītu* „Ende"); →**Qurani** (Zadok [1995a] 263, 4.34.6); →**Qurumat** (vgl. **qrb* „nah sein"); →**Qururu** (vgl. WSB, 219); →**Sagāni** (vgl. **škn* „wohnen"); →**Sa'rarīna** (Zadok [1995a] 264, 4.34.7); →**Ṣēlâ** (Zadok [1995a] 270, 5.5.3); →**Ṣupria** (Zadok [1995a] 230, 2.3.4a); →**Šanugû** (Zadok [1995a] 263, 4.34.6); →**Šibara** (Zadok [1995a] 241, 3.10.9); →**Šipur**; →**Taḫāl(u)** (vielleicht westsem., Zadok (1995a) 224, 1.1.30c); →**Takku[...]** (Zadok [1995a] 241, 3.10.7); →**Til-marasiluti**; →**Tinunî** (Zadok [1995a] 276, 7.1.15.2e); →**Udēru** (südwestsem.?); →**Zabanni** (vgl. WSB 125, aber auch PNA 3/II, 1427 s. v. Zabanu); →**Zabarra** (Zadok [1995a] 270, 5.5.3); →**Zarzāta** (Zadok [1976b] 309, id. [1985b] 48; wegen der geographischen Lage unsicher); →**Zidada** (Zadok [1995a] 270, 5.5.3).

14.2 Vielleicht Anatolisch

→**Adani**; →**Ḫista** (vgl. heth. Ḫištā, RlA 4, 369); →**Išua**; →**Kūkunu** (vgl. PN Kukkunni, RlA 6, 301f.); →**Lušanda** (Zadok [1985b] 49).

14.3 Vielleicht Hurritisch/Urartäisch

→**Alzi**; →**Amēdu** (Zadok [1995a] 270, Komm. nach 6.2.2; nach Lipiński [2000] 153 sem.); →**Andi** (s. Amēdu); →**Anditâ** (< hurr. *ant-*?, s. NPN, 201 u. Zadok [1995a] 228, 1.3.15a); →**Arrapḫa** (sprachliche Herkunft ungewiß, RGTC 10, 35f.); →**Arzuḫina** (RGTC 10, 67); →**Barbaz** (Astour [1987] 24); →**Barzania** vgl. Barzaništun; →**Barzaništa** s. Barzaništun; →**Barzaništun** (Astour [1987] 54, Zadok [1995a] 271, 6.5c); →**Dadiualla** (Zadok [1995a] 262f., 4.34.2); →**Darraska** (Zadok [1985c] 113); →**Diduala** (Zadok [1995a] 262f., 4.34.2); →**Gabaṣê/Qabasî** (Zadok [1985c] 113, id. [1995a] 264, 4.36); →**Ḫalman 2** (ev. auch kass., RGTC 10, 84, s. v. Ḫalmani[we]);

→**Ḫiḫiḫina** (Zadok [1995a] 262, 4.34.2); →**Ispallurê** (Zadok [1995a] 271, 6.5c); →**Isparirra** (Zadok [1995a] 262, 4.34.2); →**Išpilipria**; →**Jalman** (falls mit Ḫalman 2 etymologisch verwandt; Zadok [1985b] 79, Nr. 162); →**Kāšiāru** (Radner [2006a] 283, Zadok [1989] 165 mit Anm. 65); → **Latiḫi** (nicht sem., Zadok [1995a] 240, 3.10.3; hurr. Kessler [2000] 310); →**Lusia** (vgl. urar. Lūšā, RGTC 9, 52); →**Madaranzu** (vgl. *-nz-* in Nanzu, Zadok [2002] 27); →**Mera** (Zadok [1995a] 262, 4.34.2); →**Miljāba** (Zadok [1985c] 113, id. [1995a] 263, 4.34.2); →**Na'iri** (s. Salvini [1967] 45f. mit RlA 9, 87, §2); →**Patiškun** (Zadok [1995a] 270, 6.1.7); →**Ramatba** (Zadok [1985c] 113; id. [1995a] 263, 4.34.2); →**Sasssu** (vgl. urar. Sase, RGTC 9, 75); →**Šadikanni** (nicht sem., Zadok [1995a] 240, 3.10.1; hurr. Kessler [2000] 310); →**Šašlê (?)** (vgl. RGTC 9, 79 Šašīlu, Zadok [1995a] 263, 4.34.3); →**Šūri** (s. *Šūru); →***Šūru** (RlA 13, 334 s. v. Sūru 3); →**Tasu** (s. Tasu); →**Tasu** (vgl. urar. Tāše, RGTC 9, 84); →**Tašuḫa** (vgl. hurr. Tašuḫḫe, RGTC 10, 284); →**Tursana**; →**Ustu** (vgl. Am. Uštu, RGTC 12/2, 332); →**Zazabuḫa** (vgl. mit Zūzu [RGTC 8, 335], Suzza [elam. RGTC 11, 246] in Urarṭu); →**Urzunapi.**

14.4 Unklare bzw. unbekannte Herkunft

→**Abbissâ**; →**Abiṣa[...]**; →**Abrania**; →**Adî**; →**Adia**; →**Adian** (akk.-westsem. nach Zadok [1995a] 263, 4.34.6, der den ON als AdiAN widergibt; vgl. aber *adannu/adiānu*, CAD A/1, 97–101); →**Aggunu**; →**AḪdatsama[...] (?)**; →**Aḫrijê**; →**Aḫusutu**; →**Aira** (Zadok [2002] 138, 8.6); →**Akuḫî** (nicht sem., Zadok [1995a] 240, 3.10.3); →**Alinzirānu**; →**Alqi[...]**; →**Alu'iṣṣa (?)** (akk. Ālu-iṣṣa nach Zadok [1995] 263, 4.35.4c); →**Amadani**; →**Amadīnu**; →**Amlatti** (eine arab. Etym. wie Lipiński [2000] 462 für Amlatu vorschlägt, kommt hier nicht in Frage); →**Ammaš**; →**Anara** (Zadok [2002] 138, 8.4.2.1, 2); → **Anganu**; →**Apallâ**; →**Arānu**; →**Arasilla**; →**Arbakki**; →**Arbaga**; →**Ardīzi** (Zadok [1995a] 270, 5.5.5); →**Arduba**; →**Argada**; →**Arinu** (anat. bzw. hurr./urar.?); →***Ariru** (Zadok [1995a] 264, 4.34.10); →**Arkuḫi**; →**Arlāja** (Zadok [1995a] 263, 4.34.4); →**Arqānia**; →**Arṣania**; →**Ašnaku (?)**; →**Aššа**; →**Ašurdāja**; →**Ateia**; →**Atkun**; →**Atuka**; →**Auibi**; →**Babutta**; →**Badūa (?)**; →**Balīḫu** (nicht semitisch?, RGTC 8, xxiii, 4.17, Zadok [1995a] 275, 7.1.15.1; →**Bambuki** (nicht sem., Zadok [1995a] 270, 5.5.5); →**Banbarina**; →**Barma** (wahrscheinlich nicht sem., Zadok [1995a] 228, 1.4.7e);→**Barzunna**; →**Baṣ**; →**Bašānu**; →***Ba'û**; →**Bāza**; →**Bāzi 1**; →**Bāzi 2**; →**Benana**; →**Benuḫše**; →**Benzu**; →**Bidušâ**; →**Bidūa**; →**Birdanša**; →**Birdunu**; →**Birtūri (?)**; →**Bitirru**; →**Biturra** (nicht sem., Zadok [1995a] 263, 4.34.3); →**Bitzua**; →**Bugu**; →***Bulijanu**; →**Bulul** (Zadok [1995a] 263, 4.34.4);→**Buni** (Zadok [1995a] 263, 4.34.4); →**Bunnu([...])**; →**Burunatu (?)**; →**Bususu**; →**Būṣi (?)** (akk.?, westsem.?, Zadok [1995a] 240, 3.10.5); →**Bušâ**; →**Damdammusu** (nach Zadok [1995a] 270, Komm. nach 6.2.2 nicht sem., vielleicht hurritisch-urartäisch; dagegen nach Lipiński [2000] 347 Anm. 5 akk., vgl. *damdammu* „eine Art Maultier", AHw 157, CAD D, 64); →**Daiqanša**; →**Dalazania** (Zadok [1995a] 263, 4.34.4); →**Dania**; →**Danziun**; →**Datēbir** (Zadok [1985b] 79, Nr.

84); →**Denia (?)** (wenn Šulmu-bēlīja zu lesen, dann akk,); →**Diati**; →**Diulla-ana-Nal** (bzw. Diullānanal); →**Dikun**; →**Dirria**; →**Diuiapli**; →**Du'ūa** (Zadok [1995a] 263, 4.34.4); →**Eḫiman (?)** (wahrscheinlich nicht sem., Zadok [1995a] 240, 3.10.3); →**Elizanšu**; →**Elizkun**; →**Elmunaqinnê**; →**Elugia**; →**Enu**; →**Enzi** (vgl. nA PN Enzû, PNA 1/II, 397); →**Enzite**; →**Eribi**; →**Erimi (?)**;→**Eusa**; →**Etebur[...] (?)**; →**Ezāma**; →**Eziat**; →**Ezzēda**; →**Dame** (nicht sem., Zadok [1995a] 263, 4.34.4); →**Diḫnunu**; →**Dunuequ** (von Zadok [1995a] 263, 4.35.4 als akk. betrachtet, der wahrscheinlich an *dunnu* „Stärke; Gehöft" [CAD D, 183f.] und *ēqu* „(ein Kultgegenstand)" [CAD E, 253f.] denkt; eine Status constructus-Verbindung würde aber *dunni-ēqi* lauten); →**Dušunu**; →**Gab'ete**; →**Gāgal** (nicht sem., Zadok [1995a] 263, 4.34.3); →**Galgulim (?)**; →**Gammagara** (Zadok [1995a] 263, 4.34.3); →**Gaurna**; →**Gilgimê**; →**Gilsanu (?)**; →**Gingiliniš** (Zadok [1995a] 263, 4.34.3); →**Girmua** (nicht sem., Zadok [1995a] 263, 4.34.3); →**GÚ-AN** (?); →**Gupara**; →**Ḫāba** (Zadok [1995a] 240, 3.10.6); →**Ḫabatešu/Ḫanimtešu (?)**; →**Ḫabḫu 3–5** (nicht sem., RGTC 8, xxxiii, 4.17); →**Ḫabīnu** (s. PNA 2/I, 437, s. v.); →**Ḫalaḫḫu**; →**Ḫalbuda**; →**Ḫalḫalauš**; →**Ḫalina** (Zadok [1995a] 264, 4.34.10); →**Ḫamuna** (Zadok [1995a] 270, 5.5.5); →**Ḫāni**; →**Ḫanqāti**; →**Ḫanusa** (nicht sem., Zadok [1995a] 263, 4.34.3); →**Ḫappatti** (Zadok [1995a] 264, 4.34.10); →**Ḫarbisinna**; →**Ḫarira**; →**Ḫarlazu** (wahrscheinlich nicht sem., Zadok [1995a] 228); →**Ḫarmiš** (nicht sem., Zadok [1995a] 240, 3.10.3); →**Ḫasmetu**; →**Ḫaṣidu**; →**Ḫatajāte**; →**Ḫattâ** (nach Zadok [1995a] 263, 4.36.4 akk.-westsem.); →**Ḫatpina[...]**; →**Ḫazabiri** (vielleicht westsem., Zadok [1995a] 241); →***Ḫazaḫi (?)**; →**Ḫazur** (nicht sem. Zadok [1995a] 264, 4.35); →**Ḫidiniba**; →***Ḫinata**; →**Ḫinḫinia**; →**Ḫisiki[...]** (?); →**Ḫubāba** (Zadok [1995a] 263, 4.34.4); →**Ḫudupa**; →**Ḫulî** (?); →**Ḫullari[...]**; →**Ḫunaba**; →**Ḫusana** (nicht sem., Zadok [1985c] 113; vgl. urar. Ḫuzānā, RGTC 9, 42); →**Ḫusur** (nicht sem., Zadok [1995a] 264, 4.35); →**Igāja** (nicht sem., Zadok [1995a] 241); →**Ijaja** (vgl. heth. PN Jaja, RlA 5, 254); →**Ikamaraja (?)**; →**Ilgie**; →**Ilanasa (?)**; →**Ilimmeru** (eine Verbindung mit Ilimer, einer westsem. Bezeichnung des Wettergottes ist unwahrscheinlich); →**Ingul(a)** (nicht unbedingt sem., Zadok [1995a] 241, 3.10.9); →**Inimat (?)**; →**Ippa**; →**Irmeriti (?)**; →**Irmuna**; →**Irri(a) (?)**; →**Irsia**; →**Isāna**; →**Išgiria** (?) (nicht. sem., Zadok [1995a] 263, 4.34.3); →***Išida (?)**; →**Iššabri**; →**Izalla** (RGTC 8, xxxiii, 4.17; Zadok [1989] 163); →**Izduja** (Zadok [1985b] 79, Nr. 158); →**Jasaddu**; →**Kadišḫaru** (nicht sem., Zadok [1995a] 263, 4.34.3); →**Kadišḫi** (nicht sem., Zadok [1995a] 263, 4.34.3); →**Kaḫat** (nicht sem., Zadok [1995a] 240, 3.10.1); →**Kakkabnaše (?)** (der erste Teil könnte akkad./westsem sein, Zadok [1995a] 240, 3.10.5; die Lesung des zweiten Teils ist unsicher); →**Kalgurig**; →**Kaḫu**; →**Kalše**; →**Karbanapa** (nicht sem., Zadok [1995a] 263, 4.34.3); →**Katmuḫi**; → **Kibaki**; →**Kinabu**; →**Kinda**; →**Kipšu**; →***Kipšūnu**; →**Kirara** (Zadok [1995a] 270, 5.5.4); →**Kirisḫa (?)**;→**Kirmesi**; →**Kubbu**; →**Kukkinu**; →**Kulisi**; →**Kulmūa**; →**Kullimeri**; →**Kullunu** (nicht sem., Zadok [1995a] 263, 4.34.3); →**Kuluna** (nicht sem., Zadok [1995a] 263, 4.34.3); →**Kunanê (?)**; →**Kunnu**; →**Kutuli/Kutli** (vielleich < akk. *kutallu*); →**Lapsia** (nicht sem., Zadok [1995a] 240, 3.10.3); →**Laruba**; →**Libba (??)**; →**Līdu 2**; →**Limalê**; →**LULbasta** (vielleicht kass., Zadok [1985b] 48, jedoch Anfang des Namens falsch);

→**Luluta**; →**Luqadanšu**; →**Luqa*še*** (?); →**Luqia** (vgl. nA PN Luqû, Lūqu, PNA 2/II, 670); →**Lupsa**; →**Lurisite** (Zadok [1995a] 264, 4.34.10); →**Madara**; →**Maganuba**; →**Maganiṣi**; →**Makan**; →**Maliasû**; →**Manṭun**; →**Marê** (nicht sem., RGTC 8, xxxiii, 4.17); →**Marḫuḫa**; →**Marḫatianša**; →**Masaka** (nicht sem., Zadok [1995a] 240, 3.10.1, dagegen akk. nach Lipiński [2000] 87); →**Maṣula**; →***Maškala/Barkala** (?) (nicht sem., Zadok [1995a] 270, 5.5.5); →**Matiātu** (Kessler [1980] 48–50); →**Matnu**; →**Maturaba** (wahrscheinlich nicht sem., Zadok [1995a] 228); →**Mazani** (?); →**Medun** (Zadok [1995a] 270, 5.5.5); →**Meluḫḫa**; →**Merḫisu**; →**Mēsu**; →**Mubî** (M. könnte mit *mubē'u* „Emittler" [AHw, 665, CAD M/2, 159] etymologisch verbunden sein [Mubī], s. OrNS 53, 87; ev. auch mit < *mūbû* „Dicke" [AHw, 665, CAD M/2, 159f.] verbunden [Mūbī]); →***Mumu**; →**Muqania**; →**Musku 2** (Wittke [2004] 180–182); →**Muṣurni[...]**; →**Nabulu** (Kessler [1978-89] 7; nicht sem., Zadok [1995a] 240, 3.10.1); →**Nabur**; →**Naḫu**; →**Nal**; →**Namdānu**; →**Našmedi** (?); →**Nikūa** (Zadok [1995a] 263, 4.34.4); →**Nilibši** (?) (Zadok [1995a] 240, 3.10.1); →**Ninnazua**; →**Ninu**; →**Nipur**; →**Nirdun**; →**Nirgi** (nicht sem., Zadok [1995a] 270, 5.5.5); →**Nisalhuna**; →**Nunak** →**Nuniba** (wahrscheinlich nicht sem., Zadok [1995a] 241, 3.10.10); →**Paiê** (Zadok [2002] 137); →**Pandu([...])**; →**Pappaḫa**; →**Parisu**; →**Paṣate**; →**Pa'uzi** (nicht unbedingt sem., Zadok [1995a] 241, 3.10.9; nach Lipiński [2000] 111f. mit syr. Nahar Bawṣa sematisch verbunden); →**Penzâ**; →**Pilazi**; →**Pīru** (vgl. →Pir'ua); →**Pitura**; →**Piua** (Zadok [1995a] 263, 4.34.4); →**Pulpullia** (nach Zadok [1995a] 264, 4.35 könnte es sich um eine onomatopoetische Bildung handeln); →**Purattu** (nicht sem. Zadok [1995a] 264, 4.35); →**Ruzidak**; →**Qabainna** (nicht. sem., Zadok [1995a] 263, 4.34.3); →**Qaianiḫu** (nicht sem. Zadok [1995a] 240, 3.10.3); →**Qana**; →**Qarena** (Zadok [1995a] 241, 3.10.11); →**Qilissa**; →**Qūa**; →**Quda 1**; →**Quda 2**; →**Ququsanšu**; →**Qumanî**; →**Quruba**; →**Qurula**; →**Quta**; →**Rapâ**; →**Rūru**; →**Sa'amê**; →**Saḫlalu** (nicht sem.?, Zadok [1995a] 275, 7.1.15.1); →**Sakka**; →***Sakkuana**; →**Salaniba**; →**Saluria**; →**Samḫara** (nicht sem., Zadok [1995a] 270, 6.1.7d); →**Saniti** (?); →**Saraga**; →**Sarbalia**; →**Sarê**; →**Sarun** (eine westsem. Etymologie wie im Fall vom ähnlich lautenden ON →[1] Saruna ist wegen der geographischen Lage unwahrscheinlich); →**Sasuk**a (Zadok [1995a] 263, 4.34.3); →**Satiba[...]** (?); →**Satkuri**; →**Sa[...]zabea**; →**Sikibsa**; →**Sinabu**; →**Sina'ini** (vielleicht sem., vgl. nA PN Sina'-il, PNA I/1, 1128 u. WSB 393 s. v.; vgl. auch nA PN Sinainni, PNA I/1, 1128 [möglicherweise hurr./urar.]); →**Sinia**; →**Sinnu** (nach Zadok [1995a] 224, 1.1.30b akk. „Zahn", aber *šinnu* wird stets mit *š* geschrieben; im Falle vom mit S. in Verbindung gebrachten as-Sinn, arab. „der Zahn", könnte es sich um eine Volksetymologie handeln, Fales [1995] 208); →**Siri**; →**Sirgana** →**Sirqu** (wahrscheinlich nicht sem., Zadok [1995a] 230, 2.3.4); →**Siruka**; →**Sirumi**; →**Sirura**; →**Sissil** (Zadok [1985b] 48); →**Suba**; →**Subnat**; →**Sueia**; →**Suena**; →***Suḫnu**; →***Sukarana**; →**Sukur** (?); →**Sulu** (Zadok [1995a] 263, 4.34.4); →**Sunê** (nicht sem., Zadok [1995a] 240, 3.10.1); →**Suqaḫuna**; →**Ṣiamaninu**; →**Ṣilgangâ**; →**Ṣūa**; →**Ṣuppa**; →**Šabarme**; →**Šaburam** (die Deutung Ša-Abu-rām scheint wegen der Region [Ṭūr 'Abdīn] und der Orthographie [vgl. nA PN Abi-rāmu, PNA 1/I, 12–14] unwahrscheinlich); →**Šaḫarasi'** (ev. westsem., falls Ālu-ša-Ḫara-Sē' die richtige

Lesung wäre, Zadok [1985b] 48 u. 75, Nr. 19); →**Šaḫuppa**; →**Šapadi**; →**Šariššu**; →**Šarum**; →**Šeliḫiram** (ev. westsem. falls Kapar-Liḫi-rām die richtige Lesung wäre, Zadok [1985b] 48 u. 77, Nr. 168); →**Šibaniba**; →**Šibḫiniš** (?) (Zadok [1995a] 263, 4.34.3); →**Šimirra**; →**Šīmu**; →**Šingiša**; →**Šiprapa (?)** (nicht sem., Zadok [1995a] 263, 4.34.3); →**Šudâ (?)**; →**Šūdu** (nicht sem., Zadok [1995a] 240, 3.10.1); →**Šuqidate**; →**Šuqiri**; →**Šušāri** (vielleicht akk., vgl. *šaššārum*, CAD Š/2, 174f.); →**Šutani**; →**Talbiš** (nicht sem., Zadok [1995a] 229, 2.1.4e); →**Talmusu**; →**Tamarama (?)**; →**Tamnūnu** (nicht sem., Zadok [1995a] 263, 4.34.3); →**Tanat** (Zadok [1995a] 263, 4.34.10); →**Tapsia**; →**Tarḫê**; →***Tarqana (?)**; →**Tarqunani**; →***Tartāru**; →**Tas**; →**Tašliana**; →**Tazi'** (Zadok [1985b] 48); →**Tebilti** (könnte akk. sein, AHw, 1342 u. s. Komm. s. v.; wahrscheinlich sem., Zadok [1995a] 264, 4.35); →**Tēla 1** (die Deutung als „Tell" [Olmstead (1918) 227 Anm. 42, Lipiński (2000) 149] ist als Volksetymologie zu verstehen; die Orthographie unterstüzt eine akk. Etym. nicht); →**Tidu** (nicht sem.); →**Ti'i** (nicht sem., Zadok [1995a] 263, 4.34.4); →**Tilmun**; →***Timbu'nu**; →**Tīna (??)**; →**Tirḫim**; →**Tu'e**; →**Tumurru**; →**Tupḫa**; →**Turḫu** (vgl. heth. Turḫa, RGTC 6/1, 442); →**Turmuna**; →***Turnû** (vgl. Turnat); →**Tušḫan**; →**Ṭaban** (nach Nashef [1982] 131 eher nicht vom westsem. *ṭīb* abzuleiten; →**Ṭuajabi**; →**Ṭunibuni**; →**Uallia**; →**Uaštal**; →**Ubasê**; →**Ubula**; →**Udu**; →**Udūa** (nicht sem., Zadok [1985c] 113); →**Uḫira**; →**Uilla**; →**Ukku** (Zadok [2002] 137, 8.4.1); →**Ulāja 1**; →**Ulina** (eher nicht sem., dagegen s. Til-ulina); →**Ulliba**; →**Ulluba**; →**Ulmu (?)**; →**Uluruš**; →**Uluzu[...]**; →**Umalia**; →**Uppa** (Zadok [2002] 137, 8.4.2.1, 3); →**Uppumu**; →**Uqaba**; →**Ura 1**; →**Ura 2**; →**Urakka** (nicht sem., Zadok [1995a] 240, 3.10.1); →**Urbakka**; →**Urmu (?)**; →**Urmuše**; →**Urulli**; →**Urume**; →**Urzâ**; →**Usia**; →**Ušḫu**; →**Uštalaḫi (?)**; →**Ušurnu**; →**Uzurra**; →**Zabban**; →**Zaduri**; →**Zaluaka**; →**Zamba**; →**Zanbāja**; →**Zapputu[(...)]** (nicht sem. ,Zadok [1995a] 263, 4.34.3); →**Zaqqu**; →**Zarānu** (Zadok [1982] 123, Zadok [1995a] 240, 3.10.3); →**Zatputukina** (nicht sem., Zadok [1995a] 263, 4.34.3); →**Zinbanu**; →**Zinia**; *Zuka (vielleich < akk. *zūku*); →**Zuri (?)**.

ORTSNAMEN
A–L

A

A[…] 1

^{uru}*a*-[x x x]
5-22) Edubba 10, 43, 8

¶ Vielleicht eine Stadt im Ḫābūr-Gebiet, s. Komm. zu → BEsa[…].

A[…] 2

^{uru}*a*-[x x x x]
5-22) Edubba 10, 43, Rs. 36 [BEsa(…)]

¶ Möglicherweise in Zentralassyrien bzw. in einem benachbarten Gebiet.

A[…] 3

^{uru}*a*-x-[7 Zeichen]
7-16) SAA 12, 50, Rs. 36' [Bazrê]

¶ Möglicherweise eine Stadt in Zentralassyrien bzw. in einem benachbarten Gebiet (N), Zadok (1995a) 268, 5.1.2.6.2.

A[…] 4

^{uru}*a*-[x x x]
3-20) SAA 11, 231, 13' [Āl-nukaribbī]

¶ Vermutlich eine Stadt in Zentralassyrien bzw. in einem benachbarten Gebiet (N).

A[…] 5

^{kur}*a*-x [x x]
4-13) SAA 1, 263, 1' [Ḫarrānu, Ḫalaḫḫu]

¶ Möglicherweise eine Region in Zentralassyrien bzw. in einem benachbarten Gebiet.

A[…]te (??)

^{uru}*a*-x-x-*te*
4-16/19) Rfdn 17, 29, 7 ($^{\text{uru!?}}$*a*-⸢x-x⸣-*te*)

¶ Vermutlich eine Stadt in der östlichen Ǧazīra.

Ab[…] 1 (?)

^{uru}*ab*-[x x x]
3-20) ND 2476, i, 13’ (Iraq 23, pl. 15) (^{uru}*ab*$^{?}$-)

¶ Vermutlich eine Stadt in Zentralassyrien bzw. in einem benachbarten Gebiet (K).

Abat-Aššur-lā-tenni

^{uru}*a-bat-aš-šur-la-te-ni*
1-15) RINAP 4, 112.33, iv, 16’ [Aššur-mannu-išannan, Abat-šarri-lā-tenni]

¶ NAT, 1 (Abat-Aššūr-lā-tenni).

Stadt in → Šubria, die in einer Liste von 21 Städten erwähnt wird, die von Asarhaddon erobert und umbenannt wurden, Pongratz-Leisten (1997) 335–337.

Abat-šarri-lā-tenni

^{uru}*a-bat*-MAN-*la-te-ni*
1-15) RINAP 4, 112.33, iv, 16’ [Abat-Aššur-lā-tenni, Mannu-lišissu]

¶ NAT, 2.

Stadt in → Šubria, die in einer Liste von 21 Städten erwähnt wird, die von Asarhaddon erobert und umbenannt wurden, Pongratz-Leisten (1997) 335–337.

Abattê (??)

^{uru}*a-bat-te-e*
3-20) SAA 12, 59, 8’ ($^{\text{[ur]u?}}$*a-bat-te*$^{!}$-) [Tīna]

¶ NAT, 1 (Abat-…); vgl. nA PN Abattu, PNA 1/I, 2f.

Möglicherweise eine Stadt in Zentralassyrien bzw. in einem benachbarten Gebiet.

Abbissâ

^{uru}*ab-bi-is-sa*
1-11) Tigl Summ 1, 34 [Diuiapli, Ḫarbisinna]

^{uru}*ab-bi-sa-a*
1-11) Tigl Ann, 20, 6’ (erg.) [Ḫarbisinna, Tasa]; Tigl. Summ 9, 17’ ([^{uru}*ab*]-⸢*bi*⸣-*sa*-[*a*]; Tadmors Ergänzung -[*a*] ist möglich, da es nach Iraq 26, pl. 26, ND 5422, 8’ noch Platz für ein Zeichen gibt, jedoch nicht zwingend) [Ḫarbisinna, Tasa]

¶ NAT, 2 (Abbissa).

Stadt in Nordmesopotamien, im Gebiet an den Tigrisquellen, die von Tiglatpileser III. annektiert und der Provinz → Na’iri zugeordnet wurde, Kessler (1980) 166f., id. (1995) 59–62. Gegen Forrer (1920) 85 nicht mit Fis, klass. Pheison (TAVO Karte B VI 4, Barrington Atlas, 89 C2) gleichzustellen, Kessler (1995) 61. Helsinki Atlas, 3 (Fis!). 19 (id.).

***Abdudu**

^{uru}*ab-du-di*
4-13) SAA 15, 1, 7 [Ru’ua]

N:
$^{\text{lú uru}}$*ab-du-da-a-a*
4-13) SAA 15, 40, Rs. 11’ ([*-du-da-a-a*]) [Laḫīru]

¶ Lage unbekannt, vielleicht im Osttigrisgebiet, wenn eine Verbindung zu → Laḫīru 1 besteht (es könnte sich auch um $\rightarrow^{3}$ Laḫīru 2 handeln), SAA 15, S. 256 s. v. (im Ḥamrīn-Gebiet). Die Erwähnung von $\rightarrow^{3}$ Ru’ua in SAA 15, 1 könnte auf eine südlichere Lage hindeuten, die mit der Nennung von Laḫīru 2 in SAA 15, 40 zu vereinbaren wäre, Toffteen (1907) 324.

Abia[...]

^{kur}*a-bi-a*-x

1-11) Tigl RR, 26 [(...)tadda, Sirumi]

¶ Berg an der südlichen Grenze von → Ulluba 2, nördlich vom Berg → Illimeru (Zaw-e Dağ), wahrscheinlich in den nördlichen Bergzügen des Čiyā Bēhēr (→ Nal).

Abilāte

^{uru}*a-bi-la-te*

3-13) SAA 11, 133, i, 4 (-*t*[*e*]) [A. *ina* Izalla]

¶ NAT, 2 (Abilate); vgl. mA Abilāte (Deller/Postgate [1985] 69).

Stadt in → Izalla; Zadok (1995a) 234, 3.5.4.1.1.

Abisite

^{uru}*a-bi-si-te*

5-16) O 3690, 1 (unpubl. zit. in Garelli [1986] 242)

¶ Stadt im Balīḫ-Becken, Zadok (1995a) 275, 7.1.11.10.1; s. → Mallanāte.

Abiṣa[...]

^{uru}*a-bi-ṣa*-x(-x)

7-16) SAA 12, 50, 42 ($^{uru!}$*a*$^{!}$-*bi*$^{!}$-*ṣa*$^{!}$-⸢x[-]x⸣)

¶ Wahrscheinlich eine Stadt in Zentralassyrien bzw. in einem benachbarten Gebiet; vgl. → Abbissâ.

Abna[...] (?)

^{uru}*ab-na*-[...]

3-13) SAA 11, 133, iii, 6' (^{uru}⸢*ab-na*$^{?}$⸣-[x x x])

¶ Vielleicht eine Stadt im oberen Ḫābūr-Gebiet bzw. im Balīḫ-Becken, Zadok (1995a) 235, 3.5.4.16; vgl. → Abnana.

Abrania

^{uru}*ab-ra-ni-a*
1-11) Tigl Ann 5, 5 [Luqia, Eusa]

¶ NAT, 3.

Stadt in →^{3} Urarṭu, wahrscheinlich in der Region nördlich des Murat-Su (→ Arṣania 1), Kessler (1980) 168, RlA 1, 11 (E. Ebeling). Die Identifizierung mit dem weiter südlich gelegenen Ort Jermuk (Forrer [1920] 86) basiert nur auf einer vermeintlichen Ähnlichkeit mit dem byzantischen Abarne (TAVO Karte B VI 14). S. Komm. zu → Daiqanša.

Ad[...] (??)

^{uru}*ad*-x [x x x]
3-20) SAA 12, 59, 15' ($^{\text{[ur]u?}}$*ad-*) [Kalḫu]

¶ NAT, 5.

Möglicherweise eine Stadt in Zentralassyrien bzw. in einem benachbarten Gebiet (N).

Adani

^{uru}*a-da-ni*
1-04) RIMA 2, 101.1, iii, 98 (Var. ^{kur}*a-ma-da-ni*) [Umalia, Ḫirānu *ālāni dannūti ša* A.]

¶ NAT, 3; vgl. RGTC 5, 3 (mA Adaeni); vgl. luw. Adana/Adanawa (Savaş [1998] 171–174).

Stadt (bzw. Region) in Nordmesopotamien, im Gebiet des Gebierges → Amadani (Maden Dağları), falls es sich nicht um einen Schreiberfehler für diesen Bergnamen handelt. Im Gebiet von A. bzw. im Gebirge Amadani befanden sich die Städte → Ḫirānu, → Umalia und vielleicht auch → Karania.

Adari

a-da-ri
5-15) SAA 6, 275, 11 (*-da-*) [*ṭēḫi ḫūli ša* A.; Issēte]; id., Rs. 4 [*ḫūlu ša* A.; Amēdi]

^{uru}*a-da-ri*
5-14) SAA 6, 92, Rs. 12 ($^{\text{[uru?]}}$*a-*)

¶ NAT, 3 (Adaru).

Lage unbekannt, möglicherweise eine Stadt in Zentralassyrien bzw. in einem angrenzenden Gebiet (N). In der Urkunde SAA 6, 275 grenzt ein Grundstück an die Straße des Wadis von → Issēte und an die Straße zu A. In der gleichen Urkunde wird ein weiteres Grundstück an die Straße zu A. verkauft, das zwischen Grundstücken, die in → Kapar-Ṭūba und an der Straße nach → Amēdi liegen, erwähnt wird. Diese Angaben könnten auf eine Lage im Norden Assyriens bzw. in Nordmesopotamien hindeuten.

Adî

^{uru}*a-di-i*
5-15) StAT 3, 51, Rs. 10 (^{uru}⸢*a*⸣-)

¶ Möglicherweise eine Stadt in Zentralassyrien bzw. in einem benachbarten Gebiet (A); A. könnte identisch mit → Adia sein.

Adia

^{uru}*a-di-a*
1-06) RIMA 3, 103.1, i, 45 [Ninua, Šibaniba]
4-13) **SAA 1**, 32, Rs. 15'; id., 56, Rs. 13 [Stierkolosse]; id., 150, Rs. 9 [id.]; **SAA 5**, 57, 4 (-*d*[*i*]-⸢*a*⸣) [Stierkolosse]; id., 58, 10' ($^{\text{[ur]u!}}$*a-*) [id.]; 296, Rs. 1' ($^{\text{[uru]}}$⸢*a-di-a*⸣); id., 298, 5' (-[*a*]) [Tastiāte; Stierkolosse]
4-15) SAA 16, 125, 3' ($^{\text{[uru]}}$*a-*)
4-15/16) SAA 13, 83, Rs. 6'
7-05) SAA 12, 68, Rs. 17 (nA Kopie eines mA Erlasses)
7-16) SAA 12, 27, 29

¶ NAT, 4; RGTC 5, 4f. (mA Adiu); vgl. klass. Adiabēnē (TAVO Karte B V 7; Barrington Atlas, 91, E2), die Region, die dem ehemaligen Gebiet Zentralassyriens entsprach (RE 1, 360; Toffteen [1907] 325).

Stadt am rechten Tigrisufer, unweit von → Ninive, in der Nähe eines Steinbruchs wie die Erwähnung von Stierkolossen in Sargons Korrespondenz bezeugt, Parpola (1995)

62, RlA 1, 36 (E. Ebeling), Zadok (1995a) 258, 4.21. A. ist gegen RlA 1, 36, s. v. Adian (E. Forrer) von → Adian zu unterscheiden. L. Watermans Identifizierung mit Šēḫ 'Ādī, südöstlich von Daḫūk (RCAE 3, 274), basiert nur auf der Namensähnlichkeit und ist ebenfalls auszuschließen. Hannoon (1986) 216f. stellt A. mit aB Adûm gleich und schlägt Ḫirbat Qara Qounly, ca. 18 km stromabwärts von Ninive am linken Tigrisufer vor. Dieser Lokalisierungsvorschlag stimmt aber nicht, da A. eindeutig am rechten Ufer lag (SAA 5, 298 u. SAA 13, 83). Darüber hinaus lag aB Adûm (RGTC 3, 3f.) anscheinend nicht am Tigris, sondern westlich davon, und könnte nach Reade (1968) 237 Anm. 5 (mit Karte auf pl. lxxvii) mit Tall Addāya, ca. 27 km südöstlich von Tall ar-Rimāḥ identisch sein. Der Brief SAA 13, 83 scheint darauf hinzudeuten, dass nur eine Flussüberquerung A. von Ninive trennte. Aus diesem Grund wird A. im Helsinki Atlas, 4. 28 (s. auch id., Gazetteer, 1) mit (dem westlichen Teil von) Mosul identifiziert.

Adian

^{uru}*a-di-an*

3-13) ND 2803, i, 31 (Iraq 23 pl. 29f)
5-07) Edubba 10, 4, Rs. 4'
5-13) SAA 6, 32, 7 [*ṭēḫi ḫirīte ša* A.; Bīt-Dagān]
5-16) SAA 6, 169, 6 [*ṭēḫi nahālli ša* A.]
5-23) SAA 14, 258, Rs. 4
7-20) SAA 12, 64, 4'
8-15) SAA 4, 185, li. Rd 1 (-*a*[*n*])
9-16) SAA 11, 1, Rs. ii, 2' [erw. zw. zwei nicht erhaltenen Städten]

^{uru}*a-di-in*

4-15) SAA 10, 167, 6 (-*i*[*n*])

^{uru}EN-*an*

3-20) CTN 3, 89, 2' (-*a*[*n*]); SAA 7, 115, i, 8. 20 (^{uru}E[N]-)
4-13) SAA 1, 160, 10. Rs. 11
5-13) SAA 5, 133, 7
5-15) BT 107, 4 (Iraq 25, pl. 21) (-⸢*an*?⸣ nach CNA; die Spuren in der Kopie passen eher zu PAD; s. EN-PAD)
5-20) SAA 14, 388, 4' (-[*an*])
7-07) SAA 12, 2, Rs. 1
9-16) SAA 11, 1, Rs. ii, 3' [erw. zw. Imgur-Bēl u. Nēmed-Ištar]

¶ NAT, 4.

Stadt in Zentralassyrien, deren genaue Lage unbekannt ist, RlA 1, 36 (E. Forrer), Zadok (1995a) 244, 4.4. Forrer (1920) 115 identifiziert A. mit Daḫūk ohne die auf S. 35 versprochene Begründung zu geben (s. dazu Kessler [1997] 132). Hannoon (1986) 250f. übernimmt Forrers Identifizierung mit der Bemerkung, A. sei nicht mit Daḫūk gleichzustellen, sondern bei diesem Ort zu suchen. In einem Brief an Sargon (SAA 5, 133) berichtet Šulmu-bēli, Stellvertreter des Palastherolds, dass er, kommend aus → Dūr-Šarrukīn, seinen Boten, der aus →^{3} Anisu, in der Nähe von →^{3} Ḫubuškia, kam, in A. getroffen hat. Da sie aus entgegengesetzten Richtungen kamen, und der Bote aus dem Norden kam, wenn man von eine Lage von Ḫubuškia nördlich von Assyrien ausgeht (wie in TAVO Karte B IV 13), ist anzunehmen, das A. nördlich von Dūr-Šarrukīn lag, Medveskaya (1997). Basierend auf dem gleichen Brief schlägt S. Parpola vor, A. mit Askī Kalak zu identifizieren (Helsinki Atlas, Gazetteer, 5), da er Ḫubuškia westlich von Assyrien vermutet (Helsinki Atlas, 4 u. 5), was die Lokalisierung südlich von Dūr-Šarrukīn erklärt. Die Auswahl von Askī Kalak wird näher nicht begründet. Postgate (1989) 142 vermutet – ohne Angabe von Gründen – A. in der Region von Kirkūk (→Arrapḫa), was von Fales (1990) 110 Anm. 148 und Zadok (2012) 876 – mit Vorbehalten – übernommen wird. Es ist zu bemerken, dass in der administrativ geographischen Liste SAA 11, 1 A. einmal syllabisch (Rs. ii, 2') und einmal logographisch (Rs. ii, 3') belegt ist. Gegen E. Forrer (RlA 1, 36) ist A. von → Adia zu trennen. Helsinki Atlas, 5. 28 (Askī Kalak).

Adumānu

^{uru}*a-du-ma-nu*

1-16) Asb E12, 25 [Sissil, Ḫallāja]

¶ NAT, 4 (Adumanu).

Stadt im Bergland → Ḫalēḫasta, nordöstlich von → Dēru, in der Umgebung von → Qirbit, Zadok (1978a) 164.

Adummatu

^{uru}*a-du-ma-tu*

1-15) RINAP 4, 112.1, iv, 1 [*āl dannūti* ^{lú}Aribi]

^{uru}*a-du-mu-tu*

1-15) RINAP 4, 112.1, iv, 1 [Var.]; id., 112.2, ii, 46 [*āl dannūti* ^{lú}Aribi]; id., 112.4, ii', 2' (erg.) [id.]

^{uru}*a-du-um-ma-te*
1-14) RINAP 3/1, 111.35, Rs. 56’

^{uru}*a-du-um-ma-tu*
1-14) RINAP 3/1, 111.35, Rs. 57’ ([^{uru}*a-d*]*u*-) [*ša qereb madbari*]

^{uru}*du-ma*
1-14) RINAP 3/2, 111.115, 2 (⸢^{uru}⸣*du*-)

^{uru}*du-me-ti*
1-14) RINAP 3/2, 111.111, 5 ($^{\mathrm{uru?}}$[*d*]*u*-); id., 111.113, 2 (⸢^{uru}⸣*du-me*-⸢*ti*⸣); id., 111.114, 3 ($^{\mathrm{[uru]}}$⸢*du*⸣-); id., 111.112, 7 ([^{uru}*du*]-)

¶ NAT, 4; bibl. *dûmâ* (HAL, 208); klass. Doumaitha (TAVO Karte B V 8), Dumatha (Plin. 6, 32; TAVO Karte B V 22); zur Gleichsetzung von Duma und Dumeti mit A. s. Frahm (1997) 145 u. Frahm (1999) 87 (gegen Galter [1987] 29).

Befestigtes Hauptzentrum des Stammes(verbands) → Qidru, heute al-Ǧauf, im gleichnamigen Gebeit am südlichen Ausgang des Wādī Sirḥān in Nordarabien (arab. Dūmat al-Ǧandal, Musil [1927b] 531–553), Eph‘al (1984) 119–121, Frahm (1997) 135, Knauf (1985) 69–71, Macdonald (1995) 1360f., Potts (1988) 129f., RlA 1, 39 (E. Ebeling), Rosemarin (1932) 32. TAVO Karte B IV 13, Helsinki Atlas, 15. Nicht mit →^{1} Dummutu in →^{1} Bīt-Adini oder mit → Dumâ im Balīḫ-Becken zu verwechseln.

Agganu

^{uru}*ag-ga-nu*
3-20) SAA 7, 30, Rs. ii, 25’

¶ NAT, 5; vgl. RGTC 8, 350 (nB/spB Ḫarri-aggānu) mit xxix, Anm. 24.

Möglicherweise eine Stadt in Zentralassyrien bzw. in einem benachbarten Gebiet, Zadok (1995a) 268, 5.1.2.11.5.

Aggunu

^{kur}*ag-gu-nu*
1-04) RIMA 2, 101.19, 98 [Dirria, Ulliba]

¶ NAT, 5.

Land am Oberen Tigris, etwa zwischen → Dirria und → Arbakki, das im Gebiet zwischen dem Pamuk Çayı und dem Batman Çayı zu suchen ist. Eine Zugehörigkeit zu → Šubria ist möglich, jedoch nicht gesichert, Liverani (1992a) 61 Anm. 265. A. könnte identisch mit → Anganu sein, Forrer (1920) 85, RlA 1, 42 (E. Ebeling) und NAT, 407, s. v. Agganu. Vgl. → Agganu.

Aguna (?)

uru*a-gu-na*

5-09) Edubba 10, 29, Rs. 24 (-[*g*]*u*?-*na*?) [Āl-Mār-Danna-Adda]

¶ Lage unbekannt, möglicherweise eine Stadt in → Isāna, s. Komm. zu → Āl-Mār-Danna-Adda.

Aḫ[...]

uru*aḫ*-[x]

5-16) O 3696, Rs. 6 (unpubl. zit. in PNA 1/II, 323, s. v. Bēl-na'di 6)

¶ Lage unbekannt, vielleicht im Balīḫ-Becken oder am Oberen Ḫābūr. Bēl-na'di, ein Ituräer (→ Itu'u) aus der Stadt A., wird als Zeuge in einer Rechtsurkunde aus → Mallanāte erwähnt.

AḪdatsama[...] (?)

uruAḪ-*da-at-sa-ma*-x

3-20) SAA 7, 30, Rs. iii, 22' (-⌜*ma*?-x⌝)

¶ NAT, 5 (Aḫdatsaeri).

Möglicherweise eine Stadt in Zentralassyrien bzw. in einem benachbarten Gebiet, Zadok (1995a) 268, 5.1.2.11.8.

Aḫni

^{uru}*aḫ-ni*

1-16) Asb A, i, 102 [*šarru*; Punubu, Piḫattiḫurunpiki]

¶ NAT, 6; äg. *Jḫnw* (DG II, 56).

Stadt in Unterägypten, deren Lokalisierung unsicher ist. Es könnte sich um eine Ortschaft unweit von klass. Leontōn Polis (Tall al-Yahūdīya, TAVO Karte B V 21, Barrington Atlas, 74) handeln, Onasch (1994a) 54, Ranke (1910) 26, Steindorff (1890) 606, Yoyotte (1952) 213.

Aḫrijê

^{uru}*aḫ-ri-ie-e*

3-13) SAA 11, 209, Rs. iv, 8' ($^{\text{[uru]}}$⸢*aḫ*⸣*-ri-ie-e*$^{!}$) [Aliqina *qanni* A.]

¶ Stadt im Balīḫ-Becken, in der Umgebung der Stadt → Aliqina, Zadok (1995a) 274, 7.1.11.7.1.

Aḫ-Sāna

^{kur}*aḫ-sa-na*

2-16) Canon 813 B1 [Ḫabruri]; id. B6 (erg.); id. B 10 [Ḫabruri]

^{uru}*aḫ-sa-na*

3-20) ND 2727, 2 (Iraq 23, Pl. 24) (-[*na*]) [Ḫalman]

¶ NAT, 6 (Aḫsana).

Stadt (und Region?) im Osttigrisgebiet, an dem Fluss Sānu/Šānu, einem Nebenarm des Diyālā (→ Turnat), RlA 1, 58 (E. Ebeling). Nach Fuchs (2011) 233f. mit Anm. 23 sind A. sowie wahrscheinlich auch → Bīt-rēdûti (id. 275) weitere Bezeichnungen von → Nēmetti-šarri (s. Komm. mit Lit.).

Aḫusutu

[uru]*a-ḫu-su-tu*

3-05) Billa 82, 4' (-[*ḫ*]*u-su*-[*tu*]) [Elammaki, Zapputu]. Rs. 11 ([uru]⸢*a*?-*ḫu*?⸣-) [Arlāja, Ḫi(…)aṣi(…)]

¶ NAT, 6.

Stadt, die in den Texten aus Tall Billā (→ Šibaniba) erwähnt wird und vermutlich in ihrer Umgebung lag, Zadok (1995a) 256, 4.17.1.24.

Aira

[uru]*a-i-ra*

4-13) SAA 5, 100, 17 [Kummu]

¶ NAT, 6.

Wahrscheinlich eine Stadt in der Nähe von → Kummu, RlA 1, 60 (E. Ebeling; nicht mit aB Ajarā [RGTC 3, 7] zu verwechseln!), Zadok (2002) 133.

Ajanatâ

[uru]*a-a-na-ta-a*

3-13) SAA 11, 213, iii, 18' [*ina* Balīḫu]

¶ NAT, 7.

Stadt im Balīḫ-Becken, die im Gebiet der Stadt → Balīḫu lag, Zadok (1995a) 273, 7.1.7.1.

Ak[…]

[uru]*ak*-[x x x]

5-16) SAA 14, 1, 5 (⸢[uru]⸣*ak*-) [Kapar-Baḫāja].

¶ Stadt in → Laḫīru 1, in der Nähe von → Kapar-Baḫāja, Zadok (1995a) 225, 1.2.8.

’Akuānu

uru’*a-ku-a-nu*
3-13) SAA 11, 201, ii, 36 ([uru’]*a-ku*!-) [*qanni* Ḫarrānu]

¶ NAT, 57 (’Atānu).

Stadt oder Dorf im Gebiet von → Ḫarrānu, RlA 1, 311 s. v. Atnu (E. Ebeling), Zadok (1995a) 272, 7.1.1.1. Helsinki Atlas, 3. 26 (moderner Ort nicht angegeben).

Akuḫî

uru*a-ku-ḫi-i*
5-23) O 3666, Rs. 6’ (unpubl. zit. in Garelli [1986] 242)

¶ Stadt im Balīḫ-Becken, Zadok (1995a) 234, 3.5.3.8; s. → Mallanāte.

Āl-Abi-ḫimme (?)

URU-AD-ḪI-*im-me*
5-16) ND 2081,7 (Umschlag, Iraq 16, 33f. u. 52 u. Iraq 17, pl. 24.2)

URU-AD-ḪI-*me*
5-16) ND 2081,5 (Innentafel, Iraq 16, 33f. u. 52)

¶ NAT, 55 (Atḫimme). Der ON kann auch uru*at-ḫi-(im-)me* bzw. uru*aṭ-ṭi-(im-)me* gelesen werden; plausibler scheint aber die von Zadok (1995a) 250, 4.7.4.11.1 vorgeschlagene Lesung Abi-ḫimme. Zum prädikativen Teil des ON s. Zadok (1978b) 425 zu 58 u. Fales (1973) 76 zu Z. 22.

Lage unbekannt, möglicherweise in der Umgebung von → Kalḫu, Zadok (1995a) 250, 4.7.4.11.1.

Āl-Abu-ilā’ī s. Bīt-Abu-ilā’ī

Āl-Adad 1

URU-^{d}IM
1-07) RIMA 3, 104.7, 19 [14 *kaprānīšu ina* Qatnu]

¶ Stadt im Gebiet von → Qatnu, in deren Zuständigkeit 14 Dörfer waren, Zadok (1995a) 231, 3.1.5; s. → Āl-Adad 2.

Āl-Adad 2

$^{uru\ d}$IM
3-20) GPA 135, 3 [Kapar-ša-rab-āli]

¶ NAT, 3 (Adad-[…]).

Möglicherweise eine Stadt im Gebiet von → Kalḫu, Zadok (1995a) 249, 4.7.4.1.23; könnte mit → Āl-Adad 1 identisch sein. Vgl. → […]-Adad.

Āl-Adad-[…] 1

URU-$^{1\ d}$IM-[…]
5-23) SAA 14, 460, 8' (-[x x x]) [*ḫarrānu ša* Ā.]

URU-^{d}IM-[…]
5-23) SAA 14, 460, 4' (-^{d}I[M$^{?}$-x x]) [*ḫarrānu ša* Ā.]

¶ Stadt unweit → Ninive, Zadok (1995a) 254, 4.13.2.2.3.1. Ein Grundstück in Ninive grenzt an die „Straße von Ā." an. Ā. Könnte identisch mit → Āl-Adad-[…] 2 sein.

Āl-Adad-[…] 2

URU-^{d}IM-[x]-*a-a*
5-22) Edubba 10, 51, 2 (zur Lesung s. Edubba 10, S. 67, Komm. Z. 2; ev. auch in Rs. 5 erwähnt, id., Komm. zu Rs. 5)

¶ Vermutlich eine Stadt unweit → Kalḫu. Ā. könnte identisch mit → Āl-Adad-[…] 1 sein.

Āl-Adad-ilā'ī (?)

URU-^{1}10-DINGIR-*a-a*
5-14) O 3687, 3$^{?}$ (-^{1}10$^{!}$-DINGIR-[*a*$^{?}$-*a*$^{?}$]); unpubl., zit. in PNA 1/II, 345, s. v. Bir-Attār 1)

¶ nA PN Adad-ilā'ī, PNA 1/I, 26.

Wahrscheinlich eine Stadt in der Nähe von → Mallanāte.

Āl-Adad-išmanni

URU-^{d}IM-*iš-ma-ni*
5-11) Edubba 10, 39, 2 (URU-⸢^{d}⸣IM-)

¶ Lage unbekannt, möglicherweise in der Umgebung von → Kalḫu, Zadok (1995a) 250, 4.7.4.7. Da der in Z. 3 erwähnte Nachbar Ubru-aḫḫē (auch als Zeuge in Z. 21) identisch mit dem in Edubba 10, 37, Rs. 8' genannten Zeuge ist (s. PNA 3/II, 1359, s. v. Nr. 4), könnten sich beide Urkunden auf Grundstücke in der gleichen Region beziehen, so dass A. und Si[...]x-nāṣir-apli nicht weit voneinander entfernt gelegen hätten, Edubba 10, S. 52.

Āl-āpiāni

URU-*a-pi-a-ni*
3-20) SAA 11, 228, ii, 7'

URU-^{lú}NINDA^{meš}-*ni*
7-13) SAA 12, 19, 23' ([UR]U-⸢^{lú}NINDA^{meš}-*ni*⸣). Rs. 10 ([URU-^{lú}]⸢NINDA^{meš}⸣-*ni*)

¶ NAT, 331 (Šapiani).

Die "Stadt der Bäcker" im Bezirk von → Ninive, nicht weit von → Magganuba, Zadok (1995a) 268, 5.1.2.16.5.2 (Šapiani). Für den Bau von → Dūr-Šarrukīn waren 95 Hektar Feld im Gebiet von Ā. nötig, die der neuen Provinz Dūr-Šarrukīn zugeordnet wurden. Da gemäß einer Landschenkung von Adad-nērārī III. Felder in diesem Gebiet zur Versorgung des Assur-Tempels steuerfrei an mehrere Personen vergeben worden waren, gab Sargon den Nachfolgern den ursprünglichen Empfängern der Landschenkung die gleiche Fläche Land in den Fluren von → Āl-ērib-bīti im Bezirk von Ninive im Austausch, Postgate (1969) 69. Vgl. → Kapar-āpiāni.

Āl-Armāja

URU-*ar-ma-a-a*
5-20) SAA 14, 345, 11 [Kapar-(…)duni]

¶ NAT, 37 (s. v. Arumu); vgl. nA PN Armāja in → Kapar-Armāja.

Möglicherweise eine Stadt in Zentralassyrien bzw. in einem benachbarten Gebiet (N). Ein Grundstück hinter der Stadt → […]kin grenzt an eine Straße, die von → Kapar-[…]duni nach A. führt.

Āl-ašlākāni

URU-^{lú}AZLAG^{meš}
5-19) SAA 14, 161, 4

URU-^{lú}AZLAG^{meš}-*ni*
5-22/23) KAN 4, 44, 12

¶ NAT, 41 (Ašlakē). Während die Pluralform von *ašlāku* „Walker“ in der Urkunde KAN 4, 44 *ašlākāni* lautet, bezeugt die syllabische Schreibung des Toponyms →^{3} Ḫarri-ašlākē („Kanal der Walker“) eine alternative Pluralbildung.

Die „Stadt der Walker“, wahrscheinlich unweit → Ninive, Zadok (1995a) 254, 4.13.2.2.2. Nach Zadok (1997) 214 könnte ein Vorort von Ninive gewesen sein.

Āl-Aššur-ēṭir

URU-^{d}*aš-šur*-KAR-*ir*
7-20) SAA 12, 64, 6’ (-[*ir*])

¶ NAT, 54 (Aššūr-ēṭir); nA PN Aššur-ēṭir, PNA 1/I, 185.

Möglicherweise eine Stadt in Zentralassyrien oder in einem benachbarten Gebiet (N).

Āl-Bēl-[...]

URU-EN-[x x]
5-20) GPA 55, Rs. 17 ([UR]U-)

¶ Möglicherweise eine Stadt in Zentralassyrien bzw. in einem benachbarten Gebiet (K).

Āl-Bēl-iqbi 1

URU-EN-*iq-bi*
3-20) SAA 11, 225, 7' [Napisu]

¶ NAT, 71 (Bēl-iqbi); nA PN Bēl-iqbi, PNA 1/II, 313f.; vgl. RGTC 8, 74 (nB/spB Bēl-iqbi [in der Nähe von Sippar]).

Stadt in → Laḫīru 1, Hannoon (1986) 397, Zadok (1995a) 226, 1.2.18; vgl. → Āl-Bēl-iqbi 2.

Āl-Bēl-iqbi 2

URU-EN-*iq-bi*
7-07) SAA12, 2, 3' (^{uru}⌜EN$^{?}$-*iq*$^{?}$⌝-[*bi*$^{?}$])

URU-^{1}EN-*iq-bi*
7-16) SAA 12, 50, Rs. 26' [*ina madbar* Kalḫu; Dūr-Nanāja]

¶ NAT, 71 (Bēl-iqbi).

Stadt in der „Steppe von → Kalḫu" (s. Komm. zu → Dūr-Nanāja 1), Zadok (1995a) 248, 4.7.1.4.3. Ā. ist von den homonymen Städten in der Nähe von →^{3} Sippar (RGTC 8, 74, nB/spB) u. in → Laḫīru 1 (→ Āl-Bēl-iqbi 1) zu trennen.

Āl-Bēl-libūr

URU-EN-*li-bur*
5-07) GPA 3, Rs. 27

¶ Vgl. nA PN Bēl-labūr, PNA 1/II, 319.

Möglicherweise eine Stadt in der Nähe von → Kalḫu, PNA 1/II, 322, s. v., Zadok (1995a) 249, 4.7.4.1.18.

Āl-Bēl-na'di

^{uru}EN-I
5-20) SAA 11, 11, 5' ($^{[uru]}$EN-I$^{!}$) [Bīt-Adad, Apku]

¶ nA PN Bēl-na'di, PNA 1/II, 323.

Wahrscheinlich eine Stadt in Zentralassyrien.

Āl-Dajjān-Adad

^{1}DI.KUD-^{d}IM
4-16) SAA 10, 96, 18 [Isāna] s. u. Komm.

URU-*da-a-a-nu*-^{d}IM
5-16) SAA 14, 114, 3

URU-DI.KUD-^{d}IM
5-16) SAA 14, 117, 5

¶ NAT, 97 (Dajān-Adad); nA PN Dajjān-Adad, PNA 1/II, 367.

Möglicherweise eine Stadt in Zentralassyrien bzw. in einem benachbarten Gebiet (N), Zadok (1995a) 262, 4.33.2.1. Im Helsinki Atlas 2 u. 24 wird A. südlich von Aleppo lokalisiert. Dies basiert auf einer fragwürdigen Gleichung mit nB/spB Bīt-Dajjān-Adad (RGTC 8, 85). Dieser ON ist in Texten bezeugt, die in Tall Nairab, ca. 7 km südöstlich von Aleppo, gefunden wurden. Im Helsinki Atlas wurde der Vorschlag von Dhorme (1928) 54 kritiklos übernommen, Bīt-Dajjān-Adad wäre südlich von Aleppo zu suchen, da diese Stadt ein wichtiger Kultort des Gottes Addu war. Nach Eph'al (1978) 84–86 sollte man Bīt-Dajjān-Adad eher in Babylonien suchen. Aus diesen Gründen ist der dubiose Lokalisierungsvorschlag im Helsinki Atlas zu streichen.

Ob Dajjān-Adad in SAA 10, 96, 18 ein ON oder ein PN ist, ist problematisch. In Z. 11f. werden Beamte erwähnt, die die regelmäßigen Opfergaben (Schafe) für den Assur-Tempel nicht geschickt haben. Darauf folgend werden in Z. 13–16 die Provinzen aufgelistet, von denen sie Gouverneure sind. In Z. 17–25 folgen 12 ON (abgesehen von

→ Diqūqīna alle bekannte Provinzen bzw. Provinzzentren), eine Amtsbezeichnung (*rab karmāni*) und ein PN (Dajjān-Adad), die die regelmäßigen Getreidelieferungen nicht geschickt haben. Parallel zur ersten Liste kann man hierin ebenfalls eine Liste von Beamten sehen, die ihre Pflicht nicht getan haben, nämlich Gouverneuren, einem *rab karmāni* und einem gewissen Dajjān-Adad (so SAA 10, 96). Andererseits könnte man die Passage als eine Liste von ON (Parpola [1983] 318 zu Nr. 309, 18) bzw. Provinzen (PNA 1/II, 367, s. v. Dajjān-Adad 3 [R. Pruzsinszky]) interpretieren. Demzufolge wären Dajjān-Adad und *Rab-karmāni Toponyme. Ob diese ON neben Diqūqīna (sonst nicht bezeugte) Provinzzentren waren, ist fraglich (in RlA 11, 42–68 nicht als solche betrachtet); vgl. → [...]-Adad.

Āl-Dannāja

URU-*da-na-a-a*
5-16) SAA 6, 325 1 (-⸢*na*⸣) [*bēl āli*]. 11 (⸢^{uru}*da-na-a-a*⸣)

¶ NAT, 98 (Danāia); nA PN Dannāja, PNA 1/II, 376f.

Lage unbekannt, vielleicht in der Nähe von → Ninive, Zadok (1995a) 255, 4.13.2.3.9; vgl. → Kapar-Dannāja u. →^{3} Bīt-Dannāja.

Alê

^{uru}*a-le-e*
3-11/13) ND 2622, 9 [Baqarri]

¶ NAT, 11; vgl. RGTC 8, 6 (nB/spB 'Alē).

Wahrscheinlich eine Stadt in der Nähe von → Baqarri (erw. in ND 2622, 8) , Zadok (1995a) 228, 1.4.6.1.4 (jedoch nicht in → Arzuḫina!).

Āl-ērib-bīti

URU-^{lú}TU^{meš}-É
7-13) SAA 12, 19, 30' (-^{lú}TU$^{!\,meš}$-) [*ina ugārī* Ā. *ina talbīt* Ninua]. Rs. 10

¶ Die „Stadt der Tempelbetreter" im Bezirk von → Ninive, Zadok (1995a) 253, 4.13.2.1.1. Für den Bau von → Dūr-Šarrukīn waren 95 Hektar Feld im Gebiet der

„Stadt der Bäcker“ (→ Āl-āpiāni) nötig. Da gemäß einer Landschenkung von Adad-nērārī III. Felder in diesem Gebiet zur Versorgung des Aššur-Tempels steuerfrei an mehrere Personen vergeben worden waren, gab Sargon den Nachfolgern der ursprünglichen Empfänger der Landschenkung die gleiche Fläche Land in den Fluren von Ā. im Austausch, Postgate (1969) 69.

Āl-Iddin-Aššur (?)

^{uru}*i-din-aš-šur*

5-23) SAAB 1, 18, Nr. 2, 4 ($^{\text{[uru?]}}$⌜*i*⌝-*din-aš-šur*, Lesung CNA; Fales liest $^{\text{1?}}$ bzw. $^{\text{u[ru?]}}$[x x] x-*din*-15)

¶ nA PN Iddin-Aššur, PNA 1/I, 504.

Wahrscheinlich eine Stadt in Zentralassyrien, vermutlich in der Umgebung von → Kalḫu wegen den Zeugen Sukki-Ištar (PNA 3/I, 1156, s. v. Nr. 1) und Rēmūt-ilāni (PNA 3/I, 1046, s. v. Nr. 7).

Āl-ikkārāti

URU-ENGAR^{meš}

5-22/23) SAA 14, 210, 8’

¶ Die „Stadt der Bauern”, wahrscheinlich in Zentralassyrien (N), Zadok (1995a) 254f., 4.13.2.3.4. Vgl. → Kapar-ikkāri.

Alinzirānu

^{uru}*a-li-in-zi-ra-a-nu*

1-11) Tigl Ann 20, 1’ ([^{uru}*a-li-in*]-⌜*zi-ra*⌝-*a*-⌜*nu*⌝); Tigl Summ 9, 15’ [Birdanša, Tašliana]

¶ NAT, 12.

Stadt in der „Provinz des Mundschenks“ (→ Māt-Rab-šāqê).

Aliqina

^{uru}*a-li-qí-na*

3-13) SAA 11, 209, Rs. iv, 7’ ($^{\text{uru!}}$*a-*) [A. *qanni* Aḫrijê]

¶ Stadt im Balīḫ-Becken, in der Umgebung der Stadt → Aḫrijê, Zadok (1995a) 274, 7.1.11.7.1.1.

Āl-Ištar s. Išittu

Āl-Jaḫu[...] s. Jaḫu[...]

Āl-Jaḫudê s. Jaḫudê

Allapsia s. Lapsia

Allî 1

^{uru}*al-li-i*
5-11) SAA 6, 22, 2 ($^{\text{u[ru]}}$*al-*) [A. *ša* Pīḫat-Bīt-turtāni]

¶ NAT, 12; vgl. nA PN Allî (PNA 1/I, 97).

Stadt in → Pīḫat-Bīt-turtāni, Zadok (1995a) 233, 3.5.1.1.

Āl-Maḫdî

URU-*maḫ-di-i*
3-11/13) ND 2622, 1 ($^{\text{[u]ru}}$*maḫ-di-*⸢*i*⸣) [Ḫanimu]

¶ NAT, 233 (Maḫdi[.]); nA PN Maḫdê, PNA 1/I, 104, s. v. Ammi-ḫātî 1.

Wahrscheinlich eine Stadt in der Nähe von → Baqarri (erw. in ND 2622, 8), Zadok (1995a) 228, 1.4.6.1.1 (jedoch nicht in → Arzūḫīna!).

Āl-Mannu-lušēzib (?)

URU-*man-nu-lu-še-zib*
9-20) SAA 11, 10, 7’ (-*lu*$^{?}$-*še*$^{?}$-)

¶ Möglicherweise eine Stadt in Zentralassyrien oder in einem benachbarten Gebiet.

Āl-Mār-Danna-Adda

URU-DUMU-*dan-na*-^{d}IM
5-22) Edubba 10, 49, 3'

URU-*mar-da-na-da*
5-09) Edubba 10, 29, 4 (-*n*[*a-da*]). 26 [Aguna]

¶ Vgl. nA PN Dān-Adad, PNA 1/II, 375.

Möglicherweise eine Stadt in → Isāna. In einer Kaufurkunde aus → Kalḫu betreffs eines Feldes in Ā. (Edubba 19, 29) stammen drei Zeugen aus dieser Stadt und vier wietere aus → Aguna. Die Erwähnung von „Adad, der in Isāna wohnt" in der Strafklausel (Z. 18) könnte darauf hindeuten, dass das verkaufte Feld im Gebiet von Isāna lag und die Zeugen aus der gleichen Region stammten, Edubba 10, S. 36. Ein anderes Dokument (Edubba 10, 49) betrifft auch den Kauf eines Feldes in Ā. und in der Strafklausel wird ebenfalls Adad von Isāna erwähnt (u. Rd. 14'–15'), obwohl in diesem Fall auch Adad von Kurbail (Rs. 17') genannt wird.

Āl-masenni

URU-^{lú}AGRIG
5-23) SAA 14, 230, 2' ($^{[ur]u}$ ⸢^{lú}⸣AGRIG$^{?}$)

¶ Die „Stadt des Schatzmeisters", möglicherweise in Zentralassyrien oder in einem benachbarten Gebiet.

Āl-nukaribbī

URU-NU.^{giš}KIRI$_{6}^{meš}$
3-20) SAA 11, 231, 7' (^{uru}NU.^{giš}KIRI$_{6}^{[meš]}$)

¶ Die „Satdt der Gärtner", vermutlich in Zentralassyrien bzw. in einem benachbarten Gebiet (N).

Āl-paḫḫārāni

URU-*pa-ḫa-ra-a-ni*
5-06/07) KAV 75, 6’

URU-^{lú}BÁḪAR^{meš}
5-13) SAA 6, 10, 11 [*ṭēḫi umme ša* Kapar-Zizî A.]. 17 ($^{\text{uru lú}}$[BÁḪAR^{meš}]); id., 11, 5’ ([$^{\text{uru lú}}$BÁḪA]R$^{\text{! meš}}$) [*ṭēḫi umme ša* Kapar-Zizî A.]

¶ NAT, 272 (Paḫarāni).

Die „Stadt der Töpfer“ in Zentralassyrien, wahrscheinlich in der Umgebung von → Ninive, Zadok (1995a) 244, 4.1.4.7 (vielleicht im Gebiet von → Aššur, wenn sich der Beleg in KAV 75 auf eine homonyme Stadt bezieht) u. 247, 4.7.1.1 (die Erwähnung der Straße nach → Kalḫu in SAA 6, 10, 4. 7. 15 und id. 11, 8’ deutet nur darauf hin, dass A. nicht zu weit von Kalḫu entfernt war und wahrscheinlich südlich von Ninive lag); vgl. → Til-paḫḫāri.

Alpijana

^{uru}*al-pi-ia-na*
1-15) RINAP 4, 112.77, 24 [*ālāni dannūti ša nagie* Bāzu; Magalānu, Diḫrānu]; id., 112.78, 22 (^{uru}*al-*[*pi-ia-na*]) [id.]; id., 112.79, 22 (erg.); id., 112.93, 12 (id.)

^{uru}*il-pi-a-te*
1-15) RINAP 4, 112.1, iv, 62 (Var.)

^{uru}*il-pi-a-tu*
1-15) RINAP 4, 112.1, iv, 62 (Var.)

^{uru}*il-pi-a-tú*
1-15) RINAP 4, 112.1, iv, 62 [*šarru,* Ḫaldisu, Magalānu]; id., 112.8, i’, 20’ [id.]

¶ NAT, 13 (Alpijana); NAT, 173 (Ilpiatu); nicht klass. Olaphia, s. Zadok (1978b) 208 gegen Hommel (1926) 559.

Befestigte Stadt in → Bāzu, Eph‘al (1984) 131, RGTC 11, 112 (Ilpi’atu), RlA 5, 61 (W. Röllig), Rosemarin (1932) 35.

Āl-Purattāja

URU-*pu-ra-ta-a-a*
5-19) SAAB 9, 131, 5

URU-*pu-rat-ta-a-a*
5-11) GPA 98, Rs. 6 [Ālu ša Libluṭāja]

¶ nA PN Purattāiu, PNA 3/I, 1000; der ON könnte auch Āl-Burātāja (→ Burāte) interpretiert werden, Zadok (1995a) 263, 4.34.6.

Lage unbekannt, vielleicht in Zentralassyrien, Kessler (1980) 158, Zadok (1995a) 249, 4.7.4.1.16, id. (1998) 70f.; vgl. → Purattu.

Alqi[...]

uru*al-qi*[...]
1-11) Tigl Summ 9, 21' [Arasilla]

¶ NAT, 13.

Stadt in Nordmesopotamien, im Gebiet südlich des Murat-Su (→ Arṣania), die von Tiglatpileser III. annektiert und der „Provinz des Generals" (→ Pīḫat-Bīt-Turtāni) zugeordnet wurde, Kessler (1980) 166f.

Āl-rā'âni-ša-mār-šarri

URU-lúSIPAmeš-*ša*-DUMU-LUGAL
7-16) SAA 12, 50, Rs. 18'

¶ Die „Stadt der Hirten des Kronprinzen", wahrscheinlich im Gebiet von → Ninive, Zadok (1995a) 254, 4.13.2.2.1.2. Mehrere Individuen aus Ā. und → Kapar-Mannu-lū-aḫū'a werden in der Landschenkungsurkunde SAA 12, 50 als „Leute von Ninive" bezeichnet (Rs. 19').

Āl-rādi-imāri

URU-UŠ-ANŠE
5-23) SAA 14, 271, Rs. 12'

N:
UŠ-ANŠE-*a-a*
5-16) SAA 14, 140, 2

¶ NAT, 290 (Rādi-emāri).

Die „Stadt des Eseltreibers“ (bzw. der Eseltreiber), wahrscheinlich in Zentralassyrien (N), Zadok (1995a) 254f., 4.13.2.3.5.

Āl-sasinnī

URU-ZADIM^{meš}
3-20) ND 2476, i, 5’ (Iraq 23, pl. 15) (-⸢ZADIM⸣$^{?}$) [*ina qanni* Dūr-Šarrukīn; Āl-sirāšî]

¶ Die „Stadt der Bogenmacher“ in der Umgebung von → Dūr-Šarrukīn, Zadok [1995a] 258, 4.19.1.3.

Āl-Sîn-ēṭir

URU-$^{\text{1 d}}$EN.ZU-KAR-*ir*
5-15) SAA 6, 283, 11’ ($^{\text{uru 1 d}}$EN.ZU$^{!}$-KAR$^{!}$-*ir*$^{!}$)

¶ nA PN Sîn-ēṭir, PNA 3/I, 1132.

Lage unbekannt, möglicherweise eine Stadt in Zentralassyrien (N), Zadok (1995a) 243, 4.1.3.7., die im Bereich der Stadt →$^{\text{fr uru}}$[…] 34 lag.

Āl-sirāšî

URU-LUNGA^{meš}
3-20) ND 2476, i, 4’ (Iraq 23, pl. 15) (-⸢LUNGA⸣^{meš}, Lesung CNA) [*ina qanni* Dūr-Šarrukīn]

URU-LÚNGA^{meš}
5-19) CTN 3, 11, 8

URU-^{lú}LÚNGA^{meš}
7-16) SAA 12, 50, Rs. 10’ (^{lú}LÚNG[A$^{?}$]^{meš})

¶ Die „Stadt der Brauer" in der Umgebung von → Dūr-Šarrukīn, Zadok [1995a] 250, 4.7.4.3.1 (id. 258, 4.19.1.2, id. 267, 5.1.2.5.4).

Āl-sūsānī

URU-*su-sa-nu*
3-20) SAA 11, 163, i, 5

URU.2-$^{\text{lú giš}}$GIGIR
7-16) SAA 12, 50, 1 [*ina ḫalzi* Arbail]

N:
^{lú}GIGIR-*a-a*
5-16) StAT 2, 133, 3 ($^{\text{lú?}}$GIGIR-)

URU-$^{\text{lú giš}}$GIGIR^{meš}-*a-a*
5-23) SAA 14, 258,2

¶ NAT, 319 (Sūsānu). Die Lesung des Logogramms $^{\text{lú giš}}$GIGIR/*sūsānu* folgt Parpola (1976) 172 u. SAA 11, xxvi (anstelle von *mugirru* in CAD M/2, 170f.). In einem Textvertreter der literarischen Komposition SAA 3, 38, 15 steht ^{lú}*su-sa-nu* und in einem anderen $^{\text{lú giš}}$GIGIR und auch in SAA 1, 123 scheinen sich beide Schreibweisen auf das gleiche Wort zu beziehen.

Die „Stadt der Pferdetrainer" bzw. „Stadt der Stallknechte" im Bezirk von → Arbail (und nicht → Ninive wie in PNA 3/I, 1165, s. v. Ṣalam-šarri-iqbi 24), Zadok (1995a) 246, 4.6.2.1 (Ālu-ša-mugirri) u. 268, 5.1.2.16.4. Die Existenz einer homonymen Stadt in der Nähe von →Adian wird von Zadok (1995a) 245, 4.4.3 (Ālu-ša-mugirrayyi) nur deswegen begründet, da der Verkäufer eines Grundstücks in der Urkunde SAA 14, 258 aus A. und ein Zeuge aus Adian stammen.

Āl-ṣarrāpī

URU-SIMUG.KUG.GI
5-11) SAA 6, 19, 6 (^{uru}SIMUG.KUG.[GI])
5-23) SAA 14, 183, Rs. 2 [*bēl āli*]

URU-SIMUG.KUG.GI^{meš}
5-11) SAA 6, 19, Rs. 9'

¶ NAT, 321 (Ṣarrāpu). Zur Lesung des Logogramms ^{lú}SIMUG.KUG.GI, *ṣarrāpu* s. Parpola (1988).

Die „Stadt der Goldschmiede", möglicherweise in Zentralassyrien (N), Zadok (1995a) 243, 4.1.4.3.

Āl-Ṣāṣi

URU.2-*ṣa-a-ṣi*
5-16) SAA 6, 277, Rs. 10 (Ālu-ša-rēšāni)

¶ Vgl. nA PN Ṣāṣî, PNA 3/I, 1168f.

Möglicherweise eine Stadt in Zentralassyrien, Zadok (1995a) 266, 5.1.1.7.3.

Āl-Še[...]

URU-^{1}*še*[...]
3-20) SAA 11, 229, ii, 1' (-^{1}*š*[*e*$^{?}$-x x x x x])

¶ Vermutlich eine Stadt in Zentralassyrien oder in einem benachbarten Gebiet (N).

Āl-Šī-tabni

URU-*ši-tab-ni*
4-13) SAA 1, 114, Rs. 9 [Ālu-ša-tamkāri]

¶ Vgl. nA PN Šīti-tabni, PNA 3/II, 1268.

Stadt in Zentralassyrien, möglicherweise in der Umgebung von → Kalḫu (Zadok [1995a] 250, 4.7.4.15) bzw. von → Dūr-Šarrukīn. In einem Brief an Sargon schreibt Aššur-bāni, der Gouverneur von Kalḫu (PNA 1/I, 158, s. v. Nr. 5), dass man Kiṣir-Aššur, dem Gouverneur von Dūr-Šarrukīn (PNA 2/I, 621, s. v. Nr. 7), schreiben soll, damit er Stroh für Instandsetzungsarbeiten an verschiedenen Tempeln in den Städten → Ālu-ša-tamkāri u. Ā. bereitstellt.

Āl-Ubru-Nabû

URU-[l]SUḪUŠ-[d]PA
3-19) CTDS 1, i, 2' (?) (-[d]⌜PA⌝; unpubl. erw. in PNA 3/II, 1368, s. v. Ubru-Nabû 43)

¶ nA PN Ubru-Nabû, PNA 3/II, 1365–1368.

Stadt in Zentralassyrien, vielleicht in der Umgebung von → Dūr-Šarrukīn (Fundort des unpublizierten Textes).

Ālu-eššu 1

URU-GIBIL
3-05) Billa 72, Rs. 4 [Kullunu]; id. 73, 2 [Pabite]
3-13) ND 3469, 7 (Iraq 15, pl. 13) [Talmusu]
3-21) Billa 76, Rs. 6 [Šibaniba, Kullunu]; id. 88, 12' ([URU]-)

¶ NAT, 126 (Eššu); vgl. RGTC 5, 19 (mB Ālu-eššu) und Deller/Postgate (1985) 69 (mA Ālu-eššu).

Stadt, die in den Texten aus Tall Billā (→ Šibaniba) erwähnt wird und vermutlich in ihrer Umgebung lag, Zadok [1995a] 256, 4.17.1.9. Wahrscheinlich bezieht sich der Beleg ND 3469, 7 auf die gleiche Stadt. Ā. ist von → Ālu-eššu 2 (→ Aššur) zu trennen.

Ālu-eššu 2

URU-GIBIL
1-05) RIMA 3, 101.10, iv, 41 [Aššur]

¶ Die „Neustadt", die südliche Stadterweiterung von → Aššur; von → Ālu-eššu 1 zu trennen.

Alu'iṣṣa (?)

[uru]*a-lu-iṣ-ṣa*
3-05) Billa 82, 11' [Samānu, Šanugû]

¶ NAT, 13. Ob der Ortsname als *ālu* + *iṣṣu* zu interpretieren ist (Zadok [1995a] 263, 4.34.5c) oder eine unbekannte Etymologie vorliegt, ist unklar. Darüber hinaus können die zwei letzten Zeichen auch UN gelesen werden (in der Kopie erscheinen sie aber getrennt), so dass der Ortsname uru*a-lu-un* gelautet haben könnte.

Stadt, die in den Texten aus Tall Billā (→ Šibaniba) erwähnt wird und vermutlich in ihrer Umgebung lag, Zadok (1995a) 256, 4.17.1.25.

Ālum-labīr

uru*a-lum-la-bir*
1-14) RINAP 3/1, 111.18, viii, 7' [Girmua]

URU-*la-bi-ri*
3-05) Billa 69, 4 [Girmua]

¶ NAT, 13 (Alum-labir).

Wahrscheinlich eine Stadt im Gebiet bzw. nicht zu weit von → Šibaniba, möglicherweise in der Nähe von → Girmua (s. Komm.), Hannoon (1986) 22, Zadok (1995a) 256, 4.17.1.5. Aus der Ähnlichkeit der Namen Ā. und → Ālum-riksi ist gegen Frahm (1997) 101 (zu dieser Stelle) keine geographische Nähe zu schließen. Zu den ON des Typs „Ālum-„ s. Komm. s. v. Ālum-riksi. Zu einem eventuellen weiteren Beleg s. → *Labīru; vgl. → Ālu-eššu.

Ālum-riksi (?)

uru*a-lum-rik-si*
1-14) RINAP 3/2, 111.223, 10 (-*rik*! [die Kopien haben -*ṣu*-, s. u. Komm.]) [Tillu]

¶ NAT, 13 (Alum-ṣusi). In allen vorhandenen Originalkopien der „Bavian Inschrift“, die A. H. Layard und L. W. King vor Ort anfertigten, wird der Ortsname uru*a-lum-ṣu-si* geschrieben (s. Partitur des Textes in der RINAP 3/2 beigefügten CD). Diese Schreibung wurde in der neuen Edition des Textes übernommen (RINAP 3/2, S. 313, Komm, zu Z. 10). Nach einer Kollation von Th. Jacobsen (Jacobsen/Loyd [1935] 44 Anm. 5) lautet der Name aber uru*a-lum-rik-si*, Bagg (2000) 348, Frahm (1997) 153, zu Z. 10. Weitere ON des Typs „Ālum-„ sind → Ālum-labīr, →[3] Ālum-qašti, →[3] Ālum-ša-Bēlet-bīti und →[3] Ālum-šarri, die nur in Sanheribs Inschriften belegt sind und stets mit dem Zeichen LUM (*lum* bzw. *lu*$_4$) geschrieben werden.

Stadt nördlich von → Ninive, die im Zusammenhang mit Sanheribs „Nördlichen Kanalsystem" stand, Bagg (2000) 207–211 (bes. 208f.), Reade (1978a) 157–168, id. (2002), RlA 1, 88 (E. Ebeling), Zadok (1995a) 257, 4.18.20. Th. Jacobsen behauptet, dass sich alle in Z. 8–11a genannten Orte dem Ḫosr (→ Ḫusur) bzw. seinen Nebenflüsse entlang befanden, und vermutet sie dementsprechend in einer Region, die ca. 13 bis 25 km nordöstlich von Ninive lag, Jacobsen/Lloyd (1935) 39f.. Hannoon (1986) 228f. schließt sich dieser Interpretation an und schlägt Tepe Ḫetel und Tall Tepe Kimtar, ca. 9 bis 11 km nordöstlich von Ninive, als mögliche Kandidaten für zwei der vier Städte A., → Nampagāte, → Tillu und → Ḫadabiti. Dennoch, mit Ausnahme von → Sulu, → Dūr-Ištar, → Šibaniba (und wahrscheinlich auch → Isparirra und → Rēš-ēni), die in einem anderen Text in Verbindung mit Sanheribs „Gebirge Muṣri-Kanalsystem" erwähnt werden, hängen möglicherweise alle restlichen Orte mit dem „Nördlichen Kanalsystem" zusammen (→ Barbarina, → Dalājin, → Gingiliniš, → Ḫadabiti, → Ḫatâ, → Kār-nūri, → Kār-Šamaš-nāṣir, → Masiti, → Nampagāte, → Šapparišu, → Talmusu und → Tillu). Ā. sowie die anderen 13 Städte sind daher in der ca. 50–60 km von Ninive entfernten Region zu suchen, wo sich die Felsreliefs von Faida, Širu Malikta und Maltai befinden. Die meisten – wenn nicht alle – 14 Orte lagen in der Provinz Talmusu. Zu dieser Region s. Morandi Bonacossi/Iamoni 2015, bes. 25–29.

Ālum-ṣusi s. Ālum-riksi

Alun s. Alu'iṣṣa

Ālu-ša-[…] 1

URU-*šá*-x^{meš}-*ti*

3-20) ND 2476, i, 6' (Iraq 23, pl. 15) (-⌜x⌝^{meš}-*ti*$^{!}$) [*ina qanni* Dūr-Šarrukīn; Āl-sasinnī]

¶ Stadt in der Umgebung von → Dūr-Šarrukīn, Zadok [1995a] 258, 4.19.1.4.

Ālu-ša-Addâ

URU-*ša*-^{1}*ad-da-a*

3-11/13) ND 2750, 9' (Iraq 23, pl. 25) [Ālu-ša-Mār-bīti-erība]

¶ nA PN Addâ, PNA 1/I, 43f.

Wahrscheinlich eine Stadt in Zentralassyrien, vermutlich in der Umgebung von → Kalḫu, PNA 1/I, 43, s. v. Addâ 1, Zadok (1995a) 250, 4.7.4.17.5; s. Komm. zu → Ālu-ša-Bi-Dādi.

Ālu-ša-Ani[...]

URU-*ša*-^{1}*a-ni*-[x]
3-11/13) ND 2750, 9' (Iraq 23, pl. 25) (⸢URU⸣-) [Ālu-ša-Addâ]

¶ Wahrscheinlich eine Stadt in Zentralassyrien, vermutlich in der Umgebung von → Kalḫu, Zadok (1995a) 250, 4.7.4.17.6; s. Komm. zu → Ālu-ša-Bi-Dādi.

Ālu-ša-Bi-Dādi

URU-*ša*-^{1}*bi-da-di*
3-11/13) ND 2750, 1' (Iraq 23, pl. 25) ([UR]U-*ša*-^{1}*bi-da*-[*di*]) [Ālu-ša-mār-Raḫīmi-(...)]

¶ nA PN Bi-Dādi, PNA 1/II, 343.

Wahrscheinlich eine Stadt in Zentralassyrien, vermutlich in der Umgebung von → Kalḫu, PNA 1/II, 343, s. v. Nr. 1. In einem Verwaltungstext aus Kalḫu werden Arbeiter aus verschiedenen Städten erwähnt, die wahrscheinlich nach den jeweiligen, für sie zuständigen Beamten genannt wurden.

Ālu-ša-Birtāja

URU-*ša*-^{1}*bir-ta-a-a*
5-20) SAA 14, 223, Rs. 10' (-⸢*a*$^{!}$⸣-[*a*])

¶ nA PN Birtāju, PNA 1/II, 347.

Vermutlich eine Stadt in Zentralassyrien bzw. in einem benachbarten Gebiet, Zadok (1995a) 265, 5.1.1.6.1; vgl. → Kapar-Birtāja.

Ālu-ša-Dagān-bēlu-uṣur

URU-*šá*-[1] [d]*da-gan*-EN-PAB
5-22) GPA 43, 4 (-[1] [d]*d*[*a*]-⌜*gan*-EN⌝-)

¶ nA PN Dagān-bēlu-uṣur, PNA 1/II, 365f.

Möglicherweise eine Stadt in der Nähe von → Kalḫu, PNA 1/II, 366, s. v. Dagān-bēlu-uṣur c, Zadok (1995a) 249, 4.7.4.1.14.

Ālu-ša-Emūqī

URU-*ša*-[1]*e-mu-qí*
3-11/13) ND 2750, 3' (Iraq 23, pl. 25) [Ālu-ša-Ilu-zārû]

¶ Wahrscheinlich eine Stadt in Zentralassyrien, vermutlich in der Umgebung von → Kalḫu, PNA 1/II, 396, s. v. Emūqī, Zadok (1995a) 250, 4.7.4.17.2; s. Komm. zu → Ālu-ša-Bi-Dādi.

Ālu-ša-ḫābīšu

URU-*ša-ḫa-bi-šu*
7-07) SAA 12, 1, 11 [Kadišḫi … *ṭēḫi ḫūlu ša issu* Ā. *ana* Kurbail]

¶ Ā. war durch eine Straße mit → Kurbail verbunden; an diese Straße grenzte die Stadt → Kadišḫi an, Zadok (1995a) 259, 4.28.2. Ā. lag vielleicht in der Provinz Kurbail; vgl. Ḫabiašu.

Ālu-ša-Ḫarāni (?)

URU-*šá*-[1]*ḫa-ra-a-ni*
1-02) RIMA 2, 99.2, 115 [It. von Ṣuriḫ, nach Sirqu]

¶ nA PN Ḫārānu, PNA 2/I, 459 (die Belege aus den Inschriften des Tukultī-Ninurta II. [s. u.] wurden nicht verzeichnet). A. bzw. [uru]Ša-Ḫarāni wird hier als ON interpretiert. Es besteht auch die Möglichkeit, den Beleg als „die Stadt des Ḫarānu" zu interpretieren, nämlich eine Stadt, deren Name entweder nicht bekannt war oder als Aposition aus Versehen vergessen wurde.

Stadt im Norden von → Laqê, vielleicht noch im Gebiet von → Bīt-Ḫalupê, die mit Tall Ḫanḏal am linken Ufer des → Ḫābūr, etwa 15 km von seiner Mündung in den Euphrat identifiziert wurde, Kühne (1980) 67f., Lipiński (2000) 93. Auch Tall Abū Ḥā'it wurde als mögliche Lokalisierung vorgeschlagen (Kühne loc. cit.). Diese Vorschläge basierten aber auf der Annahme, Tall Mašiḥ (→ Kār-Aššur-nāṣir-apli) sei mit → Rummunina zu identifizieren, was sich nicht als richtig erwiesen hat. Eher unwahrscheinlich ist die Gleichstellung von A. und → Arbate (Schramm [1970] 160), da diese Stadt südlich von → Sirqu, während A. nördlich davon lag. In den Inschriften des Tukultī-Ninurta II. wird berichtet, dass der assyrische König zuerst in → Arbate und zwei Tage später in → Sirqu Tribut von Ḫarānu dem Laqäer (in → Sirqu auch vom lokalen Herrscher Mudadi, PNA 2/II, 759 s. v. Mudadi 2) empfing (*nāmurtu ša* ^{1}*Ḫarāni* ^{kur}*Lāqāja*, RIMA 2, 100.5, 88–89. 92–94). Nach Lipiński loc. cit. wäre der genannte Ḫarānu der Herrscher von → Arbate gewesen, während sich die Erwähnung im Feldzugsbericht des Adad-nērārī II. auf einen vermeintlichen Stamm Ša-Ḫarāni beziehen würde, dessen Gebiet sich nördlich von → Sirqu auf dem linken Euphratufer erstreckt haben würde. Helsinki Atlas, 9. 31 (Tall Ḫanḏal).

Ālu-ša-Ḫara-Sē s. Šaḫarasi'

Ālu-ša-Ilu-[...] (?)

URU-*šá*-DINGIR/AN-x-[x]
9-20) SAA 11, 10, 10' (^{uru}*šá*$^{?}$-DINGIR/AN-⸢x⸣-[(x)]) [Ba(...), Šima(...)]

¶ Möglicherweise eine Stadt in Zentralassyrien oder in einem benachbarten Gebiet.

Ālu-ša-Ilu-ēreš

URU-*ša*-^{1}DINGIR-APIN-*eš*
5-13) SAA 6, 31, 11 [*naḫlu ša* Napiḫi; *ḫarrān* Kalḫu]

¶ Stadt in → Halaḫḫu, nicht weit von der Straße zu → Kalḫu, vom Wadi der Stadt → Napiḫi und von → Ālu-ša-Kē-lamši entfernt, Zadok (1995a) 258, 4.20.2.2. Der PN Ilu-ēreš ist in der Kaufurkunde mehrmals bezeugt (SAA 6, 31, 10. 15. 17. 22 [2x]. Rs. 1. Rs. 2), s. PNA 2/I, 528, s. v. Ilu-ēreš 1.

Ālu-ša-Ilu-zarû

URU-*ša*-^{1}DINGIR-*za-ru-ú*
3-11/13) ND 2750, 4' (Iraq 23, pl. 25) (-⸢*ša*⸣-DINGIR-*za*-⸢*ru-ú*⸣) [Ālu-ša-Raḫīmi-(…)]

¶ Wahrscheinlich eine Stadt in Zentralassyrien, vermutlich in der Umgebung von → Kalḫu, PNA 2/I, 538, s. v. Ilu-zārû, Zadok (1995a) 250, 4.7.4.17.3; s. Komm. zu → Ālu-ša-Bi-Dādi.

Ālu-ša-Kē-lamši

URU-*ša*-^{1}*ke-e-lam-ši*
5-13) SAA 6, 31, 5–6 (URU-[*ša*-^{1}*ke-e-lam-ši*], Ergänzung unsicher). 9 (URU$^{!}$-*ša*$^{!}$-^{1}*ke*$^{!}$-*e-lam*$^{!}$-⸢*ši*$^{!}$⸣) [*naḫlu ša* Napiḫi; *ḫarrān* Kalḫu]. 14 (-⸢*lam*$^{!}$⸣-*ši*$^{!}$) [*nahlu ša* Napiḫi].

¶ Stadt in → Halaḫḫu, nicht weit von der Straße nach → Kalḫu, vom Wadi der Stadt → Napiḫi und von → Ālu-ša-Ilu-ēreš entfernt, Zadok (1995a) 258, 4.20.2.1. Der PN Kē-lamši ist in der Kaufurkunde mehrmals bezeugt (SAA 6, 31, 8. 18. 20. 22. 23 Rs. 1. Rs. 2) und in PNA 2/I, 609 hinzuzufügen.

Ālu-ša-kubšātēšu

URU-^{lú}*šá*-TÚG.U.SAG^{meš}-*šú*
7-16) SAA 12, 28, 35 [Ninive]

¶ Möglicherweise eine Stadt in Zentralassyrien bzw. in einem benachbarten Gebiet.

Ālu-ša-Kurbailāju

URU-*ša-kur-bi-ìl-a-a*
5-16) SAA 14, 126, 8' [Bīt-Šamaš, Ālu-ša-Šallimanni-Aššur]

¶ nA PN Kurbailāju, PNA 2/I, 369f.

Wahrscheinlich eine Stadt in Zentralassyrien bzw. in einem angrenzenden Gebiet, Zadok (1995a) 260, 4.31.9; s. Komm. → Burukutunte.

Ālu-ša-Lā-ḫīṭāja

URU-*ša-la-ḫi-ṭa-a-a*
5-07) GPA 32, 4' ([U]RU-*ša-la-ḫi-ṭa*?-) [*ṭēḫi nāri*]

¶ nA PN Lā-ḫīṭāju, PNA 2/II, 650.

Möglicherweise eine Stadt nicht weit von → Kalḫu, Zadok (1995a) 249, 4.7.4.1.1. Šamaš-kēnu-balliṭ, Leibwächter von Adad-nērārī III., kauft ein Grundstück in Ā., das an einen Fluss oder Kanal angrenzt.

Ālu-ša-Libbālāja

URU-*šá*-ŠÀ-URU-*a-a*
3-20) ND 2312, 7 (Iraq 23, pl. 10) (-⌜URU-*a-a*⌝) [Ninua]

URU-*šá*-lúŠÀ-URU-*a-a*
1-14) RINAP 3/2, 223, 23 [Tarbiṣu]

¶ Vgl. RGTC 8, 14 (nB/spB Ālu-ša-Libbi-ālāja) u. nA PN Libbālāju, PNA 2/II, 660.

Die „Stadt der Leute aus der Innenstadt (Aššur)", die als südliche Grenze der von Sanheribs Kanalsystemen bewässerten Gebiete von → Ninive genannt wird, Jacobsen/ Lloyd (1924) 37 Anm. 36, Bagg (2000) 215 mit Taf. 63, Zadok (1995a) 253, 4.13.2.1.2 (Ālu-ša-Aššurayyi). Nach Reade (1978a) 167 (alu Aššuraya) könnte Ā. identisch mit Yāramğa, ca. 5 km südlich von Ninive, sein bzw. sich in der Nähe dieser Ortschaft befunden haben. Hannoon (1986) 211f. hält Reades Vorschlag für plausibel, erwähnt aber, dass assyrisches Material weder in Tall Arḍ al-Ḫerab (islamisch) noch in Tall al-Resim (prähistorisch), zwei Ruinenstätten in der Umgebung von Yāramğa, ans Licht kam. Nicht mit → Libbi-āli (Aššur) zu verwechseln.

Ālu-ša-Libluṭāja

URU-*ša*-1*lib-luṭ-a-a*
5-11) GPA 98, 4 [Āl-Puruttāja]

¶ nA PN Libluṭ, PNA 2/II, 661. Der ON kann auch als Ālu-ša-Libluṭ-Ea gedeutet werden.

Vielleicht eine Stadt in Zentralassyrien, Kessler (1980) 158, Zadok (1995a) 249.

Ālu-ša-mar’at-šarri

URU-*ša*-DUMU.MÍ-LUGAL
5-16) AoF 24, 129, 4

URU.2-DUMU.MÍ-LUGAL
3-20) SAA 11, 221, 4

¶ Zur Schreibung URU.2 neben URU in nA ON s. Radner (2002) 191 Komm. zu 158, 5’.

Die “Stadt der Tochter des Königs”, möglicherweise in Zentralassyrien. Die aus prosopographischen Gründen vorgeschlagene Verbindung zu → Kannu’ (Zadok [1995a] 244, 4.3.2.2), ist zu streichen (in Zadok [2012] 876f. nicht mehr erwähnt).

Ālu-ša-Mār-bīti-erība (?)

URU-*ša*-^{1}A-É-SU
3-11/13) ND 2750, 7’ (Iraq 23, pl. 25) (-*š*[*a*]-⸢^{1}⸣[A$^{?}$]-⸢É$^{?}$-SU⸣) [Ālu-ša-Addâ]

¶ Wahrscheinlich eine Stadt in Zentralassyrien, vermutlich in der Umgebung von → Kalḫu, PNA 2/II, 702f., s. v. Mār-bīti-erība, Zadok (1995a) 250, 4.7.4.17.4; s. Komm. zu → Ālu-ša-Bi-Dādi.

Ālu-ša-mār-Raḫīmi-[…]

URU-*ša*-DUMU-^{1}*ra-ḫi-mi*-[…]
3-11/13) ND 2750, 2’ (Iraq 23, pl. 25) (-^{1}*ra-ḫi*-⸢*me*-x-x⸣) [Ālu-ša-Emūqī]

¶ Vgl. nA PN des Typs „Raḫīmi-“, PNA 2/I, 1029f.

Wahrscheinlich eine Stadt in Zentralassyrien, vermutlich in der Umgebung von → Kalḫu, PNA 2/I, 1030, s. v. Raḫīmi-[…], Zadok (1995a) 250, 4.7.4.17.1; s. Komm. zu → Ālu-ša-Bi-Dādi.

Ālu-ša-mār-šarri

URU-*šá*-A-MAN
3-20) SAA 7, 161, ii, 22 [*pīḫatu*; *pīḫat* Balāṭāja]

šá-DUMU-MAN
4-15) SAA 16, 107, 8 (⌜*šá*$^{?}$-DUMU$^{?}$⌝-) [*bēl pīḫati*]
5-16) SAA 14, 23, 4 (*bēl pīḫati*)

¶ Die „Stadt des Kronprinzen", Sitz des Gouverneurs einer gleichnamigen Provinz, RlA 11, 49, Nr. 17 (K. Radner), Zadok (1995a) 268, 5.1.2.12.1. Radners Annahme, → Balātāja sei die Hauptstadt dieser Provinz gewesen, ist zu bezweifeln (s. Komm. zu Balāṭaja). Ā. lag wahrscheinlich in Zentralassyrien, vielleicht unweit von Balāṭaja. Zwei „Gouverneure (der Stadt?) des Kronprinzen" werden jeweils in einem Brief an den Kronprinzen Assurbanipal (SAA 16, 107) und in einer Rechtsurkunde (SAA 14, 23) namentlich erwähnt: Aššur-šēzibanni (PNA 1/I, 221, s. v. Aššūr-šēzibanni 5) und Bēl-dūri (PNA 1/II, 293, s. v. Bēl-dūri 17). Vgl. → Ālu-ša-mar'at-šarri.

Ālu-ša-nappāḫī

URU-SIMUG^{me}
5-16) SAA 14, 434, u. Rd. 7

URU-*ša*-^{lú}SIMUG^{meš}
5-20) StAT 2, 12, Rs. 9 [*qanni* Ninua; Bīt-Gabiu]

¶ Die „Stadt der Schmiede", in der Umgebung von → Ninive, Zadok (1995a) 254, 4.13.2.3.1.4.

Ālu-ša-Nasḫur-Bēl

URU-*ša*-^{1}NIGIN-EN
4-13) SAA 19, 188, Rs. 7

¶ nA PN Nasḫur-Bēl bzw. Nasḫir-Bēl, PNA 2/II, 932f.

Vermutlich eine Stadt in Nordmesopotamien.

Ālu-ša-pūlīšu (?)

URU-*ša-pu-li-šu*
3-05) Billa 82, 7' (-[*š*]*a*$^{?}$-) [Zatputukina, Karuḫa]

¶ Stadt, die in den Texten aus Tall Billā (→ Šibaniba) erwähnt wird und vermutlich in ihrer Umgebung lag.

Ālu-ša-qāribi

URU-*šá-qa-rib*
3-20) ND 2476, i, 3' (Iraq 23, pl. 15) (-*rib*$^{!}$) [*ina qanni* Dūr-Šarrukīn; Āl-sirāšî]

¶ NAT, 332 (Šaqa[x]).

Die „Stadt des Rabens“ in der Umgebung von → Dūr-Šarrukīn, Zadok [1995a] 258, 4.19.1.1 (Saqalu).

Ālu-ša-Qurâ

URU-*ša*-^{1}*qu-ra-a*
5-07/08) Edubba 10, 28, 9

¶ Möglicherweise eine Stadt in Zentralassyrien bzw. in einem benachbarten Gebiet (K).

Ālu-ša-rāṭātīšu

URU-*ša-ra-ṭa-ṭi-šú*
7-07) SAA 12, 1, 10 [Kadišḫi *ina pīḫat* Kurbail *ṭēḫi* Ā. *ša bēl pīḫati ša* Kurbail]

¶ Die „Stadt der Rinnen“, die dem Gouverneur von →Kurbail gehörte und an die Stadt → Kadišḫi angrenzte, Zadok (1995a) 259, 4.28.9.1. Ausgehend von einer (eher unwahrscheinlichen) Identifizierung von Kurbail mit Tall Kurbaliuz schlägt Hannoon (1986) 249 Malṭeh Naṣara, ca. 6.5 km nordöstlich von Tall Kurbaliuz, als möglichen Kandidat für Ā. vor.

Ālu-ša-rēšāni

URU-^{lú}SAG^{meš}
5-11) SAA 6, 1, Rs. 16 (^{uru}DU$_{6}^{!}$-) [Til-Ninurta]

URU.2-^{lú}SAG^{meš}
5-16) SAA 6, 277, Rs. 8'

¶ NAT, 332 (s. v. Šarīš). Zur Schreibung URU.2 neben URU in nA ON s. Radner (2002) 191 Komm. zu 158, 5'.

Möglicherweise eine Stadt in Zentralassyrien, vielleicht in der Region von → Kalḫu (s. Komm. zu → Til-Ninurta), Zadok [1995a] 248, 4.7.2.2 u. 266, 5.1.1.7.4. Nicht mit → Šariššu zu verwechseln.

Ālu-ša-Ṣillāja

URU-*šá*-GISSU (GIŠ.MI)-*a-a*
5-23) SAA 14, 205, 4'

URU-*šá-ṣil-a-a*
5-23) SAA 14, 205, Rs. 12

¶ NAT, 329 (Ša-ṣillaja); nA PN Ṣillāja, PNA 3/I, 1173–1175.

Stadt im Nordosten Zentralassyriens, Zadok (1995a) 260, 4.29.1. In einer Urkunde aus → Ninive grenzt ein zu verkaufendes Feld in Ā. an die Straße, die von → Kurbail nach → Issēte führt.

Ālu-ša-Šallimanni-Aššur

URU-*ša*-DI-*ni-aš-šur*
5-16) SAA 14, 126, 10' [Bīt-Šamaš, Ālu-ša-Kurbailāju]

¶ nA PN Šallimanni-Aššur, PNA 3/II, 1186 (nur dieser Beleg).

Wahrscheinlich eine Stadt in Zentralassyrien bzw. in einem benachbarten Gebiet, Zadok (1995a) 260, 4.31.11; s. Komm. → Burukutunte.

Ālu-ša-tamkāri

URU-*šá*-DAM.GÀR
4-13) SAA 1, 114, Rs. 8 (-DAM.QA[R]) [Āl-Šī-tabni]

¶ Stadt in Zentralassyrien, möglicherweise in der Umgebung von → Kalḫu (Zadok [1995a] 250, 4.7.4.15) bzw. von → Dūr-Šarrukīn; s. Komm. s. v. → Āl-Šī-tabni.

Ālu-ša-Turmiš

URU-*ša-tur-miš*
4-11) SAA 19, 119, 8 (-⸢*tur-miš*⸣) [*ina muḫḫi* Zāba; Arrapḫa]

N:
URU-*lu-ša-tur-miš-a-a*
4-11) SAA 19, 119, 10 (⸢URU$^{!}$-*lu*$^{?}$⸣- *ša-tur-m*[*iš*$^{!}$-*a-a*])

¶ Stadt am Unteren Zab (→ Zāba šaplû), wahrscheinlich am südlichen Flussufer im Gebiet von → Arrapḫa. Ein PN *Turmiš ist weder nA noch in Nuzi-Texten bezeugt.

***Ālu-ša-Zabīni**

N:
URU-*ša-za-bi-na-a-a*
5-14) SAA 6, 195, Rs. 9'

¶ NAT, 333 (Šazabina); nA PN Zabīnâ u. Zabīni, PNA 3/II, 1430.

Vermutlich eine Stadt in Zentralassyrien bzw. in einem benachbarten Gebiet, Zadok (1995a) 266, 5.1.1.7.1.

Ālu-ša-Zibâ

URU.2-*šá-zi-ba-a*
5-16) BATSH 6, 48, 7 [Bīt-binini, Bīt-Sa'ili]

¶ Zur Schreibung URU.2 neben URU in nA ON s. Radner (2002) 191 Komm. zu 158, 5'. Der ON gehört zum Typ Āl-ša-PN, vgl. nA PN Zībāiu, PNA 3/II, 1446.

Wahrscheinlich eine Stadt in der Umgebung von → Dūr-katlimmu.

Alzi

^{kur}*al-zi*
1-02) RIMA 2, 99.2, 31 [Natbu]
1-05) Andrae Stelen Nr. 47, 8 (SAAS 2, 111 [838]) [Mallānu]; RIMA 3, 102.6, i, 62 (2x) [*ina nērebe ša* A.; Suḫme]; id., 102.10, i, 45 [*ina nērebe ša* A.]. 46 [Suḫme];

id., 102.14, 42 (2x) [*ina nērebe ša* A.; Suḫme]; id., 102.16, 18 (2x) [id.]; WVDOG 121, 62, Vs. 14' (-*z*[*i*]) [*ina nērebe ša* A.]
4-13) SAA 5, 87, 10 [Qanium, Armiraliu]

¶ NAT, 13; RGTC 5, 27 (mA Alzi/Ilzi); RGTC 6/1, 10 u. 6/2, 3 (heth. Alši/Alzi); RGTC 9, 7 (urar. Alze); RGTC 12/2, 16 (ug. Alzi).

Landschaft um Elâziğ, deren natürlichen Grenzen der Euphrat (→ Purattu) im Westen und Süden, der Murat-Su (→ Arṣania 1) im Norden und der Maden Dağları (→ Amadani) im Osten bilden. A. ist mit → Enzi/Enzite identisch. Es besteht eine enge Beziehung zu den ON → Musku 2 und → Išua, die sich auf die gleiche Region beziehen; s. → Ḫabḫu 5. Der „Pass von A.", auch „Pass von Enzi/Enzite" und „Pass von Amadani" genannt, ist mit dem Ergani-Pass gleichzusetzen, s. Kinnier-Wilson (1962) 102f, ausführlich Radner (2006b) 145–147 u. id. (2009) 184, RlA 1, 88–90 (E. Forrer/E. Unger), RlA 2, 405f., s. v. Enzi(te) (E. Unger), Russell (1984) 180–184, Toffteen (1907) 333–335 u. 345 (Enzite), Wittke (2004) 131–135. In SAA 5, 87, 10 bezieht sich A. auf eine urartäische Provinz, die gegenüber der Provinz → Amēdu lag, Kessler (1995) 64. TAVO Karte B IV 10 u. B IV 13; Helsinki Atlas, 3. 19.

Amadani

^{kur}*a-ma-da-ni*
1-04) RIMA 2, 101.1, iii, 98 (Var. ^{uru}*a-da-ni*) [Umalia, Ḫirānu *ālāni dannūti ša* A.]. 100 [*ina nērebi ša* A.; Karania, Dirria]. 101 [Arqānia]. 104 [*ina nērebi ša* A.; Barzaništun]

¶ NAT,14; vgl. RGTC 5, 28 (mA Amadani [Berg]); nicht mit nB/spB Amadanu (RGTC 8, 22) identisch.

Gebirge in Nordmesopotamien, wahrscheinlich das Maden Dağları bzw. sein südlicher Teil, Astour (1995) 2, Russell (1984) 184. Der „Pass von A." wird auch „Pass von → Enzi/Enzīte/Enzāte" und „Pass von → Alzi" genannt und ist mit dem heutigen Ergani-Pass gleichzusetzen, s. ausführlich Radner (2006b) 145–147 u. id. (2009) 184. A. wird auch mit dem isolierten Gebirgsmassiv Karaka Dağ (→ Jasume 2) in Verbindung gebracht, Liverani (1992a) 83f. (mit älterer Literatur). Die von Lipiński (2003) 145f. (bereits Forrer [1920] 22f.) vorgeschlagene Lage im westlichen Teil des Ṭūr 'Abdīn (→ Kašijaru) scheint zu weit südlich, um mit dem Itinerar von Assurnasirpal II. zweitem Feldzug kompatibel zu sein. A. ist wahrscheinlich identisch mit → Amadīnu (und mA Amadani; Kessler [1995] 62 bevorzugt die drei ON zu trennen, da er von der

Gleichsetzung A./Karaca Dağ ausgeht) sowie mit → Namdānu. Im Gebirge A. befanden sich die Städte → Ḫirānu und → Umalia. Helsinki Atlas, 3. 19. S. → Adani.

Amadīnu

kur*a-ma-di-i-nu*

1-11) Tigl Ann, 20, 7' ([kur*a-ma*]-) [Lusia]; Tigl Summ 9, 18' (-[*i-nu*]) [id.]

¶ NAT, 14 (s. v. Amadi); vgl. RGTC 5, 28 (mA Amadani [Land]).

Land in Nordmesopotamien, könnte identisch mit dem Berg → Amadani (Maden Dağları) sein, s. Kessler (1995) 61f., Lipiński (2000) 145.

Amante

uru*a-mat-ti*

3-13) ND 2640, Rs. 14 (Iraq 23 pl. 21) (-[*t*]*i*?) [Kalzu, Bīt-Adad-erība]

uru*am-an-te*

4-13) SAA 1, 104, 8 (= GPA 240) [Mê-ṭābūte, Kasappa]

N:

uru*a-ma-an-ta-a-u*

3-16) ND 3455, Rs. 2 (Iraq 15, pl. 13)

¶ NAT, 14 (s. v. Amante u. Amatti).

Stadt in Zentralassyrien, die zwischen → Aššur und → Kasappa am linken Tigrisufer zu suchen ist, Deller (1990a) 51, id. (1990b) 61, Zadok (1995a) 243, 4.1.2.4. A. lag möglicherweise in der Provinz → Kalzu. Helsinki Atlas, 4. 10. 28 (Sultān ʻAbdallāh, ca. 12 km südlich von der Mündung des Oberen Zāb in den Tigris, mutmaßliche Lage basiert auf Deller [1990b], Gazetteer, 5).

Amat-šarri-dūru-[...] (?)

uru*a-mat*-MAN-BÀD-[...]

5-23) SAA 14, 258, Rs. 11 (-MAN?-BÀD?-)

¶ Möglicherweise eine Stadt in Zentralassyrien bzw. in einem benachbarten Gebiet.

Amatti s. Amante

Amātu

^{lú}*a-ma-tu*
1-11) Tigl Summ 7, 8 [Marusu, Ḫagarānu]

¶ NAT, 14 (nur Beleg Tigl III.); nB Amātu (RIMB 2, 1002.2, i, 17; id. 1002.3, i, 8'); vgl. RGTC 8, 22 (nB Amatu 2).

Aramäischer Stamm, dessen Siedlungsgebiet sich östlich von → Sūḫu, zwischen dem Euphrat (→ Purattu) und dem Wādī aṯ-Ṯarṯār (→ Tartāru) erstreckte, Lipiński (2000) 468f., Streck (2013) 305f., Zadok (1995a) 229, 2.1.3.1, id. (2013) 294f. Nicht mit → Amatti in Zentralassyrien, →^{3} Amate 1 im Zagros-Gebiet, →^{3} Amāte 2 am →^{3} Uqnû-Fluss, →^{3} Amattu in →^{3} Bīt-Dakkūri oder mit →^{1} Amattu/Ḫamat zu verwechseln.

Amēdu

a-me-di
2-13) Eponym 705 A9

a-me-du
3-11/13) ND 2785, 16 (Iraq 23, pl. 27) [Tušḫan, Kalḫu]

^{uru}*a-me-di*
1-04) RIMA 2, 101.1, iii, 107 [*āl šarrūti*]. 109 [Kāšiāru]
1-06) RIMA 3, 103.1, i, 49 [Arbail, Til-abnē]
1-09) Andrae Stelen Nr. 34, 3 (SAAS 2, 81 [768]) [*šaknu*; Zamua, Aššur]
2-07) Canon 799 B1; id. 799 B2; id, B10 (erg.)
2-09) Canon 762 B1; id. 762 B2 ([^{uru}*a-me-d*]*i*)
2-12) Canon 726 B3 ([^{uru}*a-me*]-)
2-13) Canon 705 B6 [*šaknu*]
5-09) Edubba 10, 29, 33 (^{uru}*a-*[*me-di*])
5-15) SAA 6, 275, Rs. 5 (⌜^{uru}⌝*a-*) [*ḫarrānu ša* A.]
5-15/16) SAA 6, 340, Rs. 5'

^{uru}*a-me-du*
3-20) SAA 7, 116, Rs. 3’ ($^{\text{[uru]}}$*a-*)

^{uru}*a-mi-di*
3-23) SAA 7, 136, Rs. i, 8’ ($^{\text{⸢uru!⸣}}$*a-*) [*bēl pīḫati*]

N:
^{uru}*a-med-a-a*
5-09) Edubba 10, 1, 3

¶ NAT, 15 (Amedi); nicht ebl. Amidu (RGTC 12/1, 39; klass. Amida (TAVO Karte B V 11, Barrington Atlas, 89 C3).

Königliche Stadt des aramäischen Staates → Bīt-Zamāni, später Sitz eines assyrischen Statthalters der gleichnamigen Provinz am Oberen Tigris, heute Diyarbakır, Lipiński (2000) 136, id. (2002), Liverani (1992a) 85, RlA 1, 94f. (E. Unger), Toffteen (1907) 351, Zadok (1995a) 270, 6.2.1. Im letzten Drittel des 9. Jh. unterstand A. zusammen mit → Alzi, → Mallānu und → Suḫnu dem Mundschenk Ninurta-kibsī-uṣur (SAAS 2, 111 [838]). Zur Provinz A. s. Kessler (1980) 99–105 u. RlA 11, 49f., Nr. 18 (K. Radner). TAVO Karte B IV 10 u. 13; Helsinki Atlas, 3. 19. S. → Andi

Āmiršu-liglud

^{uru}*a-mir-šú-li-ig-lud*
1-15) RINAP 4, 112.33, iv, 17’ [Lītir-aj-imṭi, Mušakšid-nakirī]

¶ NAT, 15.

Stadt in → Šubria, die in einer Liste von 21 Städten erwähnt wird, die von Asarhaddon erobert und umbenannt wurden, Pongratz-Leisten (1997) 335–337.

Amlatti

^{uru}*am-lat-ti*
1-04) RIMA 2, 101.18, 30’ (^{uru}⸢*am*⸣-)[Šaburam]

¶ NAT, 15.

Stadt im Land → Dannuna, nicht mit →^{3} Amlatu in Babylonien zu verwechseln.

Ammanajâ

[uru]*am-ma-na-ia-a*
7-07) SAA 12, 1, 18 [Ḫarbāte]

¶ Vielleicht eine Stadt in der nordwestlichen Ǧazīra, s. Komm. zu → Ḫarbāte. Nicht mit →[1] Ammān, →[1] Ammanāna oder →[1] Bīt-Ammān zu verwechseln.

Ammaš

[uru]*am-ma-aš*
1-05) RIMA 3, 102.14, 143 [*nērebu ša* A.; Bīt-Zamāni, Arṣania]; id., 102.16, 231' [id.]

¶ NAT, 16 (Ammaštubi); vgl. RGTC 5, 30 (mA Amauš).

Stadt in Nordmesopotamien, nördlich von Diyarbakır (→ Amēdu), im Bergland südlich des Murat-Su (→ Arṣania 1). Während eines Feldzugs in Salmanassars 27. Regierungsjahr marschiert der General Dajān-Aššur von → Bīt-Zamāni aus in Richtung → Urarṭu durch den Pass von A., bevor er den Fluss Arṣania überquert, RlA 1, 96 (E. Ebeling), Russell (1984) 180. Die Gleichstellung mit dem Pass von Muş (Olmstead [1921] 378 Anm. 71) ist fraglich, da er zu weit östlich von Diyarbakır liegt (Fuchs [2003] 51).

Ampiḫābi

[kur]*am-pi-ḫa-a-bi*
4-13) SAA 5, 233, 6 ([kur]*am*[!!]-)

[uru]*am-pi-ḫa-bi*
4-15) SAA 10, 361, Rs. 7 [Kammanāte, (...)garēšu]

¶ NAT, 16.

Wahrscheinlich eine Stadt in → Arzuḫina (wegen der Erwähnung in einem Brief des Gouverneurs dieser Provinz, Šamaš-bēlu-uṣur, SAA 5, 233), Kessler (1997) 133, Toffteen (1907) 335, Zadok (1995a) 228, 1.4.5.1. Parpola (1983) 302 zu LAS 294 Rs. 7 (gefolgt von Zadok [1985b] 31) lokalisiert A. in der Nähe der Mündung des → Radānu (Nahr al-'Uẓaim) in den Tigris (→ Diglat), was aus dem Brief SAA 5, 233 eigentlich nicht abzuleiten ist. Außerdem würde eine solche Lage nicht zum Gebiet von Arzuḫina passen. A. lag an bzw. in der Nähe von einem Fluss und, wenn sich die Stadt in

Arzuḫina befand, würde man eher an den Unteren Zab (→ Zāba šaplû) bzw. an einen seiner Nebenflüsse denken. Helsinki Atlas, 10. 30. 32 (am rechten Tirgrisufer, gegenüber der Mündung des Nahr al-'Uẓaim!).

Amu[...]

^{uru}*a-mu-*x [x x]

5-14) SAA 6, 112, Rs. 11 (-*mu*$^{!}$-)

¶ NAT, 57 (Azir[...]).

Vermutlich eine Stadt in Zentralassyrien bzw. in einem benachbarten Gebiet, Zadok (1995a) 265, 5.1.1.5.1.

An[...] (?)

^{uru}*an-*[x x x]

4-19) SAAB 9, 132, 8' (^{uru}AN$^{?}$-)

¶ Möglicherweise eine Stadt in Zentralassyrien bzw, in einem benachbarten Gebiet (A).

Anara

^{kur}*a-na-ra*

1-14) RINAP 3/1, 111.16, v, 17 [*šadû dannu*; Uppa]; id., 111.17, iv, 45 [id.]; id., 111.19, ii', 2' (erg.); id., 111.22, iv, 18 [*šadû dannu*; Uppa]; id., 111.23, iv, 13 ($^{\mathrm{[kur]}}$⌜*a*⌝-) [id.]; RINAP 3/2, 111.46, 43 [id.]

¶ NAT, 18.

Berg in der Nähe von → Ukku, Zadok (2002) 133.

Anat

^{uru}*a-na-at*

1-03) RIMA 2, 100.5, 68 [*ša* Sūḫu; It. von Sūru, nach Mašqītu]. 69 (2x) [*ina qereb* Purattu *ṣali*]. 73

uru*an-at*

1-04) RIMA 2, 101.1, iii, 15 [It. von Bīt-Šabi, nach Sūru]. 16 (2x) [*ina qereb* Purattu *ṣali*]

1-07) RIMA 3, 104.6, 25 [Ḫindānu, Sūḫu]; id. 104.7, 14 ([uru]⌜*an-at*⌝) [id.]

¶ NAT, 18 (Anatu); RGTC 3, 90 (aB Ḫanat); RGTC 5, 31 (mA/mB Anat); RGTC 8, 23 (nB/spB Anati); RGTC 12/2, 24f. (MEup. Anat); aram. *'nh* (KAI 202, 2); klass. Anatho (Barrington Atlas, 91 C3, s. Fales [1996] 139f., Kennedy/Northedge [1988] 6–8, Lipiński (1976b) 68 Anm. 131); luw. Ana (Savaş [1998] 115f.). Zur Orthographie uru1-*te*/*tú* s. → Issētu.

Stadt in → Sūḫu auf einer Insel am Mittleren Euphrat, heute 'Āna, Herles (2007) 424f., Ismail et al. (1983), id. (1988), RlA 1, 104f. (E. Unger). Zur Archäologie: Northedge et al. (1988). TAVO Karte B IV 10 u. 13; Helsinki Atlas, 9. 10. 31.

Andi

uru*an-di*

1-05) Andrae Stelen Nr. 47, 5 (SAAS 2, 111 [838]) [*šaknu*, Na'iri, Sinabu]; RIMA 3, 102.18, 21' (erg.) [id.]

1-07) Andrae Stelen Nr. 39, 3 (SAAS 2, 100 [799]) [*šaknu*, Na'iri, Sinabu]

¶ NAT, 19.

Höchstwahrscheinlich eine alternative Schreibung von → Amēdi, Kessler (1980) 100–102, Lipiński (2000) 153 Anm. 123, Weippert (1972) 153.

Anditâ

uru*an-di-ta-a*

7-16) SAA 12, 27, 33 [Kurru(…), Til-rā(…)]

¶ NAT, 19.

Lage unbekannt. Falls eine Verbindung mit → Kurru[…] besteht und der letztgenannte Ortsname als Kurruḫanni zu verstehen ist, könnte es sich um eine Stadt im Land → Arrapḫa handeln, Zadok (1995a) 227, 1.3.9.2.

Anduli

uru*an-du-li*

7-16) SAA 12, 50, 18 [Asiḫi]

¶ NAT, 20.

Stadt in → Izalla, Zadok (1995a) 271, 6.3.3; s. aber Kessler (1980) 47 Anm. 205. Nach Radner (2006) 297 vielleicht mit Hedil, 12 km westlich von Idil zu identifizieren.

Anganu

uru*an-ga-nu*

1-11) Tigl Summ 1, 34 [*birāti ša* Urarṭu; Enzi, Benzu]

¶ NAT, 20; vgl. klass. Ingilēnē (Barrington Atlas, 89, B2; TAVO Karte B V 13).

Urartäische Festung im Gebiet zwischen dem Oberen Euphrat und den Tigrisquellen, die von Tiglatpileser III. annektiert und der Provinz → Na'iri bzw. der „Provinz des Generals" (→ Pīḫat-Bīt-turtāni) zugeordnet wurde, Kessler (1995) 60. Vielleicht identisch mit → Aggunu.

Anî-il

uru*a-ni-i*-DINGIR

3-11/13) ND 2622, 6 [Barma, Kapar-Qajāni]

¶ NAT, 20 (Anīan).

Wahrscheinlich eine Stadt in der Nähe von → Baqarri (erw. in ND 2622, 8) , Zadok (1995a) 228, 1.4.6.1.7 (jedoch nicht in → Arzuḫina!).

Apallâ

uru*ap-al-la-a*

4-13) SAA 15, 186, Rs. 1 ([uru]*ap-*) [Bāb-bitqi, Nunak]

¶ Übergangsstelle über den Tigris in der Nähe von → Bāb-bitqi, wahrscheinlich auch am östlichen Ufer des Flusses.

Apku

^{uru}*ap-ka*

5-20) SAA 11, 11, 6' ($^{[uru]}$*ap-ka*$^{!}$)

^{uru}*ap-ki*

1-04) RIMA 2, 101.19, 32 (2x ^{uru}⸢*ap*⸣-); id., 70, 7

^{uru}*ap-ku*

1-02) RIMA 2, 99.2, 36
1-07) AoF 39, 272, 4' ([^{uru}*ap-k*]*u*) [Nēmed-Ištar]; RIMA 3, 104.6, 23 [Nēmed-Ištar, Marê]
1-13) SAA 15, 333, 2' (^{uru}⸢*ap*⸣-[*ku*$^{?}$])
4-13) SAA 1, 221, 10 ($^{uru!}$*ap-*)
7-16) SAA 12, 60, Rs. 11'
9-16) SAA 11, 1, Rs. ii, 12' [erw. zw. Tillê u. Isāna]

¶ NAT, 21; RGTC 3, 19f. (aB Apqum ša Adad), RGTC 5, 33 (mA Apqu). Zur Lesung Apku (statt Apqu) s. Deller/Postgate (1985) 69, s. v. (gegen Weippert [1972] 153).

Stadt in Zentralassyrien, die Stephens (1953) aufgrund von Inschriftenfunden mit Tall Abū Māriyā identifizierte. Diese Lokalisierung wird allgemein übernommen, Falkner (1957-58) 4f., Hannoon (1986) 142–145, Kessler (1980) 143 mit Anm. 491, Liverani (1992a) 57, id. (1992c) 38, Reade (1968) 236, RlA 1, 119 (E. Ebeling), Zadok (1995a) 259, 4.24. TAVO Karte B IV 10; Helsinki Atlas, 4. 28. Nicht mit →[1] Apqu in Syrien-Palästina zu verwechseln.

Appina

^{uru}*ap-pi-na*

4-13) SAA 5, 245, 4 [*rab birti*]. 12 ($^{[u]ru}$*ap-*)

¶ NAT, 21.

Festung an der nördlichen bzw. nordöstlichen Grenze Zentralassyriens, RlA 1, 122 (E. Ebeling), Toffteen (1907) 343f., Zadok (1995a) 268, 5.1.3.1.

Appūni

^{uru}*ap-pu-ú-ni*

5-19) SAA 14, 46, 2' [*kiriu zaqpu ša tillit ina kapri qabsi* A.]

¶ NAT, 21 (Appunā)

Möglicherweise eine Stadt in Zentralassyrien bzw. in einem benachbarten Gebiet, Zadok (1995a) 262, 4.33.1.3. Kakkullānu kauft einen gepflanzten Weinberg in einem Bauernhof inmitten A., der an einem Fluss und an andere Gärten angrenzt.

***Apsia**

N:

^{uru}*ap-si-ia-a-a*

7-16) SAA 12, 50, 31 [Til-zanî, Ispallurê]

¶ NAT, 21 (Apsija).

Stadt in → Izalla, Falkner (1957-58) 15, Zadok (1989) 164, id. (1995a) 271, 6.3.7; s. aber Kessler (1980) 47 Anm. 205. Die Gleichsetzung mit Ebsi, ca. 18 km westlich von Midyat (Lewy [1952] 3 Anm. 4), wird von Kessler (1980) 51 Anm. 219 in Frage gestellt. Nach Forrer (1920) 22 hätte der ON im Ǧabal al-'Afs, ein Gebirge nordwestlich von Mardin überlebt. Helsinki Atlas, 3. 27 (Ebsi).

Aqarbāni

^{uru}*a-qa-ar-ba-ni*

1-03) RIMA 2, 100.5, 84. 86 ($^{\text{[uru]}}$*a-*) [It. von Nagiāte, nach Ṣupria]; WVDOG 121, 50, 84 ($^{\text{u[r]u}}$⌜*a*⌝)

^{uru}*na-qa-ra-ba-ni*

1-04) RIMA 2, 101.1, iii, 10 [It. von Ṣupria, nach Ḫindānu]

^{uru}*na-qa-ra-ba-a-ni*

1-04) RIMA 2, 101.1, iii, 11 (2x) [It. von Ṣupria, nach Ḫindānu]

¶ NAT, 21 (Aqarbani); NAT, 258 (Naqarbani); zu einer möglichen Gleichstellung mit klass. Merrhan (< Herban?), das Isidoros von Charax in seinen *Parthischen Wegsta-*

tionen zwischen Doura Nicanoris/Eurōpos und Giddan nennt (Müller [1855] 248, 10), s. Russell (1985) 64 Anm. 47 u. Scheil (1909) 46. In den Inschriften Assurnasirpals II. ist A. als Naqar(a)bāni bezeugt. Lipiński (2000) 94f. erklärt das anlautende „n" als Wiedergabe einer nasalisierten Aussprache und deutet den Namen als ʻAqar Bāni „landed property of Bāni". Zadok (1978a) 165f. erklärt die Variante Naqarabāni als Hörfehler oder Fehler des Schreibers und verbindet den Namen mit wsem. *ʻqrb* „Skorpion". Auch in RlA 9, 164 s. v. Naqarabāni (K. Kessler) wird die Variante für eine fehlerhafte Schreibung gehalten.

Stadt in → Lāqê, südlich von → Ṣupria, am linken Euphratufer, etwa zwischen Abū Kamāl und Tall Ḥawmat Hayin (Ṣupria?), gegenüber Doura Eurōpos, Lipiński (2000) 94f., Liverani (1992a) 65. Musil (1927a) 174 Anm. 86. 204. 206 identifiziert A. mit Tall Abū Ḥasan („al-Bahasna"), aber bisher wurden dort keine eisenzeitlichen Reste entdeckt, Geyer/Monchambert (1987) 339 Nr. 9. Eine Lokalisierung etwa gegenüber Tall Ḥarīrī (Mari) wäre denkbar, jedoch bisher sind dort keine eisenzeitliche Siedlungen bekannt, Geyer/Monchambert (1987) 339–342. Von A. konnte → Ṣupria in einem halben Tagesmarsch erreicht werden, da Tukultī-Ninurta II. in → Ṣupria nicht übernachtete und schon in der Mittagszeit nach → Arbate weiterzog. Die gleiche Strecke wurde von Assurnasirpal II. in einem Tag geschaft. Helsinki Atlas, 9. 31 (vermutete Lage).

Ar[...]

^{uru}*ar*-[x x (x)]

9-20) SAA 11, 10, Rs. 5

¶ Möglicherweise eine Stadt in Zentralassyrien oder in einem benachbarten Gebiet.

Aradina

^{uru}*a-ra-di- na*

3-11/13) ND 2618, Rs. 9 (Iraq 23, pl. 19) [Qurdê]

¶ NAT, 22.

Vielleicht eine Stadt im Ḫābūr-Dreieck (wegen der Erwähnung von → Kaḫat in ND 2618, 6'), Zadok (1995a) 236, 3.6.1.11.15.

Arānu

^{uru}*a-ra-a-nu*
1-11) Tigl Summ 9, 20’ ($^{\text{[uru]}}$*a-*) [Uallia; *ša* Bāzi 1]

^{uru}*a-ra-na*
1-11) Tigl Summ 1, 32 [Urra, Tasu]

¶ NAT, 22.

Stadt in → Bāzi 1. Nicht mit →^{3} Arranu zu verwechseln.

Arasilla

^{kur}*a-ra-si-il-la*
1-11) Tigl Summ 9, 21’ [Ulina, Alqi(…)]

¶ NAT, 23.

(Berg)Land in Nordmesopotamien, im Gebiet südlich des Murat-Su (→ Arṣania 1), das von Tiglatpileser III. annektiert und der „Provinz des Generals“ (→ Pīḫat-Bīt-Turtāni) zugeordnet wurde, Kessler (1980) 166f.

Arbāju s. Arubu

Arbaga

^{uru}*ar-ba-ga*
3-20) SAA 7, 35, i, 4 ($^{\text{⸢uru⸣}}$*ar-*) [*rab ālāni ša* A. *ša nagie* Laḫīru]

¶ NAT, 27.

Stadt in → Laḫīru 1 (die Ergänzung, die sich auf die Zugehörigkeit zur Provinz Laḫīru bezieht, ist jedoch nicht gesichert), RlA 1, 141 (E. Forrer), Zadok (1995) 226, 1.2.25.

Arbail

arba-ìl

1-15) JCS 64, T, i, 33 (⸢*arba*⸣-[*ìl*]); RINAP 4, 112.2, i, 9; id., iv, 22; id., 112.33, iii, 11' (⸢*arba*⸣-); id., 112.1006, i, 11'
1-16) Asb C, iv, 23; Asb J, Stück 6, 13 (erg.); BIWA 156, 4 (K 2656+)
2-14) Eponym 702 A9
3-13) ND 2640, Rs. 10 (Iraq 23 pl. 21) [*bēl pīḫati*]; SAA 7, 58, Rs. iii, 18
3-20) KAV 174, Rs. 3
4-11) SAA 19, 20, u. Rd. 3 (-*ì*[*l*])
4-14) KAV 197, 10
4-15) SAA 10, 130, 7; SAA 13, 67, 6
4-15/16) SAA 10, 284, Rs. 5; SAA 13, 187, Rs. 6'
5-15) BT 128, 1 (Iraq 25, pl. 26) (⸢*arba*⸣-[*ìl*]); SAA 6, 237, 2; StAT 2, 164, Rs. 11 (-⸢*ìl*⸣)
5-16) RA 24, A4, Rs. 7; SAA 14, 28, 2; SAAB 9, 87, Rs. 8; **StAT 2**, 88, 2; id.,237, Rs. 2; **StAT 3**, 81, 2 (-⸢*ìl*⸣); StAT 3, 109, 2. 4 (Hülle) (-[*ìl*]); id., 105, li. Rd. 1. 2; id., 109, 2 (Tafel). 4 (Hülle) (-*ì*[*l*]
5-16/19) SAAB 5, 17, Rs. 5
5-18) KAN 4, 60, 3 (erg.); StAT 2, 207, Rs. 9; id., 216, 2; id., 217, 2 (erg.)
5-19) Rfdn 17, 23, 3; SAAB 5, 61, Rs. 3; SAAB 9, 121, 2; TCL 9, 66, 2 (SAAB 11, 11ff)
5-20) SAA 14, 307, Rs. 3' [*bēl pīḫati*]. Rs. 6'
6-16) SAA 2, 10, Rs. 10' (erg.)

arba-ìl^{ki}

1-15) RINAP 4, 112.2003, i, 11' ([*arba-ìl*]^{ki}); id., 112.2004, 6' (erg.)
1-16) 83-1-8,490, Vs. 8' (LoBl, 111); Asb A, iii, 14. 31. ix, 63. x, 35. 62; Asb B, iii, 88. viii, 42; Asb C, iv, 111; Asb F, i, 49. ii, 43. 56; Asb IT, 165; Asb J, Stück 1, 19 ([*arba*]-); BIWA 198f, 23' (66-5-19,1) (-*ìl*$^{[ki]}$); IWA 58, (K 4521), 6'; IWA 63, (K 6388), 2'. 8'; IWA 77, (K 4443), 14'; K 2659+, 7', (8° Heft, 144f.); K 4533, 6', (8° Heft, 164)
1-18) JCS 19, 76f., 4 (erg.); Sši Zyl C, 4. 24' (⸢*arba-ìl*⸣^{ki}); WO 8, 46f, 11' ([-*ìl*^{ki})
4-13) SAA 19, 167, Rs. 4 [*bēl pīḫati*]; id., 185, 6
4-15) SAA 16, 126, 6; id., 127, 6
4-15/16) SAA 10, 142, 4 (-⸢*ìl*⸣$^{[ki]}$). 8; id., 248, 7; id., 249, 3' (*ar*[*ba-ìl*^{ki}])
5-14) SAA 6, 34, Rs. 2
5-15) SAA 6, 272, 3
6-16) SAA 2, 9, Rs. 24'
8-16) SAA 4, 316, Rs. 2; id., 324, Rs. 9'

DUMU-*arba-ìl*
3-20) SAA 7, 153, Rs. ii, 5

DUMU-^{uru}*arba-ìl*
4-15) SAA 13, 186, Rs. 10'; SAA 16, 123, 6' ([D]UMU-). 7'
5-16) SAA 14, 425, Rs. 24

DUMU^{meš}-^{uru}*arba-ìl*
3-23) SAA 7, 151, Rs. 15' (DUMU[^{meš} ^{uru}*arba*]-)

^{uru}*ar-ba-ìl*
3-13) SAA 7, 58, Rs. ii, 18' (^{uru}*a*[*r-ba-ì*]*l*)

^{uru}*ár-ba-ìl*
5-14) SAA 6, 114, Rs. 2' [*šaknu*]

^{uru}*arba*
4-20) KAV, 133, 9 [Kalzu]

^{uru}*arba-ìl*
1-01) RIMA 2, 98.1, 40
1-04) RIMA 2, 101.1, i, 68 [Ništun]; id., 101.17, i, 89 [id.]
1-05) RIMA 3, 102.2, ii, 66 [Ḫabruri *ina rēš* A.]; id., 102.6, iii, 58; id., 102.8, 5' [Ḫabruri *ina rēš* A.]; id., 102.28, 42 [Enzi *ina rēš* A.]
1-06) RIMA 3, 103.1, i, 49 [Arrapḫa, Amēdu]
1-14) RINAP 3/1, 111.2, 72 (⸢$^{uru?}$*arba*$^{?}$-*ìl*$^{?}$⸣) [*šaknu*]; id., 111.22, v, 64; id., 111.23, v, 54; RINAP 3/2, 111.145, Vs. 1' (erg.); id., 111.148, 6'; id., 111.229, 3 [Ḫāni *šadû ša rēš* A.]. 6; id., 111.230, 60 (^{uru}*ar*[*ba-ìl*]); WVDOG 121, 133f, Vs. 9 (^{uru}[*arba-ìl*]); id., Rs. 4 ([^{uru}*arba*]-⸢*ìl*⸣)
1-15) RINAP 4, 112.1, i, 6 [Ninua]. 10 [id.]. 45 [id.]. 59 [id.]. ii, 46 [id.]. iv, 79 [id.]. v, 34 [id.]. vi, 44 [id.]; id., 112.3, iv, 21' (⸢^{uru}⸣*arba-*); id., 112.5, i, 3' (erg.); id., 112.6, i, 6' (erg.); id., 112.8, ii, 5'; id., 112.33, iii, 22' [Kalzu]; id., 112.48, 26; id., 112.54, Rs. 16; id., 112.70, 3; id., 112.71, 3; id., 112.77, 8. 12; id., 112.78, 8. 11; id., 112.79, 6' (erg.). 8 (erg.). 11; id., 112.93, 4. 5. 26
1-16) **Asb A**, i, 16. 43. ii, 128. iii, 5. iv, 48. v, 97. vi, 128. viii, 21. 54. 75. ix, 79. 99. x, 119; **Asb B**, v, 18. 52. vi, 81. 86. viii, 29. 75; **Asb C**, v, 112. vi, 10. 53. vii, 74. 88. viii, 75 (erg.). x, 53. 54. ix, 77; **Asb CKalach**, x, 101; **Asb D**, viii, 78; **Asb F**, ii, 24. vi, 14; **Asb G**, viii, 25'; **Asb IT**, 105. 117. 119 (erg.). 148. 152 (^{uru}[*arba-ìl*]; **Asb J**, Stück 6, 25; BIWA 84, 50 (K 2654) 61; id. 101, 1 (K 2652) ($^{uru?}$*ar*[*ba*$^{?}$-*ìl*]). 11 (K 2652); id. 301, 10, i, 32; id. 305, 35, iii, 48; id. 306, B, Rs. 2' (-[*ìl*]); id. 307,

E, Rs. 8'; IWA 104, (K 2637), 13'; Rm 27, II', 4' (^{uru}⸢*arba-ìl*⸣); SAACT 10, 19, 1; Sm 254, Rs. 5' (LoBl, 80); Streck Asb, 248, 1

1-22) Thureau-Dangin TB, 157, 1

2-07) Canon 787 B1 (erg.). B2 (^{uru}*a*[*rb*]*a*-)

2-09) Canon 759 B1. B2 ([^{uru}*arba*]-)

3-07) TH 34, 2 ($^{[u]ru}$*arba*-)

3-11/13) CTN 3, 97, 3 [Kalzu]; id., CTN 3, 86, 19 [Šaḫuppa]

3-13) CTN 3, 93,11; ND 2640, Rs. 10 (Iraq 23, pl. 21); ND 2650, 1 (Iraq 23, pl. 21); ND 2803, i, 8 (Iraq 23, pl. 29). Ii, 21' (-[*ìl*]) [*bēl pīḫati*; Kalzu]; SAA 7, 58, iii, 6' (-*ì*[*l*])

3-14) BT 113, 2 (Iraq 25, pl. 21); BT 117, 2 (Iraq 25, pl. 22); id., Rs. 3 (Iraq 25, pl. 22); SAA 11, 51, 1 (^{uru}*arba*$^{?}$-*ìl*$^{?}$)

3-16) ND 3455, Rs. 8 (Iraq 15, pl. 13); SAA 7, 3, i, 7 [*bēl pīḫati*]

3-20) ND 2465, 1 (^{uru}*ar*[*ba*]-); ND 2491, 2' (Iraq 23, pl. 17); ND 2694, 6 (Iraq 23, pl. 23); ND 2499, 4'(Iraq 23, pl. 18); id., Rs. 1; ND 2728+, 7 (Iraq 23 pl. 24) [Ḫusana]. 9; ND 2791, 7' (Iraq 23, pl. 28); SAA 7, 4, i, 9' [*bēl pīḫati*]; id, 150, iii, 14' [Ninua]; SAA 11, 7, 2'; id., 10, 5'

3-22) CTN 3, 87, 1

4-13) SAA 1, 39, 10'; id., 127, Rs. 3' ($^{[ur]u}$*arba*-); id., 135, 7 [*bēl pīḫati*]; id., 149, 7 [id.]; id., 155, 10; id., 160, Rs. 13; id., SAA 1, 170, 4' [*bēl pīḫati*]; id., Rs. 6 [id.]; SAA 5, 136, 9 ([^{uru}*arb*]*a*$^{!}$-*ìl*$^{!}$); id., 141, Rs. 5 (^{uru}⸢*arba*$^{!}$-*ìl*$^{!}$⸣); id., 149, 15 (⸢$^{uru!}$*arba*$^{!}$-*ìl*$^{!}$⸣); id., 150, Rs. 17' ($^{[ur]u}$*arba*-); id., 151, 6; id., 152, u. Rd. 27 (⸢^{uru}⸣*arba*-); SAA 19, 166, Rs. 4

4-15) SAA 10, 19, Rs. 7; id., 20, Rs. 4; id., 228, 5; id., 293, 4; SAA 10, 294, 3 (^{uru}⸢*arba*$^{!}$⸣-[*ìl*]); id., 294, Rs. 14; SAA 10, 369, Rs. 6 [*bēl pīḫati*]; SAA 13, 13, 8 (erg.); id., 56, 6; id., 57, 8 ([^{uru}*arba-ì*]*l*); id., 58, 7; id., 60, 6 (erg.); id., 61, 7; id., 62, 7; id., 64, 7 (erg); id., 65, 7; id., 66, 6(erg.); id., 68, 6 (erg.); id., 96, 14; SAA 16, 1, 10; id., 33, 7; id., 49, 5; id., 59, 3; id., 60, 3 (erg.); id., 61, 3 (erg.); id., 84, Rs. 9; id., 93, Rs. 9 [Kalḫu]. 10 ([[^{uru}*arba-ìl*]]); id., 106, 7; id., 120, 9 ([^{uru}*ar*]*ba*-); id., 121, 6; id., 128, 5

4-15/16) SAA 10, 18, Rs. 8; id., 82, 7; id., 83, 5; id., 136, 3 (-[*ìl*]); id., 137, 3; id., 138, 5; id., 151, 5'; id., 197, 12; id., 252, 8 (-[*ìl*]); id., 253, 8 ([^{uru}*arba-ì*]*l*); id., 254, 4'; id., 273, 5; id., 287, 3; id., 386, 6; SAA 13, 8, 8 (erg.); id., 9, 8; id., 10, 8; id., 12, 6; id., 14, 7; id., 15, 8; id., 143, 4; id., 147, 9. 11; id., 148, 3 ($^{[ur]u}$*arba*-); id., 156, 7

4-16) SAA 10, 96, 21 [Arzuḫina]; id., 139, 5. 9; id., 140, 4. 8; id., 141, 4. 8; id., 174, 6. 18; id., 227, 5; id., 345, 8 (⸢^{uru}*arba*⸣-); SAA 13, 140, 7; id., Rs. 3' ($^{[uru]}$*arba*-); SAA 13, 141, 7 (^{uru}[*arba-ìl*])

5-07) GPA 17, Rs. 12; id., 91, Rs. 17

5-08) Edubba 10, 26, 3

5-10) Edubba 10, 34, Rs. 24 (-[*ìl*])

5-11) SAA 3, 13, 13’ ($^{uru!}$*arba-*); SAA 6, 13, 2’ (-*ì*[*l*])
5-13) BT 101,2 (Iraq 35, pl. 19). 4; TH 113, 3 (^{uru}*a*[*rba-ì*]*l*)
5-14) BT 120, 3 (Iraq 25, pl. 24); SAA 6, 157, 2; id., 159, 4 (-*ì*[*l*]); id., 184, 2 (erg.); SAA 16, 115, Rs. 5’ [*šaknu*]; SAAB 9, 122, 3. 4; StAt 2, 4, 4 (^{uru}[*arba-ìl*])
5-14/15) BT 116, 7 (Iraq 25, pl. 23); SAAB 5, 37, Rs. 12
5-15) SAA 6, 209, Rs. 8; id., 210, Rs. 1; id., 214, 2; id., 219, Rs. 9 (-⸢*ìl*⸣); id., 235, 3; id., 291, 2; SAAB 9, 123, 2; StAT 2, 164, 5; id., 282, 3
5-16) JSS 28, 155, 2; KAN 4, 39, o. Rd. 1; id., 4; ND 2336, 3 (Iraq 16, 45); SAA 14, 36, Rs. 6; id., 112, Rs. 5; id., 108, 2 (^{uru}[*arba-ìl*]); id., 211, 5’; SAAB 9, 129, 2 (⸢^{uru}⸣[*arba-ìl*]); StAT 2, 161, 3 (^{uru}⸢*arba-ìl*⸣); id., 168, Rs. 4 (erg.); id., 269, Rs. 5; id., 288, 2
5-16/19) StAT 2, 184, 4’ (^{u}[^{ru}*arba-ìl*])
5-18) SAA 14, 163, 4; id., 164, 1; id., 169, 2
5-19) FNALD 11, 10; SAA 14, 443, Rs. 12 (^{u}[^{ru}*arba-ì*]*l*); SAAB 5, 64, 3 ($^{uru!}$*arba-*); SAAB 9, 69, 5; id., 113, 2 (erg.); id., 138, 3 (^{u}[^{ru}*arba-ìl*]); TH 112, 2 (^{u}[^{ru}*arba-ìl*])
5-20) SAA 14, 265, 8’ (-⸢*ìl*⸣); id., 298, 1’ (-[*ìl*]); StAT 2, 118, 1; id., 295, 2
5-22) SAA 14, 466, 6’
6-10) SAA 2, 2, Rs. vi, 16
6-15) SAA 2, 5, Rs. iv, 2’; id., 6, iv, 59
7-07) SAA 12, 69, Rs. 17 [*šaknu*]; id., 71, 5; id., 72, Rs. 1. Rs. 4 [*šaknu*]. 11; id., 50,7. 8. 10
7-16) SAA 12, 93, Rs. 4 (^{uru}[*arba-ìl*])
7-20) SAA 12, 97, Rs. 2
8-16) SAA 4, 300, Rs. 3’ ($^{[ur]u}$*arba-*)
8-20) SAA 8, 558, Rs. 1’
8-23) SAA 4, 195, Rs. 7’

^{uru}*arba-ìl*^{ki}

1-16) Asb B, vi, 86 (Var.); Asb C, vii, 74 (Var., [^{uru}*arba*]-⸢*ìl*⸣^{ki}). 79 (erg.). ix, 80’ (erg.). x, 101; JCS 40, 32, Raum 33, Platte 6 (erg.); K 9155, 11’, (LoBl, 43) (-*ìl*$^{[ki]}$)
2-10/11) JNES 13, 209ff, Rs. iv, 35
5-11/13) SAA 6, 4, 2’ (-[*ìl*^{ki}]); id., 7, u. Rd. 17 ($^{[uru]}$*arba-*)
5-14) SAA 6, 176, Rs. 8
7-15/17) SAA 12, 89, 4’

^{uru}*er-ba-ìl*

1-14) RINAP 3/1, 111.3, 64 [*šaknu*]

N:
[uru]*arba-ìl-a-a*
3-13) CTN 3, 102, iii, 21'. 26'; id., 108, ii, 24
4-15/16) SAA 10, 6, 8 (-[*a*]) [Kalzu]
5-05) Edubba 10, 1, Rs. 13
5-14) O 3681, 3 (unpubl. erw. in PNA 3/II, 1271 s. v. Šulmu-aḫḫē 12)
7-14) SAA 12, 87, Rs. 12

Darüber hinaus wird A. in folgenden unpublizierten Texten (laut Beschreibung) genannt:

5-14) O 3712, 10 (Garelli [1986] 242)
5-16) ND 3440 (Iraq 14, 143); O 3708, 10 (Garelli [1986] 242)

¶ NAT, 24; RGTC 2, 217f. (Ur III. Urbilum); RGTC 3, 247 (aB Urbēl); RGTC 5, 246 (mA u. mA/mB hist. Arbail); RGTC 8, 28 (nB/spB Arba'il); RGTC 12/1 (Ebla IrNENILUM); aram. *'rbl* (Driver [1954] 20, L6, 1); klass. Arbēla (TAVO Karte B IV 23, Barrington Atlas, 89 E1); nA PN Arbailāju, PNA 1/I, 124–127, Arbailītu, PNA 1/I, 127, für weitere PN des Typs Arbail- bzw. Arbailītu- s. PNA 1/I, 127. Zum esoterischen Namen Liburna ([uru]*li-bur-na*) s. Menzel (1981b) T 165, 190 mit id. (1981a) 129.

Stadt in Zentralassyrien, das heutige Arbīl. A. war seit mittelassyrischer Zeit (Postgate [1985] 96 [VS 21, 21, 2]) Statthaltersitz einer gleichnamigen Provinz, Astour (1987) 11 u. 39, Hannoon (1986) 295f., RlA 1, 141f. (E. Unger), RlA 11, 45, Nr. 1 (K. Radner). Zu neuen Grabungen und Geländebegehungen in der Region von Arbīl s. Kopanias/ Macginnis (2016), Ur et al. (2013). TAVO Karte B IV 10 u. 13; Helsinki Atlas, 4. 28.

In der Provinz bzw. im Bezirk von A. befanden sich die Städte → Āl-sūsāni, → Asajāti, → Baqarri, → Bīt-Urbiru, → Darraska, → Dunuequ, → Idu, → Miljāba, → Milqia, → Sarê, → Zaqqu und vielleicht auch → Dunābu-Enlil, → Sa'rarīna und → Tanat. Möglicherweise in der Umgebung von A. lagen → Gabaṣê, → Ḫurumu (?),→ Ḫusana, → Kapar-Saḫarunāja, → Kapar-Šašši, → Kulmūa, → Luqaše (?),→ Šudâ (?),→ Tu'i[...] und → Udūa. Darüber hinaus sind folgende Ortschaften vielleicht in der Region nördlich des Unteren Zāb (→ Zāba šaplû), im Gebiet von A. bzw. → Kalzu zu suchen: → Alê, → Āl-Maḫdî, → Anî-il, → Barma, → Ḫanimu, → Ḫarlazu, → Kapar-Qajāni und → Sailu.

Arbakki

^{kur}*ar-ba-ki*

1-04) RIMA 2, 101.19, 98 [Ulliba, Nirbu]

^{kur}*ar-ba-ak-ki*

1-04) RIMA 2, 101.19, 83 [Ijaja, Salaniba *ālāni dannūti ša* A.]

^{uru}*ar-ba-ki*

1-04) RIMA 2, 101.1, ii, 116 [Ijaja, Salaniba *ālāni dannūti ša* A.]; id., 101.19, 79 [Pitura; A. *ša* Ḫabḫu *ša bītāni*]

^{uru}*ar-ba-ak-ki*

1-04) RIMA 2, 101.1, ii, 112 [Pitura; A. *ša* Ḫabḫu *ša bītāni*]; id., 101.17, iv, 91 [id.]

^{uru}*ár-ba-ak-ki*

1-04) RIMA 2, 101.17, iv, 103 [Ijaja, Salaniba *ālāni dannūti ša* A.]

¶ NAT, 27.

Stadt und Land in → Ḫabhu 5, das vom Gebirge → Matnu umschlossen wurde und über den Pass von → Kūkunu mit → Pitura in Verbindung stand, Fuchs (2000) 79. Nach Radner und Schachner (2000) 764f. mit fig. 2–4 vielleicht mit Gre Dimse etwa 6 km südöstlich von Salat zu identifizieren (Parker [2001] 180f., fig. 5.8, Nr. 62). Die Gleichung mit Arwah im Tal eines südlichen Zuflusses des Botan Çayı, die von Forrer (1920) 27 vorgeschlagen und oft übernommen wurde (Harouthyounyan [1984] 87, RlA 1, 142 [E. Ebeling]), scheint wegen der zu weit östlichen Lage unwahrscheinlich, Kessler (1980) 103, Liverani (1992a) 62. In A. befanden sich die Festungen → Ijaja und → Salaniba.

Arbate

^{uru}*ar-ba-te*

1-03) RIMA 2, 100.5, 88. 89 ($^{[ur]u}$*ar-*[*b*]*a-*) [It. von Ṣupria, nach Sirqu mit Zwischenstation in der Wüste]

¶ NAT, 27.

Stadt in → Lāqê, am linken Euphratufer, ein halber Tagesmarsch (nach Norden) von → Ṣupria entfernt. Eine Lokalisierung in Tall Ḥawmat Hayin würde zu dieser Strecke des Itinerars passen (s. → Ṣupria). Horn (1922) 150 schlug eine Identifizierung mit Tall 'Afrīya vor, jedoch ist im Survey von Geyer/Monchambert (1987) 339ff. u. 308 (Karte) keine Ruine mit diesem Namen registriert. Dagegen verzeichnet die Karte von A. Musil mehrere Ortschaften im erwähnten Gebiet und er identifiziert A. mit aç-Ça'ābi, ca. 40 km stromabwärts von Mayādīn, und → Ṣupria mit Tall aṣ-Ṣafa' (Musil [1927a] 204). Eine Gleichsetzung mit → Ālu-ša-Ḫarāni (Schramm [1970] 160) ist ausgeschlossen, da A. südlich von → Sirqu lag, Lipiński (2000) 93 Anm. 99; s. auch id., 96, RlA 1, 142 (E. Ebeling), Zadok (1995a) 230. Helsinki Atlas, 9. 31 (Arbātu; Lokalisierung bei Doura-Eurōpos/aṣ-Ṣāliḥīyah rein spekulativ).

Arbunâ

^{uru}*ar-bu-na-a*
3-13) SAA 11, 133, iii, 14'

¶ NAT, 27.

Vielleicht eine Stadt im oberen Ḫābūr-Gebiet bzw. im Balīḫ-Becken, Zadok (1995a) 234, 3.5.4 u. 235, 3.5.4.19.

Ardīzi

^{uru}*ar-di-i-zi*
7-16) SAA 12, 50, 40

¶ NAT, 28.

Wahrscheinlich eine Stadt in Zentralassyrien bzw. in einem benachbarten Gebiet, Zadok (1995a) 267, 5.1.2.1.3.

Arduba

^{uru}*ar-du-ba*
1-04) RIMA 2, 101.17, ii, 70 (⸢^{uru}⸣*ar*-⸢*du*⸣-) [Ḫabḫu]; WVDOG 121, 59f, Rs. 7' ([^{uru}*ar-du*-]) [Na'iri]

^{uru}*ar-du-pa*
1-04) RIMA 2, 101.1, ii, 21 (Ḫabḫu)

¶ NAT, 28.

Stadt in Nordmesopotamien am Ausgang des Passes von → Bulijanu, Kessler (1980) 180 Anm. 621, Liverani (1992a) 43, RlA 1, 143 (E. Ebeling), Streck (1898) 101; s. Komm. zu → Luqia 3.

Argada

^{uru}*ar-ga-da*
4-13) SAA 15, 123, 5

¶ NAT, 28.

Wahrscheinlich eine Stadt im Zuständigkeitsgebiet des Gouverneurs von → Dēru.

Argasu

^{uru}*ar-ga-su*
5-16) SAA 14, 88, 4 (*-su*$^{!}$)

¶ NAT, 28 (Argazu).

Vermutlich eine Stadt in Zentralassyrien bzw. in einem benachbarten Gebiet, Zadok (1995a) 265, 5.1.1.6.2.

Argue

^{uru}*ar-gu-e*
4-13) SAA 19, 184, Rs. 6 (^{uru}⸢*ar-gu-e*⸣) [Kinnili]

¶ Stadt in Nordmesopotamien, wahrscheinlich in → Šubria (der Absender des Briefes [Ḫu-Teššub] ist ein Herrscher dieses Landes, PNA 2/I, 483).

Argūnu

^{uru}*ar-gu-ú-nu*
3-11) ND 458, 3 (Iraq 13, 12, s. v.) (-[*ú*$^{?}$-*nu*$^{?}$]
5-23) SAA 14, 271, Rs. 6’ (⸢^{uru}⸣*ar-gu-*⸢*ú*$^{!}$⸣*-nu*)

¶ NAT, 28 (Argu[...] u. Argunu).

Vermutlich eine Stadt in Zentralassyrien (N), Zadok (1995a) 254f., 4.13.2.3.6.

Ari[...] 2

uru*a-ri*-[x x x]
3-13) CTN 3, 85, ii, 3'

¶ Lage unbekannt, vielleicht identisch mit → *Ariru.

Ariauāte

uru*a-ri-a-ú-a-ti*
7-07) TH 3, 4 [Rami, Guzāna]

uru*ar-ia-u-a-te*
4-13) SAA 1, 63, Rs. 2. Rs. 9 [Libbi-āli]
9-16) SAA 11, 1, i, 21 [Māt-Rab-šāqê, Izalla]

¶ NAT, 29 (Ariawati, Arijuati); eine Verbindung mit mA uru*a-ri-ia-a*-BAT (RGTC 5, 36f. Arijābe) ist fraglich, Zadok (1996c) 70 gegen id. (1995a) 232, 3.4.5.10.

Stadt am Tigris (→ Diglat), nicht weit von → Aššur, Zadok (1995a) 244, 4.1.4.5. Im Brief SAA 1, 63 wird erwähnt, dass der Fluss (nach dem Kontext der Tigris) von A. bis nach Aššur schiffbar ist, was eindeutig auf eine Lage in Assyrien und nicht in → Guzāna (so SAA 1, S. 236 s. v. u. Fales [1993] 81 mit Anm. 10 u. id. [1995] 214) hindeutet, Dornauer (2014) 21, Fales (1983) 89 Anm. 88. Ob es sich in TH 3 um die gleiche Stadt handelt, oder ob eine homonyme Stadt A. in Guzāna gemeint ist, bleibt offen, s. dazu Zadok (1995a) 232, 3.4.5.10. Im Helsinki Atlas, 3. 26 steht A. in Guzāna ohne Angabe des Lokalisierungsvorschlags (s. Helsinki Atlas, Gazetteer, 6).

Aribi s. Arubu

Aridi

^{uru}*a-ri-di*
4-13) SAA 1, 233, Rs. 1 [(Land) *ina libbi* A … *ša qanni* Kubanaše]
7-07) SAA 12, 1, 16 [*ḫūl šarri ša issu* Kubanaše *ana* A.]

^{uru}*ia-ri-di*
1-02) RIMA 2, 99.2, 43 [Saraku]

¶ NAT, 29 (s. v. Aridu); NAT, 185 (Jaridi); vgl. klass. Rene (Tab. Peut. XI, 4).

Stadt in der Provinz → Guzāna, die sich zwischen den Städten → Guzāna und → Naṣībīna befand, Kessler (1980) 214–217, Zadok (1995) 232, 3.4.4.2. Kessler (1980) 220 hält eine Identifizierung mit Tall ʻArāda für erwägenswert (auch Lipiński [2000] 126). Eine Gleichsetzung mit Irridu (RGTC 12/2, 146 mit Lit. u. weiteren Belegen) lehnt Kessler (1980) 214f. ab. Dagegen ist es wahrscheinlich, dass A. mit der in den Annalen Adad-nērārīs II. erwähnten Stadt Jaridi identisch ist (s. Beleg oben), Kessler (1980) 215f., Zadok (1976) 309 zu 271. Nicht mit →^{3} Aridu in →^{3} Ḫabruri zu verwechseln, Kessler (1980) 214 mit Anm. 772. TAVO B IV 10 (Tall ʻArāda); Helsinki Atlas, 3 (id.).

Arinu

^{uru}*a-ri-nu*
1-02) RIMA 2, 99.2, 35 [Turḫu, Zaduri]

¶ NAT 29; weder mit mA *Arina (RGTC 5, 37, s. v. Arinnu), das nach Radner (2012) 245f. mit urar. Ardini und nA →^{3} Muṣaṣir gleichzusstellen ist, noch mit heth. Arina (RGTC 6/1, 33–36, Arina IV; gegen Dezsö [2006] 38 Anm. 28) zu verwechseln.

Stadt an der nordwestlichen Grenze von Zentralassyrien, die zusammen mit → Turḫu und → Zaduri an den von Adad-nērārī II. zurückeroberten Städten gezählt wird, die vor seiner Zeit in die Hände von → Šubria gefallen waren.

***Ariru**

N:
^{uru}*a-ri-ra-a-a*
3-20) GPA 121, 7 ($^{u[ru]}$*a-*)

¶ Vgl. nA PN Ariri, PNA 1/I, 132.

Lage unbekannt. Zwei Personen aus A. werden in einer Verwaltungsurkunde zusammen mit Leuten aus → Jaluna und → Kapar-Bābû genannt. Eine geographische Verbindung zwischen diesen Orten bzw. eine Lage im Gebiet von Kalḫu (so Zadok [1995a] 249, 4.7.4.1.5) ist nicht zwingend, GPA, S. 146 (Komm.). Eine Lokalisierung in Zentral-assyrien bzw. in einem benachbarten Gebiet ist denkbar. Vgl. → Ari[...] 2.

Arkanâ s. Arqānia

Arkuḫi

^{uru}*ar-ku-ḫi*

5-15/16) SAAB 1, 66f., 4 ($^{\mathrm{[ur]u}}$*ar-*) [*bēl āli*; A. *ša ina* Kāšiāru]

¶ Stadt im → Kāšiāru-Gebirge.

Arlāja

^{uru}*ar-la-a-a*

3-05) Billa 82, Rs. 10 (^{uru}⸢*ar*⸣-) [Šibaniba, Aḫusutu]

¶ NAT, 29.

Stadt, die in den Texten aus Tall Billā (→ Šibaniba) erwähnt wird und vermutlich in ihrer Umgebung lag, Zadok (1995a) 256, 4.17.1.26.

Arman s. Ḫalman 2

Arnabāni

^{uru}*ar-na-ba-ni*

1-02) RIMA 2, 99.2, 105 [Ḫābūr]. 106 [It. von Sikāni, nach Ṭābēte]

¶ NAT, 30 (Arnabani); RGTC 8, 29 (nB/spB Arnabānu).

Stadt am mittleren → Ḫābūr, wahrscheinlich halbwegs auf dem Weg von → Sikāni (Tall Faḫarīya) nach → Ṭābēte (Tall Ṭābān), etwa an der Mündung des Wādī Zerqān in den Ḫābūr, Kühne (1980) 65 mit Anm. 94 u. Karte, RlA 1, 152 (E. Forrer; nicht Ḥasaka!), Zadok (1995a) 231, 3.3.7. Die Identifizierung mit Tall ar-Rummān (Seidmann [1935] 68f. Anm. 1) basiert auf eine überholten Lokalisierung von → Ṭābēte. TAVO Karte B IV 13 (etwa ein Marschtag von Ṭābēte entfernt); Helsinki Atlas, 3 (auf halben Weg zw. Tall Faḫarīya u. Tall Ṭābān).

Arqānia

kur*ar-ka-a-na-a*
1-04) RIMA 2, 101.1, iii, 103 [Diglat]

kur*ar-qa-ni-a*
1-04) RIMA 2, 101.1, iii, 101 (2x) [Amadani; Mallānu *ina qereb* A.]

¶ NAT, 31. Zur möglichen Identität von Arqānia und Arkanâ s. NAT, loc. cit., Fuchs (2000) 80 Anm. 43, Liverani (1992a) 84; dagegen s. Lipiński (2000) 146 Anm. 81. Zur problematischen Rekonstruktion dieser Strecke von Assurnasirpals 10. Feldzug s. Liverani (1992a) 83f. (s. v. Amadani) mit fig. 11.

Gebirge am Oberen Tigris, wahrscheinlich der nördliche Teil des Maden Dağları bzw. das davon nordwestlich gelegene Yaylım Dağı, Liverani (1992a) 84 (, der das Gebirge → Amadani mit dem Karaka Dağ identifiziert); RlA 1, 154 (E. Ebeling). Eine mögliche Verbindung zwischen A. und dem modernen Ortsnamen Ergani wurde von Hommel (1885) 585 vorgeschlagen und meist übernommen, Liverani loc. cit., Russell (1984) 184, Streck (1898) 98, Tofteen (1907) 347, s. aber Kessler (1980) 111 Anm. 417. Aufgrund dieser vermeintichen Identität setzt Olmstead (1918) 252 Anm. 73 A. mit dem Gebirge nordwestlich von Ergani (Sakız Dağı) gleich, s. auch Forrer (1920) 28f. Lipiński (2000) 146f. geht von einer südlicheren, mit Assurnasirpals Itinerar nicht leicht zu vereinbaren Lage aus und identifiziert A. mit dem Teil des Ṭūr ʻAbdīn (→ Kāšiāru), der sich westlich von Mardin erstreckt. Dort befinden sich die Quellen des Gümüş Deresi (Wādī Zerqān), der in der klassischen Antike als Arxama/Arzamon/Arcamo bekannt war (s. Belege in Lipiński loc. cit.; Barrington Atlas, 89 C3–C4). Im Gebirge A. befand sich das Land → Mallānu. Helsinki Atlas, 3. 19 (bei Ergani). Vgl. → Merḫisu.

Arra[...]

^{uru}*ar-ra*-[...]
3-13) KAV 32, 3 (-*r*[*a*(-)x x x])

¶ NAT, 33. Es ist unwahrscheinlich, dass es sich um → Arrapḫa handelt, da die Schreibung mit ^{uru}*ar-ra-* im Anlaut nicht bezeugt ist.

Lage unbekannt, nach Zadok (1995a) 239, 3.9.8.17 vielleicht in der Ǧazīra.

Arrapḫa

ár-rap-ḫa
4-16) ABL 1244, 10' [Laḫīru]

arrap-ḫa
2-13) Eponym 714 A9 (-[*ḫa*])
3-11/13) ND 2785, 7 (Iraq 23, pl. 27) [Naṣībīna]
3-13) ND 2640, Rs. 12 (Iraq 23 pl. 21; 2x) [*šaknu*]
3-18) StAT 2, 35, ii, 1; id. iv, 12'
3-19) SAA 11, 121, Rs. 1 (*arrap*$^{?}$-)
3-20) SAA 7, 23, Rs. 6. 8 [Mazamua]; SAA 11, 60, 1
5-22/23) KAN 4, 1, 2' (-*ḫ*[*a*$^{?}$]

arrap-ḫa^{ki}
4-13) SAA 1, 205, 16 (*arrap*$^{!}$-⸢*ḫa*$^{!\ \text{ki}}$⸣)

^{kur}*arrap-ḫa*
2-09) Canon 769 B1 ($^{\text{[kur]}}$*arrap*-)
3-16) SAA 11, 134, 5' (-⸢*ḫa*⸣) [*pīḫatu*]
5-16) SAA 6, 336, 6' [*nagiu*]

^{uru}*ár-arrap-ḫa*
4-13) SAA 15, 20, 6' [*nagiu*]

^{uru}*a-rap-ḫa*
3-20) SAA 11, 226, Rs. 3 (⸢^{uru}⸣*a*-⸢*rap*⸣-) [*nagiu*]

^{uru}*ar-rap-ḫa*
1-02) RIMA 2, 99.1, Vs. 1' ([^{uru}*ar*]-*rap*$^{?}$-)

1-11) Tigl Summ 7, 14 [*šaknu*]

1-14) RINAP 3/1, 111.2, 26 (erg.); id., 111.3, 26 [*bēl pīḫati*]; id., 111.4, 24 [id.]; id., 111.16, ii, 34 [id.]; id., 111.17, ii, 17 [id.]; id., 111.22, ii, 6 [id.]; id.,111. 23, ii, 5 [id.]; RINAP 3/2, 111.140, Vs. 7' (erg.); id., 111.165, ii, 26 (⸢^{uru}*ar-rap-ḫa*⸣) [*bēl pīḫati*]

2-09) Canon 769 B10 ([^{uru}*ar-ra*]*p-*) [*šaknu*]

^{uru}*ar-rap-ḫi*

1-02) WVDOG 121, 44, 28' ($^{ur[u}$*ar-rap-ḫi*]) (Ex. 3 von RIMA 2, 99.4); id., 104, 8' ([^{uru}*a*]*r-*) (zur möglichen Datierung s. WVDOG 121, 105)

^{uru}*ár-rap-ḫa*

4-16) ABL 1108, Rs. 6 [*bēl pīḫati*]

5-11) GPA 6, Rs. 28 (^{uru}*ár-rap*$^{!!}$-[*ḫa*], s. GPA, S. 35 zu Z. 28) [*šaknu*]

^{uru}*ár-rap-ḫe*

1-13) AfO 50, 105f., 15' [*šaknu*]

^{uru}*arrap-ḫa*

1-02) RIMA 2, 99.2, 29 [Lubdu]

1-06) RIMA 3, 103.1, i, 49 [Lubdu, Arbail]

1-09) MAOG 3, 14, 2 (^{uru}⸢*arrap*⸣-) [*šaknu*]

1-11) Tigl Summ 11, 17 [*šaknu*]

1-13) Sg 8, 430 [*šaknu*]

1-14) RINAP 3/2, 111.46, 12

2-06) Canon 811 B1 ([^{uru}*ar*]*rap-*) [*šaknu*]; id. B6; id. B10 (erg.)

2-07) Canon 802 B1 ([^{uru}*arra*]*p-*) [*šaknu*]; id. B2 ($^{[ur]u}$*arrap-*) [id.]; id. B10 ([^{uru}*arrap*]-) [id.]

2-09) Canon 760 B1; id. B2; Canon 761 B1; id. B2; Canon 769 B2

2-11) Canon 745 B1

2-13) Canon 714 B4

3-13) CTN 3, 103, Rs. i, 15; id. 116, 2' (^{uru}⸢*arrap-ḫa*$^{?}$⸣); 2386, ii, 13' (Iraq 23 pl. 11). Rs. i, 2 (-[*ḫa*]) [Zamua]; ND 2782, Rs. 1 (Iraq 23, pl. 26) [*pīḫatu*]. 3) [*bēl pīḫati*]; ND 2803, ii, 25' (Iraq 23 pl. 29f). Rs. i, 21 [Pilistu]. Rs. ii, 12; SAA 7, 57, i, 9 [Dimašqa]; SAA 11, 15, ii, 5; id. 18, Rs. 3

3-16) SAA 1, 135, 2' [Kalḫu]

3-20) SAA 11, 61, 1 ($^{[uru]}$*arrap-*); id. 62, 1 ($^{[uru]}$*arrap-*)

4-11) SAA 19, 60, li. Rd. 2 [*šaknu*]; id. 81, Rs. 22; id. 119, 4; id. 125, li. Rd. 1 [*bēl pīḫati*]

4-13) **SAA 1**, 10, Rs. 7. Rs. 11 (⸢^{uru}*arrap*⸣-); id. 12, 8'. 11'. 12'; id. 55, Rs. 5 [*bēl pīḫati*]; id. 64, 7 [id.]. Rs. 4' [id.]. 9'[id.]; id. 94, 12 [id.]. Rs. 2 [id.]. 11 [id.]; id. 97, 9 [*pīḫatu*]. Rs. 4' [*bēl pīḫati*]; **SAA 5**, 199, 7 [*bēl pīḫati*]. 8 [id.]; id. 227, 11 [id.]. Rs. 26; id. 252, Rs. 1' ($^{[ur]u}$*arrap*-); **SAA 15**, 9, 5; id. 16, 10 ([^{uru}*arr*]*ap*$^{!}$-*ḫa*$^{!}$); id. 18, 2'; id. 19, 6' (-*ḫ*[*a*]). Rs. 1; id. 21, 4 (-[*ḫa*]). 9 (^{uru}*arra*[*p-ḫa*]); id. 22, 4'; id. 24, 7 [*pīḫatu*]. 9 [id.]; id. 169, 9

4-15) SAA 13, 98, 9; id. 109, 13 [Kūsu]; SAA 16, 42, 11 [*bēl pīḫati*]

4-15/16) SAA 13, 103, Rs. 3; id. 88, Rs. 2 [Barḫalzu]

4-16) ABL 543, Rs. 9 [*bēl pīḫati*]

5-14) SAA 6, 123, 1 (⸢^{uru}*arrap*$^{!}$-*ḫa*$^{!}$⸣). Rs. 11 ($^{[ur]u}$*arrap*-); id. 185, u. Rd. 9' (^{uru}⸢*arrap-ḫa*⸣) [*bēl pīḫati*]; id. 280, Rs. 13' ([^{uru}*a*]*rrap*$^{!}$-*ḫa*)

7-16) SAA 12, 50, 13

9-16) SAA 11, 1, Rs. ii, 9' [Sur-marrāti]

^{uru}*arrap-ra-ap-ḫa*

4-13) SAA 15, 17, 11 [*bēl pīḫati*]

N:

ar-rap-ḫa-ia

1-11) RINAP 1, 108.2006, 4

^{uru}*a-rap-ḫa-a-a*

3-22) CTN 1, 18, 25' ($^{[uru]}$⸢*a*⸣-*rap-ḫa-a*-⸢*a*⸣)

^{uru}*ar-rap-ḫa-a-a*

4-15/16) SAA 10, 108, Rs. 8'

^{uru}*arrap-ḫa-a-a*

2-11) Canon 735 B1

3-13) CTN 3, 102, ii, 19'; id. 108, ii, 8 (^{uru}*arra*[*p*]-*ḫ*[*a*]-); id. 111, u. Rd. 34' (-[*ḫa-a-a*]); ND 2803, Rs. i, 7 (Iraq 23 pl. 29f) ($^{[u]ru}$*arrap*-)

3-20) GPA 205, Rs. 8 (-[*a*])

3-22) CTN 1, 1, Rs. i, 1

4-13) SAA 1, 12, 10'; SAA 5, 228, Rs. 3; id. 229, Rs. 6 (^{uru}*arrap*$^{!}$-); id. 253, 4' (-[*a*])

5-13) StAT 3, 27, Rs. 8' (-[*a*])

¶ NAT, 31; RGTC 2, 16 (Ur III, Arrapḫum); RGTC 3, 21f. (AB, Arrapḫum); RGTC 4, 12 (aA Arrapḫum); RGTC 6/2, 9 (heth. Arrapḫa); RGTC 8, 29 (B/spB Arrapḫa); RGTC 10, 35–38 (Nuzi Arrapḫe); RGTC 11, 19 (elam. Arrapḫa); RGTC 12/2, 36 (Al. Arrapḫa); vgl. RGTC 6/1, 29 (heth. Arrapḫi); nA PN Arrapḫāju, PNA 1/I, 133f.

Land im Osttigrisgebiet und gleichnamige Stadt, heute Kirkūk, Astour (1987) 39f., Fuchs (2011) 229f., RlA 1, 154 (E. Unger), Zadok (1995a) 226–228, 1.3. Hannoon (1986) 367–370 schlägt vor, A. nicht mit Kirkūk selbst, sondern mit 'Arafah, ca. 3 km nordwestlich davon zu identifizieren. A. wurde von Adad-nērārī II. erobert und ist seit 811 als Provinz bezeugt, als Šamaš-kūmū'a, Statthalter von A. das Eponymat ausübte (Millard [1994] 32 u. PNA 3/II, 1204, s. v. Šamaš-kūmū'a 1), Postgate/Mattila (2004) 246. Ob der Eponym des Jahres 828, Ilu-kēnu-uṣur (Millard [1994] 30 dort Ilu-mukīn-aḫi u. PNA 2/I, 531, s. v. Ilu-kēnu-uṣur 2) Gouverneur von A. war (nur [...-*ḫ*]*a* in Canon 828 B4, 14' könnte darauf hindeuten) ist unklar (gegen RlA 11, 51, Nr. 19 [K. Radner]). TAVO Karte B IV 10 u. 13; Helsinki Atlas, 10. 29. 30. S. → Arra[...].

In A. befanden sich die Städte → Arrapḫa, Kurru[...]/Kurruḫanni, → Lubdu, → Luamma 2, → Ṣibte, → Šamaš-rīqa und → Tursana, die Dörfer → Kapar-Dannāja 2, → Kapar-Kansi-Ištar und → Kapar-Zumbi, und vielleicht → Ālu-ša-Turmiš, →Anditâ, → Šulmu-birāti, → *Tarqana (?) und → Til-rā[...] und vermutlich auch → Na[...] 3. Die Region → Un[...] lag in bzw. in der Nähe von A.

Arubu

a-ri-bi

3-13) SAA 7, 58, Rs. ii, 28' [*rab aṣappi*]

^{kur}*a-ra-bi*

1-11) Tigl Ann, 27, 8 [*šarratu*]

^{kur}*a-ri-bi*

1-11) Tigl Ann, 3, 7 [*šarratu*]; id. 14, 2 [id.]; id. 23, 18' (^{kur}*a*$^{!!}$-) [id.]; Tigl Stele, iii A, 2 (-⌜*bi*⌝) [Qidru]; id. iii A, 19 (-⌜*bi*⌝) [*šarratu*]; Tigl Summ 4, 19' [*šarratu*; Saqurru]; id. 8, 24' (erg.) [id.]; id. 9, Rs. 17 (erg.) [id.]; id. 13, 3' ([^{kur}]*a*-) [id.]

1-13) SgF Ann, 123 [*šarratu*]; id. 188 (-⌜*ri*$^{!}$⌝) [A. *ša nipiḫ Šamši* bezeichnet die Nomadenstämme des iranischen Hochlandes, Fuchs (1994) 424]; SgF Prunk, 27 [*šarratu*]

1-14) RINAP 3/1, 111.213, 28

1-15) RINAP 4, 112.2, ii, 46 [Adummatu]. 49 [*šarratu*]. 51 [*šarru*]; id., 112.4, ii', 5' [*šarratu*]. ii', 7' [*šarru*]; id., 112.34, Rs. 2 [^{anše}*gammalē ša šarrāni* A.]

1-16) **Asb A**, vii, 83 [*šarru*]. 102. 117. viii, 4. 25 [*šarru*]. 47 [id.]. 93 [id.]. ix, 2 [id.]. 68. 81. x, 21 [*šarru*]. 89; **Asb B**, viii, 4. 8; **Asb C**, x, 7 (-*b*[*i*]). 13. 70 [*šarru*]; **Asb G**, ix, 12' (erg.) [id.]; BIWA 69f., 2 (⌜^{kur}⌝*a*-) [*šarru*]. 4. 9 [*šarru*]. 23 [id.]; id. 77ff., i, 3 [*šarru*]. 17. 45. 50; id. 77ff., ii, 16. 45 [*šarratu*]. 56 [id.]; id. 77ff., iii, 33 [*šarru*]; id. 77ff., iv, 3 [id.]; id. 318, 82, Rs. 77 (erg.) [*šarratu*]. 80; K 2664+, Rs. ii, 6, (8° Heft, 494 ff.), SAACT 10, 4, Rs. v, 6

4-15) SAA 10, 351, Rs. 1 [Kaldu, Ḫatti]

^{kur}*a-ri-bu*

4-16) CT 53, 402, 11' (-*b*[*u*])

^{kur}*a-ru-bu*

1-11) Tigl Ann, 18, 13'

1-16) Asb A, ix, 71

3-13) SAA 7, 58, Rs. ii, 36' ($^{\text{[k]ur?}}$*a*-)

6-16) SAA 2, 10, 6' ([^{kur}*a-ru-b*]*u*$^{?}$)

6-23) SAA 2, 13, ii, 8' ([$^{\text{kur?}}$*a*$^{?}$-*r*]*u*-)

^{lú}*a-ra-bi*

1-13) Sg Clh D, iv, 42 [Muṣur]; Sg Clh E, iv, 10' (^{lú}[*a-ra-bi*]) [id.]

1-14) RINAP 3/1, 111.35, Rs. 53' [*šarratu*]. 5'' [id.]

^{lú}*a-ri-bi*

1-13) SgF Prunk, 69 [A. *nipiḫ Šamši* bezeichnet die Nomadenstämme des iranischen Hochlandes, Fuchs (1994) 424]

1-14) RINAP 3/1, 111.1, 28 [*šarratu*]

1-15) RINAP 4, 112.1, iv, 1 [Adummatu]. 4 [*šarratu*]. 6 [*šarru*]. 12; id., 112.4, ii', 2' ([^{lú}*a*]-⸢*ri*⸣-); id., 112.6, iii', 7'; id., 112.97, 12 (erg.). 13 (id.)

1-16) Asb B, viii, 23

^{lú}*a-ru-bu*

1-15) RINAP 4, 112.1, iv, 24. 28; id., 112.6, iii', 17' (-[*bu*]). 21'; id., 112.31, Rs. 8 ([^{lú}]*a*-)

$^{\text{lú kur}}$*a-ri-bi*

1-15) RINAP 4, 112.97, 7 [*šarru*]

N:

ar-ba-a-a

3-13) SAA 7, 58, Rs. ii, 5' [*nasīku*]

^{kur}*ar-ba-a-a*

1-05) RIMA 3, 102.2, ii, 94 [Si'annu, Bīt-Ruḫubi]

1-13) SgF Ann, 121

3-13) SAA 11, 162, 3'; id. 7'

^{kur}*ar-pa-a-a*
4-13) SAA 1, 82, 5 (^{kur}*a*[*r-pa-a-a*]) [Ḫinzānu]. Rs. 10

^{kur}*ár-pa-a-a*
4-13) SAA 1, 84, Rs. 4 [Sippar]

^{lú}*ar-ba-a-a*
4-11) SAA 19, 12, Rs. 2'
4-13) SAA 1, 173, 12 ([^{lú}*ar-b*]*a*-); id., 177, Rs. 7; id., 178, 6 (-*b*[*a-a-a*]); id., 179, 5 ([^{lú}*ar*]-) [Ḫadina]. 23 [Ḫuzāza]. u. Rd. 29 (⸢^{lú}*ar*⸣-). Rs. 2 (^{lú}⸢*ar*⸣-). 9 [Ḫuzāza]
5-14) BATSH 6, 130, Rs. 4' (-*b*[*a*]-)

^{lú}*ár-ba-a-a*
4-11) SAA 19, 3, 9

¶ NAT, 34; RGTC 8, 26 (nB/spB Arabi); RGTC 11, 19 (elam. Aribi); bibl. *ʿarab* (HAL, 831f.), *ʿarbî* (HAL, 834), *ʿarābî* (HAL, 834); klass. Araps (Grainger [1997] 691), Arabes (DNG, 410f); nA PN Arbāju, PNA 1/I, 127f.; aram. PN *ʿrbi(ʾ)*, (KAI 233, 2).

Araber; allgemeine Bezeichnung für Nomaden in der syrischen und nordarabischen Wüste und im nördlichen Sinai, die sich auf spezifische Stämme beziehen kann, wie → Ḫajappa, → Ibādidi, → Marsīmani, → Qidru und → Tamudi. Zu den Arabern im Altertum: Hausleiter (2012), Hoyland (2001), Potts (2011), Retsö (2003). Zu den Arabern in den Keilschriftquellen: Bagg (2010), id. (im Druck), Byrne (2003), Cole (1996) 34–42, Elat (1998), Eph'al (1984), Fales (1989a), Lanfranchi (2004), RlA 1, 125f. (E. Ebeling), Rosmarin (1932). Zu Assurbanipals Feldzügen gegen die Araber: Gerardi (1992), Nadali (2004), Weippert (1973-74). Zu den arabischen Personennamen: Zadok (1981a), id. (1990). Zu den neuassyrischen Darstellungen von Arabern: Oppitz (1931-32), Reade (1998a), Wäfler (1975) 144–157. TAVO Karte B IV 13 (māt Aribi); Helsinki Atlas, 8. 9. 10 (Aribi). Nicht mit der Stadt $\rightarrow^{3}$ Arbu in $\rightarrow^{3}$ Urarṭu zu verwechseln.

Der Terminus ^{lú}*urbi* (geschr. ^{lú}*úr-bi*, RINAP 3/1, 111.1, 52 [Aramu, Kaldu]; id., 111.3, 12 [id.]; id., 111.4, 10 [id]. 55 [Ursalimmu]; RINAP 3/1, 111.17, i, 45 [Aramu, Kaldu]. iii, 34 [Ursalimmu]; RINAP 3/1, 111.22, i, 39 [Aramu, Kaldu]. iii, 39 [Ursalimmu]; RINAP 3/1, 111.23, i, 35 [Aramu, Kaldu]. iii, 34 (^{l}[^{ú}*ur-bi*]); RINAP 3/2, 111.46, 31; ^{lú}*ur-bi*, 1-16) Asb A, iii, 65; vgl. *ur-a*-⸢*bi*⸣; SAA 1, 95, 7') wird hier – anders als in NAT, 35 (s. v. Aribi) – nicht als eine weitere Orthographie für „Araber", sondern als

Bezeichnung einer militärischen Einheit interpretiert, wie Eph'al [1974] 110 Anm. 16 (mit älterer Literatur; auch Eph'al [1984] 7 Anm. 23) vorgeschlagen hat (so auch Bagg [2010] 206f, RINAP 3/1, S. 36 Kommentar zu 112.1, 52). Ob darüber hinaus ein ethnischer Hintergrund vorliegt, nämlich, dass Mitglieder dieser Militärtruppe Araber waren (Elat [2000] bes. 236, Frahm [1997] 104f.), ist eine nicht auszuschliessende Möglichkeit, die offen bleiben muss. Die angebliche Erwähnung eines LUGAL *ša* ^{lú}*ur-bu* in einem schlecht erhaltenen, neubabylonischen Brief, der in Assurbanipals Regierungszeit einzuordnen ist (CT 54, 137, Rs. 2'), könnte ein Hinweis dafür sein, dass es in der Tat in Babylonien einen Stamm Urbu gab. Eine Deutung als „König der Araber" (PNA 3/II, 1269 s. v. Šullumu 4 [D. Schwemmer]) ist unwahrscheinlich, da die übliche Form zur Zeit des Assubarnipal ^{kur}Aribi war (s. o.). Hingegen wird ^{lú}*urbi* auch als eine Söldnerbande ohne eine präzise ethnische Komponente (Na'aman [2000], s. auch CAD U/W, 213 s. v. *urbī* „a band of mercenaries") oder weiterhin als Gentilizium (Lipiński [2000] 423 Anm. 75) verstanden.

Orts- bzw. Stammesnamen, die am nördlichen Rand der arabischen Wüste und in der Arabischen Halbinsel zu lokalisieren sind, sind folgende: →^{1} Ḫadattâ, →^{1} Isamme', →^{1} Quraṣiti (in der Palmyrene); →^{1} Mu'na (in Südpalästina); →^{1} Badāni 1, → Ḫatte, → Idiba'il, → Mas'a (in Nordarabien bzw. Südpalästina); → Kapānu, → Nabajāti, → Qidru (mit Zentrum → Adummatu), → Sumu'il (in Nordarabien); das Land → Bāzu (Nordostarabien) mit den Städten → Alpijana, → Dihrānu, → Ga'uani, → Handasu, → Iḫilu, → Jadi', → Magalānu, → Padê, → Qatabu' und → Udēru; → Ḫajappa, → Ibādidi, → Marsīmani, → Tamudi, → Tēma (im westlichen Zentralarabien); → Ḫazmāni, → Kuppi, → Qadê (mit Zentrum → Izkê), → Tilmun (im östlichen Zentralarabien); → Saba'a (in Südarabien).

Arzabīa 1

^{uru}*ar-za-bi-a*

4-13) SAA 1, 46, Rs. 2' [Kummu]

N:

^{kur}*ar-za-bi-a-a*

4-13) SAA 1, 29, Rs. 12. Rs. 16 (-[*a*]) [Ukku]

¶ NAT, 38 (Arzabīa); vgl. nA PN Arzabutu, PNA 1/I, 135.

Stadt (und Gebiet?) in der Nähe von → Ukku und → Kummu; vom Berg →^{3} Arzabīa 2 zu trennen.

Arzuḫina

ar-zu-ḫi-na
2-13) Eponym 710 A9 (-[*zu-ḫi-na*])

ár-zu-ḫi-na
3-13) CTN 3, 86, Rs. 9 [Guzāna]

ur-zu-ḫi-na
3-11/13) ND 2785, 9 (Iraq 23, pl. 27) (⸢*ur*⸣-[*zu-ḫi-na*]) [Zamua]
3-20) SAA 7, 23, Rs. 4 [Mazamua]

^{kur}*ur-zu-ḫi-na*
4-11) SAA 19, 115, Rs. 7' (-*n*[*a*])
5-13) SAA 6, 29, Rs. 9 (-⸢*ḫi*⸣-)

^{uru}*a-ḫi-*^{íd}*zu-ḫi-na*
2-05) Canon 837 B4 ([^{uru}*a-ḫi*]-); Canon 839 B4 ([^{uru}*a-ḫi-*^{íd}*z*]*u*-)
2-07) Canon 801 B1; id. B2 (-$^{íd!}$*zu*-); id. B10 ([^{uru}*a-ḫi-*^{íd}*z*]*u*-)
2-09) Canon 767 B1 (^{uru}[*a-ḫi*]-); id. B2; id. B10 ([^{uru}*ar-zu-ḫi-n*]*a*)
2-11) Canon 731 B1; id. B3 ([^{uru}*a-ḫi-*^{íd}*z*]*u*-)

^{uru}*ar-zu-ḫi-na*
2-13) Canon 710 B4 (erg.)
3-07) GPA 127, 6 [*bēl pīḫati*]
3-13) CTN 3, 106, i, 2' ([^{uru}*ar-z*]*u*$^{?}$-)
3-20) ND 2679, Rs. 3' (Iraq 23, pl. 22)
4-13) GPA 196, 5 [*bēl pīḫati*]; SAA 5, 227, Rs. 5; SAA 15, 182, Rs. 5' (-[*na*]); id., 292, 10 (^{uru}*a*[*r-zu-ḫi-na*])
4-15) SAA 13, 21, Rs. 8 [Raṣappa]
4-16) SAA 10, 96, 20 [Arbail]

^{uru}*ar-zu-ḫi-nu*
4-11) SAA 19, 60, li. Rd. 1 ($^{[u]ru}$*ar*-) [Guzāna, Arrapḫa]

^{uru}*ár-zu-ḫi-na*
3-13) CTN 3, 86, 9; id., 116, 5' (-*n*[*a*]); ND 2803, Rs. i, 2 (Iraq 23 pl. 29f) (-*z*[*u*$^{?}$-*ḫi-na*])
3-15) SAA 7, 130, 6 [*bēl pīḫati*]
3-20) ND 2679, Rs. 4'(Iraq 23, pl. 22) ($^{[ur]u}$*ár*-) [*bēl pīḫati*]; SAA 11, 19, 5' (-*n*[*a*])
4-13) SAA 5, 201, 4 (-*z*[*u*$^{?}$-*ḫi-na*]) [*bēl pīḫati*]

5-13) SAA 6, 13, Rs. 8’ (-*z*[*u-ḫi*]-) [*šaknu*]; id., 28, Rs. 9’ [*šaknu*]
5-14) FNALD 20, 1 (-*n*[*a*]) [*bēl pīḫati*]. 6 [id.]. li. Rd. 1
9-13) SAA 11, 14, 2 [Sarê]. 3 (⸢^{uru}⸣*ár*-⸢*zu*⸣-) [Baqarri]. 5 (erg.)
9-16) SAA 11, 1, ii, 5 [erw. zw. Mazamua u. Kullania]

^{uru}*ur-zu-ḫi-na*
3-13) ND 2386, ii, 9 (Iraq 23 pl. 11) [Libbi-āli]; ND 2803, Rs. ii, 18 (Iraq 23 pl. 29f)
3-20) SAA 11, 80, 10’ ($^{uru?}$*ur*-[*zu-ḫi-na*])
3-23) SAA 7, 136, ii, 6’
4-11) SAA 19, 89, 6 [*pīḫatu*].12 [*bēl pīḫati*]. Rs. 19 [*pīḫatu*]. 29 [id.]
4-13) **SAA 1**, 10, 7. 15. 18 (-<*ḫi*>-). u. Rd. 20 (⸢^{uru}⸣*ur-zu-ḫ*[*i-na*]) [*ša muḫḫi āli*]; id., 150, Rs. 12 ([^{uru}*ur*-]); id., 170, 10’ ([^{uru}*ur*]-) [*bēl-pāḫiti*]; **SAA 5**, 64, 7; id., 224, 8 [Kannu’]. Rs. 15 (-⸢*ḫi-na*⸣); id., 277, 1 ([$^{uru?}$]⸢*ur*⸣-*z*[*u*$^{?}$-*ḫi-na*]). 8. 18. 23. Rs. 8. li. Rd.4; id., 232, Rs. 2’; **SAA 15**, 18, Rs. 3 (-*z*[*u-ḫi-na*]); id., 75, li. Rd. 2 ([^{uru}*ur-z*]*u*-); id., 285, 2’; id., 287, 2’ ($^{[u]ru}$*ur*-); id., 292, 4 (-*z*[*u-ḫi-na*])

N:
^{uru}*ar-zu-ḫi-na-a-a*
3-13) CTN 3, 102, iii, 12’ (-[*z*]*u*-[*ḫ*]*i*-) [*rab kiṣri*]
4-13) SAA 15, 83, Rs. 19’

^{uru}*ur-zu-ḫi-na-a-a*
4-13) SAA 5, 228, Rs. 2

¶ NAT, 38; RGTC 3, 27f. (aB Azuḫīnum); RGTC 5, 40 (mA/mB hist. Arzuḫina); RGTC 10, 66–69 (Nuzi Azuḫinni); s. auch RGTC 5, 203 (Narzuḫini); aram. *’rzḥn* (Driver [1954] 20, L VI, 1); vgl. RGTC 8, 31 (nB/spB Arzuḫinni); von aA Uzuḫinnum (RGTC 4, 132) zu trennen.

Stadt im Osttigrisgebiet, südlich des Unteren Zab (→ Zāba šaplû) und östlich von → Arrapḫa, Statthaltersitz der gleichnamigen Provinz, deren genaue Lage unbekannt ist, Fadhil (1983) 67–81, Levine (1989) 84, RlA 11, 45, Nr. 2 (K. Radner), Zadok (1995a) 228, 1.4. Nach einem Vorschlag von Olmstead (1917) 183 Anm. 37 wird A. oft mit Gök Tepe, südöstlich von Altūn Kūbrī identifiziert (Hannoon [1986] 363–367, Reade [1978b] 179, SAA 1, 236 s. v. u. weitere SAA-Bände, s. v.). Einen Überblick über die Grabungen in Gök Tepe bietet Stepniowski (2011) 337f. Nach Mühl (2013) 210f. kann aber die Identifizierung mit Gök Tepe nicht als gesichert gelten. Saggs (1958) 209 setzt A. mit Ǧamǧamal gleich, eine Identifizierung, die Reade loc. cit. bestreitet. Lewy (1968) 162 identifiziert A. mit Lēlān am Ṭāwūq-Çāy (südöstlich von Kirkūk!). Einen Ort *Til-Arzuḫina gibt es nicht (überholte Lesung von SAA 11, 14, 3),

s. RlA 14, 33 s. v. (F. M. Fales). TAVO Karte B IV 10 u. 13 (Gök Tepe); Helsinki Atlas, 4. 10. 29 (Gök Tepe).

In A. befanden sich die Städte A., → Dūr-atānāte, → Dūr-tālitte und → Maturaba, und wahrscheinlich auch → Ampiḫābi, → Ḫāu und → Sirura.

Asajāti

uru*a-sa-a-a-ti*

7-16) SAA 12, 50, 6 [*ina ḫalzi* Arbail; Bīt-Urbiru]

¶ NAT, 39 (Asajati).

Stadt im Bezirk von → Arbail, Zadok [1995a] 246, 4.6.2.4.

Asamānu

uru*a-sa-ma-nu*

3-11/13) ND 2618, 8' (Iraq 23, pl. 19) [Salilānu, Rapšu]

¶ NAT, 39.

Vielleicht eine Stadt im Ḫābūr-Dreieck (wegen der Erwähnung von → Kaḫat in Z. 6'), Zadok (1995a) 236, 3.6.1.11.6; vgl. → Samānu, Zadok (1978a) 165 Anm. 3.

Asiḫi 1

uru*a-si-ḫi*

3-07) TH 69, u. Rd. 8' [Širpi(...), Tau(...)]

5-20) Gir. 78/294, Rs. 2 (unpubl. zit. in Donbaz [1988] 6 ohne Angabe der Orthographie)

5-22) Edubba 10, 30, 8 [Ḫiriba]

7-16) SAA 12, 50, 19 [Anduli, Kašpu]

¶ NAT, 40; vgl. RGTC 3, 24 (aB Ašiḫum). In BaM 24, 11, Rs. 21'(= Edubba 10, 36) soll uru*ma-si-ḫi* statt uru*as-si-ḫi* gelesen werden, s. → Masiḫi.

Stadt in → Izalla, Forrer (1920) 22, RlA 1, 167 (E. Ebeling), Zadok (1995a) 271, 6.23.4; s. aber Kessler (1980) 47 Anm. 205. Lewy (1952a) 2 identifiziert A. mit Idil/Hazak (Azeḫ), ca. 25 km westlich von Cizre (s. dazu Kessler [1980] 48 mit Karte II auf S. 77). Ob sich Izalla so weit nach Westen erstreckt hat, ist nicht bekannt. Zadok (1989) 165 lehnt diesen Lokalisierungsvorschlag mit der Begründung ab, A. sei ein westsem. ON (*'Ašīḫ), der im Ḫābūr-Gebiet zu suchen sei, s. auch Zadok (1995a) 231, 3.3.5. Radner (2006) 296 schlägt vor, A. mit Idil zu identifizieren. Da die genaue Lage von A. noch offen ist, wird hier nicht zwischen einem A. in Izalla (SAA 12, 50, 19) und einem Homonym in Ḫābūr-Gebiet (Edubba 10, 30, 8, TH 69, u. Rd. 8') unterschieden. Einen phönizischer Ort A. in der Nähe von Sidon (Zadok [1976b] 306) gibt es aber nicht. Wahrscheinlich identisch mit → Asiḫi 2 und → Ašiḫi.

Asiḫi 2

^{uru}*a-si-ḫi*

5-16) O 3662, 6$^{?}$ (unpubl. zit. in PNA 3/I, 1008, s. v. Qarḫâ 5 ohne Angabe der Orthographie)

5-20) Kayseri, 1$^{?}$ ($^{[ur]u}$*a-*; unpubl. zit. in PNA 3/I, 1008, s. v. Qarḫâ 5 u. in Donbaz [1988] 6) [Mallanāte]

N:

^{uru}*a-si-ḫi-a-a*

5-19) O 3663, Rs. 3$^{?}$ (unpubl. zit. in PNA 2/I, 576f., s. v. Issār-šallim-aḫḫē)

¶ Stadt, die in Zusammenhang mit → Mallanāte im Balīḫ-Becken erwähnt wird; s. Aro (1998) 106f., Zadok (1995a) 231 (3.3.5, am mittleren Ḫābūr). Wahrscheinlich identisch mit → Asiḫi 1 und → Ašiḫi.

Asiḫ-Zabīnu

^{uru}*a-síḫ-*^{1}*za-bi-nu*

5-16/19) SAAB 2, 5, Rs. 2' (^{uru}*a-*⌜*siḫ*⌝-)

¶ nA PN Zabīnu, PNA 3/II, 1430; vgl. → Asiḫi 1, → Asiḫi 2.

Stadt im Ḫābūr-Dreieck, vielleicht in der Umgebung von → Nabulu, Zadok (1995a) 237, 3.6.4.2.

Aṣūṣi

^{uru}*a-ṣu-ṣi*

1-03) RIMA 2, 100.5, 50 [Itu'u]. 51 [Dūr-Kurigalzu]

^{uru}*ṣu-ṣi*

1-03) Ahmad, Qadhiah, Nr. 1, 51, 9 [*ša muḫḫi* Diglat; Dūr-Kurigalzu]; id., Nr. 2, 52, 7; RIMA 2, 100.6, 8 [id.]

¶ NAT, 41.

Stadt am westlichen Tigrisufer, einen Marschtag südlich vom Territorium der → Itu'u-Aramäer und ebenfalls einen Marschtag nördlich von → Dūr-Kurigalzu entfernt. Von → Ṣūṣi in der Nähe von → Kalḫu (gegen NALK, S. 276 zu Nr. 232, Z. 5) und →^{3} Bīt-Aṣūṣi in →^{3} Rāši zu trennen.

Ašiḫi

^{uru}*a-ši-ḫi*

3-20) K 814, 2 (Bezold Catalogue 1, 174).

¶ Lage unbekannt. Wenn der in Z. 1 erwähnte Ašipâ, der aus der Korrespondenz Sargons bekannte Gouverneur in Nordmesopotamien (PNA 1/I, 142, s. v. Ašipâ 3) ist, könnte man A. in dieser Region suchen. In diesem Fall könnte A. identisch mit → Asiḫi 1 und → Asiḫi 2 sein.

Ašnaku (?)

^{uru}*áš-na-ku*

1-02) RIMA 2, 99.2, 30 (-⌜*na-ku*$^{?}$⌝) [Na'iri, Ḫabḫu, Naḫu]

¶ NAT, 41 (Ašnaḫu); vgl. RGTC 1, 19 (präsarg. Ašnak), RGTC 3, 25 (aB Ašnakkum).

Stadt in → Ḫabḫu 5, in → Na'iri. Borger (1972) 136 (zu S. 41) emendierte die Ortsnamen in Z. 30 von Adad-nērārīs II. Annalenbericht nach den im 2. Jt. bezeugten Orten Naḫur (RlA 9, 86f. [J.-R. Kupper]) und Ašnakkum im Ḫābūr-Gebiet. Die Erwähnung von Ortschaften dieser Region im Kontext eines Feldzugs gegen Na'iri ist aber merkwürdig, so dass die Emendation und die entsprechende Gleichstellung mit den Orten aus dem 2. Jt. mit Skepsis zu betrachten ist, Kessler (1980) 223f.

Aššа

^{kur}*a-áš-šá*

1-04) RIMA 2, 101.1, iii, 97 [Ḫabḫu *ša pān* Ḫatti]

N:

^{kur}*áš-šá-a-ia*

1-04) RIMA 2, 101.1, iii, 94

¶ NAT, 41; RGTC 8, 32 (nB/spB Aššа).

Land im Gebiet des Çam Çayı-Tal, etwa zwischen Hilvan und Siverek, Lipiński (2000) 137 mit Anm. 21, Liverani (1992a) 82, RlA 1, 170 (E. Ebeling), Yamada (2000) 91. In A. befand sich die Stadt → Immerina.

Aššur (Land) s. Māt-Aššur

Aššur (Stadt)

aš-šur

1-01) RIMA 2, 98.1, 21 (erg.). 38 (erg.). 45 ([*aš-š*]*ur*); id., 98.2, 5' (erg.)

1-02) RIMA 2, 99.1, Vs. 16. Rs. 5' (erg.). 9'; id., 99.2, 60. 88. 119; id., 99.4, Vs. 20' (erg.)

1-03) RIMA 2, 100.5, 3 (erg.)

1-04) RIMA 2, 101.1, iii, 46; id., 101.18, 8'; id., 52, Rs. 2' (-[*šur*]); id., 101.67, 10

1-05) RIMA 3, 102.1, 40; id., 102.2, i, 29. ii, 24. 65. 75. 81; id., 102.3, 99; id., 102.5, iii, 6; id., 102.6, i, 41. ii, 9; id., 102.8, 8' (erg.); id., 102.10, ii, 6. iii, 41. iv, 19; id., 102.11, Rs. 16'; id., 102.13, Vs. 6'; id., 102.14, 49; id., 102.16, 118' (erg.); id., 102.25, 21; id., 102.27, 7

1-15) RINAP 4, 112.34, 10'

aš-šur^{ki}

1-05) RIMA 3, 102.10, iv, 40; id., 102.14, 141; id., 102.16, 24. 227' (-*šur*$^{⸢\text{ki}⸣}$); id., 102.26, 17

1-13) Iraq 37, 12ff., Rs. 28; RA 30, 53ff, ii, 12'; SgF Ann, 56; Sg Najaf, 211. 221; Sg Wi, 168ff, 11

^{d}*aš-šur*^{ki}

1-05) RIMA 3, 101.48, 3

^{uru}AŠ

1-09) Andrae Stelen Nr. 34, 4 (Millard [1994] 81)

^{uru}*aš-šur*

1-06) Andrae Stelen Nr. 41, 2 (Millard [1994] 120); RIMA 3, 103.1, i, 47 [Kaḫat, Urakka]
1-13) Iraq 56, 37f., 21 (erg.); SgF Zyl, 19
1-15) RINAP 4, 112.1, ii, 23; id., 112.60, 36'. 38' (⸢^{uru}*aš-šur*⸣); id., 112.98, Rs. 4; id., 112.99, 12 (erg.)
1-18) KAV 171,3
2-16) Canon 754 B1. B2
4-11) SAA 19, 84, Rs. 6 [Ninua]
4-13) SAA 1, 98, 14
4-15) SAA 13, 75, Rs. 1' (-*š*[*ur*$^{?}$])
5-14) SAA 6, 81, 6
5-14/15) BT 116, Rs. 3 (Iraq 25, pl. 23)
5-16) SAA 14, 13, 6 ($^{\mathrm{uru!}}$*aš*-). Rs. 2; id., 14, 6. Rs. 3

$^{\mathrm{uru\ d}}$*aš-šur*

1-13) Iraq 16, 198ff., 18; Sg 8, 3

BAL.TIL

1-14) RINAP 3/2, 111.202, 2 (BAL$^{!}$.T[IL$^{!}$])
1-18) AfO 16, 306, 3
7-23) WVDOG 121, 138f, Vs. 1

BAL.TIL^{ki}

1-07) RIMA 3, 104.2016, 4 [*šaknu*]
1-11) Tigl Ann 1, 1
1-13) Iraq 7, 86f, 2' [Ḫarrānu]; Iraq 37, 12ff., 11 (BAL.TIL$^{\mathrm{[ki]}}$). Rs. 29; Iraq 56, 37f., 5; Sg 8, 113. 117; SgF XIV, 5 [Ḫarrānu]; SgF Bro, 10; SgF Prunk, 10 [Ḫarrānu]; SgF S4, 10; SgF S5, 9 ([BAL].TIL^{ki}) [Ḫarrānu]; SgF Stier, 8; Sg Tang, 15 ([B]AL.[TIL^{ki}]); Sg Wi, 174f., 218 [Ḫarrānu]; SgF Zyl, 5; Sg Melid, 4 (erg.) [Ḫarrānu]; WVDOG 121, 75, 18'
1-14) RINAP 3/1, 111.1, 19; RINAP 3/2, 111.159, Vs. 6; id., 111.164, 13; id., 111.166, 32; id., 111.167, 7 (⸢BAL⸣.TIL⸢^{ki}⸣); id., 111.168, 58; id., 111.178, 4; id., 111.199, 2 (BAL$^{!}$.T[IL$^{\mathrm{!ki}}$]); id., 111.200, 2 (erg.); id., 111.201, 2 (erg.); id., 111.213, 19; id., 111.222, 28

1-15) RINAP 4, 112.47, 5' (erg.); id., 112.48, 35. 41. 49. 73. 75; id., 112.57, ii, 27 ([BAL.TIL^{k}]^{i}). 39; id., 112.60, 43'; id., 112.61, 6; id., 112.62, 6; id., 112.63, 3; id., 112.76, 13; id., 112.98, Rs.18; id., 112.113, 8; id., 112.127, 17'; id., 112.128, 14; id., 112.129, 28 ([BAL.TIL]$^{⸢ki⸣}$); id., 112.133, 29
1-16) Asb B, vi, 81 [Arbail]; Asb C, vii, 74 ([BAL.TI]L^{ki}) [Arbail]; Asb L4, iii, 7'; Asb T, v, 41; RIMB2, B.6.32.2, 41; id., 6, 9; id., 14, 26 ([B]AL.TIL^{ki})
1-18) AfO 16, 306, 15; KAV 171, Rs. 3; RIMS 1, 57ff., 7; Sši Zyl. A, 22 (BAL.[TIL^{ki}])
4-15) SAA 10, 114, 7
7-14) SAA 12, 86, 11
7-17) SAA 12, 35, 15; id., 36, 11 (BAL.[TIL^{ki}])
8-15) SAA 8, 255, 5

^{uru}BAL.TIL
1-01) RIMA 2, 98.1, 73
1-03) RIMA 2, 100.2, Rs. 1' (^{uru}B[AL$^{?}$].TIL$^{?}$)
1-05) RIMA 3, 102.17, 61
1-06) RIMA 3, 103.2001, 3
1-08) RA 103, 93, 1
1-11) Tigl Stele, iii A, 23

^{uru}BAL.TIL^{ki}
1-07) RIMA 3, 104.2012, 2'
1-14) RINAP 3/2, 112.164, 1 ($^{⸢uru}$BAL⸣.TIL$^{⸢ki⸣}$)
1-20) WVDOG 121, 101, Rs. 8' ([^{uru}BAL].TIL^{ki})
2-10/11) JNES 13, 209ff., Rs. iv, 33 (Kolophon AKL)
7-20) SAA 12, 48, Rs. 9

N:
BAL.TIL^{ki}-*ú*
1-13) Sg 8, 429

¶ NAT, 41–54 (Aššūr); RGTC 1, 20 (sarg. Aššur); RGTC 2, 19 (Ur III Aššur); RGTC 3, 25f. (aB Aššur); RGTC 4, 14–20 (aA Ālum, Aššur); RGTC 5, 41–43 (mA Aššur); RGTC 6/1, 51f. u. 6/2 16 (heth. Aššur); RGTC 8, 33 (nB/spB Aššur); RGTC 9, 14f. (urar. Ašure); RGTC 10, 59 (Nuzi, Aššur); RGTC 12/2, 42–43. (Am./U./MEuph. Aššur); bibl. *'aššûr* (in Gen 2, 14, ansonsten bezieht sich die Bezeichnung auf Assyrien); luw. Asura (CHLI 135, Karkamiš A 24a, §6. §7. §10; s. auch Savaş [1998] 177f.); nA PN Aššurāju, PNA 1/I, 153. Zum esoterischen Namen Antaṣ (^{uru}*an-ta-aṣ*, ^{uru}*an-ta-aṣ-ṣa*) s. Menzel (1981b) T 165, 189 mit id. (1981a) 129.

Stadt in Zentralassyrien am rechten Tigrisufer, heute Qal'at Širqāṭ, Andrae (1977), Hannoon (1986) 112–116, Marzahn/Salje (2003), RlA 1, 170–195 (E. Unger). A. war Kultort des Reichsgottes Assur und seit mittelassyrischer Zeit (Postgate [1985] 96f. [VS 21, 21, 12 u. 16] mit Komm. auf S. 98) Statthaltersitz einer gleichnamigen Provinz, RlA 11, 45f., Nr. 3 (K. Radner). TAVO Karte B IV 10, 13 u. 21; Helsinki Atlas, 10. 18. 30. S. auch → Ālu-eššu 2 u. → Libbi-āli; zum Lande A. s. → Māt-Aššur.

Aššur-aṣbat

^{uru}*aš-šur*-DAB-*bat*
1-07) RIMA 3, 104.6, 25 (-⌜*šur*⌝-) [Anat, Sūḫu]

^{uru}AN.ŠÁR-DAB-*bat*
1-07) RIMA 3, 104.7, 14 [Anat, Sūḫu]

¶ Lage unbekannt, vielleicht am Mittleren Euphrat. A. wird unter den Städten und Gebieten, die Nergal-ēreš zugeordnet sind, als letzte erwähnt. In RIMA 3 wird A. als Abkürzung von →^{1} Ana-Aššur-utēr-aṣbat (neuer Name von →^{1} Pitru/Tall Aušerīya) in →^{1} Bīt-Adini interpretiert. Demzufolge hätte sich das Gebiet dieses Gouverneurs weit nordwestlicher erstreckt, als bislang angenommen wurde. In der Analyse des Zuständigkeitsbereichs von Nergal-ēreš wird A. weder von Liverani (1992c) bes. 38 (Karte auf S. 39) noch von Morandi Bonacossi (1996) 22 berücksichtigt. Nach Liverani loc. cit. (gefolgt von Morandi Bonacossi loc. cit.) werden die Städte vor den Gebieten, zu denen sie gehören, erwähnt. A. bliebe dann außerhalb der fünf Distrikte von Nergal-ēreš und, wenn die Gleichstellung mit Ana-Aššur-utēr-aṣbat stimmt, auch außerhalb des geographischen Musters der Auflistung. Die Ergänzung (Ana-)Aššur-(utēr-)aṣbat ist möglich, jedoch nicht zwingend, und andere Formen sind denkbar, wie der ON →^{3} Tukultī-Aššur-aṣbat (der in →^{3} Lullumu lag und daher hier nicht in Frage kommt) oder die PN Qāt-Aššur-aṣbat (PNA 3/I, 1009) und Šēp-Aššur-aṣbat (PNA 3/II, 1258) zeigen. Folgt man dem geographischen Muster der Auflistung, könnte sich A. am Mittleren Euphrat befunden haben. Forrer (1921) 15 interpretiert A. als späteren Name von → Ītu / Hīt.

Aššur-inâr-garū'a

^{uru}*aš-šur-i-nar-ga-ru-u-a*
1-15) RINAP 4, 112.33, iv, 21' [Lā-iplaḫ-māssu-iḫpi, Aššur-nīršu-urappiš]

¶ NAT, 54 (Aššūr-inār-garū'a); vgl. nA PN Aššur-garū'a-nēre, PNA 1/I, 185f.

Stadt in → Šubria, die in einer Liste von 21 Städten erwähnt wird, die von Asarhaddon erobert und umbenannt wurden, Pongratz-Leisten (1997) 335–337.

Aššur-iqīša

^{uru}*aš-šur*-BA-*šá*

1-11) Tigl Summ 1, 29 [*ina qereb* Ulluba; A. *šumšu abbi*; *bēl pīḫati*]; id. 3, 30' (^{uru}*aš*-⸢*šur*-BA⸣-) [id.]; id. 7, 43 (erg.) [*ekal šarrūti*]; id. 9, Vs. 7' (erg.). 10' [^{uru}*aš-šur*]-⸢BA-*šá*⸣) [*pīḫatu*]

¶ NAT, 54.

Neugründung des Tiglatpileser III. in → Ulluba 2, nachdem er Städte dieses Landes eroberte und annektiert hatte. Die dort eingerichtete Provinz → Birtu 2 wird auch als „Provinz (der Stadt) → Aššur-iqīša" bezeichnet (Summ 9, Vs. 10'). A., wo Tiglatpileser einen Palast bauen ließ und anscheinend einen Eunuchen als Gouverneur einsetzte, ist als mögliche Provinzhauptstadt zu betrachten, Fuchs (2000) 76; s. auch dazu Birtu 2. Parker (2001) 78 (s. auch Karte 3.11 auf S. 40, Nr. 49) schlägt Takyan Höyük in der Ebene von Cizre, nördlich des östlichen Ḫābūrs, als möglichen Kandidaten vor. Hannoon (1986) 246f. identifiziert A. mit Maqbarat Šēḫ 'Ala' ad-Din bzw. Kindē Kufli (id. 277, Nr. 175 u. 181), zwei Fundorte die aber südlich des östlichen Ḫābūrs liegen. Da sich Ulluba 2 hinter dem Gebirge → Nal (Čiyā Bēhēr), d. h. hauptsächlich nördlich des östlichen Ḫābūrs erstreckte (Postgate [1973] 57), sind diese Lokalisierungsvorschläge unpassend. Helsinki Atlas, 4. 27. 28 (Zāḫū!).

Aššur-mannu-išannan

^{uru}*aš-šur-man-nu-i-šá-na-an*

1-15) RINAP 4, 112.33, iv, 15' [Mannu-šānin-Aššur, Abāt-Aššur-lā-tēni]

¶ NAT, 54.

Stadt in → Šubria, die in einer Liste von 21 Städten erwähnt wird, die von Asarhaddon erobert und umbenannt wurden, Pongratz-Leisten (1997) 335–337.

Aššur-māssu-urappiš

uru*aš-šur*-KUR-*su*-DAGAL.MEŠ
1-15) RINAP 4, 112.9, ii', 4'

¶ NAT, 54 (Aššūr-mātsu-urappiš).

Stadt in Ägypten (→ Muṣur); vgl. Aššur-nīršu-urappiš.

Aššur-māssu-utēr

uru*aš-šur*-KUR-*su*-GUR
1-15) RINAP 4, 112.33, iv, 15' [Mannu-šānin-Aššur]

¶ NAT, 54 (Aššūr-mātsu-utīr).

Stadt in → Šubria, die in einer Liste von 21 Städten erwähnt wird, die von Asarhaddon erobert und umbenannt wurden, Pongratz-Leisten (1997) 335–337, RlA 1, 212 (E. Ebeling).

Aššur-nāsiḫ-gallî

uru*aš-šur-na-siḫ*-GAL_5.LÁ
1-15) RINAP 4, 112.9, ii', 5'

¶ NAT, 54 (Aššūr-nāsiḫ-gallî).

Stadt in Ägypten (→ Muṣur).

Aššur-nīrka-rappiš

uru*aš-šur-ni-ir-ka-rap-piš*
1-15) RINAP 4, 112.33, iv, 22' [Aššur-nīršu-urappiš]

¶ NAT, 54 (Aššūr-nīrka-urappiš).

Stadt in → Šubria, die in einer Liste von 21 Städten erwähnt wird, die von Asarhaddon erobert und umbenannt wurden, Pongratz-Leisten (1997) 335–337; vgl. → Aššur-māssu-urappiš, → Aššur-nīršu-urappiš, → Aššur-nīrka-uṣur.

Aššur-nīrka-uṣur

URU-*aš-šur-ni-ir-ka*-PAB
4-11) SAA 19, 15, 4 (*-ir*$^{!}$-)

¶ Möglicherweise eine Stadt in Zentralassyrien, Zadok (1995a) 269, 5.3.3.

Aššur-nīršu-urappiš

^{uru}*aš-šur-ni-ir-šú-ú-rap-piš*
1-15) RINAP 4, 112.33, iv, 22’ ($^{[uru]}$*aš*-) [Aššur-inâr-garū’a, Aššur-nīrka-rappiš]

¶ NAT, 54 (Aššūr-nīršu-urappiš).

Stadt in → Šubria, die in einer Liste von 21 Städten erwähnt wird, die von Asarhaddon erobert und umbenannt wurden, Pongratz-Leisten (1997) 335–337; vgl. Aššur-māssu-urappiš.

Ašurdāja

^{uru}*a-šur-da-a-a*
1-11) Tigl Summ 1, 27 [*birāte ša* Urarṭu *ša kutal* Nal; Sikibsa, Babutta]

¶ NAT, 55.

Festung nördlich vom Berg → Nal in → Ulluba 2 bzw. an der Grenze mit →^{3} Urarṭu und in die von Tiglatpileser neu eingerichtete Provinz Ulluba eingegliedert, RlA 1, 208 (E. Ebeling).

Ateia

^{kur}*a-te-ia*
1-11) Tigl Summ 9, 19’ [Diuiapli; *nagie ša ina muḫḫi piāte ša* Diglat]

¶ NAT, 55 (Ateja).

Einer unter den Bezirken in Nordmesopotamien, oberhalb von den Tigrisquellen, die von Tiglatpileser III. annektiert und der Provinz → Na’iri zugeordnet wurden, Kessler (1995) 59–62. In A. befanden sich die Städte → Qilissa, → Ezzeda und → Diuiapli.

Atkun

uru*at-ku-nu*
1-04) RIMA 2, 101.1, i, 71 (Var.) [Ušḫu, Pilazi]

uru*at-ku-un*
1-02/04) WVDOG 121, 98f, Vs. i, 8'. 10' ([uru*at-ku-u*]*n*) [Ušḫu]
1-04) RIMA 2, 101.1, i, 71 [Ušḫu, Pilazi]

¶ NAT, 55; vgl. RGTC 5, 269 (mA Uatqun) u. mit dem mA Bergname Jātkun, id., 144.

Stadt im Gebiet am Fuß der Gebirge → Nipur (Cudi Dağı) und → Piṣate, nördlich vom östlichen Ḫābūr-Fluss, zwischen Silopi und Dernāḫ, Liverani (1992a) 29, RlA 1, 310 (E. Ebeling).

Atuka

uru*a-tu-ka*
1-11) Tigl RR, 32 [(...)zālâ, Siruka]

¶ Stadt in → Ulluba 2.

Auibi

uru*a-ú-i-bi*
1-11) Tigl Summ 1, 31 [Uzurra, Ubula]

¶ NAT, 56.

Stadt in der „Provinz des Mundschenks" (→ Māt-Rab-šāqê).

Azalla 2 s. Izalla

Azamâ

kur*a-za-ma-a*
1-04) Bronze bands, 66 [Beischrift]

¶ Vielleicht ein Land in bzw. in der Nähe von → Sūhu am Mittleren Euphrat. Der ON ist als Beischrift auf einem reliefierten Bronzeband belegt, auf dem Tributbringer mit einer Bekleidung dargestellt werden, die der von den Tributbringern aus Sūḫu ähnelt, Curtis/Tallis (2011) 66. Vgl. aber →[1] Azmu in →[1] Bīt-Adini 1.

Azma[...]

^{uru}*az-ma-*[x x]
7-17) SAA 12, 37, 10' (*-is*$^{?}$-[x]) [Kapar-Abu-(...), Za(...)]

¶ NAT, 359 (Tumma[...]).

Möglicherweise eine Stadt in Zentralassyrien bzw. in einem benachbarten Gebiet, Zadok (1995a) 268, 5.1.2.15.10.

Azubiti

^{uru}*a-zu-bi-ti*
5-10/11) Edubba 10, 33, 3 (= BaM 24, Nr.18)

¶ Wahrscheinlich eine Stadt in Zentralassyrien. Da Adad von → Kurbail in der Strafklausel nach Ištar von → Arbail genannt wird, hält Zadok (1995a) 259, 4.28.4 es für möglich, dass einige der in der Urkunde aus → Kalḫu genannten Orte in der Provinz Kurbail gelegen haben könnten, was nicht zwingend ist.

B

Ba[...] 2

^{uru}*ba*-x-[x]

9-20) SAA 11, 10, 9' (^{uru}⸢ŠÀ⸣-) [Til(...), Ālu-ša-Ilu-(...)]

¶ Möglicherweise eine Stadt in Zentralassyrien oder in einem benachbarten Gebiet.

Babsaḫ

^{uru}*ba-ab-sa-aḫ*

1-16) Asb E12, 29 [LULbasta]

¶ NAT, 64.

Stadt im Bergland → Ḫalēḫasta, nordöstlich von → Dēru, in der Umgebung von → Qirbit.

Bāb-bitqi

KÁ-*bit-qi*

4-13) SAA 15, 186, 8 [Apallâ, Nunak]

^{uru}KÁ-*bit-qi*

4-13) SAA 1, 94, 9. Rs. 4 [Arrapḫa]. Rs. 12 [id.]; SAA 15, 45, 11 (-*q*[*i*]); id., 194, Rs.7' (-[*qi*])

¶ NAT, 57; RGTC 8, 38 (nB/spB Bāb-bitqi).

Stadt im Osttigrisgebiet, wichtige Übergangsstelle über den Tigris (nicht am unteren Euphrat wie in SAA 1, S. 236 u. Fales 1993, 89 angenommen wird!) in der Nähe von → Dūr-Šarrukku und → Upî (ebenfalls eine Übergangsstelle), Fuchs (2011) 233, Postgate/Mattila (2004) 251, Zadok (1995a) 227 Anm. 12. B. scheint stromaufwärts von →^{3} Larak gelegen zu haben, Cole (1996) 72, Anm. 15. Die Übergangsstellen → Apallâ und → Nunak lagen die wahrscheinlich südlich von B.

Bāb-būri

^{uru}KÁ-PÚ

7-07) SAA 12, 4, 9’ [Bīt-ili]

¶ NAT, 57.

Möglicherweise eine Stadt in Zentralassyrien bzw. in einem benachbarten Gebiet, Zadok (1995a) 269, 5.4.1.2.

Babutta

^{uru}*ba-bu-ut-ta*

1-11) Tigl Summ 1, 27 ($^{⸢uru⸣}$*ba*-) [*birāte ša* Urarṭu *ša kutal* Nal; Ašurdāja, Lusia]

N:

^{kur}*ba-bu-ta-a-a*

4-13) SAA 5, 117, 8 (-[*a-a*]) [Kumme, Ukku]

¶ NAT, 64.

Festung und gleichnamiges Gebiet nördlich vom Berg → Nal in → Ulluba 2 bzw. an der Grenze mit →[3] Urarṭu und in die von Tiglatpileser neu eingerichtete Provinz Ulluba eingegliedert, RlA 1, 330 (E. Ebeling). Nach Fales (1983) 82 wäre B. im Becken des östlichen Ḫābūr zu suchen.

Badāni 2

^{uru}*ba-da-ni*

3-13) SAA 11, 213, iii, 11’ ($^{[u]ru}$*ba-da-n*[*i*]) [*qanni* Ḫarrānu]

N:

^{uru}*ba-da-na-a-a*

3-13) GPA 95, Rs. 2

¶ Stadt im Gebiet von → Ḫarrānu, RlA 1, 389 (E. Forrer), Zadok (1995a) 272, 7.1.1.2. Lipiński (2000) 73 identifiziert B. mit dem von Sachau (1883) 222 erwähnten Tall Feddān Nord und Süd (vielleicht klass. Fadana, Barrington Atlas 67, H3, Hornig [2006] 206 Anm. 35), ca. 13 km westlich von Ḥarrān. Ob sich der Beleg in GPA 95 eher auf eine homonyme Stadt (*Badāni 4) in der Region von Kalḫu bezieht (Zadok [1995a] 249, 4.7.4.1.17) oder identisch mit → Badāni 2 ist, kann nicht ausgeschlossen entschieden werden. Helsinki Atlas 3 (moderner Ort nicht angegeben). Nicht mit dem Nomadenstamm →^{1} Badāni 1 zu verwechseln.

Badāni 3

^{uru}*ba-da-a-ni*
3-05) Billa 72, 5 (-*da*$^{?}$-) [Naḫal-ṣarbite]; Billa 86, 3' (-[*da-a*]-)

¶ Stadt, die in den Texten aus Tall Billā (→ Šibaniba) erwähnt wird und vermutlich in ihrer Umgebung lag, Zadok (1995a) 256, 4.17.1.10. Ob B. identisch mit → Badāni 2 in → Ḫarrānu ist, kann nicht entschieden werden.

***Badiadin**

N:
^{uru}*ba-di-a-din-a-a*
5-13) BATSH 6, 17, 3 ([^{uru}*ba-di-a*]-*din*)
5-16) BATSH 6, 119, 3

¶ Wahrscheinlich eine Stadt in der Umgebung von → Dūr-katlimmu. Radner (2002) 161 zieht in Erwägung, B. eine Variante von Bīt-Adini sein könnte (dagegen Zadok [2009-10] 68). Dennoch werden weder →^{1} Bīt-Adini 1 in Nordwestsyrien noch →^{3} Bīt-Adini 2 in Babylonien mit dem Determinativ URU geschrieben.

Badūa (?)

^{uru}*ba-du-u-a*
7-20) SAA 12, 59, 19' (-⸢*u*$^{?}$-*a*$^{?}$⸣) [Ninua, Ja(…)]

¶ NAT, 64 (Badutu).

Möglicherweise eine Stadt in Zentralassyrien bzw. in einem benachbarten Gebiet, Zadok (1995a) 268, 5.1.2.16.3.2.

Balāṭāja

^{uru}*ba-la*^{meš}

5-16) SAA 14, 23, 5 (^{uru}*ba*$^{!}$-*la*$^{!meš}$; die Deutung als B. ist nach dem Kontext möglich, jedoch unsicher)

^{uru}*ba-la-ṭa*

5-15/16) SAA 16, 231, Rs. 1 (^{uru}⸢*ba*$^{!}$-*la*$^{!}$-*ṭa*$^{!}$⸣)

^{uru}*ba-la-ṭa-a-a*

1-14) **RINAP 3/1**, 111.15, vi, 24; id., 111.16, vi, 43 (⸢^{uru}⸣*ba*-); id., 111.17, vi, 62 [*itê* Ninua *ina erṣeti* B.]. 78 [*ina erṣet* B.]; id., 111.22, vi, 63 [id.]; id., 111.23, vi, 48 [id.]; id., 111.25, ii', 3' (-⸢*la*⸣-[*ṭa-a-a*]) [id.]; id., 111.34, 74; **RINAP 3/2**, 39, 45 [id.]. 50 [id.]; id., 111.40, 19'' [*itê* Ninua *ina erṣeti* B.]. 30' [*ina erṣet* B.]; id., 111.42, 2' ($^{[uru]}$*ba-la-ṭa-a*-⸢*a*⸣) [*itē* Ninua *ina erṣeti* B.]. 16' (-⸢*ṭa*⸣-*a-a*⸣) [*ina erṣet* B.]; id., 111.43, 50 [*itê* Ninua *ina erṣeti* B.]. 66 [*ina erṣet* B.]; id., 111.44, 52 (erg.) [*itê* Ninua *ina erṣeti* B.]. 56 (⸢^{uru}*ba-la-ṭa-a-a*⸣) [*ina erṣet* B.]; id., 111.46, 135 [*itê* Ninua *ina erṣeti* B.]. 139 [*ina erṣet* B.]; id., 111.47, 4' (erg.); id., 111.49, 17' ($^{[uru]}$⸢*ba*⸣-*la*-⸢*ṭa*⸣-[*a-a*]) [*itê* Ninua *ina erṣeti* B.]. 7'' (⸢^{uru}⸣[*ba-la-ṭa-a-a*]) [*ina erṣetim* B.]; id., 111.73, 2 [Beischrift; *ina erṣet* B.]; id., 111.74, 3 [id.]; 111.151, Vs. i', 11 (^{uru}[*ba-la-ṭa-a-a*])

^{uru}*ba-laṭ*

3-20) SAA 7, 161, 120 [*pīḫatu*; *pīḫat* Ālu-ša-mār-šarri]

5-16) SAAB 3, 67, 2 [*bēl pīḫati*]

^{uru}*ba-laṭ -a-a*

5-16) SAA 14, 23, Rs. 2. 4. 7 [*bēl pīḫati ša mār šarri*]

¶ NAT, 65 (Balāṭu); nA PN Balāṭu, PNA 1/II, 258f.

Stadt am linken Tigrisufer, nördlich von → Ninive. Damit kolossale Statuen nicht mehr auf dem gefährlichen Wasserweg transportiert werden mussten, wie es die Steinbrüche von → Adia und → Tastiāte erforderlich machten, suchte Sanherib einen neuen Steinbruch am linken Flussufer und fand ihn „im Territorium von B.“, Frahm (1997) 85 (zu Z. 77), Reade (1978a) 55–60, RlA 1, 394 (E. Unger), Russell (1991) 97–99, Zadok (1995a) 259, 4.25. B. war die Hauptquelle für weißen Kalkstein (*pīlu peṣû*) und Alabaster (*parūtu*), womit Sanherib Stierkolosse, Bergwiddergenien und Sphingen für seinen Palast herstellen ließ.

Forrer (1920) 106 identifizierte B. mit der mittelalterlichen Stadt Balad (TAVO Karte B V 11), heute Eski Mosul, ca. 35 km stromaufwärts von Mosul am rechten Tigrisufer. Da der Steinbruch aber am linken Ufer lag, könnte Forrers Lokalisierungsvorschlag nur dann stimmen, wenn sich das Gebiet von B. beiderseits des Flusses erstreckt hätte, Reade (1978a) 60. Hannoon (1986) 125–128 plädiert für die Gleichstellung von B. mit Eski Mosul; seine Einwände gegen Reade loc. cit. und eine Lage des Steinbruchs am linken Ufer sind aber nicht überzeugend. Russell (1991) 98f. zitiert einen unpublizierten Brief von H. C. Rawlinson, in dem er die Steinbrüche bei Tall Jikan am linken Tigrisufer, ca. 15 km stromaufwärts von Eski Mosul erwähnt und als plausiblen Kandidaten für Sanheribs Steinbruch vorschlägt. Da der Steinbruch von B. „bei Ninive" (*itê* Ninua) lag, scheinen Entfernungen von 35 bzw. 50 km schwer mit der Information der Quellen vereinbar.

B. war im 7. Jh. Sitz eines Gouverneurs. K. Radner zieht aus der Urkunde SAA 14, 23 die Schlussfolgerung, dass B. die Hauptstadt einer „Provinz des Kronprinzen" (→ Ālu-ša-mār-šarri) gewesen sei (RlA 11, 49, Nr. 17). In dieser Urkunde schuldet ein gewisser Nargî aus B. (die Schreibung des ON ist ungewöhnlich und die Deutung als B. unsicher) Getreide und einen Ochsen dem „Gouverneur des Kronprinzen" Bēl-dūri. Auch wenn vier Zeugen aus B. stammen, gibt es keinen zwingenden Grund, B. als Hauptstadt der vermeintlichen Provinz zu betrachten. Darüber hinaus werden in der Verwaltungsurkunde SAA 7, 161 die Opferlieferungen aus der Provinz B. (i, 12–20) und der „Provinz der Stadt des Kronprinzen" (ii, 1–21) separat behandelt, was eindeutig auf zwei verschiedene Städte und Verwaltungseinheiten hindeutet. Radner loc. cit. (mit Karte 2 auf S. 50) lokalisiert die „Provinz des Kronprinzen" westlich vom Tigris, da sie von der Gleichstellung deren vermeintlicher Hauptstadt B. mit Eski Mosul ausgeht. Wie oben erwähnt, hätte sich aber eine Provinz um B. in einem solchen Fall zum Teil auch östlich vom Tigris erstreckt haben müssen. TAVO Karte B IV 13 (Eski Mosul); Helsinki Atlas, 4. 27 (Eski Mosul).Vgl. → Dūr-balāṭi, → Kapar-Bīt-balāṭi, → Kār-balāṭi.

Balīḫu 1

^{uru}*ba-li-ḫi*

3-13) SAA 11, 206, i, 12' [Ḫarbat-Ila'i-Bēl *ina madbar ša* B.]; SAA 11, 213, ii, 6' ($^{[uru]}$*ba-*). 10' ([^{uru}*ba-li-ḫ*]*i*$^{?}$) [Kapar-Urdî (*qanni*?) B.]; id. iii, 19' (Ajanatâ *ina* B.]; SAA 11, 215, 4' [Bir-nāri *ina* B.]

^{uru}*ba-li-ḫu*

1-05) RIMA 3, 102.2002, 10 [Izalla]

¶ NAT, 65; RGTC 3, 20 (aB Apqu ša Baliḫā); RGTC 4, 24 (aA Baliḫum); RGTC 5, 50 (mA Baliḫa); RGTC 8, 63 (nB/spB Balīḫu); vgl. RGTC 8, 256 (nB/spB Ḫarru-ša-mār-Balīḫi), RGTC 11, 248 (elam. Ša Baliḫu). nA PN Balīḫītu (PNA 1/II, 259f.), Balīḫû (PNA 1/II, 260).

Stadt im Balīḫ-Becken (→ Balīḫu 2), die in der Gegend um 'Ain al-'Arūs lokalisiert wird, Fales (1973) 84–95, Frayne (2001) 224f., Kessler (1980) 201f., Lipiński (2000) 122f., RlA 1, 394 (E. Unger). Ein möglicher Kandidat könnte Tall Abyaḍ sein, Goetze (1953) 61, id. (1957) 24. Helsinki Atlas, 3. 19.

Im Gebiet von B. befanden sich die Städte →Ajanatâ, →Bīt-nāri, →Ḫarbat-Ilā'i-Bēl, →Saḫlala und →Til-ša-Ṭurāḫi, so wie das Dorf →Kapar-Urdî.

Baltil s. Aššur

Bambuki

uru*ba-am-bu-ki*
3-23) SAA 11, 223, 5 (-⌈*ki*⌉) [Kapar-Qiqî, Ḫarbina]

¶ NAT, 65.

Vermutlich ein Dorf in Zentralassyrien bzw. in einem benachbarten Gebiet, Zadok (1995a) 268, 5.1.2.16.1.4.

Bana[...]

uru*ba-na-x*
3-13) SAA 11, 201, iii, 32 (-*na*?-[x x]; Zugehörigkeit hier ungewiss)
5-14) SAA 6, 93, 2' (-[x]) [*ṭēḫi ḫūl ša ana* B., Libbi-Āli, Ḫunnî]

¶ NAT, 66.

Stadt in Zentralassyrien, Zadok (1995a) 266, 5.1.1.6.9; s. Komm. → Kapri-ša-Ḫūnnî.

Banbarina

^{uru}*ban-ba-ri-na*

1-14) RINAP 3/2, 111.223, 8 (im Ex. 1 wird der ON irrtümlicherweise ^{uru}*ban-ba*-KAB-*na* geschrieben, was nach einem Vorschlag von E. Weissert als ein Lesefehler des Steinmetzes zu erklären ist, Frahm (1997) 153 zu. Z. 8) [Masiti, Šappārīšu]

¶ NAT, 66 (Banbakabna).

Stadt nördlich von → Ninive, die im Zusammenhang mit Sanheribs „Nördlichem Kanalsystem" stand, und in der ca. 50–60 km von Ninive entfernten Region zu suchen ist, wo sich die Felsreliefs von Faida, Širu Malikta und Maltai befinden, RlA 1, 396 s. v. Banbakabna (E. Ebeling), Zadok (1995a) 257, 4.18.9 (Banbakabna). Hannoon (1986) 222f. lokalisiert B. in der Region um 'Ain Sifnī, wobei er sich auf eine nicht zutreffende Interpretation von Th. Jacobsen (Jacobsen/Lloyd [1935] 39f.) stützt. S. Komm. zu → Ālum-riksi.

Baqar s. Baqarri

Baqarri

^{uru}*ba-qar*

3-11/13) ND 2622, 8 ($^{⸢uru⸣}$*ba-*) [Kapar-Qajāni, Alê]

4-13) SAA 1, 170, 8'; SAA 5, 142, 5'

^{uru}*ba-qar-ma*

4-11) SAA 19, 39, Rs. 19 (^{uru}*ba*$^{!}$*-qar-ma*$^{!}$)

^{uru}*ba-qar-ri*

3-05) Billa 69, 8 (-[*qa*]*r*-) [Ṣabit-akšudu]

4-13) SAA 15, 12, Rs. 6'; id., 41, 6' (-[*qar*$^{?}$*-ri*])

9-13) SAA 11, 14, 1 [Sarê]. 3 ([^{uru}*ba-qa*]*r*-[*r*]*i*$^{?}$) [Arzuḫina]

¶ NAT, 67 (Baqarru); RGTC 3, 187 (aB Qabrā); RGTC 4, 91 (aA Qabrā); vgl. RGTC 10, 129f. (Nuzi Kapra) u. RGTC 12/2, 223 (ug. Qabrā).

Stadt nördlich des Unteren Zab (→ Zāba šaplû), die nach einem Vorschlag von Deller (1990) mit aB Qabrā gleichzusetzen und etwa 15–20 km nordwestlich von Altūn Kūbrī zu suchen ist. Die Orthographie ^{uru}*ba-qar*(*-ri*) ist als tabuvermeidende Metathese zu erklären, da Qabrā/Qabarā zu sehr an *qabru* „Grab" bzw. *qabāru* „bestatten" klang, Deller (1990c) 63 u. id. (1991). Von B. aus wurde → Arzuḫina über → Sarê erreicht. Nach Ur (2013) 102 wäre Tall Bqarta, in der Ebene von Erbil, ca. 30 km nordwestlich von Altūn Kūbrī ein möglicher Kandidat für B. S. Parpola (Helsinki Atlas, Gazetteer, 7 s. v.) identifiziert B. mit Tappe Ya'qūb, ca. 20 km nordwestlich Altūn Kūbrī. Zadok (1995a) 228, 1.4.5 lokalisiert B. in Arzuḫina, da er Dellers Lokalisierungsvorschlag als „südlich des Unteren Zab" missverstand. Helsinki Atlas, 4. 10. 28 (Tappe Ya'qūb).

Bar[...]

uru*bar*-[x-x]
3-20) SAA 11, 231, 3' [Kār-(...) 1]

¶ NAT, 199 (s. v. Kār-[...])

Vermutlich eine Stadt in Zentralassyrien bzw. in einem benachbarten Gebiet (N).

Barbaz

uru*ba-ar-ba-az*
1-11) Tigl Ann 5, 1 [Ḫarabisina, Tasa]

¶ NAT, 67.

Stadt in Nordmesopotamien, die von Tiglatpileser III. annektiert und der Provinz → Na'iri zugeordnet wurde, RlA 1, 399f. (E. Ebeling), Toffteen (1907) 357. Nach Tadmor (1994) 184 könnte B. identisch mit → Barzunna sein.

Barḫalzu

bar-ḫal-za
2-16) Eponym 674 (-*ḫa*[*l-za*]) [*šaknu*]
5-16) SAA 6, 277, Rs. 12 [*šaknu*]

kur*ba-ar-ḫa-zi*
1-11) Tigl Ann, 9, 10 ([kur]*ba*-) [*pīḫatu*]

^{kur}*bar-ḫa-zi*

3-13) ND 2386, ii, 19’ (Iraq 23, pl. 11) (-*z*[*i*])
3-15) SAA 7, 130, 2 ($^{\text{kur!}}$*ba*[*r*]-⸢*ḫa*$^{?}$⸣-[*z*]*i*) [*bēl pīḫati*]

^{kur}*bar-ḫal-za*

3-16/19) SAA 7, 4, i, 11’ [*bēl pīḫati*]
3-20) ND 2679, 3 (Iraq 23, pl. 22); SAA 11, 225, 1’ ($^{\text{kur!}}$*bar*$^{!}$-*ḫal*$^{!}$-[*za*$^{?}$]) [*pīḫatu*]
4-13) SAA 1, 245, 4’; id., 246, 13
4-15) SAA 13, 107, 13; id., 109, 11; SAA 16, 29, 8 [*bēl pīḫati*]; id., 45, u. Rd. 17’
4-15/16) SAA 13, 85, Rs. 1 [Arrapḫa]
4-16) SAA 10, 96, 13 [Raṣappa; *bēl pīḫati*]. 17 [Raṣappa, Diqūqīna]
5-14) SAA 6, 90, 4 [*bēl pīḫati*]
5-15) SAA 6, 234, 10
5-16) SAA 14, 86, Rs. 6’ (^{kur}<*bar*>-) [*šaknu*]
5-19) SAAB 2, 1, Rs. 5’ ($^{\text{[k]ur}}$*bar*-)
7-16) SAA 12, 50, 15. 16

^{kur}*bar-ḫal-zi*

1-14) RINAP 3/1, 111.18, vii, 36’ [Stadttor von Ninive]
3-13) SAA 11, 15, Rs. i, 3’ ($^{\text{[kur]}}$*bar-ḫal-z*[*i*])
3-20) SAA 11, 221, 7
4-11) SAA 19, 56, Rs. 6’. 11
4-13) SAA 1, 107, 10 (-⸢*zi*$^{!}$⸣)
4-16) SAA 10, 173, 13 [*bēl pīḫati*]
5-15) SAA 6, 252, li. Rd. 4 (-⸢*zi*$^{!}$⸣) [*šaknu*]
5-16) SAA 6, 323, 4

^{kur}*bar-ḫal-zu*

3-16) SAA 1, 135, 1’ (-⸢*zu*$^{!}$⸣) [Arrapḫa]

^{uru}*bar-ḫa-za*

9-20) SAA 11, 3, ii, 3’ [Guzāna, Si’immê]

^{uru}*bar-ḫal-za*

3-16) SAA 7, 3, i, 13’ [*bēl pīḫati*]
5-15) SAA 6, 234, 1

^{uru}*bar-ḫal-zi*

4-15/16) SAA 13, 31, 6. 11 [*bēl pīḫati*]
5-15) AnSt 7, 144, Rs.7’ 1 [*šaknu*]

5-16) Gezer 3, Rs. 6' [*bēl pīḫati*]

N:
^{kur}*bar-ḫal-za-a-a*
4-15) SAA 16, 29, Rs. 2
5-14) SAA 6, 116, Rs. 7' (-[*ḫal-za-a-a*]

¶ NAT, 67 (Barḫalzi); nA PN Barḫalzāju, PNA 1/II, 270. Ein weiterer Beleg ist 5-16) O 3700, Rs. 4 (unpubl. zit. in PNA 1/I, 180, s. v. Aššur-dūru-uṣur, Gouverneur von B., der als Eponym des Jahres 652 den Text datiert, ohne Angabe der Orthographie).

Assyrische Provinz und gleichnamige Stadt, die nicht genau lokalisiert werden können, RlA 1, 401 (E. Unger), Zadok (1995a) 237, 3.7. Dass der Statthalter von B. im Brief SAA 10, 173 Land in → Ḫalaḫḫu beansprucht, scheint ein Hinweis dafür zu sein, dass die Provinz B. an Ḫalaḫḫu angrenzte, Parpola (1983) 98 (zu LAS 114, 13). Dementsprechend wäre eine Lokalisierung nördlich des Ğabal Maqlūb zwischen dem Flüssen Rūbār Atrūš und Ḫosr plausibel, RlA 11, 53f., Nr. 39 (K. Radner). Dagegen sucht Hannoon (1986) 121–125 B. nach einem Vorschlag von Reade (1978a) 54 am westlichen Ufer des Tigris (→ Diglat) gegenüber Ninive und schlägt Tulūl al-Ġizlani bei Mosul als Kandidaten vor. Eine Lage westlich vom Tigris basiert jedoch auf der Annahme, dass der Name des 17. Stadttor von → Ninive, „Der Gott Anum ist der Schützer meines Lebens: das Tor des Arbeitsanteil des Landes B.“ („^{d}Anum *naṣir napištīja abul pilku* B.“), das südlich von Kuyuncik zu suchen ist, auf die Lage von B. hindeuten würde. Wie aber Reade richtig meint, ist der Name so zu verstehen, dass das Tor vom Gouverneur von B. gebaut wurde bzw. werden sollte, RlA 9, 402f. Die Stadtmauer von → Dūr-Šarrukīn wurde z. B. in Abschnitte geteilt, für deren entsprechende Arbeitsabschnitte (*pilku*) unterschiedliche Gouverneure verantwortlich waren, Fales/Postgate (1995) xvi. Da der Torname keinen Hinweis für die Lage von B. darstellt, ist Hannoons Identifizierung zu streichen. Postgate (1995) 12 (mit fig. 5 auf S. 17) sucht die Provinz B. in der Ğazīra östlich von Naṣībīna und nördlich des Ğabal Singār auf der Basis der Erwähnung von B. in einer Urkunde aus Girnavaz (SAAB 12, 1, Rs. 5'). Gegen Forrer (1920) 113f. ist B. von Ḫalzi zu trennen, RlA 4, 64 (J. N. Postgate). Helsinki Atlas, 4. 27 (westlich vom Tigris).

In B. befanden sich die Dörfer → Kapar-Nūni und → Kapar-Rēmūti, wahrscheinlich die Stadt → Mutianni und vielleicht die Stadt → Nabur.

Bariḫti

^{uru}*ba-ri-iḫ-ti*
7-16) SAA 12, 60, 11’ (-[*r*]*i*)

¶ NAT, 68 (Bariḫtu).

Stadt im Bereich von → Tillê, Kessler (1980) 10, Zadok (1995a) 270, 6.1.2.

***Barikatu**

N:
^{uru}*ba-ri-kát-a-a*
5-14) SAAB 5, 22, Rs. 6

¶ Vielleicht identisch mit aB Barikatim in einem Text aus Tall ar-Rimāḥ/→ Zamāḫu (OBTR 330, 7).

Lage unbekannt, möglicherweise eine Stadt in Zentralassyrien (A), Zadok (1995a) 243, 4.1.3.3.

***Barkala s. *Maškala**

Barma

^{uru}*bar-ma*
3-11/13) ND 2622, 5 [Ḫarlazu, Anî-il]

¶ NAT, 68.

Wahrscheinlich eine Stadt in der Nähe von → Baqarri (erw. in ND 2622, 8) , Zadok (1995a) 228, 1.4.6.1.3 (jedoch nicht in → Arzuḫina!). Eine Stadt Abarma (NAT, 1 u. 407) gibt es nicht; in SAA 4, 58, 10 ist $^{[lú]}$A.BA *ar-ma-a-a* statt [x] *a-ba-ar-ma-a-a* zu lesen.

Barūri

^{uru}*bar-ú-ri*

5-15) SAA 6, 252, Rs. 5' (-⸢*ri*$^{!}$⸣). li. Rd. 2 (⸢^{uru}⸣*bar-ú-*⸢*ri*$^{!}$⸣) [Ši(...)]

¶ NAT, 70 (Baruḫu); vgl. nA PN Bar-ūri, PNA 1/II, 274.

Vermutlich eine Stadt in Zentralassyrien bzw. in einem benachbarten Gebiet, in der Nähe von → Ši[...]. Da der Besitzer des zu verpachtenden Grundstücks in B. aus →^{1} Ḫazzat stammt, geht Zadok (1995b) 628f. u. id. (2000c) 664f. davon aus, dass B. in der Nähe von dieser Stadt zu suchen ist, und dementsprechend schlägt eine Identifizierung mit Burēr (klass. Bourira, TAVO Karte B VI 10, Südteil), ca. 18 km nordöstlich von Ġazza vor. Dass Abi-rāmu, die Schwester der Königsmutter Naqī'a, ein Grundstück an der Mittelmeerküste verpachtet, kann nicht ausgeschlossen werden, scheint aber unwahrscheinlich. Dass Naqī'a gewisse Interessen in → Laḫīru 1 hatte (SAA 6, 255 u. nicht SAA 14, 469 wie in PNA 2/II, 930 s. v. Naqī'a c), ist aber kein gewichtiges Argument für die vorgeschlagene Identifizierung (Zadok [2000c] 664f.).

Barzania

^{uru}*bar-za-ni-a*

1-04) RIMA 2, 101.21, 15' [Dikun]

¶ Vielleicht in → Bīt-Zamāni, falls identisch mit → Barzaništun, RIMA 2, S. 265.

Barzaništa

^{uru}*bar-za-ni-is-ta*

7-16) SAA 12, 50, 28 [Jada'î, Til-zanî]

^{uru}*bar-za-ni-iš-ta*

4-13) SAA 5, 97, Rs. 7' (-[*ta*]) [Dūr-Šamaš]

¶ NAT, 70.

Stadt in → Izalla, Kessler (1980) 47 Anm. 205, Liverani (1992) 85, Toffteen (1907) 349, Zadok (1989) 164f., id. (1995a) 271. Nach Falkner (1957-58) 15f. lag B. in den Ausläufern des Karaca Dağ. Der Vorschlag von Lipiński (2000) 147 (mit Karte auf S.

139), B. mit Göktepe, etwa 5 km südwestlich von Çinar, zu identifizieren, ist rein hypothetisch. Wahrscheinlich von → Barzaništun zu trennen; vgl. → Barzania.

Barzaništun

^{uru}*bar-za-ni-iš-tu-un*

1-04) RIMA 2, 101.1, iii, 104 [Amadani, Damdammusu]; id., 101.22, 3' (-[(*un*)])

¶ NAT, 70.

Stadt in → Bīt-Zamāni im Gebiet des heutigen Pirinçlik (Liverani [1992a] 85), die von → Barzaništa in → Izalla wahrscheinlich zu trennen ist, Radner (2006) 296 Anm. 104. S. → Barzania.

Barzunna

^{uru}*ba-ar-zu-un-na*

1-11) Tigl Ann, 20, 5' (erg.) [Ququsanšu]; id. Summ 9, 17' [id.]

¶ NAT, 70.

Stadt in Nordmesopotamien im Gebiet der Tigrisquellen, die von Tiglatpileser III. annektiert und der Provinz → Na'iri zugeordnet wurde, Kessler (1980) 166f., id. (1995) 59–62. Nach Tadmor (1994) 184 könnte B. identisch mit → Barbaz sein.

Bašānu

^{uru}*ba-ša-a-nu*

3-05) Billa 82, 14' (^{uru}⸢*ba-ša*⸣-) [Rēš-ēni, Bulul]

¶ NAT, 71.

Stadt, die in den Texten aus Tall Billā (→ Šibaniba) erwähnt wird und vermutlich in ihrer Umgebung lag.

***Ba’û**

N:

^{kur}*ba-’u-u-a-a*

3-20) ND 2664, Rs. 1 (Iraq 23, pl. 22) (⸢$^{kur?}$⸣*ba-*)

¶ Lage unbekannt; im Text werden aber meist Städte im Diyālā-Gebiet (→ Dūr-Bēl-ilā’ī, → Gannanāte, → Kār-Aššur, → Laḫīru, → Zabban) erwähnt.

Bāza

^{kur}*ba-a-za*

1-02) RIMA 2, 99.1, Rs. 7’ (Ḫabḫu, Sarbalia, Diduala)

¶ NAT, 71 (s. v. Bāzu); zu ähnlich lautenden ON und zu PN s. Komm s. v. → Bāzu.

Land nördlich von Zentralassyrien in → Ḫabhu 3, Fuchs (2000) 76 mit Karte I auf S. 94. Könnte identisch mit → Bāzi 1 und → Bāzi 2 sein, Brinkman (1968) 160 Anm. 970; nicht mit → Bāzu zu verwechseln.

Bāzi 1

^{kur}*ba-zi*

1-11) Tigl Summ 9, 20’ [*nagiu*, Arānu, Uallia, Tasu, Ura]

¶ NAT, 71 (s. v. Bāzu); zu ähnlich lautenden ON und zu PN s. Komm s. v. → Bāzu.

Land im Nordmesopotamien am Oberen Euphrat, das in die „Provinz des Generals“ (→ Pīḫat-Bīt- turtāni) von Tiglatpileser III. annektiert wurde. B. könnte identisch mit → Bāza und → Bāzi 2 sein, Brinkman (1968) 160 Anm. 970 nicht mit → Bāzu zu verwechseln.

In B. befanden sich die Städte → Arānu, → Tasu, → Uallia und → Ura 1.

Bāzi 2 (?)

^{uru}*ba-zi*

5-20) SAA 14, 305, 1’ (^{uru}⸢*ba*$^{?}$-*zi*$^{?}$⸣) [Burunatu, Uštalaḫi]

¶ NAT, 71 (s. v. Bāzu); zu ähnlich lautenden ON und zu PN s. Komm s. v. → Bāzu.

Vermutlich eine Stadt in Zentralassyrien bzw. in einem benachbarten Gebiet, könnte aber identisch mit → Bāza oder → Bāzi 1 sein. Nicht mit → Bāzu zu verwechseln.

Bazrê

^{uru}*ba-az-re-e*

7-16) SAA 12, 50, Rs. 34' [B. *ša* ^{lú}*zukāja*]

¶ NAT, 70 (Basrê). Eine Verbindung zu bibl. *boṣrâ* (Zadok [1978a] 166) bzw. zu Am. Buṣrūna (RGTC 12/2, 61), das heutige Buṣrā (ABD 1, 775) ist jenseits einer eventuellen etymologischen Verwandtschaft zu bezweifeln.

Möglicherweise eine Stadt in Zentralassyrien bzw. in einem benachbarten Gebiet, Zadok (1995a) 268, 5.1.2.6.1. Die Deutung „B. der Leute aus → *Zuka“ (Fales [1973] 81) ist vor „B. of the *mercenaries*“ (SAA 12, 50, < *sukkû* „professional troops“, AEAD, 134) zu bevorzugen.

Bāzu

^{kur}*ba-a-zi*

1-15) RINAP 4, 112.1, iv, 76 (Var.) [*nagiu*]; id., 112.2, iii, 33 [id.]; 112.3, iii, 30' (^{kur}*ba*]-)

^{kur}*ba-a-zu*

1-15) RINAP 4, 112.1, iv, 53 [*nagiu ša ašaršu rūqu*]; id., 112.2, iii, 9 [id.]; id., 112.3, iii, 13' [id.]; id., 112.4, ii', 25' ($^{\text{[kur]}}$*ba*-) [id.]; id., 112.8, i' 12' [id.]

^{kur}*ba-az-zi*

1-15) RINAP 4, 112.77, 26 [*nagiu*]; id., 112.78, 23 [id.]; id. 112.79, 23 ([^{kur}*ba-az-zi*]) [id.]; id., 112.93, 13 ([^{kur}*ba-az-zi*]) [id.]

^{uru}*ba-a-su*

1-15) RINAP 4, 112.60, 4' [*nagiu ša ašaršu rūqu*]

^{uru}*ba-a-ṣi*

1-15) RINAP 4, 112.13, 45 (-⸢*ṣi*⸣)

^uru^*ba-zi*
1-15) RINAP 4, 112.1, iv, 76 [*nagiu*]

¶ NAT, 71; RGTC 8, 73 (nB/spB Bazza); weder mit sarg. Baz (RGTC 1, 27), mB Bīt-Bāzi (RGTC 5, 54f.), nB/spB Bāṣ (RGTC 8, 70–72; Brinkman [1968] 158–160) und nA → Baṣ noch mit den verschiedenen, aB Bāṣum (RGTC 3, 39; Brinkman [1968] 158 Anm. 956) in Verbindung zu setzen; vgl. PN Bāzāju (PNA 1/II, 278) und Bāzītu (PNA 1/II, 279).

Ein Land, das wahrscheinlich im nordöstlichen Teil der Arabischen Halbinsel am westlichen Ufer des Arabischen Golfs zu suchen ist (Eph'al [1984] 134–137; Heimpel [1987] 67 mit Abb. 2, Liverani [1999–2001] 70–74, RINAP 4, S. 20, Zadok [1977-78a] 53 Anm. 134, id. [1981] 56). B. lag in der Nähe des Gebirges → Ḫazû und wird als ein fernes und arides Land beschrieben, das 120 bzw. 140 *bēru* (ca. 1300 bzw. 1500 km) von → Ninua entfernt liegt. Dementsprechend hätte B. etwa gegenüber Baḫrain gelegen haben können (Liverani [1999–2001] 73 mit Karte auf S. 74). Wenig plausiblere Lokalisierungsvorschläge sind im westlichen Teil der syrischen Wüste (Delitzsch [1881] 307) und im nordwestlichen Teil der Arabischen Halbinsel (Hommel [1926] 558f., RlA 1, 440f. [E. Forrer], Potts [1982]), s. dazu Eph'al (1984) 130–137 (mit Diskussion und älterer Literatur) u. Liverani (1999–2001) 70f. contra Potts (1982). Die Identifizierung mit der Azraq Oase in Jordanien (Potts [1999]), die auf einer römischen Inschrift aus dem späten 3. Jh. u. Z. beruht, ist nicht einleuchtend. Ebenfalls nicht überzeugend ist die Lokalisierung von B. an der iranischen Küste an der Straße von Hormuz (RGTC 11, 40 s. v. Bāza/u, Vallat [1991], 15 mit Abb. 4–5 auf S. 19f., TAVO Karte B IV 11), die auf die Deutung der „Brücke (*titurru*) von B.“ (Sg Geographie, 1) als „Meeresenge (von Hormuz)“ basiert. Nicht mit → Bāzi zu verwechseln.

In B. befanden sich die Städte → Alpijana/Ilpi'atu, → Diḫrānu, → Ga'uani, → Ḫandasu/Ḫaldisu, → Iḫilu, → Jadi' (bzw. in der Nähe vn B.), → Magalānu, → Padê/Puda', → Qatabu'/Qadaba' und → Udēru sowie das Gebirge → Ḫazû.

***Benana**

N:
^uru^*be-na-na-a-a*
5-16) BATSH 6, 119, Rs. 16 (Ḫindānu, Sūḫu)

¶ Möglicherweise eine Stadt in der Umgebung von → Dūr-katlimmu bzw. am mittleren Euphrat (zwei weitere Zeugen stammen aus → Ḫindānu und → Sūḫu).

Benuḫše

^{uru}*be-nu-uḫ-še*
5-22) StAT 3, 74, 4 (^{uru}*be*$^{?}$-[*nu*$^{?}$-*uḫ*$^{?}$-*še*$^{?}$]) [Lāra(…), (…)ša'ate]. Rs. 4' ($^{[ur]u}$*be*-)

¶ Möglicherweise eine Stadt in Zentralassyrien bzw. in einem benachbarten Gebiet (A). B. lag nicht weit von der Straße, die von → Lāra[…] zu → […]ša'ate führte.

Benzu

^{uru}*bé-en-zu*
1-11) Tigl Summ 1, 34 [*birāti ša* Urarṭu; Anganu]

¶ NAT, 72.

Urartäische Festung im Gebiet zwischen dem Oberen Euphrat und den Tigrisquellen, die von Tiglatpileser III. annektiert und der Provinz → Na'iri bzw. der „Provinz des Generals" (→ Pīḫat-Bīt-turtāni) zugeordnet wurde, RlA 1, 483 (E. Ebeling). Eine Gleichstellung mit → Penzâ kann nicht ausgeschlossen werden, Kessler (1995) 63f.

Be-Rapši s. Til-rapši

BEsa[…] (?)

^{uru}BE-*sa*-[…]
5-09) Edubba 10, 29, Rs. 29 (^{uru}BE-*sa*-x […]) [Āl-Mār-Danna-Adda]
5-22) Edubba 10, 43, Rs. 38 (^{uru}BE-*sa*-⌜x-x⌝)

¶ Lage unbekannt, möglicherweise eine Stadt in → Isāna, s. Komm. zu → Āl-Mār-Danna-Adda. Die Erwähnung einer Gottheit, „die in Guzāna wohnt", in der Strafklausel der Kaufurkunde Edubba 10, 43 könnte auf eine Lage des verkauften Grundstücks im Ḫābūr-Gebiet hindeuten (Edubba 19, S. 58). Da es sich aber um eine Urkunde aus → Kalḫu handelt, ist es nicht zwingend, dass der Zeuge Šunu-aḫḫē aus B. auch aus dem Ḫābūr-Gebiet stammt.

Be-Saḫiḫâ s. Til-Saḫiḫâ

Bezūti s.Til-sūti

Bi[…] 1

^{uru}*bi*-[x (x)]
3-20) SAA 12, 59, 12' [Tīna]

¶ Möglicherweise eine Stadt in Zentralassyrien bzw. in einem benachbarten Gebiet.

Bi[…] 2

^{uru}*bi*-x-[…]
3-21) Billa 84, 5' [Naḫal-(…), Iṣ(…)]

¶ Stadt, die in den Texten aus Tall Billā (→ Šibaniba) erwähnt wird und vermutlich in ihrer Umgebung lag.

Bidūa

^{uru}*bi-du-u-a*
3-20) SAA 11, 87, 3

¶ Vermutlich eine Stadt in Zentralassyrien oder in einem benachbarten Gebiet.

Bidušâ

^{uru}*bi-du-ša-a*
4-20) St Chab I, 185, 14, 4' (-⸢*a*⸣) [*ḫarrānu ana* B.]

¶ Stadt in der Nähe von → Dūr-katlimmu, St Chab I, 185.

***Biḫa[…] (?)**

N:
^{uru}*bi-ḫa*-[(x)-]*a-a*
3-11) GPA 114, 7 (^{uru}*bi*$^{?}$-)

¶ Möglicherweise eine Stadt in der Nähe von → Kalḫu, Zadok [1995a] 249, 4.7.4.2.2.

Binṭiṭi s. Pinṭiṭi

Birdanša

^{kur}*bi-ir-da-šu*
1-11) Tigl Summ 1, 31 ($^{⌜kur⌝}$*bi-*) [*šadû*; Ubula]

^{kur}*bir-da-an-šá*
1-11) Tigl Summ 9, 15' [*šadû*; Ubula]

^{uru}*bi-ir-da-a-šá* (ev. ^{uru}*bir-da-a-šá*)
1-11) Tigl Summ 5, i, 18 ([^{uru}*bi-ir*]-)

¶ NAT, 73.

Berg und, wenn die Ergänzung stimmt, gleichnamige Stadt in der „Provinz des Mundschenks" (→ Māt-Rab-šāqê).

Birdunu

^{uru}*bir-du-nu*
4-11) SAA 19, 72, 6 [Sarun]; id., 74, 4

¶ NAT, 73.

Stadt in Nordmesopotamien, wahrscheinlich in einem an →[3] Urarṭu angrenzenden Gebiet.

Bir-nāri

^{uru}*bir-na-a-ri*
3-13) SAA 11, 215, 3' [B. *ina* Balīḫu]

¶ NAT, 73.

Stadt im Balīḫ-Becken, die im Gebiet der Stadt → Balīḫu 1 lag, Zadok (1995a) 273, 7.1.7.2; vgl. →[1] Ebir-nāri.

Birte (??)

^{uru}*bir-te*
3-05) Billa 72, Rs. 9

¶ NAT 74 (s. v. Bīrtu). Nach dem (zerbrochenen) Kontext ist es wahrscheinlich jedoch nicht sicher, dass es sich um einen ON handelt. Die gleiche Schreibung ist ansonsten mit der Bedeutung „Festung" bezeugt, z. B. SAA 5, 162, 7, SAA 19, 92, 5.

Wahrscheinlich eine Stadt in der Umgebung von → Šibaniba, Zadok (1995a) 256, 4.17.1.11.

Birtu 1 (?)

^{kur}ḪAL.ṢU
5-16) BATSH 6, 125, 5 (Lesung nicht sicher)

¶ Möglicherweise klass. Birtha Aspōrakou, s. Luther (1999) bes. 81f. u. id. (2002) 3 u. 6; nA PN Birtaiu, PNA 1/II, 347.

Land (?) am Mittleren Euphrat in der Umgebung von → Dūr-katlimmu; Radner (2002) 5 mit Anm. 37 u. 41. Der ON B. ist relativ häufig bezeugt; vgl. → Birte, → Birtu 2, → Birtu 3, →^{3} Birāti 1, →^{3} Birāti 2 mit Verweisen auf andere Perioden, darüber hinaus RGTC 12/2, 55 (Birtu am mittleren Euphrat).

Birtu 2

^{uru}*bi-ra-te*
4-13) SAA 5, 128, 7 (^{uru}*bi-*[*ra-te*]) [Urarṭu; Brief des Nabû-lē'i, bekannt aus anderen Texten als Gouverneur der Provinz B.]

^{uru}*bir-a-te*
4-13) SAA 1, 45, 11 [Anisu, Ḫabḫu 3; dieser Beleg gehört wahrscheinlich hier, s. Fuchs (2000) 77. Wegen der Erwähnung von →^{3} Anisu könnte es sich aber um eine Homonyme Stadt in →^{3} Ḫabḫu 2 handeln.]

^{uru}*bir-tu*
2-11) Canon 739 B1 [Ulluba]

^{uru}*bir-tu*$_4$
4-16) SAA 10, 96, 20 [Ḫalzi-atbāri, Arzuḫina]

^{uru}ḪAL.ṢU
3-11) GPA, 128, 3 [*bēl pīḫati*]
3-13) SAA 11, 219, i, 20'. 24' [*pīḫatu*]
4-13) SAA 1, 31, Rs. 5 [*bēl pīḫati*]
5-13) SAA 6, 31, Rs. 22 [*bēl pīḫati*]
5-20) SAA 14, 187, 2 (Zugehörigkeit hier unsicher)

¶ NAT, 74 (Bīrtu); nA PN Birtāju, PNA 1/II, 347; vgl. klass. Birthōn (Lage unsicher, vermutlich nördlich der Mündung des Batman Çayı in den Tigris, TAVO Karte B IV 14; Barrington Atlas 89).

Stadt und assyrische Provinz, im Tal des östlichen Ḫābūr, nördlich von Dahūk, die von Tiglatpileser III. 739 eingerichtet wurde, Kessler (1980) 166–170, Postgate (1973) 57–79, RlA 4, 64 s. v. Halzu 1 (J. N. Postgate), RlA 11, 56f., Nr. 40 (K. Radner). Die Provinz B. ist auch als → Ulluba 2, das Gebiet, das annektiert wurde, bezeugt. Die Hauptstadt dieser Provinz könnte eine gleichnamige Stadt B. gewesen (so RlA 11, 56). Es ist aber zu beachten, dass die gleiche Provinz in einer Inschrift des Tiglatpileser III. als „Provinz (der Stadt) → Aššur-iqīša“ bezeichnet wird (Summ 9, Vs. 10'). Aššur-iqīša war eine Neugründung, in der Tiglatpileser einen Palast bauen ließ und anscheinend einen Eunuchen als Gouverneur einsetzte, so dass sie auch als Provinzhauptstadt in Frage kommt (so Fuchs [2000] 76). S. → Birtu 3 u. →^{3} Birāte 3.

Birtu 3 (?)

^{uru}ḪAL.ṢU
3-15) SAA 7, 9, ii, 28' (^{uru}ḪAL.[ṢU])

¶ nA PN Birtāju, PNA 1/II, 347.

Lesung unsicher, könnte identisch mit → Birtu 2 sein; die Logographische Schreibung ist auch bei → Birtu 1 , Birtu 2 und →^{3} Birāte 1 bezeugt.

Birtūri (?)

^{uru}*bir-tu-u-ri*
3-11/13) ND 2618, 2' (Iraq 23, pl. 19) (^{uru}⌜*bir-tu*$^{?}$⌝-*u-r*[*i*]) [Ḫaldiānu]

¶ NAT, 75.

Vielleicht eine Stadt im Ḫābūr-Dreieck (wegen der Erwähnung von → Kaḫat in Z. 6'), Zadok (1995a) 236, 3.6.1.11.1.

Bisuru

kur*bi-su-ru*
1-04) RIMA 2, 101.1, iii, 40 [*šadû marṣu*]

¶ NAT, 75; RGTC 1, 26 (sarg. Baśar/Basalla); RGTC 2, 26 (Ur III Bašar); RGTC 3, 42 (aB Bisir); RGTC 5, 52 (mA Bešri); vgl. Ḫiḫi (mA/mB RGTC 5, 125), Ḫeḫe (heth. RGTC 6/1, 108) mit Zadok (1991c) 108f.

Der Ǧabal Bišrī, ein Gebirge westlich vom Mittleren Euphrat zwischen den Einmündungen von → Balīḫu und → Ḫābūr, Horn (1922) 146, Liverani (1992a) 70, Pappi (2006), RlA 1, 430 s. v. Basar (E. Ebeling), RlA 2, 18 s. v. Bêšri (E. Honigmann). TAVO Karte B IV 10 u. 13; Helsinki Atlas, 9.

Biṣ[...]

uru*bi-iṣ*-[...]
3-13) SAA 11, 212, 5' (*-iṣ*?-) [*qanni* Mar(...])]

¶ Stadt im Gebiet von → Mar[...] im Balīḫ-Becken.

Bīt-[...] 1

uruÉ-[...]
5-13) SAA 6, 27, 3' (uru!⌜x⌝-[x x x x]) [*ḫarrānu* B.]

¶ Eine Stadt in der Nähe von → Ḫanūri, vielleicht im Ḫābūr-Dreieck (s. Komm. s. v.); B. könnte identisch mit → Bīt-kutî sein.

Bīt-[...] 2

uruÉ-[x x x x]
5-20) SAA 14, 419, 4' [Bīt-šelēbuna]

Bīt-[…]

¶ Vermutlich eine Stadt in Zentralassyrien bzw. in einem benachbarten Gebiet (N).

Bīt-[…] 3

^{uru}É-[…]
3-20) KAV 186, Rs. 7' (^{uru}É$^{?}$-)

¶ Möglicherweise eine Stadt in Zentralassyrien bzw. in einem benachbarten Gebiet (A).

Bīt-[…] 4

^{uru}É-[…]
3-20) KAV 186, Rs. 12' (^{uru}⸢É⸣-)

¶ Möglicherweise eine Stadt in Zentralassyrien bzw. in einem benachbarten Gebiet (A).

Bīt-[…] 5 (?)

^{uru}É-x x x
3-22) GPA 155, Rs. Viii, 8' ($^{uru?}$É$^{?}$-⸢x x x⸣)

¶ Vermutlich eine Stadt in Zentralassyrien bzw. in einem benachbarten Gebiet (K).

Bīt-[…] 6

^{uru}É-x [x x]
5-16) SAAB 9, 99,6

¶ Möglicherweise eine Stadt in Zentralassyrien bzw. in einem benachbarten Gebiet (A).

Bīt-Abu-ilā'ī

É-AD-DINGIR-*a-a*
3-20) SAA 7, 37, 3 (-⸢AD⸣-)

É-^{uru}AD-DINGIR-*a-a*
5-19) SAA 14, 44, 2 [*ḫarrān* Qubbāte, *ḫarrān* Ḫašana]

$^{\mathrm{uru}\ 1}$AD-DINGIR-*a-a*
5-19) SAA 14, 42, Rs. 12

^{uru}É-AD-DINGIR-*a-a*
5-19) SAA 14, 44, 10

^{uru}É-^{1}AD-DINGIR-*a-a*
5-19) SAA 14, 45, 3. 15 ($^{\mathrm{[u]ru}}$É-)

¶ NAT, 75 (Bīt-Abī-Ilāja); nA PN Abu-ilā'ī, PNA 1/I, 16f.

Stadt, die wahrscheinlich in der östlichen Ǧazīra lag, nicht weit von den Straßen nach → Qubbāte und → Ḫašana, Fales (1981), Fales (1989c), Zadok (1995a) 238, 3.8.12.

Bīt-Adad-[(...)]

^{uru}É-^{d}10-[...]
5-20) SAA 11, 11, 4' ($^{\mathrm{[uru]}}$É-^{d}IM-[(x)]) [Āl-Bēl-na'di]

¶ Lage unbekannt, wahrscheinlich eine Stadt in Zentralassyrien; vgl. → Bīt-Adad-erība, → Bīt-Adad-ēreš, → Bīt-Adad-lē'i.

Bīt-Adad-ēreš

^{uru}É-^{1}10-KAM-*eš*
7-16) SAA 12, 50, Rs. 11' [Āl-sirāšê, Kapar Nabû]

¶ nA PN Adad-ēreš, PNA 1/I, 25.

Wahrscheinlich eine Stadt in Zentralassyrien bzw. in einem benachbarten Gebiet, Zadok (1995a) 267, 5.1.2.5.4; vgl. → Bīt-Adad-[...].

Bīt-Adad-erība

^{uru}É-10-SU
5-05) SAAB 3, 61, u. Rd. 1; id., 62, Vs. 2 (-⌜10-SU⌝)

^{uru}É-^{1}10-SU
3-13) ND 2640, Rs. 36 (Iraq 23, pl. 21) [Tamnūnu]

¶ NAT, 75. nA PN Adad-erība, PNA 1/I, 25. Der Stadtname wurde in der Edition der Urkunden aus Tall Baqqaq 2 irrtümlicherweise ^{uru}É-*u-su* (Bīt-usu) gelesen (Ismail [1989]); für die richtige Lesung s. Deller (1990a). Zu einem eventuellen weiteren Beleg s. → Bīt-Adad-lē'i.

Stadt in der Provinz → Tamnūnu, heute Tall Baqqaq 2, ca. 10 km südlich von Gir-e pan (Iraq 45, 208 u. Iraq 47, 228), Zadok (1995a) 259, 4.27.1. Die Identifizierung ist durch Inschriftenfund gesichert, Deller (1990a), Ismail (1989); vgl. → Bīt-Adad-[...]. TAVO Karte B IV 13; Helsinki Atlas, 4. 28.

Bīt-Adad-lē'i

^{uru}É-^{1}10-ZU
3-20) SAA 7, 23, 7 (-^{1}10$^{!}$-) [Šibaniba, Šūdu]

¶ Vgl. nA PN Adad-lē'i, PNA 1/I, 28. Wegen der Ähnlichkeit zwischen den Zeichen ZU und SU kann nicht ausgeschlossen werden, dass der Ortsname ^{uru}É-^{1}10-SU zu lesen wäre, so dass es sich um einen weiteren Beleg für → Bīt-Adad-erība handeln würde, Zadok (1995a) 259 zu 4.27.1.

Wahrscheinlich eine Stadt in Zentralassyrien bzw. in der westlichen Ğazīra; vgl. → Bīt-Adad-[...].

Bīt-Aššur-lē'i

É-^{1}*aš-šur*-ZU
5-16) BATSH 6, 72, Rs. 15 [Kār-Salmānu, Tarḫê]

¶ nA PN Aššur-lē'i, PNA 1/I, 193f.

Möglicherweise eine Stadt in der Umgebung von → Dūr-katlimmu; s. → Kār-Salmānu.

Bīt-Baḫiāni

DUMU-*ba-ḫi-a-ni*
1-02) RIMA 2, 99.2, 101 [Guzāna]
1-04) RIMA 2, 101.1, ii, 22 [Izalla, Ḫatti]; id. iii, 57 [Ḫatti]. 58 [It. nach Izalla]; id., 101.17, ii, 73 ([DU]MU-*ba-ḫi-*⸢*a-ni*⸣) [Izalla, Ḫatti]; WVDOG 121, 59f, Rs. 8' (-*ḫ*[*i-a-ni*]) [Izalla]

É-*ba-ḫi-a-ni*
1-04) RIMA 2, 101.1, iii, 57 [Ḫatti]. 58

¶ NAT, 78; nA PN Baḫiānu, PNA 1/II, 252.

Aramäischer Staat im Oberen → Ḫābūr-Gebiet, dessen Zentren → Guzāna und → Sikāni waren, Lipiński (2000) 119–133, Liverani (1992a) 44, RlA 2, 37 [E. Unger], Sader (1987) 21–45, Zadok (1995a) 232, 3.4. TAVO Karte B IV 10; Helsinki Atlas, 3. 26.

Bīt-Binini

^{uru}É-*bi-ni-ni*
5-16) BATSH 6, 48, 4. 8 [Āl-ša-Zibâ, Bīt-Sa'īli]

¶ Wahrscheinlich eine Stadt in der Umgebung von → Dūr-katlimmu.

Bīt-da[…]

^{uru}É-*da*-[…]
3-05) Billa 82, 2' (-[*d*]*a*-) [Elammaki]

¶ NAT, 81.

Stadt, die in den Texten aus Tall Billā (→ Šibaniba) erwähnt wird und vermutlich in ihrer Umgebung lag; vgl. → Bīt-Dagān.

Bīt-Dagān (?)

^{uru}É-*da-gan*
5-13) SAA 6, 32, 4 (-[*gan*$^{?}$])

¶ NAT, 81 (s. v. Bīt-Da[...]).

Stadt in der Nähe von → Adian, Zadok (1995a) 244, 4.4.1; von →[1] Bīt-Daganna zu trennen (dieser Beleg wurde irrtümlicherweise in RGTC 7/1, 48 s. v. Bīt-Daganna eingetragen). Vgl. → Bīt-da[...].

Bīt-Dērāja (?)

uruÉ-*de-ra-a-a*

1-11) Tigl Ann 2, 2 (uru⌜É⌝-) [Ḫatti, Kunalia]

¶ Vgl. RGTC 8, 303f. (nB/SpB [Tamertu-ša-]Bīt-Dērāja) u. SAA 17, 120, Rs. 22 (nB Bīt- Dērāja).

B. könnte sich auf das Umland von →Dēru (Tall al-'Aqar bei Badra) beziehen, Fuchs (2011) 234, Lipiński (2000) 432, RINAP 1, 108.14, 3 mit Komm. Die Lesung des Ortsnamens und die Verbindung mit Dēru sind aber kontrovers, Fuchs (2011) 234 Anm. 26 u. Postgate /Mattila (2004) 241 mit Anm. 16. Nach dem Kontext könnte es sich auch um eine Stadt in der nördlichen Levante handeln. B. würde nach Zadok (1976b) 306 (zu 103, gefolgt von Lipiński [2000] 432) den modernen Ortsnamen Badra sowie die ältere Form Bādarājā erklären. S. → Jamutbal(u).

Bīt-eleppāte

uruÉ-gišMÁmeš-*te*

3-05) Billa 72, 3 (uru⌜É⌝-) [Naḫal-ṣarbite]

uru gišÉ-MÁmeš-*te*

3-05) Billa 72, 8

¶ Stadt, die in den Texten aus Tall Billā (→ Šibaniba) erwähnt wird und vermutlich in ihrer Umgebung lag, Zadok [1995a] 256, 4.17.1.12.

Bīt-erî

uruÉ-*e-ri-i*

4-11) SAA 19, 15, Rs. 15 (-⌜*e*⌝-)

¶ Möglicherweise eine Stadt in Zentralassyrien, Zadok (1995a) 269, 5.3.4.

Bīt-Gabiu

^{uru}É-*ga-bi-u*
5-20) StAT 12, Rs. 10 [*qanni* Ninua; Āl-ša-nappāḫī]

¶ Vgl. nA PN Gabia, PNA 1/II, 416.

Stadt in der Umgebung von → Ninive.

Bīt-Garbāja s. Bīt-Šabāja

Bīt-Ḫa'iri

^{uru}É-*ḫa-a-ir*
4-13) SAA 15, 131, 12. Rs. 15. u. Rd. 22 ([^{uru}É-*ḫ*]*a*$^{!}$-). li. Rd. 24

^{uru}É-^{1}*ḫa-'i-i-ri*
1-14) RINAP 3/1, 111.18, iv, 9' (-⸢*ri*⸣) [Raṣâ]; id, 111.22, iv, 55 [id.]; id., 111.23, iv, 48 (^{uru}[È-^{1}]*ḫa*-) [id.]

^{uru}É-^{1}*ḫa-'i-ri*
1-14) RINAP 3/2, 111.230, 19 [Raṣâ]

N:
$^{lú\ uru}$É-*ḫa-a-ir-a-a*
4-13) SAA 15, 131, 6

¶ NAT, 82 (Bīt-Ḫā'iri).

Garnisonsstadt an der elamischen Grenze, die wie → Raṣâ in elamische Hände gefallen war und von Sanherib zurückerobert und dem Festungskommandant von → Dēru unterstellt wurde, Postgate/Mattila (2004) 249, Zadok (1981a) 67 u. id. (1985b) 44.

Bīt-Ḫalupê

DUMU-*ḫa-lu-pe-e*
1-03) RIMA 2, 100.5, 97 (DUMU-⸢*ḫa-lu-pe-e*⸣) [Sūru *ša* B.; It. von Rummunina, nach Usalla]. 102 (-⸢*lu*⸣-) [id.]

DUMU-^{mí}*ḫa-lu-bé-e*
1-02) RIMA 2, 99.2, 114 [It. von Dūr-Katlimmu nach Ṣuriḫ in Lāqê und weiter nach Ālu-ša-Ḫarāni]

É-*ḫa-lu-pe-e*
1-04) RIMA 2, 101.1, i, 75 [Sūru *ša* B.; Katmuḫi, Bīt-Adini]. 79 [Sūru *ša* B.; It. von Šadikanni; Ḫābūr, Qatnu]

É-^{uru}*ḫa-lu-pe-e*
1-04) RIMA 2, 101.1, iii, 29 [Sūru *ša* B.; Purattu, Lāqê]

É-^{uru}*ḫu-lu-pe-e*
1-04) RIMA 2, 101.1, iii, 29 (Var.)

^{kur}É-*ḫa-lu-pe-e*
1-04) RIMA 2, 101.1, iii, 7. 8 (Var.)

^{uru}É-*ha-lu-pe-e*
1-04) RIMA 2, 101.1, iii, 6. 8 [It. von Dūr-katlimmu, nach Sirqu]

¶ NAT, 82. Zu ^{uru}É-*ha-lu-pe-e*: Die Verwendung des Determinativs URU für Ortsnamen des Typs „Bīt-PN", wenn sie Gebiete bezeichnen, ist eher selten, jedoch bezeugt (vgl. z. B. →^{3} Bīt-Barrūa, → Bīt-Zamāni) und bedeutet nicht, dass es eine Stadt B. gab. Es ist jedoch auffallend, dass URU verwendet wird, wenn es sich um eine Station des Itinerars handelt, jedoch KUR, wenn die Rede vom erhaltenen Tribut ist (RIMA 2, 101.1, iii, 6ff.). Zu einer alternative Deutung als URU É-*ḫa-lu-pe-e* s. Komm. zu → Sūru 1.

Kleines Königtum im Norden von → Lāqê, am Unteren Ḫābūr. Die exakte Lokalisierung von B. hängt von der Lokalisierung dessen Zentrum z. Z. Tukultī-Ninurtas II. und Assurnasirpals II. → Sūru 1 ab. Eine weitere Stadt, die in Verbindung mit B. erwähnt wird, ist → Ṣūriḫ (Zentrum von B. z. Z. des Adad-nērārī II. oder von B. besetzte Stadt?). Wahrscheinlich gehörten auch → Ālu-ša-Ḫarāni und → Niḫutu (?) zu B. S. Horn (1922) 147f. 152f., Lipiński (2000) 78–82, Liverani (1992a) 33. 108 *et passim*, RlA 2, 43 (Bît-Ḫadippê, E. Ebeling), van Driel (1981) 267, Zadok (1995a) 230, 2.3.2. TAVO Karte B IV 10; Helsinki Atlas 9. 31.

Bīt-ḫardini

uruÉ-*ḫar-di-ni*
3-05) Billa 83, Rs. 4 (ur[u] ⸢É-*ḫar-di*⸣-) [Ismeani, Maza(…)ate]

¶ NAT, 82.

Stadt, die in den Texten aus Tall Billā (→ Šibaniba) erwähnt wird und vermutlich in ihrer Umgebung lag, Zadok (1995a) 256, 4.17.1.27.

Bīt-ḫijaṣi[(…)]

uruÉ-*ḫi-ia-ṣi*(-)[x(-)x]
3-05) Billa 82, Rs. 13 (-⸢*ia*⸣-) [Ḫi(…)aṣi(…), Kurzuḫā(…)]

¶ NAT, 82 (Bi:t-Hija[...]).

Stadt, die in den Texten aus Tall Billā (→ Šibaniba) erwähnt wird und vermutlich in ihrer Umgebung lag.

Bīt-Ḫurāpî

uruÉ-*ḫu-ra-bi-i*
5-16) SAA 14, 104, Rs.1

uruÉ-*ḫu-ra-pi-i*
5-16) SAA 14, 104, Rs. 6

¶ NAT, 83 (Bīt-Ḫurāpî); nA PN Ḫurāpu, PNA 2/I, 480.

Wahrscheinlich eine Stadt in der Umgebung von → Ninive. Ninive ist in der Urkunde SAA 14, 104 der Prozessort, und außerdem kann Issār-na'di, der unter den vier Zeugen aus B. gezählt wird und Eilbote aus Ninive ist, nicht weit von dieser Stadt gewohnt haben, Kessler (1980) 125, Zadok (1995a) 254, 4.13.2.1.5.

Bīt-ili 1

^{uru}É-DINGIR
7-07) SAA 12, 4, Rs. 1 [Bāb-būri]

¶ NAT, 83.

Möglicherweise eine Stadt in Zentralassyrien bzw. in einem benachbarten Gebiet, Zadok (1995a) 269, 5.4.1.3; von → Bīt-ili 2 in Babylonien zu trennen.

Bitirru

^{uru}*bi-tir-ru*
1-11) Tigl Summ 1, 26 (-⸢*ru*⸣) [*birāte ša* Urarṭu *ša kutal* Nal; Parisu]

¶ NAT, 204 (Kaštirru).

Festung nördlich vom Berg → Nal in → Ulluba 2 bzw. an der Grenze mit →^{3} Urarṭu und in die von Tiglatpileser neu eingerichtete Provinz Ulluba eingegliedert.

Bīt-Jaḫiri

DUMU-*ia-ḫi-ri*
1-04) RIMA 2, 101.1, ii, 22 [B. *ša* Izalla]; id., 101.17, ii, 72 ([DUM]U-) [id.]

DUMU-^{1}*ia-ḫi-ri*
1-04) Bronze bands, 77 [Beischrift]

É-^{1}*ia-ḫi-ri*
1-04) RIMA 2, 101.83, 1 [Beischrift; (…)su *ša* B.; s. → Magarisu]

¶ Wahrscheinlich der dynastische Name von → Izalla, Curtis/Tallis (2008) Abb. 96 (Darstellung), Liverani (1992a) 43, Lipiński (2000) 136f., RlA 2, 43 (E. Unger; falsch lokalisiert am Ḫābūr!, s. Liverani [1992a] 43 Anm. 166), Zadok (1995a) 273, 7.1.10.1.

Bīt-kutî

^{uru}É-*ku-ti-i*
5-13) SAA 6, 27, 4' (-⸢*ku*⸣-*ti*-⸢*i*⸣). 6' [*ḫarrānu* B.]

¶ NAT, 87.

Eine Stadt in der Nähe von → Ḫanūri, vielleicht im Ḫābūr-Dreieck (s. Komm. s. v.), Zadok (1995a) 235, 3.6.1.4.3; vgl. → Bīt-[…] 1.

Bīt-Marduk

uruÉ-dAMAR.UTU
1-15) RINAP 4, 112.9, ii', 8' [Ša-Aššur-tāru]

¶ NAT, 87.

Stadt in Ägypten (→ Muṣur).

Bīt-Ramannu

uruÉ-d*ra-man-nu*
5-15) SAA 6, 245, 7 [Til-raḫajāte, Bīt-ša-muḫḫi-āli]

¶ NAT, 88 (Bīt-Ramannu).

Stadt in der östlichen Ǧazīra in der Nähe von → Qubbāte, Zadok (1995a) 238, 3.8.10.

Bīt-rēdûti

É-*re-du-ti*
2-06) TCS 5, 168, iv, 4 [Dūr-Papsukkal, Mê-Turnat]

¶ NAT, 88; vgl. RGTC 11, 48 (elam. Bīt-ridūti-rabû u. Bīt-ridūti-ṣeḫru).

Stadt im Osttigrisgebiet, nach Fuchs (2011) 275 identisch mit → Nēmetti-šarri/→ Aḫ-Sāna.

Bīt-Rība-ilu

É-ISU-DINGIR
5-15/16) SAA 6, 338, 6' [*ṭēḫi ḫūli ša issu* B.]

^{uru}É-^{1}SU-DINGIR
5-16) SAA 6, 311, 5 [*ina* B. *ina qanni* Ṣābū-Adad]

N:
^{uru}É-^{1}SU-DINGIR-*a-a*
5-16) SAA 6, 311, Rs. 6

¶ NAT, 81 (Bīt-Erība-ilu); nA PN Erība-ilu, PNA 1/II, 402.

Vermutlich eine Stadt in Zentralassyrien bzw. in einem benachbarten Gebiet, die in der Umgebung von → Ṣābū-Adad lag, Zadok (1995a) 265, 5.1.1.4.1.1. Ein Grundstück grenzte an eine Straße, die von B. zu einer nicht erhaltenen Ortschaft führte (SAA 6, 338).

Bīt-Sa'īli

^{uru}É-*sa-i-li*
5-16) BATSH 6, 48, 11 [Āl-ša-Zibâ, Bīt-Binini]

¶ nA PN Sa'īlu, PNA 3/I, 1063f.

Wahrscheinlich eine Stadt in der Umgebung von → Dūr-katlimmu.

Bīt-sangî

^{uru}É-^{lú}SANGA
5-14) BT 112, 5 (Iraq 25, pl. 21) [*ṭēḫi ḫūl šarri ina* B.]

¶ Die „Stadt des Haushalts des Priesters", wahrscheinlich in der Nähe von → Imgur-Enlil, Zadok (1995a) 251, 4.9.1. Nicht mit →[3] Bīt-Sangi, einer Kurzform von →[3] Bīt-Sangibūti zu verwechseln.

Bīt-Sîn-ibni

$^{lú\ uru}$É-^{d}30-*ib-ni*
4-13) SAA 15, 131, 7 [Bīt-Ḫa'iri]

¶ nA PN Sîn-ibni, PNA 3/1, 1133f.

Möglicherweise ein Stadt an der elamischen Grenze, die im Gebiet von → Dēru lag, Zadok (1985b) 44.

Bīt-ṣuṣāni

uruÉ-*ṣu-ṣa-ni*

7-07) SAA 12, 1, 9 [*ṭēḫi ḫūli ša issu* B. *ana* Samānu]

¶ Stadt in Zentralassyrien. Die Straße von B. nach → Samānu wird als einer der Grenzen von → Qibīt-Aššur, einem Gebiet in der Provinz → Libbi-āli, das Adad-nērārī III. dem Eunuchen Šamaš-nāṣir nahm und dem Aššur-Tempel gab. Wenn Samānu in der Region um → Šibaniba lag und die Straße durch die Provinz Libbi-āli verlief, würde man B. in der Provinz Libbi-āli bzw. nicht weit davon entfernt suchen. Wahrscheinlich identich mit → Ṣuṣāni.

Bīt-Šabāja

É-[1]*šá-ba-a-ia*

1-04) RIMA 2, 101.1, iii, 14 [It. von Ḫindānu über eine Zwischenstation an einem Berg am Euprhrat, nach Anat; *ina pūt* Ḫaridu].15

¶ NAT, 89; auch Lesung É-[1]*gar-ba-a-ia* möglich.

(Stammes)Gebiet am Mittleren Euphrat in → Sūḫu, am linken Flussufer gegenüber von → Ḫaradu/Ḫirbat ad-Dīnīyah, Liverani (1992a) 66 (in fig. 7 als Stadt betrachtet), RlA 2, 41 (E. Ebeling), Zadok (1995a) 229, 2.1.2.17. Mit Liverani loc. cit. nicht identisch mit dem Territorium von Ḫaridu (Musil [1927a] 207). Helsinki Atlas, 9. 31 (als Stadt betrachtet).

Bīt-Šamaš

uruÉ-dUTU

5-16) SAA 14, 126, 7' [Burukutunte, Ālu-ša-Kurbailāju]

¶ Wahrscheinlich eine Stadt in Zentralassyrien bzw. in einem angrenzenden Gebiet, Zadok (1995a) 260, 4.31.10; s. Komm. → Burukutunte.

Bīt(u)-ša-muḫḫi-āli

^{uru}É-^{lú}*ša*-UGU-*ḫi*-URU
5-15) SAA 6, 245, 8 [Bīt-Ramannu, Dūr-Nanâ]

¶ NAT, 89.

Die „Stadt des Haushalts des Stadtvorstehers", die wahrscheinlich in der östlichen Ǧazīra lag, in der Nähe von → Qubbāte, Zadok (1995a) 238, 3.8.11.

Bīt-šaššeri

^{uru}É-*šá-áš-še-ri*
7-07) SAA 12, 7, Rs. 6

^{uru}É-*ša-še-ri*
5-13) ND 2605, 4' (Iraq 23, pl. 19) ($^{[uru]}$É-*ša-še-*⌜*ri*⌝, Lesung CNA)

URU.ŠE-IM.SA$_5$
5-10) GPA 24, 5 (*ina ušalli* B.)

URU.ŠE-IM.SA$_5$-*a*
1-06) RIMA 3, 103.1, i, 46 [Iššabri, Šimu]

URU.ŠE-*ša*-É-*šá-ši-ri*
5-07) GPA 25, 3 (*ina ušalli*)

¶ NAT, 81 (Bīt-Erpitia) u. 89; zur Lesung des Logogramms IM.SA$_5$ s. GPA, S. 60 zu Nr. 24, 5 u. CAD Š/2, 124, s. v. šaršerru; nA PN Bēt-šašširāju, PNA 1/II, 342; vgl. aber nA PN Ša-Šēr, PNA 3/II, 1253 (geschrieben ^{I}*ša-še-ri*). Die logographische Schreibung des ON weist aber eindeutig auf *šaššeru* „roter Ton" (CAD Š/2, 124, s. v. šaršerru a) hin. Ob der ON als „Haus des roten Tons (Bīt-šaššeri) oder als „Haus des Šaššeri" (Bīt-Šaššeri, so Zadok [1995a] 263, 4.34.5) zu deuten ist, bleibt offen. Anders als Zadok (1995a) 249, 4.7.4.1.2 u. 4.7.4.1.2.1 werden Bīt-šaššeri und Kapar-Bīt-šaššeri hier als ein Ort betrachtet.

Einer der Städte (in diesem Fall ein Dorf), die gegen Salmanassar III. revoltierten. Nach J. N. Postgate (GPA, loc. cit.) lag B. in der Region zwischen → Kalḫu und dem Tigris (→ Diglat) bzw. den Oberen Zāb (→ Zāba elû), worauf die Erwähnung von Uferland in GPA 24 u. 25 hindeutet. Das Vorkommen eines Sängers Namens Bēt-šašširāju in GPA

35, 3 bietet – gegen Zadok (1995a) 249, 4.7.4.1.2 – keine Information über die Lage von B.

Bīt-šelēbuna

^{uru}É-*še-le-e-bu-na*
5-20) SAA 14, 419, 3' ($^{[uru]}$⌜É-*še*⌝-) [Šaba(…)]

^{uru}É-*še-li-i-bu-na*
5-20) SAA 14, 419, 5' (-⌜*še*⌝-*li-i-*[*bu-na*])

¶ Vermutlich eine Stadt in Zentralassyrien bzw. in einem benachbarten Gebiet (N).

Bīt-turtāni s. Pīḫat-Bīt-turtāni

Bīt-Urbiru

^{uru}É-^{1}*ur-bi-ru*
7-16) SAA 12, 50, 4 [*ina ḫalzi* Arbail; Darraska]

¶ NAT, 91; vgl. nA PN Urburu, PNA 3/I, 1393 mit Zadok (1985c) 113.

Stadt im Bezirk von → Arbail, Zadok [1995a] 246, 4.6.2.3.

Biturra

^{uru}BI-*it-ur-ra*
1-14) RINAP 3/2, 111.223, 14 (^{uru}⌜BI⌝-) [Mēsu, Kukkinu]

¶ NAT, 279 (s. v. Pitura). Der ON kann als ^{uru}*bi-tu-ur-ra* bzw. ^{uru}*pí-it-ur-ra* gelesen werden.

Stadt an einem Wasserlauf oberhalb von Ḫinis (→ Ḫanusa), im Tal des Rūbār Atrūš, Jacobsen/Lloyd (1935) 42, Hannoon (1986) 221, Reade (1978a) 169, RlA 2, 53 (E. Ebeling), Zadok (1995a) 257, 4.18.7. Jacobsen schlägt eine spekulative Identifizierung mit dem Dorf Beidul vor; s. Komm. zu → Mēsu. Gegen NAT, 279 von →^{1} Pitru und → Pitura zu trennen, Liverani (1992a) 61, Reade (1978a) 169f; vgl. → Bitirru.

Bīt-Zamāni

DUMU-*za-ma-a-ni*
1-03) RIMA 2, 100.5, 15 [Patiškun]. 28
1-04) RIMA 2, 101.17, ii, 39 (-⸢*a*⸣-) [Tušḫan]; id., 101.19, 85. 96

DUMU-*za-ma-ni*
1-04)RIMA 2, 101.1, ii, 12 [Tušḫan]. 118. iii, 105 [Damdammusu]; id., 101.17, iv, 109 (-⸢*ni*⸣); WVDOG 121, 59f, Rs. 2’ (D[UMU-*za-ma-ni*])

DUMU-^{1}*za-ma-a-ni*
1-03) RIMA 2, 100.5, 23 (⸢DUMU$^{?}$⸣-)

É-*za-ma-na*
3-13) ND 2386, Rs. i, 19 (Iraq 23 pl. 11) ([É-*z*]*a*$^{?}$-*ma*-⸢*na*⸣)

É-*za-ma-ni*
5-16) SAA 14, 166, u. Rd. 3 (É-*z*[*a*$^{!}$-*ma-ni*]) [*šaknu*]
7-09) SAA 12, 13, Rs. 12 (⸢É$^{?}$⸣-)

É-*za-man*
5-16) SAAB 5, 59, 2 (-⸢*man*$^{?}$⸣)

É ^{kur}*za ma a ni*
1-05) RIMA 3, 102.14, 143 [Ammaš]; id., 102.16, 230’ (É-[^{kur}*za*]-) [id.]
^{kur}É-*za-am-a-ni*
7-15/17) SAA 12, 89, 1’ (-[*a*$^{?}$-*ni*$^{?}$]) [Raṣappa]

^{kur}É-*za-ma-a-ni*
1-05) RIMA 3, 102.2, ii, 41 [Ḫasamu]
5-14) SAA 6, 158, 5

^{kur}É-*za-ma-na*
4-13) SAA 5, 17, 8 ([^{kur}É]-); id. 48, Rs. 5 (^{kur}⸢É⸣-)

^{kur}É-*za-ma-ni*
1-04) RIMA 2, 101.30, 34 [Šubria]
3-13) ND 2768, (Iraq 23, pl. 26) (-⸢*ni*⸣) [Naṣībīna]; SAA 11, 15, iii, 12 (-⸢*ma-ni*⸣)
4-13) **SAA 5**, 14, 10 (-*n*[*i*]); id. 47, 8; id. 79, Rs. 6 [*ina libbi* Jasume *ina libbi* B.]; **SAA 15**, 267, Rs. 3’ (-[*ma-ni*])

^{kur}*za-man*
5-19) SAAB 5, 61, Rs. 16

^{uru}É-*za-ma-a-ni*
1-05) RIMA 3, 102.2, ii, 41
3-20) SAA 11, 136, i, 3' (-*n*[*a*$^{?}$])

N:
^{kur}*za-ma-na-a-a*
1-04) WVDOG 135, 62, II.1 (^{kur}*z*[*a*$^{?}$]-⸢*ma*⸣-)

^{uru}É-*za-ma-na-a-a*
5-16) SAAB 5, 35, 7 (-⸢*a-a*⸣). Rs. 31

¶ NAT, 91; RGTC 5, 74 (mA Bīt-Zamāni); RGTC 8, 111 (nB/spB Bīt-Zammānu); nA PN Zammānu, PNA 3/II, 1433. In 1-05) NABU 2015/51, 6' könnte É-*a-ni* ein Fehler für B. sein.

Aramäsicher Staat in Nordmesopotamien, im Gebiet um seine Haupstadt → Amēdu (Diyarbakır), und seit der Regierungszeit des Slm III. eine assyrische Provinz, die auch Amēdu, → Na'iri und → Sinabu genannt wurde, Kessler (1980) 159–162, Lipiński (2000) 135–161, id. (2002), Liverani (1992a) 40, Radner und Schachner (2000) 4 mit fig. 2–3, RlA 1, 94f. (E. Unger), RlA 11, 49–51, Nr. 18 (K. Radner), Toffteen (1907) 349-351, Zadok (1995a) 270f., 6.2. Im letzten Drittel des 9. Jh. unterstand S. zusammen mit → Alzi, → Amēdu und → Mallānu dem Mundschenk Ninurta-kibsī-uṣur (SAAS 2, 111 [838]). Der Umfang des Territoriums von B. änderte sich anscheinend im Laufe der Zeit und läßt sich schwer abgrenzen, Liverani loc. cit. Eine Ausdehnung bis in die Gegend von Mardin (Lipiński loc. cit.) ist aber abzulehnen (Kessler [1980] 97, Liverani loc. cit. mit Anm. 145). TAVO Karte B IV 10 u. 13; Helsinki Atlas, 3. 19.

In B. befanden sich die Städte → Amēdu, → Barzaništun, → Damdammusu, → Eziat, → Ḫalziluḫa, → Kinabu, → Laruba 2, →Patiškun und → Sinabu.

Bīt-Zīzê

^{uru}É-*zi-ze-e*
5-24) TH 111, Rs. 15

¶ NAT, 92; vgl. nA PN Zīzê, PNA 3/II, 447–449.

Stadt wahrscheinlich in der Umgebung von → Guzāna, Zadok (1995a) 233, 3.4.6.3.

Bitzua

^{kur}*bit-zu-a*
1-11) Tigl Summ 9, 12' [*birāti dannāti ša* Urarṭu; Suba]

¶ NAT, 93.

Land (und/oder Festung) an der urartäischen Grenze, das von Tiglatpileser III. annektiert und der „Provinz des Schatzmeisters" (→ Māt-Masenni) zugeordnet wurde, Kessler (1980) 168f.

Bu[...] 1

^{uru}*bu*-x(-)[x]
7-16) SAA 12, 61, 9' [Naṣībīna]

¶ NAT, 96.

Stadt, vielleicht in der Region von → Naṣībīna, Zadok (1995a) 236 (3.6.3.4.1 B/pu-še$^{?}$-x-[x]).

Bu[...] 2

^{uru}*bu*-[x x x]
7-17) SAA 12, 37, Rs. 4 [Irbu, Tu(...)]

¶ Möglicherweise eine Stadt in Zentralassyrien bzw. in einem benachbarten Gebiet.

Bugu

^{uru}*bu-gu*
1-04) RIMA 2, 101.18, 31' [Ruzidak, Ustu]

¶ NAT, 93.

Stadt im Land → Dannuna.

***Bulijanu**

^{uru}*bu-li-ia-na*
1-04) RIMA 2, 101.17, ii, 64 (-⸢*li*⸣-) [*nērebu*; Luqia, Ḫabḫu]

^{uru}*bu-li-ia-ni*
1-04) RIMA 2, 101.1, ii, 19 [*nērebu*; Luqia, Ḫabḫu]

¶ NAT 94 (s. v. Bulia).

Stadt und Pass in → Ḫabḫu 4, in der Region des → Kāšiāru-Gebirges (Ṭūr ʻAbdīn), deren genaue Lage umstritten ist, Liverani (1992a) 42, RlA 2, 76f. (E. Ebeling). Auf dem Rückmarsch von → Tušḫan zieht die assyrische Armee durch das Kāšiāru-Gebirge, über den Pass von → B. und entlang des Flusses → Luqia 3 nach der Stadt → Ardupa. Eine genaue Lokalisierung dieses Abschnittes von Asurnasirpals II. zweitem Feldzug ist nicht möglich, Kessler (1980) 179 s. Lokalisierungsvorchläge s. v. → Luqia 3. Der Vorschlag von Olmstead (1918) 229 Anm. 45, B. mit Tall Abade nördlich von Gerçüs zu identifizieren, so wie die vermeintliche Namensähnlichkeit mit dem modernen Ort Bālāne, sind nicht gesichert, Kessler (1980) 56, Liverani loc. cit.

Bulul

^{uru}*bu-lu-ul*
3-05) Billa 82, 15ʼ (-⸢*ul*⸣) [Bašānu, Ḫiḫiḫina]

¶ NAT, 94.

Stadt, die in den Texten aus Tall Billā (→ Šibaniba) erwähnt wird und vermutlich in ihrer Umgebung lag, Zadok [1995a] 256, 4.17.1.28.

Bumar[…]

^{uru}BU-*mar*-x
5-22) StAT 3, 93, 5 (⸢^{uru}⸣*bu/pu-mar*-⸢x⸣)

¶ Möglicherweise eine Stadt in Zentralassyrien bzw. in einem benachbarten Gebiet (A).

Buni

^{uru}*bu-ni*
3-07) ND 3414, 3 (Iraq 15, pl. 11) [Ubasê]

¶ NAT, 94.

Möglicherweise eine Stadt in Zentralassyrien, eine Lage in der Umgebung von → Kalḫu (Zadok [1995a] 250, 4.7.4.14) ist nicht zwingend.

Bunnu([...])

^{uru}*bu-un-nu*(-)[...]
1-04) RIMA 2, 101.19, 52 (-⸢*nu*⸣(-)[...]) [It. von Kibaki nach Zazabuḫa; Maṣula]

¶ NAT, 94.

Stadt im → Kāšiāru-Gebirge (Ṭūr ʻAbdīn), in der Nähe von → Matiātu (Midyat), wahrscheinlich eine Festung der Stadt → Maṣula, Kessler (1980) 45f.

Buralli

^{uru}*bu-ra-al-li*
7-07) SAA 12, 72, 5' ($^{[ur]u}$*bu-*)

^{uru}*bu-ra-li*
1-07) WVDOG 121, 69, Vs., 5' (-*l*[*i*]) [Pandu(...), Ḫabatešu]
7-07) SAA 12, 71, 5 [*ālāni ša ḫalzi* B. *ḫalzi* Arbail]

¶ NAT, 95 (Burallu).

Möglicherweise eine Stadt in Zentralassyrien östlich vom Tigris bzw. in einem benachnarten Gebiet (WVDOG 121, 70, Komm.; Zadok [1995a] 246, 4.6.4.6). B. ist von → Burralim im Ḫābūr-Gebiet zu trennen.

Buramma

^{uru}*bu-ram-ma*[...]
3-13) SAA 11, 133, iii, 11' (-*m*[*a*$^{!}$])

¶ NAT, 281 (Purammu).

Lage unbekannt, vielleicht im oberen Ḫābūr-Gebiet bzw. im Balīḫ-Becken, Zadok (1995a) 235, 3.5.4.18; vgl. → Burrim.

Būrāte 1

^{uru}*bu-ra-a-te*

5-16) SAAB 3, 67, 5 (*gabdi nāri ša* Zuzāna)

¶ Stadt, die sich wahrscheinlich im Ḫābūr-Dreieck befand, Zadok (1995a) 237, 3.6.4.5. Nicht mit →[3] Būrāte 2 in →[3] Elam (gegen Finkel [1989] 65) oder →[3] Būrte im Kurdistan zu verwechseln.

Burralim (?)

^{uru}*bur-ra-lim*

3-07) TH 73+, 6 ([$^{uru?}$*b*]*ur*$^{?}$-*r*[*a*$^{?}$]-⌜*lim*⌝, nach Dornauer [2014] 93) [Ṣiamaninu, Galgulim]

¶ RGTC 3, 46f. (aB Burullum); RGTC 4, 27 (aA Burallum); RGTC 5, 74f. (mA Buralli).

Möglicherweise eine Stadt im Gebiet von → Guzāna, Zadok (1995a) 233, 3.4.5.17; gegen Dornauer (2014) 21 von → Buralli zu trennen.

Burrim

^{uru}*bur-i-im*

5-16) SAA 6, 335, 10' [Qatnu]

¶ NAT, 95.

Stadt in der Nähe von → *Qatnu, Kessler (1980) 227, Zadok (1995a) 231, 3.1.2; vgl. → Buramma.

Būr-šarri

^{uru}PÚ-MAN
4-13) SAA 1, 233, Rs. 5 [Kapar-Amdānu *qanni* B.]

^{uru}PÚ-LUGAL
9-16) SAA 11, 1, Rs. ii, 19' [Sūru-Nūrāni, Karaš]

¶ Stadt in der Provinz → Guzāna, Kessler (1980) 129 u. 213, Lipiński (2000) 127, RlA 2, 82 (E. Ebeling), Zadok (1995a) 232, 3.4.4.3.

Burukutunte

^{uru}*bu-ru-ku-tú-un-te*
5-16) SAA 14, 126, 6' (*-tú*$^{?}$-) [Bīt-Šamaš, Ālu-ša-Kurbailāju]

¶ Lage unbekannt, wahrscheinlich in Zentralassyrien bzw. in einem angrenzenden Gebiet, Zadok (1995a) 260, 4.31.8. Ein in einer Urkunde aus → Ninive zu verkaufendes Feld grenzt an die Städte B., → Bīt-Šamaš, → Ālu-ša-Kurbailāju und → Ālu-ša-Šallimanni-Aššur.

Burunatu (?)

^{uru}*bu-ru-na-tú*
5-20) SAA 14, 305, 3' (*-na*$^{?}$-)

¶ NAT, 95.

Vermutlich eine Stadt in Zentralassyrien bzw. in einem benachbarten Gebiet, Zadok (1995a) 266, 5.1.1.7.5.

Buruqi 1

^{uru}*bu-ru-qi*
3-07) TH 22, 2 (*-qi*$^{!}$) [*bēl āli*]

¶ NAT, 95 (Burudarri); vgl. nA PN Buraqâ, PNA 1/II, 353. Mit GPA, S. 99 zu Nr. 64, 6 und Zadok (1995a) 232 wird die Lesung ^{uru}*bu-ru-qi* statt ^{uru}*bu-ru-dar* [*r*]*i* (AfO Beih. 6, 25) bevorzügt.

Wahrscheinlich eine Stadt im Gebiet von → Guzāna, Zadok (1995a) 232, 3.4.5.6. Nicht mit → Buruqi 2 in → Ḫalaḫḫu zu verwechseln.

Buruqi 2

^{uru}*bu-ru-qi*
5-13) SAA 6, 31, Rs. 3
5-20) GPA 64, 6 [*ša* Ḫalaḫḫu]

N:
^{uru}*bu-ru-qa-a-a*
5-13) SAA 6, 31, 4 ([^{uru}*bu-ru-qa*]-)

¶ Stadt in → Ḫalaḫḫu. Nicht mit → Buruqi 1 in der Nähe von → Guzāna zu verwechseln.

Būru-Wēr (?)

^{uru}*bu-ru-e-er*
5-19) CTN 3, 44, Rs. 14

¶ Zu PN mit dem GN Wēr s. Zadok (1978) 50 u. PNA 2/I, 518, s. v. Ilī-Wēr; zu PN des Typs „Būru-„ s. PNA 1/II, 355. Das letzte Zeichen könnte auch ein SA darstellen, so dass der ON ^{uru}*bu-ru-e-sa* lauten würde (Lesung CNA).

Möglicherweise eine Stadt in der Umgebung von → Kalḫu, Zadok (1995a) 250, 4.7.4.4.1.

***Bususu**

^{uru}*bu-su-si*
4-13) SAA 5, 100, 10 [B. *ša bīt rab šāqê*; Kummu]

N:
^{uru}*bu-su-sa-a-a*
4-13) SAA 5, 100, 12 [Kalḫu, Ninua, Kummu]; id., 170, Rs. 4' ([^{uru}*bu-s*]*u*-)

¶ NAT, 95.

Wahrscheinlich eine Stadt in der Nähe von → Kummu, daher gegen Kessler (1980) 158 nicht in → Māt-Rab-šāqê, RlA 2, 83 (E. Ebeling; nicht in Babylonien!).

Būṣi (?)

KUR-*e bu-ú-ṣi* (Lesung unsicher)
1-02) RIMA 2, A.0.99.2, 111 [It. von Qatnu, nach Dūr-katlimmu; B. *ina muḫḫi* Ḫābūr]. 112 (⌈KUR-*e*⌉).

¶ NAT 96 (Būṣu); nA PN Būṣāiu, PNA 1/II, 357 (eine Stadt Būṣu ist jedoch nicht bezeugt).

Hügelkette am linken Ufer des → Ḫābūr, zwischen Tall Fadġāmī (Kandidat für → Qatnu) und Tall Šēḫ Ḥamad (→ Dūr-katlimmu), Röllig (1978) 428, Zadok (1995a) 231, 3.1.7. Eine Identifizierung mit dem Ǧabal Ḥammā am rechten Ufer des Ḫābūr (Seidmann [1935] 69, übernommen von Kessler [1980] 230–233) würde eine Überquerung des Flüsses bedeuten, die in den Quellen nicht ewähnt wird. Eine Lesung ^{kur}*e-bu-ú-ṣi* kann nicht ausgeschlossen werden (Seidmann [1935] 30 Anm. 8 u. CAD B, 349 s. v. būṣu B). TAVO Karte B IV 10.

Bušâ

^{uru}*bu-šá-a*
3-13) SAA 11, 133, i, 8 ($^{[u]ru}$*bu-*) [Ḫub(…) 1]

¶ Lage unbekannt, vielleicht im oberen Ḫābūr-Gebiet bzw. im Balīḫ-Becken, Zadok (1995a) 234, 3.5.4.2.

D

Dadiualla

^{uru}*da-di-ú-al-la*

5-14) SAA 6, 91, 10 [*ina pīḫat* Talmusu]

¶ NAT, 329 (Šadi-Samalla).

Stadt in der Provinz → Talmusu, Zadok (1995a) 259, 4.26.1. Hannoon (1986) 223f. schlägt Tall al-Ḥusainiyeh, ca, 6 km südöstlich von al-Ǧarāhīya als möglichen Kandidaten vor, geht aber von der Identifikation dieses Ortes mit Talmusu aus. Vgl. → Diduala.

Daduni

^{kur}*da-du-ni*

4-13) SAA 15, 25, 11 [Zabban]

¶ NAT, 96.

Region (oder Berg?) im Osttigrisgebiet in → Zabban.

Daḫmuri → Gabmuri

Daḫri

^{uru}*daḫ-ri*

3-13) KAV 38, 3' ([^{uru}*daḫ*$^{?}$]-*ri*); Rs. 2 ([^{uru}*d*]*aḫ*-). 5 ([^{uru}*daḫ-r*]*i*$^{?}$)

¶ Lage unbekannt, nach Zadok (1995a) 239, 3.9.8.19 vielleicht in der Ǧazīra.

Daiqanša

^{uru}*da-i-qa-an-šá*

1-11) Tigl Ann 5, 4 [Sakka]

¶ NAT, 97.

Stadt in →[3] Urarṭu, wahrscheinlich in der Region nördlich des Murat-Su (→ Arṣania 1), die von Tiglatpileser III. erobert und wahrscheinlich annektiert wurde, jedoch nicht gehalten werden konnte, Kessler (1980) 168, RlA 2, 102 (E. Unger). D. wird in Tigl Ann 5, 4–5 zusammen mit folgenden Städten (in alphabetischer Reihenfolge) genannt: → Abrania, → Elizanšu, → Elugia, → Eusa, → Dania, → Danziun, → Ippa, → Luqadanšu, → Luqia 2, → Quda 2, → Sakka, → Ulāia 1.

Dajašeti

^{uru}*da-ia-še-ti*

1-03) RIMA 2, 100.5, 58 (⌜^{uru}⌝*da*-⌜*ia-še*⌝-) [It. von Kabsitu, nach Ītu]. 59

¶ NAT, 97. Nach Zadok (2014) 4 könnte D. mit klass. Sitha (Zosimos, Historia Nea, 3, 15) identisch sein, einer Stadt, die südlich von Ḥīt (→ Ītu) lag und von dort in einem Tag zu erreichen war. Gegen TAVO Karte B VI 4 ist Sitha nicht mit Ḥīt gleischzusetzen, Zadok loc. cit Anm. 42.

Stadt am Mittleren Euphrat in → Suḫu, am linken Flussufer, Zadok (1995a) 229, 2.1.2.4. Musil (1927a) 203 setzt D. mit der Ruine al-Aswad, ca. 15 km südlich von Hīt, in Verbindung.

Dalājin

^{uru}*da-la-a-a-in*

1-14) RINAP 3/2, 111.223, 9 [Ḫattâ, Rēš-ēni]

¶ NAT, 98 (Dalajin).

Stadt nördlich von → Ninive, die im Zusammenhang mit Sanheribs „Nördlichem Kanalsystem“ stand, und in der ca. 50–60 km von Ninive entfernten Region zu suchen ist, wo sich die Felsreliefs von Faida, Širu Malikta und Maltai befinden, RlA 2, 103 (E. Unger), Zadok (1995a) 257, 4.18.14. Th. Jacobsen schlägt für D. eine südlichere Lage zwischen Kalatā (am Ḫosr) und Ra'ṣ-al 'Ain (am Šubasi Fluss) vor, da er von einer nicht zutreffenden Interpretation der Textstelle ausgeht, Jacobsen/Lloyd (1935) 40. Hannoon (1986) 223 lokalisiert Ḫ. in der Region um 'Ain Sifnī, da er sich auf Jacobsen beruft. S. Komm. zu → Ālum-riksi. Nicht mit →[3] Dalāja in →[3] Bīt-Sangibuti zu verwechseln.

Dalazania

^{uru}*da-la-za-ni-a*

3-07) ND 3483, Rs. 11 (Iraq 15, pl. 15) (-⌜*ni*⌝-) [Ḫariḫumba]

¶ NAT, 98.

Lage unbekannt, möglicherweise in der Umgebung von → Kalḫu, Zadok (1995a) 250, 4.7.4.12.

Damdammusu

^{uru}*da-am-da-mu-sa*

1-04) RIMA 2, 101.1, i, 103 (*āl šarrūti*). 110 [Mariri]

^{uru}*dam*^{am}*-dam-mu-si*

1-04) RIMA 2, 101.19, 97 [Tušḫan, Sinabu]

^{uru}*dam*^{am}*-dam-mu-su*

1-04) RIMA 2, 101.19, 102 [Šubria]

^{uru}*dam-dam-mu-sa*

1-04) RIMA 2, 101.1, iii, 105 [*āl dannūti*; Barzaništun, Bīt-Zamāni]

¶ NAT, 98.

Stadt in → Nirbu, in der Nähe des Tigrisknies südlich von → Amēdu/Diyarbakır, Falkner (1957-58) 15f., Forrer (1920) 22, Kessler (1980) 111, Liverani (1992a) 36, RlA 2, 104f. (E. Unger), Toffteen (1907) 351f. (jedoch nicht nördlich von Diyarbakır). Zur Zeit von Assurnasirpals 10. Feldzug im Jahr 866 gehörte D. zu → Bīt-Zamāni (Liverani [1992a] 40). Lipiński (2000) 148 (id. [2002] 238) schlägt vor, D. mit Pornak, ca. 30 km südöstlich von Diyarbakır zu identifizieren (übernommen von Ponchia [2004] 168 u. fig. 1 auf S. 177), das er mit klass. Sardebar gleichstellt (s. aber Barrington Atlas, 89

C3, Kale-i Zerzevan). Pornak wird aber als plausibler Kandidat für → Šinamu in Erwägung gezogen (Kessler [1980] 119). Nach Kessler (1980) 119 (mit Karten auf S. 115 u. 121) sind Tauşantepe bzw. Aktepe unsichere jedoch mögliche Lokalisierungsvorschläge.

Dame

^{uru}*da-me*
7-07) SAA 12, 1, 11 [Ḫazāni, Ālu-ša-ḫābīšu]

¶ Stadt, die an → Kadišḫi in der Provinz → Kurbail angrenzte, Zadok (1995a) 259, 4.28.9.5.

Dania

^{uru}*da-ni-a*
1-11) Tigl Ann 5, 5 [Elugia, Danziun]

¶ NAT, 99.

Stadt in →[3] Urarṭu, wahrscheinlich in der Region nördlich des Murat-Su (→ Arṣania 1), Kessler (1980) 168, RlA 2, 116f. (E. Unger; jedoch nicht mit → Āl-Dannāja identisch). S. Komm. zu → Daiqanša; vgl. →[3] Dannia.

Dannāni

^{uru}*dan-na-a-ni*
5-14) SAA 6, 146, 5 [*ḫarrānu*; Šūru]

¶ NAT, 99.

Stadt im → Kāšiāru-Gebirge (Ṭūr ʻAbdīn) in der Nähe von → Šūru (Savur), Zadok (1995a) 270, 6.1.5 (irrtümlicherweise in der Region von Tillê lokalisiert). Vgl. → Dannuna.

Dannuna

^{kur}*dan-nu-na*

1-04) RIMA 2, 101.18, 32’ ($^{\text{[k]ur}}$*da-*)

¶ NAT, 99 (Dannānu).

Land im bzw. in der Nähe vom → Kāšiāru-Gebirge (Ṭūr ‘Abdīn); gegen Mayer (1996) 482 nicht mit phön. *dnnym* (KAI 24, KAI 26, i, 2 *et passim*), luw. Adanawa (CHLI 49ff., Karatepe 1) in Nordwestsyrien in Verbindung zu bringen. Vgl. → Dannāni.

In D. befanden sich die Städte → Amlatti, → Bugu, → Ruzidak, → Šaburam und → Ustu.

Danziun

^{uru}*da-an-zi-i-un*

1-11) Tigl Summ 5, i, 15 ([^{uru}*da-an-zi*]-) [Lupsua]

^{uru}*da-an-zi-un*

1-11) Tigl Ann 5, 5 [Dania, Ulāja]

¶ NAT, 99.

Stadt in →^{3} Urarṭu, wahrscheinlich in der Region nördlich des Murat-Su (→ Arṣania 1), Kessler (1980) 168, RlA 2, 116f. (E. Unger). S. Komm. zu → Daiqanša.

Dargu

^{uru}*dar-gu*

3-21) Billa 84, 3’ [Mār-ṣilli-(...), Naḫal-x-(...)]

¶ Stadt, die in den Texten aus Tall Billā (→ Šibaniba) erwähnt wird und vermutlich in ihrer Umgebung lag, Zadok [1995a] 256, 4.17.1.29.

Daria

^{uru}*da-ri-a*

3-20) ND 2791, 5’ (Iraq 23, pl. 28) ($^{⸢\text{uru}⸣}$*da-*) [Gupāra]

5-16) StAT 2, 169, 3 (^{uru}*d*[*a*]-⌜*ri*⌝-)

¶ NAT, 99; vgl. jedoch nicht identisch mit mA Daria (RGTC 5, 79).

Möglicherweise eine Stadt in Zentralassyrien; von → Dirria zu trennen.

Dāri-abu

^{uru}*dà-ri*-AD
3-13) CTN 3, 85, ii, 6' (-⌜AD$^{?}$⌝)

¶ nA PN Dāri-abu u. Dāri-abū'a, PNA 1/II, 379; vgl. Mit dem ON Dāra-aḫū'a, eine Stadt in den Bergen (^{uru}*da-ra-a-ḫu-u-ia ša birti šarrāni*) in SAA 9, 1, ii, 14', wovon die Prophetin Rēmūt-Allati (PNA 3/I, 1045) stammt.

Möglicherweise eine Stadt in Zentralassyrien bzw. in einem daran angrenzenden Gebiet (K).

***Darigu**

^{uru}*da-ri-ga*
1-06) RIMA 3, 103.1, i,48 [erw. zw. Dūr-balāṭi und Zabban]

^{uru}*da-ri-gi*
5-15) SAA 6, 337, 3'(-*g*[*i*$^{!}$])

¶ NAT, 100.

D. wird unter den Städten, die gegen Salmanassar III. revoltierten, nach → Dūr-balāṭi 2 in Nordmesopotamien und vor → Zabban und andere Städte, die südlich des Unteren Zab (→ Zāba šaplû) lagen, erwähnt. Es könnte sich daher um eine Stadt im nördlichen Osttigrisgebiet handeln, Zadok (1995a) 224, 1.1.27 u. id. (1996c) 70.

Dariki

^{uru}*da-ri-ki*
3-13) KAV 36, i, 7 (⌜*da*⌝-⌜*ri*⌝-) [Kirisḫa]

¶ NAT, 100.

Lage unbekannt, nach Zadok (1995a) 239, 3.9.8.4 vielleicht in der Ǧazīra; vgl. → Dari[...].

Darraska

[uru]*da-ar-ra-as-ka*
7-16) SAA 12, 50, 2 [*ina ḫalzi* Arbail; Āl-sūsāni]

¶ NAT, 100.

Stadt im Bezirk von → Arbail, Zadok [1995a] 246, 4.6.2.2. Die Identifizierung mit Tall 'Agūb, ca. 4 km nordöstlich von Selamye (Hannoon [1986] 217), basiert auf der irrtümlichen Annahme, D. lege in einer (nicht existierenden!) Provinz Ḫalzi (s. dazu RlA 11, 66, Nr. 82 u. 56f., Nr. 40), deren vermeintliche, gleichnamige Hauptstadt von Forrer (1920) 112 mit Selamye, ca. 4 km nördlich von Nimrūd (→ Kalḫu), identifiziert wurde.

Datēbir

[uru]*da-te-e-bir*
1-06) RIMA 3, 103.1, iv, 14 [D., Izduja *ša ina aḫi* Gannanāte]

¶ NAT, 100.

Stadt im Osttigrisgebiet in der Nähe von → Gannanāte, Postgate/Mattila (2004) 243, Zadok (1985b) 31.

Da'unāni

[kur]*da-ú-na-ni*
4-11) GPA 195, 4

¶ NAT, 100 (Daunani).

Möglicherweise ein Berg in der Nähe von → Kalḫu, GPA, S. 194, Zadok [1995a] 249, 4.7.4.2.1.

Denia (?)

^{uru}DI-EN-ia

4-13) SAA 5, 117, Rs. 10 [*ina nērebi ša* D.; Quruba]

¶ Lesung unsicher; ev. Šulmu-bēlīja zu lesen (SAA 5, S. 246 s. v.), vgl. nA PN Šulmu-bēli, PNA 3/II, 1272.

Wahrscheinlich eine Stadt in Nordmesopotamien, in der Nähe von → Quruba.

Dēru

BÀD^{ki}

1-15) RINAP 4, 112.130, 15

5-07/08) Sumer 61, Nr. 7, Rs. 19

BÀD.AN^{ki}

1-13) Iraq 56, 37f., 5 (erg.). 18; SgF XIV, 4 [Ur]; SgF Bro, 11; SgF Platten, 6; SgF Prunk, 8 [Ur]. 23; SgF S4, 6 [Ur]; SgF S5, 6 (⸢BÀD⸣.AN^{ki}) [id.]; SgF Stier, 6 [id.]; SgF Zyl, 5. 17; Sg Najaf, 127 (⸢BÀD⸣.AN^{ki}); Sg Wi, 168ff., 7; Sg Wi, 174f., ii, 13 (B[ÀD.AN^{ki}])

1-14) **RINAP 3/1**, 111.18, iv, 17'; id., 111.22, iv, 60; id., 111.23, iv, 53; **RINAP 3/2**, 111.230, 23

1-15) RINAP 4, 112.48, 94; id., 112.128, 10; id., 112.129, 19 (erg.); id., 112.133, 20

1-16) Asb C, vi., 115 (Var.); Asb E12, 14; Asb IT, 69 (B[ÀD.AN^{ki}]); Asb LET, Rs. 16; Asb T, iii, 16 ([BÀD.AN]^{ki})

3-15/16) SAA 7, 126, u. Rd. 19

4-15) SAA 10, 349, Rs. 12. 14. 21

4-15/16) SAA 10, 253, Rs. 8 (BÀD.A[N^{k}]^{i}

5-15) SAA 6, 301, Rs 19 [*šaknu*]

9-16) SAA 11, 1, i, 14 [erw. Zw. Isin u. Itu'u]

de-e-ri

3-13) SAA 7, 58, Rs. iii, 324 (*de*$^{!}$-)

de-ri

2-15) Eponym 670 A9 (-*r*[*i*]) [*šaknu*]

5-15) SAA 6, 287, Rs. 18 [*šaknu*]

^{kur}*de-e-ri*

1-02) WVDOG 121, 44, 28’ (neues Ex. 3 von RIMA 2, 99.4)
1-06) RIMA 3, 103.2, iii, 37’

^{uru}BÀD

1-11) Tigl Ann. 13, 3 (ob sich dieser Beleg auf D. bezieht, ist umstritten, s. Postgate/Mattila [2004] 241 mit Anm. 16 u. RINAP 1, S. 46, Komm. zu Z. 3)

^{uru}BÀD.AN^{ki}

1-06) RIMA 3, 103.2, iii, 38’ ($^{[ur]u}$BÀD.AN^{ki}). 48’
1-16) Asb B, v, 85; Asb C, vi., 115
2-06) TCS 5, 168, iv, 3 [Laḫīru]
4-16) IWA 73 (83-1-18,475), Vs. 13’
5-15) SAA 6, 303, Rs. 6’ (^{uru}BÀD.[AN^{ki}]) [*šaknu*]

^{uru}*de-e-ri*

1-02) RIMA 2, 99.2, 28
1-06) RIMA 3, 103.4, 6’ (-⸢*e-ri*⸣). 7’ (erg.)
2-07) Canon 785 B2 ([^{uru}*de*]-); id. 785 B10 (-[*e-ri*]); id. 793 B10 (^{uru}*d*[*e-e-ri*]); id. 794 B1; id. 794 B2 (erg.); id. 794 B10 ($^{[ur]u}$*d*[*e-e-ri*]); id. 795 B1; id. 795 B2 (erg.)
4-13) SAA 15, 113, 4; id., 119, 4 (erg.); id., 143, 5’; id., 144, Rs. 3’ ([^{uru}*d*]*e*-); id., 154, 6’ (^{uru}*d*[*e-e-ri*])
4-15) SAA 16, 138, Rs. 10’ (-⸢*e*⸣-[*ri*]); id., 140, Rs. 14
4-16) ABL 1352, 3’ ([^{uru}*de*]-)
5-15) SAA 6, 289, Rs. 15 (^{uru}*d*[*e-e-ri*] [*šaknu*]; id., 290, Rs. 1’ ($^{[ur]u!}$*de*$^{!}$-[*e-ri*]) [id.]

^{uru}*de-e-ru*

1-06) RIMA 3, 103.4, 13’ (erg.). 14’ ($^{[u]ru}$*de*-)

^{uru}*de-e’-ri*

5-16/19) ND 3431, Rs. 11 (unpubl. erw. in PNA 3/II, 1182, s. v. Ša-ili-tadammeq)

^{uru}*de-ri*

1-16) Asb C, ix, 79
2-05) Canon 831 B4
2-06) Canon 814 B1 (2x); id. 814 B10 (erg.)
2-07) Canon 785 B1
4-11) SAA 19, 82, 7. 15 (-[*ri*]). Rs. 4
4-13) ABL 449, 6; **SAA 15**, 4, 18; id., 37, 13’. 16’ (^{uru}*d*[*e-r*]*i*); id. 112, 4 (^{uru}*d*[*e-ri*]); id., 113, Rs 22; id. 114, 4 (erg.); id., 115, 4; id. 117, 3 (erg.). 4; id. 118, Rs. 7; id. 119,

li. Rd. 1; id., 120, Rs. 7 ([^{uru}*d*]*e*-); id. 129, 2 (erg.). Rs. 2. 28 (-*r*[*i*]). 29 $^{([ur]u}$*de*-); id., 130, 4 (erg.). Rs. 13 ($^{uru!}$*de*$^{!}$-⸢*ri*$^{!}$⸣); id., 131, 4; id., 133, 3 (erg.); id., 132, 4 (^{uru}*d*[*e-ri*]). Rs. 6' ([^{uru}*de*]-). 10' ($^{[ur]u}$*de*-); id., 174, 5' (-[*ri*])

4-15) SAA 16, 136, 7 [*bēl pīḫati*]. Rs. 6 [id.]

4-16) ABL 1127, 8'; id. 1148, u. Rd. 3'

5-15) O 3709, Rs. 12 (unpubl. erw. in PNA 3/II, 1275 s. v. Šulmu-bēli-lašme 11) (^{uru}[*d*]*e*-[*r*]*i*) [*šaknu*]

^{uru}*de-ru*

4-13) SAA 15, 276, 4'

N:

^{kur}BÀD.AN^{ki}-*a-a*

4-13) SAA 1, 1, Rs. 32 [Ur]

¶ NAT, 100 (Dēr), 102 (Diḫri, zu lesen ^{uru}*de-e'-ri* in ND 3431, Rs. 11) u. auch 115 (s. v. Dūru, Beleg Tigl III.); LGN 203 (präsarg. BÀD, Fraync [1992] 59); RGTC 1, 22f. (präsarg./sarg. BÀD.AN); RGTC 2, 22f. (Ur III. BÀD.AN); RGTC 3, 33 (aB BÀD, BÀD.AN) u. 55 (aB Dîr 2); RGTC 4, 35 (aA Dēr); RGTC 5, 79f. (mB u. mA/mB hist. Dēr); RGTC 8, 117f. (nB/SpB Dēru); nA PN Dērāju, PNA 1/II, 382.

Stadt und wichtiges Kultzentrum im Osttigrisgebiet, heute Tall al-'Aqar bei Badra, Fuchs (2011) 234, Maniori (2014) 83f., RlA 2, 199–201 (E. Unger). Seit 724 ist D. als Sitz eines assyrischen Gouverneurs bezeugt (nB/spB VS 1, 70, i, 2; s. PNA 2/I, 515, s. v. Il-iada' 1). In den neuassyrischen Quellen ist die Provinz seit Sargons Regierungszeit belegt, Postgate/Mattila (2004) bes. 240–244, 246 u. 249–251 (in RlA 11, 42–68, s. v. Provinz C. Assyrien zu ergänzen). Das Gebiet von D. wird → Jamutbal(u) und vielleicht auch → Bīt-Dērāja genannt. Zur Geschichte: SAA 15, xxxii–xxxv). TAVO Karte B IV 10 u. 13; Helsinki Atlas, 11. 16. 33. Nicht mit →[3] Dura, → Dūru 1, →[3] Dūru 2 oder →[1] Du'ru zu verwechseln.

Im Gebiet von D. befanden sich die Städte → Gabê und → Qari[...], wahrscheinlich → Bīt-Ḫa'iri, → Bīt-Sîn-ibni und → Raṣâ, möglicherweise → Argada und → Kutuli und vermutlich → Bīt-Dērāja.

Diati

^{uru}*di-a-te*

3-07) GPA, 90, 10 (-*t*[*e*$^{?}$])

[uru]*di-ia-ti*
7-16) SAA 12, 62, 3 (-⌜*ia*⌝-*ti*?) [Til-ḫarrapina]

¶ NAT, 101 (Diati).

Lage unbekannt. Die Annahme D. lag in → Laḫīru 1, basiert nur auf die Erwähnung von → Diqūqīna im gleichen Text (SAA 12, 62, 9), Zadok [1995a] 226, 1.2.23. Die Lokalisierung von → Diqūqīna ist aber nicht gesichert und außerdem wird in diesem fragmentarisch erhaltenen Text auch →[3] Kār-Ištar erwähnt.

Di'bina

[uru]*di-i'-bi-na*
1-06) RIMA 3, 103.1, iv, 11 [Jalman]

¶ NAT, 101.

Stadt südostlich des Flusses → Turnat in der Nähe des Bergs → Jalman, RlA 2, 211 (E. Unger); vgl. →[3] Nagītu-di'bina.

DIbirāti (?)

[uru]DI-*bi-ra-a-ti*
3-20) SAA 11, 163, ii, 2 (-*a*!-)

¶ NAT, 101 (Dibirati). Der Ortsname wird meist [uru]*di-bi-ra-a-ti* gelesen (s. PNA 3/I, 1008, s. v. Qaritāju 2 u. Zadok [1976b] 309 Anm. 15). Alternativ kann das Zeichen DI als Logogramm interpretiert und *šulmu* gelesen werden, so dass die Orthographie [uru]*šulmu* (DI)-*bi-ra-a-ti* einen weiteren Beleg für → Šulmu-birāti liefern würden

Lage unbekannt (Dibirāti) bzw. vielleicht im Land → Arrapḫa, falls die Lesung Šulmu-birāti zutrifft, Zadok (1995a) 227, 1.3.9.1.

Diduala

[kur]*di-du-a-la*
1-02) RIMA 2, 99.1, Rs. 7' [Sarbalia]

¶ NAT, 101.

Land in → Ḫabḫu 3, RlA 2, 212 (E. Unger). Vgl. → Dadiualla.

Diḫnunu

^{kur}*di-iḫ-nu-nu*

1-05) RIMA 3, 102.1, 83' (erg.) [Ḫasamu]; id., 102.2, i, 29 [id.]. ii, 14. 31 [id.]

¶ NAT, 102; vgl. nA PN Diḫ[...]nu, PNA 1/II, 384.

Berg(kette) in der Nähe von → Ḫarrānu, möglicherweise westlich von dem zusammen mit ihm erwähnten Gebirge → Ḫasamu (Tektek Dağlari); RlA 2, 217 (E. Unger), Yamada (2000) 87f.

Diḫranu

^{uru}*di-iḫ-ra-a-ni*

1-15) RINAP 4, 112.1, iv, 64 [*šarratu*; Magalānu, Qatabu']; id. 112.8, 121' [id.]

^{uru}*di-iḫ-ra- nu*

1-15) RINAP 4, 112.77, 24 [*ālāni dannūti ša nagie* Bāzu; Alpijana, Qatabu']; id., 112.78, 22 ([^{uru}*di-iḫ*]-) [id.]; id., 112.79, 22 (erg.); id., 112.93, 12 ([^{uru}*di*]-⌜*iḫ*⌝-) [id.]

¶ NAT, 102; vgl. klass. Dacharenoi (Eph'al [1984] 134, Rosemarin [1932] 34, Zadok [1978] 207).

Befestigte Stadt in → Bāzu, Eph'al (1984) 131, RGTC 11, 56f. (Diḫrāni).

Dikanni s. Šadikanni

Dikun

^{uru}*di-ku-un*

1-04) RIMA 2, 101.21, 16' [Barzania]

¶ Vielleicht in → Bīt-Zamāni, wenn → Barzania mit → Barzaništun identisch ist.

Dilmun s. Tilmun

Dimmeti

^{uru}*di-me-ti*
3-11) Iraq 23, pl. xiv (ND 2443), i, 3

^{uru}*dim-me-ti*
3-13) SAA 11, 201, i, 39 [Kapar-šarri *qanni* D.]

¶ NAT, 104.

Stadt im Balīḫ-Becken, s. Komm. zu → Qipāni. Im Gebiet von D. befand sich das Dorf → Kapar-šarri.

Diqūqīna

^{uru}*di-qu-qi-na*
4-15) SAA 13, 18, 6
5-17) SAA 14, 157, li. Rd. 2 (-[*na*])

^{kur}*di-qu-ki-na*
4-16) SAA 10, 96, 18 [Barḫalzu]
7-16) SAA 12, 62, 9 (⌈^{kur}⌉*di-qu-ki-n*[*a*]) [Šarru-iddina]

N:
^{uru}*di-qu-qi-na-a-a*
5-17) SAA 14, 162, li. Rs. 3 (^{uru}[*di*]-*qu-qi-na-a-*⌈*a*$^{!}$⌉) [Ḫirana]

¶ NAT, 105 (Diquqīna).

Genaue Lage unbekannt. Nach Astour (1987) 51 Anm. 363 könnte D. identisch mit Ṭāwūq im Osttigrisgebiet sein bzw. sich in seiner Umgebung befunden haben, da der arabische Name der mittelalterliche Stadt Daqūq bzw. Daqūqā war (TAVO Karte B VI 12). Diese Lokalisierung wurde bereits von Forrer (1920) 43 vorgeschlagen und von Lipiński (2000) 46 Anm. 122 u. Zadok (1995a) 225, 1.2.15 übernommen. Dementsprechend hätte D. in → Laḫīru 1 gelegen haben können (s. aber Parpola [1982] 318 zu LAS 309, 18).

Dirria

^{kur}*di-ra-a*

1-04) RIMA 2, 101.1, ii, 111 (Var.)

^{kur}*di-ri-a*

1-04) RIMA 2, 101.1, ii, 111 [50 *ālāni ša* D.]; id., 101.17, iv, 86 [id.]

^{kur}*dir-ri-a*

1-04) RIMA 2, 101.1, iii, 100

^{uru}*di-ir-ra*

1-04) RIMA 2, 101.19, 98 [Luluta, Aggunu]

N:
^{kur}*di-ir-ra-a-ia*

1-04) RIMA 2, 101.1, ii, 104 [Pitura]; id., 101.17, iv, 65 (-[*i*]*r*-[*r*]*a*-) [id.]; id., 101.19, 78 [40 *ālāni ša* D.]

^{uru}*di-ir-ra-a-ia*

1-04) RIMA 2, 101.19, 71 [Pitura]

¶ NAT, 106; wahrscheinlich mA Daria (RGTC 5, 79; , s. dazu Kessler [1980] 103 Anm. 391 u. Liverani [1992] 84 Anm. 409) u. urar. Dirjū (RGTC 9, 27).

Land am Oberen Tigris am nördlichen Ufer zwischen → Alzi und → Šubria. Ob D. Teil von Šubria war, ist unklar, Kessler (1980) 103f, Liverani (1992a) 60f. u. 84, Parker (2001) 106–109, Radner/Schachner (2001) 752 Abb. 4 u. 762, RlA 2, 228f. (E. Unger). In D. befanden sich die Städte → Kūkunu und → Pitura. TAVO Karte B IV 10.

Diuiapli

^{uru}*di-ú-a-ap-li*

1-11) Tigl Summ 1, 33 [Ezzēda, Abbissâ]

^{uru}*di-ú-ia-ap-li*
1-11) Tigl Summ 9, 19' [Ezzēda; *ša* Ateia]

¶ NAT, 106 (Diujabli).

Stadt im Gebiet von → Ateia, einer unter den Bezirken in Nordmesopotamien, oberhalb von den Tigrisquellen, die von Tiglatpileser III. annektiert und der Provinz → Na'iri zugeordnet wurden, Kessler (1995) 59–62, RlA 2, 229 (E. Unger; nicht Dibli!), Toffteen (1907) 357. Gegen Forrer (1920) 85 nicht mit Dibli in der Nähe von Hani westlich von Lice gleichzustellen, Kessler (1995) 61.

Diulla-ana-Nal

^{uru}*di-ul-la-a-na-na-al*
1-11) Tigl Summ 1, 27 (-⸢*ul*⸣-) [*birāte ša* Urarṭu *ša kutal* Nal; Sarduriana, Sikibsa]

¶ NAT, 106 (Diullānal); der ON könnte auch Diullānanal heißen.

Festung nördlich vom Berg → Nal in → Ulluba 2 bzw. an der Grenze mit →^{3} Urarṭu und in die von Tiglatpileser III. neu eingerichtete Provinz Ulluba eingegliedert.

Duma s. Adummatu

Dumâ

^{uru}*du-ma-a*
3-13) SAA 11, 201, i, 49 ($^{\text{u[r]u}}$⸢*du*!⸣-) [Kapar-Bēl-abū'a *qanni* D.]

¶ Stadt im Balīḫ-Becken, s. Komm. zu → Qipāni. Nicht mit Duma (→ Adummatu) zu verwechseln.

Dumeti s. Adummatu

Duna (?)

uru*du-na*(-)[(x)]
3-05) Billa 77, Rs. 4' (-*na*?) [Ḫiḫiḫina]

¶ Stadt, die in den Texten aus Tall Billā (→ Šibaniba) erwähnt wird und vermutlich in ihrer Umgebung lag, Zadok [1995a] 256, 4.17.1.38.1; vgl. → Dunni, von →[3] *Dunu zu trennen.

Dunābu-Enlil (?)

uru*du-na-a-bu*-BE
7-07) SAA 12, 72, Rs. 2 [*ša šakin* Arbail; Tanat]

¶ NAT, 107 (Dunābube). Eine Lesung uru*du-na-a-bu-be* kann nicht ausgeschlossen werden.

Vielleicht eine Stadt im Bezirk von → Arbail, Zadok [1995a] 246, 4.6.4.1. Im gleichen Abschnitt wird der Gouverneur von Arbail genannt und in den vorhergehenden und nachfolgenden Abschnitten des Erlasses werden das Bezirk von Arbail und dazugehörigen Städte erwähnt (→ Dunuequ, → Zaqqu).

Dunnāte

uru*du-na-a-te*
3-22) CTN 3 140, 3

uru*du-un-na-te*
3-20) SAA 11, 163, i, 13 (-*na*?-*t*[*e*?]) [DIbirāti]

¶ Möglicherweise eine Stadt in Zentralassyrien bzw. in einem benachbarten Gebiet.

Dunni

uru*du-ni*
5-14) SAA 6, 115, 3

uru*du-un-ni*
5-16) SAA 14, 118, 5 [*ṭēḫi umme* D.; Kankānu]

¶ NAT, 107 (Duni).

Möglicherweise eine Stadt in Zentralassyrien (N), Zadok [1995a] 257, 4.17.2. 1. D. könnte identisch mit → Duna sein; von →^{3} *Dunu zu trennen.

Dunuequ

^{uru}*du-nu-e-qu*
7-07) SAA 12, 72, Rs.10 [*ša ḫalzi* Arbail; Zāqu]

¶ NAT, 107f.

Möglicherweise eine Stadt im Bezirk von → Arbail (Lücke im Text vor *ša qanni*), Zadok (1995a) 246, 4.6.4.5.

Dūr-[...]

^{uru}BÁD-x [...]
5-16) BATSH 6, 46, Rs. 8 ($^{[ur]u}$BÀD-)

¶ Möglicherweise eine Stadt in der Umgebung von → Dūr-katlimmu bzw. im Ḫābūr-Dreick (Erwähnung eines weiteren Zeugen aus → Temannu).

Dūr-Adad-nērārī

^{uru}BÀD-^{1}10-ERÍN.TÁḪ
1-07) RIMA 3, 104.7, 19 (⸢^{uru}BÀD-^{1}10-ERÍN.TÁḪ⸣) [15 URU *kaprānīšu ina* Lāqê; Azalla, Āl-Adad]

¶ nA PN Adad-nērārī, PNA 1/I, 30–34.

Stadt in → Lāqê, zu der fünfzehn Dörfer gehörten, Zadok (1995a) 230, 2.3.1.1.12. D. wurde vom Gouverneurs Nergal-ēreš am Anfang des 8. Jhs. umgebaut. Nach Lipiński (2000) 83f. könnte es sich um Tall Fidēn am Unteren Ḫābūr handeln, ein Ort, den Kühne (1980) 61f. für einen Kandidaten für → Sūru 1 hält.

Dūr-ajjumma (?)

^{uru}BÀD-*a-ú-ma*
4-11) SAA 19, 58, 4 (-⸢*ma*⸣)

¶ Ob der zweite Teil des ON als Indefinitpronomen *ajjumma* zu verstehen ist, ist wegen der ungewöhnlichen Graphie (s. CAD A/2, 236–238) unsicher.

Möglicherweise eine Stadt im Ḫābūr-Dreick (Brief des Inūrta-ilā'i, Gouverneur von → Naṣībīna, PNA 2/I, 550 s. v. Inūrta-Ilā'i 6).

Dūr-Anunīti

^{uru}BÀD-^{d}*a-nu-ni-ti*
4-13) SAA 15, 30, Rs. 7 [*birti* Mê-Turnat *u* Dūr-Bēl-ilā'ī]

¶ NAT, 108.

Stadt im Osttigrisgebiet zwischen → Mê-Turnat und → Dūr-Bēl-ilā'ī, nach Hannoon (1986) 400 vermutlich am Narin Čāy, etwa 25 km nordwestlich von Tall Ḥaddād (Mê-Turnat).

Dūr-Aššur 1

^{uru}KAR-*aš-šur*
1-07) RIMA 3, 104.7, 16 (⸢^{uru}KAR-*aš-šur*⸣) [20 *kaprānīšu*; Dūr-katlimmu, Dūr-Nergal-ērеš]

¶ Stadt in der östlichen Ǧazīra, die eine Neugrundung des Nergal-ērеš, Gouverneur der Provinz → Raṣappa (Page [1968] 146 zu Z. 16–19) bzw. eine von ihm umgebaute Ortschaft war, Zadok (1995a) 239, 3.8.17.4. Nicht mit →^{3} Dūr-Aššur 2 im Kurdistan zu verwechseln.

Dūr-Aššur-aḫu-iddina

^{uru}BÀD-^{1}*aš-šur*-PAB-AŠ
1-15) RINAP 4, 112.33, iv, 19' [Lilbur-munīḫ-libbi-Aššur, Šānini-aj-irši]

¶ NAT, 108; zum nA PN Aššur-aḫu-iddina s. PNA 1/I, 145–152.

Stadt in → Šubria, die in einer Liste von 21 Städten erwähnt wird, die von Asarhaddon erobert und umbenannt wurden, Pongratz-Leisten (1997) 335–337.

Dūr-atānāte

^{uru}BÀD-*a-ta-na-te*
4-13) SAA 5, 229, Rs. 2 (-*t*[*e*]). Rs. 4 (-*t*[*e*])

^{uru}BÀD-^{mí}ANŠE^{meš}
4-13) SAA 5, 227, Rs. 13

^{uru}BÀD-^{mí}ANŠE.KUR^{meš}
9-13) SAA 11, 14, 5 [Arzuḫina]. 7 ([^{uru}BÀD-^{mí}AN]ŠE.KUR^{meš}) [Maturaba]

^{uru}BÀD-^{mí}ANŠE.KUR.RA^{meš}
9-13) SAA 11, 14, 9 ([^{uru}BÀD-^{mí}AN]ŠE.KUR.RA^{meš}) [Dūr-tālitte]

¶ NAT, 109.

Stadt östlich von → Arzuḫina, die als Station zwischen → Sarê und → Dūr-tālitte fungierte und zwischen Sarê und dem südlichen Kurdistan zu suchen ist, Kessler (1997) 134, Levine (1989) 85 u. 91 fig. 4. Speiser (1926-27) 17 identifiziert D. mit Tepe Kurran auf der Straße, die Altūn Kūbrī (Sarê) mit Ǧamǧamal (Dūr-tālitte) verbindet, eine Lage, die mit Levines Rekonstruktion im Einklang steht. Fadhil (1983) 78 hält Speisers Lokalisierungsvorschlag für realistisch. Hannoon (1986) 387f. identifiziert D. mit Tall Qara Khogh, ca. 30 km nordöstlich von Gök Tepe. Parpola schlägt Tawakkal als möglichen Kandidaten vor (Helsinki Atlas, Gazetteer, 8, s. v. mit Verweis auf Reade [1978b] 179, der aber keinen konkreten Vorschlag macht). Auch diese Lage ist mit Speisers und Levines Rekonstruktionen vereinbar. D. scheint eher im Gebiet der Provinz Arzuḫina (Levine loc. cit., Zadok [1995a] 228, 1.4.4) als in →^{3} Māzamua (SAA 5, S. 246, s. v.) gelegen zu haben. TAVO Karte B IV 10 (Tepe Kurran); Helsinki Atlas, 4. 10. 29 (Tawakkal).

Dūr-balāṭi 1

^{uru}BÀD-TI.LA
1-06) RIMA 3, 103.1, i, 48 [Ḫuzirīna, Darigu]

¶ NAT, 109; Zadok (2000) 3 (spB Dūr-balāṭi).

Wahrscheinlich eine Stadt in Nordmesopotamien, die mit → Dūru 1 im Balīḫ-Becken identisch sein könnte, Postgate (1995) 16, fig. 4, Nr. 19, Zadok (1995a) 273, 7.1.4, Zadok (2000b) 3. D. wird unter den Städten, die gegen Salmanassar III. revoltierten, nach → Ḫuzirīna im Balīḫ-Becken und vor → Darigu, eine Stadt, die südlich des Unteren Zabs lag, erwähnt. Nicht mit →^{3} Dūr-balāṭi 2 zu verwechseln.

Dūr-Bēl-Ḫarrān-bēlu-uṣur

^{uru}BÀD-^{1}EN-KASKAL-U-PAB
1-08) RIMA 3, 105.2, 14

¶ NAT, 109.

Stadt in der nordöstlichen Ǧazīra, eine Neugründung von Bēl-Ḫarrān-bēlu-uṣur (PNA 1/II, 301), der als Palastherold unter Salmanassar IV. und Tiglatpileser III. diente. D. ist mit Tall ʻAbṭa am nördlichen Wādī aṯ-Ṯarṯār, wo die Inschrift gefunden wurde, zu identifizieren, Hannoon (1986) 147–149, Reade (1978b) 176f., RIMA 3, S. 241. Helsinki Atlas, 4.10. 28.

Dūr-Bēl-ilā'ī

^{uru}BÀD-EN-DINGIR-*a-a*
3-20) ND 2664, 5 (Iraq 23, pl.22) [Zabban]
4-13) SAA 15, 26, 11 ($^{[uru]}$BÀD-) [Zabban]; id., 30, Rs. 8 [Mê-Turnat]; id., 36, Rs. 11 [id.]; id., 75, Rs. 6 ($^{[ur]u}$BÀD-E[N-DINGIR-*a-a*]); id., 185, Rs. 9' (-DIN[GIR-*a-a*])

^{uru}BÀD-^{1}EN-DINGIR-*a-a*
4-13) SAA 15, 27, Rs. 1' ($^{uru!}$BÀD-^{1}EN$^{!}$-[DINGIR-*a-a*]) [Lubda]; id., 154, 15 ($^{⌜uru}$BÀD$^{!⌝}$-)

¶ NAT, 109 (Dūr-Bēl-ilāja); nA PN Bēl-ilā'ī, PNA 1/II, 313.

Stadt im Osttigrisgebiet in der Nähe von → Mê-Turnat und → Dūr-Anunīti, nach Hannoon (1986) 400f. in der Region um Inǧāna, ca. 55 km nordwestlich von Tall Ḥaddād (Mê-Turnat).

Dūr-bēltīja

^{uru}BÀD-GAŠAN
3-20) ND 2465, 7 (Iraq 23, pl. 15) ($^{[u]ru}$BÀD-) [Kapri-ša-muḫḫi-nāri, Maškaritu]

¶ NAT, 109.

Wahrscheinlich eine Stadt in Zentralassyrien bzw. in einem benachbarten Gebiet, Zadok (1995a) 246, 4.6.5.2.2.

Dūr-Enlil 1

^{uru}BÀD-^{d}BE
3-13) ND 2640, 1 (Iraq 23 pl. 21) ($^{[u]ru}$⸢BÀD⸣-)
4-13) SAA 19, 188, 10'
5-23) SAA 14, 197, 10'

¶ NAT, 110.

Stadt in der „Provinz des Mundschenks" (→ Māt-Rab-šāqê), vielleicht ihre Hauptstadt, Kessler (1980) 150f., RlA 11, 49, Nr. 15 (K. Radner). D. ist von → Dūr-Enlil 2 (geschrieben ^{uru}BÀD-^{d}*en-líl*) zu unterscheiden, Kessler (1980) 150 Anm. 508, Lanfranchi (1990) 245 Anm. 31.

Dūr-Ištar 1

^{uru}BÀD-^{d}INANNA
1-07) RIMA 3, 104.7, 15 (⸢^{uru}BÀD-^{d}INANNA⸣) [12 *kaprānīšu*; Kār-Sîn]

¶ NAT, 110; von mB Dūr-Ištar zu trennen (RGTC 5, 92).

Stadt in der östlichen Ǧazīra, die eine Neugründung des Nergal-ēreš, Gouverneur der Provinz → Raṣappa bzw. eine von ihm umgebaute Ortschaft war, Zadok (1995a) 239, 3.8.17.1 (Dūr-Inanna). Dass D. identisch mit der homonymen Stadt (→ Dūr-Ištar 2) nördlich von Ninive (Page [1968] 145 zu Z. 15) ist, scheint unwahrscheinlich.

Dūr-Ištar 2

^{uru}BÀD-^{d}15

1-14) RINAP 3/1, 111.17, viii, 33 [Šibaniba, Sulu]; RINAP 3/2, 111.223, 9 (-^{d}[15]) [id.]
3-20) SAA 7, 161, i, 11 [*pīḫatu*]

¶ NAT, 110; von mB Dūr-Ištar zu trennen (RGTC 5, 92).

Stadt im Gebiet des Ǧabal Bāšiqā (→ Muṣri 2), Zadok (1995a) 260, 4.8.16. In der Nähe von Sulu, → D. und → Šibaniba entdeckte Sanherib neue Wasserressourcen, die nach → Ninive durch das „Gebirge Muṣri-Kanalsystem“ hingeleitet wurden, Bagg (2000) 182–192, Reade (1978a) 68–72. Jacobsens Vorschlag, S. mit Baḫzani, ca. 1,5 km nordwestlich von Bāšiqā und 2,5 km nordwestlich von Tall Billā, zu identifizieren (Jacobsen/Lloyd [1935] 35f. mit fig. 9), ist plausibel, Reade (1978a) 69. Hannoon (1986) 207f. nennt Tall Mektel in der Nähe von Baḫzani, von wo neuassyrisches Material bezeugt ist, als möglichen Kandidaten. In der Urkunde SAA 7, 161 ist *pīḫatu* wahrscheinlich im Sinne von Verwaltungsdistrikt zu verstehen, da sonst keine Provinz D. belegt ist.

Dūr-Ištar 3

^{uru}BÀD-15

3-07) TH 73+, 5 (^{uru}BÀ[D-15$^{?}$]) [Galgulim, Ṣiamaninu]. Rs. 8 (^{uru}⸢BÀD$^{?}$⸣-15)

¶ Lage unbekannt, vielleicht eine Stadt im Gebiet von → Guzāna.

Dūr-katlimmu

^{uru}BÀD-*a-du-ku*-1-*lim*

5-16) SAA 6, 335, 8’ [*ḫarrānu ša* D.]

^{uru}BÀD-*a-duk*-1-*lim*

1-02) RIMA 2, 99.2, 112. 113 [It. von Qatnu nach Lāqê; Ḫābūr]

^{uru}BÀD-*duk*-1-*lim*

1-07) AoF 39, 272, 1’ (^{uru}⸢BÀD-*duk*⸣- [1-*lim*]); RIMA 3, 104.6, 24 [Qatnu, Kār-Aššur-nāṣir-apli]; id. 104.7, 16 (⸢^{uru}BÀD-*duk*-1-*lim*⸣) [33 ^{uru}*kaprānīšu*; Kār-Sîn, Dūr-Aššur]
5-16) BATSH 6, 69, 3 (-*du*[*k*]-⸢1-*lim*⸣). Rs. 3 (⸢BÀD⸣-); id., 70, 5 (-[*duk*-1-*lim*])

uruBÀD-*kat-li-me*
1-04) RIMA 2, 101.1, iii, 6 [2x; It. von Qatnu nach Bīt-Ḫalupê]

uruBÀD-*kat-lim-mu*
1-03) RIMA 2, 100.5, 104 (uruB[ÀD-*kat-li*]*m*-⌜*mu*⌝) [*ša* Lāqê]. 106. 108 [It. von Usalâ nach X u. weiter nach Qatnu]

¶ NAT, 108 (Dūr-adūklimmu); RGTC 3, 59 (aB Dūr-Igitlim); RGTC 5, 92 (mA Dūr-Katlimu). Der ursprüngliche aB Name von D. wurde bereits in der mA Zeit nicht mehr verstanden und in der nA Zeit unterschiedlich etymologisiert, wodurch die verschiedenen Schreibungen entstanden, s. Röllig (1978) 429f. u. Tadmor (1985) 52f. Für eine mögliche Gleichsetzung von D. mit → Magdalu, aram. *mgdl* (d. h. Magdalu wäre der aramäische Name von D. in der spät- und nachneuassyrischer Zeit) und mit klass. Magdala s. Kühne/Luther (1998), Luther (1999) 81f., Zadok (1995b) 3, id. (2000b) 5. Röllig (1993) 127 mit Anm. 2 äußerte sich darüber skeptisch und Luther (2002) 2 mit Anm. 8 hält D. für einen von mehreren möglichen Kandidaten für Magdala.

Stadt in → Lāqê am unteren Ḫābūr, zu der 33 Dörfer (z. Z. Adad-nērārīs III.) gehörten, heute Tall Šēḫ Ḥamad, Zadok (1995a) 2.3.3. Zur Identifizierung s. Röllig (1978) u. Kühne (1980) mit Karte; zur administrativen Organisation am Unteren Ḫābūr s. Morandi Bonacossi (1996a) bes. 35–37 mit Karte auf S. 46; zur Geschichte s. Kühne (2013), Radner (2002) 1–19 (mit ausführlicher Literatur auf S. xiii–xxvii u. xxxi–xl). TAVO Karte B IV 10 u. 13; Helsinki Atlas, 9. 26. 27. 31.

In der Nähe von Dūr-katlimmu befanden sich → Biduša, → Birtu 1, → Kapar-Am[...], → Parakkišu, → Rubu, → Zabanni, wahrscheinlich →Āl-ša-Zibâ, → Badiadin, → Bīt-Binini, → Bīt-Sa'ili, → Kār-Salmānu, → Šulmu-belāti und → Šušāri, möglicherweise → Bīt-Aššur-lē'i, → Dūr-[...] und → Tarḫê und vermutlich → Sa[...] 3 und → [...]da[...].

Dūr-kuššia

uruBÀD-*kuš-ši-a*
5-16) BATSH 6, 93, 7

¶ Ortschaft in der Nähe von → Ḫatallu.

Dūr-Li[...]aja

^{uru}BÀD-^{d}*li*-[x]-⸢*a*⸣-*a*

5-16) BATSH 6, 93, 6

¶ Ortschaft in der Nähe von → Ḫatallu.

Dūr-Marduk

^{uru}BÀD-^{d}AMAR.UTU

1-07) RIMA 3, 104.7, 17 (⸢^{uru}BÀD-^{d}AMAR.UTU⸣) [40 *kaprānīšu*; Dūr-Nergal-ēreš, Dūr-Adad-nērārī]

¶ Stadt in der östlichen Ǧazīra, die eine Neugrundung des Nergal-ēreš, des Gouverneurs der Provinz → Raṣappa (Page [1968] 146 zu Z. 16–19) bzw. eine von ihm umgebaute Ortschaft war, Zadok (1995a) 239, 3.8.17.6.

Dūr-Nabû 1

^{uru}BÀD-^{d}PA

3-13) SAA 11, 202, i, 19' [Kapar-Gurrabâ *qanni* D.]

¶ NAT, 112; vgl. RGTC 3, 61 (aB Dūr-Nabium), RGTC 5, 94 (mB Dūr-Nabû).

Stadt im Balīḫ-Becken, RlA 2, 247 (E. Unger). Nicht mit →^{3} Dūr-Nabū 2 in →^{3} Gambūlu zu verwechseln.

Dūr-Nanāja 1

^{uru}BÀD-^{d}*na-na-a*

5-15) SAA 6, 245, 9 [Bīt-ša-muḫḫi-āli]

¶ NAT, 112. Nach Lipiński (2000) 98 könnte klass. Beonan, wo ein Artemis-Heiligtum bezeugt ist, zu Bethonan emendiert werden und als „Haus der Nanāja" interpretiert werden, womit eine Verbindung zu D. hergestellt werden könnte. Zur sumerischen Graphie des Gottesnamens ^{d}NA.NA.A, s. RlA 9, 147–151 s. v. Nanāja (dort jedoch nicht erwähnt). In PN ist neben ^{d}*na-na-a* auch ^{d}*na-na-a-a* bezeugt (PNA 2/II, 924f.); wie in PNA wird hier ^{d}*na-na-a* als eine verkürzte syllabische Orthographie betrachtet. Ein ON Dūr-Inanna, mit dem D. in Verbindung stehen würde (Zadok [1995a] 238,

3.8.11 u. 239, 3.8.17.1), gibt es nicht. Der ON ^{uru}BÀD-^{d}INANNA (RIMA 3, 104.7, 15) soll → Dūr-Issar 1, das in der Tat von → Dūr-Issar 2 zu trennen ist, und nicht Dūr-Inanna gelesen werden.

Stadt in der Nähe von → Qubbāte, die in der östlichen Ǧazīra lag. In SAA 12, 50, Rs. 33' wird → Dūr-Nanāja 2 unter den Ortschaften, die sich „in der Steppe von Kalḫu" (*ina madbar* Kalḫu) befinden, erwähnt. Wenn es sich nicht um zwei homonyme Orte handelt, hätte sich die „Steppe von Kalḫu" (zur Lesung *ina mad-bar* ^{uru}*kal-*[*ḫa*] in SAA 12, 51, Rs. 33' s. Fales [1973] 81; in NAT, 70 ist daher Barzutan [alte Lesung ^{kur}*bar-zu-tan*] zu streichen) zumindest teilweise westlich vom Tigris erstreckt (Zadok [1995a] 238, 3.8.8), und zwar im Gebiet der Provinz → Isāna. Demzufolge wäre der Ausdruck „Steppe von Kalḫu" eher eine geographische als eine administrative Bezeichnung, wie Zadok loc. cit. mit Recht meint.

Dūr-Nanāja 2

^{uru}BÀD-^{d}*na-na-a*

7-16) SAA 12, 50, Rs. 24' [*ina madbar* Kalḫu; Irinniḫ]

¶ NAT, 112. Zur Lesung des ON s. Komm. zu → Dūr-Nanāja 1.

Stadt in der „Steppe von → Kalḫu" Zadok (1995a) 248, 4.7.1.4.2; vielleicht identisch mit → Dūr-Nanāja 1 (s. Komm.).

Dūr-Nergal-ērеš (?)

^{uru}BÀD-^{1} ^{d}IGI.DU-KAM

1-07) RIMA 3, 104.7, 16 (⸢^{uru}BÀD⸣-[^{1} ^{d}IGI].⸢DU-KAM⸣) [33 *kaprānīšu*; Dūr-Aššur, Dūr-Marduk]

¶ Die Lesung des GN ^{d}IGI.DU in nA Quellen ist nicht bekannt, sicher war sie weder Nergal noch Pālil. Hier wird Nergal nur als Konvention verwendet, s. dazu Kühne/Radner (2008) 31f. u. ferner RlA 10, 281 s. v. ^{d}PALIL (M. Krebernik); nA PN Nergal-ēreš, PNA 3/I, 381f. s. v. Pālil-ēreš 1.

Stadt in der östlichen Ǧazīra, die eine Neugrundung des Nergal-ēreš, des Gouverneurs der Provinz → Raṣappa (Page [1968] 146 zu Z. 16–19) bzw. eine nach ihm umbenannte und von ihm umgebaute Ortschaft war, Zadok (1995a) 239, 3.8.17.5.

Dūr-Papsukkal

BÀD-^{d}*pap*-SUKKAL
2-06) TCS 5, 168, iv, 4 (BÀD {ŠÚ}-) [Gannanāte, Bīt-redûti]

^{uru}BÀD-^{d}*pap*-SUKKAL
1-06) RIMA 2, 103.1, iv, 24 [*āl šarrūti*]. 41 [Ṭaban(-Fluss)]

¶ NAT, 112; RGTC 5, 97 (mB Dūr-Papsukkal).

Stadt im Osttigrisgebiet am Fluss → Ṭaban 2, RlA 2, 248 (E. Unger). Nach Fuchs (2011) 233 (mit Anm. 21) sei D. auch unter den Namen → Ṭaban 1 bekannt gewesen.

Dūr-pariki

^{uru}BÀD-*pa-ri-ki/qí*
3-13) ND 3469, 10 (Iraq 15, pl. 13) [Kapar-diqārāte, Kapar-Utani]

¶ NAT, 112.

Wahrscheinlich eine Stadt in Zentralassyrien bzw. in einem benachbarten Gebiet (K), Zadok (1995a) 260, 4.31.6. Aufgrund der Erwähnung im gleichen Text von → Kurbail und → Šibaniba (Z. 2–3) behauptet Hannoon (1986) 229, dass G. in der Region östlich bzw. nordöstlich von → Ninive gelegen habe.

Dūr-Sāmedi

^{uru}BÀD-*sa-me-di*
4-15/16) SAA 13, 17, 3’ (⌜^{uru}BÀD-*sa-me*⌝-[*di*]) [Kalzi]. Rs. 2’ [id.]

¶ NAT, 112 (Dūr-Samedi); nA PN Sāmidu, PNA 3/I, 1083.

Stadt in Assyrien, wahrscheinlich in der Nähe von → Kalzi, Zadok (1995a) 245, 4.5.3.2.

Dūr-Šamaš

^{uru}BÀD-^{d}UTU
4-13) SAA 5, 97, Rs. 6’ [Itu’u, Barzaništun]; id. 198, Rs. 2’ ($^{[uru]}$BÀD-^{d}U[TU])
7-07) SAA 12, 3, 6’ [Guzana, Ḫanigalbat]

¶ NAT, 112.

Stadt, die vielleicht in → Izalla oder in der Nähe von → Guzana lag; eine deutliche Zuordnung ist bei der derzeitigen Quellenlage nicht möglich, Zadok (1995a) 271, 6.3.9. Nicht mit aB und nB/spB Dūr-Šamaš in der Nähe von →^{3} Sippar (RGTC 3, 63 u. RGTC 8, 123, RlA 2, 1938, 24, s. v. Dūr-Šamaš 2 [E. Ebeling]) zu verwechseln. Eine Stadt D. in Assyrien gibt es nicht (RlA 2, 1938, 24, s. v. Dūr-Šamaš 1 [E. Ebeling]; in 3R, 14, 9 = Meissner/Rost [1893] 72, 9 ist Dūr-[Issar] statt D. zu ergänzen).

Dūr-Šarrukīn

BÀD-LUGAL-GI.NA
7-13) SAA 12, 19, 18' (-G[I.NA]). Rs. 12 (-GI.N[A]) [*pīḫatu*]

BÀD-LUGAL-GI.NA^{ki}
4-13) SAA 15, 280, 3'. 9' ([B]ÀD-)

BÀD-^{1}MAN-GIN.NA
1-13) SgF Ziegel d, 3
5-16) O 3696, ? (unpubl. erw. in PNA 3/II, 1317, s. v. Tārik-šarrūtu) [*bēl pīḫati*]

^{kur}BÀD-MAN-GIN
5-14) SAA 6, 41, Rs. 18 (^{k}[$^{ur!}$BÀD-MAN-GIN]) [*šaknu*]

^{uru}BÀD-LUGAL-GI
5-13) SAA 5, 133, 4

^{uru}BÀD-LUGAL-GIN
1-13) Archaeologia 79, pl. 45, Nr. 74, 2 (^{uru}BÀD$^{?}$-LUG[AL$^{?}$-GIN]; SgF S5, 33 (-[GIN]) [Muṣri, Ninive]
9-16) SAA 11, 1, Rs. ii, 22' ([^{uru}BÀD]-LUGAL$^{!}$-) [Kār-Salmānu-ašarēd]

^{uru}BÀD-LUGAL-*i-ku*
4-13) SAA 5, 47, Rs. 9 ($^{[ur]u}$BÀD-LUGAL-*i*$^{!}$-⸢*ku*⸣$^{?}$)

^{uru}BÀD-LUGAL-*ú-kin*
5-14) SAA 6, 106, Rs. 8 ([^{uru}BÀD-LUGA]L$^{!}$-⸢*ú*$^{!}$⸣-*k*[*in*$^{!}$]) [*šaknu*]

^{uru}BÀD-LUGAL-*uk-ki*
5-15) O 3697, 13 (unpubl. zit. in Garelli [1986] 241, Anm. 2)

^{uru}BÀD-^{1}LUGAL-GI.NA
1-13) Iraq 7, 86f, 8' [Muṣri, Ninive]; SgF Ann, 233; SgF S4, 96 [Muṣri, Ninive]; SgF Silber, 11; Sg Melid, 11 (^{uru}BÀD-^{1}]LUGAL-)
4-13) SAA 5, 105, Rs. 8
4-15) SAA 16, 79, 7 (^{uru}[B]ÀD-) [Ninive]; id., 93, Rs. 11 [Arbail]

^{uru}BÀD-^{1}LUGAL-GIN
1-13) SgF S2, 20 [Muṣri, Ninive]
3-20) SAA 11, 176, Rs. 14 (-^{1}LU[GAL$^{?}$-GIN$^{?}$]
4-13) SAA 1, 194, Rs. 19 ([^{uru}BÀD]-⸢^{1}⸣LUGAL-G[IN$^{!}$]). 20 ($^{[ur]u}$BÀ[D$^{!}$-); SAA 5, 34, Rs. 6 (^{uru}⸢BÀD⸣-). u. Rd. 36 (^{uru}[B]ÀD-^{1}[LUGAL-GIN]

^{uru}BÀD-MAN-GI.NA
3-20) SAA 11, 138, 4 (-MAN-<GI>.NA)
4-13) SAA 1, 39, 11' (-[MAN-GI.NA]). 13'; id., 130, 9 ([^{uru}BÀ]D-)
5-16) SAA 14, 69, 4 [*bēl pīḫati*]
5-19) CTN 3, 11, Rs. 10 (^{uru}BÀD-<MAN>-) [*bēl pīḫati*]

^{uru}BÀD-MAN-GIN
1-13) SgF Stier, 40 [Muṣri, Ninive]; SgF Ziegel c, 2; SgF Ziegel e, 2
2-13) Canon 707 B4 (erg.); Canon 717 B4 ([^{uru}BÀD-MAN]-)
3-13) CTN 3, 85, ii, 10' (-M[AN$^{?}$-GIN]); ND 2651, Rs. 1 (Iraq 23, pl. 22); SAA 7, 45, Rs. 5 (^{uru}B[ÀD$^{!}$-MAN-GIN])
3-20) ND 2451, Rs. 14' (Iraq 23, pl. 14) (-⸢MAN⸣-); ND 2476, i, 9' (Iraq 23, pl. 15) (⸢^{uru}⸣BÀD-⸢MAN⸣-); ND 2758, 11' (Iraq 23, pl. 26) (^{u}[^{ru}BÀD-MAN]-); SAA 11, 161, u. Rd. (-GI[N])
4-13) GPA 242, 7 (^{uru}BÀ[D-MAN-GIN]); **SAA 1**, 26, Rs. 8 (⸢^{uru}BÀD⸣-); id., 54, Rs. 10; id., 62, 14 (-[MAN-GIN]); id., 70, Rs. 6'; id., 106, 9; id., 124, Rs. 1 (-[GIN]); id., 125, 5. 10; id., 128, 5; id., 129, 5 ($^{[u]ru}$B[ÀD-MAN-GIN]); id., 131, Rs. 5' (-M[AN-GIN]); id., 159, Rs. 9; id., 179, Rs. 15 (⸢^{uru}⸣BÀD-MAN-G[IN]); id., 235, 18; **SAA 5**, 206, Rs. 6'; id., 286, 8' (-GI[N]); id., 296, Rs. 4'; id., 298, 8' (erg.). Rs. 13 (^{uru}BÀD$^{!}$-M[AN-GIN]); **SAA 15**, 14, 6 ([^{uru}BÀD-MAN]-G[IN$^{!}$]); id., 15, Rs. 3'. 9' ([^{uru}BÀD-M]AN$^{!}$-); id., 198, 5'; id., 281, 5' ([^{uru}BÀD-M]AN-). Rs. 4 ([^{uru}BÀ]D-)
4-15/16) SAA 13, 92, Rs. 3 ([^{uru}B]ÀD-); id., 95, 12; id., 99, Rs. 2; id., 105, 9 ([^{uru}BÀD]-); id., 114, 15'

5-14) **SAA 6**, 40, Rs. 18 (erg.) [*šaknu*]; id., 144, 3' ($^{[u]ru!}$BÀD$^{!}$-[MAN-GIN]; **SAA 14**, 471, 5
5-16) SAA 6, 310, 2
5-22/23) TB 22, Rs. 6'
7-20) SAA 12, 80, 5

^{uru}BÀD-^{1}MAN-GI.NA
1-13) SgF Ann, 427 ([^{uru}BÀD-^{1}MAN-GI].NA); SgF Ziegel d, 3
4-13) SAA 1, 39, Rs. 10'; id., 124, Rs. 7 (^{uru}B[ÀD-1MAN-GI].NA$^{!}$) [*bēl pīḫati*]; id., 238, 8 (-⸢BÀD$^{!}$⸣-[^{1}MAN-GI.N]A)

^{uru}BÀD-^{1}MAN-GIN
1-13) SgF XIV, 28 (erg.) [Muṣri]; SgF Ann, 425 (erg.) [id.]; SgF Ant, 10; SgF Bro, 27 (-⸢GIN⸣) [Muṣri, Ninive]; SgF Go 13; SgF Platten, 16 [Muṣri, Ninive]; SgF Prunk, 155. 157; SgF S3, 29 [Muṣri, Ninive]; SgF Ziegel b, 4; SgF Ziegel f, 3
2-13) Canon 706 B6; Canon 707 B6
3-13) CTN 3, 133, I, 10 (-G[I]N); ND 2606, 4 (Iraq 23, pl. 19) (-^{1}[MAN-GIN]); SAA 7, 57, iii, 1' (^{uru}B[ÀD-^{1}MAN]-). 10' (-G[IN])
3-19) SAA 14, 43, Rs. 11 (-^{1}MA[N-GIN])
4-13) **SAA 1**, 25, 4 (-G[IN]); id., 36, Rs. 4' ($^{[ur]u!}$BÀD-) [Ninive]; id., 66, li. Rd. 2; id., 115, 8 ($^{[ur]u}$BÀD-); id., 152, Rs. 12 [*abullu ša* D.]. 21 ($^{[ur]u}$BÀD-^{1}[MAN-GIN]) [id.]; id., 159, 5 (^{uru}BÀ[D-^{1}MAN-GIN]). 9 (-^{1}MAN-GIN]). Rs. 15; id., 168, Rs. 4' ($^{[u]ru}$BÀD-); id., 192, 10 (-GI[N]) [*bēl pīḫati*]; id., 205, Rs. 19 (-⸢GIN⸣); id., 226, 12. 226, Rs. 5; id., 239, Rs. 7' ([^{uru}BÀ]D-); id., 259, Rs. 5'; **SAA 5**, 32, Rs. 20; **SAA 15**, 12, 6 (^{uru}[BÀD]-⸢$^{1!}$⸣MAN$^{!}$-G[I]N$^{!}$)
5-23) SAA 14, 220, Rs. 4
7-20) SAA 12, 80, 5

^{uru}BÀD-^{1}MAN-GIN.NA
4-13) SAA 5, 119, 4

$^{uru\ 1}$BÀD-MAN-GIN
1-13) Iraq 17, 7, 4 (⸢^{uru}⸣ ^{1}BÀD-)

^{uru}BÀD-*sa-ru-uk-ka*
3-20) SAA 11, 94, Rs. 4 (ev. ein Beleg für → Dūr-Šarrukku)

N:
^{uru}BÀD-LUGAL-GIN-*a-a*
4-13) CT 53, 530, 2' ($^{[ur]u}$BÀD-)

¶ NAT, 112–114 (zusammen mit Dūr-Šarrukku!); nA PN Šarru-kīn, PNA 3/II, 1239–1247 (bes. 1239f. zur Lesung und Deutung des Namens).

Sargons neue Hauptstadt am Gebirge → Muṣri 2 bei → Maganuba, heute Ḫorsābād, Hannoon (1986) 201–203, Radner (2011) 325–327, RlA 2, 249–252 (E. Unger), Zadok (1995a) 257f., 4.19. Gleichzeitig zur Gründung der neuen Residenzstadt wurde eine gleichnamige Provinz eingerichtet, RlA 11, 54, Nr. 30 (K. Radner). Zum Bau von D. s. Parpola (1995). Zu eventuellen weiteren Belegen s. Komm. zu → Dūr-Šarrukku. TAVO Karte B IV 13 u. 20 (4.1); Helsinki Atlas, 4. 28

In der Umgebung von D. befanden sich die Städte → Āl-āpiāni, → Āl-sasinnē, → Āl-sirāšî, → Ālu-ša-[...], → Ālu-ša-qāribi, → Maganuba so wie das Dorf → Kapar-La[...]. Wahrscheinlich nicht weit von D. lagen → Šiddi-ḫirīti und → Ti'i; vielleicht nicht weit von D. befanden sich die Städte → Āl-Ubru-Nabû und → Ḫatajāte, so wie die Dörfer → Kapar-Aššur-ilā'ī und → Kapar-Bābî (?). →Āl-Šī-tabni und → Ālu-ša-tamkāri lagen im Gebiet von → Kalḫu oder D.

Dūr-Šarrukkāja

^{uru}BÀD-MAN-GIN-*a-a*
5-15) SAA 6, 287, 11 (^{uru}⌜BÀD$^{!}$⌝-MAN-GIN$^{!}$-) [Paqutu, Kapar-Aḫi-iaqar].

¶ Nach dem Kontext anscheinend ein Dorf in → Laḫīru 1, Zadok (1995a) 225, 1.2.6. Es handelt sich sicher nicht um → Dūr-Šarrukēn (gegen SAA 6, S. 340 s. v.), könnte aber identisch mit → Dūr-Šarrukku sein, das nicht weit von Laḫīru lag (vgl. ferner mit den Graphien ^{lú}BÀD-*šar-ru-ka-a-a* [SAA 10, 530, Rs. 9] u. ^{uru}BÀD-LUGAL-GIN-*a-a* [CT 53, 530, 2'].

Dūr-Šarrukku

BÀD-LUGAL-GIN^{ki}
4-13) SAA 15, 156, Rs. 19 (-GIN$^{ki!}$)

BÀD-LUGAL-*uk-ka*
1-15) RINAP 4, 112.79, 19' ([BÀD]-⌜LUGAL⌝-) [*šaknu*]; id, 112.93, 40 [id.]

BÀD-MAN-GIN
5-15) SAA 6, 282, u. Rd. 5' [*šaknu*]

BÀD-MAN-*ka*
3-13) SAA 11, 133, ii, 18’

BÀD-^{1}MAN-GIN
2-16) Eponym 672, A9 (-G[IN]) [*šaknu*]; *Eponym 664, A9 (-[GIN) [id.]

^{uru}BÀD-LUGAL-*ru-ki*
4-16) SAA 13, 124, Rs. 5 [*bēl pīḫati*]. 9 [id.]

^{uru}BÀD-LUGAL-*uk-ka*
1-15) RINAP 4, 112.77, 63 [*šaknu*]

^{uru}BÀD-LUGAL-*uk-ki*
4-13) SAA 15, 189, Rs. 10’
5-15) O3697, Rs. 6 (unpubl. erw. in PNA 2/II, 819 s. v. Nabû-bēlu-uṣur 8i) [*bēl pīḫati*]

^{uru}BÀD-LUGAL-*uk-ku*
6-15) SAA 2, 6, vi, 65 [*šaknu*]

^{uru}BÀD-^{1}LUGAL-*uk-ku*
4-13) SAA 15, 169, 8

^{uru}BÀD-^{1}MAN-GIN (s. u. Komm.)
5-16) *ND 2329 u. Rd. 1 (2x; Iraq 16, 43 erw. in PNA 3/II, 1249, s. v. Šarru-lū-dāri 16) [*šaknu*]; ***SAA 6**, 320, Rs. 10 (-GI[N]) [id.]; *id. 340, Rs 4’ [*bēl pīḫati*]; ***SAA 14**, 477, Rs. 13’ (^{uru}BÀ[D-^{1}MAN-GIN]) [*šaknu*]

^{uru}BÀD-MAN-*uk-ka*
4-15) SAA 13, 90, 11

^{uru}BÀD-^{1}MAN-*uk-ku*
5-15) SAA 6, 283, Rs. 24 (-⸢*uk*⸣-[*ku*])

^{uru}BÀD-*šar-ru-ki*
4-15) SAA 10, 369, 7 [*bēl pīḫati*]

N:
^{lú}BÀD-*šar-ru-ka-a-a*
4-15) SAA 10, 350, Rs. 9

^{uru}BÀD-MAN-GIN-*a-a*
5-15) SAA 6, 287, 11 (^{uru}˹BÀD$^{!}$˺-MAN-GIN$^{!}$-) [Paqutu]

¶ NAT, 112–114 (s. v. Dūr-Šarrukīn); RGTC 5, 99 (mB Dūr-Šarru-kīn); RGTC 8, 124 (nB/spB Dūr-Šarrukki).

Stadt im Osttigrisgebiet, die wahrscheinlich in der Nähe der Mündung des Diyālā (→ Turnat) in den Tigris, nicht weit von → Upî entfernt lag, Frame (1992) 220 Anm. 36, Kessler (2009) 103, Parpola (1983) 299 zu Rs. 9', Postgate/Mattila (2004) 247, RlA 2, 249 (E. Unger). Die lexikalisch bezeugte Gleichstellung mit Sippar-Arūru (2R 50, 64a) führte zur in der Sekundärliteratur oft zu findenden Identifizierung mit Tell ed-Dēr westlich vom Tigris. Da D. östlich vom Tigris zu suchen ist, wurde durch die Analyse von Sargons Korrespondenz bezüglich der Rückeroberung Babyloniens in SAA 15, xvii überzeugend begründet. D. lag außerdem nördlich von Upî/Opis, das wahrscheinlich mit Tulūl al-Muǧayli' zu identifizieren ist. Ab Asarhaddons Regierungszeit ist D. als Statthaltersitz der gleichnamigen Provinz bezeugt, RlA 11, 65, Nr. 73. Nach Frame (1992) 275 mit Anm. 38 u. 40 (s. auch Postgate/Mattila [2004] 247) wäre Šarru-lū-dāri, Eponym des Jahres 664, Statthalter von D. und nicht → Dūr-Šarrukēn (SAAS 2, 61 [664] u. 121, PNA 3/II, loc. cit., RlA 11, 54, Nr. 30) gewesen. Die entsprechenden Belege wurden mit einem * markiert. TAVO Karte B IV 13 (Tell ed-Dēr!); Helsinki Atlas, 10. 32 (nördlich v. Tulūl al-Muǧayli'). Vgl. → Dūr-Šarrukkāja.

Dūr-tālitte

^{uru}BÀD-*ta-li-te*
9-13) SAA 11, 14, 9 [Dūr-atānāte]. 11 ([^{uru}BÀD-*ta*]-˹*li-te*˺) [Babite]. 13 ([^{uru}BÀD-*t*]*a*-) [Laggalagi]

^{uru}BÀD-*ta-li-ti*
4-13) SAA 5, 227, 15. Rs. 1 (-˹*ti*˺); id., 229, Rs. 5 [Dūr-atānāte Arrapḫa]. 7; id., 232, Rs. 3' (˹$^{uru!}$˺BÀD-) [Arzuḫina]

^{uru}BÀD-*ta-li-tú*
9-13) SAA 11, 14, 8 [Maturaba]

^{uru}BÀD-*ta-lit*
3-20) ND 2679, Rs. 2' (Iraq 23, pl. 22) [Arzuḫina]

¶ NAT, 114 (Dūr-Talīti, zusammen mit den Belegen für Dūr-Telīti).

Stadt in → Arzuḫina (nicht in →[3] Zamua gegen Fuchs [1994] 431, s. v. Dūr-Telīti), in der Nähe der Pässe von →[3] Babite, die nach einem Vorschlag von Speiser (1926-27) 17 mit Ǧamǧamal gleischgesetzt wird, Fadhil (1983) 78, Hannoon (1986) 388f., Levine (1989) 85f. u. 91 fig. 4, Zadok (1995a) 228, 1.4.6. Die von Saggs (1958) 209 vorgeschlagene Gleichstellung von Ǧamǧamal mit Arzuḫina wurde bereits von Reade (1978b) 179 abgelehnt. Nicht mit →[3] Dūr-Telīti zu verwechseln, Fuchs loc. cit, Grayson (1972) 128, Zadok (1985b) 42. TAVO Karte B IV 10; Helsinki Atlas, 10. 29.

Dūru 1

^{uru}BÀD

1-05) RIMA 3, 102.2002, 9 [Ḫuzirīna, Qipāni]

1-22) RlA 1, Taf. 14 (vor S. 81), 1 [*bēl pīḫati*] (Dieser Beleg aus der Anaz-Stele wird meist als ON betrachtet, s. RlA 1, 106, s. v. Anaz [E. Unger] u. RlA 11, 48, zu Nr. 12 [K. Radner]; s. aber RIMA 3, S. 201, s. v. Mušēzib-Šamaš)

4-13) SAA 1, 201, 8 (^{uru}⌈BÀD⌉)

¶ NAT, 115; aram. *bt* ? (Lipiński [2000] 172).

Stadt im Balīḫ-Becken, die mit Anaz Höyük, ca. 25 km östlich von Urfa identifiziert wird, Forrer (1920) 22 u. 108f., Lipiński (2000) 172, Reade (1972) 94, RlA 1, 106 s. v. Anaz (E. Unger), Zadok (1995a) 273, 7.1.4. Der Statthalter von D. Mušēzib-Šamaš (zu ergänzen in PNA 2/II, 781) war wahrscheinlich dem *turtānu* Šamšī-ilu untergeordnet, s. RlA 11, 48, zu Nr. 12 [K. Radner] u. → Pīḫat-Bīt-turtāni. Zur Anaz-Stele s. Börker-Klähn 1982, Nr. 233. Helsinki Atlas, 3. 25. 26. Nicht mit → Dēru, →[3] Dura, →[1] Du'ru oder →[3] Dūru 2 zu verwechseln; s. → Dūr-balāṭi 1.

Dūr-Ubru-Aia

^{uru}BÀD-SUḪUŠ-*ia*

5-19) StAT 2, 80, 7 (-SUḪUŠ$^{?}$-)

¶ nA PN Ubru-Aia, PNA 3/I, 1360.

Möglicherweise eine Stadt in Zentralassyrien bzw. in einem benachbarten Gebiet (A).

Duša[...] (?)

^{uru}⸢*du-šá*?⸣-x
3-20) ND 2791, 3’ (Iraq 23, pl. 28) [Ḫirimmu]

¶ Lage unbekannt, vielleicht im Osttigrisgebiet, falls ein Zusammenhang mit → Ḫirimmu besteht.

Dušunu

^{uru}*du-šu-nu*
3-20) ND 3481, 3’ (Iraq 15, 148) [Šunu(...)]

¶ NAT, 116.

Vielleicht eine Stadt in Nordmesopotamien (→ Katmuḫi?), da Š. im gleichen geographischen Zusammenhang wie → Šariššu erwähnt wird.

Du’ūa

^{uru}*du-’u-ú-a*
5-07) GPA 17, 5. Rs. 41 [*ḫazannu*]. 43
5-10) SAA 6, 17, 7. Rs. 8 [*ḫazannu*]

^{uru}*du-ú-’a*
5-20) SAA 14, 236, 4’ (^{uru}*d*[*u*]-⸢*ú*!⸣-)

¶ NAT, 106 (Du’ua).

Wahrscheinlich eine Stadt in der Region von → Kalḫu, GPA, S. 50 (Komm.), Zadok [1995a] 248, 4.7.2.5.

E

E[...] 1

^{uru}*e*-[...]

3-13) SAA 11, 133, iii, 4' (^{uru}⌜*e*$^{!}$⌝-[x])

¶ Vielleicht eine Stadt im oberen Ḫābūr-Gebiet bzw. im Balīḫ-Becken, Zadok (1995a) 235, 3.5.4.15.

E[...] 2

^{uru}*e*-[...]

5-23) SAA 14, 346, 8

¶ Stadt in der Nähe von → Samānu, Zadok (1995a) 255, 4.15.2.

E[...] 3

^{uru}*e*-x(-)[...]

5-05) Billa 79, 3 (^{uru}*e*$^{?}$-)

¶ Stadt, die in den Texten aus Tall Billā (→ Šibaniba) erwähnt wird und vermutlich in ihrer Umgebung lag.

Ebiḫ

^{kur}*e-bi-iḫ*

1-06) RIMA 3, 103.1, iv, 4 [Mê-Turnat]; id., 103.2, iii, 19' [Turnat]; id., 102.3, iv, 12' (⌜^{kur}⌝[*e-bi*]-⌜*iḫ*⌝) [id.]

^{kur}*e-biḫ*

1-07) RIMA 3, 104.2012, 3' [Baltil]

¶ NAT, 116; RGTC 1, 37 (präsarg./sarg. Ebiḫ); RGTC 2, 38 (Ur III. Ebiḫ/Abiḫ); RGTC 3, 65 (aB Abiḫ); RGTC 4, 3 (aA Abiḫ); RGTC 5, 2 (mA Abeḫ/Ebeḫ); RGTC 11, 63 (elam. Ebiḫ).

Gebiergskette im Osttigrisgebiet südlich des Unteren Zab, das heutige Ǧabal Ḥamrīn, Hannoon (1986) 14f. u.357–359, RlA 2, 264f. (E. Unger/E. Ebeling). TAVO Karte B IV 10 u. 13; Helsinki Atlas, 10.

Eḫiman (?)

^{uru}*e-ḫi-man*
4-13) SAA 5, 81, 11 [Ḫalzi-adbāri]
5-16) SAAB 3, 67, Rs. 13'
5-23) SAAB 2, 6, Rs. 4'

N:
^{uru}*e-ḫi-man-a-a*
5-16) SAAB 3, 67, Rs. 6'

¶ NAT, 117; die Lesung des ON könnte u. a. auch Eḫiniš sein, s. SAA 5, S. 65 zu Nr. 81, 11 u. Radner (1997a) 24 Anm. 37.

Stadt im Ḫābūr-Dreieck, wahrscheinlich in der Umgebung von Mardin, die sich in der Peripherie der Provinz → Ḫalzi-atbāri befand, Radner (1997a) 23f., id. (2006) 301f., Zadok (1995a) 237, 3.6.4.4.

Eḫiniš s. Eḫiman

Ekallāte

^{uru}*e-gal-lat*
3-13) SAA 11, 133, ii, 12' ($^{[u]ru}$[*e*]-)

^{uru}É.GAL-*a-te*
4-13) SAA 19, 213, Rs. 10 (^{uru}[É.GAL]-*a*-⌜*te*⌝)

^{uru}É.GAL-*at*
4-13) SAA 1, 96, Rs. 2 (-*a*[*t*$^{!}$])

^{uru}É.GAL^{meš}
1-14) RINAP 3/1, 111.24, vi, 1' (erg.). 6' (id.); RINAP 3/2, 111.223, 49. 50 (^{uru}É.[GAL]⌜^{meš}⌝)

2-07) Andrae Stelen Nr. 38, 4 (SAAS 2, 95 [804]) [Kār-Tukultī-Ninurta]
2-10) Andrae Stelen Nr. 37, 4 (SAAS 2, 79 [748]) [Kār-Tukultī-Ninurta]
4-13) SAA 1, 99, 6 ($^{uru!}$É$^{!}$.[GAL^{meš}]). Rs. 5'. 9'; id., 148, 4 ($^{[u]ru}$É.GAL^{meš})
4-15) SAA 10, 294, Rs. 16
7-07) SAA 12, 1, 9 (^{uru}É.GAL$^{me[š]}$) [*ḫūl šarri ša issi* E.]
9-16) SAA 11, 1, Rs. ii, 7' [erw. zw. Ubasê u. Sur-marrāti]

N:
KUR-*a-a*
5-18) StAT 3, 35, ii, 14

^{uru}É.GAL-*at-a-a*
5-16) StAT 3, 39, 4 (-⌜*ta*$^{!}$-*a-a*⌝)
5-18) StAT 3, 40, 5

¶ NAT, 117; RGTC 3, 68 (aB Ekallātum); RGTC 4, 38 (aA Ekallātum); RGTC 5, 101 (mA Ekallātu 1); RGTC 11, 63 (elam. Ekallat); aram. *'glh* (AECT 49, 2); vgl RGTC 8, 130 (nB/spB Ekallāti); s. auch Astour (1987) 50.

Stadt in in der Provinz → Libbi-āli, die nach einem Vorschlag von Hallo (1964) 72 oft mit Haikal am linken Tigrisufer, ca. 25 km nördlich von → Aššur (Qal'at Širqāt) identifiziert wird, Hannoon (1986) 289–291, RlA 2, 319f. (E. Unger), Zadok (1995a) 243, 4.1.2.2. Charpin/Durand (1997) 368–370 machen darauf aufmerksam, dass nach den aB Texten aus Mari E. nördlich von Aššur aber am rechten Tigrisufer gelegen haben, und schlagen vor, es am südöstlichen Ende des Ǧabal Najma, ca. 30 km nördlich von Qal'at Širqāṭ zu lokalisieren (s. Karten in DCM 442 u. 751). TAVO Karte B IV 10 u. 13 (Haikal); Helsinki Atlas, 10. 28 (Haikal).

Ekal-pî-nāri

^{uru}É.GAL-*pi-i*-ÍD
1-01) RIMA 2, 98.1, 10 (⌜^{uru}⌝É.GAL-) [Jausa]

¶ NAT, 117.

Stadt im Gebiet des aramäischen Stammes →*Jausa, wahrscheinlich südlich des Unteren Zab (→ Zāba šaplû), nicht weit von seiner Mündung in den Tigris (→ Diglat), wie der Ortsname suggeriert („Palast an der Flussmündung"), Lipiński (2000) 412, Zadok (1995a) 224, 1.1.3. Auf welchem Ufer des Tigris E. lag, ist unbekannt. Aššur-dān II. wies einen Angriff der Jausäer in seinem Akzensionsjahr ab und pünderte ihr Gebiet von E. bis zu einer nicht erhaltenen Stadt aus. Der Text ist leider fragmentarisch erhalten, es werden aber weder eine Überquerung des Tigris noch des Unteren Zabs genannt.

Elammaki

uru*e-lam-ma-ki*
3-05) Billa 82, 3' (uru⌈*e*⌉-[*l*]*am-m*[*a-ki*]) [Bīt-da(...), Aḫusutu]
3-21) Billa 76, Rs. 4 [Šibaniba]

¶ NAT, 117.

Stadt, die in den Texten aus Tall Billā (→ Šibaniba) erwähnt wird und vermutlich in ihrer Umgebung lag, Zadok (1995a) 256, 4.17.1.30.

Elizki s. Elizkun

Elizanšu

uru*e-li-iz-an-šú*
1-11) Tigl Ann 5, 4 [Ippa, Luqadanšu]

uru*e-li-za-an-šu*
1-11) Tigl Summ 5, i, 6 ([uru*e-li*]-; Ergänzung unsicher, s. u. Komm.) [Urmuše]

¶ NAT, 97.

Stadt in →3 Urarṭu, wahrscheinlich in der Region nördlich des Murat-Su (→ Arṣania 1), Kessler (1980) 168, RlA 2, 356 (E. Unger). Die Ergänzung von E. in Tigl Summ 5, i, 6 sowie die von → Luqadanšu in der darauf folgenden Zeile (RINAP 1, 108, Komm. zu i, 7) sind unsicher und problematisch, da sich die ganze Passage (Z. 1–10) auf Städte bezieht, die anscheinend in der Nähe eines Sees lagen. Wäre der Urmia-See gemeint (RINAP 1, 109 ergänzt mit Fragezeichen →3 Tâmtu [ša Na'iri]), wäre eine dermaßen östliche Lage von E. mit dem vermuteten Itinerar vom 11. *palû* (735) und der entsprechenden Auflistung von Städten in Tigl Ann 5, 4–6 schwer vereinbar. Dagegen könnte eine Ergänzung →3 Tâmtu [elītu ša Na'iri], nämlich der Van-See (Tadmor [1994] 144 Komm. zu 10–11 ergänzt Tâmtu [ša Na'iri], meint aber den Van-See) auf eine Region an seiner südwestlichen Küste hindeuten, die mit dem Gebiet nördlich des Murat-Su besser zu vereinbaren wäre. Andererseits könnten andere Städte als E. und Luqadanšu gemeint sein. Nicht mit →[3] Elenzaš in →[3] Bīt-Barrû zu verwechseln.

Elizkun

[uru]*el-iz-ki*

4-13) SAA 1, 41, 19 [*ālu šû ša* Ukkāja *ana nērebi ša* Kumme E. *iqabbûnišu*]; SAA 19, 183, 9

[uru]*el-iz-kun*

4-20) SAA 19, 183, 13. Rs. 8'(-[*kun*]). 9' ([ur]u*e*[*l-iz-k*]*un*) [Ukku]

¶ NAT, 123 (Elizki).

Stadt in → Ukku am Pass von → Kumme, der nach Radner (2012) 255 mit dem Süvrihalil-Pass gleichzusetzen ist.

Elmunaqinnê

[uru]*el-mu-na-qin-né-e*

1-14) RINAP 3/1, 111.17, viii, 32 [Muṣri]

¶ NAT, 124 (Elmunaqinê).

Hochgelegene Stadt in der Nähe des Gebirge → Muṣri 2 (Ǧabal Bāšiqā/ Ǧabal Maqlūb), Jacobsen/Lloyd (1935) 35f. Als Sanherib an den Fuß des Gebirge Muṣri gelangte, stieg er zur Stadt E., die sich entweder auf dem Ǧabal Bāšiqā oder auf dem nordöstlich davon gelegenen Ǧabal Maqlūb befunden haben muss. Hannoon (1986) 226f. (mit Karte 11, Nr. 37 auf S. 195) schlägt Ḫirbat Reḫḫal, ca. 9 km nordöstlich von Bāšiqā auf dem Ǧabal Maqlūb, wo neuassyrisches Material bezeugt ist, als möglichen Kandidaten vor.

Elugia

[uru]*e-lu-gi-a*

1-11) Tigl Ann 5, 5 [Quda, Dania]

¶ NAT, 124.

Ēnāte

Stadt in →^{3} Urarṭu, wahrscheinlich in der Region nördlich des Murat-Su (→ Arṣania 1), Kessler (1980) 168, RlA 2, 358 (E. Unger). S. Komm. zu → Daiqanša.

Ēnāte s. Īnāti

EN-PAD (?)

^{uru}EN-PAD

5-15) BT 107, 4 (Iraq 25, pl. 21) (-⸢*an*$^{?}$⸣ nach CNA, s. Adian; die Spuren in der Kopie passen eher zu PAD)

¶ Lesung unsicher; es könnte sich um einen Beleg für → Adian handeln.

Vielleicht eine Stadt in der Nähe von → Imgur-Enlil, Zadok (1995a) 251, 4.9.2 (Bēl-[…]).

Enu

^{uru}*e-nu*

1-11) Tigl Summ 1, 30 [Sassu]; id., 9, 14' [Marḫatianša, Sassu]

¶ NAT, 125.

Stadt in der „Provinz des Mundschenks" (→ Māt-Rab-šāqê).

Enzi

^{kur}*en-zi*

1-05) RIMA 3, 102.6, iii, 50 [Suḫnu]. 53. iv, 30 [id.]; RIMA 3, 102.8, 28 [id.]; id. 102.12, 15 [id.]; id., 102.20, 4 [Suḫme]; id., 102.28, 37 [Ḫanigalbat, Dajaeni]. 42 [*ina nērebe ša* E.]; id., 102.29, 34 [Dajaeni]; id., 102.30, 14 ([^{kur}*en*]-⸢*zi*⸣) [Tâmtu ša Amurru, Dajaeni]; id., 102.31, 12 [Na'iri, Dajaeni]; id., 102.32, 7 [id.]; id., 102.33,10 [id.]; id., 102.38, 7' (erg.) [Suḫnu]; id., 102.40, i, 7 [Gilzānu]

1-06) RIMA 3, 103.1, ii, 12 [Aridu]

1-11) Tigl Summ 1, 34 [Tasa, Anganu]; id. 5, i, 23; id. 9, 23' [Ṣuppa]

^{kur}*en-zi-te*

1-05) RIMA 3, 102.2, ii, 42 [*ša* Išua; vgl. RIMA 2, 87.4, 32 ^{uru}*en-za-ta ša* ^{kur}*i-šu-a*]. 43. 45 [Arṣania, Suḫme]. 65 [*ina nērebe ša* E.]; id., 102.5, ii, 5 (Var. ^{kur}*en-zi*) [Dajaeni]; id., 102.21, 10 (-[*z*]*i-t*[*e*]) [*ina nērebe ša* E.; Suḫme]; id., 102.22, 10 ([^{kur}*e*]*n-z*[*i-te*]) [id.]

¶ NAT, 125 (Enzi, Enzite); RGTC 5,107 (mA Enzata, hier Stadt); RGTC 6/1, 110 (heth. Ḫinzuta); klass. Anzitēnē/Handziṭ (Anderson [1897] 25 Anm. 1, Howard-Johnston [1983]; TAVO Karte B V 13, Barrington Atlas 89, B2).

S. → Alzi. In Tigl Summ 5, i, 12–24 werden Städte aufgelistet, die in „E., […] und →^{3} Urarṭu" lagen, s. Komm. zu → Zinia. In E. befand sich die Stadt → Saluria.

Enzite s. Enzi

Eribi

^{kur}*e-ri-bi*

1-11) Tigl Summ 9, 22' [Purattu]

¶ Berg in Nordmesopotamien im Gebiet südlich des Murat-Su (→ Arṣania 1), der die ostliche Grenze der von Tiglatpileser III. annektierten und der „Provinz des Generals" (→ Pīḫat-Bīt-Turtāni) zugeordneten Gebiete darstellt, Kessler (1980) 166f.

Erimi (?)

^{kur}*e-ri-mi*

1-05) RIMA 3, 102.2003, 14 (-⌜*mi*$^{?}$⌝) [Uqi]

¶ NAT, 126 Erim(…) ist mA und Erimdani zu lesen, RGTC 5, 108 (RlA 2, 470 s. v. Erimša).

Land in Nordmesopotamien, das Teil der „Provinz des Schatzmeisters" (→ Māt-Masenni) war.

Erudi

uru*e-ru-di*
5-20) SAA 14, 206, 7’ (-*d*[*i*])

¶ NAT, 126.

Vermutlich eine Stadt in Zentralassyrien bzw. in einem benachbarten Gebiet, Zadok (1995a) 265, 5.1.1.6.3.

Ešarra

uruÉ.ŠÁR.RA
5-13) BATSH 6, 124, Rs. 11’

¶ Vermutlich eine Stadt in der Umgebung von → Dūr-katlimmu bzw. in einem benachbarten Gebiet.

Ešnunna

*èš-nun-na*ki
8-15/16) SAA 8, 459, Rs. 14

uru*iš-nu-na-ak*
4-15/16) SAA 10, 30, 6 [*bītu ša* E.]

¶ NAT, 178 (Išnunak); LGN 86 (präsarg. èš-nun-na, Frayne [1992] 69); RGTC 1, 80f. (präsarg./sarg. Išnun/Ašnuna); RGTC 2, 18f. (Ur III Ašnun); RGTC 3, 73–76 (aB Ešnunna); RGTC 5, 41 (mA/mB hist. Ašnunnak); RGTC 8, 134 (nB/spB Ešnunna); RGTC 11, 21 (elam. Ašnun).

Stadt am Diyālā (→ Turnat), heute Tall Asmar. E. wird seit Mitte des 2. Jts. literarisch-archaisch meist ohne eine klare Definition des gemeinten Gebiets verwendet, Fuchs (2011) 235. Lexikalisch wird E. mit Tuplijaš (→3 Tuplijaš 2) gleichgestellt (2R 39, Nr. 5, 59).

Etebur[…] (?)

^{uru}*e-te-bur*-MEŠ
5-22/23) KAN 4, 19, 4

¶ Möglicherweise eine Stadt in Zentralassyrien bzw. in einem benachbarten Gebiet.

Eusa

^{uru}*e-ú-sa*
1-11) Tigl Ann 5, 5 [Abrania]

¶ NAT, 97.

Stadt in →^{3} Urarṭu, wahrscheinlich in der Region nördlich des Murat-Su (→ Arṣania 1), Kessler (1980) 168, RlA 2, 488 (E. Ebeling). S. Komm. zu → Daiqanša.

Ezāma

^{uru}*e-za-a-ma*
1-14) RINAP 3/1, 111.17, iv, 19 (-⸢*ma*⸣) [Šarum, Kipšu]; RINAP 3/2, 111.222, 14 [Kipšu, Qūa]

^{uru}*e-za-ma*
1-14) RINAP 3/1, 111.16, iv, 72 [Šarum, Kipšu]; id., 111.18, iii, 1'' (erg.) [id.]; id., 111.22, iii, 76 [id.]; id., 111.23, iii, 67 (^{uru}[*e-za*]-) [id.]

¶ NAT, 127; vgl. LSG 104 *a-sa-am*$_6$/*e-sa-má* (Frayne [1992] 48), s. dazu Astour (1987) 5 u. Frahm (1997) 151 zu Z. 14.

Stadt auf dem Gebirge → Nipur (Cudi Dağı), an der Grenze des Landes → Katmuḫi, RlA 2, 489 (E. Ebeling), Zadok (2000a) 11f. Nogaret (1985) 64 Anm. 3 verbindet E. mit Hasanah am Fuß des Cudi Dağı, wo Felsreliefs aus der Zeit des Sanherib entdeckt wurden, s. Radner/Schachner (2001) 750 fig. 2 (Cudi Dağı Reliefs) u. Schachner (2012) 611.

Eziat

^{uru}*e-zi-at*
4-13) SAA 5, 3, Rs. 1: id. 4, Rs. 8; id. 5, u. Rd. 6'

¶ NAT, 127.

Stadt am Tigris in Nordmesopotamien in der Nähe von → Amēdu (Diyarbakır), RlA 2, 489 (E. Ebeling).

Ezzēda

^{uru}*e-ze-e-da*
1-11) Tigl Summ 1, 33 (^{uru}*e*$^{!}$-) [Qilissa, Diuiapli]

^{uru}*ez-ze-e-da*
1-11) Tigl Ann 20, 8' ($^{⌜\text{uru}⌝}$*ez*-); Tigl Summ 9, 19' [Qilissa, Diuiapli]

^{uru}*ez-ze-da*
1-11) Tigl Summ 5, i, 17 ([^{uru}*ez*]-)

¶ NAT, 181 (Izzēda).

Stadt im Gebiet von → Ateia, einer unter den Bezirken in Nordmesopotamien oberhalb von den Tigrisquellen, die von Tiglatpileser III. annektiert und der Provinz → Na'iri zugeordnet wurden, Kessler (1995) 59–61. 65, RlA 5, 227 (D. O. Edzard). Eine Lage zwischen Palu und Hani, etwa beim heutigen Karabegan hält Kessler (1995) 67 (mit Karte auf S. 66) für möglich. In Tigl Summ 5 wird E. zusammen mit anderen ON aufgelistet, die allgemein als „Städte des Landes $\rightarrow^{3}$ Enzi [...] und des Landes $\rightarrow^{3}$ Urarṭu" bezeichnet werden, s. dazu Kessler (1980) 178.

G

Gabaṣê

^{uru}*ga-ba-ṣe-e*
3-20) ND 2728+, 6 (Iraq 23, pl. 24) [*ša qanni* Arbail; Udua]

URU.2-*qa-ba-si-i*
7-16) SAA 12, 50, 10 [*ina rēš* Arbail]

¶ NAT, 127 (Gabasê); mA ^{uru}*ga-*⸢*ba*⸣*-*[*ṣe-e*], Postgate/Deller (1985) 71.

Eine von acht (ND 2728+ hat aber sieben als Gesamtzahl) Städten in der Umgebung von → Arbail, Hannoon (1986) 316–318, Zadok (1995a) 246, 4.6.1.4. Die in den zwei Quellen erwähnten Ortschaften sind wahrscheinlich identisch und daher als einen Ort zu betrachten, Zadok (1985c) 113.

Gabê

^{uru}*ga-bé-e*
4-13) SAA 15, 116, 5' (*-b*[*é-e*]) [Gar(…)]. 10' [Qari(…)]

¶ NAT, 127; vgl. RGTC 3, 77 (aB Gabum) u. id., 282 (aB Gabûm).

Stadt im Zuständigkeitsbereich von Šamaš-bēlu-uṣur, Gouverneur von → Dēru (PNA 3/II, 1193f., s. v. Šamaš-bēlu-uṣur 4), die nah an den Bergen lag, wo sich ein Teil der Bevölkerung aufhielt; Zadok [1985b] 71 (16.1, 7).

Gab'ete

^{uru}*gab-'e-te*
5-09) Edubba 10, 53, Rs. 3' [Masiḫi]

¶ Möglicherweise eine Stadt in Zentralassyrien bzw. in einem benachbarten Gebiet (K), vermutlich nicht weit von → Masiḫi.

Gabmuri

[uru]*gab-mu-ri*
3-13) SAA 11, 209, Rs. iv, 15' ([uru]*gab*[!]-)

¶ NAT, 97 (Daḫmuri).

Stadt im Balīḫ-Becken, Zadok (1995a) 273, 7.1.3.1.7 (Taḫmuri); s. Komm. zu → Qipāni.

Gabrīna s. Qabrīna

Gabšuete

[uru]*ga-ab-šu-e-te*
5-16) SAA 14, 441, 5

¶ Vermutlich eine Stadt in Zentralassyrien (N), Zadok (1995a) 254f., 4.13.2.3.1.1.

Gadisê

[uru]*ga-di-se-e*
3-13) SAA 11, 214, 7'
4-15/16) SAA 13, 188, Rs. 18 (-⌜*se-e*⌝)

¶ NAT, 128.

Stadt im Balīḫ-Becken, RlA 3, 131, Zadok (1995a) 274, 7.1.11.5.1.

Gaduatâ

[uru]*ga-du-a-ta*
3-13) SAA 11, 201, ii, 31 [G. *ina* Ḫasame]

¶ NAT, 128.

Stadt im Balīḫ-Becken, im Gebiet von → Ḫasame, Zadok (1995a) 273, 7.1.6.1.

Gāgal

^{kur}*ga-a-gal*
1-14) RINAP 3/1, 111.16, vii, 45 [*abul* Šamaš *ša* G. (Stadttor von Ninive)]

^{kur}*ga-gal*
1-14) RINAP 3/1, 111.15, vii, 7’ (erg.); id., 111.17, vii, 77 [*abul* Šamaš *ša* G. (Stadttor von Ninive)]; id., 111.18, ii, 17’ [id.]

¶ NAT, 187 (Kagal).

Das Land G. lag östlich bzw. südöstlich von → Ninive; vom Šamaš-Tor an der östlichen Stadtmauer der Stadt (TAVO Karte B IV 20), der nach G. führte, startete eine Straße wahrscheinlich in Richtung → Imgur-Enlil und weiter nach → Kalzu, Reade (1978a) 52, Zadok (1995a) 251, 4.11. Nach Reade loc. cit. lag G. möglicherweise östlich von → Ḫalzi. Hannoon (1986) 212–214 (mit Karte auf S. 195) hält Tulūl al-Lak, ca. 12 km südöstlich von Ninive für einen plausiblen Kandidaten. A. H. Layard fand in diesem Ort Ziegelinschriften „des Königs von Kuyuncik“, wahrscheinlich Sanherib, Layard 1853, 129f. (s. auch RINAP 3/2, S. 306, Nr. 221). Zu den Stadttoren von Ninive s. RlA 9, 401–403 (J. E. Reade).

Galali

^{uru}*ga-la-li*
3-13) SAA 11, 202, ii, 2’ (^{uru}⸢*ga*$^{!}$⸣-*la*$^{!}$-) [(…)butu *qanni* G.]

¶ Vgl. RGTC 8, 310 (nB/spB Til-Galala).

Stadt im Balīḫ-Becken, Zadok (1995a) 274, 7.1.11.2.3.

Galgulim (?)

^{uru}*gal-gu-lim*
3-07) TH 73+, Rs. 9 (^{uru}⸢*gal*⸣-, nach Fales [1979] 198 u. Dornauer [2014], 93) [Ṣiamaninu, Burallim]

¶ Lage unbekannt, vielleicht eine Stadt im Gebiet von → Guzāna, Zadok (1995a) 233, 3.4.5.16.

Gammagara

uru*gam-ma-ga-ra*
1-14) RINAP 3/2, 111.226, 4 [Ḫanusa]

¶ NAT, 129; ev. mit klass. Gaugamela (TAVO Karte B IV 23; Barrington Atlas, 89, F4) gleichzustellen, vorausgesetzt, dass in der assyrischen Wiedergabe des ON eine Methatesis stattgefunden hat, so dass die Orthographie irrtümlich für **gam-ga-ma-ra* stand, Fales/Del Fabbro (2014) 80 Anm. 61.

Stadt, die in Verbindung mit Sanheribs „Ḫinis Kanalsystem" steht (s. dazu → Ḫanusa), Hannoon (1986) 222, RlA 3, 138 (E. Weidner), Zadok (1995a) 257, 4.18.3. Sanherib leitete Wasser vom Fluss → Pulpullia (Gōmel) und von den Städten Ḫanusa (Ḫinis) und G. in den „Ḫinis-Ḫosr-Kanal" (→ Nār-Sīn-aḫḫē-erība). Th. Jacobsen ging von einer geographischen Reihenfolge der in der Aqueduktinschrift B (RINAP 3/2, 226) genannten Hydronyme bzw. Orte voraus, suchte dementsprechend das „Wasser von G." zwischen Ḫines und Ğerwān, und identifizierte es mit einem Wasserlauf, der von Šēḫ ʻĀdī in Richtung Gōmel fließt, Jacobsen/Lloyd (1935) 21 mit fig. 9. Nach seiner Ausfassung sollte G. an diesem Wasserlauf gesucht werden. Reade (1978a) 168f. hält für möglich, dass diese Strömung eher mit dem „Wasser von Ḫanusa" zu identifizieren sei, und schlägt vor, G. mit klass. Gaugamela gleichzusetzen und mit Tall Gōmel am gleichnamigen Fluss unweit der Mündung eines Wadis zu identifizieren (die oft zitierte Gleichstellung von Gaugamela mit Tall Gōmel ist aber nicht gesichert, s. RA Gaugamela, bes. 862f. so wie weitere Lit. mit alternativen Vorschlägen zit. von Morandi Bonacossi/Iamoni [2015] 12). Da aber Tall Gōmel ca. 20 km stromabwärts von Ḫinis und ca. 12 km südöstlich vom Ğerwān-Aquedukt liegt, bestand keine Möglichkeit, Wasser aus dem Wadi in den Kanal zu leiten, was in Ğerwān B ausdrücklich erwähnt wird. Bewusst von dieser Tatsache und, um bei der Gleichstellung von G. mit Gaugamela und Tell Gōmel zu bleiben, wird von Fales/Del Fabbro (2014) 80f. vorgeschlagen, dass Sanherib nicht einzelne Wasserläufe, sondern wichtige Landmarken genannt hätte. Diese elegante Lösung ist wenig überzeugend, wenn man berücksichtigt, dass im Text vor jedem ON *mê* explizit steht und dazu noch erwähnt wird, dass Wasser von eingefassten Gebirgsquellen links und rechts davon in den Kanal geleitet wurde. Es handelt sich eindeutig um die Gebirgslandschaft nördlich von Ğerwān bis zu den Quellen des Rūbār-Atrūš/Gōmel, während sich Tell Gōmal nicht nur stromabwärts von diesem Gebiet, sondern auch in einer flachen Landschaft befindet, s. Foto in Morandi Bonacossi/Iamoni (2015) 13 fig. 2 und Karte auf S. 11. Zu einer ersten Erkundung und einer geplanter Grabung in Tall Gōmel s. Morandi Bonacossi/Iamoni (2015) 12.

Gamuzānu

^{uru}*ga-mu-za-a-nu*
3-23) SAA 1, 227, 3 [*ina mudbari*]

¶ Stadt „in der Steppe", die wahrscheinlich in der östlichen Ǧazīra lag, Zadok (1995a) 239, 3.8.18. Felder in G. werden vor Feldern in der Steppe von → Raṣappa genannt.

Gannanāte

^{kur}*gán-na-na-a-ti*
2-09) Canon 767 B2 ([^{kur}*gán-n*]*a-*) [Arzuḫina]

^{kur}*gán-na-na-ti*
2-16) Canon 767 B1 [Arzuḫina]

^{uru}*ga-na-na*
2-09) Canon 771 B10

^{uru}*ga-na-na-a-te*
1-06) RIMA 3, 103.2, iii, 28' [*āl dannūti*]

^{uru}*ga-na-na-a-ti*
2-09) Canon 771 B1; id. B2 (^{u}[^{ru}*ga-na-na-a-ti*])

^{uru}*ga-na-na-te*
1-05) RIMA 3, 102.6, ii, 45 [Ḫalman]; id., 102.8, 25' [id.]; id., 102.10, ii, 36; id., 102.14, 78 ($^{\text{[u]ru}}$*ga-*) [Māt-Akkadî]; id., 102.18, 6' (-*n*[*a-na-te*]) [id.]
2-06) TCS 5, 168, iv, 3 [Laḫīru, Dūr-Papsukkal]

^{uru}*ga-na-na-ti*
1-06) RIMA 3, 103.1, iv, 15 [Datēbir, Izduja *ša ina aḫi* G.]
3-13) SAA 7, 58, Rs. iii, 29 (-[*n*]*a-*)

^{uru}*gan-na-a-ti*
3-20) ND 2664, 2 (Iraq 23, pl.22) [Kār-Aššur, Laḫīru]

^{uru}*gán-na-a-na*
2-09) Canon 767 B10 [Arzuḫina]

^{uru}*gán-na-na-te*
1-05) RIMA 3, 102.5, iv, 3 [Mê-Turnat]. v, 1 [Laḫīru]. 2

^{uru}*gán-na-te*
1-05) RIMA 3, 102.5, iv, 3 (Var.) [Mê-Turnat]. v, 1 (Var.) [Laḫīru]

¶ NAT, 129 (Gananāte); vgl. RGTC 8, 138 (nB/spB Ganata) mit Lipiński (2000) 443, Zadok (1981c) 199 Anm. 6 u. id. (1982b) 31 Anm. 34.

Stadt im Osttigrisgebiet, wahrscheinlich am linken Ufer des Diyālā (→ Turnat), vielleicht südwestlich des Ǧabal Ḥamrīn (→ Ebiḫ), Fuchs (2011) 232, Levine (1973) 23 mit Anm. 10, Nashef (1982) 129 mit Anm. 59, Postgate (1987) 153f. (mit Diskussion des Lokalisierungsvorschlags nordöstlich vom Ǧabal Ḥamrīn), Postgate/Mattila (2004) 243 Anm. 21, Reade (1978c) 141 mit Karten auf S. 140 u. 142, RlA 3, 139f. (E. Unger), Zadok (1977-78a) 55f. Die Städte → Datēbir und → Izduja lagen in der Nähe von G. Helsinki Atlas, 11 (spekulative Identifizierung mit Qaṣr-e Šīrīn anhand der Koordinaten in RlA 3, 139).

***Gar[...]**

N:
^{lú}*ga-ár*-x-*a-a*
4-13) SAA 15, 116, 4' (-[x]-) [Gabê]

¶ NAT, 127 (gebucht s. v. Gabê).

Stadt (oder Land) im bzw. an der Grenze zum Zuständigkeitsbereich von Šamaš-bēlu-uṣur, Gouverneur von → Dēru (PNA 3/II, 1193f., s. v. Šamaš-bēlu-uṣur 4), die an den Bergen in der Nähe von → Gabê lag.

Ga'uani

^{uru}*ga-a'-ia-ni*
1-15) RINAP 4, 112.1, iv, 66 [Var.]

^{uru}*ga-a'-u-a-ni*
1-15) RINAP 4, 112.1, iv, 66 [*šarru*; Qadaba', Iḫilu]; id., 112.8, i', 22' (erg.)

^{uru}*ga-a'-ú-a-ni*
1-15) RINAP 4, 112.1, iv, 66 [Var.]

¶ NAT, 127 (Ga'uānu); vgl. PN Ga'ūnu (PNA 1/II, 422), s. aber Zadok (1978b) 209.

Stadt in → Bāzu, Eph'al (1984) 131, RGTC 11, 67 (Ga'uani), RlA 3, 151 (E. Weidner), Rosemarin (1932) 34.

Gaurna

^{uru}*ga-ur-na*
1-11) Tigl RR, 33 ($^{\ulcorner uru \urcorner}$*ga-*) [^{uru}(…), Kapar-reštūti]

¶ Stadt in → Ulluba 2.

Gidara

^{uru}*gi-da-ra*
1-02) RIMA 2, 99.2, 52 [G. *ša* ^{kur}Arumu^{meš} Raqamātu *iqabbišūni*]

¶ NAT, 132; vgl. RGTC 3, 190f. (aB Qaṭarā), RGTC 4, 91f. (aA Qaṭṭarā), RGTC 5, 221 f. (mA Qaṭarā). Zadok (1996a) 724f. liest ^{uru}*ge-ṭa-ra* und hält eine Identifizierung mit aB Qaṭara für möglich (s. auch Zadok [1983] 240 mit Anm. 9 u. Zadok [1995a] 238, 3.8.5), die Gleichstellung mit Tall ar-Rimāḥ (→ Zamāḫi, aB Karanā, RGTC 3, 132) ist jedoch umstritten (RlA 11, 157–157 s. v. Qaṭara [C. Michel]). Die Gleichsetzung mit aB Qaṭarā, das in der Nähe von Tall ar-Rimāḥ zu suchen ist, würde zu einer zu weit südöstlichen Lokalisierung von G. führen, s. Falkner (1957-58) 22f. mit Anm. 31 und Karte auf S. 21.

Stadt im Ḫābūr-Dreieck, die seit Tiglatpileser II. bis zur Zeit des Aššur-dān II. unter Kontrolle der → Temannu-Aramäer stand. Laut assyrischen Quellen wurde G. von den Aramäern → Raqamātu genannt. E. Forrer (RlA 1, 290) sucht G. südwestlich von Mardin. Lipiński (2000) 114 erwähnt eine Ortschaft Bughēdrā, etwa 20 km südlich von Mardin, die den alten Namen beibehalten haben könnte (Bughēdrā < *Abū-Gidarā). Bughēdrā sei von mehreren Ruinehügeln im Umkreis von 5 km umgeben (Tall Dekūk, Muqbil al-Fawqānī, Muqbil al-Taḥtānī, Tall Šehīr, Tall al-Helif).

Gilgimê

[uru]*gi-il-gi-me-e*
4-11) SAA 19, 34, 13 [Kunanê]

¶ Möglicherweise eine Stadt in der nordwestlichen Ǧazīra, Zadok (1995a) 269, 5.3.6.

Gilsanu (?)

[uru]*gíl-sa-nu*
3-23) SAA 11, 223, 7 [Ḫarbina]

¶ NAT, 294 (Rimsanu). Da das Zeichen LAGAB kil, qil, gíl, kìr, qìr oder rim gelesen werden kann, bleibt die Lesung des Ortsnamens offen. Falls die Lesung gíl stimmt, ist G. von →[3] Gilzānu zu trennen (gegen SAA 11, S. 180 s. v.), da dieser Ortsname stets mit ZA geschrieben wird. Zudem ist die Erwähnung von Ländereien im Gebiet westlich des Urmia-Sees im Kontext einer Urkunde aus Ninive, die geerbte Grundstücke auflistet, unwahrscheinlich.

Vermutlich eine Stadt in Zentralassyrien bzw. in einem benachbarten Gebiet, Zadok (1995a) 268, 5.1.2.16.1.5.

Gingiliniš

[uru]*gi-in-gi-li-niš*
1-14) RINAP 3/2, 111.223, 10 [Isparirra, Nampagāte]

¶ NAT, 134.

Stadt nördlich von → Ninive, die im Zusammenhang mit Sanheribs „Nördlichem Kanalsystem" stand, und in der ca. 50–60 km von Ninive entfernten Region zu suchen ist, wo sich die Felsreliefs von Faida, Širu Malikta und Maltai befinden, RlA 3, 377 (D. O. Edzard), Zadok (1995a) 256, 4.18.17. Jacobsens Identifikation mit Tepe Čenči (Jacobsen/Lloyd [1935] 40 mit fig. 9, gefolgt von Hannoon [1986] 224), basiert auf einer nicht zutreffenden Interpretation der gesamten Textpassage, s. Komm. zu → Ālum-riksi. Helsinki Atlas, 4. 28 (Tepe Čenči!).

Girmua

^{uru}*gi-ir-mu-a*
1-14) RINAP 3/1, 111.18, viii, 6' (-⸢*ki*⸣-) [Nampagāte, Ālum-labīr]

^{uru}*gir-mu-a*
3-05) Billa 69, 2 (^{uru}[*g*]*ir-mu-*⸢*a*⸣)

¶ NAT, 134.

Stadt, die zusammen mit → Ālum-labīr entweder mit Sanheribs „Nordlichem Kanalsystem" oder „Ḫinis-Kanalsystem" in Verbindung stehen, RlA 3, 383 (D. O. Edzard), Zadok (1995a) 256, 4.17.1.1. Die eventuelle Erwähnung von → Nampagāte vor G. kann entweder darauf hindeuten, dass alle drei ON im Zusammenhang mit dem „Nordlichen Kanalsystem" stehen, oder, dass einige in Bezug auf den „Nördlichen", andere auf dem „Ḫinis-Kanalsystem" erwähnt werden. Die Erwähnung von G. und Ālum-labīr in einem Text aus Tall Billā (→ Šibaniba) könnte ein Hinweis dafür sein, dass beide Orte nicht weit von dieser Stadt lagen und daher in Verbindung mit dem „Ḫinis-Kanalsystem" ev. auch mit dem „Gebirge Muṣri-Kanalsystem" standen. Thompson (1940) 94 schlägt in seiner Übersetzung eine verführerische, jedoch nicht gesicherte Identifizierung mit Ǧerwān vor, wo ein Aquedukt gebaut wurde, damit der Ḫinis-Ḫosr-Kanal ein Tal überqueren konnte, was chronologisch plausibel ist, Bagg (2000) 210, Frahm (1997) 101 (Komm. zu dieser Stelle), Postgate (1985) 99, Reade (1978a) 167. Hannoon (1986) 222 lokalisiert G. und Ālum-labīr nördlich von Ǧerwān und östlich von 'Ain Sifnī, wo zwei Wasserläufe in Richtung Ǧerwān fließen. Dennoch gibt es ca. 14 km nordwestlich von Maltai nämlich im Bereich des „nördlichen Kanalsystems" eine Ortschaft Ǧermawa, die als alternativer Kandidat für den in Sanheribs Prisma erwähnten ON in Betracht gezogen werden sollte, Bagg (2000) 210 Anm. 417. Helsinki Atlas, 4. 28 (Ǧerwān)

Gu[…] 2 (?)

^{uru}*gu-*[x x x x x]
9-20) SAA 11, 7, 1' (^{uru}⸢*gu*$^{?}$⸣-) [Arbail]

¶ G. ist in einem fragmentarisch erhaltenen Text, in dem anscheinend Abgaben von Provinzen aufgelistet werden, belegt. Die restlichen ON sind alle Provinzen in Zentralassyrien. Wenn die Lesung richtig ist und die Liste nur Provinzen enthält, könnte G. mit → Guzāna (^{uru}*gu-*[*za-na*]) identisch sein.

GÚ-AN (?)

uruGÚ-AN

9-16) SAA 11, 1, i, 22 ([ur]uGÚ-) [erw. zw. Ariauāte u. Izalla]

¶ Wahrscheinlich eine Stadt in Zentralassyrien bzw. in einem benachbarten Gebiet.

GubBAD (?)

uru*gu-ub*-BAD

1-16) Asb E12, 27 [Šaḫarasi', Matuḫanzaḫ]

¶ NAT, 135 (Gubbat). Lesung unsicher. Wenn uru*gu-ub-bat*, vgl. RGTC 3, 81 (aB Gubbatum; eine Gleichstellung (so Zadok [1985b] 48 Anm. 124 ist eher unwahrscheinlich) u. RGTC 5, 110 (mB Gubbatu, Lesung auch nicht gesichert, auch Dubatu möglich). Der ON kann auch uru*gu-ub-be* gelesen werden; vgl. RGTC 5, 110 (mA Gubbe-ekalle) u. RGTC 8, 310 (nB/spB Til-gubbi) u. 371 (nB/spB Nār-Gubbatu).

Stadt im Bergland → Ḫalēḫasta, nordöstlich von → Dēru, in der Umgebung von → Qirbit.

Gulgul

uru*gul-gul*

3-13) ND 3469, 1 (Iraq 15, pl. 13) [Kurbail, Šibaniba]

¶ NAT, 135; vgl. RGTC 5, 110f. (mA Gulguli, s. Lipiński [2000] 99), ev. nur etymologisch verwandt.

Wahrscheinlich eine Stadt in Zentralassyrien (K), Zadok (1995a) 260, 4.31.1. Aufgrund der Erwähnung von → Kurbail und → Šibaniba behauptet Hannoon (1986) 229, G. in der Region östlich bzw. nordöstlich von → Ninive lag.

Gulsunu

uru*gul-su-nu*

3-20) SAA 11, 225, 3' [*pīḫat* Si'immê]

¶ NAT, 136

Stadt in der Provinz → Si'immê, Zadok (1995a) 268, 5.1.2.16.2.2.

Gumedu

uru*gu-me-du*
3-11/13) ND 2618, Rs. 2 (Iraq 23, pl. 19) [Qururu, Igāja]

¶ NAT, 136.

Vielleicht eine Stadt im Ḫābūr-Dreieck (wegen der Erwähnung von → Kaḫat in ND 2618, 6'), Zadok (1995a) 236, 3.6.1.11.9.

Gupāra

uru*gu-pa-a-ra*
3-20) ND 2791, 4' (Iraq 23, pl. 28) (⌜uru*gu-pa*⌝-) [Daria]

¶ Vermutlich eine Stadt in Zentralassyrien bzw. in einem benachbarten Gebiet (K).

Gurdê s. Qurdê

Gurēte

uru*gu-re-e-te*
1-03) RIMA 2, 100.5, 116 (2x, 1x davon erg.) [It. von Magarisu, nach Tabite]

¶ NAT, 136; nicht identisch mit aB Kurdā (RGTC 3, 145f.) und mA Kurda (RGTC 5, 173), da der aB ON mit Balad Sinǧār identifiziert wurde (Joannès [1988] 235).

Stadt am mittleren → Ḫābūr, die mit Tall Aswād gegenüber der Mündung des Wādī 'Āmūda in den Wādī Ǧaġǧaġ (→ Ḫarmiš) identifiziert wird, Kühne (1980) 58, RlA 3, 703 (W. Röllig), Zadok (1995a) 231, 3.3.3. TAVO Karte B IV 10, Helsinki Atlas, 3. 26. 27.

Gurru

gur-ri
3-15/16) SAA 7, 5, ii, 20 (*gu*[*r-r*]*i*) [*šaknu*]
5-20) StAT 3, 1, 35, Rs. 16

gur-ru
3-20) SAA 7, 115, ii, 18
8-15) SAA 8, 82, Rs. 4

^{lú}*gur-ru*
4-13) SAA 5, 215, 22 (-⸢*ru*⸣); id., 277, 10’ ($^{\text{[lú]}}$*gur-*)

^{lú}*qa-mur-ra*
4-13) SAA 15, 136, Rs. 22 [Itu’u]

N:
^{kur}*gur-ra-a-a*
3-22/23) SAA 7, 112, Rs. 2 ($^{\text{kur?}}$*qu*$^{!}$*-ra*$^{?}$-)

^{lú}*gur-a-a*
3-20) SAA 11, 228, ii, 9’

^{lú}*gur-ra-a-a*
4-13) SAA 5, 53, 4 [Mudurna]. 8; SAA 19, 195, 7 (^{lú}*g*[*u*]*r-ra*$^{!}$-)
5-16) ND 2099, 4 (unpubl. erw. in PNA 1/I, 70 s. v. Aḫu’a-erība 11); O 3686, 8 (unpubl. erw. in PNA 3/II, 1429 s. v. Zabdî 6); SAA 14, 425, Rs. 18
8-15) SAA 4, 139, 10 (erg.); id., 142, 10 [Ḫatti]; id., 144, 10 (erg.)

^{lú}*gur-ra-a-a-e-a*
4-13) SAA 15, 166, Rs. 7 (-⸢*e*⸣-) [Itu’u]

^{lú}*qur-mur-ra-a-a*
4-13) SAA 15, 166, 21

¶ NAT, 137 (Gurrāja), 283 (Qamurra) u. 313 (s. v. Sissû, erster Beleg); vgl. RGTC 8, 143 (nB/spB Gurru).

Ein westsemitischer Stamm, der zusammen mit → Itu’u erwähnt wird und vielleicht unweit von dessen Gebiet am Tigris und südlich des Unteren Zab zu lokalisieren ist,

Lipiński [2000] 483f., Zadok (1985b) 70, id. (1995a) 224 1.1.6. Es kann aber auch sein, dass G. und Itu'u nicht aus einer geographischen Nähe, sondern nur deswegen zusammen vorkommen, da beide Stämme spezielle Einheiten der assyrischen Armee bildeten. Dafür könnte das Zamua-Itinerar (SAA 11, 14) sprechen, wo zwischen →^{3} Banbala und →^{3} Gupni-ša-Bēl-Ḫarrān die Zwischenstation →^{3} Birtu-ša-Gurrāja „die Festung der Gurräer" genannt wird. Die Orte dieser Strecke des Itinerars liegen im südlichen Kurdistan (Levine [1989] 87). Ob der Name Bezug auf ein Kerngebiet von G., der weit vom Territorium der Itu'u entfernt liegt, nimmt (Lipiński loc. cit.) oder eher auf die Tatsache, dass in dieser Festung (ursprünglich?) Gurräer stationiert waren, bleibt offen. Es ist ebenfalls unklar, ob G. eine westsemitische (Zadok loc. cit.) oder eine iranische Etymologie (Lipiński loc. cit.) hat.

Guzāna

gu-za-na

2-13) Eponym 706 A9 (-[*na*])

3-13) CTN 3, 86, Rs. 8 [Arzuḫina]

5-18) TH 106, Rs. 8

^{uru}*gu-za-na*

1-15) RINAP 4, 112.140, 1

2-07) Canon 793 B1 ([^{uru}*g*]*u*-); id. B2 (-*n*[*a*]); id. B10 ([^{uru}*g*]*u-za*-[*na*]) [*šaknu*]; Canon 808 B1; id. B2; id. B6; id. B10

2-09) Canon 758 B1 [Isāna]; id. B2 [id.]; Canon 759 B1 [Arbail]; id. B2 [id.]; Canon 763 B1; id. B2

2-11) Canon 727 B1 [erg.]; id. B 3 ([^{uru}*gu-z*]*a*-)

2-13) Canon 706 B4; id. B6 [*šaknu*]

3-13) ND 2619, Rs. 12 (Iraq 23 pl. 19) (^{uru}⸢*gu*⸣-); TCAE 387f, Rs. 2 (ND 2672) (-[*n*]*a*)

3-20) SAA 11, 159, 3. Rs. 2'

4-11) SAA 19, 8, 15 [Tarbusiba, früher Kanbisizu gelesen, eine Stadt, die es nicht gibt, Radner (2003-04), 100, zu Z. 14]; id. 42, 15'; id. 60, li. S. 1 (^{uru}*g*[*u-za-na*]) [*šaknu*]

4-13) SAA 1, 128, 8. u. Rd. 21; id. 233, u. Rd. 26 [*nagiu*]. Rs. 4 (-[*na*]) [(...)ritu *qanni* G.]. 7 (^{uru}*g*[*u-za-n*]*a*) [*nagiu*]. Rs. 11 (-[*na*]); id. 257, 15; SAA 5, 48, Rs. 7 (^{uru}⸢*gu*$^{?}$-*za*$^{?}$⸣-); id. 250, 8 (-*n*[*a*]) [Tillê, Isāna]; id. 257, Rs. 5' (-[*na*]); SAA 19, 180, 5 [*bēl pīḫati*]

4-15) SAA 13, 111, 11; SAA 16, 63, Rs. 13 [*ṭupšarru*]; id. 63, 6. Rs. 22; id. 113, 6

4-15/16) SAA 13, 100, Rs. 3

4-16) SAA 10, 96, 21 [Arbail, Šaḫupa]

5-07) GPA 93, Rs. 7' ([uru][g]*u-za-*[*n*]*a*) [*šaknu*]
5-10) GPA 29, li. Rd. 1 [*šaknu*]
5-16) O 3668 (unpubl., zit. in Garelli [1986] 242 Anm. 4 ohne Orthographie u. Zeilenangabe); O 3705 (id.); O 3708 (unpubl., zit. in Garelli [1986] 242 Anm. 4 ohne Zeilenangabe); O 3712 (unpubl., zit. in Garelli [1986] 242 Anm. 4 ohne Orthographie u. Zeilenangabe); SAAS 5, 11, 4
5-22) Edubba 10, 30, Rs. 20. 28 [*bēl pīḫati*]; id. 43, Rs. 23; id. 48, 5'
7-16) SAA 12, 60, 18'
9-16) SAA 11, 1, Rs. ii, 16' [Tušḫan, Naṣībīna]; id. 3, ii, 2' [Til-Barsip, Barḫalzu]

[uru]*gu-za-a-ni*
1-02) RIMA 2, 99.2, 100 [Ḫābūr]
4-13) SAA 5, 21, Rs. 20 ([u]ru*gu-*)

[uru]*gu-za-ni*
1-04) RIMA 2, 101.2004, 7. 8 [*šaknu*]. 9 [id.]. 19 [*šaknu*, Sikāni]
3-07) TH 70, i, 4' ([uru*g*]*u-*). ii, 5'. Rs. 21 [*bēl pīḫati*]
3-13) CTN 3, 86, 8
5-13) StAT 2, 53, 3. Rs. 21 [*bēl pīḫati*]
5-19) BaM 16, 31, 6 (-⌜*ni*⌝)
7-07) SAA 12, 1, 17 [*pīḫatu*]; id. 3, 6 ([uru*g*]*u-*) [Dūr-Šamaš]; TH 3, 5 [Rami]

N:
[uru]*gu-za-na-a-a*
5-14) O 3685, Rs. 20 (unpubl., zit. in PNA 1/I, 47, s. v. Adda-immê 9)
4-13) SAA 5, 257, Rs. 9' ([uru*gu-z*]*a-*)

¶ NAT, 138; aram. *gwzn* (TF 6. 7. 13); bibl. *gôzān* (HAL, 175); klass. Gauzanitis (TAVO Karte B V 5, Barrington Atlas, 89, C4).

Zentrum des aramäischen Staates → Bīt-Baḫiāni und Sitz eines Gouverneurs der gleichnamigen assyrichen Provinz (RlA 11, 51, Nr. 20), heute Tall Ḥalaf, Dornauer (2014) 18–22, Lipiński (2000) 119–133, Sader (1987) 5–45, Zadok (1995a) 232, 3.4.1. In TH 14, 5 u. 8 könnte sich [uru]ŠÀ.URU (üblicherweise Libbi-āli/Aššur) auf die Zitadelle von G. beziehen, Dornauer (2014) 46. Zur Geschichte: Fuchs (2011); zur Archäologie: Cholidis/Martin (2011), Orthmann (2002), RlA 4, 54 (B. Hrouda). TAVO Karte B IV 10, 13 u. 14; Helsinki Atlas, 3. 26. S. → Gu[…] 2 (?).

Im Gebiet von G. befanden sich die Städte → Aridi, → Būr-šarri, → Ilḫini, → Kubanaše, → Šibara, → Til-kunāši und → […]ritu so wie die Dörfer → Kapar-

Amdānu, → Kapri-Mār-jaba und → Kapri[…] 1; wahrscheinlich → Bīt-Zīzê, → Buruqi 1, → Bur[...]lim, → Meḫinî, → Qaqini, → Qarat-Baqa'āni, → Radamena, → Til-Saḫiḫâ, → Til-sūti und → Zarānu; vielleicht → Dūr-Šamaš (bzw. in → Izalla), → Galgulim, → Ḫiriba (bzw. in → Izalla), → Mezê, → Ninu, → Rami, → Ṣiamaninu, → Širpi[…], → Tau[…], → […]ḫirima, → [...]mâ, →[…]ma'-nāṣir-apli, → $^{\text{fr uru}}$[...] 5, → $^{\text{fr uru}}$[...] 6, → $^{\text{fr uru}}$[...] 7, so wie die Dörfer → Kapri-[...] 2 und → Kapri-labīri. Die Stadt → Ingulâ lag zwischen G. und → Naṣibina. Ein weiteres Zentrum von → Bīt-Baḫiāni war → Sikāni.

Ḫ

Ḫa[...]

^{uru}*ḫa*-x [x x x x]
5-23) SAA 14, 227, 2'

¶ Möglicherweise eine Stadt in Zentralassyrien bzw. in einem benachbarten Gebiet (N).

***Ḫa[...]ra**

N:
^{uru}*ḫa*-x-*ra-a-a*
5-11) Edubba 10, 35, 7' (-⸢x⸣-) [*ṭēḫi ummi ša* Ḫ.; Mannu-kalla]

¶ Wahrscheinlich eine Stadt in der Nähe von → Ninive. Ein Grundstück in → Mannu-kalla grenzt „an die *Seitenstraße* der Leute aus Ḫ."

Ḫāba

^{uru}*ḫa-a-ba*
3-13) SAA 11, 133, iii, 14' [Ilḫini]

¶ NAT, 139.

Vielleicht eine Stadt im oberen Ḫābūr-Gebiet bzw. im Balīḫ-Becken, Zadok (1995a) 235, 3.5.4.20.

Ḫabatešu/Ḫanimtešu (?)

^{uru}*ḫa-ba/nim-te-šú*
1-07) WVDOG 121, 69, Vs., 8' (⸢^{uru}⸣*ḫa*-⸢*ba/nim*$^{?}$-*te*$^{?}$⸣-*šú*$^{?}$) [Buralli, Pandu(...)]

¶ Möglicherweise eine Stadt im nördlichen Osttigrisgebiet, da Adad-nērārī III. (über die Zuweisung des Textes s. WVDOG 121, 70) von → Buralli aufbrach, um die Regionen von Pandu[...] und Ḫ. zu unterwerfen. Frahm (WVDOG 121, 70, Kom. zu 7') stellt mit Recht fest, dass der Feldzug im Winter begann. Eine Lokalisierung beider Städte in einer besonders unzugänglichen Gebirgsregion ist deshalb auszuschließen.

Ḫabḫu 3

kur*ḫab-ḫi*

1-02) RIMA 2, 99.1, Rs. 6’ [Bāza]; id., 99.2, 92 [Kumme]. 95 [id.]

1-05) RIMA 3, 102.14, 157; id., 102.16, 287’

4-13) SAA 5, 108, Rs. 23

kur*ḫab-ḫu*

1-11) Tigl Summ 3, 27’ [Ulluba]; id. 7, 43 [id.]; id. 9, 6’ (erg.)

4-13) SAA 1, 45, 11 [Birāte; dieser Beleg gehört hierher, wenn man mit Fuchs (2000) 77 Birāte mit → Birtu 2 gleichsetzt. Es könnte sich aber wegen der Erwähnung der Satdt →³ Anīsu um einen Beleg für →³ Ḫabhu 2 handeln]

¶ NAT, 140; RGTC 5, 112f. (mA Ḫabḫi), RGTC 8, 145 (nB/spB Ḫabḫa); der ON könnte auch Māt-Ḫabḫi gelautet haben.

Gebiet in den Bergländern nördlich von Zentralassyrien, das im Zusammenhang mit → Ulluba 2 und → Kummu erwähnt wird, Fuchs (2000) 75–77, RlA 4, 12f. (L. D. Levine), ferner Salvini (1967) 81–94. Fuchs (2000) unterscheidet zwischen fünf verschiedenen „Ḫabhu-Ländern“ (die damit verbundenen Regionen stehen in Klammern): →³ Ḫabhu 1 (→³ Namri, →³ Zamua), →³ Ḫabhu 2 (→³ Kirruri, →³ Muṣaṣir), Ḫabḫu 3, → Ḫabhu 4 (→ Kašiāru) und →Ḫabhu 5 (→Alzi, →Dirria). Die Gliederung und Zählung von Fuchs (2000) werden hier übernommen, dennoch scheint Habḫu eine allgemeine Bezeichnung für „(weit entferntes und schwer zugängliches) Bergland“ zu sein, die für verschiedene nördliche Gebiete verwendet wurde, Radner/Schachner (2001) 261f., Radner (2012) 243 Anm. 2. TAVO Karte B IV 10 u. 13.

In Ḫabḫu 3 befanden sich die Länder → Bāza, → Diduala, → Sarbalia und wahrscheinlich auch → Meḫri, so wie die Städte → Jasaddu, → Kunnu, → Satkuru, → Tapsia in der Umgebung von → Kummu.

Ḫabḫu 4

kur*ḫab-ḫi*

1-02) WVDOG 121, 108f., 19’ (kur⌜*ḫab-ḫi*⌝ *gab-bu šá* [*ina* 0? kur*k*]*aš-ia-ri*)

1-04) Bronze bands, 70, piece 4, 4 [Na’iri, Šubarû, Nirbu]; RIMA 2, 101.1, ii, 20 [Bulijana, Luqia]. 92 [Zazabuḫa]. iii, 120 [Na’iri, Šubarû, Nirbu]; id., 101.2, 10 [id.]; id., 101.3, 33 [id.]; id., 101.17, ii, 66 [Bulijana, Luqia]. iv, 20 [Zazabuḫa]; id., 101.19, 55 [id.]; id., 101.23, 7 [Na’iri, Šubarû, Nirbu]; id., 101.24, 2’ [id.]; 101.26, 19 [id.]; id., 101.51, 16 [id.]; WVDOG 121, 59f., Vs. 7 [id.]

¶ NAT, 140; RGTC 5, 112f. (mA Ḫabḫi), RGTC 8, 145 (nB/spB Ḫabḫa); der ON könnte auch Māt-Ḫabḫi gelautet haben.

Gebiet in den Bergländern nordwestlich von Zentralassyrien, das im Zusammenhang mit dem → Kāšiāru-Gebirge (Ṭūr 'Abdīn) erwähnt wird, Fuchs (2000) 77f., Kessler (1980) 52–54), Liverani (1992a) 43 S. weitere Lit. und Komm. zu den verschiedenen „Ḫabhu-Ländern" s. v. → Ḫabhu 3. S. auch → Ḫanigalbat und → Nirbu.

Ḫabḫu 5

[kur]*ḫab-ḫi*

1-02) RIMA 2, 99.2, 30 [Na'iri, Ḫ. *ša bītāni*]

1-04) RIMA 2, 101.1, ii, 112 [Arbakki, Ḫ. *ša bītāni*]. iii, 97 [Aššа, Ḫ. *ša pān* Ḫatti]. 103; id., 101.17, iv, 91 [Arbakki, Ḫ. *ša bītāni*]; id., 101.19, 79 [id.]

¶ NAT, 140; RGTC 5, 112f. (mA Ḫabḫi), RGTC 8, 145 (nB/spB Ḫabḫa); der ON könnte auch Māt-Ḫabḫi gelautet haben.

Allgemeine Bezeichnung für ein Gebiet „gegenüber von →[1] Ḫatti", wo sich die Länder → Alzi, → Aššа, → Dirria, sowie die Städte → Arbakki und → Pitura befanden, Fuchs (2000) 78–81. S. weitere Lit. und Komm. zu den verschiedenen „Ḫabhu-Ländern" s. v. → Ḫabhu 3. Helsinki Atlas, 3. 19 (Ḫabḫu ša pān Ḫatti).

Ḫabḫu ša bītāni s. Ḫabḫu 5

Ḫabḫu ša pān Ḫatti s. Ḫabḫu 5

Ḫabīnu (??)

[1]*ḫa-bi-i-nu*

3-07) TH 49, Rs. 3 (s. PNA 2/I, 437, s. v. Ḫabīnu 2)

[1]*ḫa-bi-ni*

3-13) ND 2619, 21 (Iraq 23 pl. 19) (-[*bi*]-) (s. PNA 2/I, 457, s. v. Ḫanunî 5)

[1]*ḫa-bi-nu*
3-13) ND 2646, 2 (Iraq 23 pl. 21) (s. PNA 2/I, 437, s. v. Ḫabīnu 3) [Ruqaḫu, Ḫallatu]

¶ Der Personenname Ḫabīnu könnte in den oben verzeichneten Belegen als Bezeichnung für einen aramäischen Stamm in der Region von → Guzāna und → Naṣībīna stehen, Postgate (2000) 101–102 (gefolgt von Dornauer [2014] 29). In TH 49 wird die Lieferung von Waffen an Ḫ. registriert. Die Listen von Militärpersonal aus Nimrud verbuchen jeweils 359 (ND 2646, 1–2) bzw. 117+n (ND 2619, 21) Personen des Ḫ., von denen die letzten anscheinend in der Region von Naṣībīna siedelten. Der Urahne, nach welchem der Stamm genannt würde, könnte Ḫabīnu von →[1] Til-abnē gewesen sein (PNA 2/I, 437, s. v. Ḫabīnu 1).

Ḫadabiti

uru*ḫa-da-bi-ti*
1-14) RINAP 3/2, 111.223, 10 [Ālum-riksi, Ḫusur]

¶ NAT, 140.

Stadt nördlich von → Ninive, die im Zusammenhang mit Sanheribs „Nördlichem Kanalsystem“ stand, und in der ca. 50–60 km von Ninive entfernten Region zu suchen ist, wo sich die Felsreliefs von Faida, Širu Malikta und Maltai befinden, Zadok (1995a) 256, 4.18.21. Basierend auf einer nicht zutreffenden Interpretation der gesamten Textpassage (s. Komm. zu → Ālum-riksi), schlägt Jacobsen vor, die Städte Ālum-riksi, → N., → Tillu und → Ḫadabiti im Gebiet zwischen dem Ğabal Bāšiqā (→ Muṣri 2) und Ninive zu suchen, Jacobsen/Lloyd [1935] 41 mit fig. 9. Hannoon (1986) 228f. schließt sich dieser Interpretation an und schlägt Tepe Ḫetel und Tall Tepe Kimtar, ca. 9 bis 11 km nordöstlich von Ninive als mögliche Kandidaten für zwei der vier genannten Städte vor.

Ḫaiai

uru*ḫa-a-a-i*
5-14) StAT 2, 65, 4

¶ Vgl. nA PN Ḫaia, PNA 2/I, 439.

Möglicherweise eine Stadt in Zentralassyrien bzw. in einem benachbarten Gebiet (A).

*Ḫajappa

N:

[lú]*ḫa-ia-pa-a*

1-13) SgF Ann, 121 [*Arbāja rūqūti āšibūt madbari*; Marsīmani]; id. Zyl, 20 [Ibādidi]; Schøyen 72, 5' (erg); ZA 97, 255, 2'(erg.)

[uru]*ḫa-a-ap-pa-a-a*

1-11) Tigl Summ 4, 28'erg.) [Saba', Badāni 2]; id. 7, Rs. 3' [id.]; id. 13, 9' (-[*ap-pa-a-a*])

¶ NAT, 141 (Ḫajappâ); bibl. *'êpâ* (HAL, 776).

Stamm der → Arubu in Nordarabien, möglicherweise im Gebiet zwischen Taimā' und Mekka, Eph'al (1984) 216f., Galter (1993) 32, Rosemarin (1932) 34. H. wurde von Sg besiegt und in →[1] Bīt-Ḫumrî/→[1] Samerīna angesiedelt.

Ḫalaḫḫu

[kur]*ḫa-la-ḫi*

4-13) SAA 1, 143, 5'.12'

[kur]*ḫa-laḫ-ḫi*

1-14) RINAP 3/1, 111.17, vii, 83 [Stadttor v. Ninive]

[kur]*ḫa-láḫ-ḫi*

1-14) RINAP 3/1, 111.15, vii, 7' (⌜[kur]*ḫa-láḫ-ḫi*⌝) [Stadttor v. Ninive]; id., 111.16, vii, 51 (erg.) [id.]; id., 111.18, vii, 23' [id.]

4-11) SAA 19, 19, 12

4-13) SAA 1, 106, 7

5-20) GPA 64,6 (-[*ḫi*])

[kur]*ḫa-làḫ-ḫi*

4-13) SAA 1, 263, 6'

4-16) SAA 10, 173, 7

[kur]*ḫa-làḫ-ḫa*

7-16) SAA 12, 50, Rs. 14' [Kapar-Nabû *ina* Ḫ.]

^{uru}*ḫa-laḫ-ḫi*

3-20) ND 2465, 2 (Iraq 23, pl. 15) (-⌜*ḫi*⌝) [Arbail, Kapru-ša-muḫḫi-nāri]

^{uru}*ḫa-làḫ-ḫi*

3-20) SAA 11, 224, Rs. 4. 6

7-16) SAA 12, 63, 16' ([^{uru}*ḫa-l*]*àḫ-*)

^{kur}*ḫa-laḫ-ḫu*

9-16) SAA 11, 1, Rs. ii, 9' [erw. nach Arrapḫa, vor Raṣappa]

¶ NAT, 142; RGTC 5, 114f. (mA); bibl. *ḥ^{a}laḥ* (HAL, 305); nA PN Ḫalaḫḫāju, PNA 2/I, 440f. Nicht mit Ḫalaḫ (sarg. RGTC 1, 69; elam. RGTC 11, 74) auf dem iranischen Plateau zu verwechseln.

Stadt und landwirtschaftlich wichtiger Distrikt nordöstlich von → Ninive, Zadok (1995a) 258, 4.20. Eines der Stadttore an der nordöstlichen Ecke von Ninive (s. Frahm [1997] 273–275 u. Pongratz-Leisten [1994], 211–216), das den Namen „Das den reichen Ertrag der Gebirge bringt" trug, führte nach Ḫ. und anscheinend auch nach → Dūr-Šarrukīn (nach dem Schülertext aus der Zeit des Assurbanipal STT 372, 9 KÁ.GAL *ḫa-la-ḫa ša* ^{uru}BÀD-*š*[*arru-ukīn* (?)], s. Reiner/Civil [1967], 198 u. Frahm [1997] 275). Die exakte Lokalisierung von Ḫ. ist bisher unbekannt. Forrer [1920] 112 sucht Ḫ. zwischen Ninive und Dūr-Šarrukīn und schlägt Tall al-ʻAbbāsīyah am Ḫosr, etwa 10 km nordöstlich von Ninive als möglichen Kandidaten vor. Nach Hannoon (1986) 204f. (mit Karte 11 Nr. 5 auf S. 195 u. 271, Nr. 16) wurde an diesem Ort mittel- und neuassyrisches Material gefunden. J. N. Postgate (RlA 4, 58) sucht Ḫ. ebenfalls in der Nähe von Dūr-Šarrukīn, bemerkt aber, dass die von Forrer vorgeschlagene Lokalisierung zu nah an Ninive liegt, Postgate (1985) 97. Andererseits hält er eine Lokalisierung nördlich vom Ǧabal Bāšiqā und Ǧabal Maqlūb für unwahrscheinlich, Postgate loc. cit. contra Reade (1978a) 52f. Nach Radner (RlA 11, 54, Nr. 30) umfasste die Provinz Dūr-Šarrukīn das Gebiet der mittelassyrischen Provinz Ḫ. Die nach der Eroberung von Samaria (→ Samerīna) deportierten Israeliten wurden von Sargon u. a. in Ḫ. Angesiedelt (2 Kö 17:6 u. 18, 11; 1 Chro 5: 26). Helsinki Atlas 4, 28 (Distrikt nördlich vom Ǧabal Bāšiqā und Ǧabal Maqlūb). Ḫ. ist von →$^{1 add.}$ Ḫalaḫḫi zu trennen.

In Ḫ. befanden sich die Dörfer → Kapar-Akkulāni, → Kapar-Bisê, → Kapar-ikkāri, → Kapar-Nabû und die Ortschaften → Ālu-ša-Ilu-ēreš, → Ālu-ša-Kē-lamši, → Buruqi 2, → Luamma 1, → Napiḫi, → Qurani.

Ḫalbuda

[uru]*ḫal-bu-da*

1-14) RINAP 3/1, 111.16, iv, 72 [Kipšu, Qūa]; id., 111.17, iv, 20 [id.]; id., 111.18, iii, 1'' (⌜uru⌝*ḫal-*) [id.]; id., 111.22, iii, 76 [id.]; id., 111.23, iii, 67 [id.]; RINAP 3/2, 111.222, 13 [Šarum, Kipšu]

¶ NAT, 142. E. Frahm (WVDOG 121, 83, ii', 14' = RINAP 3/1, 111.16, Ex. 30) und Zadok (2000a) 11 bevorzugen die Lesung [uru]*ḫal-gíd-da.*

Stadt auf dem Gebirge → Nipur (Cudi Dağı) an der Grenze des Landes → Katmuḫi, Zadok (2000a) 11f.

Ḫaldiānu

[uru]*ḫal-di-a-nu*

3-11/13) ND 2618, 3' (Iraq 23, pl. 19) [Birtūri, Ḫazabiri]

¶ NAT, 142.

Vielleicht eine Stadt im Ḫābūr-Dreieck (wegen der Erwähnung von → Kaḫat in Z. 6'), Zadok (1995a) 236, 3.6.1.11.2.

Ḫaldisu s. Ḫandasu

Ḫalēḫasta

[kur]*ḫa-le-e-ḫa-as-ta*

1-16) Asb E12, 19 ([k]ur*ḫa-*) [*šadû marṣu*]

[uru]*ḫa-le-e-ḫa-as-ta*

1-16) Asb LET, Rs. 12 [Qirbit *ša qereb* Ḫ.]

[uru]*ḫa-re-e-ḫa-as-ta*

1-16) Asb B, iii, 6 [Qirbit *ša qereb* Ḫ.]; Asb C, iv,16 [id.]

[uru]*ḫa-re-ḫa-as-ta*

1-16) Asb B, iii, 6 bzw. Asb C, iv,16 (Var.) [Qirbit *ša qereb* Ḫ.]

¶ NAT, 142 u. 150 (Ḫarēḫasta).

Schwer zugängliches Gebirge und Land (trotz dem Determinativ URU) im Zagrosgebirge nordöstlich von → Dēru, etwa in der Umgebung von Šekaft-e Golgol, wo die Stadt → Qirbit lag, Fuchs (2011) 234 u. 275, Zadok (1985b) 48. Das Felsrelief von Šekaft-e Golgol (Grayson/Levine [1975]) entstand wahrscheinlich während Assurbanipals Feldzug im Jahr 668, Fuchs. loc. cit.

In Ḫ. befanden sich die Städte → Adumānu, → Babsaḫ, → GubBAD, → LULbasta, → Lušanda, → Matuḫanzah, → Qirbit, → Sissil, → Šaḫarasi, → Šanḫara, → Šeliḫiram, → Tazi', → Zarzāta und → [...]meš.

Ḫalgidda s. Ḫalbuda

Ḫalḫalauš

uru*ḫal-ḫa-la-uš*
1-01) RIMA 2, 98.1, 29 [Ḫ. *ša* Sa(...)zi]; id., 98.2, 13' (-[*la-uš*])
1-04) RIMA 2, 101.18, 6' [Gilzānu, Ḫarira]

¶ NAT, 143.

Stadt im Land → Sa[...]zi, wahrscheinlich im Osttigrisgebiet, RlA 1, 291b, s. v. Assyrien §46 (E. Forrer). Nach den Inschrifren Aššur-dāns II. scheint Ḫ. im Osttigrisgebiet gelegen zu haben. Die Erwähnung im Weißen Obelisken, der Assurnasirpal II. nicht unumstritten zugerechnet wird (s. RIMA 2, S. 254f.), ist aber problematisch. Wenn es sich um eine Inschrift Assurnasirpals II. handelt, war er in Ḫ. im Jahr, als er Eponym war, nämlich 882 (Millard [1994] 85). In diesem Jahr fand aber sein zweiter Feldzug nach Nordmesopotamien statt (Liverani [1992a] 34–44 mit fig. 3). Erst in den darauffolgenden Jahren, im Laufe seines dritten und vierten Feldzügs zog Assurnasirpal durch osttigridisches Gebiet (Liverani op. cit., 45–50 mit fig. 4), und in keinem Bericht über die drei genannten Feldzüge wird Ḫ. erwähnt. Entweder lag Ḫ. in Nordmesopotamien, was mit den Inschriften Aššur-dāns II. schwer zu vereinbaren ist oder der Weiße Obelisk wurde von einem anderen König (Assurnasirpal I.?), der im spät mittelassyrischen Zeit im Osttigrisgebiet bzw. im Gebiet südwestlich des Urmia-Sees war, worauf die Erwähnung von →[3] Gilzānu hindeuten könnte. Die Existenz zweier homonymer Städte im Osttigrisgebiet und in Nordmesopotamien bzw. im Zagrosgebiet, ist unwahrscheinlich.

Ḫalina

uru*ḫal-i-na*
5-14) SAA 6, 92, Rs. 4 ([uru]*ḫal-*)

¶ Wahrscheinlich eine Stadt in Zentralassyrien (N), Zadok [1995a] 257, 4.17.2.3 (jedoch nicht in der Region von → Šibaniba).

Ḫallāja

uru*ḫal-la-a-a*
1-16) Asb E12, 25 [Adumanu, Šeliḫiram]

¶ NAT, 143 (Ḫallāia).

Stadt im Bergland → Ḫalēḫasta nordöstlich von → Dēru in der Umgebung von → Qirbit.

Ḫalman 2

uru*ar-man*
1-05) RIMA 3, 102.5, v, 1 [Jasubu]. 2 [Gannanāte]

uru*ḫal-man*
1-05) RIMA 3, 102.6, ii, 46 [Gannanāte]; id., 102.8, 25' [id.]

kur*ḫal-ma-an*
1-05) RIMA 3, 102.14, 190 [*ina nērebe ša* Simesi *ina rēš* Ḫ.]; id. 102.16, 341' ([kur*ḫal-ma*]-) [id.]

N:
lú*ḫal-man-a-a*
4-16) SAA 13, 166, 13

uru*ḫal-man-a-a*
3-20) ND 2727, Rs. 7 (Iraq 23 pl. 24) (⸢uru⸣*ḫal-man-*⸢*a*⸣-[*a*])

¶ NAT, 30 (Arman) u. 143 (zusammen mit →[1] Ḫalman 1/Aleppo); LSG 244 (präsarg. *'à-ir-im*, s. Frayne [1992] 65); RGTC 5, 115 (mB Ḫalman); RGTC 8, 148 (nB/spB

Ḫalman); RGTC 11, 75 (elam. Ḫalman-niribuni); vgl. RGTC 5, 15 (mA/mB hist. Alman) u. RGTC 10, 83–85 (Nuzi Ḫalmani[we]).

Stadt und Land im Osttigrisgebiet, in der Nähe von Sar-e Pol-e Ẕahāb (s. RlA 12, 42–44, s. v. [U. Seidl]) bzw. Ḥolwān, Borger (1970) 1, Hannoon (1986) 393f., Levine (1973) 24–27 mit Karte auf S. 16, Postgate (1987) 154, Reade (1978c) 137 mit Karten auf. S. 140 u. 142. Dass das etymologisch verwandte Arman in neuassyrischer Zeit eine Variante von Ḫ. war (Fuchs [2011] 232), ist aus den Berichten von Salmanassars Feldzug im Jahr 850 zu entnehmen: in einigen Editionen steht, dass Marduk-bēl-usāte nach Ḫ. floh (RIMA 3, 102.6, ii, 46 u. id., 102.8, 25'), in einer anderen, dass er Zuflucht in die Stadt → Arman auf dem Berg → Jasubu suchte (RIMA 3, 102.5, v, 1–2). Dagegen ist eine Gleichstellung mit mA Arman (RGTC 5, 38) in → Ugār-Sallum weiterhin problematisch, s. ausführliche Diskussion in Levine loc. cit. u. ferner TCS 5, 242. Ḫ. markierte die Grenze zwischen dem Tiefland und dem Zagrosgebirge, Fuchs loc. cit.; vor ihm befand sich der Pass von →^{3} Simesi. TAVO Karte B IV 10 u. 13; Helsinki Atlas, 11.

Ḫalulê

^{uru}*ḫa-lu-le-e*

1-14) **RINAP 3/1**, 111.18, v, 3' (^{uru}⸢*ḫa*⸣-[*lu-le-e*]) [*ša kišād* Diglat]; id, 111.22, v, 60 [id.]; id., 111.23, v, 51 [id.]; id., 111.34, 47 (-*e*$^{!!}$, in 3R, 43 ^{uru}*ḫa-lu-le-na*); id., 111.35, 44' ($^{\ulcorner\text{uru}\urcorner}$[*ḫa-lu-le*]-⸢*e*⸣); **RINAP 3/2**, 111.144, 7' (-*l*[*u-le-e*]); id., 111.223, 35; id., 111.230, 114 [Stele]

¶ NAT, 144; RGTC 8, 148 (nB/spB Ḫalulē); vgl. RGTC 10, 85f. (Nuzi Ḫalulli[we]) mit Astour (1981) 16.

Stadt am östlichen Tigrisufer, in der Nähe von Sāmarrā' (→ Sur-marrāti), Frahm (1997) 16, Fuchs (2011) 286f., RlA 4, 63 (D. O. Edzard), Zadok (1995) 224, 1.1.24. Bei Ḫ. kam es im Jahr 691 zu einer Schlacht zwischen Sanheribs Armee und einer elamisch-babylonischen Koalition, die von dem chaldäischen Rebellen Mušēzib-Marduk und dem elamischen König Ḫuban-menanu geleitet wurde. Um seinen militärischen Erfolg zu feiern, errichtete Sanherib in Ḫ. eine Stele. Nicht mit → Ḫalulî im Balīḫ-Becken zu verwechseln. TAVO Karte B IV 13; Helsinki Atlas, 10 u. 30 (falsches Flußufer!).

Ḫaluî

^{uru}*ḫa-lu-le-e*
3-13) SAA 11, 209, Rs. iii, 7’

^{uru}*ḫa-lu-li-i*
3-13) SAA 11, 209, Rs. iii, 15’ (-*i*$^{!}$)

¶ Stadt im Balīḫ-Becken, Zadok (1995a) 272, 7.1.3.1.6; s. Komm. zu → Qipāni. Nicht mit → Ḫalulê zu verwechseln.

Ḫalzi

^{kur}*ḫal-zi*
1-14) RINAP 3/1, 111.16, vii, 43 [*abul Sîn-aḫḫē-erība ša* Ḫ.]; id., 111.17, vii, 76 [id.]; id., 111.18, vii, 16’ [id.]
2-13) Canon 701 B7
3-20) CTN 3, 89, 4’ (-*z*[*i*$^{?}$])
4-13) SAA 1, 225, Rs. 2 (-⸢*zi*⸣)
4-22) GPA 193, 6 [*abul ša* Ḫ.]
5-09) StAT 2, 99, Rs. 13’ [*šaknu*]

^{uru}*ḫal-zi*
3-13) SAA 11, 123, i, 5’
4-22) GPA 186, 12 (-*z*[*i*$^{?}$])

¶ NAT, 144.

Stadt in Zentralassyrien und Statthaltersitz der gleichnamigen Provinz. Ein Stadttor an der südöstlichen Ecke von → Ninive (RlA 9, 401, s. v. Ninive §11.4, Gate 3) sowie ein Stadttor von → Kalḫu (GPA 193, 6) führten bzw. wurden nach Ḫ. benannt. Demzufolge scheint diese Provinz zwischen Ninive und Kalḫu gelegen zu haben (RlA 4, 64, s. v. Ḫalzu 2 [J. N. Postgate], Zadok [1995a] 251, 4.10 [jedoch nicht ḪAL.ṢU, s. → Birtu 2!]), zumindest vor der Einrichtung der Provinz → Dūr-Šarrukīn. Gegen RlA 11, 66, Nr. 82 (K. Radner) gab es doch eine Provinz Ḫ., deren Gouverneur im Jahr 755 Iqīsu war (PNA 2/I, 562, s. v. Iqīsu 2) und die von der Provinz Birtu 2 zu unterscheiden ist. Helsinki Atlas, 4. 28. Nicht mit → Barḫalzu zu verwechseln.

Ḫalzi[...]

^{uru}*ḫal-zi*-[...]
3-20) SAA 11, 231, 2’ (-*z*[*i*-x-x])

¶ NAT, 145.

Vermutlich eine Stadt in Zentralassyrien bzw. in einem benachbarten Gebiet (N); vgl. → Ḫalziluḫa u. → Ḫalzi-atbāri.

Ḫalzi-atbāri

ḫal-zi-AD.BAR
3-20) ND 2476, i, 21’ (Iraq 23, pl. 15) (-A[D.BAR]) [*pīḫatu*]

ḫal-zu-AD.BAR
3-11/13) ND 2785, 11 (Iraq 23, pl. 27) (*ḫal-z*[*u*$^{?}$-AD.BAR])

^{kur}*ḫal-zi*-AD.BAR
3-11/13) ND 2732, 2’(Iraq 23, pl. 25) (-*z*[*i*]-)
3-13) ND 2386, i, 11’ (Iraq 23 pl. 11) [Ninua]. ii, 7’ ($^{[k]ur}$*ḫal-*) [Libbi-āli]
3-20) SAA 11, 7, 4’ (-A[D.BAR])
4-13) **SAA 1**, 106, 15; **SAA 5**, 81,10 [*bēl pīḫati*]; id., 98, 7 (^{kur}⸢*ḫal*⸣-*z*[*i*-AD.BAR])
4-16) SAA 10, 96, 19 [Isāna]
5-14) SAA 6, 123, Rs. 15 ($^{[ur]u}$*ḫal*!-*zi*$^{!}$-[AD.BAR]) [*šaknu*]

^{kur}*ḫal-zi*-^{na4}AD.BAR
1-11) Tigl RR, 23 ($^{[kur]}$⸢*ḫal*⸣-)
5-14) StAT 3, 73, Rs. 23 [*šaknu*]

^{uru}*ḫal-zi*-AD.BAR
3-11/13) CTN 3, 86, 15 (-A[D.BAR])
5-14) SAA 6, 125, Rs. 17 [*šaknu*]

N:
^{kur}*ḫal-zi*-AD.BAR-*a-a*
4-13) SAA 5, 79, 9

¶ NAT, 144 (Ḫalziadbar).

Assyrische Provinz (und gleichnamige Stadt?), die nicht genau lokalisiert werden kann, RlA 4, 64 (J. N. Postgate), Zadok (1995a) 258, 4.23. Der Name „Basaltdistrikt“ bzw. „Basaltfestung“ könnte ein Hinweis dafür sein, dass sich die Provinz im Gebiet südwestlich des Ǧabal Sinǧār erstreckte, wo vulkanisches Gestein vorkommt, Radner (2006) 302, Postgate (1995) 12, RlA 11, 54, Nr. 31 (K. Radner). Die Erwähnung von Ḫ. in der Inschrift von Mila Mergi scheint eher auf eine Lokalisierung nördlich von → Ninive, in der Region um Dahūk hinzudeuten (Parpola [1983] 318 zu Z. 19, Postgate [1973] 55). Hannoon (1986) 244, der einem Vorschlag von Forrer (1920) 119 folgt, schlägt eine Lage nordöstlich von Assyrien um ʻAqra vor. Dass Ḫ. zusammen mit → Ḫalaḫḫu im Brief SAA 1, 106 erwähnt wird, ist aber kein zwingendes Argument für eine solche nordöstliche Lage. Helsinki Atlas, 4. 27 (um Dahūk).

Ḫalziluḫa

^{uru}*ḫal-zi-lu-ḫa*

1-04) RIMA 2, 101.1, i, 103

¶ NAT, 144.

Stadt in Nordmesopotamien im Bereich von → Amēdu/Diyarbakır, in der Gegend, wo sich auch → Damdammusu und → Kinabu befanden, Liverani (1992a) 37. Eine Deutung des ON als Ḫalṣi-Luḫa „Festung von Luḫa“ (Streck [1898] 89) wird von Falkner (1957-58) 8–10 (mit ausführlicher Diskussion) und in RGTC 5, 180 s. v. Luḫa bestritten. Eine Gleichstellung mit mA Eluḫat wurde bereits von Forrer (1920) vorgeschlagen (s. auch Deller/Postgate [1985] 70) und von Falkner loc. cit. und Liverani loc. cit. skeptisch betrachtet. Nach Postgate (1995) 1 dagegen ist der ON als *ḫalzi* + *eluḫat* „der Bezirk von Eluḫat“ zu deuten. Eluḫat lag in Nordmesopotamien seine genaue Lage ist aber unbekannt. Die Lokalisierungsvorschläge reichen von der Gegend um Derik im westlichen Ṭūr ʻAbdīn bis nach Urfa, s. RGTC 3, 69 (aB Elaḫut(um)/Eluḫtum) u. RGTC 5, 180 (mA Eluḫat).

***Ḫamaru**

N:

^{kur}*ḫa-mar-a-e*

4-11) SAA 19, 177, u. Rd. 13’ (-⸢*a*⸣-⸢*e*?⸣) [Itu’u, Līdu]

¶ NAT, 145 (s. v. Ḫamarāni, erster Beleg).

Gebiet oder Stamm unbekannter Lage, das zusammen mit → Itu'u und → Līdu 2 erwähnt wird; vgl. →[3] Ḫamrānu.

Ḫamê

^{uru}*ḫa-me-e*
5-15) SAA 6, 217, 8

¶ NAT, 148 (Ḫame[...]); aram. *ḥm'*, SAA 6, 217, li. Rd. 1.

Vermutlich eine Stadt in Zentralassyrien bzw. in einem benachbarten Gebiet, Zadok (1995a) 265, 5.1.1.6.4. In einer Urkunde aus Ninive wird ein Grundstück in Ḫ. verkauft, das an einen Fluss oder Kanal angrenzt. Der Verkäufer wird in der aramäischen Beischrift als „Il-malak aus dem Lande Ḫ." (*'lmlk zy 'rq ḥm'*) bezeichnet.

Ḫamedê 1

^{uru}*ḫa-me-de-e*
4-15) SAA 16, 45, 7' [Naṣībīna]
9-16) SAA 11, 1, Rs. ii, 17' [Naṣībīna, Sūru-Nūrāni]

^{kur}*ḫa-me-di*
1-05) Andrae Stelen Nr. 42, 3 (SAAS 2, 118 [851]) [*šaknu*]
1-07) RIMA 3, 104.2002, 10 [Kalḫu, Sirgana, Temeni, Jalūna]; id., 104.2003, 4 (^{kur}[*ḫa*$^{?}$-*me*$^{?}$-*d*]*i*$^{?}$) [Kalḫu, Temeni]

^{kur}*ḫa-mu-du*
4-13) SAA 1, 149, Rs. 2 (-⌜*du*$^{!}$⌝) [*ša bēl pīḫati ša* Kalḫu]
7-04) SAA 12, 83, Rs.17 ([^{kur}*ḫa-m*]*u*$^{?}$-) [Sirgana, Jalūna]

¶ NAT, 247 (Ḫamedi).

Stadt und Land in der Nähe von → Naṣībīna im Zuständigkeitsbereich des Gouverneurs von → Kalḫu. Als möglicher Kandidat wurde Tall Ḥamīdī am Ǧaġġaġ, ca. 25 km südlich von Nusaybin (Naṣībīna) – jedoch nur wegen der Ähnlichkeit der Namen – vorgeschlagen, Postgate (1995) 9, RlA 4, 71 (J. N. Postgate), Zadok (1995a) 249, 4.7.4.1.6 (jedoch nicht im Kernland Assyriens). Nicht mit → Ḫamedê 2 oder mit →[3] Ḫamete zu verwechseln.

Ḫamedê 2

^{uru}*ḫa-me-de-e*
3-13) SAA 11, 201, ii, 6

¶ NAT, 247 (Ḫamedi).

Stadt im Balīḫ-Becken, s. Komm. zu → Qipāni; RlA 4, 71 (J. N. Postgate), Zadok (1995a) 272, 7.1.3.1.3. Nicht mit → Ḫamedê 1 oder mit →^{3} Ḫamete zu verwechseln.

Ḫamuna

^{uru}*ḫa-mu-na*
3-20) SAA 7, 30, Rs. iii, 28'

¶ NAT, 148; vgl. nA PN Ḫamūnāju, PNA 2/I, 449 (gedeutet dort als GN Ḥammōn + *āju*), ev. als Nisbe zu interpretieren, Zadok [1995a] 268, 5.1.2.10.

Möglicherweise eine Stadt in Zentralassyrien bzw. in einem benachbarten Gebiet, Zadok loc. cit.

Ḫandasu

^{kur}*ḫal-di-su*
1-15) RINAP 4, 112.8, i', 19' (^{kur}⌜*ḫal*⌝-) [*šarru*; Ilpi'atu]

^{uru}*ḫa-an-da-su*
1-15) RINAP 4, 112.77, 24 ([^{uru}*ḫa*]-) [*ālāni dannūti ša nagie* Bāzu; Magalānu]; id., 112.78, 22 [id.]; id., 112.79, 22 (-[*an-da-su*])

^{uru}*ḫa-an-das*
1-15) RINAP 4, 112.93, 12 ($^{[uru]}$*ḫa*-) [*ālāni dannūti ša nagie* Bāzu; Magalānu]

^{uru}*ḫal-di-i-su*
1-15) RINAP 4, 112.1, iv, 62 [Var.]

^{uru}*ḫal-di-su*
1-15) RINAP 4, 112.1, iv, 62 [*šarru*; Ilpi'atu]

¶ NAT, 142 (Ḫaldisu); NAT, 148 (Ḫandasu); nA PN Ḫandasu/Ḫanṭasu, PNA 2/I, 456, vgl. dort Ḫanṭusu, Ḫanṭušu.

Befestigte Stadt in → Bāzu, Eph'al (1984) 131, RGTC 11, 74 (Ḫaldisu), RlA 5, 61 (W. Röllig), Rosemarin (1932) 35.

Ḫanduāte

uru*ḫa-an-du-a-te*
5-16) SAA 14, 98, 5

N:
uru*ḫa-an-du-a-ta-a-a*
5-20) SAA 14, 99, 8 (-*t*[*a-a-a*])

¶ NAT, 148 (Ḫanduate); aram. *ḥdwh* (SAA 14, 98, Rs. 3 u. SAA 14, 99, Rs. 4).

Möglicherweise eine Stadt in Zentralassyrien (N). Zadok (1995a) 243, 4.1.3.1 behauptet, dass Ḫ. in der Umgebung von → Aššur lag, da er den in SAA 14, 98, 3 u. id. 99, 5 erwähnten Taqūni mit einer gleichnamigen Person aus Aššur verwechselt, s. PNA 3/II, 1311f.

Ḫāni

kur*ḫa-a-ni*
1-14) RINAP 3/2, 111.229, 2 [*šadû ša rēš* Arbail]

¶ NAT, 148.

Gebirge oberhalb (d. h. nordöstlich) von → Arbail, Zadok (1995a) 4.6.3.3. Safar (1947) 84f. mit Karte Nr. 2 identifizierte das Gebirge Ḫ. mit den Bergketten Pirmam Dāġ (südwestlich des nördlichen Safin Dāġ), Safin Dāġ und Bana-Bawi Dāġ (südliche Ausläufer des Safin Dāġ; s. Karte in Levine [1973] 6), wo drei Zuflüsse des Bastūre-Çāy entspringen, die den in Sanheribs Inschrift erwähnten drei Wasserläufen entsprechen würden. Nach Hannoon (1986) 284f. könnten auch die Berge an dem linken Ufer des Bastūre-Çāy, der Ḫan-i Zadeh, zum Gebirge Ḫ. gezählt haben.

Die in Salmanassars III. Inschriften erwähnten „Pässe von →3 Ḫabruri" befanden sich wahrscheinlich im Bereich des Gebirges Ḫ. Im Kurkh-Monolithen steht, dass Salmanassar in die Pässe von → Enzite eintrat und durch die „Pässe von Ḫabruri oberhalb von Arbail" hinauskam (RIMA 3, 102.2, ii, 65–66 u. id., 28, 42; s. ferner RIMA 3, 102.6, ii, 2 u. id., 8, 5'). Es ist sicher nicht zufällig, dass, wie im Falle des Gebirges Ḫ., der Ausdruck *ša rēš* Arbail für die Lage der besagten Pässe verwendet wird, wie Hannoon loc. cit. mit Recht bemerkt hat.

Ḫanigalbat

^{kur}*ḫa-ni-gal-bat*

1-02) RIMA 2, 99.2, 39. 42. 45 (^{kur}⸢*ḫa*⸣-). 49. 60. 61. 62. 98 (2x). 99; id., 99.4, Rs. 8' (-*ga*[*l-bat*])

1-04) RIMA 2, 101.1, ii, 22 [*šarrāni ša* Ḫ.]; id., 101.17, ii, 74 (-⸢*gal*⸣) [id.]; id., 101.19, 102 [Šūru *ša* Ḫ.]; WVDOG 121, 59f., Rs. 9' (^{kur}⸢*ḫa-ni*⸣-[*gal-bat*])

1-04/13) FuB 22, 159, 4' ([^{kur}*ḫa-n*]i-) [Ḫašmar; Datierung z. Z. Sg wegen der Erwähnung von Ḫašmar möglich]

1-05) RIMA 3, 102.28, 36 [Ṣidūnu]

7-07) SAA 12, 3, 7' (-[*gal-bat*]) [*ina qabsi* Ḫ.]

^{kur}*ḫal-ni-gal-bat*

1-15) RINAP 4, 112.1, i, 70; id. 112.11, 12' [*šakin māti*]

¶ NAT, 148; RGTC 3, 90 (aB Ḫ.); RGTC 5, 117f. (mA/mB Ḫ.); RGTC 6/1, 77f. u. RGTC 6/2, 25f. (heth. Ḫanikalbat); RGTC 10, 89–91 (Nuzi Ḫ.); RGTC 12/2, 115f. (Am./ug. Ḫ.).

Literarischer Archaismus, der in frühneuassyrischer Zeit etwa das Gebiet des Gebirges → Kāšiāru, des heutigen Ṭūr ʻAbdīn in der südöstlichen Türkei (Fales [2012] bes. 110, Liverani [1992a] 44) und später möglicherweise auch die Region südwestlich davon im nordwestlichen Teil Syriens bezeichnete, Kessler (2000) 311, RlA 5, 105–107 (E. von Weiher). Eine Provinz Ḫ. gab es in der nA Zeit nicht, RlA 11, 66, Nr. 84 (K. Radner). TAVO Karte B IV 13; Helsinki Atlas, 3. 26.

Ḫanimu

^{uru}*ḫa-ni-mu*

3-11/13) ND 2622, 2 [Āl-Maḫdî, Sailu]

¶ NAT, 149.

Wahrscheinlich eine Stadt in der Nähe von → Baqarri (erw. in ND 2622, 8) , Zadok (1995a) 228, 1.4.6.1.2 (jedoch nicht in → Arzuḫina!).

Ḫanqāti

uru*ḫa-an-qa-a-ti*

5-16) StAT 3, 59, 3 ([u]ru*ḫa-an-qa-a-t*[*i*])

¶ Möglicherweise eine Stadt in Zentralassyrien bzw. in einem benachbarten Gebiet (A).

Ḫansūri

uru*ḫa-an-su-ri*

3-13) SAA 11, 203, Rs. i, 9' [*qanni* Ḫarrānu]; id. 209, Rs. iv, 2' (uru*ḫa*-[*an-su-ri*]) [id.]; 213, Rs. ii, 7 [id.]

¶ NAT, 149 (Ḫansuri, Ḫan[…]).

Stadt im Gebiet von → Ḫarrānu, Zadok (1995a) 272, 7.1.1.3.

Ḫanusa

uru*ḫa-nu-sa*

1-14) RINAP 3/2, 111.226, 3 [Pullpulia, Gammagara]

¶ NAT, 149; RGTC 5, 131 (mA Ḫunusa).

Stadt ca. 50 km nordöstlich von → Ninive, die in Verbindung mit Sanheribs „Ḫinis Kanalsystem" (s. dazu Bagg [2000] 212–224, Reade [1978a] 168–170) steht, Zadok (1995a) 257, 4.18. Nach einer der Aquäduktinschriften von Ğerwān (Inschrift B, RINAP 3/2, Nr. 226) leitete Sanherib Wasser vom Fluss → Pulpullia und von den Städten Ḫ. und → Gammagara in den „Ḫinis-Ḫosr-Kanal" (→ Nār-Sîn-aḫḫē-erība). Jacobsen identifizierte Ḫ. mit Ḫinis, einem Dorf ca. 2 km südlich vom Kanalkopf an einer Schlucht des Rūbār Atrūš, Jacobsen/Loyd (1934) 21 mit fig. 9. Obwohl diese Identifizierung allgemein akzeptiert wird (Hannoon [1986] 220f., Postgate [1995] 7, Reade [1978a] 169), wurden bislang keine archäologischen Reste in Verbindung mit Ḫinis gefunden. Ḫ. könnte aber eine kleine Stadt in der Nähe des Steinbruchs unweit Ḫinis gewesen, wo sich die Arbeiter und Spezialisten aufhielten, die das „Ḫinis Kanalsystem" bauten, Fales/Del Fabbro (2014) 80. Die Felsreliefs und Inschriften am Kanalkopf werden in der Literatur in Verbindung mit Bavian gebracht („Bavian-Inschrift"), da dieses Dorf und nicht – wie heutzutage – Ḫinis im 19. Jh. am nächsten lag, s. Layard 1853, 207. Ḫ. ist mA Ḫunusa im Lande → Qumanî zu identifizieren, RlA 4, 500 s. v. Ḫunusa (K. Kessler), Postgate loc. cit., Reade (1978a) 178, TAVO Karte B IV 10. Zum Kanalkopf bei Ḫinis s. Bachmann (1927), Bagg (2000) 218–222, Bär (2006), Boehmer (1997) u. Jacobsen/Lloyd (1935) 44–49. Helsinki Atlas, 4. 28.

Ḫappati

uru*ḫa-ap-pa-ti*
5-16) SAA 14, 425, 8 [Kapar-Nabû-šimanni; *ḫarrānu ša ana* Ḫ.]

¶ Vgl. RGTC 10, 92f. (Nuzi Ḫapate).

Wahrscheinlich eine Stadt in Zentralassyrien, vielleicht in der Nähe von → Ninive, Zadok (1995a) 254, 4.13.2.3.1.3. Ein Grundstück in Kapar-Nabû-šimanni grenzt an die Straße nach Ḫ. Falls identisch mit dem Toponym aus Nuzi, wäre Ḫ. südlich des Unteren Zab (→ Zāba šaplû) zu suchen.

Ḫara[...]

uru*ḫa-ra-*[x x x]
7-17) SAA 12, 37, Rs. 2 [Jaqa(...), Irbû]

¶ NAT, 149.

Möglicherweise eine Stadt in Zentralassyrien bzw. in einem benachbarten Gebiet, Zadok (1995a) 268, 5.1.2.15.13.

Ḫaradu

uru*ḫa-ra-da*
1-03) RIMA 2, 100.5, 74 (2x) [It. von Anat, nach Kailete; Ḫ. *šēp ammâte ša* Purattu]. 75

^{uru}*ḫa-ri-di*
1-04) RIMA 2, 101.1, iii, 14 [It. von Ḫindānu, nach Anat; Bīt-Šabāja *ina pūt* Ḫ.]. 34 [Furtstelle]. 37 [*ša* Sūḫu]

^{uru}*ḫa-ru-du*
1-04) RIMA 2, 101.1, iii, 15 [*ina šēp ammâte ša* Purattu *ṣali*]

¶ NAT, 149 (Ḫarad); aB Ḫaradum (Joannès [2006] 176 s. v. Ḫarrâdum); vgl. RGTC 8, 152 (nB/spB Ḫaradu).

Stadt in → Sūhu, heute Ḫirbat ad-Dīnīyah am Mittleren Euphrat, Herles (2007) 425f., Kepinski (2006), Liverani (1992) 66, Zadok (1995a) 229, 2.1.2.16. TAVO Karte B IV 10; Helsinki Atlas, 9. 31. Von → Ḫarutu (gegen Russell [1985] 60 Anm. 17), →^{3} Ḫuradi in Elam und →^{3} Ḫurudu in →^{3} Bīt-Dakkūri zu unterscheiden; s. → Ḫaṣidu.

Ḫararatu s. Ḫarutu

Ḫarbāte (?)

^{uru}*ḫar-bat-e*
7-07) SAA 12, 1, 19 [Ammanajâ]. 20

¶ Lage unbekannt. Zadok (1995a) 275, 7.1.14.1 setzt diesen ON, den er als ^{uru}*ḫar-be-e* interpretiert, in Verbindung mit mA Ḫarbe/Tall Ḥuwēra. Da dort keine nA Schichten gefunden wurden, schlägt er vor, dass der Name zu einem nah liegenden Ort gewandert sein bzw. dass es sich um ein Homonym handelt. Eine Lokalisierung in der nordwestlichen Ǧazīra ist rein hypothetisch. Die Lesung ^{uru}*ḫar-be-e* (NARGD 27, 19. 20) so wie eine Gleichstellung mit → Ḫarbê am Mittleren Euphrat können aber nicht ausgeschlossen werden.

Ḫarbat-Ilā'ī-Bēl

^{uru}*ḫar-bat*-DINGIR-*a-a*-EN
3-13) SAA 11, 206, i, 11' (^{uru}*ḫar-bat*$^{!}$-$^{<1>}$DINGIR-*a*$^{!}$-) [Ḫ. *ina madbar ša* Balīḫu]

¶ NAT, 152 (Ḫarnuanzen); nA PN Ilā'ī-Bēl, PNA 2/I, 511. Zadok [1995a] 273, 7.1.7.3 liest ^{uru}*ḫar-bat*-^{d}A+A-EN (s. auch Zadok [1977-78a] 47 mit Anm. 80).

Stadt im Balīḫ-Becken, die sich „in der Steppe“ der Stadt → Balīḫu 1 befand, Zadok (1995a) 273, 7.1.7.3.

Ḫarbat-niāri

uru*ḫar-bat-ni-a-ri*

7-07) SAA 12, 1, 8 (ur[u]*ḫar-*) [*ša rā'i naptini ša* Šabbi; Kapar Ilumma-lē'i]

¶ Stadt in der Provinz → Libbi-āli, die an → Qibīt-Aššur angrenzte, Zadok (1995a) 244, 4.1.4.8. Der Name der Stadt wird durch die Angabe „des Hirten der (kultischen) Mahlzeit der Stadt Šabbi“ ergänzt.

Ḫarbat-Raḫî

uru*ḫar-bat-*1*ra-ḫi-i*

5-22) GPA 82, Rs. 15 (uru⌜*ḫar*⌝*-*)

¶ nA PNA Raḫī, PNA 3/I, 1028.

Lage unbekannt, möglicherweise in Assyrien, vermutlich in der Nähe von → Kalḫu, Zadok (1995a) 249, 4.7.4.1.11.

Ḫarbê

uru*ḫar-bé-e*

1-03) RIMA 2, 100.5, 61 (2x; 1x uru[*ḫ*]*ar-*) [It. v. Ītu, nach Ḫudubili (mit Zwischenstation in einer trockenen Gebirgslandschaft); Ḫ. *šēp ammâte ša* Purattu *ṣali*]. 62 (-⌜*bé-e*⌝); WVDOG 121, 50, 61

¶ NAT, 150; RGTC 3, 91 (aB Ḫarbê). Nicht mit Ḫarbe/Tall Ḥuwēra (s. RGTC 12/2, 117, Al. IV Ḫarbu u. Jakob [2009] 163 s. v.) zu verwechseln.

Stadt am Mittleren Euphrat in → Suḫu, die sich etwa 25 km stromaufwärts von Ḥīt (→ Ītu) befunden haben muss, Falkner (1957-58) 11, Zadok (1995a) 229, 2.1.2.6. Musil (1927a) 203 schlägt vor, Ḫ. mit den Ruinen, auf denen das kleine Dorf al-Koṭbijje liegt, zu identifizieren (der Ort findet sich aber nicht auf seiner Karte). Vgl. → Ḫarbāte, → Ḫarbina.

Ḫarbina

^{uru}*ḫa-ar-bi-na*
3-23) SAA 11, 223, 6 [Bambuki, Gilsanu]

¶ NAT, 150 (Ḫarbīna).

Vermutlich eine Stadt in Zentralassyrien bzw. in einem benachbarten Gebiet, Zadok (1995a) 268 (5.1.2.16.1.5); vgl. → Ḫarbê, Zadok (1976) 116, id. (1976b) 307; vgl. → Ḫarbisinna (so nach SAA 11, 180, s. v.).

Ḫarbisinna

^{uru}*ḫa-ar-bi-si-in-na*
1-11) Tigl Summ 1, 34 [Abbissâ, Tasa; *birāte ša* Urarṭu]

^{uru}*ḫa-ar-bi-si- na*
1-11) Tigl Ann 20, 5’ ([^{uru}*ḫa*]-⸢*ar*⸣-)

^{uru}*ḫa-ra-bi-si-na*
1-11) Tigl Ann 5, 1 [Ḫista, Barbaz]

^{uru}*ḫar-bi-si-in-na*
1-11) Tigl Summ 9, 17’ (-[*in-na*]) [Barzunna, Abbissâ]

¶ NAT, 150.

Stadt in Nordmesopotamien im Gebiet an den Tigrisquellen, die von Tiglatpileser III. annektiert und der Provinz → Na’iri zugeordnet wurde, Kessler (1980) 166f., Kessler (1995) 59–62, Toffteen (1907) 357 (Xarabisina).

Ḫarēḫasta s. Ḫalēḫasta

Ḫariḫumba

^{uru}*ḫa-ri-ḫum-ba*
4-15) SAA 10, 42, 6 (⸢${}^{uru!}$⸣*ḫ*[*a*!-*r*]*i-ḫum*!-⸢*ba*!⸣). 14

uru*ḫar-ḫum-ba*
3-07) ND 3483, Rs. 13 (Iraq 15, pl. 15)
3-13) ND 2646, Rs. 4' (Iraq 23 pl. 21) (-[*ba*])
4-11) GPA 183, 7 [Šišil]
7-20) SAA 12, 59, 17' (-⌜*ḫum*!-*ba*!⌝) [Kalḫu, Ninua]

¶ NAT, 151.

Stadt in Zentralassyrien, wahrscheinlich in der Region von → Kalḫu, Parpola (1983) 44, RlA 4, 121 (J. N. Postgate), Zadok [1995a] 248, 4.7.3.2 u. 268, 5.1.2.16.3.1.

Ḫarira

uru*ḫa-ri-ra*
1-04) RIMA 2, 101.18, 6' [Ḫalḫalauš]

¶ NAT, 151.

Stadt in der Nähe von → Ḫalḫalauš (zur Problematik der Lokalisierung s. Komm. s. v.).

Ḫarlazu

uru*ḫar-la-zu*
3-11/13) ND 2622, 4 [Sailu, Barma]

¶ NAT, 152.

Wahrscheinlich eine Stadt in der Nähe von → Baqarri (erw. in ND 2622, 8), Zadok (1995a) 228, 1.4.6.1.6 (jedoch nicht in → Arzuḫina!).

Ḫarrānu

*ḫar-ra-na*ki
1-13) SgF Stier, 9 (Var.)

KASKAL
3-13) SAA 11, 209, i, 4' [(...)aia *qanni* Ḫ.]

KASKAL^{ki}
8-16) SAA 4, 324, Rs. 6’ [*pīḫatu*]

^{uru}*ḫar-an-na*
1-13) SgF Platten, 55, 7 (Var., ^{uru}*ḫa*[*r*]-, Lesung unsicher)

^{uru}*ḫar-ra-an*
1-13) Iraq 7, 86f., 6’ (-*a*[*n*]); SgF Platten, 55, 7 (Var.); SgF S4, 10 (Var.)

^{uru}*ḫar-ra-na*
1-13) Iraq 56, 37f., 6 (erg.); SgF Platten, 55, 7; SgF XIV, 5 [Baltil]; SgF Ann, 2 (erg.); SgF Bro, 13; SgF S4, 10 [Baltil]; SgF S5, 10 ($^{[uru]}$*ḫar-ra-*[*na*]) [Baltil]; SgF Stier, 9 [Baltil]; SgF Zyl, 6; Sg Melid, 4 (erg.); Sg Wi, 174f., 218 (^{uru}[*ḫar-ra-na*]) [Baltil]
1-16) Asb LET, Rs. 43. 54 ([^{uru}*ḫ*]*ar-*); K 3150, 10’ (LoBl, 22); Streck Asb, 288, 11
4-15/16) SAA 13, 188, 12

^{uru}*ḫar-ra-ni*
1-13) Iraq 7, 86f. ,2’ (erg.); SgF Prunk, 10 [Baltil]
4-15) SAA 10, 13, 7 (^{uru}*ḫ*[*a*]*r-ra*$^{!}$*-n*[*i*$^{!}$])

^{uru}*ḫara-na*
1-13) SgF Platten, 55, 7 (Var.)

^{uru}KASKAL
1-07) RIMA 3, 104.2, 17; id. 3, 23
1-08) RIMA 3, 105.1, 20
1-13) RA 67, 163ff., 5’ ($^{[u]ru}$KASKAL); Sg Najaf, 128 ($^{[u]ru}$KASKAL); Sg Tang, 15
1-15) RINAP 4, 112.33, Rs. 8
1-16) Asb IT, 60; Asb LET, Rs. 84; IWA 36, Rs. 18’ (Sm 530+); id. 38, Vs. 16. 25 (K 2813+); id. 40f., 6’. 15’ (K 2822); id. 42, Vs. 16’. Rs. 10’, (Sm 671); K 2803, Rs. 10’ (IWA, Taf. 29; Dupl. v. Sm 530+); K 2664+, Rs. ii (v), 15 (8° Heft, 494 ff.); K 15384, 4’ (LoBl, 56); SAACT 10, 4, Rs. v, 15. vi, 11 ([^{uru}KA]SKAL); Streck Asb, 250, 18
3-07) CTN 3, 122, Rs. 24’ (^{uru}KAS[KAL$^{?}$])
3-13) **SAA 7**, 33, i, 8’ (*pīḫatu*); **SAA 11**, 201, ii, 37 [’Akuānu *qanni* Ḫ.]; id. 202, Rs. iv, 8’ [Kapar-Kaparu *qanni* Ḫ.]; id., 203, i, 5 [Til-lini *qanni* Ḫ.]. 7. ii, 8 ($^{[uru]}$KASKAL) [Kapar-Arrizu *qanni* Ḫ.]. iii, 4. 9 [*rab nuḫatimmi*]. iv, 4. Rs. i, 10’ [Ḫansūri *qāni* Ḫ.]. iii, 8’; SAA 11, 209, Rs. iv, 3’ [Ḫansūri *qanni* Ḫ.]; id. 210, Rs. iii, 3’. 5’; SAA 11, 213, ii, 3’ ($^{[uru]}$KASKAL). iii, 7’ ($^{⸢uru⸣}$KASKAL). 12’

(^{uru}⸢KASKAL⸣) [Badāni *qanni* Ḫ.]. iv, 2’ (^{uru}[KASKAL$^{?}$]). 6’ [Ṣaidina *qanni* Ḫ.]. Rs. i, 9 (erg.). 13 [*rab nuḫatimmi*]. ii, 7 [Ḫansūri *qanni* Ḫ.]

3-16) SAAB 9, 124, Rs. 4

3-20) SAA 7, 153, Rs. ii, 1 [*masennu*]

3-23) SAA 7, 151, Rs. i, 6’ [*sangû*]. 7’ [*masennu*]; SAA 11, 26, 5’. 10’ [*abullu ša* Ḫ.]. u. Rd. 18’. Rs. 4. 6 [Aramu]. 9 [Kummuḫu]. 15 (^{uru}⸢KASKAL⸣)

4-11) SAA 19, 84, Rs. 3 [Tillê, Kubanaše]

4-13) SAA 1, 50, 5; id. 263, 3’

4-15) SAA 16, 5, Rs. 18 [*ina qanni ša* Ḫ.]; id. 59, Rs. 8’; id. 60, Rs. 5 (⸢^{uru}KASKAL⸣)

4-15/16) SAA 13, 202, li. Rd. 4

4-16) SAA 10, 174, 11

5-07) Edubba 10, 3, Rs. 14 ($^{\text{[uru]}}$KASKAL$^{?}$)

5-13) StAT 2, 53, Rs. 3

5-14) SAA 6, 140, 10’ (^{uru}[KASKAL])

5-15) SAA 6, 98, Rs. 4

5-16) AR 214, Rs. 2; SAA 6, 333, u. Rd. 4’ [*ina nagie ša* Ḫ.]; id. 334, Rs. 15 ([^{uru}K]ASKAL); O 3690, 12 (unpubl. erw. in Garelli [1986] 242 Anm. 6); SAA 14, 146, Rs. 2’

5-22/23) SAA 14, 344, Rs. 5’

5-23) SAA 14, 193, Rs. 9; id. 213, 18’ (^{uru}KAS[KAL]); StAT 2, 119, Rs. 9’

6-10) SAA 2, 2, Rs. iv, 4’

6-15) SAA 2, 6, 36

7-07) SAA 12, 3, 8’ (^{uru}KAS[KAL]) [*pīḫatu*]

9-20) SAA 11, 4, 5’ (^{uru}⸢KASKAL$^{?}$⸣)

^{uru}KASKAL.2

4-15) SAA 16, 59, Rs. 2’ (⸢^{uru}⸣K[ASKAL].2) [*ina qanni ša* Ḫ.]

5-20) AUAM 72.0072, Rs. 4 (⸢^{uru}KASKAL$^{?}$⸣.2; Lesung nach CNA)

^{uru}KASKAL.A

3-13) SAA 7, 32, i, 7’

^{uru}KASKAL^{ki}

4-15) SAA 16, 71, 6’ (^{uru}KASKAL⸢^{ki}⸣)

7-20) SAA 12, 48, 6’ (⸢^{uru}KASKAL$^{!}$⸣$^{\text{k[i]}}$)

^{uru}KASKAL-*ni*

1-05) RIMA 3, 102.2002, 7 [Ṭābete, Ḫuzīrīna]

1-07) RIMA 3, 104.2, 12

1-13) SgF Platten, 55, 7 (Var.)

1-20) Qaruz, 10
4-13) SAA 1, 191, 10 [Tarbusiba]

uruKASKAL-*ra-ni*
4-13) SAA 1, 194, 9’ (uru!KASKAL-*r*[*a-ni*])

N:
uruKASKAL-*a-a*
3-16) BATSH 6, 75, 3 (uruKAS[KAL-*a-a*])
3-20) SAA 7, 153, Rs. ii, 6 [Kalḫu]
5-14) SAA 6, 172, 2 (-*a*!-*a*!)
5-16) AR 214, 2; StAT 3, 72, 3

uruKASKALki-*a-a*
3-23) SAA 7, 151, Rs. i, 16’ (KASKAL[ki-*a-a*]) [Arbail]

¶ NAT, 152f. (Ḫarrān); RGTC 3, 92 (aB Ḫarrānum); RGTC 5, 120 (mA Ḫarrānu); RGTC 6/1, 90 u. 6/2, 28f. (heth. Ḫarran); RGTC 8, 153 (nB/spB Ḫarrānu); RGTC 12/1, 176f. (ebl. Ḫarran); aram. *ḥrn* (KAI 218, 1; PN *ḥrn* Lipiński [1999] 116, Z. 4); bibl. *ḥārān* (HAL, 341); klass. Karrhai (TAVO Karte B V 3), Carrhae (Barrington Atlas, 67, H3). nA PN Ḫarrānāju (PNA 2/I, 461f.), Ḫarrānû (PNA 2/I, 462)

Stadt in der nordwestlichen Ǧazīra im Balīḫ-Becken, heute Altınbaşak (früher Ḥarrān), RlA 4, 122–125 (J. N. Postgate), Zadok (1995a) 272, 7.1.1. Ḫ. wurde zum Zentrum einer gleichnamigen Provinz gemacht (Datierung unklar), die durch Abtrennung von der Provinz des Generals (→ Pīḫat-bīt-turtāni) entstand und das Gebiet östlich vom Balīḫ (→ Balīḫu) umfaßte, RlA 11, 54f., Nr. 32 (K. Radner). TAVO Karte B IV 10 u. 13; Helsinki Atlas 3. 19. 26. Nicht mit dem Land →3 Ḫarrānia zu verwechseln.

Im Gebiet von Ḫ. befanden sich die Städte →’Akuānu, →Badāni 2, →Ḫansūri, →Ṣaidini, →Til-līni, →Ṣuppa, → [...]aia und →fr uru[...] 2, so wie die Dörfer →Kapar-Arrizu und →Kapar-Kaparu.

Ḫarutu

ḫa-ru-tú
1-04) RIMA 2, 101.56, 12 [Ḫirimmu, Ḫ. *birāte ša* Kār-Dunjaš]

^{kur}*ḫa-ru-tu*

1-03) Ahmad, Qadhiah, Nr. 1, 51, 8 (-*tu*$^{!}$) [Zabban, Ḫirimmu, Ḫ. *birāte ša* Kār-Dunjaš]; id., Nr. 2, 52, 7 [id.]; RIMA 2, 100.6, 7 [id.]

^{uru}*ḫa-ra-ra-te*

1-14) RINAP 3/1, 111.4, 15 [*qēpu*]; id., 111.8, 15 [id.]; id., 111.15, i, 37' [id.]; id., 111.22, i, 55 [id.]; id., 111.26, i, 6' (erg.) [Jasubigallu]; id., 111.34, 12 [id.]

^{uru}*ḫa-ra-ra-ti*

1-14) **RINAP 3/1**, 111.1, 57 [*qēpu*]; id. 2, 17 [id.]; id., 111.3, 17 [id.]; id., 111.16, i, 77 [id.]; id., 111.17, i, 66 [id.]; id., 111.18, i, 2'' (erg.); id.. 111.23, i, 49 ($^{\text{[uru]}}$*ḫa*-) [*qēpu*]; **RINAP 3/2**, 111.46, 8 [*qēpu*]; id., 111.138, Vs. i, 11' (-[*ra-ra-ti*]) [id.]; id., 111.213, 56 [id.]

^{uru}*ḫa-ra-ra-tu*

1-14) RINAP 3/1, 111.17, i, 66 (Var.) ($^{\text{[uru]}}$⸢*ḫa*⸣-*ra*-⸢*ra*⸣-) [*qēpu*]

^{uru}*ḫa-ru-tu*

1-04) RIMA 2, 101.1, ii, 130 [Ḫirimmu, Ḫ. *birāte ša* Kār-Dunjaš]. iii, 124 [id.]; id., 101.2, 15 [id.]; id., 101.23, 10 [id.]; id., 101.30, 17 [id.]; id., 101.32, 6 (⸢^{uru}*ḫa*⸣-) [id.]; id., 101.35, 7 [id.]; id., 101.38, 15 [id.]; id., 101.42, 9 (-⸢*ru*⸣-[*tu*]) [id.]; id., 101.52, 12' [id.]; Schøyen 70, 3' (erg.)

^{uru}*ḫa-ru-tú*

1-04) RIMA 2, 101. 3, 42 [Ḫirimmu, Ḫ. *birāte ša* Kār-Dunjaš]; id. 101.26, 28 [id.]; id., 101.28, iv, 8 [id.]; id., 101.31, 10 [id.]; id., 101.34, 18 [id.]; id., 101.40, 26 [id.]; id., 101.50, 17 [id.]; id., 101.51, 23 [id.]; id., 101.53, 5 [id.]

¶ NAT, 154 (Ḫarrutu); vgl. RGTC 5, 119 (mB Ḫararrati) u. RGTC 8, 152 (nB/spB Ḫararatu) mit Zadok (1985b) 24.

Assyrisch-babylonische Grenzfestung im Osttigrisgebiet, deren genaue Lage unbekannt ist, Frahm (1997) 10, Frame (1992) 290, Fuchs (2011) 230 u. 265. S. → Birāte 1.

Ḫasame

^{uru}*ḫa-sa-me*

3-13) SAA 11, 201, ii, 32 (Gaduatâ *ina* Ḫ.)

¶ NAT, 155 (s. v. Ḫasamu); vgl. RGTC 5, 121f. (mB Ḫasmi); nA PN Ḫasamu, Ḫasāmû, PNA 2/I, 463.

Stadt im Balīḫ-Becken. Nach einer Kollation von Parpola (1975) 110 u. 115 würde der ON ^{uru}*ḫa-sa-meš*$^{!}$ lauten (s. dazu Zadok [1995a] 273, 7.1.6 u. 275, 7.1.15.1). Für die Edition in SAA 11 wurde aber der Text nochmals kollationiert (SAA 11, xxxvii) und Parpolas Lesung nicht übernommen. Im Gebiet von Ḫ. befand sich die Stadt → Gaduatâ. Nich mit dem Gebirge → Ḫasamu (s. dort Lit.) bzw. mit aB Ḫasame (RGTC 3, 93) zu verwechslen.

Ḫasamu

^{kur}*ḫa-sa-mu*

1-05) RIMA 3, 102.1, 83’ (⌈^{kur}*ḫa*⌉-[*sa-mu*]); id. 102.2, i, 29 [Diḫnunu];. ii, 14. 31 [id.]

^{kur}*ḫa-su-mu*

1-05) RIMA 3, 102.2, ii, 40 (^{k}[^{ur}*ḫa*$^{?}$]-*su-mu*) [It. von Kār-Šulmānu-ašarēd nach Bīt-Zamāni]

¶ NAT, 155 u. 317 (Sumu); RGTC 3, 93 (aB Ḫasamu); vgl. RGTC 3, 93 (aB Asam); RGTC 5, 121f. (mB Ḫasmi); RGTC 12/2, 119 (ug. Ḫašma); Astour (1968) 740 (äg. *Ḫḏm*); nA PN Ḫasamu, Ḫasāmû, PNA 2/I, 463.

Berg(kette) nordöstlich von → Ḫarrānu, wahrscheinlich mit den südlichen Ausläufern des Tektek Dağlari zu identifizieren, Lipiński (2000) 174, Yamada (2000) 87f., ferner RlA 4, 126f. (s. v. Ḫasam, Ḫasmi; D. J. Wiseman), id., 128 (J. N. Postgate), Sader (1987) 95 Anm. 144, Zadok (1998) 70. TAVO Karte B IV 13; Helsinki Atlas 3. 26. Nicht mit der Stadt → Ḫasame im Baliḫ-Becken zu verwechseln.

Ḫasmetu

^{uru}*ḫas-me-tu*

1-05) RIMA 3, 102.28, 44 (Lesung des Zeichens ḪAS unsicher, s. RIMA 3, 104, zu Z. 44) [*āl šarrūti*; Šubria, Ibumu]

¶ NAT, 155.

Königliche Residenzstadt in → Šubria.

Ḫaṣidu (?)

uru*ḫa-ṣi-du*
3-11/13) ND 2618, 11’ (Iraq 23, pl. 19) [Samaku, Qururu]

¶ Nach der Kopie ist eine Lesung uru*ḫa-ra-du* auch möglich (so in NAT, 149 s. v. Ḫarad), s. → Ḫaradu.

Vielleicht eine Stadt im Ḫābūr-Dreieck (wegen der Erwähnung von → Kaḫat in ND 2618, 6’).

Ḫašānu

uru*ḫa-šá-na*
5-19) SAA 14, 44, 8 [*ḫarrānu ša* Ḫ.]; id. 45, 11 [id.]

uru*ḫa-šá-ni*
5-19) SAA 14, 42, Rs. 8 [*ḫarrānu ša* Ḫ.]

uru*ḫa-šá-nu*
5-19) SAA 14, 42, 16 [*ḫarrānu ša* Ḫ.]. Rs. 8 [id.]

¶ NAT, 155; nA PN Ḫašanu, PNA 2/I, 464. Zadok (1991b) 44 hält eine Lesung uru*ḫa-gar(a)-na/ni/nu* auch für möglich.

Stadt in der östlichen Ǧazīra, in der Umgebung von → Bīt-Abu-ilā'ī, Fales (1989c) 177, Zadok (1995a) 238, 3.8.13.

Ḫašimur

kur*ḫa-ši-mur*
1-05) RIMA 3, 102.14, 111 [Zāba šaplû, Namri]; id., 102.16, 195’(erg.)
1-06) RIMA 3, 103.2, iii, 24’ (-⸢*mur*⸣)

¶ NAT, 155; RGTC 5, 122 (mA Ḫašimur).

Berg im Osttigrisgebiet am bzw. in der Nähe von der Stelle, wo der Diyālā (→ Turnat) das Ǧabal Ḥamrīn (→ Ebiḫ) durchbricht, Levine (1973) 23f., RlA 4, 134 (L. D. Levine). Hannoon (1986) identifiziert Ḫ. mit dem Gebirge Darewiškeh südlich von Ḫānaqīn, unweit der Grenze zwischen Irak und Iran. Das Ḫ.-Gebirge stellte die östliche Grenze des Landes → Ḫašmar dar und musste überquert werden, um von dort nach →[3] Namri zu gelangen, Fuchs (2011) 232.

Ḫašiniḫê

[uru]*ḫa-ši-ni-ḫe-e*
5-16) AfO 42/43, 92, A3, 5

¶ Lage unbekannt, möglicherweise eine Stadt in Zentralassyrien (A), Zadok (1995a) 243, 4.1.3.2.

Ḫašmar

[kur]*ḫa-áš-mar*
1-04) RIMA 2, 101.52, 8' [Babite]; id., 101.53, 4 [id.]; id., 101.67, 6 [Zamua]
1-04/13) FuB 22, 159, 3' (-[*mar*]) [Zamua]
1-13) Sg Hamat A, 8 ([[kur]*ḫa-áš*]-); Iraq 16, 198ff., 12 [Ṣimaš]; Iraq 56, 37f., 14 [id.]; SgF Ann, 8 (-*ma*[*r*]) [id.]; SgF Zyl, 14 [id.]

[kur]*ḫaš-mar*
1-04) RIMA 2, 101.1, ii, 59 [Bunisa]. iii, 125 [Babite]; id., 101.2, 16 [id.]; id., 101.17, iii, 54 [*adi nēreb ša* Ḫ.]; id., 101.23, 11 [Babite]; id., 101.26, 29 [id.]; id., 101.28, iv, 11 [id.]; id., 101.30, 19 [id.]; id., 101.51, 24 [id.]; id., 101.56, 11 ([[ku]r]*ḫaš*-) [id.]

[uru]*ḫaš-mar*
1-04) RIMA 2, 101.3, 44 [Babite] (nach RIMA 2, S. 230 zu Z. 44 ist das Determitaiv URU möglicherweise ein Fehler des Schreibers)

¶ NAT, 156; RGTC 5, 59f. (mB Bīt-Ḫašmar); vgl. RGTC 11, 90 (elam. Ḫašmar).

Bergland im Osttigrisgebiet, das sich vom Austritt des Diyālā (→ Turnat) aus dem Ǧabal Ḥamrīn (→ Ebiḫ) bis zur Stadt Mê-Turnat erstreckte, Fuchs (2011) 231f., RlA 4, 134 (L. D. Levine). Das Gebiet war durch den Pass von Ḫ. (Darband-e Ḫān) mit →[3] Zamua verbunden, Levine (1973) 19 u. 23 Anm. 103, Liverani (1992) 52. Die östliche Grenze von Ḫ. stellte das Gebirge → Ḫašimur dar, das überquert werden musste, um nach →[3] Namri zu gelangen. TAVO Karte B IV 10 u. 13; Helsinki Atlas, 11.

Ḫatajāte

^{uru}*ḫa-ta-ia-te*
5-14) SAA 6, 200, Rs. 11’

¶ NAT, 156 (Ḫatajate).

Stadt in Zentralassyrien, vielleicht in der Umgebung von → Dūr-Šarrukīn, Zadok [1995a] 258, 4.19.2.3. In einer Urkunde betreffs des Kaufes eines Hauses in → Maganuba stammt einer der Zeugen aus Ḫ.

Ḫatallu

^{kur}*ḫa-da-lu*
1-07) RIMA 3, 104.2010, 11 (-⌜*da*$^{?}$⌝-) [Rubbû, Labdudu]

^{kur}*ḫa-tal-li*
4-22) GPA 188, 8 (-*t*[*a*]*l*-) [Sūḫu]

^{kur}*ḫa-ta-li*
5-16) BATSH 6, 89, Rs. 12 [*šaknu*]

^{kur}*ḫa-ta-lim*
5-16) BATSH 6, 93, 9 (-*lim*$^{!}$)

N:
^{kur}*ḫa-tal-la-a-a*
4-20) SAA 19, 167, Rs. 7 ([^{kur}*ḫ*]*a*-) [Ḫindaru]

^{lú}*ḫa-tal-a-a*
4-13) SAA 15, 167, 4’ (-[*a-a*]); id., 231, 9’. 12’

^{lú}*ḫa-tal-la*
4-13) SAA 15, 157, Rs. 7’ ($^{\text{lú}!}$*ḫa*$^{!}$-[*ta*]*l*$^{!}$-)

^{lú}*ḫa-tal-li*
1-11) RINAP 4, 108.4, 4 [Luḫū’atu, Rubbû]

[lú]*ḫa-tal-lu*
1-11) Tigl Summ 6, 5 ([[lú]*ḫa*]-⌜*tal*⌝-) [Labdūdu]; id. 7, 5 [Luḫuatu, Rubbu]; id. 11, 5 [id.]; id. 12, 5 [id.]

[lú]*ḫa-tal-lum*
1-13) SgF Prunk, 18 [Rubbu, Labdūdu]; SgF S4, 72 [id.]

¶ NAT, 140 (Ḫadallu); RGTC 8, 157 (nB/spB Ḫaṭallu).

Gebiet und aramäischer Stamm in der Gegend des Wādī aṯ-Ṯarṯār, östlich von → Lāqê und südlich von → Raṣappa, Lipiński (2000) 426, Liverani (1992c), Radner (2002) 6, Streck (2014) 308f. Erst in der Regierungszeit des Assurbanipal ist Ḫ. als Sitz eines assyrischen Gouverneurs bezeugt, RlA 11, 64, Nr. 69 (K. Radner).

Ḫatḫariba

[uru]*ḫa-at-ḫa-ri-ba*
1-16) Asb A, ii, 18; Asb C, iii, 23 (erg.); Asb LET, 68' ([ur[u]]*ḫa-a*]*t*-) [PN *ina* H. *ša* Limmer-išak-aššur *šumšu ana šarrūte aškun*]

[uru]*ḫa-at-ḫi-ri-ba*
1-16) Asb A, i, 94 [*šarru*; Pišaptu, Ḫininši]; Asb C, ii, 89 [id.]

¶ NAT, 157; äg. *Ḥw.t-tɜ-ḥrj-jb* (DG IV, 140f.); klass. Athribis (TAVO Karte, B V 21).

Stadt in → Muṣur (Ägypten), heute Tall Atrīb, deren assyrischer Name → Limmer-iššak-Aššur war, Onasch (1994a) 42–51, Ranke (1910) 28, RlA 4, 147 (D. O. Edzard), Steindorff (1890) 601f., Verreth (1999) 238f. TAVO Karte B IV 13.

Ḫatpina[…]

[uru]*ḫa-at-pi-na*-x
5-14) SAA 6, 122, Rs. 2' (-⌜*na*[!]-x⌝)

¶ NAT, 157 (Ḫatpi).

Vermutlich eine Stadt in Zentralassyrien bzw. in einem benachbarten Gebiet, Zadok (1995a) 266, 5.1.1.7.8.

Ḫattâ

^{uru}*ḫa-ta-a*
1-14) RINAP 3/2, 111.223, 9 [Talmusu, Dalājin]
5-15) SAA 6, 223, 5; id. 224, 5; id., 226, 5 [Šūri]

^{uru}*ḫat-ta-a*
5-15) SAA 6, 268, 2

¶ NAT, 156 (Ḫatâ); vgl. nA PN Ḫatâ, PNA 2/I, 465.

Stadt nördlich von → Ninive, die im Zusammenhang mit Sanheribs „Nördlichem Kanalsystem“ stand, und in der ca. 50–60 km von Ninive entfernten Region zu suchen ist, wo sich die Felsreliefs von Faida, Širu Malikta und Maltai befinden, Zadok (1995a) 257, 4.18.13. Th. Jacobsen schlägt für Ḫ. eine südlichere Lage zwischen Kalatā (am Ḫosr) und Ra's-al 'Ain (am Šubasi Fluss) vor, da er von einer nicht zutreffenden Interpretation der Textstelle ausgeht, Jacobsen/Lloyd (1935) 40. Hannoon (1986) 223 lokalisiert Ḫ. in der Region um 'Ain Sifnī, da er sich auf Jacobsen beruft. S. Komm. zu → Ālum-riksi. Nicht mit →^{1} Māt-Ḫatti, mit der Stadt →^{3} Ḫattu in →^{3} Ḫabḫu 2 oder mit dem Nomadenstamm → Ḫatte zu verwechseln.

***Ḫatte**

N:
^{uru}*ḫa-at-te-e-a*
1-11) Tigl Summ 4, 28' [*ša miṣir mātāti ša šulum Šamši*; Badāni 1, Idiba'il]

^{uru}*ḫa-at-ti-a-a*
1-11) Tigl Summ 7, Rs. 3' ($^{⌜uru⌝}$[*ḫa-at-ti-a-a*]) [*ša miṣir mātāti ša šulum Šamši*; Badāni 1, Idiba'il]; id. 13, 10' ([^{uru}*ḫa-at*]-) [id.]

¶ NAT, 157 (Ḫattē'a).

Nomadenstamm in Nordarabien (Galter [1993] 30 mit Anm. 18) bzw. im südlichen Palästina (Eph'al [1984] 217 mit Anm. 11). Nicht mit →^{1} Mat-Ḫatti oder mit den Städten →^{3} Ḫattu in →^{3} Ḫabḫu oder → Ḫattâ in Assyrien zu verwechseln.

Ḫāu

^{kur}*ḫa-a-u*

3-07) TH 58, Rs. 11

^{kur}*ḫa-a-ú*

4-13) SAA 5, 232, 4 ($^{\text{⸢kur⸣}}$*ḫa-*). Rs. 7’

¶ NAT, 139 (Ḫā’u).

Gebiet in bzw. in der Nähe von → Arzuḫina, Dornauer (2014) 21 u. 83, Zadok (1978a) 169.

Ḫāurīna 2

^{kur}*ḫa-a-u-ri-na*

9-16) SAA 11, 1, Rs. i, 3’ (-*u*$^{!}$-[*ri-na*]) [erw. nach Sa’arri u. vor Māt-tâmti]

^{uru}*ḫa-a-u-ri-na*

3-20) SAA 7, 134, 3’ ($^{\text{u[ru!]}}$*ḫa*$^{!}$-*a*$^{!}$-*u*$^{!}$-*ri*$^{!}$-*n*[*a*$^{!}$]) [*šakintu*; Parsua]

^{uru}*ḫa-ú-ra-a-ni*

1-11) Tigl Summ, 5, ii, i [Arpadda, Ḫazazu; s. Tadmor (1994) 146]

^{uru}*ḫa-u-ri-na*

3-13) SAA 7, 32, i, 4’ (-⸢*na*⸣) [*bēl pīḫati*]; SAA 11, 201, ii, 26 [Janata’ *qanni* Ḫ.]; id., 210, Rs. iii, 7’ (-[*na*]) [Ḫarrānu]

^{uru}*ḫa-ú-ri-na*

3-13) SAA 7, 32, i, 6’ [*šaniu*; Ḫarrānu]; id., 33, i, 4’ [Ḫarrānu]; SAA 11, 211, 2’ (-[*ri-na*]) [Kapar-[...] *qanni* Ḫ.]

3-20) SAA 11, 10, 13'

¶ NAT, 159.

Stadt im Balīḫ-Becken, Sitz eines Gouverneurs im 7. Jh. v. Chr., RlA 4, 176 (J. N. Postgate), RlA 11, 58–61 (K. Radner), Zadok (1995a) 274, 7.1.11.1. Nicht mit → Ḫaurānu, → Ḫaurāni oder → Ḫāurīna 1 (so Forrer [1920] 62f.!, dagegen Fales [1973] 80) zu verwechseln.

In der Nähe von Ḫ. befanden sich → Janata’ und → Kapar-[...] 2.

Ḫazabiri

^{uru}*ḫa-za-bi-ri*

3-11/13) ND 2618, 4’ (Iraq 23, pl. 19) [Ḫaldiānu, Samatu]

¶ NAT, 159.

Vielleicht eine Stadt im Ḫābūr-Dreieck (wegen der Erwähnung von → Kaḫat in Z. 6’), Zadok (1995a) 236, 3.6.1.11.3.

***Ḫazaḫi (?)**

N:

^{uru}*ḫa-za-ḫi-a-a*

5-16) SAA 14, 1, Rs. 13 ($^{\text{uru!}}$*ḫa*$^{!}$-*za*$^{!}$-⸢*ḫi*$^{?}$⸣-*a*$^{!}$-[*a*])

¶ Vermutlich eine Stadt in Zentralassyrien bzw. in einem benachbarten Gebiet (N).

Ḫazāni

^{uru}*ḫa-za-ni*

7-07) SAA 12, 1, 11 [Ālu-ša-rāṭāṭīšu, Dame]

¶ Vgl. nA PN Ḫazānu, PNA 2/I, 469.

Stadt, die an → Kadišḫi in der Provinz → Kurbail angrenzte, Zadok (1995a) 259, 4.28.9.6.

Ḫazmāni

^{kur}*ḫa*-AZ-*ma-a-ni*

1-16) Asb IT, 135 [*šarru; ina aḫi* Dilmun *qablat tâmtim*]

¶ Land – wahrscheinlich eine Insel – in Südostarabien, das neben (an der Küste von?) → Tilmun lag, Heimpel (1987) 48, RGTC 8, 312 s. v. Tilmun, Villard (2000) 78, WSB 318 Anm. 16. TAVO Karte B IV 13.

Ḫazû

^{kur}*ḫa-zu-u*

1-15) RINAP 4, 112.2, iii, 15 [*šaddi saggilmud*]; id., 112.3, iii, 18' [id.]; id., 112.8, i', 16' ($^{\text{[kur]}}$*ḫa-*) [id.]

^{kur}*ḫa-zu-ú*

1-15) RINAP 4, 112.1, iv, 57 [*šaddi saggilmud*]; id., 112.4, ii', 30' (-⌜*zu*⌝-[*ú*])

¶ NAT, 160; RGTC 8, 158 (nB/spB Ḫaza).

Ein Gebirge in der Nähe vom Land → Bāzu, mit großer Wahscheinlichkeit die Gebirgslandschaft al-Ḥasā' im Osten Saudi Arabiens, etwa auf dem Breitengrad von Baḥrain, Liverani (1999-2001) 73, RlA 1, 441, s. v. Bazu (E. Forrer). Nicht überzeugend ist die Gleichsetzung mit den südöstlichen Ausläufern des Zagros-Gebirges, die mit einer Lokalisierung von → Bāzu an der iranischen Küste der Straße von Hormuz verbunden ist (Vallat [1991] 15 mit Abb. 5 auf S. 20, RGTC 11, 95 s. v. Ḫazū, TAVO Karte B IV 11) oder mit al-Ḥiğāz an der westlichen Küste der Arabischen Halbinsel (RlA 5, 62 s. v. Ilpi'atu [W. Röllig]).

Ḫi[…] 2

^{uru}*ḫi-*[…]

3-05) Billa 69, u. Rd. 11 (⌜^{uru}*ḫi*⌝-) [Baqarri, Sasu(…)]

¶ Stadt, die in den Texten aus Tall Billā (→ Šibaniba) erwähnt wird und vermutlich in ihrer Umgebung lag; vgl. → Ḫi[…]aṣi[…].

Ḫi[…] 3

^{uru}*ḫi-*x [x x x x]

5-14) SAA 6, 193, 7 (^{uru}*ḫi*$^{?}$-)

Ḫi[…]aṣi[…]

¶ Vermutlich eine Stadt in Zentralassyrien bzw. in einem benachbarten Gebiet, Zadok (1995a) 266, 5.1.1.7.9; vgl. → Ḫi[…] 2.

Ḫi[…]aṣi[…]

uru*ḫi*-[x]-*a*-*ṣi*-[x(-)x]
3-05) Billa 82, Rs. 12 (-[*d*]*a*-) [Aḫusutu, Bīt-ḫijaṣi]

¶ NAT, 165.

Stadt, die in den Texten aus Tall Billā (→ Šibaniba) erwähnt wird und vermutlich in ihrer Umgebung lag.

Ḫidana

uru*ḫi-da-na*
5-16) KAN 4, 6, Rs. 13 ([u]ru*ḫi-d*[*a-na*])

N:
uru*ḫi-da-na-a-a*
5-16) KAN 4, 6, 5 ([ur]u*ḫi*-)

¶ Möglicherweise eine Stadt in Zentralassyrien bzw. in einem benachbarten Gebiet (A).

Ḫidiniba

uru*ḫi-di-ni-ba*
5-20) SAA 14, 197, Rs. 14 [Inimat, Kapar-(…)du]

¶ NAT, 161

Möglicherweise eine Stadt in Zentralassyrien bzw. in einem benachbarten Gebiet (N).

Ḫiḫiḫina

uru*ḫi-ḫi-ḫi-na*
3-05) Billa 77, Rs. 3’ [Duna]; id., 82, 16’ (-[*ḫi-n*]*a*) [Bulul, Um(…)]

¶ NAT, 161.

Stadt, die in den Texten aus Tall Billā (→ Šibaniba) erwähnt wird und vermutlich in ihrer Umgebung lag, Zadok (1995a) 256, 4.17.1.13.

Ḫilapi

^{uru}*ḫi-la-pi*
3-13) KAV 33, 2' ([^{uru}*ḫ*]*i*$^{?}$-; gehört vielleicht hier); KAV 131, 8' [(...)dudi, Ḫullari(...)]

¶ NAT, 278.

Lage unbekannt, nach Zadok (1995a) 239, 3.9.8.5 vielleicht in der Ǧazīra.

Ḫimuni

^{uru}*ḫi-mu-ni*
1-16) Asb A, i, 107 [*šarru*; Šijāutu, Tajini]

¶ NAT, 163; äg. *Ḫmnw* (DG IV, 176); klass. Hermou polis megalē, (TAVO Karte B V 21), Hermopolis magna Barrington Atlas 77, D1).

Stadt in Mittelägypten (im südlichen → Muṣur), das klass. Hermopolis magna, heute al-Ašmūnēn, Onasch (1994a) 56, Ranke (1910) 28, RlA 4, 414 (W. Röllig), Steindorff (1890) 608f. TAVO Karte B IV 13.

***Ḫinata**

N:
^{uru}*ḫi-na-ta-a-a*
5-22) Edubba 10, 55, u. Rd. 16

¶ Möglicherweise eine Stadt in Zentralassyrien bzw. in einem benachbarten Gebiet (K).

Ḫindānu

ḫi-da-na
3-16) StAT 2, 273, Rs. 1' [*pīḫatu*]

ḫi-in-dan

3-16) SAAB 9, 124, li. Rd.. 30 ([*ḫ*]*i-*⸢*in-dan*⸣) [*šaknu*]; id., 127, li. Rd. 40 ([*ḫi-in-d*]*an*)
4-16) SAA 14, 29, Rs. 22 [*bēl pīḫati*]
5-16) StAT 3, 13, o. Rd. 42 [*bēl pīḫati*]

^{kur}*ḫe-en-da-nu*

1-07) RIMA 3, 104.7, 14 (⸢^{kur}*ḫe-en-da-nu*⸣)

^{kur}*ḫi-in-da-ni*

1-03) RIMA 2, 100.5, 82 (-[*i*]*n*-) [It. durch Bergland nach Nagiāte]
7-07) SAA 12, 85, Rs. 15. 19 (-⸢*in*⸣-[*da-ni*])

^{kur}*ḫi-in-da-nu*

1-07) RIMA 3, 104.6, 25
4-16) SAA 10, 141, Rs. 5 [*pīḫatu*]
7-07) SAA 12, 85, 4 ($^{\text{[k]ur}}$*ḫi-*) [Raṣappa]. Rs. 16 [id.]

^{kur}*ḫi-in-dan*

3-16) SAA 7, 49, Rs. iii, 16 [*pīḫatu*]
3-16/19) SAA 7, 4, i, 14’ (erg.) [*pīḫatu*]

^{uru}*ḫe-en-da-nu*

1-03) RIMA 2, 100.5, 79 [Ḫ. *ina šēp ammâte ša* Purattu]

^{uru}*ḫi-in-da-a-na*

3-20) SAA 11, 221, Rs. 3’ ([^{uru}*ḫ*]*i-*)

^{uru}*ḫi-in-da-a-ni*

1-02) RIMA 2, 99.2, 119 [Lāqê]
1-04) RIMA 2, 101.1, iii, 12 [It. von Naqarbani]. 13 [It. nach Ḫaridu]

^{uru}*ḫi-in-da-a-nu*

1-04) RIMA 2, 101.1, iii, 12 [Ḫ. *ina šēp ammâte ša* Purattu]

^{uru}*ḫi-in-da-na*

1-16) BIWA 121, D2, viii, 13’’ (^{uru}*h*[*i*]*-i*[*n-da-na*]) [*šaknu*]; id., D10, ii, 21’’ ([*ḫi-in-da*]*-na*); id., D18, i, 8’ ([^{uru}*hi*]*-in-da-n*[*a*]; Iraq 30, pl. XXVII, 11’ (BM 122613) (-[*in-da-na*]) [*bēl pīḫati*]; SAACT 10, 1, v, 36 ($^{\text{[uru]}}$*ḫi-in-d*[*a-na*]) [id.]
3-13) SAA 11, 6, 3’ (-*i*[*n-da-na*]) [erw. nach Sam’alla u. vor Isāna]
4-11) SAA 19, 126, Rs. 13’ ($^{\text{u[ru]}}$*ḫi-*)

4-13) SAA 1, 208, 8 (*-d[a-n]a*). 10 [Sūḫu]. Rs. 5' (*-i[n-da-na]*); id., 211, 5' (*-d[a-na*); id., 212, 1' (⌜*hi*⌝-[*in-da-na]*). 2' (*-i[n-da-na*])
7-07) SAA 12, 85, 17 [Raṣappa]
9-16) SAA 11, 1, ii, 7 [erw. nach Sūḫu u. vor Ḫilakku]
9-20) SAA 11, 3, ii, 8' ([uru]*ḫi-*) [erw. nach Isāna]

uru*ḫi-in-da-ni*
1-03) RIMA 2, 100.5, 76 [It. von Kailete]
4-11) SAA 19, 12, Rs. 10'
5-16) AfO 32, 38f., li. Rd. 25 (u[ru]⌜*ḫi-in-da-ni*⌝) [*šaknu*]
7-07) SAA 12, 85, 7 (erg) [Raṣappa]

uru*ḫi-in-da-nu*
1-04) RIMA 2, 101.1, iii, 27 [Lāqê, Sūḫu]
1-06) RIMA 3, 103.1, i, 50 [erw. unter den 27 Städten, die gegen Slm III. revoltierten]

uru*ḫi-in-dà-na*
3-16) SAAB 9, 111, li. Rd. 25 [*bēl pīḫati*]

uru*ḫi-in-dan*
1-16) BIWA 121, BM 127877, i, 2' [*šaknu*]
3-16) SAAB 9, 103, Rs. 17' [*bēl pīḫati*]
3-20) SAA 7, 136, Rs. i, 5' [*bēl pīḫati*]

uru*ḫi-in-dan-a*
5-13) BATSH 6, 119, Rs. 12

N:
kur*ḫi-in-da-a-a*
5-16) BATSH 6, 43, Rs. 15

kur*ḫi-in-da-na-a-a*
1-04) RIMA 2, 101.30, 144 [erw. nach Sūḫu u. vor Pattinu]
7-07) SAA 12, 85, Rs. 7. 9 [Raṣappa]

kur*ḫi-in-da-na-ia*
1-03) RIMA 2, 100.5, 79 (⌜kur⌝*ḫi-*)

kur*ḫi-in*$_4$*-da-na-a-a*
5-15) BATSH 6, 121, Rs. 13

^{lú}*ḫi-in-da-na-a-a*
4-11) SAA 19, 84, 12 (*-i[n-d]a-⸢na⸣-a-a*) [Sūḫu]
4-11) SAA 19, 12, Rs. 4' (ND 2626) ($^{\mathrm{[l]ú}}$*ḫi-*)
5-16) BATSH 6, 56, 3 ([^{lú}*ḫi*]*-in-*)

^{uru}*ḫi-in-da-na-a-a*
1-04) RIMA 2, 101.1, i, 96; id., iii, 13. 35 [Sūḫu, Lāqê]. 37 [Lāqê]; id., 101.79, 1 (-⸢*a*⸣-[*a*])

¶ NAT, 163; RGTC 5, 127 (mA Ḫindānu); RGTC 8, 161 (nB/spB Ḫindānu); bibl. *'eden* (in Eze 27: 23, HAL, 749; s. Lipiński [1976] 60f.); klass. Eddana/Giddan (TAVO Karte B V 12, Barrington Atlas, 91, C3); nA PN Ḫindānāiu, PNA 2/I, 472. Die Gleichstellung mit aB Ḫiddān (RGTC 3, 97) wurde zuerst von Birot (1972) 136 Anm. 3 vorgeschlagen und von Postgate (RlA 4, 415) u. Charpin (1997) 351 mit Anm. 31 übernommen. Dagegen schlägt Zadok (1978a) 167 vor, dass aB Gidānum (von ihm als ON betrachtet) die früheste Erwähnung von klass. Giddan sei und daher von Ḫiddān zu unterscheiden wäre. Durand (1990) 117 Anm. 60 identifiziert Ḫiddān mit Bāġūz aš Šimālī.

Land und Stadt am rechten Ufer des Mitteleren Euphrat im Gebiet des heutigen Abū Kamāl, Forrer (1920) 15, Horn (1922) 143, Dussaud (1927) 458, RlA 4, 415f. (J. N. Postgate), Zadok (1995a) 230, 2.2, s. ferner Deller (1962) 17 (zur Orthographie *dan*/*dana*), Liverani (1992c), Zadok (1989) 159f. Ḫ. grenzte im Süden an → Sūḫu und im Norden an → Lāqê. Es ist unklar, ab wann Ḫ. eine eigenständige Provinz war, RlA 11, 55, Nr. 33 (K. Radner). Die Stadt Ḫ., Zentrum des gleichnamigen Landes, wurde von Albright (1926) 222f. mit al-Ǧābirīya identifiziert, eine Lokalisierung die meist akzeptiert wird, Liverani (1992a) 66, Radner (2002) 6f., RlA 9, 164 s. v. Naqarabāni [K. Kessler] u. Russell [1985] 64f.). Musil (1927a) 203 identifizierte dagegen Ḫ. mit aš-Šēḫ Ǧābir (und → Kailete mit al-Ǧābirīya, während er Ḫ. auf S. 14 Anm. 12 mit al-Ǧābirīya gleichstellt) und Lipiński [2000] 82 u. 94 mit 'Anqā, etwa 15 km südlich von Abū Kamāl, wo Poidebard (1931) 275 klass. Giddan lokalisierte. TAVO Karte B IV, 10 u. 13; Helsinki Atlas, 9. 31. Nicht mit → Ḫinzānu zu verwechseln; s. Komm. zu →[3] Ḫindaina.

Ḫinḫinia

^{uru}*ḫi-in-ḫi-ni-a*
3-20) ND 2465, 6 (Iraq 23, pl. 15) [Maškaritu, Āl-Ištar]

¶ NAT, 164.

Wahrscheinlich eine Stadt in Zentralassyrien bzw. in einem benachbarten Gebiet, Zadok (1995a) 246, 4.6.5.2.3.

Ḫininši

uru*ḫi-ni-in-ši*

1-16) Asb A, i, 95 [*šarru*; Ḫatḫariba, Ṣa'nu]; Asb C, ii, 90 [id.]

¶ NAT, 164; äg. *Pr-ḥrj-š\f-nb-Nn-nsw* (DG II, 116); klass. Hērakleous Polis Mikra, Herakleopolis parva (TAVO Karte B V 21).

Stadt in → Muṣur (Ägypten), das klass. Herakleopolis parva im Delta, das mit Tall Balīm bzw. Tall Ayîd (nur 4 km voneinander entfernt) identifiziert wird, Onasch (1994a) 52, Steindorff (1890) 602f. Die Identifizierung mit Herakleopolis parva ist gegenüber der früheren Gleichstellung mit Herakleopolis magna zu bevorzugen (Onasch loc. cit. gegen Ranke [1910] 28, Verreth [1999] 239). TAVO Karte B IV 13 (Tall Balīm).

***Ḫinzānu**

kur*ḫi-in-za-ni*

4-13) SAA 1, 82, Rs. 2; id. 83, 7 (-*i*[*n*]-⸢*za*!-*ni*!⸣)

uru*ḫe-en-za-na*

4-13) SAA 1, 87, 13 (-*z*[*a-na*]) [Birāte]. 14 (-*na*-{*na*}) [Libbi-āli]

uru*ḫi-in-za-ni*

4-13) SAA 1, 82, 14 [Tartāru, Sūḫu]

¶ NAT, 196 (s. v. Ḫindānu); vgl. nB Hanzanūa (BaM 21, 366, Nr. 6, 3) und aram. PN *ḥnzny* (eine der möglichen Lesungen von TADAE I, 120, 1 [A6.2], 5. Jh. v. u. Z.).

Stadt (und Gebiet?) zwischen dem Wādī aṯ-Ṯarṯār (→ Tartāru) und dem Land → Sūḫu. Nicht mit → Ḫindānu zu verwechseln, Zadok (1994) 15 gegen NAT, 163, Deller (1962) 17, Schiffer (1911) 86f.

Ḫirāna

^{uru}*ḫi-ra-a-na*

5-18) SAAB 12, 58, 5

^{uru}*ḫi-ra-na*

5-17) SAA 14, 162, Rs. 7 ($^{[ur]u}$*ḫi-*). 16 (-[*na*])

¶ NAT, 164 (Ḫirana).

Wahrscheinlich eine Stadt in der Nähe von → Diqūqīna (alle Zeugen in der Urkunde SAA 14, 162 stammen aus dieser Stadt), Lipiński (2000) 46 mit Anm. 128, WSB 284f. Anm.10, Zadok [1995a] 226, 1.2.16. Ob Ḫ. im Osttigrisgebiet – ev. → Laḫīru 1 – lag, hängt von der Lokalisierung von Diqūqīna, die nicht gesichert ist. Nicht mit → Ḫirānu in Nordmesopotamien oder mit dem aramäischen Stamm →^{3} Ḫīrānu zu verwechseln. Der Beleg SAAB 12, 58, 2 stammt aus einem Text unbekannter Herkunft, der im Museum von Gaziantep aufbewahrt wird (Gzt. 45.1.75). Ob dieser Beleg hier gehört oder ob Ḫirānu bzw. ein anderer, ähnlich lautenden Ortsname gemeint ist, ist ungewiss.

Ḫīrānu 1

^{uru}*ḫi-ra-a-nu*

1-04) RIMA 2, 101.1, iii, 97 [Umalia]

¶ NAT, 164 (s. v. Ḫīrānu).

Stadt in → Adani, Liverani (1992a) 83. Lipiński (2000) 45 Anm. 124 u. 147 hält Ḫ. für eine Siedlung des aramäischen Stammes →^{3} Ḫīrānu 2 in Südmesopotamien und setzt sie mit klass. Horren (TAVO Karte B VI 1, Barrington Atlas 89, C3), heute Gülharin, ca. 10 km südlich von Mardin, und ferner mit aB Ḫurra (RGTC 3, 101f.; s. aber RlA 4, 505f.) gleich. Nicht mit → Ḫirana (s. Komm.) im Osttigrisgebiet zu verwechseln.

Ḫiriba (?)

^{uru}*ḫi-ri-ba*

5-22) Edubba 10, 30, 7 (-⸢*ba*$^?$⸣) [Asiḫi]

¶ Lage unbekannt, vielleicht in → Izalla oder im Gebiet von → Guzāna zu lokalisieren.

Ḫirimmu

^{kur}*ḫi-ri-mu*

1-03) Ahmad, Qadhiah, Nr. 1, 51, 8 ($^{[kur]}$*ḫi-*) [Zabban, Ḫ., Ḫarutu *birāte ša* Kār-Dunjaš]; id., Nr. 2, 52, 7 [id.]; RIMA 2, 100.6, 7 [id.]

1-04) RIMA 2, 101.2, 15 (Var.) [Ḫarutu]

^{uru}*ḫi-ri-mu*

1-04) RIMA 2, 101.1, ii, 130 [Ḫ., Ḫarutu *birāte ša* Kār-Dunjaš]. iii, 124 [id.]; id., 101.2, 15 [id.]; id., 101.3, 42 [id.]; id., 101.23, 10 [id.]; id., 101.26, 27 [id.]; id., 101.28, iv, 8 [id.]; id., 101.30, 17 [id.]; id., 101.31, 10 [id.]; id., 101.32, 6 [id.]; id., 101.34, 18 [id.]; id., 101.35, 6 [id.]; id., 101.38, 15 [id.]; id., 101.40, 26 [id.]; id., 101.42, 9 [id.]; id., 101.50, 17 [id.]; id., 51, 101.23 [id.]; id., 101.52, 12' ([^{uru}*ḫi-ri*]-) [id.]; id., 101.53, 5 [id.]; id., 101.56 12 [id.]; Schøyen 70, 2'

^{uru}*ḫi-rim-mu*

1-14) RINAP 3/1, 111.26, i, 6' (erg.) [Jasubigallu]; id., 111.34, 12 [id.]

^{uru}*ḫi-rim-me*

1-14) **RINAP 3/1**, 111.1, 58; id., 111.2, 18; id., 111.3, 18; id., 111.4, 16; id., 111.15, ii, 1; id.,111.16, i, 81; id., 111.17, i, 70; id., 111.18, i, 5'' (erg.); id., 111.22, i, 58; id., 111.23, i, 52; **RINAP 3/2**, 111.42, 6 (^{uru}[*ḫi-rim-me*]); id., 111.44, 14; id., 111.46, 8; id., 111.138, Vs. i, 15'; id., 111.213, 57

¶ NAT, 165; RGTC 8, 162 (nB/spB Ḫirimma); vgl. mA Ḫirim(m)i (in KAV 89, 6 ist nach Deller/Porstgate [1985] 71 ^{uru}*ḫi-ri-mi* statt ḪARrimi [RGTC 5, 121] zu lesen, doch von nA Ḫ. wahrscheinlich zu trennen, s. dazu auch Zadok [1991c] 110). Für einen weiteren möglichen Beleg (^{uru}⌜*ḫi*⌝*-ri-m*[*u*$^{?}$], ND 2791, 2' [Iraq 23, pl. 28]) s. →^{3} Ḫirīte 1.

Assyrisch-babylonische Grenzfestung im Osttigrisgebiet, deren genaue Lage unbekannt ist, Frahm (1997) 10, Frame (1992) 290, Fuchs (2011) 230 u. 265, RlA 4, 418 (W. Röllig), Zadok (1995a) 224, 1.1.28.

Ḫirini

^{uru}*ḫi-ri-ni*

5-16) O 3669, 5 (unpubl. zit. in Garelli [1986] 242)

Ḫisiki[…]

¶ Stadt im Balīḫ-Becken, Lipiński (2000) 126 mit Anm. 41, Zadok (1995a) 234, 3.5.3.11; s. → Mallanāte.

Ḫisiki[…] (?)

uru*ḫi-si-ki*-x

5-10) Edubba 10, 38, 4 (*-si*?*-ki*-[x]; nach dem Photo in BaM 24, Taf. 87 ist das zweite Zeichen eher su/zu als si zu lesen, Edubba 10, S. 51)

¶ Möglicherweise eine Stadt in der Umgebung von → Kalḫu, Zadok (1995a) 250, 4.7.4.8.

Ḫista

uru*ḫi-is-ta*

1-11) Tigl Ann 5, 1 [Ḫarabisina]

¶ NAT, 165.

Stadt in Nordmesopotamien, die von Tiglatpileser III. annektiert und der Provinz → Na'iri zugeordnet wurde, Toffteen (1907) 357.

Ḫu[…]

uru*ḫu*-⌜x-x⌝

5-23) SAA 14, 183, Rs. 4 [*bēl āli*]

¶ NAT, 170 (Ḫupapa).

Möglicherweise eine Stadt in Zentralassyrien (N).

Ḫub[…] 1

uru*ḫu-ub*-[…]

3-13) SAA 11, 133, i, 8 (uru!*ḫu*!*-u*[*b*!-x(-x)]) [Bušâ]

¶ Vielleicht eine Stadt im oberen Ḫābūr-Gebiet bzw. im Balīḫ-Becken, Zadok (1995a) 234, 3.5.4.3.

Ḫub[...] 2

^{uru}*ḫu-ub-*[...]
7-17) SAA 12, 37, 7' (^{uru}*ḫu*$^{!}$*-u*[*b*$^{!}$-x]) [Kapar-Sa'īli]

¶ NAT, 171 (Ḫu[...]).

Möglicherweise eine Stadt in Zentralassyrien bzw. in einem benachbarten Gebiet, Zadok (1995a) 268, 5.1.2.15.7.

Ḫubāba

^{uru}*ḫu-ba-ba*
3-20) SAA 11, 225, 4' [*pīḫat* Si'immê]

N:
^{uru}*ḫu-ba-ba-a-a*
5-16) SAA 14, 123, Rs. 5' (-[*ba-a-a*])

^{uru}*ḫu-*KÁ*-a-a*
5-16) SAA 14, 36, u. Rd. 25

¶ NAT, 165; vgl. RGTC 8, 163 (nB/spB Ḫubaba-ša-Bīt-Nabû in Bīt-Amukāni); nA PN Ḫubābāju, PNA 2/I, 475.

Stadt in der Provinz → S'immê, Zadok (1995a) 261, 4.33.1.1. Ḫ. Lag vermutlich nicht weit von → Irbû, s. Komm s. v.

***Ḫuddukia**

N:
^{uru}*ḫu-ud-du-ki-a-a*
3-13) ND 3486, i, 1 (Iraq 15, 159 s. v.) [Libbi-āli]

¶ NAT, 167.

Möglicherweise eine Stadt in Zentralassyrien, vielleicht in der Nähe von → Aššur, Zadok (1995a) 244, 4.1.4.10.

Ḫudubili

^{uru}*ḫu-du-bi-li*

1-03) RIMA 2, 100.5, 65 (2x) [It. von Ḫarbê, (mit Zwischenstation in einer trockenen Gebirgslandschaft) nach Zadidāni u. Sabirutu; *ina ušallim ša* Ḫ. *ša muḫḫi* Purattu]; WVDOG 121, 50, 65f. (^{ur}[^{u}*ḫu-du-bi-li*])

¶ NAT, 168.

Stadt am Mittleren Euphrat in → Suḫu, Horn (1922) 135, Zadok (1995a) 229, 2.1.2.7. Musil (1927a) 203 schlägt vor, Ḫ. in der Nähe von as-Slejmijje zu suchen. Die Entfernung von ca. 45 km für diese Strecke des Itinerars scheint zu groß, auch wenn man berücksichtigt, dass der Euphrat zwischen as-Slejmijje und Ǧazīrat Bēǧān (→ Sabirutu) stark mäandert. Eine Lage zwischen as-Slejmijje und Sūr Mur'eh (eine assyrische Burg, Young [1983] 24 mit Karte auf S. 25, Herles [2007] 419) ist plausibler.

Ḫudupa

^{uru}*ḫu-du-pa*

3-13) KAV 131, Rs. 8' [Piqdani, (…)biḫi]

¶ NAT, 168 (Ḫududi).

Lage unbekannt, nach Zadok (1995a) 239, 3.9.8.7 vielleicht in der Ǧazīra.

Ḫulî (?)

^{uru}*ḫu-li-i*

5-13) SAA 14, 468, Rs. 3 (-[*li*]-) [Ḫ. *ša* Pīḫat-Bīt-turtāni]

¶ NAT, 169.

Stadt in → Pīḫat-Bīt-turtāni, Zadok (1995a) 233, 3.5.1.2.

Ḫullari[…]

^{uru}*ḫul-la-ri-x*

3-13) KAV 131, 11' (-*r*[*i-x*]) [Ḫilapi]

¶ NAT, 169 (Ḫulla[...]).

Lage unbekannt, nach Zadok (1995a) 239, 3.9.8.6 vielleicht in der Ǧazīra.

Ḫumut

uru*ḫu-mut*

1-11) Tigl Ann 9, 2 (erg.) [*ina muḫḫi tilli kamri ša* Ḫ. *iqabbûšūni*; Kār-Aššur]; Tigl Summ 1, 6 [id.]; id. 6, 7 (erg.); id. 7, 10 [*ina muḫḫi tilli kamri ša* Ḫ. *iqabbûšūni*; Kār-Aššur]

¶ NAT, 169; von RGTC 8, 166 (nB/spB Ḫūmīt) zu trennen.

Ruinenhügel im Osttigrisgebiet, auf dessen Kuppe Tiglatpileser III. die Stadt → Kār-Aššur baute.

Ḫunaba

uru*ḫu-na-ba*

4-11) SAA 19, 67, Rs. 4'. 8'

¶ In CTN 5, 244 (ND 2373) wird der ON uru*ḫu-ba-na* gelesen.

Möglicherweise eine Stadt an der nördlichen Grenze zu →[3] Urarṭu, die von → Ḫubāba zu unterscheiden ist, s. SAA 19, S. 69, zu Z. Rs. 4' u. CTN 5, loc. cit. Komm.

Ḫurubite

uru*ḫu-ru-bi-te*

5-14) O 3712, 9 (unpubl. zit. in Garelli [1986] 242)

¶ Stadt im Balīḫ-Becken, Zadok (1995a) 234, 3.5.3.5; s. → Mallanāte.

Ḫurumu (?)

uru*šu-da-a*

3-20) ND 2728+, 3 (Iraq 23 pl. 24) (-⌜*mu*?⌝-) [*ša qanni* Arbail; Šudâ, Kapar-Šašši]

¶ NAT, 170 (Ḫuru[…]).

Eine von acht (der Text hat aber sieben als Gesamtzahl) Städten in der Umgebung von → Arbail, Hannoon (1986) 316–318, Zadok (1995a) 246, 4.6.1.8.

Ḫusana

^{uru}*ḫu-sa-na*

3-20) ND 2728+, 8 (Iraq 23 pl. 24) [Arbail, Kapar-Saḫaranāja]

¶ NAT, 170; vgl. RGTC 5, 133 (mA Ḫusanu) mit Deller/Postgate (1985) 71 u. Zadok (1985c) 113; vgl. ferner RGTC 9, 42 (urar. Ḫuzānā).

Stadt in Zentralassyrien, möglicherweise nicht weit von → Arbail, Hannoon (1986) 316–318, Zadok (1995a) 246, 4.6.3.4. Ḫ. wird zusammen mit anderen Städten erwähnt, für die explizit angegeben wird, dass sie in der Umgebung von Arbail liegen.

Ḫuzīrīna

^{uru}*ḫu*

3-13) SAA 11, 219, Rs. iv, 16 [abgekürzte Schreibung, Fales (1973) 62 zu Z. viii, 9]

^{uru}*ḫu-zi-ri-na*

1-02) RIMA 2, 99.2, 45 [Ḫanigalbat]
1-03) RIMA 2, 100.5, 118 ($^{\mathrm{ur[u}}$*ḫu*]-) [Naṣībīna]. 119 (-⌜*na*⌝)
1-04) RIMA 2, 101.1, iii, 93 [Qipāni]. 94 [Azalla]. 96 [Kummuḫu]
1-05) RIMA 3, 102.2002, 8 [Ḫarrānu, Dūru]
1-06) RIMA 3, 103.1, i, 48 [Raqmat, Dūr-balāṭi]

^{uru}*ḫu-zir-na*

4-13) SAA 19, 179, 5 ($^{\mathrm{[u]ru}}$*ḫu-*). Rs. 5 (^{uru}*ḫ*[*u*]-*zir*$^{!}$-)
5-23) AnSt 7, 139, Rs. 12 ($^{\mathrm{[u]ru}}$*ḫu-*)
7-20) SAA 12, 48, 18’ (⌜$^{\mathrm{uru!}}$*ḫu*$^{!}$⌝-)

^{uru}*ḫu-zir-i-na* (Orthographie nicht sicher)

3-13) SAA 11, 219, iii, 7’(-[*zir-i-na*], ev. auch -[*zir-ri-na*] bzw. -[*zir-na*]). Rs. iv, 9 (^{uru}*ḫu-zir*$^{!}$-[*i-na*], ev. auch -[*ri-na*] bzw. -[*na*])

[uru]*ḫu-zir-ri-na*
7-23) SAA 12, 91, Rs. 28; id. li. Rd. 2 ([[uru]*ḫu-zir*]-)

¶ NAT, 169 (Ḫumu[...]) u. 171 (Ḫuzirīna, Ḫu[...]); RGTC 3, 96 (aB Ḫaziri); BATSH 4, 6, 19' mit Komm. auf S. 122 und Röllig (1997) 283, Z. 5 mit Komm. auf S. 285 (mA Ḫuzīrānu); RGTC 12/1, 178 u. 185 (ebl. Ḫuzarad, Ḫuzari'um); klass. Hostra (Tab. Peut.).

Stadt im Balīḫ-Becken, heute Sultantepe, Frayne (2001) 223f., Gordon (1967) 85–88, Lipiński (2000) 112–114, Liverani (1992) 81, RlA 4, 535f. (J. N. Postgate; die dort postulierte Existenz zweier Homonyme ist überholt, s. Zadok [1996a] 724), Zadok (1995a) 273, 7.1.5. TAVO Karte B IV 10 und 13; Helsinki Atlas, 3. 25.

I

Ibādidi

^{lú}*i-ba-a-di-di*

1-13) SgF Ann, 120 (^{l}[^{ú}*i-ba*]-) [*Arbāja rūqūti āšibūt madbari*; Tamudi, Marsīmani]

^{lú}*i-ba-di-di*

1-13) SgF Zyl, 20 (-*ba*$^{!}$-) [Tamudi, Marsīmani]; Iraq 16, 198ff., 18 (-[*di*]) [Tamudi]; ZA 97, 255, 2' [Tamudi, Marsīmani]; Schøyen 72, 5' (erg.)

¶ NAT, 171.

Stamm der → Arubu in Nordarabien, möglicherweise im Gebiet zwischen Taimā' und Mekka, Eph'al (1984) 89 u. 217f., Galter (1993) 32, Rosemarin (1932) 34, Sachau (1897) 42f.. I. wurde von Sg besiegt und in →[1] Bīt-Ḫumrî/→[1] Samerīna angesiedelt.

Ib'ala

^{uru}*ib-'a-la*

5-15) SAA 6, 271, 16 [Kapar-Šamaš]

¶ NAT, 171; vgl. RGTC 2, 38 (Ur III Ebal) u. RGTC 12/1, 186–188 (Ebla Ib'al).

Lage unbekannt. Nach Zadok (1995a) 239, 3.9.1 lag S. vielleicht in der Ǧazīra. Die erwogene Gleichstellung mit Ebla/Tall Mardīḫ in Nordsyrien (SAA 1, S. 340, Zadok [1978a] 171, id. [1995a] 240, 3.10.1) ist mit dem archäologischen Befund (Mardīḫ VB-C) vereinbar, jedoch unwahrscheinlich. Plausibler ist der Vorschlag, I. sei eine Siedlung im Osttigrisgebiet, die von → Ibli zu trennen ist, Astour (1987) 8; s. → Sumurunu. Helsinki Atlas, 10. 29. 30 (vermutete Lage nach Astour loc. cit., jedoch ohne I. und Ibli zu trennen).

Ibli

^{uru}*ib-li*

5-15) SAA 6, 271, 4 [*ḫarrānu ša ana* I.; Sumurunu]

¶ NAT, 171; vgl. RGTC 12/2, 67 (Al./MEup Ebla mit Verweisen auf weitere RGTC-Bände); ferner vgl. mit Dūr-Ibla (RGTC 1, 33 und Frayne [1992] 60f.) im Osttigrisebiet.

Lage unbekannt. Nach Zadok (1995a) 239 lag S. vielleicht in der Ǧazīra. Die erwogene Gleichstellung mit Ebla/Tall Mardīḫ in Nordsyrien (SAA 1, S. 340, Zadok [1978a] 171, Zadok [1995a] 240) ist mit dem archäologischen Befund (Mardīḫ VB–C) vereinbar, jedoch unwahrscheinlich. Plausibler ist der Vorschlag, I. wäre eine homonyme Siedlung im Osttigrisgebiet, die von → Ib'ala zu trennen ist, Astour (1987) 8 mit Anm. 27; s. → Sumurunu u. →^{3} Bīt-Ibla. Helsinki Atlas, 10, 29 u. 30 (vermutete Lage nach Astour loc. cit., jedoch ohne I. und Ib'ala zu trennen).

Ibume s. Uppumu

***Idiba'il**

N:

^{lú}*i-di-ba-a'-il-a-a*

1-11) Tigl Summ 4, 28' [*ša miṣir mātāti ša šulum Šamši*; Ḫatte]; id. 7, Rs. 3' ([^{lú}*i-di-ba-a'-il-a-a*]) [id.]; id. 13, 10' (⸢^{lú}*i*⸣-[*di-ba-a'-il-a-a*]) [id.]

¶ NAT, 172; bibl. *'adb*^{e}*'ēl* (HAL, 11); vgl. nA PN Idibi'ilu, PNA 2/I, 505.

Nomadenstamm in Nordarabien (Galter [1993] 30 mit Anm. 18) bzw. im südlichen Palästina (Eph'al [1984] 215f.), Knauf (1985) 66–68, RlA 5, 31 (W. Schramm), Rosemarin (1932) 35.

Idri[...] (?)

^{uru}*id-ri*-[x x x]

5-18) PSBA 30, 2, 7 (^{uru}*id*$^{?}$-)

¶ Wenn die Lesung richtig ist, würde man einen aramäischen ON des Typ Idrī-[...], wie oft bei Personennamen bezeugt, erwarten, s. PNA 2/I, 506f.

Lage unbekannt, möglicherweise in Zentralassyrien. Aus prosopographischen Gründen könnte eine (geographische?) Verbindung zu → Kannu', das in der gleichen Urkunde erwähnt wird (Rs. 11), bestanden haben, Zadok (1995a) 244, 4.3.2.3 (dort alte Lesung ^{uru}*da-ri*-[...]), id. (2012) 876f., 1.4 u. ferner PNA 1/I, 13, s. v. Abi-salamu 5.

Idu

^{uru}*i-du*

1-02) RIMA 2, 99.2, 34 [Idu Z. *birāte ša* Māt-Aššur]

N:

^{kur}*i-da-a-a*

1-05) RIMA 3, 102.6, ii, 12; id., 102.8, 9' ([^{kur}*i-da-a*]-); id., 102.28, 42

^{uru}*i-da-a-a*

1-05) RIMA 3, 102.14, 51; id., 102.16, 25

¶ NAT, 172; RGTC 5, 135f. (mA, mB, mA/mB hist. Idu).

Zusammen mit → Zaqqu eine der Festungen an der assyrisch-babylonischen Grenze, die von Adad-nērārī II. zurückerobert wurden, das heutige Tall Sātu Qala am rechten Ufer des Unteren Zāb (→ Zāba šaplû), Pappi (2012) 605, van Soldt (2008), id. (2013) bes. 219f. In RlA 5, 33 s. v. Īdu (J. N. Postgate) werden irrtümlicherweise Belegstellen für I. berücksichtigt. Der Artikel bezieht sich aber auf → Ītu am Euphrat. Nicht mit → Itu'u zu verwechseln. Helsinki Atlas, 11 (überholte Lokalisierung am Zeribor-See).

Igāja

^{uru}*i-ga-a-a*

3-11/13) ND 2618, Rs. 3 (Iraq 23, pl. 19) [Gumedu, Kapar-Ṭāb-Ninurta]

¶ NAT, 172; RGTC 5, 136 (mA Igāju) mit Deller/Postgate (1985) 71 zu 136.

Vielleicht eine Stadt im Ḫābūr-Dreieck (wegen der Erwähnung von → Kaḫat in ND 2618, 6'), Zadok (1995a) 236, 3.6.1.11.10.

Iḫilu

^{uru}*i-ḫi-lu*

1-15) RINAP 4, 112.1, iv, 67 [Var.]

^{uru}*i-ḫi-lu*$_4$

1-15) RINAP 4, 112.1, iv, 67 [*šarratu*; Ga'uani, Puda']; id., 112.8, i', 22' (erg.)

¶ NAT, 172.

Stadt in → Bāzu, Eph'al (1984) 131, RGTC 11, 111 (Iḫilum), Rosemarin (1932) 35.

Ijaja

^{uru}*i-ia-ia*

1-04) RIMA 2, 101.1, ii, 116 [*āl dannūti ša* Arbakki; Salaniba]; id., 101.17, iv, 102 (-⸢*ia*⸣) [id.]; id., 101.19, 83 [id.]

¶ NAT, 172 (Ilaja).

Ummauerte Stadt von → Arbakki, Liverani (1992a) 62, Radner/Schachner (2000) 763.

Ikamaraja (?)

^{uru}*i-ka-mar-a-a*

5-07/08) Edubba 10, 28, 6 (^{uru}*i*$^{?}$-) [Ālu-ša-Qurâ]

¶ Möglicherweise eine Stadt in Zentralassyrien bzw. in einem benachbarten Gebiet (K), vermutlich nicht weit von →Ālu-ša-Qurâ.

Ilanasa (?)

^{uru}*il-a-na-sa*

4-11) SAA 19, 34, Rs. 3 ($^{[u]ru}$⸢*il*$^{?}$⸣-*a-na*-⸢*sa*$^{?}$⸣) [Urmu]

¶ Möglicherweise eine Stadt in der nordwestlichen Ǧazīra.

Ilgie

^{uru}*il-gi-e*

3-13) SAA 11, 133, i, 38 (^{uru}*il*-⸢*gi*$^{!}$-*e*$^{?}$⸣)

¶ NAT, 173 (Ilzi).

Lage unbekannt, vielleicht im oberen Ḫābūr-Gebiet bzw. im Balīḫ-Becken, Zadok (1995a) 234, 3.5.4.8 (Il-nam-[x]).

Ilḫini

^{uru}*il-ḫi-ni*
3-13) SAA 11, 133, iii, 18’
4-13) SAA 1, 233, Rs. 3 (^{uru}*il*$^{!}$-*ḫi*-⸢*ni*⸣) [Kapar-Mariaba *qanni* I.]

¶ NAT, 172; vgl. nA PN Il-ḫinnī, PNA 2/I, 515

Stadt in der Provinz → Guzāna, Lipiński (2000) 127, Zadok (1995a) 232, 3.4.4.4.

Ilimmeru

^{kur}*i-li-im-me-ru*
1-11) Tigl Summ 3, 29’ (-[*me-ru*]) [*ṣalam šarrūti*]; id. 9, Vs. 6’ (erg.) [id.]

^{kur}*i-li-me-ru*
1-11) Tigl RR, 25 (-⸢*i*⸣-[*me-ru*]). 36 (-⸢*ru*⸣). 45 (-[*li-me-ru*]) [*ṣalam šarrūti*]

¶ NAT, 173 (Illimmer).

Berg in Nordmesopotamien an dessen Felsen Tiglatpileser III. ein Relief einmeißeln ließ. Mit großer Wahrscheinlichkeit handelt es sich um den Zaw-e Dağ in den südöstlichen Bergzügen des Čiyā Bēhēr (→ Nal) nordwestlich von Dahūk, wo das Felsenrelief mit Inschrift von Mila Mergi gefunden wurde, Hannoon (1986) 245, Postgate (1973) 57, RlA 8, 187f. s. v. Mila Mergi (J. N. Postgate). Helsinki Atlas, 4. 28.

***Illatu**

N:
^{uru}*il-lat-a-a*
5-15) SAA 6, 257, 7 (^{uru}*il*$^{!}$-*lat*$^{!}$-)

¶ nA PN Illatāiu, PNA 2/I, 519.

Vermutlich eine Stadt in Zentralassyrien bzw. in einem benachbarten Gebiet, Zadok (1995a) 265, 5.1.1.6.5.

Illi[…]

^{uru}*il-li*-[x x]
5-16) SAA 14, 121, 3

¶ Vermutlich eine Stadt in Zentralassyrien bzw. in einem benachbarten Gebiet, Zadok (1995a) 265, 5.1.1.1.4.

Ilpi'atu s. Alpijana

Ilqi-amāt

^{uru}*il-qi-a-mat*
3-13) ND 3469, 5 (Iraq 15, pl. 13) [Talmusu]

¶ NAT, 173.

Wahrscheinlich eine Stadt in Zentralassyrien, Zadok (1995a) 260, 4.31.3.

Imgur-Enlil

^{uru}*im-gúr*-^{d}BE
1-04) RIMA 2, 101.50, 22; id., 101.51, 29 ($^{[uru]}$*im-*); id., 101.96, 1 [Beischrift; in Curtis/Tallis 2008, 62 steht irrtümlicherweise *-gur-*, nach der Kopie, id. 175, fig. 74 deutlich *-gúr-*]; Stone text 3, 11 ($^{⸢uru⸣}$*im-*)
1-06) RIMA 3, 103.1, i, 45 (nach der Kopie 1R, 29, i, 45 eindeutig *-gúr-*; in RIMA 3, loc. cit. steht jedoch *-gur-*) [Šibaniba, Iššabri]
5-14/15) BT 119, 3 (Iraq 35, pl. 22) [*sangû*]. 4; SAA 6, 301, Rs. 17
5-15) BT 107, 2 (Iraq 25, pl. 21) [*rab ālāni*]
5-22) GPA 109, 4
9-16) SAA 11, 1, Rs. ii, 3' [erw. zw. einer nicht erhaltenen Stadt u. Adian]

¶ NAT, 161 (Ḫigi-Bēl) u. 173 (Imgur-Bēl). Zu I. als Name der Innenmauer von Babylon s. RIMB 2, B.6.22.1, 10. 17; id., B.6.22.2, 12 (Sargon); RINAP 4, 112.60, 34'; id., 112.105, vi, 33; id., 112.106, iv, 22; id., 112.114, iv, 19; id., 112.116, Rs. 17; id., 112.1001, i', 7' (Asarhaddon); RIMB 2, B.6.32.1, 17. 24 (Assurbanipal).

Stadt in Zentralassyrien, heute Balāwāt, ca. 28 km südöstlich von → Ninive, die von Assurnasirpal II. neu gegründet und umbenannt wurde, Hannoon (1986) 217f., RlA 5, 66f. (J. N. Postgate), Zadok (1995a) 251, 4.9. Zu den Grabungen in Balāwāt s. Curtis 2008; zu den Darstellungen von I. in den Bronzebeschlägen s. Tucker (1994). TAVO Karte B IV 10 u. 13 (Imgur-Bēl); Helsinki Atlas, 4. 28.

Immerina

^{uru}*im-me-ri-na*

3-20) ND 2728+, 13 (Iraq 23 pl. 24) ($^{[ur]u}$*im-me-*⸢*ri*⸣-)

^{uru}*im-mir-i-na*

3-13) SAA 11, 209, Rs. iii, 18' (*-m*[*ir*$^{!}$*-i-na*]). 22' (^{uru}[*im-mir*]-⸢*i*⸣-) [Kapar-(...)-ili]. 28' [Kapar-Ter]

N:

^{uru}*im-me-ri-na-a-a*

1-05) RIMA 3, 102.1, 44 [Til-abnê, Sarugi]; id., 102.2, i, 36 [id.]

¶ NAT, 174 (Immirīna).

Stadt im Land → Aššа in der Gegend von →[1] Til-abnê und →[1] Sarugi, Lipiński (2000) 164. Der in den Inschriften Salmanassars III. (857) erwähnte Gīr-Adda von I. wird in den Annalen Assurnasirpals II. (866) Gīr-Dādi von Aššа genannt (in PNA 1/II, 424f. als zwei unterschiedliche Personen betrachtet). Yamada (2000) 91 lokalisiert I. nördlich von Urfa am östlichen Euphratsufer. Zadok (1989) 161f. hält für möglich eine Indentifizierung mit dem Bischoffsitz *'mryn*/Emerion (6. Jh. n. Chr.), der in syrischen Quellen erwähnt wird. Zum Bezirk von I. gehörten → Kapar-[...]-ili u. → Kapar-Ter.

Inabir-Manāt

^{uru}*ina-bi-ir-ma-an-at*

3-13) SAA 11, 213, iv, 11'

¶ NAT, 173 (Inabirmanat).

Stadt im Balīḫ-Becken, Zadok (1977-78a) 50 Anm. 103; vgl. → Janibir-ṣuḫuri.

Inagibi

^{uru}*i-na-gi-bi*
4-23) KAV 198, 3

¶ NAT, 174.

Stadt in Zentralassyrien, vielleicht in der Nähe von → Aššur, Zadok (1995a) 244, 4.1.4.6.

Ināja

^{uru}*i-na-a-a*
5-16) BATSH 6, 56, Rs. 13 [Mattani, Ninnazua]

¶ Lage unbekannt; nach dem Kontext (Erwähnung von → Ḫindānu u. →^{1} Til-Barsip) könnte es sich um eine Stadt in der nordwestlichen Ǧazīra handeln, Zadok (2009-10) 67.

Īnāti

^{uru}IGI.2^{meš}
5-13) SAA 14, 468, 4 (*ḫarrānu ša* Ē.)

¶ NAT, 174 (Īnāte).

Stadt in der Nähe von → Ḫulî, in → Pīḫat-Bīt-turtāni, Zadok (1995a) 233, 3.5.1.3.

***Ingul(a)**

N:
^{uru}*in-gu-la-a-a*
3-07) TH 2, 4 (*-la-*[*a-a*])

¶ NAT, 174 (Ingula). Der ON ist Bestandteil der PN Bēl-Ingal-dūri und Bēl-Ingal-šēzib, PNA 1/II, 314, s. auch Radner (1999) 138f.

Möglicherweise könnte es sich um eine Wegstation der assyrischen Königsstraße auf der Strecke zwischen → Naṣībīna und → Guzāna handeln, Kessler (1980) 210f., Zadok

(1995a) 232, 3.4.5.1. Eine Lage unmittelbar vor → Guzāna lehnt aber Kessler (1980) 211 ab (gegen AfO Beih. 6, 11).

Inimat (?)

^{uru}*i-ni*-KUR
5-20) SAA 14, 197, Rs. 13 ($^{\text{uru!}}$*i*$^{!}$-*ni*$^{!}$-KUR$^{?}$) [Ḫidiniba, Kapar-(...)du]

¶ Möglicherweise eine Stadt in Zentralassyrien bzw. in einem benachbarten Gebiet (N).

Īn-Ištar

^{uru}*in*-^{d}15
3-13) SAA 11, 207, i, 5 (⌜$^{\text{d!}}$⌝[1]5$^{?}$) [*qanni* ...]

¶ NAT, 174 (In-Šamaš).

Stadt im Balīḫ-Becken, Zadok (1995a) 274, 7.1.11.4.1.1.

Ippa

^{uru}*ip-pa*
1-11) Tigl Ann 5, 4 [Sakka, Elizanšu]

¶ NAT, 175.

Stadt in →^{3} Urarṭu, wahrscheinlich in der Region nördlich des Murat-Su (→ Arṣania 1), Kessler (1980) 168. S. Komm. zu → Daiqanša.

***Irbû**

N:
^{uru}*ir-ba-a-a*
3-20) SAA 11, 163, i, 10 (⌜^{uru}*ir*⌝-)

^{uru}*ir-bu-u-a-a*
5-16) SAA 14, 36, 2. 4. Rs. 14
7-17) SAA 12, 37, Rs. 3 (^{uru}*ir-bu*-[x x x])

¶ NAT, 175 (Irbuāja)

Möglicherweise eine Stadt in Zentralassyrien bzw. in einem benachbarten Gebiet, vermutlich nicht weit von → Ḫubāba, Zadok (1995a) 261f., 4.33.1.2. In einer Kaufurkunde aus → Ninive, in der Kakkullānu (PNA 2/I, 596, s. v. Kakkullānu 7) einen Weingarten und zwei Personen in → I. kauft, werden fünf Zeugen aus I. und zehn weitere aus → Ḫubāba genannt.

Irinniḫ

uru*i-ri-in-ni-iḫ*

7-16) SAA 12, 50, Rs. 20' [*ina madbar* Kalḫu; Dūr-Nanâ]

¶ NAT, 175.

Stadt in der „Steppe von → Kalḫu" (s. Komm. zu Dūr-Nanāja 1), Zadok (1995a) 248, 4.7.1.4.1.

Irmeriti (?)

uru*ir-me-ri-ti*

1-04) Andrae Stelen Nr. 50, 5 (SAAS 2, 110 [873]) (uru*ir*?-) [*šaknu*]

¶ Stadt und Sitz eines assyrischen Gouverneurs, deren Lage unbekannt ist. Nach seiner Steleninschrift war Nergal-āpil-kūmū'a Palastverwalter (*rab ekalli*) und Stadtvorsteher (*ša muḫḫi āli*) von → Kalḫu und angeblich während der Regierungszeit des Assurnasirpal II. auch Statthalter von I., Deller/Millard (1993) 219 (das letztgenannte Amt wird aber nicht erwähnt), PNA 2/II, 941 [F. Reynolds]. Eine Provinz I. ist ansonsten nicht bezeugt (in RlA 11, 42–68 nicht thematisiert) und die Zeichen passen zu keinem bekannten Provinznamen. Wenn Nergal-āpil-kūmū'a seine Ämter gleichzeitig ausübte, lagen I. und die gleichnamige Provinz wahrscheinlich nicht weit von Kalḫu entfernt, sei es in Zentralassyrien oder plausibler in einem benachbarten Gebiet, was plusibler ist.

Irmuna

uru*ir-mu-na*

4-13) SAA 5, 286, 6' ([uru]*ir*-)

¶ Stadt in Nordmesopotamien, wahrscheinlich eine Zwischenstation auf dem Weg von → Ukku (bzw. →^{3} Urarṭu) nach → Dūr-Šarrukīn.

Irri(a) (?)

^{uru}*ir-ri*

5-14) SAA 6, 120, Rs. 2' ($^{uru!}$*ir*$^{?}$-*ri*$^{!}$)

¶ NAT, 261 (Niḫu); vgl. NAT, 176 (Irrija, der Beleg ist aber mA!) u. RGTC 5, 138 (mA, mB, ma/mB hist. Irrēja); vgl. RGTC 5, 138 (mB Irrī).

Vermutlich eine Stadt in Zentralassyrien bzw. in einem benachbarten Gebiet. I. könnte eine Stadt im Osttigrisgebiet, wahrscheinlich im Gebiet zwischen dem Nahr al-'Uẓaim (→ Radānu) und dem Diyālā (→Turnat), gewesen sein, Fuchs (2011) 230, Zadok (1995) 266, 5.1.17.10.1.

Irrun s. Sarun

Irsia

^{uru}*ir-si-a*

1-04) RIMA 2, 101.1, ii, 93 (3x) [It. von Zazabuḫa nach Madaranzu; Šūru]. 94 [Kāsiāru]; id., 101.17, iv, 23 [It. von Zazabuha nach Madaranzu]. 24 [Šuru]. 26. 27 [Kāsiāru]; id., 101.19, 57 (2x, $^{⸢uru⸣}$*ir-*) [Šūru]. 58 (2x) [Kāsiāru]

¶ NAT, 176; I. könnte identisch mit mA Eriša sein, Kessler (1980) 55, Radner (2006) 285.

Stadt im → Kāšiāru-Gebirge (Ṭūr 'Abdīn) in der Nähe von → Šūru (Savur), etwa in der Region von Kayapınar, das ca. 25 km östlich von Savur liegt, Kessler (1980) 55f. mit Karte auf S.77f., Liverani (1992a) 59.

Is[...]

^{uru}*is*-[x-x]

5-23) SAA 14, 346, 8

¶ Stadt in der Nähe von → Samānu, Zadok (1995a) 255, 4.15.3.

Isāna

i-sa-na

2-14) Eponym 700 A9 (-[*sa-na*])

^{uru}*i-sa-a-ni*

5-07) Edubba 10, 4, Rs. 12' [*šaknu*]

^{uru}*i-sa-na*

1-14) RINAP 3/1, 111.4, 95 [*šaknu*]
2-05) Canon 830 B4 ([^{uru}*i-s*]*a-*)
2-07) Canon 790 B1 ([^{uru}*i-s*]*a-*); id. B2; id. B10 ([^{uru}*i-sa-n*]*a*) [*šaknu*]
2-09) Canon 758 B1; id. B2 ([^{uru}*i-sa*]-)
2-14) Canon 700 B7 (erg.)
3-11/13) CTN 3, 86, 18 [-*n*[*a*]) [Šaḫuppa]
3-13) ND 2386, Rs. i, 8 (Iraq 23 pl. 11) (-*s*[*a*]-*n*[*a*]). 21 (Iraq 23 pl. 11) (-*s*[*a-na*]); SAA 11, 6, 5' (-[*sa-na*) [Kullania]
3-20) SAA 11, 80, 9' (-*n*[*a*])
4-11) SAA 19, 39, 3 ($^{\mathrm{[u]ru!}}$*i-sa-*⸢*na*$^{!}$⸣). Rs. 2' ($^{\mathrm{ur[u?}}$*i-sa-na*]) [*pīḫatu*]
4-13) **SAA 1**, 247, 7' (Naṣībīna); id., 264, 1' (-⸢*sa*⸣-[*na*]); **SAA 5**, 250, 8 ([^{uru}*i-sa*]-) [Guzāna]; id., 254, Rs. 14 ([^{uru}*i-sa*]-*na*$^{!}$); **SAA 15**, 333, 3' (-*s*[*a*$^{?}$-*na*])
4-15) SAA 13, 86, Rs. 17; id, 101, 11
4-16) SAA 10, 96, 15 [Kalzi, Tillê]. 19 [Ḫalzi-atbāri]
5-09) Edubba 10, 29, Rs. 18 (-*n*[*a*]); StAT 3, 22, o. Rd. 13' (-⸢*sa*⸣-[*na*])
5-10) Edubba 10, 32, Rs. 20 ($^{\mathrm{ur[u]}}$*i-*) [*bēl pīḫati*]
5-14) O 3660, u. Rd. 2 (unpubl. erw. in PNA 2/II, 578, s. v. Mitūnu 4 ($^{\mathrm{[u]ru?}}$*i-sa*$^{!}$-[*n*]*a*); SAA 6, 61, Rs. 8 ($^{\mathrm{u[ru]}}$⸢*i*⸣-) [*šaknu*]
7-07) SAA 12, 71, Rs. 8' (^{uru}[*i-sa-na*$^{?}$]) [*šaknu*]
9-16) SAA 11, 1 Rs. ii, 13' [erw. zw. Apku u. Šabirēšu]
9-20) SAA 11, 3, ii, 7' ($^{\mathrm{[u]ru}}$*i-*) [erw. zw. Raṣappa u. Ḫindānu]

^{uru}*i-sa-ni*

5-22) Edubba 10, 49, u. Rd. 15'

N:
^{uru}*i-sa-na-a-a*

4-13) SAA 5, 254, Rs. 9 ($^{\mathrm{[uru]}}$⸢*i*⸣-)

¶ NAT, 176; RGTC 5, 139f. (mA Isani); nA PN Isānāju und Isānītu, PNA 2/I, 565; nicht mit klass. Izan, eine Insel am mittleren Euphrat, die in den *Parthischen Wegstationen* des Isidoros von Charax erwähnt wird (Müller [1855] 249, 4), in Verbindung zu bringen.

Stadt in Zentralassyrien und gleichnamige Provinz, die sich nördlich von → Aššur und westlich vom Tigris (→ Diglat) erstreckte, Forrer (1920) 12, RlA 5, 173 (J. N. Postgate), RlA 11, 46, Nr. 4 (K. Radner), Zadok (1995a) 250f, 4.8. Postgate loc. cit. hält as-Sinn an der Mündung des Unteren Zab in den Tigris für einen plausiblen Kandidaten, da er davon ausgeht, dass die Ruine am westlichen Tigrisufer liegt. As-Sinn liegt aber am östlichen Ufer des Tigris (TAVO Karte B VII 12) und ist wahrscheinlich mit → Sinn zu identifizieren. Hannoon (1986) 116–118 (mit Karte 9 auf S. 106) erwähnt in der genannten Region zwei mögliche Fundorte, wo neuassyrisches Material gesichtet wurde: Tell Rummāneh nördlich von Qayyāra und einen Ruinenhügel in der Nähe von Munaireh. Die Gleichstellung mit einem Tell Isân/Isân Köi beim gleichnamigen Dorf, rechts von der Straße von Aleppo nach Birecik in der Ebene zwischen dem Nahr as-Sāǧūr und dem Kerzin (wahrscheinlich der Wasserlauf nördlich vom Nahr as-Sāǧūr, an dem Silsile und Germiş liegen, Archi [1971] Karte H8-10), geht auf Sachau (1882) 117 zurück (wiederholt von Delitzsch [1894] 49 u. Bezold [1899] 2063) und basiert auf der lautlichen Ähnlichkeit mit I. in SAA 13, 86, Rs. 17, einem Text, der keine Anhaltspunkte für eine Lokalisierung bietet weder am Euphratknie noch irgendwo anders. Dieser Lokalisierungsvorschlag, der von Parpola (1983) 319 zu 309, Z. 15 zitiert wird und in den Helsinki Atlas übernommen wurde, ist daher zu streichen. Die Annahme von Postgate loc. cit., es gäbe keine Hinweise auf eine Ruine oder ein Dorf Tell Isân, stimmt nicht. Nach Archi (1971) 74 Nr. 102 (mit Abb. 121 u. Karte [H8]) gibt es in der von Sachau erwähnten Region ein Dorf und eine nah liegende Ruine namens Izan, ca. 25 km westlich von Ǧarābulus (→[1] Gargamis). Für eine Lokalisierung im Oberen Ḫābūr-Gebiet (SAA 1, 237 s. v. *et passim* in den Indices zu den SAA-Bänden) fehlen jegliche Hinweise. Außerdem ist ein Tall Bel, der als möglicher Kandidat in SAA 15, 258, s. v. vorgeschlagen wird, unter den Siedlungen im Oberen Ḫābūr-Gebiet in spät-neuassyrischer Zeit nicht verzeichnet, Anastasio (2004) Karte 57, id. (2007) 45–67, Morandi-Bonacossi (2000b) 390–393. Zu einem weiteren möglichen Beleg (SAA 10, 368, Rs. 8') s. Komm. s. v. → Itu'u. TAVO Karte B IV 13 (Provinz Isāna); Helsinki Atlas, 2 (am Nahr as-Sāǧūr!).

Isītāti

^{uru}*i-si-ta-a-ti*

7-17) SAA 12, 37, 5' (-*t*[*i*]) [Kapar-Ni(...), Langa(...)]

¶ NAT, 177.

Möglicherweise eine Stadt in Zentralassyrien bzw. in einem benachbarten Gebiet, Zadok (1995a) 268, 5.1.2.15.4.

Ismeani

^{uru}*is-me-a-ni*
3-05) Billa 83, Rs. 3 (^{uru}*i*[*s*$^{?}$]-) [Bīt-ḫardini]

¶ Stadt, die in den Texten aus Tall Billā (→ Šibaniba) erwähnt wird und vermutlich in ihrer Umgebung lag.

Ispallurê

^{uru}*is-pal-lu-re-e*
5-15) SAA 6, 314, 14 (-*r*[*e*$^{!}$-*e*] [Izalla]
7-16) SAA 12, 50, 32 [Apsia, Izalla]

^{uru}*iš-pa-lu-ri*
3-05) Billa 86, 8’ ($^{[ur]u}$*iš*$^{?}$-*pa*-[*lu*]-)

^{uru}*is-pal-lu-ra-a-a*
5-15) SAA 6, 314, Rs. 23 (erg.)

¶ NAT, 177.

Stadt in → Izalla, Falkner (1957-58) 15, Zadok (1989) 164, id. (1995a) 271, 6.3.1. Forrer (1920) 22 setzt I. mit klass. Isphrium bei Fittar (in der Nähe von Derik), ca. 46 km nordwestlich von Mardin gleich. Nicht mit → Iššabri zu verwechseln (gegen RlA 5, 198, s. v. Išpalluri [J. N. Postgate]); wahrscheinlich mit → Išpilipria identisch (Radner [2006] 295).

Isparirra

^{uru}*is-pa-ri-ir-ra*
1-14) RINAP 3/2, 111.223, 9 [Šibaniba, Gingiliniš]

uru*iš-pa-ri-ra*
3-05) Billa 72, Rs. 6 (-⌜*ra*⌝)

¶ NAT, 177.

Stadt nordöstlich von → Ninive, die wahrscheinlich in der Region südlich vom Ǧabal Bāšiqā (→ Muṣri 2) nicht weit von Tall Billā (→ Šibaniba) zu suchen ist, Zadok (1995a) 256, 4.17.1.15. Die Erwähnung von R. direkt nach → Sulu, → Dūr-Ištar und Šibaniba in der Bavian-Inschrift (RINAP 3/2, 111.223, 9), in deren Nähe Sanherib neue Wasserressourcen entdeckte, die sein zweites hydraulisches Projekt speisten (RINAP 3/1, 111.17, viii, 33–34), so wie die Belege in den Texten aus Tall Billā deuten darauf hin, dass R. eher mit dem „Gebirge Muṣri-Kanalsystem" als mit dem „Nördlichen Kanalsystem" zusammenhängt, Bagg (2000) 209, Reade (1978a) 72. Jacobsens Identifikation mit Tall Dairik, nordwestlich von Tepe Čenči (Jacobsen/Lloyd [1934] 41 mit fig. 9, gefolgt von Hannoon [1986] 224), basiert auf einer nicht zutreffenden Interpretation der gesamten Textpassage, s. Komm. zu → Ālum-riksi.

Issēte s. Issētu

Issētu

uru1-*te*
4-13) SAA 1, 170, 2' [Arbail]; SAA 5, 136, 8 ([u]ru1-) [Muši, Arbail]; SAA 15, 157, Rs. 2' (in SAA 15 uru*ana-te* gelesen und als Beleg für → Anat betrachtet); SAA 19, 198, 2'
5-15) SAA 6, 275, 10 [*ḫarrānu ša naḫal* I.; es könnte sich um ein Homonym handeln, Zadok (1995a) 260 u. 271]
7-17) SAA 12, 58, 4'

uru1-*tú*
3-20) ND 2791, 6' (Iraq 23, pl. 28) [Daria]; SAA 11, 163, ii, 12 ([ur]u1-)
4-16) SAA 13, 190, 19 [Bābili]
5-14) SAA 6, 198, 4' (wahrscheinlich uru1-*tú*!! zu emendieren, Zadok [1995a] 260; in SAA 6 uru*ana-na*! gelesen und als Beleg für → Anat betrachtet)
5-15) SAA 6, 238, 7 [Kapar-Aḫūni]
5-19) SAA 14, 31, 5
5-23) ND 2313, 2 (s. Iraq 16, 39 mit Anm. 12)
7-16) SAA 12, 50, 13 (uru1!-*tú*!) [Kalḫu, Arrapḫa]

¶ NAT, 18f. (s. v. Anatu). Die Lesung des ON ^{uru}1-*te/tú* ist unsicher, aber (gegen NAT u. Russell [1985] 60 Anm. 16) von → Anat zu trennen, Deller (1984a) 121 u. Deller/Postgate (1985) 69. Dass die Belege SAA 1, 170, 2' (^{uru}1-*te*) u. SAA 6, 198, 4' (^{uru}1-*tú*$^{!!}$) hier gehören, ist nicht gesichert, doch plausibler als sie für außergewöhnliche Schreibungen für Anat zu betrachten.

Stadt nordöstlich von → Arbail, einige Kilometer südwestlich von bzw. identisch mit Šaqlāwa, Lanfranchi (1995) 131–134 (mit Karte auf S. 132), Salvini (1997) 112, Zadok (1995a) 260, 4.29). Helsinki Atlas, 4. 29.

Iṣ[...]

^{uru}*iṣ*-[...]
3-21) Billa 84, 6' ($^{[u]ru}$*iṣ*-) [Bi(...)]

¶ Stadt, die in den Texten aus Tall Billā (→ Šibaniba) erwähnt wird und vermutlich in ihrer Umgebung lag.

Iṣunâ

^{uru}*i-ṣu-na-a*
5-22/23) O 3682, 6 (unpubl. zit. in Garelli [1986] 242)

¶ Stadt im Balīḫ-Becken, Zadok (1995a) 234, 3.5.3.10; s. → Mallanāte.

Išgiria (?)

^{uru}*iš-gi-ri-a*
3-05) Billa 69, Rs. 5 (^{uru}⌜*iš*⌝-) [*ḫazānnu*]

¶ Das Zeichen IŠ erscheint in der Kopie (JCS 7, 169) leicht beschädigt und könnte eventuell IA gelesen werden, so dass der Ortsname ^{uru}⌜*ia*⌝-*gi-ri-ia* gelautet habe könnte, wie in PNA 2/I, 586 s. v. Išpiurî vorgeschlagen wird.

Stadt, die in den Texten aus Tall Billā (→ Šibaniba) erwähnt wird und vermutlich in ihrer Umgebung lag, Zadok [1995a] 256, 4.17.1.14.

Išḫupri

[uru]*is-ḫup-ri*
1-15) RINAP 4, 112.34, Rs. 18 (-[*ri*])

[uru]*iš-ḫu-up-ri*
1-15) RINAP 4, 112.8, ii, 21' (⸢uru⸣*iš*-) [Mempi]

[uru]*iš-ḫup-ri*
1-15) RINAP 4, 112.98, Rs. 38 [Mempi]

¶ NAT, 178; die Gleichstellung mit äg. *Wsr-ḫprw* (Alt [1935]) wird von Spalinger (1974a) 302 aus phonetischen Gründen abgelehnt.

Stadt in → Muṣur (Ägypten), die fünfzehn Marschtage von Memphis (→ Mempi) entfernt war und im östlichen Delta zu suchen ist, Ranke (1910) 29, Verreth (1999) 237f. Die Annahme, I. lag am östlichen Wādī Ṭumīlāt (Fecht [1958] 119 u. a.) ist mit der Gleichstellung von → Magdali mit klass. Magdolos schwer vereinbar, Verreth (1999) 238.

***Išida (?)**

N:
[lú]*i-ši-da-a-a*
5-16/19) CTN 3, 35, Rs. 30 ([lú]*i*[?]*-ši*[?]-)

¶ Wahrscheinlich eine Stadt in Zeentralassyrien, vermutlich in der Umgebung von → Kalḫu, Zadok (1995a) 250, 4.7.4.19; s. Komm. zu → Ālu-ša-Bi-Dādi.

Išittu (?)

[uru]ERÌM (URUxNÍG)
3-20) ND 2465, 7 (Iraq 23, pl. 15) [Ḫinḫinia, Til-kišādi]

¶ NAT, 179 (Ištarāte). Im CNA wird die alternative Lesung URU-[d]INANNA vorgeschlagen, was plausibel ist, wenn man das Zeichen URU nicht als Anfang von ERÌM, sondern als DINGIR und einem waagerechten Keil, der zu INANNA gehört, interpretiert.

Wahrscheinlich eine Stadt in Zentralassyrien bzw. in einem benachbarten Gebiet, Zadok [1995a] 246, 4.6.5.2.5.

Išparira s. Isparirra

Išpilipria

^{uru}*iš-pi-li-ip-ri-a*

1-04) RIMA 2, 101.1, ii, 16 [*āl dannūti*; Nirbu, Kāšiāru]; id., 101.17, ii,52 (-*p*[*i*]-⸢*li*⸣) [id.]

¶ NAT, 178.

Ummauerte Stadt im Land → Nirbu im → Kāšiāru-Gebirge (Ṭūr Abdīn), Liverani (1992a) 41; wahrscheinlich mit → Ispallurê identisch (Radner [2006] 295), Forrer (1920) 22, RlA 5, 198, s. v. Išpalluri (J. N. Postgate).

Iššabri

^{uru}*iš-šab-ri*

1-06) RIMA 3, 103.1, 145 [erw. zw. Imgur-Enlil u. Bīt-šaššeri]

¶ NAT, 178.

Stadt in Zentralassyrien, einer der Städte, die gegen Salmanassar III. revoltierten.

Ištarāte

^{d}INANNA^{meš}

1-05) RIMA 3, 102.6, iii, 21 [*nērebu*; Matiātu]; id., 102.10, iii, 11 [id.]; id., 102.16, 85' [id.]

^{d}*iš*$_{8}$*-tár*^{meš}*-te*

1-04) RIMA 2, 101.19, 39 [*nērebu*; It. von Katmuḫi nach Kibaki]

$^{\text{kur d}}$INANNA^{meš}

1-04)RIMA 2, 101.1, ii, 88 [*nērebu*; It. von Katmuḫi nach Kibaki]

$^{\mathrm{uru\ d}}$INANNA^{meš}-*te*
1-05) RIMA 3, 102.8, 43' [*nērebu*; Matiātu]

$^{\mathrm{uru\ d}}$*iš*$_{8}$-*tár*^{meš}-*te*
1-04) RIMA 2, 101.17, iv, 3 [*nērebu*; It. von Katmuḫi nach Kibaki]

¶ NAT, 179 (Ištarāte, Ištarāti).

Der „Pass des Landes/der Stadt I.", der in das → Kāšiāru-Gebirge führte, wird (gegen Liverani [1992a] 57f.) in der Gegend von Basbirin/Ba Sebrina/Haberli lokalisiert, Kessler (1980) 39–42 (mit ausführlicher Diskussion u. Karte auf S. 77f.), Radner (2006) 288.

Išua

^{kur}*i-šu-a*
1-05) RIMA 3, 102.2, ii, 42 [Enzite *ša* I.]

¶ NAT, 179; RGTC 5, 143 (mA Išua); RGTC 6/1, 154–156 u. 6/2, 57 (heth. Išuwa).

I. wird antiquarisch-gelehrig für die Region am Oberen Euphrat südlich des Murat-Su (→ Arṣania 1) verwendet, deren Kerngebiet die Ebene um Elâziğ ist, und in den nA Quellen als → Alzi bzw. → Enzi/Enzite bekannt ist, Kessler (2000) 311, RlA 5, 214–126, s. v. Išuwa (H. Klengel). Der Ausdruck „Enzite des Landes I." ist bereits in den Inschriften des Tiglatpileser I. als ^{uru}*en-za-ta ša* ^{kur}*i-šu-a* bezeugt (RIMA 2, 87.4, 32). Helsinki Atlas, 3 (zu weit südlich am Euphratknie), Schachner (2007) 230 Abb. 159 (nördlich des Murat-Su); TAVO Karte B III (heth. Išuwa).

***Itâ**

N:
^{uru}*i-ta-a-a*
5-16) BATSH 6, 89, 4 ($^{\ulcorner\mathrm{uru}\urcorner}$*i-ta-a-*$^{\ulcorner}$*a*$^{\urcorner}$)

¶ Stadt, die vielleicht im Gebiet von → Ḫatallu oder → Lāqê lag.

Ītu

^{uru}*i-te*

1-03) WVDOG 121, 50, 59f.

^{uru}*itu*$_5$

1-03) RIMA 2, 100.5, 59 [It. von Dajašeti, nach Ḫarbê; *ina rēš ēni ša kupri*]. 60 [*šēp ammâte ša* Purattu *ṣali*]. 61; WVDOG 121, 50, 60f.

¶ NAT, 179 (Idu; nur Belege Tn II.); RGTC 3, 104f. (aB Ida); RGTC 8, 184 (nB/spB Ītu); klass. Is (Herodot I, 179; TAVO Karte B IV 23, Barrington Atlas, 91 D4). Zum Verhältnis zw. *ittû* „Asphalt" und dem Namen der Stadt I., wo Asphaltquellen zu finden sind, s. Horn (1922) 128 Anm. 7 u. Landsberger (1933) 226 Anm. 2. Zur Lesung ^{uru}*itu*$_5$ für ^{uru}ÍD s. MZL, S. 438 (Nr. 839).

Stadt am Mittleren Euphrat in → Suḫu, am rechten Flussufer, heute Hīt, Horn (1922) 128f., RlA 5, 33 (J. N. Postgate), Zadok (1995a) 229, 2.1.2.5, id. (2004) 330–332, id. (2014). Nicht mit → Idu/Sattu Qala oder mit dem aramäischen Stamm → Itu'u zu verwechseln. TAVO Karte B IV 10 u. 13; Helsinki Atlas, 10. 32. S. → Aššur-aṣbat u. für einen weiteren, möglichen Beleg an (SAA 10, 368, Rs. 4') s. → Itu'u. Nicht mit → Idu zu verwechseln (wie in RlA 5, 33).

Itu'u

i-tu-'a

2-09) Canon 769 B1; id. B2 (erg.)

i-tu-'u

3-15/16) SAA 7, 5, ii, 11 [*šaknu*]

^{kur}*i-tu-'a*

2-07) Canon 782 B1; id. B2; id. B10 (^{kur}[*i*]-*t*[*u-'a*]); Canon 783 B1; id. B2
2-08) Canon 777 B1; id. B2

^{kur}*i-tu-'u*

1-11) Tigl Summ 11, 5 [Rupū'u]
4-13) SAA 15, 186, 10 [Rupū'u]
9-16) SAA 11, 1, i, 14 [erw. zw. Dēru u. Labadudu]

^{kur}*i-tú*
4-13) SAA 5, 215, 22 (-⸢*tú*⸣-)

^{kur}*i-tú-a*
3-11/13) CTN 3, 143, ii, 10’ [*nasīku*]

^{kur}*i-tú-’e* (s. u. Komm.)
4-15) SAA 10, 368, Rs. 4’ (^{kur}⸢*i*⸣-[*tú-’e*$^{?}$]). 8’ (^{kur}⸢*i*⸣-[*tú-’e*$^{?}$]) [*bēl pīḫati*]

^{kur}*i-tú-’u*
1-11) Tigl Summ 2, 4 (⸢^{lú}⸣*i*-) [Rupū’u]; id. 12, 5 (erg.)

^{kur}*ú-tu-’u*
1-03) RIMA 2, 100.5, 49
1-07) RIMA 3, 104.2010, 10 [Rupū’u]

^{lú}*e-tú-’u*
4-11) SAA 19, 39, li. Rd. 2

^{lú}*i-tu-’e*
4-11) SAA 19, 100, 6 (-[*tu*-’]*e*)

^{lú}*i-tu-’u*
1-11) Tigl Summ 1, 5 [Rupū’u]; id. 7, 5 (-⸢*’u*⸣); Tigl M I.1, 3 ([^{lú}*i-tu*]-) [Rupū’u]
1-13) SgF Prunk, 18 [Rupū’u]; SgF S4, 71 [id.]; Sg Tang, 31 (⸢^{lú}⸣*i-tu*-⸢*’u*⸣) [id.]
3-15/16) SAA 7, 5, i, 30
4-13) SAA 5, 277, 10’ (-[*’u*])

^{lú}*i-tú-’e*
4-15) SAA 16, 154, 10’

^{lú}*i-tú-u*
4-13) SAA 5, 21, Rs. 15

^{lú}*i-tú-’u*
1-11) Tigl Summ 2, 4 (⸢^{lú}⸣*i*-)
4-13) SAA 5, 178, Rs. 1; SAA 15, 136, Rs. 22; SAA 19, 154, 13 [Dūr-Bēl-ilā’ī]

^{uru}*i-tú*

1-07) Andrae Stelen Nr. 38, 5 (SAAS 2, 95 [804]) [Ekallāte, Ruqaḫu]

1-10) Andrae Stelen Nr. 37, 5 (SAAS 2, 79 [748]) [Ekallāte, Ruqaḫu]

N:

^{kur}*i-tu-'a-a*

2-07) Canon 790 B2 (-*t*[*u-'a-a*]); id. B10 (erg.)

^{kur}*i-tu-'a-a-a*

4-11) SAA 19, 22, 19 [Labnāna]

^{kur}*i-tu-'e-e*

2-08) Canon 777 B10

2-09) Canon 769 B10 (-*t*[*u*]-)

^{kur}*i-tu-u-'a-a*

2-07) Canon 790 B1

^{kur}*i-tú-'a-a-a*

4-13) SAA 1, 95, 8' (-['*a-a-a*]); id. 97, Rs. 3'; SAA 19, 176, 6. Rs. 6' ($^{[kur]}$⸢*i*⸣-). 14'

^{kur}*ú-tu-u-a-e*

4-11) SAA 19, 177, u. Rd. 12' (-⸢*e*⸣)

^{kur}*ú-tú-u-'a-a-a*

5-05) SAAB 3, 62, Vs. 2

^{lú}*i-tu-a-a*

4-13) SAA 15, 166, 20; id., 258, 9 (-*t*[*u-a-a*]); id., 270, 13 (-*t*[*u-a-a*], ev. auch -*t*[*u-e-e*] möglich; die in SAA 5 vorgeschlagene Ergänzung-*t*[*u-'u-u*] ist sonst nicht bezeugt)

5-16) O 3696, Rs. 5 (unpubl. erw. in PNA 1/II, 323, s. v. Bēl-na'di 6) [I. *ša* Aḫ(…)]. (-[*tu-a-a*$^{?}$]; unpubl. erw. in PNA 2/I, 672 s. v. Lū-tēnê)

^{lú}*i-tu-'a-a-a*

4-13) **SAA 5**, 16, 5; id., 36, Rs. 6 ([^{lú}*i-tu*]-); id., 72, 4 (-[*tu-'a-a-a*]); id., 97, Rs. 5' (-['*a-a-a*]) [Dūr-Šamaš]. 10' (-⸢*tu*⸣-['*a-a-a*]) [Sarduriani]; id., 264, 2' ([^{lú}*i-t*[*u*-); **SAA 15**, 60, Rs. 16'; id., 74, 7'; id., 190, Rs. 2 (-'[*a-a-a*]); id., 238, 7 [Gurru]; id., 286, Rs. 5'

4-15/16) SAA 13, 33, 10 [*šaknu*]. 12 [id.]

8-15) SAA 4, 139, 10; id., 142, 10 [Elamtu]; id., 144, 10 (erg.)

^{lú}*i-tu-'a-e-a*
4-13) SAA 15, 166, Rs. 8

^{lú}*i-tu-'e-e*
4-13) SAA 5, 21, Rs. 10

^{lú}GAL(-)*i-tu-'a-a-a*
4-20) ND 2657, 3 (Iraq 23, pl. 22)

^{lú}*i-tu-u-a-a*
4-13) SAA 15,367, 4' ($^{\text{⸢lú⸣}}$-<*i*>-*tu-u-a-*[*a*])

^{lú}*i-tu-ú-a-a*
8-15/16) SAA 8, 512, 4' ($^{\text{[lú]}}$*i-*)

^{lú}*i-tú-a-a*
4-13) SAA 5, 3, Rs. 2 [Eziat]. 10; SAA 15, 14, 5 ($^{\text{⸢lú⸣}}$*i-*[*tú-a-a*])

^{lú}*i-tú-'a-a-a*
4-11) SAA 19, 25, Rs. 5' (-[*a-a*]). 6'($^{\text{[lú]}}$*i-tú-'*[*a-a-a*]); id., 70, Rs 3' ([^{lú}*i-tú-'*]*a-a-*⸢*a*⸣); id., 120, 10 ('[*a-a-a*])
4-13) SAA 1, 176, Rs. 30; SAA 5, 214, Rs. 11; id., 215, Rs. 5' ($^{\text{[lú]}}$⸢*i*⸣-); id., 238, Rs. 2' (-[*a*])
5-13) SAA 6, 30, Rs. 5'

^{lú}*i-tú-'a-a-a-e-a*
4-13) SAA 1, 93, 6

^{lú}*i-tú-u-a-a*
4-13) SAA 1, 32, 7

^{lú}*i-tú-'u-u*
4-13) SAA 5, 32, Rs. 11 [Taziru]

¶ NAT, 179 (Itu'u u. zwei Belege für ^{uru}*i-tú* s.v. Ītu); RGTC 8, 331 (nB/spB *Utu'); nA Itu'āju, PNA 2/I, 590.

Aramäischer Stamm am westlichen Tigrisufer, vermutlich bei Tikrīt (→ Tagaritejāni) bzw. Samarra (→ Sūr-marrāti), Frahm (2003) 153, Lipiński (2000) 437f., RlA 5, 221f. (J. N. Postgate), Streck (2014) 310 (mit Lit.), Zadok (1985b) 63, id. (1995a) 224, 1.1.5, id. (2013) 281f. SAA 10, 368, Rs. 4' ist (gegen S. Parpola) möglicherweise eher ein Beleg für → Ītu, da es sich um eine Lieferung von Asphalt „aus I." handelt, Lipiński (2000) 438 Anm. 210, Parpola (1983) 277 zu Nr. 283, Rs. 4', Zadok (2014) 5. Die Ergänzung ^{kur}⸢*i*⸣-[*tú-'e*$^{?}$] im gleichen Brief (Rs. 8') ist ebenfalls fragwürdig, da ein Gouverneur von ^{kur}⸢*i*⸣-[...] genannt wird, aber eine Provinz I. ansonsten nicht bezeugt ist. Die einzige Provinz, die mit i beginnt ist → Isāna, so dass eine Ergänzung ^{kur}⸢*i*⸣-[*sa-na*] plausibler scheint (gegen Zadok [2014] 5, der ^{kur}⸢*i*⸣-[*tu*] liest und den Beleg zu Ītu zählt). TAVO Karte B IV 10 u. 13; Helsinki Atlas, 10. 30. 32. Nicht mit → Idu, → Ītu oder →^{3} Ida zu verwechseln.

Izalla

i-za-al

1-14) RINAP 3/2, 111.230, 75 (⸢*i*$^{?}$⸣-*za-a*[*l*$^{?}$]; Lesung und Zugehörigkeit hier unsicher)

ì-zal

3-20) KAV 174, Rs. 10

^{kur}*a-za-al-li*

1-07) RIMA 3, 104.7, 18 (⸢-*al*$^{?}$-*li*⸣) [28 *kaprāni*]

^{kur}*a-zal-li*

1-04) RIMA 2, 101.1, iii, 59. 60

^{kur}*i-za-la*

1-04) RIMA 2, 101.1, i, 106

^{kur}*i-za-li*

5-15) SAA 6, 314, 4 (erg.). 13 ($^{\mathrm{kur!}}$*i*-)

^{kur}*i-zal*

3-13) SAA 1, 133, i, 5 (^{kur}*i*$^{!}$-) [Abilāte *ina* I.]. 28 [Qablit (*ina*) I.]

^{kur}*i-zal-li*

4-13) SAA 1, 141, 5'

^{kur}*i-zal-lu*

9-16) SAA 11, 1, i, 23 ($^{\text{[kur]}}$*i-zal-lu*$^{!}$) [Singāra]

^{kur}*ì-zal*

5-19) StAT 3, 8, 8 ([$^{\text{kur!}}$*ì*-])

7-20) SAA 12, 80, 6. 10

^{kur}*ì-zal-la*

3-20) SAA 7, 63, iii, 2 (-*z*[*al*$^{!}$-*la*])

5-20) SAA 14, 479, 2' (-[*la*])

^{kur}*ì-zal-li*

3-20) SAA 7, 184, 1; id. 185, 1; id. 186, 1

7-16) SAA 12, 50, 33

^{kur}*za-al-lu*

1-05) RIMA 3, 102.2002, 10 [Qipāni, Balīḫu]

N:

^{kur}*a-za-la-a-a*

7-04) SAA 12, 83, Rs. 18 [Qatnu]

^{kur}*zal-la-a-a*

1-04) RIMA 2, 101.1, ii, 22 [Bīt-Jaḫiri, Bīt-Baḫiāni]

^{kur}*zal-la-a-ia*

1-04) RIMA 2, 101.1, iii, 59. 94; id., 101.17, ii, 72 [Bīt-Jaḫiri, Bīt-Baḫiāni]; WVDOG 121, 59f., Rs. 8' (-[*l*]*a*-) [I. *ša* Bīt-Baḫiāni]

¶ NAT, 40 (Aṣalli), 177 (Iṣalla), 194 (Kanni) u. 262 (Nini, Ninili); RGTC 8, 184 (nB/spB Izalla); vgl. RGTC 3, 117 (aB Izallu); vgl. RGTC 5, 46 (mA Azalzi); vgl. RGTC 9, 45 (urar. Išalā); vgl. aram. *byt ṣll* (Sef I, B, 3 und II, B; 10), das etymologisch, aber nicht geographisch mit I. verbunden sein können, Lipiński (2000) 137; vgl. bibl. *'ûzāl* (in Eze 27: 19, HAL, 20), Millard (1962); vgl. Izala/Masius mons (Barrington Atlas 89, C3).

Land in der nordwestlichen Ğazīra, das sich zwischen → Bīt-Baḫiāni und →[1] Bīt-Adīni befand, Falkner (1957-58) 15, Forrer (1920) 22, Lipiński (2000) 136f., Liverani (1992a) 34f. (mit Lit.), Radner (2006) 292–299, RlA 5, 225f. (J. N. Postgate), Zadok (1995a) 271, 6.3. Nichts in den nA Quellen deutet auf eine Identifizierung mit dem Karaca Dağ, der in spätrömischer/byzantinischer Zeit Izala mons genannt wurde, hin, Liverani loc. cit., Kessler (1980) 26 (mit Lit.). Dass die südlichen Ausläufer des Karaça Dağ bzw. der westliche Teil des Ṭūr 'Abdīn (→ Kašijari) nordwestlich von Mardin zum Land I. gehörten, ist jedoch möglich, Zadok (1989) 163–164. Basierend auf Quellen aus Syrien lokalisiert Radner (2006) 293 I. im Gebiet des Dibek Daği, südlich des Ṭūr 'Abdīn (→Kāšiāru) zwischen Nusaybin (→ Naṣībīna) und Idil. Eine Unterscheidung zwischen einem Land Azalla/Zalla und einem anderen Izalla, das nach den Belegen in den Rechts- und Verwaltungsurkunden Wein lieferte, ist nicht zwingend (mit Liverani loc. cit., gegen Radner [2006] 298, Zadok loc. cit u. id. [1995a] 271, 6.3 u. 273, 1.10). Dass sich I. in RIMA 3, 104.7, 18 auf einen Berg bezieht (RIMA 3, S. 211), ist ebenfalls nicht erforderlich. Nicht mit der Stadt →[1] Azalla 1 in der Palmyrene zu verwechseln. TAVO Karte B IV 10 (Isalla); Helsinki Atlas, 3. 19 (Azalla zw. Bīt-Adini und Bīt-Baḫiāni, Izalla = Izala Mons). S. → Bīt-Jaḫiri.

In I. lagen die Städte → Abilate, → Anduli, → Apsia, → Asihi 1, → Barzaništa, → Dūr-Šamaš (bzw. in →Guzāna), → Ḫiriba (bzw. in →Guzāna), → Ispallurê, → Jada'î, → Kašpi, → Qablit, → Qarena, → Til-Zanî und → [...]su.

Izduja

uru*iz-du-ia*

1-06) RIMA 3, 103.1, iv, 14 [Datēbir, I. *ša ina aḫi* Gannanāte]

¶ NAT, 100.

Stadt im Osttigrisgebiet, in der Nähe von → Gannanāte, Postgate/Mattila (2004) 243, Zadok (1985b) 31.

Izkê

uru*iz-ke-e*

1-16) Asb IT, 132 [Qadê]

¶ Weippert (1972) 156.

Residenzstadt von → Qadê, heute Izkī in Oman, Heimpel (1987) 48, Potts (1985b), id. (1990) 393, Villard (2000) 78.

Izza[…]

^{kur}*iz-za*-x

1-11) Tigl RR, 25[*ina nēreb ša* I.; Urarṭu, Ilimmeru]

¶ Berg in Nordmesopotamien, der sich auf dem Weg nach → Ulluba 2, vor dem Berg → Illimeru (Zaw-e Dağ) befand.

Izzēda s. Ezzēda

J

Ja[...] 2

^{uru}*ia*-[x x x]

3-20) SAA 12, 59, u. Rd. 20’ (^{uru}⸢*ia*$^{?}$⸣-) [Ninua, Badūa]

¶ NAT, 126 (Esi[...]).

Möglicherweise eine Stadt in Zentralassyrien bzw. in einem benachbarten Gebiet.

Ja[...] 3

^{uru}*ia*-[x-x](-)x

5-23) SAA 14, 346, 11

¶ NAT, 187 (s. v. Ja[...]).

Stadt in der Nähe von → Samānu, Zadok (1995a) 255, 4.15.4.

Jada’î

^{uru}*ia-da-’i-i*

7-16) SAA 12, 50, 26 [Kašpi, Barzaništun]

¶ NAT, 182 (Jada’i); vgl. nA PN Jada’, PNA 2/I, 485.

Stadt in → Izalla, Zadok (1995a) 271, 6.3.6; s. aber Kessler (1980) 47 Anm. 205.

Jadi’

^{uru}*ia-di-i’*

1-15) RINAP 4, 112.1, iv, 73 [*šarru*]; id., 112.2, iii, 24 [id.]; id., 112.3, iii, 25’ ($^{\text{[uru]}}$⸢*ia*⸣-) [id.]

¶ NAT, 183; RGTC 8, 185 (nB/spB Jadīḫu); vgl. nA ON Jadī’, PNA 2/I, 486.

Stadt in bzw. in der Nähe von → Bāzu, Eph'al (1984) 131, RlA 5, 233 (W. Schramm), Rosemarin (1932) 34f., Zadok (1981a) 56.

Jagiria s. Išgiria

Jaḫānu 2

^{kur}*ia-ḫa-a-nu*

1-01) RIMA 2, 98.1, 23 ([^{kur}*i*]*a*-) [*māt* Arumu *ša kutal* Pi(...)]

¶ NAT, 183 (zusammen mit Jaḫānu 1).

Aramäisches Gebiet östlich vom Tigris (→ Diglat), etwa zwischen diesem Fluss, dem Ǧabal Ḥamrīn (→ Ebiḫ) und dem Nahr al-'Uẓaim (→ Radānu). Nicht mit →^{1} Jaḫānu 1 zu verwechseln, Lipiński (2000) 195 mit Karte auf S. 197, RlA 1, 291b, s. v. Assyrien § 46 (E. Forrer).

Jaḫu[...]

^{uru}*ia-ḫu-*[...]

3-23) SAA 11, 223, 3 (-*ḫu*$^{!}$-[(x)]) [Kapar-Kuṣur, Kapar-Qiqî]

¶ Vgl. nA PN Jaḫūṭu, PNA 2/I, 487f. Der Ortsname könnte auch Āl-Jaḫu[...] gelautet haben.

Vermutlich eine Stadt in Zentralassyrien bzw. in einem benachbarten Gebiet, Zadok (1995a) 268, 5.1.2.16.1.2; vgl. → Jaḫudê bzw. Āl-Jaḫudê.

Jaḫudê

^{uru}*ia-ḫu-de-e*

3-20) ND 2728+, 11 (Iraq 23 pl. 24) (-⸢*ḫu*⸣-) [Tillê]

¶ NAT 184. Der ON könnte auch Āl-Jaḫudê heissen; nicht mit nB Āl-Jāḫūdu in Babylonien (Wunsch [2013] 251) zu verwechseln.

Vielleicht eine Stadt in der Umgebung von → Tillê, Zadok (1995a) 270, 6.1.1.1; vgl. → Jaḫu[...]

Jalman

kur*ia-al-man*

1-02) RIMA 2, 99.2, 27 [Turan]; WVDOG 121, 44, 27' (= RIMA 2, 99.4, Ex. 3 [neu]) (-[*man*])

2-02) TCS 5, 166, iii, 3

kur*ia-al-ma-man*

1-06) RIMA 3, 103.1, iv, 11 [Di'bina]

¶ NAT, 184.

Berg im Osttigrisgebiet, dessen Name wahrscheinlich etymologisch mit → Ḫalman 2 verwandt ist (TCS 5, 242). Nach der Eroberung von → Mê-Turnat überquerte Šamšī-Adad V. den Berg J., gelangte in die Stadt → Di'bina und marschierte weiter bis → Datēbir und → Izduja, die in der Nähe von → Gannanāte lagen. Hannoon (1986) 361 identifizierte J. mit den südöstlichen Ausläufern des Ǧabal Ḥamrīn (→ Ebiḫ) am linken Ufer des Diyālā (→ Turnat), demzufolge wäre Gannanāte südwestlich dieser Bergkette zu suchen. TAVO Karte B IV 10 (südlich von → Mê-Turnat?).

Jalūna

uru*ia-lu-na*

3-08) CTN 3, 147, 2; id. 148, 2 (-[*n*]*a*-)

kur*ia-lu-na*

1-05) Andrae Stelen Nr. 42, 5 (SAAS 1, 118 [851]) [Ḫamedê, Sirgana, Temeni]

1-07) RIMA 3, 104.2002, 10 [Ḫamedê, Sirgana, Temeni]; id., 104.2003, 5 ([kur*i*]*a*-) [id.]

N:

kur*ia-lu-na-a-a*

7-04) SAA 12, 83, Rs. 17 [Ḫamudu, Sirgana, Temeni]

uru*ia-lu-na-a-a*

3-20) GPA 121, 5 (-[*a*]). 12

¶ NAT, 184; vgl. nA PN Aia-lūnu, PNA 1/I, 90 u. RGTC 12/2, 48 (Am. Ayalūna).

Gebiet im Zuständigkeitsbereich des Gouverneurs von → Kalḫu, vielleicht im nördlichen Ḫābūr-Gebiet, Postgate (1995) 9, Zadok (1977-78a) 42 Anm. 49. Da es sich um ein Weinbaugebiet handelt, könnte J. auch in den Gebirgsausläufern nördlich von Assyrien gelegen haben, RlA 5, 255 (J. N. Postgate), Hannoon (1986) 220, Zadok (1995a) 249, 4.7.4.1.6. (jedoch nicht zwingend im Gebiet von Kalḫu).

***Jamutbal(u)**

kur*ia-mut-ba-la*

1-16) AsB E12, 11; Asb LET, Rs. 15

kur*ia-mut-ba-li*

1-16) Asb B, iii, 9; Asb C, iv, 21

¶ NAT, 184; RGTC 3, 123f. (aB Jamutbalum).

Eine Bezeichnung für das Gebiet von → Dēru (Tall al-ʻAqar bei Badra), Fuchs (2011) 234 mit Anm. 25, RlA 5, 257f. (D. O. Edzard), Streck (1916) cccxlix mit Anm. 2, Zadok (1985b) 48. Als das Land J. von → Qirbit geplündert und verwüstet wurde, wandten sich die Einwohner von Dēru an Assurbanipal um Hilfe (BIWA 219, Asb E12). Daher grenzte J. im Nordosten an das Land → Ḫaleḫasta. Helsinki Atlas, 11.

Janata'

uru*ia-na-ta-a'*

3-13) SAA 11, 201, ii, 25 [J. *qanni* Ḫaurīna]

¶ NAT, 186 (Jatana').

Stadt im Balīḫ-Becken, in der Umgebung von → Ḫaurīna, Zadok (1995a) 274, 7.1.11.1.1.

Janibir-ṣuḫuri

uru*ia-ni-bir-ṣu-ḫu-ri*

3-13) SAA 11, 201, ii, 44

¶ NAT, 184 (Janibir).

Stadt im Balīḫ-Becken, Zadok (1977-78a) 50 mit Anm. 103, id. (1995a) 272, 7.1.3.1.5; s. Komm. zu → Qipāni. Vgl. → Inabir-Manāt.

Jaqa[…]

^{uru}*ia-qa-*[x x x]

7-17) SAA 12, 37, Rs. 1 (-[*q*]*a*-) [Ṣilgangâ, Ḫara(…)]

¶ NAT, 187 (s. v. Ja[...]).

Möglicherweise eine Stadt in Zentralassyrien bzw. in einem benachbarten Gebiet, Zadok (1995a) 268, 5.1.2.15.12.

Jarānu

^{uru}*ia-ra-nu*

5-15) SAA 6, 271, 8 [*ummu ša* J.; Ibli, Sumurunu]

¶ NAT, 184.

Lage unbekannt, vielleicht im Osttigrisgebiet, s. → Sumurunu. Nach Zadok (1995a) 239, 3.9.2 lag S. vielleicht in der Ǧazīra.

Jaridi s. Aridi

Jasaddu

^{uru}*ia-sa-ad-du*

1-02) RIMA 2, 99.2, 95 (^{uru}⌜*ia*?⌝-*sa*-⌜*ad*⌝-) [*ālāni ša* Ḫabḫu *ša limīt* K.; Satkuri, Tapsia]

¶ NAT, 185.

Stadt in → Ḫabhu 3 in der Umgebung von → Kummu.

*Jasubigallu

N:

$^{\text{kur lú}}$*ia-su-bi-gal-la-a-a*

1-14) **RINAP 3/1**, 111.2, 20 (erg.). 25 (erg.); id., 111.3. 20 [Kaššû]. 25 [Kaššû, Ḫardišpi, Bīt-Kubatti]; id., 111.4, 18 [Kaššû]. 23 [Kaššû, Ḫardišpi, Bīt-Kubatti]; id., 111.16, ii, 8 [Kaššu]. 29 ([$^{\text{kur lú}}$*ia*]-*su-bi-gal-la-*⸢*a-a*⸣) [id.]; id., 111.17, i, 97 [Kaššû]. ii, 12 [Kaššû, Ḫardišpi, Bīt-Kubatti]; id., 111.18, i, 16'' [Kaššu]; id., 111.22, i, 66 [Kaššû]. ii, 2 ([$^{\text{kur lú}}$*ia*]-*su-bi-gal-la-*⸢*a-a*⸣) [Kaššû, Ḫardišpi, Bīt-Kubatti]; id., 111.23, i, 60 [Kaššu]. ii, 1 (-[*a-a*]) [id.]; id., 111.23, i, 60 ($^{\text{kur [lú]}}$ ⸢*ia*⸣-) [Kaššû]. ii, 1 (-[*a-a*]) [Kaššû, Ḫardišpi, Bīt-Kubatti]; **RINAP 3/2**, 111.42, 7 [Ḫirimmu]; id., 111.140, Vs. 6' (erg.); id., 111.165, ii, 21 (⸢$^{\text{kur lú}}$⸣*ia-su-*⸢*bi-gal*⸣-); id., 111.228, Fragm F, 2 (-[*su-bi*]-*gal-la*-[*a-a*])

^{kur}*ia-su-bi-gal-la-a-a*

1-14) **RINAP 3/1**, 111.34, 12 [Ḫirimmu]; **RINAP 3/2**, 111.46, 9 [Kaššû]; id., 111.138, Vs. i, 24 (-[*su-bi*]-⸢*gal*⸣-*la*-⸢*a*⸣-[*a*])

^{lú}*ia-su-bi-gal-la-a-a*

1-14) **RINAP 3/1**, 111.26, i, 6' (-*a*-⸢*a*⸣) [Ḫirimmu]; **RINAP 3/2**, 111.44, 15 [id.]

¶ NAT, 185 (Jasubigallāja).

Völkerschaft im Zagrosgebirge, die zusammen mit →^{3} Kaššû (hier vielleicht im Sinne von →^{3} Namri, Brinkman [1968] 195 Anm. 1194) ausschließlich in Sanheribs Inschriften erwähnt wird, Frahm (1997) 10 mit Anm. 39, RlA 5, 271 (D. O. Edzard). Leute aus J. wurden in den Städten →^{3} Ḫardišpi und →^{3} Bīt-Kubatti angesiedelt. Ein Zusammenhang mit → Jasubu wurde bereits von Billerbeck (1898) 151 erwogen und eine Gleichstellung beider ON ist nach Brinkman loc. cit. (gefolgt von Levine [1973] 26) plausibel.

Jasubu

^{kur}*ia-su-bi*

1-05) RIMA 3, 102.5, v, 1 [Laḫīru, Gannanāte, Arman; *a-na* KUR-*e* ^{kur}*ia-su-bi*]

^{kur}*ia-su-pi*

4-13) SAA 15, 123, Rs. 4'

^{kur}*ia-su-pu*
9-16) SAA 11, 1, i, 16 [erw. nach Labdudu, vor Māt-Masenni]

N:
ia-su-ba-a-a
3-13) SAA 7, 58, Rs. iii, 3 (-*b*[*a-a-a*])

^{kur}*ia-su-ba-a-a*
4-11) SAA 19, 22, Rs. 17 [Kašpūna]

¶ NAT, 185; RGTC 8, 189 (nB/spB Jašubu); vgl. PN Iasūbāiu, PNA 2/I, 494a.

Berg(land) im Osttigrisland, östlich bzw. südostlich von → Laḫīru 1 und südlich des Diyala (→ Turnat), Frahm (1997) 10 mit Anm. 39, RlA 5, 271 (D. O. Edzard). Von der Stadt → Ganannate floh Marduk-bēl-usāte über die Berge von J. nach → Arman. Leute aus J. wurden nach →[1] Kašpūna umgesiedelt. J. steht in Zusammenhang mit → Jasubigallu, s. Komm. Steht mit → Jasume 1 und → Jasume 2 in keinem Zusammenhang (RlA 5, 271 (D. O. Edzard) contra Brinkman (1968) 195 Anm. 1194). Helsinki Atlas, 11.

Jasume 1

^{uru}*ia-su-me*
3-13) SAA 11, 206, Rs. iv, 1 (^{uru}*ia*$^{!}$-)

¶ NAT, 349 (Tasume).

Stadt im Balīḫ-Becken (Zadok [1995a] 272, 7.1.2) bzw. nordwestlich davon (Fales [1973] 96), wenn eine Vebindung mit → Jasume 2 besteht. Nicht mit → Jasubu zu verwechseln.

Jasume 2

^{kur}*ia-su-me*
4-13) SAA 5, 79, Rs. 5 (-*su*$^{!}$-) [*ina libbi* J. *ina libbi* Bīt-Zamāni]

¶ NAT, 185 (Jasumu); RGTC 8, 189 (nB/spB Jašūmu, Lesung unsicher); vgl. syr. Ašūma, gr. Aisoumas (Fales [1973] 96 nach Dillemann [1962] 34; Barrington Atlas 89, B3).

Gebirge (oder Land) in der Nähe von → Bīt-Zamāni, das mit dem Karaca Dağ, klass. Aisoumas identifiziert wird, Fales [1973] 96, RlA 5, 271 (D. O. Edzard), Zadok (1977-78a) 45. Die Stadt → Jasume 1 könnte in diesem Gebiet gelegen haben. Helsinki Atlas, 3. 19. Nicht mit → Jasubu zu verwechseln.

***Jausa**

N:
kur*ia-ú-sa-a-ia*
1-01) RIMA 2, 98.1, 7 [Ekal-pî-nāri]

¶ NAT, 186.

Aramäischer Stamm und Territorium am Tigris (→ Diglat), wahrscheinlich südlich der Mündung des Unteren Zab (→ Zāba šaplû), wo die Stadt Ekal-pî-nāri (s. Komm.) lag, Lipiński (2000) 412, Zadok (1995a) 224, 1.1.2.

K

Kabsite

kab-si-te
1-03) RIMA 2, 100.5, 58 (*ina eqel* K. *ša muḫḫi* Purattu)

^{uru}*kab-si-te*
1-03) RIMA 2, 100.5, 58 (^{uru}⸢*kab*⸣-*si*-⸢*te*⸣) [It. von Raḫimmu, nach Dajašeti]

¶ NAT, 187.

Stadt am Mittleren Euphrat in → Suḫu am linken Flussufer, Zadok (1995a) 229, 2.1.2.3. Musil (1927a) 203 lokalisiert K. östlich von Kawwašte, ca. 35 km südlich von → Hīt (Ītu).

Kadišḫaru

^{kur}*ka-di-iš-ḫa-ru*
1-04) RIMA 2, 101.19, 31 (-⸢*iš-ḫa-ru*⸣) [Kalše ina K.]

¶ NAT, 187.

Gebiet westlich von Tigris, nicht weit von → Apku, wo sich die Städte → Kalše und vielleicht auch → Limalê befanden, Zadok (1995a) 259, 4.24.3; vgl. → Kadišḫi.

Kadišḫi

^{uru}*ka-di-iš-ḫi*
7-07) SAA 12, 1, 10 [*ina pīḫat* Kurbail]

¶ Stadt in der Provinz → Kurbail, Zadok (1995a) 259, 4.28.1. Nach der Ergänzung in SAA 12, 1, 10 hätte Adad-nērārī III. im Gebiet von K. eine neue Stadt gegründet, deren neuer Name nicht erhalten ist. Ausgehend von einer (eher unwahrscheinlichen) Identifizierung von Kurbail mit Tall Kurbaliuz, schlägt Hannoon (1986) 249 Tall Qaiseri, ca. 5 km nordöstlich von Tall Kurbaliuz, als möglichen Kandidaten für K. vor. Vgl. → Kadišḫaru.

Kaḫat

^{uru}*ka-ḫa-at*

1-03) RIMA 2, 100.5, 117 (2x, erg. u. $^{[uru]}$*ka-ḫ*[*a-a*]*t*) [It. von Ṭābete nach Naṣībīna]; id., 100.9, 5

1-04) RIMA 2, 101.22, 9'

3-11/13) ND 2618, 6' (Iraq 23, pl. 19) ($^{\ulcorner uru \urcorner}$*ka-*) [Samatu, Salilānu]

^{uru}*ka-ḫat*

1-06) Andrae Stelen Nr. 41, 5 (SAAS 2, 120 [815]) [*šaknu*; Urakka, Masaka]; RIMA 3, 103.1, i, 47 [Nabulu, Aššur]

3-20) SAA 7, 23, 10 [Tīdu, Sunê]

¶ NAT, 188; RGTC 3, 128 (aB Kaḫat); RGTC 5, 146f. (mA Kaḫat); RGTC 6/1, 160f. u. 6/2, 59 (heth. Kaḫat).

Stadt im Ḫābūr-Dreieck, heute Tall Barrī am Wādī Ǧaġǧaġ (→ Ḫarmiš), Kessler (1979) 218f., RlA 5, 287 (J. N. Postgate), Zadok (1995a) 235, 3.6.1.7. TAVO Karte B IV 10 u. 13; Helsinki Atlas, 3. 27.

Kailete

^{uru}*ka-i-le-te*

1-03) RIMA 2, 100.5, 75 (2x, 1x $^{[ur]u}$*ka-*) [It. von Ḫaradu, nach Ḫindānu]

¶ NAT, 187 (Ka'ilite).

Stadt am Mittleren Euphrat im Norden von → Sūhu an der Grenze zu → Ḫindānu, Horn (1922) 137, Zadok (1995a) 229, 2.1.2.19.

Kakkabnaše (?)

^{uru}*kak-kab-na-še*

3-13) SAA 11, 133, ii, 15' (*-še*$^{?}$)

¶ NAT, 188 (Kakkabnamušat).

Vielleicht eine Stadt im oberen Ḫābūr-Gebiet bzw. im Balīḫ-Becken, Zadok (1995a) 235, 3.5.4.11.

Kalgurig

^{uru}*kal-gu-rig*
5-14) SAA 6, 113, 4 (*-rig*$^{!}$)

¶ NAT, 188 (Kalgubisi).

Vermutlich eine Stadt in Zentralassyrien bzw. in einem benachbarten Gebiet, Zadok (1995a) 266, 5.1.1.6.6.

Kalḫu

kal-ḫa
2-13) Eponym 713 A9
3-11/13) ND 2785, 17 (Iraq 23, pl. 27) [Amēdu, Ninua]
3-13) SAA 7, 79, Rs. 5' [*bēl pīḫati*]

kal-ḫi
3-20) ND 275a (Iraq 12, 196)

kal-ḫu
3-15) AfO 13, 214, 16

kàl-ḫa
3-20) SAA 11, 90, Rs. 4 ([*k*]*àl*$^{?}$-)

^{kur}*kal-ḫu*
3-20) SAA 7, 152, Rs. ii, 6' ($^{\text{kur!}}$*kal*$^{?}$-⸢*ḫu*⸣, Lesung unsicher!) [*pīḫatu*]

^{uru}*ka-la-ḫa*
5-22) SAA 14, 470, 8 ($^{\text{uru!}}$*ka-la-ḫa*$^{!}$)

^{uru}*ka-làḫ*
4-15) SAA 10, 169, 6; id., 273, 14
8-15) SAA 4, 148, 3

^{uru}*kal-a-ḫa*
5-22) SAA 14, 470, 4 [*ḫūl* K.]

^{uru}*kal-ḫa*

1-11) Tigl Summ 9, Rs. 25; Tigl Summ 13, 2’ (^{uru}⸢*kal-ḫa*⸣)

1-13) SgF Ann, 408; Sg Melid, 7 [Ninua]; Sg Wi, 168ff, 13. 19; Sg 8, 8

1-15) RINAP 4, 112.80, 5’; id. 87, 7

1-16) BIWA 164f., 88

1-17) Streck Asb, 380, 6

2-05) Canon 851 B5

2-11) Canon 734 B1

2-13) Canon 713 B4

3-11) GPA 139, 7

3-11/13) CTN 3, 97, 8 (^{uru}*ka*[*l*$^{?}$]-)

3-13) SAA 11, 15, ii, 8 ($^{\text{[ur]u}}$*kal-*); id., 18, Rs. 5

3-20) GPA 262, 2’ ([^{uru}*ka*]*l*$^{?}$-); ND 2312, 5 (Iraq 23, pl. 10). 8; ND 2499, Rs. 6 (Iraq 23, pl. 18) (-⸢*ḫa*⸣)

3-23) SAA 7, 131, Rs. 2

4-13) **SAA 1**, 29, Rs. 22 [Asdūdu]; id., 35, Rs. 11; id., 49, 10 (erg.); id., 57, Rs. 3’ [*bēl pīḫati*]; id., 64, 5 [id.]. Rs. 0 (erg.). 11’ [*bēl pīḫati*]. Rs. 15’ [id.]; id., 71, Rs. 2’ ($^{\text{[uru]}}$⸢*kal*⸣-). 7’; id., 72, 8’; id., 82, Rs. 9 [*bēl pīḫati*]. 16 [id.]; id., 95, Rs. 2 [*bēl pīḫati*]; id., 111, 5 (erg.); id., 115, 5; id., 116, 5. Rs. 3’ ([^{uru}*kal*]-); id., 117, Rs. 1’ (⸢^{uru}*kal*$^{!}$-*ḫa*$^{!}$⸣); id., 123, 7; id., 144, Rs. 4 [*bēl pīḫati*]; id., 149, Rs. 3 [id.]; **SAA 5**, 74, Rs. 2; id., 205, Rs. 2’ ($^{\text{[u]ru!}}$*kal*$^{!}$-[*ḫa*]); id., 254, 14’ [*bēl pīḫati*]; **SAA 15**, 83, 7; id., 105, Rs. 11; id., 117, 8; id., 200, 4’ ([^{uru}*ka*]*l*-); id., 259, 17’ (-[*ḫa*])

4-15) **SAA 10**, 19, Rs. 5; id., 245, Rs. 9; id., 228, Rs. 9; id., 271, Rs. 10’ (-[*ḫa*]); id., 349, 10; id., 377, 5’. 6’ (^{uru}[*kal-ḫa*]); SAA 13, 109, Rs. 2; **SAA 16**, 34, 18; id., 52, Rs. 2; id., 93, Rs. 8 (-[*ḫa*]) [Arbail]; id., SAA 16, 211, Rs. 2’ ([-*ḫa*])

4-15/16) SAA 10, 99, 5 (^{uru}*kal*$^{!}$-[*ḫa*]); id., 10, 151, Rs. 4; id., 279, Rs. 7; 128, Rs. 16 [*ḫazannu*]; SAA 13, 152, Rs. 3; id., 157, 11’

4-16) SAA 10, 134, 3 ($^{\text{[uru]}}$*kal-*)

4-22) GPA 182, 3 ($^{\text{[u]ru}}$*kal-*); id., 186, 11 (-*ḫ*[*a*]) [*bēl pīḫati*]

5-11) GPA 108, Rs. 1 [*bēl pīḫati*]

5-13) SAA 6, 10, 15 (erg.)

5-14) SAA 6, 151, Rs. 7’ (-[*ḫa*]) [*bēl pīḫati*]; id., 163, Rs. 8 ($^{\text{[u]ru}}$*kal-*)

5-16) BATSH 6, 5, 2 (Hülle) (-*ḫ*[*a*]); CTN 3, 31, 2 [*ḫazannu*]; id., 32, 2; id., 48, Rs. 12 ([^{uru}*ka*]*l*-); ND 2316, 4 (Iraq 16, pl.7); ND 3426, 17 (Iraq 15, pl. 12); SAA 14, 135, Rs. 3 [*ḫazannu*]; SAAS 5, 4, 2 [id.]

5-18) StAT 3, 35, i, 22 ($^{\text{[ur]u}}$*kal-*)

5-19) ND 2319, 8 (Iraq 16, 41); StAT 2, 197, 2

5-22/23) TB 22, Rs. 5’. 9’ (^{uru}*ka*[*l-ḫa*])

7-04) SAA 12, 83, Rs. 21 ([^{uru}*kal*]-)

7-07) SAA 12, 6, 8 ($^{\text{[ur]u}}$*kal-*) [*šaknu*]

7-16) SAA 12, 50, 12. Rs. 33’ (-[*ḫa*]); id., 92, 6; id., 93, 2
7-18) SAA 12, 96, 2
7-20) SAA 12, 80, 3; id., 97, Rs. 5. 7 (erg.) [*ḫazannu*]
8-15) SAA 4, 183, Rs. 7
8-15/16) SAA 4, 13, li. Rd. 3
8-20) SAA 4, 122, li. Rd. 2 (-[*ḫa*])

^{uru}*kal-ḫi*

1-04) Andrae Stelen Nr. 50, 4 (SAAS 2, 110 [873]); RIMA 2, 101.1, i, 9. ii, 134. 80. iii, 1. 26. 28. 50. 54. 56. 93; id., 101.2, 31. 34. 43; id., 101.3, 17; id., 101.17, iii, 110 (^{ur}[^{u}*kal-ḫi*]). v, 27; id., 101.28, 107; id., 101.30, 53. 103. 141. 148. 151; id., 101.31, 15; id., 101.109, 3; id., 101.123, 5

1-05) Andrae Stelen Nr. 42, 2 (SAAS 2, 118 [851]); RIMA 3, 102.11, 7; id., 102.14, 147. 159. 175; id., 102.16, 268’ (-*ḫ*[*i*]). 291’ (^{uru}*k*[*al-ḫi*]). 321’. id., 102.19, 5; id., 102.30, 33 ($^{[uru]}$*kal-*); id., 102.31, 18; id., 102.40, iii, 8; id., 102.56, 7; id., 102.57, 7 [*šaknu*]; id., 102.62, 3

1-06) RIMA 3, 103.1, 123

1-07) RIMA 3, 104.9, Rs. 35 (erg.); id., 104.2002, 7. 10 [*šaknu*]; id., 104.2003, 3; id., 104.2005, 4 [*šaknu*]

1-11) Tigl Ann, 28, 2’ (erg.); Tigl Summ 7, Rs. 18’

1-15) RINAP 4, 112.33, iii, 22’ [Ninua, Kalzu]; id., 112.77, 42; id., 112.78, 38; id., 112.81, 3; id., 112.82, 2

2-08) Canon 772 B1 ([^{uru}*kal*]-); id. B2 ($^{[u]ru}$*kal-*); id. B10 [*šaknu*].

2-11) Canon 744 B1

3-07) GPA, 90, 4 (^{uru}*k*[*al-ḫ*]*i*) [*šaknu*]; Orient 29, 6.5, 4 [*šaknu*]

3-11) BaM 24, Nr. 17, Rs. 5; GPA 99, 3 (Tafel) [*bēl pīḫati*]; id., 3 (Hülle) (^{uru}[*kal-ḫi*]) [id.]; ND 2764, 6 (Iraq 23, pl.28)

3-13) CTN 3, 118, Rs.1

3-16) CTN 3, 84, Rs. 5

3-20) AfO 35, 123, 4; CTN 3, 91, Rs. 2; GPA 154, Rs. 8; Orient 29, 5.7, 3 ($^{[u]ru}$*kal-*[*ḫi*]) [*šaknu*]; SAA 7, 46, 2’ (-*ḫ*[*i*$^{?}$]); SAA 11, 138, 3 [Dūr-Šarrukīn]

3-22) GPA 155, Rs. iv, 2’ ($^{[ur]u}$*kal-*); Orient 29, 5.3, 3 ($^{[uru]}$*kal-*) [*šaknu*]

3-23) SAA 11, 26, 9’

4-07) TH 8, Rs. 1; TH 14, 3

4-13) GPA 196, 10 [*bēl pīḫati*]; SAA 1, 110, Rs. 8; id., 154, Rs. 3; SAA 5, 100, 13 [Ninua]. Rs. 1 [*bēl pīḫati*]; id., 142, 8’ (^{uru}*k*[*al-ḫi*]). 142, Rs. 6; SAA 15, 299, 10’; SAA 19, 169, 8

4-15/16) SAA 13, 78, 7; id., 78, 14 ($^{[u]ru}$*kal-*); id., 85, 13 [*bēl pīḫati*]; id., 95, 10 [Ninua]; id., 157, 9’ [id.]

4-20) SAA 19, 96, 5’ [Dūr-Bēl-ilā’ī]; id., 185, 5 [*bēl pīḫati*]

4-22) GPA 181, 3 [*bēl pīḫati*]; GPA 203, 7' [id.]

5-07) Edubba 10, 17, Rs. 1'; GPA 2, 8 [*šaknu*]; id. 3, 4 ($^{\text{[u]ru}}$*kal-*) [*bēl pīḫati*]; id. 14, 14; id. 15, 12 [*šaknu*]. Rs. 4 [*abul ša* K.]; id. 17, 20. Rs. 7 (^{uru}[*kal-ḫ*]*i*) [*abul ša* K.]. Rs. 6 [*ḫazannu*]. 8 [*bēl pīḫati*]; id. 25, Rs. 13 [*šaknu*]; id. 51, Rs. 15 [*šaknu*]; id. 66, 2 [*šaknu*]. 3 (Siegelinschrift) [id.]. Rs. 1 ([^{uru}*k*]*al*$^{?}$-) [id.]; id. 91, 3 [id.]. Rs. 13 [id.]; id. 93, u. Rd. 19 (^{uru}*k*[*al-ḫi*]); Sumer 61, Nr. 4, 21

5-07/08) Sumer 61, Nr. 5, 2 (^{uru}[*kal*$^{?}$*-ḫi*$^{?}$]). 3 ($^{\text{[uru]}}$*kal-*); id., Nr. 6, Rs. 8 ($^{\text{[uru]}}$*kal-*)

5-07/09) GPA 33, 7 [*šaknu*]; id., 34, 7 [id.]

5-08) Edubba 10, 27, 13' ([^{uru}*ka*]*l-*); GPA 20, 18 (erg.); id., 53, Rs. 3' ($^{\text{[u]ru}}$[*kal-ḫ*]*i*)

5-09) GPA 23, Rs. 5

5-10) GPA 24, u. Rd. 17

5-11) BT 106, Rs. 12 (Iraq 25, pl. 20) ($^{\text{[u]ru}}$*kal-*) [*šaknu*]; Edubba 10, 39, Rs. 9 [id.]. 24 [id.]; id., 40, 18. Rs. 29 [id.]; id., 41, Rs. 13 [id.]. 30 [id.]; id., 42, Rs. 4. 22; GPA 27, Rs. 7 (erg.); SAA 6, 19, Rs. 13' [*šaknu*]

5-13) SAA 6, 6, Rs. 2. 15 ([^{uru}*k*]*al-*) [*bēl pīḫati*]. li. Rd. 2 (-[*ḫi*]) [id.]; id., 31, 9 [*ḫūl* K.]. 11 ($^{\text{[ur]u!}}$⌜*kal*$^{!}$⌝-) [*ḫūl* K.]. 14 (⌜$^{\text{uru!}}$*kal*$^{!}$⌝-) [*ḫūl* K.]. Rs. 12 [*bēl pīḫati*]. 13 [*ḫazannu*]. 24 [*bēl pīḫati*]. 25 [id.]; id., 31, Rs. 26; id., 32, Rs. 2 (-[*ḫi*]); SAA 14, 464, Rs. 2; id., 468, Rs. 13 (^{uru}*ka*[*l-ḫi*])

5-16) ND 3436, 5 (Iraq 17, pl. 27.3); ND 3463, 9 (Iraq 17, pl. 25.1). Rs. 7; ND 5452, 5 (Iraq 19, pl. 32) [*bēl pīḫati*]; ND 5461, 3 (Iraq 19, pl. 29); ND 5464, 4 (Iraq 19, pl. 31); CTN 3, 50, Rs. 5; id., 51, Rs. 6 ($^{\text{[uru]}}$⌜*kal-ḫi*⌝); id., 57, Rs. 8 ($^{\text{ur[u]}}$*kal-*); StAT 2, 136, Rs. 6 (^{uru}⌜*kal*$^{?}$*-ḫi*$^{?}$⌝)

5-20) CTN 3, 69, Rs. 2; Edubba 10, 51, Rs. 9 [*bēl pīḫati*]; GPA 64, 3 (erg.) [*šaknu*]; SAA 14, 350, Rs. 5'

5-22) Edubba 10, 11, 17. Rs. 17'; id., Edubba 10, 51, Rs. 9 [*bēl pīḫati*]

5-22/23) SAA 14, 202, 1 ($^{\text{uru!}}$*kal*$^{!}$*-ḫi*$^{!}$)

5-23) StAT 2, 243, Rs. 8 (erg.) [*abul* K.]

7-04) SAA 12, 83, 11' ([^{uru}*k*]*al*$^{!}$-). Rs. 1 [*pīḫatu*]. 2 [*bēl pīḫati*]. Rs. 20; id., 84, 13' (erg.)

7-07) SAA 12, 1, 7 [*šaknu*]; id., 76, 23' (erg.) [*šaknu*]; id., 85, Rs. 35 (erg.) [*šaknu*]

7-13) SAA 12, 19, Rs. 28 ([^{uru}*ka*]*l-*)

7-16) SAA 12, 95, 8 (-[*ḫi*])

7-18) SAA 12, 96, Rs. 13 (-*ḫ*[*i*]) [*ḫazannu*]

7-20) SAA 12, 98, 3

^{uru}*kal-ḫu*

1-04) Harrak 2004, Side A, 10; NABU 2009, 98, 6 (erg.); RIMA 2, 101.1, ii, 131; id., iii, 132; RIMA 2, 101.2, 37. 52; id., 101.17, v, 1; id., 101.23, 14; id., 101.26, 46; id., 101.28, v, 1; id., 101.29, 9' (erg.); id., 101.30, 23; id., 101.31, 11; id., 101.32, 7; id., 101.33, 19'; id., 101.34, 22; id., 101.35, 8 ($^{\text{[uru]}}$*kal-*); id., 101.38, 18; Schøyen 70, 5'

3-13) Orient 29, 5.4, 2 [*šaknu*]
3-16) SAA 1, 135, 3' [Arrapḫa]
5-18) CTN 3, 55, Rs. 2' (-*ḫ*[*u*])

^{uru}*kal-làḫ*
4-15) SAA 10, 273, Rs. 8

^{uru}*kàl-ḫa*
1-16) BIWA 164f., 88 (Var.)
3-13) SAA 7, 79, 3 [*bēl pīḫati*]
3-15) SAA 7, 130, 4 [*bēl pīḫati*]
3-18) CTN 3, 12, 3
3-20) SAA 7, 115, i, 6; SAA 11, 137, 4
4-13) SAA 1, 153, 9; SAA 15, 259, 17' (-[*ḫa*])
4-15) SAA 10, 240, Rs. 10; SAA 16, 78, Rs. 9; id., 124, Rs. 4'
5-13) SAA 6, 10, 4 ($^{[u]ru}$⸢*kàl*⸣-) [*ḫūl ša* K.]. 7; id., 11, 2' (erg.). 8' (^{uru}*kàl*$^{!}$-) [*ḫūl ša* K.]
5-14) SAA 6, 265, 15 (-⸢*ḫa*⸣)
5-16) SAA 14, 64, Rs. 6 (^{uru}⸢*kàl-ḫa*⸣)
5-16/19) CTN 3, 10, 2 (Hülle). 7
5-19) FNALD 14, 2; id., 33, Rs. 7
7-16) SAA 12, 27, Rs. 7'; id., 93, 8
7-20) SAA 12, 59, 16' (-[*ḫa*$^{!}$])

^{uru}*kàl-ḫi*
3-13) ADD 662, Rs. 5'
3-20) ND 2699, Rs. 2 (Iraq 23, pl. 23) ($^{u[r]u}$*kàl-*)
5-13) SAA 6, 11, Rs. 5' ([^{uru}*kàl*]-); id., 13, 4 [*ḫūl ša* K.]. 5 ($^{uru!}$*kàl-*) [id.]; id., 7 ($^{uru!}$*kàl*$^{!}$-*ḫi*$^{!}$)
5-14) SAA 6, 131, Rs. 2'
5-14/15) SAA 6, 220, Rs. 6'
5-15) SAA 6, 284, Rs. 5
5-16) CTN 3, 34, 7; SAA 6, 298, Rs. 1 (^{uru}⸢*kàl*⸣-); id., 299, 13'; SAA 14, 8, u. Rd. 16 (^{uru}[*kàl-ḫi*])
5-16/19) CTN 3, 35, Rs. 3
7-16) SAA 12, 94, 7. Rs. 5'

^{uru}*kàl-ḫu*
4-15/16) SAA 13, 100, Rs. 4

Kalḫu

^{uru}*kàl-laḫ*$_4$
2-13) 3R 2, Nr. 5, 5

N:
kal-ḫa-a-a
3-20) SAA 7, 153, Rs. ii, 5 [Arbail]

^{uru}*kal-ḫa-a-a*
3-07) CTN 3, 145, Rs. ii, 8
3-13) ND 2788, Rs. 17 (Iraq 23, pl. 28)
3-15/16) SAA 11, 222, Rs.10
3-16) SAAB 9, 111, Rs. 3 (-⸢*ḫa*⸣-)
3-23) SAA 7, 151, Rs. i, 14’ (^{u}[^{ru}*kal-ḫa*]-)
4-13) SAA 5, 224, Rs. 13; id., 298, Rs. 10 [Libbi-āli]; SAA 15, 40, 6
4-15/16) SAA 10, 6, 21 [Ninua]; SAA 13, 118, 11
4-16/19) StAT 1, 54, u. Rd. 11 [Ninua]
5-07) GPA 17, Rs. 24; id., 101, 7
5-07/08) Sumer 61, Nr. 3, 24
5-08) Edubba 10, 20, Rs. 15
5-08/09) Edubba 10, 8, 3
5-09) Edubba 10, 9, 3 ($^{\text{[uru]}}$*kal-*); id., 31, Rs. 30 ($^{\text{[ur]u}}$*kal-*)
5-13) StAT 3, 32, Rs. 17’ (-⸢*a*⸣). 18’ (^{uru}dito)
5-16) BATSH 6, 34, 3 (^{uru}*ka*[*l*]-); StAT 2, 165, 6
5-22) Edubba 10, 12, 26. 27. 28. Rs. 9. 10. 11; id., 14, 1’ ([^{uru}*kal*]-)
5-22/23) TB 22, Rs. 7’

^{uru}*kal-ḫu-a-a*
5-07) StAT 2, 257, 3 (-*a*-[*a*]). Rs. 2 ([^{uru}*ka*]*l*-⸢*ḫu*⸣-)

^{uru}*kàl-ḫa-a-a*
3-07) CTN 3, 145, Rs. i, 11 [Ninua]
5-16) SAA 14, 136, Rs. 2’ (-[*ḫa-a-a*])
5-19) FNALD 33, li. Rd. 1
5-23) SAA 14, 197, Rs. 1 (-[*a-a*])

Darüber hinaus wird K. in folgenden unpublizierten Texten (laut Beschreibung) genannt:

5-15) ND 2085 (Iraq 16, 34)

5-16) ND 2323 (Iraq 16, 42); ND 2325 (Iraq 16, 42); ND 2327 (Iraq 16, 42); ND 2329 (Iraq 16, 43); ND 3425, Rs. 5 (Iraq 15, 141)

¶ NAT, 127 (Ezasi, neue Lesung) u. 150 (Ḫardian, neue Lesung); NAT, 190; RGTC 5, 147 (mA Kalḫu); RGTC 8, 191 (nB/spB Kalaḫ); bibl. *kelaḥ* (HAL 455); klass. Larisa (Anabasis III, 4); nA PN Kalḫāju, Kalḫītu, PNA 2/I, 599 u. Ubru-Kalḫu, PNA 3/II, 1365.

Stadt in Zentralassyrien am Tigris (→ Diglat), das heutige Tall Nimrūd, ca . 35 km stromabwärts von → Ninive, die Assurnasirpal II. zur Hauptsstadt des assyrischen Reiches machte. K. war seit mittelassyrischer Zeit (Postgate [1985] 96f. [VS 21, 21, 26]) Statthaltersitz einer gleichnamigen Provinz, Hannoon (1986) 196–198, RlA 5, 303–323 (J. N. Postgate / J. E. Reade), RlA 11, 46, Nr. 5 (K. Radner). TAVO Karte B IV 10 u. 13; Helsinki Atlas, 4. 28.

In der Region von K. befanden sich die Stadt → Ṣūṣi und wahrscheinlich die Städte → Du'ūa, → Ḫariḫumba, → Ṣabat-lū-kūn und das Dorf → Kapar-sukkalli. Möglicherweise in der Region von K. lagen folgende Städte: → Āl-Abi-ḫimme, → Āl-Adad 2, → Āl-Adad-išmanni, → Āl-Bēl-libūr, → Āl-Bēl-iqbi 2, → Āl-Purattāja, → Ālu-ša-Dagan-bēla-uṣur, → Ālu-ša-lāḫiṭāja, → Ālu-ša-Libluṭāja, → Ālu-ša-rēšāni, → Biḫa[...] (?), → Bīt-šaššeri, → Būru-Wēr, → Dalazania, → Dūr-Nanāja 2, →Ḫisiki[...] (?), → Irinniḫ, → Kār-Diglatāja, → Mazani (?), → Me[(...)] (?), → Napisina (?), → Qabrīna 1, → Quri', → Salimānu, → Same[...], → Si[...]ḫu-nāṣir-apli, → Šašlê, → Til-Ninurta, → Zuri (?),→ [...]a:ja 2, → [...]a:ja, → [...]alahina, → [...]na 2, → [...]u[...], sowie die Dörfer → Kapar-mār-šarri, → Kapar-tartāni, → Kapar-[...] 7, → Kapri-Bēl-[...], und → Kapri-ša-rab-āli. Vermutlich in der Region von K. befanden sich die Städte → Ālu-ša-Adda, → Ālu-ša-Ani[...], → Ālu-ša-Bi-Dādi, → Ālu-ša-Emūqī, → Ālu-ša-Ilu-zārû, → Ālu-ša-Mār-bīti-erība, → Ālu-ša-Mār-Raḫīmi-[...], →Ḫarbat-Raḫî, → Išida (?), → Kuluna, → Mi[...] 1, → Mu[...], → Rapâ und → Ulmu.

Kalše

^{uru}*kal-še*

1-04) RIMA 2, 101.19, 30 (⸢^{uru}*kal-še*⸣) [Limalê; K. *ina* Kadišḫaru]

¶ Stadt in → Kadišḫaru.

Kalzu

kàl-zi

5-18) StAT 3, 35, i, 3

^{uru}*kàl-zi*

1-02) RIMA 2, 99.1, Rs. 19’ [*šaknu*]

1-04) RIMA 2, 101.1, ii, 33 [Babite]. 51 [Zāba šaplû]; id., 101.17, ii, 108 (erg.) [Babite]. iii, 32 [Zāba šaplû]

1-14) RINAP 3/2, 111.218, 4; id., 111.219, 2

2-05) Canon 832 B4 ([^{uru}*kà*]*l*-)

2-07) Canon 788 B1 ([^{uru}*kà*]*l*-); id. B2; id. B10 (^{u}[^{ru}*kàl*]-)

2-09) Canon 760 B1; id. B2 ([^{uru}*kàl*]-)

2-12) Canon 724 B3 ([^{uru}*kàl*]-)

2-14) Canon 704 B6

3-11/13) CTN 3, 86, 13: id., 97, 3 ($^{[ur]u}$[*k*]*àl*-)

3-13) ND 2640, Rs. 30 (Iraq 23 pl. 21); ND 2803, ii, 21’ (Iraq 23 pl. 29f.) [*bēl pīḫati*]

4-11) SAA 19, 65, Rs. 3 ($^{[u]ru}$*kàl*-)

4-13) SAA 1, 160, Rs. 6; id., 170, Rs. 4 [*bēl pīḫati*]; SAA 19, 169, 6 (-[*z*]*i*)

4-15) SAA 10, 143, 3 (-*zi*$^{!}$); SAA 13, 96, 12 ($^{[u]ru}$*kàl*-); SAA 16, 111, 8

4-15/16) SAA 13, 17, 2’ (^{uru}[*kàl-zi*]) [Dūr-Sāmedi]. Rs. 1’ [id.]; id., 189, 3’ (-[*zi*])

4-16) SAA 10, 96, 14 [Raṣappa, Isāna]

4-20) KAV 133, 8 [*ḫalzu*]. Rs. 4 [*rab ḫalzi*]

5-15) SAA 6, 247, 5; id., 289, Rs. 1

5-20) SAA 14, 128, Rs. 4 [*šaknu*]

5-22) GPA 63, Rs. 3’

7-07) SAA 12, 1, Rs. 13’ [*šaknu*]; id., 69, Rs. 16 [*šaknu*]

8-15/16) SAA 8, 2, 8 ($^{[u]ru}$*kàl*-)

^{uru}*kàl-zu*

1-15) RINAP 4, 112.33, iii, 22’ [Kalḫu, Arbail]. iv 6’ [Kullimeri, Markuḫa] zu diesem Beleg s. Komm. unten

3-13) CTN 3, 93, 6 ($^{u[r]u}$⸢*kàl*⸣-); ND 2803, i, 20 (Iraq 23 pl. 29f.)

3-20) SAA 7, 115, i, 19 (-⸢*zu*⸣) [Libbi-āli, Adian]; SAA 11, 10, 6’ (-[*z*]*u*$^{?}$); id., 19, 7’ (-*z*[*u*]) [Ninua]

4-16) ABL 1009, Rs. 23’ [Kār-Mullissi]

^{uru}*ki-li-zi*

4-15) SAA 10, 144, 3

N:
[uru]*kàl-zi-a-a*
4-15/16) SAA 10, 6, 7 (-[*a*]) [Ninua, Arbail]
5-18) SAA 14, 169, 7. Rs. 5

¶ NAT, 193f. (Kalzi); RGTC 5, 167 (mA, mA/mB hist. Kilizu); nA PN Kalziāju, PNA 2/I, 599f. (zu ergänzen mit [1] [uru]*k*[*àl-z*]*i-a-a* in Edubba 10, 37, Rs. 2'); vgl. RGTC 3, 130 (aB Kalizi[t]) mit Hallo (1964) 88; vgl. RGTC 3, 139 (aB Kilizum) mit RlA 5, 592, §4. Zum esoterischen Namen [uru]BÀD-*a-ta-ni* s. Menzel (1981b) T 165, 190 mit id. (1981a) 129.

Stadt in Zentralasssyrien, heute Qaṣr Šimāmūk am Šiwasor-Fluß, ca. 28 km südwestlich von Erbil, Frahm (1997) 190f., Hannoon (1986) 291–295, Parpola (1983) 85f. (Orthographie), RlA 5, 591–593 (J. N. Postgate), Ur (2013) 100–102, Zadok (1995a) 245, 4.5. K. war die Hauptstadt einer gleichnamigen Provinz, die an die Provinzen Kalḫu und Arbail angrenzte, RlA 11, 46f., Nr. 6 (K. Radner). Zu den Ausgrabungen s. Rouault/ Masetti-Rouault (2015). TAVO Karte B IV 10 u. 13; Helsinki Atlas, 4, u. 28.

Ob der Beleg RINAP 4, 112.33, iv, 6' ([uru]*kàl-zu*) hierher gehört, ist unsicher, RlA 5, 591, s. v. Kilizu §1 (J. N. Postgate). Nach einem langen Bericht über die Eroberung von → Šubria erwähnt Asarhaddon, dass er die Namen von → Kullimeri, → Markuḫa, K. und weiteren nicht erhaltenen Ortse änderte. Ob die auf K. folgenden Städte in Zentralassyrien, in Šubria oder woanders lagen, ist unbekannt. Deswegen ist unklar, ob die Stadt in Zentralassyrien (erwähnt an einer anderen Stelle mit der gleichen Graphie, RINAP 4, 112.33, iii, 22') oder ein homonymer Ort in Šubria gemeint ist. Es muss aber beachtet werden, dass direkt im Anschluss über die Ainsiedlung von Deportierten und von der Teilung des eroberten Gebiets in zwei assyrischen Provinzen berichtet wird (Z. 8'–10'). Darüber hinaus endet der Bericht an den Gott Assur mit einer Liste von 21 programmatischen Ortsnamen, die nach der *comunis opinio* eroberte und umbenannte Städte in Šubria darstellen (RINAP 4, 112.33, iv, 14'-22'), Eph'al (2005) 109–11, Leichty (1991) 55f, Pongratz-Leisten (1997) 335–337, RlA 13, 240 s. v. Šubria (K. Kessler). In diesem Kontext würde man erwarten, dass sich die erste Liste einheimischer Ortsnamen, die geändert wurden, auf das eroberte Gebiet (Šubria) bezieht. Wenn aber K. in Zentralassyrien gemeint ist, wäre die Umbenennung ephemer gewesen, wie eine späte Urkunde, in der ein postkanonischer Eponym und Gouverneur von K. erwähnt wird, zeigt (s. o. SAA 14, 158, Rs. 4; s. auch PNA 2/II, 721 s. v. Marduk-rēmanni 13).

Im Gebiet von K. befanden sich die Städte → Amante, → Kasappu, → Mê-ṭābūte, und wahrscheinlich → Dūr-Sāmedi.

Kamanāte

^{uru}*ka-ma-na-a-te*

9-16) SAA 11, 1, Rs. ii, 20’ [er. zw. Karaš u. Kār-Šulmānu-ašarēd]

^{uru}*ka-ma-na-te*

4-15) SAA 10, 361, Rs. 7 ($^{[u]ru}$*ka-*; gegen SAA 10, 361, Rs. 7 hat ABL 1021, Rs. 7 *-te* statt *-ti*; in LAS 294 dagegen, richtig *-te*) [Ampiḫabi, (…)garēšu]

¶ NAT, 194.

Lage unbekannt. Parpola (1983) 302 zu LAS 294 Rs. 7 mit Anm. 550 (auch in SAA 10, S. 377 s. v.) lokalisiert K. am westlichen Tigrisufer mit der Begründung, dass die vor K. erwähnten Städte in der Liste SAA 11, 1 westlich vom Tigris liegen. Wie Kessler (1997) 132f. mit Recht bemerkt hat, gibt es eigentlich keinen Grund für eine Lage am Tigris. Die Städte, die unmittelbar vor K. in der erwähnten Liste genannt werden, liegen von → Guzāna bis wahrscheinlich zum enigmatischen → Karaš im Ḫābūr-Dreieck. Nach K. folgen nur zwei Einträge bevor der Text abbricht, →[1] Kār-Šulmānu-ašarēd und → Dūr-Šarrukīn. Eine Lage im Gebiet von Guzāna ist schwer mit der Erwähnung der Poststationen K., → Ampiḫabi und → […]garēšu in SAA 10, 361 zu vereinbarem, die an einer Straße lagen, über die Mār-Issar seine Briefe aus Babylonien dem assyrischen König schickte. Welche Straße Babylonien mit Ninive über Ampiḫabi – vermutlich in → Arzuḫina – verband, ist nicht bekannt. Da weder die Reihenfolge der Aufzählung der Poststationen – vom Süden nach Norden oder umgekehrt – genannt wird, noch klar ist, ob es sich um drei aufeinander folgende Stationen handelt, kann die Lage von K. und […]garēšu nicht näher präzisiert werden.

Kankānu

^{uru}*ka-na-ka-nu*

5-16) SAA 14, 118, 2 (^{uru}*ka*$^{!}$*-na*$^{!}$*-*) [*ṭēḫi umme* Dunni]

¶ NAT, 204 (Katkānu); nA PN Kankānu, PNA 2/I, 601.

Möglicherweise eine Stadt in Zentralassyrien (N), Zadok [1995a] 257, 4.17.2. 4.1.

Kannu'

^{uru}*ka-an-nu-u'*

5-15) SAA 6, 211, 1' ($^{[ur]u!}$⌜*ka*$^{!}$⌝-*a*[*n*$^{!}$-*nu-u'*]). 2' (-*nu*$^{!}$-[*u'*])

5-16) SAA 14, 84, 2 ($^{uru!}$*k*[*a-an-nu-u'*])

^{uru}*kan-nu-u'*

5-13) ND 2605, 5' (Iraq 23, pl. 19) (-*u'*$^{?}$, Lesung CNA; nach der Kopie -⌜*uḫ*⌝)

5-16) AR 209, u. Rd. 16; SAA 6, 169, 5 ($^{[ur]u}$*kan-*) [*ḫūl šarri ša issi* Malijāti *ana* K.]. 9

N:

^{lú}*kan-nu-u'-a-a*

4-13) SAA 1, 224, Rs. 4 ($^{[lú]}$*kan*$^{!}$-; vielleicht aber $^{[uru]}$*kan-*)

^{uru}*kan-nu-a-a*

5-18) AR 463, 3; id. 539, Rs. 2'

^{uru}*kan-nu-u-a-a*

5-18) AR 539, Rs. 8

^{uru}*kan-nu-u'-a-a*

4-13) SAA 5, 224, 7 [Arzuḫina]

5-18) AR 206, 3 ($^{[ur]u}$*kan-*). Rs. 19 ($^{[uru]}$*kan-*); id. 507, 3; id. 508, 3; id. 539, 3; PSBA 30, 2, Rs. 11

5-19) AR 504, 3 (-[*u'*]-); id. 505, 3 (^{uru}*ka*[*n-nu-u'*]-); OLZ 8, 131, 3. Rs. 14; SAAB 9, 134, Rs. 13'; VS 1, 86, 3 (unpubl., erw. in PNA 2/II, 796 s. v. Nabû-aḫḫē-erība 16; wahrscheinlich Z. 3); VS 1, 89, 3 (unpubl., erw. in PNA 3/II, 1446 s. v. Zilāni ohne Angabe der Orthographie; vermutlich Z. 3)

¶ NAT, 175 (Inu'u; Beleg SAA 1, 224, Rs. 4) u. 194; bibl. *kannēh* (HAL, 460).

Stadt in Zentralassyrien, nicht weit von → Adian, Lipiński (1976b) 59–63, RlA 6, 390 (J. N. Postgate), Schwemmer (2001) 626–628 (mit Zusammenfassung der Unterschiedlichen Lokalisierungsvorschlägen), Zadok (1995a) 244, 4.3, id. (1996c) 70, id. (2012). Nach der Urkunde SAA 6, 169 lag ein zu verkaufendes Grundstück an der Königsstraße, die von → Malijāti nach K. führte, an einem Wadi, der zwischen Adian und einem nicht erhaltenen Dorf verlief (→ Kapar-[...]ḫa) und an einer weiteren Straße, die → Kapar-ili und K. verband. Die Erwähnung von Adian weist eindeutig auf eine Lage in Zentralassyrien hin. Kessler (1997) 132 lokalisiert diesen Streckenabschnitt der Königsstraße im Gebiet zwischen dem Oberen und dem Unteren Zāb mit der Bemerkung, dass dieser Vorschlag von der Lage von Adian abhängig ist. Dass ein Mann aus K. namens Sarî in Arzuḫina anwesend war (SAA 5, 224, 7–9), kann als weiterer Hinweis für die Lokalisierung in Zentralassyrien, jedoch nicht zwingend für eine Lage südlich vom Unteren Zāb (Albright [1924] 131, Zadok [1996] 70), gelten. Basierend auf einer vermuteten Lage von Adian in der Nähe von Dahūk, was keineswegs sicher ist, identifiziert Hannoon (1986) 249f. Malijāti mit einem Ruinenhügel in der Nähe von Maltai (Ma'althayeh), ca. 7 km westlich von Dahūk, und K. mit einem Ruinenhügel bei Baḫrenuf, ca. 4 km nordöstlich von Maltai. In beiden Fundorten hat man neuassyrisches Material an der Oberfläche gefunden. Allerdings führte die Erwähnung von *kannēh* zusammen mit *ḥārān* (→ Ḫarrānu) und *'eden* (→ Ḫindānu) in Eze 27: 23 zu einer Lokalisierung von K. in der Nähe von Ḫarrānu (Finkelstein [1957] 138) bzw. am Mittleren Euphrat (Dalley [1996-97] 67f.). Die große Anzahl an aramäischen Namen unter den aus K. stammenden Personen (s. Zadok [1995a] 244, 4.3 u. id. [2012] 883–887) und die Verehrung von Apladad, dessen Kult ansonsten nur in → Sūḫu bezeugt ist, werden als weitere Argumente für eine Lage am Mittleren Euphrat, in der Nähe von Sūḫu, angeführt, Radner (1997b) 11 mit Anm. 34 u. 229 Anm. 1274. Nach der gegenwärtigen Quellenlage stellt die Erwähnung in der Nähe von Adian weiterhin den einzigen konkreten Hinweis für die Lokalisierung von K. dar.

Kapānu

^{uru}*ka-pa-a-nu*

1-14) RINAP 3/1, 111.35, 56' (mögliche Ergänzung [^{uru}*ka-pa-nu*]) [Adummatu]. Rs. 3''

¶ Stadt in Nordarabien, heute Kāf, im Norden des Wādī Sirḥān, ca. 230 km nordwestlich von al-Ǧauf (→ Adummatu), Frahm (1997) 135, id. (1999) 82 (Karte) u. 88 Anm. 49.

Kapar-[…] 1

URU.ŠE$^{!}$-[x x x x]

3-13) SAA 11, 201, ii, 14

¶ Dorf im Balīḫ-Becken, s. Komm. zu → Qipāni.

Kapar-[…] 2

URU.ŠE-⸢lú!⸣-[x x x]
3-13) SAA 11, 211, 1’ [K. *qanni* Hāurīna]

¶ Dorf im Balīḫ-Becken, in der Umgebung von → Ḫāurīna 2.

Kapar-[…] 3

⸢URU!.ŠE!⸣-[x x]
5-16) SAA 6, 30, 8 [*ḫarrānu ša* K.; Kapar-Lā-qēpu, Kapar-rabûti]

¶ Vielleicht ein Dorf in der Nähe von → Qatnu, wenn → Kapar-Dannāja 3 (erwähnt in der gleichen Urkunde) identisch mit → Kapar-Dannāja 1 ist, Zadok (1995a) 231, 3.1.6.6.

Kapar-[…] 4

U[RU?.ŠE]-[x x]
5-16) SAA 6, 320, 6’–7’ [Kapar-Dannāja]

¶ Wahrscheinlich ein Dorf in der Nähe von → Qatnu, da Kīnanni-Issār (PNA 2/I, 617. S. v. Kīnanni-Issār 2), der Verkäufer in SAA 6, 320 aus dieser Stadt stammt (der Name ist im Duplikat SAA 6, 321 erhalten), Zadok (1995a) 231, 3.1.6.1.

Kapar-[…] 5

uru*ka-par*!-[x x x]
5-23) SAA 14, 317, Rs. 4’

¶ Möglicherweise ein Dorf in Zentralassyrien (N), Zadok (1995a) 266, 5.1.1.7.15

Kapar-[…] 6

URU.ŠÈ-[⸢x x x]
5-23) ZTT 12, Rs. 1 [Kapar-Būdāja]

¶ Wahrscheinlich ein Dorf in der Umgebung von → Tušḫan.

Kapar-[…] 7

URU.ŠE-GIŠ-x-[(x)]-x-*a-a*
5-19) CTN 3, 39 (Hülle), 2

¶ Möglicherweise ein Dorf in der Umgebung von → Kalḫu, Zadok (1995a) 250, 4.7.4.4.3.

Kapar-[…] 8

URU.ŠE-⸢[x x x]
4-13) SAA 15, 49, Rs. 6

¶ Möglicherweise ein Dorf im Osttigrisgebiet.

Kapar-[…] 9

URU.ŠE-[x x x]
5-19) SAA 14, 168, 7'

¶ Vermutlich ein Dorf in Zentralassyrien bzw. in einem benachbarten Gebiet (N).

Kapar-[…] 10

URU.ŠE-⸢[…]
7-16) SAA 12, 28, 32

¶ Möglicherweise ein Dorf in Zentralassyrien bzw. in einem benachbarten Gebiet (N).

Kapar-[…] 11

URU.ŠE-⸢[x x x]
7-17) SAA 12, 37, Rs. 6 [Tu(…)]

¶ Möglicherweise ein Dorf in Zentralassyrien bzw. in einem benachbarten Gebiet (N).

Kapar-[…] 12

URU.ŠE-^{1}x [x x]
7-16) SAA 7, 9, ii, 9’

¶ Vermutlich ein Dorf in Zentralassyrien bzw. in einem benachbarten Gebiet (N).

Kapar-[…] 13

URU.ŠE-^{1} [x x x x x]
3-20) SAA 11, 163, Rs. i, 8’ (URU.ŠE$^{!}$-$^{1!}$[x x x x x])

¶ Vermutlich ein Dorf in Zentralassyrien bzw. in einem benachbarten Gebiet (N).

Kapar-[…] 14

URU.ŠE-^{1}x [x]
3-20) KAV 186, Rs. 5’

¶ Vermutlich ein Dorf in Zentralassyrien bzw. in einem benachbarten Gebiet (A).

Kapar-[…] 15

URU.ŠE-^{1}x x x
5-16) SAA 6, 321, 8

¶ Vermutlich ein Dorf in Zentralassyrien bzw. in einem benachbarten Gebiet (N).

Kapar-[…] 16

URU.ŠE-[…]
5-15) SAA 6, 287, li. Rd. 1 (URU.Š[E-…])

¶ Wahrscheinlich ein Dorf in → Laḫīru 1.

Kapar-[…] 17

URU.ŠE-x [x x x]
5-16) StAT 2, 113, 3

¶ Möglicherweise ein Dorf in Zentralassyrien bzw. in einem benachbarten Gebiet (A).

Kapar-[…] 18

URU.ŠE-[x x x x x]
5-14) SAA 6, 155, 5' (UR[U.ŠE]-)

¶ Möglicherweise ein Dorf in Zentralassyrien bzw. in einem benachbarten Gebiet (N).

Kapar-[…] 19

URU.ŠE-[x x x x x]
5-14) SAA 6, 155, 6' (URU.Š[E]-)

¶ Möglicherweise ein Dorf in Zentralassyrien bzw. in einem benachbarten Gebiet (N).

Kapar-[…] 20

URU.ŠE-x [x x x x]
5-15) SAA 6, 247, 4 (-⸢x⸣)

¶ Möglicherweise ein Dorf in Zentralassyrien bzw. in einem benachbarten Gebiet (N).

Kapar-[…]āja (?)

^{uru}*ka-pár*-[x-x]-*a-a*
4-13) SAA 19, 168, Rs. 14 (-*pá*[*r*$^{?}$-x-x]-⸢*a-a*⸣) [U(…)āja]

¶ Vermutlich ein Dorf in Zentralassyrien bzw. in einem benachbarten Gebiet (K).

Kapar-[…]du

URU.ŠE-^{1}x-x-*du*
5-23) SAA 14, 197, Rs. 15 (URU.ŠE-^{1}⸢x-x⸣-) [Ḫidiniba]

¶ Möglicherweise ein Dorf in Zentralassyrien bzw. in einem benachbarten Gebiet (N).

Kapar-[…]duni

URU.ŠE-[…]-*du-ni*
5-20) SAA 14, 345, 10 (-[^{1}x]-x-) [(…)kin, Āl-Armāja]

¶ Möglicherweise ein Dorf in Zentralassyrien bzw. in einem benachbarten Gebiet (N); s. Komm. zu → Āl-Armāja.

Kapar-[…]ḫa

URU.ŠE-^{1}[…]-*ḫa*
5-16) SAA 6, 169, 7 (URU.Š[E]-^{1}[x]-⸢x⸣-*ḫa*$^{!}$) [*ṭēḫi nahālli ša issi* Adian *ana* K.]

¶ Dorf nicht weit von → Kannu', Zadok (1995a) 244, 4.3.1.2, id. (2012) 876, 1.2.2. Ein zu verkaufendes Grundstück liegt an einem Wadi, der von → Adian nach K. verläuft, sowie an einer Straße, die von → Malijāti nach Kannu' führt.

Kapar-[…]-ili (?)

URU.ŠE-^{1}x-DINGIR
3-13) SAA 11, 209, Rs. iii, 21' (URU.[ŠE-^{1}x-DIN]GIR$^{?}$) [*ina* Immerina]

¶ Dorf im Bezirk von → Immerina, Zadok (1995a) 276, 7.2.1.2 (Lesung URU.[ŠE-^{1}*ka*$^{?}$]-*bar*$^{!}$ nach Parpola [1975] 113).

Kapar-[…]ni

URU.ŠE-x x x-*ni*
5-08) Edubba 10, 26, u. Rd. 10 (URU.ŠE-⸢x x x⸣-)

¶ Möglicherweise ein Dorf in Zentralassyrien bzw. in einem benachbarten Gebiet (K).

Kapar-[...]ute

URU.ŠE-[1][[x-x]]-*u-te*
5-16) SAA 14, 1, 8 [Kapar-Tabālāja, Kapar-Lū-aḫḫē].

¶ Dorf in → Laḫīru 1, in der Nähe von → Kapar-Baḫāja, Zadok (1995a) 225, 1.2.10.

Kapar-Abu-[...]

URU.ŠE-[1]AD-[x x]
7-17) SAA 12, 37, 9' [Kapar-gis(...), Azma(...)]

¶ Möglicherweise ein Dorf in Zentralassyrien bzw. in einem benachbarten Gebiet, Zadok (1995a) 268, 5.1.2.15.9.

Kapar-Adallal

URU.ŠE-[1]*a-da-lál*
3-13) SAA 11, 203, Rs. iv, 17'

URU.ŠE-*da-lal*
5-07) GPA 18, Rs. 11

¶ nA PN Adallal, PNA 1/I, 42.

Dorf im Balīḫ-Becken, Zadok (1995a) 274, 7.1.11.3.1. Dass sich der in GPA 18 erwähnte ON auf eine homonyme Ortschaft, vielleicht in der Region von Kalḫu, bezieht, kann nicht ganz ausgeschlossen werden, scheint aber unwahrscheinlich, Zadok (1995a) 249, 4.7.4.1.7.

Kapar-Adda-bi'di

URU.ŠE-[1] ^{d}10-*bi-i'-di*
3-13) SAA 11, 207, Rs. ii, 6'

¶ nA PN Adda-bi'di, PNA 1/I, 44.

Dorf im Balīḫ-Becken, Zadok (1995a) 274, 7.1.11.4.1.3.

Kapar-Aḫi-iaqar

URU.ŠE-^{1}PAB-*ia-qar*
5-15) SAA 6, 287, 12 [Kapar-Ṣil-Bēl].

¶ nA PN Aḫi-iaqar, PNA 1/I, 63.

Dorf in → Laḫīru 1, Zadok (1995a) 225, 1.2.7.

Kapar-Aḫu-bani

URU.ŠE-^{1}PAB-*ba-ni*
5-10/11) Edubba 10, 33, Rs. 28

¶ nA PN Aḫu-bani, PNA 1/I, 71f.

Wahrscheinlich ein Dorf in Zentralassyrien, vermutlich in der Nähe von → Kalḫu, Zadok (1995a) 259, 4.28.5; s. Komm. zu → Azubiti.

Kapar-Aḫu-lāmur

URU.ŠE-^{1}PAB-*la-mur*
5-08) Iraq 32, 31, 6 [Zamaḫu, Kapar-Aḫu-lāmur]

¶ nA PN Aḫu-lāmur, PNA 1/I, 80–82.

Dorf in der östlichen Ǧazīra, wahrscheinlich nicht weit von → *Zamaḫu (Tall ar-Rimāḥ), Zadok (1995a) 238, 3.8.6.2.

Kapar-Aḫūni

URU.ŠE-^{1}*a-ḫu-u-ni*
5-15) SAA 6, 238, 7 (URU$^{!}$.ŠE$^{!}$-$^{1!}$*a*$^{!}$-*ḫu*$^{!}$-) [Issēte]

¶ nA PN Aḫūnu, PNA 1/I, 84–86.

Dorf in Zentralassyrien, vermutlich nicht weit von → Issēte bzw. → Ninive, Zadok (1995a) 260, 4.29.2.

Kapar-Akaru

URU.ŠE-^{1}*a-ka-ru*
3-13) SAA 11, 205, i, 9' [K. *ina* Piru'a]

¶ Dorf im Baliḫ-Becken, im Gebiet der Stadt → Piru'a, Zadok (1995a) 274, 7.1.11.6.3.1.

Kapar-Akkullāni

URU.ŠE-^{1}*ak-k-u-la-ni*
3-20) SAA 11, 224, Rs. 3 [Kapar-Bisê, Kapar-ikkāri]

¶ nA PN Akkulānu, PNA 1/I, 95f.

Dorf in → Ḫalaḫḫu, Zadok (1995a) 258, 4.20.6.

Kapar-ālāni

URU.ŠE-URU^{meš}-*ni*
3-20) SAA 7, 30, Rs. iii, 26' (URU$^{!!}$.ŠE-)

¶ Möglicherweise ein Dorf in Zentralassyrien bzw. in einem benachbarten Gebiet, Zadok (1995a) 268, 5.1.2.11.9.

Kapar-am[...]

URU.ŠE-*am*-[...]
4-20) St Chab I, 185, 14, Rs. 3 (-*a*[*m*-...]

¶ Dorf in der Nähe von → Dūr-katlimmu, St Chab I, 185.

Kapar-Amdānu

URU.ŠE-^{1}*am-da-nu*
4-13) SAA 1, 233, Rs. 5 ([URU.ŠE-^{1}]*am*-) [*qanni* Būr-šarri]

¶ Dorf im Gebiet von → Būr-šarri in der Provinz → Guzāna, Lipiński (2000) 127, Zadok (1995a) 232, 3.4.4.3.1.

Kapar-'Anâ

URU.ŠE-[1]'*a-na-a*
3-13) SAA 11, 202, i, 9' [K. ina Piru'a]

¶ Dorf im Balīḫ-Becken, im Gebiet der Stadt → Piru'a, Zadok (1995a) 274, 7.1.11.2.1.1.

Kapar-Andarāni

URU.ŠE-[1]*an-da-ra-ni*
5-15) SAA 6, 337, 2' [Darigu]

¶ nA PN Andarānu, PNA 1/I, 111.

Dorf in de Nähe von → Dabigu, Zadok (1995a) 224, 1.1.27.1.

Kapar-āpiāni

URU.ŠE-NINDA.MEŠ-*ni*
3-11/13) ND 2618, Rs. 5 (Iraq 23, pl. 19) [Kapar-Ṭāb-Ninurta, Kār-balāṭi]

¶ Vielleicht ein Dorf im Ḫābūr-Dreieck (wegen der Erwähnung von → Kaḫat in ND 2618, 6'), Zadok (1995a) 236, 3.6.1.11.14 (Kapri-šaknāni; die Lesung URU.ŠE-GAR.MEŠ-*ni* ist wegen der Pluralbildung von *šaknu* nicht richtig, s. CAD Š/1, 180); vgl. → Āl-āpiāni.

Kapar-Armāja

URU.ŠE-[1]*ar-ma-a-a*
5-13) SAA 6, 10, 5 ([URU.ŠE-[1]]*ar-*) [*ḫūl ša* Kalḫu; *ṭēḫi umme* K.]

¶ NAT, 37 (s. v. Arumu).

Dorf in Zentralassyrien, wahrscheinlich in der Umgebung von → Ninive, Zadok (1995a) 247, 4.7.1.2. Ein zu verkaufendes Grundstück grenzt an eine Seitenstraße zum Dorf K. und an eine Straße, die nach → Kalḫu führt, so dass K. wahrscheinlich südlich von Ninive zu suchen ist.

Kapar-Arrizu

URU.ŠE-[1]*ar-ri-zu*
3-13) SAA 11, 203, ii, 7 [*qanni* Ḫarrānu]

¶ Dorf im Gebiet von → Ḫarrānu, PNA 1/I, 134 (PN Arrizu), Zadok (1995a) 272, 7.1.1.6.

Kapar-Aššur-ilā'ī

[uru]*ka-par-aš-šur*-DINGIR-*a-a*
5-19) CTDS 8, 4 (-[*a-a*]; unpubl. erw. in PNA 1/I, 189, s. v. Aššur-ilā'ī 17)

¶ nA PN Aššur-ilā'ī, PNA 1/I, 188f.

Dorf in Zentralassyrien, vielleicht in der Umgebung von → Dūr-Šarrukīn (Fundort des unpublizierten Textes); PNA 3/I, 1081, s. v. Samāku 4.

Kapar-Azḫula

URU.ŠE-*az-ḫu-la*
5-16) SAA 14, 108, u. Rd. 7

¶ Vermutlich ein Dorf in Zentralassyrien bzw. in einem benachbarten Gebiet, Zadok (1995a) 265, 5.1.1.1.1 (alte Lesung [uru]*bu-uk-kúr-te*).

***Kapar-Bābî (?)**

*URU.ŠE-[1]*ba-bi-i*
5-20) A 7880, ? (unpubl. erw. von Postgate [1989] 144, Anm. 34 ohne Angabe der Orthographie)

¶ nA PN Bābî, PNA 1/II, 44. Die Orthographie des Ortsnamens wurde anhand der des Personennamens rekonstruiert (*).

Dorf in Zentralassyrien, vielleicht in der Umgebung von → Dūr-Šarrukīn. Nach Postgate loc. cit. wird eine „village of Babi" in einer unpublizierten Urkunde aus Khorsabad (A 7880) erwähnt, s. auch Zadok (1995a) 258, 4.20.9 (die Zuordnung zu

→ Ḫalaḫḫu stimmt aber nicht, der Ortsname gehört zum vorherigen Abschnitt 4.19). Vgl. → Kapar-Babû.

Kapar-Bābû

URU.ŠE-^{1}*ba-bu-u*
3-20) GPA 121, u. Rd. 14 [Jaluna]

¶ NAT, 350 (Tebabû); nA PN Bābû, PNA 1/II, 246.

Lage unbekannt; s. Komm. zu → *Ariru, vgl. → Kapar-Bābî (?).

Kapar-Baḫāja

URU.ŠE-^{1}*ba-ḫa-a-a*
5-15) SAA 6, 287, 7 [Kapar-Tapḫa-ari]
5-16) SAA 14, 1, 6 ([UR]U.ŠE-^{1}*b*[*a*]-*ḫa-a-*⸢*a*⸣) [Ak(...)]; id., 2, 3 [*ina libbi nagie* Laḫīru]

¶ nA PN Baḫāja, PNA 1/II, 251.

Dorf in → Laḫīru 1, Zadok (1995a) 225, 1.2.2.

Kapar-Bāni-aḫḫē

URU.ŠE-^{1}DÙ-PAB^{meš}
5-10/11) Edubba 10, 33, Rs. 32 (= BaM 24, Nr.18) [Til-paḫḫāri]

¶ nA PN Bāni-aḫḫē, PNA 1/II, 264f.

Wahrscheinlich ein Dorf in Zentralassyrien, vermutlich in der Nähe von → Kalḫu, Zadok (1995a) 259, 4.28.6; s. Komm. zu → Azubiti.

Kapar-Bēl-abū'a

URU.ŠE-^{1}EN-AD-*u-a*
3-13) SAA 11, 201, i, 48 [K. *qanni* Dumâ]

¶ nA PN Bēl-abū'ā, PNA 1/II, 279f.

Dorf im Gebiet von → Dumâ im Balīḫ-Becken, Zadok (1995a) 272, 7.1.3.1.2.1.

Kapar-Bēl-aḫḫē

URU.ŠE-[1]EN-PAB[meš]
5-14) SAA 6, 97, u. Rd. 8

¶ nA PN Bēl-aḫḫē, PNA 1/II, 280f.

Vermutlich ein Dorf in Zentralassyrien bzw. in einem benachbarten Gebiet, Zadok (1995a) 266, 5.1.1.6.7.

Kapar-Bir[...]

URU.ŠE-*bir*-[x x x]
5-23) SAA 14, 193, 4'

¶ Möglicherweise ein Dorf in Zentralassyrien bzw. in einem benachbarten Gebiet; könnte identisch mit → Kapar-Bir-Ḫanūni oder → Kapri-Birtāja sein.

Kapar-Bir-Ḫanūni

URU.ŠE-[1]*bir-ḫa-a-nu-ni*
3-13) SAA 12, 202, Rs. iii, 1' (-[*ni*])

¶ nA PN Ḫanūnî, Ḫanūnu (PNA 2/I, 457f.).

Dorf im Balīḫ-Becken, PNA 1/II, 346, s. v. Bir-Ḫanūni (K. Radner).

Kapar-Bisê

URU.ŠE-*bi-se-e*
3-20) SAA 11, 224, Rs. 6 [Kapar-ikkāri, Kapar-Akkulāni]

¶ Vgl. nA PN Bīsâ, PNA 1/II, 347.

Dorf in → Ḫalaḫḫu, Zadok (1995a) 258, 4.20.8.

Kapar-Bīt-balāṭi

URU.ŠE-É-*bala-ṭi*
5-14) SAA 6, 119, 16 (-[*ṭ*]*i*) [Kapar-Qiluḫte, Kār-Ištar 1]

¶ Das Zeichen BAL kann auch u. a. *pal* gelesen werden, so dass der ON auch URU.ŠE-É-*pal-ṭi,* Kapar-Bīt-Palṭi gelautet haben könnte; vgl. nA PN des Typs Palṭi-GN, PNA 3/I, 982f.

Dorf in der Nähe von → Kār-Ištar 1, Zadok (1995a) 224, 1.1.19.

Kapar-Bīt-Palṭi s. Kapar-Bīt-balāṭi

Kapar-Bīt-sasanâ (?)

URU.ŠE-É-*sa-sa-na-a*
5-16) SAA 14, 151, 2 (-É$^{?}$-[*sa*]-). 5 (URU.[ŠE]-⸢É-*sa*$^{?}$⸣-*sa-na-a*$^{?}$)

¶ Vermutlich ein Dorf in Zentralassyrien (N), Zadok (1995a) 254, 4.13.2.3.3.

Kapar-Būdāja

URU.ŠÈ-^{1}*bu-da-a-a*
5-23) ZTT 12, 3 (-⸢*da*⸣-[*a-a*]). id., 23, 3 (URU.[ŠÈ-^{1}*bu-d*]*a*-)

¶ PN Būdāja nicht belegt, vgl. aber nA PN Būdâ, PNA I/2, 349.

Wahrscheinlich ein Dorf in der Umgebung von → Tušḫan.

Kapar-Dakanâ

URU.ŠE-^{1}*da-ka-na-a*
5-16) SAA 14, 1, 9 ([URU.ŠE]-^{1}*da*$^{!}$*-ka-na-a*$^{!}$-) [Kapar-Lū-aḫḫē, Kapar-Zērūtî].

¶ Dorf in → Laḫīru 1, in der Nähe von → Kapar-Baḫāja, PNA 1/II, 370, Zadok (1995a) 225, 1.2.12.

Kapar-Dannāja 1

URU.ŠE-^{1}*dan-na-a*

5-16) SAA 6, 320, 2' (-^{1}[*dan-a-a*]) [*ḫarrānu ša* K.; Ilṭiši]. 6' ([UR]U.ŠE-) [*ḫarrānu ša issu* K.]; id. 321, 4 (-^{1}[*dan-a-a*]) [*ḫarrānu ša* K.; Ilṭiši]. 7 [*ḫarrānu ša issu* K.]

¶ Wahrscheinlich ein Dorf in der Nähe von → Qatnu, da Kīnanni-Issār (PNA 2/I, 617. S. v. Kīnanni-Issār 2), der Verkäufer in SAA 6, 320 u. 321 aus dieser Stadt stammt, Zadok (1995a) 231, 3.1.6.3. K. könnte identisch mit → Kapar-Dannāja 3 sein; vgl. → Āl-Dannāja u. →^{3} Bīt- Dannāja.

Kapar-Dannāja 2

URU.ŠE-*dan-a-a*

5-16) SAA 6, 336, 3' (-*dan*$^{!}$-*a*-⸢*a*⸣)

¶ nA PN Dannāja, PNA 1/II, 376f.

Dorf im Bezirk von → Arrapḫa, Zadok (1995a) 226, 1.3.3 (alte Lesung); vgl. → Āl-Dannāja, →^{3} Bīt- Dannāja.

Kapar-Dannāja 3

URU.ŠE-*da-na-ia*

5-13) SAA 6, 30, Rs. 9'

¶ nA PN Dannāja, PNA 1/II, 376f.

Lage unbekannt, könnte mit → Kapar-Dannāja 1 identisch sein; vgl. → Āl-Dannāja u. →^{3} Bīt-Dannāja.

Kapar-diqārāte

^{uru}*ka-par-di-qa-rat*

3-13) ND 3469, 9 (Iraq 15, pl. 13) [Muḫḫi-naḫli, Dūr-pariki]

URU.ŠE-*di-qa-ra-te*
5-19) SAA 14, 42, Rs. 4. 11 ([UR]U.ŠE-)

URU.ŠE-KAM.MEŠ
4-13) SAA 1, 105, u. Rd. 10' ([U]RU.ŠE-) [*ina* ^{kur}*mudabir*]

¶ NAT, 195 (Kapar-diqarat).

Dorf in der östlichen Ǧazīra, Fales (1989c) 178, Zadok (1995a) 238, 3.8.15. Gegen Wiseman (1953) 146 (so auch Hannoon [1986] 229) gehören nicht alle in der Verwaltungsurkunde ND 3469 erwähnten Ortsnamen zum Verwaltungsbereich von → Ninive, s. dazu Zadok (1995a) 260 zu 4.31.1–7. Die Angabe in SAA 1, 105, dass D. „in der Steppe" lag, so wie der Zusammenhang mit → Bīt-Abu-ilā'ī in SAA 14, 42, deuten auf eine Lage westlich vom Tigris (→ Diglat).

Kapar-gis[...] (?)

URU.ŠE-*gi-is*-x
7-17) SAA 12, 37, 8' (-*is*$^{?}$-[x]) [Ḫub(...), Kapar-Abu-(...)]

¶ Möglicherweise ein Dorf in Zentralassyrien bzw. in einem benachbarten Gebiet, Zadok (1995a) 268, 5.1.2.15.8.

Kapar-Gurrabâ

URU.ŠE-*gur-ra-ba-a*
3-13) SAA 11, 202, i, 19' [K. *qanni* Dūr-Nabû]

¶ Dorf im Balīḫ-Becken, in der Umgebung der Stadt → Dūr-Nabû 1, Zadok (1995a) 274, 7.1.11.2.2.1.

Kapar-ḫa[...]

URU.ŠE-*ḫa*-[x x x x x]
3-16) SAA 7, 28, i, 2 [Kapar-qu(...), Kapar-Ṣil(...)]

¶ Dorf in → Si'immê, Zadok (1995a) 235, 3.6.1.10.2.

Kapar-Ḫamû

URU.ŠE-^{1}*ḫa-mu-u*
3-13) SAA 11, 205, i, 4’ (K. *qanni* Tinunî)

¶ Dorf im Balīḫ-Becken, in der Umgebung der Stadt → Tinunî, Zadok (1995a) 274, 7.1.11.6.11.

Kapar-Ḫanê

URU.ŠE-*ḫa-né-e*
3-20) SAA 7, 30, Rs. ii, 21’

¶ Möglicherweise ein Dorf in Zentralassyrien bzw. in einem benachbarten Gebiet, Zadok (1995a) 268, 5.1.2.11.4.

Kapar-ikkāri

URU.ŠE-^{lú}ENGAR
3-20) SAA 11, 224, Rs. 1 [Kapar-Bisê, Kapar-Akkulāni]

¶ Dorf in → Ḫalaḫḫu, Zadok (1995a) 258, 4.20.4.

Kapar-Ilit(t)i

URU.ŠE-*i-li-ti*
3-13) KAV 31, 15 [Sarê, Til-ulīna]. Rs. 24 [Kapar-Nergal]. 26

¶ Vgl. nB PN ^{mí}Ilit(t)i, CTN 3, 80, 1.

Lage unbekannt, nach Zadok (1995a) 239, 3.9.8.15 vielleicht in der Ǧazīra.

Kapar-ilkāti

URU.ŠE-*il-kát*
5-14) O 3703, Rs. 9 (unpubl. zit. in PNA 1/II, 402, s. v. Erība-Marduk 2)

¶ Dorf im Balīḫ-Becken, wahrscheinlich in der Nähe von → Mallanāte.

Kapar-Ilṭiši

URU.ŠE-^{1}*il-ṭi-ši*
5-16) SAA 6, 320, 3’ [Kapar-Dannāja]; id. 321, 5 (erg.) [id.]

¶ Wahrscheinlich ein Dorf in der Nähe von → Qatnu (der Verkäufer in SAA 6, 321 stammt aus dieser Stadt), Zadok (1995a) 231, 3.1.6.2.

Kapar-Ilu-bāni

URU.ŠE-^{1}DINGIR-*ba-ni*
4-13) SAA 19, 188, 12’ [Dūr-Enlil, Singāra]

¶ nA PN Ilu-bāni, PNA 2/I, 526.

Vermutlich ein Dorf in Nordmesopotamien, Kessler (1980) 154f., Zadok (1995a) 269, 5.3.2.

Kapar-Ilumma-lē’i (?)

URU.ŠE-^{1}DINGIR-*ma*-ZU
7-07) SAA 12, 1, 8 ([URU.ŠE$^{?}$]-) [Ḫarbat-niāri, Kapar-Šumma-ilā’ī]

¶ nA PN Ilumma-lē’i, PNA 2/I, 532.

Dorf in der Provinz → Libbi-āli, die an → Qibīt-Aššur angrenzte. Der Name des Dorfes wird durch das Amt des Ilumma-lē’i *rab ālāni ša* Šabbu (^{lú}GAL.URU.MEŠ *ša* ^{uru}*ša*[*b-bi*]) „Oberstadtherr von Šabbu“ genauer spozifiziert, s. PNA 2/I, 532, s. v. Ilumma-lē’i 5.

Kapar-Ilu-ṣalê

URU.ŠE-^{1}DINGIR-*ṣa-le-e*
7-16) SAA 12, 50, 34 (⸢URU.ŠE⸣-)

¶ Wahrscheinlich ein Dorf in Zentralassyrien bzw. in einem benachbarten Gebiet, Zadok (1995a) 267, 5.1.2.1.1.

Kapar-issi-ekalli (??)

URU.ŠE-MÍ-É.GAL
5-16) SAA 14, 1, Rs. 17 ([UR]U[!].ŠE-) [*ḫazannu*; Laḫīru].

¶ Wenn man K. („Dorf der Königin") als ON betrachtet, könnte es sich um ein Dorf in → Laḫīru 1 handeln, Zadok (1995a) 225, 1.2.14 (alte Lesung Kapri-ša-ekalli). Die Bezeichnung [uru]*laḫīrāja* in der gleichen Zeile kann sich aber sowohl auf das Dorf (SAA 14, 1 u. PNA 1/II, 279 s. v. Bazuzu 1) wie auch auf den in der vorherigen Zeile erwähnten Bürgermeister Bazuzu (so in AR 101) beziehen. Bazuzu erscheint als Zeuge in einer Kaufurkunde, in der Milki-Nūrī, Eunuch der Königin, das Dorf → Kapar-Nabû-šēzib in Laḫīru 1 kauft.

Kapar-Išme-ilu

URU.ŠE-[1] *iš-me*-DINGIR
3-20) KAV 186, Rs. 17' [*ḫūl šarri*]

¶ nA PN Išme-ilu, PNA 2/I, 585.

Möglicherweise ein Dorf – anscheinend an der Königsstraße – in Zentralassyrien bzw. in einem benachbarten Gebiet (A).

Kapar-Jaqīri

URU.ŠE-[1]*ia-qí-ri*
7-17) SAA 12, 37, 4' ([U]RU.ŠE-)

¶ nA ON Jaqīru, PNA 2/I, 493.

Möglicherweise ein Dorf in Zentralassyrien bzw. in einem benachbarten Gebiet, Zadok (1995a) 268, 5.1.2.15.2.

Kapar-Kaldu

URU.ŠE-*kal-du*
5-15) SAA 6, 283, u. Rd. 21' (-*du*[!])

¶ Möglicherweise ein Dorf in Zentralassyrien (N), Zadok (1995a) 243, 4.1.3.8., die im Bereich der Stadt →$^{\text{fr uru}}$[…] 34 lag; vgl. →^{3} Kaldu.

Kapar-Kansi-Ištar

URU.ŠE-*ka-an-si*-^{d}15
3-20) SAA 11, 226, 2 (-*s*[*i*]-$^{\ulcorner \text{d!} \urcorner}$15) [*ina nagie ša* Arrapḫa]

¶ Dorf im Bezirk von → Arrapḫa.

Kapar-Kaparu

URU.ŠE-$^{\text{1}}$*ka-pa-ru*
3-13) SAA 11, 202, Rs. iv, 7' (-*r*[*u*]) [*qanni* Ḫarrānu]

¶ nA PN Kapara (PNA 2/I, 604f.)

Dorf im Gebiet von → Ḫarrānu, Zadok (1995a) 272, 7.1.1.8; vgl. → Kapar-kaUD.

Kapar-kaUD (?)

URU.ŠE-*ka*-UD
5-19) SAA 14, 168, u. Rd. 2

¶ Wegen der Polyphonie des Zeichens UD kann die Lesung des ON nicht bestimmt werden. In SAA 14, 168 wird die Lesung URU.ŠE-*ka-par* bevorzugt und in der Übersetzung nicht als Ortsname, sondern als Nomen verstanden. Dennoch, weder Kontext noch Graphie sprechen für eine solche Deutung. Im Register dagegen (SAA 14, 357) wird der Beleg als Ortsname (Kapru) betrachtet. In PNA 2/II, 654 s. v. Laqisu wird die Lesung übernommen und der Ortsname als Kapar widergegeben. Zadok (1995a) 266, 5.1.1.7.14 liest URU.ŠE-*ka-tú* (Kapar-katu). Darüber hinaus, kann eine Lesung ^{uru}*še-ka-tú* (AR 447, 28) kann nicht ganz ausgeschlossen werden.

Vermutlich ein Dorf in Zentralassyrien bzw. in einem benachbarten Gebiet (N); vgl. → Kapar-Kaparu.

Kapar-Kiluḫte s. Kapar-Qiluḫte

Kapar-Kīni

URU.ŠE-^{1}*ki-i-ni*
5-16) SAA 6, 335, 6' [Qatnu]

¶ nA PN Kēnu, PNA 2/1, 611.

Dorf in der Nähe von → Qatnu, Zadok (1995a) 231, 3.1.4.

Kapar-Kuṣur

URU.ŠE-^{1}*ku-ṣur*
3-23) SAA 11, 223, 2 (-*ṣur*$^{!}$) [Jaḫu(...)]

¶ Vgl. nA PN Kuṣurâ bzw. Kuṣur-Aia, PNA 2/I, 644.

Vermutlich ein Dorf in Zentralassyrien bzw. in einem benachbarten Gebiet, Zadok (1995a) 268, 5.1.2.16.1.1.

Kapar-la[...]

URU.ŠE-*la*-[x x]
3-20) ND 2476, i, 7' (Iraq 23, pl. 15) (-⌜x⌝^{meš}-*ti*$^{!}$) [*ina qanni* Dūr-Šarrukīn; Ālu-ša-(...)]

¶ Dorf in der Umgebung von → Dūr-Šarrukīn, Zadok [1995a] 258, 4.19.1.5.

Kapar-Lāqê

URU.ŠE-^{1}*la-qe-e*
3-13) SAA 11, 207, Rs. ii, 3'

¶ nA PN Laqê, PNA 2/II, 652.

Dorf im Balīḫ-Becken, Zadok (1995a) 274, 7.1.11.4.1.2. Nach Lipiński (2000) 107 hätte man in K. Deportierte aus dem Land → Lāqê angesiedelt.

Kapar-Lā-qēpu

URU.ŠE-^{1}*la-qé-pi*
5-13) SAA 6, 30, Rs. 6’ [Kapar-rabûti]

URU.ŠE-^{1}*la-qé-pu*
5-13) SAA 6, 30, 6

¶ nA PN Lā-qēpu, PNA 2/II, 652–654.

Dorf, vielleicht in der Nähe von → Qatnu, wenn → Kapar-Dannāja 3 (erwähnt in der gleichen Urkunde) identisch mit → Kapar-Dannāja 1 ist, Zadok (1995a) 231, 3.1.6.4.

Kapar-Liḫi-rām s. Šeliḫiram

Kapar-Lū-aḫḫē

URU.ŠE-^{1}*lu-u*-PAB.MEŠ
5-16) SAA 14, 1, 9 ([U]RU.ŠE-^{1}⌜*lu*$^{!}$-*u*$^{!}$⌝-) [Kapar-Dakanâ, Kapar-Zārūtî]

¶ nA PN Lū-aḫḫē, PNA 2/II, 665.

Dorf in → Laḫīru 1, in der Nähe von → Kapar-Baḫāja, Zadok (1995a) 225, 1.2.11.

Kapar-Mallaṣi

URU.ŠE-*ma-al-la-ṣi*
7-20) SAA 12, 98, 4

¶ Möglicherweise ein Dorf in Zentralassyrien oder in einem benachbarten Gebiet.

Kapar-Mannu-lū-aḫū’a

URU.ŠÈ-^{1}*man-nu-lu-u*-PAB-*u-a*
7-16) SAA 12, 50, Rs. 16’

¶ nA PNA Mannu-lū-aḫū’a, PNA 2/II, 700.

Dorf in Zentralassyrien, wahrscheinlich im Gebiet von Ninive, → Zadok (1995a) 254, 4.13.2.2.1.1. Mehrere Individuen aus K. und → Āl-rā'âni-ša-mār-šarri werden in der Landschenkungsurkunde SAA 12, 50 als „Leute von Ninive" bezeichnet (Rs. 19').

Kapar-Mār-jaba

URU.ŠE-^{1}DUMU-*ia-ba*
4-13) SAA 1, 233, Rs. 3 (URU.ŠE-^{1}⸢DUMU$^{?}$-*ia*⸣-) [*qanni* Ilḫini]

¶ Vgl. nA PN Mār-jababa, PNA 2/II, 737f.

Dorf im Gebiet von → Ilḫini in der Provinz →Guzāna, Lipiński (2000) 127, Zadok (1995a) 232, 3.4.4.4.1.

Kapar-mār-šarri

URU.ŠE-A-MAN
5-16/19) ND 3412, 2 (Iraq 17, pl. 28.3) (⸢URU.ŠE⸣-)

¶ Das „Dorf des Kronprinzen", möglicherweise in der Nähe von → Kalḫu, PNA 1/II, 409 s. v. Ezbu 9; vgl. → Ālu-ša-mār-šarri.

Kapar-Maṣi-ili

URU.ŠE-^{1}*ma-ṣi*-DINGIR
5-16) SAA 14, 211, 8'

¶ nA PN Maṣi-ilu, PNA 2/II, 743.

Vermutlich ein Dorf in Zentralassyrien bzw. in einem benachbarten Gebiet, Zadok (1995a) 265, 5.1.1.1.5.

Kapar-Milki-[...]

URU.ŠE-^{1}*mil-ki*-x-x
5-14) SAA 6, 186, Rs. 7 (-⸢*ki*$^{!}$⸣-x-[x])

¶ NAT, 350 (Teiš[...]). Für nA PN, die mit Milki- beginnen, s. PNA 2/II, 750–753.

Vermutlich ein Dorf in Zentralassyrien bzw. in einem benachbarten Gebiet, Zadok (1995a) 266, 5.1.1.7.14.

Kapar-Nabû

URU.ŠE-^{d}AG
7-16) SAA 12, 50, Rs. 14' [*ina* Ḫalaḫḫu; Bīt-Adad-ēreš]

¶ Dorf in → Ḫalaḫḫu, Zadok (1995a) 258, 4.20.1.

Kapar-Nabû-nāṣir

URU.ŠE-^{1d}AG-PAB-*ir*
7-16) SAA 12, 27, 35

¶ nA PN Nabû-nāṣir, PNA 2/II, 855–857.

Vermutlich ein Dorf in Zentralassyrien bzw. in einem benachbarten Gebiet, Zadok (1995a) 267, 5.1.2.2.

Kapar-Nabû-šēzib

URU.ŠE-$^{1\ d}$PA-*še-zib*
5-16) SAA 14, 1, 3 ([URU.Š]E-) [Ak(...), Kapar-Baḫāja].

¶ nA PN Nabû-šēzib, PNA 2/II, 879f.

Dorf in → Laḫīru 1, in der Nähe von → Kapar-Baḫāja, Zadok (1995a) 225, 1.2.8.1.

Kapar-Nabû-šimanni

URU.ŠE-$^{1\ d}$AG-*ši-man-ni*
5-16) SAA 14, 425, 18 [*ḫarrānu ša ana* Ḫappati]

URU.ŠE-$^{1\ d}$PA-ḪAL-*a-ni*
5-16) SAA 14, 425, 2. Rs. 27 (⌜URU.ŠE⌝-)

¶ nA PN Nabû-šimanni, PNA 2/II, 882; aram. *kpr nbšmn* (SAA 14, 427, aramäische Beischrift).

Wahrscheinlich ein Dorf in Zentralassyrien, vielleicht in der Nähe von Ninive, Zadok (1995a) 254, 4.13.2.3.1.2. Ein Grundstück in K. grenzt an der Straße nach →Ḫappati (s. Komm.).

Kapar-Naga[...]

URU.ŠE-^{1}*na-ga*-[x-x]
3-13) SAA 11, 214, 6' [K. *qanni* Kapar-Qarīḫi]

¶ Vgl. nA PN Nagaḫa, Nagaḫānu, Nagaḫî, PNA 2/II, 921.

Dorf im Balīḫ-Becken, in der Umgebung des Dorfes → Kapar-Qarīḫi, Zadok (1995a) 274, 7.1.11.5.1.1.1.

Kapar-Nergal

URU.ŠE-$^{1\ d}$MAŠ.MAŠ
3-13) KAV 31, Rs. 21 [Til-ulina, Māliku]; id. 35, 8' (-$^{1\ d}$MAŠ.⌜MAŠ⌝) [Qamani]

¶ Es handelt sich wahrscheinlich um eine Kurzform eines ON des Typs Kapar + Nergal-... (s. PNA 2/II, 940ff).

Lage unbekannt, nach Zadok (1995a) 239 vielleicht in der Ǧazīra, 3.9.8.16.

Kapar-Ni[...]

URU.ŠE-^{1}*ni*-x [x x]
7-17) SAA 12, 37, 4' (-DIN[GIR$^{?}$]) [Kapar-Jakīri]

¶ Möglicherweise ein Dorf in Zentralassyrien bzw. in einem benachbarten Gebiet, Zadok (1995a) 268, 5.1.2.15.3.

Kapar-Nūni

URU.ŠE-^{1}*nu-ú-ni*
7-16) SAA 12, 50, 16 [*ina* Barḫalzu]

¶ Vgl. nA PN Nūnî, PNA 2/II, 967.

Dorf in → Barḫalzu, Zadok (1995a) 237, 3.7.1.1.

Kapar-Nūr-bīti

URU.ŠE-^{1}ZÁLAG-É
5-16) SAA 14, 139, 6 ([URU.Š]E$^{!}$-^{1}ZÁLAG-⸢É⸣)

¶ Möglicherweise ein Dorf in Zentralassyrien bzw. in einem benachbarten Gebiet (N).

Kapar-Qajāni

URU.ŠE-*qa-a-a-ni*
3-11/13) ND 2622, 5 [Anî-il, Baqarri]

¶ Wahrscheinlich ein Dorf in der Nähe von → Baqarri (erw. in ND 2622, 8) , Zadok (1995a) 228, 1.4.6.1.8 (jedoch nicht in → Arzuḫina!).

Kapar-Qanâ-il (?)

URU.ŠE-^{1}*qa-na-a*-DINGIR
7-17) SAA 12, 37, 3' (-DIN[GIR$^{?}$]) [Kapar-Jakīri]

¶ nA ON Qanâ-il, PNA 3/I, 1006.

Möglicherweise ein Dorf in Zentralassyrien bzw. in einem benachbarten Gebiet, Zadok (1995a) 268, 5.1.2.15.1.

Kapar-Qarīḫi

URU.ŠE-^{1}*qa-ri-ḫi*
3-13) SAA 11, 214, 6' [Kapar-Naga(...) *qanni* K.]

¶ nA PN Qarīḫu, PNA 3/I, 1008.

Dorf im Balīḫ-Becken, Zadok (1995a) 274, 7.1.11.5.1.1.

Kapar-Qiluḫte

URU.ŠE-*ki/qí-luḫ-te*
5-14) SAA 6, 119, 16 (-*luḫ*[!]-*te*[!]) [Kapar-Bīt-balāṭi, Kār-Ištar 1]

¶ Dorf in der Nähe von → Kār-Ištar 1, Zadok (1995a) 224, 1.1.20.

Kapar-Qiqî

URU.ŠE-[1]*qi-qi*
3-23) SAA 11, 223, 4 (-*q*[*i*[?]]) [Jaḫu(...), Bambuki]

¶ NAT, 351 (Teqi); nA PN Qiqî, PNA 3/I, 1015.

Vermutlich ein Dorf in Zentralassyrien bzw. in einem benachbarten Gebiet, Zadok (1995a) 268, 5.1.2.16.1.3.

Kapar-qu[...]

URU.ŠE-*qu*-[x x x x x]
3-16) SAA 7, 28, i, 1 [Kapar-ḫa(...)]

¶ Dorf in → Si'immê, Zadok (1995a) 235, 3.6.1.10.1.

Kapar-Quāja

URU.ŠE-[1]*qu-ú-a-a*
7-11) Edubba 10, 36, 11

¶ nA PN Quwāiu, PNA 3/I, 1027.

Möglichwerweise ein Dorf in Zentralassyrien (N), nicht weit von → Masiḫi, Edubba 10, S. 48, Komm. zu Z.11. Die Erwähnung der Ištar von → Ninive zwingt nicht zur Lokalisierung von K. in der Nähe dieser Stadt (gegen Zadok [1995a] 254, 4.13.2.3.8).

Kapar-rabûti

URU.ŠE-GAL.MEŠ
5-16) SAA 6, 30, 7 [*ḫarrānu ša* K.; Kapar-Lā-qēpu]

¶ Vielleicht ein Dorf in der Nähe von → Qatnu, wenn → Kapar-Dannāja 3 (erwähnt in der gleichen Urkunde) identisch mit → Kapar-Dannāja 1 ist, Zadok (1995a) 231, 3.1.6.5.

Kapar-Rēmanni-ilu

URU.ŠE-^{1}*rém-a-ni*-DINGIR
3-13) SAA 11, 207, Rs. iii, 3'

¶ nA PN Rēmanni-ilu, PNA 3/1, 1042f.

Dorf im Balīḫ-Becken, Zadok (1995a) 274; vgl. → Rebīt-Rēmanni-ilu.

Kapar-Rēmūti

URU.ŠE-^{1}*ri-mu-ti*
7-16) SAA 12, 50, 15 (URU.ŠE-^{1}*ri*$^{!}$-) [*ina* Barḫalzu]

¶ nA PN Rēmūtu, PNA 3/I, 1047–1049.

Dorf in → Barḫalzu, Zadok (1995a) 237, 3.7.1.2.

Kapar-rēšēti (??)

URU.ŠÈ-SAG.MEŠ
1-11) Tigl RR, 33 [Gaurna]

¶ Es ist auffällig, dass ein Dorf mit akkadischem Namen am Ende einer Aufzählung von insgesamt 29 Städten in Ulluba 2 erwähnt wird. Nach Tadmor (1994) 114 und RINAP 1, 92 könnte es sich stattdessen um eine zusammenfassende Apposition für die genannten Orte, nämlich „vornehmliche/wichtige Dörfer“ (*kaprāni reštûti*, URU.ŠE<.MEŠ> SAG.MEŠ) handeln. Dagegen ist einzuwenden, dass der Ausdruck ansonsten nicht bezeugt ist und es merkwürdig erscheint, dass die genannten Städte als Dörfer bezeichnet werden.

Kapar-Saḫarunāja

Dorf in → Ulluba 2.

Kapar-Saḫarunāja

URU.ŠE-*sa-ḫa-ru-na-a-a*
3-20) ND 2728+, 9 (Iraq 23 pl. 24) [*qanni* Arbail; Ḫusana]

¶ Ein Dorf in der Umgebung von → Arbail, Hannoon (1986) 316–318, Zadok (1995a) 246, 4.6.1.11.

Kapar-Sa'īli

URU.ŠE-[1]*sa-'i-i-li*
7-17) SAA 12, 37, 7' [Langa(...), Ḫub(...)]

¶ Möglicherweise ein Dorf in Zentralassyrien bzw. in einem benachbarten Gebiet, Zadok (1995a) 268, 5.1.2.15.6.

Kapar-Sangari (?)

URU.ŠE-[1]*sa-an-ga-ri*
5-08) Iraq 32, 31, 4 (*-an*?-⌜*ga*?⌝-*ri*?) [Zamaḫu, Kapar-Aḫu-lāmur]

¶ Dorf in der östlichen Ǧazīra, wahrscheinlich nicht weit von → *Zamaḫu (Tall ar-Rimāḥ), Zadok (1995a) 238, 3.8.6.1.

Kapar-Saqamānu

URU.ŠE-*sa-qa-ma-nu*
3-20) SAA 7, 30, Rs. iii, 9'

¶ Möglicherweise ein Dorf in Zentralassyrien bzw. in einem benachbarten Gebiet, Zadok (1995a) 268, 5.1.2.11.7.

Kapar-sēgalli

URU.ŠE-[mí]É.GAL
5-20) SAA 14, 401, Rs. 6' ([UR]U.ŠE-)

URU.ŠE-*ša*-^{mí}É.GAL
4-11) SAA 19, 42, 8’ (-⸢É$^{?}$.GAL$^{?}$⸣; Lesung unsicher)

¶ Möglicherweise ein Dorf in Zentralassyrien oder in einem benachbarten Gebiet.

Kapar-sukkalli

URU.ŠE-^{lú}SUKKAL
7-18) SAA 12, 96, 8 [*ḫūl ša ana* K.; Ṣabat-lū-kūn]

¶ Das „Dorf des Wesirs“, Lage unbekannt, wahrscheinlich in der Region von → Kalḫu, Zadok [1995a] 248, 4.7.2.4.

Kapar-Sumu’il

URU.ŠE-*su-mu-ìl*
5-19) SAAB 5, 44, Rs. 5’

¶ Möglicherweise ein Dorf in Zentralassyrien (A), Zadok (1995a) 243, 4.1.3.4; vgl. → Sumu’il.

Kapar-Sūrī-Ba’al

URU.ŠE-^{1}*su-ri-ba-al*
3-13) SAA 11, 209, Rs. iii, 11’ ([URU.]ŠE-^{1}*su-ri*-⸢*ba-al*⸣)

¶ Dorf im Balīḫ-Becken, Zadok (1995a) 274, 7.1.11.8.1.

Kapar-Ṣidqī (?)

URU.ŠE-*ṣi-id-qi-i*
4-20) GPA 207, 5’(-*ṣ*[*i*$^{?}$]-*id*-[*q*]*i*$^{?}$-[*i*$^{?}$])

¶ nA PN Ṣidqī, PNA 3/I, 1169.

Vermutlich ein Dorf in Zentralassyrien oder in einem angrenzenden Gebiet; eine Lage in der Nähe von → Kalḫu (so Zadok [1995a] 249, 4.7.4.1.26) ist nicht zwingend.

Kapar-Ṣil-[…]

URU.ŠE-^{1}*ṣil*-[x x x x x]
3-16) SAA 7, 28, i, 3 [Kapar-ḫa(…)]

¶ Dorf in → Si'immê, Zadok (1995a) 236, 3.6.1.10.3.

Kapar-Ṣil-Bēl 1

URU.ŠE-^{1}*ṣil*-EN
5-15) SAA 6, 287, 10 [Kapar-Tapḫa-ari]. 12 [Pāqutu]

¶ nA PN Ṣil-Bēl, PNA 3/1, 1171f.

Dorf in → Laḫīru 1, Zadok (1995a) 225, 1.2.4.

Kapar-Ṣil-Bēl 2

^{uru}*kap-ri*-^{1}GISSU (GIŠ.MI)-^{d}EN
7-07) SAA 12, 2, Rs. 9 (-^{d}E[N$^{?}$])

¶ nA PN Ṣil-Bēl, PNA 3/1, 1171f.

Nach dem (fragmentarisch erhaltenen) Kontext vielleicht ein Dorf im Gebiet von → Naṣībīna; vgl. → Kapar-Ṣil-Bēl 1.

Kapar-Šamaš

URU.ŠE-^{d}UTU
3-16) STT 48, 8' (UR[U$^{?}$.ŠE$^{?}$]-)
5-15) SAA 6, 271, 15 [Ib'ala]

¶ Vielleicht ein Dorf im Osttigrisebiet, s. → Sumurunu. Nach Zadok (1995a) 239 lag S. vielleicht in der Ǧazīra.

Kapar-šāqê

URU.ŠE-BI.LUL
3-20) ND 2465, 9 (Iraq 23, pl. 15) [Āl-Ištar, Til-kišādi]

¶ Wahrscheinlich ein Dorf in Zentralassyrien bzw. in einem benachbarten Gebiet, Zadok (1995a) 246, 4.6.5.2.6.

Kapar-šarri

URU.ŠE-LUGAL
3-13) SAA 11, 201, i, 38 [K. *qanni* Dimmeti]

¶ Dorf im Gebiet von → Dimmeti im Balīḫ-Becken, Zadok (1995a) 272, 7.1.3.1.1.1.

Kapar-Šašši

URU.ŠE-*ša-ši*
3-20) ND 2728+, 4 (Iraq 23 pl. 24) [*ša qanni* Arbail; Ḫurumu, Udūa]

¶ nA PN Šašši, PNA 3/II, 1253f.

Eine von acht (der Text hat aber sieben als Gesamtzahl) Ortschaften in der Umgebung von → Arbail, Hannoon (1986) 316–318, Zadok (1995a) 246, 4.6.1.9.

Kapar-Šugāja

URU.ŠE-*šu-ga-a-a*
5-19) SAAB 5, 41, 2 (-*šu*?-*ga-a*-[*a*])

¶ Möglicherweise ein Dorf in Zentralassyrien (A), Zadok (1995a) 243, 4.1.3.5; vgl. →[1] Kapar-Šugâ.

***Kapar-Šumma-ilā'ī**

N:
uru*kap-ri*-1BE-*ma*-DINGIR-*a-a*
7-07) SAA 12, 1, 8 [Kapar-Ilumma-lē'i, Ṣuṣāni]

¶ nA PN Šumma-ilā'ī, PNA 3/II, 1286.

Dorf in der Provinz → Libbi-āli, die an → Qibīt-Aššur angrenzte, Zadok (1995a) 243, 4.1.4.2.

Kapar-Šumma-šarru (?)

URU.ŠE-^{1}BE-*mu*-MAN
7-17) SAA 12, 51, 3' (-^{1}BE$^{?}$-)

¶ nA PN Šumma-šarru, PNA 3/II, 1290.

Vermutlich ein Dorf in Zentralassyrien bzw. in einem benachbarten Gebiet, Zadok (1995a) 268, 5.1.2.7.2.

Kapar-Tabālāja

URU.ŠE-^{1}*ta-ba-la-a-a*
5-16) SAA 14, 1, 7 ([UR]U.ŠE-^{1}*ta-ba-l*[*a-a-a*]) [Kapar-Baḫāja, Kapar-(…)ute].

¶ nA PN Tabālāju, PNA 3/II, 1298ff.

Dorf in → Laḫīru 1, in der Nähe von → Kapar-Baḫāja, Zadok (1995a) 225, 1.2.9.

Kapar-Tapḫa-ari (?)

URU.ŠE-^{1}*tap-ḫa-a-ri*
5-15) SAA 6, 287, 7 (URU$^{!}$.ŠE$^{!}$-^{1}*tap-ḫa-a-ri*-[[x]]) [Kapar-Baḫāja]

¶ Der PN kann auch ^{1}*arrap-ḫa-a-tal* gelesen werden, s. NALK, S. 63 zu Z. 9 nach einem Vorschlag von Deller. Die Lesung ^{1}*tap-ḫa-a-ri* in SAA 6, 287 basiert auf AR 116. Die Normalisierung des ON als Kapar-Tapḫa-ari folgt SAA 6, könnte aber auch Kapar-Tapḫāri sein.

Dorf in → Laḫīru 1, Zadok (1995a) 225, 1.2.3.

Kapar-tartāni

URU.ŠE-^{lú}*tar-ta-ni*
5-09) GPA 4, Rs. 19 [*ḫazannu*]

¶ Das „Dorf des Generals", möglicherweise in der Nähe von → Kalḫu, Zadok (1995a) 249, 4.7.4.1.20.

Kapar-Tatû

URU.ŠE-*ta-tu-ú*
5-19) SAAB 2, 4, 4

¶ nA PN Tatû, PNA 3/II, 1321.

Dorf im Ḫābūr-Dreieck, wahrscheinlich mit Kafr Tūṯā (Kfartūthō/Koçlu) am östlichen Ufer des Gumüşçay, ca. 15 km südlich von Kızıltepe, gleichzustellen, Radner (2006) 301 mit Anm. 160f., Zadok (1995a) 237, 3.6.4.1.

Kapar-Temanāja

URU.ŠE-*te-ma-na-a-a*
5-15) SAA 6, 271, 12 ([URU.ŠE-*t*]*e*-) [*ḫarrānu ša ana* K.]. 13

¶ Möglicherweise ein Dorf im Osttigrisgebiet, s. → Sumurunu. Nach Zadok (1995a) 239, 3.9.4 lag S. vielleicht in der Ǧazīra. S. → Temannu.

Kapar-Ter

URU.ŠE-^{d}*te-er*
3-13) SAA 11, 209, Rs. iii, 27' [*ina* Immerina]

¶ Dorf im Bezirk von → Immerina, Zadok (1989) 161, id. (1995a) 276, 7.2.1.1 (alte Lesung URU.ŠE-^{d}*še*$^{!}$-*er* nach Parpola [1975] 113).

Kapar-Ṭāb-[...]

URU.ŠE-^{1}DÙG.GA-[...]
3-19) SAA 14, 43, 10 ([UR]U.ŠE-^{1}DÙ[G.GA-x x])

¶ Möglicherweise ein Dorf in Zentralassyrien bzw. in einem benachbarten Gebiet, Zadok (1995a) 262, 4.33.1.5; vgl. → Kapar-Ṭāb-Bēl u. → Kapar-Ṭāb-Ninurta.

Kapar-Ṭāb-Bēl

URU.ŠE-^{1}DÙG.GA-EN
5-16) O 3705, 3 (unpubl. zit. in PNA 3/I, 1152, s. v. Sizî)

¶ Dorf im Balīḫ-Becken, wahrscheinlich in der Nähe von → Mallanāte.

Kapar-Ṭāb-Ninurta

URU.ŠE-DÙG.GA-^{d}MAŠ
3-11/13) ND 2618, Rs. 4 (Iraq 23, pl. 19) [Igāja, Kapar-āpiāni]

¶ Vgl. nA PN Ṭāb-Ninurta, PNA 3/II, 1341.

Möglicherweise ein Dorf im Ḫābūr-Dreieck (wegen der Erwähnung von → Kaḫat in ND 2618, 6'), Zadok (1995a) 236, 3.6.1.11.13.

Kapar-Ṭūba

URU.ŠE-*ṭu-ba*
5-15) SAA 6, 275, Rs. 3

¶ Möglicherweise ein Dorf in Zentralassyrien bzw. in einem angrenzenden Gebiet, Zadok (1995a) 271, 6.6.2. Einige der in der Urkunde aus Ninive gekauften Grundstücke grenzen an Straßen, die nach → Issēte und → Adari führen, was ein Hinweis auf eine Lage im Norden Assyriens sein könnte.

Kapar-U[...]a

URU.ŠE-^{1}*ú*-[x-x]-*a*
7-16) SAA 12, 27, Rs. 9' (URU.⸢ŠE⸣-^{1}*ú*$^{?}$-)

¶ Wahrscheinlich ein Dorf in Zentralassyrien bzw. in einem benachbarten Gebiet, Zadok (1995a) 267, 5.1.2.5.3.

Kapar-Uradâ

URU.ŠE-*ur-a-da-a*
5-19) SAAB 5, 43, 2 ([U]RU.ŠE-)

¶ Vgl. nA PN Urdâ, PNA 3/II, 1393 u. Urdu-Aia, id. 1396–1398.

Möglicherweise ein Dorf in Zentralassyrien (A), Zadok (1995a) 243, 4.1.3.6; vgl. → Kapar-Urdî.

Kapar-Urdî

URU.ŠE-[1]*ur-di-i*
3-13) SAA 11, 205, ii, 6' (-[*i*]); id. 213, ii, 9' (-[*i*][?]) [K. (*qanni*?) Balīḫu]

¶ nA PN Urdî (PNA 3/II, 1393).

Dorf im Balīḫ-Becken, das sich wahrscheinlich im Gebiet der Stadt → Balīḫu 1 befand, Zadok (1995a) 274, 7.1.11.6.2.

Kapar-Usāni

URU.ŠE-[1]*ú-sa-a-ni*
5-16) ND 3430 (Iraq 15, 142 u. 159 s. v. Šeusāni) (Lesung CNA)

¶ Möglicherweise ein Dorf in Zentralassyrien bzw. in einem benachbarten Gebiet (K).

Kapar-Utani

URU.ŠE-[1]*ú-ta-ni*
3-13) ND 3469, 11 (Iraq 15, pl. 13) [Dūr-pariki, Ninive]

¶ Wahrscheinlich ein Dorf in Zentralassyrien bzw. in einem benachbarten Gebiet (K), Zadok (1995a) 260, 4.31.7.

Kapar-Zārūtî

URU.ŠE-[1]NUMUN-*ti-i*
5-16) SAA 14, 1, 11 ([URU].ŠE][!]-) [Kapar-Lū-aḫḫē, Kapar-Dakanâ].

¶ nA PN Zārūtî, Zērūtî, PNA 3/II, 1437–1439.

Dorf in → Laḫīru 1, in der Nähe von → Kapar-Baḫāja, Zadok (1995a) 225, 1.2.13; vgl. →[3] Ālu-ša- Zārūtî.

Kapar-Zizānu-ilī

URU.ŠÈ-^{1}*zi-za-nu*-DINGIR
5-23) ZTT 15, 4 (^{1}⸢*zi-za*⸣-)

¶ Zum sonst nicht bezeugten PN Zizānu-ilī, s. Parpola (2008) 79 Komm. zu Z. 4.

Wahrscheinlich ein Dorf in der Umgebung von → Tušḫan.

Kapar-Zīzî

URU.ŠE-^{1}*zi-zi-i*
5-13) SAA 6, 10, 10 (URU.ŠE-[^{1}*zi-zi-i*]) [*ṭēḫi umme ša* K. Āl-paḫḫārāni]. 13 (-⸢*zi*⸣-[*i*]) [*ṭēḫi umme ša* K.]; id., 11, 4' (-*z*[*i*$^{!}$-i]) [*ṭēḫi umme ša* K. Āl-paḫḫārāni]. 6' (URU.ŠE-[^{1}*zi-zi-i*]) [*ṭēḫi umme ša* K.]; id., 13, 8 ([URU.ŠE-^{1}*z*]*i*-) [id.]

¶ nA PN Zīzî, PNA 3/II, 1447–1449.

Dorf in Zentralassyrien, wahrscheinlich in der Umgebung von → Ninive, Zadok (1995a) 247, 4.7.1.3 (die Erwähnung der Straße nach → Kalḫu in SAA 6, 10, 4. 7. 15 und id. 11, 8' deutet aber nur darauf hin, dass K. nicht allzuweit von Kalḫu entfernt war, und wahrscheinlich südlich von Ninive lag).

Kapar-Zumbi

URU.ŠE-^{1}*zu-um-bi*
5-16) SAA 6, 336, 4' ([URU.Š]E-$^{1!}$*zu*$^{!}$-*um*$^{!}$-) [*ina nagie* Arrapḫa]

¶ nA PN Zunbu, PNA 3/II, 1450.

Dorf im Bezirk von → Arrapḫa, Zadok (1995a) 226, 1.3.4.

Kapra[...] (?)

^{uru}*ka-ap-ra*-[...]
7-07) SAA 12, 4, 3' (-*r*[*a*$^{?}$-x ...])

¶ NAT, 197 (s. v. Kapru).

Möglicherweise ein Dorf in Zentralassyrien bzw. in einem benachbarten Gebiet, Zadok (1995a) 269, 5.4.1.1.

Kapri-[…] 1

^{uru}*kap-ri*-[…]
7-07) SAA 12, 1, 12 [Til-kunāše]

¶ Stadt oder Dorf in der Provinz → Guzāna, Kessler (1980) 214, Zadok (1995a) 232, 3.4.4.5.

Kapri-[…] 2

^{uru}*kap-ri*-[…]
3-07) TH 30, Rs. 1

¶ Lage unbekannt, es könnte sich um ein Dorf im Gebiet von → Guzāna handeln, Zadok (1995a) 232 (3.4.5.14).

Kapri[…] 3

^{uru}*kap-ri*-[…]
3-07) TH 34, 6

¶ Vermutlich ein Dorf in → Guzāna bzw. in der Ǧazīra.

Kapri-Bēl-[…]

^{uru}*kap-ri*-EN-[…]
5-05/07) GPA 47, 5 (-E[N-x x])

¶ Möglicherweise ein Dorf in der Nähe von → Kalḫu, Zadok (1995a) 249, 4.7.4.1.19; vgl. → Kapar-Bēl-abū'a u. → Kapar-Bēl-aḫḫē.

Kapri-Birtāja

^{uru}*kap-ri*-^{1}*bir-ta-a-a*
5-20) SAA 14, 272, 4' ($^{\mathrm{uru}!}$*kap*$^{!}$-*r*[*i*$^{!}$]-^{1}⸢*bir*⸣-) [Ṭābēte, Kullimeri]

¶ NAT, 74 (s. v. Bīrtu); nA PN Birtāju, PNA 1/II, 347.

Vermutlich ein Dorf in der Ǧazīra oder in Nordmesopotamien; vgl. → Ālu-ša-Birtāja, → Kapar-Bir[…].

Kapri…BAD

^{uru}*kap-ri*-[(…)]-BAD
3-07) TH 26, 3 (nach Dornauer [2014] 58f)

¶ Fales (1979) 206 schlägt vor, das Zeichen BAD SUMUN = *labīru* zu lesen, also Kapri[(x)]-labīri; zwischen RI und BAD sind aber Reste eines Zeichens zu sehen, s. Dornauer loc. cit.

Wahrscheinlich ein Dorf in → Guzāna, Zadok (1995a) 232, 3.4.5.8.

Kapri-eššu

URU.ŠE-GIBIL
3-20) KAV 186, Rs. 13'

¶ Möglicherweise ein Dorf in Zentralassyrien oder in einem benachbarten Gebiet (A).

Kapri-labīri s. Kapri…BAD

Kapri-Qurdi-Aššur

^{uru}*kap-ri*-$^{\text{1}}$*qur-di-aš-šur*
7-07) SAA 12, 1, 6 [Kār-Mullissi 2]

¶ nA PN Qurdi-Aššur, PNA 3/I, 1020f.

Dorf in der Provinz → Libbi-āli, die an → Qibīt-Aššur angrenzte, Zadok (1995a) 251, 4.12.1 (irrtümlich im Zusammenhang mit Kār-Mullissi 1 betrachtet). Der Name des Dorfes wird durch das Amt des Qurdi-Aššur *ša-pān-ekalli* (-^{lú}*ša*-IGI-⸢É$^{?}$⸣.[GAL$^{?}$]) „Palastaufseher" genauer spezifiziert, s. PNA 3/I, 1021, s. v. Qurdi-Aššur 3.

Kapri-ša-Ḫunnî

URU.ŠE-*ša*-^{1}*ḫu-ni-i*
5-14) SAA 6, 93, 4' ([U]RU.ŠE-*ša*-^{1}*ḫu-ni*-[*i*])

¶ nA PN Ḫunnî, PNA 2/I, 480.

Dorf in Zentralassyrien, Zadok (1995a) 266, 5.1.1.6.8. In einer Urkunde aus → Ninive wird ein Grundstück verkauft, das an K., sowie an Straßen, die nach → Bana[...] und → Libbi-Āli führen, angrenzt.

Kapri-ša-muḫḫi-nāri

URU.ŠE-*ša*-UGU-ÍD
3-20) ND 2465, 7 (Iraq 23, pl. 15) [Ḫalaḫḫu, Dur-bēltīja]

¶ Wahrscheinlich ein Dorf in Zentralassyrien bzw. in einem benachbarten Gebiet, Zadok [1995a] 246, 4.6.5.2.1.

Kapri-ša-rab-āli (?)

^{uru}*kap-ri*-[(...)]-*ša*-GAL-URU
3-20) GPA 135, 4 (-⌜*ša*⌝-) [Āl-Adad]

¶ Das „Dorf des Stadtherrn", möglicherweise in der Nähe von → Kalḫu, Zadok (1995a) 249, 4.7.4.1.24.

Kapri-ša-Sîn-[...]

^{uru}*kap-ri-ša*-^{1} ^{d}30-[...]
7-07) SAA 12, 3, 9' [Ḫanigalbat, Ḫarrānu]

¶ Wahrscheinlich ein Dorf in der Ǧazīra, vielleicht in der Region von → Ḫarrānu, Zadok (1995a) 239, 3.9.7.

Kār-[...] 1

^{uru}*kar*-^{1}[x-x]
3-20) SAA 11, 231, 1' ($^{[ur]u}$*kar*-)

¶ NAT, 199 (s. v. Kār-[...])

Vermutlich eine Stadt in Zentralassyrien bzw. in einem benachbarten Gebiet (N).

Karania

uru*ka-ra-ni-a*

1-04) RIMA 2, 101.1, iii, 99 [Umalia, Ḫirānu, nērebu ša Amadāni]

¶ NAT, 200; vgl. RGTC 5, 168 (mA Kirini).

Stadt in Nordmesopotamien, wahrscheinlich in → Adani, Liverani (1992a) 83. Lipińsiki (2000) 146 identifiziert K. mit Tall Harzem, ca. 10 km südwestlich von Mardin.

Kār-Adad 2 (?)

uru*kar*-10

3-20) SAA 7, 161, Rs. i, 10 (-10?) [*pīḫat* K.]

¶ NAT, 195.

Stadt und gleichnamiger Bezirk in Zentralassyrien, Zadok (1995a) 268, 5.1.2.12.2. Da die anderen in der Urkunde aus → Ninive erwähnten Bezirke in Assyrien liegen (→ Dūr-Ištar, → Balāṭu, → Ālu-ša-mār-šarri), ist K. wahrscheinlich im gleichen Gebiet suchen. Die Lesung des Namens ist aber nicht gesichert, RlA 5, 402, s. v. Kār-Adad 3 (K. Kessler). Vgl. →1 Kār-Adad 1, → [...]-Adad u. →3 Kār-Adad 3.

Kār-Adad-nērārī

uruKAR-110-ÉRIN.TÁḪ

1-07) RIMA 3, 104.7, 17 (⌈uruKAR-110-ÉRIN.TÁḪ⌉) [126 *kaprānīšu*; Dūr-Marduk, Singāra]

¶ Stadt in der östlichen Ǧazīra, die eine Neugrundung des Nergal-ēreš, Gouverneurs der Provinz → Raṣappa (Page [1968] 146 zu Z. 16–19) bzw. eine von ihm umgebaute Ortschaft war, Zadok (1995a) 239, 3.8.17.7.

Kār-Apladad

^{lú}*kar*-A.10

5-16) SAA 14, 74, Rs. 5a ($^{\text{⸢lú⸣}}$*kar*-; diese Zeile steht nur in SAAS 5, Nr. 57A, als Rs. 13. Sie ist weder in SAA 14, 74 [zwischen Rs. 5 u. 6] noch in der Kopie ADD 153 zu finden. Auch der vermeintliche Zeuge „Ezbu aus K." wurde in PNA 1/II, 409 s. v. Ezbu nicht berücksichtigt. Auf der Hülle der gleichen Prozessurkunde liest Jas [IG]I $^{\text{1}}$⸢*ez-bu*⸣ $^{\text{[lú] uru}}$*kar*-A-10 EN.⸢ŠU⸣, „Vor Ezbu aus K." [SAAS 5, Nr. 57B, 13]; SAA 14, 73, 13 bietet aber folgende Schreibung: IGI $^{\text{1⸢d!}}$NIN$^{\text{!}}$.URTA$^{\text{!⸣}}$-KA⸢R$^{\text{!}}$⸣-*a*$^{\text{!}}$-⸢*ni*$^{\text{!⸣}}$, „Zeuge: Inurta-ēṭiranni". Demzufolge scheint es keinen „Ezbu aus K." zu geben, so dass dieser Beleg zu streichen ist.)

^{uru}*kar*-A.10

5-15) SAA 6, 259, 2 ($^{\text{[ur]u}}$*kar*-); id. 260, 2

^{uru}*kar*-^{d}A-^{d}10

4-13) SAA 1, 170, 5' ([^{uru}*kar*-^{d}A]-^{d}10 nach Watanabe [1991] 194. Diese Ergänzung ist aber unsicher; SAA 1, 170 bietet [*ina* ^{uru}*x*]-^{d}10. Es ist außerdem zu bemerken, dass in allen PN, in denen Apladad vorkommt, das Logogramm 10 nie mit dem Determinativ für Gottheiten geschrieben wird, s. PNA 1/I, 113–115.

¶ NAT, 195 (Kār-Apladda); vgl. nB Kār-Apladad (RIMB 2, 1002.2, iii, 25'. iv, 31').

Möglicherweise eine Stadt in Zentralassyrien, wahrscheinlich in der Nähe von → Ninive, Lipiński (1976b) 56. Die vermeintliche Lage unweit von → Kasappa (Watanabe loc. cit., Zadok [1995a] 245, 4.5.2), basiert auf zwei dubiosen Ergänzungen im Brief SAA 1, 170: Die oben genannte ([^{uru}*kar*-^{d}A]-^{d}10 in Z. 5' und [*ka-sa*]-*ap-pi* in Z. 7' (SAA 1, 170 bietet [*ina* ^{uru}x]-*ap-pi*). Es kann aber nicht ganz ausgeschlossen werden, dass K. identisch mit der vom lokalen Herrscher Ninurta-kudurrī-uṣur neu gegründeten, homonymen Stadt am Mittleren Euphrat in → Sūḫu, am linken Flussufer, ist, Zadok (1996c) 70 (seine Argumente basieren aber von der vermeintlichen Existenz eines Zeugens „Ezbu auch K." und von der Verwechslung zweier Personen namens Ēdu-šallim, s. Komm → Supūri-eddette). Cavigneaux/Ismail (1990) 339 schlagen vor, nB K. mit der Festung Qulai'a (Glei'eh; s. TAVO Karte B IV 10) zu identifizieren. Herles (2007) 419 hält jedoch die Beschreibung der Neugründung (RIMB 2, 1002.2, iii, 22'–25') für eine Stadt am Fluss nicht für unbedingt passend. Wenn Ninurta-kudurrī-uṣur K. von → Ḫindānu her kommend in einem halben Tag erreichen konnte (RIMB 2, 1002.2, iv, 31'f.), liegt Qulai'a zu weit stromabwärts.

Karaš (?)

^{uru}*ka-raš*

9-16) SAA 11, 1, Rs. ii, 19’ ($^{\text{uru!}}$*ka*$^{?}$*-raš*$^{?}$) [erw. zw. Būr-šarri u. Kamanāte]

¶ Möglicherweise eine Stadt im Gebiet von → Guzāna, Dornauer (2014) 19.

Kār-Aššur

kar-aš-šur

3-20) SAA 7, 23, Rs. 7 [Arrapḫa, Laḫīru]

^{uru}*kar*-AN.ŠÁR

3-18) CTN 3, 62, Rs. 16

^{uru}*kar-aš-šur*

1-11) Tigl Ann 9, 3 ($^{\text{⸢uru⸣}}$*kar-*) [*ina muḫḫi tilli kamri ša* Ḫumut *iqabbûšūni*]; Tigl Summ 1, 7 [id.]; id. 6, 8 (erg.); id. 7, 11 [*ina muḫḫi tilli kamri ša* Ḫumut *iqabbûšūni*]

3-20) ND 2664, 1 (Iraq 23, pl. 22) [Gannanāte, Laḫīru]

4-11) SAA 19, 81, 14 (^{uru}*ka*[*r*]-); id., 108, Rs. 5 ($^{\text{u[ru]}}$⸢*kar*⸣-)

^{uru}*kar-*^{d}*aš-šur*

1-15) RINAP 4, 112.54, 23’ [Kār-Bēl-mātāti]

4-13) SAA 5, 250, 4 (^{u}[^{ru}*kar-*^{d}*aš-šur*]). 10

¶ NAT, 195f. (Kār-Aššūr).

Neugründung Tiglatpilesers III. auf dem Ruinenhügel → Ḫumut im Osttigrisgebiet, wahrscheinlich in bzw. in der Nähe von → Laḫīru 1, CTN 3, S. 122, zu. Rs. 16, Zadok [1995a] 226, 1.2.19. Nach LBAT 471, 12 u. 516, 17’ lag K. am Tigris, CTN 3, loc. cit.

Kār-Aššur-nāṣir-apli

^{uru}*kar-*$^{\text{1}}$AŠ-PAB-A

1-04) RIMA 2, 101.1, iii, 50 [Purattu, Nēbarti-Aššur]

1-07) RIMA 3, 104.6, 24 (-⸢A⸣) [Dūr-katlimmu, Sirqu]

¶ NAT, 196.

Stadt am Mittleren Euphrat, eine Neugründung Assurnasirpals II. an einer Furt am linken Ufer des Flusses gegenüber von → Nēbarti-Aššur, Zadok (1995a) 230, 2.3.1.1.10. Zur Zeit des Adad-nērārī III. gehörten die Städte → Dūr-katlimmu, K. und → Sirqu zum Distrikt des Nergal-ēreš (nach Morandi Bonacossi [1996a] 26 waren sie zu jener Zeit die wichtigsten Zentren von Lāqê). Eine *in situ* gefundene Stele, in der K. erwähnt wird, ermöglichte die Identifizierung mit Tall Mašiḥ, 6 km nördlich von Tall al-ʻAšāra (Sirqu), Rouault (2001) 13, Masetti-Rouault (2010) 132–134. Frühere Lokalisierungsvorschläge waren das 100 km stromaufwärts gelegene Zalabīya (Liverani [1988] 86, id. [1992a] 71, Morandi Bonacossi [1996a] 46 fig. 8 u. Musil [1927a] 210f.), die Ḫābūr-Mündung (RlA 5, 407f. [W. Röllig]) und Tall al-ʻAšāra (Lipiński [2000] 104). Nicht mit der Stadt →^{3} Āl-Aššur-nāṣir-apli am Berg →^{3} Eqi (gegen NAT, 196) zu verwechseln.

Kār-balāṭi

^{uru}*kar*-TI.LA

3-11/13) ND 2618, Rs. 6 (Iraq 23, pl. 19) [Kapar-šaknāni, Qurdê]

¶ NAT, 196.

Möglicherweise eine Stadt im Ḫābūr-Dreieck (wegen der Erwähnung von → Kaḫat in ND 2618, 6'), Zadok (1995a) 236, 3.6.1.11.11.

Karbanapa

^{uru}*kar-ba-na-pa*

4-13) ND 2638, 5 (Iraq 23, pl. 20) [Šiprapa]

¶ NAT, 196.

Vermutlich eine Stadt in der Nähe von → Sardurianu (s. Komm. s. v.), eher als nicht weit von Kurbail (so Zadok [1995a] 259, 4.28.9.4).

Kār-Banīte

^{uru}*kar-ba-ni-ti*

1-16) Asb A, i, 77 (Var.); Asb LET, 18'

^{uru}*kar-*^{d}*ba-ni-te*
1-15) RINAP 4, 112.9, ii, 7’

^{uru}*kar-*^{d}DÙ-*ti*
1-16) Asb A, i, 77; Asb B, i, 70; Asb C, ii, 70 (^{uru}*ka*[*r-*^{d}DÙ-*ti*])

^{uru}*kar-*^{d}DÙ-*tú*
1-16) Asb A, i, 77 (Var.)

¶ NAT, 196.

Stadt in Ägypten (→ Muṣur), wahrscheinlich ein Hafen am östlichen Deltarand, Onasch (1994a) 33. Als möglicher Kandidat wird das klass. Pēlousium, heute Tall al-Faramā, vorgeschlagen, ein Ort, der auch für → Ṣi’nu in Frage kommt, Onasch loc. cit., RlA 5, 422 (W. Röllig), Steindorff (1890) 595f., Verreth (1999) 238f. TAVO Karte B IV 13.

Kār-bēl-mātāti 1

^{uru}*kar*-EN-KUR.KUR
1-15) RINAP 4, 112.54, 25’ ($^{[uru]}$*kar-*) [K. *ša* Sai *ina* Muṣur *inambû*]
1-16) Asb LET, 56’. 65’ (^{uru}*kar*-EN-K]UR.KUR) [Sai *ša* K. *šumšu*]

¶ NAT, 196.

Assyrischer Name von → Sai, Kahn (2006) 254, Onasch (1994a) 35, Pongratz-Leisten (1997) 335, RlA 5, 422f. (W. Röllig). TAVO Karte B IV 13.

Kār-Diglatāja (?)

^{uru}*kar-*^{íd}IDIGNA-*a-a*
5-07) GPA 66, 4 (^{uru}*k*[*ar*$^{?}$]-^{í}[$^{d?}$IDIGNA]-) [*ina šiddi ḫirīti*]

¶ „Kai der Tigris-Leute“, eine Stadt, die an einem Kanal lag und möglicherweise in der Nähe von → Kalḫu zu lokalisieren ist, Zadok (1995a) 249, 4.7.4.1.22.

Kār-Ištar 1

^{uru}*kar*-^{d}15

5-14) SAA 6, 119, 6 [*ḫarrānu*; Kapar-Bīt-balāṭi, Kapar-Qiluḫte]
7-16) SAA 12, 62, 5

¶ NAT, 197 (zusammen mit Kār-Ištar 2); RGTC 5, 155f. (mA, ma/mB hist. Kār-Ištar 1).

Anhand der mA Belege (Sumer 28, 234, IM 1244 mit Reade [1978] 180 u. TCS 5, 160, 25'; ev. erg. in RIMA 1, 76.21, 11') – die Lesung ist in keinem Beleg gesichert – scheint K. eine Stadt am Tigris, südlich des Unteren Zab (→ Zāba šaplû) zu sein, Zadok (1995a) 224, 1.1.17. Nach TCS 5, 160, 25' lag K. in → Ugār-Sallum, was für eine Lage am östlichen Tigrisufer, etwa bei seinem Durchbruch zwischen dem Ǧabal-Makḥūl und dem Ǧabal Ḥamrīn (→Ebiḫ) sprechen würde. Die Ziegelinschrift IM 1244 wurde am westlichen Tigrisufer in der Nähe von Ba'īğī in Tall 'Ağāğī gefunden, der aber lediglich eine prähistorische Siedlung ist, was eine Gleichstellung mit K. fragwürdig macht. Helsinki Atlas, 10. 30 (Tall 'Ağāğī!). Nicht mit →^{3} Kār-Ištar 2 in →^{3} Mādāja zu verwechseln.

Karmê

^{uru}*kar-me-e*

3-20) SAA 11, 231, 6' [Āl-nukaribbī]

¶ NAT, 202.

Vermutlich eine Stadt in Zentralassyrien bzw. in einem benachbarten Gebiet (N). Lipiński (2000) 461f. verbindet K. mit dem nestorianischen Bistum von Karmē (4. – 7. Jh. u. Z.), am rechten Tigrisufer (und nicht am linken wie bei Lipiński loc. cit.) ca. 30 km nördlich von Tikrīt (TAVO Karte B VI 11). Vgl. →^{3} Karma'u.

Kār-Mullissi 1

^{uru}*kar*-^{d}NIN.LÍL

1-14) RINAP 3/1, 111.15, vii, 3' (erg.); id., 111.16, vii, 47; id., 111.17, vii, 79; id., 111.18, vii, 19' (⸢^{uru}*kar*-^{d}NIN⸣.LÍL)
4-15) SAA 16, 66, Rs. 3' (⸢^{uru}⸣*kar*-^{d}NIN.L[ÍL])
4-16) ABL 1009, Rs. 23' (-^{d}NI[N.LÍL])
5-15) SAA 6, 216, 2

8-15/16) SAA 8, 12, 8
9-16) SAA 11, 1, Rs. i, 20' (-^{d}NIN.[LÍL]) [erw. nach Kummuḫu]

¶ NAT, 197 (Kār-Ninlil); vgl. RGTC 5, 158 (mB Kār-Ninlil, in der Umgebung von →^{3} Nippur). K. wird im Schülertext aus der Zeit des Assurbanipal STT 372 erwähnt (Reiner/Civil [1967] 197f.; zu diesem Text s. Frahm [1997] 273 [Datierung] u. 275 u. RINAP 3/1, S. 18 Anm. 43) mit der Orthographie ^{uru}*kar-mu-li-si* erwähnt (Z. 5), worauf die Lesung Kār-Mullissi statt der früheren Deutung als Kār-Ninlil basiert, s. Postgate (1971) 390 s. v.

Stadt in Zentralassyrien, die nach einem Vorschlag von Forrer (1920) 114 mit Karamlais, ca. 25 km östlich-südöstlich von → Ninive, identifiziert wird, Reade (1978a) 52, RlA 5, 453 s. v. Kār-Ninlil (W. Röllig), Zadok (1995a) 251, 4.12. Hannoon (1986) 214f. erwähnt drei Ruinenhügel in bzw. in der Umgebung von Karamlais mit nA Resten, Tall Barbara, Tall Jawen und Ḫumreh Ḫatūn. Die wichtigste von den drei Ruinenstätten ist Tall Barbara, wo eine Ziegelinschrift von Sargon II (CBI Nr. 168 mit Anm. zu Layard [1851] pl. 82 D auf S. 117), gefunden wurde, Hannoon (1986) 215, Layard (1849) 52, Place (1870) 169, Reade loc. cit. K. ist von → Kār-Mullissi 2 in der Provinz → Libbi-āli zu trennen. TAVO Karte B IV 10 u. 13; Helsinki Atlas, 4. 28.

Kār-Mullissi 2

^{uru}*kar*-^{d}NIN.LÍL
7-07) SAA 12, 1, 5 [*ša* Šamaš-abū'a *šaknu* (...)na; Qibīt-Aššur, Kapar-Qurdi-Aššur]

¶ Stadt in der Provinz → Libbi-āli. K. grenzte an → Qibīt-Aššur an und wird als „Kār-Mullissi des Šamaš-abū'a, des Statthalters der Stadt [...]na" bezeichnet, wahrscheinlich um sie von Kār-Mullissi 1, ca. 25 km östlich von → Ninive, zu unterscheiden.

Kār-nūri

^{uru}*kar-nu-ru*
3-07) CTN 3, 141, 6 ($^{[ur]u}$*kar-nu*$^{!}$-; nach Deller/Postgate [1985] 76, früher $^{[ur]u}$*kar*-TAR-*ru* gelesen)

^{uru}*kar-nu-ú-ri*
1-14) RINAP 3/2, 111.223, 8 [Talmusu]

^{uru}*ka-ru-nu-ri*
3-14/15) CTN 3, 74, 12

¶ NAT, 198. Nach CTN 3, S. 134 zu Nr. 74, 12 könnte ^{uru}*ka-ru-nu-ri* eine syllabische Schreibung für Kār-Ninurta – eigentlich →^{3} Kār-Nergal (s. Fuchs [1994] 442) in →^{3} Mādāja – sein, was nach dem Kontext eher unwahrscheinlich ist.

Stadt nördlich von → Ninive, die im Zusammenhang mit Sanheribs „Nördlichem Kanalsystem" stand, und in der ca. 50–60 km von Ninive entfernten Region zu suchen ist, wo sich die Felsreliefs von Faida, Širu Malikta und Maltai befinden, Zadok (1995a) 257, 4.18.12. Hannoon (1986) 222f. lokalisiert K. in der Region um ʿAin Sifnī, da er sich auf eine nicht zutreffende Interpretation von Th. Jacobsen (Jacobsen/Lloyd [1935] 39f.) stützt. S. Komm. zu → Ālum-riksi.

Kār-Salmānu

^{uru}*kar-*^{d}SILIM-*man*
5-16) BATSH 6, 72, Rs. 10 [Tarḫê, Bīt-Aššur-lē'i]

N:
kar-^{d}SILIM-*man-nu-a-a*
5-16) BATSH 6, 59, 3

¶ Zur Schreibung von Salmānu s. Radner (1998) 34f.

Wahrscheinlich eine Stadt in der Nähe von → Dūr-katlimmu, dessen Stadtgott Salmānu war, Radner (2002) 115.

Kār-Sîn 1

^{uru}KAR-^{d}30
1-07) RIMA 3, 104.7, 15 (⌜^{uru}KAR-^{d}30⌝) [10 *kaprānīšu*; Dūr-Ištar, Dūr-katlimmu]

¶ Stadt in der östlichen Ǧazīra, die eine Neugründung des Nergal-ērēš, des Gouverneurs der Provinz → Raṣappa (Page [1968] 146 zu Z. 16–19) bzw. eine von ihm umgebaute Ortschaft war, Zadok (1995a) 239, 3.8.17.2. Nicht mit →^{3} Kār-Sîn 2 im Zagros-Gebiet zu verwechseln.

Kār-Šamaš

^{uru}*kar*-^{d}UTU

4-11) SAA 19, 100, 13 [*ḫarrānu*; Ru'ua]

4-13) SAA 1, 97, 6. 8 [Arrapḫa]; SAA 5, 242, 10 [Taḫ-ālu]; SAA 15, 50, Rs. 5' ($^{[ur]u}$*kar* -)

5-15) SAA 6, 188, Rs. 7' [*qēpu*]

¶ NAT, 198; RGTC 3, 134 (aB Kār-Šamaš 1).

Stadt am östlichen Tigrisufer, zwischen Sāmarrā' (→ Sur-marrāti) und der Mündung des Nahr al-'Uẓaim (→ Radānu) in den Tigris (→ Diglat), RlA 5, 453f., s. v. Kār-Šamaš 1 (W. Röllig), Zadok (1989) 159, id. (1995) 224, 1.1.25. Nicht mit der homonymen Stadt am Euphrat bei →^{3} Sippar zu verwechseln, RGTC 3, 134 (aB Kār-Šamaš 2), RGTC 5, 160 (mB Kār-Šamaš) u. RlA loc. cit. s. v. Kār-Šamaš 2. Helsinki Atlas, 10. 30. 32.

Kār-Šamaš-nāṣir

^{uru}*kar*-$^{1\ d}$UTU-PAB-*ir*

1-14) RINAP 3/2, 111.223, 8 [Šapparišu, Kār-nūri]

¶ NAT, 198; nA PN Šamaš-nāṣir, PNA 3/II, 1207f.

Stadt nördlich von → Ninive, die im Zusammenhang mit Sanheribs „Nördlichem Kanalsystem" stand, und in der ca. 50–60 km von Ninive entfernten Region zu suchen ist, wo sich die Felsreliefs von Faida, Širu Malikta und Maltai befinden, Zadok (1995a) 257, 4.18.11. Hannoon (1986) 222f. lokalisiert K. in der Region um 'Ain Sifnī, da er sich auf eine nicht zutreffende Interpretation von Th. Jacobsen (Jacobsen/Lloyd [1935] 39f.) stützt. S. Komm. zu → Ālum-riksi.

Kār-Tukultī-Ninurta

^{uru}*kar*-TUKUL-MAŠ

2-07) Andrae Stelen Nr. 38, 3 (SAAS 2, 95 [804]) [Libbi-āli, Ekallāte]

^{uru}*kar*-TUKUL-*ti*-^{d}MAŠ

2-10) Andrae Stelen Nr. 37, 3 (SAAS 2, 79 [748]) [Libbi-āli, Ekallāte]

N:
^{uru}*kar*-^{1}TUKUL-*ti*-^{d}MAŠ-*a*-*a*
7-05) SAA 12, 68, 16 (nA Kopie eines mA Erlasses) (-*t*[*i*-^{d}MAŠ-*a*]-*a*$^{!}$). 24 (-^{d}⌜MAŠ⌝-). 25

¶ NAT, 199; RGTC 5, 160f. (mA, mA/mB hist. Kār-Tukultī-Ninurta).

Stadt in Zentralassyrien, am linken Tigrisufer, Tulūl al-ʻAqar, ca. 3 km nördlich von → Aššur, die zur Provinz → Libbi-Āli gehörte, Hannoon (1986) 287–289, RlA 5, 455–459 (H. Freydank/T. Eickhoff), Zadok (1995a) 243, 4.1.2.1. Zur Besiedlung in der nA Zeit s. Beuger (2011); zu den Grabungen: Dittmann (1990), Eickhoff (1985). TAVO Karte B IV 10 u. 11; Helsinki Atlas, 10. 28. 30.

Karuḫa

^{uru}*ka-ru-ḫa*
3-05) Billa 72, 26. Rs. 2 [Kullunu]. 12 ($^{[ur]u}$*ka*-⌜*ru*⌝-[*ḫa*]); Billa 75, 7’ (-[*ru-ḫa*]) [Pabite šaplû]. Rs. 4’ ($^{[ur]u}$*ka*-) [Šibaniba]; Billa 82, 8’ (^{uru}[*k*]*a*-) [Āl-ša-pūlīšu, (…)irra(…)]
3-21) Billa 76, 2’. Rs. 8 (⌜^{uru}⌝*ka-r*[*u-ḫa*]) [Kullunu]

¶ NAT, 202.

Stadt, die in den Texten aus Tall Billā (→ Šibaniba) erwähnt wird und vermutlich in ihrer Umgebung lag, Zadok (1995a) 256, 4.17.1.16.

*Kasappu

^{uru}*ka-sa-ap-pi*
4-13) SAA 1, 170, 7’ ([^{uru}*ka-sa*]- nach Watanabe [1991] 194; Ergänzung unsicher, SAA 1, 170 hat [*ina* ^{uru}x]-*ap-pi*)

^{uru}*ka-sa-pa*
3-13) ND 2803, i, 34 (Iraq 23 pl. 29f.) (-⌜*sa*⌝-)
4-13) SAA 1, 104, 9 (= GPA 240) [Amante]

^{uru}*ka-sa-pi*
3-13) ND 2640, Rs. 13 (Iraq 23 pl. 21) (-⌜*sa*⌝-) [Arrapḫa]

^{uru}*ka-sap-pa*
4-15/16) SAA 10, 279, Rs. 9

¶ NAT, 202f. (Kasappa); aB Kaštappum (SH 882, 12. 16 [Iraq 45, 87, Anm. 26]); RGTC 5, 148 (mA Kaltappu); von aB Kasapā (RGTC 3, 135) u. nB/spB Kašappi (RGTC 8, 198f.) zu trennen.

Stadt in Zentralassyrien, die nach einem Vorschlag von Kinnier Wilson (CTN 1, 11) mit Tall Kašāf, an der Mündung des Oberen Zāb in den Tigris, ca. 15 km südöstlich von → Kalḫu, identifiziert wird, Deller (1990b), Deller/Postgate (1985) 72, Hannoon (1986) 312–314, Parpola (1983) 202 (zu LAS 206 Rs. 9), RlA 5, 460 (J. N. Postgate), Zadok (1995a) 245, 4.5.1. K. lag wahrscheinlich in der Provinz → Kalzi. TAVO Karte B IV 13; Helsinki Atlas, 4. 10. 28.

Kāšiāru

^{kur}*ka-a-ši-ie-e-ri*
7-16) SAA 12, 27, Rs. 9’ (-*ie*$^{!}$-)

^{kur}*kaš-ia-ri*
1-02) RIMA 2, 99.2, 40 [Pa’uzi *ša šēp* K.]. 46; WVDOG 121, 108f., 19’ ([^{kur}*k*]*aš*-)
1-03) RIMA 2, 100.5, 14 (-*r*[*i*]) [Subnat]
1-04) RIMA 2, 101.1, i, 106. ii, 16 [Nirbu *ša libbi* K.]. 94. 95 [*šadû dannu eqel namrāṣi*]. 96. 102 [60 *ālāni dūrāni dannūte ša šēp* K.]. iii, 109 [*nērebu ša* K.; Allapsia]; id., 101.17, ii, 50 [Nērbu *ša libbi* K.]. iv, 27. 31 [*šadû dannu eqel namrāṣi*]. 36. 58 (-⸢*ia*⸣-) [60 *ālāni dūrāni dannūte ša šēp* K.]; id., 101.18, 24’; id. 101.19, 58. 60 [*šadû dannu eqel namrāṣi*]. 62. 69 [60 *ālāni dūrāni dannūte ša šēp* K.]
1-05) RIMA 3, 102.6, ii, 16 [Ninua]; id., 102.8, 11’ [id.]; id., 102.14, 52; id.,102.16, 26

^{kur}*kaš-ia-ru*
1-04) RIMA 2, 101.1, ii, 97; id., 101.17, iv, 38; id., 101.19, 63

^{kur}*kaš-ie-e-ri*
1-05) RIMA 3, 102.10, ii, 10
5-15) SAA 6, 288, Rs. 13 ($^{kur!}$*kaš-ie-*[*e-ri*])

^{uru}*kaš-ia-a-ri*
5-15/16) SAAB 1, 66f., 4 [Arkuḫi *ša ina* K.]

¶ NAT, 203 (Kašjâru); RGTC 5, 162 (mA Kašijari); RGTC 6/1, 189 u. RGTC 6/2, 70f. (heth. Kašijara); klass. Masion oros, Masius mons/Izala mons (TAVO Karte B V 12, Barrington Atlas, 89 C3).

Gebirgskette in Nordmesopotamien, der heutige Ṭūr 'Abdīn, Kessler (1980) 22–42, Liverani (1992) 35f., Radner (2006a) 283–286, RlA 5, 460 (J. N. Postgate). TAVO Karte B IV 10 u. 13; Helsinki Atlas, 3. 19. 27. S. → Nirbu.

Im Bereich des K.-Gebirge befanden sich folgende Orte: → Allapsia, → Arduba, → Arkuḫi, → Bulijanu, → Bunnu([...]),→ Dannāni, → Irsia, → Išpilipria, → Ištarāte, → Kibaki, → Libba (??), → Madaranzu, → Maṣula, → Matiātu, → Pa'uzu, → Šingiša, → Šūru, → Zazabuḫa so wie das Land → Dannuna.

Kāšissu-lilbur

uru*ka-šid-su-lil-bur*
1-15) RINAP 4, 112.33, iv, 18' [Mušakšid-nakirī, Ṣābissu-likūn]

¶ NAT, 203 (Kāšidsu-lilbur).

Stadt in → Šubria, die in einer Liste von 21 Städten erwähnt wird, die von Asarhaddon erobert und umbenannt wurden, Pongratz-Leisten (1997) 335–337.

Kašpi

uru*ka-áš-pi*
7-16) SAA 12, 50, 24 ([u]ru*ka-*) [Asiḫi, Jada'î]

¶ NAT, 203.

Stadt in → Izalla, Zadok (1995a) 271, 6.3.5; s. aber Kessler (1980) 47 Anm. 205.

Katmuḫi

kur*kat-mu-ḫi*
1-01) RIMA 2, 98.1, 33 ([kur]⌜*kat-mu*⌝-). 35 (erg.). 39 [*šarru*]; id., 98.2, 17' (erg.)
1-02) RIMA 2, 99.2, 26; id., 99.4, 21'
1-03) RIMA 2, 100.5, 147 [*šaknu*]

1-04) RIMA 2, 101.1, i, 74 (3x) [Diglat, Musku 2]. ii, 87 (3x) [Diglat, Tiluli, Ištarāte]; id., 101.17, iv, 1 [Tiluli]. 2 [Ištarāte]; id., 101.19, 35 [Tiluli]. 36. 38 [Ištarāte]
1-14) **RINAP 3/1**, 111.17, v, 1 [*šaknu*]; **RINAP 3/2**, 111.222, 15 ($^{\text{ku[r]}}$*kat-*) [Qana *ša miṣir* K.]

¶ NAT, 204 (s. v. Kummuḫi); RGTC 5, 165f. (mA Katmuḫi).

Land in Nordmesopotamien, im Gebiet südwestlich von Cizre, dessen Zentrum → Tillê war. K. wurde nach der assyrischen Eroberung in den Provinzen → Šaḫuppa und → Tillê aufgeteilt, Kessler (1980) 9–21, Liverani (1992a) 29f., RlA 5, 487f. (J. N. Postgate), id. 11, 53, Nr. 26 u. 27 (K. Radner). K. wurde auch als archaisierend-literarische Bezeichnung für die Provinz Šaḫuppa verwendet, Kessler (2000) 311f., RlA 11, loc. cit. TAVO Karte B IV 10 u. 13; Helsinki Atlas, 3. 4. 27.

An der Grenze des Landes K., im Gebirge → Nipur lagen die Städte → Ezāma, → Ḫalbuda, → Kipšu, → Qana, → Qūa, → Šarum und → Tumurru.

Ki[...] 1

^{uru}*ki*-[...]
1-03) RIMA 2, 100.5, 2 (^{uru}⌜*ki*⌝$^{?}$-) [Na'iri, Sueia]

¶ Stadt in Nordmesopotamien, die von Tukultī-Ninurta II. auf dem Rückweg von → Na'iri eroberte, und mit → Kibaki identisch sein könnte.

Ki[...] 2

^{uru}*ki*-x [x x]
5-23) SAA 14, 261, 2'

¶ NAT, 212.

Vermutlich eine Stadt in Zentralassyrien bzw. in einem benachbarten Gebiet (N), Zadok (1995a) 266, 5.1.1.6.10.

Ki[...] 3

^{uru}*ki*-[x x x]

4-13) SAA 15, 333, 1' ($^{[u]ru}$*k*[*i*-]) [Apku, Isāna]

¶ Vermutlich eine Stadt in Zentralassyrien.

Kibaki

^{uru}*ki-ba-ki*

1-04) RIMA 2, 101.1, ii, 88 (3x) [It. vom Pass von Ištarāte nach Matiātu]; id., 101.17, iv, 4 [id.]. 6. 7; id., 101.19, 39 [id.]. 41. 42

N:

^{uru}*ki-ba-ka-a-a*

5-09) Edubba 10, 31, Rs. 34 (-[*a*-])

¶ NAT, 204.

Stadt im → Kāšiāru-Gebirge (Ṭūr ʻAbdīn), die nach einem Vorschlag von Forrer (1920) 18 mit Kivah, ca. 8 km westlich von Basbirin identifiziert wird, Kessler (1980) 43 mit Karte auf S. 77f., Liverani (1992a) 58, Radner (2006) 289, RlA 5, 586 (K. Kessler). TAVO Karte B IV 10 u. 13; Helsinki Atlas, 4. 27. Vgl. → Ki[...] 1.

Kimeš s. [...]meš (?)

Kinabu

ki-na-bu

1-04) RIMA 2, 101.1, i, 113 (Var.)

^{uru}*ki-na-bu*

1-04) RIMA 2, 101.1, i, 106 [*āl dannūti*; Kāšiāru, Damdammusu]. 113 [It. durch Kāšiāru, nach Tēla]

¶ NAT, 206.

Befestigte Stadt in → Nirbu, nördlich vom → Kāšiāru-Gebirge/Ṭūr ʻAbdīn im Umkreis von → Damdammusu und → Ḫalziluḫa, Liverani (1992a) 36, RlA 5, 597 (K. Kessler).

Lipiński (2000) 148f. (id. [2002] 237f.) hält Aktepe bzw. Tauşantepe, ca. 5 km südöstlich von Pornak, für mögliche Kandidaten. Die Gleichsetzung mit Kale-i Zerzevan (Olmstead [1918] 227 Anm. 40) ist unbegründet, Liverani loc. cit. Anm. 122. Nach Streck (1898) 74f. wäre K. ein Schreibfehler und der gemeinte Ort → Sinabu. Kessler loc. cit. hält die Emendation für möglich, Liveani loc. cit. dagegen nicht.

Kindâ

uru*kin-da-a*

3-20) ND 2791, 10' (Iraq 23, pl. 28) (-⸢*a*⸣)

¶ Vermutlich eine Stadt in Zentralassyrien bzw. in einem benachbarten Gebiet (K).

Kinnili

uru*kín-ni-li*

4-13) SAA 19, 184, Rs. 7 (⸢uru?⸣*kín-*) [Argue]

¶ Stadt in Nordmesopotamien, wahrscheinlich in → Šubria (der Absender des Briefes Ḫu-Teššub ist ein Herrscher dieses Landes, PNA 2/I, 483).

Kipina

uru*ki-pi-na*

1-04) RIMA 2, 101.1, iii, 37 [Ḫaridu, Sūḫu, Ḫindānu]. 39 [2x; *nēberu*; Bisuru]

¶ NAT, 207.

Stadt im nördlichen Teil von → Lāqê am rechten Euphratufer bei einer Furt (*nēberu*), nicht weit vom Gebirge → Bisuru, Zadok (1995a) 230, 2.3.1.1.8. Nach Horn (1922) 146f. und Lipiński (2000) 97 kommt die Umgebung von Dair az-Zaur in Frage, vielleicht bei Tall Qreiye (klass. Birtha Arūpān, TAVO Karte B V 11), 14 km nördlich davon, Herles (2007) 430f. Die Lage von Tall Qreiye an einem Felsen würde nach Lipiński loc. cit. die Ableitung des Namens K. von der aram. Wurzel *kēp* „Fels" erklären. Eine nördlichere Lokalisierung bei Ḥalabīya, wo man den Euphrat auch überqueren kann, wurde ebenfalls von Lipiński (2000) 97f. sowie von Russell (1985) 74 vorgeschlagen.

Kipkipi

^{uru}*ki-ip-ki-pi*

1-16) Asb A, ii, 37; Asb B, ii, 28 ; Asb C, iii, 50; Asb F, i, 47; BIWA 27, Vs. 19'' (K 2656+) (-*i*[*p-ki-pi*])

^{uru}*ki-ip-ki-ip-pi*

1-16) Asb A, ii, 37 (Var.)

¶ NAT, 207; äg. *Gbgb* (erst in ptolemäischer Zeit bezeugt).

Stadt in Ägypten, die südlich von Theben (→ Nī') zu suchen ist, RlA 5, 604 (W. Röllig), Ranke (1910) 30, Steindorff (1890) 611f. K. war der Zufluchtort des Pharaos Tandamane (Tanut-Amon), als Assurbanipal in seine Residenzstadt Theben marschierte, Onasch (1994a) 157.

Kipšu

^{uru}*ki-ip-šá*

1-14) RINAP 3/2, 111.222, 14 [Ḫalbuda, Ezāma]

^{uru}*kip-šú*

1-14) RINAP 3/1, 111.16, iv, 72 [Ezāma, Ḫalbuda]; id., 111.17, iv, 19 [id.]; id., 111.18, iii, 1'' ($^{[uru]}$⌜*kip*⌝-) [id.]; id., 111.22, iii, 76 [id.]; id., 111.23, iii, 67 [id.]

¶ NAT, 208.

Stadt auf dem Gebirge → Nipur (Cudi Dağı), an der Grenze des Landes → Katmuḫi, RlA 5, 587 (W. Röllig), Zadok (2000a) 11f. K. ist von mA Kipšuna (RGTC 5, 168) und nA → Kipšūnu im Land → Qumanî zu trennen.

***Kipšūnu**

^{uru}*kip-šu-na*

1-02/04) WVDOG 121, 98f., Vs. i, 13' ([^{uru}*ki*]-)

1-06) RIMA 3, 103.1, i, 46 [Tamnūnu, Kurbail]

5-15) SAA 6, 202, 5

^{uru}*kip-šu-u-ni*
5-14) SAA 6, 201, 4 [*ṭēḫi ḫarrān ša ina* K.]

^{uru}*kip-šú-na*
4-13) SAA 5, 108, 8

^{uru}*kip-šu-ni*
5-16) BATSH 6, 56, Rs. 19 (*-š[u-n]i*)

^{uru}*kip-šú-ni*
1-05) RIMA 3, 102.2003, 10 [*šaknu*; Qumanî, Meḫrānu]

¶ NAT, 208; RGTC 5, 168 (mA Kipšuna).

Hauptstadt des Landes → Qumanî und Statthaltersitz der assyrischen „Provinz des Schatzmeisters" (→ Māt-Masenni), RlA 5, 587f. (W. Röllig). Die von Forrer (1920) 37 vorgeschlagene Identifizierung mit Gefše, 15 km NÖ von Zāḫū, wird allgemein als möglich betrachtet, Frahm (2009) 100, Harouthyounyan (1984) 87, Kessler (1980) 170, RlA 5, loc. cit. Dennoch liegt Gefše ca. 70 km nordwestlich des Kerngebiets von Qumanî (der Region nördlich und östlich der Alqōš-Ebene). Darüber hinaus basiert Forrers Vorschlag auf der Ähnlichkeit mit → Kipšu, einer Stadt, die eigentlich auf dem Cudi Dağı (→ Nipur) lag, und die er mit K. gleichsetzte. Aus diesen Gründen sollte man von der Gleichtellung mit Gefše Abstand nehmen und die Lage von K. eher nordöstlich von der Alqōš-Ebene suchen, wie Postgate (1995) 10 vorschlägt. Aus ähnlichen Gründen schlägt Hannoon (1986) 251f. vor, K. mit al-ʻAmādīya, ca. 80 km östlich von Zāḫū zu identifizieren. Helsinki Atlas, 4. 28 (Gefše!).

Kirisḫa (?)
^{uru}*kìr-is-ḫa*
3-13) KAV 36, i, 4 [Daruki]

¶ Der ON kann unterschiedlich ^{uru}*kìr/kil-is/iṣ/iz-ḫa* gelesen werden.

Lage unbekannt, nach Zadok (1995a) 239, 3.9.8.13 (x-isḫa) vielleicht in der Ǧazīra.

Kirmesi

^{kur}*ki-ir-me-si*

4-13) SAA 5, 83, Rs. 4’ [*šadû*]

¶ NAT, 208 (Kirmese).

Berg in Nordmesopotamien, wahrscheinlich im Gebiet von → Šubria oder → Bīt-Zamāni.

Kisiri 1

^{uru}*ki-si-ri*

1-02) RIMA 2, 99.2, 108 [It. von Šadikanni nach Qatnu]

^{uru}*si-ki-ri*

1-02) RIMA 2, 99.2, 108 [It. von Šadikanni nach Qatnu]

¶ NAT, 209; NAT, 309 (Sikiru).

Stadt am Unterem → Ḫābūr, vielleich im Bereich von → Šadikanni, Zadok (1995a) 231, 3.2.3. K. wird in der gleichen Belegstelle Sikiri genannt, ob K. einen Fehler für Sikiri (RlA 5, 622 s. v. Kisiri [W. Röllig]) darstellt oder Sikiri als Verschreibung für K. (RIMA 2, S. 153 zu Z. 108) zu deuten ist, kann bei der jetzigen Quellenlage nicht entschieden werden. Als mögliche Kandidaten gelten Tall Šadādda und Tall Baḫza, die auch für → Latiḫi in Frage kommen, Kühne (1980) 66, RlA 12, 482 (A. M. Bagg). Helsinki Atlas, 3 (Tall Šaddāda).

Kisiri 2

^{uru}*ki-si-ri*

1-14) **RINAP 3/1**, 111.1, 89; id., 111.2, 66 (⸢^{uru}⸣*ki*-); id., 111.3, 59; id., 111.4, 87; id., id., 111.8, 2’ (erg.); 111.17, viii, 26; id., 111.15, viii, 13’; id., 111.16, viii, 16; id., 111.18, viii, 1’ (erg.); **RINAP 3/2**, 111.42, 44’ (⸢*si*$^{?}$⸣-); id., 111.43, 94; id., 111.46, 155; id., 111.138, Rs. ii’, 25; id., 111.223, 11

5-23) SAA 14, 255, 4 (^{uru}⸢*ki*⸣-*si*-⸢*ri*$^{!}$⸣)

¶ NAT, 209.

Stadt nördlich von → Ninua, in deren Umgebung Sanherib einen Kanal ableiten ließ. Mögliche Kandidaten sind Tall ʻAin Ṭeltameh (Hannoon [1986] 232f., Jacobsen [1935] 33f. [Tell Inthah]) oder einer der Ruinenhügel, die sich in der Nähe von Beyboḫ befinden, wo noch heute ein antiker Staudamm steht (Reade [1978a] 64); Bagg (2000) 175–182 (zum K.-Kanal), RlA 5, 622 (W. Röllig), Zadok (1995a) 255, 4.14.1. Helsinki Atlas, 4. 28 (Tall ʻAin Ṭeltameh).

Kišād-[…]-Ninurta

^{uru}GÚ-[x]-^{d}MAŠ

5-16/19) StAt 2, 84, Rs. 8

¶ Möglicherweise eine Stadt in Zentralassyrien bzw. in einem benachbarten Gebiet (A).

Ku[…] 2

^{uru}*ku*-x-[…]

3-21) Billa 84, 1ʼ (-⌜x⌝-) [Mār-Ṣillī-(…), Dargu]

¶ Stadt, die in den Texten aus Tall Billā (→ Šibaniba) erwähnt wird und vermutlich in ihrer Umgebung lag.

Ku[…] 3

^{uru}*ku*-x-[x x x]

5-22/23) KAN 4, 15, 3 (-⌜x⌝-)

¶ Möglicherweise eine Stadt in Zentralassyrien bzw. in einem benachbarten Gebiet (A).

Kubanaše

^{uru}*ku-ba-na-še*

3-20) SAA 11, 19, Rs. 4ʼ (-*b*[*a-na-še*]) [Samʼalla, Kullimeri]

4-11) SAA 19, 8, 16 ($^{[ur]u}$*ku*-). Rs. 6 (-*b*[*a-na-še*]). 8 ([^{uru}*ku*]-*ba-na*-[*še*]

4-13) SAA 1, 233, Rs. 2 [Kapar-Mār-jaba]

7-07) SAA 12, 1, 16 [*ḫūl šarri ša issu* K. *ana* Aridi]

¶ NAT, 212 (Kubana).

Stadt in der Provinz → Guzāna, die an der assyrischen „Königsstraße“ östlich von Tall Ḥalāf lag, Kessler (1980) 205 u. 213, RlA 6, 264 [K. Kessler], Zadok (1995a) 232, 3.4.4.1. Da K. wahrscheinlich eine Station zwischen → Guzāna und → Aridi war, kann Tall Ḫanāfiz, ca. 15 km östlich von Tall Ḥalāf, als möglicher Kandidat in Erwägung gezogen werden, Kessler (1980) 220, van Liere/Lauffray (1954-55) 134 u. Faltkarte vor S. 147. Der Lokalisierungsvorschlag von Lipiński (2000) 126, K. mit Kafr Tūṯā bzw. Girbel (Tall Beš Taḥtānī), zwei Orte, die sich nördlich von Tall ʻArāda (→ Aridi?) befinden, ist mit der oben erwähnten Lage als Zwischenstation zwischen → Guzāna und → Aridi nicht vereinbar. Helsinki Atlas, 3. 26 (ohne Angabe des modernen Ortsnamens).

Kubbu

kur*ku-ub-bu*

1-04) RIMA 2, 101.1, iii, 96 (Aššа, Ḫabḫu 5)

¶ NAT, 212.

Berg auf dem Plateau zwischen dem oberen Bālīḫ- und dem Euphratbecken, Liverani (1992a) 82.

Kukibi

kur*ku-ki-bi*

4-13) SAA 1, 244, 10

¶ NAT, 212; für aAkk *Kabkabān (AOAT 3/1, 69, 11) u. aB Kabkab (M. 7630, 4) s. Catagnoti/Bonechi (1992).

Der Ǧabal Kaukab, ein erloschener Vulkan an der Mündung des Wādī Ǧaġġaġ (→ Ḫarmiš), Layard (1853) 307–309, Morandi Bonacossi (1996) 28, Stol (1979) 88, Zadok (1995a) 236, 3.6.2. Einen in einer mittelassyrischen Quelle bezeugtes Berg Jari (RGTC 5, 144), der mit dem Ǧabal Kaukab identifiziert wurde (Röllig [1978] 422, jedoch mit Zweifel an der Deutung als Gebirge, TAVO Karte B IV 10), gibt es nicht (in RIMA 2, 89.7, iii, 21 ist kur[*ma*]-*a-ri* statt kur[*i*]*a-ri* zu lesen, s. → Marê). Der Vorschlag, mA Gulguli (RGTC 5, 110) mit dem Gebiet des Ǧabal Kaukab zu identifizieren und mit nA K. gleichzustellen (Lipiński [2000] 99 mit Anm. 134), ist mangelhaft begründet. TAVO Karte B IV 13; Helsinki Atlas, 3. 26. 27.

Kukkinu

uru*ku-uk-ki-nu*

1-14) RINAP 3/2, 111.223, 14 (-⌜*ki*⌝-) [Mēsu, Biturra]

¶ NAT, 213 (s. v. Kūkunu).

Stadt an einem Wasserlauf oberhalb von Ḫinis (→ Ḫanusa), im Tal des Rūbār Atrūš, Jacobsen/Lloyd (1935) 42, Hannoon (1986) 221, Reade (1978a) 169, RlA 2, 53 (E. Ebeling), Zadok (1995a) 257, 4.18.4. Jacobsen schlägt eine spekulative Identifizierung mit dem Dorf Kan-i-kola vor; s. Komm. zu → Mēsu. Gegen NAT, 213 von → Kūkunu zu trennen, Reade (1978a) 169f.

Kūkunu

uru*ku-ú-ku-nu*

1-04) RIMA 2, 101.1, ii, 110 [*ša pī nēreb ša šadê* Matnu]; id., 101.17, iv, 83 [id.]; id., 101.19, 77 (-⌜*ku*⌝-) [id.]

¶ NAT, 213.

Stadt „am Eingang des Passes des Gebirges → Matnu" (Bekan Dağı?) in → Dirria, Fuchs (2000) 79, Liverani (1992a) 61, Radner und Schachner (2001) 763f. Ein möglicher Kandidat wäre Orta Alan, ca. 6 km nördlich des Garzan-Flusses, etwa 13 km vor seiner Mündung in den Tigris, Parker (2001) 152 u. 124, fig. 4.12, Nr. 15. Nicht mit → Kukkinu zu verwechseln.

Kulisi

uru*ku-li-si*

1-05) RIMA 3, 102.77, 1 [*āl šarrūti*; Beischrift]

¶ NAT, 213.

Stadt in → Šubria, wahrscheinlich in der Nähe des Tigris-Tunnels und → Uppumu. K. könnte in den Ausläufern der Ebenen südlich einer Hügelkette bei der modernen Ortschaft Küçükköy gelegen haben, wo an mehreren Fundplätzen eisenzeitliche Keramik gefunden wurde, Schachner (2007) 234 mit Anm. 218 u. Karte auf S. 231.

Kullimeri

^{kur}*kul-li-im-me-ri*
1-16) Asb B, iv, 10 (Var.) [Uppumu]

^{kur}*kul-li-me-ri*
1-16) Asb B, iv, 12 (Var. -⸢*li-me*⸣-)

^{uru}*ku-li-im-me-ri*
3-20) SAA 11, 19, Rs. 5' ([^{uru}*ku-l*]*i-im-me-r*[*i*]) [Kubanaše]
4-13) SAA 5, 25, 8 (-⸢*me*$^{!}$⸣-[*ri*]) [Šubria]

^{uru}*kul-im-me-er-ra*
5-20) SAA 14, 272, 5' ([^{uru}*kul-i*]*m*$^{!}$-) [Kapri-Birtāja]

^{uru}*kul-im-me-ri*
1-15) RINAP 4, 112.33, iv, 6' [Markuḫa]
8-15) SAA 4, 18, 9 (-⸢*im*$^{!}$⸣-) [Šubria, Pūmu]

^{uru}*kul-im-ra*
5-18) StAT 2, 141, 3

^{uru}*kul-li-im-me-ri*
1-15) RINAP 4, 112.34, 3'
1-16) Asb B, iv, 10 [Uppumu]. 12; Asb C, v, 15 (-*m*[*e-ri*]) [Uppumu]. 17 (-[*im-me-ri*])

^{uru}*kul-me-ri*
3-23) SAA 7, 18, Rs. ii, 2 ([^{uru}*kul*]-*m*[*e*$^{!}$]-) [*bēl pīḫati*; Pūmu]

^{uru}*kul-me-ra*
3-16) SAA 7, 3, i, 9' [*bēl pīḫati*; Pūmu]
5-20) SAA 14, 152, 2' 1 (^{uru}[*kul-me-ra*]) [*bēl pīḫati*]

¶ NAT, 213 (Kullimmeri); RGTC 9, 69 (urar. Qulmere); klass. Chlomarōn (TAVO Karte B VI 14, Barrington Atlas, 89 D2). Dass bibl. *kilmad* (Eze 23, 27) eine korrupte Graphie von *klmr* / K. sei (Radner [2012] 260), stellt einen plausiblen, jedoch nicht gesicherten Vorschlag dar, diesen umstrittenen Ort zu lokalisieren (DECF s. v. [A. M. Bagg]).

Östliches Hauptzentrum von → Šubria, das 673 Sitz eines assyrischen Gouverneurs wurde und nach Kessler (1995) 57–59 wahrscheinlich mit Gre Migro am östlichen Ufer des Batman Çayı, ca. 25 km nördlich von seiner Mündung in den Tigris, zu identifizieren ist, Parker (2001) 231–235, Radner (2012) 260f mit fig. 17.01 auf S. 244, Radner und Schachner (2001) 765 mit figs. 1–3 auf S. 749–751, RlA 6, 306f. (W. Röllig). Die Provinz U. umfasste den östlichen Teil von Šubria, nämlich das Gebiet östlich des Batman Çayı und nördlich des Tigris, während die Provinz → Uppumu den westlichen Teil einnahm, RlA 11, 63f, Nr. 66 (K. Radner). Asarhaddon änderte den Namen von K. (RINAP 4, 112.33, iv, 6'f). Der neue Name ist nicht bekannt, findet sich aber wahrscheinlich in der Auflistung umbenannter Städte im gleichen Text (RINAP 4, 112.33, iv, 14'-22'). Helsinki Atlas, 3. 19.

Kullunu

^{uru}*kul-lu-nu*

3-05) Billa 72, Rs. 3 [Karuḫa]; Billa 73+, 8 (^{uru}⸢*kul*⸣-) [Pabite šaplû]
3-21) Billa 76, Rs. 7 [Šibaniba, Karuḫa]

^{uru}*kúl-lu-nu*

3-05) Billa 82, Rs. 1 (^{uru}*kúl-lu-*[*nu*$^{?}$]; ob dieser Beleg hier gehört, ist unsicher.)

¶ NAT, 136 (Gullu[…) u. 214.

Stadt, die in den Texten aus Tall Billā (→ Šibaniba) erwähnt wird und vermutlich in ihrer Umgebung lag, Zadok (1995a) 256, 4.17.1.17. K. könnte identisch mit → Kuluna sein, Zadok loc. cit.

Kulmūa

^{uru}*kul-mu-u-a*

3-20) ND 2728+, 1 (Iraq 23 pl. 24) ($^{[uru]}$⸢*kul*$^{?}$*-mu-u-a*⸣) [*ša qanni* Arbail; Tu'i(…)]

¶ Eine von acht (der Text hat sieben als Gesamtzahl) Städten in der Umgebung von → Arbail, Hannoon (1986) 316–318, Zadok (1995a) 246, 4.6.1.5.

Kuluna

^{uru}*ku-lu-na*
5-13) SAA 6, 28, 6 (-*na*$^{!}$) [Kalḫu]

¶ NAT, 214 (Kulute); nicht identisch mit aA Kuluna (RGTC 4, 73).

Stadt in Zentralassyrien, vermutlich in der Umgebung von → Kalḫu, PNA 3/I, 1063, s. v. Ṣalam-aḫḫē 2. K. könnte identisch mit → Kullunu sein, Zadok (1995a) 256, 4.17.1.17.

Kumme s. Kummu

Kummu

^{kur}*ku-um-mu*
3-13) SAA 7, 31, i, 7' ($^{kur!}$*ku*-⸢*um*$^{!}$-*mu*$^{!}$⸣)

^{uru}*ku-me*
4-13) SAA 5, 105, 17. 24
5-07) GPA 91, Rs. 18

^{uru}*ku-mu*
4-13) SAA 5, 102, 4'

^{uru}*ku-um-mu*
4-13) SAA 5, 106, 14'; id., 107, 2' (-*m*[*u*])

^{uru}*ku-um-me*
1-02) RIMA 2, 99.2, 91. 92 (2x, -⸢*me*⸣, -⸢*um*⸣-) [Ḫabḫu]). 94. 95 [Ḫabhu]
4-13) **SAA 1**, 29, 8 (erg.). 13 (erg.) [Ukku]; id., 41, 18 (-*u*[*m*$^{!}$-*me*]) [*nērebu ša* K.; Elizkun]; id., 46, Rs. 3' (-*u*[*m-me*]); **SAA 5**, 94, 5 (-[*um-me*]). 14 (^{uru}⸢*ku*⸣-). Rs. 5 (⸢^{uru}⸣*ku*-); id., 97, 4 ($^{u[ru}$*ku-um-me*]; id., 98, 9 (-*u*[*m-me*]); id., 100, Rs. 16; id., 101, 1' ([^{uru}*k*]*u-um-m*[*e*]); id., 107, 1' ($^{[ur]u}$⸢*ku*⸣-); **SAA 15**, 284, Rs. 2 ($^{[ur]u}$*ku-um-*[*me*])

N:
^{lú}*ku-ma-a-a*
1-04) RIMA 2, 101.30, 147 [Gilzānu, Muṣaṣir]
4-11) SAA 19, 75, 7 ($^{l[ú]}$⸢*ku-ma*⸣-)

4-13) SAA 5, 106, 12’ ($^{\text{[l]ú}}$*ku-*)

^{lú}*ku-ma-a-a-e*
4-13) SAA 5, 105, 13. 16

^{lú}*ku-um-ma-a-a*
4-13) SAA 5, 104, 5

^{kur}*ku-ma-a-a*
4-13) SAA 1, 233, 5 (-⌜*a*⌝). 15 (erg.) [Zarānu]; SAA 5, 117, 7 [Babutta]

^{uru}*ku-ma-a-a*
3-20) SAA 11, 58, 1
4-13) SAA 1, 29, 17
5-13) SAA 5, 111, u. Rd. 6 [Ura]

¶ NAT, 215; LSG 129 (präsarg. *ku-um* / *ku-me*; s. Astour [1987] 5f.); RGTC 3, 144 (aB Kumme mit Joannès/Ziegler [1995]); RGTC 6/1, 22 u. RGTC 6/2, 64f. (heth. Kumija); RGTC 9, 70 (urar. Qumenu); RGTC 12/2, 168 (ugar. *Kumme); nA PN Kummāju, PNA 2/I, 636f.

Stadt und Land im Grenzgebiet zwischen Assyrien (→ Māt-Aššur) und →^{3} Urarṭu, Mayer (2002) 347–355, Parker (2001) 89–94, Radner (2012) 254–257, RlA 6, 336f. (W. Röllig), Zadok (2002) 133. Postgate (1973) 58f. lokalisiert das Land K. im Tal des östlichen Ḫābūr und die gleichnamige Stadt im Gebiet von Zāhū. Dagegen schlägt Radner (2012) 255 mit Karte auf S. 244 eine Lage im Bergland nördlich vom Ḫābūr und Beystüşşebap für die Stadt K. vor. Den Pass von K. identifiziert Radner loc. cit. mit dem Süvrihalil Pass. Die Identifizierung mit Komame am Oberen Zab, 9 km südöstlich von ‘Imādıya (SAA 5, 247), die auf einem Vorschlag von E. Forrer (RlA 1, 268) zurückzuführen ist, ist unbegründet und basiert auf der Ähnlichkeit der Namen, Radner (2012) 255 Anm. 89. TAVO Karte B IV 10 u. 13 (am oberen Lauf des östlichen Ḫābūr), Helsinki Atlas, 4. 28 (Zāhū). S. → Ḫabhu 3.

Kunanê (?)
^{uru}*ku-na-né-e*
4-11) SAA 19, 34, 14 (⌜^{uru}*ku*?⌝-*na-né*-⌜*e*?⌝) [Gilgimê]

¶ Möglicherweise eine Stadt in der nordwestlichen Ǧazīra.

Kunnu

^{uru}*ku-un-nu*

1-02) RIMA 2, 99.2, 95 (⸢^{uru}*ku*⸣-) [*ālāni ša* Ḫabḫu *ša limīt* K.; Jasaddu, Tapsia]

¶ NAT, 217; vgl. nA PN Kunnu, PNA 2/I, 639.

Stadt in → Ḫabhu 3 in der Umgebung von → Kummu.

Kunuš-lā-kanšū

^{uru}*ku-nu-uš-la-kan-šú*

1-15) RINAP 4, 112.33, iv, 17' [Mannu-lišissu, Litēr-aj-imṭi]

¶ NAT, 217.

Stadt in → Šubria, die in einer Liste von 21 Städten erwähnt wird, die von Asarhaddon erobert und umbenannt wurden, Pongratz-Leisten (1997) 335–337.

Kuppi (?)

^{kur}*ku*$^{?}$*-up-pi*

1-16) Asb IT, 131 (^{kur}x-[*up-pi*]) [*šarru*; Qadê]; BIWA 199f., 21' ($^{[ku]r?}$x-*up-pi*) [Qadê]

¶ NAT, 217. Thompsons Lesung des ersten Zeichens als *ku-* (Thompson [1933] 87, Z. 131 u. Komm. auf S. 105), die meist übernommen wurde (Heimpel [1987] 48 u. 90, Nr. 80, NAT, loc. cit., Oppenheim [1954] 17, Potts [1985a] 82, Villard [2000] 78) ist nach BIWA 200, Z. 21' unbegründet. Borger schlägt stattdessen eine – nicht sichere – Lesung *lu-* vor (Luppi); s. auch BIWA 283, Komm. zu Asb IT, 131. Kuppi wird mit sarg. Gubi(n) (RGTC 1, 62; s. auch RGTC 2, 65) gleichgesetzt (Oppenheim loc. cit), das im Südosten der arabischen Halbinsel vermutet wird. Vgl. → Bīt-Luppi.

Wahrscheinlich ein Land in Ostarabien, nich weit von → Qadê. TAVO Karte B IV 13.

Kupruna 1

^{uru}*ku-up-ru-na*

5-07/09) GPA 33, 4; id. 34, 4

¶ Möglicherweise eine Stadt in Zentralassyrien bzw. in einem benachbarten Gebiet, GPA, S. 72 zu Z. 4, Zadok (1995a) 269, 5.3.5; von →^{3} Kupruna 2 in →^{3} Bīt-Dakkūri zu trennen.

Kurbail

^{uru}*kur-ba-ìl*

1-05) RIMA 3, 102.12, 8
1-06) RIMA 3, 103.1, i, 47 [Kipšūnu, Tīdu]
1-14) RINAP 3/1, 111.5, 3' [*šaknu*]
2-07) Canon 784 B1 ([^{uru}*kur-b*]*a*-); id. B2 ([^{uru}*kur-b*]*a*-)
2-09) Canon 757 B1 ($^{\text{[u]ru}}$*kur*-); id. B2 ([^{uru}*kur-ba*]-)
2-14) Canon 699 B7 (erg.); Eponym 699 A9 (erg.)
3-11/13) CTN 3, 86, 11 [Arpadda]
3-13) ND 2386, i, 13' (Iraq 23 pl. 11) ($^{\text{[uru]}}$*kur*-). Rs. i, 17 (-[*ìl*]). 23'; ND 3469, 2 (Iraq 15, pl. 13) [*pīḫatu*]
3-20) ND 2476, i, 10' (Iraq 23, pl. 15). 15' [*pīḫatu*]; SAA 11, 7, 3' (-*ì*[*l*])
4-13) ND 2638, Rs. 5 (Iraq 23, pl. 20) [*bēl pīḫati*]; SAA 1, 36, Rs. 5' (-*ba*$^{!}$-) [*pīḫatu*]; SAA 5, 113, 7. Rs. 11 (-⸢*ba-ìl*⸣); id. 121, Rs. 5 (⸢^{uru}*kur-ba*⸣-[*ìl*]; SAA 19, 176, Rs. 5' (-*b*[*a-ì*]*l*) [*pīḫatu*]
4-15) SAA 10, 339, 9 (-*ìl*$^{!}$); SAA 13, 186, 3; SAA 16, 84, Rs. 1
4-15/16) SAA 13, 11, 3' ($^{\text{[uru]}}$*kur*-)
5-07) GPA 15, 24 (^{uru}⸢*kur*⸣-). Rs. 3. 8. 11. 12 [*ḫazannu*]; id. 17, Rs.10 (-*b*[*a*]-)
5-07/08/09) GPA 35, 8. Rs. 1 (^{uru}*k*[*u*]*r-ba*-⸢*ìl*⸣)
5-10/11) Edubba 10, 33, Rs. 25
5-14) SAA 6, 120, Rs. 7 [*šaknu*]; id., 124, Rs. 15 [*šaknu*]
5-16) SAA 14, 121, 2 (-[*ìl*])
5-22) Edubba 10, 49, Rs. 17' (-*il*$^{?}$); GPA 36, Rs. 2' (-⸢*ba-ìl*⸣). 6'.7' (⸢^{uru}⸣[*kur-ba*]-⸢*ìl*$^{?}$⸣). 10' (-*ì*[*l*]). 13'
5-23) SAA 14, 205, Rs. 1 (-*b*[*a-ìl*]) [*ṭēḫi ḫūli ša issu* K.]
6-10) SAA 2, 2, Rs. vi, 17
6-15) JCS 64, T, vi, 45
7-07) SAA 12, 1, 10 (2x; -[*ìl*]) [Kadišḫi *ina pīḫat* K.; *bēl pīḫati*]. 11 [Ālu-ša-ḫābīšu]

^{uru}*kur-bi-ìl-a*

3-22) CTN 1, 35, Rs. ii, 11' ($^{\text{[ur]u}}$*kur*-; s. Iraq 23, pl. 16, ND 2389)

N:
^{uru}*kur-ba-ìl-a-a*
5-07) GPA 15, Rs. 16
5-07/08/09) GPA 35, Rs. 11 (-[*b*]*a*-)
5-18) SAA 14, 169, Rs. 6
5-22) GPA 36, Rs. 14’ ([ur]u*kur*-)

uru*kur-bi-ìl-a-a*
5-15) AnSt 7, 144, Rs. 3’

¶ NAT, 217 (Kurba’il); RGTC 5, 172 (mA Kurbail); nA PN Kurbailāju, PNA 2/I, 639f.; nA PN Dajjān-Kurbail, PNA 1/II, 369; nA PN Dēnu-Kurbail, Edubba 10, 37, 4’. 9’.

Stadt und Statthaltersitz einer gleichnamigen Provinz in Zentralassyrien, RlA 6, 367f. (J. N. Postgate), Zadok (1995a) 259f., 4.28. Die Provinz K. lag wahrscheinlich nordöstlich von → Ninive, im Gebiet zwischen dem Nahr al-Ḫāzir (→ Ḫazir) und dem Oberen Zab (→ Zāba elû) und grenzte wahrscheinlich an die Provinz → Kalḫu, RlA 11, 47, Nr. 7 (K. Radner). Als plausibler Kandidat in dieser Region wird mit Vorbehalt ‘Aqra vorgeschlagen, Helsinki Atlas, Gazetteer, 12, s. v. u. SAA 19, S. 261 s. v. Eine Lokalisierung in der Region um ‘Aqra wurde bereits von Oates (1962) 16f. Anm. 26 vorgeschlagen (s. auch Reade [1978b] 178) und ist nach Lanfranchi (1995) 133f. vor einer westlicheren Lage im Gebiet von Daḫūk und Alqōš (auch als Möglichkeit von Oates loc cit. in Erwägung gezogen) zu bevorzugen. Lokalisierungsvorschläge in dieser Region sind Tall Kurbaliuz, ca. 1,5 km (sic!) südwestlich von Maltai (Hannoon [1986] 238–242 mit Karte auf S. 239, wo die genannte Entfernung eigentlich ca. 15 km beträgt) und Tall Ğikān (Postgate [1985] 101), das auch ein Kandidat für → Tamnūnu ist (s. Komm. s. v.). Helsinki Atlas, 4. 28 (‘Aqra); vgl. → Ālu-ša-Kurbailāju.

In der Provinz K. befanden sich die Städte → Ab[...], → Kadišḫi und → Parute, wahrscheinlich → Ālu-ša-raṭātīšu, → Dame und → Ḫazāni sowie vielleicht → Ālu-ša-ḫābīšu.

Kurru[...]

uru*kur-ru*-⸢*x*⸣(-)[x]
7-16) SAA 12, 27, 32 [Šulmu-birāti]

¶ NAT, 218. Nach einem Vorschlag von Deller (zit. von Fales [1973] 71 zu. Z. 32 u. übernommen von Zadok [1995a] 227, 1.3.8) könnte es sich hier um dem aus den Nuzi-

Texten bekannten Ortsnamen Kurruḫanni handeln (RGTC 10, 157–160), nämlich [uru]*kur-ru-*⸢*ḫa*⸣-[*ni*].

Falls die vorgeschlagene Ergänzung stimmt, handelt es sich um eine Stadt im Land → Arrapḫa, heute Tall al-Faḫḫār, ca. 45 km südwestlich von Kirkūk (Arrapḫa) und 35 km südweslich von Yorġān Tepe (Nuzi), in dessen Schicht I Baureste aus dem ersten Jahrtausend gefunden wurden (RlA 6, 371–372 [G. Wilhelm]), Zadok loc. cit.. Falls die Ergänzung nicht zutrifft, bleibt die Lage unbekannt.

Kurruḫanni (?) → Kurru[...]

Kurzuḫā[(...)]

[uru]*kur*-ZU-*ḫa-a*(-)[x]

3-05) Billa 82, Rs. 14 (-⸢ZU⸣-*ḫa*-⸢*a*⸣-) [Bīt-ḫijaṣi(...)]

¶ NAT, 218 (Kurzuḫâ), der Name könnte [uru]*kur-zu/sú/ṣú-ḫa-a*(-)[x] gelautet haben. Eine Lesung [uru kur]*sú-ḫa-a-*[*a*] (Zadok [1995a] 263, 4.34.6e) ist höchst unwahrscheinlich, da → Sūḫu nie mit dem doppelten Determinativ URU KUR und nur einmal mit dem Zeichen ZU geschrieben wird.

Stadt, die in den Texten aus Tall Billā (→ Šibaniba) erwähnt wird und vermutlich in ihrer Umgebung lag, Zadok (1995a) 256, 4.17.1.31.

Kūsu

[kur]*ku-si*

1-15) RINAP 4, 112.26, 2 (-[*si*]); id., 112.68, 5 [Muṣur, Paturisu]; id., 112.69, 7 [Paturisu]; id., 112.83, 3; id., 112.95, 5 [Muṣur, Paturisu]; id., 112.141, 2 [Muṣur]

1-16) AfO 13, 205, Vs. 24 (Assur 900+)

[kur]*ku-su*

4-20) SAA 19, 47, Rs. 5

[kur]*ku-ši*

1-16) Asb H1, ii, 8' [Muṣur]

^{kur}*ku-u-si*

1-15) RINAP 4, 112.15, 6’ [*šarru*]; id, 112.20, 5 [Muṣur, Paturisu]; id., 112.34, 8’ [Muṣur]; id., 112.34, 12’ [*šarru*]; id., 112.35, Rs. 4’ [Meluḫḫa]; id., 112.54, 28’ [Muṣur]; id., 112.60, 8’ [*šarru*]; id., 112.60, 9’ [Muṣur, Paturisu]; id., 112.98, 16 [id.]; id., 112.98, Rs. 38 [*šarru*; Muṣur]; id., 112.98, Rs. 45 [Muṣur]; id., 112.103, 11 [*šarru*]; id., 112.103, 6; id., 112.112, 4 (erg.) [Muṣur, Paturisu]

1-16) Asb A, i, 53 [*šarru*; Muṣur]. 67 [Muṣur]. 78 [*šarru*; Muṣur]. 123 [*šarru*]. ii, 28 [Muṣur]; Asb B, i, 52 [*šarru*; Muṣur]. 71 [id.]. ii, 18 [Muṣur]; Asb C, ii, 18 (erg.). iii, 38 (erg.) [Muṣur]. 64; Asb E, Stück 7, 10 [*šarru*]; Asb E, Stück 10, 19 (^{kur}*k[u-u-si]*) [Muṣur]; Asb F, i, 37 [*šarru*; Muṣur]; Asb LET, 19’ [*šarru*]. 34’ [*šarru*; Muṣur]; Asb IT, 80 [Muṣur]; A 7919, i’, 5’ (4°-Heft, 1; Asb E Fragm.); id. ii’, 15’ (^{kur}*k[u-u-si]*) [Muṣur]; BIWA 27, 10’ (82-5-22,10) [*šarru*]. id. 11’ [id.]

3-15) ADD 709, u. Rd. 6 [Muṣur]

4-15) SAA 10, 24, 14

^{kur}*ku-u-su*

4-15) SAA 10, 351, Rs. 6 [*šarru*]

1-16) Asb A, i, 114 [Muṣur]; Asb B, i, 92 [id.]

^{kur}*ku-ú-si*

1-16) Asb A, ii, 45 [Muṣur]; Asb B, ii, 37 [id.]; Asb E, Stück 10, 13 ($^{\text{[ku]r}}$*ku-*) [*šarru*]; Asb LET, 42’ [id.]; BIWA 26, Vs. 6’’ (K 2656+); IWA 69, (K 4496), 4’

^{kur}*ku-ú-su*

1-16) A 7919, i’, 7’ (4°-Heft, 1; Asb E Fragm.) ([^{kur}*ku-ú-s]u*) [Muṣur]; Asb E, Stück 7, 12 (*-su*$^{!}$) [Muṣur]

9-16) SAA 11, 1, ii, 13 [Ammān]

^{kur}*ku-ú-ši*

8-16) SAA 8, 418, 4 [Muṣur]

^{kur}*ku-ú-šú*

8-15) SAA 4, 84, 4 [*šarru*]. 5 [id.]. 7 [id.]. 13 [id.]. Rs. 13 [id.]. 15 [id.]

^{uru}*ku-ú-si*

1-15) RINAP 4, 112.37, 11’

N:

ku-sa-a

3-15/16) SAA 7, 47, i, 2

ku-sa-a-a
4-15) SAA 13, 86, Rs. 9. li. Rd. 1; id., 87, 7. 8. 9. 12 [Dimašqa]; id., 90, Rs. 2; id., 101, 7; id., 108, 9. Rs. 2. 4. 10; id., 111, 7 [Si'immê]. 9; id., 113, 7. 9. 11 [Ninua]. 14
8-15) SAA 4, 139, 12

ku-sa-a-a-te
3-20) SAA 7, 24, 2 (-*t*[*e*])

^{kur}*ku-sa-a-a*
3-15/16) SAA 7, 47, ii, 4
3-22) CTN 3, 120, 15' (-*sa*$^{?}$-*a*-[*a*])
4-15) SAA 13, 13, Rs. 2; id., 84, Rs. 4'; id., 86, 7. 9. Rs. 1. 3 ($^{\text{[kur]}}$*ku*-); id., 87, Rs. 1; id., 89, 8; id., 90, 7; i, 93, .Rs. 1; id., 94, 7; id., 96, 8. Rs. 1; id., 97, 13; id., 99, 9. Rs. 4; id., 104, 9. Rs. 1 [Mesu]. 5 [id.]; id., 109, 7 [Mesu]. 12 [Arrapḫa]. 14 [Mesu]. Rs. 4 [id.]; id., 112, 3'. Rs. 1; id., 116, 9 (-[*a-a*]). 16. 18; id., 122, Rs. 6
4-15) SAA 16, 78, u. Rd. 23 ([^{kur}*ku*]-)
8-15) SAA 4, 142, 11 [Pilistu, Muṣur]
8-15/16) SAA 4, 145, 7' (erg.) [Muṣur]
8-19) SAA 4, 144, 12 (erg.) [Muṣur]

^{kur}*ku-sa-a-e*
3-10) CTN 1, 9, Rs. 21'

¶ NAT, 218; RGTC 12/2, 160 (Am. Kāšu); äg. *Kɜš* (DG V, 193f.); bibl. *kûš, kûšî* (HAL, 445); klass. Aethiopia (Barrington Atlas 34, B5); nA PN Kūsāja (PNA 2/I, 642f.), Kūsāju (id. 643), Kusî (id. 643), Kūsītu (id. 644).

Das ägyptische Kuš, ein Land in Nubien (TAVO Karte B IV 3 [Nordteil]), südlich des I. Katarakts, im nördlichen Sudan, RlA 6, 374f. (W. Röllig), Ranke (1910) 30, Steindorff (1890) 593f. Vgl. → Meluḫḫa.

Kutuli/Kutli

^{uru}*ku-tú* (UD)-*li*
4-13) ABL 449, 3 [Dēru]

¶ NAT, 219; vgl RGTC 3, 147 (aB Kutalla). Der ON könnte auch ^{uru}*ku-ut-li* gelautet haben.

Wahrscheinlich ein Stadt im Gebiet von → Dēru, Zadok (1985b) 44. Eine Gleichstellung mit aB Kutalla/Tall Ṣifr im Gebiet von →[3] Larsa (NAT, 404) ist fraglich, da sowohl die Lesung des ON nicht gesichert ist, als auch die Belege von Kutalla sich auf die aB Zeit beschränken (s. RlA 6, 383).

L

La[...]

^{uru}*la*-[...]

3-05) Billa 69, Rs. 3 [Sasu(...), Išgiria]

¶ Stadt, die in den Texten aus Tall Billā (→ Šibaniba) erwähnt wird und vermutlich in ihrer Umgebung lag, Zadok (1995a) 256, 4.17.1.38.4.

Labbasta s. LULbasta

*Labīru

N:

^{uru}*la-bi-ra-a-a*

4-13) SAA 5, 42, Rs. 3 [Sakkuana]

¶ Lage unbekannt. L. wird zusammen mit → *Sakkuana in einem Brief an Sargon, der aus paleographischen Gründen dem Gouverneur von → Tušḫan Ša-Aššur-dubbu (SAA 5, S. 34, PNA 3/II, 1179f.) zugeschrieben wird, erwähnt. Dass es sich um einen weiteren Beleg für → Ālum-labīr handelt, kann nicht ganz ausgeschlossen werden.

Laḫi[...]

^{uru}*la-ḫi*-x-[x x]

5-16) SAA 14, 477, 3 [Mir(...)]

¶ Möglicherweise eine Stadt in Zentralassyrien bzw. in einem benachbarten Gebiet (N), in der Nähe von → Mir[...].

Laḫīru 1

la-ḫi-ra

2-15) Eponym 673 A9 [*bēl pīḫati*]

la-ḫi-ri
3-15/16) SAA 7, 47, i, 11 [*šaniu*]
3-16) SAA 11, 134, 6' (-*k*[*i-r*]*i*) [*pīḫatu*]
3-19) ND 3458, Rs. 3 (unpubl. erw. in PNA 2/II, 866, s. v. Nabû-sagībi) [*pīḫatu*]
4-16) ABL 1244, 9' [*bēl pīḫati*]

la-ḫi-ru
3-20) SAA 7, 23, Rs. 8 [Kār-Aššur]

^{kur}*la-ḫi-ra*
1-15) RINAP 4, 112.1, v, 75 [*bēl pīḫati*]
5-15) SAA 6, 216, 8 [*bēl pīḫati*]
5-16) SAA 14, 2, 5 [*nagiu*]

^{kur}*la-ḫi-ri*
5-15) SAA 6, 287, 2 [*bēl pīḫati*]

^{kur}*la-ḫir*
5-18) StAT 2, 207, Rs. 27 [*bēl pīḫati*]

^{uru}*la-ḫi-ra*
1-15) RINAP 4, 112.1, v, 75 (Var.) [*bēl pīḫati*]
3-13) ND 2803, Rs. i, 36 (Iraq 23 pl. 29f) ($^{\text{[u]ru}}$*la-*)
5-15) SAA 6, 255, 2 ([^{ur}]^{u}*la-*) [*rab ālāni ša* L.]
5-16) StAT 1, S. 143f., Tafel, o. Rd. 2 [*kaspu ša* L.]

^{uru}*la-ḫi-ri*
1-02) RIMA 2, 99.2, 27 [Turnat]
1-05) RIMA 3, 102.5, iv, 6 (2x) [Gannanāte]
1-14) RINAP 3/1, 111.22, v, 22 [*bēl pīḫati*]; id, 111.23, v, 13 [id.]; id., 111.146, Vs. 2 (erg.); id., 111.147, Vs. 2 (erg.)
1-15) RINAP 4, 112.1, v, 75 (Var.) [*bēl pīḫati*]
3-13) ND 2386, ii, 11' (Iraq 23 pl. 11) (^{uru}⸢*la*⸣-)
3-20) ND 2664, 3 (Iraq 23, pl.22) [Gannanāte, Zabban]; SAA 7, 35, i, 5 ([$^{\text{uru?}}$*l*]*a*$^{?}$-[*ḫ*]*i-*) [*pīḫatu*; Arbaga]; SAA 11, 225, 8' (-*r*[*i*]) [*pīḫatu*]
4-11) SAA 19, 119, Rs. 19' (^{u}[^{ru}*l*]*a-*) [*ḫarrānu*]
4-13) SAA 5, 250, Rs. 14' (-*ḫ*[*i-ri*]) [*pīḫatu*]; SAA 15, 136, 8; id. 140, Rs. 5' (-⸢*ri*⸣)
4-16) ABL 543, Rs. 8 [*bēl pīḫati*]; ABL 1108, Rs. 5 [id.]; SAA 13, 124, Rs. 4 [id.]. 7 [id.]
5-15) SAA 6, 280, Rs. 16' (-*ḫ*[*i-ri*]) [*šaknu*]

5-16) SAA 14, 146, Rs. 8' [*bēl pīḫati*]; StAT 1, S. 143f., Hülle, 4 [*kaspu ša* L.]
5-19) StAT 1, 35, 3 [*kaspu ša* L.]

uru*la-ḫi-ru*
1-05) RIMA 3, 102.6, ii, 44 [Mê-Turnat]; id., 102.8, 24' [id.]; id., 102.10, ii, 34 [id.]
1-14) RINAP 3/1, 111.22, v, 48 [Larak]; id., 111.23, v, 39 [id.]
2-06) TCS 5, 168, iv, 3 [Dēru, Gannanāte]
4-15) SAA 13, 104, Rs. 4

¶ NAT, 222 (Laḫiru; zusammen mit Laḫīru 2); nA PN Laḫīrāju, PNA 2/II, 650; vgl. RGTC 8, 208 (nB/spB Laḫīru) u. Zadok (2003a) 261 (spB im Gebiet von →3 Sippar) mit Fuchs (2011a) 232 Anm. 11; vgl. aram. *l'r* (TADAE I, A6.9, 1).

Stadt und Land im Diyālā-Gebiet, in unmitelbarer Nähe zu Nordbabylonien, die in der Region zwischen → Mê-Turnat und dem Tigris zu suchen ist, Fuchs (2011a) 232f. mit Anm. 16, Zadok (1995a) 224–226, 1.2, id. (2013) 308–310. Fuchs loc. cit. stellt eine nördlichere Lokalisierung im Gebiet zwischen dem Ṭāwūq-Çāy (→ Radānu) und dem Diyālā (→ Turnat, d. h. bei Eski Kifrī, s. Forrer (1920) Karte „Entwicklung Assyriens 889–746", Hannoon [1986] 375f.) mit der Begründung infrage, dass L. erst von Šamšī-Adad V. 815 zu einer Zeit erobert wurde, als das Gebiet bis nahe an den Diyālā bereits assyrisches Territorium war. Von Sargons II. Regierungszeit (früheste Belege) an, war L. Statthaltersitz der gleichnamigen assyrischen Provinz, RlA 11, 57, Nr. 44 (K. Radner). Das assyrisch kontrollierte L. am Diyālā ist von →3 Laḫīru 2 im Gebiet der weiter südlich gelegenen Landschaft →3 Jadburu bei →3 Elam zu trennen, Frahm (1997) 209, Fuchs (1994) 44, Postgate/Mattila (2004) 248. Die Belege aus den Briefen SAA 15, 136 u. 140 könnten sich auf Laḫīru 2 beziehen. TAVO Karte B IV 10 u. 13 (Eski Kifrī!); Helsinki Atlas, 10 (Eski Kifrī!).

In L. befanden sich die Dörfer → Kapar-Aḫi-iaqar, Kapar-Baḫāja, Kapar-Dakanâ, Kapar-issi-ekalli (??), Kapar-Lū-aḫḫē, Kapar-Nabû-šēzib, Kapar-Ṣil-Bēl 1, Kapar-Tabālāja, Kapar-Tapḫa-ari (?), Kapar-Zārūtî, Kapar-[…] 16 und Kapar-[…]ute, und die Städte → Ak[…],→ Āl-Bēl-iqbi 1, → Arbaga, → Kār-Aššur/Ḫumut, → Marpada, → Napisu, → Dūr-Šarrukkāja, → Paqutu und und vielleicht → Diqūqīna, → Ḫirāna. Ob auch → Diati und → Til-ḫarrapina (?) hier gehören, ist ungewiss.

Lā-iplaḫ-māssu-iḫpi

uru*la-ip-làḫ*-KUR-*su-iḫ-pi*
1-15) RINAP 4, 112.33, iv, 21' [Pilaḫma-mātka-šallim, Aššur-inâr-garū'a]

¶ NAT, 221 (Lā-iplaḫ-mātsu-iḫpi).

Stadt in → Šubria, die in einer Liste von 21 Städten erwähnt wird, die von Asarhaddon erobert und umbenannt wurden, Pongratz-Leisten (1997) 335–337.

Langa[...]

^{uru}*la-an-ga*-x [x 0]
7-17) SAA 12, 37, 6' [Kapar-Ni(...), Kapar-Sa'ili]

¶ NAT, 224.

Möglicherweise eine Stadt in Zentralassyrien bzw. in einem benachbarten Gebiet, Zadok (1995a) 268, 5.1.2.15.5.

Lapsia

^{uru}*al-la-ap-si-a*
1-04) RIMA 2, 101.1, iii, 109 (*ina nērebe ša* Kāšiāru *ša* L.)

^{uru}*la-ap-si-a*
4-13) SAA 1, 240, 10' (*ina šēpē šadû*)

¶ NAT, 12 (s. v. Allabria) u. 224.

Stadt am Fuß des Ṭūr 'Abdīn (→ Kāšiāru), Fales (1989b), Liverani (1992a) 86, Zadok (1995a) 236, 3.6.3.1. Lipiński (2000) 140 lokalisiert L. in → Bīt-Zamāni und identifiziert sie mit Ebsi, 18 km westlich von Midyat. Die Zugehörigkeit zur Provinz → Naṣībīna im 8. Jh. (SAA 1, S. 237 s. v., Zadok loc. cit) ist nicht sicher.

Lāqê

^{kur}*la-qe-e*
1-02) RIMA 2, 99.2, 113 [Dūr-katlimmu, Zūriḫ]. 118
1-03) RIMA 2, 100.5, 104; Ahmad, Qadhiah, Nr. 1, 51, 4 [Ḫatti, Na'iri]; id., Nr. 2, 52, 3 [id.]
1-04) Bronze bands, 71, piece 6, 2' ($^{⌜\text{kur}⌝}$*la-qe-*[*e*]); Harrak 2004, Side A, 5 (^{kur}[*la-qe-e*]); NABU 2009, 98, 3 (^{kur}[*la-qe-e*]); RIMA 2, 101.1, i, 94 (2x); id., 101.1, ii, 128

[Sūḫu, Rapiqu]; id., 101.1, iii, 32 [Sūḫu]. 45. 121 [Sūḫu, Rapiqu]. 133 [Sūḫu, Sirqu]; id., 101.2, 12 [Sūḫu, Rapiqu]. 54 [Sūḫu, Sirqu]; id., 101.3, 36 [Sūḫu, Rapiqu]; id., 101.23, 8 [id.]. 16 [Sūḫu, Sirqu]; id., 101.26, 22 [Gargamis, Ḫatti]. 50 [Sūḫu, Sirqu]; id., 101.28, v, 3 [Sūḫu, Sirqu]; id., 101.30, 11 [Sūḫu, Rapiqu]; id., 101.31, 6 [id.]; id., 101.32, 3 [id.]; id., 101.33, 8' [Gargamis, Ḫatti]. 22' [Sūḫu, Sirqu]; id., 101.34, 8 [Sūḫu, Rapiqu]; id., 101.35, 4 [id.]; id., 101.38, 7 [id.]; id., 101.40, 22 [id.]; id., 101.50, 8; id., 101.51, 18 [id.]; id., 101.52, 5' [id.]; id., 101.53, 3 [id.]; id., 101.56, 10 (-⸢*e*⸣) [id.]

1-08) RA 103, 93, 2 (Ass 10274) [*šaknu*; Raṣappa, Sūḫu]

3-11) BaM 24, Nr. 11, Rs. 18' [*šaknu*]

4-13) SAA 1, 226, Rs. 7 [Sūḫu]

5-14) BATSH 6, 127, 2 (-⸢*e*⸣) [*šaknu*]; id., 127, 10 ([^{kur}*l*]*a*-) [id.]; id., 159, 2 ([^{kur}*la*]-)

^{kur}*la-qé-e*

1-07) RIMA 3, 104.6, 25 [Sirqu, Ḫindānu]; id., 104.7, 13 (-⸢*e*⸣) [*šaknu*; Raṣappa, Ḫindānu]. 19 [Kār-Adad-nērārī samt 15 Dörfer in L.]

^{uru}*la-qe-e*

5-16) BATSH 6, 89, Rs. 10 (^{uru}[*la*$^{?}$-*qe*$^{?}$-*e*$^{?}$], Lesung unsicher, s. BATSH 6, S. 130) [*šaknu*]

^{uru}*la-qé-e*

1-03) AAS 2, 176, 2 (s. RIMA 2, 100.1004; ^{uru}*la-qé-e*^{ki} wäre außergewöhnlich, die Lesung ^{uru}*la-qé-e* KI-x scheint wahrscheinlicher)

1-04) RIMA 2, 101.29, 11' (^{uru}[*la-qé-e*])

9-16) SAA 11, 1, Rs. i, 15' [erw. zw. Sam'alla und Tabālu]

N:

^{kur}*la-a-qa-a-ia*

1-03) RIMA 2, 100.5, 89

^{kur}*la-qa-a-a*

1-04) RIMA 2, 101.1, iii, 27 [Ḫindānu, Sūḫu]. 30. 34 [Sūḫu, Ḫindānu]. 38 (2x) [Ḫindānu]. 43. 46; id., 101.30, 35 [Ḫatti]

4-13) SAA 1, 204, 15 [Nēmed-Ištar]; id., 261, 6' ([^{kur}*la-q*]*a-a-a*)

^{kur}*la-qa-a-ia*

1-02) RIMA 2, 99.2, 117 (-⸢*ia*⸣)

1-03) RIMA 2, 100.5, 85. 87. 93. 102

uru*la-qa-a-a*
1-04) RIMA 2, 101.1, iii, 27 (Var.) [Ḫindānu, Sūḫu]. 38 (Var., 2x) [Ḫindānu]
4-07) BaM 24, Nr. 17, Rs. 23

¶ NAT, 224; luw. *Laka* (Savaş [1998] 201); nA PN Laqê, PNA 2/II, 652.

Land am Mittleren Euphrat, das im 9. Jh. zur Provinz → Raṣappa gehörte und im Laufe des 8. Jh. Sitz eines assyrisschen Gouverneurs wurde, Lipiński (2000) 77–108, Liverani (1992a) 69, Morandi Bonacossi (1996) 26–30 mit Abb. 8, Radner (2002) 4–6, RlA 6, 492–494 (J. N. Postgate), id., 55, Nr. 34 (K. Radner), Zadok (1995a) 230, 2.3. Trotz der Verwendung des Determinatives URU ist die Existenz einer Stadt L. in diesem Gebiet (Forrer [1920] 105) zu bezweifeln (s. Postgate [1980-83] 492 u. Radner [2002] 5). Wenn L. das Zentrum des gleichnamigen Gebiets war, ist es außergewöhnlich, dass es in den Annalen Tukultī-Ninurta II. nie erwähnt wird. Dass die Hauptstadt nur auf der Stele von Tall al-ʻAšāra (AAS 2, 176, 2) vorkommt, weil die Zerstörung dieser Stadt ein so bedeutendes Ereignis war, das in einem gesonderten Monument aufgenommen wurde (Tournay/Saouaf [1952] 179), ist nicht überzeugend. Die Erwähnung von L. mit Determinativ URU in einer geographischen Liste (SAA 11, 1) zusammen mit Städten und Ländern, die sich im südostanatolischen Gebiet weit nördlich vom Land L. befinden, ist auch bemerkenswert, zumal wenn der Text tatsächlich aus der Zeit Assurbanipals stammt (SAA 11, xiii–xiv). Nicht auszuschließen ist die Möglichkeit, dass eine homonyme Stadt L. in Südostanatolien gemeint ist. Dass es sich um eine spätere Neugründung im Gebiet des ehemaligen Landes L. bzw. um eine Umbenennung einer bereits existierenden Stadt (→ Kipina) handelt (Horn [1922] 147 Anm. 1), ist unwahrscheinlich. TAVO Karte B IV 10 u. 13; Helsinki Atlas, 9. 31. S. → Kapar-Laqê

In L. befanden sich die Städte → Aqarbani, → Arbate, → Dūr-Adad-nērārī, → Dūr-katlimmu (s. dort Orte in seiner Umgebung), → Kār-Aššur-nāṣir-apli, → Kipina, → Nēbarti-Aššur, → Rummunina, → Sirqu, → Ṣupria, → Usalâ. Im Norden von L. lag → Bīt-Ḫalupê, wo → Ālu-ša-Ḫarāni, → Niḫutu → Sūru 1 und → Zūrih lagen.

Lāra[...]

uru*la-a-ra*-x-[...]
5-22) StAT 3, 74, 4 ([ur]u*la-a-ra*-⸢x⸣-) [*ḫūl ša* L. *ana* (...)ša'ate]

¶ Möglicherweise eine Stadt in Zentralassyrien bzw. in einem benachbarten Gebiet (A). Die Straße, die von L. zu → [...]ša'ate führte, lag nicht weit von → Benuḫše.

Laruba 2

^{uru}*la-ru-ba*
4-13) SAA 5, 3, Rs. 18 (^{uru}*la*$^{!}$-)

¶ NAT, 340 (Šuruba).

Stadt in → Bīt-Zamāni/→ Amēdu. Nicht mit →[1] Laruba 1 in der Levante zu verwechseln.

Latiḫi

^{uru}*la-ti-ḫi*
1-03) RIMA 2, 100.5, 112 (2x, davon 1x erg.) [It. von Qatnu, nach Šadikanni; L. ša Šadikanni]

¶ NAT, 226; RGTC 5, 177 (mA Latiḫi).

Stadt in → Šadikanni, die wahrscheinlich mit Tall Šaddāda oder Tall Baḫza am Westufer des Unteren → Ḫābūr zu identifizieren ist, Kühne (1980) 52, RlA 6, 511 (W. Röllig), Zadok (1995a) 231. Helsinki Atlas, 3. 26 (Tall Baḫza).

Li[...]

^{uru}*li*-[x x x x]
4-11) SAA 19, 39, u. Rd. 20 [L. *ša qanni* (...) *ša* ^{kur}x(...)]

¶ Möglicherweise eine Stadt in einem an → Isāna angrenzenden Gebiet. L. wird in einem Brief von Šarru-ēmuranni, dem Gouverneur von Isāna in einer fragmentarisch erhaltenen Passage erwähnt.

***Li[...]gama**

N:
^{uru}*li*-x-*gam-a-a*
5-14) SAA 6, 120, Rs. 4' ($^{uru!}$⸢*li*$^{!}$-x⸣-*gam*$^{!}$-)

¶ Vermutlich eine Stadt in Zentralassyrien bzw. in einem benachbarten Gebiet, Zadok (1995a) 266, 5.1.1.7.10.2.

Libba (??)

^{uru}*lìb-ba*

1-03) RIMA 2, 100.5, 15 (-*b*[*a*$^{?}$]) [KUR *ša* L.]

¶ Lesung unsicher. Lipiński (2000) 156 liest *aq-ṭi-rib ina* UGU$^{?}$ KUR$^{?}$ *ša*$^{?}$ ^{uru}*Lìb-b*[*a*$^{?}$] *lu*-⸢*ú*⸣ *áš*-⸢*kun*⸣ statt *aq-ṭi-rib ina* UGU$^{?}$ x x ŠÀ x *lu*-⸢*ú*⸣ *áš*-⸢*kun*⸣ (RIMA 2, 100.5, 15).

Eine Stadt im südlichen Teil des → Kāšiāru-Gebirge, Lipiński loc. cit.

Libbi-āli

ŠÀ-URU

1-02) RIMA 2, 99.2, 127

1-05) RIMA 3, 102.94, 4

2-13) Canon 716 B4 [*šaknu*]; Eponym 716 (-U[RU])

5-14) StAT 3, 73, 1 [*ša muḫḫi āli ša* L.]

5-19) StAT 2, 263, 6 (-⸢URU⸣)

8-16) SAA 4, 262, Rs. 8

ŠÀ-*bi*-URU

4-15) SAA 13, 183, Rs. 2 (⸢ŠÀ-)

5-14) SAA 6, 93,3'

^{uru}ŠÀ-URU

1-02) RIMA 2, 99.1, Rs. 20'; id., 2, 61

1-03) RIMA 2, 100.5, 30. 41

1-05) MDOG 132, 91, Nr. 30, 3; RIMA 3, 102.6, ii, 10; id., 102.8, 8' ([^{uru}ŠÀ]-); id., 102.92, 8; id., 102. 99, 4; id., 102.100, 4

1-07) Andrae Stelen Nr. 38, 2 (SAAS 2, 95 [804]) [Kār-Tukultī-Ninurta]

1-10) Andrae Stelen Nr. 37, 2 (SAAS 2, 79 [748]) [Kār-Tukultī-Ninurta]

1-13/14) MDOG 114, 105, 1

1-14) RINAP 3/1, 111.16, vii, 41 [Stadttor von Ninive]; id., 17, vii, 74 [id.]; id., 18, vi, 15' [id.]; vgl. STT 372, 1, Schülertext mit Auflistung der Stadttore von Ninive aus der Zeit des Assurbanipal (Reiner/Civil [1967] 197f.)

1-18) AfO 16, 306, 10 (erg.). Rs. 7

2-09) Canon 762 B1; id. B2; Canon 763 B1; id. B2
2-10/11) JNES 13, 209ff., Rs. iv, 38 (AKL Kolophon nA)
3-13) ND 3486, i, 1' (unpubl. erw. in Iraq 18, 148)
3-15) SAA 7, 6, ii, 13' ($^{[u]ru}$ŠÀ-) [*ḫazannu*]
3-16) SAAB 9, 127, 3
3-20) ND 2310, 7' (Iraq 23, pl. 10). 9' (^{uru}Š[À-URU]); ND 2774, Rs. 5 (Iraq 23, pl. 26); ND 2791, 9' (Iraq 23, pl. 28) (⸢^{uru}⸣Š[À-UR]U); SAA 7, 75, Rs. 19; id., 115, i, 18 (-⸢URU⸣); id., 197, Rs. 12'
4-07) TH 14, 5. u. Rd. 8
4-11) SAA 19, 14, 6; id., 20, li. Rd. 3
4-13) CT 53, 385, 1' ($^{[uru]}$ŠÀ-⸢URU⸣); **SAA 1**, 54, 8 (erg.); id., 55, 6'. Rs. 2; id., 56, 6; id., 63, 7' (⸢^{uru}⸣[ŠÀ]-). 11' (^{uru}[ŠÀ]-⸢URU⸣). 12' (^{uru}[ŠÀ-U]RU). u. Rd. 18' (-⸢URU⸣). Rs. 13; id., 71, Rs. 5' ($^{[uru]}$⸢ŠÀ⸣-). 6'; id., 76, Rs. 2 ([^{uru}ŠÀ-UR]U); id., 77, 11. Rs. 2; id., 84, 8; id., 87, 15; id., 89, 10; id., 91, 8 (^{uru}Š[À-U]RU). 10 (-UR[U]); id., 92, 11; id., 97, 12 ($^{[uru]}$ŠÀ-); id., 99, 3. 11 ([^{uru}Š]À-). Rs. 6'. 7'; id., 100, 5; id., 101, 5; id., 104, Rs. 12' ($^{[ur]u}$ŠÀ-); id., 127, Rs. 2' (-U[RU]); id., 148, Rs. 10'
4-15) ABL 1306, Rs. 2' (^{uru}Š[À-URU]); **SAA 10**, 190, 12; id., 294, Rs. 14; **SAA 13**, 18, Rs. 12; id., 66, 17; SAA 16, 36, Rs. 15 ($^{[u]ru}$ŠÀ-); id., 79, 7; id., 93, Rs. 7; id., 95, Rs. 17 [*šaknu*]; id., 96, 3 (erg.). 10. 15; YBC 11382, Vs. 13. 17. 27 ($^{uru?}$[ŠÀ$^{?}$-URU$^{?}$)]
4-15/16) **SAA 10**, 21, 5; id., 108, Rs. 12 (-UR[U]); id., 127, 7; id., 151, 5'; id., 225, Rs. 1; id., 273, 14 ([^{uru}ŠÀ]-); **SAA 13**, 17, 8'; id., 33, 13. Rs. 3; id., 38, 11; id., 157, 16'. 20'
4-16) KAV 214, Rs. 13; SAA 13, 25, 3 [*ḫazannu*]; id., 26, 3 (erg.) [id.]; id., 27, 3 [id.]; id., 155, 5 (^{uru}[ŠÀ-URU]); id., 166, Rs. 7
4-16/19) StAT 1, 54, Rs. 4
4-20) KAV 133, Rs. 7'
5-07) Edubba 10, 7, Rs. 26; GPA 17, Rs. 8 [*abul ša* L.]; StAT 2, 257, 2 [*ša muḫḫi āli ša* L.] (⸢$^{uru!}$⸣ŠÀ$^{!}$-[URU$^{!}$]). 7 [id.]
5-08/12) StAT 3, 14, 3 (-U[RU])
5-11) Edubba 10, 52, Rs. 25 [*šaknu*]
5-13) GPA 248, 6'; StAT 3, 32, Rs. 16
5-14) SAAB 9, 73, 1 [*ša muḫḫi āli ša* L.]; id., 75, 2 [*rab ekalli ša* L.]. 8 ($^{[u]ru}$ŠÀ-) [id.]; StAT 2, 157, Rs. 4; id., 171, 8; StAT 3, 73, Siegelinschrift, 3 [*ša muḫḫi āli ša* L.]
5-15) StAT 2, 164, Rs. 4; StAT 3, 70, 6 (-UR[U])
5-16) StAt 2, 58, 2 (^{uru}Š[À$^{?}$-URU])
5-16/19) KAN 4, 20, 15; StAT 2, 120, 7'; id., 187, 7; id., 188, u. Rd. 9 ([^{uru}Š]À-); id., 189, 6; id., 190, 11
5-18) StAT 3, 37, 3. u. Rd. 7

5-19) BATSH 6, 123, 6; SAA 14, 45, Rs. 13
5-20) Edubba 10, 51, Rs. 15 [*šaknu*]; SAA 14, 276, 4'
5-22) Edubba 10, 15, 6'; id., 51, Rs. 15 [*šaknu*]; id., 52, Rs. 25 [id.]
5-22/23) KAN 4, 44, 50 (⸢$^{uru?}$⸣Š[À$^{?}$-URU$^{?}$]). Rs. 37 (⸢^{uru}⸣[ŠÀ-URU]); StAT 3, 20, Siegelinschrift (⸢^{uru}⸣[Š]À-) [*ša muḫḫi āli ša* L.]
5-23) StAT 2, 163, Rs. 1; id., 243, 2' (⸢^{uru}ŠÀ⸣-). Rs. 9 (erg.)
6-15) JCS 64, T, i, 35 (-U[RU])
7-05) SAA 12, 68, Rs. 13 (nA Kopie eines mA Erlasses)
7-07) SAA 12, 1, 5 [*pīḫatu*]. 7 (-UR[U]); id., 71, Rs. 7'
8-15) SAA 4, 246, 1'
8-15/16) SAA 8, 112, 1; id., 126, Rs. 2; id., 128, Rs. 3; id., 129, Rs. 2; id., 130, Rs. 2 (^{uru}[ŠÀ-URU]); id., 131, Rs. 2; id., 132, Rs. 2; id., 133, Rs. 2; id., 134, Rs. 2 ([^{uru}Š]À-); id., 135, Rs. 5 ($^{[u]ru}$ŠÀ-); id., 137, Rs. 2; id., 138, Rs. 2 (-[URU])
8-16) SAA 4, 264, 3 ([^{uru}ŠÀ-UR]U). Rs. 7; id., 265, Rs. 8 ([^{uru}Š]À-); id., 306, Rs. 4; id., 310, Rs. 6'

^{uru}ŠÀ-URU-*te*
5-20) StAT 2, 313, 4

^{uru}ŠÀ-*bi*-URU
4-15) SAA 10, 19, u. Rd. 11' (-U[RU])

N:
ŠÀ-URU-*a-a*
3-16) SAA 7, 118, Rs. ii, 7 (ŠÀ$^{!}$-URU$^{!}$-*a*-<*a*>)
3-23) SAA 7, 151, Rs. 12' ([ŠÀ-URU]-)
5-13) StAT 3, 32, Rs. 8' (-*a*-; Wiederholungszeichen in Z. 9'–14')
5-16) StAT 2, 181, 2
5-19) SAAB 5, 27, 19

^{uru}ŠÀ-URU-*a-a*
3-07) CTN 3, 145, Rs., i, 8. 13 (⸢^{uru}⸣ŠÀ-); id., Rs. ii, 9
3-11/13) ND 2442, i, 5' (Iraq 23, pl. 13) ([^{uru}Š]À-)
3-15/16) SAA 11, 222, 4'
3-20) SAA 7, 150, iii, 12'; id., 153, Rs. ii, 3
3-22) CTN 1, 1, Rs. i, 22; CTN 3, 120, 11' ($^{ur[u]}$[ŠÀ]-UR[U]-)
3-23) SAA 11, 26, 3'. 8'
4-13) **SAA 1**, 39, 17'([^{uru}Š]À$^{!}$-); id., 55, 7'; id., 63, Rs. 10 [Ariauāte]; **SAA 5**, 102, 2' ([^{uru}Š]À$^{?}$-URU-*a*-⸢*a*⸣); id., 298, Rs. 9
4-15) SAA 16, 95, Rs. 3; YBC 11382, Rs. 35. 42

4-15/16) SAA 10, 6, 11
4-16) KAV 214, Rs. 8; SAA 13, 27, Rs. 7 [*ḫazannu*]
4-23) KAV 215, Rs. 15
5-07) Edubba 10, 6, Rs. 5; id., 7, 3
5-14) SAA 6, 42, Rs. 10
5-15) BATSH 6, 7
5-16) SAAB 9, 96, 4; StAT 2, 173, u. Rd. 18 (-⸢*a-a*⸣); id., 174, Rs. 5; StAT 3, 4, 15 (-[URU-*a-a*]). Rs. 36 (^{uru}⸢ŠÀ⸣-URU-*a*-⸢*a*⸣). 37 (⸢^{uru}⸣ŠÀ-). 38 ($^{ur[u]}$ŠÀ-). 39 (⸢^{uru}⸣ŠÀ-⸢URU⸣-). 40 (-[U]RU-). 41 (-⸢URU⸣-)
5-16/19) StAt 2, 174, Rs. 5
5-18) SAA 14, 169, 6; StAT 3, 35, ii, 31 ($^{[u]ru}$Š[À-URU-*a-a*])
5-19) SAAB 5, 44, Rs. 2' (-⸢URU⸣-); id., 113, Rs. 4 (-[URU-*a-a*]); VAT 19510, 4 (unpubl. erw. in PNA 2/II, 871 s. v. Nabû-šallimšunu 10)
5-20) StAT 2, 313, 2
5-22) Edubba 10, 12, u. Rd. 17. Rs. 8. li. Rd. 1; StAT 3, 74, 2 ([^{uru}ŠÀ-URU-*a*]-*a*)
7-07) SAA 12, 1, 5 (-[*a*])

^{uru}ŠÀ-URU-*iá*
4-13) ABL 307, Rs. 7'

¶ NAT, 51–54 (s. v. Aššur); RGTC 5, 177f. (mA Libbi-āle); nA PN Libbālāju, PNA 2/II, 660 u. Libbālītu, id., 661; s. auch PN Libbāli-ḫammat u. Libbāli-šarrat, PNA 2/II, 660f.; vgl. jedoch davon zu trennen RGTC 8, 212 (nB/spB Libbi-āli).

Die „Innenstadt", eine Bezeichnung für → Aššur. S. → Ālu-ša-Libbalāja.

***Līdu 2**

N:
^{kur}*li-di-a-a*
4-11) SAA 19, 177, 10' (-⸢*di*⸣-*a*-⸢*a*⸣) [Itu'u, Ḫamaru]

¶ NAT, 226 (Lidi'aja).

Gebiet oder Stamm, das zusammen mit → Itu'u erwähnt wird und vielleicht unweit von dessen Gebiet am Tigris und südlich des Unteren Zab zu lokalisieren ist, Zadok (1995a) 224, 1.1.7. L. könnte aber auch identisch mit →^{1add} Līdu 1 sein, dessen Lage unbekannt und vielleicht in der Levante zu suchen ist.

Lilbur-munīḫ-libbi-Aššur

^{uru}*lil-bur-mu-ni-iḫ*-ŠÀ-AN.ŠÁR
1-15) RINAP 4, 112.33, iv, 19' [Ṣābissu-likūn, Dūr-Aššur-aḫu-iddina]

¶ NAT, 227.

Stadt in → Šubria, die in einer Liste von 21 Städten erwähnt wird, die von Asarhaddon erobert und umbenannt wurden, Pongratz-Leisten (1997) 335–337.

Limalê

^{uru}*li-ma-le-e*
1-04) RIMA 2, 101.19, 30 ($^{[uru?]}$⌜*li*⌝-*ma*-⌜*le-e*⌝) [L., Kalše *ina* Kadišḫaru]

¶ Stadt in der Nähe von → Kalše, möglicherweise auch in → Kadišḫaru.

Limmer-iššak-Aššur

^{uru}*li-mer*-ÉNSI-*aš-šur*
1-15) RINAP 4, 112.9, ii', 6'
1-16) Asb LET, 69' [PN *ina* Ḫatḫariba *ša* L. *šumšu ana šarrūte aškun*]

¶ NAT, 227 (Limmir-iššak-Aššūr).

Assyrischer Name von → Ḫatḫariba, Kahn (2006) 254, Onasch (1994a) 42, Verreth (1999) 238f. TAVO Karte B IV 13.

Liṣ[…] (?)

^{uru}*li-iṣ*-[…]
7-17) SAA 12, 51, 2' (^{uru}*li*$^{?}$-*iṣ*$^{?}$-)

¶ Vermutlich eine Stadt in Zentralassyrien bzw. in einem benachbarten Gebiet, Zadok (1995a) 268, 5.1.2.7.1.

Lītir-aj-imṭi

uru*li-tir-a-a-im-ṭi*

1-15) RINAP 4, 112.33, iv, 17' [Kunuš-lā-kanšū, Āmiršu-liglud]

¶ NAT, 227.

Stadt in → Šubria, die in einer Liste von 21 Städten erwähnt wird, die von Asarhaddon erobert und umbenannt wurden, Pongratz-Leisten (1997) 335–337.

Lu[...]

uru*lu*-[x x (x)]

9-20) SAA 11, 10, Rs. 3

¶ Möglicherweise eine Stadt in Zentralassyrien oder in einem benachbarten Gebiet.

Luamma 1

uru*lu-u-am-ma*

3-20) SAA 11, 224, Rs. 2 (*-am*!-) [Kapar-Bisê, Kapar-ikkāri, Kapar-Akkulāni; alle in Ḫalaḫḫu]

¶ NAT, 229 (Lumiḫima).

Stadt in → Ḫalaḫḫu 1; vgl. → Luamma 2.

Luamma 2

uru*lu-a-ma*

3-20) SAA 11, 226, 4 (uru*lu*!*-a-ma-*[(*x*)]) [Kapar-kansi-Ištar; *ina nagie ša* Arrapḫa]

¶ Stadt im Bezirk von → Arrapḫa; vgl. → Luamma 1.

Lubdu

uru*lu-ub-da*

1-02) RIMA 2, 99.2, 29 [Arrapḫa]; WVDOG 121, 44, 28' ([uru*lu-u*]*b-*; Ex. 3 von RIMA 2, 99.4)

1-04) RIMA 2, 101.30, 96 [*šaknu*]
4-13) SAA 1, 12, Rs. 1 (^{uru}*lu*$^{!}$-) [Arrapḫa]; SAA 15, 26, 14; id. 27, Rs. 3' ($^{\text{[u]ru}}$*lu-ub-da*$^{!}$) [Dūr-Bēl-ilā'ī]; id. 28, 3' (*-u*[*b-da*])

^{uru}*lu-ub-du*
1-06) RIMA 3, 103.1, i, 49 [Zabban, Arrapḫa]
3-20) ND 2664, 9 (Iraq 23, pl.22)

¶ NAT, 227 (Lubda); RGTC 3, 153 (aB Lubdum); RGTC 5, 178f. (mA, mB, mA/mB hist. Lubdu); RGTC 10, 166–168 (Nuzi Lubti); RGTC 11, 158 (elam. Lubdum); vgl. hurr. (alphabetisch aus Ugarit) *lbtġ*, s. dazu Astour (1987) 51f.

Stadt im Osttigrisgebiet, die an der südöstlichen Grenze des Landes → Arrapḫa lag, und im Gebiet zwischen dem Unteren Zab (→ Zāba šaplû), dem Nahr al-'Uẓaim (→ Radānu) und dem Ǧabal Ḥamrīn (→ Ebiḫ) zu suchen ist, Fuchs (2011) 229f., Hannoon (1986) 371f., Postgate/Mattila (2004) 245. Aufgrund eines Vorschlags von Finkelstein (1955) 1f., L. in der Nähe von Ṭāwūq zu lokalisieren – der Vorschlag basiert auf Forrer (1920) Karte „Entwicklung Assyriens 889–746" –, wurde die Identifizierung mit diesem Ort mit großer Übereinstimmung übernommen, s. RlA 7, 106f. (K. Kessler) u. ältere Literatur in RGTC 5, 179 u. RGTC 10, 168. Astour (1987) 51 mit Anm. 363 machte aber darauf aufmerksam, dass, auch einem Vorschlag von Forrer (1920) 43 folgend, Ṭāwūq eher mit → Diquqīna zu identifizieren sei. Mühl (2013) 210 (mit Tafel 1) zieht die Möglichkeit in Erwägung, L. mit Tall Buldaġ, ca. 35 km südwestlich von Kirkūk und ca. 25 km nordnordwestlich von Ṭāwūq zu identifizieren. Tall Buldaġ zeigt sich als Knotenpunkt von Verkehrswegen, was in der Tat für L. zu erwarten ist, Fuchs (2011) 230. L. war zur Zeit des Assurnasipals II. Sitz eines assyrischen Gouverneurs (RlA 11, 55, Nr. 35 [K. Radner], Beleg ist dort zu ergänzen) und zählte zu den Städten, die gegen Salmanassar III. am Ende seiner Regierungszeit rebellierten. TAVO Karte B IV 10 u. 13 (Ṭāwūq!); Helsinki Atlas, 10. 29. 30 (Ṭāwūq!).

Luddin-ilu

^{uru}*lud-din*-DINGIR
4-15) SAA 13, 19, Rs. 10 [Salammê]

N:
^{uru}*lud-din*-DINGIR-*a-a*
4-15) SAA 13, 20, 8

¶ NAT, 227.

Möglicherweise ein Stadt in Zentralassyrien oder im Osttigrisgebiet. Eine Lokalisierung in → Laḫīru 1 (Zadok [1995a] 226, 1.2.20) basiert auf der Annahme, dass L., der Herkunftsort der Hirten Arbailāju und Girittu, die Opfertiere liefern sollten (SAA 13, 19 u. 20), in der Nähe von → Diqūqīna lag. Dieser Ort wird in einem weiteren Brief des Dādî an Asarhaddon (SAA 13, 18) im Zusammenhang mit nicht gelieferten Opfertieren genannt. Ob es sich um die gleiche Angelegenheit wie in den anderen erwähnten Briefen handelt, ist ungewiss und dementsprechend ist eine Lokalisierung in Laḫīru nicht gesichert.

LULbasta (?)

^{uru}LUL-*ba-as-ta*
1-16) Asb E12, 29 [Lušanda, Babsaḫ]

¶ NAT, 221 (Labbasta). Die Lesung *láb* für das Zeichen LUL (Thompson [1940] 101, Z. 23) ist nicht korrekt, s. MZL, 370f. (Nr. 570) u. BIWA 180.

Stadt im Bergland → Ḫalēḫasta, nordöstlich von → Dēru, in der Umgebung von → Qirbit.

Luluta

^{kur}*lu-lu-ta*
1-04) RIMA 2, 101.19, 98 [Nirdun, Dirria]

¶ NAT, 229.

Land am Oberen Tigris, etwa im Bereich zwischen → Dirria und → Nirdun, RlA 7, 168 (K. Kessler).

Luppi (?) s. Kuppi (?)

Lupsa

^{uru}*lu-up-sa*

1-11) Tigl Summ 1, 30 (-⸢*sa*⸣) [Sassu, Luqia]; id. Summ 9, 14 [id.]

^{uru}*lup-su-a*

1-11) Tigl Summ 5, i, 14 ($^{\text{[uru]}}$*lup-*)

¶ NAT, 229.

Stadt in der „Provinz des Mundschenks" (→ Māt-Rab-šāqê), Toffteen (1907) 357.

Lupsua s. Lupsa

Luqadanšu

^{uru}*lu-qa-da-an-šá*

1-11) Tigl Ann 5, 5 [Elizanšu, Quda]

^{uru}*lu-qa-da-an-šu*

1-11) Tigl Summ 5, i, 7 ([^{uru}*lu-qa-da*]-; Ergänzung nach RINAP 1, 108 Komm. zu i, 7 unsicher) [Elizanšu]

¶ NAT, 229.

Stadt in →^{3} Urarṭu, wahrscheinlich in der Region nördlich des Murat-Su (→ Arṣania 1), Kessler (1980) 168. S. Komm. zu → Daiqanša und → Elizanšu.

Luqaše (?)

^{uru}*lu-qa-še*

4-13) SAA 1, 155, 9 (das letzte Zeichen kann auch -*b*[*u*] oder -*t*[*e*] sein) [*ša qanni* Arbail]

¶ NAT, 229.

Stadt in der Umgebung (*ša qanni* wird im Text ergänzt) von → Arbail, Zadok (1995a) 246, 4.6.1.12.

Luqia 1

uru*lu-qi-a*

1-11) Tigl Summ 1, 30 [Lupsa, Šimirra]; Tigl Summ 9, 14' [id.]

¶ NAT, 229.

Stadt in Nordmesopotamian, die wahrscheinlich nördlich bzw. westlich von Diyarbakır (→ Amēdu) lag, Kessler (1980) 178–180, RlA 7, 163, s. v. Lukka §4b (W. Röllig). Nicht mit → Luqia 2 oder mit dem Fluss → Luqia 3 zu verwechseln. S. → Māt-Rabšāqê.

Luqia 2

uru*lu-qi-a*

1-11) Tigl Ann 5, 5 [Ulāja, Abrania]

¶ NAT, 229.

Stadt in →[3] Urarṭu, wahrscheinlich in der Region nördlich des Murat-Su (→ Arṣania 1), Kessler (1980) 168 (s. auch S. 179), RlA 7, 163, s. v. Lukka §4b (W. Röllig). Nicht mit → Luqia 1 oder mit dem Fluss → Luqia 3 zu verwechseln. S. Komm. zu → Daiqanša.

Lurisite

uru*lu-ri-si-te*

4-13) SAA 1, 98, 8

¶ NAT, 229.

Stadt in Zentralassyrien, südlich von → Aššur, Fales (1993) 82 Anm. 13, SAA 1, S. 237 s. v., Zadok (1995a) 243, 4.1.2.7. Einem Befehl des Königs folgend, er solle nach L. gehen, um nach Baumstämmen zu suchen, schreibt der Gouverneur von Aššur, Ṭāb-ṣill-Ešarra, dass die Arbeiter stromabwärts (von Aššur nach L.) gebracht wurden, was auf eine Lage südlich von Aššur hindeutet (SAA 1, 98, Rs. 5'–6').

Lusia

^{kur}*lu-si-a*

1-11) RINAP 1, 108.36, 8' [U(...)]; Tigl Ann. 20, 7' (erg.); Tigl Summ 9, Vs. 12' [*birāti dannāti ša* Urarṭu; Sarduriana, Tapsia]. 18' [*māt abāri*; Diglat, Amadīnu]

^{uru}*lu-si-a*

1-11) Tigl Summ 1, 27 [*birāti ša* Urarṭu *ša kutal* Nal; Babutta, Tapsia]

¶ NAT, 229; nicht mit urar. Lūšā (RGTC 9, 52), das weiter nördlich lag, zu verwechseln, RlA 7, 179 s. v. Luša (M. Salvini), Tadmor (1994) 183.

Land und gleichnamige Festung an der urartäischen Grenze, hinter dem Gebirge → Nal in → Ulluba 2, das von Tiglatpileser III. annektiert und der „Provinz des Schatzmeisters" (→ Māt-Masenni) zugeordnet wurde, Fuchs (2003) 50, Kessler (1980) 168f. L. wird als *māt abāri*, „Bleiland" bezeichnet.

Lušanda

^{uru}*lu-šá-an-da*

1-16) Asb E12, 28 [Tazi', LULbasta]

¶ NAT, 229.

Stadt im Bergland → Ḫalēḫasta, nordöstlich von → Dēru, in der Umgebung von → Qirbit, Zadok (1985b) 49. Nicht mit →[1] Lusanda zu verwechseln.

BEIHEFTE ZUM TÜBINGER ATLAS
DES VORDEREN ORIENTS

herausgegeben im Auftrag des Sonderforschungsbereichs 19
von Heinz Gaube und Wolfgang Röllig

Reihe B
(Geisteswissenschaften)
Nr. 7

Répertoire Géographique des Textes Cunéiformes

In Zusammenarbeit mit

Jean-Robert Kupper † · Wilhelmus François Leemans † · Jean Nougayrol †

herausgegeben von

Wolfgang Röllig

Band 7/2-2

Die Orts- und Gewässernamen der neuassyrischen Zeit
Teil 2: Zentralassyrien und benachbarte Gebiete, Ägypten und die arabische Halbinsel

von

Ariel M. Bagg

WIESBADEN 2017
DR. LUDWIG REICHERT VERLAG

Répertoire Géographique
des
Textes Cunéiformes
VII/2-2

Die Orts- und Gewässernamen der neuassyrischen Zeit
Teil 2: Zentralassyrien und benachbarte Gebiete, Ägypten und die arabische Halbinsel

Heft 2

von
Ariel M. Bagg

WIESBADEN 2017
DR. LUDWIG REICHERT VERLAG

Diese Arbeit wurde auf der Grundlage des Gesamtprojektes im SFB 19,
Tübinger Atlas des Vorderen Orients, begonnen und mit einer Sachbeihilfe
der der Deutschen Forschungsgemeinschaft zu Ende geführt und zum Druck gebracht.

Bibliografische Information der Deutschen Nationalbibliothek
Die Deutsche Nationalbibliothek verzeichnet diese Publikation
in der Deutschen Nationalbibliografie; detaillierte bibliografische Daten
sind im Internet über http://dnb.dnb.de abrufbar.

ISBN: 978-3-95490-262-0
www.reichert-verlag.de

Gedruckt auf säurefreiem Papier
(alterungsbeständig pH7–, neutral)
Printed in Germany

ORTSNAMEN
M–Z

M

Ma[…] 1 (?)

^{uru}*ma*-[x-x]

3-13) KAV 36, Rs. iv, 2’ ($^{[ur]u}$⸢*ma*⸣-[x-x])

¶ Vielleicht eine Stadt in der Ğazīra; vgl. → Māliku.

Madara

^{uru}*ma-da-ra*

1-04)RIMA 2, 101.1, ii, 98 [*āl dannūti*; It. von Šiginša nach Tušḫan]. 100; id., 101.17, iv, 42 [id.]. 51; id., 101.19, 64 [id.]. 67

¶ NAT, 232; RGTC 3, 155 (aB Madarā)

Ummauerte Stadt in → Nirdun, die nach einem Vorschlag von Streck (1898) 79 mit Matar, ca. 20 km nördlich von Savur identifiziert wird, Kessler (1980) 71–75 mit Karten auf S. 77f., id., 114, Lipiński (2000) 140, Liverani (1992a) 60. Alternativ wird Tepeköy, ca. 14 km nördich von Savur als möglicher Kandidat vorgeschlagen, Radner und Schachner (2001) 751, fig. 3. TAVO Karte B IV 10 u. 13 (Matar); Helsinki Atlas, 3. 19. 27 (Matar).

Madaranzu

^{uru}*ma-da-ra-an-zu*

1-04)RIMA 2, 101.1, ii, 94 [It. von Zazabuḫa über einen nicht genannten Ort im Kāšiāru-Gebirge nach Šigisu]; id., 101.17, iv, 28 [id.]; id., 101.19, 59 [id.]

¶ NAT, 232.

Stadt im → Kāšiāru-Gebirge (Ṭūr ‘Abdīn), letzte Etappenstation bevor die assyrische Armee die Ebene am Oberen Tigris (→ Na’iri) erreicht. Vermutlich in der Region nördlich von Savur zu suchen, Kessler (1980) 67–69 mit Karte auf S. 77f., Liverani (1992a) 59.

Magalānu

ma-gal-a-ni
1-15) RINAP 4, 112.1, iv, 63 [Var.]

kur*ma-gal-a-ni*
1-15) RINAP 4, 112.8, i', 20' [*šarru*; Ilpi'atu, Diḫrānu]

uru*ma-ga-la-nu*
1-15) RINAP 4, 112.77, 24 [*ālāni dannūti ša nagie* Bāzu; Ḫandasu, Alpijana]; id., 112.78, 22 [id.]; id., 112.79, 22 (erg.); id., 112.93, 12 (uru[*ma-ga-la-nu*]) [*ālāni dannūti ša nagie* Bāzu; Ḫandasu, Alpijana]

uru*ma-gal-a-ni*
1-15) RINAP 4, 112.1, iv, 63 [*šarru*; Ilpi'atu, Diḫrānu]

¶ NAT, 232; nicht klass. Melaggitai, Eph'al (1984) 134.

Befestigte Stadt in → Bāzu, Eph'al (1984) 131, RGTC 11, 163 (Magalāni), Rosemarin (1932) 35.

Maganiṣi

uru*ma-ga-ni-ṣi*
5-16) SAA 14, 72, 6. Rs. 1
5-23) SAA 14, 251, u. Rd. 6'

¶ NAT, 232 (s. v. Maganisi).

Stadt in Zentralassyrien, wahrscheinlich in der Nähe von → Ninive.

Maganuba

uru*ma-ag-ga-nu-ub-ba*
1-13) SgF Zyl, 44 [Muṣri, Ninive]

uru*ma-ga-ni-ib*
5-14) SAA 6, 200, 2 (-⌜*ib*!⌝). 9 (-*g*[*a-ni-ib*])

^{uru}*ma-ga-nu-ba*
5-14) ND 2306, ? (Iraq 16, 37; unpubl. erw. in PNA 1/I, 57, s. v. Aḫ-abû 12); SAA 6, 37, 3; id., 50, Rs. 11 (^{uru}*m*[*a-g*]*a-*)
7-13) SAA 12, 19, 7' [*ina talbīt* Ninive; Dūr-Šarrukīn]

¶ NAT, 232 (s. v. Maganisi) u. 232f. (Maganūba).

Stadt am Fuß des Gebirges → Muṣri 2 im Umland von → Ninive, in dessen Gebiet Sargon seine neue Hauptstadt → Dūr-Šarrukīn baute, RlA 2, 249f. s. v. Dūr-Šarrukīn (E. Unger), Zadok (1995a) 257f., 4.19.

Magarisu

^{uru}*ma-ag-ri-su*
3-13) SAA 11, 202, ii, 13' [*ina* Marê]

^{uru}*ma-ga-ri-si*
1-03) RIMA 2, 100.5, 115 (-[*ga-ri-si*]) [It. von Tabite, nach Gurēte]; id. ([^{uru}*ma-g*]*a-r*[*i-s*]*i*) [id.]
1-04) RIMA 2, 101.1, iii, 3 (2x) [It. von Tabite mit Zwischenstation am Ḫarmiš, nach Šadikanni mit Zwischenstation am Ḫābūr]

^{uru}*ma-ga-ri-su* (?)
1-04) RIMA 2, 101.83, 1 (^{uru}[*ma*$^?$*-ga*$^?$*-r*]*i*$^?$*-su*; diese Ergänzung ist jedoch wegen der Lage von M. am mittleren → Ḫābūr unwahrscheinlich, s. Lipiński [2000] 137 Anm. 14) [Beischrift; *ša* Bīt-Jaḫiri]

¶ NAT, 233 (Magarisi); NAT, 234 (Makrisu); RGTC 5, 181 (mA Magrisi); klass. Magrus (Tab. Peut., XI); vgl. RGTC 3, 156 (aB Makrisā).

Stadt am mittleren → Ḫābūr, die mit Ḥasaka an der Einmündung des Wādī Ǧaġġaġ (→ Ḫarmiš) identifiziert wird, Kühne (1980) 54, Liverani (1992a) 63f., Morandi Bonacossi (1996a) 28f. u. 32–35. Kühne (1980) 57f. hält den nahe liegenden Tall Abū Bakr, der auch als möglicher Kandidat für M. betrachtet werden kann (Liverani loc. cit.), für die Garnison von M. Alternative Identifizierungsvorschläge sind Tall Aswād und Tall Bēzari, Oates (1985) 169f., RlA 7, 199f. (W. Röllig). Zur Darstellung: Curtis/Tallis (2008) Abb. 96. TAVO Karte B IV 10 (Tall Abū Bakr); Helsinki Atlas, 3. 26 (Tall Ḥasaka).

Magdali

^{uru}*ma-ag-da-li*

1-15) RINAP 4, 112.34, Rs. 12, (-[*da-li*]; nach Radner [2008] 306 *-da-l*]*i*)

¶ NAT, 233 (Magdal); RGTC 12/2, 183 (Am. Magdalu 4 mit Lit.); bibl. *migdōl* (HAL, 516); klass. Magdolos (Hdt. II, 159). Die westsem. Wurzel *mgdl* „Turm" liegt aber zahlreichen Ortschaften in der Levante zugrunde, Burke (2007), RlA 7, 200 (W. Röllig).

Stadt in Ägypten, die sich wahrscheinlich am Isthmus von Sues befand. Das klass. Magdolos, eine Festung an der ägyptischen Grenze nordöstlich von Sele (Lipiński [2006] 161), wird mit dem Tall al-Ḫair im Nildelta identifiziert (TAVO Karte B IV 23, Barrington Atlas 74, G3), der ebenfalls als Kandidat für M. erachtet wird (Radner [2008], s. aber Verreth [1999] 237). E. Oren identifiziert *migdōl* mit Tall Kedua (T. 21), 1 km nördlich von Tall al-Ḫair (Oren [1984] 31). Da diese Festung erst am Ende des 7. Jh. gegründet wurde, kann sie nicht als Kandidat für M. in Erwägung gezogen werden (so auch Verreth loc. cit.). Nicht mit → Magdalu, ug. Magdalā (RGTC 12/2, 182) oder mit Am. Magdalu 1–3 in der Levante (RGTC 12/2, 182f.) zu verwechseln.

Magdalu

^{uru}*ma-ag-da-lu*

5-16) BATSH 6, 10, 3 (-⌜*lu*⌝)

5-21) BATSH 6, 39, 5; id. 40, 7

¶ aram. *mgdl* (BATSH 6, 10, ob. Rd. b; = SAAB 7, 117, Nr. 3, b); wahrscheinlich klass. Magdala in der Sphorakene (Kühne/Luther [1998] 107).

Stadt am unteren → Ḫābūr. M. könnte der aramäische Name von → Dūr-katlimmu in der spät- und nachneuassyrischen Zeit gewesen, Kühne/Luther (1998), Luther (1999) 81f., ferner Zadok (1995b) 3, id. (2000a) 5; s. aber Luther (2002) 2 mit Anm. 8 und Röllig (1993) 127 mit Anm. 2. Nicht mit → Magdali, ug. Magdalā (RGTC 12/2, 182) oder mit Am. Magdalu 1–3 in der Levante (RGTC 12/2, 182f.) zu verwechseln.

Magganubba s. Maganuba

Maḫri-gārê-šarri

uru*maḫ-ri-ga-re-e*-MAN
1-15) RINAP 4, 112.9, ii', 3'

¶ NAT, 247 (Miḫri-garê-šarri).

Stadt in Ägypten (→ Muṣur).

Makan

kur*má-kan*
1-15) RINAP 4, 112.34, 7' (kur[*má-kan*])
1-16) Asb A, i, 52 [Meluḫḫa]; Asb B, i, 50 [id.]; Asb C, ii, 17 (kur*m*[*á-kan*]) [id.]; Asb F, i, 36 [id.]; BIWA 27, Vs. 14'' (K 2656+) [Meluḫḫa]; K 3159, 2, (8° Heft, 157) (-*ka*[*n*])

kur*má-kan-na*
1-15) RINAP 4, 112.48, 28 [*šarru*; Tilmun, Meluḫḫa]
1-16) Asb A, i, 52 [Var.]; Asb F, i, 36 [id.]

¶ NAT, 234. Zu M. vor der nA Zeit: RGTC 1, 113f. (sarg. Magan); RGTC 2, 114f. (Ur III Magan); RGTC 5, 182 (mA Makan); RGTC 8, 217 (nB/spB Maka); RGTC 11, 163f. (elam. Makka); vgl. → Qadê.

In den nA Königsinschrften werden M. und sein Pendant → Meluḫḫa als alternative Bezeichnung für Ägypten (→ Muṣur) und Nubien (→ Kūsu) verwendet, RlA 7, 196, § 3 (W. Heimpel). In einer Inschrift Asarhaddons (RINAP 4, 112.34, 7'–8') wird dafür eine explizite Erklärung geboten. M. und Meluḫḫa sind vermutlich als Ziele in der Beschreibung von Asarhaddons zehntem Feldzug zu ergänzen. Dort wird erläutert, dass sie in der einheimischen Sprache Kūsu und Muṣur genannt wurden (*ša ina pī nišē* Kūsu *u* Muṣur *inambû*). Auffällig ist die spiegelbildliche Nennung der vier ON, nämlich M./Meluḫḫa und Kūsu/Muṣur. In RINAP 4, 112.48, 28 dagegen scheinen M. und Meluhḫa, die nach → Tilmun genannt werden, mit ihrer alten Bedeutung (M./Oman, Meluḫḫa/Nordwestindien) verwendet worden zu sein, Heimpel loc. cit., Liverani (1999-2000) 71. Vor der nA Zeit bezog sich M. auf Oman und Meluḫḫa auf Indien, Heimpel (1987) 22–31. Für eine umstrittene Identifizierung von M. mit der Sinai-Halbinsel (seit dem 3. Jt.!) s. Michaux-Colombot (2001) u. id. (2011). TAVO Karte B IV 13.

Makurrete

^{uru}*ma-kur-re-te*

1-06) RIMA 3, 103.2, iii, 21’ (-⸢*kur-re*⸣-) [*āl šarrūti*; Qai(…)na, Padnu]

¶ NAT, 234 (Makurrite).

Stadt im Osttigrisgebiet am oder südlich des Diyālā (→ Turnat), Potsgate/Mattila (2004) 243, Zadok (1985b) 31. Aufgrund der vorgeschlagenen Identifizierung von → Ḫašimur mit dem Gebirge Darewiškeh südlich von Ḫānaqīn lokalisiert Hannoon (1986) 362 u. 402 mit Karte 18 auf S. 402 M., → Padnu und → Qai[x]na im Gebiet westlich vom letztgenannten Ort.

Malḫina (?)

^{uru}*mal-ḫi-na*

1-04) RIMA 2, 101.19, 33 (^{uru}⸢*mal*$^{?}$⸣) [*ina* Ḫatti (!); It. von Apku nach Katmuḫi]

¶ NAT, 235.

Stadt in Nordmesopotamien westlich vom Tigris, die sich zwischen → Apku und dem Land → Katmuḫi etwa in der Umgebung von Cizre befand, Zadok (1995a) 270, 6.1.4. Die Angabe „in →^{1} Ḫatti“ ist in diesem Kontext unklar, RlA 4, 154 s. v. Ḫatti (J. D. Hawkins); vgl. → Mal[…]ḫāni.

Malijāti

^{uru}*ma-li-ia-ti*

5-16) SAA 6, 169, 4 ($^{\text{[u]ru}}$*ma-*) [*ḫūl šarri ša issi* M. *ana* Kannu’]

¶ NAT, 235 (Malijatu).

Stadt nicht weit von → Kannu’, Zadok (1995a) 244, 4.3.1.1, id. (2012) 876, 1.2.1. Die Identifizierung mit einem Ruinenhügel in der Nähe von Maltai (Ma’althayeh), ca. 7 km westlich von Dahūk, wo neuassyrische Oberflächenfunde bezeugt sein sollten (Hannoon [1986] 249f.), ist mit der Lokalisierung von → Adian bei Daḫūk verbunden, wofür Forrer (1920) 115 keine Begründung gibt (s. dazu auch Zadok [1995a] 244, zu 4.1.3.1–3 u. id. [2012] 876).

Māliku

^{uru}*ma-li-ki*

3-13) KAV 132, 4 (^{uru}⸢*ma*⸣-)

^{uru}*ma-li-ku*

3-13) KAV 31, Rs. 30 [Kapar-Iliti]; id. 132, 4 (^{uru}⸢*ma*⸣-)

¶ NAT, 235.

Möglicherweise eine Stadt in der Ǧazīra oder identisch mit $\rightarrow^{3}$ Malaki in $\rightarrow^{3}$ Rāši, Zadok (1985c) 113; vgl. → Malka.

Malka

^{uru}*mal-ka*

4-16/19) Rfdn 17 29, Rs. 18 (^{uru}⸢*mal*⸣-)

¶ Vermutlich eine Stadt in der östlichen Ǧazīra; vgl. → Māliku.

Mallanāte

^{uru}*ma-'a-la-na-te*

5-22) Edubba 10, 30, Rs. 27 (-⸢*la*?⸣-*na-te*) [in Edubba 10, S. 37 ^{uru}*ma-'a-*⸢*x*⸣-*it/da-te* gelesen, aber nach dem Kontext und der Kopie auf pl. 18 scheint die Emendation plausibel]

^{uru}*ma-al-la-a-nat*

5-16) O? (unpubl. zit. in Garelli [1986] 242 ohne Textnummer)

^{uru}*ma-al-la-na-te*

5-14) O? (unpubl. zit. in Garelli [1986] 241 ohne Textnummer)

^{uru}*ma-al-na-a-te*

5-14) O 3685, 32 (unpubl. zit. in Garelli [1986] 241 u. 245, Anm. 16 [dort jedoch ^{uru}*ma-la-na-a-te*)

^{uru}*ma-al-na-'a-te*

5-16) O? (unpubl. zit. in Garelli [1986] 241f. ohne Textnummer)

¶ Vgl. aB Mallanum (RA 80, 1986, 180, A. 2560, 4'); aram. *m'lnh* (Garelli [1986] 242). Es konnten nur die Belege, die in Garelli (1986) bzw. in PNA erwähnt wurden, berücksichtigt werden, da die Texte bislang unpubliziert sind.

Stadt im Balīḫ-Becken, Fales (2002) 197 Anm. 134, Zadok (1995a) 233, 3.5.3.1, die mit aB Mallanum identifiziert wird (Charpin [1987], s. aber Garelli [1986] 242 u. Lipiński [2000] 126).

In den Texten aus dem Archiv unbekannter Herkunft, in denen M. mehrmals vorkommt, werden auch folgende Orte erwähnt: →Abisite, → Aḫ[...], → Akuḫî, → Ḫirini, → Ḫurubite, → Iṣuna, → Kapar-ilkāti, →Kapar-Ṭāb-Bēl, → Nabiḫu, → Ni'mite, → Nisalḫuna, → Pappaḫa, → Qaianiḫu, → Qaštu, → Qurumat, → Sagāni, → Sapalāte, → Til-marasiluti.

Mallānu

kur*mal-la-a-ni*
1-04) RIMA 2, 101.1, iii, 101 [Zamba]

kur*mal-la-a-nu*
1-04) RIMA 2, 101.1, iii, 101 [*ša ina qereb* Arqānia]

uru*mal-la-a-ni*
1-05) Andrae Stelen Nr. 47, 7 (SAAS 2, 111 [838]) [*šaknu*; Suḫni, Alzi]

uru*mal-la-ni*
1-07) Andrae Stelen Nr. 39, 4 (SAAS 2, 100 [799]) [*šaknu*; Sinabu, (...)še]

¶ NAT, 235. Der ON ist wahrscheinlich auch in RIMA 3, 102.18, 22' zu ergänzen.

Land (und Stadt?) in Nordmesopotamien, das mitten im Gebirge → Arqānia lag, wahrscheinlich im Tal des Çermik Çayı, Liverani (1992a) 84f. mit fig. 11, Toffteen (1907) 348. Kessler (1980) 111 (mit Karte v auf S. 121) bevorzugt eine südlichere Lage im Gebiet zwischen Diyarbakır (→ Amēdu) und dem Karaca Dağ. Auch Lipiński (2000) 146f. lokalisiert M. westlich von Diyarbakır. Alternativ schlägt er die Region westlich von Mardin vor, was unwahrscheinlich ist, da sie zu weit südlich liegt. Im letzten Drittel des 9. Jh. unterstand M. zusammen mit → Alzi, → Amēdu und → Suḫnu dem Mundschenk Ninurta-kibsī-uṣur (SAAS 2, 111 [838]). Am Anfang des 8. Jh.

gehörte M. in den Zuständigkeitsbereich des Gouverneurs von Amēdu (SAAS 2, 1000 [799]).

Mal[...]ḫāni (?)

^{uru}*mal-*[...]-*ḫa-a-ni*
1-04) RIMA 2, 101.21, 11' (^{uru}*mal-*x-[...-*ḫ*]*a*$^{?}$*-a-ni*) [*āl dannūti*]

¶ Befestigte Stadt im Ḫābūr-Dreieck (wegen der Erwähnung vom Fluss → Ḫarmiš in Z. 10'); s. RIMA 2, S. 265 (Kommentar). Ob der Beleg RIMA 2, 101.21, 7' ([^{uru}*mal*$^{?}$-...]-⸢*ḫa*$^{?}$⸣*-a-ni*) hier gehört, ist unklar, s. [...]ḫāni.

Mama[...]

^{uru}*ma-ma-*x
1-11) Tigl RR, 27 [(...)siza, ^{uru}(...)]

¶ Stadt in → Ulluba 2.

Mannu-[...]

^{uru}*man-nu-*[x x]
5-16/19) StAT 2, 84, Rs. 10 (-*n*[*u*$^{?}$ x x])

¶ Möglicherweise eine Stadt in Zentralassyrien bzw. in einem benachbarten Gebiet (A).

Mannu-dān (?)

^{uru}*man-nu-*KAL*-an*
5-11) Edubba 10, 34, 7

¶ Der ON könnte auch ^{uru}*man-nu-dan-*DINGIR gelesen werden und als Mannu-dān-ili interpretiert werden; vgl. mit →^{1} Mannu-dān-ili, eine Stadt, die vielleicht in Nordsyrien lag.

Möglicherweise eine Stadt in Zentralassyrien. M. könnte identisch mit ^{uru}*man-nu-kal-la* (→ Mannu-kalla) in der Nähe von → Ninive, s. Edubba 10, S. 44, Komm. u. 46 zu 12'.

Mannu-kalla

^{uru}*man-nu-kal-la*

5-11) Edubba 10, 35, 9' [*ṭēḫi ḫūl ša issu* M.; Ninive, Ḫa(...)ra]. 12' (-*ka*[*l*$^{?}$-*l*]*a*$^{?}$)

¶ Stadt in der Nähe von → Ninive, Edubba 10, S. 46, Komm. Eine Straße verband M. mit einer Stadt, deren Name nicht erhalten ist (→$^{\text{fr uru}}$[...] 55). M. könnte identisch sein mit ^{uru}*man-nu*-KAL-*an* (→ Mannu-dān) in Edubba 10, 34, 7, s. Edubba 10, S. 46 zu 12'.

Mannu-lišissu

^{uru}*man-nu-li-ši-su*

1-15) RINAP 4, 112.33, iv, 16' [Abāt-šarri-lā-tēni, Kunuš-lā-kanšū]

¶ NAT, 237f.

Stadt in → Šubria, die in einer Liste von 21 Städten erwähnt wird, die von Asarhaddon erobert und umbenannt wurden, Pongratz-Leisten (1997) 335–337.

Mannu-šānin-Aššur

^{uru}*man-nu-šá-nin-aš-šur*

1-15) RINAP 4, 112.33, iv, 15' [Aššur-māssu-utēr, Aššur-mannu-išannan]

¶ NAT, 238 (Mannu-šannin-Aššūr).

Stadt in → Šubria, die in einer Liste von 21 Städten erwähnt wird, die von Asarhaddon erobert und umbenannt wurden, Pongratz-Leisten (1997) 335–337, RlA 1, 212 (E. Ebeling).

Manṭun

^{uru}*ma-an-ṭu-un*

1-11) Tigl Summ 1, 26 (-⸢*un*⸣) [*birāte ša* Urarṭu *ša kutal* Nal; Tašuḫa, Sardurianu]; id. 9, 9' ([^{uru}*ma*]-⸢*an*⸣-) [Sardurianu]

¶ NAT, 238 (Mantun).

Festung nördlich vom Berg → Nal in → Ulluba 2 bzw. an der Grenze mit →[3] Urarṭu, die in die von Tiglatpileser neu eingerichtete Provinz Ulluba eingegliedert wurde.

Maqallu

^{uru}*ma-qa-al-lu*
3-07) TH 72, 1 (^{uru}*ma*$^{!}$- ⸢*qa-al*⸣-) [*ša eli* Qassu]

¶ Der in NAT, 238 (Maqallâ) verzeichnete Beleg ist mA; vgl. RGTC 5, 184 (mA Maqallâ).

Stadt zwischen → Guzāna und → Naṣībīna, oberhalb des Flusses → Qassu, Dornauer (2014) 22.

Mar[...]

^{uru}*mar-*[...]
3-13) SAA 11, 212, 6' [Biṣ(...)]

¶ NAT, 242.

Stadt im Balīḫ-Becken; s. Komm. zu → Qipāni.

Mār-[...]a

^{uru}DUMU-^{1}[...]-*a*
3-05) Billa 83, Rs. 7 (-^{1}[x x x]-*a*) [Maza(...)ate]

¶ Stadt, die in den Texten aus Tall Billā (→ Šibaniba) erwähnt wird und vermutlich in ihrer Umgebung lag, Zadok (1995a) 256, 4.17.1.32.

Mardijānê

^{uru}*mar-di-ia-a-né-e*
5-19) SAA 14, 42, 29 [Sairi]. Rs. 1

¶ NAT, 239 (Mardijānê).

Stadt in der östlichen Ǧazīra. Die vorgeschlagene Identifizierung mit Mardin am südwestlichen Rand des Ṭūr ʻAbdīn (Radner [2006] 291, SAA 1, Faltkarte) basiert auf der Ähnlichkeit der Namen. Die römische Festung Mardê/Margdis (Barrington Atlas 89, C3, Honigmann [1935] 12. 35) wurde jedoch nach dem iranischen Stamm der Mardoi genannt, die in achämenidischer Zeit dort angesiedelt wurden, Astour (1995) 10. Darüber hinaus ist für → Bīt-Abu-ilā'ī und die damit verbundenen Ortschaften eine weit westlichere, an das Kernland Assyriens angrenzende Lage zu bevorzugen, Fales (1989c) 178, Zadok (1995a) 238, 3.8.14. Helsinki Atlas, 3. 26 (Mardin).

Marê

^{uru}*ma-re-e*

1-07) RIMA 3, 104.6, 23 (⸢^{uru}*ma*⸣-) [Apku, Raṣappa]

3-13) SAA 11, 202, ii, 13' ([$^{uru/kur}$*ma*]-*re-e*, mögliche Ergänzung nach Fales [1992] 107) [Magarisu *ina* M.]

¶ mA Māri (RIMA 1, 78.23, 69 [RGTC 5, 184, s. v. Māri, jedoch nicht Tall Ḥarīrī!]; RIMA 2, 89.7, iii, 21 liest ^{kur}[*ma*]-*a-ri* statt ^{kur}[*i*]*a-ri* [RGTC 5, 144 s. v. Jari]; Tall Bdēri A, 1. 6. 18. 20).

Stadt (und Land) am mittleren → Ḫābūr, etwa 25–30 km westlich des Ǧabal Sinǧār (→ Singāra), Fales (1992), Maul (1992) 52–54, Zadok (1995a) 231, 3.3.

Marḫatianša

^{kur}*mar-ḫa-ti-an-šá*

1-11) Tigl Summ 9, 14' [(...)šia, Enu]

¶ NAT, 239.

Land in der „Provinz des Mundschenks" (→ Māt-Rab-šāqê).

Marḫuḫa

^{uru}*mar-ḫu-ḫa*

4-13) SAA 5, 53, 21 [*birtu ša* Šubria]. Rs. 6

^{uru}*mar-ku-ḫa*
1-15) RINAP 4, 112.33, iv, 6' [Kulimmeri, Kalzu]

N:
^{uru}*mar-ḫu-ḫa-a-a*
4-13) SAA 5, 53, Rs. 1

¶ NAT, 239.

Festung in → Šubria, deren Name zusammen mit denen von → Kullimeri, → Kalzu (zu diesem Beleg s. Komm. s. v.), →^{fr} ^{uru}[...] 30 und weiteren nicht erhaltenen Städten von Asarhaddon geändert wurde (RINAP 4, 112.33, iv, 6'f). Der neue Name von M. findet sich wahrscheinlich in der Auflistung umbenannter Städte im gleichen Text (RINAP 4, 112.33, iv, 14'-22').

Mariametu

^{uru}*mar-ia-me-te*
5-20) Fs Garelli 2, 7

^{uru}*mar-ia-me-tú*
5-20) Fs Garelli 2, 10 [^{uru}SAG-*ap*$^{?}$-LAL$^{?}$-*ri*$^{?}$-*nu*]

¶ Stadt, vermutlich im Ḫābūr-Gebiet bzw. im Balīḫ-Becken, PNA 2/1, 507 s. v. Igigi (K. Kessler), Zadok (1995a) 234, 3.5.3.3. Vgl. mit klass. Mariammē (TAVO Karte B VI 1, Barrington Atlas 68, B4), heute Maryamīn im nördwestlichen Teil von Syrien, Astour (1995) 25.

Mariri

^{uru}*ma-ri-ri*
1-04) RIMA 2, 101.1, i, 111 [It. von Kinabu, nach Tēla]; id., 101.91 (^{uru}*ma-ri*$^{?}$-[*ri*$^{?}$]) [M. *ša* Ḫatti]

¶ NAT, 239 (Mariru). Die Ergänzung in RIMA 2, 101.91 ist problematisch. Morandi Bonacossi (2000a) 226 schlägt vor, Mari[na *š*]*a* Ḫatti zu lesen. Dass →^{1} Marinâ zweimal als Beischrift auf den Bronzbeschlägen von Balawāt vorkommt, nämlich ein Mal als zu →^{1} Bīt-Adini gehörig und ein zweites Mal in →^{1} Ḫatti ist jedoch merkwürdig. Da M. am Oberen Tigris-Gebiet lag und ein Zusammenhang mit Ḫatti nicht plausibel ist, ist der Vorschlag von Grayson, M. zu lesen (RIMA 2, S.349), ebenfalls problematisch. In diesem Zusammenhang wäre es zu bevorzugen, diesen Beleg als uru*ma*-x-[x], eine Stadt im Land Ḫatti, zu betrachten.

Stadt im oberen Tigrisgebiet in der Nähe von → Damdammusu. Olmstead (1918) 227 Anm. 41 setzte M. mit Aktepe gleich. Aufgrund der relativ geringen Verluste (insgesamt 250 Leute) war M. eine eher kleine Siedlung, was mit dem großen Aktepe schwer vereinbar ist (Liverani [1992a] 37). Lipiński (2000), 148f. mit Karte auf S. 139 (id. [2002] 237f.) schlägt mit Vorbehalt eine Gleichstellung mit Sihratepe, südöstlich von Purnak, bzw. mit Kürthaçitepe vor. Nach Kessler (1980) 220 (s. Karte der Region auf S. 115) ist eine genaure Bestimmung der Lage von M. nicht möglich.

Marpada

uru*mar-pa-da*
4-13) SAA 15, 136, 21 (uru*ma*[*r-pa-da*])

uru*mar-pa-da-a-a*
4-13) SAA 15, 136, 19

¶ NAT, 239.

Stadt in → Laḫīru 1 (Zadok [1995a] 226, 1.2.27) bzw. in →[3] Laḫīru 2 (SAA 15, S. 259).

Marriti-ša-šakin-Kalḫu

uru*mar-ri-ti ša-*lúGAR.KUR-uru*kal-ḫi*
7-07) SAA 12, 1, 7 [Kapar-Qurdi-Aššur]

¶ Vgl. RGTC 5, 185 (mA Marrata) u. aB Marratâ (JCS 7, 54, Rs. iii, 30 mit Komm. auf S. 63f.; ferner Hallo [1964] 83, Anm. 20 mit Karte auf S. 71). Zu Marriti in NAT, 241 (TCS 5, Nr. 21, ii, 17') s. RGTC 5, 111 s. v. Gurmarriti.

Stadt in der Provinz → Libbi-āli, die an → Qibīt-Aššur angrenzte, Zadok (1995a) 244, 4.7.4.18 (irrtümlicherweise in der Region von Kalḫu, da die Angaben in NARGD, S. 58 missverstanden wurden).

Marriti-ša-šakin-Libbi-āli

^{uru}*mar-ri-ti ša*-^{lú}GAR.KUR-^{uru}ŠÀ-URU
7-07) SAA 12, 1, 7 (^{uru}ŠÀ-UR[U]-) [Ḫarbat-niāri]

¶ S. Komm. zu → Marriti-ša-šakin-Kalḫu.

Stadt in der Provinz → Libbi-āli, die an → Qibīt-Aššur angrenzte, NARGD, S. 58, Zadok (1995a) 244, 4.1.4.9 (entgegen Zadok in Libbi-āli, da die Angaben in NARGD, loc. cit. missverstanden wurden).

Marsīmani

^{lú}*mar-si-i-ma-ni*
1-13) SgF Zyl, 20 [Ibādidi, Ḫajappa]; ZA 97, 255, 2' (^{l}[^{ú}*mar-si-i-ma-ni*]) [Ibādidi]; Schøyen 72, 5' (erg.)

^{lú}*mar-si-ma-ni*
1-13) SgF Ann, 121 ($^{[lú]}$*mar-si-ma-*[*ni*]) [*Arbāja rūqūti āšibūt madbari*; Ibādidi, Ḫajappa]

¶ NAT, 241; klass. Maisaimaneis (Ptol. VI, 7, 21).

Stamm der → Arubu in Nordarabien, möglicherweise im Gebiet zwischen Taimā' und Mekka, Eph'al (1984) 89 u. 218, Galter (1993) 32, Rosemarin (1932) 36. M. wurde von Sargon besiegt und in →[1] Bīt-Ḫumrî/→[1] Samerīna angesiedelt.

Mār-Ṣillī-[...]

^{uru}DUMU-*ṣíl-lí*-[...]
3-21) Billa 84, 2' (-⸢x⸣-) [Ku(...), Dargu]

¶ Vgl. nA PN Ṣillī-bāni, PNA 3/1, 1175.

Stadt, die in den Texten aus Tall Billā (→ Šibaniba) erwähnt wird und vermutlich in ihrer Umgebung lag, Zadok (1995a) 256, 4.17.1.33.

*Mas'a

N:

^{uru}*ma-as-'a-a-a*

1-11) Tigl Summ 4, 27' ($^{\text{[uru]}}$*ma-*) [*ša miṣir mātāti ša šulum Šamši*; Tēma]; id. 7, Rs. 3' ([^{uru}*ma-as*]-⸢*'a*⸣-) [id.]; id. 13, 8' (⸢^{uru}⸣[*ma-as-'a-a-a*]) [id.]

¶ NAT, 242; RGTC 8, 222 (nB/spB Maš'a); bibl. *maśśā'* (HAL, 604); nA PN Mas'āiu, PNA 2/II, 743.

Nomadenstamm in Nordarabien (Galter [1993] 30 mit Anm. 18), wahrscheinlich zwischen Dūma und Taimā'(Macdonald [1995] 1360) bzw. im südlichen Palästina (Eph'al [1984] 88 u. 218f.); Eph'al (1974) 114f., Rosemarin (1932) 36, Zadok (1981a) 57.

Masaka

^{uru}*ma-sa-ka*

1-06) Andrae Stelen Nr. 41, 6 (SAAS 2, 120 [815]) [*šaknu*; Kaḫat]

¶ NAT, 242; RGTC 5, 28f. (mA Amasakku); vgl. RGTC 3, 13f. (aB Amaz) u. RGTC 4, 9 (aA Amas); vgl. klass. Maska (Xenophon, Anabasis I, 5, 4), wahrscheinlich eine Bezeichnung des Ḫābūr, Lipiński (2000) 86f.

Stadt im Ḫābūr-Dreieck, Falkner (1958) 3 mit Karte auf S. 12 (zu aB Abaz), Kessler (1980) 209, RlA 1, 93 (E. Ebeling), Zadok (1995a) 235, 3.6.1.8. Falls die vorgeschlagene Verbindung zu → Naṣibina stimmt (Forrer [1920] 20), wäre M. im östlichen Ḫābūr-Dreieck zu suchen, Postgate (1985) 98. Als möglicher Kandidat wurde Tall Muḥammad, ca. 10 km nördlich von Tall al-Ḥamīdīya vorgeschlagen (Helsinki Atlas, Gazeteer, 13, s. Morandi Bonacossi [2000] 387 Nr. 139 Mohammed Saghir). Helsinki Atlas, 3. 27.

Masiḫi

^{uru}*ma-si-ḫi*

3-09) Edubba 10, 53, 5 (^{uru}*ma-si-ḫi dan-ni*). Rs. 2' (^{uru}*ma-si-ḫi da*[*n-ni*]). 5'–6' (^{uru}*ma-si-ḫi qàl-li*)

5-11) Edubba 10, 36, Rs. 21' (lies ^{uru}*ma-si-ḫi* statt ^{uru}*ás-si-ḫi* in BaM 24, 255, Nr. 11, 11, s. Edubba 10, S. 48 zu Rs. 21')

N:
[uru]*ma-si-ḫa-a-a*
3-09) Edubba 10, 53, Rs. 11’ (-*ḫa*[!]-) [*kurgarrû*]
5-07) Edubba 10, 19, 6 (-*ḫ*[*a-a-a*])

¶ Möglicherweise eine Stadt in Zentralassyrien, nicht weit von → Kapar-Quāja, Edubba 10, S. 48, Komm. zu Z.11. In der Urkunde Edubba 10, 53 werden 34 Erntearbeiter aus M. danni („Groß-Masiḫi”), 17 aus M. qalli „Klein-Masiḫi”), und 10 aus → Šuqiri und → Šuqidate genannt, für die ein Tempelbeamter aus M. zuständig ist. M. scheint eine Art Doppelstadt gewesen zu sein, mit einem Hauptzentrum (M. danni) und einer Satellitensiedlung (M. qalli), die zumindest verwaltungstechnisch getrennt waren. M. in Z. Rs. 11’ kann sich auf das Hauptzentrum bzw. auf beide Siedlungen beziehen.

Masiti

[uru]*ma-si-ti*
1-14) RINAP 3/2, 111.223, 8 [Banbarina, Šapparišu]

¶ NAT, 242 (Masitu).

Stadt nördlich von → Ninive, die im Zusammenhang mit Sanheribs „Nördlichem Kanalsystem“ stand, und in der ca. 50–60 km von Ninive entfernten Region zu suchen ist, wo sich die Felsreliefs von Faida, Širu Malikta und Maltai befinden, Zadok (1995a) 257, 4.18.8. Hannoon (1986) 222f. lokalisiert M. in der Region um ‘Ain Sifnī, da er sich auf eine nicht zutreffende Interpretation von Th. Jacobsen (Jacobsen/Lloyd [1935] 39f.) stützt. S. Komm. zu → Ālum-riksi.

Maṣula

[uru]*ma-ṣu-la*
1-04) RIMA 2, 101.19, 53 (-⌜*ṣu*⌝-) [It. von Kibaki nach Zazabuḫa; Bunnu(…)]

¶ NAT, 242.

Stadt im → Kāšiāru-Gebirge (Ṭūr ‘Abdīn), in der Nähe von → Matiātu (Midyat), Kessler (1980) 45f.

*Maškala (?)

N:

^{uru}*maš-ka-la-a-a*

3-23) SAA 7, 131, u. Rd. 9’ [*rab ekalli*]

¶ NAT, 243. Der Ortsname kann auch ^{uru}*bar-ka-la-a-a* (*Barkala) gelesen werden.

Wahrscheinlich eine Stadt in Zentralassyrien bzw. in einem benachbarten Gebiet, Zadok (1995a) 268, 5.1.2.13. Eine Verbindung mit der „Provinz des Mundschenks“, → Māt-Rab-šāqê (RlA 1, 402, s. v. Barkala, Kessler [1980] 156f.), gibt es nicht, da der in Zeile 8’ genannte Nabû-dūru-uṣur (PNA 2/II, 825, Nr. 16) Palastverwalter (*rab ekalli*) und nicht Mundschenk (*rab šāqê*) von M. ist (Kollationsergebnis).

*Maškaritu

N:

^{uru}*maš-ka-rit-a-a*

3-20) ND 2465, 7 (Iraq 23, pl. 15) [Dūr-bēltīja, Ḫinḫinia]

^{uru}*maš-ka-ri-ta-a-a*

5-13) SAA 6, 32, Rs. 11 ($^{ur[u}$*maš-ka-r]i*$^{!}$-⌜*ta*$^{!}$⌝-)

¶ NAT, 243 (Maškaritaja). Auch eine Lesung ^{uru}*bar-ka-rit-a-a* wäre möglich, Zadok (1995a) 246, 4.6.5.2.3 u. Kessler (1980) 156 (^{uru}*bar-ka*-ŠID-*a-a*) der auf eine mögliche Verbindung mit → Barkala hinweist.

Stadt in Zentralassyrien, vielleicht in der Nähe von → Adian, Zadok (1995a) 245, 4.4.2 (auch in 246, 4.6.5.2.3!). Das zu verkaufende Grundstück in der Urkunde SAA 6, 32 liegt in der Nähe von Adian und → Bīt-Dagan und vier Zeugen stammen aus M.

Mašqīte

^{uru}*maš-qi-te*

1-03) RIMA 2, 100.5, 73 (2x) [It. von Anat, nach Ḫaradu]

¶ NAT, 243 (Mašqītu).

Stadt in → Sūhu, am Mittleren Euphrat zwischen der Insel ʻĀna (→ Anat) und Ḫirbat ad-Dīnīyah (→ Ḫaradu), Zadok (1995a) 229, 2.1.2.15.

Māt-Abarakku s. Māt-Masenni

Māt-Aššur

aš-šur
1-11) RINAP 1, 108.1004, 3
1-14) RINAP 3/2, 111.68, 1

aš-šur^{ki}
1-11) Tigl Summ 7, 36
1-13) RIMB2, B.6.22.2, 6
1-14) RINAP 3/2, 111.150, Vs. 5 (erg.)
1-15) RINAP 4, 112.105, vii, 7; id. 106, vi, 61; id. 107, vii, 10 ([*aš*]-)
1-16) IWA 69 (Sm 252), 3'
7-17) SAA 12, 36, 8

DUMU-KUR-*aš-šur*
1-15) RINAP 4, 112.33, i, 16
6-15) SAA 2, 6, 222. 321. 338

DUMU-KUR-*aš-šur*^{ki}
6-15) SAA 2, 6, 163

DUMU^{meš}-KUR-AN.ŠÁR^{ki}
1-15) RINAP 4, 112.33, Tablet 1, ii, 10 ([DUMU]-)
1-16) Asb A, ii, 24; Asb B, ii, 14

DUMU^{meš}-KUR-*aš-šur*
1-15) RINAP 4, 112.33, i, 22
4-15) SAA 13, 19, Rs. 3 ([DUMU^{meš}-KU]R-)
5-15) SAA 10, 185, Rs. 13
6-16) SAA 2, 8, 9

DUMU^{meš}-KUR-*aš-šur*^{meš}
1-13) SgF XIV, 51; SgF Bro, Rs. 52 (⸢DUMU^{meš}-KUR-*aš*⸣-); SgF Stier, 95; SgF Zyl, 74

1-16) Asb B, ii, 5. vii, 81; Asb C, iii, 32 (erg.). ix, 49. 62; Asb G, viii, 9' (erg.)

KUR-AN.ŠÁR
1-15) RINAP 4, 112.2005, 4. 6. Rs. 7 (erg.)
4-15) SAA 10, 186, 1
4-16) ABL 896, li. Rd. 2 (-⸢AN$^{!}$⸣.ŠÀR)
7-14) SAA 12, 88, 2
8-15) SAA 4, 5, 6. Rs. 5; id., 7, 6'. Rs. 5; id., 8, Rs. 3; id. 9, 2 (erg.). 4. Rs. 5' (erg.); id., 24, 2. 6. 13 ([KUR]-⸢AN⸣.ŠÁR). 15. Rs. 7'; id., 25, 2; id., 27, Rs. 2'; id., 28, 4. 7. 10; id., 32, 3'. 5'; id., 51, 4 (erg.). Rs. 3; id., 59, 9 (erg.). Rs. 2' (erg.); id., 60, 4; id., 81, 7 (erg.). 11 (erg.). 16 (erg.). Rs. 6 (erg.); id., 74, 3. 4 (erg.); id., 107, Rs. 4; id., 108, 2. Rs. 7 ([KUR-AN].ŠÁR); id., 111, 2. 6 (erg.). 10 (erg.). 11 (erg.); id., 115, 2'; id., 119, 1' (K[UR-AN.ŠÁR]). 2'; id., 120, 1'; id., 152, 2. 6. Rs. 1; id., 210, 2; id., 218, Rs. 7 (erg.); id., 270, Rs. 6 (erg.); id., 276, 2 (erg.). 5 (-[AN.ŠÁR])
8-16) SAA 4, 279, Rs. 2'(erg.); id., 295, 7' (erg.); id., 299, Rs. 2' (erg.). 3' (erg.); id., 319, 21' (erg.)

KUR-AN.ŠÁR^{ki}
1-14) RINAP 3/2, 111.1002, 2 (⸢KUR⸣-[AN.ŠÁR^{ki}]); id. 111.1008, 2 (⸢KUR⸣-[AN.ŠÁR^{ki}])
1-15) RINAP 4, 112.27, 1; id., 112.31, Rs. 1; id., 112.33, Tablet 1, ii, 8; id., 112.1028, 1
1-16) 91-5-9,204, 7 (LoBl, 114) ([KUR-A]N.ŠÁR^{ki}). 8 ([K]UR$^{?}$-AN.ŠÁR$^{?k[i]}$); 1913-4-16,149, ii', 25' (8° Heft, 417 ff.); AfO 28, 119 (BM 136973), 1 (K[UR-AN.ŠÀR$^{ki?}$]). 4 (KUR-A[N.ŠÀR$^{ki?}$]). 5. (K[UR-AN.ŠÀR$^{ki?}$]). 6 (K[UR-AN.ŠÀR$^{ki?}$]); **Asb A**, i. 5. 8. 18. 21. 28. 54. 61. 127. ii, 643. 98. iii, 45. 67. 82. 87. 94. 122. iv, 20. 107. 122. 126. 137. v, 5. 27. 42. 62. 122. vi, 26. 47. 57. 74. 95. 98. ix, 24. 43. 47. 102. 125. x, 16. 23. 53. 58; **Asb B**, i, 2. 3. 5. 53. 62. ii, 25. iii, 56; **Asb C**, ii, 19; **Asb F**, i, 4. 7. 12. 15. 22. 41. 55. ii, 68. iii, 4. 25. 44. 52. 57. 83. iv, 16. 64. v, 18. 33. 39. 53. 65. 67. vi, 24. 28; **Asb G**, vii, 44' (erg.); **Asb H1**, ii, 14'. viii, 16' (-⸢AN⸣.[ŠÁR]); **Asb IT**, 13 (-[AN.ŠÁR^{ki}]). 17. 74 (-AN.ŠÁR$^{k[i]}$). 80 ([KUR-AN].ŠÀR^{ki}). 85. 101. 107. 126. 133. 145. 148. 156. 158. 159 ([KUR]-); **Asb J**, Stück 1, 2. 11 (-AN.[ŠÁR]^{ki}). 12 (-AN.[ŠÁR]^{ki}). 13 (-AN.[ŠÁR]^{ki}). Stück 6, 32. 35. 36; **Asb LET**, 45'; **Asb T**, i, 8. iii, 20 (-AN.[ŠÁR^{ki}]). 36. v, 4 (-AN.[ŠÁR^{ki}]); **BIWA** 27 (K 2656+), Vs. 12''. 13''. 24''; id. 54 (K 3062+), Rs. i, 11'. 14'; id. 69, 4. 5; id. 70, 20; id. 82, 7. 27; id. 102 (K 2652), 12; id. 309, 52, i, 9; id. 311, 61, ii, 15; id. 312, 64, ii, 25; id. 317, 78, Rs. 66; id. 317, 79, Rs. 68; DT 257 (LoBl, 24), 4'; IWA 100 f. (K 2623), Rd. 1; IWA 100 f. (K 2623), Rs. 2 ([KUR]-); id. 104 (K 2637), 7'; id. IWA 40 f. (K 2822), 7'. 11'. 12'; id. 49 f. (81-7-27,70), Vs. 4'; id. 63 (K 6388), 5' (-AN.[ŠÁR^{ki}]); id. 69 (K 4496), 3'; id. 79 (K

13731), 8'. 11' ([KUR]-); JCS 40, 23, Raum M, Platte 13; id., 25 Raum S1 Platten A-B; id., Raum S1 Platte C (oben); Raum S1 Platte D (mittig). (unten); id., 28 Raum V1/T1 Platte A (unten); id., 32, Raum 33, Platte 6 (-AN.ŠÁR$^{[ki]}$); id., 33, A; id., 34, B; K 13778, 3' (LoBl, 50); K 2664+, Rs. i (iv), 7 (8° Heft, 494 ff.) (-AN.ŠÁR$^{[ki]}$); K 2697+, Vs. ii' 12' (8° Heft, 510 ff.) (erg.); K 4452, Rs. 7'. 9'. 13' (8° Heft, 160 f.); K 4485, 3 (LoBl, 26) ([KUR-A]N.ŠÁR^{ki}); K 4495, Rs.? 3, (LoBl, 24) ([KUR-A]N.ŠÁR^{ki}); K 4523, 3 (LoBl, 29) ([KUR-AN.Š]ÁR^{ki}); RA 72, 45 (UCLM 9-1774), i', 5'; Rm 2,276, ii, 5' (LoBl, 97) (-AN.ŠÁR$^{[ki]}$); SAACT 10, 1, i, 2. 3 (erg.). 7 (K[UR-AN.ŠÁR^{ki}]); id., 4, ii, 5' (erg.). Rs. iv, 7 (-AN.ŠÁR$^{k[i]}$); id., 5, i, 2. 7 ([KUR-A]N.ŠÁR^{ki}). 9 ([KUR-A]N.ŠÁR^{ki}). 20. ii, 1 (⸢KUR-AN.ŠÁR^{ki}⸣); id., 6, 1, 1 (erg.). 2 (erg.). 3 (KUR-AN].ŠÁR^{ki}); id., 11, Rs. 3 (K[UR-AN.ŠÁR^{ki}]); id., 12, ii, 4'; id., 15, 17' (-AN.ŠÁR⸢^{ki}⸣); id., 17, 2' (erg.); StreckAsb, 208, 5. 9; id, 288, 12. 13. 14

1-17) RIMB2, B.6.35.1, 10. Rs. 19; id. 3, 1. 2

1-18) JCS 19, 76f., 1 ([KUR-AN].ŠÀR). 17; KAH 2, 130, i, 7 ([KUR-AN].⸢ŠÁR⸣^{ki}). ii, 9 (erg.); Sši Zyl A, 1. 12. 13. 15 (2x). 27; Sši Zyl C, 1. 15. 20 (erg.). 21; WO 8, 46f., 10'

4-16) ABL 879, 2. 5 (-AN.ŠÀR$^{k[i]}$); id. 972, 7'; CT 53, 496, 6'; JCS 54, 81f., 2. 4

5-15) SAA 6, 212, Rs. 7 (-AN.Š[ÀR^{ki}])

7-17) SAA 12, 35, 15 (erg.); id., 36, 11; id., 43, 1. 2 (-AN.ŠÁR$^{k[i]}$). 3 (-AN.ŠÁR$^{k[i]}$); id., 44, 1 (erg.). 2 (erg.). 3 (erg.)

7-20) SAA 12, 49, 2' ([KUR]-⸢AN$^{?}$-ŠÁR$^{?\,ki?}$⸣)

8-15) SAA 4, 140, Rs. 11; id., 169, 1' (erg.). 2' (erg.). Rs. 1 (erg.). 4 (-AN.ŠÁR$^{[ki]}$); id. 170, Rs. 1 (erg.)

8-16) SAA 4, 298, Rs. 3 (-AN.[ŠÁR^{ki}])

KUR-AŠ

1-02) RIMA 2, 99.2, 10 (2x; 1x ⸢KUR-AŠ⸣); id., 99.1002, 3 ([K]UR-). 4 ([KUR]-AŠ$^{?}$). 6 ([K]UR-)

1-03) Ahmad, Qadhiah, Nr. 1, 51, 1 (2x). 2; id., Nr. 2, 52, 1. 2 (2x); RIMA 2, 100.1, 25 (2x; 1x erg.); id., 100.6, 1 (2x); id., 100.9, 2. 3. 4; id., 100.10, 1 (erg.). 2. 3; id., 100.11, 4; id., 100.13, 2. 3. 4; id., 100.14, 1. 2; id., 100.15, 1. 2. 3; id., 100.16, 1. 2. 3; id., 100.17, 2 (KU[R-AŠ])

1-04) AJNES 2, 50, 1 (-A[Š]). 2. 4; BaM 21, 471, 1. 2. 5; id., 474, 2 (erg.). 3 (erg.). Rs. 17; MDOG 132, 83, Nr. 12, 1. 2. 3; Morello (2012) 114, 2. 3. 4 (3x erg.); **RIMA 2**, 101.39, 1. 2; id., 101.45, 3. 10. 12; id., 101.50, 1. 2. 3; id., 101.51, 1. 2. 3; id., 101.53, 1; id., 101.55, 4' ([KUR]-); id., 101.57, 1; id., 101. 70, 2 (2x). 3; id., 101. 82, 1 (3x); id., 101.85,1 (3x); id., 101.86, 1; id., 101. 88,1 (3x); id., 101.91,1 (3x); id., 101.94,1; id., 101.95, 1 (2x); id., 101.100, 3; id., 101.105, 2 (2x); id., 101.107, 1. 2; id., 101.108, 2. 4 (2x); id., 101.109, 1 (2x). 2; id., 101.114, 1. 2. 3. 4; id.,

101.115, 1. 2. 3; id., 101.116, 1. 2. 3; id., 101.117, 1. 2; id., 101.119, 1 (2x); id., 101.120, 2. 3. 4; id., 101.121, 1. 2. 4; id., 101.122, 1. 4; id., 101.123, 2. 3. 4; id., 101.125, 1. 2. 3; id., 101.128, 1. 2. 4; id, 101.129, 2. 3; id., 101.130, 1. 2. 3; id., 101.131, 2. 3. 4; id., 101.132, 1. 2. 4; id., 101.135, 1. 2. 3; id., 101.136, 1. 2; Schøyen 71, 1. 2. 3; WVDOG 123, 187, I, 2. II, 2; id., 192, 2; id., 198, 2; id., 200a, 3 (erg.); id., 200b, 1 ([KUR]-). 2 (⸢KUR⸣-[AŠ]); id., 201, 3 (erg.); id., 202a, 1 ([K]UR-[AŠ]). 3 ([KUR]-); id., 202b (Sarkophagwanne), 2 (K[UR-AŠ]); id., 202b (Deckelrand), 2 (-⸢AŠ⸣); id., 203a (Deckelrand), 2 (erg.); id., 204, 2

1-05) MDOG 132, 82, Nr. 11, 2. 3; id., 91, Nr. 30, 1. 2. 3; **RIMA 3**, 102.5, v, 4. vi, 5; id., 102.12, 10 (2x); id., 102.23, 14 (2x); id., 102.41, 2 (2x; 1x KUR-A[Š]); id., 102.47, 2. 3 (2x); id., 102.51, 1 (⸢KUR-AŠ⸣). 2. 6; id., 102.54, 2. 3 (2x); id., 102.56, 1 (2x). 2; id., 102.58, 1. 2. 3; id., 102.62, 2. 6; id., 102.99, 2. 3 (2x); id., 102.101, 4; id., 102.105, 2 (2x). 3; id., 102.106, 2 (2x). 3; id., 102.107, 2; id., 102.109, 1. 2. 3; id., 102.110, 1. 2 (2x). 4. 5; id., 102.113, 2 (2x). 3; id., 102.115, 1. 2

1-06) RIMA 3, 103.6, 2. 3. 4; id., 103.7, 3; id., 103.10, 1. 2; WVDOG 123, 162, 3 ([KUR] A[Š]); id., 165, 3 (erg.)

1-07) BaM 21, 481, 3; RIMA 3, 104.1, 2. 10; id., 104.2, 1 (-⸢AŠ⸣). 5. 8. 17; id., 104.8, 1; 104.10, 2. 3; id., 104.12, 1 (erg.). 2 (⸢KUR-AŠ⸣). 3 (⸢KUR-AŠ⸣); id., 104.13, 2 (erg.). 3. 4; id., 104.16, 3; id., 104.20, 2'; id., 104.2003, 3; id., 104.2009, 7; id., 104.2015, 3; id., 104.2016, 2; id., 104.2017, 3

1-11) RINAP 1, 108.60; ; id., 108.1002, 1; id., 108.2004, 1; id., 108.2005, 1; Tigl Stele, M 4.2, 2; id., M 5, 4

1-12) RINAP 1, 109.3, 1; id, 109.4, 1; id., 109.5, 2; id., 109.6, 1; id., 109.9, 1 (erg.); id., 109.1004, 2; id, 109.2001, 1; id., 109.2002, 1

1-13) Arch 79, 70, 1; ARRIM 5, 40, 3; id., 41, 3; BaM 37, 180, 2 (KUR-CBI 171, 2 ([KUR]-); Gräber 16, Nr. 5; id., Nr. 7; ICC 83E, 1; Iraq 56, 35ff., 4; MAOG 3, 17.4, 2; Sg Gewichte 9, 3 (⸢KUR-AŠ⸣); id., 13, 3; Sg Persepolis 1, 3; SgF Ant, 3; SgF Ziegel a, 3; SgF Ziegel b, 2; SgF Ziegel e, 1

1-14) RINAP 3/2, 111.87, 2; id., 111.88, 2; id., 111.91, 1; id., 111.95, 3; id., 111.98, 1 (erg.); id., 111.99, 1; id., 111.100, 1; id., 111.102, 2; id., 111.103, 1 (-⸢AŠ⸣); id., 111.104, 1; id., 111.105, 1 (⸢KUR⸣-); id., 111.106, 1 (⸢KUR⸣-); id., 111.107, 1 ([KUR]-); id., 111.111, 1; id., 111.112, 1; id., 111.113, 1 (⸢KUR⸣-[AŠ]); id., 111.116, 1 (erg.); id., 111.117, 1 (erg.); id., 111.118, 1 (-[AŠ]); id., 111.120, 1 (erg.); id., 111.121, 1 ([KUR]-⸢AŠ⸣); id., 111.122, 1 (erg.); id., 111.123, 1 (erg.); id., 111.124, 1 (erg.); id., 111.133, 1; id., 111.134, 1 (erg.); id., 111.149, Vs. 1; id., 111.170, 2; id., 111.172, 1; id., 111.175, 1 (erg.); id., 111.177, 2; id., 111.178, 1; id., 111.181, 2; id., 111.184, 2; id., 111.185, 2; id., 111.186, 2 (erg.); id., 111.190, 3; id., 111.210, 1 (erg.); id., 111.211, 2; id., 111.215, 2; id., 111.224, 2; id., 111.232, 2; id., 111.233, 1

1-15) RINAP 4, 112.20, 2. 6 (2x); id., 112.21, 2. 3. 4; id., 112.22, 1. 2. 3 (-⸢AŠ⸣); id., 112.24, 1. 4; id., 112.28, 1; id., 112. 61, 2. 5; id., 112.62, 4; id., 112.68, 2; id., 112.69, 2 (⸢KUR⸣-[AŠ]); id. 70, 1 (3x); id. 71, 1. 2; id. 73, 1 (⸢KUR⸣-); id. 74, 2. 3. 4; id., 112.75, 3. 5. 7; id., 112.81, 3. 4; id., 112.82, 6; id., 112.84, 2; id., 112.85, 2 (⸢KUR⸣-). 7; id., 112.86, 1 (erg.). 6 (erg.); id., 112.99, 1. 2; id., 112.88, 3; id., 112.90, 2 (erg.). 3 (erg.). 4 (erg.); id., 112.91, 1; id., 112.94, 2; id., 112.95, 2; id., 112.96, 1; id., 112.98, Rs. 15; id., 112.118, B, 2; id., 112.121, 1; id., 112.123, 4; id., 112.140, 2 (2x); id., 112.141, 1; id., 112.142, 1; id., 112.143, 3 (erg.); id., 112.1026, 1; id., 112.1029, 1 (2x; 1x ⸢KUR⸣-[AŠ]); id., 112.2001, 2; id., 112.2005, 3; id., 112.2006, Rs. 3. 4; id., 112.2007, Rs. 5. 6; id,. 112.2008, 4. 5

1-16) **BIWA** 301, 10, i, 29 (KUR-AŠ$^{?}$); id. 301, 12, i, 37; id. 304, 33, iii, 41; CBI , 66, Nr. 78, 3. 5; Iraq 27, 13 (89, 4-26, 146) (2x, 1x erg.); id. 13 (Rm 631) (2x, 1x erg.); id. 13 (Rm 639) (2x, 1x erg.); id, 13 (Rm II, 433) (2x, 1x erg.); id., 13 (Sm 2207) (2x, 1x erg.); id., 13 (Sm 2240) (2x, 1x erg.); Iraq 27, 14 (82-3-23, 1782), 1'. 3'; IWA 75 f. (K 2632), ii, 14'; RIMB 2, B.6.32.8, 3. 5; Schøyen 73, 2; Streck Asb, 272, 2

1-18) KAV 171, 3 (erg.). 4 (2x). 5 (⸢KUR⸣-[AŠ]). Rs. 3

3-15) ADD 709, 1

4-15) SAA 16, 28, Rs. 7

4-16) SAA 13, 139, 3 (⸢KUR⸣-)

6-16) SAA 2, 8, 2. 17. 21. 24. Rs. 4. 7. 9. 11. 14 (⸢KUR-AŠ⸣). 17. 26. 26E (erg.); id., 9, 25'

7-07) SAA 12, 76, 8' (erg.)

7-16) SAA 12, 93, 7

8-16) SAA 4, 283, Rs. 4; id., 287, Rs. 7; id., 290, 21. Rs. 8; id., 293, Rs. 12'; id., 297, Rs. 3' (erg.); id., 302, 1. 6. u. Rd. 8 (⸢KUR-AŠ⸣). 9; id., 321, 4

KUR-AŠ^{ki}

1-13) BaM 37, 180, 2 (-[AŠ$^{ki?}$])

1-16) Streck Asb, 274, 2

1-17) Streck Asb, 380, 1. 2. 3

7-07) SAA 12, 85, 1 (-[AŠ^{ki}]). 2 (-[AŠ^{ki}]). 11 (erg.). 15

KUR-*aš-šur*

1-01) RIMA 2, 98.1, 1. 4. 5 (2x; 1x [KUR-*aš*]-). 16 (erg.). 17 (erg.). 24. 32. 40 (erg.). 60. 67; id., 98.3, 1. 2. 3. 4; id., 98.5, 1. 2. 3. 4; id., 98.6, 1. 2

1-02) RIMA 2, 99.1, 1. 5. 6. 7; id., 99.2, 11 (erg.). 16. 29. 35. 53. 79. 84. 85. 134; id., 99.4, 2' (K[UR-*aš-šur*]); id., 99.6, 1 (erg.). 2 (-[*šur*]). 3 (erg.); id., 99.7, 2. 4. 6; id., 99.8, 2. 3. 5 (erg.)

1-03) Ahmad, Qadhiah, Nr. 4, 53, 1. 2. 3; RIMA 2, 100.3, Rs. 4' (erg.); id., 100.5, 32. 133; AuOr 20, 33, Nr. 23, 2. 3 (-[*šur*])

1-04) Harrak 2004, Side A, 2 ([*aš-šur*]). Side B, 2' (-⸢*šur*⸣); **RIMA 2,** 101.1, i, 28. 33. 100. 102. 105. ii, 7. 85. 125. 126 (2x). iii, 113 (2x). 114 (2x). 132; RIMA 2, 101.2, 1. 2 (2x). 52; id., 101.4, 1'. 2'. 3'; id., 101.9, 1. 2 (2x; 1x -[*aš-šur*]); id., 101.17, i, 27; id., ii, 21; id., v, 2; id., 101.19, 6. 93. 94. 96; id., 101.20, 35. 44; id., 101.23, 1. 2 (2x). 15; id., 101.26, 1. 2. 3. 47; id., 101. 28, v, 1. 14; id., 101.29, 9'; id., 101.30. 2. 3 (2x). 100. 102; id., 101.31, 1 (2x). 2; id., 101.32. 1 (3x). 7. 16; id., 101.33. 4' (erg.). 28' (erg.); id., 101.34, 1. 2. 3; id. 101.35, 1 (3x); id., 101.38. 1. 2. 3; id., 101.39, 4; id., 101.40. 1. 7. 10. 32; id., 101.42, 1 (2x; 1x erg.). 2; id., 101.43, 1. 2 (2x). 11' ([KUR]-); id., 101.44. 3'; id., 101. 46, 1 ([KUR-*aš*]-); id., 101.53, 1 (2x); id., 101.56, 1. 6 (2x). 14; id., 101. 66, 2. 3. 4; id., 101.69, 1; id., 101.86, 1 (2x, erg.); id., 101.94, 1 (2x, erg.); id., 101.95, 1 (erg.); id., 101.102, 2. 3. 5; id., 101.103, 1. 2. 3; id., 101.104, 3. 5 (2x); id., 101.105, 1; id., 101.106, 1. 2. 3; id., 101.111, 1. 2. 3; id., 101.112, 1 (erg.). 2 (-[*aš-šur*]). 3 (erg.); id., 101.113, 1. 2. 3; id., 101.118, 1. 2. 3; id., 101.122, 2 (erg.); id., 101.124, 2. 4. 5; id., 101.137, 1. 2 (2x); SQ 11-T14, 1 (erg.); WVDOG 123, 187, I, 1. II, 1; id., 189, Nr. 1070 (-⸢*aš*⸣-*š*[*ur*]); id., 189, Nr. 1054 (⸢KUR-*aš*⸣-[*šur*]); id., 189, Nr. 1066 ([KUR-*aš*]-); id., 189, Nr. 1075 (⸢KUR⸣-[*aš-šur*]); id., 192, 1 (⸢KUR-*aš*⸣-); id., 198, 1 (⸢KUR-*aš*⸣-); id, 200a,1 (erg.). 2 (erg.); id., 201, 1 (⸢KUR⸣-[*aš-šur*]). 2. (-[*aš-šur*]); id., 202b (Sarkophagwanne), 1; 203a (Sarkophagwanne), 1 ([KUR]-*aš-š*[*ur*]); id., 203a (Deckelrand), 1 (-⸢*aš*⸣-). 2 ([KUR-*aš*-]); id., 203b, 1 (-[*aš*]-). 2 (K[UR-*aš-šu*]*r*); id., 204, 1. 2; id., 205, Nr. 793 (⸢KUR⸣-*aš*$^{?}$-*šur*$^{?}$)

1-05) Andrae Stelen Nr. 47, 3 (SAAS 2, 111 [838]); NABU 2015/51, 79, 2' (2x; 1x KUR$^{?}$-); ND 3413, 5 (Iraq 15, pl. 11); **RIMA 3**, 102.1, 1. 6. 11; id., 102.2, i, 5. 13. ii, 38; id., 102.5, i, 1 (3x; 2x erg., 1x [KUR-*aš-šu*]*r*); id., 102.59, 45; id., 102.14, 95. 126. 174; id, 102.16, iii, 20'; id., 102.17, 26; id., 102.20, 1. 2. 3; id., 102.21, 5 (2x; 1x erg.). 6; id., 102.22, 7 (2x). 8; id., 102.23.3; id., 102.24.1; id., 102.25, 8. 9; id., 102.30, 33; id., 102.31, 19; id., 102.39, 1 (2x; 1x ⸢KUR-*aš-šur*⸣). 2 (erg.); id., 102.40, i, 5. 6; id., 102.41, 2 (erg.); id., 42, 1 (erg.). 2 (erg.). 3 ([KUR-*aš-š*]*ur*); id., 102.44, 18 (-*a*[*š-šur*]); id., 102.46, 1. 2. 3. 4; id., 102.57, 1. 2 (2x); id., 102.96, 2 (-⸢*aš-šur*⸣); id., 102.101, 2 (erg.). 3 (erg.); id., 102.102, 2. 3. 4; id., 102.104, 3; id., 102.114, 2. 3. 4; id., 102.115, 2; id., 102.1004, 4; id., 102.2003, 8. 18; WVDOG 121, 65f., Rs. 4' (VAT 9564)

1-06) RIMA 3, 103.1, ii, 7; id., 103.9, 2. 4; id, 103.10, 1 (erg.); id., 103.2001, 3; WVDOG 123, 162, 2 (-[*aš-šur*]); id., 165, 2 ([KUR-*aš*]-*šur*); id., 167, 2 (⸢KUR⸣-). 4 (erg.)

1-07) AoF 39, 272, 6'. 7' (erg.). 11'. 12'; RIMA 3, 104.1, 19; id., 104.2, 2. 13 ([K]UR-); id., 104.3, 1. 2. 4. 5. 8; id., 104.5, 1. 2; id., 104.6, 6. 9 ([KUR-*aš*]-⸢*šur*⸣). 10. 12. 18; id., 104.7, 3 (2x); id., 104.8, 2; id., 104.16, 2; id., 104.2002, 8

1-08) RIMA 3, 105.1, 1. 2; id., 105.2, 9
1-10) RIMA 3, 107.1, 7’
1-11) RINAP 1, 108.60, 1; id, 108.1003.1; id., 108.2002, 2; Tigl Ann 3, 2; id. 5, 3; id. 9, 4. 8 (⸢KUR⸣-). 11 (erg.). 12 (erg.); id. 10, 1. 4; id. 12, 6; id. 13, 9; id., 16, 6 (erg.); id. 19, 11 (erg.); id. 26, 8; Tigl M 3.1, 2 (2x); id., 3.2, 2; Tigl Stele, i A, 28. 29 (-⸢*aš-šur*⸣); Tigl Stele, i B, 3’ (erg.). 11’. 22’. 23’. ii, B, 15’ (2x). 18’; Tigl Summ 1, 1. 12. 28. 35; id. 3, 2’ (-*šur*$^{!!}$). 10’; id. 4, 7’. 14’. 17’. 19’. 26’ (erg.); id. 6, 16. 26 (erg.); id. 7, 1. 43. Rs. 2’ ([KUR-*aš*]-); id. 8, 18’ ([KUR]-⸢*aš*⸣-); id. 9, 13’. Rs. 22; id. 11, 1. 15; id. 13, 6’ ([KUR]-⸢*aš*⸣-)
1-13) ICC 83f., 1; Iraq 37, 12ff., 14. Rs. 40; KAH 1, 40, 2; RIMB 2, B.6.22.3, i, 14. 26; SAAS 8, IIIc, 9 (-[*šur*]); id., Va, 6; Schøyen 72, 19’; Sg Clh D, iii, 53 (-⸢*aš-šur*$^{?}$⸣); Sg Clh E, iii, 13’ (-⸢*aš-šur*$^{?}$⸣); SgF Ann, 103; SgF Gold, 4; SgF Silber, 3; SgF Ziegel f, 7; Sg Najaf, ii, 32; Sg Wi, 168ff., 9; id., 174f., iv, 32 (-*š*[*ur*$^{?}$]); SKT 2, pl. 4, 2; Sumer 61, 4, 2
1-14) **RINAP 3/1**, 111.22, ii, 26; id., 111.38, 3; **RINAP 3/2**, 111.51, 2; id., 111.53, 1 (-[*šur*]); id., 111.54, 1 (⸢KUR⸣-); id., 111.61.1; id., 64, 1 (erg.); id., 111.66, 1; id., 111.73, 1; id., 111.74,1; id., 111.75, 1; id., 111.78, 1; id., 111.79, 1; id., 111.80, 3; id., 111.82, 2; id., 111.85, 2 (⸢KUR⸣-); id., 111.86, 2; id., 111.89, 2; id., 111.92, 2; id., 96, 1; id., 111.97, 1 (-⸢*šur*⸣); id., 111.115, 1; id., 111.132, 1; id., 111.135, 1 (2x; 1x -[*šur*]); id., 111.156, 1. 4. 5. Rs. 1; id., 111.157, 3 (erg.); id., 111.158, 14’ (-[*aš-šur*]). Rs. 2; id., 111.160, Rs. 26; id., 111.166, 31; id., 111.167, 2; id., 111.179, 2; id., 111.173, 1; id., 111.174, 1 (erg.); id., 179, 2; id., 111.180, 2; id., 111.182, 2; id., 111.193, 4; id., 111.195, 2; id., 111.196, 1; id., 111.197, 1; id., 111.198, 2; id., 111.199, 1; id., 111.200, 1; id., 111.201, 1; id., 111.202, 1: id., 111.204, 4; id., 111.205, 1; id., 111.212, 12 (-[*aš-šur*]); id., 111.213, 1; id., 111.216, 3; id., 111.218, 3; id., 111.219, 1; id., 111.223, 3; id., 111.226, 1; id., 111.230, 41 ([KUR]-*aš*-[*šur*]); id., 111.2001, 4
1-15) RINAP 4, 112.33, iii, 9’. 20’. 35’; id., 112.38, Rs. 24; id., 112.58, iii, 12. vi, 2. 4; id., 112.59, i, 16. 18. 21. ii, 20. 21 (-[*šur*]); id., 112.60, 14’; id., 112.62, 2; id., 112.63, 2; id., 112.64, 1. 4; id., 112.65, 1 (erg.). 2 (erg.); id., 112.82, 1. 2; id., 112.83, 1; id., 112.84, 4. 5. 7; id., 112.92, 2. 3 (-⸢*šur*⸣); id., 112.119, 3; id., 112.122, 3; id., 112.125, 1 (⸢KUR$^{?}$-*aš*$^{?}$-*šur*$^{?}$⸣); id., 112.131, 4. 9. 11; id., 112.136, 2. 9. 19; id., 112.138, 2 (⸢KUR⸣-); WVDOG 123, 180, Nr. 793 (⸢KUR⸣-; Datierung unsicher); WVDOG 135f. (VAT 12374), 8’. 10’ (-š[*ur*])
1-16) 80-7-19,195+, Rs. 3’ (LoBl, 101) (-*šu*[*r*]); 81-2-4,212, Rs. 10 (LoBl, 102); AfO 13, 205, (Assur 900+), Vs. 1 (-[*šur*]); Asb C, v, 41; Asb G, ii, 6’. vi, 49’. ix, 18’; Asb L4, i, 2’ ([KUR-*aš-šu*]*r*). 3’ ([KUR-*aš-šu*]*r*); Asb LET, 10’. Rs. 13; **BIWA** 310, 57, i, 22; id. 314, 68, Rs. 25; id. 316, 70, Rs. 41; id. 316, 71, Rs. 45; id. 318, 80, Rs. 72; id. 318, 81, Rs. 77; CT 35, 16 (K 2620), 1. 9. 11; IWA 69 (Sm 252), 1’; id. 76 f. (K 2668), Rs. 4’; K 14431, 2’ (8° Heft, 183); RIMB 2, B.6.32.1, 3. 4.

9; id. 2, 4. 22. 35. 69; id. 6, 2. 4. 7; id. 3, 2. 7; id. 4, 1. 5. 7; id. 5, 1. 5. 7; id. 7, 3; id. 11, 2 ([K]UR-); id. 12, 1. 4. 8. 20; id. 13, 7 ([KUR-*aš-š*]*ur*); id. 14, 2. 15. 23; id. 19, 7. 14. 16 (-[*šur*]). 25 (-*š*[*ur*]); SAACT 10, 6, Rs. iv, 14; Streck Asb, 220, 15; id., 300, 7; id., 390, 5 (-*a*[*š-šur*?])

1-17) RIMB 2, B.6.35.5, 1. 2

1-18) AfO 16, 306, 4 (-[*aš-šur*]). 5 (-[*aš-šur*]). 5. 6 (-⌜*aš-šur*⌝). Rs. 1 (-*š*[*ur*]). 2 (-*š*[*ur*]). 3; KAV 171, Rs. 11;

2-02) TCS 5, 166, iii, 1. 4. 10 (K[UR-*aš-šur*]). 19

2-05) Canon 827 B4 ([KUR-*aš-šu*]*r*); id. 858 B5 (erg.); TCS 5, 167, iii. 22 (-[*aš-šur*]). 25 (erg.). 30 (-[*aš-šur*])

2-06) Canon 822 B4 (erg.). B8 (erg.). B10 (erg.); id. 823 B10; TCS 5, 168, iii, 7'. iv, 2

2-07) Canon 782 B10; id. 809 B10 (erg.); TCS 5, 169, iv, 15. 21; id. 170, iv, 28

2-08) Canon 772 B10 (-*šu*[*r*])

2-10) Eponym 753 A4

2-11) Eponym 744 A4

2-14) Eponym 687 A9; id. 704 A4 (K[U]R-*aš-š*[*ur*])

3-13) SAA 11, 49, 1 (-*a*[*š-šur*])

3-15) CTN 3, 82, 2'. 3' (-⌜*šur*⌝)

4-11) SAA 19, 1, 7; id., 8, 4 (-[*aš-šur*]); id., 9, 4 (-*š*[*ur*]); id., 10, 5; id., 11, 6; id., 27, 13; id., 72, Rs. 10; id., 76, 16; id., 123, 27; id., 130, Rs. 8 (-*a*[*š-šu*]*r*); id., 140, 6

4-13) **SAA 1**, 3, 3' ([K]UR-); id., 36, 4; id., 46, Rs. 5'; id., 133, 8. 11; id., 175, 8; id., 253, 8'; **SAA 5**, 10, 5 (-*a*[*š-šur*]); id., 34, Rs. 4 (-*šu*[*r*]); id., 37, 23; id., 99, 8' (-*šu*[*r*]). u. Rd. 12'; id., 105, Rs. 3; id., 164, 10. Rs. 9; id., 176, 3' (-*š*[*ur*]); **SAA 15**, 38, Rs. 3' (-*š*[*ur*]); id., 115, Rs. 1'; id., 200, Rs. 5; id., 284, 2'

4-15) **SAA 10**, 185, 9. Rs. 27. 13. 16; id., 293, 6 (erg.); id., 361, u. Rd. 17'; **SAA 16**, 28, Rs. 4

4-15/16) **SAA 10**, 90, 19. 20 (⌜KUR⌝-[*aš-šur*]); id., 283, 7; id., 382, Rs. 11; **SAA 13**, 121, Rs. 7'; id., 188, Rs. 12; id., 210, 2' ([KU]R?-*aš-š*[*ur*?])

4-16) ABL 541, 4', id. 1002, Rs.4. 13 ([KU]R-)

4-20) CT 54, 432, 6

5-07) GPA 18, Rs. 18; id 32, 7 ([K]UR-)

5-11) GPA 27, Rs. 14 (KU[U-*aš-šur*]); id. 28, Rs. 3' (-[*aš-šur*])

5-12) StAT 3, 5, Rs. 16

5-13) SAA 6, 31, Rs. 29

5-14) SAA 6, 57, 8' (erg.); id., 88, Rs. 12'; id., 154, li. Rd. 3 (erg.); id., 156, Rs. 8; StAT 2, 278, Rs. 7

5-15) KB 4, 124, 19; SAA 6, 202, li. Rd. 1; id, 210, Rs. 18; id., 245, Rs. 16 (⌜KUR⌝-); id., 251, 5'. 6

5-15/16) SAA 6, 349, 1' (erg.)

5-16) SAA 6, 309, 7; id., 328, 10'; id., 334, Rs. 2. 3([KUR]-*aš*!-*šur*!); id., 341, Rs. 2

5-19) MVAG 8, 27, 14
6-10) SAA 2, 2, i, 13’ (-[*aš-šur*]); id., iii, 25’; id., Rs. iv, 1’. 18’. 28’. 29’. v, 8. 15 (erg.). 16
6-15) JCS 64, T, i, 1. 2. 16. 18. 25 (-⸢*aš-šur*⸣). 46’. 64’ (erg.). 66’ (erg.); id., ii, 1 (erg.); id., iv, 4. 10 (erg.); id., v, 34. 45. 56. 70; id., vi, 78. 82; id., vii, 2. 5; id., viii, 26. 29 (⸢KUR-*aš-šur*⸣). 68; SAA 2, 5, i, 10’ (-*š*[*ur*]); id., Rs. iii, 18’. 22’; SAA 2, 6, 2. 7. 12. 22. 38. 41. 44. 46. 49. 61. 68. 70. 83. 85. 90. 93. 95. 102. 110. 121. 124. 128. 131. 151. 157. 162. 174. 189. 190. 216. 224. 225. 227. 228. 230. 237. 241. 261. 267. 273. 302. 360. 370. 381. 391. 402. 495. 497. 513. 516. 555A: 612A. 632. 632C
6-16) SAA 2, 8, 2. 14; SAA 10, 2’ ([KUR]-). 8’
6-23) SAA 2, 13, ii, 3’. 11’; id., Rs. iii, 6. 13
7-07) SAA 12, 1, 3. 4; id., 6, 9; id., 7, Rs. 13 (erg.). 15; id., 8, 24 (⸢KUR-*aš*⸣-); id., 10, 1. 2. 3. Rs. 9’; id., 69, 4. Rs. 29. 32
7-11) SAA 12, 14, Rs. 2’ (erg.)
7-15) SAA 12, 24, 4 (erg.). 5 (erg.)
7-18) SAA 12, 96, 12
8-15) SAA 4, 16, 4; id., 20, 9; 23, Rs. 12; id. 64, 16. 18. Rs. 5 (erg.); id., 65, 10’. 11’ (erg.); id., 69, Rs. 7 (erg.); id., 72, 43’ (erg.), id., 87, 11 (erg.); id., 89, 2 (erg.); id., 99, Rs. 6. 9 (⸢KUR-*aš-šur*⸣); id., 109, 2’ (erg.); id., 143, 1’ (⸢KUR$^{?}$-*aš-šur*$^{?}$⸣); id., 151, Rs. 8 (erg.); id., 165, Rs. 2’ (erg.); id., 166, 6; id., 174, Rs. 4; id., 176, 4; id., 178, 4; id., 200, 3; id., 206, Rs. 5; id., 216, Rs. 1 (erg.); id., 267, 3. 4 ([KUR]-). Rs. 8. 9; id., 274, 2; id., 276, 8 (KUR-[*aš*]-). Rs. 7; id., 277, 1’ ([K]UR-). Rs. 9 (erg.); id., 280, Rs. 2. 5. 10; id., 313, Rs. 4 (-[*šur*])
8-15/16) SAA 8, 517, Rs.4
8-16) SAA 4, 281, Rs. 8’; id., 282, Rs. 3; id., 282, Rs. 3; id., 301, 10; id., 307, Rs. 4; id., 316, Rs. 5 ([KUR-*aš*]-); id., 317, 17; id., 322, 4 (2x)

KUR-*aš-šur*^{ki}

1-11) Tigl M I.1, 28 (2x; -[*aš*]-, ⸢KUR⸣-[*aš*]-); Tigl RR, 16. 21. 45 (-*šur*⸢^{ki}⸣); Tigl Stele, i A, 26. 37. iii A, 30 (-⸢*šur*^{ki}⸣); Tigl Stele, i B, 17’. 28’; Tigl Summ 2, 1. 10. 15; id. 3, 28’ ([KUR-*aš-šur*]⸢^{ki}⸣); id. 6, 1. 4; id. 7, 10. 14, 15. 20. 23. Rs. 14’; id. 8, 19’; id. 9, 6’. 23’. 24’ (erg.). 25’. 26’. 27’. Rs. 2. 4 (-*šur*⸢^{ki}⸣). 9. 12 (erg.). 16. 27; id. 11, 8. 16. 17; id. 12, 8
1-13) 1R 6, 7, 6. 7; 3R 3, 12, 5. 9 (2x); AfO 14, 49ff., ii, 4; AfO 50, 105f., 11’. 14’; AoF 40, 46, 11. 14; Gräber, 16, Nr. 6; Iraq 7, 86f., 11’ (⸢KUR-*aš-šur*^{ki}⸣); Iraq 16, 197f., viii, 14’; Iraq 17, 7, 2; Iraq 56, 37f., 2; JCS 12, 100, 11’. 14’; KAH 1, 37, 2; id., 39, 2; RIMB 2, B.6.22.1, 5; id., B.6.22.3, ii, 9. 40; SAAS 8, IIb, 11’. 14’; id, IId, 18’. 21’ (erg.); id., IIIb, 10 ([KU]R-); id., VIb, 10; id, VIIf, 11; Sg 8, 53. 63. 110. 112. 160. 218. 264. 313. 383. 409. 410. 428; Sg Clh D, i, 2 (erg.). ii, 3’ ([KUR-*aš*-

š]*ur*^{ki}). iv, 1. 17 ([KUR]-). 20. 36. 41. 47. v, 28. 33 (KUR-*a*[*šur*^{ki}]). 51. 53. 66. vii, 31; Sg Clh E, ii, 3' ([KUR-*aš-š*]*ur*^{ki}). iv, 4'. 9'. 15' ([KU]R-); SgF XIV, 1. 11 ([KUR-*aš-šur*]^{ki}). 14. 26 ([KUR-*aš-š*]*ur*^{ki}). 29 (-*šur*$^{[ki]}$). 56 ([KUR-*aš-š*]*ur*^{ki}). 61; SgF Ann, 72a. 73. 74. 82. 94. 163 ([KUR]-). 195. 202. 208. 234. 243. 281. 402. 440 (KUR$^{!}$-*aš-šur*$^{[ki]}$). 446 ([KUR]-*aš*$^{!}$-). 448; SgF Bro, 2.; SgF L, 2. 5; SgF Platten, 1; SgF Prunk, 2. 32. 44. 59. 67. 72. 89. 92 ([KU]R-). 109. 112. 147. 167. 176. 179; SgF S1, 3; SgF S2, 1; SgF S3, 2. 35; SgF S4, 2. 30. 125; SgF S5, 4' ([KUR-*aš-šur*^{k}]$^{i?}$); SgF Sebetti, 1; SgF Stier, 27. 44. 98; SgF Tempel 1, 2; SgF Tempel 2, 2; SgF Tempel 3, 2 (-⸢*šur*⸣^{ki}); SgF Tempel 5, 3; SgF Tempel 6, 2; SgF Tempel 7, 2; SgF Ziegel d, 1; SgF Ziegel f, 1. 6; SgF Zyl, 2. 30. 45; Sg Malatya 3, 8'; Sg Melid, 1 (erg.). 14. 24. 20; Sg Najaf, i, 21 (-*šur*⸢*ki*⸣). ii, 22 (-⸢*aš-šur*⸣^{ki}). 38. 72; Sg Tang, 11 (⸢KUR-*aš-šur*$^{ki?}$⸣); Sg Wi, 168ff, 1. 20; id., 147f, ii, 2. 56

1-14) **RINAP 3/1**, 111.1, 1. 5. 59. 60. 66. 70. 92; id., 111.2, 1. 16 (⸢KUR-*aš-šur*^{ki}⸣). 19 (erg.). 31. 37. 41. 69; id., 111.3, 1. 16. 19. 31. 37. 41; id., 111.4, 1. 14. 17. 28. 39. 42. 64. 68; id., 111.5, 1 (erg.). 5 ([K]UR-⸢*aš-šur*⸣^{ki}). 6 ([K]UR-*aš*-⸢*šur*⸣^{ki}); id., 111.8, 1 (erg.). 14 (erg.); id., 111.9, 1 (erg.); id., 111.10, 1. 20; id., 111.11, 1 (-*šur*$^{[ki]}$). 5 [KUR-*aš-šur*]⸢^{ki}⸣). 6 (erg.); id., 111.12, 1. 5 (-*šur*$^{k[i]}$). 6 ([KUR]-); id., 111.13, 1 (erg.). 5 (⸢KUR-*aš-šur*^{ki}⸣). 6 (-⸢*šur*⸣^{ki}); id., 111.15, i, 2. 35'. ii, 9 (⸢KUR⸣-). 23'' (-*šur*⸢^{ki}⸣). iii, 10' (-⸢*aš-šur*⸣^{ki}. v, 29 (-*šur*⸢^{ki}⸣). 40. viii, 10''; id., 111.16, i, 3. 74. ii, 4. 59. iii, 30 (erg.). 42 (-*šur*$^{[ki]}$). v, 52 (erg.). 63. viii, 54 ([KUR-*aš-šur*]^{ki}); id., 111.17, i, 3. 64. ii, 41. 91. iii, 7. v, 36. 49. viii, 67; id., 111.18, i, 13''. ii, 18' (⸢KUR⸣-). 4'' (erg.). iv, 3'. 10' (erg.). 15'. viii, 26 (erg.); id., 111.22, i, 2. 53. 63. ii, 64. 75. iv, 44.51. 56. 60. vi, 55; id., 111.23, i, 2. 58. ii, 24. 60. 70. iv, 37. 44. 49. 53; id., 111.24, i, 2 ([KUR-*aš-šur*]^{ki}). vi, 3' (erg.); id., 111.27, i, 5 (2x [KUR]-⸢*aš-šur*^{ki}⸣); id., 111.34, 1. 26. 44. 65; id., 111.35, Vs. 3' (erg.); id., 111.36, Rs. 5' (erg.). 6' (-⸢*šur*⸣$^{[ki]}$); id., 111.37, Vs. 2; id., 111.38, 8; **RINAP 3/2**, 111.39, 4; id., 111.42, 1 (erg.). 52' (erg.); id., 111.43, 1; id., 111.44, 3; id., 111.46, 9. 15. 21. 23. 162 (erg.); id., 111.49, 1 (erg.); id., 111.50, 1 (erg.); id., 111.62, 2; id., 111.63, 3 (-[*aš-šur*^{ki}]); id., 111.90, 2; id., 111.136, Vs. i, 2; id., 111.138, Vs. i, 9' (⸢KUR-*aš*⸣-[*šur*^{ki}]). 21' (-*šur*$^{[ki]}$); id., 111.140, Vs. 11'. Rs. 3 (-*šur*⸢^{ki}⸣). 6; id., 111.142, Vs. 5' (erg.). 10' (erg.); id., 111.143, Vs. i, 13' (erg.); id., 111.146, Rs. 5' (erg.); id., 111.147, 3' ([K]UR-); id., 111.152, Vs. 1 (erg.); id., 111.154, Vs. 7' (-[*aš-šur*^{ki}]). 10' ([K]UR-); id., 111.157, Vs. 3 (-[*šur*^{ki}]). Rs. 1 (erg.); id., 111.159, 7; id., 111.160, Vs. 1 (-⸢*šur*^{ki}⸣); id., 111.162, Rs. iii, 12'; id., 111.163, Vs. i, 5' (erg.); id., 111.164, 3. 4 (2x; -*šur*⸢^{ki}⸣, -⸢*šur*^{ki}⸣); id., 111.165, ii, 50. iii, 12. 25 (⸢KUR-*aš-šur*^{ki}⸣); id., 111.166, 1. 5 (2x); id., 111.168, 1. 7. 9. 13. 14. 15. 19. 56; id., 111.191, 4 (-*šur*$^{[ki]}$); id. 213, 5. 58. 59; id., 111.214, 1 (⸢KUR-*aš-šur*^{ki}⸣). 2; id., 111.222, 7; id., 111.223, 18. 40. 49; id., 111.229, 1; id., 111.230, 3. 20. 22. 126; id., 111.231, Vs. 1 (-*šur*$^{[ki]}$); id., 111.1017, 6' (-[*aš-šur*^{ki}]); WVDOG 121, 84 (VAT 5634), 3. 4 (2x; 1x -*aš*-⸢*šur*⸣$^{k[i]}$; s. Komm. Zu RINAP 3/1, 111.16)

1-15) RINAP 4, 112.1, i, 2. 7. 15. 50. 80. ii, 8. 12. 14. 15. 31. 41. 42. 60. 80. iii, 12. 41. iv, 2. 5. 25. 36. 52. 72. v, 7. 38. vi, 45. 54; id., 112.2, i, 3. 5. 6. 30. 60. ii, 47. 50. iii, 23. iv, 5. 28. vi, 11. 26; id. 4, 112.3, ii, 12' (erg.). iii, 24' ([KUR]-⸢*aš-šur*⸣^{ki}). iv, 2'. 7'. 27'. vi, 6'; id., 112.4, ii', 3' (erg.). 6' ([KUR-*aš*]-⸢*šur*⸣^{ki}). iii', 11' (erg.). 16' ([KUR]-*aš*$^{?}$-*šur*$^{?}$ ⸢$^{ki?}$⸣); id., 112.5, i, 8' (erg.). 10' (erg.); id., 112.6, ii, 5'. 23'. 35' ([KUR-*aš*]-⸢*šur*⸣^{ki}). iii, 2'. 29'; id. 4, 112.8, i, 11'. ii, 16'; id., 112.10, 1. 4; id. 112.11, 1'; id., 112.12, 1 (erg.); id., 112.13, 4; id., 112.15, 10 (⸢KUR-*aš-šur*^{ki}⸣); id. 4, 112.17, 1' (erg.). 4'; id., 112.19, 3'; id., 112.30, 11' ([KUR-*aš-šur*]^{ki}). 17'. Rs. 9'; id., 112.31, 6' (erg.); id., 112.34, 4'; id., 112.37, 6'; id., 112.43, 2 (-*šur*$^{[ki]}$). 10; id., 112.46, 2 (erg.). 4 (erg.); id., 112.47, 1' (erg.). 2' (erg.). 4' (erg.); id., 112.48, 22. 44. 47 (2x). 48. 61. Rs. 9; id., 112.49, 9' ([KUR]-); id., 112.57, i, 3. 7. ii, 38. iv, 8; id., 112.58, i, 3 (-⸢*šur*⸣$^{[ki]}$). iii, 3; id., 112.59, i, 2; id., 112.60, 4' (erg.); id., 112.63, 1; id., 112.77, 1. 7. 17. 36. 37. 38. 42. 45; id., 112.78, 1. 7. 17. 34. 36; id., 112.79, 1. 7 (erg.). 16; id., 112.80, 1' (erg.). 2' (erg.); id., 112.93, 1. 4. 8. 19. 20 (2x); id., 112.97, 19 (-*a*[*š-šur*]^{ki}); id., 112.98, 13. Rs. 15. 17. 34. 45; id., 112.99, 1. 9; id., 112.100, 8' ([KUR]-); id., 112.103, 4. 7; id., 112.104, i, 5 ([KUR-*aš-šur*]^{ki}). ii, 22 (-⸢*aš-šur*⸣^{ki}). vii, 46; id., 112.105, i, 4 (erg.). ii, 24. 38. x, 36 (-*šur*$^{[ki]}$); id., 112.106, i, 3; id., 112.111, viii, 5' (-*šur*$^{[ki]}$); id., 112.112, i, 9; id., 112.113, 1. 6 (2x). 22. 30; id., 112.114, i, 2. iii, 8; id., 112.127, 14'. 15'. 17'; id., 112.128, 4. 11. 13.14; id., 112.129, 7, 21. 25 (-*šur*⸢^{ki}⸣). 27 (-*šur*⸢^{ki}⸣); id., 112.130, 4; id., 112.133, 8. 22 (2x). 26 (2x). 28; id., 112.134, 6. 10. 17; id., 112.135, 6, 10 (2x); id., 112.137, 4. 8. (⸢KUR⸣-); 10 (⸢KUR⸣-*aš*-[*šur*]⸢^{ki}⸣); id., 112.139, 3 (-*šur*⸢^{ki}⸣). 7. 9 (⸢KUR⸣-*aš*-⸢*šur*⸣$^{[ki]}$); id., 112.1005, 5'; id., 112.1013, 2'. 4'; id., 112.1018, 2' (-*šur*⸢^{ki}⸣); id., 112.1022, 1 ([KUR-*aš*]-⸢*šur*^{ki}⸣); id., 112.2003, i, 1' ([KUR-*aš-šur*]^{ki}). 4'. 7' (-[*aš*]-⸢*šur*^{ki}⸣). iv, 14'; id., 112.2004, 3' (erg.). 4' (erg.). 5' (erg.); id., 112.2006, Rs. 3

1-16) 81-7-27,240, 5, (LoBl, 104); 89-4-26,154, 3' (LoBl, 113) (-*šur*$^{[ki]}$) . 4' (KUR$^{?}$-); A 16939, 2' (4° Heft, 226) ([KUR]-). 6' ([KUR]-); **Asb B**, ii, 6. iii, 13. 70. 73. 79. 81. v, 24. v, 30. 44. vi, 98. vii, 19. 23. viii, 17. 65; **Asb C**, i, 2. 3 (erg.). 5 (erg.). 10. 11. 99. ii, 4 (erg.). 21. iii, 61. iv, 69. 81 (erg.). 83. 88. 90. v, 32 (-[*šur*^{ki}]). vi, 23 (erg.). vii, 116 (-*šur*$^{k[i]}$). viii, 13 (erg.). 71 (erg.). 72. ix, 14. 25. 41. 55. 65. 69. 72. x, 49 (-[*aš*]-). 75; **Asb CKalach**, x, 89; **Asb D**, viii, 65; **Asb E**, Stück 1, 2. 12 (erg.). Stück 7, 8. 15. Stück 8, 3. 5. 10, 44. Stück 12, 37. Stück 14, 46; **Asb E Fragm.**, 355f. (A 7919), i', 3' ([KUR-*aš-šur*^{k}]^{i}). 103' ([KUR]-⸢*aš-šur*⸣^{ki}); id., 364 (A 8140), ii', 1' ([KUR-*aš-šur*^{k}]^{i}); **Asb G**, i, 2'. ii, 12'. vi, 17' ([KUR-*aš*]-⸢*šur*⸣^{ki}). viii, 17' ([KUR-*aš-šur*]^{ki}). 33'. ix, 34'; **Asb H1**, iii, 17' (erg.); **Asb H2**, iii, 5; **Asb H Fragm**, 366f. (A 8105), i, 5; **Asb I Fragm**, 17f. (A 8131), i', 10. ii', 10 (erg.); **Asb LET**, 2' (-[*aš-šur*^{ki}]) 11'. 55'. Rs. 22. 42; **Asb T**, i, 3. 4; BIWA 77, I, 4. 7. 65. 71; id. 78, ii, 44; id. 79, ii, 49; id. 80, iv, 28; id. 82, 7; id. 101 (K 2652), 11; id. 301, 13, i, 44; id. 301, 14, i 47; id. 302, 15, ii, 5; id. 302, 20, ii, 22; id. 304, 31, iii,

37; id. 305, 36, iii, 52; id. 305, 38, iv, 10; id. 307, E, Rs. 9'; id. 313, 65, Rs. 1; id. 313, 66, Rs. 10; CT 35, 16 (K 2620), 15; Iraq 30, pl. XXV (BM 134557), l. 2 (-⸢*šur*^{ki}⸣); IWA 47f. (80-7-19,141), Vs. 8. 10; id. 68 (Sm 2085), 6'; id. 69 (Sm 252), linker Rand C; id. 73 (83-1-18,475), Vs. 11'; id. 76 f. (K 2668), Vs 3'; id. 79ff. (K 2647), Vs.! 22. 30; IWA 100f. (K 2623), Vs. 6; IWA 102f., (83-1-18,442), Rs.! 4'; JCS 12, 23f. (A 16947), Vs. 11. 14. Rs. 6; JCS 40, 20, Raum 33, Platte 1; K 2695, 3 (LoBl, 12); K 3150, 6' (LoBl, 22); K 4514 (LoBl, 29), 1 ([KUR]-). 3; PBS 15, 75, 2 (CBS 8645); RIMB2, B.6.32.10, 2 (erg.); id. 15, 6 (erg.). 8 (K[UR-*aš-šur*^{ki}]). 9. 22; id. 21, 2 (KU[R-*aš-šur*^{ki}]); id. 22, 3. 4 .7; id. 38, 5; SAACT 10, 1, i, 16 (erg.). 17 (erg.). iv, 10, v, 14 (-*šur*⸢^{ki}⸣); id., 5, i, 21 (-[*aš-šur*^{ki}]); id., 14, 1. 2 ([^{kur}*a*]*š*-). 2 (-⸢*šur*^{ki}⸣); Streck Asb, 294, 11; id., 300, 6. 7

1-17) RIMB2, B.6.35.2, 8. 9

1-18) KAH 1, 56, 1 (erg.). 2 (erg.). 3 (erg.). 4 (erg.). 5 (erg.); RIMS 1, 57ff., 1. 2 (2x). 4. 5; Sši Zyl C, 4'. 7'. 13'. 18'

2-05) Canon 857 B5

2-07) Canon 809 B2. B6

2-08) Canon 781 B1 ([KUR-*aš-š*]*ur*^{ki}). B2 ([KUR-*aš-š*]*ur*^{ki}). B10 (erg.)

2-09) Canon 771 B1 ([KUR-*aš-šur*]^{ki}). B2. B10 (erg.)

2-10) Canon 753 B1. B2 ([KUR-*aš-š*]*ur*^{ki})

2-11) Canon 743 B1

2-12) Canon 723 B3 ([KUR-*aš-šur*]^{ki}). B4 (erg.). B6

2-14) Eponym 719 B2 (-[*aš-šur*^{ki}])

2-16) Canon 809 B1 ([KUR]-); TCS 5, 170, iv, Kolophon (⸢KUR-*aš-šur*^{ki}⸣)

4-11) SAA 19, 4, 6; id., 133, Rs. 9' (-⸢*aš-šur*^{ki}⸣). 14' (⸢KUR⸣-[*aš-šur*]⸢^{ki}⸣). 16' (⸢KUR-*aš-šur*^{ki}⸣); id., 158, 4 (-*šur*$^{k[i]}$)

4-13) **SAA 1**, 1, 2; id., 8, Rs. 7. 8; id., 25, 17 (-*š*[*ur*^{ki}]); id., 28, 4 (-*šur*$^{[ki]}$); id., 29, 4 ([KUR-*aš-šur*]^{ki}). 12. 17; id., 31. 4; id., 32, 3 ([KUR]-); id., 33, 4 ([KUR]-); id., 34, 4 (erg.); id., 35, 3 ([KUR]-); id., 37, 4 (erg.); id., 99, 3 ([KUR-*aš-šur*]^{ki}); id., 100, 6 (-*šur*$^{[ki]}$); id., 101, 6; id., 174, u. Rd. 12 ([KU]R$^{!}$-[*aš*]-⸢*šur*$^{!}$⸣$^{k[i]}$); **SAA 5**, 100, 13; id., 35, 19 (-*šur*$^{[ki]}$); id, 42, Rs. 6; id., 95, 12 (erg.); id., 96, 6. 7; id., 147, Rs. 8; id., 176, 6' (-*šur*$^{k[i]}$). 12'; id., 281, 4 (erg.); **SAA 15**, 111, Rs. 7 ([KUR-*aš-šur*]^{ki}); id., 119, Rs. 15; id., 129, Rs. 14; id., 134, 3' ([KU]R-); id., 189, 2. 8 ([KUR]-*aš-šur*$^{![k]i!}$); id., 245, Rs. 1 (KUR$^{!}$-); id., 245, Rs. 1; id., 266, 4' (-[*šur*^{ki}])

4-15) CT 54, 492, 2 (erg.); SAA 10, 111, 7 (-*š*[*ur*^{ki}]); id., 181, 6 (erg.); id., 182, 26; id., 188, Rs. 4. 8; id., 241, Rs. 9; id., 349, 18; id., 350, Rs. 21 (erg.); id., 365, Rs. 3; SAA 16, 60, 7 ([KUR-*aš*]-); id., 61, 7 (erg.); id., 95, Rs. 12 ([KUR-*aš-šur*]^{ki}); id., 118, 3 ([KUR-*aš-š*]*ur*^{ki}). 4 (erg.); id., 127, 20. u. Rd. 26; id., 130, 8' (-*šur*$^{[ki]}$); id., 148, 7; id., 243, Rs. 7' (-*šur*$^{[ki]}$)

4-15/16) SAA 10, 105, u. Rd. 22 (-*šur*$^{[ki]}$); id., 254, 10'; id., 284, Rs. 7 (-*šur*$^{[ki]}$). 9; id., 372, Rs. 13 (-*šur*$^{k[i]}$)

5-07) GPA 17,8 ([K]UR-)
5-08) GPA 68, Rs. 3
5-09) GPA 54, Rs. 6 ([K]UR-)
5-11) GPA 26, li. Rd. 2; SAA 6, 1, Rs. 22 (erg.)
5-12) SAA 6, 24, Rs. 4' (erg.)
5-13) SAA 6, 31, Rs. 4 (-*šur*$^{k[i]}$)
5-14) SAA 6, 59, 7 (erg.); id., 90, Rs. 17; id., 151, Rs. 12 (-[*aš-šur*^{ki}]); id., 152, li. Rd. 10'; id., 153, Rs. 5' (-*a*[*š-šur*^{ki}]); id., 155, Rs. 9' (-*a*[*š-šur*^{ki}]); id., 160, Rs. 16 (-*šur*$^{k[i]}$); id., 174, Rs. 17; id., 177, Rs. 20; id., 261, Rs. 14
5-15) SAA 6, 48, li. Rd. 2 ([KUR]-*aš-šur*$^{[ki]}$); id., 203, Rs. 4 ([KUR]-); id., 234, 9; id., 257, Rs. 18; id., 266, li. Rd. 1; id., 279, Rs. 10 (erg.); id., 314, 16 (-*šur*$^{[ki]}$)
5-16) SAA 6, 311, 8; id., 315, 10' (-*šur*$^{k[i]!}$); id., 326, 16'. Rs. 5; id., 335, 12'; id., 336, 9'; id., 339, 4' ([KUR-*aš-šur*]^{ki}); id., 343, 10; id., 344, 7' (-[*aš-šur*^{ki}]); id., 346, 2' (-*š*[*ur*^{ki}])
5-20) SAA 14, 311, Rs. 2
6-06) SAA 2, 1, 6'
6-14) WVDOG 121, 131 (VAT 10470), 10'; id., 131 (VAT 12007), 4 (⸢KUR⸣-); id., 133f., Vs. 1 (-*šur*$^{[ki]}$). 3 (-*šur*$^{[ki]}$)
6-15) JCS 64, T, i, 77' (-*šur*$^{ki?}$). v, 24; SAA 2, 5, i, 1. Rs. iii, 2' (-[*šur*^{ki}]). 16' (2x, 1x-*šur*$^{k[i]}$). 20'. 23' (-*šur*$^{[ki]}$). iv, 8'; SAA 2, 6, 1. 56. 57. 59. 63. 248. 250. 253. 277. 283. 666. 667; SAA 2, 14, i, 10 (-*šur*$^{⸢ki⸣}$)
6-16) SAA 2, 9, 4' (-*šur*$^{[ki]}$). 5'. 8' (-[*aš-šur*^{ki}]). 10'. 11'. 13'. 14'. 16'. 18'. 20' (-*š*[*ur*^{ki}]). 21'. 23'. 28'. 29' (erg.). 32'. 35'. 38' (erg.). Rs. 2'. 3'
6-18) SAA 2, 11, 1 (erg.). 2 (erg.). 3
7-07) SAA 12, 76, 5' ([K]UR-). 8'. 9' (-[*šur*^{ki}])
7-11) SAA 12, 75, Rs. 1' (erg.)
7-13) SAA 12, 19, Rs. 28 (-*šur*$^{k[i]}$)
7-14) SAA 12, 20, Rs. 6' (erg.); id., 86, 2. Rs. 33 (-*aš*[*ur*^{ki}])
7-16) SAA 12, 25, 1 (erg.). 2 (erg.). 3 (erg.). 4 (erg.). 12 (-*šur*$^{[ki]}$); id., 26, 1. 2. 3. 4. 12; id., 29, 1. 2. 3. 4 ([KUR-*aš-šur*^{k}]^{i}). 12 (-*šur*$^{[ki]}$); id., 90, 4 (erg.); id., 93, Rs. 8 ([KUR-*aš-šur*]^{ki})
7-17) SAA 12, 35, 10. Rs. 15; id., 36, Rs. 1' ([KUR-*aš-šur*^{k}]^{i}). 23' (erg.)
7-20) SAA 12, 78, 1'. 2' ([KUR]-*a*[*š-šur*^{ki}]). 3' (-*šu*[*r*^{ki}]); id., 79, 1' (erg.). 2' (erg.). 3' (erg.)
8-15) SAA 4, 3, 5. Rs. 6; id., 5, 8 (erg.); id., 12, 2 (erg.). 5 (erg.); id., 20, 3 (-*šur*$^{k[i]44, 2}$). 4 ([KUR-*aš-šur*^{k}]^{i}). 6. 8. Rs. 5. 7 ([KUR-*aš-šu*]*r*^{ki}). 9. 10; id., 21, Rs. 3' (erg.). 6' (- [*šur*^{ki}]); id., 22, 3'; id., 23, 8 (erg.); id., 26, Rs. 8; id., 29, 6'; id., 30, 2. 11 ([KUR-*aš-š*]*ur*^{ki}). Rs. 7; id., 31, 2 (-*šur*$^{k[i]}$); id., 33, 2. 5 (-*šur*$^{[ki]}$); id., 41, 3 (-[*aš-šur*^{ki}]). 5 (erg.). 8. Rs. 5'; id., 42, 5. Rs. 2' (KU[R-*aš-šur*^{ki}]); id., 44, 2 ([KUR-*aš-šur*]^{ki}); id., 56, 6 (erg.). Rs. 12; id., 57, 2 ([KUR-*aš-šur*^{k}]^{i}). 4. Rs. 4'; id., 58, Rs. 9

(-[*aš-šur*^{ki}]); id., 61, 6'. 7'; id., 62, 2. 6 (-*šur*$^{[ki]}$). 13. 14. Rs. 8' (erg.). 14' (-⸢*aš-šur*⸣^{ki}); id., 63, 2. 14 (erg.). Rs. 10 (erg.); id., 64, 2 ([K]UR-); id, 65, 13' (-*šur*$^{[ki]}$); id., 66, 3; id., 68, 3 (erg.); id., 71, Rs. 5' (erg.); id., 73, 3 ([KUR-*aš-šu*]*r*^{ki}); id., 75, 4' (erg.); id., 79, 2. 12 (erg.). Rs. 5 (erg.). 10; id., 80, 6'. Rs. 5 (erg.); id., 81, 4 (erg.); id., 82, 5'. Rs. 2' ([K]UR-). 8' (erg.); id., 84. 2. 6 ([KU]R-[*aš-šur*^{ki}]). 10. 11 ([KUR-*aš-šur*^{k}]^{i}). 13. Rs. 11 (-*šu*[*r*^{ki}]). 14. 18. 19; id., 85, Rs. 2 (erg.); id., 86, 2; id., 87, 2. 8. 10 ([KUR-*aš-šur*]^{ki}); id., 88, 2 (erg.). 10; id., 90, 2. Rs. 6; id., 91, Rs. 3' (-*šu*[*r*^{ki}]); id., 92, 3 (erg.); id., 94, Rs. 3'; id., 98, 1' (erg.); id., 100, 2; id., 103, Rs. 5; id., 105, 4 (-*a*[*š-šur*]^{ki}); id., 107, 1' (erg.). 7'; id.,110, 2. Rs. 7 ([KUR-*aš-šur*]^{ki}); id., 114, Rs. 2; id., 116, 4' (erg.); id., 117, Rs. 6' (erg.). 7' (erg.); id., 118, 3' (erg.); id., 121, 1' (⸢KUR-*aš-šur*$^{!ki!}$⸣); id., 124, 4. (-[*aš-šur*^{ki}]). 7; id., 129, 2 (erg.). Rs. 6 (-*šu*[*r*^{ki}]); id., 131, 4; id., 139, 23. 24 (erg.). Rs. 10 (erg.); id., 140, 7' (-*šur*$^{[ki]}$); id., 141, 3'. 5' (erg.); id., 142, 21. 22 (erg.). Rs. 8; id., 143, 4'; id., 148, 2 (erg.); id., 149, 2. 7. Rs. 8; id., 150, 5. 7. Rs. 3' (erg.). 5'. 7'; id., 151, 1' (erg.); id., 153, 1'. Rs. 3' (erg.); id., 154, 4. 5. 7. Rs. 9. 10. 11; id., 155, Rs. 6'. 7'; id., 156, 3. 7. 13 ([KUR-*aš-š*]*ur*^{ki}). Rs. 11. 13 (erg.); id., 157, 6'. Rs. 5 (erg.). 7; id., 158, 2'. 4'. 8' (erg.); id., 159, 3. 6. 11. Rs. 9. 10; id., 161, 3. 5; id., 162, 1' (erg.); id., 163, 3 (erg.). 6 (erg.); id., 164, 3. Rs. 4. 6. 7. 8 (erg.). 9; id., 167, Rs. 5 (erg.); id., 168, 4 ([KUR-*aš-š*]*ur*^{ki}). 6 (erg.); id., 171, Rs. 2' (-*šu*[*r*^{ki}]). 4' (erg.); id., 172, 1'. 5' (erg.); id., 173, 3; id., 175, 4 (erg.); id., 177, 1'. Rs. 5' (-[*šur*^{ki}]); id., 183, 2; id., 185, 3' (-*šur*⸢*ki*⸣); id., 190, 2; id., 191, 2 (-*šur*$^{k[i]}$); id., 196, 12'; id., 217, Rs. 7; id., 199, 7' (erg.); id., 207, 3' (erg.); id., 215, 1' (erg.); id., 266, 4 (erg.); id., 267, 3; id., 268, 3. Rs. 2'. 4'; id., 270, 14; id., 271, 2. 8. Rs. 4' (erg.); id., 284, Rs. 2 (erg.)

8-16) SAA 4, 262, 2 (K[UR-*aš-šur*^{ki}]). Rs. 7; id., 287, 12. Rs. 4; id., 302, 4; id., 305, 12' (-*šur*$^{k[i]}$). Rs. 4; ([KUR-*aš-šur*]^{ki}); id., 306, Rs. 2; id., 321, 4; id., 322, 6

KUR-^{d}*a-šur*

1-02) RIMA 2, 99.2, 28. 34

1-04) RIMA 2, 101.69, 2 ([K]UR-)

1-07) RIMA 3, 104.2001, 3 ([KUR-^{d}*a*]). 5 (K[UR]-)

5-14) O 3703, 24 (unpubl., zit. in Garelli [1986] 241, Anm. 1)

KUR-^{d}*a-šur*^{ki}

1-13) SgF Stier, 1

KUR-^{d}*aš-šur*

1-05) RIMA 3, 102.104, 5. 7

1-06) RIMA 3, 103.1, i, 42

1-11) Tigl, M 4,1, 3 (-^{d}[*aš-šur*])

1-13) Iraq 56, 37f., 21'; RIMB 2, B.6.22.4, ii, 6; NABU 1991/86, 4; SKT 2, pl. 4, 7'; ZA 97, 255, 1'. 14' (erg.)
1-15) RINAP 4, 112.58, ii, 12
1-16) RIMB2, B.6.32.13, 8
4-15/16) SAA 10, 89, Rs. 12 (-$^{d!}$-*aš*-[*šur*]); id., 197, 15 (-*šur*$^{[ki]}$); id., 226, 6
4-16) ABL 1022, 1 (erg.). 9; id. 1163, 1 (erg.); id. 1242.1. 3; id. 1400, 4; CT 53, 140, 1 (erg.); CT 54, 430, 8 (-*šu*[*r*^{ki}]); id., 500, 4'; id., 535, Rs. 11' (-*šu*[*r*^{ki}]); SAA 10, 100, u. Rd. 33; id., 227, 8; id., 310, Rs. 4'
4-20) CT 53, 587, 1'
8-15) SAA 4, 34, 2 ([KU]R-)

KUR-^{d}*aš-šur*$_4$
1-13) Iraq 37, 12ff., 12 (-*š*[*ur*$_4$])

KUR-^{d}*aš-šur*^{ki}
1-15) RINAP 4, 112.25, 1
4-13) SAA 15, 189, Rs. 7' (-*š*[*ur*^{ki}])
4-15/16) SAA 10, 197, Rs. 9 (-*šur*$^{[ki]}$); id., 218, Rs. 4
5-15) KB 4, 122, Rs. 12'
7-20) SAA 12, 46, 1. 2 (KUR-[^{d}*aš-šur*^{ki}]). 3 (-*š*[*ur*^{ki}])
8-15) SAA 4, 130, Rs. 8 (-*šur*$^{k[i]}$)

KUR-^{d}*aš-šur*$_4$^{ki}
8-15) SAA 4, 130, 3 ([-*šur*$_4$$^{[ki]}$)

ma-at-aš-šur^{ki}
1-13) SgF Zyl, 39

UN^{meš}-KUR-*aš-šur*
1-13) SgF Ann, 18 (erg.). 254

UN^{meš}-KUR-*aš-šur*^{ki}
1-13) SgF Ann, 76. 240; SgF Stier, 20

N:
aš-šu-ri-tu
7-11) SAA 12, 14, Rs. 8' (*a*[*š-šu-ri-tu*]) [Ištar]; id., 75, Rs. 12' (-*š*[*u-ri-tu*]) [id.]

aš-šur-a-a
3-13) CTN 3, 102, ii, 7´([*aš*]-)

3-20) SAA 7, 62, i, 14'; id., 166, u. Rd. 14; id., 207, Rs. 1' (erg.); id., 208, Rs. 2'; id., 216, Rs. 4; id., 217, Rs. 2 (erg.); id., 218, 3'
3-22) CTN 1, 1, Rs. i, 19
3-23) SAA 7, 48, 5 (-[*a-a*])
4-13) SAA 5, 16, 8; SAA 15, 336, 3'
4-15) SAA 16, 63, 13; id., 64, 9. li. Rd. 1; id., 67, Rs. 10'; id., 133, 4'
5-13) StAT 3, 15, Rs. 5' (-*š*[*ur-a-a*])
5-15) ND 3441, Rs. 7 (Iraq 15, pl. 12)
5-16) FNALD 29, Rs. 2; id., 29B, Rs. 1; ND 5447, 2 (Iraq 19, pl. 27); ND 5449, 2 (Iraq 19, pl. 29); ND 5452,2 (Iraq 19, pl. 32); ND 5454, 2 (Iraq 19, pl. 31); ND 5455, 2 (Iraq 19, pl. 33); ND 5456, 2 (Iraq 19, pl. 31); ND 5458, 2 (Iraq 19, pl. 27); ND 5459, 2 (Iraq 19, pl. 28); SAA 14, 425, 6; SAAB 9, 99, 5 (-⸢*a*⸣-[*a*])
5-16/19) BATSH 6, 75, 5 (-[*a-a*]); ND 3412, Rs. 6 (Iraq 17, Pl. 28.3)
5-17) StAT 3, 18, 30
5-18) SAA 14, 169, Rs. 3
5-19) CTN 3, 11, 3; id., 44, u. Rd. 8; FNALD 33, Rs. 3

aš-šur-a-a^{ki}
7-20) SAA 12, 48, Rs. 7 (-*a*$^{ki?}$)

aš-šur-a-a-te
3-20) SAA 7, 24, 3 (-*a*$^{!}$-*a*-)
4-13) SAA 1, 56, 9 ([*aš*]-*šur*$^{!}$-)

aš-šur-i-te
1-18) RA 10, 202, Seite 3, 6

aš-šur-i-ti
1-18) Sši Zyl. A, 25 [Ištar]. 32

aš-šur-i-tu
7-17) SAA 12, 40, Rs. 13' ([*aš-šu*]*r*-) [Ištar]; id., 41, Rs. 4' (erg.) [Ištar]

aš-šur-i-tú
1-16) Asb A, i, 65 [Ištar]
3-20) CTN 3, 89, 16' ([*aš-š*]*ur*$^{?}$-); SAA 7, 145, i, 7
5-23) StAT 2, 315, Rs. 7
7-17) SAA 12, 35, Rs. 30 ([*aš-š*]*ur*-) [Ištar]; id., 36, RS. 33' ([*aš-š*]*ur*-) [Ištar]

aš-šur-tú
1-07) RIMA 3, 104.2, 12 [Ninlil]

aš-šur-tum
7-07) SAA 12, 69, Rs. 28 [Ištar]

aš-šur-ú
1-07) RIMA 3, 104.2, 11 [Enlil]

aš-šur^{ki}*-a-a*
1-13) Iraq 16, 197f. (ND 3406), 10' ([*aš*]-)
4-15) SAA 10, 349, Rs. 24
8-13) SAA 4, 144, 9; id., 145, 6'

aš-šur^{ki}*-i-tu*
7-16) SAA 12, 26, Rs. 34 [Ištar]. 37 (-*t*[*u*]) [id.]; id., 29, Rs. 37 ([*aš-šur*^{ki}*-i-t*]*u*) [id.]; id., 31, Rs. 34 (-*šur*[^{ki}*-i-tu*]) [id.]. 37 (erg.) [id.]; id., 34, Rs. 7' (erg.) [id.]. 10' (erg.) [id.]

aš-šur^{ki}*-i-tum*
7-16) SAA 12, 25, Rs. 34 (-*tu*[*m*]) [Ištar]. 37 (-*šur*^{ki}-[*i-tum*]) [id.]

aš-šur^{ki}*-ú*
7-11) SAA 12, 14, Rs. 7' (erg.) [Enlil]; id., 25, Rs. 34 [id.]. 37 [id.]; id., 26, Rs. 34 [id.]. 37 [id.]; id., 29, Rs. 37 [id.]; id., 31, Rs. 34 [id.]. 37 (erg.) [id.]; id., 34, Rs. 7' [id.]. 10' [id.]

aš-šur^{ki}*-ú-ti*
4-16) SAA 10, 101, 9

áš-šu-ra-a-a
3-22) CTN 1, 6, Rs. 13

áš-šu-ri
1-11) Tigl Ann 9, 11 (-⸢*šu-ri*⸣)
1-13) Iraq 16, 198ff., 15; Iraq 56, 37f., 18 (erg.); Sg 8, 410; SgF Ann, 10 ([*áš-š*]*u*-). 17. 204 (*á*[*š*$^{!}$]-), 286c; SgF Bro, 25; SgF Platten, 12; SgF Zyl, 16; Sg Najaf, ii, 46 ([*áš*]-)

áš-šu-ri-te
7-07) SAA 12, 10, Rs. 6' [Ištar]

áš-šu-ri-tu
1-05) RIMA 3, 102.43, 10 [Ištar]
7-07) SAA 12, 85, 14 (erg.) [Ištar]. Rs. 29 (-⸢*tu*⸣) [id.]

áš-šu-ri-tú
7-09) SAA 12, 13, Rs. 9' ([*áš-š*]*u-*) [Ištar]

áš-šu-ru-u
1-13) Iraq 37, 12ff., 3 [Enlil]

áš-šu-ru-ú
1-04) RIMA 2, 101.17, v, 89

áš-šú-ri
1-11) Tigl Ann, 13, 9
1-13) SgF, Platten, 12 (Var.)

^{kur}AN.ŠÀR^{ki}-*a-a*
8-15) SAA 4, 280, Rs. 10

^{kur}*aš-šur-a-a*
3-07) CTN 3, 145, Rs. i, 19. 29 (-[*a*]-*a*)
3-07/08) CTN 1, 10, 9'
3-10) CTN 1, 9, Rs. 18'
3-13) CTN 3, 111, 21' ($^{\text{[k]ur}}$*a*[*š-šu*]*r-*)
3-20) CTN 1, 15, 11'
4-13) SAA 5, 215, 21; SAA 15, 268, 3'. 10'; SAA 19, 173, Rs. 29 (^{kur}⸢*aš-šur*⸣-). 33
4-15) SAA 10, 354, 25 ([^{kur}*aš-šur*]-)
4-23) ZTT 22, 5 ($^{\text{k[ur]}}$*aš-*)
5-20) SAA 14, 397, 4'
7-04) SAA 12, 82, 9'. Rs. 4

^{kur}*aš-šur-ra-a-a*
3-07) CTN 3, 122, 30'

^{kur}*áš-šu-ra-a-a*
1-04) RIMA 2, 101.1, i, 102. iii, 8

4-15) SAA 10 42, 9 (KUR$^{!}$-)

^{kur}*áš-šú-ra-a-a*
7-04) SAA 12, 83, Rs. 23

^{kur}*áš-šur-a-a*
3-22) CTN 1, 11, Rs. 8’ (KUR-*á*[*š-šur-a-a*])

^{lú}*aš-šu-ra-a-a*
1-13) Iraq 7, 86f., 20’ (erg.); Sg Hamat, Rs. 5; Sg Wi, 174f., 261
4-13) SAA 5, 293, 10
6-15) SAA 2, 6, 162

^{lú}*aš-šur-a-a*
4-13) SAA 19, 154, 4 (-*š*[*ur*]-⌜*a*⌝-)
4-15) SAA 16, 183, Rs. 7’

^{lú}*aš-šur*^{ki}-*ú*
1-13) SgF Prunk, 32

^{lú}*aš-šur*^{ki}-*a-a*
6-14) WVDOG 121, 131 (VAT 12007), 1 (^{lú}*aš-šur*^{k}]^{i}-)

^{lú}*áš-šu-ra-a-a*
1-05) RIMA 3, 102.2, ii, 34. 38
4-16) SAA 10, 69, 8 ([^{lú}*áš-š*]*u*-)

¶ NAT, 41–54; RGTC 5, 43–45 (mA/mB Aššur); RGTC 6/1, 51f. u. 6/2, 16 (heth. Aššur); RGTC 8, 33–35 (nB/spB Aššur); RGTC 9, 14f. (urar. Aššur); RGTC 10, 58f. (Nuzi Aššur); RGTC 11, 22f. (elam. Aššura, Aššur, Athura); RGTC 12/2, 42f. (Am./ug./MEup Aššur); aram. *’šr*/*’šwr* (s. Angerstorfer [2003]); bibl. *’aššûr* (HAL, 91; mit Ausnahme von Gen 2, 14 bezieht sich die Bezeichnung auf Assyrien; s. Frahm [2011]); klass. Assuria, Assurios, Suria, Surios (s. Rollinger [2006a], id. [2006b], id. [2011]); luw. Asura (CHLI 131, Karkamiš A 15b, §19; s. auch Savaş [1998] 177f.); phön. *’šr* (KAI 24, 8); nA PN Aššurāju, PNA 1/I, 153. In den sumerischen Inschriften neuassyrischer Herrscher wird für Assyrien der Ausdruck ma-da-aš-šur^{ki} verwendet (RIMB 2, B. 6. 22.2, 5f.; id., 5, 10 [Sg]; RIMB 2, B.6.31.9, 4 [Ash]; RIMB 2, B.6.32.9, 2. 3 [Asb]).

Assyrien, im engeren Sinne Zentralassyrien, nämlich das Assur-Ninive-Arbail-Dreieck (s. Radner [2011]) und im weiteren Sinne das assyrische Reich, nämlich die Gesamtheit der Provinzen (Postgate [1995], RlA 11, 42–68 s. v. Provinz C: Assyrien [K. Radner]), die zum Unterhalt des Assur-Tempels beitrugen (Postgate [1992] 251f.). Zur Geschichte: Cancik-Kirschbaum (2003), Fales (2001), Frahm (2013) 188–203, Kessler (1991), Radner (2015), RlA 1, 228–303 (F. H. Weißbach); s. ferner Fales (2015). TAVO Karte B IV 10 u. 13; Helsinki Atlas. S. auch → Subartu.

Wichtige Städte in Zentralassyrien waren (alphabetisch geordnet; für weitere Städte in der jeweiligen Umgebungen s. s. v.): → Adian, → Apku, → Arbail, → Aššur, → Balāṭāja, → Barḫalzu, → Dūr-Šarrukīn, → Gagal, → Ḫalaḫḫu, → Ḫalzi, → Ḫalzi-atbāri, → Ḫanusa, → Imgur-Illil, → Issētu, → Isāna, → Kalḫu, → Kalzu, → Kannu', → Kār-Mullissi, → Kurbail, → Ninive, → Samānu, →Si'immê, → Šibaniba, → Šibšiniš, → Šīmu, → Talmusu, → Tammnūna, → Tarbiṣi und → Ubasê.

Mātāt-Na'iri s. Na'iri

Māt-Ḫabḫi s. Ḫabḫu 3–5 (u. Ḫabḫu 1–2 in RGTC 7/3)

Matiātu

mat-ia-a-ti

1-05) RIMA 3, 102.6, iii, 22 [Pass von Ištarāte]; id., 102.8, 43' [id.]; id., 102.16, 86' (2x) [id.]

mat-ia-a-tu

1-05) RIMA 3, 102.6, iii, 22; id., 102.8, 43'; id., 102.10, iii, 12

mat-ie-e-ti

1-05) RIMA 3, 102.14, 90

mat-ti-ia-te

1-05) RIMA 3, 102.10, iii, 11 (*-te* zu emendieren, im Text steht *-e*, s. RIMA 3, 53, Komm. Z. 11) [Pass von Ištarāte]

^{uru}*mat-i-ia-te*

1-04) RIMA 2, 101.19, 43 (2x) [It. von Kibaki nach Zazabuḫa]

^{uru}*mat-ia-te*
1-04) RIMA 2, 101.19, 52 [*ṣalmu*]. 54 [Bunnu(…), Maṣula]

^{uru}*mat-ia-ti*
1-04) RIMA 2, 101.1, ii, 89 [It. von Kibaki nach Zazabuḫa]. 91 (2x)

^{uru}*mat-ia-tú*
1-04) RIMA 2, 101.1, ii, 89

^{uru}*mat-ia-ú-te*
1-04) RIMA 2, 101.17, iv, 8

^{uru}*mat-te-ia-te*
1-04) RIMA 2, 101.17, iv, 8 [It. von Kibaki nach Zazabuḫa]. 18. 19

¶ NAT, 243 (Matjatu). Zur Lesung des ON in Salmanassars Inschriften s. Kessler (1980) 46–50.

Stadt im → Kāšiāru-Gebirge (Ṭūr ʻAbdīn), nach einem Vorschlag von Sachau (1897) 51 Anm. 1 mit Midyat identifiziert, Kessler (1980) 45–50 mit Karte auf S. 77f., Liverani (1992a) 58, Radner (2006) 289, RlA 7, 584f. (K. Kessler). TAVO Karte B IV 10 u. 13; Helsinki Atlas, 3. 27.

Māt-Masenni

NAM-^{lú}AGRIG
1-11) Summ 9, Vs. 13ʼ (⸢NAM⸣-)

KUR-^{lú}AGRIG
9-16) SAA 11, 1, i, 17 [erw. zw. Jasubu u. Māt-Nāgir-ekalli]

KUR-*ša*-^{lú}AGRIG
4-11) SAA 19, 69, 6

¶ NAT, 1 (Abarakku).

Die „Provinz des Schatzmeisters" befand sich im Bergland nördlich und östlich der Ebene von Alqōš und hatte eine strategisch günstige Lage an der Grenze zu →^{3} Urarṭu, Postgate (1995) 6f., RlA 11, 49, Nr. 14 (K. Radner). Nach der Inschrift des Jaḫālu, des

Oberschatzmeisters des Salmanassars III. (RIMA 3, 102.2003), war → Kišpūnu der Statthaltersitz einer Provinz, die die Territorien von → Qumanî, → Meḫrānu, →[1] Uqi (gehört hierher und nicht in die Levante, s. Komm. in RGTC 7/1, 268; vgl. → Ukku) und → Erimi entsprach, Kessler (1980) 170–172, Mattila (2000) 18–20, Parker (2001) 84–89. TAVO Karte, B IV 13, Helsinki Atlas, 4. 28.

Zur Zeit des Tiglatpileser III. wurden urartäische Festungen in den Gebieten → Sardurianu, → Lusia, → Tapsia, → Suma bis zum Land → Bitzua erobert und der „Provinz des Schatzmeisters" zugeordnet. Auch die neugebaute Festung → [...]ti-Aššur am Berg → Nal scheint zu dieser Provinz gezählt zu haben.

Matnu

^{kur}*ma-at-na*
1-04) RIMA 2, 101.17, iv, 94 [*šadû dannu*]; id., 101.19, 80 (-[*at-n*]*a*) [id.]

^{kur}*ma-at-ni*
1-04) RIMA 2, 101.1, ii, 110 [Kūkunu *ša pī nēreb ša šadê* M.]. 113 [*šadû dannu*]; id., 101.17, iv, 84 [Kūkunu *ša pī nēreb ša šadê* M.]

^{kur}*ma-at-nu*
1-04) RIMA 2, 101.19, 77 [Kūkunu *ša pī nēreb ša šadê* M.]

¶ NAT, 244.

Berg in Nordmesopotamien am Oberen Tigris, der zwischen → Dirria und → Arbakki lag, Liverani (1992a) 61f., RlA 7, 586 (D. O. Edzard). Da der östliche Teil der Taurus-Kette zu weit vom Fluss enrfernt liegt (Liverani loc. cit.), sollte M. im Gebirgsland nah am Tigris, nördlich von Salat gesucht werden, Radner/Schachner (2001) 764 mit fig. auf S. 752. Parker (2001) 152 mit Karte auf S. 109 setzt M. mit dem Bekan Dağı, ca. 15 km nördlich von Salat, gleich.

Māt-Rab-šāqê

KUR-^{lú}GAL-*šá-qé*
4-15/16) SAA 10, 58, Rs. 9

KUR-GAL-BI.LUL
4-15/16) ABL 659, 6

KUR-^{lú}GAL-BI.LUL
4-11) SAA 19, 69, 7 [Māt-Masenni]
4-13) SAA 1, 247, 3' ([KUR-^{lú}]GAL) [Tillê]
9-16) SAA 11, 1, i, 20 [Māt-Nāgir-ekalli, Ariauāte]

NAM-^{lú}GAL-BI.LUL
1-11) Tigl Ann 9, 10 (-⸢BI.LUL⸣) [Pīḫat-Nāgir-ekalli, Barḫalzu]; id. 20, 3' ([NAM-^{lú}GAL]-⸢BI.LUL⸣) [Sinie]; Tigl Summ 1, 31 [Birdanša]; id. 9, 16' [Sinie]

¶ NAT, 289 (Rab-šaqê); aram. *mt rbšqn* (SAA 6, 334, Rs. 2).

Die „Provinz des Mundschenks", eine Grenzprovinz zu →^{3} Urarṭu, die nach Postgate (1995) 7f. in den nordwestlichen Ausläufern des Zagros-Gebirges in der Region von ʻAqra zu suchen ist, so auch RlA 11, 49, Nr. 15 mit Karte auf S. 50 (K. Radner). Kessler (1980) 150–182 (mit Karte auf S. 182) schlägt dagegen eine westlichere Lage am Oberen Tigris östlich von Zāḫū und Dahūk vor. Welche Stadt als Zentrum von M. fungierte, ist unbekannt. Kessler (1980) 122–149 argumentiert überzeugend gegen den Vorschlag von Forrer (1920) 107f., Šabirēšu sei die Hauptstadt von M. gewesen. Ein möglicher Kandidat ist → Dūr-Enlil 1 (geschrieben ^{uru}BÀD-^{d}BE), Kessler (1980) 150f. u. RlA 11, loc. cit. Helsinki Atlas, 4. 27.

Zur Zeit des Tiglatpileser III. wurden folgende Städte der „Provinz des Mundschenks" zugeordnet: → Alinzirānu, → Auibi, → Enu, → Lupsa, → Luqia 1, → Sassu, → Šimirra, → Tašliana, → Tirhim, → Ubula, → Ušurnu, → Uzurra und → [...]ḫili, so wie die Länder → [...]šia und → Marḫatianša.

Mattani (?)

^{uru}*mat* (KUR)*-ta-ni*
5-16) BATSH 6, 56, Rs. 14 [Ināja, Ninnazua]

¶ Lesung unsicher, das Zeichen KUR könnte auch u. a. *lat* bzw. *nat* gelesen werden., S. BATSH 6, S. 94.

Nach dem Kontext (Erwähnung von → Ḫindānu u. →^{1} Til-Barsip) könnte es sich um eine Stadt in der nordwestlichen Ǧazīra handeln, Zadok [2009-10] 67.

Matuḫanzaḫ

^{uru}*ma-tú-ḫa-an-za-aḫ*
1-16) Asb E12, 27 [GubBAD, Tazi']

¶ NAT, 244 (Matuḫanzaḫ).

Stadt im Bergland → Ḫalēḫasta, nordöstlich von → Dēru, in der Umgebung von → Qirbit.

Maturaba

^{uru}*ma-tu-ra-ba*
9-13) SAA 11, 14, 7 [Dūr-tāliti]. 8 ([^{uru}*ma-tu-ra-b*]*a*) [Dūr-atānāte]

¶ Stadt in → Arzuḫina, die zwischen → Dūr-atānāte und → Dūr-tāliti lag, Levine (1989) 85, Zadok (1995a) 228, 1.4.5.

Maza[...]ate

^{uru}*ma-za*-x-*a-te*
3-05) Billa 83, Rs. 5 (⸢$^{uru?}$⸣*ma-za*-[x]-*a*-⸢*te*⸣-) [Bīt-ḫardini]

¶ Stadt, die in den Texten aus Tall Billā (→ Šibaniba) erwähnt wird und vermutlich in ihrer Umgebung lag.

Mazani (?)

^{uru}*ma*-ZA-*ni*
5-16) CTN 3, 57, 5 ($^{[u]ru}$*ma*-ZA-*n*[*i*$^{?}$])

¶ Möglicherweise eine Stadt in der Umgebung von → Kalḫu, Zadok (1995a) 250, 4.7.4.5.1.

Me (?)

^{uru}ME
5-11) Edubba 10, 41, 2 (^{uru}*me*$^{?}$ *ṭēḫi* [x x x x]; nach BaM 24, 258, Nr. 14 ^{uru} ⸢KUR-x-si)

¶ Möglicherweise eine Stadt in der Umgebung von → Kalḫu, Zadok (1995a) 250, 4.7.4.6.2.

Me[...]

^{uru}*me*[...]
3-05) Billa 75, 10' [Tur(...)]

¶ Stadt, die in den Texten aus Tall Billā (→ Šibaniba) erwähnt wird und vermutlich in ihrer Umgebung lag, Zadok (1995a) 256, 4.17.1.38.5.

Medun

^{uru}*me-du-un*
5-14) SAA 6, 120, 3 ($^{uru!}$*me*$^{!}$-*du*$^{!}$-⸢*un*$^{!}$⸣)

¶ Vermutlich eine Stadt in Zentralassyrien bzw. in einem benachbarten Gebiet, Zadok (1995a) 266, 5.1.1.7.10.

Meḫ[...]

^{uru}*me-e*[*ḫ*-...]
3-13) SAA 11, 217, ii, 8'

¶ Stadt im Balīḫ-Becken, Zadok (1995a) 274, 7.1.11.8.2.

Meḫinî

^{uru}*me-ḫi-ni-i*
5-19) TH 106, 2. li. Rd. 22

¶ NAT, 244.

Wahrscheinlich eine Stadt in der Umgebung von → Guzāna, Zadok (1995a) 233, 3.4.6.4.

Meḫrāni

^{kur}*me-eḫ-ra-a-n*i

1-05) RIMA 3, 102.2003,12 [Qumanî, Uqi]

¶ NAT, 244 (s. v. Meḫrānu); vgl. RGTC 5, 182 (mA Maḫirānu), aber s. Kessler (1980) 171f.

Land in Nordmesopotamien, das Teil der assyrischen „Provinz des Schatzmeisters" (→ Māt-Masenni) war, RlA 8, 31 (W. Röllig). Nach Kessler (1980) 172 höchstwahrscheinlich mit → Meḫri identisch. Nicht mit →³ Meḫrānu östlich von →³ Babylonien zu verwechseln, Kessler, loc. cit., Zadok (1976a) 123f.

Meḫri

^{kur}*me-eḫ-ri*

1-02) RIMA 2, 99.1, Rs. 8' [*ālāni ša šiddi* Rūru *ša* M.]; id., 99.4, Vs. 16' [Qumanî, Salua]; s. auch die Einleitung zu RIMA 2, 99.1001 für einen weiteren Beleg

1-04) RIMA 2, 101.40, 28 (2x; -*e*[*ḫ*]-)

^{kur}*mé-eḫ-ri*

1-02) RIMA 2, 99.2, 24 [Qumanî, Salua]

$^{kur\ giš}$*me-eḫ-ri*^{meš}

1-04) RIMA 2, 101.1, iii, 91 (2x)

¶ NAT, 244; RGTC 5, 194 (mA Meḫri).

Land in Nordmesopotamien, das nordwestlich von Assyrien lag, Liverani (1992a) 80, RlA 8, 31 (W. Röllig), Zadok (1976a) 124. Harouthyounyan (1984) mit Karte auf S. 84 lokalisiert M. nordöstlich von Şirnak am oberen Lauf des Hezilsüyu, wo der moderne Ort Mehri (ca. 40 km östlich von Şirnak) das Überleben des alten Namens bezeugen würde, Harouthyounyan (1984) 88. Nach Kessler (1980) 172 höchstwahrscheinlich mit → Meḫrāni identisch. TAVO Karte B III 7 (mA).

Meluḫḫa

me-luḫ-ḫa

1-16) Asb F, i, 36 (Var.)

^{kur}*me-luḫ*

1-15) RINAP 4, 112.84, 5 [Muṣur]; id., 112.86, 3 [id.]

^{kur}*me-luḫ-ḫa*

1-13) SgF XIV, 12 (^{kur}[*me-luḫ-ḫa*]) [Muṣur *ša paṭ* M.]. 14 ([^{kur}*m*]*e*-) [*šarru*]; SgF Prunk, 103 [Muṣur *ša paṭ* M.]; id. 109 [*šarru*]; Sg Malatya 3, 4' [id.]; Sg Tang, 19 ⸢$^{kur?}$*me-luḫ*$^{?}$*-ḫa*⸣) [Muṣur *ša paṭ* M.]; id. 20 [*šarru*]

1-14) **RINAP 3/1**, 111.4, 43. 45 [*šarru*]; id., 111.15, iii, 15' (Var.). 24' [id.]; id., 111.16, iii, 47 (erg.) [id.]. 57 [id.]; id., 111.17, iii, 12. 19 [id.]; id., 111.21, i, 4' (erg.) [id.]; id., 111.22, iii, 4 [*šarru*]; id., 111.23, ii, 75 [id.]. iii, 4 (erg.) [id.]; id., 111.46, 24. 25; **RINAP 3/2**, 111.140, Rs. 7 [*šarru*]. 9 [id.]; id., 111.142, Vs. 13' [*šarru*]. 16' (erg.); id., 111.149, Rs. 19 (^{kur}*me*$^{?}$[geschr. EME]-*luḫ*$^{?}$-); id., 111.165, iii, 30 (⸢^{kur}*me-luḫ-ḫa*⸣) [*šarru*]

1-15) RINAP 4, 112.34, 7' (erg.). 15'; id. 112.48, 29 [Tilmun, Makan]

1-16) Asb A, i, 52 [Makan]; Asb B, i, 51 [id.]; Asb C, ii, 17 (erg.) [id.]; Asb F, i, 36 [id.]; BIWA 27, Vs. 14'' (K 2656+) (-*l*[*uḫ-ḫa*]) [id.]; K 3159, 2, (8° Heft, 157) (-*lu*[*ḫ-ḫa*]) [id.]

^{kur}*me-luḫ-ḫi*

1-14) RINAP 3/1, 111.15, iii, 15' [*šarru*]; id., 111.18, ii, 2''' (-[*ḫi*]) [id.]; id., 111.22, ii, 80 [id.]; id., 111.32, ii, 3' (erg.)

1-15) RINAP 4, 112.85, 5

^{kur}*mi-luḫ-ḫa*

1-15) RINAP 4, 112.16, 4 (-[*ḫa*]) [Muṣur]

N:

^{kur}*me-luḫ-ḫe*

1-16) Asb A, iii, 103 (Var.)

^{kur}*me-luḫ-ḫe-e*

1-16) Asb A, iii, 103 [Amurrû]

^{kur}*me-luḫ-ḫe-e*^{ki}

1-16) Asb A, iii, 103 (Var.)

^{lú}*me-luḫ-ḫe-e*

1-15) RINAP 4, 112.35, Rs. 4' [Kūsu, schwarzes M. (in zerbrochenem Kontext)]

¶ NAT, 245f.; RGTC 8, 228 (nB/spB Melaḫḫa); RGTC 12/2, 189 (Am. Meluḫḫa) u. vgl. RGTC 6/1, 268f. (heth. Meluḫḫa in Belegen aus äg. Quellen). Zu M. vor der nA Zeit (Indien): RGTC 1, 121 (sarg. Meluḫḫa); RGTC 2, 132f. (Ur III Meluḫḫa); RGTC 3, 167 (aB Meluḫḫa); RGTC 5, 185 (mA/mB *Meluḫḫu); RGTC 11, 182 (elam. *Meluḫḫa).

In den nA Königsinschrften werden M. und sein Pendant → Makan jeweils als alternative Bezeichnung für Nubien (→ Kūsu) und Ägypten (→ Muṣur) verwendet, Borger (1982-85) 389, Fuchs (1994) 450, RlA 7, 196, § 3 (W. Heimpel), RlA 8, 55, § 7 (W. Heimpel); s. Komm. zu → Makan. Vor der nA Zeit bezog sich M. hauptsächlich auf Indien und Makan auf Oman, Heimpel (1987) 22–31. Für eine umstrittene Identifizierung von M. mit Unterägypten und Makan mit der Sinai-Halbinsel seit dem 3. Jt. s. Michaux-Colombot (2001) u. id. (2011). TAVO Karte B IV 13.

Mempi

uru*me-em-pi*

1-15) RINAP 4, 112.8, ii', 21' [Išḫupri]; id., 112.34, Rs. 12 (erg.) [Magdali]; id., 112. 39, 6' (-[*pi*]); id., 112.98, Rs. 39 [*āl šarrūti*; Išḫupri]; id., 112.98, Rs. 41 [*āl šarrūti*]; id., 112.103, 7 [id.]

1-16) **Asb A**, i, 60. 78 [Kusu]. 83. 87. 90 [*šarru* M. *u* Sai]. ii, 25. 30 [Muṣur]; **Asb B**, i, 60. 72 [Kusu]. 78. 84. ii, 15. 21 [Muṣur]; **Asb C**, ii, 27 (-[*pi*]). 72. 85 [*šarru* M. *u* Sai]. iii, 33 (-[*em-pi*]). 42 ([uru*me-em*]-); **Asb E**, Stück 10, 3 (uru⌜*me*⌝-[*em*]-); **Asb F**, i, 39 [Muṣur]; Asb LET, 9'. 19'. 24' [*āl šarrūti*]; BIWA 26, Vs. 7'. 12''. 16'' (K 2656+)

uru*me-in-pu*

1-16) Asb A, ii, 30 (Var.)

uru*mi-im-pi*

1-15) RINAP 4, 112.1019, 12 ([uru*mi*]-⌜*im*⌝-)

1-16) Asb E, Stück 7, 23 (⌜uru⌝*mi*-)

uru*mi-in-pu*

1-16) Asb A, ii, 30 (Var.)

¶ NAT, 246; RGTC 8, 228 (nB/spB Mempi); RGTC 12/2, 212 (Ugar. np); äg. *Mn-nfr* (DG III, 38f.); aram. *mnpy*, *mpy* (TADAE A3.3, A2.5, D24.2; Sachau [1911] 10, 11, id. 16, 7); bibl. *mōp* (HAL, 584), *nōp* (HAL, 669); klass. Memphis (Grainger [1997] 751, TAVO Karte B V 1); phöen. *mnp* (UF 38, 189).

Memphis, die Hauptstadt von → Muṣur (Ägypten), heutzutage Mīt Ruhaina, Onasch (1994a) 38, Ranke (1910) 30, RlA 8, 57f. (W. Helck), Steindorff (1890) 594f. TAVO Karte B IV 13.

Mera

^{uru}*me-ra*
5-13) SAA 6, 28, Rs. 7'
5-23) SAA 14, 180, 8'

N:
^{uru}*me-ra-a-a*
5-14) SAA 6, 115, Rs. 3' [Dunni]

¶ NAT, 246.

Möglicherweise eine Stadt in Zentralassyrien (N), Zadok [1995a] 257, 4.17.2. 2 (jedoch nicht in der Region von → Šibaniba).

Merḫisu

^{kur}*me-er-hi-su*
1-05) RIMA 3, 102.2, ii, 41 [Namdānu]

¶ NAT, 246 (Merḫisua).

Gebirge in Nordmesopotamien, zwischen → Bīt-Zamāni und → Enzīte, vielleicht identisch mit → Arqānia.

Meri[...] (?)

^{uru}*me-ri-*[...]
3-13) SAA 11, 133, iii, 2' (*-r[i*$^{?}$-x)

¶ NAT, 246.

Vielleicht eine Stadt im oberen Ḫābūr-Gebiet bzw. im Balīḫ-Becken, Zadok (1995a) 235, 3.5.4.14.

Mēsu

^{uru}*me-e-su*

1-14) RINAP 3/2, 111.223, 14 (-⸢*su*⸣) [Kukkinu, Biturra]

^{uru}*me-su*

1-14) RINAP 3/2, 111.223, 14 (Var. -⸢*su*⸣) [Kukkinu, Biturra]

¶ NAT, 247 (Me[…]).

Stadt an einem Wasserlauf oberhalb von Ḫinis (→ Ḫanusa) im Tal des Rūbār Atrūš, Jacobsen/Lloyd (1935) 42, Hannoon (1986) 221, Reade (1978a) 169, Zadok (1995a) 257, 4.18.5 (Me[…]). Wasser aus M., → Kukkinu und → Biturra wurde dem Rūbār Atrūš hinzugefügt, dem Fluss, der den Ḫinis-Ḫosr-Kanal (→ Nār-Sîn-aḫḫē-erība) speiste. Die drei Städte lagen wahrscheinlich am Fluss selbst bzw. an einem oder mehreren seiner Zuflüsse. Th. Jacobsen schlägt vor, sie mit Meirina, Kann-i-kola und Beidul zu identifizieren, drei Dörfer, die an einem wichtigen Zufluss des Rūbār Atrūš liegen, Jacobsen/Lloyd loc. cit. Obwohl die allgemeine Lage passen würde, ist der Lokalisierungsvorschlag als spekulativ zu betrachten. Vom Land →^{3} Mesu 1 und der Stadt →^{3} Mesu 2 zu trennen.

Mê-Turnat

^{uru}A.MEŠ-*tur-na*

4-13) SAA 15, 30, Rs. 5. 8 [Dūr-Anunīti]; id. 116, li. Rd. 2 ([^{uru}A.]MEŠ$^{!}$-); id., 129, Rs. 11 (^{ur}[^{u}A.MEŠ]-)

^{uru}A.MEŠ-*túr-an*

2-06) TCS 5, 168, iv, 4 (-⸢*an*$^{?}$⸣) [Bīt-redûti]

^{uru}A.MEŠ-*túr-na*

4-13) SAA 15, 37, 9' ($^{[u]ru}$A.MEŠ-); id., 129, Rs. 16 [Zabban]; id., 117, Rs. 5' ($^{[u]ru!}$A.MEŠ-); id., 129, Rs. 9 ([^{uru}A.ME]Š-); id., 143, 7' ([^{uru}A.]MEŠ-) [Dēru]

4-15) SAA 15, 1, Rs. 16'

^{uru}A.MEŠ-*túr-na-at*

1-05) RIMA 3, 102.10, ii, 34 [Laḫīru]; id., 102.14, 76

^{uru}A.MEŠ-*túr-nat*

1-05) RIMA 3, 102.8, 24' [Laḫīru]

$^{\text{uru íd}}$A.MEŠ-*túr-na-at*
1-05) RIMA 3, 102.6, ii, 44 [Laḫīru]

^{uru}*me-dúr-ni*
1-13) Iraq 56, 35ff., 3

^{uru}*me-e-túr-na-at*
1-06) RIMA 3, 103.1, iv, 4 [Ebiḫ]

^{uru}*me-tu-ur-na-at*
1-05) RIMA 3, 102.5, iv, 3 (2x) [Zabban, Gannanāte]

^{uru}*me-tur-na-at*
4-13) SAA 15, 36, Rs. 8

^{uru}*me-túr-na-at*
1-05) RIMA 3, 102.16, 50 ([^{uru}*me*]-⸢*túr-na*⸣-)

^{uru}*mu-túr-na*
4-13) SAA 5, 53, 5

N:
^{uru}*mu-túr-na-a-a*
4-13) SAA 5, 53, 4 [Gurru]

¶ NAT, 247 (Mēturna); LSG 78 (präsarg. *me-tu-ra-an*, Frayne [1992] 70); MSL 11, 57, iii, 78 (aB Mê-Turran); RGTC 5, 195 (mB Mê-Turran); RGTC 8, 228 (nB/spB Mê-Turnu).

Stadt im Osttigrisgebiet, am rechten Flussufer des Diyālā (→ Turnat), die mit Tall Ḥaddād (bzw. mit dem ca. 500 m westlich davon liegenden Tall Baradān, s. Kessler [2003-04] u. Fuchs [2011] 231) identifiziert wird, Hannoon (1986) 398–400, RlA 8, 150 (W. Röllig), Stepniowski (2011) 341. Ob die Belege aus dem Brief SAA 5, 53 hierher gehören, wie in der Publikation vorgeschlagen wurde (s. auch Postgate [2000] 92 Anm. 12), ist unsicher (s. dazu Kessler op. cit., 107 Anm. 7). In lexikalischen Listen (KAV 183, 17 u. MSL 11, 36, iii, 4) wird M. mit → Sirara geglichen, eine Bezeichnung, die meist in literarischen Texten vorkommt. TAVO Karte B IV 10 u. 13; Helsinki Atlas, 10.

Mê-ṭābūte

^{uru}A^{meš}-DÙG.GA^{meš}

4-13) SAA 1, 104, 7 [Amante, Kasappa]

¶ Stadt in Zentralassyrien, die zwischen → Aššur und → Amante am linken Tigrisufer zu suchen ist, Deller (1990b) 61, Zadok (1995a) 243, 4.1.2.5. M. lag möglicherweise in der Provinz → Kalzu.

Mezê

^{uru}*me-ze-e*

3-07) TH 35, Rs. 7 ($^{[uru]}$*me-*[*ze*$^{?}$-*e*$^{?}$]). Rs. 11

¶ NAT, 247; vgl. aram. *mzh* (Sef I A, 34) u. ferner klass. Mezzē (= al-Mazza, ca. 7 km südostlich von Damaskus, TAVO Karte B VI 10 Nordteil).

Vielleicht eine Stadt im Gebiet von → Guzāna, Zadok (1995a) 232, 3.4.5.5, die mit →^{1} Āl-Mezê identisch sein könnte (Zadok [1989] 162f.).

Mi[...] 1

^{uru}*mi-x*

5-22) GPA 82, Rs. 11 (^{uru}*m*[*i*-x]) [*ḫazannu*]

¶ Möglicherweise eine Stadt in Zentralassyrien, vermutlich in der Nähe von → Kalḫu, Zadok (1995a) 249, 4.7.4.1.12.

Miljāba

^{uru}*mì-il-ia-a-ba*

7-16) SAA 12, 50, 7 [*ina ḫalzi* Arbail; Asajāti]

¶ NAT, 248.

Stadt im Bezirk von → Arbail, Zadok [1995a] 246, 4.6.2.5.

Milqia

^{uru}*mì-il-qí-a*
4-15) SAA 13, 149, 2

^{uru}*mil-qí-a*
1-05) RIMA 3, 102.17, 60 (^{u}[$^{ru?}$*mi-i*]*l*$^{?}$-*qí*$^{?}$-⸢*a*$^{?}$⸣; Lesung nach SAA 3, 17, Rs. 28)
1-16) BIWA 302, 20 ii 22 [Beischrift]; Streck Asb, 248, 6 (= SAACT 10, 19, 6) [*ekal ṣēri mušab* Ištar]

^{uru}*mil-qi-a*
4-13) SAA 1, 125, 4 [Dūr-Šarrukīn]; id., 146, 6; id.,147, 4

¶ NAT, 248; syr. *mlqy*, (Zadok [1998] 70), zum spätsassanidischen Heiligtum Melqi in der Umgebung von Arbīl, wo der christliche Märtyrer Qardagh gedacht wurde, s. Walker (2006-2007) 491–583.

Stadt in der Nähe von → Arbail, wo sich das *akītu*-Haus der Stadt befand, Parpola (1983) 159f. zu Nr. 170, Walker (2006-2007) 485–491, Zadok [1995a] 246, 4.6.5.1. Assurbanipal rühmt sich, M. und das *akītu*-Haus restauriert zu haben (SAACT 10, 19) und auch Asarhaddon hat nach der Eroberung Ägyptens 671 das dortige *akītu*-Haus restauriert (RINAP 4, 112.54, Rs. 20–24 mit Parpola [1983] 192f zu Nr. 196). Hannoon (1986) 315f. identifiziert M. mit Tall Bastam, ca. 27 km nordöstlich von Arbīl, eine zu weit entfernte Lage für das *akītu*-Haus. Plausibler scheint der Vorschlag von S. Parpola (Helsinki Atlas, Gazzetter, 13), M. mit ʻAin Kawa (Ankawa), eine heute von Assyrern bewohnte Stadt nordwestlich von Arbīls Stadtgrenze, zu identifizieren. Helsinki Atlas, 4. 28.

Mini[...]

^{uru}*mi-ni*-[…]
1-11) Tigl RR, 32 [Siruka]

¶ Stadt in → Ulluba 2.

Mir[...]

^{uru}*mir*-x-[x x]
5-16) SAA 14, 477, 2 (^{uru}*mir*$^{!}$-) [Laḫi(…)]

Mu[...]

¶ Möglicherweise eine Stadt in Zentralassyrien bzw. in einem benachbarten Gebiet, in der Nähe von → Laḫi[...], Zadok (1995a) 266, 5.1.1.7.16.

Mu[...]

^{uru}*mu-*[...]
5-22) GPA 82, Rs. 13 (^{uru}*m*[*u*-x x] x) [*ḫazannu*]

¶ Möglicherweise eine Stadt in Zentralassyrien, vermutlich in der Nähe von → Kalḫu, Zadok (1995a) 249, 4.7.4.1.13.

***Mubî**

N:
^{lú}*mu-bi-a-a*
5-16) StAT 1, 44, 3

^{uru}*mu-bi-a-a*
5-23) StAT 1, 48, 7'

¶ Vgl. nA PN Mubî, 2/II, 758f.

Vermutlich eine Stadt in Zentralassyrien bzw. in einem benachbarten Gebiet (A).

Muḫḫi-naḫli

^{uru}UGU-*na-aḫ-li*
3-13) ND 3469, 8 (Iraq 15, pl. 13) [Kapar-diqārāte, Ālu-eššu]

¶ NAT, 248.

Wahrscheinlich eine Stadt in Zentralassyrien bzw. in einem benachbarten Gebiet (K), Zadok (1995a) 260, 4.31.5. Aufgrund der Erwähnung von → Kurbail und → Šibaniba behauptet Hannoon (1986) 229, M. liege in der Region östlich bzw. nordöstlich von → Ninive.

Mukīn-palê-kussīšu

uru*mu-kin*-BALA-AŠ.TE-*i-šú*
1-15) RINAP 4, 112.9, ii, 2' ([uru*mu*]-)

¶ Stadt in Ägypten (→ Muṣur).

Mulu[…]

uru*mu-lu*-x(-)[x]
5-15) SAA 6, 275, 4 (uru*mu*!-*lu*!-)

¶ Möglicherweise eine Stadt in Zentralassyrien bzw. in einem angrenzenden Gebiet, Zadok (1995a) 271, 6.6.1. Einige der in der Urkunde aus → Ninive gekauften Grundstücke grenzen an Straßen, die nach → Issēte und → Adari führen, was ein Hinweis auf eine Lage im Norden Assyriens sein könnte.

***Mumu**

N:
uru*mu-ma-a-a*
4-13) SAA 5, 78, Rs. 11 [Quda, Ušḫu]

¶ NAT, 249 (Muma).

Wahrscheinlich eine Stadt am Fuß des Gebirges → Nipur (Cudi Dağı), Zadok (2000a) 11.

Muqania

kur*mu-qa-ni-a*
1-11) Tigl Ann 5, 7 [Ura 2]

¶ NAT, 249.

Land am Oberen Tigris, vielleicht in der Nähe von → Muṣurni.

Musku 2

^{kur}*mu-us-ki*

1-07) RIMA 3, 104.2010, 10 [Urarṭu]

^{kur}*mu-uš-ki*

1-03) RIMA 2, 100.5, 121

^{kur}*muš-ki*

1-04) RIMA 2, 101.1, i, 74 [Katmuḫu]

¶ NAT, 252; RGTC 5, 199 (mA Muški); nicht mit klass. Moschoi in der Kolchis (Herodot III, 94 u.VII 78) zu verwechseln (TAVO Karte B V 8; Barrington Atlas 88, A3); luw. Muska (Savaş [1998] 206 u. Hawkins [2000] 126 zu Karkamiš A6, §6), s. Diskussion der Quellen in Wittke (2004) 63–76. nA PN Muskāju, PNA 2/II, 771.

Land am Oberen Euphrat südlich des Murat-Su (→ Arṣania 1) in der Region um Elâziğ, ca. 80 km nordöstlich von Malatya. Die Einwohner des Landes M. aus den assyrischen Quellen vom 12.–8. v. u. Z. (vor Sargon II.) sind nicht mit den Phrygiern aus Zentralanatolien zu identifizieren, Wittke (2004) bes. 175–184 u. Zusammenfassung auf S. 291f., ferner RlA 8, 493–495 (W. Röllig). In der zweiten Hälfte des 8. Jhs. verlassen die Mušker ihren ürsprünglichen Siedlungsraum und wanderten nach Zentralanatolien ab, s. →[1] Musku 1 (nach Wittke [2004] 177 „Neu-Mušku“). Liverani (1992a) 30f. S. → Alzi, → Enzite, → Išua. TAVO Karte B IV 8 u. 13 (Musku = Phygien!); Wittke (2004) Karten auf S. 391 u. 392.

***Muṣri 1**

N:

^{kur}*mu-uṣ-ra-a-ia*

1-01) RIMA 2, 98.1, 42

¶ NAT, 251 (gebucht s. v. Muṣru); RGTC 5, 198 (mA Muṣri 1).

Land in einer Bergregion (nach mA Quellen) angrenzend an das assyrische Kernland, in der Nähe von → Qumanî am Oberen Tigris, RlA 8, 497, s. v. Muṣri I.1 (K. Kessler). Nicht mit → Muṣur (Ägypten), → Muṣri 2 (Gebirge in Zentralassyrien) oder mit einem vermeintlichen Land Muṣri in Nordsyrien (s. RGTC 7/1, 305–307) zu verwechseln. Ein zweiter, für M. gehaltenen Beleg ist mit Tadmor (1994) 76 (Komm. zu Ann 5, 1) → Muṣurni[…] zu lesen und könnte identisch mit M. sein.

Muṣri 2

mu-uṣ-ri

1-14) RINAP 3/1, 111.17, viii, 31 [*šadû*; Elmunaqinnê]

kur*mu-uṣ-ri*

1-13) Iraq 7, 86f., 8' (erg.); SgF XIV, 28 (kur⌜*mu*⌝-) [*ina šēpī* M. *elēnu* Ninua; Dūr-Šarru-ukīn]; SgF Ann, 425 [id.]; SgF Ant, 9 [*ina šēpī* M. *šadî*; Dūr-Šarru-ukīn]; SgF Bro, 26 [id.]; SgF Si, 10 [id.]; SgF Go, 11 [id.]; SgF Platten, 15 [id.]; SgF Prunk, 154 [id.]; SgF S2, 19 [id.]; SgF S3, 27 [id.]; SgF S4, 94 [id.]; SgF S5, 31 [id.]; SgF Stier, 40 [id.]; SgF Zyl, 44 [*ina šēpī* M.; Maganuba, Dūr-Šarru-ukīn]; Sg Melid, 11 (erg.)

¶ NAT, 249f. (Musru).

Gebirge oberhalb von → Ninua, das mit dem Ǧabal Bāšiqā identifiziert wird und wahrscheinlich auch dem Ǧabal Maqlūb entsprach, Hannoon (1986) 226, Jacobsen/Lloyd 1934, 35 mit Karte auf S. 32, Reade (1978b) 178 (Ǧabal Bāšiqā und Ǧabal Maqlūb), RlA 8, 497 s. v. Muṣri I.2 (K. Kessler). Am Fuß des Gebirges M. lag die Stadt → Maganuba und dort wurde → Dūr-Šarrukīn von Sargon gegründet, weswegen die Identifizierung mit dem Ǧabal Maqlūb allein (Forrer [1920] 35) nicht antretten kann. Sanherib suchte im Gebirge M. neue Ressourcen für Ninives Wasserversorgung, Bagg (2000) 189–192. Nicht mit → Muṣri 1 (Osttigrisgebiet), → Muṣur (Ägypten) oder mit einem vermeintlichen Land Muṣri in Nordsyrien (s. RGTC 7/1, 305–307) zu verwechseln. Helsinki Atlas, 4 (Ǧabal Maqlūb).

Muṣri (Ägypten) s. Muṣur

Muṣur

kur*me-eṣ-ri*

1-05) RIMA 3, 102.28, 36 [Ḫatti, Ṣurru] (s. Komm. in RGTC 7/1, 305–307 u. Yamada (2000a) 157 Anm. 281.

kur*mi-ṣi-ir*

8-15/16) SAA 8, 505, Rs. 9

kur*mi-ṣir*

8-15) SAA 4, 84, 3; id. Rs. 12 ([kur*mi*]-)

8-16) SAA 8, 418, 4 [Kūsu]

^{kur}*mu-ṣir*

1-15) RINAP 4, 112.54, 25'

^{kur}*mu-ṣu-ri*

1-13) IM 72131, 6 [Musku]; Sg Clh E, iv, 14'; id. 15' (erg.); SgF XIV, 16 [Rapiḫu]; id. 22 [Musku]; SgF Ann, 123 [*šarru*]; SgF Prunk, 17 [Musku]. 25 [*turtānu*; Ḫazzat]. 27 [*šarru*]. 102 [Meluḫḫa]. 183; SgF S1, 8 [Musku]; id. S2, 5 [id.]; id. S3, 7 [id.]; id. S4, 64 [id.]; Sg Tang, 29 ([^{kur}*mu-ṣu*]-*r*[*i*]) [id.]
1-14) **RINAP 3/1**, 111.4, 43 [*šarru*; Meluḫḫa]; id., 111.15, iii, 14' [id.]; id. 16, iii, 46 (-⸢*ri*⸣) [id.]; id., 111.17, iii, 11 [id.]; id., 111.21, i', 2' ($^{⸢kur⸣}$[*mu-ṣu-ri*]) [*šarru*]; id., 111.22, ii, 78 [id.]; id., 111.23, ii, 74 [id.]; id.; **RINAP 3/2**, 111.46, 23 [*šarru*; Meluḫḫa]; id., 111.140, Rs. 7 (erg.); id., 111.165, iii, 28 (erg.)
3-15/16) Fs Garelli 3, 2

^{kur}*mu-ṣur*

1-13) Sg Clh D, iv, 42 [Arubu]; id. 46; id. 47 [Māt Aššur]; SgF Ann, 17 (erg.); id. 18. (erg.)
1-15) RINAP 4, 112.20, 4 [*šarru*; Paturisu]; id., 112.34, 8' [Kūsu]. 15'. Rs. 11; id., 112.54, 28' [Kūsu]; id. 112.60, 8' [*šarru*; Paturisu]; id. 112.68, 4 [id.]; id. 112.69, 5 (^{kur}⸢*mu*⸣-[*ṣur*]); id. 112.83, 3 (-*ṣur*$^{!}$) [*šarru*; Paturisu]; id. 112.84, 5; Id. 112.85, 6 [Meluḫḫa]; id. 112.86, 2 [id.]; id. 112.95, 4 [id.]; 112.98, 16 [*šarru*; Paturisu]; id. Rs. 38 [*šarru*; Kūsu]; id. Rs. 46 [Kūsu]; id. Rs. 47; id. 112.103, 6 (erg.); id. 112.141, 2 [Kūsu]; id. 112.1007, 2 ($^{[ku]r}$*mu*-[*ṣur*])
1-16) A 7919, i', 7' (4°-Heft, 1; Asb E Fragm.) ([^{kur}*mu-ṣur*]) [Kūsu]. ii', 15' [id.]; AfO 13, 205, (Assur 900+), Vs. 24, ($^{[kur]}$*mu-*); **Asb A**, i, 53 [*šarru*; Kūsu]. 58 [*qēpu*]. 59. 67 [Kūsu]. 76 [*qēpu*]. 78 [*šarru*; Kūsu]. 110 [*qēpu*]. 114 [Kūsu]. 122. ii, 28 [id.]. 30 [Mempi]. 32 [*qēpu*]. 45 [Kūsu]. 114 [*šarru*; Kūsu]; **Asb B**, i, 52 [*šarru*; Kūsu]. 57 [*qēpu*]. 59. 69 [*qēpu*]. 71 [*šarru*; Kūsu]. 87. 92 [Kūsu]. ii, 3. 18 [Kūsu]. 21 [Mempi]. 23. 37. iii, 15; **Asb C**, ii, 18 (^{kur}[*mu-ṣur*]) [*šarru*]. 24 [*qēpu*]. 25 (-[*ṣur*]. 36 [Kūsu]. 38. 41 (erg.) [Mempi]. 45. 64 (erg.). 69 ($^{[kur]}$*mu-*) [*qēpu*]. 71 (-⸢*ṣur*⸣) [*šarru*]. 92 (erg.) [*qēpu*]. 97 (erg.). ii, 111; **Asb E**, Stück 7, 12 ([^{kur}*m*]*u-*) [Kūsu]. Stück 8, 3 (erg.). Stück 10, 11. 19. Stück 12, 41; **Asb F**, i, 37 [*šarru*; Kūsu]. 38 [Mempi]. 42; **Asb G**, ii, 5'; id. 19' ($^{ku]r}$*mu-*); **Asb H1**, ii, 7' [Ni', Kūsu]; Asb IT, 80 [*šarru*; Kūsu]; Asb LET, 6'. 10'. 17'. 31' [*šarru*]. 32'. 37' [*šarru*]. 41'. Rs. 18; BIWA 26, Vs. 4' (K 2656+) (-*ṣ*[*ur*]); BIWA 27, 1'. 10' (82-5-22,10); BIWA 199f., 17' (-*ṣu*[*r*]) [Nī']; Iraq 55, 122, (82-7-14, 996B+), i, 2' (^{kur}[*mu-ṣur*]); IWA 69 (K 4496), 4' ([^{kur}*mu-ṣ*]*ur-*); K 3159, 3, (8° Heft, 157) (-*ṣ*[*ur*]); K 6049, 5', (LoBl, 31) (^{kur}[*mu-ṣur*])

3-15) ADD 709, u. Rd. 6 ([^{kur}*mu*]-) [Kušu]
4-15) SAA 10, 353, 13; SAA 13, 119, 1; SAA 13, 120, 5' ($^{\text{[ku]r}}$*mu*-])
4-16) SAA 10, 174, 10. 15
8-16) ABRT 1, 26f., Rs. 5

^{kur}*mu-uṣ-ri*
1-05) RIMA 3, 102.89, 1 (s. Komm. in RGTC 7/1, 305–307)
1-11) Tigl Summ 4, 9' ($^{\text{[kur]}}$*mu*-) [Ḫazzat]. 13' (erg.). 34' [*atûtu*]; id. 7, 4. Rs. 6' [*atûtu*]; id. 8, 7' (^{kur}⸢*mu*⸣-[*uṣ-ri*]). 14' (erg.) [Ḫazzat]. 17'. 22' (⸢^{kur}*mu-uṣ*⸣-[*ri*]); id. 9, Rs. 8 ($^{\text{[kur]}}$⸢*mu*⸣-*uṣ*-[*ri*]). 13 (erg.) [Ḫazzat]. 15; id. 11, 4; id. 12, 4; id. 13, 16' ([^{kur}*mu-uṣ*]-⸢*ri*⸣) [*atûtu*]
1-13) Iraq 16, 198ff., 17 [Rapiḫu]; Iraq 56, 37f., 20 [id.]; SAAS 8, IIIe, 8' [*šarru*]; id. 10'; Schøyen 72, 4' ([^{kur}*mu-uṣ-ri*]) [Rapiḫu]; Sg Clh E, iv, 10' [Arubu]; SgF XIV, 12 (-[*uṣ-ri*]) [Meluḫḫa]. 66 (-⸢*uṣ*⸣-); SgF Ann, 425 ([^{kur}*mu*]-*u*[ṣ-*ri*]). 450 ([^{kur}*mu-ṣ*]*u*-); SgF Bro, 26 (-⸢*ri*⸣); id. S4, 39 [Rapiḫu]; id. S5, 15 [Musku]; SgF Stier, 23 [Rapiḫu]; SgF Zyl, 19 [id.]; Sg Wi, 174ff., 226 [Musku]; ZA 97, 255, 1' ($^{\text{[kur]}}$⸢*mu*⸣-[*u*]*ṣ*-) [Ḫazzat]
1-15) RINAP 4, 112.16, 4 [Meluḫḫa]; id., 112.43, 3' ([^{kur}*mu*]-) [Paturisu]; id., 112, i, 3 (^{kur}[*mu-uṣ-ri*]) [*šarru*, Paturisu]
1-16) A 7919, ii', 12' (4°-Heft, 1; Asb E Fragm.) (-[*uṣ-ri*]); Asb E, Stück 10, 16 (-[*uṣ*]-) [*šarru*]; BIWA 26, Vs. 6'' (K 2656+) [Kūsu]
8-15) SAA 4, 88, 6 (erg.); id. 8 (erg.); id. 12 (-*u*[*ṣ-ri*]); id. 18; id.; Rs. 5 (erg.); id. Rs. 7; id. (erg.); SAA 4, 90, 3. Rs. 6
9-16) SAA 11, 1, Rs. i, 5' (-*r*[*i* 0]) [Dimašqa]

N:
mu-ṣur-a-a
3-16) SAA 7, 1, Rs. ii, 7 ([*m*]*u*-)
5-16) StAT 2, 271, 2 (erg.) [*tamkāru*]

mu-uṣ-ra-a-a
8-15) SAA 4, 139, 12 [Gimir, Kūsu]

^{kur}*mi-ṣir-a-a*
8-15) SAA 4, 82, 2' (-[*a*]). Rs. 7'

^{kur}*mu-ṣu-ra-a-a*
1-14) **RINAP 3/1**, 111.4, 45 [Meluḫḫa]; id., 111.15, iii, 23' (erg.); id., 111.16, iii, 56 (-⸢*a-a*⸣); id., 111.17, iii, 18 [Meluḫḫa]; id., 111.22, iii, 4 [id.]; id., 111.23, iii, 4

(erg.); **RINAP 3/2**, 111.32, ii, 2’ (erg.); id., 111.46, 25 [Meluḫḫa]; id., 111.140, Rs. 9 (erg.); id., 111.142, Vs. 12’ (erg.). 16’ (-*ṣ*[*u-ra-a-a*)])
3-10) CTN 1, 9, Rs. 19’ [*tupšarru*; Māt-Aššur, Aramu]

^{kur}*mu-ṣur-a-a*
3-16) StAT 2, 273, 2 ($^{[lú]}$*mu-*). 5 ($^{lú*!}$*mu-*)
4-11) SAA 19, 22, u. Rd. 26 [Pilistu]
4-13) SAA 1, 110, Rs. 5 (^{lú*}*mu-*) [*ṣīru*; Ḫazzat]; SAA 19, 160, Rs. 9 ($^{kur!}$*mu-*)
4-15) SAA 13, 13, 14; id. 115, u. Rd. (^{kur}*m*[*u*$^{?}$*-ṣur-a-a*]); id. 119, (-[*a*]); SAA 16, 55, 5 (^{lú*}*mu-*)
4-20) KAV 213, u. Rd. 18 ($^{kur?}$⸢*mu*$^{?}$*-ṣur-a*$^{?}$⸣-[*a*])
5-16) Hadid 2, Rs. 15 (^{lú*}*mu-*); StAT 2, 77, Rs. 1 (^{lú*}*mu-*)
5-19) SAAB 9, 77, Rs. 13 (^{lú*}*mu-ṣur-a-*⸢*a*⸣)

^{kur}*mu-uṣ-ra-a-a*
1-05) RIMA 3, 102.2, ii, 92 (s. Komm. in RGTC 7/1, 232 s. v. Ṣimirra u. 305–307)
1-14) RINAP 3/1, 111.17, iii, 18 (Var.) [Meluḫḫa]
8-13) SAA 4, 145, 7’
8-15) SAA 4, 88, 11. Rs. 8 (-[*uṣ-ra-a-a*]); id., 142, 11 [Kūsu, Šabuqu]

^{kur}*muṣ-ra-a-a*
5-16) StAT 3, 105, 2

^{lú}*mu-ṣir-ra-a*
5-13) StAT 2, 53, Rs. 9 (^{lú}*mu*$^{!?}$-)

^{lú}*mu-ṣu-ra-a-a*
5-14) SAA 6, 142, u. Rd. 12 [*tupšarru*]

^{lú}*mu-ṣur-a-a*
3-15/16) SAA 7, 5, Rs. i, 20 ([^{lú}*m*]*u*$^{!}$-)
4-15) SAA 13, 144, Rs. 10 ($^{lú*!}$*mu-*); SAA 16, 55, 6 (^{lú*}*mu-*)
5-16) CTN 3, 34, 2 [Ninua]; SAA 6, 311, 2
5-18) StAT 2, 207, Rs. 16 ($^{[l]ú}$*mu-*)

^{lú}*mu-ṣur-ra-a*
5-16) StAT 2, 173, 1 [*tamkāru*]; id. 7 [id.]; id., 174, Rs. 2

^{lú}*mu-uṣ-ra-a-a*
8-15) SAA 4, 88, 7 (-[*a-a*])

8-19) SAA 4, 144, 11 [Ṣidūnu, Kūsu]

¶ NAT, 250 (Muṣru); RGTC 5, 199 (mA/mB Muṣrû/Miṣrāju), RGTC 6/1, 273–275, RGTC 6/2, 106 (heth. Mizri), RGTC 8, 229f. (nB/spB Miṣir), RGTC 11, 190–192 (elam. Muzir/Miṣir/Mudrāya); RGTC 12/2, 191–193 (Am./ug. Miṣrû); aram. *mṣryn* (u. a. Driver [1954] 58 s. v.); bibl. *miṣrayim* (HAL, 591); klass. Aigyptos (TAVO Karte B IV 23), Aegyptus (TAVO Karte B V 8); luw. Mira/Mizra (CHLI, 124, Karkamiš A6, §4, Savaş [1998] 205); phön. *mṣrj, mṣrm, mṣrt* (UF 38, 190f.); nA PN Muṣurāju, Muṣurī (PNA 2/II, 772).

(Unter)Ägypten, die Region des Nildeltas. RlA 8, 264–269 (W. Röllig). Zur assyrischen Eroberung Ägyptens: Kahn (2006), Onasch (1994a), Radner (2007), id. (2008), Spalinger (1974a), id. (1974b). TAVO Karte B IV 8, id. B IV 13; Helsinki Atlas, 13. Nicht mit → Muṣri 1 (Osttigrisgebiet), → Muṣri 2 (Gebirge in Assyrien) oder mit einem vermeintlichen Land Muṣri in Nordsyrien (s. RGTC 7/1, 305–307) zu verwechseln. S. auch → Makan.

In Unterägypten (→ Muṣur, auch → Makan) befanden sich folgende Städte: → Aḫni, → Aššur-māssu-urappiš, → Aššur-nāsiḫ-gallî, → Bīt-Marduk, → Ḫatḫariba (= → Limmer-iššak-Aššur), → Ḫimuni, → Ḫininši, → Išḫupri, → Kār-Banīte, → Magdali, →Mempi, → Maḫri-gārê-šarri, → Mukīn-palê-kussīšu, → Natḫu 1, → Natḫu 2, → Paḫnuti, → Piḫattiḫurunpiki, → Pinṭiṭi, → Pisapdi'a, → Pišaptu, → Punubu, → Puširu, → Sai (= Kār-bēl-mātāti 1), → Ṣabnūti, → Ṣa'nu, → Ṣi'nu, → Ša-Aššur-tāru, → Ša-emūq-Aššur, → Unu und → [...]ni-Aššur. In Zentralägypten (→ Paturisu) befanden sich → Šijāutu und → Tajani; in Oberägypten (→ Uriṣṣu) → Nī' und wahrscheinlich → Kipkipi. Das Gebiet von Nubien wurde → Kūsu bzw. → Meluḫḫa gennant.

Muṣurni[...]

^{kur}*mu-ṣur-ni-*[...]
1-11) Tigl Ann, 6, 1 [Ura *ša ina qabal* M.]

¶ NAT, 251 (s. v. Muṣru).

Bergland in den westlichen Ausläufern des Zagros-Gebirge, wo die Stadt → Ura 2 lag, die sich wahrscheinlich in der Nähe von → Ukku und → Kumme befand. M. könnte identisch mit → Muṣri 1 und nach Diakonoff (1951) 312 Anm. 16 (zit. in Tadmor [1994] 77) mit →[3] Ušurnu sein.

Mušakšid-nakirī

^uru^*mu-šak-šid-na-ki-ri*
1-15) RINAP 4, 112.33, iv, 18' [Āmiršu-liglud, Kāšissu-lilbur]

¶ NAT, 252.

Stadt in → Šubria, die in einer Liste von 21 Städten erwähnt wird, die von Asarhaddon erobert und umbenannt (einige davon vielleicht neu gegründet?) wurden, Pongratz-Leisten (1997) 335–337.

Mušēzib-Šamaš

^uru^*mu-še-zib*-UTU
3-13) ND 3469, 4 (Iraq 15, pl. 13) [Šibaniba, Ilqi-amāt]

¶ NAT, 252 (Mušēzib-[...]); nA PN Mušēzib-Šamaš, PNA 2/II, 781.

Wahrscheinlich eine Stadt in Zentralassyrien bzw. in einem benachbarten Gebiet (K), Zadok (1995a) 260, 4.31.2.

Mutianni

^uru^*mu-ti-an-ni*
4-13) SAA 1, 245, 6' [Barḫalzu]

¶ NAT, 253.

Wahrscheinlich eine Stadt in → Barḫalzu, Zadok (1995a) 237, 3.7.1.3.

N

Na[…] 1

^{uru}*na-x-x*

1-11) Tigl RR, 31 (-⸢*lu*⸣-) [Pa(…)]

¶ Stadt in → Ulluba 2.

Na[…] 2

^{uru}*na*-⸢x⸣-[x]

5-16) SAA 14, 132, 4 [Sama(…)]

¶ Möglicherweise eine Stadt in Zentralassyrien bzw. in einem benachbarten Gebiet (N), in der Nähe von → Sama[…].

Na[…] 3

^{uru}*na*-[x x]

4-13) SAA 15, 7, 7

¶ Vermutlich eine Stadt in → Arrapha.

Na[…]kar (?)

^{uru}*na*-x-kar

9-20) SAA 11, 10, 12’ (^{uru}*na*$^{?}$-⸢x⸣-KA[R$^{?}$]) [Šima(…), Ḫāurīna]

¶ Möglicherweise eine Stadt in Zentralassyrien bzw. in einem benachbarten Gebiet.

Nabajāti

^{kur}*na-ba-a-a-te*

1-16) Asb A, vii, 124. viii, 56 [Var.]; Asb C, x, 40 (Var.); Asb G, ix, 7’ (-[*te*]). 14’

^{kur}*na-ba-a-a-ti*

1-16) Asb A, viii, 56 [*šarru*]. 70 [*šarru*]; Asb B, viii, 31. 51 [*šarru*]; Asb C, x, 40 (^{kur}[*na*]-⸢*ba*⸣-). 63 [*šarru*]. 72; Asb IT, 123 ([^{kur}*na-ba*]-⸢*a*⸣-). 124 ([$^{kur?}$*n*]*a*$^{?}$-*ba-a-a*-[*ti*$^{?}$]); BIWA 77ff., ii, 24. 50 ([^{kur}*n*]*a*-). 58

^{lú}*na-ba-a-a-ti*

4-23) SAA 10, 33, Rs. (^{lú}*na*$^{!!}$-*ba*$^{!!}$-)

^{uru}*na-ba-a-a-ti*

1-16) Asb A, vii, 124 (Var.)

N:

^{kur}*na-ba-a-a-ta-a-a*

1-16) Asb A, viii, 48. 113

^{kur}*na-ba-a-a-ti-a-a*

1-16) Asb A, viii, 95

^{lú}*na-ba-a-a-ta-a-a*

1-16) Asb A, viii, 95 (Var.); id. viii, 113 (Var.); BIWA 77ff., iii, 53

¶ NAT, 254 (Nabâtu); RGTC 8, 237 (nB/spB Neba'āti); altnordarabisch *nbyt* (Winnet/Reed [1970] 99–101, Texte 11, 2; 13, 2; 15, 2); bibl. *n*^{e}*bāyôt* (HAL, 626); vgl. aram. *nbyh* (Segal [1983] Nr. 29, ii, 7. 8 mit Anm. 11 u. 13 auf S. 49).

Arabischer Stamm und gleichnamiges Gebiet im nordwestlichen Teil der arabischen Halbinsel südlich vom Wādī Sirḥān, Eph'al (1984) 221–223, Knauf (1985) 93–96. Nicht mit den Nabatäern (Ep'hal loc. cit., RlA 9, 2 s. v. Nabatäer [E. A. Knauf]) oder mit dem aramäischen Stamm →^{3} Nabātu zu verwechseln.

Nabiḫu

^{uru}*na-bi-ḫu*

5-16) O 3711, 6. 8 (unpubl. zit. in Garelli [1986] 242)

¶ Stadt im Balīḫ-Becken, Zadok (1995a) 234, 3.5.3.12; s. → Mallanāte.

Nabulu

^{uru}*na-bu-lu*

1-06) RIMA 3, 103.1, i, 47 [Tīdu, Kaḫat]

^{uru}*na-bul*

5-19) SAAB 2, 1, 10 ($^{[ur]u}$*na-*). Rs. 25 (^{uru}[*na*$^{?}$-*bul*$^{?}$])

¶ NAT, 258 (Napulu); RGTC 5, 201 (mA Nabula); nach Kessler (1978-89) möglicherweise identisch mit aB Nawalā (RGTC 3, 176). Die Gleichstellung mit Nawar (RGTC 1, 127 [sarg.], RGTC 2, 138f. [Ur III], RGTC 3, 176 [aB], RGTC 4, 87 [aA]) sowie mit → Nabur (Donbaz [1988] 5) ist unsicher, s. dazu RlA 9, 31 s. v. Nabulu, id. 189f. s. v. Nawar (K. Kessler).

Stadt im Ḫābūr-Dreieck, heute Girnavaz, Kessler op. cit., RlA 9, 31 (W. Röllig), Zadok (1995a) 236, 3.6.4. TAVO Karte B IV 10 u. 13, Helsinki Atlas, 3. 27.

Nabur

^{uru}*na-bu-ur*

5-14) SAA 6, 90, 9 (*-ur*$^{!}$)

¶ Vielleicht eine Stadt in → Barḫalzu (zwei Diener des Gouverneurs von Barḫalzu verkaufen einen Garten und 17 Leute in N.). Die vorgeschlagene Lage in der Nähe von → Naṣībīna (SAA 6, 341) basiert auf einer angenommene Namensgleichheit mit → Nabulu (die alte Lesung von N. war außerdem ^{uru}*na-bu-*⌜*lu*⌝, NALK, 14, 9), die von Donbaz (1988) 5 vorgeschlagen wurde, jedoch nicht sicher ist, RlA 9, 31 s. v. Nabula (W. Röllig). Für die erwogene Gleichstellung mit Nawar im Ḫābūr-Dreieck s. RlA 9, 189f. s. v. Nawar (K. Kessler) u. id. 75–77 s. v. Nagar (J. Eidem). Wenn Nagar identisch mit Tall Brāk ist, wo keine Besiedlung nach dem 13. Jh. festgestellt wurde, entfällt die Gleichstellung mit N.

Nagba (?)

^{uru}*nag-ba*

3-20) ND 2791, Rs. 1 (Iraq 23, pl. 28) ($^{u[r]u}$⌜*nag*$^{?}$⌝-)

¶ Lesung des ersten Zeichens unsicher, da NAG nag, nak oder naq gelesen werden kann.

Nagiāte

Vermutlich eine Stadt in Zentralassyrien bzw. in einem benachbarten Gebiet (K).

Nagiāte 1

^{uru}*na-gi-a-te*
1-03) RIMA 2, 100.5, 84 (2x) [It. von Ḫindānu nach Aqarbani]

¶ NAT, 255 (s. v. Nagiate).

Stadt am mittleren Euphrat zwischen dem Land → Ḫindānu und der Stadt → Aqarbani in → Lāqê. Lipiński (2000) 94 schlägt auf der Basis einer angenommenen etymologischen Verbindung mit spätaram. *nag^{e}wātā* „Inseln" (Jastrow, 873) vor, N. mit den Inseln von Bāġūz aš-Šimālī gegenüber Abū Kamāl zu identifizieren. Ob N. zu → Lāqê gehörte (Zadok [1995a] 230, 2.3.1.1.1), bleit offen. Helsinki Atlas, 9. 31 (vermutete Lage). Nicht mit →^{3} Nagiāte 2/Nagītu am Arabischen Golf zu verwechseln.

Naḫal-[...] 1

^{uru}*na-ḫal*-x-[...]
3-21) Billa 84, 4' (-⸢x⸣-) [Dargu, Bi(...)]

¶ Stadt, die in den Texten aus Tall Billā (→ Šibaniba) erwähnt wird und vermutlich in ihrer Umgebung lag. Finkelstein (1953) 140 liest ^{uru}*na-ḫal-ṣar-*[*bi-te*] und zählt den Beleg zu → Naḫal-ṣarbite. Das letzte erhaltene Zeichen ist aber nach der Kopie (id. 174) weder vollständig, noch deuten die Spuren auf ZAR (ṣar) hin.

Naḫal-[...] 2

^{uru}*na-ḫal*-DU-[x]
3-20) SAA 11, 163, Rs. i, 3'

¶ Möglicherweise eine Stadt in Zentralassyrien bzw. in einem benachbarten Gebiet.

Naḫal-ṣarbite

^{uru}*na-ḫal-ṣar-bi-te*
3-05) Billa 72, 4 [Badāni 3]. 6

¶ Stadt, die in den Texten aus Tall Billā (→ Šibaniba) erwähnt wird und vermutlich in ihrer Umgebung lag, Zadok (1995a) 256, 4.17.1.18; s. → Naḫal-x-[...].

Naḫu s. Naḫur

Naḫur (?)

^{uru}*na-ḫu-ur*

1-02) RIMA 2, 99.2, 30 (-<*ur*$^{?}$>) [Na'iri, Ḫabḫu, Ašnaku]

¶ NAT, 256; vgl. RGTC 3, 173 (aB Naḫur), RGTC 4, 86 (aA Naḫur), RGTC 5, 201 (mA Naḫur).

Stadt in → Ḫabḫu 5, in → Na'iri. Die Emendation zu Naḫur ist mit Skepsis zu betrachten, s. Komm. → Ašnaku (?); s. auch → Til-naḫīri.

Na'iri

na-'i-ri

1-06) RIMA 3, 103.1, ii, 4

KUR.KUR-*na-i-ri*

1-02) RIMA 2, 99.2, 30 [Ḫabḫu]; id., 99.4, 23' ([KUR.KUR]-; in Ex. 3 nach WVDOG 121, 44, 23' KUR.KU[R$^{!}$-*na-i-ri*] zu lesen); WVDOG 121, 104, 3' ([K]UR.KUR-)

1-03) Ahmad, Qadhiah, Nr. 1, 51, 2; RIMA 2, 100.5, 1 [Sueia]. 2 [Ki(...)]. 11. 27 [Bīt-Zamāni]; id., 100.6, 3 [Ḫatti, Sūḫu]

1-04) Bronze bands, 70, piece 4, 4 [Ḫabḫu, Subarû, Nirbu]; RIMA 2, 101.1, ii, 6 [Tušḫan]. 13 [*šarrāni ša* N.]. 15 (2x) [Nirbu]. 97 [Kāšiāru]. 117 [250 *ālāni*]. 131. iii, 120 [Ḫabḫu, Šubaru]; id., 101.2, 10 [Ḫabḫu, Šubarû]: id., 101.3, 33 [id.]; id., 101.17, ii, 18 [Tušḫan]. 43 [*šarrāni ša* N.]. 47. 49 (KUR.KU[R]-) [Nirbu]. iv, 105 (⸢KUR⸣.KUR-⸢*na*⸣-) [250 *ālāni*]; id., 101.22, 3' ([KUR.KUR-*n*]*a*-). 6'; id., 101.23, 7 [Ḫabḫu, Šubarû]. id., 101.24, 2' ([KUR.KUR-*n*]*a*-) [id.]; id., 101.26, 19 [id.]; id., 101.31, 11; id., 101.32, 7; id., 101.34, 21; id., 101.35, 7; id., 101.38, 17; id., 101.40, 22 ;id., 101.41, 10 (-[*na-i-ri*]); id., 101.42, 5; id., 101.43, 18' ([KUR.KUR-*na-i*]-); id., 101.50, 20; id., 101.51, 15 [Ḫabḫu, Šubarû]; id., 101.53, 1; id., 101.56, 9 [Nirbu]; id., 101.66, 7 (-*r*[*i*]); id., 101.68, 2' ([KUR.KUR-*na*]-⸢*i*⸣); Schøyen 70, 5' (erg.); WVDOG 121, 59f., Rs. 5' ([KUR.KUR$^{?}$-*na-i*]-). Rs. 4' (K[UR.KUR-*na-i-ri*])

^{kur}*na-e-ri*

1-03) Ahmad, Qadhiah, Nr. 2, 52, 4

^{kur}*na-i-ri*

1-03) Ahmad, Qadhiah, Nr. 1, 51, 4; id. Nr. 2, 52, 2; RIMA 2, 100.5, 129 (-[*i*]-*r*[*i*]) [Gilzānu]

1-04) RIMA 2, 101.17, iv, 39 [Šingiša]; id. 101.19, 27. 63 [Kāšiāru, Šingiša]. 84 [250 *ālāni*]. 93. 94 [Arumu]. 96 [Tušḫan]. 99. 100. 102 [Damdamussu]; WVDOG 136, 24, Ass. 385, 1' ([^{kur}*na*]-⌜*i-ri*⌝)

1-05) RIMA 3, 102.2, i, 21 [*šarru*]; id., 102.6, ii, 40. iii, 34 [*rēš ēni ša* Diglat]; id., 102.8, 22'. 48' [*rēš ēni ša* Diglat]; id. 102.10, iii, 26 [id.]; id. 102.18, 21' [*šaknu*]; id. 102.21, 17 [*rēš ēni ša* Diglat]; id., 102.22, 12 (-[*ri*]) [id.]

1-06) RIMA 3, 103.1, ii, 33 [*šarrāni ša* N.]

1-13) Iraq 56, 35ff., 4 ($^{\mathrm{[k]ur}}$*na-*) [*šaknu*?]; SgF Ann, 104 (^{kur}[*n*]*a*-[*i-r*]*i*) [*šarru*; Ḫubuškia]; Sg 8, 259 ($^{\mathrm{k[u]r}}$*na*$^{?}$-'*i*$^{?}$-*ri*$^{?}$) [Mannāja]. 298 [Urarṭu]. 306 [*šarru*]. 307 [id.]. 323 [Ḫabḫu]. 414 [Urarṭu]. 419 [Mannāja, Muṣaṣir]

^{kur}*na-'i-i-ri*

1-11) Tigl Ann 5, 4 [*pīḫatu*]; id. Ann 13, 1 [*šaknu*; Supurgillu]; id., Ann 19, 20 [id.]; id. Summ 1, 36 [*pīḫatu*]; id. Summ 9, 19' (erg.) [*pīḫatu*; Qilissa, Ezzēda, Diuiapli]

1-13) SAAS 8, IIIe, 17' [Urarṭu, Andia]; SgF Ann, 148 ($^{\mathrm{[ku]r}}$*na-*'[*i*$^{!}$]-) [*šarru*; Ḫubuškia]; SgF Prunk, 54 [*šarru*; Ḫubuškia]

^{kur}*na-'i-ri*

1-04/05) WVDOG 135, 66, II.44 (-'[*i-ri*])

1-05) Andrae Stelen Nr. 47, 3 (SAAS 2, 111 [838]) [*šaknu*; Andi]; RIMA 3, 102.2, ii, 63; id., 102.17, 55 [Gilzānu]; id. 102.29, 31 [Dajaeni]; id., 102.31, 12 [Enzi]; id., 102.32, 7 [Enzi]; id. 102.33, 10 [Enzi]

1-06) RIMA 3, 103.1, i, 53; id., ii, 5. 8 [Paddira *ša* N.]. 20. 36 [Kullar]. iii, 24 [Ṣibara]. 64 [*šarrāni*]

1-07) Andrae Stelen Nr. 39, 2 (SAAS 2, 100 [799]) [*šaknu*; Andi]; RIMA 3, 104.7, 12 [*šarrāni*]; id., 104.8, 9 [Abdadānu, Andia]

^{kur}*na-'i-ru*

1-05) RIMA 3, 102.17, 16

¶ NAT, 253; RGTC 5, 186–188 (mA Mātāt Nairi, Nairi); RGTC 9, 60 (urar. Nairi).

Allgemeine Bezeichnung für das Gebiet in Nordmesopotamien nördlich vom Ṭūr 'Abdīn/→ Kāšiāru, nämlich eine Region am Oberen Tigris, die sich auch nördlich des

Murat-Su zu erstrecken scheint, Liverani (1992a) 41, Maniori (2014) 189f., RlA 9, 87–91 mit Lit. (M. Salvini); für dieses Gebiet s. Parker (2001) 159–164, Radner/Schachner (2001). N. grenzte im Südosten an das Land →[3] Tumme und im Nordwesten an das Land →[3] Dajaeni. Wenn N. in Verbindung mit einem Gouverneur (*šaknu*) bzw. als Provinz (*pīḫatu*) genannt wird, ist die Provinz → Amēdu gemeint, Kessler (1979) 217f., Kessler (1980) 99–105, id. (2000) 313, RlA 11, 49–51, Nr. 18 (K. Radner). Die Kleinstaaten, die während des dritten Feldzugs von Šamši-Adad V. Tribut leisteten und als N.-Länder bezeichnet werden (RIMA 3, 103.1, iii, 45–64), lagen anscheinend im Nordwesten von →[3] Mādāja und könnten Teil von →[3] Parsua gewesen sein, Zadok (2002) 35–38 (s. u. Aufzählung). In den Inschriften Sargons (Fuchs [1994] 452) und in RIMA 3, 102.2, i, 21 (Kāki wird dort „König von N." genannt, während er in 102.1, 23 als „König von Ḫubuškia" bezeichnet wird), wird N. als Synonym für →[3] Ḫubuškia verwendet. In den urartäischen Inschriften bezeichnet N. das Land →[3] Urarṭu und und in der assyrischen Fassung der Kelišin-Inschrift (JAOS 31, 363, 3. 16) steht N. für die urartäische Bezeichnung Biainili. Helsinki Atlas, 3. 19. S. →[3] Tâmtu ša Na'iri, →[3] Tâmtu šaplītu ša Na'iri.

Folgende Städte bzw. Gebiete wurden von Tiglatpileser III. der Provinz N. zugeordnet: → Abbissâ, → Ateia, → Barbaz, → Barzunna, → Diuiapli, → Ezzēda, → Ḫarbisinna, → Ḫista, → Qilissa, → Ququsanšu, →Tasa.

N.-Länder im Zagros-Gebiet (RIMA 3, 103.1, iii, 45–64): →[3] *Abdana, →[3] *Arima, →[3] *Asatia, →[3] *Babarura, →[3] *Dagrūa (?), →[3] *Dimama, →[3] *Gingibira, →[3] *Gingirda, →[3] *Ginḫuḫta, →[3] *Ginizinanu, →[3] *Ḫarmišanda, →[3] *Ḫundura, →[3] *Kindutauša, →[3] *Kindištilenzaḫa, →[3] *Kinaruša, →[3] *Kinuka, →[3] *Kiparabutaka, →[3] *Luksa, →[3] *Maṣirauša, →[3] *Nanituma, →[3] *Parsania, →[3] *Simguria, →[3] *Taurla, →[3] *Uila, →[3] *Uštašša, →[3] *Zuzarura.

Nal

^{kur}*na-al*

1-11) Tigl Summ 1, 28 (^{kur}⸢*na*$^{!}$⸣-) [Urarṭu]; id., Summ 9, 6' (erg.). 11' ($^{[kur]}$⸢*na*⸣-) [(...)ti-Aššur]

2-11) Canon 736 B1 [Naṣībīna]

^{kur}*na-la*

1-11) Tigl Summ 3, 27' (-⸢*la*$^{!!}$⸣-) [Ulluba, Ḫabḫu]

¶ NAT, 257.

Gebirge in Nordmesopotamien, nordwestlich vom assyrischen Kerngebiet, mit großer Wahrscheinlichkeit das heutige Čiyā Bēhēr bzw. seine südlichen Ausläufer, zwischen dem östlichen Ḫābūr und dem Rūbār Dahūk, Parker (2001) 44 fig. 3.3, Postgate (1973) 57, RlA 9, 91 (M. P. Streck). Helsinki Atlas, 4. 28.

Namdānu

kur*nam-da-a-nu*

1-05) RIMA 3, 102.2, ii, 41 [Bīt-Zamāni, Merḫisu]

¶ NAT, 257.

Gebirge in Nordmesopotamien, zwischen → Bīt-Zamāni und → Enzīte, wahrscheinlich identisch mit → Amadani, heute Maden Dağları, Vera Chamaza (1995-96) 241.

Nampagāte

uru*nam-pa-ga-a-te*

1-14) RINAP 3/2, 111.223, 10 [Gingiliniš, Tillu]

uru*nam-pa-ga-a-ti*

1-14) RINAP 3/1, 111.18, viii, 6' ([uru*nam-pa-ga*]-⌈*a*⌉-; mögliche Ergänzung nach Frahm [1997] 101 zu Z. viii, 6', s. auch RINAP 1, S. 160, Komm.) [Girmua]

uru*nam-pa-ga-ti*

1-14) RINAP 3/2, 111.223, 10 (Var.) [Gingiliniš, Tillu]

¶ NAT, 257; von klass. Nabagath, eine Stadt am Ḫābūr, die in den *Parthischen Wegstationen* des Isidoros von Charax erwähnt wird (Müller [1855] 248, 5), zu trennen.

Stadt nördlich von → Ninive, die im Zusammenhang mit Sanheribs „Nördlichem Kanalsystem" stand, und in der ca. 50–60 km von Ninive entfernten Region zu suchen ist, wo sich die Felsreliefs von Faida, Širu Malikta und Maltai befinden, RlA 3, 377 (D. O. Edzard), Zadok (1995a) 256, 4.18.17. Basierend auf einer nicht zutreffenden Interpretation der gesamten Textpassage (s. Komm. zu → Ālum-riksi) schlägt Jacobsen vor, die Städte Ālum-riksi, → N., → Tillu und → Ḫadabiti im Gebiet zwischen dem Ǧabal Bāšiqā (→ Muṣri 2) und Ninive zu suchen, Jacobsen/Lloyd [1935] 41 mit Fig. 9. Hannoon (1986) 228f. schließt sich dieser Interpretation an und schlägt Tepe Ḫetel und

Tall Tepe Kimtar, ca. 9 bis 11 km nordöstlich von Ninive als mögliche Kandidaten für zwei der vier genannten Städten vor.

Napiḫi

^{uru}*na-pi-ḫi*

5-13) SAA 6, 31, 7 (⌜$^{\text{uru!}}$*na*$^{!}$⌝-) [*adi muḫḫi naḫli* N.; Ālu-ša-Kē-lamši]. 10 (⌜$^{\text{uru!}}$⌝[*na-pi-ḫi*]) [*adi muḫḫi naḫli ša* N.; Ālu-ša-Ilu-ēreš]. 13 (-*pi*$^{!}$-) [id.]. 19 (erg.) [*adi muḫḫi naḫli* N.]. 21 (^{uru}*n*[*a-pi-ḫi*]) [id.]

¶ NAT, 226 (La[x]ḫi).

Stadt in → Halaḫḫu, die in Verbindung mit einem „Wadi von N." erwähnt wird, Zadok (1995a) 258, 4.20.3.

Napisina (?)

^{uru}*na-pi-si-na*

5-19) CTN 3, 41, u. Rd. 5 (-*n*[*a*$^{?}$])

¶ Möglicherweise eine Stadt in der Umgebung von → Kalḫu, Zadok (1995a) 250, 4.7.4.4.2; vgl. → Napisu.

Napisu

^{uru}*na-pi-su*

3-20) SAA 11, 225, 6' [Laḫīru]

N:

na-pi-šá-a-a

4-15) SAA 16, 129, Rs. 8

^{kur}*na-pi-sa-a-a*

5-16) O 3704, Rs. 9 (unpubl. erw. In PNA 1/I, 105, s. v. Ammi-lēti 2)

¶ Stadt in → Laḫīru 1, Zadok (1995a) 226, 1.2.17, id., (2000c) 639 Anm. 15; vgl. → Napisina.

Naqarabāni s. Aqarbāni

***Naq(i)ru**

^{lú}*na-aq-ri*
1-11) Tigl Ann 9, 6 [Nasikku, Tanê, Kala'in]

^{lú}*na-aq-ru*
1-11) Tigl Summ 6, 8 [Nasikku, Dūr-Kurigalzu]

N:
^{lú}*na-qi-ra-a-a*
3-23) GPA 119, 11 [*nasīku*; Ruqāḫu]

¶ NAT, 238 (Maqiraja) u. 257 (Nakru); nB ^{lú}*na-qa-ri*, SAAS 4, 88, Nr. 13, 19 (auch zusammen mit Tanê erwähnt).

Westsemitischer Stamm, der möglicherweise zum Stamm der → Ruqāḫu gehörte und wahrscheinlich auch im Osttigrisgebiet südlich des Unteren Zabs zu lokalisieren ist, Cole (1996) 27 mit Anm. 28, GPA, S. 144 zu Nr. 119, Lipiński (2000) 470f., Zadok (1985b) 70f. Laut GPA 119 standen sieben Verbrecher des Stammes Ruqāḫu unter Aufsicht von Jada'-il (PNA 2/I, 485f. s. v. Iada'-il 3), der als Stammesführer der N. bezeichnet wird. Obwohl N. nicht explizit als solcher bezeichnet wird, könnte der Name Jada'-il auf einen aramäischen Stamm hindeuten, Lipiński (2000) 471.

Nasikku (??)

^{lú}*na-si-ku*
1-11) Tigl Summ 6, 8 ($^{[lú]}$⸢*na*⸣-) [Naqiru]

^{lú}*na-sik-ku*
1-11) Tigl Ann 9, 6 ($^{[lú]}$⸢*na*⸣-) [Naqiru, Tenê, Kala'in]

¶ NAT, 210 (s. v. Kissik, Beleg Tigl III.).

Vielleicht ein westsemitischer Stamm, der zusammen mit → *Naq(i)ru und → Tenê erwähnt wird und möglicherweise unweit von deren Gebiet östlich vom Tigris und südlich des Unteren Zab zu lokalisieren ist, Zadok (1985b) 71, id. (2013) 307. Es ist unklar, ob es sich um einen Stammesnamen oder um eine ungewöhnliche Pluralform von *nasīku*, nämlich „die Stammesführer (der Stämme) Naq(i)ru (und) Tenê“ (so Lipiński [2000] 470f.) handelt, s. dazu Tadmor (1994) 43 zu dieser Stelle (= RINAP 1, S. 27).

Naṣībīna

na-ṣi-be-na

1-02) RIMA 2, 99.2, 63 (Var.; [*na-ṣi-b*]*e*-) [Temannu]

na-ṣi-pa-ni

1-02) RIMA 2, 99.2, 42 [Ḫanigalbat]

na-ṣib-i-na

2-13) Eponym 715 A9 (-[*na*])

na-ṣib-na

3-11/13) ND 2785, 6 (Iraq 23, pl. 27) (⸢*na*⸣-[*ṣib-na*], Erg. CNA) [Arrapḫa]
3-13) CTN 3, 86, Rs. 5 [Si’immê]

^{uru}*na-ṣa-pi-na*

7-16) SAA 12, 61, 8’ (-⸢*na*$^{?}$⸣) [Bu(…)]

^{uru}*na-ṣi-bi-na*

1-02) RIMA 2, 99.2, 63 [Temannu]; WVDOG 121, 108f, 17’ ([^{uru}*n*]*a*-)
2-06) Canon 815 B1 ([^{uru}*n*]*a*-); id. B6 (^{uru}[*na-ṣi-bi-na*) [*šaknu*]
2-07) Canon 782 B10 ([^{uru}*na-ṣ*]*i*-)
2-08) Canon 774 B1 ([^{uru}*na-ṣ*]*i*-) [*šaknu*]; id. 774 B2 ([^{uru}*na-ṣi-bi*]-)
2-10) Canon 746 B1
2-11) Canon 736 B1
3-20) SAA 11, 228, i, 3’ ([^{uru}*na*$^{?}$-*ṣi*$^{?}$-*b*]*i*$^{?}$-)
4-07) TH 11, Rs. 4
4-13) SAA 1, 247, 6’ ($^{\text{[ur]u}}$*na*-) [Si’immê, Isāna]
4-15) SAA 16, 45, 6’ [Ḫamedê]
5-10) BaM 24, Nr. 13, Rs. 15 [*šaknu*]; GPA 24, Rs. 15 ($^{\text{[ur]u}}$*na*-) [*šaknu*]
5-11) Edubba 10, 34, Rs. 36 (-⸢*ṣi*⸣-*bi-na*) [*šaknu*]; id. 38, Rs. 31 [id.]
5-13) SAA 6, 12, Rs. 7’ (-⸢*bi*⸣-[*na*]) [*šaknu*]
7-07) SAA 12, 1, 13 [*šaknu*]; id. 2, Rs. 5 ([^{uru}*n*]*a*-) [*šaknu*]. 6 (-*ṣi*$^{!!}$-) [id.]
9-16) SAA 11, 1, Rs. ii, 16’ [Guzāna, Ḫamedê]

Naṣībīna

^{uru}*na-ṣi-pi-na*

1-02) RIMA 2, 99.2, 41 [Pa'uzi]
1-03) RIMA 2, 100.5, 118 (2x, 1x davon -[*ṣ*]*i*-) [It. von Kaḫat nach Ḫuzīrīna]
1-06) Andrae Stelen Nr. 41, 3 (SAAS 2, 120 [815]) [*šaknu*; Aššur, Urakka]
3-11) BaM 24, Nr. 11, li. Rd. 1 [*šaknu*]
5-11) Edubba 10, 36, li. Rd. 26' [*šaknu*]

^{uru}*na-ṣib-bi-na*

2-08) Canon 774 B10 [*šaknu*]

^{uru}*na-ṣib-na*

2-05) Canon 852 B5 [*šaknu*]
3-13) CTN 3, 86, 5 [Si'immê]; ND 2619, Rs. 22 (Iraq 23 pl. 19); ND 2768, Rs. 25 (Iraq 23, pl. 26) (^{uru}⸢*na*⸣-*ṣib*-⸢*na*⸣) [Bīt-Zamāni]; SAA 11, 202, ii, 14' (^{uru}[*na-ṣib-n*]*a*) [*pīḫatu*]; TCAE 387f., Rs. 4 (ND 2672)
3-20) SAA 7, 23, 5 [Šibaniba]; id. 115, i, 9 [Adian, Aliḫu]; SAA 11, 63, 1; id. 64, 1; id. 159, 6 (-⸢*ṣib*⸣-) [Guzāna]
4-13) SAA 1, 247, u. Rd. 11'
5-16) SAAB 5, 66, 2 (^{uru}*na-ṣib*$^{?}$-*na*, Lesung CNA)
5-20) SAA 14, 177, 4 (-*n*[*a*])

^{uru}*na-ṣib-i-na*

2-07) Canon 782 B1 (^{uru}*na-ṣib*]-); id. B2 ([^{uru}*na-ṣib-i*]-); Canon 800 B1 ([^{uru}*n*]*a*-); id. B2; id. B10 ([^{uru}*na-ṣib-i-n*]*a*)

N:
^{uru}*na-ṣa-pi-na-a-a*
5-16) SAA 14, 23, Rs. 6

¶ NAT, 258 (Naṣībina); RGTC 8, 235 (nB/spB Naṣībīni); klass. Nisibis (TAVO Karte B V 2, Barrington Atlas 89, D3).

Hauptstadt der gleichnamigen assyrischen Provinz im Ḫābūr-Dreieck, heute Nusaybin am Ufer des Wādī Ğağğağ (→ Ḫarmiš) und am Fuß des Ṭūr 'Abdīn (→ Kāšiāru), Lipiński (2000) 109–117, RlA 9, 185f. (M. P. Streck), RlA 11, 52, Nr. 23 (K. Radner), Zadok (1995a) 236, 3.6.3. TAVO Karte B IV 10 u. 13; Helsinki Atlas, 3. 27. S. → Temannu.

Našmedi (?)

^{uru}*na-áš-me-di*
4-13) SAA 19, 188, 6’ (^{uru}*na*$^{?}$-) [Dūr-Enlil, Kapar-Ilu-bāni]

¶ Vermutlich eine Stadt in Nordmesopotamien, Kessler (1980) 154.

Natḫû 1

^{uru}*na-at-ḫu-ú*
1-16) Asb A, i, 92 [*šarru*; Ṣi’nu, Pišaptu]; Asb C, ii, 87 [id.]; BIWA 27, 6’ (82-5-22, 10)

¶ NAT, 259f.; äg. *Nꜣj-n-tꜣ-Ḥw.t* (DG III, 68); klass. Leontōn Polis, Natho (Barrington Atlas 74, E3, TAVO Karte B V 21, id. VI 15).

Stadt in → Muṣur (Ägypten), klass. Nathō, heute Tall al-Yahūdīya, Onasch (1994a) 41, RlA 9, 187 (M. Görg), Verreth (1999) 241, s. auch Steindorff (1890) 600f. TAVO Karte B IV 13.

Natḫû 2

^{uru}*na-at-ḫu-ú*
1-16) Asb A, i, 97 [*šarru*; Ṣa’nu, Ṣabnuti]

¶ NAT, 259f.; äg. *Nꜣj-n-tꜣ-Ḥw.t* (DG III, 68); klass. Nathō, Leontōn Polis (Barrington Atlas 74, E4; TAVO Karte B IV 2).

Stadt in → Muṣur (Ägypten), klass. Nathō, heute Tall al-Muqdām, Onasch (1994a) 53, RlA 9, 187 (M. Görg), Verreth (1999) 241, s. auch Steindorff (1890) 600f.

Nēbarti-Aššur

né-bar-ti-aš-šur
1-04) RIMA 2, 101.1, iii, 50 [Purattu, Kār-Aššur-nāṣir-apli]

¶ NAT, 260.

Stadt am Mittleren Euphrat, eine Neugründung Anp II. an einer Furt am linken Ufer des Flusses gegenüber von → Kār-Aššur-nāṣir-apli, Zadok (1995a) 230, 2.3.1.1.11. Aufgrund der Identizierung von Kār-Aššur-nāṣir-apli mit Tall Mašiḫ, scheint eine Gleichstellung mit dem 5,5 km nordöstloich von Tall al-'Ašāra liegenden Tall Graiye 3, wo nA Keramik gefunden wurde (Geyer/Monchambert [2003] 84), plausibel, Herles (2007) 429, Masetti-Rouault (2010) 132. Frühere Lokalisierungsvorschläge waren das 100 km stromaufwärts gelegene Ḥalabīya (Musil [1927a] 210f., Liverani [1988] 86, id. [1992a] 71 u. Morandi Bonacossi [1996a] 46 fig. 8), die Ḫābūr-Mündung (Unger [1916] 25, RlA 5, 407f. [W. Röllig]) und bei Tall al-'Ašāra (Lipiński [2000] 104). Gegen Unger (1916) 24f. (gefolgt von Forrer [1920] 15 u. Musil [1927a] 210f., war N. nicht der ältere Name von „Dūr-karpati", eigentlich → Dūr-katlimmu in RIMA 3, 104.6, 24.

Nēmed-Ištar

^{uru}*ne-med-*^{d}15

1-07) AoF 39, 272, 4' (^{u}[^{ru}*ne-med-*^{d}15]) [Apku]; RIMA 3, 104.6, 23 [*šaknu*, Apku]

^{uru}*né-med*-15

5-16) AR 209, 3 ($^{[uru]}$*né-med*$^{!}$-15$^{!}$)

5-20) SAA 11, 11, 8' ($^{[uru]}$*né-*) [Šabirēšu, Tupḫa]

^{uru}*né-med-*^{d}15

4-13) SAA 1, 227, 5; id. 231, u. Rd. 5' [Sinnu]

5-08) Iraq 32, 31, Rs. 16

5-16) SAA 6, 328, 5' [*ṭēḫi ḫūl šarri*]

9-16) SAA 11, 1, Rs. ii, 4' [Adian, Šišil]

^{uru}*né-med-*^{d}INANNA

1-05) RIMA 3, 102.6, iv, 51 [*šaknu*]; id., 102.46, 18 [id.]

1-07) RIMA 3, 104.2006, 4 [*šaknu*, Raṣappa]

3-22) GPA, 222, Rs. 3'

N:

^{uru}*né-med-*^{d}15*-a-a*

4-13) SAA 1, 204, 13; id. 226, 8 (-⌜*med-*^{d}⌝15*-a-a*$^{!}$) [*tupšarru*; Lāqê]

¶ NAT, 260; RGTC 5, 204 (Nēmed-Ištar 1).

Stadt in der nordöstlichen Ǧazīra, deren genaue Lage unbekannt ist, Forrer (1921) 14, Zadok (1995a) 238, 3.8.4. N. war Sitz eines assyrischen Gouverneurs und eine eigenständige Provinz im 9. Jh., im 8. Jh. wurde sie Teil der Provinz → Raṣappa, RlA

11, 47, Nr. 8 mit Karte 1 auf S. 44 (K. Radner). Oates (1968a) 55 erwähnt Tall ʻAfar als Lokalisierungsvorschlag (auch in id. [1968b] 128f., beidemal ohne Angabe der Quelle [bzw. falsch Forrer zugeteilt]; ferner NAT, 405, SAA 1, S. 238) und betrachtet dies mit Skepsis. Dennoch kann eine Lage bei Tall ʻAfar (Hannoon [1986] 118–121, RlA 9, 208 [M. P. Streck], s. aber die Einwände von Kessler [1997] 131) bzw. in der Nähe von Tall ar-Rimāḥ/→ *Zamaḫu (RGTC 5, 204, RlA 11, loc. cit.) mit den meisten Quellen in Einklang gebracht werden. TAVO Karte B IV 10 (Tall ʻAfar); Helsinki Atlas, 4. 27 (Tall ʻAfar).

Nēmed-Tukultī-Ninurta

^{uru}*né-med-*^{1}TUKUL-^{d}MAŠ

1-03) Ahmad, Qadhiah, Nr. 1, 51, 11; id., Nr. 2, 52, 9; id., Nr. 3, 53, ii, 8; RIMA 2, 100.6, 10

¶ NAT, 261 (Nēmed-Tukultī-[Ninurta]).

Stadt in Zentralassyrien, heute Qadhiah, ca. 5 km nordwestlich von → Ninive, wo Tukultī-Ninurta II. einen Palast baute, Ahmad (2000).

Nēmetti-šarri

^{uru}*né-mat-ti*-MAN

1-06) RIMA 3, 103.2, iv, 15' (lies ^{uru}*né-mat-t*[*i*-MAN] statt ^{uru}*ní*-⸢*bu*$^{?}$⸣-[x] nach einem Vorschlag von Postgate [1984] 159, s. auch Postgate/Mattila [2004] 243 u. Fuchs [2011] 274 Anm. 142)

^{uru}*né-met-ti*-MAN

1-06) RIMA 3, 103.2, iii, 30' (-⸢*met*⸣-) [Gannanāte]; id., 103.4, 1' [erg.]

¶ NAT, 261 (Nibu[…]) u. 262 (Nimitti-šarri).

Stadt im Osttigrisgebiet, Zentrum der Region um dem Fluss Šānu, einem Nebenarm des Diyālā (→Turnat). Die Lage von N. an diesem Fluss ist aus einem lexikalischen Beleg bekannt (*né-met-ti*-LUGAL^{ki} *a-ḫi* ^{íd}*šá-a-nu* MSL 11, 39, 12; s. Nashef [1982] 130f.). Der Šānu floss vermutlich östlich vom → Ṭaban und könnte nach Postgate/Mattila (2004) 244 ungefähr dem heutigen Nahr ar-Rūz entsprechen. Eine Beziehung zwischen dem lexikalisch (und literarisch CT 29, 48, 20) bezeugten *a-ḫi* ^{íd}*šá-a-nu* und das Toponym → Aḫ-Sāna wurde bereits von Hommel (1926) 463 Anm. 4 vorgeschlagen (s.

auch RlA 1, 58 [E. Ebeling] u. Weidner [1933-34] 94). Nach Fuchs (2011) 233f. mit Anm. 23 wären Aḫ-Sāna sowie wahrscheinlich auch → Bīt-rēdûti (id. 275) weitere Bezeichnugen von N.

Ni[...] 1

^{kur}*ni*-x [x x x x]

4-13) SAA 5, 117, Rs. 7 [Quruba]

¶ Eine Region in der Nähe von → Quruba.

Ni[...]aqi (?)

^{uru}*ni*-x-*a*-*qi*

5-23) SAA 14, 277, 5' (^{uru}*ni*$^{?}$-[x]-*a*$^{?}$-)

¶ Möglicherweise eine Stadt in Zentralassyrien bzw. in einem benachbarten Gebiet (N).

Nī'

^{uru}*ni-i'*

1-16) **Asb A**, i, 88. 109 [*šarru*; Tajani]. ii, 23 [Unu]. 31. 35. 36; id. ii, 44 [Muṣur]; **Asb B**, i, 85. ii, 12 [Unu]. 22. 26. 27. 36 [Muṣur]; **Asb C**, ii, 83 ([^{uru}*ni-i'*]). iii, 30. 43 (erg.). 48. 49 (erg.). 63 ($^{[u]ru}$*ni*-); **Asb E**, Stück 10, 8 (-*i*[']); id. 21 (erg.); A 7919, ii', 4' (4°-Heft, 1; Asb E Fragm.) (-⸢*i'*⸣); id. 18' (erg.); **Asb F**, i, 40. 45. 46. 50; **Asb H1**, ii, 7' [*āl šarrūti* Muṣur u Kūsu]; **Asb IT**, 80 [id.]; Asb LET, 26'. 34'. 35' ([^{uru}*ni-i*]'). 72'. Rs. 4 [*āl šarrūti*]. 5; BIWA 27, 1' (82-5-22,10) ($^{[u]ru}$*ni-i*['); id. Vs. 11'' (K 2656+). 16'' (K 2656+) (^{uru}[*ni-i'*]´). 18'' (K 2656+); BIWA 199f., 17' [*āl šarrūti* Muṣur]; K 19651, 5' (LoBl, 72)

¶ NAT, 261; äg. *Njwt* (DG III, 75); bibl. *nō'* (HAL, 621); klass. Dios polis megalē/Thēbai (TAVO Karte B V 21).

Hauptsatdt Oberägyptens, das klass. Theben, heute Luxor, Onasch (1994a) 57, Ranke (1910) 31, Steindorff (1890) 596f. TAVO Karte B IV 13. Nicht mit →^{1} Ni'u zu verwechseln.

***Niḫutu**

N:
^{uru}*ni-ḫu-ut-a-a*
5-13) SAA 6, 30, Rs. 11’

¶ NAT, 261; wahrscheinlich RGTC 3, 177 (aB Naḫad[um]); vgl. nA PN ^{1}⸢*ni*⸣-*iḫ-da-a-a*, ND 2386+, ii, 9’, Iraq 23, 22 (PNA 2/I, 638 s. v. Kundāia 1 liest ^{1}⸢*kun-da*⸣-*a-a*; nach der Kopie in Iraq 23, pl. xi ev. ^{1}⸢*kun*$^{?}$⸣-*da-a-a*).

Vielleicht eine Stadt am Unteren Ḫābūr. Zadok (1989) 160 u. id. (1995a) 230, 2.3.2.3 schlägt eine Gleichstellung mit aB Niḫadum vor, das im Distrikt von Saggaratum (RGTC 3, 199f.), mA Sangarite (RGTC 5, 228), lag. Kühne (1980) 67f. identifiziert Sangarite mit Tall Abū Ḥā’it am Ḫābūr. Wenn die Gleichstellung mit aB Niḫadum stimmt, befand sich N. im Norden von → Lāqê, vielleicht in → Bīt-Ḫalupê.

Nikūa

^{uru}*ni-ku-u-a*
5-23) SAA 14, 399, 7’

¶ Vermutlich eine Stadt in Zentralassyrien (N), Zadok (1995a) 254, 4.13.2.3.2.

Nilibši (?)

^{uru}NI-*li-ib-ši*
5-13) SAA 6, 27, 2’ (-*ib*$^{!}$-) [*ḫarrānu*]

¶ NAT, 321 (Ṣalli-urši); vgl. aB Nilibšinnu, aAk Lilabsinnum, heth. Nilabšinni (RlA 9, 317f. s. v. Nilibšinnu [M. P. Streck]).

Stadt in der Nähe von → Ḫanūri. Wenn man den ON als Nilibši interpretiert (Zadok [1991] 43, id. [1995a] 235, 3.6.1.4), könnte es sich um aB Nilibšinnu handeln, einen Ort im Ḫābūr-Dreieck, den man ursprünglich mit Tall Brāk in Verbindung gebracht hatte (Kessler [1984]). Dieser Grabungsort wurde aber inzwischen mit aB Nagar identifiziert, RlA 9, 75–77 (J. Eidem). Tall al-Ḥamīdīya wurde auch für einen plausiblen Kandidaten für aB Nilibšinnu gehalten (Charpin [1990] 76), aber auch dieser Vorschlag konnte nicht bestätigt werden, da dieser Ort durch Textfunde mit mA Ta’idu identifiziert werden konnte, RlA 13, 415–417 s. v. Ta’idi (A. M. Bagg). Der ON könnte aber auch

Ṣalli-ibši gelesen werden (SAA 6, S. 342), dessen Lage unbekannt ist. Helsinki Atlas, 3. 27 (Nilibši/Tall Brāk).

Ni'mite

uru*ni-'i-mi-te*
5-16) O 3708, 3 (unpubl. zit. in Garelli [1986] 242)

¶ Stadt im Balīḫ-Becken, Zadok (1995a) 234, 3.5.3.7; s. → Mallanāte.

Ninive s. Ninua

Ninnazua

uru*nin-na-zu-a*
5-16) BATSH 6, 56, Rs. 13 [Mattani, Ināja]

¶ Nach dem Kontext (Erwähnung von → Ḫindānu u. →[1] Til-Barsip) könnte es sich um eine Stadt in der nordwestlichen Ǧazīra handeln, Zadok (2009-10) 67.

Ninu

uru*ni-nu*
5-15) BATSH 6, 121, Rs. 11

uru*ni-nu-u*
5-16) SAAS 5, 11, 22

¶ Vielleicht eine Stadt in der Gegend von → Guzāna. Es kann sich aber auch um Belege für → Ninua handeln, BATSH 6, S. 163 zu Rs. 11, Jas 1996, 23–24.

Ninua (Ninive)

*ni-na-a*ki
1-13) SgF Stier, 40
1-16) Streck Asb, 208, 26
7-13) SAA 12, 19, 10' (-*n*[*a*?-*a*?k]i?)

ni-ná/nú-a
1-16) Asb H2, ii, 12’. 24’

ni-nu-a
3-11/13) ND 2785, 18 (Iraq 23, pl. 27)
5-16) TIM 11, 2, Rs. 6 (*ni*-[*nu-a*])

ni-nu-u
5-16) SAA 14, 72, 3

ni-nu-u-a
5-19) SAA 14, 171, 4 (⸢*ni*⸣-)

NINA
1-16) Asb C, iv, 23 (⸢NINA⸣)
3-16) SAAB 9, 127, Rs. 9. 17
5-16) SAA 6, 328, Rs. 4; id., 346, Rs. 6; SAA 14, 40, Rs. 2; id., 104, Rs. 2; id., 440, 8
5-20) SAA 14, 307, Rs. 7’ [*qabal āli ša* N.]
5-23) ZTT 24, u. Rd. 6 (⸢NINA$^{?}$⸣)

NINA^{ki}
1-05) RIMA 3, 102.95, 4 (erg.); id., 116, 4 (N[INA$^{?ki}$])
1-13) SgF Ann, 425; SgF Bro, 27; SgF Gold, 8; SgF Prunk, 154; SgF Rel, 16; SgF S2, 20 (NINA$^{⸢ki⸣}$); SgF S3, 27; SgF S5, 32 (erg.); SgF Silber, 9; SgF Zyl, 54; Sg Melid, 7. 11 (erg.)
1-14) **RINAP 3/1**, 111.1, 63. 89; id., 111.2, 34 (erg.). 66; id., 111.3, 34. 59. 61; id., 111.4, 61; id., 111.7, 3’ (erg.). 6’; id., 111.7, 6’; id., 111.8, 1’ (erg.). 2’ (erg.). 9’ (erg.). 14’ (erg.). 18’ (erg.); id., 111.15, iv, 11’. v, 18. vii, 14 (⸢NINA⸣^{ki}). vii, 29’. viii, 10’. viii, 14’; 111.16, iv, 34. v, 41. vii, 22. vii, 76. viii, 13. viii, 17. viii, 24; id., 111.17, iii, 78. v, 23. vi, 62. vii, 58. viii, 13. viii, 29. viii, 38; 111.18, vi, 1’’ (⸢NINA⸣$^{[ki]}$). vi, 18’’. vii, 11. vii, 49’.viii, 4’ (erg.).viii, 9’’’; id., 111.19, i’, 12’; id., 111.20, i’, 4’ (erg.); id., 111.22, iii, 47. v, 10. v, 63. vi, 36 [*ekal qabal āli ša* N.]; 111.23, iii, 40. v, 3. v, 54. vi, 31; id., 111.26, ii, 5’ [*abul qabal āli ša* N.]; 111.34, 24. 35 [*abul qabal āli ša* N.]. 55. 70. 78; id., 111.35, Vs. 15 [*abul qabal āli ša* N.]. Rs. 10’’; **RINAP 3/2**, 111.40, 28’’; id., 111.42, 1’. 44’ (⸢NINA^{ki}⸣); id., 111.43, 49. 95; id., 111.44, 52. 55; id., 111.46, 32. 58. 106 (⸢NINA^{ki}⸣) [*ekal qabal āli ša* N.]. 135. 138; id., 111.79, 2; id., 111.52, 3; id., 111.73, 4; id., 111.78, 2; id., 111.82, 2. 3; id., 111.83, 2; id., 111.84, 2; id., 111.94, 2; id., 111.126, 2 (⸢NINA⸣^{ki}); id., 111.136, Rs. i’, 6’ (NINA$^{⸢ki⸣}$). 15’ [*ina dūr qabal āli ša* N.]; id., 111.138, iii, 22. 25 (NIN[A^{ki}]); id., 111.140, Rs. 21 (erg.); id., 111.143, Vs. i, 10’

(erg.); id., 111.145, Vs. i', 1(erg.); id., 111.148, 7'; id., 111.153, Rs. 3' (erg.). Rs. 6' (erg.); id., 111.155, Vs. 7' (erg.); id., 111.223, 5. 11. 17. 19. 56. 58; id., 111.226, 7

1-15) RINAP 4, 112.1, i, 43. 45. 59. 69. ii, 1. 45. 51. 64. iii, 38. 77. iv, 7. 39. 78. v, 1. 32. 34. 40. 44. vi, 1. 44; id., 112.2, i, 9. 56. 61 [*abul qabal āli ša* N.]. ii, 30. 53. 66 (NI[NA^{ki}]). iii, 27. 44. iv, 9. 22. v, 12. 95. vi, 10; id., 112.3, i, 28' (2x). ii, 9' (erg.). 13' ([NINA]$^{⸢ki⸣}$) [*abul qabal āli ša* N.]. iii, 27' ([NINA]^{ki}). iv, 11'. 21'. v, 4'; id., 112.4, ii', 9' (erg.); id., 112.6, i, 5'. ii, 8'. iii', 3' (erg.). 32' (erg.); id., 112.8, ii', 4' (erg.); id., 112.12, 14 [*ina qereb qabal āli ša* N.]; id., 112.17, 5'; id., 112.23, 3 [*bīt ridûti qereb ša āli ša* N.]; id., 112.30, 1; id., 112.31, Rs. 4 (erg.); id., 112.33, iii, 11'. 22' (⸢NINA⸣^{ki}); id., 112.48, 73. 93; id., 112.54, Rs. 8; id., 112.70, 3 (NINA$^{⸢ki⸣}$); id., 112.71, 3; id., 112.77, 12; id., 112.78, 11; id., 112.79, 6' (erg.). 11 ([NINA]^{ki}); id., 112.93, 5. 26; id., 112.97, 8; id., 112.2003, i, 10 (⸢NINA⸣^{ki}). ii, 16' [*ina qabal āli ša* N.]. iii, 15'; id., 112.2004, 6'. 15' (⸢NINA⸣^{ki}) [*ina qabal āli ša* N.]

1-16) 1913-4-16,149, i', 28' (8° Heft, 417 ff.); **Asb A**, i, 15. 42. 62. 117. ii, 7. 27. 48. 66. 71. 79. 128. iii, 13. 19. 30. 86. iv, 27. 47. vi, 127. viii, 13 [*abul qabal āli* N.]. 20. 53. 74. 91. ix, 62. 98. 109 [*qabal āli* N.]. x, 5. 34. 51 [*ekal ša qereb* N.]. 61. 118; **Asb B**, i, 63. ii, 17. 40. 66. 78. iii, 88. 94. iv, 8. 17. 36. vi, 49. 56. 62. 67 [*abul qabal āli ša* N.]. 87. vii, 1 [*abul qabal āli* N.]. viii, 29. 33. 42. 50. 64. 75; **Asb C**, ii, 30. iii, 36 (erg.). 67 (erg.). 97. 111 (erg.). iv, 111 ([NINA]^{ki}). 117 ([NINA]^{ki}). v, 12. 23 (NINA$^{⸢ki⸣}$). 48. 112 ([NINA]^{ki}). vii, 46 (NINA$^{k[i]}$). 54. 59. 89. 118 (erg.) [*abul qabal āli* N.]. ix, 77 ([N]INA^{ki}). x, 42 (NINA^{ki}]). 52. 61. 101 (erg.); **Asb E**, Fragm., A 7920+ (4°-Heft, 1), i', 8' ([N]INA^{ki}); Asb E, Stück 10, 42. Stück 16, 7; **Asb F**, i, 49. 74. ii, 24. 43. 47. 56. vi, 13. 22; **Asb G**, iii, 12'. iv, 3'. 9' (NINA^{ki}]). viii, 25' (erg.); **Asb H1**, iii, 4'; **Asb IT**, 12 (erg.). 36 (⸢NINA⸣^{ki}). 40. 130; **Asb J**, Stück 1, 18 (NINA]^{ki}). Stück 3, 13. Stück 4, 5. Stück 6, 13. 25; **Asb LET**, 13'. 54' (erg.); Rs. 11. 27. 31 (⸢NINA^{ki}⸣); **Asb T**, iii, 19 (⸢NINA⸣^{ki}). v, 30. 34 (NINA$^{[ki]}$); BIWA 164f., CKalach x, 100; BIWA 198f, 23' (66-5-19,1); BIWA 199f., 5'; DT 145, ii', 5' (LoBl, 90); IWA 58 (82-3-23, 5218), Vs.? rechte Kol., 9'; id. 58 (K 4521), 6'; id. 58 (K 14429), 3' (NINA$^{k[i]?}$); id. 64 (K 6366), 3'; id. 71 (K 2672), Vs. 3' ([NI]NA^{ki}); id. 104 (K 2637), 6' ([NI]NA^{ki}); id. 88 f. (K 6085), 10'; K 2640, Vs. 11 (LoBl, 11); K 2642+, 8' (LoBl, 59); K 2664+, Rs. ii (v), 12 (8° Heft, 494 ff.; K 2697+, Vs. ii', 33' (8° Heft, 510 ff.); K 4438A, 4 (8° Heft, 159); K 4505, 2 (LoBl, 28); K 4533, 6' (8° Heft, 164) ([NIN]A^{ki}); K 9155, 7' (LoBl, 43); RA 72, 44 (UCLM 9-1773), i', 10'; Rm 2, 320, 8' (8° Heft, 330) (NINA$^{⸢ki⸣}$); SAACT 10, 1, iv, 10 (erg.); id., 4, Rs. v, 3 (erg.); id., 17, Rs. 1 (ereg.); Schøyen 73, 2; Sm 2039, 7' (LoBl, 85); Streck Asb, 224, Nr. 5, 5 (NINA$^{[ki]}$); id., 272, 2

1-18) JCS 19, 76f., 4; Sši Zyl C, 13. 23. 28; WO 8, 46f., 11'

2-07) Canon 788 B1. B2
3-13) SAA 11, 219, i, 14’ [*pīḫatu*]. ii, 9’ [id.]
3-20) SAA 7, 23, 3; id., 30, ii, 2’; id., 39, i, 3’ (NINA$^{[ki]}$) [*bēl pīḫati*]; id., 132, i, 4; id., 148, i, 7’; SAA 11, 90, 8; id., 94, Rs. 1; id., 138, 6 ([NIN]A$^{?ki}$)
3-23) SAA 11, 147, Rs. 3 (⸢NINA$^{!}$⸣$^{[k]i!}$)
4-13) SAA 1, 49, 13 (NINA$^{k[i]}$) [*bēl pīḫati*]
4-15) **SAA 10**, 109, 8; id., 130, 6; id., 245, 5; id., 255, Rs. 4; id., 257, Rs. 3 (NIN[A^{ki}]); id., 362, Rs. 13 (⸢NINA⸣^{ki}); **SAA 13**, 61, 6; id., 65, 6; id., 66, 6; id., 67, 5 (erg.); id., 68, 6 (NINA$^{k[i]}$); **SAA 16**, 1, 10; id., 25, 8; id., 49, 4; id., 60, 3 (NI[NA^{ki}]). 12’; id., 126, 5; id., 127, 5; id., 128, 5
4-15/16) **SAA 10**, 82, 6; id., 83, 4 (erg.); id., 248, 7 (erg.); id., 249, 2’ (erg.); id., 252, 7; id., 253, 7 (erg.); id., 284, Rs. 4 (N[INA$^{!ki}$]); **SAA 13**, 9, 7; id., 12, 6; id., 15, 7; id., 187, Rs. 5’ (NINA$^{[ki]}$)
4-16) SAA 10, 128, 4; id., 129, 3; id., SAA 10, 174, 18
5-07) Edubba 10, 5, 2 [*rab ekalli ša qabal āli ša* N.]
5-13) StAT 3, 32, Rs. 7 [*ḫazannu*]
5-14) BT 136, 7 (Iraq 25, pl. 24); SAA 6, 51, Rs. 7; id., 52, Rs. 7; id., 118, Rs. 2’; id., 133, 8; id., 181, 5; id., 182, u. Rd. 7
5-15) SAA 6, 250, Rs. 4; id., 278, Rs. 5
5-16) BATSH 6, 2, 3 (⸢NINA⸣^{ki}); id., 47, Rs. 9; id., 310, Rs. 1 (N[INA$^{!ki}$]); id., 330, Rs. 1’ (N[INA$^{!ki}$]); id., 342, 17’; SAA 14, 1, Rs. 3 (NINA$^{k[i]}$); id., 9, 6 (NIN[A]^{ki}) [*qabal āli* N.]; id., 19, Rs. 7; id., 35, 6. Rs. 4; id., 14, 85, Rs. 5’; id., 104, 9; id., 111, 9 [*ina qabal āli ša* N.]. Rs. 25 (⸢NINA⸣^{ki}) [*bēl pīḫati*]; id., 114, Rs. 13; id., 119, 2; id., 120, 3; id., 122, 1 (⸢NINA$^{?}$⸣^{ki}); id., 425, Rs. 10; SAAB 5, 35, Rs. 21 (NINA$^{!}$⸢^{ki}⸣); StAT 1, 43, 11
5-16/19) SAA 14, 436, u. Rd. 5
5-17) SAA 14, 428, u. Rd. 8 ; StAT 3, 18, 24
5-18) BATSH 6, 2, 4 (⸢NINA⸣^{ki}); SAA 14, 435, Rs. 5
5-19) CTN 3, 44, Rs. 3; Mich 110, 11; SAA 14, 445, Rs. 3
5-23) SAA 14, 176, 12’; id., 325, 8’; ZTT 4, 2 (⸢NINA^{ki}⸣). 5; ZTT 5, 3 (erg.). 5 (erg.); ZTT 6, 2 (⸢NINA^{ki}⸣)
6-16) SAA 2, 10, Rs. 9’ (NINA$^{[ki]}$)
7-07) SAA 12, 76, 15’
7-13) SAA 12, 19, Rs. 28
7-16) SAA 12, 50, 12
8-15) SAA 4, 85, Rs. 6

DUMU-*ni-nu-a*
3-20) SAA 7, 153, Rs. ii, 4 [Libbi-āli, Arbail]

DUMU-NINA
5-13) SAA 6, 12, Rs. 1' (⸢DUMU$^{!}$-NINA$^{!}$⸣)

DUMU-NINA^{ki}
5-16) SAA 14, 1, Rs. 15

DUMU-^{uru}*ni-nu-a*
3-13) ND 2386, Vs. i, 10' (Iraq 23 pl. 11) (⸢DUMU⸣-)
3-20) SAA 7, 115, Rs. i, 4
4-13) SAA 1, 204, 5
5-14) SAA 6, 86, Rs. 17
5-18) CTN 3, 7, Rs. 5

DUMU-^{uru}NINA
3-15/16) SAA 11, 222, Rs. 6
3-20) SAA 11, 160, 8
5-14) BT 125, Rs. 9 (Iraq 25, pl. 25). Rs. 10; SAA 6, 81, Rs. 2
5-23) SAA 14, 215, Rs. 10; id., 308, 6' (^{uru}NI[NA])

DUMU-^{uru}NINA-*a*
5-14) SAA 6, 121, Rs. 3'

DUMU-^{uru}NINA^{ki}
4-16/19) StAT 1, 54, 10 [Kalḫu]
5-14) SAA 6, 100, Rs. 15 (-^{uru}NINA^{ki}])

DUMU^{meš}-NINA^{ki}
1-14) RINAP 3/1, 111.1, 88; id., 111.2, 65; id., 111.3, 58
3-20) SAA 7, 150, iii, 13' [Libbi-āli, Arbail]

DUMU^{meš}-^{uru}NINA^{ki}
1-14) RINAP 3/1, 111.4, 86
3-23) SAA 7, 151, Rs. i, 13' (DUMU$^{?}$[^{meš}-^{uru}NINA]^{ki}) [Kalḫu]
4-15/16) SAA 10, 6, 6 (-^{uru}NI[NA^{ki}]) [Kalzu]. 20

^{lú}*ni-nu-u*
5-20) SAA 14, 197, Rs. 3

$^{\text{lú uru}}$NINA^{ki}

7-16) SAA 12, 50, Rs. 19’ (^{lú} ⸢$^{\text{uru?}}$NINA⸣^{ki})

^{uru}*ni-na-a*

1-03) RIMA 2, 100.2, Rs. 9’

1-04) RIMA 2, 101.1, iii, 92; id., 101.11, 3 (erg.); id., 101.40, 29. 31; id., 101.56, 17 (-⸢*a*⸣); id., 101.126, 5; id., 101.133, 4; id., 101.134, 3

1-06) RIMA 3, 103.1, i, 45 [Adia, Šibaniba]

1-07) RIMA 3, 104.14, 4

1-13) SgF Zyl, 44

1-14) **RINAP 3/1**, 111.17, iv, 85. vi, 75; id., 111.38, 14; **RINAP 3/2**, 111.39, 12; id., 111.40, 18’’; id., 111.42, 13 (erg.). 14’ (erg.); id., 111.43, 7 [*ekal qabal āli ša* N.]. 63; id., 111.44, 33 ([^{uru}*ni*]-⸢*na*⸣-[*a*]); id., 111.46, 155; id., 111.49, 16’ (^{uru}*ni*-[*na-a*]). 5’’ (erg.); id., 111.50, 9 (erg.); id., 111.51, 9; id., 111.91, 2; id., 111.92, 5; id., 111.93, 3 (^{uru}*ni*-[*na-a*]); id., 111.96, 2; id., 111.152, Vs. 7’

1-15) RINAP 4, 112.1, iii, 41 [*abul qabal āli ša* N.]. iv, 74; id., 112.2, iv, 33; id., 112.3, iv, 31’; id., 112.31, Rs. 11 [*abul qabal āli ša* N.]; id., 112.48, 25

3-20) SAA 7, 41, 9’ (-[*a*$^{?}$])

5-14) O 3681, 3 (unpubl. erw. in PNA 3/II, 1271 s. v. Šulmu-aḫḫē 12); SAA 6, 99, Rs. 3 ($^{\text{[uru]}}$*ni*$^{!}$-*na*$^{!}$-*a*$^{!}$); SAA 14, 21, Rs. 1

6-10) SAA 2, 2, Rs. vi, 15

7-13) SAA 12, 19, 7’. 30’ (^{uru}*ni*-⸢*na-a*$^{!}$⸣)

8-15) SAA 4, 81, 14. Rs. 10 (erg.); id., 87, 11

^{uru}*ni-na-a*^{ki}

8-16) SAA 8, 418, 8 ([^{uru}*ni*]-)

^{uru}*ni-nu-a*

1-02) RIMA 2, 99.2, 81

1-03) RIMA 2, 100.5, 8 (-[*n*]*u*-). 9. 13

1-04) RIMA 2, 101.1, i, 70. 93 (2x). 101. iii, 91; id., 101.18, 1; id., 101.22, 10’; id., 101.56, 14 (^{uru}⸢*ni*⸣-[*nu-a*]); id., 101.111, 4; id., 101.112, 3 (erg.); id., 101.137, 3

1-05) RIMA 3, 102.2, ii, 13 (^{uru}[*ni-nu-a*]); id., 102.5, iv, 5; id., 102.6, i, 49. 59. ii, 3. 16. 19. 68. iii, 16; id., 102.8, 6’. 11’. 12’. 35’. 41’; WVDOG 121, 62, Vs. 7’. 13’

1-07) RIMA 3, 104.9, Rs. 22 (⸢^{uru}⸣*ni-n*[*u-a*])

1-14) RINAP 3/2, 111.98, 2 (-*n*[*u-a*])

1-15) RINAP 4, 112.1, i, 6. 10; id., 112.5, i, 3’ (-[*nu-a*])

2-05) Canon 834 B4 ([^{uru}*n*]*i*-)

2-07) Canon 789 B1 ([^{uru}*ni*]-). B2

2-09) Canon 761 B1. B2 ([^{uru}*ni-nu*]-)

3-07) ND 3414, 5 (Iraq 15, pl. 11)
3-11) BaM 24, Nr. 17, Rs. 14 ($^{\mathrm{[ur]u}}$*ni-nu-*⸢*a*⸣)
3-13) CTN 3, 118, 7; ND 2640, Rs. 6 (Iraq 23 pl. 21) (-⸢*a*⸣) [*bēl pīḫati*]; id., ND 2803, Rs. i, 5 (Iraq 23 pl. 29f) (^{uru}[[x]]-*ni-nu-a*)
3-20) CTN 3, 89, 1' ($^{\mathrm{[u]ru}}$*ni-nu-*[*a*]); SAA 7, 23, 2; id., 115, i, 2; SAA 11, 19, 7' ([^{uru}*n*]*i-*)
4-11) SAA 19, 12, 9; id., 19, 11
4-13) **SAA 1**, 36, Rs. 3'; id., 63, 12'. Rs. 7. Rs. 15; id., 132, Rs. 11'; id., 153, Rs. 2; **SAA 5**, 100, 14; id., 257, Rs. 9
4-13/14) CT 53, 826, 8' ([^{uru}*n*]*i-*)
4-15) SAA 10, 223, 5' ($^{\mathrm{[uru]}}$*ni-*). Rs. 14 (-[*nu-a*]); id., 271, Rs. 7' (-[*a*]); 377, u. Rd. 8' (-[*a*])
4-15/16) **SAA 10**, 55, Rs. 7 (-[*a*]); id., 279, 10; **SAA 13**, 83, Rs. 8'; id., 95, 11; id., 156, 6 (-[*a*]); id.,157, 8'
4-16) SAA 13, 140, 6
4-22) SAA 14, 470, Rs. 8 (^{uru}*ni*$^{!}$-[*nu*]-)
5-14) BT 136, 8 (Iraq 25, pl. 24) [*ḫūl* N.]; FNALD 20, Rs. 1; **SAA 6**, 53, u. Rd. 15; id., 86, Rs. 7 (-[*a*]). 12; id., 93, Rs. 4 (-*n*[*u-a*]); id., 149, 3'; id., 181, u. Rd. 1; id., 182, 5 ($^{\mathrm{[u]ru}}$*ni-*); id., 185, Rs. 7; **SAA 14**, 472, u. Rd. 9' (-[*a*]); StAT 2, 3, 5' ([^{uru}*n*]*i*$^{!}$-)
5-15) ND 2321 (Iraq 16, 41, nur Beschreibung und Orthographie, Zeile unbekannt), SAA 6, 202, Rs. 5 (⸢^{uru}*ni-nu*⸣-); id., 204, 3; id., 211, Rs. 2'; id., 218, 4 (^{uru}*n*[*i*$^{?}$*-nu-a*]); SAA 14, 77, Rs. 1
5-16) SAAS 5, 54, 2'
5-16/19) SAA 14, 49, Rs. 4
5-19) SAA 14, 45, Rs. 5 [*ḫazannu*]. 6 (-[*a*]) [id.]
5-20) SAA 6, 218, 4 (^{uru}*n*[*i*$^{?}$*-nu-a*]); SAA 14, 182, 2' (-[*nu-a*]); id., 290, 5'; id., 315, Rs. 8' ([^{uru}*ni*]-)
5-22) Edubba 10, 11, 26 ($^{\mathrm{[u]ru}}$*ni-nu-*⸢*a*⸣)
5-23) SAA 14, 222, 5 (^{uru}⸢*ni*$^{!}$⸣-[*nu-a]*)
7-07) SAA 12, 69, Rs. 16 [*šaknu*]
7-16) SAA 12, 50, 8

^{uru}*ni-nu-a*^{ki}
2-07) Canon 789 B10 ([^{uru}*ni-nu-a*^{k}]^{i}) [*šaknu*]

^{uru}*ni-nu-u*
4-15) SAA 16, 21, Rs. 16; id., 63, Rs. 16
5-19) SAA 14, 160, Rs. 2
5-23) BATSH 6, 122, Rs. 4

^{uru}*ni-nu-u-a*
3-20) SAA 7, 142, 2 ($^{\text{[uru]}}$*ni-nu-u-*[*a*])
5-14) SAA 6, 142, 8 (-*u*$^{!}$-)

^{uru}*ni-nu-u-a*^{ki}
7-07) SAA 12, 76, 18’ (-*a*$^{⸢\text{ki?}⸣}$)

^{uru}NINA
?-20) GPA 226, Rs. 2’ ($^{\text{[uru]}}$NINA)
1-04) RIMA 2, 101.1, i, 101. ii, 49; id., 101.17, iii, 27; id., 101.57, 2; id., 101.135, 4; id., 101.136, 3
1-05) RIMA 3, 102.2, i, 29. ii, 30. 67. 78
1-06) RIMA 3, 103.2, iv, 7’
1-13) SgF S4, 95
1-14) RINAP 3/1, 111.4, 58. 89; RINAP 3/2, 111.39, 49; id., 111.97, 2 ($^{\text{[uru]}}$⸢NINA⸣)
1-16) Asb C, iii, 7. vii, 63 [*abul qabal āli ša* N.]. viii, 75
2-12) Canon 725 B3 ($^{\text{[uru]}}$NINA)
2-13) Canon 704 O [*šaknu*]
3-11) BaM 24, Nr. 11, Rs. 7’
3-13) CTN 3, 90, Rs. 1; ND 3469, 12 (Iraq 15, pl. 13)
3-16) SAA 7, 28, i, 15 [*ḫazannu*]
3-20) SAA 7, 4, i, 7’ [*bēl pīḫati*]; id., 75, Rs. 26 (^{uru}NINA$^{!}$)
4-11) SAA 19, 84, Rs. 5 (^{uru}⸢NINA$^{?}$⸣)
4-13) GPA 199, Rs. 12; **SAA 1**, 58, 8. 10; id., 127, Rs. 1’ (⸢^{uru}NINA$^{?}$⸣); id., 132, Rs. 10’ (^{uru}⸢NINA$^{!}$⸣). 12’; id., 235, Rs. 9; id., 240, u. Rd. 17’; **SAA 5**, 125, 5; id., 218, 15’; SAA 15, 226, 11 ($^{\text{[u]ru}}$NINA)
4-13/14) CT 53, 826, 11’
4-14) KAV 197, u. Rd. 38
4-15) **SAA 10**, 1, Rs. 3’; id., 20, Rs. 3; id., 130, Rs. 6; id., 351, 6 (^{ur}[$^{\text{u!}}$NIN]A$^{!}$); id., 369, Rs. 6 [*bēl pīḫati*]; **SAA 13**, 13, 7 (erg.); id., 56, 6; id., 58, 6; id., 60, 6; id., 62, 6; id., 64, 7 (^{uru}[NINA); id., 113, 10 [*bēl pīḫati*]; **SAA 16**, 36, 12’; id., 59, 3; id., 60, 10’ (^{u}[^{ru}NINA]); id., 61, 3 ($^{\text{[ur]u}}$NINA); id., 79, 7 [Libbi-āli, Dūr-Šarrukīn]; id., 88, 11 [*bēl pīḫati*]; id., SAA 16, 105, 4. 19
4-15/16) SAA 10, 95, Rs. 19’; id., 254, 7’; SAA 13, 8, 7 (erg.); id., 10, 7; id., 14, 6; id., 152, u. Rd. 8’; id., 160, Rs. 4’ (^{uru}NI[NA])
4-16) SAA 10, 96, Rs. 8
4-20) StAt 2, 12, Rs. 11
4-22) GPA 193, 8
5-10/11) Edubba 10, 33, Rs. 4. 23

5-11) Edubba 10, 35, 4'. Rs. 28'; id., 36, Rs. 7'; GPA 6, 2. 3 (^{uru}NI[NA); SAA 14, 463, Rs. 5
5-13) CTN 3, 90, Rs. 14 20 (Lesung CNA ^{uru}NINA statt ^{uru}*ab*$^{?}$*-ba-ab*$^{?}$, s. Kopie auf pl. 21); SAA 6, 6, Rs. 13 ($^{⸢uru!⸣}$[NI]NA$^{!}$]); id., 31, Rs. 10
5-14) BT 125, Rs. 6 (Iraq 25, pl. 25); SAA 6, 50, Rs. 8 ($^{⸢uru⸣}$[NI]NA); id., 85, Rs. 1; id., 87, Rs. 2; id., 90, 12; id., 92, 3' ($^{[ur]u!}$⸢NINA⸣); id., 110, Rs. 3; id., 158, 7; id., 163, Rs. 4' ($^{[u]ru!}$NINA); id., 165, Rs. 1; id., 201, Rs. 2
5-15) SAA 6, 229, Rs. 2 ($^{[ur]u!}$NINA$^{!}$); id., 253, Rs. 6 ($^{[uru]}$NINA); id., 254, 10'; id., 314, Rs. 6
5-16) AfO 32, 38f., Rs. 7; BATSH 6, 87, 7'; ND 3430, Rs. 2 (Iraq 15, 142) [*ḫūl* N.]; **SAA 6**, 326, Rs. 10 ([^{uru}NIN]A); **SAA 14**, 40, 7; id., 64, Rs. 5; id., 90, 15; id., 149, 7; id., 154, Rs. 7; id., 155, 3; id., 439, 4; StAt 2, 161, 3; id., 186, Rs. 4 (⸢^{uru}NINA⸣)
5-19) SAA 14, 46, Rs. 6
5-20) SAA 14, 315, Rs. 9' ($^{[uru]}$NINA)
5-22/23) SAA 14, 328, 2' (^{uru}NIN[A$^{!}$]) [*ḫūl* N.]
5-23) SAA 14, 188, Rs. 3; id., 215, 11'; id., 250, 4 (^{uru}NI[NA])
7-07) SAA 12, 72, Rs. 12 (erg.)
7-16) SAA 12, 28, 33
7-20) SAA 12, 59, 18'
8-15/16) SAA 8, 157, Rs. 2. 6

^{uru}NINA^{ki}

1-05) RIMA 3, 102.14, 45; id., .17, 2
1-11) Tigl Ann 17, 16' (^{uru}NINA$^{!!ki!!}$)
1-13) 3R 3, 12, 7. 8; Arch 79, 70, 2; id., 71, 4 (^{uru}[NINA^{ki}]); Iraq 7, 86f, 8'
1-14) **RINAP 3/1**, 111.4, 87; **RINAP 3/2**, 111.95, 1; id., 111.99, 2; id., 111.100, 2; id., 111.230, 60 (^{uru}N[INA^{ki}])
2-07) Canon 788 B10 (^{uru}NI[NA^{ki}])
2-13) Eponym 704 A9 [*šaknu*]
3-16) SAA 7, 3, i, 4' [*bēl pīḫati*]. 5' [id.]
3-20) ND 2312, 6 (Iraq 23, pl. 10) (^{uru}⸢NINA⸣^{ki})
3-23) SAA 11, 23, 14
4-14) KAV 197, 11
4-15) **SAA 10**, 19, Rs. 3; id., 187, Rs. 7 (^{uru}NIN[A]$^{k[i]}$); id., 228, 4; id., 293, 4 (erg.); id., 294, 3; **SAA 13**, 57, 7 ([^{uru}NIN]A^{ki}); **SAA 16**, 33, 6; id., 48, 7
4-15/16) SAA 10, 226, Rs. 7; id., 279, Rs. 4; id., 386, 6 (erg.)
4-16) SAA 10, 227, 5
5-13) SAA 6, 11, Rs. 12' (^{uru}NI[NA^{ki}])
5-14) SAA 6, 154, 5
5-15) SAA 6, 232, u. Rd. 7; id., 251, 16' (erg.); id., 301, Rs. 2 (^{uru}N[INA^{ki}])

5-15/16) SAA 6, 332, Rs. 11’ (^{uru}NI[NA^{ki}]); id., 349, Rs. 5
5-16) SAA 6, 309, Rs. 3 (⸢^{uru}NINA^{ki}⸣); id., 325, Rs. 4’; id., 329, Rs. 4 (erg.); id., 334, Rs. 17 (erg.); id., 335, Rs. 10; SAA 14, 24, Rs. 8; id., 116, Rs. 5 ([^{uru}NI]NA)
5-19) SAA 14, 42, Rs. 22; TCL 9 66, 6 (SAAB 11, 11ff.) (^{uru}NINA$^{?ki?}$)
5-20) SAA 6, 302, Rs. 12’ (^{uru}NINA$^{[ki]}$); SAA 14, 47, 7’; id., 294, Rs. 4’; id., 330, 1’ (^{uru}NI[NA^{ki}]); StAT 2, 12, 6 [Bīt-Gabiu *ina qanni* N.]; id., 232, Rs. 2 (^{uru}⸢NINA$^{?ki}$⸣); StAT 3, 4, Rs. 28 (⸢^{uru}⸣NINA$^{[ki]}$)
5-23) BATSH 6, 172, 2’; SAA 14, 178, Rs. 8; id., 460, 3’
6-10) SAA 2, 2, Rs. iv, 31’
6-15) SAA 2, 5, Rs. iv, 1’. 6. 57

^{uru}NINA-0^{meš}
3-15/16) SAA 7, 149, iii, 8’ (-0$^{!meš}$)

N:
^{uru}*ni-nu-a-a*
3-07) CTN 3, 145, Rs. i, 11 (^{uru}⸢*ni-nu*⸣-)
5-16) Rfdn 17, 9, Rs. 10
5-18) Rfdn 17, 7, 2

Darüber hinaus wird N. in folgenden unpublizierten Texten erwähnt:

5-14) O 3680, 20 (zit. von Garelli [1986] 242); O 3712, 28 (id.); O 3683, Rs. 7 (id.)
5-16) O 3686 (zit. von Garelli [1986] 246)

¶ NAT 40 (As[...]), 262–267 (Ninua); Whiting (1976) 173, Z. 2 u. Schneider (1932) Nr. 79, Z. 6 (Ur III Ninua); RGTC 3, 178–179 (aB Ninu[w]a); RGTC 4, 89 (aA Ninuwā); RGTC 5, 206–208 (mA/mB Ninua); RGTC 6/1, 284–285 u. 6/2, 112–113 (heth. Ninuwa); RGTC 8, 238–239 (nB/spB Ninua); RGTC 10, 187–188 (Nuzi Ninua[we]); RGTC 12/2, 209 (Am/Ug. Ninuwa); bibl. *nîn^{e}wēh* (HAL, 658); klass. Ninos, Ninus, Nineuē (TAVO Karte B VI 14 u. 18), vielleicht Mespila (Anabasis iii, 4, 7 mit Pinker [2006] 4–5; Barrington Atlas 89 F4 bzw. B1); nA PN Nīnuāju, PNA 2/II, 964f. und Nīnuītu, id., 965. Zum esoterischen Name Durna (geschr. ^{uru}*dur-na*) s. SAA 3, 39, 19 u. Menzel (1981b) T 165, 189 mit id. (1981a) 129.

Stadt in Zentralassyrien am linken Trigrisufer, heute al-Mauṣil (Mosul), wo sich die Hügel Tall Qūyunǧuk und Tall Nabī Yunus befinden (TAVO Karte B IV 20, 1.1 u. 1.2), Astour (1987) 29f. u. 52, Hannoon (1986) 198–201, Lumsden (2005), RlA 9, 388–433 (J. E. Reade), Scott/Macginnis (1990), Stronach (1994). N. war die letzte Hauptstadt des neuassyrischen Reiches und seit mittelassyrischer Zeit (Postgate [1985] 96f. [VS 21, 21,

17]) Statthaltersitz einer gleichnamigen Provinz, RlA 11, 47, Nr. 9 (K. Radner). Zu Sanheribs Bauprogramm für N. s. Frahm (1997) 267–276. Zu Sanheribs Wasserbauten für N. s. Bagg (2000) 169–224 (mit älterer Lit.), Fales/Del Fabbro (2014), Ur (2005). Zu den Archiven von N. s. Parpola (1986). Zu den Darstellungen von N. s. Reade (1998b). TAVO Karte B IV 10 u. 13; Helsinki Atlas, 4. 28.

Im Gebiet von N. befanden sich folgende Ortschaften: → Adia, → Āl-āpiāni, → Āl-ērib-bīti, → Ālu-ša-Libbālāja, → Ālu-ša-nappāḫī, → Bīt-Gabiu, → Bīt-Ḫurāpî, → Kapar-diqārāte, → Nēmed-Tukultī-Ninurta, → Sasiqani, → Tastiāte, → Zikkû. Wahrscheinlich in der Nähe von N. lagen → Āl-Adad-[...] 1, → Āl-ašlākē, → Āl-paḫḫārāni, → Āl-rā'âni-ša-mār-šarri, → Ḫa[...]ra, → Kāpar-Armāja, → Kapar-Mannu-lū-aḫū'a, → Kapar-Zīzî, → Kār-Apladad, → Maganiṣi, → Mannu-kalla, → Supūri-eddette, → Tur[...] 1, → Zanbāja und →^{fr} ^{uru}[...] 55. Vielleicht in der Nähe von N. lagen → Āl-Dannāja, → Ḫappati, → Ikkarāti und → Kapar-Nabû-šimanni.

Nipur

^{kur}*ni-pur*

1-04) RIMA 2, 101.1, i, 70 [Paṣate]. 73 [id.]; id., 101.17, i, 92 (-⸢*pur*⸣)

1-14) **RINAP 3/1**, 111.16, iv, 75 [*šadû marṣu*]. 78; id., 111.17, iv, 22 (-*pu*[*r*]) [*šadû marṣu*]. 24 (-*pu*[*r*]); id., 111.18, iii, 3'' ($^{[kur]}$*ni-*) [*šadû marṣu*]. iii, 5'' (erg.); id., 111.22, iii, 78 [*šadû marṣu*]. 80; id., 111.23, iii, 69 (^{kur}[*ni-*]) [*šadû marṣu*]. 71 (erg.); id., 111.26, i, 14'; id. 111.34, 73; **RINAP 3/2**, 111.42, 11 (erg.); id., 111.44, 22 [*šadû marṣu*; Tumurra]; id., 111.46, 38 (2x) [id.]; id., 111.49, 7' (erg.); id., 111.50, 7' (erg.); id., 111.51, 6; id., 111.152, 11 (^{kur}⸢*ni*⸣-[*pur*)]; id., 111.222, 17. 32. 34. 46 ($^{[kur]}$*ni-*). 50

¶ NAT, 268.

Berg in Nordmesopotamien, der Cudi Dağı östlich von Cizre, Kessler (1980) 36f., Liverani (1992a) 29, RlA 9, 566 (M. P. Streck). Nicht mit dem Berg →$^{1add.}$ Nipuri in der nördlichen Levante zu verwechseln.TAVO Karte, B IV 10 u. 13; Helsinki Atlas , 4. 37.

Im Gebiet des Berges N. befanden sich die Städte → Atkun, → Ezāma, → Ḫalbuda, → Kipšu, → Pilazi, → Qana, → Qūa, → *Quda 1, → Šarum, → Tumurru, → Ušḫu und wahrscheinlich → *Munu.

*Niramu

N:

^{uru}*ni-ra-ma-a-a*

3-15/16) SAA 11, 222, 1’ (-⸢*a-a*⸣)

¶ NAT, 268 (Nirama).

Wahrscheinlich eine Stadt in Zentralassyrien, vielleicht in → Si’immê (nach SAA 11, 222) oder in → Šīmu (s. u.), Zadok (1995a) 236, 3.6.1.10.5. Zadok (1998) 70 verbindet N. mit zwei altsyrischen Ortsnamen, die in der Mönchgeschichte des Thomas von Margā genannt werden: *nyrm* und *nyrm dr‘wt’* (Budge [1893] 599 und 592). Beide Orte lagen im Bergland von Margā in Zentralassyrien, *nyrm* nördlich des Oberen Zab und *nyrm dr‘wt’* in der Nähe des Nahr al-Ḫāzir. Fiey (1965) 252f. (mit Karte auf S. 224) identifiziert *nyrm* mit Nerem bzw. Niram, kurdisch Gunduk im Osten von Margā. Diese Region zwischen dem Oberen Zab und der Nahr al-Ḫāzir wird für einen plausiblen Kandidaten für → Šīmu gehalten. Ob N. und die beiden Ortsnamen aus dem 9. Jh. n. Chr. mehr als Homonyme sind, bleibt jedoch offen.

Nirbu

ni-ir-bi

1-04) RIMA 2, 101.56, 9 (-[*ir*]-) [Subnat]

^{kur}*né-er-bi*

1-04) RIMA 2, 101.52, 4’ [Šubarû]

^{kur}*ni-ir-be*

1-04) Bronze bands, 70, piece 4, 4 [Šubarû]; RIMA 2, 101.19, 98 [Arbakki]; id., 101.26, 20 [Šubarû]

^{kur}*ni-ir-bi*

1-04) RIMA 2, 101.1, i, 112. ii, 1. 2 [von N. nach Tušḫan]. 9 (2x); id., 101.17, ii, 3. 5 [von N. nach Tušḫan]. 27. 28; id., 101.26, 24 [Subnat]; id., 101.32, 4 [id.]; id., 101.34, 12 [id.]; id., 101.51, 16 [Šubarû]. 20 [Subnat]; WVDOG 121, 59f, Vs. 7 [Ḫabḫu]

^{kur}*ni-ir-bu*

1-04) RIMA 2, 101.1, i, 112 [*ša šēp* Uḫira]. ii, 15 [*ša libbi* Kāšiāru]; id., 101.17, ii, 49 [*ša libbi* Kāšiāru]

^{kur}*ni-ri-be*
1-04) RIMA 2, 101.35, 5 [Subnat]; id., 101.38, 10 [id.]

^{kur}*ni-ri-bi*
1-04) RIMA 2, 101.1, iii, 120 [Šubarû]

^{kur}*ni-rib*
1-04) Harrak 2004, Side 2, 15' ([^{kur}*ni*]-); RIMA 2, 101.1, ii, 129 [Subnat]. iii, 122 [id.]; id., 101.2, 11 [Šubarû]; id. 101.3, 34 [id.]; id. 101.23, 7 [id.]; id., 101.24, 2' (erg.) [id.]; id., 101.31, 7 [Subnat]; id., 101.33, 10'

¶ NAT, 269; RGTC 9, 61 (urar. Nireba).

Eine Bezeichnung des gesammten „Passlandes" des → Kāšiāru-Gebirges, Kessler (1980) 26, Liveani (1992a) 27f., RlA 9, 574f. (M. P. Streck). Nach Radner (2006a) 291 könnte N. die lokale Bezeichnung des Ṭūr Abdīn sein. N. lag inmitten des Kāšiāru-Gebirges, am Fuß des Berges → Uḫira. Im Kāšiāru-Gebirge befanden sich die Pässe von → Allapsia, → Bulijana und → Ištarāte.

Nirdun

^{kur}*ni-ir-du-un*
1-04) RIMA 2, 101.1, ii, 13 [Tušḫan, Šubria, Urumu]. 101 [Tušḫan]; id., 101.17, ii, 41 [Tušḫan, Šubria, Urumu]. iv, 54 [Tušḫan]; id., 101.19, 68 ([^{kur}*ni*]-) [Tušḫan]. 98 [Luluta]

¶ NAT, 269.

Land in der Nähe von → Tušḫan, im Tal des Savur Çayı, Kessler (1980) 121, Karte v, Liverani (1980) 40 mit Fig. 3, Parker (2001) 170 Anm. 791, Radner und Schachner (2001) 751, Fig. 3. TAVO Karte B IV 10.

Nirgi

^{uru}*ni-ir-gi*
3-13) CTN 3, 90, 7

¶ Vermutlich eine Stadt in Zentralassyrien bzw. in einem benachbarten Gebiet, Zadok (1995a) 269, 5.3.7.

Nisalḫuna

^{uru}*ni-sal-ḫu-na*
5-23) O 3666, 2$^{?}$ (unpubl. zit. in PNA 3/I, 1068, s. v. Sakuḫu 2)

¶ Stadt im Balīḫ-Becken; s. → Mallanāte.

Nu[...]

^{uru}*nu*-x-x
7-07) SAA 12, 1, 17 (Lesung nach KAV 94, 17) [*nār ša* N. *ina pīḫat* Guzāna]

¶ Stadt in der Provinz → Guzāna an einem der Zuflüsse des → Ḫābūr, Kessler (1980) 214.

Nuḫu[...]

^{uru}*nu-ḫu*-GIŠ(-x)
5-07) Edubba 10, 24, 4

¶ Lage unbekannt. Es könnte sich um einen Beleg für → Nuḫubu in Zentralassyrien handeln, was eine Emendation ^{uru}*nu-ḫu-bu*$^{?}$/*bi*$^{?}$ erforden würde.

***Nuḫubu**

^{uru}*nu-ḫu-bi*
5-15) SAA 6, 211, 3' (-⌜*ḫu*$^{!}$⌝-) [*ḫūl ša ana* N.]

N:
^{uru}*nu-ḫu-ba-a-a*
4-13) ABL 307, 2 [*šaknu*]
5-23) SAA 14, 385, 3 ($^{[uru]}$*nu-*)

^{uru}*nu-uḫ-ba-iá*
4-13) ABL 307, Rs. 10'

¶ NAT, 270 (Nuḫba).

Stadt in der Nähe von → Kannu', Zadok (1995a) 244, 4.3.2.1 u. id. (2012) 876, 1.3. Ein zu verkaufendes Grundstück in Kannu' grenzt an eine Straße, die nach N. führt. Im königlichen Brief ABL 307 wird ein gewisser Aššur-nāṣir als „Untergebener des Gouverneurs von N." bezeichnet (Z. 1–2), s. PNA 1/I, 203f., s. v. Aššur-nāṣir 7 (auch in CAD Š/1, 160b, s. v. šakin māti als „Gouverneur" übersetzt). Eine Provinz N. ist ansonsten nicht bezeugt. Forrer (1920) 115 betrachtet N. als Provinz, während sie in RlA 11, 42–68, s. v. Provinc. C. Asssyrien (K. Radner) nicht berücksichtigt wurde. Man muss mit der Möglichkeit rechnen, dass *šaknu* hier nicht im Sinne von „Gouverneur von N.", sondern eher als „Kommandant der Nuḫubäer" o. ä. verwendet worden sein könnte. S. → Nuḫu[...].

Nunak

^{uru}*nu-nak*

4-13) SAA 15, 186, Rs. 5 [Bāb-bitqi, Apallâ]

¶ Übergangsstelle über den Tigris in der Nähe von → Bāb-bitqi, wahrscheinlich auch am östlichen Flussufer.

Nuniba (?)

^{uru}*nu-ni-ba*

3-13) SAA 11, 133, ii, 6 (^{uru}*nu*$^{?}$-) [Sina'ini]

¶ NAT, 270; wahrscheinlich nur ein Homonym von urar. Nuniba, RGTC 9, 61.

Lage unbekannt, vielleicht im oberen Ḫābūr-Gebiet bzw. im Balīḫ-Becken, Zadok (1995a) 235, 3.5.4.10.

Nura[...]

^{uru}*nu-ra*-[x x]

5-10/11) Edubba 10, 33, Rs. 36 (= BaM 24, Nr.18) [Til-paḫḫāri]

¶ Wahrscheinlich eine Stadt in Zentralassyrien, vermutlich in der Nähe von → Kalḫu, Zadok (1995a) 259, 4.28.7; s. Komm. zu → Azubiti. Vgl. → Āl-pahhārāni.

P

Pa[...] 1

^{uru}*pa*-[...]
1-11) Tigl RR, 31 (^{uru}⸢*pa*$^{?}$⸣-) [Na(...), Qurula]

¶ Stadt in → Ulluba 2.

Pa[...] 2

^{uru}*pa*-x [x]
4-11) SAA 19, 39, Rs. 8 (^{uru}⸢*pa*⸣-x)

¶ Möglicherweise eine Stadt in → Isāna bzw. in Zentralassyrien; s. Komm. zu → Li[...].

Pabite

^{uru}*pa-bi-te* AN.TA
3-05) Billa 73+, 4 ($^{\text{[ur]u}}$*pa*-[*bi-t*]*e*) [Pabite šaplû]
3-21) Billa 76, u. Rd. 7' [Karuḫa, Šibaniba]

^{uru}*pa-bi-te* KI.TA
3-05) Billa 73+, 6 ($^{\text{[uru]}}$*pa*-) [Pabite elû]

¶ NAT, 271.

Stadt, die in den Texten aus Tall Billā (→ Šibaniba) erwähnt wird und vermutlich in ihrer Umgebung lag, Zadok (1995a) 256, 4.17.1.8a-b. Die Bezeichnungen P. elû und P. šaplû könnten sich auf eine Ober- und eine Unterstadt beziehen bzw. auf eine Doppelstadt auf zwei verschiedenen Höhen oder an zwei Stellen entlang eines Flusses hindeuten. Nach der Urkunde Billa 73+ waren beide Städte bzw. Stadtteile verwaltungstechnisch getrennt; vgl. → Masiḫi.

Padāni s. Padnu

Padê

^{uru}*pa-de-e*

1-15) RINAP 4, 112.77, 25 [*ālāni dannūti ša nagie* Bāzu; Qatabu', Udēru]; id., 112.78, 23 [id.]; id., 112.79, 23 (erg.) [id.]; id, 112.93, 12 [id.]

^{uru}*pu-da-a'*

1-15) RINAP 4, 112.1, iv, 68 [*šarru*; Iḫilu]

¶ NAT, 93 (Buda'); NAT, 271 (Padê); nA PN Pādê, PNA 3/I, 977f.

Befestigte Stadt in → Bāzu, Eph'al (1984) 131, RGTC 11, 202 (Padē), RlA 2, 74 (E. Ebeling), Rosemarin (1932) 33.

Padnu

^{uru}*pa-ad-nu*

1-06) RIMA 3, 103.2, iii, 21' [*āl šarrūti*; Makurrete, Qai(...)na]

^{uru}*pa-da-ni*

5-20) SAA 14, 254, 1'

¶ NAT, 271 (Padāni u. Padnu); RGTC 5, 213 (mB Padan); RGTC 8, 245 (nB/SpB Padāni); vgl. sarg. *ap-tá-ni*^{ki} bzw. *pa-tá-ni*^{ki} (in Texten aus Tall as-Sulēme, s. Zadok [1991b] 43).

Stadt im Osttigrisgebiet am oder südlich des Diyālā (→ Turnat), Fuchs (2011) 232, Postgate/Mattila (2004) 243, Zadok (1985b) 31, id. (1995a) 224, 1.1.29. Nashef (1982) 129 schlägt eine Lage südöstlich vom Diyālā vor seinem Durchbruch durch den Ǧabal Ḥamrīn (→ Ebiḫ) vor. Falls identisch mit präsarg. Aptani/Patani, wäre P. mit Tall as-Sulaima zu identifizieren, s. Zadok [1991b] 43 u. Komm. s. v. → Til-ša-Abtāni. Aufgrund der vorgeschlagenen Identifizierung von → Ḫašimur mit dem Gebirge Darewiškeh südlich von Ḫānaqīn lokalisiert Hannoon (1986) 362 u. 402 mit Karte 18 auf S. 402 P., → Makurrete und → Qai[x]na im Gebiet westlich vom letztgenannten Ort.

Paḫnuti

^{uru}*pa-aḫ-nu-ti*
1-16) Asb A, i, 105 [*šarru*; Pišapdi'a, Šijātu]

¶ NAT, 272.

Stadt in → Muṣur (Ägypten), wahrscheinlich zwischen Memphis (→ Mempi) und Hermopolis (→ Ḫimuni), Onasch (1994a) 55, Ranke (1910) 31, Steindorff (1890) 608, Yoyotte (1952) 214.

Paiê

^{uru}*pa-ie-e*
4-13) SAA 5, 129, li. Rd. 3

¶ Stadt vielleicht in der Nähe von → Ukku (Zadok [2002] 133) und/oder → Quruba.

Palê (?)

^{kur}PA-LID-E (gelesen ^{kur}*pa-le*$_{8}$*-e*)
1-21) Sader (1987) 12, Ba 2-3, 2 [*šarru*]; id. 13, Ba 5, 2 (-[LID-E]) [id.]

¶ Land im nordöstlichen Syrien, das in den Inschriften des Kapara (PNA 2/I, 604f., RlA 5, 391 [W. Röllig]), einem Herrrscher von → Guzāna, der sich als König von P. bezeichnet, bezeugt ist. Die Lesung des ON ist umstritten. Eine Möglichkeit ist mit Albright (1956) 82 (mit Anm. 39) ^{kur}*ḫat-té*$^{!}$*-e* (→^{1} Ḫatti) zu lesen. Diese Lesung, wenn auch plausibel (RlA 5, 391; vgl. RIMA 2, 101.1, ii, 22), bleibt problematisch, Sader (1987) 12 Anm. 18. Lipiński (2000) 132 schlägt vor, ^{kur}*bá-li*$_{8}$*-e* zu lesen, was auf ein vermeintliches Land Balīhu im Gebiet des gleichnamigen Flusses (→ Balīḫu 2) mit der gleichnamigen Stadt als Zentrum (→ Balīḫu 1) hindeuten würde (s. aber Zadok [1995a] 232, 3.4.1.0.1 gegen Lipiński [1989-90] 302). Darüber hinaus kann der ON als ^{kur}*pa-li*$_{8}$*-e* (Meissner [1933] 75, Fales [2002] 193 Anm. 55, TAVO Karte B IV 10, Zadok [1995a] loc. cit.) gedeutet werden, ein Land oder Gebiet in der Nähe von → Guzāna, das sonst nicht bekannt ist. TAVO Karte B IV 10 (Palê).

Pandu([...])

^{uru}*pa-an-du*(-)x(-)[...]
1-07) WVDOG 121, 69, Vs., 7' ($^{⸢uru⸣}$*pa-*) [Buralli, Ḫabatešu]

¶ Möglicherweise eine Stadt im nördlichen Osttigrisgebiet, s. Komm. zu → Ḫabatešu.

***Pappaḫa**

N:
^{kur}*pa-pa-ḫa-a-a*
5-14) O 3685, Rs. 23 (unpubl. zit. in PNA 1/II, 251f, s. v. Bagānu) (^{kur}*pa*$^{!}$-*pa*$^{!}$-*ḫa*$^{!}$-*a-a*)

¶ Vielleicht ein Gebiet im Balīḫ-Becken oder am Oberen Ḫābūr, in der Nähe von → Mallanāte.

Paqud s. Paqutu

Paqutu

^{uru}*pa-qu-tú*
5-15) SAA 6, 287, 12 [Kapar-Ṣil-Bēl, Dūr-Šarrukāja].

¶ NAT, 273 (Paqutu); alternativ kann der ON ^{uru}*pa-qu-ud* gelesen werden (vgl. nA PN Pāqidu, PNA 3/I, 988).

Dorf in → Laḫīru 1, Zadok (1995a) 225, 1.2.5.

Parakkīšu

^{uru}BARAG-*šú*
5-16) BATSH 6, 7, 7 [*ḫūl šarri ša* P.]. 9 (erg.) [id.]

¶ Stadt an der Königsstraße in der Umgebung von → Dūr-katlimmu. Radner (2002) 3f. schlägt eine Gleichstellung mit Tall Umm 'Aqrubba am Wādī 'Ağīğ, 45 km östlich von Dūr-katlimmu, vor. Dieser Fundort wird auch als plausibler Kandidat für → Zabinnu betrachtet.

Parisu

^{uru}*pa-ri-i-su*
1-11) Tigl Summ 5, i, 22 ([^{uru}*pa-ri*]-; Ergänzung nicht sicher)

^{uru}*pa-ri-su*
1-11) Tigl Summ 1, 26 [*birāte ša* Urarṭu *ša kutal* Nal; Bitirru, Tašuḫa]

¶ NAT, 273.

Festung nördlich vom Berg → Nal in → Ulluba 2 bzw. an der Grenze mit →[3] Urarṭu und in die von Tiglatpileser neu eingerichtete Provinz Ulluba eingegliedert.

Parute (?)

^{uru}*pa-ru-te*
3-20) ND 2476, i, 12' (Iraq 23, pl. 15) (-*t*[*e*$^{?}$]) [*pīḫat* Kurbail]

¶ NAT, 275.

Stadt in der Provinz → Kurbail, Zadok (1995a) 259, 4.28.3.

Paṣate

^{kur}*pa-ṣa-ta*
1-04) RIMA 2, 101.1, i, 70 (Var.) [Nipur].

^{kur}*pa-ṣa-te*
1-04) RIMA 2, 101.1, i, 70 [Nipur]. 73 [Nipur, Diglat]

¶ NAT, 275 (Paṣata).

Berg in Nordmesopotamien, in der Nähe des – und wahrscheinlich östlich vom – Gebirge → Nipur (Cudi Dağı), Liverani (1992a) 29 mit Fig. 2.

Patiškun

^{uru}*pa-ti-iš-kun*

1-03) RIMA 2, 100.5, 14 (^{uru}*p*[*a*]-*ti*-⸢*iš*$^{?}$-*kun*$^{?}$⸣) [Kāšiāru, Bīt-Zamāni]

¶ NAT, 272 (Pan[…]).

Stadt in → Bīt-Zamāni, Zadok (1995a) 270, 6.2.2.2. Lipiński (2000) 151 u. 156 (id. [2002] 239) setzt P. mit Istilil, der byzantinischen Festung Phathakon gleich, das ca. 25 km östlich von Mardin liegt. Abgesehen davon, dass die Identifizierung auf einer vermeintlichen Namensähnlichkeit basiert und dass die Lesung des ON unsicher ist, würde eine solche Lage bedeuten, dass sich das Territorium von Bīt-Zamāni z. Z. des Tukultī-Ninurta II. weiter nach Südosten als z. Z. des Assurnasirpal II., bis zum südlichen Ṭūr ʻAbdīn erstreckte.

Pattu[…]

^{uru}*pa-at-tu*-[x x x]

7-16) SAA 12, 27, Rs. 6'

¶ NAT, 276 (Pattu).

Vermutlich eine Stadt in Zentralassyrien bzw. in einem benachbarten Gebiet, Zadok (1995a) 266, 5.1.1.7.17.

Paturisu

^{kur}*pa-ta-ri-is*

1-15) RINAP 4, 112.112, 4'

^{kur}*pa-tu-ri-si*

1-15) RINAP 4, 112.20, 4 [Muṣur, Kūsu]; id., 112.42, 3' (-[*si*]) [Muṣur]; id., 112.68, 4 [Muṣur, Kūsu]; id., 112.69, 6 (-[*si*]) [id.]; id., 112.95, 5 (-[*ri*]) [id.]; id., 112.103, 6 (erg.) [Kūsu]

^{kur}*pa-tu-ri-su*

1-15) RINAP 4, 112.83, 3 (-<*tu*>-) [Muṣur, Kūsu]; id., 112.98, 16 [id.]

^{kur}*pa-tú-ri-si*
1-15) RINAP 4, 112.60, 8' (-⌜*si*⌝) [Muṣur, Kūsu]

¶ NAT, 276; äg. *Pꜣ-tꜣ-rsj* (Spalinger [1974a] 320); bibl. *patrôs, patrusîm* (HAL, 930).

Oberägypten, nämlich das Gebiet zwischen Unterägypten (→ Muṣur) und Nubien (→ Kūsu), Ranke (1910) 31, RlA 10, 365 (s. v. Pathros, M. Görg). TAVO Karte B IV 13. Vgl. → Uriṣṣu.

Pa'uzi

^{uru}*pa-'u-zi*
1-02) RIMA 2, 99.2, 40 [*ša šēp* Kašijaru; Temannu]. 41 [nach Naṣībīna]

¶ NAT, 271 (Pa'izi); RGTC 5, 217 (mA Pa'uza).

Stadt am Fuß des Ṭūr 'Abdīn (→ Kāšiāru), östlich von → Naṣībīna, Kessler (1978-89) 101f., Lipiński (2000) 111f., Zadok (1995a) 236, 3.6.3.2.

Penzâ

^{uru}*pe-en-za-a*
4-13) SAA 5, 31, 7 (^{uru}⌜*pe*!⌝-); id. 32, 9; id. , 34, Rs. 11

¶ NAT, 277.

Stadt in → Šubria, vielleicht mit Genç am südlichen Ufer des Murat-Su (→ Arṣania 1) zu identifizieren, Kessler (1995) 67 mit Karte auf S. 66; eine Gleichstellung mit → Benzu kann nicht ausgeschlossen werden, id. 63f. Helsinki Atlas, 3. 19.

Pi[...]

^{kur}*pi*-[x-x]
1-01) RIMA 2, 98.1, 23 [Jaḫānu *māt* Arumu *ša kutal* P.]

¶ NAT, 279.

Land im Osttigrisgebiet, hinter dem das Land → Jaḫānu 2 lag. Nach einem Vorschlag von E. Forrer könnte mA/mB hist. Pilasqi (RGTC 5, 218) gemeint sein, RlA 1, 291b, s. v. Assyrien §46 (nach der Kopie scheint jedoch nur Platz für zwei weitere Zeichen vorhanden zu sein).

Pīḫat-Bīt-turtāni

É-^{lú}*tur-ta-ni*
5-11) SAA 6, 22, 3 (-*t*[*a-ni*]) [Allî *ša* P.]

É-^{lú}*tur-ta-ni*
5-13) SAA 14, 468, Rs. 3 [Ḫulî *ša* P.]

NAM É-^{lú}*tur-ta-ni*
1-13) Tigl Summ 1, 36 [*pīḫat* Na'iri]

NAM ^{lú}*tur-ta-ni*
1-13) Tigl Ann, 9, 10 (⌜^{lú}*tur*⌝-*ta-ni*); Tigl Summ 9, 23' (erg.)

¶ NAT, 360 (Turtānu).

Die „Provinz des Generals" (*turtānu*) wurde 856 eingerichtet und im Laufe des 8. Jh. umstrukturiert, RlA 11, 48, Nr. 12 (K. Radner); ferner Mattila (2000) 114–116, Tadmor (1994) 185 zu Z. 23', Zadok (1995a) 233, 3.5.1. Die genauen Grenzen dieser *ex officio* Provinz sind unklar, aber sie umfaßte etwa das Gebiet westlich der Provinzen am Ḫābūr bis zum Euphrat-Bogen. Regierungszentrum im 9. Jh. war →[1] Til-Barsip/→[1] Kār-Šulmānu-ašāred, Postgate (1995) 6, RlA 11, 48. Der *turtānu* Bēlu-lū-balaṭ (PNA 1/II, 335, 1) kontrollierte zu dieser Zeit als Gouverneur (*šaknu*) folgendes Territorium im Balīḫ-Gebiet: Die Städte → Tabitu, → Ḫarrānu, → Ḫuzirīna und → Dūru, die Länder → Qipānu und → Zallu, sowie die Stadt → Balīḫu. Zur Zeit Tiglatpilesers III. wurden folgende Gebiete südlich des Murat-Su (→ Arṣania) der „Provinz des Generals" hinzugefügt: Die Städte → Aranu, → Tasu, → Uallia, → Ura in → Bāzi 1 und → Alqi[...], sowie die Länder → Arasilla, → Uilla, → Ulina und → Urbakka (Tigl Summ 9, 20'–21'; zur Interpretation dieser Stelle s. Kessler [1980] 166f.). Nach der Einrichtung der eigenständigen Provinzen →[1] Til-Barsip und → Ḫarrānu im späten 8. Jh. mußte sich das Territorium von P. auf die nördlichen Gebiete beschränkt haben (RlA 11, 59). Zur „Provinz des Generals zur Linken" (*turtānu šumēlu*) s. RlA 11, 48, Nr. 13 u. →[1] Kummuḫu. TAVO Karte B IV 10, 13; Helsinki Atlas, 3. Nicht mit dem Berg

→[3] Turtani zu verwechseln. Die Städte → Allî, → Ēnāte und → Ḫullî befanden sich in P.

Pīḫat-Rab-šāqê s. Māt-Rab-šāqê

Pīḫat-turtāni s. Pīḫat-Bīt-turtāni

Piḫattiḫurunpiki

uru*pi-ḫa-at-ti-ḫu-ru-un-pi-ki*
1-16) Asb A, i, 103 [*šarru*; Aḫni, Pišapti'a]

¶ NAT, 277; äg. *Pr-Ḥwt-Ḥr-nb.t-Mfk.t* (DG II, 118); klass. Terenouthis (TAVO Karte B V 21).

Stadt in → Muṣur (Ägypten), das klass. Terenouthis, heute Kūm Abū Billū im östlichen Delta, Onasch (1994a) 54, RlA 10, 561 (M. Görg), Ranke (1910) 32, Steindorff (1890) 606f., Yoyotte (1952) 213f. Die frühere Gleichstellung mit klass. Aphroditēs Polis, heute Aṭfīḥ (Steindorff [1890] 606f., Fecht [1958] 113f.), ist überholt. TAVO Karte B IV 13.

Pilaḫma-mātka-šallim

uru*pi-làḫ-ma-*KUR*-ka-šal-lim*
1-15) RINAP 4, 112.33, iv, 20' [Šia-šulmi-amat-šarrīšu, Lā-iplaḫ-māssu-iḫpi]

¶ NAT, 277.

Stadt in → Šubria, die in einer Liste von 21 Städten erwähnt wird, die von Asarhaddon erobert und umbenannt wurden, Pongratz-Leisten (1997) 335–337.

Pilazi

uru*pi-la-zi*
1-04) RIMA 2, 101.1, i, 71 [Atkun, Ušḫu]

¶ NAT, 277.

Stadt im Gebiet am Fuß der Gebirge → Nipur (Cudi Dağı) und → Piṣate, nördlich vom östlichen Ḫābūr-Fluss, zwischen Silopi und Dernāḫ, Liverani (1992a) 29, RlA 10, 563 (K. Radner).

Pinṭiṭi

uru*bi-in-ṭi-ṭi*

1-16) Asb A, i, 99 [Var.]; id. 134 [id.]; Asb B, i, 95 [Sai, Ṣi'nu]

uru*pi-in-ṭi-ṭi*

1-16) Asb A, i, 99 [*šarru*; Ṣabnūti, Puširu]; id. 134 [Sai, Ṣi'nu]; Asb C, ii, 130 [id.]

¶ NAT, 72 (Binṭiṭi); äg. *Pr-Bꜣ-nb-ḏd.t* (DG II, 74); klass. Mendēs (TAVO Karte B V 21).

Stadt in → Muṣur (Ägypten), das klass. Mendēs, heute Tall ar-Rub', Onasch (1994a) 53, Ranke (1910) 27 u. 32, Seindorff (1890) 604f. TAVO Karte B IV 13.

Piqdani

uru*pi-iq-da-ni*

3-13) KAV 131, Rs. 5' [Ḫudupa]

¶ NAT, 278.

Lage unbekannt, nach Zadok (1995a) 239, 3.9.8.1 vielleicht in der Ǧazīra.

Pīru

uru*pi-i-ru*

1-03) RIMA 2, 100.5, 122 (-*r*[*u*])

¶ NAT, 278.

Stadt in bzw. in der Nähe von → Musku 2.

Piru'a

^{uru}*pi-ra-'a-a*
3-13) SAA 11, 202, i, 9' (^{uru}*pi*$^{!}$*-ra-*[*'a*]*-a*$^{!}$) [Kapar-'Anâ *ina* P.]

^{uru}*pi-ru-'a-a*
3-13) SAA 11, 205, i, 10' (*-ru*$^{!}$*-'a-*[*a*]) [Kapar-Akaru *ina* P.]

¶ NAT, 74 (Birra[...]); NAT, 277 (Pidū'a).

Stadt im Balīḫ-Becken, in deren Gebiet sich die Dörfer → Kapar-'Anâ und → Kapar-Akaru befanden.

Pišapdi'a

^{uru}*pi-šap-di-'a-a*
1-16) Asb A, i, 104 [*šarru*; Piḫattiḫurunpiki, Paḫnuti]

¶ NAT, 278 (Pisapdi'a); äg. *Pr-spdw-m-jꜣ.tj* (RlA 10, 577 [M. Görg]).

Stadt in → Muṣur (Ägypten), Onasch (1994a) 55, Ranke (1910) 32, Steindorff (1890) 607f., Yoyotte (1952) 214. Die Lokalisierung von Fecht (1958) 114 in der Gegend des Faijum, die auf einen vermuteten faijumischen Lautstand basiert, wird von Onasch loc. cit. abgelehnt. Nicht mit → Pišaptu zu verwechseln (gegen RlA 10, 577).

Pišaptu

^{uru}*pi-šap-tu*
1-16) Asb A, i, 93 [Var.]

^{uru}*pi-šap-tú*
1-16) Asb A, i, 93 [*šarru*; Natḫû 1, Ḫatḫiribi];

^{uru}*šap-tú*
1-16) Asb C, ii, 88 (Fehler?) [*šarru*; Natḫû 1, Ḫatḫiribi]

¶ NAT, 278; äg. *Pr-Spdw* (DG II, 127f.).

Stadt in → Muṣur (Ägypten), heute Safṭ al-Ḥinnā im östlichen Delta, Onasch (1994a) 42, Spalinger (1974a) 318, Steindorff (1890) 601. TAVO Karte B IV 13.

Pitura

^{uru}*pi-da-ra*

1-04) RIMA 2, 101.19, 79

^{uru}*pi-tu-ra*

1-04) RIMA 2, 101.1, ii, 104 [*āl dannūti*; *ša* Dirria]. 112 [Arbakki]; id., 101.17, iv, 64 ($^{\text{[uru]}}$*pi-*⸢*tu*⸣-) [*āl dannūti*; *ša* Dirria]. 90 [Arbakki]; id., 101.19, 71 (-⸢*tu*⸣-) [*āl dannūti*; *ša* Dirria]

¶ NAT, 279 (zusammen mit →^{1} Pitru und → Biturra!); wahrscheinlich urar. Pite(i)ra/ru (RGTC 9, 63).

Ummauerte Stadt in → Dirria; Kessler (1980) 103f., Liverani (1992a) 60. Als mögliche Kandidaten werden Salat Tepe, ca. 7 km westlich der Mündung des Batman Çayı in den Tigris (Radner/Schachner [2001] 752 fig. 4 u. 763f.; Parker [2001] 180f, fig. 5.8, Nr. 56), und Gre Amera am nördlichen Ufer des Garzan-Flusses, ca. 20 km vor seiner Mündung in den Tigris (Parker [2001] 124 mit fig. 4.12, Nr. 24, 126 u. 151), vorgeschlagen. In beiden Orten wurde lokale und assyrische Keramik gefunden, Parker loc. cit.

Piturra s Biturra

Piua

^{uru}*pi-ú-a*

3-21) Billa 69, 6 [Rišāli]

¶ Stadt, die in den Texten aus Tall Billā (→ Šibaniba) erwähnt wird und vermutlich in ihrer Umgebung lag, Zadok (1995a) 256, 4.17.1.19.

Puda' s. Padê

Pūmu s. Uppumu

Punubu

uru*pu-nu-bu*
1-16) Asb A, i, 101 [*šarru*; Puširu, Aḫni]

¶ NAT, 279; äg. *Pr-jnbw* (DG II, 56).

Stadt in Unterägypten, vermutlich am westlichen Deltarand, Onasch (1994a) 54, RlA 11, 112f. (M. Görg), Steindorff (1890) 606, Yoyotte (1952) 212f. Als möglicher Kanndidat wird as-Sanṭa vorgeschlagen. Die Identifizierung basiert auf einer 1968 dort gefundenen Statue des Fürsten Tefnachte (nA Tapnaḫti, König von P. in Asb A i, 101), Priese (1970) 19 Anm. 18, Spalinger (1974a) 319 Anm. 25.

Puširu

uru*pu-ši-ru*
1-16) Asb A, i, 100 [*šarru*; Pinṭiṭi, Punubu]

¶ NAT, 282; äg. *Pr-Wsjr* (DG II, 68–71); klass. Bousiris (TAVO Karte B V 21).

Satdt in → Muṣur (Ägypten), das klass. Bousiris, heute Abū Ṣīr, Onasch (1994a) 53, RlA 11, 120 (M. Görg), Steindorff (1890) 605f. TAVO Karte B IV 13.

Q

Qabainna

^{uru}*qa-ba-in-na*
3-05) Billa 83, 5 (-*n*[*a*]) [Ismeani]

¶ Stadt, die in den Texten aus Tall Billā (→ Šibaniba) erwähnt wird und vermutlich in ihrer Umgebung lag, Zadok (1995a) 256, 4.17.1.20.

Qabasî s. Gabaṣê

Qablit

^{uru}*qab-lit*
3-13) SAA 11, 133, i, 28 [(*ina*) Izalla]

¶ NAT, 282 (Qablitu).

Stadt in → Izalla; Zadok (1995a) 234, 3.5.4.1.2.

Qabrīna 1

^{uru}*qab-ri-na*
5-07) GPA 101, Rs. 8' [Šašlê]

¶ Der ON kann auch ^{uru}*gab-ri-na* gelesen werden.

Möglicherweise eine Stadt in der Nähe von → Kalḫu, die von →^{3} Qabrīna 2 in →^{3} Rāši zu trennen ist, PNA 1/II, 406, s. v. Ēṣidāju 1, Zadok (1995a) 249, 4.7.4.1.8.

Qadaba' s. Qatabu'

Qadê

[kur]*qa-de-e*

1-16) Asb IT, 132 [*šarru*; Iskê]; BIWA 199f., 21' [*ša ina aḫi* [...]; Kuppi]

¶ NAT, 283; RGTC 8, 253 (nB/spB Qadū); akkadische Form des altpersischen Mačiya/ Makā, das etymologisch mit (vor-nA) Makan zusammenhängt (Borger [1972] 136f., Potts [1985a] 82); vgl. klass. Cadaei (Zadok [1981] 56).

Q. scheint ein alternativer Name für vor-nA Makan zu sein, wahrscheinlich ein Gebiet in Südostarabien im heutigen Oman (Borger loc. cit., Heimpel [1987] 48, Potts [1985a] 81–83, id. [1990] 393f., Weippert [1969] 50, id. [1972] 158, Zadok [1977-78a] 53 Anm. 134), dessen Hauptstadt → Iskê war. Die Reise der Gesandten von Q. und → Kuppi nach → Ninive dauerte sechs Monate (BIWA 294, 132–135). TAVO Karte B IV 11 u. 13.

Qai[...]na

[uru]*qa-i-*x*-na*

1-06) RIMA 3, 103.2, iii, 21' [*āl šarrūti*; Makurrete, Padnu]

¶ NAT, 283 (Makurrite).

Stadt im Osttigrisgebiet am oder südlich des Diyālā (→ Turnat), Potsgate/Mattila (2004) 243, Zadok (1985b) 31. Aufgrund der vorgeschlagenen Identifizierung von → Ḫašimur mit dem Gebirge Darewiškeh südlich von Ḫānaqīn, lokalisiert Hannoon (1986) 362 u. 402 mit Karte 18 auf S. 402 Q., → Padnu und → Makurrete im Gebiet westlich von der letztgenannten Ort.

Qaianiḫu

[uru]*qa-ia-ni-ḫu*

5-23) O 3666, Rs. 3' (unpubl. zit. in Garelli [1986] 242)

¶ Stadt im Balīḫ-Becken, Zadok (1995a) 234, 3.5.3.9; s. → Mallanāte.

Qamani

^{uru}*qa-ma-ni*

3-13) KAV 31, 3 [Appari]; id. 34, 2’ [Radme]; id., 5’ [Kapar-Nergal]

¶ NAT, 283; vgl. bibl. *qāmôn* (HAL 1034f.).

Lage unbekannt, nach Zadok (1995a) 239, 3.9.8.11 vielleicht in der Ǧazīra. Falls $\rightarrow^{1}$ Appari (KAV 31, 6) identisch mit $\rightarrow^{1}$ Apparu in der Levante ist, könnte sich Q. auf bibl. *qāmôn*, dessen Lage umstritten ist (vielleicht in Ostordanland; s. ABD 4, 5) beziehen, Zadok (1977-78a) 41 Anm. 41.

Qana

^{uru}*qa-na*

1-14) **RINAP 3/1**, 111.16, iv, 73 [Qūa]; id., 111.17, iv, 20 [id.]; id., 111.18, iii, 2’’ (erg.) [id.]; id., 111.22, iii, 77 [id.]; id., 111.23, iii, 68 [id.]; **RINAP 3/2**, 111.222, 15 [Qūa, Katmuḫi]

¶ NAT, 283.

Stadt im Berg → Nipur (Cudi Dağı), an der Grenze des Landes → Katmuḫi, Zadok (2000a) 11f. Im Helsinki Atlas, 4. 27 wurde Q. falsch eingetragen und mit Ḫirbat Qana (id. Gazetteer, 14) gleichgesetzt. Die Identifizierung mit diesem Ort, der in Israel liegt, stammt von Wäfler (1975) 25 Anm. 96 und basiert auf der überholten Lesung ^{uru}*qa-na* in Rost (1983) 38, 232 (zu lesen $^{⌜\text{uru}⌝}$*ku*-[…], Tigl Ann. 18, 5’; s. $\rightarrow^{1}$ Ku[…])

*Qappata

N:

^{uru}*qa-ap-pa-ta-a-a*

4-13) SAA 1, 239, 4 (-⌜*a-a*⌝)

^{uru}*qa-pa-ta-a-a*

3-13) SAA 7, 45, 2 (-[*ta-a-a*])

4-13) SAA 1, 238, 4

¶ NAT, 284 (Qappataja).

Stadt, die sich wegen ihrer Erwähnung in der Korrespondenz des Gouverneurs von → Naṣībīna Taklāk-ana-Bēl (PNA 3/II, 1304) in dieser Provinz befunden haben könnte, Zadok (1995a) 236, 3.6.3.5.

Qaqīni

^{uru}*qa-qi-i-ni*
3-07) TH 27, 3 (*-qi*$^{!}$-, nach Fales [1979] 206)

¶ NAT, 283 (Qadarini).

Stadt wahrscheinlich im Gebiet von → Guzāna, Zadok (1995a) 232, 3.4.5.2.

Qar[...]aja

^{uru}*qar*-[x-x]-*a-a*
5-16) SAA 14, 147, 3

¶ NAT, 285.

Vermutlich eine Stadt in Zentralassyrien bzw. in einem benachbarten Gebiet (N).

Qarat-Baqa'āni

^{uru}*qa-rat-ba-qa-'a-a-ni*
3-07) TH 23, u. Rd. 6

¶ NAT, 284 (Qaradbaq'āni).

Wahrscheinlich eine Stadt im Gebiet von → Guzāna, Zadok (1995a) 232, 3.4.5.3.

Qarena

^{uru}*qar-e-na*
3-13) SAA 11, 133, i, 32 [(*ina*) Izalla]

¶ NAT, 284 (Qarenabis).

Qari[...]

Stadt in → Izalla; Zadok (1995a) 234, 3.5.4.1.3.

Qari[...]

uru*qa-ri-*[x x]
4-13) SAA 15, 116, 10' [Gabê]

¶ NAT, 284.

Stadt im Zuständigkeitsbereich von Šamaš-bēlu-uṣur, Gouverneur von → Dēru (PNA 3/II, 1193f., s. v. Šamaš-bēlu-uṣur 4), die in der Nähe von → Gabê lag.

Qarnê 2

uru*qar-né-e*
1-06) RIMA 3, 103.1, iv, 9 [*āl šarrūti*; Turnat, Jalman]

¶ NAT, 284.

Stadt im Osttigrisgebiet, in der Region zwischen dem Fluss → Turnat (Diyālā) und dem Berg → Jalman. Nach der Eroberung von → Mê-Turnat auf seinem vierten Feldzug überquerte Šamšī-Adad V. den Turnat und nahm Q. samt 200 Städte in seiner Umgebung ein. Er marschierte weiter nach → Di'bina, die jenseits des Berges Jalman lag. Nicht mit →[1] Qarnê 1 in Nordsyrien zu verwechseln, Zadok (1985b) 31, id. (1996b) 12. Albright (1925) 213 identifiziert Q. mit Qizil Ribāṭ am linken Ufer des Diyālā, etwa 40 km südwestlich von Ḫānaqīn, was Hannoon (1986) 403 für plausibel hält.

Qarti-Ḫaldi

uru*qar-ti-ḫal-di*
3-13) SAA 11, 133, ii, 17' (*-še*?) [Dūr-Šarruku]

¶ NAT, 284.

Vielleicht eine Stadt im oberen Ḫābūr-Gebiet bzw. im Balīḫ-Becken, Zadok (1995a) 235, 3.5.4.12.

Qaštu

^{uru}BAN

5-14) O 3699 (2x, unpubl. zit. ohne Zeilenangabe in Garelli [1986] 243)
5-16) O 3693, 2 (unpubl. zit. in Garelli [1986] 243)

N:

^{uru}BAN-*a-a*

5-14) O 3699 (unpubl. zit. ohne Zeilenangabe in Garelli [1986] 243)
5-16) Iraq 35, 6, 4 (s. auch Lipiński [1994] 214)

¶ aram. *qšt* (Iraq 35, 6, li. Rd. u. Lipińki loc. cit.).

Stadt im Balīḫ-Becken, Lipiński (1994) 216, Zadok (1995a) 234, 3.5.3.2; s. → Mallanāte; vgl. Fluss → Qassu.

Qatabu'

^{uru}*qa-da-ba-a'*

1-15) RINAP 4, 112.1, iv, 65 [*šarru;* Diḫrānu, Ga'uani]; id., 112.8, i', 21' ([^{uru}]*qa-*[*da-*) [id.]

^{uru}*qa-ta-bu-u'*

1-15) RINAP 4, 112.93, 12 [*ālāni dannūti ša nagie* Bāzu; Alpijana, Pade']; id., 112.77, 25 ($^{[uru]}$*qa-*) [id.]; id., 112.78, 22 [id.]; id., 112.9, 23 (^{uru}[*qa*]-)

¶ NAT, 282 (Qadaba'u); NAT, 285.

Befestigte Stadt in → Bāzu, Eph'al (1984) 131, RGTC 11, 225 (Qadaba'), Rosemarin (1932) 35.

***Qatnu**

^{kur}*qat-ni*

1-07) RIMA 3, 104.6, 24 [Raṣappa, Dūr-katlimmu]; id. 104.7, 19 (⸢^{kur}*qat-ni*⸣) [Adad 14 *kaprānīšu ina* Q.]

^{uru}*qa-at-ni*

1-02) RIMA 2, 99.2, 109 [It. von Kisiri, nach Būṣi]. 111 (⸢^{uru}⸣*qa-*⸢*at*⸣-) [id.]

1-04) RIMA 2, 101.1, iii, 5 [2x, It. von Šadikanni, nach Dūr-katlimmu]

uru*qa-di-né-e*
5-16) SAA 6, 335, 2' (uru*q*[*a*!-*di-né-e*]). 6'. 7' [*abullu ša* Q.]. 10' [Burrim]

uru*qat-ni*
1-03) RIMA 2, 100.5, 109 [It. von (…), nach Latiḫi]. 111 (erg.) [id.]

N:
uru*qa-at-na-a-ia*
1-02) RIMA 2, 99.2, 109

uru*qat-na-a-a*
1-04) RIMA 2, 101.1, i, 78
5-16) SAA 6, 321, 2 ([ur]u!*qat*!-)
7-04) SAA 12, 83, Rs.18 [Azalla, Šadikanni]

uru*qat-na-a-ia*
1-04) RIMA 2, 101.1, iii, 5

uru*qat-ta-na-ia*
1-04) RIMA 2, 101.1004, 1' ([u]ru*qat*-)

¶ NAT, 283 (Qadinê) u. 285; RGTC 3, 189, (aB Qattunān); RGTC 5, 221 (mB Qatni); RGTC 8, 255 (nB/spB Qatnu 3); vgl. RGTC 12/1, 162 (ebl. Gudadanum); klass. Katne, Luther (2002) 4f.

Stadt am mittleren → Ḫābūr. Plausible Lokalisierungsvorschläge sind Tall Ašamšānī am rechten Flussufer (Röllig [1978] 424, id. [1983] 282, Kessler [1980] 233) und Tall Fadġāmī am linken Ufer (Kühne [1974-75] 249–255, id. [1980] 51f., Morandi Bonacossi [2000b] 368 Anm. 95), wobei Tall Fadġāmī besser zu den Angaben der Mari-Texte zu passen scheint (Birot [1993] 7 Anm. 4, Charpin/Ziegler [2003] 77 [Karte] u. 275); Liverani (1992a) 32, RlA 11, 171f. s. v. Qaṭṭunān (C. Michel), Zadok (1995a) 230f., 3.1. TAVO Karte B IV 10 u. 13 (Tall Ašamšānī); Helsinki Atlas, 3. 26. 27 (Qatna/Tall Ašamšānī, Qadinê/ Tall Fadġāmī). Nicht mit Qaṭna/Tall Mašrafa in der nördlichen Levante (RlA 11, 159–161 [Th. Richter]) zu verwechseln.

Im Gebiet bzw. in der Nähe von Q. befanden sich die Städte → Āl-Adad 1 und Burrim, so wie das Dorf → Kapar-Kīni und → […]āja 7. Wahrscheinlich in der Nähe von Q.

lagen die Dörfer → Kapar-Dannāja 1, → Kapar-Ilṭiši, → Kapar-Lā-qēpu, → Kapar-rabûti, → Kapar-[…] 3 und → Kapar-[…] 4.

Qedar s. Qidru

Qerebti-ālāni

uru*qé-reb-ti*-URU.MEŠ
1-06) RIMA 3, 103.1, iv, 19 [*āl dannūti*]

¶ NAT, 286 (Qiribtu).

Stadt im Osttigrisgebiet, in der Region zwischen dem Diyālā (→ Turnat) und dem Fluss → Ṭaban. Nachdem Salmanassar III. die Städte → Datēbir und → Izduja in der Nähe von → Gannanāte eroberte, suchten ihre Einwohner Zuflucht in die befestigte Stadt Q., die auch zerstört wurde. Von dort zog Salmanassar nach → Dūr-Papsukkal weiter.

Qibīt-Aššur

uru*qí-bit-aš-šur*
7-07) SAA 12, 1, 5 [*ina pīḫat* Libbi-Āli]

¶ nA PN Qibīt-Aššur, PNA 3/I, 1011–1013.

Gebiet von 1000 Hektare in der Provinz → Libbi-Āli, das Adad-nērārī III von Steuern befreite und für die Versorgung des Assur-Tempels mit Opfergaben bestimmte, Zadok (1995a) 243, 4.1.2.3. Das Determinativ URU sowie die Fluchformel für denjenigen, der die für Assur bestimmten Städte dem Gott wegnimmt (Z. Rs. 6'–8' u. 9'-11'), könnten darauf hinweisen, dass auch eine homonyme Stadt gegründet wurde, was aber nicht zwingend ist. Nicht mit →[1] Qibīt-[...] zu verwechseln.

Qidru

qa-ad-ri
1-16) Asb B, viii, 39 [Var.]

^{kur}*qa-ad-ri*
1-16) Asb B, vii, 94 [*šarru*]. viii, 39 [id.]; Asb C, ix, 91' ([^{kur}*qa-ad-ri*]) [*šarru*]. x, 48 (⌜kur⌝*qa-*); BIWA 78, ii, 34; id. 317, 79, Rs. 69 [*šarru*]

^{kur}*qa-da-ri*
1-16) Asb B, vii, 94 [Var.]

^{kur}*qi-id-ri*
1-16) Asb B, vii, 94 (-⌜*id-ri*⌝) [Var.]
6-16) SAA 2, 10, 2' (-[*ri*])

^{kur}*qí-da-a-ri*
1-16) Asb IT, 114 [*šarru*]

^{kur}*qí-id-ri*
1-16) Asb A, viii, 15 [*šarru*]; id. ix, 4

^{kur}*qid-ri*
1-11) Tigl Stele, iii A, 2 [Arubu]

N:
qi-da-ra-a-a
8-15) SAA 4, 139, 12 (-*d*[*a*$^{?}$-*ra-a-a*])

^{kur}*qid-ra-a-a*
1-16) Asb A, ix, 17

^{lú}*qi-da-ra-a-a*
8-19) SAA 4, 144, 12 (erg.)

^{lú}*qid-ra-a-a*
1-16) Asb A, ix, 1; BIWA 80, iv, 2. 4. 20

¶ NAT, 285 (Qedar); aram. *qdr* (Rabinowitz [1956] 2, C mit Taf. VIIb); bibl. *qēdār* (HAL, 1002); klass. Cedrei (Plin. 5, 12); nA PN Qidrî, PNA 3/I, 1014. Zu ^{kur}*gi-di-ra-a-a* in SAA 19, 29, 11 (ND 2773) s. RGTC 7/1, 75f. s. v. Gidir(a).

Nomadenstamm bzw. Stammesverband, der in der al-Ǧauf-Ebene östlich des Wādī Sirḥān mit Zentrum in → Adummatu lebte (Eph'al [1984] 223–227). Sein Einflußgebiet erstreckte sich im 7. Jh. vom Ostjordanland, wo sie von Assurbanipal bekämpft wurden

(Zadok [1981] 55) bis nach Babylonien; Knauf (1985) 66. 96–103, RlA 11, 176f. (K. Radner), Rosemarin (1932) 35. TAVO Karte B IV 13; Helsinki Atlas, 15. Vgl. →^{1add} Qadarua.

Qilissa

^{uru}*qi-li-is-sa*

1-11) Tigl Ann 20, 8’ (erg.) [Ezzēda]; Tigl Summ 1, 33 (-⸢*is*⸣-) [id.]; id. 9, 19’ ($^{[uru]}$⸢*qi*⸣-) [id.]

¶ NAT, 286.

Stadt im Gebiet von → Ateia, einer unter den vormals urartäischen Bezirken in Nordmesopotamien, oberhalb von den Tigrisquellen, die von Tiglatpileser III. annektiert und der Provinz → Na’iri zugeordnet wurden, Kessler (1995) 59–62, Toffteen (1907) 357. Die Identifizierung mit Silvan, ca. 20 km westlich des Batman Çayı (Arutjunjan [1985] 109) ist zu bezweifeln. Silvan liegt zu südlich im Gebiet von → Šubria, einer Region die von →^{3} Urarṭu nicht kontrolliert wurde, Kessler (1995) 61. Helsinki Atlas, 3. 19 (Silvan).

Qina[...]

^{uru}*qi-na*-x

1-11) Tigl RR, 29 (^{uru}⸢*qi*⸣-) [^{uru}(...), Zaluaka]

¶ Stadt in → Ulluba 2.

Qipāni

^{kur}*qi-ba-ni*

1-05) RIMA 3, 102.2002, 9 [Ḫuzirīna, Zallu]

^{kur}*qi-pa-ni*

1-04) RIMA 2, 101.1, iii, 93 [2x; *bēl ālāni*; Ḫuzirīna]

4-13) SAA 1, 185, 7 [Nappigi [*ša ina*] Q.]

^{kur}*qip-an*

3-13) SAA 11, 213, Rs. ii, 20

¶ NAT, 286 (Qipani); aram. *qpn* (Lipiński [1999] 116, Vs. 3).

Land im nördlichen Balīḫ-Becken im Gebiet um → Ḫuzirīna (Sultantepe), wahrscheinlich nordöstlich davon, Fales (1970), Liverani (1992a) 81, RlA 11, 179 (K. Radner). Die in SAA 11, S. 181 s. v. Kipānu gebuchten Schreibungen ohne Determinativ werden hier (mit Novotny [2003] 665f. und gegen SAA 11, xxxi und Zadok [1995a] 272, 7.1.3) nicht als ON, sondern als Belege für *qēpu* „königlicher Beauftragter" betrachtet. Dadurch ist die Zugehörigkeit von den Ortschaften → Dimmeti, → Dumâ, → Gabmuri, → Ḫalulê, → Janibir-ṣuḫuri, → Kapar-[...] 3, → Mar[...] und → [...]-samsi zu Q. weiterhin möglich, jedoch nicht explizit belegt. Nach der in SAA 1, 185, 7 vorgeschlagenen Ergänzung hätte → Nappigi 1 im Gebiet von Q. gelegen, was mit einer Identifizierung dieser Stadt mit Manbiğ nicht vereinbar ist (Lipiński [1999] 117). Nach einem aramäischen Dokument aus der Ḥarrān-Region lag → Tiluli 3 in Q. (*btll zy qpn*, Lipiński op. cit. 116, Vs. 3; auch der Ort *ḥwrh* könnte in Q. gelegen haben, id. Rs. 7). Während der Regierungszeit Salmanassars III. gehörte Q. zur „Provinz des Generals" (→ Pīḫat-Bīt-turtāni). TAVO Karte B IV 10; Helsinki Atlas, 3. 25.

Qirbit

^{uru}*qir-bi-it*

1-16) Asb E12, 20 [*āl dannūti*]. 43 ($^{⸢uru⸣}$*qir-*)

^{uru}*qir-bi-ti*

1-16) Streck Asb, 208, 12 ($^{[u]ru}$*qir-*)
4-13) SAA 15, 271, 8'

^{uru}*qir-bit*

1-16) Asb LET, Rs. 17

^{uru}*qir-bít*

1-16) Asb B, iii, 5 [*ša qereb* Ḫalēḫasta]. 8 [Jamutbal]. 14; Asb C, iv, 15 ($^{[ur]u}$*qir-*) [Jamutbal]. 19; Asb LET, Rs. 12 [*ša qereb* Ḫalēḫasta]

^{kur}*qi-ir-bu-tu*

1-11) Tigl Ann 9, 6 [Dunānu]

¶ NAT, 208 (Kirbit) u. 286 (Qirbutu); RGTC 8, 256 (nB/spB Qirbītu).

Befestigte Stadt und Hauptstadt vom Bergland → Ḫalēḫasta nordöstlich von → Dēru, Fuchs (2011) 234 u. 286f., RlA 11, 179f. s. v. Qirbitu (K. Lämmerhirt), Streck (1916) cccxlix, Zadok (1985b) 48f. In Helsinki Atlas, 11 wird Q. mit Ilām, ca. 20 km westlich von Šekaft-e Golgol gleichgesetzt. Während die grobe Lokalisierung stimmt, beruht die Identifizierung – wie im Gazetteer angegeben wird (Helsinki Atlas, S. 15) – nur auf Vermutungen.

Qitu

^{uru}*qi-tú*

3-20) ND 2791, 12' (Iraq 23, pl. 28) (⸢^{uru}*qi-tú*⸣)

¶ Vermutlich eine Stadt in Zentralassyrien bzw. in einem benachbarten Gebiet (K).

Qūa

^{uru}*qu-u-a*

1-14) RINAP 3/1, 111.22, iii, 77 [Ḫalbuda, Qana]; RINAP 3/2, 111.222, 14 [Ezāma, Qana]

^{uru}*qu-ú-a*

1-14) RINAP 3/1, 111.16, iv, 73 [Ḫalbuda, Qana]; id., 111.17, iv, 20 [id.]; id., 111.18, iii, 2'' (erg.) [id.]; id., 111.23, iii, 67 [id.]

¶ NAT, 286; LSG 103 *gú-a* (Frayne [1992] 48), s. dazu Astour (1987) 5 u. Frahm (1997) 151 zu Z. 14; nicht mit urar. Qua (RGTC 9, 67) zu verwechseln.

Stadt auf dem Gebirge → Nipur (Cudi Dağı) an der Grenze des Landes → Katmuḫi, Zadok (2000a) 11f.

Qubbāte

qu-um-bat^{ki}

3-23) MDOG 132, 102, Rs. 2 (*-bat*$^{[ki]}$)

^{uru}*qu-ba-a-te*

5-15) SAA 6, 245, 5 (⸢^{uru}⸣*qu-ba-*⸢*a-te*⸣) [Til-raḫajāte, Bīt-Ramannu]

*Quda

^{uru}*qu-um-ba-te*
5-19) SAA 14, 44, 4 [*ḫarrānu*]. 6 [id.]

¶ NAT, 286.

Stadt in der östlichen Ǧazīra, vielleicht in der Provinz → Raṣappa, NALK, S. 490, Zadok (1995a) 238, 3.8.8.

***Quda 1**

N:
$^{uru\ lú}$*qu-da-a-a*
4-13) SAA 5, 78, 5 [Ušḫu]

¶ NAT, 287.

Wahrscheinlich eine Stadt im Gebiet am Fuß des Gebirges → Nipur (Cudi Dağı), Zadok (2000a) 11.

Quda 2

^{uru}*qu-da*
1-11) Tigl Ann 5, 5 [Luqadanšu, Elugia]

¶ NAT, 287.

Stadt in →^{3} Urarṭu, wahrscheinlich in der Region nördlich des Murat-Su (→ Arṣania 1), Kessler (1980) 168, Zadok (2000a) 12. S. Komm. zu → Daiqanša.

Qudāru

^{uru}*qu-da-ru*
5-14) SAA 6, 130, Rs. 10 (*-da*$^{!}$*-ru*$^{!}$) [*ḫazannu*]

¶ Vermutlich eine Stadt in Zentralassyrien bzw. in einem benachbarten Gebiet, Zadok (1995a) 262, 4.33.2.2.

Qumanî

^{kur}*qu-ma-né-e*

1-02) RIMA 2, 99.1, 11 (2x). 12 [*šarru*]

^{kur}*qu-ma-ni-i*

1-02) RIMA 2, 99.2, 24 (-⌜*i*⌝) [Namri, Meḫri]; id., 99.4, 15' (^{kur}[*qu-ma-ni-i*]) [id.]

^{kur}*qu-me-ni*

1-02) WVDOG 121, 98f., i, 12'
1-05) RIMA 3, 102.2003, 11 [*šaknu*; Kipšūnu, Meḫrānu]

¶ NAT, 287 (Qumanû); RGTC 5, 222f. (mA Qumani, Uqumani); nA PN Qumānāju, PNA 3/I, 1018. Urar. Qumenu (RGTC 9, 70) wird meist mit nA → Kumme in Verbindung gebracht (RlA 6, 337, s. v. Kumme; in RlA 11, 206 s. v. Qumānu werden die urartäischen Belege nicht berücksichtigt).

Land nördlich und östlich von der Ebene von Alqōš, das Teil der assyrischen „Provinz des Schatzmeisters" (→ Māt-Masenni) war, Postgate (1995) 6f., RlA 11, 206 (K. Radner). Hannoon (1986) 247f. lokalisiert Q. in der Region von al-'Amādīya. Die Hauptstadt von Q. war → Kipšūnu, später Statthaltersitz von Māt-Masenni. Gegen Kessler (1980) 170 ist Q. nicht mit dem Land → Kumme gleichzustellen, Postgate (1995) 7. TAVO Karte B IV 10; Helsinki Atlas, 4. 27 (falsch lokalisiert südlich vom Cudi Dağı!)

Qumbāte s. Qubbāte

Ququsanšu

^{uru}*qu-qu-sa-an-šú*

1-11) Tigl Ann, 20, 4' (⌜^{uru}⌝*qu-qu-sa*$^{!!}$-) [Barzunna]; Tigl Summ 9, 17' (*qú* in ^{uru}*qú-qu-sa-an-šú* ist ein Fehler, s. Kopie in Iraq 18, pl. 22) [id.]

¶ NAT, 287.

Stadt in Nordmesopotamien, im Gebiet an den Tigrisquellen, die von Tiglatpileser III. annektiert und der Provinz → Na'iri zugeordnet wurde, Kessler (1980) 166f., id. (1995) 59–62.

Qurani

^{uru}*qu-ra-ni*
4-13) SAA 1, 106, 7 [*ina* Ḫalaḫḫu]

¶ NAT, 287.

Stadt in → Ḫalaḫḫu, Zadok (1995a) 258, 4.20.7. Hannoon (1986) 228 (mit Karte 11, Nr. 39 auf S. 195) schlägt Tall al-Ruhban, etwa 1 km nördlich von Tall al-ʻAbbāsīyah (→ Ḫalaḫḫu?) und 10 km südlich von → Dūr-Šarrukīn am rechten Ufer des Ḫosr, wo neuassyrisches Material nachgewiesen ist, als möglichen Kandidaten vor.

Qurašute

^{kur}*qu-ra-šú-te*
5-19) BATSH 6, 65, li. Rd. 1

¶ klass. Korsotē (Xenofon, Anabasis, 1, 5, 4).

(Stadt und) Land am mittleren Euphrat, südlich von der Mündung des Ḫābūr, Kessler (2003), Zadok (2003b).

Qurdê

^{uru}*qur-de-e*
3-11/13) ND 2618, Rs. 7 (Iraq 23, pl. 19) ($^{\ulcorner\mathrm{uru}\urcorner}$*qur-*) [Kār-balāṭi, Aradina]

¶ NAT, 287; vgl nA PN Qurdî, PNA 3/I, 1019. Der ON kann auch Gurdê gelesen werden. In diesem Fall wäre die Etymologie westsemitisch, Zadok (1995a) 241.

Vielleicht eine Stadt im Ḫābūr-Dreieck (wegen der Erwähnung von → Kaḫat in ND 2618, 6'), Zadok (1995a) 236, 3.10.7.

Quri'

^{uru}*qu-ri-i'*
5-16) CTN 3, 15, Rs. 9

¶ Vgl. altsyrisch *qwry*, Budge (1893) 296 u. 326, Fiey (1965) 281 zit. von Zadok (1998) 71.

Möglicherweise eine Stadt in der Umgebung von → Kalḫu, Zadok (1995a) 250, 4.7.4.3.2.

Quruba

^{kur}*qu-ru-ba*
4-13) SAA 5, 117, Rs. 5 (-⸢*ru*⸣-) [Ni(…) 1]; id., 129, 6’ [Ukku]

¶ Wahrscheinlich ein Land in Nordmesopotamien in der Nähe von → Ukku (Zadok [1995a] 262 Komm. zu 4.33.1.4), falls nicht identisch mit → Qurubi.

Qurubi

^{uru}*qu-ur-ú-bi*
5-18) SAA 14, 41, 42

^{uru}*qur-ú-bi*
5-18) SAA 14, 41, Rs. 9’

¶ NAT, 288 (Qurūbu).

Vielleicht eine Stadt in Zentralassyrien bzw. in der östlichen Ǧazīra, Zadok [1995a] 262, 4.33.1.4; vgl. → Quruba.

Qurula

^{uru}*qu-ru-la*
1-11) Tigl RR, 31 [Pa(…), ^{uru}(…)]

N:
^{lú}*qu-ru-la-a-a*
1-11) Tigl Ann 19, 12 (^{lú}⸢*qu*⸣-*ru*-⸢x⸣-[…], nach Frahm [1997-98] 401 möglicherweise ^{lú}⸢*qu*⸣-*ru*-⸢*la*⸣-[*a-a*] zu ergänzen. Alternativ wird in RINAP 1, 43 Komm. zu Z. 12 ^{lú}⸢*qu*⸣-*ru*-⸢*bu*⸣-[*te*] vorgeschlagen) [Ulluba]

¶ Stadt in → Ulluba 2.

***Qurumat**

N:
^{kur}*qu-ru-mat-a-a*
5-16) O 3704, Rs. 10 (unpubl. zit. in PNA 2/I, 524, s. v. Il-šumki 6)

¶ Vielleicht eine Stadt im Balīḫ-Becken oder am Oberen Ḫābūr, in der Nähe von → Mallanāte.

Qururu

^{uru}*qu-ru-ru*
3-11/13) ND 2618, Rs. 1 (Iraq 23, pl. 19) (-⸢*ru*⸣-) [Ḫaṣidu, Gumedu]

¶ NAT, 288.

Vielleicht eine Stadt im Ḫābūr-Dreieck (wegen der Erwähnung von → Kaḫat in ND 2618, 6').

Quta

^{uru}*qu-ta*
1-11) Tigl Summ 1, 32 [Ura 1, Arānu]

¶ NAT 287 (s. v. Quda).

Stadt in Nordmesopotamien, am Oberen Euphrat, die von Tiglatpileser III. wahrscheinlich der „Provinz des Generals" (→ Pīḫat-Bīt-turtāni) zugeordnet wurde. Q. wird zusammen mit anderen Städten genannt (s. u.), die in einem Gebiet „bis zum Euphrat an der Grenze zu →^{1} Kummuḫu" lagen. Da → Ura 1, → Arānu, → Tasu und → Uallia zum Land → Bāzi 1 gehörten, könnte auch im Fall von Q. zutreffen. Von → Quda 1, → Quda 2 und →^{3} Qutta zu trennen.

R

Rab-karmāni (??) s. Komm. zu Āl-Dajjān-Adad

Radammatu s. Raqamātu

Radamena

^{uru}*ra-da-me-na*
3-07) TH 21, 15

¶ Wahrscheinlich eine Stadt im Gebiet von → Guzāna, Zadok (1995a) 232, 3.4.5.4.

Radāni

^{uru}*ra-da-ni*
3-13) KAV 31, 9 [Appari, Sarê]

¶ NAT, 290. Der ON könnte auch ^{uru}*ra-ṭa-ni* (Raṭāni) geschrieben worden sein.

Lage unbekannt. Zadok (1985b) 31 u. id. (1985c) 113 lokalisiert R. im Osttigrisgebiet und verbindet es mit dem frühislamischen Ort ar-Radān/al-Baradān am östlichen Tigrisufer, nahe der Mündung des Diyālā (TAVO Karte B VII 3.2). In der Sassanidenzeit hieß die Region östlich vom Tigris, zwischen dem Nahr al-ʻUẓaim (→ Radānu) und dem Diyālā (→ Turnat) Radān, Morony (1982) 18 mit Karte auf S. 19.

Radme

^{uru}*ra-ad-me*
3-13) KAV 34, 5' [Qamani]

¶ NAT, 293 (Ratme).

Lage unbekannt, nach Zadok (1995a) 239, 3.9.8.9 vielleicht in der Ǧazīra.

Raḫimme

^{uru}*ra-ḫi-im-me*

1-03) RIMA 2, 100.5, 56 [It. von Dūr-balāṭi, nach Kabsite; Rapiqu *ša pūt* R.]. 57 (^{uru}*ra-*⌜*ḫi-im*⌝-)

¶ NAT, 290 (Raḫimmu), VGL: nA PN Raḫīmu, PNA 3/I, 1030.

Stadt am Mittleren Euphrat in → Sūḫu, am linken Flussufer, in der Nähe von → Rapiqu, Zadok (1995a) 229, 2.1.2.2. Musil (1927a) 202, der Rapiqu mit ar-Ramādi gleichstellt, schlägt die Ruine Mâḥûz als Lokalisierung vor, die aber 30 km nördlich von Tall al-Ambār (eine wahrscheinlichere Lokalisierung von Rapiqu) liegt. Helsinki Atlas, 10. 32 (ohne Angabe des modernen Orts u. falsch am rechten Ufer).

Ramatba

^{uru}*ra ma at ba*

3-20) ND 2728+, 2 (Iraq 23 pl. 24) (-⌜*ma*⌝-) [*ša qanni* Arbail; Tu'i(...), Šudâ]

¶ NAT, 291.

Eine von acht (der Text hat aber sieben als Gesamtzahl) Städten in der Umgebung von → Arbail, Hannoon (1986) 316–318, Zadok (1995a) 246, 4.6.1.6.

Rame[...]

^{uru}*ra-me-*[x x x]

5-20) SAA 14, 422, Rs. 1

¶ Vermutlich eine Stadt in Zentralassyrien bzw. in einem benachbarten Gebiet, Zadok (1995a) 266, 5.1.1.7.11.

Rami

^{uru}*ra-mi*

7-07) TH 3, u. Rd.6 [Ariauāte, Guzāna]

¶ NAT, 291.

Vielleicht eine Stadt im Gebiet von → Guzāna, Zadok (1995a) 232, 3.4.5.10. Ob die im gleichen Text erwähnte Stadt Ariauāte identisch mit → Ariauāte in Zentralassyrien ist, oder ob es sich um eine homonyme Stadt in Guzāna handelt, bleibt offen, s. Zadok loc. cit.

Rapâ

^{uru}*ra-pa-a*
5-16) ND 3423, 2 (Iraq 17, pl. 23)

¶ NAT, 291 (Rapa[…]).

Stadt in Zentralassyrien, nach dem Kontext vermutlich in der Umgebung von → Kalḫu, s. PNA 2/II, 745, s. v. Matī'-il-ilā'ī. Nicht mit dem Fluss →[3] Rappâ zu verwechseln.

Rapiqu

ra-pi-qu
1-11) Tigl Summ 7, 5 (-*pi*$^{!}$-) [Rubbû, Ḫirānu]

ra-pi-qi
1-04) RIMA 2, 101.56, 10 (-[*pi-qi*]) [Sūḫu]

^{kur}*ra-pi-qi*
1-03) Ahmad, Qadhiah, Nr. 1, 51, 5 [Sūḫu]; id. Nr. 2, 52, 4 [id.]; id. Nr. 3, 53, i, 6
1-04) RIMA 2, 101.28, iv, 1 [Sūḫu]; id., 101.33, 9' [id.]; id., 101.35, 4 [id.]; id., 101.40, 23 (⸢^{kur}⸣*ra*-) [id.]

^{uru}*ra-pi-qi*
1-04) RIMA 2, 101.1, ii, 128 [Sūḫu.]. iii, 121 [id.]; id., 101.2, 12 [id.]; id., 101.3, 37 [id.]; id., 101.23, 8 [id.]; id., 101.26, 23 [id.]; id., 101.30, 12 [id.]; id., 101.31, 6 [id.]; id., 101.32, 3 [id.]; id., 101.34, 9 [id.]; id., 101.38, 8 [id.]; id., 101.43, 19'[id.]; id., 101.52, 6' [Sūḫu]; id., 101.42, 6 (^{uru}*r*[*a*]-[*pi-qi*]) [id.]; id., 101.50, 9 [id.]; id., 101.51, 18 [id.]; id., 101.52, 6' [id.]; id., 101.53, 3 [id.]
1-13) Sg Hamat A, 6 ([^{uru}*ra-p*]*i*$^{?}$-)
4-11/13) GPA 194, Rs. 2 (⸢^{uru}⸣*ra*-)

^{uru}*ra-pi-qí*
1-04) Bronze bands, 71, piece 7, 1' [Sūḫu]

^{uru}*ra-pi-qu*

1-03) RIMA 2, 100.5, 56 (^{uru}⸢*ra-pi-qu*⸣) [It. von Dūr-balāṭi, nach Raḫimme *ša pūt* R.]. 57 [*šēp ammâte ša* Purattu *ṣali*]

1-13) Iraq 16, 198ff., 10 (*-p*[*i-qu*]) [Dūr-Kurigalzu]; Iraq 56, 37f., 13 (erg.); SgF Ann, 7 ([^{uru}*ra-pi*]-) [Kaldu]; SgF Zyl, 12 [Dūr-Kurigalzu]

N:

^{lú}*ra-pi-qi*

1-11) RINAP 1, 108.4, 4 [Rubbû, Hirānu]

^{lú}*ra-pi-qu*

1-11) Tigl Summ 11, 6 ([^{lú}*ra-pi*]-⸢*qu*⸣) [Rubbû, Nabātu]; Tigl Summ 12, 6 (erg.)

1-14) **RINAP 3/1**, 111.22, v, 50 [Malāḫu, Ḫindaru]; id., 111.23, v, 41 [id.]; **RINAP 3/2**, 111.230, 53 (^{lú}*r*[*a-pi-qu*$^{?}$]) [Malāḫu]

¶ NAT, 291; RGTC 2, 157 (Ur III Rapiqum); RGTC 3, 193 (aB Rapiqum); RGTC 5, 224f. (mA Rapiqu); RGTC 11, 230 (elam. Rapiqu).

Stadt am Mittleren Euphrat in → Sūḫu, an der Grenze zu Babylonien, RlA 11, 243–246 (F. Joannès), Russell (1985) 71f., Zadok (1995a) 229, 2.1.2.1, id. (2013) 287. Forrer (1920) 13 schlägt vor, dass sich R. an der Abzweigstelle des Nahr Ṣaklāwīya befunden haben sollte, wo in der Tat ein antikes Flussbett entdeckt wurde, Cole/Gasche (1998) 15f. Ein plausibler Kandidat wäre Tall al-Anbār, am (heutigen!) linken Flussufer nordwestlich von al-Fallūğa, Cole/Gasche loc. cit. mit Anm. 65 u. Karte auf S. 51. Diese Identifizierung ist vor dem älteren Lokalisierungsvorschlag bei ar-Ramādī (Brinkman [1968] 127 Anm. 748, Musil [1927b] 202) zu bevorzugen. Seit Tiglatpileser III. ist R. auch als aramäischer Stamm bezeugt, Frahm (2003) 153, Streck (2014) 314, Tadmor (1994) 159 Anm. 5, Zadok (1985b) 63. Nach Brinkman (1968) 271 u. Lipiński (2000) 445 würde die Erwähnung als Stamm nicht der Realität entsprechen, sondern ein Konstrukt der assyrischen Schreiber darstellen. TAVO Karte B IV 10 u. 13; Helsinki Atlas, 10. 32 (falsch am rechten Ufer).

Rapšu

^{uru}*rap-šú*

3-11/13) ND 2618, 9' (Iraq 23, pl. 19) [Asamānu, Samaku]

¶ NAT, 292.

Vielleicht eine Stadt im Ḫābūr-Dreieck (wegen der Erwähnung von → Kaḫat in Z. 6'), Zadok (1995a) 236, 3.6.1.11.7.

Raqamātu

^{uru}*ra-dam-ma-te*
1-02) RIMA 2, 99.2, 57

^{uru}*ra-qa-ma-tu*
1-02) RIMA 2, 99.2, 52 [Gidara *ša* ^{kur}Arumu^{meš} R. *iqabbišūni*]

^{uru}*ra-qa-ma-tú*
2-08) Canon 773 B10 (^{uru}*ra*-⸢*qa*$^{?}$⸣-⸢*ma*$^{?}$⸣-⸢*tú*⸣) [auf diesem Beleg (STT I, 46, Rs. 34') wird die Lesung ^{uru}*raq-mat* statt ^{uru}*šal-lat* (s. u.) begründet; Postgate (1995) 10]

^{uru}*ra-qa-ma-ti*
2-07) Canon 795 B10 ([^{uru}*ra*$^{?}$-*qa*$^{?}$-*ma*$^{?}$-*t*]*i*

^{uru}*raq-mat*
1-06) RIMA 3, 103.1, i, 48 [Urakka, Ḫuzīrīna]
2-05) Canon 836 B4 ([^{uru}]*raq*-)
2-06) Canon 812 B1 ([^{uru}*r*]*aq*-) [*šaknu*]; id. B6 (erg); id. B10 (id.)
2-07) Canon 795 B1 ([^{uru}*ra*]*q*-); id. B2 (-[*aq-mat*])
2-08) Canon 773 B1 ([^{uru}*ra*]*q*-) [*šaknu*]; id. B2 ([^{uru}*raq*]-) [id.]

¶ NAT, 290 (Radammatu). 292 (Raqammatu). 293 (Ra[...]). 300 (Sallat). Die Graphie ^{uru}*ra-dam-ma-te* wird unterschiedlich erklärt. Weippert (1973) 46 Anm. 83 (gefolgt von Dion [1997] 32 Anm. 30, Millard [1981] 369 und Postgate [1995] 10 Anm. 36) versteht das *d* in *dam* als Wiedergabe des emphatischen Spiranten /*ḏ*/ im Aramäischen und rekonstruiert den ON als *Raḏāmāt- (bzw. *Raḏāwāt-, was Zadok [1983] 240 widerspricht). Nach Zadok loc. cit. könnte Radammatu von einer westsem. Wurzel *rḏm*, die im arab. *rḏm* „bauen mit Steinen" zu erkennen sei. Dagegen hält Lipiński (2000) 115 Raqammatu für die richtige Form des ON, da eine Wurzel *rḏm* im Semitischen unbekannt sei. Er verbindet R. mit dem westsemitischen Namen *rqm* von Petra. Sein Vorschlag, statt ^{uru}*ra*-DAM-*ma-te* ^{uru}*ra-raq-ma*$^{!}$*-ma-te* zu lesen (Lipiński [2000] 115 Anm. 35) ist nicht überzeugend. Das Zeichen DAM ähnelt in der Tat eine zusammenhängende Schreibung der Zeichen MUNUS (*raq*) und MA stark, abgesehen von einem zusätzlichen waagerechten mittleren Keil, aber die Orthographie ist als Schreibfehler schwer zu erklären.

Stadt und assyrische Provinz im Ḫābūr-Dreieck westlich von → Naṣībīna und nördlich von → Guzāna, RlA 11, 52, Nr. 24 (K. Radner), RlA 11, 249 (M. P. Streck), Zadok (1995a) 238, 3.8.7. R. war der aramäische Name von → Gidara. S. → Sa'amê.

Raqmat s. Raqamātu

Rasa[...]

^{uru}*ra-sa*-x-x

3-13) KAV 37, 4' (^{uru}*ra-s*[*a*$^{?}$-x-x])

¶ Vielleicht eine Stadt in der Ǧazīra.

Raṣâ

^{uru}*ra-ṣa-a*

1-14) **RINAP 3/1**, 111.18, iv, 9' (erg.); id, 111.22, iv, 56 [Bīt-Ḫa'iri]; id., 111.23, iv, 48 [id.]; **RINAP 3/2**, 111.230, 20 ($^{\text{[uru]}}$*ra-*) [id.]

¶ NAT, 292.

Garnisonsstadt an der elamischen Grenze, die wie → Bīt-Ḫa'iri in elamische Hände gefallen war und dann aber von Sanherib zurückerobert und dem Festungskommandant von → Dēru unterstellt wurde, Postgate/Mattila (2004) 249, Zadok (1981a) 67 u. id. (1985b) 44.

Raṣappa

ra-ṣa-pa

3-13) CTN 3, 86, Rs. 2

3-15/16) SAA 7, 47, ii, 10

ra-ṣap

3-13) ND 2640, 5 (Iraq 23 pl. 21) [*bēl pīḫati*]

ra-ṣap-pa

2-13) Canon 718 B4 [*šaknu*]; Eponym 718 A9 (-[*ṣap-pa*]) [id.]

2-16) Eponym 662 A9 [*šaknu*]
3-20) SAA 7, 23, Rs. 2 (-*p*[*a*])

^{kur}*ra-ṣa-pa*
1-07) RIMA 3, 104.2008, 3 (-*p*[*a*]) [*šaknu*]
3-13) CTN 3, 105, 2’ (-*ṣ*[*a-pa*]); ND 2386, ii, 20’ (Iraq 23 pl. 11); ND 2768, 4’ (Iraq 23, pl. 26) (-[*pa*]); SAA 11, 15, Rs. i, 8’
3-20) ND 2393, 5 (Iraq 23, pl. 15) (-[*pa*])
3-23) SAA 11, 139, 6’ (-⸢*ṣa*⸣-[*pa*]) [*bēl pīḫati*]
5-11) GPA 107, Rs. 2 (-[*ṣ*]*a*-) [*šaknu*]
7-07) SAA 12, 85, 5 [*šaknu*]. 7 (-*p*[*a*]) [id.]. 13 [id.]. 18 (-*ṣ*[*a-pa*]) [id.]. 21. 22 [*šaknu*]. Rs. 10 [id.]. 16 (^{kur}[*ra-ṣa-pa*]) [id.]. 37 [id.]

^{kur}*ra-ṣa-pi*
1-07) AoF 39, 272, 3’ (^{kur}*r*[*a-ṣa-pi*]); RIMA 3, 104.6, 24 [Marê, Qatnu]; id., 104.7, 13 [*šaknu*; Lāqê]; id., 104.2006, 4 [Nēmed-Ištar]
3-23) SAA 11, 227, 6
5-10) SAA 6, 17, li. Rd. 2 [*šaknu*]

^{kur}*ra-ṣap-pa*
2-16) Canon 737 B1
3-11) SAA 11, 134, 4’ [*pīḫatu*]
3-16/19) SAA 7, 4, i, 10’ [*bēl pīḫati*]
4-13) SAA 1, 32, Rs. 12’ [*bēl pīḫati*]
4-15) SAA 13, 107, 11
4-16) SAA 10, 96, 14 [*bēl pīḫati*; Barḫalzu, Kalzi]. 17 [Barḫalzu]
5-15) SAA 6, 243, 1 (^{kur}*ra-ṣ*[*ap-pa*]). 5 (erg.)
5-19) StAT 2, 110, 3
7-20) SAA 12, 64, 5’ ($^{[k]ur}$*ra*-)

^{kur}*ru-ṣa-pa*
5-15) SAA 6, 242, 5’

^{kur}*ru-ṣa-pi*
1-08) RA 103, 93, 1 (Ass 10274) [*šaknu*; Lāqê, Sūḫu]
1-09) AuOr 20, 35, Nr. 29, 1

^{uru}*ra-a-ṣap-pa*
4-15/16) SAA 13, 92, Rs. 1 ([^{uru}*ra*]-)

^{uru}*ra-ṣa-ap-pa*
4-15) SAA 13, 21, Rs. 7 [Arzuḫina]
9-16) SAA 11, 1, Rs. ii, 10’ [Ḫalaḫḫu, Tamnūnu]

^{uru}*ra-ṣa-pa*
2-05) Canon 849 B5 (^{uru}[*ra*]-⸢*ṣa*$^{?}$-*pa*$^{?}$⸣)
2-08) Canon 775 ([^{uru}*ra-ṣa*]-); id. B2 ([^{uru}*ra-ṣa*]-); id. B10 [*šaknu*]
3-13) CTN 3, 86, 2
3-16) SAA 7, 3, i, 11’ [*bēl pīḫati*]
5-10) Edubba 10, 32, Rs. 38 [*šaknu*]
5-13) GPA 249, Rs. 6 [*šaknu*]
5-15) SAA 6, 245, 2

^{uru}*ra-ṣa-pi*
4-11) SAA 19, 60, Rs. 19

^{uru}*ra-ṣap-pa*
2-05) Canon 838 B4 ([^{uru}*r*]*a*-)
2-07) Canon 803 B1 ([^{uru}*r*]*a*-); id. B2 ([^{uru}*ra-ṣap-p*]*a*); id. B6 (erg.); id. B10 ([^{uru}*r*]*a*-)
2-10)Canon 747 B1; id. B2
3-15/16) SAA 7, 47, i, 6
3-16) SAA 7, 77, 4 [*bēl pīḫati*]
7-15/17) SAA 12, 89, 1’ (⸢$^{kur!}$*ra*$^{!}$-*ṣap*$^{!}$⸣-*pa*$^{!}$) [Bīt-Zamāni]
9-20) SAA 11, 3, ii, 6’ [Tillê, Isāna]

N:
^{kur}*ra-ṣa-pa-a-a*
4-13) SAA 5, 254, 8’
4-15) SAA 16, 22, 7
5-20) BATSH 6, 122, 2

^{kur}*ra-ṣap-pa-a-a*
7-14) SAA 12, 86, 32 (-⸢*pa-a*⸣-)

^{uru}*ra-ṣa-pa-a-a*
5-22) Edubba 10, 10, 7’

^{uru}*ra-ṣap-pa-a-a*
5-13) StAT 3, 32, Rs. 20’
5-16) KAN 4, 43, 1

¶ NAT, 292; NAT, 296 (Ruṣapu); RGTC 8, 263 (nB/spB Ruṣapu); bibl. *reṣep* (HAL, 1198); nA PN Raṣappāju, PNA 3/I, 1034; eher nicht klass. Rhesapha/Sergioupolis, (Barrington Atlas 68, G2; Tab. Peut. XI, Risapa) s. u.

Stadt und Statthaltersitz einer gleichnamigen Provinz, die sich östlich des → Ḫābūr und südlich des Ǧabal Singār (→ Singāra 1) erstreckte, Forrer (1920) 12–16, Kessler (1980) 228 Anm. 838, RlA 11, 52f., Nr. 25 (K. Radner), RlA 11, 254 (M. Jursa), Zadok (1995a) 237–239, 3.8.1. Die Stadt R. ist nicht sicher lokalisiert. K. Kessler schlägt in der TAVO Karte B IV 10 Tall al-Huḏail als möglicher Kandidat vor. Die Gleichsetzung mit dem (zu) weit westlich gelegenen ar-Ruṣāfa, klass. Rhesapha, (Parpola [1983] 318, Helsinki Atlas, 3 [mit Fragezeichen], SAA 1, S. 238 et passim in den SAA-Bänden, meist mit Fragezeichen, Lipiński [2000] 62) ist nicht durch archäologische Befunde bestätigt und wird mit Recht in Frage gestellt, Hannoon (1986) 128–132, Kessler (2000) 313f., Liverani (1992c), Radner (2002) 6f. TAVO Karte B IV 10 (Tall al-Huḏail) u. 13; Helsinki Atlas, 3 (ar-Ruṣāfa). S. → Singāra 2.

Raṭān s. Radani

Rebīt-Rēmanni-ilu

^{uru}*re-bit-*^{1}*rém-ana-*DINGIR
3-13) SAA 11, 213, Rs. ii, 3

¶ NAT, 293; nA PN Rēmanni-ilu, PNA 3/1, 1042f.

Stadt im Balīḫ-Becken, Zadok (1995a) 274, 7.1.11.3.3; vgl. → Kapar-Rēmanni-ilu.

Rešāli

^{uru}*re-šá-a-li*
3-05) Billa 69, 5 [Ālum-labir, Piua]

¶ Der Ortsname kann als zusammengesetzte Orthographie (Sandhi) für *rēš āli* gedeutet werden, Zadok (1995a) 263, 4.34.5b.

Stadt, die in den Texten aus Tall Billā (→ Šibaniba) erwähnt wird und vermutlich in ihrer Umgebung lag, Zadok (1995a) 256, 4.17.1.21.

Reš-ēnāte s. Rēš-ēni

Rēš-ēni

^{uru}*re-eš-e-ni*
1-14) RINAP 3/2, 111.223, 9 [Dalājin, Sulu]

^{uru}SAG-*e-ni*
3-05) Billa 82, 13' ($^{[uru]}$SAG-⌜*e*⌝-) [Šanugû, Bašānu]

^{uru}SAG-IGI.2^{meš}
3-05) Billa 77, 5'

¶ NAT, 293. Nach Billa 77, 5 lautet der ON Rēš-ēnāte, was vermutlich nur eine graphische Variante darstellt. Ob es sich um den gleichen Ort wie R. handelt, muss dennoch offen bleiben.

Stadt nördlich von → Ninive, die wahrscheinlich in der Region südlich vom Ǧabal Bāšiqā (→ Muṣri 2) nicht weit von Tall Billā (→ Šibaniba) zu suchen ist, Zadok (1995a) 256, 4.17.1.6–7. Die Erwähnung von R. direkt vor → Sulu, → Dūr-Ištar 2 und Šibaniba in der Bavian Inschrift (RINAP 3/2, 111.223, 9), in deren Nähe Sanherib neue Wasserressourcen entdeckte, die sein zweites hydraulisches Projekt speisten (RINAP 3/1, 111.17, viii, 33–34), so wie die Belege in den Texten aus Tall Billā deuten darauf hin, dass R. eher mit dem „Gebirge Muṣri-Kanalsystem" als mit dem „Nördlichen Kanalsystem" in Verbindung zu bringen ist, Bagg (2000) 209, Reade (1978a) 72. Jacobsens Identifizierung mit Ra's al-ʻAin (einem geläufigen Ortsname) am Fluss Šubasi (Jacobsen/Lloyd [1935] 39f. mit fig. 9 gefolgt von Hannoon [1986] 225) ist mit dem „Gebirge Muṣri-Kanalsystem" nicht vereinbar, Reade (1978a) 157f. Der Lokalisierungsvorschlag passt ebenfalls nicht zum „Nördlichen Kanalsystem", das sich in einer ca. 50–60 km von Ninive entfernten Region erstrecke, s. Komm. zu → Ālum-riksi. Helsinki Atlas, 4. 28 (Ra's al-ʻAin!)

***Ru[...]gu**

N:
^{uru}*ru*-x-*gu-a-a*
5-09) Edubba 10, 31, Rs. 42 (-[x-*g*]*u*$^{!}$-)

¶ Möglicherweise eine Stadt in Zentralassyrien bzw. in einem benachbarten Gebiet (K).

Rubu

^{kur}*ru-bi*

5-14) BATSH 6, 127, 5

^{uru}*ru-bi*

5-16) BATSH 6, 108a, 1

^{uru}*ru-bu*

5-16) BATSH 6, 108b, 1

¶ Stadt (und Land?) in der Nähe von → Dūr-katlimmu, östlich des → Ḫābūr, Radner (2002) 4 mit Anm. 33. Nach Radner loc. cit. mit dem Aramäerstamm →[3] Rupū'u in Verbindung zu bringen.

Rummunina

^{uru}*ru-um-mu-ni-na*

1-03) RIMA 2, 100.5, 96 [*palgu ša* Ḫābūr]. 97 [It. von Sirqu, nach Sūru]; WVDOG 121, 50, 95ff. ([^{uru}*ru-um-mu-n*]*i-na*)

¶ NAT, 296 (Rummunidu).

Stadt in → Lāqê, nördlich von → Sirqu, am „Kanal des Ḫābūr", Zadok (1995a) 230, 2.3.1.1.7. Lipiński [2000] 84–86 (mit Karte auf S. 81) schlägt vor, R. mit Tall Dibān 3, ca. 15 km nördlich von Tall al-'Ašāra/Sirqu (auch Geyer/Monchambert [2003] 141 Fig. 32) zu identifizieren. Dussaud (1927) 487 identifizierte R. mit Buṣaira, ca. 30 km von Tall al-Ašāra enfernt (seine Identifizierungen für die Strecke → Šadikanni – R. basieren aber auf der sich später als ungültig erwiesenen Annahme, → Dūr-katlimmu sei mit Tall Šaddāda identisch). Eine Gleichstellung mit Tall Mašiḥ (Kühne [1980] 61) ist aufgrund der Identifizierung dieses Fundorts mit der Neugründung → Kār-Aššur-nāṣir-apli ausgeschlossen. Dies zeigt, dass Lokalisierungen, die ausschließlich auf einer angenommenen durchschnittlichen Tagesmarschleistung basieren, nur mit Vorsicht zu genießen sind. Die Tagesmarschleistung könnte mehr als 18 ± 2 km am Tag (Kühne [1980] 48ff.) betragen haben, und variieren wahrscheinlich zwischen 15 und 25 km, was Spielraum für mehrere Lokalisierungen bietet. Helsinki Atlas, 9. 31 (Tall Mašīḥ!).

Ruqāḫu

^{kur}*ru-qa-ḫa*
2-07) Andrae Stelen Nr. 38, 6 (SAAS 2, 95 [804]) [Itu'u]
2-10) Andrae Stelen Nr. 37, 6 (SAAS 2, 79 [748]) [Itu'u]

^{kur}*ru-qa-ḫu*
1-01) RIMA 2, 98.1, 22 [Zāba]

N:
^{kur}*ru-qa-ḫa-a-a*
3-13) ND 2646, 1 (Iraq 23 pl. 21)
4-13) SAA 1, 91, Rs. 1 [Ḫallatu]; id., 262, Rs. 7 (-[*ḫa-a-a*])

^{lú}*ru-qa-ḫa-a-a*
3-23) GPA 119, 8
4-13) SAA 1, 92, 6 ($^{\text{lú?}}$*ru*$^{?}$-*qa*$^{?}$-*ḫa*$^{!}$-[*a-a*])

¶ NAT, 296 (Ruqaḫa); mA $^{\text{[lú?]}}$⌜*ru*⌝-*qa-ḫa-ia*, Iraq 32, pl. xxxiii, 22' (BM 122635 + 122642); nA PN Ruqāhāju, PNA 3/I, 1054.

Gebiet und gleichnamiger (aramäischer) Stamm am Tigris (→ Diglat), unmittelbar an der Mündung des Unteren Zab, GPA, S. 144 zu Nr.119, Lipiński (2000) 47–49, Pappi (2012) 605, Zadok (1985b) 70, id. (1995b) 224, 1.1.1, id. (2013) 313. Nach Forrer (1920) 12 lag das Territorium der R. gegenüber dem Gebiet von → Itu'u, nämlich am östlichen Tigrisufer zwischen diesem Fluss und dem Ǧabal Ḥamrīn (→ Ebiḫ). Ob sich der alte Name in Tall Qal'at Raqqa, ca. 19 km nördlich von Tikrīt am östlichen Tigrisufer erhalten hat (RlA 1, 291 [E. Forrer], übernommen von Lipiński [2000] 49), ist fraglich. Nach Zadok (1985b) 70 sind die meisten Namen der R. (GPA 119, 1–7) westsemitisch und „könnten größtenteils aramäisch sein". Lipiński (2000) 48 betrachtet den Namen Sabḫarru (GPA 119, 1) als nordarabisch (dagegen PNA 3/I, 1058 s. v.) und Nap'adulu (GPA 119, 4) für nicht-semitisch (PNA 2/II, 929), hält aber weiterhin R. für einen aramäischen Stamm. R. ist von →^{3} Raḫīḫu/Riḫīḫu und →^{3} Raḫīqu/Riḫīqu zu trennen.

Ruzidak

^{uru}*ru-zi-da-ak*
1-04) RIMA 2, 101.18, 30' [Šaburam, Bugu]

¶ Stadt im Land → Dannuna.

S

Sa[...] 2

^{uru}*sa*-[x x]
3-20) SAA 11, 231, 8' [Āl-nukaribbī]

¶ NAT, 307.

Vermutlich eine Stadt in Zentralassyrien bzw. in einem benachbarten Gebiet (N).

Sa[...] 3

^{uru}*sa*-[x x x x]
5-23) BATSH 6, 88, 9

¶ Möglicherweise eine Stadt in der Region von → Dūr-katlimmu.

Sa[...]zabea

^{uru}*sa*-x-*za-bé-a*
1-11) Tigl RR, 30 (-⸢*lu*⸣-) [^{uru}(...), Ta(...)]

¶ Stadt in → Ulluba 2, nicht mit →1^{add} Sazabê in der Levante zu verwechseln.

Sa[...]zi

^{kur}*sa*-[x-x-(x)]-zi

1-01) RIMA 2, 98.1, 29 [Ḫalḫalauš *ša* S.]

¶ NAT, 307.

Wahrscheinlich ein Land im Osttigrisgebiet, wo die Stadt → Ḫalḫalauš (s. Komm) lag, RlA 1, 291b, s. v. Assyrien §46 (E. Forrer).

Sa'amê

sa-'a-me-e

5-07) Edubba 10, 24, Rs. 37 [*šaknu*]

¶ Da Marduk-šaddûni, Statthalter von S. im Eponymenkanon als Statthalter von → Raqamātu belegt ist (Canon 795 B1 u. B2; PNA 2/1, 720), scheint S. ein alternativer Name für diese Provinz zu sein, Edubba 10, S. 29f. (J. N. Postgate). Dass S. der ältere Name der Provinz → Si'immê sei (Edubba 10, loc. cit.), ist dagegen zu bezweifeln, da Si'immê im Norden Zentralassyriens zu suchen ist (RlA 11, 55f., Nr. 36 mit Karte auf S. 50).

Saba'a

^{kur}*sa-ba-'a*

1-14) RINAP 3/2, 111.103, 3 (erg.); id., 111.104, 3 (erg.); id., 111.105 ([^{kur}*sa-ba*]-); id., 111.106, 2 ([^{kur}*sa-b*]*a*-); id., 111.107, 3 (erg.); id., 111.108, 3 (erg.); id., 111.168, 49 [*šarru*]

N:

^{kur}*sa-ba-'a-a-a*

1-13) SgF Ann, 123 [Arubu]; id. Prunk, 27 [id.]

^{lú}*sa-ba-'a-a-a*

1-11) Tigl Summ 4, 27' [*ša miṣir mātāti ša šulum Šamši*; Tēma, Ḫajappa]; id. 13, 9' ([^{lú}*sa-ba*]-˹*'a*˺-) [id.]

^{uru}*sa-ab-'a-a-a*

1-11) Tigl Summ 7, Rs. 3' [*ša miṣir mātāti ša šulum Šamši*; Tēma, Ḫajappa]

¶ NAT, 297 (Sab'a); bibl. *š*^{e}*bā'*, *š*^{e}*bā'îm* (HAL, 1285f.), *s*^{e}*bā'î* (HAL, 697); klass. Sabaioi, Sabaei (TAVO Karte B V 22), nA PN Sabāju, PNA3/I, 1058.

Das südarabische Land und Volk der Sabäer im heutigen Jemen, Frahm (1997) 145f., Galter (1993), Liverani (1992b) 114. Obwohl dieses Gebiet außerhalb der Reichweite der Assyrer lag, gibt es keinen Grund, S. als Nomadenstamm in Nordarabien zu interpretieren (Eph'al [1984] 227–229), da sich alle Belege auf dem Empfang von Abgaben bzw. Geschenken beziehen. RlA 13, 243ff. (N. Nebes s. v. Südarabien), Rosemarin (1932) 36.

Sabirutu

^{uru}*sa-bi-re-te*

1-03) RIMA 2, 100.5, 66 [It. von Ḫudubīlu, nach Sūru; Zadidāni]

^{uru}*sa-bi-ru-tu*

1-03) RIMA 2, 100.5, 66 [S. *ina qereb* Purattu *ṣali*]

^{uru}*sa-pi-ri-te*

4-13) SAA 1, 63, Rs. 5 [*pūt* Zaḫê; Ariauāte, Ninua]; id., 96, 9 (^{uru}*sa-*[*pi-ri-te*], die Ergänzung ^{uru}*sa-*[*pir-ri-te*] ist unbegründet). Rs. 13 (^{uru}⸢*sa-pi*$^{!}$*-ri-te*⸣)

^{uru}*sa-pi-rit*

5-07/08) Edubba 10, 28, 30

¶ NAT, 297 u. 305 (Sapirrutu); aB Sapîratum (Charpin [1997]), RGTC 5, 228f. (mA Sapiratu).

Stadt in → Sūḫu auf einer Insel am Mittleren Euphrat, heute Ǧazīrat Bēǧān, ca. 25 km von ʿĀna entfernt, Charpin (1997) 341f., Gawlikowski (1983/1984), Herles (2007) 422f., Horn (1922) 135, Zadok (1995a) 229, 2.1.2.9. TAVO Karte B IV 10 u. 13; Helsinki Atlas, 10. 31.

Sagāni

^{uru}*sa-ga-a-ni*

5-16) O 3686, 4 (unpubl. zit. in PNA 1/I, 105f, s. v. Ammi-rāmmu 4) (*-n*[*i*])

¶ Stadt im Balīḫ-Becken, wahrscheinlich in der Nähe von → Mallanāte.

SAG-ap-LAL-rinu (?)

^{uru}SAG-*ap*$^{?}$-LAL$^{?}$-*ri*$^{?}$-*nu*

5-20) Fs Garelli2, 9 (Postgate schlug vor, ^{uru}SAG.DU.KAK-*ri-nu* zu lesen, Grayson [1973] 360, Komm. zu. Z. 9) [Mariametu]

¶ Vermutlich eine Stadt im Ḫābūr-Gebiet bzw. im Balīḫ-Becken, Zadok (1995a) 234, 3.5.3.4.

Saḫiru

^{uru}*sa-ḫi-ru*

4-13) SAA 19, 165, 9 (-⌜*ḫi-ru*⌝ statt ^{uru}*sa-p*[*u*]-*u-a* in CTN 5, 289)

¶ Vgl. NAT, 298 u. RGTC 8, 264 (nB/spB Saḫiri).

Wahrscheinlich eine Stadt am Mittleren Euphrat, falls identisch mit nB Saḫiri, die gegen RGTC 8, 264 nicht mit → Sairi gleichzusetzen ist.

***Saḫlalu**

^{uru}*saḫ-la-la*

1-05) RIMA 3, 102.2, ii, 80 [Til-ša-turāḫi]. 81 [Kār-Šulmānu-ašarēd]

^{uru}*saḫ-la-lu*

1-20) Qaruz, 11. 18 [Ḫarrānu, Til-(ša-turāḫi?)]

¶ NAT, 211 (Kitlala); RGTC 3, 257 (aB Zaḫlala), BATSH 4, 2, 43 u. 4, 10' und Kühne (1995) 209f. (mA Saḫlālu); vgl. aram. *s'lm*, Zadok (1989) 160f.

Stadt im Balīh-Becken, die wahrscheilich mit Tall Saḫlān (Sala'an), ca. 22 km südlich von Tall Abyaḍ (→ Balīḫu) zu identifizieren ist, Córdoba (1990) 363, Frayne (2001) 228, Lipiński (2000) 128, Mallowan (1946) 138f., Yamada (2000) 151 mit Anm. 250. S. war eine der „Städte des Gē-ammu am Balīḫ" (RIMA 3, 102.2, ii, 79), die von Salmanassar III. 853 erobert wurden. TAVO Karte B IV 10 (Orte des Gē-ammu); Helsinki Atlas, 3. 25.

Sai

sa-a-a

1-15) RINAP 4, 112.54, 25' ([*sa-a*]-) [Kār-bēl-mātāti *ša* S. *ina* Muṣur *inambû*]

^{uru}*sa-a-a*

1-16) Asb A, i, 90 [*šarru* Mempi *u* S.]; id. 134 [Pinṭiṭi, Ṣi'nu]; Asb A, ii, 16; Asb B, i, 95 [Pinṭiṭi, Ṣa'nu (sic)]; Asb C, ii, 85 [*šarru* Mempi *u* S.]; id. 130 [Pinṭiṭi, Ṣi'nu]; Asb C, iii, 19; Asb LET, 65' [*ša* Kār-bēl-mātāti *šumšu*]

¶ NAT, 299; äg. *Sɜw* (DG V, 2); klass. Sais (TAVO Karte B IV 23).

Sais in → Muṣur (Ägypten), heute Ṣā l-Ḥağar, dessen assyrischer Name → Kār-bēl-mātāti war, Onasch (1994a) 38, Ranke (1910) 34, Spalinger (1974a) 304; Steindorff (1890) 597f. TAVO Karte B IV 13.

Sailu

uru*sa-i-lu*

3-11/13) ND 2622, 3 [Ḫanimu, Ḫarlazu]

¶ NAT, 299.

Wahrscheinlich eine Stadt in der Nähe von → Baqarri (erw. in ND 2622, 8), Zadok (1995a) 228, 1.4.6.1.6 (jedoch nicht in → Arzuḫina!). Falls in der Region von Baqarri, von →3 Sa'ilu in →3 Gambūlu 1 zu trennen.

Sairi

uru*sa-i-ri*

5-15) SAA 6, 278, 5

5-19) SAA 14, 42, 8 [*ummu ša* S.]. 22 [*ḫarrānu ša* S.]. 24 [id.]. 25 [id.]. 28 [id., Mardijānê]

¶ NAT, 299; nicht identisch mit nB/SpB Saḫiri, Zadok (1995a) 238, 3.8.16 gegen RGTC 8, 264; vgl. nA PN Sa'iru, PNA 3I, 1064f. (auch geschrieben 1*sa-i-ru*).

Stadt in der östlichen Ǧazīra, Fales (1989c) 178, Zadok loc. cit.

Sakka

uru*sa-ak-ka*

1-11) Tigl Ann 5, 4 [Daiqanša, Ippa]

¶ NAT, 299.

Stadt in →3 Urarṭu, wahrscheinlich in der Region nördlich des Murat-Su (→ Arṣania 1), Kessler (1980) 168, RlA 2, 102 (E. Unger). S. Komm. zu → Daiqanša.

***Sakkuana**

N:
^{uru}*sak-ku-a-na-a-a*
4-13) SAA 5, 42, Rs. 4 [Labīru]

¶ Lage unbekannt. S. wird zusammen mit → *Labīru in einem Brief an Sargon, der aus paleographischen Gründen dem Gouverneur von → Tušḫan, Ša-Aššur-dubbu (SAA 5, S. 34, PNA 3/II, 1179f.) zugeschrieben wird.

Salammê

^{uru}*sa-lam-me-e*
4-15) SAA 13, 19, Rs. 11 [Luddin-ilu]

¶ NAT, 299; vgl. nA PN Salamê und Salāmu (auch mit der Orthographie ^{1}*sa-lam-me* bezeugt), PNA 3/I, 1070.

Vielleicht eine Stadt in Zentralassyrien oder im Osttigrisgebiet. Eine Lokalisierung in → Laḫīru 1 (Zadok [1995a] 226, 1.2.22) ist nicht gesichert, sie basiert auf der Annahme, das S., Herkunftsort des Hirten [...]-aplu-erība, der zusammen mit anderen Hirten aus → Luddin-ilu Opfertiere liefern sollte, in der Nähe von → Diqūqīna lag (s. Komm. s. v. Luddin-ilu).

Salaniba

^{uru}*sa-la-ni-ba*
1-04) RIMA 2, 101.1, ii, 116 [*āl dannūti ša* Arbakki; Ijaja]; id., 101.17, iv, 102 (⸢^{uru}⸣*sa-*) [id.]

^{uru}*sa-la-ni-be*
1-04) RIMA 2, 101.19, 83 [*āl dannūti ša* Arbakki; Ijaja]

¶ NAT, 299.

Ummauerte Stadt von → Arbakki, Liverani (1992a) 62, Radner und Schachner (2000) 763.

Salilānu

[uru]*sa-li-la-nu*
3-11/13) ND 2618, 7' (Iraq 23, pl. 19) (⌜uru⌝*sa-*) [Kaḫat, Asamānu]

¶ NAT, 300 (s. v. Salimānu); nA PN Salilānu, PNA 3/I, 1070.

Vielleicht eine Stadt im Ḫābūr-Dreieck (wegen der Erwähnung von → Kaḫat in Z. 6'), Zadok (1995a) 236, 3.6.1.11.5.

Salimāni

[uru]*sa-li-ma-a-ni*
5-22) GPA 30, 5

¶ NAT, 300 (Salimānu).

Möglicherweise eine Stadt in der Nähe von → Kalḫu, Zadok (1995a) 249, 4.7.4.1.21.

Saluria

[uru]*sa-lu-ri-a*
1-05) RIMA 3, 102.2, ii, 44

¶ NAT, 300.

Stadt in → Enzite, wo Salmanassar III. ein beschriftetes Bildnis von sich selbst in der Unterstadt an einem kultischen Ort errichten ließ, Toffteen (1907) 345f. (jedoch nicht an einem Berg Qireqi, lies *ina qaq-qi-ri e-qi*, RIMA 3, loc. cit.), Yamada (2000) 278f.

Sama[...]

[uru]*sa-ma-*[x x x]
5-16) SAA 14, 132, 3 [Na(...) 2]

¶ NAT, 301.

Möglicherweise eine Stadt in Zentralassyrien bzw. in einem benachbarten Gebiet (N), in der Nähe von → Na[...] 2.

Samakku

^{uru}*sa-ma-ak-ka*
3-22) CTN 3, 87, Rs. 33 [Urza] (Zuordnung hier nicht sicher)

^{uru}*sa-ma-ku*
3-11/13) ND 2618, 10’ (Iraq 23, pl. 19) [Rapšu, Ḫaṣidu]

¶ NAT, 300; nA Samāku, PNA3/I, 1081f.

Vermutlich eine Stadt in Zentralassyrien bzw. in einem benachbarten Gebiet. Wegen der Erwähnung von → Kaḫat (ND 2618, 6’) könnte es sich um eine Stadt im Ḫābūr-Dreieck handeln, Zadok (1995a) 236, 3.6.1.11.8.

Samānu

^{uru}*sa-ma-na*
5-20) SAA 14, 397, Rs. 6’ [*ḫazanu*]

^{uru}*sa-ma-ni*
7-07) SAA 12, 1, 9 [*ḫarrān ša issu* Bīt-ṣuṣāni *ana* S.]

^{uru}*sa-ma-nu*
3-05) Billa 82, 10’ ($^{[uru]}$*sa-*) [(…)irra(…), Alun]
5-23) SAA 14, 346, 5

N:
^{uru}*sa-am-ma-na-a-a*
5-16) StAT 3, 61, Rs. 38 (-*na*$^{!}$-*a*-⌜*a*⌝)

^{uru}*sa-ma-na-a-a*
5-20) SAA 14, 397, Rs. 7’ ($^{[ur]u}$*sa-*)

¶ nA PN Samānu, PNA 3/I, 1082.

Stadt in Zentralassyrien, wahrscheinlich in der Region um → Šibaniba. Die Straße von B. nach → Samānu wird als einer der Grenzen von → Qibīt-Aššur genannt, Zadok (1995a) 255, 4.15. In der Umgebung von S. befanden sich die Städte → E[…] 2, → Is[…] und → Ja[…] 3.

Samatu

^{uru}*sa-ma-tu*
3-11/13) ND 2618, 5' (Iraq 23, pl. 19) [Ḫazabiri, Kaḫat]

¶ NAT, 301 (s. v. Sam'al); vgl. nA PN Samātī, PNA 3/I, 1082.

Vielleicht eine Stadt im Ḫābūr-Dreieck (wegen der Erwähnung von → Kaḫat in Z. 6'), Zadok (1995a) 236, 3.6.1.11.4.

Same[...]

^{uru}*sa-me-*[x x]
3-11) GPA 132, 3

¶ Möglicherweise eine Stadt in der Nähe von → Kalḫu, Zadok [1995a] 249, 4.7.4.1.27.1.

***Samḫara**

N:
^{uru}*sa-am-ḫa-ra-a-a*
7-16) SAA 12, 60, 12 (-⌜*am*?⌝-)

¶ NAT, 302 (Samḫarâ); vgl. RGTC 3, 201 (aB Samḫarû).

Stadt im Bereich von → Tillê, Kessler (1980) 10, Zadok (1995a) 270, 6.1.3. Nicht mit → Šanḫara im Bergland nordöstlich von → Dēru zu verwechseln.

Sapalāte

^{uru}*sa-pa-la-a-te*
5-14) O 3712, 7 bzw. 8 (unpubl. zit. in Garelli [1986] 242)

^{uru}*sa-pa-la-te*
5-14) O 3712, 7 bzw. 8 (unpubl. zit. in Garelli [1986] 242)

¶ Stadt im Balīḫ-Becken, Zadok (1995a) 234, 3.5.3.6; s. → Mallanāte.

Sapānu

^{uru}*sa-pa-a-ni*
1-02) RIMA 2, 99.2, 89 [Sikur]

^{uru}*sa-pa-a-nu*
1-02) RIMA 2, 99.2, 86 [Sikur]

^{uru}*sa-pa-ni*
1-02) RIMA 2, 99.2, 84 [Sikur]

¶ NAT, 304; vgl. RGTC 5, 229 (mA Sappani).

Stadt in der Region von → Naṣībīna.

Saraga

^{uru}*sa-ra-ga*
4-13) SAA 1, 46, 8’ ($^{[ur]u}$*sa-*). 9’ (*-r*[*a-ga*]) [Arzabia, Kummu]

¶ Wahrscheinlich eine Stadt in der Nähe von → Kummu.

Saraku

^{uru}*sa-ra-ku*
1-02) RIMA 2, 99.2, 44 (-⸢*ra*⸣-) [Ḫanigalbat, Jaridi]

¶ NAT, 305; vgl. RGTC 4, 114 (aA Taraqum), s. dazu Kessler (1980) 218–219.

Stadt in → Ḫanigalbat, die zwischen → Guzāna und → Naṣībīna zu suchen ist, Kessler (1980) 216–219, Lipiński (2000) 112, Zadok (1995a) 236, 3.6.3.3. Ob S. und → Jaridi zur Zeit des Adad-nērārī II. von Nūr-Adad, dem Temanäerfürsten (→ Temmanu) von → Naṣībīna kontrolliert wurden, ist möglich, jedoch im Text nicht explizit erwähnt, Kessler (1980) 216 mit Anm. 782.

Sa’rarīna

^{uru}*sa-a’-ra-ri-na*
7-07) SAA 12, 72, Rs. 5 [*ša šakin* Arbail]

¶ NAT, 297.

Vielleicht eine Stadt im Bezirk von → Arbail, Zadok [1995a] 246, 4.6.4.3; s. Komm. zu → Dunābu-Enlil.

Sarbalia

^{kur}*sar*$_4$*-ba-li-a*

1-02) RIMA 2, 99.1, Rs. 7’ (Var. ^{kur}*sar*$_4$ (SUD)-*b*[*a*]-) [Bāza, Diduala]

^{kur}*sa-ar-ba-li-a*

1-02) RIMA 2, 99.1, Rs. 7’ [Bāza, Diduala]

¶ NAT, 305.

Land in → Ḫabḫu 3.

Sardurianu

^{kur}*sa-ar-du-ri-a-na*

1-11) Tigl Summ 9, 12’ ([^{kur}*sa*]-) [Lusia]

^{uru}15-BÀD-*a-na*

4-13) SAA 19, 183, 5 (-BÀ[D]-*a-*⌜*na*⌝) [Ukku]

^{uru}15-BÀD-*a-ni*

4-13) SAA 5, 97, Rs. 11’ ($^{\text{uru!}}$15-) [Itu’u]; SAA 19, 183, 5

^{uru}*sa-ar-da-ur-ri-a-na*

1-11) Tigl Summ 1, 26 [*birāti ša* Urarṭu *ša kutal* Nal; Manṭun, Diulla-ana-Nal]

^{uru}*sa-ar-du-ri-a-na*

1-11) Tigl Summ 9, 9’ (-[*du-ri-a-na*]) [Manṭun]

^{uru}*su-ru-du-ri-a-ni*

4-11) SAA 19, 72, Rs. 4 (-*n*[*i*])

^{uru}*su-ur-du-ra-a-nu*

4-13) ND 2638, 3 (Iraq 23, pl. 20) (^{uru}⌜*su*⌝*-ur-du-ra-*⌜*a*⌝-) [Šiprapa, Karbanapa]

¶ NAT, 305 (Sardaurri) u. 319 (Surdurānu); zur Schreibung [1 d]15-BÀD (Issar-dūrī) für den urartäischen PN Sarduri s. PNA 2/I, 568f. s. v. Issār-dūrī 1 (Sarduri I.) u. 4 (Sarduri II.), Tadmor (1994) 100 zu 24', Zadok (1998) 71.

Festung an der urartäischen Grenze, hinter dem Gebirge → Nal in → Ulluba 2, die von Tiglatpileser III. annektiert und der „Provinz des Schatzmeisters" (→ Māt-Masenni) zugeordnet wurde, Kessler (1980) 168f., Zadok (1998) 71. Es scheint plausibler, dass der Beleg ND 2638, 3 hierher gehört und nicht, dass eine Stadt in der Nähe von → Kurbail gemeint ist (so Zadok [1995a] 259, 4.28.9.2.

Sarê

[uru]*sa-re-e*

3-13) KAV 31, 12 [Radani, Kapar-Iliti]; ND 2640, Rs. 33 (Iraq 23, pl. 21) (-⌜*re*⌝-) [Arbail, Arrapḫa]

4-07) TH 6, Rs. 3

4-13) SAA 5, 64, ll. 14; id. 229, Rs. 1 (-⌜*e*⌝) [Dūr-Atanāte]

9-13) SAA 11, 14, 1 (-⌜*re-e*⌝) [Baqarri]. ([ur]u*sa*-) [Arzuḫina]

¶ NAT, 305f.; RGTC 3, 203 (aB Sarrima), s. dazu Deller (1990) 62.

Stadt, die sich nördlich des Unteren Zab (→ Zāba šaplû) befand und mit Altūn Kūbrī am rechten Flussufer identifiziert wird, Fadhil (1983) 77. Da S. nach SAA 5, 64 nördlich eines Flusses lag, der es von der Stadt → Arzuḫina trennte, gehörte S. nicht zur Provinz Arzūḫina (so Zadok [1995a] 228, 1.4.3), sondern zur Provinz → Arbail (s. RlA 11, 45, Nr. 2 u. Karte auf S. 44). Hannoon (1986) 387 identifiziert S. mit Ḫirbat Qara Reš am südlichen(!) Ufer des Unteren Zabs, ca. 50 km stromaufwärts von Altūn Kūbrī, was unwahrscheinlich ist. Dennoch ist eine Lage stromaufwärts von Altūn Kūbrī nach Levine (1989) 85 nicht ganz auszuschließen. TAVO Karte B IV 13; Helsinki Atlas, 10. 28. 30.

Sarun

[uru]*sa-ru-un*

4-11) SAA 19, 72, 4 [Birdunu]

¶ NAT, 306; nach CTN 5, 118 (ND 2453) [uru]*ir-ru-un* zu lesen, dagegen SAA 19, S. 75 zu Z. 4.

Stadt in Nordmesopotamien, wahrscheinlich in einem an →[3] Urarṭu angrenzenden Gebiet, nicht mit →[1] Saruna zu verwechseln.

Sasiqani

^{uru}*sa-si-qa-ni*

4-15/16) SAA 10, 279, Rs. 1 (-⸢*ni*⸣) [*ḫūlu ša* Zikkû]

¶ NAT, 307.

Stadt in Zentralassyrien, die zwischen → Ninive und → Kalḫu lag, Deller (1990b) 61, Nr. 83, Parpola (1983) 202 (zu LAS 206, 11), Zadok (1995a) 253, 4.13.2.1.3.1. Der Beschwörungspriester Nabû-nādin-šumi berichtet in einem Brief an den König, dass er von Ninive aus die Straße nach → Zikkû nahm und bis nach S. kam, wo er den Kurieren von Ninive und Kalḫu Befehle erteilte. Diese sollten sich im Zusammenhang mit Reinigungsritualen nach → Kasappa begeben. Nach einem Vorschlag von S. Parpola wird S. mit Vorsicht mit as-Salāmīya, ca. 5 km nördlich von Nimrūd, identifiziert, Helsinki Atlas, 4. 28 und Gazetteer, 16. Hannoon (1986) 219 (mit Karte auf S. 195) geht davon aus, dass Nabû-nādin-šumi bereits in Kalḫu war und lokalisiert S. dementsprechend südlich von Kalḫu und schlägt Tall Dinkis, ca. 1,5 km südlich von Nimrūd, als möglichen Kandidaten vor. Dass sich ein Kurier von Kalḫu in S. aufhielt, ist aber kein zwingender Beweis, dass Nabû-nādin-šumi bereits dort war und mit ihm nach S. kam.

Sassu

^{uru}*sa-as-su*

1-11) Tigl Summ 1, 30 [Enu, Lupsa]; id. Summ 9, 14’ [Enu, Lupsa]

¶ NAT, 307; vgl. RGTC 9, 75 (urar. Sase).

Stadt in der „Provinz des Mundschenks“ (→ Māt-Rab-šāqê).

Sasu[...]

^{uru}*sa-su-*[...]

3-05) Billa 69, Rs. 2 (-*su*-⸢x(-)x⸣) [Ḫi(...), La(...)]

¶ Zadok (1995a) 256, 4.17.1.22 schlägt die Ergänzung [uru]*sa-su-*[*ka*[?]] vor und stellt den Beleg mit → Sasuka gleich.

Stadt, die in den Texten aus Tall Billā (→ Šibaniba) erwähnt wird und vermutlich in ihrer Umgebung lag, Zadok loc. cit.

Sasuka

[uru]*sa-su-ka*
5-14) SAA 6, 92, Rs. 10 (-*su*[!]-*ka*[!])

¶ NAT, 307.

Vermutlich eine Stadt in Zentralassyrien (N); falls identisch mit → Sasu[...] könnte es sich um eine Stadt in der Nähe von → Šibaniba handeln.

Satiba[...] (?)

[uru]*sa-ti-ba*-[...]
5-22/23) SAA 14, 457, 9 (-*b*[*a*[?]-x x])

¶ Vgl. RGTC 5, 245 (mA Šatibena) mit Postgate/Deller (1985) 74 zu 245.

Vermutlich eine Stadt in Zentralassyrien, Zadok (1995a) 254, 4.13.2.3.1.5.

Satkuri

[uru]*sa-at-ku-ri*
1-02) RIMA 2, 99.2, 94 [*ālāni ša* Ḫabḫu *ša limīt* K.; Jasaddu]

¶ NAT, 307.

Stadt in → Ḫabhu 3 in der Umgebung von → Kummu.

Sē'-altaru (?)

[uru]*se-e'-al-ta-ru*
3-23) GPA 119, Rs. 17 (-*al*[?]-*ta*[?]-*ru*[?])

¶ Vgl. westsemitische Sē'-Namen in PNA 3/I, 1097f.

Vermutlich eine Stadt in Zentralassyrien bzw. in einem angrenzenden Gebiet; eine Lage in der Nähe von → Kalḫu (Zadok [1995a] 249, 4.7.4.1.25) ist nicht zwingend. In einer Verwaltungsurkunde aus Kalḫu werden sieben Verbrecher aus → Ruqāḫu und vier weitere aus S. erwähnt, die Schafe gestohlen haben. Die Männer aus S. haben westsemitische bzw. akkadische Namen: Ḫārānu (PNA 2/I, 459, s. v. Nr. 2), Ḫarrānāiu (PNA 2/I, 461, s. v. Nr. 4), Šamaš-aḫu-uṣur (PNA 3/II, 1190, s. v. Nr. 4) und Ubru-Šamaš (PNA 3/II, 1370, s. v. Nr. 3).

Si[...] (?)

^{uru}*si*-x-[x (x)]

9-20) SAA 11, 10, Rs. 9 (^{uru}*si*$^{?}$-⸢x⸣-)

¶ Möglicherweise eine Stadt in Zentralassyrien bzw. in einem benachbarten Gebiet.

Si[...]ḫu-nāṣir-apli

^{uru}*si-x-ḫu*-PAB-A

5-11) Edubba 10, 42, 6 (*ina muḫḫi umme* S.)

¶ Möglicherweise eine Stadt in der Umgebung von → Kalḫu, Edubba 10, S. 56, Zadok (1995a) 250, 4.7.4.5.1. Wahrscheinlich lag S. nicht weit von → Āl-Adad-išmanni, s. Komm. s. v.

Si'immê

si-im-me-e

2-13) Eponym 711 A9 (-[*e*])

si-me-e

3-11/13) CTN 3, 86, Rs. 6 [Naṣībīna, Guzāna]

^{kur}*si-'i-me-e*

3-13) ND 2386, i, 6' (Iraq 23 pl. 11). Rs., i, 13 (Iraq 23 pl. 11) (⸢^{kur}*si-'i-me-e*⸣)

4-13) SAA 5, 258, 3' (-[*'i-me-e*]) [*bēl pīḫati*]

7-07) SAA 12, 72, Rs. 13 [*bēl pīḫati*]

^{kur}*si-me-e*
3-15/16) SAA 11, 222, 2' [*bēl pīḫati*]
3-20) SAA 11, 225, 5' (^{kur}*si*$^{!}$*-m*[*e*$^{!}$*-e*$^{?}$]) [*pīḫatu*]

^{uru}*si-'i-me-e*
2-11) Canon 732 B3 ([^{uru}*si-'i-me*]*-e*)
3-11/13) CTN 3, 86, 6
3-16) SAA 7, 28, Rs. iii, 11'
3-20) ND 2451, 17 (Iraq 23 pl. 14) (^{uru}⸢*si-'i-me*⸣-) [Ḫabruri, Tu'immu]; ND 2790, 8 (Iraq 23, pl. 28) (-[*'i-im*]-)
3-23) SAA 7, 136, ii, 8'
4-13) SAA 1, 247, 5' ($^{[uru]}$*si-*) [Tillê, Naṣībīna]; id., 257, 8; SAA 5, 250, 7 ([^{uru}*si-'i-me*]-) [*bēl pīḫati*; Tillê]
4-15) SAA 13, 99, 13; id., 111, 8
5-13) StAT 2, 102, Rs. 15' ($^{ur[u]}$*si-'i-me-*[*e*]) [*šaknu*]
9-20) SAA 11, 3, ii, 4'[erw. zw. Barḫalzu u. Tillê]

^{uru}*si-im-me-e*
2-11) Canon 732 B2
2-13) Canon 711 B4 (erg.)

^{uru}*si-me-e*
5-13) SAA 6, 26, Rs. 8 [*šaknu*]

¶ NAT, 308 (Si'me); NAT, 314 (Si[...]e).

Provinz und gleichnamiger Statthaltersitz im Norden Zentralassyriens (nach SAA 1, 247), möglicherweise im Gebirgsland zwischen dem Tigris und dem Rūbār Dahūk, RlA 11, 55f., Nr. 36 (K. Radner), Zadok (1995a) 235, 3.6.1.10 (jedoch nicht im Ḫābūr-Gebiet!). Die Annahme S. und → Raqamātu seien die gleiche Provinz (Edubba 10, S. 29f.), basiert auf einer irrtümlichen Lokalisierung von S. im Ḫābūr-Gebiet. Helsinki Atlas, 4. 27 (Tall Ǧilāġa!). S. → Sa'amê.

In S. befanden sich die Städte → Gulsunu, → Ḫubāba und → Zinbanu, sowie die Dörfer → Kapar-ḫa[...], → Kapar-qu[...], → Kapar-Ṣil-[...] sowie die Stadt → Sala[...] und vielleicht → *Niramu.

Sikāni

^{uru}*si-ka-a-ni*

1-02) RIMA 2, 99.2, 101 [S. *ša ina rēš ēni ša* Ḫābūr]

4-13) ND 3410, Rs. 4’ (Iraq 15, pl. 11) (^{uru}*si-ka-*⸢*a*⸣-[*ni*])

^{uru}*si-ka-ni*

1-04) RIMA 2, 101.2004, 20 [Guzāna, Zarāni]. 25 [Ḫābūr]

¶ NAT, 308; RGTC 2, 164 (Ur III Sigan); aram. *skn* (TF 1. 6. 13. 16); vgl. RGTC 5, 84 (mA Dunnu 2), RGTC 5, 277f. (mA Uššukani), RGTC 6/1, 479f. u. RGTC 6/2, 187 (heth. Wašukana), RGTC 12/2, 335f. (Al. Waššukkanni).

Stadt im Quellgebiet des → Ḫābūr, heute Tall Faḫarīya, Morandi Bonacossi (2000b) 387, Nr. 85, Radner/Schachner (2001) 741, Abb. 3, RlA 12, 482 (A. M. Bagg), Russell (1985) 65f. mit Karte auf S. 58, Zadok (1982a) 123f., id. (1995a) 232, 3.4.2. Die Identifizierung wurde durch den Fund der Statue des lokalen Statthalters Adda-it’ī (PNA 1/I, 47) in Tall Faḫarīya bestätigt, die mit einer akkadischen und einer aramäischen Inschrift beschriftet ist (Abou Assaf et al. [1982], RIMA 2, 101.2004). Die Gleichsetzung von S. mit Waššukanni, einer der Hauptzentren des Mitanni-Staates, wird für plausibel gehalten (zuerst Opitz [1927], dagegen Falkner [1957-58] 31–33, Lipiński [2000] 120, Wilhelm [1989] 27), ist jedoch bislang unbewiesen. TAVO Karte B IV 10; Helsinki Atlas, 3. 26.

Sikibsa

^{uru}*si-kib-sa*

1-11) Tigl Summ 1, 27 (-⸢*sa*⸣) [*birāte ša* Urarṭu *ša kutal* Nal; Diulla-ana-Nal, Ašurdāja]; id. 6, 17

¶ NAT, 309.

Festung nördlich vom Berg → Nal in → Ulluba 2 bzw. an der Grenze mit →^{3} Urarṭu, die in die von Tiglatpileser neu eingerichtete Provinz Ulluba eingegliedert wurde.

Sikiri s. Kisiri 1

Sik(k)ur

^{uru}*si-kur*

1-02) RIMA 2, 99.2, 84 [Sapānu]. 86 [id.]. 88 [id.]

¶ NAT, 309; vgl. RGTC 5, 230 (mA Sikkūru).

Stadt in der Region von → Naṣībina; vgl. → Sukur.

Sila[...]

^{uru}*si-la*-[x x x x x]

3-16) SAA 7, 28, ii, 1 (-*la*$^{?}$-)

¶ NAT, 309.

Stadt in → Si'immê, Zadok (1995a) 236, 3.6.1.10.4.

Sinabu

^{uru}*si-na-bu*

1-04) RIMA 2, 101.19, 91. 92 [*birtu*; Tīdu]. 97 [Damdammusu, Tīdu]

1-05) Andrae Stelen Nr. 47, 5 (SAAS 2, 111 [838]) [*šaknu*; Andi, Suḫnu]; RIMA 3, 102.18, 22' (-[*na-bu*]) [*šaknu*; Na'iri]

1-07) Andrae Stelen Nr. 39, 3 (SAAS 2, 100 [799]) [*šaknu*; Andi, Mallānu]

1-13) KAH 1, 40, 9 (auch id. 41, 42 u. 71 mit weiteren Duplikaten, Pedersén [1997] 132 [Ass 3143], 133 [Ass 4397], 147 [Ass 16007], 148 [Ass 17342a+, Ass 17791]) [*šaknu*]

¶ NAT, 310; RGTC 3, 222 (aB Šinamum); RGTC 5, 249 (mA Šinamu); RGTC 6, 357 (heth. Šiname); vgl. RGTC 12/1 (ebl. Šinam).

Befestigte Stadt in der Nähe von Diyarbakır (→ Amēdu), die Salmanassar I. gegen das Land → Na'iri errichten ließ (RIMA 3, 101.19, 93–94). S. ist auch eine weiterer Name der Provinz Amēdu (→ Bīt-Zamāni), was die Erwähnung eines „Gouverneurs von S.“ (SAAS 2, 1000 [799]) erklärt, RlA 11, 49, Nr. 18. S. wird mit Pornak, ca. 17 km südöstlich von Diyarbakır identifiziert, Kessler (1980) 79–84 u. 110–120 mit Karte auf S. 121, bes. 119, RlA 12, 512 (A. M. Bagg), Schachner (2007) 233. Diese Lokalisierung wird von Lipiński (2002) 141f. (id. [2002] 230f.) bestritten, in dem er S. mit klass.

Sinna, heute Fafih (und → Madaranzu mit klass. Matzaron, heute Ömerli) mitten im Ṭūr 'Abdīn identifiziert. Da sich Bīt-Zamāni über den Ṭūr 'Abdīn bis Mardin erstreckte, ist dies aber ausgeschlossen, Kessler (1980) 97, Liverani (1992a) 40 Anm. 145. TAVO Karte B IV 10 (Pornak); Helsinki Atlas, 3. 19 (Aktepe). S. → Kinabu.

Sina'ini

^{uru}*si-na-'i-i-ni*

3-13) SAA 11, 133, ii, 6' (^{uru}*si-na*$^{!}$*-'i-i*$^{!}$*-ni*$^{!}$) [Nuniba]

¶ NAT, 312 (Siqa'in).

Vielleicht eine Stadt im oberen Ḫābūr-Gebiet bzw. im Balīḫ-Becken, Zadok (1995a) 235, 3.5.4.9 (Siqa'in).

Singāra 1

^{kur}*sa-an-ga-ri*

1-07) RIMA 3, 104.7, 18 [Kār-Adad-nērārī]

^{kur}*si-in-ga-a-ra*

7-16) SAA 12, 27, 34

^{kur}*si-in-ga-ra*

5-16) SAA 6, 329, 4; id. 330, 4 (^{kur}*si-i[n-ga-ra]*); id. 331, 4 (-⸢*ra*⸣)

^{kur}*sin-gar*

9-16) SAA 11, 1, i, 24 (hier ein Land S.?)

¶ NAT, 126 (Eššа[...]) u. 310; RGTC 12/1, 277 (ebl. Saggar); mB Saggar (SEM 117, ii, 12. 22); klass. Singaras (Barrington Atlas, 89, D4); s. Belege der Gottheit Saggar in RlA 11, 520f.

Der Ǧabal Sinǧār, eine Bergkette in der nordöstlichen Ǧazīra, RlA 11, 520–522 (F. M. Fales). TAVO Karte B IV 10 u. 13; Helsinki Atlas, 4. 27

Singāra 2

^{uru}*si-in-ga-ar*
4-13) SAA 19, 188, Rs. 4

¶ Vgl. RGTC 3, 145f. (aB Kurdā) u. RGTC 5, 173 (mA Kurda), da der aB ON mit Balad Sinǧār identifiziert wurde (Joannès [1988] 235); vgl. klass. Singara (= Balad Sinǧār, Barrington Atlas, 89, D4).

Stadt in der östlichen Ǧazīra, wahrscheinlich im Gebiet des gleichnamigen Gebirges → Singāra 1 (Ǧabal Sinǧār). Eine Gleichstellung mit klass. Singara wurde aufgrund archäologischer Befunde mit Recht in Frage gestellt, Kessler (1980) 155, Oates (1968) 97–99. Kessler loc. cit. hält eine Lage in der Provinz → Raṣappa für wahrscheinlich und auch für möglich, dass S. ein alternativer Name für die Stadt Raṣappa sein kann. Helsinki Atlas, 4. 27 (Balad Sinǧār).

Sinia

^{kur}*si-ni-a*
1-11) Tigl Summ 9, 15' ($^{\text{[kur]}}$*si-*) [*šadû*; Tirḫim]

^{kur}*si-ni-e*
1-11) Tigl Ann 20, 2' (⸢^{kur}*si-ni-e*⸣) [*šadû*]

Berg in der „Provinz des Mundschenks" (→ Māt-Rab-šāqê).

Sinnu

^{uru}*si-ni*
4-13) SAA 1, 231, Rs. 1 (^{uru}⸢*si-ni*⸣) [Nēmed-Ištar]

^{uru}*si-in-ni*
4-13) SAA 1, 93, 8 [Itu'u]

N:
^{lú}*si-na-a-a*
4-15/16) SAA 13, 33, Rs. 13 ($^{\text{lú!}}$*si*$^{!}$-)

¶ NAT, 311 (s. v. Sinu); vgl. nB ^{lú}DUMU-*si-na-a-a* (CT 54, 41, 5 u. CT 54, 238, 3') in RGTC 8, 221f. interpretiert als Marsinu.

Stadt am östlichen Tigrisufer, wahrscheinlich nicht weit von der Mündung des Unteren Zab. Zadok (1995a) 224, 1.1.4 verbindet S. mit der Stadt Šennā von Bēt-Rammān aus der Sassanidenzeit (Morony [1982] Karte auf S. 11), dem späteren Sinn Bārimmā (Morony op. cit. Karte auf S. 12), die am östlichen Tigrisufer, südlich von der Mündung des Unteren Zab lag (s. auch Hannoon [1986] 311f.). Fales (1995a) 208f. und Forrer (1920) 12 identifizieren S. mit der Ruine as-Sinn (TAVO Karte B VII 12), die ebenfalls östlich vom Tigris, jedoch am nördlichen Ufer des Unteren Zab liegt (J. N. Postgate [RlA 5, 173] hält as-Sinn für einen möglichen Kandidaten für → Isāna, da er irrtümlicherweise as-Sinn am westlichen Tigrisufer verortet). Die Zugehörigkeit des Belegs SAA 1, 231, Rs. 1 hier ist nicht sicher. Er kann als eine defektive Graphie zu diesem Lemma interpretiert werden (Zadok loc.cit.), jedoch auch ein Homonym von S. bzw. von →[1] Sinu darstellen. Ebenso ist es nicht sicher, ob der Beleg SAA 13, 33, Rs. 13 hierher gehört. In diesem Brief werden Sin(n)äer erwähnt, die Holz zum Assur-Tempel transportieren und die vor einem Stadttor von Assur von Ituräern gefangengenommen werden. Einerseits werden Ituäer auch in SAA 1, 93 zusammen mit S. genannt, andererseits könnte es sich um Leute aus der Levante handeln, die Holz bringen, und die daher aus →[1] Sinu/→[1] Si'annu kamen. Helsinki Atlas, 10. 30 (as-Sinn).

Siqa'in s. Sina'ini

Sirara 2

UD.MÁ.NINAxŠIR^{ki}
1-13) AfO 50, 105f., 13'

¶ Vgl. mit dem Heimatkultort bzw. Tempelname der Göttin Naššе in Niĝen, RGTC 1, 145 (präsarg./sarg. Sirara) u. RGTC 2, 169f. (UR III Sirara).

Literarische Widergabe von → Mê-Turnat, (s. George [1993] 144, Nr. 1020). Die Gleichung ist lexikalisch bezeugt (KAV 183, 17 u. MSL 11, 36, iii, 4), s. Kessler (2003-2004), RlA 12, 553, s. v. Sirara II, §2.3. TAVO Karte B IV 13. Nicht mit →[1] Sirara (1) zu verwechseln.

Sirgana

^{kur}*sir-ga-na*

1-07) RIMA 3, 104.2002, 10 [Ḫamedê, Temeni]

^{kur}*sir-ga-ni*

1-05) Andrae Stelen Nr. 42, 4 (SAAS 2, 118 [851]) [*šaknu*; Ḫamedê, Jalūna]

N:
^{kur}*sír-ga-na-a-a*
7-04) SAA 12, 83, Rs. 17 [Ḫamudu, Jalūna]

¶ NAT, 312.

Gebiet im Zuständigkeitsbereich des Gouverneurs von → Kalḫu, wahrscheinlich im nördlichen Ḫābūr-Gebiet, Postgate (1995) 9, Zadok (1995a) 249, 4.7.4.1.6. (jedoch nicht im Gebiet von Kalḫu).

Siri

^{uru}*si-ri*
5-11) Edubba 10, 40, 4

¶ Möglicherweise eine Stadt in Zentralassyrien bzw. in einem benachbarten Gebiet (K), in der Nähe von →$^{\text{fr uru}}$[…] 63.

Sirqu

^{uru}*si-ir-qi*
1-02) RIMA 2, 99.2, 116 (-⸢*qi*⸣) [*ša šēp ammâte ša* Purattu; It. von Zuriḫ, nach Hindānu]

^{uru}*sir-qi*
1-03) RIMA 2, 100.5, 90 ($^{\text{[ur]u}}$*sir-*⸢*qi*⸣) [It. von Arbate über eine Zwischenstation in der Wüste, nach Rummunina]. 93. 95 (-⸢*qi*⸣); WVDOG 121, 50, 92f. 94f.
1-04) RIMA 2, 101.1, iii, 8. 9 [It. von Bīt-Halupê, nach Ṣupria]

^{uru}*sir-qu*

1-03) RIMA 2, 100.5, 94 (^{uru}⸢*sir-qu*⸣). 95 [It. von Arbate über eine Zwischenstation in der Wüste, nach Rummunina]

1-04) RIMA 2, 101.1, iii, 134 [*ša nēberti* Purattu]; id., 101.2, 54 [id.]; id., 101.23, 16 [id.]; id., 101.26, 50 (Var.) [id.]; id., 101.28, v, 4 [id.]; id., 101.30, 34 [id.]

1-07) RIMA 3, 104.6, 24 (⸢^{uru}*sir*⸣*-qu*) [Kār-Aššur-nāṣir-apli, Lāqê]

^{kur}*sir-qu*

1-04) RIMA 2, 101.26, 50 [*ša nēberti* Purattu]; id., 101.33, 22' (^{kur}*s*[*ir-qu*])

N:

^{uru}*sir-qa-a-ia*

1-03) RIMA 2, 100.5, 92 (^{uru}⸢*sir*⸣-)

^{uru}*sir-qi-a-a*

1-04) RIMA 2, 101.1, iii, 8

¶ NAT, 313; RGTC 3, 235f. (aB Terqa 1); RGTC 4, 118 (aA Terqa); RGTC 12/1, 104 (ebl. Dirga, Terqa). Nicht mit dem östlichen homonymen ON (im Diyālā-Gebiet) zu verwechseln: RGTC 1, 23 (sarg. Banga, zu lesen ter$_5$[BAN]-ga^{ki}), RGTC 2, 192 (Ur III Terqa, Tirqa), RGTC 3, 236 (aB Terqa 2), RGTC 5, 262 (mB Tiriqan), s. dazu Luciani (1999). Der in mA Texten erwähnten ON Terqa (BATSH 4, Nr. 2, 25. 27) so wie heth. Tirka (RGTC 6/1, 428) wären nach Luciani (1999-2001) bes. 12 u. 21 mit einem weiteren Homonym im Balīḫ-Becken zu identifizieren. Zum Lautwandel Terqa/Sirqa s. Lipiński (2000) 96, Luciani (1999-2001) 9 u. Podany (1991-93) 58.

Stadt in → Lāqê, heute Tall al-ʻAšāra am rechten Euphratufer, Forrer (1920) 15, Herzfeld (1914) 136–139, Horn (1922) 150f., Kühne (1980) 49–51, Liverani (1992a) 64f., RlA 13, 596–603 (M. G. Masetti-Rouault, O. Rouault), Rouault (2001), Russell (1985) 63f., Zadok (1995a) 230. TAVO Karte B IV 10 u. 13; Helsinki Atlas 9, 31.

Sirumi (?)

^{kur}*si-ru-mi*

1-11) Tigl RR, 26 (^{kur}⸢*si*$^?$*-ru-mi*$^?$⸣) [Abia(...), ^{kur}(...)]

¶ RINAP 1, 91 bietet als alternative Lesung ^{kur}⸢*si*$^?$*-ru-ra*$^?$⸣, die nicht mit → Sirura in → Arzuḫina zu verwechseln ist.

Berg an der südlichen Grenze von → Ulluba 2, nördlich vom Berg → Illimeru (Zaw-e Dağ), wahrscheinlich in den nördlichen Bergzügen des Čiyā Bēhēr (→ Nal).

Siruka

^{uru}*si-ru-ka*

1-11) Tigl RR, 32 [Atuka, Mini(…)]

¶ Stadt in → Ulluba 2.

Sirura

^{kur}*si-ru-ra*

4-13) SAA 5, 232, 8 [Ḫāu]

¶ NAT, 313.

Wahrscheinlich eine Region in der Provinz → Arzuḫina (erwähnt in einem Brief des Gouverneurs von Arzuḫina, Šamaš-bēlu-uṣur).

Sissil (?)

^{uru}*si-is-sil* (TAR)

1-16) Asb E12, 24 [Šanḫara, Adumanu]

¶ NAT, 313. Ob der ON S. gelautet hat, ist unklar, da auch andere Lesungen des Zeichens TAR möglich sind.

Stadt im Bergland → Ḫalēḫasta, nordöstlich von → Dēru, in der Umgebung von → Qirbit. Nicht mit → Šišil zu verwechseln.

Suba

^{kur}*su-ba*

1-11) Tigl Summ 9, 12' (-⌜*ba*⌝) [*birāti dannāti ša* Urarṭu; Lusia, Bitzua]

¶ NAT, 314.

Land (und/oder Festung) an der urartäischen Grenze, das von Tiglatpileser III. annektiert und der „Provinz des Schatzmeisters“ (→ Māt-Masenni) zugeordnet wurde, Kessler (1980) 168f.

Subartu

su-bar-tum
8-15/16) SAA 8, 60, 2

su-bar-tum^{ki}
8-15) SAA 8, 316, 10 [Akkad]

SU.BIR$_4$
8-15) SAA 8, 399, 2

SU.BIR$_4^{ki}$
4-15) SAA 10, 204, Rs. 2’
8-15) SAA 8, 49, 1 (erg.); id., 82, 11; id., 114, 4; id., 120, 2 [Aḫlamû]; id., 121, 2 [id.]; id., 253, Rs. 3’ (SU.BIR$_4^{⸢ki⸣}$); id., 264, 2 [Aḫlamû]; id., 384, Rs. 5 ([S]U$^{!}$.BI[R$_4^{k}$]$^{i?}$) [id.]. 9 [id.]; id., 451, 5
8-15/16) SAA 8, 12, 2 [Aḫlamû]; id., 25, Rs. 2; id., 60, 4; id., 81, 5 (erg.). Rs. 2; id., 101, Rs. 1; id., 157, 8; id., 176, 2 [Aḫlamû]; id., 191, 2 ([SU].BIR$_4^{ki}$); id., 319, 2; id., 320, Rs. 5; id., 327, 6; id., 345, 2. 3; id., 358, 2 [Aḫlamû]
8-16) SAA 8, 54, Rs. 4; id., 424, 2 (erg.)

SU^{ki}
8-15) SAA 8, 302, Rs. 5
8-15/16) SAA 8, 541, 10’

šu-bar-ti
4-15) SAA 10, 74, Rs. 7 [Glosse zu ^{kur}SU.BIR$_4^{ki}$]

^{kur}*su-bar-ti*
4-15/16) SAA 10, 48, u. Rd. 21

^{kur}SU.BIR$_4^{ki}$
1-15) RINAP 4, 112.48, 27 [Amurrû]
4-15) SAA 10, 74, Rs. 7
4-15/16) SAA 10, 84, 19 (erg.); id., 90, Rs. 25 (^{kur}SU.[BIR$_4^{ki}$])

4-16) SAA 10, 100, 29
8-15) SAA 8, 100, 7; id., 179, Rs. 5' (^{kur}SU.[BIR$_4$^{ki}]); id., 253, Rs. 7' ($^{[kur]}$SU.BIR$_4$^{ki}); id., 265, 2 ([^{kur}S]U.BIR$_4$^{ki}); id., 316, 12; id., 469, Rs. 7; id., 491, Rs. 7. 8
8-15/16) SAA 8, 102, 2 (^{kur}SU.BIR$_4$$^{[ki]}$); id., 106, Rs. 2; id., 111, Rs. 2 [Akkad]; id., 224, 6 ([^{kur}S]U.BIR$_4$^{ki}); id., 346, 8 (^{kur}[SU.BIR$_4$^{ki}])
8-16) SAA 8, 171, 2 (^{kur}SU.[BIR$_4$^{ki}]); id., 177, Rs. 4 (^{kur}SU.BIR$_4$$^{k[i]}$)

¶ NAT, 314f.; RGTC 8, 273 (nB/spB Subartu); s. weitere Belege für Subarû/Subartu s. v. → Šubarû.

In den nA und nB/spB Quellen ein archaisierender Ausdruck für Assyrien (→ Māt-Aššur), der von → Šubarû, einer altertümlichen Bezeichnung für Nordmesopotamien zu trennen ist.

Sueia (?)

^{kur}*su-e-ia*
1-03) RIMA 2, 100.5, 1 ($^{[ku]r?}$*su*$^?$-*e*$^?$-*ia*$^?$) [*ina šadê ša* Na'iri]

¶ Lesung unsicher; Schramm (1970) 148 liest $^{[ku]r}$*su*-x-*at*$^?$-*ni*$^?$, was der Kopie von AO 4655 (id. pl. I) entspricht.

Berg in Nordmesopotamien in der Gebirgslandschaft → Na'iri. Nicht mit →^{3} Sû bzw. →^{3} Sūia zu verwechseln.

Suena (?)

^{uru}*su-e-na*
7-07) SAA 12, 2, Rs. 6 (-⌜*na*$^?$⌝) [Naṣībīna]

¶ NAT, 315.

Stadt, in der Grundstücke des Gouverneurs von → Naṣībīna lagen und die sich deswegen in dieser Provinz befunden haben könnte, Zadok (1995a) 236, 3.6.3.6.

Suḫme s. Suḫnu

***Suḫnu**

^{kur}*su-u'-ni*

1-05) RIMA 3, 102.6, iv, 31 [Purattu, Enzi]

^{kur}*su-uḫ-me*

1-05) RIMA 3, 102.2, ii, 45 (2x) [Enzite, Arṣania, Uaštal]. ii, 46 [Dajaeni]; id., 102.6, i, 63 (2x) [Alzi, Dajaeni]; id., 102.10, i, 46 [Alzi, Dajaeni]; id., 102.14, 42 [id.]; id., 102.16, 18 (^{kur}*s*[*u-uḫ-me*]) [id.]; id., 102.20, 5 [Enzi, Dajaeni]; id., 102.21, 11 (-*m*[*e*]) [id.]; id., 102.22, 11 [id.]; id., 102.23, 16 [Dajaeni, Arṣaškun]; id., 102.24, 6 (erg. nach Radner [2001] 189ff., Tigris 4); id., 102.29, 35 [Dajaeni, Arṣaškun]; id., 102.30, 14 [id.]; id., 102.31, 13 [id.]; id., 102.32, 7 [id.]; id., 102.33, 11 [id.]

^{kur}*su-uḫ-na*

1-05) RIMA 3, 102.38, 8' (-*n*[*a*])

^{kur}*su-uḫ-ni*

1-05) RIMA 3, 102.6, iii, 47 [Purattu]. iii, 50 [Enzi]. iv, 31 [Melīdu, Dajaeni]; id., 102.8, 29 [Enzi, Melīdu]; id., 102.28, 37 [Dajaeni, Arṣaškun]; WVDOG 121, 62, Rs. 7' ([^{kur}*su-uḫ-n*]*i*

1-07) Andrae Stelen Nr. 39, 6 (SAAS 2, 100 [799]) [*šaknu*; (…)še]

^{kur}*súḫ-ni*

1-05) RIMA 3, 102.8, 29 [Enzi, Melīdu]; id., 102.12, 15 [id.]

^{uru}*su-uḫ-na*

1-05) Andrae Stelen Nr. 47, 6 (SAAS 2, 111 [838]) (^{uru}*su*$^{?}$-*uḫ*$^{?}$-*na*$^{?}$) [*šaknu*; Sinabu, Mallānu]; RIMA 3, 102.18, 22' (erg. wahrscheinlich)

¶ NAT, 315 (Suḫne); RGTC 5, 236 (mA Suḫme); RGTC 6/1, 516 (heth. Zuḫma).

Land in Nordmesopotamien, das westlich vom Euphrat und südlich vom Murat Su lag und nördlich an die Gegend um Elaziğ (→ Enzite), östlich an → Dajaeni angrenzte, Radner (2009) 180f., Russell (1984) 185, Vera Chamaza (1995-96) 241f. Im letzten Drittel des 9. Jh. unterstand S. zusammen mit → Alzi, → Amēdu und → Mallānu dem Mundschenk Ninurta-kibsī-uṣur (SAAS 2, 111 [838]). Am Anfang des 8. Jh. gehörte S. in den Zuständigkeitsbereich des Gouverneurs von Amēdu (SAAS 2, 100 [799]).

Sūḫu

su-ḫi

5-16) StAT 3, 69, Rs. 21’ (⸢*su*⸣-*ḫ*[*i*]) [*abul* S.]

^{kur}*su-ḫi*

1-02) RIMA 2, 99.2, 33; id. 99.4, Rs. 5’ ($^{[k]ur}$*su*-)

1-03) Ahmad, Qadhiah, Nr. 1, 51, 5 [Rapiqu]: id., Nr. 2, 52, 4 [id.]; RIMA 2, 100.5, 68 [Anat *ša* S.]. 70 [*šaknu*]; id., 100.6, 3 [Ḫabruri]; id., 100.1002, 2’ ([^{kur}*s*]*u*-); WVDOG 121, 50, 68f. (^{kur}*s*[*u-ḫi*])

1-04) Bronze bands, 64 ($^{[kur]}$*su*-) [id.]; 71, piece 7, 1 [Rapiqu]; Harrak 2004, Side 2, 17’; RIMA 2, 101.1, i, 100 (2x) [*šaknu*; Māt-Aššur, Ninua]. ii, 128 [Rapiqu]. iii, 17 [*šaknu*]. iii, 23. iii, 27 [Ḫindānu]. iii, 32 (2x) [Ṣibāte *ša* S., Lāqê]. iii, 37 [Ḫaradu *ša* S.]. iii, 121 [Rapiqu]. iii, 133 [Lāqê]; id., 101.2, 12 [Rapiqu]. 53 [Lāqê]; id., 101.3, 36 [Rapiqu]; id., 101.23, 8 [Rapiqu]. 16 [Lāqê]; id., 101.26, 22 [Rapiqu]. 49 [Lāqê]; id., 101.28, iv, 1 [Rapiqu]. v, 3 [Lāqê]; id., 101.29, 11’ [id.]; id., 101.30, 12 [Rapiqu]. 33 [Kaprabi]. 96 [*šaknu*]. 143 [Ḫindānu]; id., 101.31, 6 [Rapiqu]; id., 101.32, 3 [id.]; id., 101.33, 9’ [Rapiqu]. 22’; id., 101.34, 9 [Rapiqu]; id., 101.35, 4 [id.]; id., 101.38, 8 [id.]; id., 101.40, 23 (^{kur}⸢*su-ḫi*⸣) [id.]; id., 101.42, 6 ($^{[kur]}$*su*-) [id.]; id., 101.43, 19’ ([^{kur}*su*]-) [id.]; id., 101.50, 9 [id.]; id., 101.51, 18 [id.]; id., 101.52, 6’ [id.]; id., 101.56, 10 (-[*ḫ*]*i*) [id.]; id., 101.68, 5’ ($^{[ku]r}$*su*-); id., 101.88, 1 [Beischrift]; id., 101.97, 1 (^{kur}[*su-ḫi*]) [id.]

1-06) RIMA 3, 103.1, ii, 13 [Aridu]

1-07) RIMA 3, 104.6, 25 [Anat, Aššur-aṣbat]; id., 7, 14 [id.]

1-08) RA 103, 93, 2 (Ass 10274) [*šaknu*; Raṣappa, Lāqê]

4-13) SAA 1, 82, u. Rd. 18 [Tartāru]; id., 213, 3’ ([^{kur}*s*]*u*-)

4-22) GPA 188, 7 (^{kur}*s*[*u-ḫ*]*i*)

^{kur}*su-ḫu*

1-04) RIMA 2, 101.53, 3 [Rapiqu]

^{kur}*su-u-ḫu*

9-16) SAA 11, 1, ii, 7 [erw. zw. Kullania u. Ḫindānu]

^{kur}*zu-ḫi*

4-13) SAA 1, 208, 11 [Ḫindānu]

N:

^{kur}*su-ḫa-a-a*

1-04) Bronze bands, 59 [Beischrift]

1-05) RIMA 3, 102.90, 1
3-07) CTN 3, 124, Rs. 24 (-[*a*])
3-22) CTN 1, 1, Rs. i, 20
4-13) SAA 1, 226, 13. Rs. 8 [Lāqê]; SAA 19, 164, u. Rd. 12 ($^{[ku]r}$*su*-); id., 175, 6
5-13) BATSH 6, 119, Rs. 14

^{kur}*su-ḫa-a-ia*
1-04) RIMA 2, 101.1, iii, 34 [Lāqê]

^{lú}*su-ḫa-a-a*
4-11) SAA 19, 84, 11 (^{lú}⸢*su*⸣-)

¶ NAT, 316; RGTC 3, 210 (aB Suḫûm); RGTC 5, 235f. (mA/mB Sūḫi); RGTC 6/2, 30 (heth. SūḫI); RGTC 8, 274 (nB/spB Sūḫu); RGTC 12/2, 242 (MEup Sūḫu); bibl. *šûḥî* (HAL, 1335 s. v. *šûaḥ* 2 u. 1336); nA PN Sūḫāju, PNA 3/I, 1153.

Land am Mittleren Euphrat, das im Noden an → Ḫindānu angenzte und im Süden etwa bis → Rapiqu erstreckte, Horn (1922) 129–142, RlA 13, 259–262 (P.-A. Beaulieu), Zadok (1995a) 229. S. wurde vom 2. Jt. bis zum 8. Jh. v. Chr. von lokalen Herrschern regiert, die den Titel *šaknu* „Statthalter" führten. Spätestens z. Z. des Tiglatpileser III. fiel S. unter assyrischen Herrschaft, doch es gibt keine Hinweise auf eine eigenständige Provinz S. (RlA 11, 55, sub Nr. 33 [K. Radner]). S. und Ḫindānu bildeten wahrscheinlich eine Verwaltungseinheit, die unter beiden Namen benannt war, Radner (2006) 6f. Zur Geschichte von S. s. ferner Cavigneaux/Ismail (1990) 321–340 u. Háklár (1983). Zu den Inschriften der lokalen Herrscher s. Cavigneaux/Ismail op. cit. u. RIMB 2, 275–323. TAVO Karte B IV 10 u. 13; Helsinki Atlas, 9. 31.

In S. befanden sich die Städte → Anat, → Daiašeti, → Bīt-Šabāia, → Ḫaradu, → Ḫarbê, → Ḫudubili, → Ītu, → Kabsite, → Kailete, → Mašqīte, → Raḫimme, → Rapiqu, → Sabirutu, → Sūru 2, → Ṣibāte, → Talbiš, → Zadidāni, → Zaḫê und vielleicht auch → Aššur-aṣbat, → Azamâ und → Kār-Apladad. Für weitere Städte und Stämme in S., die in den nB Inschriften der lokalen Dynastie vorkommen, s. Cavigneaux/Ismail (1990) 408f. u. Zadok (1995a) 229, 2.1.2.20 bis 2.1.2.47. S. →[3] Aqaba.

***Sukarana**

N:
^{uru}*su-ka-ra-na-a-a*
5-16) StAT 2, 73, 6

¶ Vermutlich eine Stadt in Zentralassyrien bzw. in einem benachbarten Gebiet (A).

Sukur (?)

^{uru}*su-kur*

9-20) SAA 11, 10, 4’ (^{uru}⸢*su*$^{?}$⸣-*kur*$^{?}$-) [Arbail]

¶ Möglicherweise eine Stadt in Zentralassyrien oder in einem benachbarten Gebiet; vgl. → Sik(k)ur.

Sulu

^{uru}*su-li*

1-14) RINAP 3/1, 111.17, viii, 34 [Šibaniba]

^{uru}*su-lu*

1-14) RINAP 3/2, 111.223, 9 [Rēš-ēni, Dūr-Ištar]

¶ NAT, 317 (s. v. Suli u. Sulu).

Stadt im Gebiet des Ǧabal Bāšiqā (→ Muṣri 2), Zadok (1995a) 260, 4.8.15. In der Nähe von S., → Dūr-Ištar 2 und → Šibaniba entdeckte Sanherib neue Wasserressourcen, die durch das „Gebirge Muṣri-Kanalsystem“ nach → Ninive hingeleitet wurden, Bagg (2000) 182–192, Reade (1978a) 68–72. Jacobsens Vorschlag, S. mit Mosul Tepe, ca. 3 km nordwestlich von Tall Billā, zu identifizieren (Jacobsen/Lloyd [1935] 35f. mit Fig. 9) ist plausibel, Hannoon (1986) 227, Reade (1978a) 69.

Sumu’il

^{kur}*su-mu-ìl*

1-16) Asb IT, 113 (-*ì*[*l*) [*šarru*]; id. 119 [id.]

N:

^{lú}*su-mu-u’-ìl*

1-14) RINAP 3/1, 111.17, vii, 96 [Tēma]; id., 111.18, vii, 37’ [id.]

¶ NAT, 317; nicht mit bibl. *yišmāʿēl* (HAL, 426f.) zu verwechseln, Eph‘al (1976), id. (1984) 165–168.

Nomadenstamm in der Wüste westlich von Babylonien, Eph'al (1984) 229f., Knauf (1985) 1–9. Vgl. → Kapar-Sumu'il, s. →[1] Isamme'.

Sumurunu

uru*su-mur-u-nu*

5-15) SAA 6, 271, 5 [*ḫarrānu ša ana* S.; Ibli, Jarānu]

¶ NAT, 317; vgl. aB Šimerini (SH 867, 11 in Laessøe [1959] 69) u. RGTC 10, 253f. (Nuzi Šimerunni).

Falls identisch mit Šimerunni aus den Nuzi-Texten lag S. so wie die anderen im gleichen Text erwähnten ON (→ Ib'ala, → Ibli, → Jarānu, → Kapar-Šamaš, → Kapar-Temanāja) im Osttigrisebiet, Astour (1987) 8. Nach Zadok (1995a) 239, 3.9.3 lag S. vielleicht in der Ǧazīra.

Sunê

uru*su-né-e*

3-20) SAA 7, 23, 11 [Kaḫat, Tušḫan]

¶ NAT, 318; RGTC 3, 228f. (aB Šunā), s. dazu Kessler (1980) 93 mit Anm. 354; vgl nA PN Sunāja, PNA 3/I, 1158.

Stadt im Ḫābūr-Dreieck, Zadok (1995a) 235, 3.6.1.9.

Supūri-eddette

uru*su-pu-ri-e-de-te*

5-15) SAA 6, 292, 3' (erg.); id. 293, 4 (uru⌜*su*⌝-)

¶ NAT, 318 (Supurēdete).

Möglicherweise eine Stadt in Zentralassyrien, wahrscheinlich in der Nähe von → Ninive. Zadok (1996c) 70 behauptet, dass S. in der Umgebung von → Kār-Apladad lag, da er Ēdu-šallim, dem Erība-Adad aus S. 10 Sekel Silber schuldet (SAA 6, 292 u. 293 mit PNA 1/II, 394, s. v. Ēdu-šallim 4), für identisch mit Ēdu-šallim, einem Grundstückbesitzer in Kār-Apladad (SAA 6, 259 u. 260 mit PNA 1/II, 394, s. v. Ēdu-šallim 5), hält. Dass es sich um die gleiche Person handelt, ist möglich (die Urkunden datieren jeweils in 669 und 680), jedoch nicht sicher. Eine Lokalisierung in der Gegend um → Kasappa (Zadok [1995a] 245, 4.5.3.1) basiert auf der Annahme, dass Kār-Apladad in dieser Region liegt, was seinerseits auf fragwürdige Textergänzungen zurückgeht, s. Komm. Kār-Apladad.

Suqaḫuna

^{uru}*su-qa-ḫu-na*
3-20) ND 2476, i, 19' (Iraq 23, pl. 15) ($^{[u]ru}$*su*-⸢*qa*$^{?}$⸣-) [Ḫalzi-atbāri]

¶ Möglicherweise eine Stadt in der Provinz → Ḫalzi-atbāri.

Sur-marrāti

^{uru}*su-ri-mar-rat*
4-13) SAA 1, 98, Rs. 1' ($^{[uru]}$*su*$^{!}$-*ri*$^{!}$-)

^{uru}*su-ur-mar-ra-a-te*
9-16) SAA 11, 1, Rs. ii, 8' [erw. zw. Ekallāte u. Arrapḫa]

^{uru}*su-ur-mar-ra-te*
4-15) SAA 10, 349, 9 ([^{uru}*s*]*u*$^{!}$-*ur-mar-ra*$^{!}$-)

^{uru}*su-ur-mar-ra-ti*
1-14) RINAP 3/2, 111.230, 115 [*ša kišād* Diglat]

¶ NAT, 318; RGTC 8, 276 (nB/spB Sūr-marrāti); vgl. RGTC 5, 111 (mA/mB hist. Gurmarriti).

Stadt am östlichen Tigrisufer, die mit Sāmarrā' identifiziert wird, Grayson (1963) 88, RlA 13, 329 (J. N. Postgate). Sanherib fand 691 S. als Ruine (RINAP 3/2, 111.230, 115–120). Er erweiterte die Stadt, baute eine neue Stadtmauer mit einem Graben, pflanzte Palmen und Weinreben und besiedelte sie neu. TAVO Karte B IV 13; Helsinki Atlas, 10. 30.

Sūru 1

uru*su-ú-ri*

1-03) RIMA 2, 100.5, 97 (*ša* Bīt-Ḫalupê). 102 [*ša* Bīt-Ḫalupê; It. von Rummunina, nach Usalâ]; WVDOG 121, 50, 96f.

1-04) RIMA 2, 101.1, i, 79 [*ša* Bīt-Ḫalupê; Šadikanni, Qatnu]. 94 [Lāqê]. iii, 28 [*ša* Bīt-Ḫalupê; Kalḫu, Diglat]. 29 [Purattu, Lāqê]

uru*su-ru*

1-04) RIMA 2, 101.1, i, 75 [*ša* Bīt-Ḫalupê]

¶ NAT, 319; vgl. nA PN Sūrâ (PNA 3/I, 1159) u. Sūrāia (id.).

Stadt am → Ḫābūr, Zentrum von → Bīt-Ḫalupê in → Lāqê, RlA 13, 333 s. v. Sūru 1 (K. Kessler), Zadok (1995a) 230, 2.3.2.1. Kühne (1980) 61f. setzte S. mit Tall Fidēn gleich, ein Lokalisierungsvorschlag, den Liverani (1992a) 32f. für akzeptabel hält. Lipiński (2000) 87–91 dagegen lokalisiert S. in Buṣaira, da er die in RIMA 2, 101.1, iii, 6. 8 genannte „Stadt (von) Bīt-Ḫalupê" (URU É-*ha-lu-pe-e*) für S. hält. Dies wurde zuerst von Horn (1922) 152f. (s. auch ältere Lokalisierungsvorschläge auf S. 147f.) vorgeschlagen und von Liverani loc. cit. übernommen. Asurnaṣirpal II. kam aus → Dūr-katlimmu, hielt in der „Stadt (von) Bīt-Ḫalupê" und zog weiter nach → Sirqu. Da die Strecke S. (Stadt [von] Bīt-Ḫalupê)/Tall Fidēn – Sirqu/Tall al-ʻAšāra (etwa 60 km) nicht in einem Tag zu bewältigen war, bevorzugt Lipiński eine südlichere Lokalisierung, nämlich Buṣaira (etwa 28 km von → Sirqu entfernt). In diesem Fall war aber die vorherige Strecke Dūr-katlimmu/Tall Šēḫ Ḥamad – S. (Stadt [von] Bīt-Ḫalupê/Buṣaira (etwa 60 km) auch nicht in einem Tag zu schaffen! Es ist anzunehmen, dass eine oder zwei Zwischenstationen auf der Strecke Dūr-katlimmu – Stadt (von) Bīt-Ḫalupê – Sirqu nicht erwähnt wurden, was bereits Liverani loc. cit. andeutet. Deswegen ist eine endgültige Entscheidung zwischen beiden Lokalisierungsvorschläge nicht möglich. Die Gleichsetzung mit Tall Suwwar (NAT, 405 u. ältere Literatur in Liverani [1992a] 33 Anm. 105) ist unwahrscheinlich, da dieser Ort zu weit nördlich liegt. Eine neuassyrische Siedlung in Tell Suwwar wurde zuerst angezweifelt (Kühne [1974-75] 252, gefolgt von Liverani [1992a] 33), aber später wurde dort eisenzeitliche Keramik (aus neuassyrischer Zeit) gefunden (Röllig/Kühne [1977-78] 121) und der Hügel mit → Usalâ in Verbindung gebracht (Kühne [1980] 61). Helsinki Atlas, 9. 31 (Tall Fidēn). S. → Sūru-Nūrāni.

Sūru 2

^{uru}*su-ru*

4-11) SAA 19, 111, 4 (^{uru}*su-r*[*u*])

^{uru}*su-ú-ri*

1-03) RIMA 2, 100.5, 67 [Talbiš]. 68 (⸢^{uru}⸣*su-*)
1-04) RIMA 2, 101.1, iii, 25

^{uru}*su-ú-ru*

1-04) RIMA 2, 101.1, iii, 16 [*āl dannūti*; It. von Anat]

¶ NAT, 319.

Stadt in → Sūḫu, am Mittleren Euphrat, die sich südlich von → Anat befand und mit Sūr Talbīs, gegenüber von Ǧazirat Talbīs, identifiziert wird, Herles (2007) 23f., RlA 13, 333f. s. v. Sūru 2 (K. Kessler), Zadok (1995a) 229, 2.1.2.12. TAVO Karte B IV 10; Helsinki Atlas, 9. 31.

Sūru 3 (?)

^{uru}*su-ru*

3-20) ND 2476, i, 16' (Iraq 23, pl. 15) (-⸢*ru*?⸣) [Dūr-Šarru-ukīn, Kurbail, Halzi-atbāri]

¶ Lesung unsicher, der ON könnte auch ^{uru}*su-*⸢*zu*?⸣ gelesen werden, s. Iraq 23, 31.

Wahrscheinlich eine Stadt in Zentralassyrien.

Sūru-Nūrāni

^{uru}*su-ru-*$^{\mathrm{1}}$*nu-ra-a-ni*

9-16) SAA 11, 1, Rs. ii, 18' [erw. zw. Ḫamedê u. Būr-Šarri]

¶ NAT, 271 (Nurāni) u. 319 (s. v. Sūru); nA PN Nūrānu, PNA 2/II, 968.

Wahrscheinlich eine Stadt in Nordmesopotamien, Kessler (1980) 58, RlA 13, 334, s. v. Sūru 4 (K. Kessler), Zadok (1995a) 269, 5.1.4. S wird in einer Liste von Verwaltungsbezirken zwischen → Ḫamedê in der Nähe von → Naṣībīna und → Būr-Šarri in → Guzāna erwähnt. Eine Gleichstellung mit → Sūru 3 im Ṭūr ʻAbdīn (→ Kašijaru) oder → Sūru 1 in → Bīt-Ḫalupê kann nicht ausgeschlossen werden. Der Vorschlag von Forrer (1920) 109, S. mit klass. Soura (TAVO Karte B V 8, Barrington Atlas 68, G2), heute Surīya am Euphrat, nördlich von ar-Ruṣafa zu identifizieren, basiert nur auf der Ähnlichkeit zwischen den ON. TAVO Karte B IV 10 (Šūru).

Sutia[…]

^{uru}*su-ti-a-*[…]
3-13) KAV 32, Rs. 4' (-[*a*(-)x x x]. Rs. 7' (-*a*(-)x [x x x])

¶ NAT, 319 (Sutia[.]) u. 320 (Suti[..]).

Lage unbekannt, nach Zadok (1995a) 239, 3.9.8.10 vielleicht in der Ǧazīra.

Ṣ

Ṣabat-lū-kūn

^{uru}*ṣa-bat-lu-kun*
7-18) SAA 12, 96, 6. 7 [*ḫūl ša ana* Ṣ.]

¶ NAT, 320 (Ṣabat-lukun).

Wahrscheinlich eine Stadt in der Region von → Kalḫu, Zadok [1995a] 248, 4.7.2.3. Vgl. →^{1} Aṣbat-lakūnu u. → Ṣābissu-likūn.

Ṣābissu-likūn

^{uru}*ṣa-bit-su-li-kun*
1-15) RINAP 4, 112.33, iv, 18' [Kāšissu-lilbur, Lilbur-munīḫ-libbi-Aššur]

¶ NAT, 320 (Ṣābitsu-likūn).

Stadt in → Šubria, die in einer Liste von 21 Städten erwähnt wird, die von Asarhaddon erobert und umbenannt wurden, Pongratz-Leisten (1997) 335–337; vgl. → Ṣabat-lū-kūn.

Ṣabit-akšudu

^{uru}*ṣa-bit-ak-šu-du*
3-21) Billa 69, 7 (-⸢*bit*$^{?}$⸣-*ak-šu*-⸢*du*$^{?}$⸣) [Piua, Baqarri]

¶ Stadt, die in den Texten aus Tall Billā (→ Šibaniba) erwähnt wird und vermutlich in ihrer Umgebung lag, Zadok (1995a) 256, 4.17.1.23.

Ṣabnūti

^{uru}*ṣab-nu-ti*
1-16) Asb A, i, 98 [*šarru*; Natḫû 2, Pinṭiṭi]

^{uru}*ṣab-nu-ú-ti*
1-16) Asb A, i, 98 [Var.]

¶ NAT, 320; äg. *Ṯb-nṯr* (DG VI, 74); klass. Sebennytos (TAVO Karte B V 21).

Stadt in → Muṣur (Ägypten), das klass. Sebennytos, heute Sammanūd, Onasch (1994a) 53, Ranke (1910) 36, Steindorff (1890) 603f. TAVO Karte B IV 13.

Ṣābū-Adad

uruERIMmeš-dIM
5-16) SAA 6, 311, 6 [*ina* Bīt-Rība-ilu *ina qanni* Ṣ.]

¶ NAT, 320 (Ṣābē-Adad).

Vermutlich eine Stadt in Zentralassyrien bzw. in einem benachbarten Gebiet, in dessen Umgebung → Bīt-Rība-ilu lag, Zadok (1995a) 265, 5.1.1.4.1; vgl. → [...]-Adad.

***Ṣaidinu**

uru*ṣa-i-di-na*
3-13) SAA 11, 213, iv, 5' (*-na*!) [*qanni* Ḫarrānu]

uru*ṣa-i-di-ni*
3-20) SAA 11, 163, Rs. i, 12

¶ NAT, 321 (Ṣaidi) u. 380 (Zaidini).

Stadt im Gebiet von → Ḫarrānu, Zadok (1995a) 272, 7.1.14.

Ṣalli-ibši s. Nilibši

Ṣa'nu

uru*ṣa-a'-nu*
1-16) Asb A, i, 96 [*šarru*; Natḫu]

¶ NAT, 321 (s. v. Ṣi'nu); äg. *Ḏ'nt* (DG VI, 111); klass. Tanis (TAVO Karte B V 3).

Stadt in → Muṣur (Ägypten), das klass. Tanis, heute Sân el-Ḥagar, Onasch (1994a) 52f. Nicht mit → Ṣi'nu (Pelusium) gleichzusetzen, Onasch (1994a) 38–41 gegen Steindorff (1890) 598–600, Verreth (1999) 240f. TAVO Karte B IV 13.

Ṣēlâ (?)

^{uru}*ṣe-e-la-a*
3-20) SAA 11, 228, ii, 4' (^{uru}*ṣe*$^{?}$-)

¶ NAT, 321.

Möglicherweise eine Stadt in Zentralassyrien bzw. in einem benachbarten Gebiet, Zadok (1995a) 268, 5.1.2.16.5.1.

Ṣiamaninu

^{uru}*ṣi-a-a-ma-ni-nu*
3-07) TH 43+, Rs. 9 (⌜$^{uru?}$⌝*ṣi-a-a*-[*ma-ni-nu*]), nach Dornauer [2014] 72)

^{uru}*ṣi-a-ma-ni-nu*
3-07) TH 73+, 3 (-[*m*]*a*$^{?}$-). Rs. 10 ([^{uru}*ṣ*]*i*-)

¶ NAT, 321 (Ṣia[...]).

Vielleicht eine Stadt im Gebiet von → Guzāna, Zadok (1995a) 232, 3.4.5.9.

Ṣibāte

^{uru}*ṣi-ba-te*
1-04) RIMA 2, 101.1, iii, 32 [*ša* Sūḫu; Ḫābūr]

¶ NAT, 321.

Stadt am Mittleren Euphrat in → Sūḫu, am linken Flussufer, Zadok (1995a) 229, 2.1.2.18. Nach Liverani (1992a) 69f. lag Ṣ. etwa gegenüber von → Ḫaradu (Ḫirbat ad-Dīnīyah). Südlichere Lokalisierungen lehnt er mit der Begründung ab, dass Assurnasirpal II. im Bericht seines 7. Feldzugs weder → Sūru 2 noch → Anat erwähnt. Nach Russell (1985) 72 dagegen lag Ṣ. südlich von Anat und nach Olmstead (1918) 245

Anm. 63 sogar bei Hīt. Horn (1922) 134f. hält Ṣ. für die Station in einer trockenen Gebirgslandschaft auf dem Weg von → Ḫarbê nach → Ḫudubili. Der Vorschlag von Musil (1927a) 208f., Ṣ. mit → Sabirutu/Ǧazīrat Bēǧān (und nicht as-Sawwâri, ca. 20 km südlich von Ǧazīrat Talbīs) zu identifizieren, trifft nicht zu.

Ṣibte

uru*ṣi-ib-te*

5-20) SAA 14, 192, 4' (*-ib*!-)

uru*ṣib-te*

4-13) SAA 1, 97, Rs. 5' [Arrapḫa]. 7' [*qēpu*]

¶ NAT, 321 (Ṣibtu) u. 323 (Ṣilimte, Beleg SAA 14, 192).

Stadt im Bezirk von → Arrapḫa, Zadok (1995a) 227, 1.3.11; vgl. →Ṣibti.

Ṣibti

uru*ṣib-ti*

5-14) BATSH 6, 107, 4

¶ Nach Kontext und Fundort (Tall Šēḫ Ḥamad/→ Dūr-katlimmu) könnte es sich um eine Stadt am unteren Ḫābūr handeln. Dass es sich um eine Schreibung für → Ṣibte im Osttigrisland handelt, kann jedoch nicht ganz ausgeschlossen werden.

Ṣilgangâ

uru*ṣil-ga-an-ga-a*

7-17) SAA 12, 37, Rs. 1 (-[*g*]*a*?-) [Za(…), Jaqa(…)]

¶ NAT, 323 (Ṣilli-Šamaš-agâ).

Möglicherweise eine Stadt in Zentralassyrien bzw. in einem benachbarten Gebiet, Zadok (1995a) 268, 5.1.2.15.11.

Ṣi'nu

^{uru}*ṣa-a'-nu*

1-16) Asb B, i, 95 (^{uru}*ṣa*$^{!}$-) [Sai, Pinṭiṭi]

^{uru}*ṣi-i'-nu*

1-16) Asb A, i, 91 [*šarru*; Sai, Natḫu]; id. 134 [Sai, Pinṭiṭi]; Asb C, ii, 86 (erg.); id. 130 [Sai, Pinṭiṭi]

¶ NAT, 297 (Sa'nu) u. 321; äg. *Sjn* (DG V, 14f.); bibl. *sîn* (HAL, 709); klass. Pēlousium (TAVO Karte B IV 23).

Stadt in → Muṣur (Ägypten), wahrscheinlich das klass. Pēlousium, heute Tall al-Faramā, Onasch (1994a) 38–41. Nicht mit → Ṣa'nu (Tanis) gleichzusetzen, Onasch loc. cit. gegen Steindorff (1890) 598–600, Verreth (1999) 240f.

Ṣuppa

^{kur}*ṣu-up-pa*

1-11) Tigl Summ 9, 23' [*nagiu*]

¶ NAT, 325; vgl. RGTC 5, 253 (mA Šuppa) bzw. RGTC 9, 77 (urar. Ṣūpā[ne]) u. ferner RGTC 6/1, 518f. (heth. Zupanium).

Entweder ein Gebiet im Bereich von → Ḫarrānu, falls identisch mit mA ^{uru}*Šuppa ša* ^{kur}*Ḫarrāni* (RIMA 2, 89.7, iii, 20; s. Kessler [1980] 167), oder ein Distrikt von → Enzi am oberen Euphrat, der mit urar. Ṣūpāne (TAVO Karte B IV 12), klass. Sophene (Barrington Atlas 89, B2) zu verbinden wäre (Astour [1979] 2).

Ṣupria

^{uru}*ṣu-up-ri*

1-03) RIMA 2, 100.5, 86 [It. von Aqarbāni, nach Arbate]; WVDOG 121, 50, 85f. (^{uru}*ṣu-*⌜*up*⌝-)

1-04) RIMA 2, 101.1, iii, 9 [It. von Sirqu, nach Naqarabāni]

^{uru}*ṣu-up-ri-a*

1-04) RIMA 2, 101.1, iii, 10

Ṣūriḫ

N:
^{uru}*ṣu-up-ra-a-a*
1-04) RIMA 2, 101.1, iii, 9

¶ NAT, 325; RGTC 3, 214 (aB Ṣuprum; nach AbB 13, 15 gab es einen gleichlautenden ON im Gebiet von Larsa); vgl. mA ^{uru}*ṣu-up-ri*(-)[...] in AfO 21, Taf. 8, VAT 11537, 8' (mA nach Deller/Postgate [1985] 74 gegen Grayson [1972] 220 [nA]).

Stadt in → Lāqê, am linken Euphratufer, die mit Tall Abū Ḥasan (Albright [1926] 223, Herles (2007) 428f., Liverani [1992a] 65) bzw. mit Tall Ḥawmat Hayin, gegenüber Dura Europos (Lipiński [2000] 95), identifiziert wurde; RlA 13, 322f. (C. Michel), Zadok (1995a) 230, 2.3.1.1.3. In Tall Abū Ḥasan wurde nA Keramik gefunden (Geyer/Monchambert [2003] 86 Nr. 9) und in Tall Ḥawmat Hayin möglicherweise (Datierung nicht gesichert) auch (id. 98 Nr. 141). Musil (1927a) 174 Anm. 87. 204. 206 identifiziert Ṣ. mit Tall aṣ-Ṣafa', wo aber nur bronzezeitliche Keramik gefunden wurde (Geyer/Monchambert [2003] 98 Nr. 140, Tell es-Sufa). Von Ṣ. her erreichte Tukultī-Ninurta II. → Arbāte innerhalb eines halben Tagesmarsches und übernachtete dort. Er zog am nächsten Tag weiter und übernachtete auf dem Land. Von dort erreichte er → Sirqu in einem Tag. Die Lokalisierungsvorschläge Tall Abū Ḥasan/Ṣ. und Tall Ḥawmat Hayin/Arbāte würden zu diesem Itinerar passen. Geyer/Monchambert [2003] 141 Fig. 32.

Ṣūriḫ s. Zūriḫ

Ṣuṣāni

^{uru}*ṣu-ṣa-ni*
7-07) SAA 12, 1, 9 ($^{[ur]u}$*ṣu-*) [Kapar-Šumma-ilā'ī, *ḫūl šarri ša issu* Ekallāte]

¶ Stadt in der Provinz → Libbi-āli, die an → Qibīt-Aššur angrenzte, Zadok (1995a) 255, 4.15.1. Wahrscheinlich identisch mit → Bīt-ṣuṣāni (so Zadok, loc. cit., dagegen SAA 12, 153 u. 155 s. v).

Ṣūṣi

^{kur}*ṣu-ṣi*
5-22) SAA 14, 470, 5 ($^{kur!}$*ṣu*$^{!}$*-ṣi*$^{!}$) [Kalḫu]

¶ Land (oder Stadt?) in der Nähe von → Kalḫu, Zadok (1995) 248, 4.7.1.5; von → Aṣūṣi (gegen NALK, S. 276 zu Nr. 232, Z. 5) und →[3] Bīt-Aṣūṣi zu trennen.

Š

Ša[...] 1

^{uru}*ša*-[...]
3-05) Billa 82, u. Rd. 18' [Um(...)]

¶ Stadt, die in den Texten aus Tall Billā (→ Šibaniba) erwähnt wird und vermutlich in ihrer Umgebung lag.

Ša[...] 2 (?)

^{uru}ŠÀ-[x x]
9-20) SAA 11, 10, 2' (^{uru}⌜ŠÀ⌝-)

¶ Der Ortsname kann auch URU-ŠÀ-[...], Āl-Libbi-[...] gelesen werden, vgl. → Libbi-āli.

Möglicherweise eine Stadt in Zentralassyrien bzw. in einem benachbarten Gebiet.

Ša-Aššur-tāru

^{uru}*šá-aš-šur-ta-ru*
1-15) RINAP 4, 112.9, ii, 8' [Bīt-Marduk]

¶ NAT, 328.

Stadt in Ägypten (→ Muṣur).

Šaba[...]

^{uru}*šá-ba*-[x x x x]
5-20) SAA 14, 419, 1' [Bīt-šelēbuna]

¶ Vermutlich eine Stadt in Zentralassyrien bzw. in einem benachbarten Gebiet (N).

Šabarme

^{uru}*šá-bar-me*
7-17) SAA 12, 58, 3' [Issēte]

¶ NAT, 331 (s. v. Šamaš-nāṣir).

Stadt in Zentralassyrien, vermutlich nicht weit von → Issēte, Zadok (1995a) 260, 4.29.3 (alte Lesung Šamaš-nāṣir).

Šabbu

^{uru}*šab-bi*
5-18) StAT 2, 60, 11 (^{uru}*šab*$^{!}$-) [*mê tabikūte ša* Š.]
7-07) SAA 12, 1, 8 (2x) [Ḫarbat-niāri *ša rā'i naptini ša* Š.; *rab ālāni*]
7-14) SAA 12, 23, Rs. 4'

^{uru}*šab-bu*
4-13) SAA 15, 10, Rs. 3 (^{uru}*ša*[*b-bu*])
7-14) SAA 12, 22, 4'. Rs. 1 ([^{uru}*ša*]*b*-). 3

¶ NAT, 329.

Stadt in Zentralassyrien, vielleicht in der Provinz → Libbi-āli, Zadok (1995a) 243, 4.1.4.1. Der Name der Stadt → Ḫirbat-niāri, die an Qibīt-Aššur angrenzt, wird durch die Angabe „des Hirten der (kultischen) Mahlzeit der Stadt Š.“ ergänzt.

Šabirēšu

^{uru}*ša-bi-ri-šú*
3-20) SAA 11, 36, Rs. ii, 7
4-13) SAA 1, 128, 9 [Guzāna]
5-07/08) Edubba 10, 10, Rs. 11' [*rab ālāni*]. 21' ($^{\text{[u]ru}}$*ša*-⸢*bi*⸣-)

^{uru}*ša-bi-ri-i-šú*
9-16) SAA 11, 1, Rs. ii, 14' [zw. Isāna u. Šūdu]

^{uru}*šá-bi-ri-šú*
3-20) SAA 11, 221, 2' (-⸢*bi*$^{?}$⸣-[*ri-šú*])

4-13) SAA 1, 128, 19 [Guzāna]; SAA 5, 52, 5 [Šubria]; id., 62, 6; id., 73, 8 (*-r*[*i-š*]*ú*); id., 74, 7. 10. Rs. 6 (^{u}[^{ru}*šá*]-). 7 ($^{\text{u[r]u}}$*š*[*á*]-)
4-22) GPA 186, Rs. 3 (^{uru}[*šá-b*]*i-*)

^{uru}*šá-bi-re-e-šú*
5-16) SAA 14, 104, 3

^{uru}*šá*-1.KASKAL.GÍD-*ri*
5-20) SAA 11, 11, 7' ($^{\text{[uru]}}$*ša*-1.KASKAL.GÍD-*ri*$^{!}$) [Apku, Nēmed-Ištar]

¶ NAT, 329 (Šabirīšu); RGTC 5, 240 (mA Ša-bīrē-šu).

Stadt in Nordmesopotamien, die wahrscheinlich in der „Provinz des Mundschenks" (→ Māt-Rab-šāqê) lag, Hannoon (1986) 252f., Kessler (1980) 122–149, RlA 11, 474f. (K. Radner). Kessler loc. cit. plädiert für eine Lage direkt an einem Tigrisübergang und schlägt den Siedlungshügel bei Basorin in der Silopiebene vor, ein Vorschlag, der von Fales (1995a) 207, Lipiński (2000) 127 und Parker (2001) 79 übernommen wird. Postgate (1995) 8 denkt dagegen an eine westlichere Lage im Ǧabal Sinǧār und hält wegen der vermeintlichen ähnlichen Etymologien Tall al-'Uwaynāt („Die kleinen Brunnen" und Ša-bīrēšu „Das der Brunnen") für mögliche Kandidaten. TAVO Karte B III 7 (mA); Helsinki Atlas, 4. 27.

Šaburam

^{uru}*šá-bur-am*
1-04) RIMA 2, 101.18, 30' (*-bu*[*r*]-⸢*am*⸣) [Amlatti, Ruzidak]

¶ Stadt im Land → Dannuna.

Šadikanni

šá-^{uru}*di-kan-ni*
1-03) RIMA 2, 100.5, 113 (It. von Latiḫi, nach Ṭābēte]. 114 (*-k*[*an-ni*]) [id.]

^{uru}*šá-di-kan-ni*
1-02) RIMA 2, 99.2, 107 (-⸢*kan*⸣-) [It. von Ṭābēte, nach Kisiri]. 108 (-⸢*kan*⸣-) [id.]
1-04) RIMA 2, 101.1, iii, 3 [It. von Magarisi, nach Qatnu mit Zwischenstation am Ḫābūr]. 4 (2x) [id.]
1-05) NABU 2015/51, 79, 4'

5-15) SAA 6, 286, 2 [*bēl āli*]

N:
di-ka-ni-a-a
3-20) SAA 7, 9, Rs. i, 24

^{kur}*di-ka-na-a-ia*
1-03) RIMA 2, 100.5, 112 (^{kur}*d*[*i*]-) [Latiḫi *ša* Š.]

^{uru}*di-kan-na-a-a*
7-04) SAA 12, 83, Rs. 19 [Qatnu]

^{uru}*šá-di-kan-na-a-a*
1-04) RIMA 2, 101.1, i, 78 [Ḫābūr, Qatnu]

^{uru}*še-di-kan-a-a*
4-13) SAA 1, 223, 5 (^{uru}*š*[*e-d*]*i*-); id. 224, 15 ($^{\text{[ur]u!}}$*še*$^{!}$*-di-kan*$^{!}$-); id. 225, 3’ ($^{\text{[u]ru}}$*še-di-*⸢*kan*⸣-)

¶ NAT, 329f.; RGTC 5, 241f. (mA Šadikanni); RGTC 12/2, 279 (MEup. Šuwadikani).

Stadt und gleichnamiges Gebiet am Westufer des → Ḫābūr, heute Tall ‘Ağāğa, Horn (1922) 154f., Liverani (1992a) 31 (mit Lit.), RlA 11, 485f. (E. Cancik-Kirschbaum), Zadok (1995a) 231, 3.2.1. Die Existenz einer Provinz Š. im späten 8 Jh. (Morandi-Bonacossi [1996] 30, dagegen in RlA 11, 42–68 nicht verzeichnet) basiert auf der Annahme, dass Sammuḫa-bēlu-uṣur, ein Beamter, der mit Sargon korrespondierte, Gouverneur von Š. sei (PNA 3/I, 1084). TAVO Karte B IV 10 u. 13; Helsinki Atlas, 3. 26.

Im Gebiet von Š. befand sich die Stadt → Latiḫi und vielleicht auch → Kisiri 1.

Ša-emūq-Aššur

^{uru}*šá-e-muq-aš-šur*
1-15) RINAP 4, 112.9, ii’, 11’
8-15) SAA 4, 88, 4 (⸢^{uru}x-*muq*$^{?}$ (NI)-*aš-šur*⸣) [Lesung nach E. Weissert zit. von Kahn (2006) 255 Anm. 23]

¶ NAT, 328.

Stadt in Ägypten (→ Muṣur).

Ša-Ḫarāni s. Ālu-ša-Ḫarāni

Šaḫarasi'

^{uru}*šá-ḫa-ra-si-i'*
1-16) Asb E12, 26 [Šeliḫiram, GubBAD]

¶ NAT, 330. Ob die alternativ mögliche Lesung URU-*šá-ḫa-ra-si-i*, nämlich Ālu-ša-Ḫara-Sē (WSB, 43, id. [1985b] 48 u. 75, Nr. 19), und die angenommene westsemitische Etymologie für einen Ort im Bergland an der assyrisch-babylonisch-elamischen Grenze, zutreffen, ist fraglich.

Stadt im Bergland → Ḫalēḫasta, nordöstlich von → Dēru, in der Umgebung von → Qirbit.

Šaḫuppa

^{uru}*sa-hu-up-pa*
7-07) SAA 12, 69, Rs. 19 (-*p*[*a*]) [*šaknu*]

^{uru}*ša-hup-pa*
2-14) Eponym 695 A9 ([^{uru}*š*]*a-ḫu*[*p-pa*])

^{uru}*šá-hu-pa*
3-13) CTN 3, 86, 19 [Isāna, Arbail]; SAA 11, 15, i, 5 ($^{\text{[u]ru}}$*šá-hu*$^{!}$*-pa*$^{!}$)
4-16) SAA 10, 96, u. Rd. 22 (-*ḫu*$^{!}$-) [Guzāna, Tamnūnu]

^{uru}*šá-hu-up-pa*
1-14) RINAP 3/1, 111.16, viii, 74A (^{uru}⸢*šá*⸣-*ḫu*-⸢*up-pa*⸣) [*šaknu*]
5-14) SAA 6, 96, Rs. 20 (^{u}[$^{\text{ru!}}$*šá-ḫu-up-pa*]) [*šaknu*]; id. 131, Rs. 13' (erg.) [id.]

^{uru}*šú-hu-pa*
4-15) SAA 13, 112, Rs. 5

¶ NAT, 179 (s. v. Ištaḫup) u. 332 (s. v. Šarīš); nicht identisch mit RGTC 6/1, 329 u. id. 6/2, 132 (heth. Šahupa).

Stadt in Nordmesopotamien und Statthaltersitz der gleichnamigen Provinz, Kessler (1980) 16–21, Millard (1973), RlA 11, 53, Nr. 26 (K. Radner) mit Karte auf S. 50. Nach der Eroberung von → Katmuḫi wurde dieses Land in die Provinzen → Š. und → Tillê aufgeteilt. Die Provinz Š. erstreckte sich im Gebiet zwischen dem Tigris und dem Sufändere (→ Subnat) und wurde literarisch auch Provinz Katmuḫi genannt, Kessler (2000) 311f. Nach Kessler (1980) 20 könnte der Tell bei Bābil (Subnatquelle) als möglicher Kandidat für die Stadt Š. betrachtet werden.

Šaia[...]

uru*ša-ia*-[x (x x)]
5-07/08) Edubba 10, 28, li. Rd. 4'

¶ Möglicherweise eine Stadt in Zentralassyrien bzw. in einem benachbarten Gebiet (K).

Šal[...]tu-da'attu

uru*šal*-x-*tú*-KAL-*tú*
3-05) Billa 83, 6 (-⌜x⌝-) [Qabainna]

¶ Stadt, die in den Texten aus Tall Billā (→ Šibaniba) erwähnt wird und vermutlich in ihrer Umgebung lag.

Šalimu

uru*ša-li-mu*
3-21) Billa 87, Rs. 8' (uru⌜*ša*⌝-)

¶ NAT, 330.

Stadt, die in den Texten aus Tall Billā (→ Šibaniba) erwähnt wird und vermutlich in ihrer Umgebung lag, Zadok (1995a) 256, 4.17.1.34.

Šamaš-nāṣir

uru*šá-maš*-PAB-*ir*
4-13) SAA 15, 24, 13

$^{\text{uru d}}$*šá-maš*-PAB-*ir*
4-13) SAA 15, 24, 7 [Arrapḫa]. 10 [id.]; id., 195, Rs. 10’ ($^{\text{[uru]⸢d⸣}}$*šá*-)
4-15) SAA 10, 24 12 [*bēl pīḫati*]

$^{\text{uru d}}$*šá-maš-na-ṣe-e-re*
4-13) SAA 15, 24, 17 ($^{\text{[uru] d}}$*šá-maš-na-ṣe*-⸢*e*$^{!}$-*re*⸣)

$^{\text{uru d}}$UTU-PAB
4-16) ABL 1009, Rs. 25’ ($^{\text{[uru d]}}$UTU-)

$^{\text{uru d}}$UTU-PAB-*ir*
8-15) SAA 4, 36, Rs. 5’ (-P[AB-*ir*]) [*nagiu*]; id., 37, 4’ [*nagiu*]. Rs. 1’ [id.]

¶ NAT, 330; nA PN Šamaš-nāṣir, PNA 3/II, 1207f.

Stadt am östlichen Tigrisufer (→ Diglat), die seit dem Ende von Asarhaddons Regierungszeit als Statthaltersitz der gleichnamigen assyrischen Provinz belegt ist. Die Provinz S. erstreckte sich wahrscheinlich im Gebiet zwischen dem Ğabal Ḥamrīn (→ Ebiḫ), dem Tigris und dem Nahr al-‘Uẓaim (→ Radānu), Fuchs (2011) 284, Lanfranchi (1990) 88 mit Anm. 16, Postgate/Mattila (2004) 248, RlA 11, 64, Nr. 70. Vgl. → Kār-Šamaš-nāṣir.

Šamaš-rīqa

$^{\text{uru d}}$UTU-*ri-qa*
5-16) SAA 6, 336, 5’. 7’ (⸢$^{\text{uru d}}$⸣UTU-*r*[*i-qa*]) [*ina nagie* Arrapḫa]

¶ NAT, 331.

Stadt im Bezirk von → Arrapḫa, Zadok (1995a) 226, 1.3.2.

Šanḫara

^{uru}*ša-an-ḫa-ra*
1-16) Asb E12, 24 [Zarzāta, Sissil]

¶ NAT, 331.

Stadt im Bergland → Ḫalēḫasta, nordöstlich von → Dēru in der Umgebung von → Qirbit. Nicht mit → Sanhara zu verwechseln.

Šānini-aj-irši

uru*šá-ni-ni-a-a ir-ši*
1-15) RINAP 4, 112.33, iv, 19' [Dūr-Aššur-aḫu-iddina, Šipir-šulmi-amat-šarrīšu]

¶ NAT, 331.

Stadt in → Šubria, die in einer Liste von 21 Städten erwähnt wird, die von Asarhaddon erobert und umbenannt wurden, Pongratz-Leisten (1997) 335–337.

Šanugû

uru*ša-nu-gu-ú*
3-05) Billa 82, 12'([u]ru*ša-*) [Alun, Rēš-ēni]

¶ NAT, 331. Die Lesung Ālu-ša-nugû (Zadok [1995a] 263, 4.34.6b mit Verweis auf RGTC 8, xxi, zu Nugu') scheint unwahrscheinlich (**nugû* ist weder im Akkadischen noch als PN belegt).

Stadt, die in den Texten aus Tall Billā (→ Šibaniba) erwähnt wird und vermutlich in ihrer Umgebung lag, Zadok (1995a) 256, 4.17.1.35.

Šapadi

uru*ša-ba/pa-di*
5-16/19) StAT 2, 256, 4 [Ši(…) 2, Uqaba]

¶ Möglicherweise eine Stadt in Zentralassyrien bzw. in einem benachbarten Gebiet (A). Ein Grundstück in der Nähe von Š. grenzt an die Straße von → Ši[…] 2, die zur Stadt → Uqaba führt.

Šappārīšu

uru*šá-ap-pa-ri-šú*
1-14) RINAP 3/2, 111.223, 8 [Banbarina, Kār-Šamaš-nāṣir]

¶ NAT, 331 (Šapparisu).

Stadt nördlich von → Ninive, die im Zusammenhang mit Sanheribs „Nördlichem Kanalsystem" stand, und in der ca. 50–60 km von Ninive entfernten Region zu suchen ist, wo sich die Felsreliefs von Faida, Širu Malikta und Maltai befinden, Zadok (1995a) 257, 4.18.10. Hannoon (1986) 222f. lokalisiert Š. in der Region um ʻAin Sifnī, wobei er sich auf eine nicht zutreffende Interpretation von Th. Jacobsen (Jacobsen/Lloyd [1935] 39f.) stützt. S. Komm. zu → Ālum-riksi; von → Šabirēšu zu trennen, Kessler (1980) 122 Anm.430.

Šara[...]

^{uru}*ša-ra-*[...]
1-01) RIMA 2, 98.1, 33 [Katmuḫi]

¶ NAT, 332.

Stadt in → Katmuḫi. Zadok (2000a) 11 schlägt als mögliche Ergänzung ^{uru}*ša-ra-*[*am*$^{?}$] und setzt den ON mit der Stadt → Šarum im Gebirge → Nipur gleich. Vgl. → Šariššu.

Šarru-iddina

^{1}LUGAL-SUM-*na*
1-07) RIMA 3, 104.2012, 8' [*ina qani* Baltil *ina aḫāt* Ebiḫ, *ina aḫ* Diglat]

^{uru}LUGAL-SUM-*na*
7-16) SAA 12, 62, 8 (-*n*[*a*]) [Diqūqīna]

¶ NAT, 332; nA PN Šarru-iddina, PNA 3/II, 1237.

Stadt am Tigris in der Nähe von → Aššur, die von einem hohen Beamten (Šamšī-ilu?) z. Z. des Adad-nērārī III. gebaut wurde (s. Komm. RIMA 3, S. 235), Zadok (1995a) 224, 1.1.18. Die Angabe „am Gebierge → Ebiḫ" (Ğabal Ḥamrīn) deutet auf eine Lage südlich des Unteren Zab (→ Zāba šaplû), nicht weit von seiner Mündung in den Tigris (→ Diglat) hin.

Šarum

^{uru}*šá-ar-ma*

1-14) RINAP 3/1, 111.16, iv, 72 (Var. Ex. 3) [Tumurru, Ezāma]

^{uru}*šá-ru-um*

1-14) RINAP 3/1, 111.17, iv, 19 [Tumurru, Ezāma]; id., 111.18, iii, 1'' (erg.); id., 111.22, iii, 76 [Tumurru, Ezāma]; id., 111.23, iii, 67 [id.]

^{uru}*šá-ri-im*

1-14) **RINAP 3/1**, 111.16, iv, 72 [Tumurru, Ezāma]; **RINAP 3/2**, 111.222, 13 [Tumurru, Ḫalbuda]

¶ NAT, 332.

Stadt im Berg → Nipur (Cudi Dağı), an der Grenze des Landes → Katmuḫi, Zadok (2000a) 11f. S. → Šara[…].

Šašlê (?)

^{uru}*šá-áš-li-e*

5-07) GPA 101, ob. Rd. 11' (*-e*?) [Qabrīna]

¶ NAT, 333 (Šašte).

Möglicherweise eine Stadt in der Nähe von → Kalḫu, Zadok (1995a) 249, 4.7.4.1.9.

Šeliḫiram

^{uru}*še-li-iḫ-i-ra-am*

1-16) Asb E12, 26 [Ḫallāja, Šaḫarasi']

¶ NAT, 334 (Šeliḫiram). Ob die alternativ mögliche Lesung URU.ŠE-*li-iḫ-i-ra-am*, nämlich Kapar-Liḫi-rām (WSB, 33, Zadok [1981b] 52, id. [1985b] 48 u. 77, Nr. 168), und die angenommene westsemitische Etymologie für einen Ort im Bergland an der assyrisch-babylonisch-elamischen Grenze, zutrifft, ist fraglich.

Stadt im Bergland → Ḫalēḫasta, nordöstlich von → Dēru, in der Umgebung von → Qirbit.

Ši[…] 1

^{uru}*ši*-[x]

5-15) SAA 6, 252, Rs. 1' ($^{[u]ru!}$*ši-*) [Barūri]

¶ Vermutlich eine Stadt in Zentralassyrien bzw. in einem benachbarten Gebiet (N), in der Nähe von → Barūri.

Ši[…] 2

^{uru}*ša-ba/pa-di*

5-16/19) StAT 2, 256, 5 [Šapadi, Uqaba]

¶ Möglicherweise eine Stadt in Zentralassyrien bzw. in einem benachbarten Gebiet (A); s. Komm. s. v. → Šapadi.

Šia-šulmi-amat-šarrīšu s. Šipir-šulmi-amat-šarrīšu

Šibaniba

^{uru}*ši-ba-ni-ba*

1-06) RIMA 3, 103.1, i, 45 [Adia, Imgur-Enlil

1-14) RINAP 3/1, 111.17, vii, 82 [*abul* Š.]. viii, 33 [Sulu, Dūr-Ištar]; id., 111.18, vii, 22' (-⸢*ba*⸣-) [*abul* Š.]; RINAP 3/2, 111.223, 9 [Sulu, Dūr-Ištar]

3-13) ND 2640, 3 (Iraq 23 pl. 21)

3-13) ND 3469, 3 (Iraq 15, pl. 13) [Kurbail]; SAA 7, 23, 6 [Naṣībīna]

5-14) SAA 6, 163, 4

^{uru}*ši-ba-ni-be*

3-05) Billa 75, Rs. 2' (-*b*[*a-ni-be*]). 3' (-*b*[*e*]); Billa 82, Rs. 9 (^{uru}[*ši-*]) [Arlāja]

3-21) Billa 71, 1'; Billa 76, 5' ($^{[uru]}$*ši-ba-ni-*[*be*]). u. Rd. 1 (⸢^{uru}*ši*⸣-). Rs. 2 ($^{[uru]}$*ši-*). 5; Billa 85, 2 (-[*be*]). 26 ($^{[uru]}$⸢*ši*⸣-)

^{uru}*ši-ba-ni-bi*

1-14) RINAP 3/1, 111.15, vii, 6' (erg.) [*abul* Š.]; id., 111.16, vii, 50 (-[*ni*]-⸢*bi*⸣) [*abul* Š.]

7-07) SAA 12, 11, Rs. 3'($^{[ur]u}$*ši-*) [*šaknu*?]

¶ NAT, 334 (Šibaniba); RGTC 5, 247f. (mA Šibanibe). Š. ist auch in einem Schülertext aus der Zeit des Assurbanipal bezeugt (Frahm [1997] 273 [Datierung] u. 275 u. RINAP 3/1, S. 18 Anm. 43), in dem die Stadttore von Ninive aufgelistet werden (Reiner/Civil [1967] 197f., STT 372, 8 uru*ši*-DÙ-*ni*-⌜*ba*⌝).

Stadt in Zentralassyrien, am Fuß des Ǧabal Bāšiqā (→ Muṣri 2), heute Tall Billā, Forrer (1920) 35, Hannoon (1986) 206f., RlA 12, 438f. (K. Radner), Zadok (1995a) 255f., 4.17. In der Nähe von Sulu, → Dūr-Ištar 2 und Š. entdeckte Sanherib neue Wasserressourcen, die durch das „Gebirge Muṣri-Kanalsystem" nach → Ninive geleitet wurden, Bagg (2000) 182–192, Reade (1978a) 68–72. Š. war in der mittelassyrischen Zeit Hauptstadt der gleichnamigen Provinz (Postgate [1985] 99). Die Existenz einer Provinz Š. in neuassyrischer Zeit ist jedoch ungewiss. Ob Balāṭu, Eponym des Jahres 786, Gouverneur von Š. war, hängt von einer plausiblen, jedoch nicht gesicherten Ergänzung in SAA 12, 11, Rs. 2'–3' ab ([*lim-mu* 1*ba-l*]*a-ṭu* [lúGAR.KUR ur]u*ši-ba-ni-bi*), s. dazu RlA 11, 66, Nr. 85 (K. Radner) u. PNA 1/II, 258f., s. v. Balāṭu 1. TAVO Karte B IV 10 u. 13; Helsinki Atlas, 4. 28.

In der Umgebung von Š. befanden sich die Städte → Dūr-Ištar 2, → Elmunaqinnê, → Isparirra, → Rēš-ēni und → Sulu. Folgende Städte werden in den Texten aus Tall Billā erwähnt und könnten sich in der Umgebung von Š. gefunden haben: → Aḫusutu, → Ālu-eššu 1, → Alu'iṣṣa, → Alum-labīr, → Ālu-ša-pūlīšu (?), → Arlāja, → Badāni 3, → Bašānu, → Bi[...]2, → Birte, → Bīt-Da[...], → Bīt-eleppāte, → Bīt-ḫardini, → Bīt-ḫijaṣi, → Dargu, → Duna (?), → E[...] 3, → Elammaki, → Girmua, → Ḫi[...], → Ḫi[...]aṣi, → Ḫiḫiḫina, → Ismeani, → Iṣ[...], → Išgiria, → Karuḫa, → Ku[...] 2, → Kullunu, → Kurzuḫā[(...)], → La[...], → Mār-ṣillī-[...], → Maza[...]ate, → Me[...],→ Naḫal-ṣarbite, → Naḫal-[...], → Pabite elû, → Pabite šaplû, → Piua, → Pulul, → Qabainna, → Rešāli, → Sasu[...], → Ṣabit-akšudu, → Ša[...] 1, → Šal[...]tu-da'attu, → Šalimu, → Šanugu, → Šipur, → Um[...], → Tur[...] 2, → Zapputu[(...)] und → Zatputukina.

Šibara

uru*ši-ba-ra*

7-07) SAA 12, 1, 13

¶ Stadt in der Provinz → Guzāna, Kessler (1980) 214, Zadok (1995a) 232, 3.4.4.6.

Šibḫiniš (?)

^{uru}*ši-ib-ḫi-niš*
1-06) RIMA 3, 103.1, i, 46 [Šīmu, Tamnūnu]

^{uru}*šib-ḫi-ni-iš*
2-09) Canon 755 B1 ($^{[uru]}$*šib-*); id. 755 B2 ([^{uru}*šib-ḫi-n*]*i-*)
5-07) GPA 15, Rs. 25 [*šaknu*]; id., 16, Rs. 7’ ($^{⸢uru⸣}$*šib-ḫ*[*i-ni-iš*]) [*šaknu*]

^{uru}*šib-ḫi-niš*
2-07) Canon 791 B1 ([^{uru}*šib*]-); id. B2; id. 10 (erg.) [*šaknu*]

¶ NAT, 334 (Šibṭiniš). Da das Zeichen ḪI auch *ṭí* gelesen werden kann, könnte der Name auch Šibṭiniš gelautet haben.

Assyrische Provinz und gleichnamige Stadt, die nicht genau lokalisiert werden können, Zadok (1995a) 258, 4.22. Als eingenständige Provinz ist Š. erst seit der Regierungszeit des Adad-nērārī III. belegt. Postgate (1995) 11 (mit Fig. 4 auf S. 16) lokalisiert Š. zwischen dem Nahr al-Ḫāzir (→ Ḫazir) und dem Oberen Zāb (→ Zabā elû). K. Radner schlägt das Gebiet zwischen dem Rūbār Atrūš und dem Nahr al-Ḫāzir als alternative Lage vor, RlA 11, 56, Nr. 37. Eine mögliche Identifizierung mit der Provinz → Si’immê (Postgate [1995] 12) ist auszuschließen, da beide Provinzen z. Z. des Adad-nērārī III. belegt sind, RlA 11, loc. cit.

Šiddi-asika

^{uru}*šid-di-a-si-ka*
5-18) SAA 14, 32, 2. Rs.

¶ NAT, 335 (Šiddiasika).

Möglicherweise eine Stadt in Zentralassyrien (N), Zadok [1995a] 257, 4.17.2.4.2 (jedoch nicht in der Region von → Šibaniba).

Šiddi-ḫirīti

^{uru}UŠ-*ḫi-ri-ti*
5-14) SAA 6, 37, 6

¶ NAT, 377 (Ušḫiriti).

Stadt in Zentralasssyrien, wahrscheinlich in der Umgebung von → Dūr-Šarrukīn, Zadok [1995a] 258, 4.19.2.1. In einer Urkunde aus → Ninive verkauft der Inspektor der Kornkammern (*rab karmāni*) von → Maganuba, Il-amar, Land in Š. zusammen mit sieben Personen.

Šijāutu

uru*ši-ia-a-u-tú*

1-16) Asb A, i, 106 [*šarru*; Paḫnuti, Ḫimuni]

¶ NAT, 335; äg. *S3wt* (DG V, 3f.), klass. Lykōn Polis (TAVO Karte B V 21).

Stadt in → Muṣur (Ägypten), das klass. Lykōn Polis, heute Asyūṭ, Onasch (1994a) 55, Ranke (1910) 35, Steindorff (1890) 608. TAVO Karte B IV 13.

Šima[…] (?)

uru*ši-ma*-x-x-x

9-20) SAA 11, 10, 11' (uru*ši*?-⸢*ma*?⸣-x-x-[x]) [Ālu-ša-Ilu-(…), Na(…)]

¶ Möglicherweise eine Stadt in Zentralassyrien bzw. in einem benachbarten Gebiet.

Šimirra

uru*ši-mir-ra*

1-11) Tigl Summ 1, 30 [Luqia, Ušurnu]; id. 9, 14' (-⸢*ra*⸣) [id.]

¶ NAT, 335f.

Stadt in der „Provinz des Mundschenks" (→ Māt-Rab-šāqê), die mit →[3] Simerra identisch sein könnte, Kessler (1980) 180f.

Šīmu

uru*ši-i-me*

4-13) SAA 5, 290, 5'

^{uru}*ši-i-mu*
3-20) SAA 11, 163, i, 3 [*bēl pīḫati*]

^{uru}*ši-mu*
1-06) RIMA 3, 103.1, i, 46 (-*mu*$^{?}$) [Bīt-šaššeri, Šibḫiniš]

¶ NAT, 336; RGTC 5, 248 (mA Šimi).

Provinz und gleichnamiger Statthaltersitz in Zentralassyrien, Zadok (1995a) 260, 4. 30. Eine genauere Lokalisierung lässt sich aus den vorhandenen Quellen nicht entnehmen. Als mögliche Kandidaten sind das Gebiet zwischen dem Rūbār Atrūš und dem Nahr al-Ḫāzir (→ Ḫazur) bzw. zwischen dem Nahr al-Ḫāzir und dem Oberen Zab (→ Zāba elû), zu nennen, RlA 11, 47f., Nr. 10 (K. Radner), Zadok (1998) 70 (Komm. zu →*Naramu). Š. ist von → Si'immê zu unterscheiden, Postgate [1995] 10.

Šingiša

^{uru}*ši-en-gi-šá*
1-04) RIMA 2, 101.1, ii, 98 [It. von Madaranzu nach Madara]

^{uru}*ši-gi-šá*
1-04) RIMA 2, 101.1, ii, 97 [Na'iri]; id., 101.17, iv, 40 [id.]. 41 [It. von Madaranzu nach Madara]

^{uru}*ši-gi-šu*
1-04) RIMA 2, 101.19, 63 (2x; -⸢*gi*⸣-[*šu*]) [Na'iri; It. von Madaranzu nach Madara]

^{uru}*ši-ni-gi-šá*
1-04) RIMA 2, 101.1, ii, 98 (Var.) [It. von Madaranzu nach Madara]

¶ NAT, 336.

Stadt in → Na'iri, erste Etappenstation in der Ebene am Oberen Tigris nördlich des → Kāšiāru-Gebirges (Ṭūr 'Abdīn). Š. ist im Tal des Savur Çayı, der das Gebirge vor Derebent verläßt, zu suchen, Kessler (1980) 70 mit Karte auf S. 78, Liverani (1992a) 59, Streck (1898) 79. Helsinki Atlas, 3. 19. 27 (mögliche Lage, kein moderner Ort vorgeschlagen).

Šipir-šulmi-amat-šarrīšu

^{uru}*ši-pir-šu-ul-mi-a-mat*-MAN-*šú*
1-15) RINAP 4, 112.33, iv, 19’ (-⸢*pir*$^{!?}$⸣-) [Šānini-aj-irši, Pilaḫma-mātka-šallim]

¶ NAT, 334 (Ši[…]-šulmi-amāt-šarrīšu) u. 408 (Šipir$^{!}$-šulmi-amāt-šarrīšu). RINAP 4, loc. cit. liest nach Kollation ^{uru}*ši*-⸢*a*⸣-*šu-ul-mi-a-mat*-MAN-*šú* und gibt den Namen in der Übersetzung als Šia-šulmi-amat-šarrīšu ohne weiteren Kommentare wieder. Nach der Kopie von Th. Bauer (Bauer [1931] 259) ist nur eine Lesung ^{uru}IGI-x-*šu-ul-mi-a-mat*-MAN-*šú* möglich (die Spuren passen weder zu A noch zu UD [gelesen *pir*]). Eine Emendation ^{uru}*ši-pir*$^{!?}$-*šu-ul-mi-a-mat*-MAN-*šú* scheint sinnvoll und wurde bereits von Bauer (op. cit. 238, Z. 32) vorgeschlagen und von Parpola übernommen (NAT, 408).

Stadt in → Šubria, die in einer Liste von 21 Städten erwähnt wird, die von Asarhaddon erobert und umbenannt wurden, Pongratz-Leisten (1997) 335–337.

Šiprapa (?)

^{uru}*ši-ib/ip-ra-pa*
4-13) ND 2638, 4 (Iraq 23, pl. 20) [Karbanapa]

¶ NAT, 336.

Vermutlich eine Stadt in der Nähe von → Sardurianu (s. Komm. s. v.), gegen Zadok [1995a] 259, 4.28.9.3, der eine Lage nicht weit von Kurbail vermutet.

Šipur

^{uru}*ši-pur*
3-05) Billa 76, 6’ ($^{[ur]u?}$*ši*-) [Šibaniba, Pabite]

¶ Stadt, die in den Texten aus Tall Billā (→ Šibaniba) erwähnt wird und vermutlich in ihrer Umgebung lag.

Širpi[…]

^{uru}*šìr-pi*-[x]
3-07) TH 69, 4’ [Tau(…)]

Šišil

¶ NAT, 336.

Lage unbekannt, es könnte sich um eine Stadt im Gebiet von → Guzāna bzw. → Izalla handeln, Zadok (1995a) 232, 3.4.5.11.

Šišil

uru*ši-iš-li*

4-11) GPA 183, 6 [Zabban, Ḫariḫumba]

uru*ši-iš-lu*

9-16) SAA 11, 1, Rs. ii, 5' [erw. zw. Nēmed-Ištar u. Ubasê]

uru*ši-šil*

3-07) CTN 3, 141, i, 7 [Ubasê]
4-22) GPA 190, 5

N:
uru*ši-šil-a-a*
5-20) SAA 14, 397, Rs. 9'. 11'

¶ NAT, 336 (Šišda u. Šišlu); LGN 83 (präsarg. *ši-{il}-ši-il*, Frayne [1992] 69); RGTC 3, 220 (aB Šašillānu); RGTC 5, 249 (mA Šišil); vgl. RGTC 2, 183 (Ur III. Šišil[ab]) u. RGTC 9, 79 (urar. Šašilū).

Wenn identisch mit dem präsarg. und aB bezeugten ON, war Š. eine Stadt im Osttigrisland, südlich des Unteren Zab (→ Zāba šaplû), vielleicht am Diyālā (→ Turnat), Astour (1987) 35, Frayne (1992) 69, Postgate (1970b) 139. Die Erwähnung eines Schiffers (*malāḫu*) aus Š. (SAA 14, 397, Rs. 11') könnte ein Hinweis dafür sein, dass Š. in der Tat an einem Fluss lag. Wenn Š. nicht mit dem homonymen Ort im Osttigrisland gleichzustellen ist, könnte eine Lage in der Region von → Kalḫu in Erwägung gezogen werden, Zadok (1995a) 248, 4.7.3.1. Nach GPA 183 scheint Š. nah an → Ḫariḫumba gelegen zu haben, eine Stadt, die wahrscheinlich unweit von Kalḫu lag. Basierend auf der Erwähnung von Š. zwischen Nēmed-Ištar und Ubasê in SAA 11, 1, schlägt S. Parpola (Helsinki Atlas, Gazetteer, 8) eine Identifizierung mit Qayyāra, ca. 30 km nördlich von Aššur (Qal'at Širqāt) am rechten Tigrisufer vor. Helsinki Atlas, 4. 10. 28 (Qayyāra).

Šišlu s. Šišil

Šu[...]

^{uru}*šu*-x [x x]
4-15/16) SAA 10, 287, Rs. 6

¶ Wahrscheinlich eine Stadt in Zentralassyrien.

***Šubarû**

^{kur}*šu-ba-re-e*

1-04) RIMA 2, 101.1, iii, 120 [Na'iri, Ḫabḫu 4, Nirbu]; id., 101.2, 10 [id.]; id., 101.3, 33 [id.]; id, 101.23, 7 [id.]; id., 101.24, 2' [id.]; id., 101.26, 20 [id.]; id., 101.51, 16 [id.]

^{kur}*šu-ba-ri-i*
1-03) RIMA 2, 100.5, 129 [Gilzānu]

^{kur}*šu-pa-re-e*
1-04) Bronze bands, 70, piece 4, 4 [Na'iri, Ḫabḫu 4, Nirbu]

¶ NAT, 337 (gebucht s. v. Šubria); RGTC 1, 146f. (sarg. Subir); RGTC 2, 174f. (Ur III. Subir); RGTC 3, 223–225 (aB Šubartum); RGTC 4, 108f. (aA Šubarûm); RGTC 5, 232–234 (mA/mB u. mA/mB hist. Subartu, Subarû); RGTC 6/1, 367 (heth. Šubartu); RGTC 12/2, 241 (U./Am. Subaru).

Š., eine Bezeichnung, die in vorneuassyrischer Zeit im weiteren Sinn für Nordmesopotamien verwendet wurde und sich in den jeweiligen Epochen auf verschiedene nördliche Regionen bezog (s. RlA 13, 225–227, s. v. Šubartu [C. Michel]), wird in den nA Texten in einer antiquarisch-gelehrten Weise verwendet. Mit diesem altertümlichen Ausdruck scheint allgemein eine Region in Nordmesopotamien bezeichnet zu werden, die das Gebiet von → Šubria miterfasst, aber davon zu trennen ist, Kessler (1980) 106 Anm. 397, id. (2000) 311, RlA 13, 239, §1 (K. Kessler). Š. ist ebenfalls von → Subartu zu trennen, das in den nA sowie in den nB/spB Quellen einen archaisierenden Ausdruck für Assyrien darstellt.

Šubria

^{kur}*šu-bur*

3-20) ND 2496, Rs. 2 (Iraq 23, pl. 27) (^{kur}*šu*$^{?}$-⸢*bur*$^{?}$⸣, Lesung CNA)

^{kur}*šu-bur-a*

4-13) SAA 5, 53, 11. 19

^{kur}*šu-bur-u*

3-20) ND 2496, Rs. 5 (Iraq 23, pl. 27) (^{kur}⸢*šu*$^{?}$- *bur*$^{?}$-*u*⸣, Lesung CNA)

^{kur}*šu-ub-ri-a*

8-15) SAA 4, 18, 8
4-13) SAA 5, 31, Rs. 3' (^{kur}⸢*šu*$^{!}$⸣-*u*[*b*$^{!}$-*ri-a*])

^{kur}*šub-re-e*

1-02) RIMA 2, 99.2, 35
1-04) RIMA 2, 101.1, ii, 8: id., 101.17, ii, 23; id., 101.18, 13'; id., 101.19, 101 [Damdammusu]; id., 101.30, 34 [Bīt-Zamāni]; id., 101.52, 4' ([^{kur}*šub-re*]-); id., 101.53, 2 [Subnat]; WVDOG 136, 27, Ass. 686, 2' ([^{kur}*šub*]-⸢*re*⸣-[*e*])
1-05) RIMA 3, 102.28, 44

^{kur}*šub-ri-a*

1-15) RINAP 4, 112.33, ii, 3 (Tablet 1); id., 112.33, i, 12; id., 112.33, iii, 9'. 23'. 28' [Urarṭu]. 31'; id., 112.60, 6'
4-13) SAA 5, 54, 5'. 7'. 9'. u. Rd. 20' (-[*a*]); SAA 19, 186, 15; id., 187, 2' (-*r*[*i-a*])
8-15) SAA 4, 18, 9 [Pūmu, Kullimeri]. 10. Rs. 7

^{uru}*šu-ub-ri-'a*

8-15) SAA 4, 18, Rs. 8

^{uru}*šu-ub-ri-a*

8-15) SAA 4, 18, Rs. 9

N:
^{kur}*šu-bur-a-a*

4-13) SAA 5, 52, 5 [Šabirēšu]. 22

^{kur}*šu-ub-ri-a-a*

4-13) SAA 5, 25, 7; id., 33, 7 (-*u*[*b*]-)

^{kur}*šub-ri-a-a*

1-04) RIMA 2, 101.1, ii, 12; id. , 101.17, ii, 39

1-05) RIMA 3, 102.6, ii, 18; id., 102.8, 12'; id., 102.14, 53; id., 102.16, 26; id., 102.10, ii, 11; id., 102.28, 44; id. 102.73, 1 [Beischrift]

3-07/08) CTN 1, 23, Rs. 7' (^{kur}⌜*šub*⌝-*ri*$^{!}$-[*a*]-)

3-22) CTN 1, 4, Rs. 17 (^{kur}[*šub*]-)

4-13) **SAA 5**, 32, 14. , u. Rd. 19; id., 34, 9 ([^{kur}*šub-ri*$^{?}$]-*a-a*). Rs.7 (-[*a*]). 22. li. Rd. 2 (-⌜*a-a*⌝); id., 35, 17 ([^{kur}*šub-ri-a*]); id., 40, Rs. 3; id., 75, 4; id., 77, Rs. 2' (-*r* [*i-a-a*]); **SAA 19**, 186, Rs. 3 (-⌜*a*⌝-). Rs. 12 (^{k}[^{ur}*šub-r*]*i*-). 15

4-20) SAA 19, 77, Rs. 4' (^{kur}⌜*šub*⌝-[*ri*]-⌜*a*⌝-). 7' (^{kur}⌜*šub-ri-a*⌝-)

^{kur}*šub-ri-ia*

4-20) SAA 19, 77, Rs. 11'

^{kur}*šub-ri-ia-a-a*

5-23) ZTT 4, Rs. 7 (^{kur}⌜*šub*$^{?}$-*ri*$^{?}$-*ia*$^{?}$⌝-)

^{kur}*šub-ri-ia-a-e*

4-11) SAA 19, 76, Rs. 14' (^{kur}*š*[*u*]*b*-⌜*ri*⌝-)

¶ NAT, 337 (zusammen mit Šubarû!); RGTC 8, 295 (nB/spB Šubrija); vgl. RGTC 5, 233 (mA Šubrû, gebucht s. v. Subartu).

Staat im nordmesopotamischen Bergland, das sich vom Murat Su (→ Arṣania 1) bzw. vom südlich davon gelegenen Taurus-Gebierge im Norden bis zum Tigris im Süden und vom Quellgebiet des Tigris im Westen bis in das Gebirgsland des Taurus südlich des Van-Sees im Osten erstreckte, Deszö (2006), Kessler (1980) 106–109, Radner (2012) 260–264, RlA 13, 239–241 (K. Kessler), Schachner (2007) 232–242. Nach Asarhaddons Eroberung im Jahr 673 wurde Š. in zwei Provinzen geteilt, die nach den jeweiligen Gouverneurssitzen und ehemaligen Hauptzentren → Uppumu und → Kullimeri gennant wurden, RlA 11, 63f., Nr. 64 u. 66 (K. Radner). Während Š. der assyrische Name dieses Staates darstellt, wurde er in den urartäischen Quellen Qulmeri (ass. Kullimeri) genannt, eine Bezeichnung, die wahrscheinlich den einheimischen Name wiedergibt, Radner (2012) 260, Radner/Schachner (2001) 772f. Š. ist von → Šubartu und → Šubarû zu trennen. TAVO Karte B IV 10 u. 13; Helsinki Atlas, 3. 19.

In Š. befanden sich die Städte → Ḫasmetu, → Kulisi, → Marḫuḫa, → Penzâ und wahrscheinlich auch → Argue und → Kinnili. Die Städte → Arinu, →Turḫu und → Zaduri wurden zeitweise – zumindest vor Adad-nērārī II., der sie zurück eroberte, – von Š. kontrolliert.

Folgende Städte in Š. wurden von Asarhaddon erobert und umbenannt (RINAP 4, 112.33, iv, 14'-22'): → Abat-Aššur-lā-tēni, → Abāt-šarri-lā-tenni, → Āmiršu-liglud, → Aššur-inâr-garū'a, → Aššur-mannu-išannan, → Aššur-māssu-utēr, → Aššur-nīrka-rappiš, → Aššur-nīršu-urappiš, → Dūr-Aššur-aḫu-iddina, → Kāšissu-lilbur, → Kunuš-lā-kanšū, → Lā-iplaḫ-māssu-iḫpi, → Lilbur-munīḫ-libbi-Aššur, → Lītir-aj-imṭi, → Mannu-lišissu, → Mannu-šānin-Aššur, → Mušakšid-nakirī, → Pilaḫma-mātka-šallim, → Ṣābissu-likūn, → Šānini-aj-irši, → Šipir-šulmi-amat-šarrīšu; s. dazu Eph'al (2005) 109–11 u. Pongratz-Leisten (1997) 335–337. Die einheimischen Namen sind unbekannt. Im gleichen Text wird aber erwähnt, dass die Namen von Kullimeri, Markuḫa, Kalzu (ob die Stadt in Zentralassyrien oder eher eine homonyme Stadt in Š. gemeint ist, ist unklar, s. Komm. s. v.), →^{fr} ^{uru}⌈...] 30 und weiteren, nicht erhaltenen Städten geändert wurden (RINAP 4, 112.33, iv, 6'f). Die entsprechenden neuen Namen finden sich wahrscheinlich in der oben genannte Liste umbenannter Städte.

Šudâ (?)

^{uru}*šu-da-a*

3-20) ND 2728+, 3 (Iraq 23 pl. 24) (^{uru}⌈*šu*$^{?}$-*da*$^{?}$⌉-) [*ša qanni* Arbail; Ramatba, Ḫurumu]

¶ Eine von acht (der Text hat aber sieben als Gesamtzahl) Städten in der Umgebung von → Arbail, Hannoon (1986) 316–318, Zadok (1995a) 246, 4.6.1.7. Von aB Šudā (RGTC 3, 226) und mA Šudu (RGTC 5, 251) zu trennen. Nicht mit → Šūdu zu verwechseln.

Šūdu

^{uru}*šu-u-du*

3-20) SAA 7, 23, 8 [erw. zw. Bīt-Adad-lē'i u. Tīdu]
9-16) SAA 11, 1, Rs. ii, 15' [erw. zw. Šabirēšu u. Tušḫan]

¶ NAT, 338; vgl. RGTC 3, 226 (aB Šudā), RGTC 5, 234 (mA Sūdu) bzw. 251 (mA Šudu), RGTC 6, 370 (heth. Šuta).

Wahrscheinlich eine Stadt im Ḫābūr-Dreieck bzw. in seiner Umgebung, Zadok (1995a) 235, 3.6.1.5. Eine Gleichstellung mit einer ähnlich lautenden Ortschaft aus den Texten des 2. Jt. (s. o.) ist möglich, jedoch nicht gesichert. Nach Falkner (1958) 27–29 mit Karte auf S. 21 wäre der aB und mA Ort „östlich von 'Anaz und nördlich der Linie Ḫarrān-Ra's al-'Ain zu suchen". Die Lokalisierung bei Sâda, ca. 31 km nördlich von Nusaybin (Forrer [1920] 21) wird von Falkner (1958) 28 mit Recht in Frage gestellt. Nicht mit → Šudâ in Zentralassyrien zu verwechseln.

Šulmu-bēlāti

uruSILIM-mu-NIN.MEŠ
5-16) BATSH 6, 109a, 2

¶ Wahrscheinlich eine Stadt in der Nähe von → Dūr-katlimmu (Prozeßurkunde betreffs der Nutzungsrechte eines Grundstücks in Š.).

Šulmu-bēlīja (?) s. Denia

Šulmu-birāti

uru*šul-mu*-ḪAL.ṢUmeš
7-16) SAA 12, 27, 32 [Kurru(…)]

¶ NAT, 338.

Falls die vorgeschlagene Ergänzung Kurruḫanni für → Kurru[…] stimmt, lag Š. im Gebiet von → Arrapḫa, Zadok (1995a) 227, 1.3.9.1; ansonsten ist die Lage unbekannt. Für einen möglich weiteren Beleg s. → DIbirāti.

Šunu[…]

uru*šu-nu*-[x x x]
3-20) ND 3481, 2' (Iraq 15, 148) [Šariššu, Dušunu]

¶ NAT, 340.

Vielleicht eine Stadt in Nordmesopotamien (→ Katmuḫi?), wenn Š. im gleichen geographischen Zusammenhang wie → Šariššu erwähnt wird.

Šuqidate

uru*šu-qi-da-te*
3-09) Edubba 10, 53, Rs. 8' [Šuqiri]

¶ Möglicherweise eine Stadt in Zentralassyrien, die zusammen mit → Šuqiri nicht weit von → Kapar-Quāja und → Masiḫi lag.

Šuqiri

^{uru}*šu-qi-ri*

3-09) Edubba 10, 53, Rs. 7' [Šuqidate]

¶ Möglicherweise eine Stadt in Zentralassyrien, die zusammen mit → Šuqidate nicht weit von → Kapar-Quāja und → Masiḫi entfernt lag.

Šūra s. *Šūru

Šūri

^{uru}*šu-ri*

5-15) SAA 6, 226, 6 (-*r*[*i*$^{!}$]) [*ummu ša* Š.; Ḫattâ]. 7 (-*r*[*i*$^{!}$]) [*ḫarrānu ša* Š.]

¶ NAT, 340 (s. v. Šūra).

Stadt in der Nähe von → Ḫattâ, möglicherweise in der Provinz → Talmusu, Zadok (1995a) 257, 4.18.22. Gegen SAA 6, S. 342 s. v. ist Š. von → *Šūru/Savur im Ṭūr 'Abdīn (→ Kāšiāru) zu trennen. Zwei weitere Belege mit den Orthographien ^{uru}*šú-ra* (SAA 6, 146, 4) und ^{uru}*šu-ra-a-a* (SAA 14, 197, Rs. 8) könnten hier gehören, s. *Šūru.

*Šūru

^{uru}*šá-ú-ra*

1-03) RIMA 2, 100.5, 5 (^{uru}*šá-ú*$^{?}$-[*ra*], erg. nach Kessler [1980] 62) [Udu]

^{uru}*su-ú-ra*

1-04) RIMA 2, 101.1, ii, 93 [Irsia]; id., 101.17, iv, 25 [id.]

^{uru}*šu-u-ra*

1-04) RIMA 2, 101.19, 57 [Irsia]. 102 [*ša* Ḫanigalbat]. 103

^{uru}*šu-u-ri*

4-13) SAA 5, 281, 10 (-*r*[*i*$^{?}$]; nach Radner [2006a] 292 mit Anm. 73 gehört dieser Beleg möglicherweise hier) uru*šú-ra*

5-14) SAA 6, 146, 4 (nach Zadok [1995a] 270, 6.1.6 u. SAA 6, S. 342 s. v. gehört dieser Beleg hierher)

N:

uru*šu-ra-a-a*

5-23) SAA 14, 197, Rs. 8

¶ NAT, 340 (Šūra); RGTC 5, 254 (mA Šūru); RGTC 12/2, 279 (ug. Šurra); vgl. sarg. Šūri (Kessler [1980] 60 Anm. 253); nicht identisch mit RGTC 6/2, 149 (heth. Šura). Ob die Belege der Graphien uru*šú-ra* und uru*šu-ra-a-a* hierher gehören, ist nicht sicher, Radner (2006a) 292 mit Anm. 74; s. → Šūri.

Stadt im Ṭūr ʻAbdīn (→ Kāšiāru), die mit Savur (klass. Sauras, TAVO Karte B VI 14, Barrington Atlas 89, C3) identifiziert wird, Kessler (1980) 57–66, Lipiński (2000) 140, Liverani (1992a) 59, Radner (2006a) 288. 289. 292, RlA 13, 334, s. v. Sūru 3 (K. Kessler), Zadok (1995a) 270, 6.1.6. Astour (1995) 10 schlägt dagegen vor, S. (aB Šūru) mit Şuri (umbenannt in Dereyani), ca. 12 km südlich von Savur, zu identifizieren, während er Savur mit aB Ṣurrā (Astour [1992] 7 Anm. 29 mit Karte auf S. 27) gleichsetzt. TAVO Karte B IV 10 u. 13; Helsinki Atlas, 3. 19. 26. 27. S. → Sūru-Nūrāni; Š. ist von → Šūri zu trennen.

Šušāri

uru*šu-šá-a-ri*

5-16) BATSH 6, 29, 6

¶ Villeicht aram. *tdr*, BATSH 6, 29, b (aram. Beischrift) mit Komm. auf S. 55; nicht mit Ur III Šašru(m)/Šašuru(m) (RGTC 2, 178f.) u. aB Šušarrā/Tall Šemšāra identisch, s. dazu Zadok (2008) 330.

Wahrscheinlich eine Stadt in der Nähe von → Dūr-katlimmu.

Šutani

uru*šu-ta-ni*

5-22) Edubba 10, 19, 12

¶ Möglicherweise eine Stadt in Zentralassyrien bzw. in einem benachbarten Gebiet (K), vermutlich nicht weit von → Masiḫi entfernt.

T

Ta[...] 2

^{uru}*ta-x*(-[...])

1-11) Tigl RR, 30 (^{uru}⸢*ta*⸣-) [Sa(...)zabea, (...)ra]

¶ Stadt in → Ulluba 2.

Ta[...] 3

^{uru}*ta*-x [x x x]

7-20) SAA 12, 64, 5' [Raṣappa]

¶ Möglicherweise eine Stadt in Zentralassyrien bzw. in einem benachbarten Gebiet (N).

Tabite

^{uru}*ta-bi-te*

1-03) RIMA 2, 100.5, 116 ([^{uru}*ta*]-⸢*bi-te*⸣) [It. von Gurēte, nach Kaḫat]. 117 (⸢^{uru}⸣*ta*-) [id.]

1-04) RIMA 2, 101.1, iii, 2 (2x) [It. entlang des Ḫarmiš, nach Magarisu]

^{uru}*ta-bi-ti*

1-05) RIMA 3, 102.2002, 6 [Ḫārrānu]

¶ NAT, 343; wahrscheinlich klass. Thebeta (Oates [1985] 170f., Sachau [1897] 43; TAVO Karte B V 8).

Stadt am Wādī Ǧaġġaġ (→ Ḫarmiš), nah an der Mündung des Wādī Radd, Kühne (1980) 55. 58, Liverani (1992a) 63, Zadok (1995a) 231, 3.3.4. Als mögliche Kandidaten werden Tall Abū Arzala (Kühne [1980] Karte) und Tall Brāk (Kühne [1980] 58 Anm. 65, Oates loc. cit.) in Erwägung gezogen. TAVO Karte B IV 10 (Tall Brāk); Helsinki Atlas, 3. 27 (Tall Abū Arzala). Nicht mit → Tīdu (mA Ta'idu) zu verwechseln (s. Komm. s. v.)

Tagaritejāni

^{uru}*ta-ga-ri-te-ia-ni*
4-23) VAT 8699, 10 (unpubl. erw. von Deller [1984b] 244)

^{uru}*ta-ga-ri-te-ni*
5-16) Rfdn 17, 4, 3

¶ RGTC 8, 301 (nB/spB Tagritajn).

Stadt am Tigris (→ Diglat), heute Tikrīt, Zadok (1995) 224, 1.1.22. TAVO Karte B IV 13; Helsinki Atlas, 10. 30.

Taḫāl(u)

^{uru}*taḫ*-URU
4-13) SAA 5, 242, 9 [Kār-Šamaš]

¶ NAT, 343 (Taḫal).

Stadt im Osttigrisgebiet, in der Nähe von → Kār-Šamaš, Zadok (1995a) 224, 1.1.21. Zadok (1989) 159 hält eine Identifizierung mit frühislamischem Taḥal für möglich, einer Stadt, die am östlichen Tigrisufer, nördlich von Tikrīt (→ Tagaritejāni) lokalisiert wird.

Taḫmuri s. Gabmuri

Tajani

^{uru}*ta-a-a-ni*
1-16) Asb A, i, 108 [*šarru*; Ḫimuni, Nī']

¶ NAT, 344 (Tajini); äg. *Tnj* (DG VI, 76f.); klass. This/Thinis (TAVO Karte B V 21). Fecht (1958) 114–116 emendiert ^{uru}*šu*$^{!}$*-a-a-ni* und interpretiert den ON als Syēnē, heute Aswān. Die Emendation ist jedoch nicht plausibel, da u. a. deutlich TA in allen drei Textvertretern steht, Onasch (1994a) 56.

Stadt in Mittelägypten (→ Paturisu), wahrscheinlich das klass. Thinis, das mit al-Birba (Ğirğā), nordöstlich von Abydos (al-'Arāba al-Madfūna) in Verbindung gebracht wird, Onasch (1994a) 56, Steindorff (1890) 609f. Ob eine andere Stadt gemeint ist (Ranke [1910] 35 Anm. 2), bleibt offen. TAVO Karte B IV 13.

Takku[...]

^{uru}*tak-ku-*[x]

3-13) SAA 11, 133, iii, 20' [Ilḫini]

¶ NAT, 344.

Vielleicht eine Stadt im oberen Ḫābūr-Gebiet bzw. im Balīḫ-Becken, Zadok (1995a) 235, 3.5.4.21.

Talbiš

^{kur}*tal-meš*

3-13) ND 2768, 8' (Iraq 23, pl. 26) [nach NAT, 344 u. Russel (1985) 60 Anm. 15. Ob der Beleg hierher gehört, ist jedoch nicht sicher. Da die anderen erwähnten ON in dem fragmentarisch erhaltenen Text (→ Bīt-Zamāni, → Naṣibīna und → Raṣappa) weiter nördlich liegen, könnte es sich um ein Homonym handeln]

^{uru}*tal-bi-iš*

1-03) RIMA 2, 100.5, 67 [It. von Zadidānu, nach Anat]

^{uru}*tal-mìš*

1-03) RIMA 2, 100.5, 67 [*ina qereb* Purattu *ṣali*]

¶ NAT, 344; klass. Thilabous, Thilutha (TAVO Karte B VI 4, Barrington Atlas 91, D3; s. Horn [1922] 131 Anm. 1 u. 2).

Stadt in → Sūḫu auf einer Insel am Mittleren Euphrat, heute Ğazīrat Talbīs, Herles (2007) 424f., Russell (1985) 62, Zadok (1995a) 229, 2.1.2.11. Zu den archäologischen Befunden s. Killick/Black (1985) 226, Tenu (2006) 223 (mA). TAVO Karte B IV 10 u. 13; Helsinki Atlas, 10. 31.

Talmeš/Talmiš s. Talbiš

Talmusu

^{uru}*ta-la-mu-sa*
3-23) SAA 11, 125, 7’

^{uru}*tal-mu-sa*
1-14) RINAP 3/2, 111.223, 8 [Kār-nūri, Ḫattâ]
3-11/13) CTN 3, 86, 17
4-13) SAA 1, 65, 10 [*bēl pīḫati*]
5-14) O 3661, Rs. 18$^{?}$ ([^{uru}*tal-m*]*u*-; unpubl., erw. in PNA 3/II, 1273, s. v. Šulmu-bēli 6)

^{uru}*tal-mu-si*
1-14) RINAP 3/1, 111.16, viii, 76B (-⸢*mu*⸣-[*si*]) [*šaknu*]; id., 111.17, iv, 61 [*šaknu*]
2-07) Canon 786 B1 ([^{uru}*tal-m*]*u-s*[*i*]); id. B2 (^{uru}[*tal-m*]*u*-); id. B10 (-*m*[*u-si*]) [*šaknu*]
2-09) Canon 754 B1; id. B2 ([^{uru}*tal-m*]*u*-)
2-14) Eponym 696 A9 ($^{[uru]}$*tal-mu-*[*si*])
3-07/08) GPA 111, Rs.1 (-*si*$^{?}$) [*bēl pīḫati*]
3-09) GPA 81, Rs. 12 [*šaknu*]
3-13) SAA 11, 219, i, 18’
3-20) SAA 11, 7, 6’ ($^{[u]ru}$*tal-m*[*u-si*])
4-15/16) SAA 13, 8, 16; id., 9, 16 (-[*si*]); id., 10, u. Rd. 16
5-14) SAA 6, 91, 2 [*bēl pīḫati*]. 11 [id.]; id., 128, Rs. 5’ [*šaknu*]

^{uru}*tal-mu-su*
3-13) ND 2640, 4 (Iraq 23 pl. 21) (-⸢*mu-su*⸣) [Šibaniba]; ND 3469, 6 (Iraq 15, pl. 13) [Ilqi-amāt]
4-16) SAA 10, 96, u. Rd. 23 [Tamnūnu]

¶ NAT, 294 (Rīmusu) u. 344 (Talamusa); RGTC 5, 258 (mA Talmuššu) mit Deller und Postgate (1985) 75. Zur älteren Lesung *Rimusa s. Kessler (1980) 17 Anm. 86 u. 94 Anm. 356.

Stadt nördlich von → Ninive, die im Zusammenhang mit Sanheribs „Nördlichem Kanalsystem“ stand und in der ca. 50–60 km von Ninive entfernten Region zu suchen ist, wo sich die Felsreliefs von Faida, Širu Malikta und Maltai befinden, Zadok (1995a) 257, 4.26. Reade (1978a) 159–161 schlägt eine plausible Identifizierung mit Gir-e pan, ca. 12 km südlich von Dahūk vor. T. war seit der mittelassyrischen Zeit (Pappi [2012]

603 mit Anm. 46, Postgate [1985] 97) Statthaltersitz einer gleichnamigen Provinz, Forrer (1920) 35, RlA 11, 48, Nr. 11 (K. Radner). Th. Jacobsen identifiziert T. mit al-Ǧarāhīya (Jacobsen/Lloyd [1935] 39 mit Fig. 9, zit. u. a. von Kessler [1980] 17 Anm. 86 u. Parpola [1983] 319 zu LAS 309, 22), da er von einer nicht zutreffenden Deutung einer Passage der Bavian Inschrift (RINAP 3/2, 111.223, 8–11a) ausgeht, s. dazu Komm. zu → Ālum-riksi. Die Einwände von Hannoon (1986) 209f., der Jacobsens Lokalisierung übernimmt, gegen die Identifizierung mit Gir-e pan sind nicht überzeugend und lassen die geographischen Aspekte von Sanheribs Wasserbauten außer Acht. Zur Region um T. s. Morandi Bonacossi/Iamoni (2015). TAVO Karte B IV 10 u. 13 (Gir-e pan); Helsinki Atlas, 4. 28 (Gir-e pan).

Im Bereich von T. befanden sich die Stadt → Dadiualla so wie auch folgende Orte, die in Zusammenhang mit Sanheribs „Nördlichem Kanalsystem" genannt werden: → Ālum-riksi, → Barbarina, → Dalājin, → Gingiliniš, → Ḫadabiti, → Ḫatâ, → Kār-nūri, → Kār-Šamaš-nāṣir, → Masiti, → Nampagāte, → Šapparišu und → Tillu.

Tamarana (?)

^{uru}*zi-in-ba-nu*

3-20) SAA 11, 163, Rs. i, 10' (-⌜*ma*$^{?}$⌝-[*r*]*a*-⌜*na*$^{?}$⌝) [Ṣaidinu]

¶ NAT, 344 (Talid...).

Möglicherweise eine Stadt in Zentralassyrien bzw. in einem benachbarten Gebiet.

Tamnūnu

tam-KU_6

3-13) SAA 11, 219, ii, 23' [*pīḫatu*]

tam-nu-nu

3-20) ND 2640, 37 (Iraq 23, pl. 21) (⌜LÚ⌝[EN.NAM *tam*]-*nu-nu* (Lesung nach Deller [1990a] 51) [*bēl pīḫati*; Bīt-Adad-erība]

tam-nun

3-11/13) ND 2785, 19 (Iraq 23, pl. 27) (⌜*tam-nun*$^{!}$⌝)

^{uru}*ta-ma-nu-ni*

3-22) GPA 128, Rs. 4 (^{uru}*ta-ma*$^{?}$-*nu-n*[*i*$^{?}$]) [*bēl pīḫati*]

^{uru}*tam*-KU_6
3-11/13) CTN 3, 86, 16

^{uru}*tam*-KU_6-KU_6
9-16) SAA 11, 1, Rs. ii, 11' [erw. zw. Raṣappa u. Tillê]

^{uru}*tam*-KU_6-*na*
5-09) GPA 22, u. Rd. 11 [*šaknu*]

^{uru}*tam-nu-na*
1-06) RIMA 3, 103.1, i, 46 [Šibḫiniš, Kipšūnu]
1-13) NABU 1991/86, 2 [*šaknu*]
1-14) RINAP 3/1, 111.15, viii, 31A'' ([^{uru}*tam*]-) [*šaknu*]. 31B'' ($^{⸢uru⸣}$[*tam*]-⸢*nun*⸣-) [id.]; id., 30C'' [id.]; id., 30D'' (erg.)
3-20) SAA 11, 7, 5' [Ḫalzi-atbāri]
4-16) SAA 10, 96, li. Rd. 22 [Šaḫuppa, Talmusu]
5-14) O 3712, Rs. 23 (nicht publ., erw. in PNA 2/II, 824, s. v. Nabû-dūru-uṣur 10) [*šaknu*]

^{uru}*tam-nu-nu*
9-16) SAA 11, 1, Rs. ii, 11' [erw. zw. Raṣappa u. Tillê]

^{uru}*tam-nun-na*
2-07) Canon 785 B1 (erg.); id. B2 (^{u}[^{ru}*tam-n*]*un*-); id. B10 (^{uru}*ta*[*m*]-*n*[*un-na*]) [*šaknu*]
2-09) Canon 756 B1; id. B2 ([^{uru}*tam-nu*]*n*-)

N:
^{uru}*tam*-KU_6-*a-a*
3-13) GPA 95, 6

¶ NAT, 273 (Parnuna), 273 (Parhaha) u. 344 (Tamanuni). Die Graphie ^{uru}*ta-ma-nu-ni* (GPA 128, Rs. 4) deutet darauf hin, dass das Zeichen UD in den anderen Schreibungen *tam* statt *par* gelesen werden soll, so dass der Ortsname Tamūnu statt Parnūnu (überholte Lesung) lautet, Kessler (1979) 219f. Nach ABZ 203 u. MZL 441 (beide zu Nr. 589) ist hier KU_6 (ḪA) als Lautwert *nun* zu verstehen.

Stadt und gleichnamige Provinz in Zentralassyrien, die aufgrund der Identifizierung von → Bīt-Adad-erība mit Tall Baqqaq 2 im Gebiet östlich vom Tigris gegenüber Eski Mosul zu lokalisieren ist, Postgate (1995) 10f., RlA 11, 56, Nr. 38 (K. Radner),

Watanabe 1992, Zadok (1995a) 259, 4.27. Im Helsinki Atlas (Gazetteer 17) wird T. mit Tall Ǧikān identifiziert, wo bei den 1983 und 1984 durchgeführten Grabungen kein neuassyrisches Material gefunden wurde, Iraq 45, 231f. Dennoch befindet sich in der Region von Ninive unter den von der irakischen Behörden untersuchten Orten Ḫirbat Ǧikān (= Tall Ǧikān?), wo sich angeblich Hinweise auf einer neuassyrischen Präsenz fanden, Hannoon (1986) 273. Eine Verbindung mit → Temannu ist gegen Grayson (1982) 355f. zu bezweifeln, Lipiński (2000) 117, RlA 13, 519 (K. Lämmerhirt), Watanabe (1992) 361. Helsinki Atlas, 4. 28 (Tall Ǧikān).

Tamudi

^{lú}*ta-mu-di*

1-13) Iraq 16, 198ff., 18 [Ibādidi]; SgF Ann, 120 (-[*m*]*u*-) [*Arbāja rūqūti āšibūt madbari*; Ibādidi]; id. Zyl, 20 [Ibādidi]; Schøyen 72, 5' (-*d*[*i*]); ZA 97, 255, 2' ([^{lú}*t*]*a*-⌜*mu*⌝-*di*) [Ibādidi]

¶ NAT, 347; arab. Thamūd; klass. Thamoudēnoi (TAVO Karte B V 8); vgl. nB/spB Tamdu (RGTC 8, 303) u. Tamūdā (id. 306).

Stamm der → Arubu in Nordarabien, möglicherweise im Gebiet zwischen Taimā' und Mekka, Eph'al (1984) 89 u. 230, Galter (1993) 32, Rosemarin (1932) 36f. T. wurde von Sargon besiegt und in →^{1} Bīt-Ḫumrî/→^{1} Samerīna angesiedelt.

Tanat

^{uru}*ta-na-at*

7-07) SAA 12, 72, Rs. 3 [*ša šakin* Arbail; Dunābu-Enlil]

¶ NAT, 347.

Vielleicht eine Stadt im Bezirk von → Arbail, Zadok [1995a] 246, 4.6.4.2; s. Komm. zu → Dunābu-Enlil.

Tanê

^{lú}*ta-né-e*

1-11) Tigl Ann 9, 6 [Nasikku, Naqiru, Kala'in]

¶ NAT, 347; nB ^{lú}*ta-né-*⸢*e*⸣, SAAS 4, 88, Nr. 13, 20 (auch zusammen mit Naqiru erwähnt).

Westsemitischer Stamm, der zusammen mit → *Naq(i)ru erwähnt wird und vielleicht auch im Osttigrisgebiet südlich des Unteren Zab zu lokalisieren ist, Cole (1996) 27 mit Anm. 28, Lipiński (2000) 471f., Zadok (1985b) 70f., id. (2013) 306. Vgl. →^{3} Dūr-Tanê in →^{3} Bīt-Ša'alli.

Tapsia

^{kur}*tap-si-a*

1-11) Tigl Summ 9, 12' [*birāti dannāti ša* Urarṭu; Lusia, Suba]

^{uru}*tap-si-a*

1-02) RIMA 2, 99.2, 95 [*ālāni ša* Ḫabḫu *ša limīt* Kummu; Kunnu]
1-11) Tigl Summ 1, 27 [*birāti ša* Urarṭu *ša kutal* Nal; Babutta, Lusia]

¶ NAT, 343 (Tabsia).

Festung (und Land?) in → Ḫabhu 3 an der urartäischen Grenze, in der Umgebung von → Kummu hinter dem Gebirge → Nal, in → Ulluba 2, die von Tiglatpileser III. annektiert und der „Provinz des Schatzmeisters" (→ Māt-Masenni) zugeordnet wurde, Kessler (1980) 168f.

Tarbiṣi

^{uru}*tar-bi-ṣi*

1-05) RIMA 3, 102.96, 1
1-14) **RINAP 3/1**, 111.15, vii, 14' [*abul Nergal ša* T.]; id., 111.16, vii, 58 [id.]; id., 111.17, vii, 90 [id.]; id., 111.18, vii, 27' (⸢^{uru}⸣[*tar*]-) [id.]; **RINAP 3/2**, 111.151, Rs. i, 7' (-⸢*ṣi*⸣) [id.]; id., 111.213, 62; id., 111.213, 65; id., 111.214, 1; id., 111.215, 4; id., 111.216, 4; id., 111.223, 22
1-15) RINAP 4, 112.93, 22. 32; id., 112.94, 4; id., 112.95, 6; id., 112.96, 2
1-16) Asb C, i, 70 (-*b*[*i*]-⸢*ṣi*⸣); Asb IT, 74; Asb T, ii, 28 (vgl. LoBl, 101, 80-7-19, 195+, Rs 13', wahrscheinlich ^{uru}[*tar-bi-ṣi*] zu ergänzen; in SACT 10, 2 jedoch nicht unter den Textvertretern vom Prisma T); SACT 10, 1, ii, 27' (erg.); id., 19, 9
4-15) SAA 10, 20, Rs. 5; id., 305, 11 (^{uru}*tar*$^{!}$-⸢*bi*$^{!}$-*ṣi*$^{!}$⸣); SAA 16, 34, 4; id., 143, 7
4-15/16) SAA 10, 93, 8
8-15) SAA 4, 155, li. Rd. 2 (-*b*[*i-ṣi*])

¶ NAT, 347; RGTC 5, 259 (mA/mB hist. Tarbiṣu). T. ist auch in einem Schülertext aus der Zeit des Assurbanipal bezeugt (Frahm [1997] 273 [Datierung] u. 275 u. RINAP 3/1, S. 18 Anm. 43), in dem die Stadttore von Ninive aufgelistet werden (Reiner/Civil [1967] 197f., STT 372, 12 ^uru^*tar-bi-*⌜*ṣu*⌝). Gegen RlA 13, 457 mit Verweis auf Radner (1997b) 170 wird T. nicht in der dort erwähnten Rechsturkunde (ADD 509 = SAA 14, 218) genannt, sondern die Urkunde stammt aus T.

Šarīf Ḫān, ca. 5 km nördlich von → Ninive, Hannoon (1986) 230f., RlA 13, 453–457 (P. Miglus), Zadok (1995a) 255, 4.14. TAVO Karte B IV 10 u. 13; Helsinki Atlas, 4. 28. Gegen RlA 13, 453 ist →[3] Tarbaṣu von T. zu trennen.

Tarḫê

^uru^*tar-ḫe-e*
5-16) BATSH 6, 72, Rs. 13 [Kār-Salmānu, Bīt-Aššur-lē'i]

¶ Möglicherweise eine Stadt in der Umgebung von → Dūr-katlimmu; s. → Kār-Salmānu.

Tarninu

^uru^*tar-ni-nu*
3-13) CTN 3, 108, Rs. v, 20 (⌜^uru^⌝*tar-ni-*⌜*nu*?⌝, Lesung nach Kopie auf pl. 32)
3-20) ND 2791, 1' (Iraq 23, pl. 28) [Ḫirimmu]

^uru^*tar*-NINA
3-13) CTN 3, 103, Rs. i, 9

¶ NAT, 348.

Vermutlich eine Stadt in Zentralassyrien bzw. in einem benachbarten Gebiet, Zadok (1995a) 269, 5.3.1.

***Tarqana (?)**

N:
^uru^*tar-qa-na-a-a*
5-15) SAA 6, 188, 2 [Tursana]

¶ NAT, 348. Dass Zeichen TAR kann auch *ṭar, ṭír, kud/kut, qud/qut, sil/šil* bzw. *ḫas/ḫaṣ/ḫaš/ḫaz* gelesen werden. Deswegen ist die Lesung des ON unsicher.

Wahrscheinlich eine Stadt im Gebiet von → Arrapḫa (wegen der Erwähnung von → Tursana), Zadok (1995a) 227, 1.3.7.

Tarqunani

^{uru}*tar-qu-na-ni*

4-13) SAA 1, 195, 11 ($^{uru?}$*tar*$^{!}$-⸢*qu*⸣-)

¶ Vielleicht eine Stadt in der nordwestlichen Ǧazīra.

Tas

^{kur}*ta-as*

1-14) RINAP 3/2, 111.223, 12 [*šadû marṣu ša itē* Urarṭu]

¶ NAT, 349. Gegen OIP 2, 84, 54 ist in RINAP 3/2, 111.223, 54 (Ex. 2) *šad-di-i* statt ^{kur}*ta-as* zu lesen, Frahm (1997) 154 zu Z. 54.

Eine Bergkette im nordwestlichen Zagrosgebirge, die als „unzugängliches Gebirge an der Grenze von Urarṭu“ beschrieben wird, wo sich die Quellen des Flusses → Pulpullia (Rūbar Atrūš/Gōmel) nördlich von Ḫinis (→ Ḫanusa) befanden, Jacobsen/Lloyd (1935) 41f., Reade (1978a) 169. Nach Hannoon (1986) 191 handelt es sich um den Tanga Dria (id., 6, Nr. 51). Helsinki Atlas, 4. 28.

Tasa

^{uru}*ta-sa*

1-11) Tigl Ann, 5, 1 [Barbaz, ^{íd}Uluruš]; id. 20, 6' (erg.); Tigl Summ 1, 34 (⸢^{uru}⸣*ta*-) [Ḫarbisinna, Enzi]; id. 9, 18' ([^{uru}*ta*]-⸢*sa*⸣) [^{kur}Uluruš]

¶ NAT, 349; RGTC 9, 84 (urar. Tāše).

Stadt in Nordmesopotamien, die von Tiglatpileser III. annektiert und der Provinz → Na'iri zugeordnet wurde, Kessler (1995) 60. Die Identifizierung mit Taşdelen ist rein hypothetisch, aber die allgemeine Lage würde passen, wenn T. sich in bzw. in der Nähe von → Enzi befunden hätte, was unklar ist. Kessler (1995) 67 schlägt dagegen eine weit östlichere Lage in der Nähe von Yayla vor. Vielleicht identisch mit →^{3} Tāsi; nicht mit → Tasu zu verwechseln. Helsinki Atlas, 3 (Taşdelen).

Tastiāte

^{uru}*ta-as-ti-a-te*

1-14) **RINAP 3/1**, 111.15, v, 56 ([^{uru}*ta*]-˹*as-ti-a-te*˺) [*ša ebertān* Diglat]; id., 111.17, v, 65 [*ša ebertan* Diglat]; **RINAP 3/2**, 111.42, 16 [Bergwiddergenien]; id., 111.43, 9 [id.]; id., 111.46, 109 [Stierkolossi]

4-13) SAA 5, 298, 6' (-[*ti-a-te*])

^{uru}*ta-as-ti-a-ti*

1-14) RINAP 3/1, 111.16, v, 80 [*ša ebertān* Diglat]

^{uru}*tas-ti-a-te*

4-13) SAA 1, 120, Rs. 4' (-[*a-te*]); id., 150, Rs. 8 [Adia]

^{uru}*tas-ti-a-ti*

4-13) SAA 5, 297, 10' ([^{uru}*tas*]-˹*ti*$^{!}$-*a*$^{!}$˺-)

¶ NAT, 349 (Tastiate) u. NAT, 349 (Tas[...]);NAT, 375 (Urtiabu).

Stadt am rechten Tigrisufer, stromaufwärts von → Ninive, in deren Nähe ein Steinbruch für weißen Kalkstein für Bergwiddergenien bzw. Stierkolosse bis in Sanheribs Regierungszeit lieferte, Frahm (1997) 84 (zu Z. 39). Sanherib entdeckte einen neuen Steinbruch bei → Balaṭāja, am linken Tigrisufer, so dass der Transport ausschließlich über Land erfolgen konnte, Reade (1978a) 55, Russell (1991) 96f. Hannoon (1986) 149f. (mit Karte auf S. 195) hält Tall I'gab, ca. 1 km nördlich von Mosul, für einen plausiblen Kandidaten. Helsinki Atlas, 4. 28 (vermutete Lage ohne Angabe des modernen Ortes, id. Gazetteer, 17).

Tasu

^{uru}*ta-su*

1-11) Tigl Summ 1, 32 (-˹*su*˺) [Arānu, Uallia]; id. 9, 20' [Uallia, Ura; *ša* Bāzi 1]

¶ NAT, 349.

Stadt in → Bāzi 1. Vielleicht identisch mit →[3] Tāsi; nicht mit → Tasa zu verwechseln.

Tašliana

uru*taš-li-a-na*
1-11) Tigl Ann, 20, 2' (erg.) [Alinzirānu, Tirḫim]; Tigl Summ 9, 15' [id.]

¶ NAT, 349.

Stadt in der „Provinz des Mundschenks" (→ Māt-Rab-šāqê).

Tašuḫa

uru*ta-šu-ḫa*
1-11) Tigl Summ 1, 26 [*birāte ša* Urarṭu *ša kutal* Nal; Parisu, Manṭun]

¶ NAT, 349.

Festung nördlich vom Gebirge → Nal in → Ulluba 2 bzw. an der Grenze mit →[3] Urarṭu, die in die von Tiglatpileser neu eingerichtete Provinz Ulluba eingegliedert wurde. Nicht mit Tašuḫḫe in Arrapḫa (RGTC 10, 284) zu verwechseln.

Tau[...]

uru*ta-ú-*[x]
3-07) TH 69, 4' [Širpi(...)]

¶ NAT, 349.

Vielleicht eine Stadt in der Umgebung von → Guzāna bzw. in → Izalla, Zadok (1995a) 232, 3.4.5.12.

Tazi'

uru*ta-zi-i'*
1-16) Asb E12, 28 [Matuḫanzaḫ, Lušanda]

¶ NAT, 350.

Stadt im Bergland → Ḫalēḫasta, nordöstlich von → Dēru in der Umgebung von → Qirbit.

Te[...]

^{uru}*te*-[x x]
5-18) KAN 4, 13, u. Rd. 6 (^{uru}⌜*te*$^{?}$⌝-)

¶ Möglicherweise eine Stadt in Zentralassyrien bzw. in einem benachbarten Gebiet (A).

Tēla 1

^{uru}*te-e-la*
1-04) RIMA 2, 101.1, i, 113 (2x) [*āl dannuti*; Nirbu, Kinabu]

¶ NAT, 350.

Ummauerte Stadt in → Nirbu, im westlichen Ṭūr ‘Abdīn (→ Kāšiāru), vielleicht zwischen Derik und Mazıdağı, Liverani (1992a) 38. Die von Olmstead (1918) 227 Anm. 42 vorgeschlagene Identifizierung mit Sihratepe (auch Kessler [1980] 113 Nr. 13 mit Karte auf S. 115) lehnt Liverani loc. cit. ab, da die archäologischen Befunde eher dagegen sprechen. Lipiński (2000) 149f. setzt T. mit Tepeköy gleich, einem Ort, der auch als plausibler Kandidat für Madara betrachtet wird, Radner/Schachner (2001) 751, Fig. 3. Nicht mit →^{3} Tēla 2 in →^{3} Ḫabḫu 2 zu verwechseln.

***Tēma**

N:
^{kur}*te-ma-a-a*
3-16) O 3704, Rs. 14 (unpubl. zit. in PNA 2/II, 923 s. v. Na’īm)

^{lú}*te-e-me*
1-14) RINAP 3/2, 111.17, vii, 96 [Sumu’il]; id., 111.18, vii, 37’ [id.]

^{uru}*te-ma-a-a*
1-11) Tigl Summ 4, 27’ [*ša miṣir mātāti ša šulum Šamši*; Mas’a, Saba’a]; id. 7, Rs. 3’ [id.]; id. 13, 9’ (erg.) [id.]

¶ NAT, 350; RGTC 8, 307f. (nB/spB Tēmā); aram. *tym'* (KAI 228 u. a); bibl. *têmā'* (HAL, 1589); luw. Taimani in CHLI, 131, Karkamiš A15b, §10 (s. Savaş [1998] 217) ist eher mit nA → Temannu als mit T. in Verbindung zu setzen (gegen MacDonald [1997] 340f.).

Taimā' in Nordarabien. Tiglatpileser III. empfing Tribut von T., war dort aber nicht, da die südlichsten Orte, die er während des Feldzugs gegen Philistia erreichte (Bagg [2011] Karte 4.22), mehr als 500 km von T. entfernt liegen, Eph'al (1984) 90f., Galter (1993) 30, Rosemarin (1932) 37. Die Graphie ^{lú}*te-e-me* in den Sanherib-Texten weicht von der üblichen Schreibung ab, die auch in den nB Quellen zu finden ist. Dass ein anderer ON (Tēme) gemeint ist (Eph'al [1984] 125 Anm. 437), kann nicht ganz ausgeschlossen werden. Die entsprechenden Belege beziehen sich jedoch auf Geschenke aus → Sumu'il und ^{lú}*te-e-me*, die durch das „Wüstentor" in Ninive eintraten, so dass eine Identifizierung mit Taimā' plausibler ist, Potts (1991) 11. Zur Archäologie und Geschichte: Edens/Bowden (1989), Hausleiter (2011), id. (2012). TAVO Karte B IV 13.

***Tēman s. *Temannu**

***Temannu**

N:

^{kur}*te-man-a-a*

3-20) SAA 11, 85, 1 (^{kur}⸢*te-man*⸣-)

^{kur}*te-ma-na-a-a*

1-02) RIMA 2, 99.2, 39 [Ḫanigalbat].

^{kur}*te-man-na-a-a*

1-02) RIMA 2, 99.2, 46 [Ḫanigalbat, Ḫuzīrīna]. 49 [Ḫanigalbat]. 80 [id.]

^{kur}*te-man-na-a-ia*

1-02) RIMA 2, 99.2, 63 [Ḫanigalbat, Naṣībīna]

^{uru}*te-man-a-a*

5-16) BATSH 6, 46, Rs. 5

¶ NAT, 350 (Teman); vgl. RGTC 8, 308 (nB/spB Temmānu); vgl. luw. Taimani (s. Savaş [1998] 217), s. dazu Komm. zu → Tēma.

Aramäsicher Stamm in → Ḫanigalbat, in der Region von → Naṣībīna, südlich des Ṭūr 'Abdīn (→ Kāšiāru), Lipiński (2000) 109–117, RlA 13, 519 (K. Lämmerhirt), Zadok (1996a) 723–725. Falls es eine Stadt T. gab (die Verwendung des Determinativ URU zwingt diesem Fall dazu nicht) könnte sie zwischen Naṣībīna und → Ḫuzīrīna gelegen haben, BATSH 6, S. 80 zu Z. Rs. 5. Vgl. → Kapar-Temanāja, → Temeni. TAVO Karte B IV 10. Gegen Grayson (1982) 354f. nicht mit → Tamnuna zu verwechseln.

Temeni

kur*te-me-ni*

1-07) RIMA 3, 104.2002, 10 [Sirgana, Jaluna]; id. 2003, 4 [Ḫamedê, Jalūna]

¶ NAT, 351.

Wegen der Namensähnlichkeit und der Erwähnung von → Ḫamedê ist T. wahrscheinlich mit → Temmanu gleichzusetzen, Grayson (1982) 355, Lipiński (2000) 116, RlA 13, 519 (K. Lämmerhirt), Zadok (1995a) 249, 4.7.4.1.6.

Ti[...] (?)

uru*ti*-[x x]

9-20) SAA 11, 10, 3' (uru⸢*ti*?⸣-) [Sukur]

¶ Möglicherweise eine Stadt in Zentralassyrien bzw. in einem benachbarten Gebiet.

Tīdu

uru*te-e'-di*

5-20) SAA 7, 23, 9 [erw. zw. Šūdu u. Kaḫat]

uru*ti-di*

4-13) SAA 5, 31, Rs. 2' ([uru]*ti*!-*di*!)

uru*ti-du*

1-06) RIMA 3, 103.1, i, 47 [Kurbail, Nabulu]

uru*ti-i-di*

1-04) RIMA 2, 101.19, 97 [Sinabu]

^{uru}*ti-i-du*
1-04) RIMA 2, 101.19, 92 [*birtu* in Na'iri, Sinabu]

^{uru}*ti-i-te*
3-23) SAA 11, 125, 9' (nach Kessler [1980] 94 möglicherweise hier einzuordnen)

¶ NAT, 350 (Te'di), 351 u. 357 (Tīte).

Festung nördlich des → Kāšiāru-Gebirges (Ṭūr 'Abdīn), heute Kerh/Üçtepe, Kessler (1980) 85–121, Liverani (1992a) 39, Parker (2001) 163 Anm. 746 mit Karte auf S. 164, Radner/Schachner (2001) 754–757. Die Identifizierung von mA Ta'idi mit Tall al-Ḥamīdīya im Ḫābūr-Dreieck schließt eine Gleichstellung mit nA T. aus, s. RlA 13, 415–417 s. v. Ta'idi (A. M. Bagg). Trotzdem könnte sich der Beleg SAA 7, 23, 9 (wie auch ^{uru}*te-di* in Tākultu 8, viii, 38; NAT 350 s. v. Tedi) auf mA Ta'idi beziehen, Postgate (1985) 98. TAVO Karte B IV 10; Helsinki Atlas, 3. 19

Ti'i

^{uru}*ti-'i-i*
5-14) SAA 6, 50, 7 (-⸢*'i*⸣-); id., 51, 2' (-[*i*])

¶ NAT, 351.

Stadt in Zentralassyrien, wahrscheinlich in der Umgebung von → Dūr-Šarrukīn, Zadok [1995a] 258, 4.19.2.2. In einer Rechtsurkunde aus → Ninive, in der neun Personen aus T. zusammen mit Grundstücken und Weingärten gekauft werden, haben drei Zeugen Ämter in → Maganuba.

Til-[...]

^{uru}DU$_6$-^{1}x-x
9-20) SAA 11, 10, 8' (-^{1}⸢x (x)⸣-)

¶ Möglicherweise eine Stadt in Zentralassyrien bzw. in einem benachbarten Gebiet.

***Til-[…]āja**

(N:)
^{uru}DU$_{6}$-[…]-*a-a*
3-20) SAA 11, 163, i, 13 (^{uru}DU$_{6}^{?}$-[x-(x)]-⸢*a-a*⸣) [Āl-sūsāni, Irbû]

¶ Möglicherweise eine Stadt in Zentralassyrien bzw. in einem benachbarten Gebiet.

Til-Adad (?)

^{uru}*til*(BAD)-10 (U)
3-20) SAA 7, 153, Rs. ii, 7 ($^{uru?}$*til*$^{?}$-10$^{!}$) [Ḫarrānu]

¶ Möglicherweise eine Stadt in Zentralassyrien bzw. in einem benachbarten Gebiet (N); vgl. → […]-Adad.

Til-bāri

DU$_{6}$-*a-ba-ri*
1-04) RIMA 2, 101.53, 4 [*ša ellān* Zabban; Zāba šaplû]

DU$_{6}$-*ba-a-ri*
1-04) RIMA 2, 101.56, 11–12 (-[*ba-a-ri*]) [*ša ellān* Zabban; Zāba šaplû]: id., 101.66, 6

^{kur}DU$_{6}$-*ba-ri*
1-03) Ahmad, Qadhiah, Nr. 1, 51, 7 [*ša ellān* Zabban; Zāba šaplû]; id. Nr. 2, 52, 6 [id.]; RIMA 2, 100.6, 7 (erg.); id., 100.1002, 3’ ([^{kur}D]U$_{6}$-)

^{uru}DU$_{6}$-*a-ba-ri*
1-04) RIMA 2, 101.52, 10’ ($^{[uru]}$DU$_{6}$-) [*ša ellān* Zabban; Zāba šaplû]

^{uru}DU$_{6}$-*ba-a-ri*
1-04) Bronze bands, 71, piece 7, 3 (^{uru}[DU$_{6}$]-) [*ša ellān* Zabban]; RIMA 2, 101.1, ii, 130 [*ša ellān* Zabban; Zāba šaplû]. iii, 123 [id.]; id., 101.2, 14 [id.]; id., 101.3, 40 [id.]; id., 101.23, 10 [id.]; id., 101.26, 26 [id.]; id., 101.28, iv, 6 [id.]; id., 101.30, 15 [id.]; id., 101.31, 9 [id.]; id., 101.32, 5 [id.]; id., 101.34, 15 [id.]; id., 101.35, 6 [id.]; id., 101.38, 13 [id.]; id., 101.40, 25 [id.]; id., 101.42, 8 (erg.); id., 101.43, 23’ ([^{uru}D]U$_{6}$-); id., 101.50, 14 [*ša ellān* Zabban; Zāba šaplû]; id., 101.51, 21 [id.]

^{uru}DU$_6$-É-*ba-ri*
1-01) TCS 5, 167, iii, 20 [*ša ellān* Zāba (sic), nach Glassner/Foster (2004) 180 *šá el-la-an* ^{íd}*za-(ban)*]

¶ NAT, 352.

Assyrisch-babylonische Grenzfestung im Osttigrisgebiet, die am → Turnat stromaufwährts nicht weit von → Zabban zu suchen ist, Fuchs (2011) 230 u. 265, Liverani (1992a) 47 mit Anm. 186, RlA 14, 42f. (F. M. Fales). Gegen Speiser (1928) 19 Anm. 36 lag T. weder im gleichen Gebiet wie → Bāra von → Zamua, noch am Oberlauf des Unteren Zab. Die Verfasser der Synchronistischen Geschichte verwechselten die Stadt Zabban mit dem Unteren Zab (→ Zāba šaplû), Fuchs (2011) 264.

Til-Bīt-bāri s. Til-bāri

Til-ḫalulina

^{uru}DU$_6$-*ḫa-lu-li-na*
7-16) SAA 12, 50, 43 (-⸢*ḫa-lu*⸣-)

¶ NAT, 354.

Wahrscheinlich eine Stadt in Zentralassyrien bzw. in einem benachbarten Gebiet, Zadok (1995a) 267, 5.1.2.1.4.

Til-ḫarrapina (?)

^{uru}DU$_6$-*ḫar-ra-pi-na*
7-16) SAA 12, 62, 4 (^{uru}⸢DU$_6^?$-*ḫar-ra-pi*$^?$⸣-*n*[*a*]) [Diati]

¶ NAT, 354 (Til-ḫardušina).

Lage unbekannt. Die Annahme T. lag in → Laḫīru 1, basiert nur auf der Erwähnung von → Diqūqīna im gleichen Text (SAA 12, 62, 9), Zadok [1995a] 226, 1.2.24; s. Komm. → Diati.

Til-ḫauar

^{uru}*til-ḫa-ú-ar*
5-16) SAA 6, 277, 2 (-*a*[*r*]). li. Rd. 2

¶ NAT, 64 (Badḫawar).

Möglicherweise eine Stadt in Zentralassyrien, Zadok (1995a) 266, 5.1.1.7.2.

Til-kišādi

^{uru}DU$_6$-GÚ
3-20) ND 2465, 8 (Iraq 23, pl. 15) [Āl-Ištar, Kapar-šāqî]

¶ NAT, 356 (s. v. Til-Tūri dort ^{uru}DU$_6$-DUR gelesen).

Wahrscheinlich eine Stadt in Zentralassyrien bzw. in einem benachbarten Gebiet, Zadok [1995a] 246, 4.6.5.2.5.

Til-kunāši

^{uru}DU$_6$-ZÍZ.ḪI.A
7-07) SAA 12, 1, 12 [Kapri]

¶ Stadt in der Provinz → Guzāna, Kessler (1980) 214, Zadok (1995a) 232, 3.4.4.7.

Til-kurgarrî

^{uru}DU$_6$-KUR.GAR.RA
5-13) SAA 6, 27, 10' [*ṭēḫi ummu* T.]

¶ NAT, 354 (Til-kurgarri).

Eine Stadt in der Nähe von → Ḫanūri, vielleicht im Ḫābūr-Dreieck (s. Komm. s. v.), Zadok (1995a) 235, 3.6.1.4.1.

Tillê

til-lì-e
3-13) CTN 3, 86, Rs. 7 [Si'immê, Guzāna]

^{uru}DU$_{6}$-*le-e*
1-04) RIMA 2, 101.22, 8' (-*le*$^{!!}$-) [Kaḫat]

^{uru}*til*
4-11) SAA 19, 84, Rs. 4 (^{uru}⸢*til*⸣) [Ḫarrānu, Kubanaše]
5-16) TIM 11, 2, Rs. 17

^{uru}*til-e*
2-09) Canon 766 B2 (^{ur}[^{u}*lil-e*]); id. B10 ([^{uru}*til*]-) [*šaknu*]
2-11) Canon 730 B1; id. B2 ([^{uru}*til*]-)
3-13) ND 2640, Rs. 1 (Iraq 23 pl. 21)
3-20) ND 2728+, 11 (Iraq 23 pl. 24) [Jaḫudê]
4-13) SAA 1, 149, Rs. 1 [Ḫamedê]; SAA 5, 250, 8 [*šaknu*; Si'immê, Guzāna]
4-16) SAA 10, 96, 15 [Isāna, Kullania]
5-13) SAA 6, 31, Rs. 28 [*šaknu*]
5-20) SAA 11, 11, 10' ([^{uru}*til*]-⸢*e*⸣)
7-11) SAA 12, 14, Rs. 11' (-*e*$^{?}$) [*šaknu*]

^{uru}*til-le-e*
2-07) Canon 792 B2; id. B1 ([^{uru}*til*]-); id. B10 ([^{uru}*til*]-*le*-[*e*]) [*šaknu*]
2-09) Canon 766 B1 ($^{[u]ru}$*til*-)
2-13) Canon 709 B4 ([^{uru}*til-le*]-)
4-13) SAA 1, 247, 4' ([^{uru}*ti*]*l*-) [Māt-Rab-Šāqê, Si'immê]; SAA 13, 107, 16
4-15) SAA 13, 90, Rs. 1
7-07) SAA 12, 2, 2'
7-16) SAA 12, 60, 15'
9-16) SAA 11, 1, Rs. 12' [Tamnūnu, Apku]
9-20) SAA 11, 3, ii, 5' [Si'immê, Raṣappa]

^{uru}*til-le-ia*
4-13) SAA 19, 186, 8 [*bēl pīḫati*]

^{uru}*til-lì-e*
3-13) CTN 3, 86, 7

^{kur}*til-le-e*

2-06) Canon 816 B1 (*l*[*e-e*]); id. B4 ([^{kur}*til-le*]-); id. B6 (erg.); B10 ([^{kur}*til-le*]-); Canon 817 B1 ($^{\text{[ku]r}}$*t*[*i*]*l*-[*le-e*]); id. B4 ([^{kur}*til-l*]*e*-); id. B6 (erg.) [*šaknu*]; id. B10 ([^{kur}*til-l*]*e*-) [id.]

N:

^{uru}*til-la-a-a*

3-20) SAA 11, 168, 2 ($^{\text{[uru]}}$*til*-)

¶ NAT, 356; RGTC 5, 261 (mA Tille).

Hauptstadt der gleichnamigen Provinz in Nordmesopotamien, die mit Tall Rumailān bzw. Tall Ǧilāġa identifiziert wird, Kessler (1980) 9–15 mit Karte auf S. 21, Liverani (1992a) 30 u. 57, RlA 11, 53, Nr. 27 (K. Radner), RlA 14, 46f., § 3 (G. van Buylaere), Zadok (1995a) 270, 6.1.1. Vor der Annektierung ist T. als → Tiluli (1) bezeugt, was das Zentrum vom Land → Katmuḫi war. Nach der Eroberung von Katmuḫi wurde dieses Land in die Provinzen → Šaḫuppa und → T. aufgeteilt. TAVO Karte B IV 10 u. 13 (Tall Rumailān); Helsinki Atlas, 4. 27 (Tall Rumailān).

Til-līni

^{uru}DU$_6$-*li-i-ni*

3-13) SAA 11, 203, i, 4 [*qanni* Ḫarrānu]; id. 214, 2' (^{uru}DU$_6$-*l*[*i*$^?$-*i-ni*])

5-17) StAT 3, 54, 4 ($^{\text{[u]ru}}$⸢DU$_6$$^!$⸣-*li*$^!$-*i*-⸢*ni*$^!$⸣)

^{uru}DU$_6$-*li-ni*

3-22) GPA, 222, Rs. 2' (^{uru}DU$_6$-⸢*li*$^{!!}$-*ni*⸣)

¶ NAT, 356 (Til-[…]), 357 (Tillīni).

Stadt im Gebiet von → Ḫarrānu, Zadok (1995a) 272, 7.1.15.

Tillu

^{uru}DU$_6$

1-14) RINAP 3/2, 111.223, 10 [Nampagāte, Ālum-riksi]

¶ NAT, 356 (s. v. Tillê).

Stadt nördlich von → Ninive, die im Zusammenhang mit Sanheribs „Nördlichem Kanalsystem“ stand, und in der ca. 50–60 km von Ninive entfernten Region zu suchen ist, wo sich die Felsreliefs von Faida, Širu Malikta und Maltai befinden, Zadok (1995a) 256, 4.18.19. Basierend auf einer nicht zutreffenden Interpretation der gesamten Textpassage (s. Komm. zu → Ālum-riksi), schlägt Jacobsen vor, die Städte Ālum-riksi, → N., → Tillu und → Ḫadabiti im Gebiet zwischen dem Ğabal Bāšiqā (→ Muṣri 2) und Ninive zu suchen, Jacobsen/Lloyd [1935] 41 mit fig. 9. Hannoon (1986) 228f. schließt sich dieser Interpretation an und schlägt Tepe Ḫetel und Tall Tepe Kimtar, ca. 9 bis 11 km nordöstlich von Ninive als mögliche Kandidaten für zwei der vier genannten Städte vor.

Til-marasiluti

^{uru}*ma-ra-si-lu-ti*

5-14) O 3705, Rs. 12 (unpubl. zit. in PNA 3/II, 1398, s. v. Urdu-Allāia 2)

¶ Vielleicht eine Stadt im Balīḫ-Becken oder am Oberen Ḫābūr, in der Nähe von → Mallanāte.

Til-mašqâti (?)

^{uru}DU$_6$-*maš-qat*(-)[x x]

5-23) ZTT 16, 2 ($^{[u]ru}$DU$_6$-*maš-q*[*at*$^?$ x x]; Lesung unsicher)

¶ Wahrscheinlich eine Stadt in der Umgebung von → Tušḫan.

Tilmun

til-mun^{ki}

1-13) Sg Clh D, vii, 20 (erg.) [*šarru*]; SgF XIV, 20 [id.]. 26 ([*til*]-); SgF Prunk, 144 [*šarru*]; SgF S4, 55 [id.]; SgF Stier, 34 [id.]; Sg Tang, 27 (-⸢*mun*⸣^{ki}); Sg Wi, 174ff., 423 [*šarru*]

NI.TUK^{ki}

1-13) IM 72131, 16; SgF Ann, 383 (⸢NI$^!$⸣.TUK$^{![ki]}$) [*šarru*]; id. 391 [*šarru; ša qabal tâmtim*]; SgF Prunk, 22; id. 144 (Var.) [*šarru*]; SgF S1, 19; id. S2, 15; id. S3, 19; S4, 86; id. S5, 26; SgF Stier, 34 (Var.) [*šarru*]; Sg Tang, 35 (NI.⸢TUK⸣^{ki})

1-14) RINAP 3/2, 111.168, 39

1-15) RINAP 4, 112.60, 5' (⸢NI.TUK^{ki}⸣) [*šarru*]; id., 112.48, 28
1-16) Asb IT, 136 [*qablat tâmtim*; Ḫazmāni]; RIMB 2, B.6.19, 9 [*ša qabal tâmtim*]
4-16) AAA 20, pl. c, 106, 1 (erg.); id. Rs. 24
9-16) SAA 11, 1, i, 11 [Eridu, Kissik]

^{kur}NI.TUK^{ki}
1-16) Rm 283, 12' (LoBl, 93); Asb IT, 129 (^{kur}NI.[TUK^{ki}]) [*šarru*]

N:
NI.TUK^{ki}-*a-a*
1-14) RINAP 3/2, 111.168, 40

¶ NAT, 103 (Dilmun); RGTC 1, 157f. (präsarg./sarg. Tilmun); RGTC 2, 193 (Ur III Tilmun); RGTC 3, 237f. (aB Tilmun); RGTC 5, 261 (mA/mB Tilmun); RGTC 8, 311f. (nB/spB Tilmun); RGTC 11, 380 (elam. Tilmun); klass. Tylos (TAVO Karte B V 3, Barrington Atlas 95, C3).

Die Insel Baḥrain am Arabischen Golf, Alster (1983) 39–52, Maniori (2014) 128, OEANE 2, 162f. (D. T. Potts), Potts (1990) 85–86 u. 333–348, RlA 14, 50–54 (G. Marchesi [philologisch], D. T. Potts [archäologisch]). Ob T. im 1. Jt. wie in früheren Perioden auch Gebiete auf dem Festland umfaßte, ist unbekannt. Nach den Inschriften Sargons lag T. in einer Entfernung von 30 Doppelstunden mitten im Meer von Sonnenaufgang (30 *bēru ina qabal tâmtim nipiḫ Šamši*, SgF Prunk, 144f. et passim). Auf der Insel Failaka, die auch als Kandidat für T. in Erwägung gezogen wird (s. RGCT-Bände s. v.), ist bislang hauptsächlich für das 2. Jt. der Einfluß von T. nachweisbar, OEANE 2, loc. cit., OEANE 2, 297f. (T. Howard-Carter), Potts (1990) 261–297. Zur Archäologie: Potts (1990) 315–329. Übersicht über die keilschriftlichen Quellen: Kessler (1983). TAVO Karte B IV 11 (auf dem Festland, gegenüber und nördlich von Baḥrain; nur für das späte 4. und frühe 3. Jt. archäologisch nachweisbar!, s. OEANE 2, loc. cit) u. id. B IV 13 (Baḥrain); Helsinki Atlas, 17 (Failaka!)

Til-naḫīri

^{uru}DU$_6$-*na-ḫi-ri*
5-16) SAA 6, 315, 3' (-*ḫ*[*i-ri*]); id., 316, 5 (-⸢*ri*⸣)

¶ NAT, 354; vgl. RGTC 4, 86 (aA Naḫur), RGTC 5, 201 (mA Naḫur). Eine etymologische Verbindung mit nA PN Nāḫiru, PNA 2/II, 922 ist unwahrscheinlich.

Vielleicht eine Ortschaft im Ḫābūr-Gebiet falls identisch mit aA und mA Naḫur (RGTC 4, 86 u. RGTC 5, 201), Lewy (1952b) 284, Zadok (1989) 169, id. (1995a) 235, 3.6.1.1. Ein vorgeschlagener Kandidat für Naḫur ist Tall Ḥamdūn in der Nähe von ʻĀmūdā, RGTC 4, loc. cit. Lewy (1952b) 281–284 schlägt dagegen Tell al-Menāḫer, etwa 20 km nordöstlich von der Mündung des → Balīḫ vor. S. Komm. zu → Naḫu/Naḫur (?).

***Til-Ninurta**

N:
^{uru}DU$_6$-^{d}MAŠ-*a-a*
5-11) SAA 6, 1, Rs. 15 (^{uru}DU$_6^{!}$-) [Ālu-ša-rēšāni]

¶ NAT, 354.

Stadt in Zentralassyrien, deren genaue Lage unbekannt ist. Da das Dokument zu den Personenkaufurkunden des Mušallim-Issar (PNA 2/II, 775, s. v. Nr. 6) gehört und in die Regierungszeit des Tiglatpilesers III. datiert (742), könnte T., woher acht Zeugen stammen, in der Region von → Kalḫu gelegen haben, obwohl der Text selbst aus → Ninive stammt, Zadok [1995a] 248, 4.7.2.1. Als Herkunftsort der Zeugen Aššur-šallim-aḫḫē (PNA 1/I, 216, s. v. Nr. 3), Naṣî (PNA 2/II, 933), Sîn-iddina (PNA 3/I, 1134, s. v. Nr. 1) und Siparrānu (PNA 3/I, 1151, s. v. Nr. 2) wird in PNA irrtümlicherweise Kalḫu satt T. angegeben.

Til-paḫḫāri

URU.ŠE-DU$_6$-^{lú}BÁḪAR
5-10/11) Edubba 10, 33, Rs. 32 (= BaM 24, Nr.18) (-^{lú}BAḪ[AR]) [Kapar-Bāni-aḫḫē, Nura(...)]

¶ Wahrscheinlich eine Stadt in Zentralassyrien, vermutlich in der Nähe von → Kalḫu, Zadok (1995a) 259, 4.28.8; s. Komm. zu → Azubiti. Vgl. → Āl-pahhārāni.

Til-rā[...]

^{uru}DU$_6$-*ra-a*-[...]
7-16) SAA 12, 27, 33 [Kurru(...), Anditâ]

¶ NAT, 355.

Lage unbekannt. Falls eine Verbindung mit → Kurru[…] besteht und der letztgenannte Ortsname als Kurruḫanni zu verstehen ist, könnte es sich um eine Stadt im Land → Arrapḫa handeln, Zadok (1995a) 227, 1.3.9.3. Vgl. →^{3} Til-raqu, u. ferner →Til-raḫajāte u. →Til-raḫaua.

Til-raḫajāte

^{uru}*til-ra-ḫa-ia-te*
5-15) SAA 6, 245, 6 [Qubbāte, Bīt-Ramannu]

¶ NAT, 71 (Batraḫajate) u. 72 (Beraḫajate). Die Lesung Be-raḫajāte kann nicht ganz ausgeschlossen werden.

Stadt in der östlichen Ǧazīra, in der Nähe von → Qubbāte, Zadok (1995a) 238, 3.8.9.

Til-raḫaua

^{uru}DU$_6$-*ra-ḫa-ú-a*
3-20) SAA 7, 30, Rs. iii, 6’ (*ḫa*$^{!}$-⌜*ú*$^{?}$⌝-)

¶ NAT, 354 (Til-raḫāwa).

Möglicherweise eine Stadt in Zentralassyrien bzw. in einem benachbarten Gebiet. Für eine vermutete Lage am oberen Ḫābūr- oder im Balīḫ-Gebiet gibt Zadok (1995a) 233, 3.5.2 keine Begründung.

Til-saḫiḫâ (?)

^{uru}*til-sa-ḫi-ḫa-a*
5-24) TH 105, 4

¶ Eine Lesung ^{uru}*be-sa-ḫi-ḫa-a* (bzw. ^{uru}*bat-sa-ḫi-ḫa-a*) kann nicht ausgeschlossen werden, Zadok (1976b) 309 mit Anm. 9–10.

Stadt wahrscheinlich in der Umgebung von → Guzāna, Zadok (1995a) 233, 3.4.6.1.

Til-sūti (?)

^{uru}*til-su-ú-ti*
5-19/24) TH 102, 3 (-[*s*]*u*$^{?}$-)

¶ NAT, 72 (Bezūti); eine Lesung ^{uru}*be-su/zu-ú-ti* ist nicht ausgeschlossen.

Wahrscheinlich eine Stadt in der Umgebung von → Guzāna, Zadok (1995a) 233, 3.4.6.2.

Til-ša-Abtāni

DU$_6$-*šá-ab-ta-a-ni*
1-04) RIMA 2, 101.56, 12 (-[*šá-a*]*b-*⸢*ta-a*⸣-) [Zabban, Til-ša-Zabdāni]

DU$_6$-*šá-*^{1}*a-ba-ta-a-ni*
1-04) RIMA 2, 101.53, 5 [Zabban, Til-ša-Zabdāni]

DU$_6$-*šá-*^{1}*ab-ta-ni*
1-04) Bronze bands, 70, piece 5, 3 [Til-ša-Zabdāni]

DU$_6$-*šá-*^{1}*ba-ta-a-ni*
1-02) TCS 5, 167, iii, 21 [Zabban, Til-ša-Zabdāni]

^{uru}DU$_6$-*šá-ab-ta-a-ni*
1-04) RIMA 2, 101.2, 15 [Zabban, Til-ša-Zabdāni]; id.,101.23, 10 [id.]; id., 101.28, iv, 7 [id.]; id., 101.30, 16 [id.]; id., 101.35, 6 [id.]

^{uru}DU$_6$-*šá-ab-ta-ni*
1-04) NABU 2009, 98,5 ([^{uru}DU$_6$-*šá-ab-ta-n*]*i*) [Til-ša-Zabdāni]; RIMA 2, 101.1, ii, 130 [Zabban, Til-ša-Zabdāni]. iii, 123f. [id.]; id., 101.3, 41 [id.]; id., 101.26, 27 [id.]; id., 101.31, 9 [id.]; id., 101.32, 5 [id.]; id., 101.34, 16–17 [id.]; id., 101.38, 14 [id.]; id., 101.42, 9 (-[*šá-ab-ta-ni*]) [id.]; id., 101.50, 15 [id.]; id., 101.66, 8 (^{uru}D[U$_6$-*šá-ab-ta-ni*]) [Til-ša-Zabdāni]

^{uru}DU$_6$-*šá-*^{1}*a-ba-ta-ni*
1-04) RIMA 2, 101.52, 11’ ([^{uru}DU$_6$-*šá*]-) [Zabban, Til-ša-Zabdāni]

^{uru}DU$_6$-*šá-*^{1}*ab-ta-a-ni*
1-04) RIMA 2, 101.40, 26 (-*š*[*á*]-) [Zabban, Til-ša-Zabdāni]; id., 101.51, 22 [id.]

¶ NAT, 355; vgl. sarg. *ap-tá-ni*^{ki} bzw. *pa-tá-ni*^{ki} (in Texten aus Tall as-Sulaima, s. Zadok [1991b] 43).

Assyrischer Stützpunkt im Osttigrisgebiet, Fuchs (2011) 230 u. 265, Liverani (1992a) 120. Nach Zadok loc. cit. wäre T. von präsarg. Aptani/Patani nicht zu trennen, so dass T. mit Tall as-Sulaima, wenige Kilometer vom südlichen Ufer des Diyālā (→ Turnat) entfernt und nicht weit von Tall Ḥaddād (→ Mê-Turnat), das an der nördlichen Uferseite liegt, zu identifizieren wäre. Ob T. identisch mit → Padnu ist, und folglich eher diese Stadt mit Tall as-Sulaima zu identifizieren ist, bleibt offen. Helsinki Atlas, 10 (Tall as-Sulaima).

Til-ša-turāḫi

^{uru}DU$_6$-*ša-tur-a-ḫi*
1-05) RIMA 3, 102.2, ii, 80 [Saḫlalu]

^{uru}DU$_6$-*tur-a-ḫi*
1-05) RIMA 3, 102.6, ii, 22 [*bēl āli*; Balīḫu]; id., 102.8, 13' [id.]; id., 102.10, ii, 15 [id.]; id., 102.14, 56 [id.]; id., 102.16, 29 [id.]
1-20) Qaruz, 10. 18 (^{uru}DU$_6$-[...]; Zugehörigkeit hier wahrscheinlich, jedoch nicht sicher) [Ḫarrānu, Saḫlala]

¶ NAT, 355 (Til-tūraḫi); vgl. bibl. PN *teraḥ* (HAL, 1649), ABD 6, 388 (mit Lit.). Alternativ kann der ON als Til-ša-<1>Turāḫi interpretiert werden.

Stadt im Balīh-Becken, Lipiński (2000) 12f., Yamada (2000) 151f. mit Anm. 252 und Karte 4 auf S. 409, Zadok (1995a) 273, 7.1.7.5. Ein plausibler Kandidat wäre Qara Tcheraf, ca. 11 km südwestlich von Tall Saḫlān (→ Saḫlalu), Frayne (2001) 229 mit Karte aud S. 230. T. war eine der „Städte des Gē-ammu am Balīḫ" (RIMA 3, 102.2, ii, 79), die von Salmanassar III. 853 erobert wurden. TAVO Karte B IV 10 (Orte des Gē-ammu).

Til-ša-Zabdāni

DU$_6$-*šá-za-ab-da-a-ni*
1-04) RIMA 2, 101.53, 5 [Zabban, Til-ša-Abtāni]; Bronze bands, 70, piece 5, 3 ([DU$_6$-*šá-za-ab*]-) [Til-ša-Abtāni]

DU$_6$-*šá-za-ab-da-ni*
1-04) RIMA 2, 101.52, 11' (-⸢*ab*⸣-[*da-ni*]) [Zabban, Til-ša-Abtāni]; id., 101.56, 12 ([DU$_6$-*šá-za-ab-da*]-; Schreibung ohne Determinativ möglich, da auch der darauf folgende ON Til-ša-Abtāni ohne Determinativ geschrieben wird.) [id.]

DU$_6$-*šá*-^{uru}*zab-da-a-ni*
1-02) TCS 5, 167, iii, 21 (<DU$_6$>-) [Zabban, Til-ša-Abtāni]

^{uru}DU$_6$-*ša*-^{1}*za-ab-da-ni*
1-04) RIMA 2, 101.50, 16 [Zabban, Til-ša-Abtāni]

^{uru}DU$_6$-*šá-za-ab-da-a-ni*
1-04) RIMA 2, 101.3, 42 [Zabban, Til-ša-Abtāni]; id., 101.23, 10 [id.]; id., 101.66, 8 ([^{uru}DU$_6$-*šá-za-ab-da*]-⸢*a*⸣-) [id.]

^{uru}DU$_6$-*šá-za-ab-da-ni*
1-04) NABU 2009, 98,5 (-[*ab-da-ni*]) [Til-ša-Abtāni]; RIMA 2, 101.1, ii, 130 [Zabban, Til-ša-Abtāni]. 123 [id.]; id., 101.2, 14 [id.]; id., 101.28, iv, 7 (-<*ni*>) [id.]; id., 101.30, 16 [id.]; id., 101.30, 17 [id.]; id., 101.32, 5 (-⸢*za*⸣-) [id.]; id., 101.34, 17 [id.]; id., 101.35, 6 [id.]; id., 101.50, 16 (Var.) [id.]; Schøyen 70, 2' ([^{uru}DU$_6$-*šá-za-ab-d*]*a*-)

^{uru}DU$_6$-*šá*-^{1}*za-ab-da-a-ni*
1-04) RIMA 2, 101.1, ii, 130 (Var.) [Zabban, Til-ša-Abtāni]; id., 101.38, 15 [id.]; id., 101.43, 24' ([^{uru}DU$_6$-*šá*-^{1}]*za*-); id., 101.51, 22 [Zabban, Til-ša-Abtāni]

^{uru}DU$_6$-*šá*-^{1}*za-ab-da-ni*
1-04) RIMA 2, 101.26, 27 [Zabban, Til-ša-Abtāni]; id., 101.38, 14 [id.]; id., 101.40, 26 [id.]

^{uru}DU$_6$-*šá*-^{uru}*za-ab-da-a-ni*
1-04) RIMA 2, 101.64, 3' ($^{\text{[uru]}}$DU$_6$-*šá*-^{uru}*za-a*[*b-da-a-ni*])

^{uru}DU$_6$-*šá-zab-da-a-ni*
1-04) RIMA 2, 101.42, 9 (^{uru}⸢DU$_6$-*šá-zab*⸣-[*da*]-⸢*a-ni*⸣) [Zabban, Til-ša-Abtāni]

^{uru}DU$_6$-*za-ab-da- ni*
1-04) RIMA 2, 101.31, 10 [Zabban, Til-ša-Abtāni]

¶ NAT, 355; vgl. RGTC 8, 332 (nB/spB Zabdānu); nA PN Zabdānu, PNA 3/II, 1428.

Assyrischer Stützpunkt im Osttigrisgebiet, Fuchs (2011) 230 u. 265, Liverani (1992a) 120.

Tiluli 1 = Til-u[...] RGTC 7/1, 258

Tiluli 2

uruDU6-*ú-li*
1-04) RIMA 2, 101.1, ii, 87 (Katmuḫi)

uru*ti-lu-li*
1-04) RIMA 2, 101.19, 35. 37 (Katmuḫi); id., 101.17, iv, 1 (id.)
3-20) SAA 7, 10, ii, 2 (-[*li*?])

¶ NAT, 357.

Hauptzentrum von → Katmuḫi, später als → Tillê bezeugt (s. Komm. dort), Lipiński (1999) 117, Liverani (1992a) 57, RlA 14, 46, §2 (G. van Buylaere).

***Tiluli 3**

¶ aram. *tll* (*btll zy qpn*, Lipiński [1999] 116, Vs. 3).

Stadt in → Qipāni, bezeugt in einem aramäischen Dokument aus der Ḥarrān-Region (7. Jh.). Lipiński [1999] 117 schlägt als möglicher Kandidat, Viranşehir (klass. Antoninoupolis [TAVO Karte B V 12], Constantia [TAVO Karte B VI 1], syr. Tella) ca. 75 km nordöstlich von Ḥarrān vor. Ob sich Qipāni so weit nach Osten erstreckte, ist unsicher. T. könnte identisch mit → Til-ulina sein, Zadok (1995a) 273, 7.1.3.2.1.

Til-ulina

uruDU6-*ú-li-na*
3-13) KAV 31, Rs. 18 [*sūsānu*]

¶ NAT, 356.

Lage unbekannt, könnte mit → Tiluli 2 oder Tiluli 3 identisch sein, s. aber Zadok (1985c) 113. Nach Zadok (1995a) 239, 3.9.8.14 vielleicht in der Ǧazīra.

Til-zae

^{uru}*til-za-e*
5-20) StAT 2, 313, 3 [Libbi-āli]

¶ Möglicherweise eine Stadt in Zentralassyrien bzw. in einem benachbarten Gebiet (A).

Til-zanî

^{uru}DU$_6$-*za-ni-i*
7-16) SAA 12, 50, 29 [Barzaništun, Apsia]

¶ NAT, 356.

Stadt in → Izalla, Falkner (1957-58) 15, Zadok (1995a) 271, 6.3.8 (Til-ḫanî); s. aber Kessler (1980) 47 Anm. 205. Forrer (1920) 22 schlug vor, T. mit Zani, 13 km nördlich von Mardin zu identifizieren.

***Timbu'nu**

N:
^{uru}*tim-bu-u'-na-a-a*
3-15/16) SAA 11, 222, u. Rd. 14'

¶ NAT, 27 (s. v. Arbunâ) u. 368 (Uppu'na)

Möglicherweise eine Stadt in Zentralassyrien bzw. in einem benachbarten Gebiet.

Tīna (??)

^{uru}*ti-i-na*
3-20) SAA 12, 59, 8' ([^{uru}*t*]*i-i-na*$^!$) [Abattê]

¶ Möglicherweise eine Stadt in Zentralassyrien bzw. in einem benachbarten Gebiet.

Tinunî

^{uru}*ti-nu-ni-i*
3-13) SAA 11, 205, i, 5’ [Kapar-Ḫamû *qanni* T.]

¶ NAT, 357.

Stadt im Balīḫ-Becken.

Tirḫim

^{uru}*tir-ḫi-im*
1-11) Tigl Ann 20, 2’ (erg.); id. Summ 9, 15’ [Tašlian, Sinia]

¶ NAT, 357.

Stadt in der „Provinz des Mundschenks“ (→ Māt-Rab-šāqê).

Tu[…] 1

^{uru}*tu*-x [x x]
5-12) SAA 6, 24, 5 (^{uru}*tu*$^{!}$-) [*ṭēḫi umme ša* T.]

¶ Möglicherweise eine Stadt in Zentralassyrien bzw. in einem benachbarten Gebiet, Zadok (1995a) 267, 5.1.1.8.2.1. Ein Grundstück in →^{fr} ^{uru}[…] 59 grenzt an die *Seitennstraße* zu T.

Tu[…] 2

^{uru}*tu*-[x x x]
7-17) SAA 12, 37, Rs. 5 [Bu(…), Kapar-(…)]

¶ Möglicherweise eine Stadt in Zentralassyrien bzw. in einem benachbarten Gebiet.

Tu’e

^{uru}*tu-a*
5-16) StAT 2, 167, 10 (diese Graphie ist auch im Ritualtext 3R 66, viii, 13’ – s. Menzel [1981b] T 121 – belegt)

^{uru}*tu-e*

5-16) BM 139525, Rs. 4 (unpubl. erw. in PNA 2/I, 523, s. v. Il-pādi 5; mögliche Graphie nach dem Ritualtext PKTA 10f., Rs. 15; s. Menzel [1981b] T 112)

¶ NAT, 357 (Tua).

Wichtiges Kultzentrum in Zentralassyrien, denen Lage unbekannt ist, Menzel [1981a] 127 mit Anm. 1725 u. 1728. Für eine Lage in der Nähe von → Arbail (Zadok [1995a] 246, 4.6.3.2) gibt es keine Anhaltspunkte.

Tu'i[...]

^{uru}*tú-'i*-[x]

3-20) ND 2728+, 1 (Iraq 23 pl. 24) (⸢^{uru}*tú-'i*⸣-[x]) [*ša qanni* Arbail; Kulmūa, Ramatba]

¶ Eine von acht (der Text hat aber sieben als Gesamtzahl) Städten in der Umgebung von → Arbail, Hannoon (1986) 316–318. Dieser Beleg wurde irrtümlicherweise in RGTC 7/1, 259 s. v. Tu'immu eingetragen.

***Tumurru**

^{uru}*tu-mur-ra*

1-14) RINAP 3/2, 111.222, 12 [Šarum, Ezāma]

^{uru}*tu-mur-ri*

1-14) RINAP 3/1, 111.16, iv, 71 [Šarum, Ezāma]; id., 111.17, iv, 18 [id.]; id., 111.22, iii, 75 [id.]; id., 111.23, iii, 66 [id.]

N:

^{uru}*tu-mur-ra-a-a*

1-14) **RINAP 3/1**, 111.26, i, 14' ([^{uru}*tu-mur-ra-a*]-⸢*a*⸣) [*amēlū* T. *āšibūt* Nipur]; id., 111.34,16 [id.]; **RINAP 3/2**, 111.42, 11 (erg.); id., 111.44, 22 [*amēlū* T. *āšibūt* Nipur]; id., 111.46, 38 [*amēlū* T. *ša kīma qinni erî ṣēr zuqti* Nipur]; id., 111.143, Vs. i, 2' (erg.)

¶ NAT, 359.

Stadt im Berg → Nipur (Cudi Dağı), an der Grenze des Landes → Katmuḫi, Zadok (2000a) 11f.

Tupḫa

^{uru}*tup-ḫa*
3-20) SAA 11, 11, 9' ($^{[uru]}$*tup-*) [Nēmed-Ištar, Tillê]

¶ Vgl. RGTC 3, 239 (aB Tupḫam).

Wahrscheinlich eine Stadt in Zentralassyrien; vgl. aber mit der Schreibung ^{uru}*tup-ḫa-an* (SAA 7, 23, 12) angeblich für → Tušḫan.

Tur[...] 1

^{uru}*tur-*[...]
5-23) SAA 14, 460, u. Rd. 12'

¶ Wahrscheinlich eine Stadt unweit von → Ninive, Zadok (1995a) 254, 4.13.2.2.3.2. T. wird in einer Urkunde aus Ninive u. a. mit einem weiteren Grundstück in dieser Stadt, das an die „Straße von Āl-Adad-[...] 1" angrenzt, erwähnt; vgl. → Tur[...] 2.

Tur[...] 2

^{uru}*tur-*x(-)[...]
3-05) Billa 75, 9' [Karuḫa, Me(...)]

¶ Stadt, die in den Texten aus Tall Billā (→ Šibaniba) erwähnt wird und vermutlich in ihrer Umgebung lag, Zadok (1995a) 256, 4.17.1.38.6; vgl. → Tur[...] 1.

Turḫu

^{uru}*tu-ur-ḫu*
1-02) RIMA 2, 99.2, 35 [Arinu, Zaduri]

¶ NAT, 360; vgl. RGTC 6/1, 442 (heth. Turḫa).

Stadt an der nordwestlichen Grenze von Zentralassyrien, die zusammen mit → Arinu und → Zaduri an den von Adad-nērārī II. zurückeroberten Städten gezählt wird, die vor seiner Zeit in die Hände von → Šubria gefallen waren.

Turmuna

^{uru}*tur-mu-na*
4-11) SAA 19, 21, 3

¶ Vermutlich eine Stadt in Zentralassyrien bzw. in einem benachbarten Gebiet (K).

***Turnû**

N:
^{uru}*tur-nu-u-a-a*
5-20) StAT 3, 4, Rs. 42 (-⌜*a*⌝-)

¶ Möglicherweise eine Stadt in Zentralassyrien bzw. in einem benachbarten Gebiet (A).

Tursana

^{uru}*tu-ur-sa-na*
5-15) SAA 6, 188, 4 (-*s*[*a-na*]) [Tarqana]. Rs. 10 [*ḫazannu*]

¶ NAT, 360; RGTC 5, 266 (mA Turšan) mit Deller/Postgate (1985) 75; RGTC 10, 305–309 (Nuzi Turša).

Stadt im Osttigrisgebiet, an dem südlichen Ufer des Unteren Zab (→Zāba šaplû) im Gebiet von → Arrapḫa, nach einem Vorschlag von Fadhil (1983) 193–250 (bes. 208) mit Tall Māḫūz (Stepniowski [2011] 337) zu identifizieren, Zadok (1995a) 226, 1.3.6. TAVO Karte B IV 13; Helsinki Atlas, 10. 30.

Tušḫan

tuš-ḫa-an
2-13) Eponym 707 A9
3-11/13) ND 2785, 15 (Iraq 23, pl. 27) [Ḫabruri]
5-19) CTN 3, 44, Rs. 8 [*šaknu*]

^{kur}*tuš-ḫa-an*
2-09) Canon 764 B1; id., B2

uru*tu-uš-ḫa*
1-04) RIMA 2, 101.1, ii, 2 [Nirbu]. 3. 6 [Na'iri]. 8 [Šubria]. 12 [Bīt-Zamāni]. 102 [It. von Madara, nach Pitura]. 118 [Na'iri]; id., 101.17, ii, 6 (2x) [Nirbu]. 19 [Na'iri]. 25 [Šubria]. 37 [Bīt-Zamāni]; id., 101.17, iv, 52. [It. von Madara, nach Pitura]. 53. 56. 61. 108 (uru⌈*tu-uš*⌉-); id., 101.19, 67 (2x) [It. von Madara, nach Pitura]. 68 [Nirdun]. 85

uru*tu-uš-ḫa-an*
1-04) Andrae Stelen Nr. 99, 4 (SAAS 2, 97 [867]) (-*ha*?-); RIMA 2, 101.1, ii, 103

uru*tu-uš-ḫi*
1-04) RIMA 2, 101.19, 70

uru*tú-uš-ḫa*
1-04) RIMA 2, 101.19, 97 [Damdammusu, Sinabu]

uru*tú-uš-ḫi*
5-15/16) SAA 6, 340, Rs. 6'

uru*tup-ḫa-an*
3-20) SAA 7, 23, 12 [Kaḫat, Sunê]

uru*tuš-ḫa-an*
1-04) RIMA 2, 101.1, ii, 100 [It. von Madara, nach Pitura]. 101
1-11) Tigl Ann, 19, 12 (-[*ḫa-an*]) [*pīḫatu*]
2-07) Canon 794 B1([uru*tu*]*š*-); id., B2
2-11) Canon 728 B1 (uru*tu*[*š-ḫa-an*]); id. B2 ([uru*tuš-ḫ*]*a*-)
2-13) Canon 707 B4 ([uru*tuš-ḫa*]-); id., B6 [*šaknu*]
3-16) SAA 7, 3, ii, 1' (uru!*t*[*uš-ḫa*-]) [*bēl pīḫati*]
3-20) SAA 7, 116, Rs. 2' ([uru*tu*]*š*-)
3-23) SAA 7, 136, Rs. i, 6' [*bēl pīḫati*]
5-19) Rfdn 17, 3, Rs. 15 (u[ru?*tuš-ḫa-an*?]) [*šaknu*]
7-19) SAA 12, 96, u. Rd. 25 [*šaknu*]
9-16) SAA 11, 1, Rs. ii, 15' [erw. zw. Šūdu u. Guzāna]

uru*tuš-ḫa-na*
2-07) Canon 794 B10 ([uru*tuš*]-*ḫa*-[*n*]*a*)

¶ NAT, 221 (Ku[...]) u. NAT, 360 (Tupḫan u. Tušḫan). Der Eintrag mA Tušḫan in RGTC 5, 266 ist zu streichen (der Beleg ist nA).

Tušḫan

Stadt und Statthaltersitz der gleichnamigen Provinz im Gebiet am Oberen Tigris, heute Ziyaret Tepe (auch als Tepe bekannt), Kessler (1980) 117–119, Liverani (1992a) 38f., RlA 11, 53, Nr. 28 [K. Radner], Radner und Schachner (2001), Roaf (2002) 49–51, Parker (1998), id. (2001) 188f. Zu den Texten aus T. s. Parpola (2002). TAVO Karte B IV 10 u. 13; Helsinki Atlas, 3. 19.

Ṭ

Ṭaban 1

^{uru}*ṭa-ban*

2-05) TCS 5, 167, iii, 29 ($^{[uru]}$*ṭa-*) [Karduniaš]

¶ NAT, 96 (Daban); vgl. RGTC 1, 230 (sarg. Ṭāban/Daban).

Stadt im Osttigrisgebiet, möglicherweise im Gebiet des gleichnamigen Flusses (→ Ṭaban 2), RlA 2, 96 (E. Ebeling). Nach Fuchs (2011) 233 (mit Anm. 21 u. ferner 266f.) sei Ṭ. ein alternativer Name von → Dūr-Papsukkal.

Ṭābēte

^{uru}DÙG.GA-*e-te*

1-03) RIMA 2, 100.5, 114 (erg.) [It. von Gurēte, nach Kaḫat]. 115 [id.]

5-23) SAA 14, 272, 2' ([^{uru}DÙG.G]A$^{!}$-) [Kapri-Birtāja]

^{uru}DÙG.GA-*ta-ia*

4-13) SAA 1, 221, 14 ($^{uru!}$DÙG-⌜GA$^{!}$-*ta*$^{!}$⌝-*ia*$^{!}$) [Zuordnung hier nach SAA 1, S. 239 möglich; vgl. mA Schreibungen. Zadok (1995a) 259, 4.24.1 liest dagegen Ṭābatāja und betrachtet den ON als eine Stadt in der Nähe von → Apku]

^{uru}*ṭa-bé-te*

1-02) RIMA 2, 99.2,106 (2x) [It. von Arnabāni, nach Šadikanni]

¶ NAT, 361 (Ṭabēte); RGTC 3, 243 (aB Ṭabatum); RGTC 5, 267 (mA Ṭāb[ā]tāju) mit weiteren Belegen in RlA 13, 393 (mA Ṭābētu); wahrscheinlich klass. Thebeta, das auch mit → Tabite (Oates [1985] 170f., Sachau [1897] 43; TAVO Karte B V 8) in Verbindung stehen könnte. TAVO Karte B IV 10 u. 13; Helsinki Atlas, 3. 26. 27.

Stadt am mittleren → Ḫābūr, heute Tall Ṭābān, RlA 13, 393f. (A. M. Bagg), Zadok (1995a) 231, 3.3.1.

Ṭābatāja s. Ṭābēte

Ṭuajabi

uru*ṭu-a-a-bi*

3-20) SAA 7, 30, Rs. iii, 3’ (uru!*ṭu*!-)

¶ Möglicherweise eine Stadt in Zentralassyrien bzw. in einem benachbarten Gebiet, Zadok (1995a) 268, 5.1.2.11.6.

Ṭuḫuna (?)

uru*ṭu-ḫu-na*

3-13) KAV 131, 2’ ([ur]u*ṭu-*) [(...)dudi]

¶ NAT, 361. Eine Lesung [urux?]-x-*ṭu-ḫu-na* ist nicht ausgeschlossen.

Lage unbekannt, nach Zadok (1995a) 239, 3.9.8.2 vielleicht in der Ǧazīra.

Ṭunibuni

kur*ṭu-bu-ni*

1-05) RIMA 3, 102.10, iii, 29 [*nērebu ša* Ṭ.; Na’iri, Diglat]

kur*ṭu-ni-bu-ni*

1-05) RIMA 3, 102.6, iii, 38 [*nērebu ša* Ṭ.; Na’iri, Diglat]; id. 102.8, 49’ [id.]

¶ NAT, 362; vgl. RGTC 5, 265 (mA Tunube).

Gebirge in Nordmesopotamien, Russell (1984) 179f. Der „Pass von Ṭ.“ wird mit dem Gebirgsdurchbruch zwischen Lice und Genç identifiziert, Radner (2009) 200. S. →[3] Danibani.

U

U[…]

^{kur}*ú*-[…]

1-11) RINAP 1, 108.36, 8’ [Lusia]

¶ Wahrscheinlich ein Land am Oberen Tigris, das zusammen mit → Lusia erwähnt wird.

U[…]āja

^{uru}*ú*-x-[x-x]-*a-a*

4-13) SAA 19, 168, Rs. 15 [Kapar-(…)āja]

¶ Vermutlich eine Stadt in Zentralassyrien bzw. in einem benachbarten Gebiet (K).

Uallia

^{uru}*ú-al-li-a*

1-11) Tigl Summ 1, 32 [Tasu, Purattu]; id. 9, 20’ [Arānu, Tasu; *ša* Bāzi 1]

¶ NAT, 362; vgl., jedoch nicht identisch (gegen Astour [1987] 5) mit LSG 34 *ù-wa-al* (Frayne [1992] 56f.), RGTC 1, 20 (präsarg Awal) u. RGTC 3, 27 (aB Awal).

Stadt in → Bāzi 1.

Uaštal

^{uru}*ú-áš-ta-al*

1-05) RIMA 3, 102.2, ii, 45 [*āl dannūti*; Suḫnu]

¶ NAT, 363 (Uaštal).

Befestigte Stadt in → Suḫnu.

Ubasê

^{uru}*ú-ba-se-e*

3-07) CTN 3, 141, 8 (-[*b*]*a*-). Rs. 13

4-13) SAA 1, 54, 5; id. 144, Rs. 7'

5-20) SAA 14, 397, Rs. 12' (-⸢*ba*?⸣-*se*?-[*e*])

9-16) SAA 11, 1, Rs. ii, 6' [erw. zw. Šišil u. Ekallāte]

^{uru}*ú-ba-si*

3-20) VAT 20401, 7 bzw. 8 (-⸢*ba*⸣-) (unpubl. erw. in PNA 3/II, 1250 s. v. Šarru-mutaqqin)

N:

^{uru}*ub-si-a-a*

3-07) ND 3414, 1 (Iraq 15, pl. 15). Rs. 1. 3; ND 3483, 1 (Iraq 15, pl. 15)

¶ NAT, 363; RGTC 5, 269 (mA Ubasê). Nach folgenden Erwähnungen in PNA (ohne Angabe der Orthographie) wird U. im unpublizierten Text VAT 20401, der von Pferdelieferungen handelt, mehrmals genannt (die Zeile bezieht sich auf den entsprechenden PN, der ON wird wahrscheinlich in der darauf folgenden Zeile erwähnt): PNA 1/I, 4, s. v. Abdâ 14 (id., 5), PNA 2/I, 547, s. v. Inūrta-aplu-uṣur (id., 15), PNA 2/II, 683, s. v. Mannu-kî-Adad 34 (VAT 20401, 2), PNA 2/II, 833, s. v. Nabû-gāmil 6 (id., Rs. 9); PNA 3/I, 1166, s. v. Ṣalam-šarru-iqbi 28 (id., u. Rd. 19), und PNA 3/I, 1025, s. v. Qurdi-Nergal 16 (id., li. Rd. 2). Zu ^{uru}*ub-si-a-a* als alternative Schreibung für U. s. CTN 3, S. 251 Komm.

Stadt am Tigris, nördlich von → Aššur, CTN 3, S. 251 zu Z. 9, Zadok (1995a) 244, 4.2. Forrer (1920) 105 (nach einem Vorschlag von F. Delitzsch, gefolgt von Oates [1968a] 59 Anm. 5 u. auch CTN 1, S. 111) schlägt vor, U. mit Tall al-Ḥuwaiš, ca. 18 km nördlich von Aššur am rechten Tigrisufer zu identifizieren. Da nach einigen mA Belegen U. in Verbindung mit Bitumen zu stehen scheint, wird von Andrae (1913) 153 (sowie auch Hannoon [1986) 140–142, Postgate [CTN 3, loc. cit.] u. Reade [1978a] 170 Anm. 88) eine nördlichere Lage bei Qayyāra, ca. 40 km nördlich von Aššur bevorzugt. Nach einer Inschrift des Adad-nārārī I., wurden „Kalkstein und Mötser aus U." für Instandsetzungsarbeiten an der Kaimauer von Aššur verwendet (RIMA 1, 76.8, 30; auch in id. 7, 42 im Zusammenhang mit dem Aššur-Tempel). In einer anderen Inschrift steht, dass für den gleichen Bau „Kalkstein und Bitumenmörter" verwendet wurden (RIMA 1, 76.9, 13–14). Obwohl im letzten Fall keinen Herkunftsort genannt wird, ist nach der parallelen Stelle gewiss U. gemeint. TAVO Karte B IV 10 u. 13 (Tall al-Ḥuwaiš); Helsinki Atlas, 10. 28 (Tall al-Ḥuwaiš).

Ubu[...] (?)

^{uru}*ú*-BU-[x (x x)]
3-20) SAA 11, 163, ii, 11 [DIbirāti, Issētu]

¶ Möglicherweise eine Stadt in Zentralassyrien bzw. in einem benachbarten Gebiet. U. könnte identisch mit → Ubula sein. Weitere Kandidaten, die nicht ganz ausgeschlossen werden können, sind →^{3} Ubulu in Babylonien und → Uppumu in → Šubria; unwahrscheinlich identisch mit →^{3} Upušu in →^{3} Mādāja.

Ubula

^{uru}*ú-bu-la*
1-11) Tigl Summ 1, 31 [Uzurra, Birdanša]; id. Summ 9, 15' (erg.)

¶ NAT, 211 (Kitbula).

Stadt in der „Provinz des Mundschenks" (→ Māt-Rab-šāqê); vgl. → Ubu[…].

Udēru

^{uru}*ú-de-e-ri*
1-15) RINAP 4, 112.78, 23 [*ālāni dannūti ša nagie* Bāzu; Padê]

^{uru}*ú-de-ri*
1-15) RINAP 4, 112.77, 25 [*ālāni dannūti ša nagie* Bāzu; Padê]; id., 112.79, 23 (erg.)

^{uru}*ú-de-ru*
1-15) RINAP 4, 112.93, 12 [*ālāni dannūti ša nagie* Bāzu; Padê]

¶ NAT, 364.

Befestigte Stadt in → Bāzu, Eph'al (1984) 131, RGTC 11, 290 (Udēri).

***Udu**

^{uru}*ú-da*
1-04) RIMA 2, 101.1, iii, 110 [*āl dannūti*; Allapsia]
3-23) SAA 11, 12, 6' ($^{\text{[uru]}}$*ú-*) [Ullana, Attia]

^{uru}*ú-di*
1-03) RIMA 2, 100.5, 6 [Šūru]

¶ NAT, 364.

Befestigte Stadt in → Nirdun, wahrscheinlich im nördlichen Ṭūr ʻAbdīn (→ Kāšiāru), Liverani (1992a) 86. Lipiński (2000) 140 lokalisiert U. in der Nähe von Killith, etwa 6 km nordwestlich von Savur und Kessler (1980) 120 mit Karte auf S. 121 setzt es mit Arpatepe, etwa 7 km westlich von Matar gleich.

Udūa

^{uru}*ú-du-u-a*
3-20) ND 2728+, 4 (Iraq 23 pl. 24) [*ša qanni* Arbail; Ramatba, Ḫurumu]

¶ NAT, 364.

Eine von acht (der Text hat aber sieben als Gesamtzahl) Städten in der Umgebung von → Arbail, Hannoon (1986) 316–318, Zadok (1995a) 246, 4.6.1.10.

Ugār-sallum

A.GÀR-^{uru}*sa-lum*

1-02) RIMA 2, 99.2, 28 [Laḫīru]

¶ NAT, 21 (Aqarsallu, nur Belege aus der Synchronistischen Geschichte) u. 300 (Sallum); RGTC 5, 270 (mA, mA/mB hist. Ugār-Sallu); RGTC 11, 291 (elam. Ukarsillam u. Ukarsillamni Ebeḫ).

Landschaft im Osttigrisgebiet, südlich vom Unteren Zab (→ Zāba šaplû), nahe an seiner Mündung in den Tigris (→ Diglat), die bis an dem Ǧabal Ḥamrīn (→ Ebiḫ) reichte bzw. dieses Gebirge umfaßte, Fuchs (2011) 234, Grayson (1975) 264f., Hannoon (1986) 376f., Postgate/Mattila (2004) 245. TAVO Karte B IV 10.

Uḫira

^{kur}*ú-ḫi-ra*
1-04) RIMA 2, 101.1, i, 112 [Nirbu *ša šēp* U.; Tēla]

¶ Berg im Gebiet zwischen den Städten → Damdammusu/→ Kinabu und → Tēla. Nach Liverani (1992a) 38 mit einem der Gipfel im westlichen Ṭūr ʻAbdīn/Kāšiāru, z. B. dem Mazı Dağı (1252 m) östlich von Derik, zu identifizieren. Die Vorschlag, U. mit Akhwâr, einem anderen Namen von Aktepe zu verbinden (Olmstead [1918] 227 Anm. 42) ist unbegründet. Am Fuß des Berges U. lag das Land → Nirbu.

Uilla

^{kur}*ú-il-la*

1-11) Tigl Summ 9, 21' (⸢^{kur}⸣*ú*-) [Urbakka]

¶ (Berg)Land in Nordmesopotamien, im Gebiet südlich des Murat-Su (→ Arṣania 1), das von Tiglatpileer III. annektiert und der „Provinz des Generals" (→ Pīḫat-Bīt-Turtāni) zugeordnet wurde, Kessler (1980) 166f. Nicht mit →^{3} Uila in →^{3} Mādāja zu verwechseln.

Ukku

^{kur}*ú-ki*

4-13) SAA 5, 91, Rs. 4 (^{kur}⸢*ú*⸣-)

^{uru}*uk-ki*

1-14) **RINAP 3/1**, 111.17, iv, 40 [*šarru*]; id., 111.18, iv, 6 [id.]; id., 111.22, iv, 13 [id.]; id., 111.23, iv, 8 [id.]; **RINAP 3/2**, 111.46, 42 [id.]; id., 111.53, 2 (⸢^{uru}*uk-ki*⸣) [id.; Beischrift]

^{uru}*uk-ku*

1-14) **RINAP 3/1**, 111.16, v, 12 [*šarru*]. 24 (^{uru}⸢*uk*⸣-[*ku*]) [*āl šarrūti*]. 26; id., 111.17, iv, 53 [*āl šarrūti*]. iv, 55; id., 111.19, ii', 8' [*āl šarrūti*]; id. 111.22, iv, 24 [id.]. 25; id., 111.23, iv, 19 [*āl šarrūti*]. 20; id., 111.26, i, 16' (erg.) [Nipur]; id., 111.34, 16; **RINAP 3/2**, 111.42, 12 [Nipur]; id., 111.44, 23 [id.]

1-14) RINAP 3/2, 111.46, 45 [*āl šarrūti*]; id., 111.53, 3 (erg.) [Beischrift]. 8 (⸢^{uru}*uk-ku*⸣) [*āl šarrūti*]; id., 111.143, Vs. i, 3' (erg.)

N:

^{kur}*u-ka-a-a*

4-13) SAA 5, 147, 10 [*bēl pīḫati ša qanni* U.; Uajis

^{kur}*ú-ka-a-a*

4-11) SAA 19, 70, Rs. 14' ($^{kur?}$⌜*ú*⌝-[*k*]*a*-)

4-13) SAA 5, 87, 8 [PN *bēl pīḫati ša pūt* U.; Uajis]; id., 129, 7' (⌜*ú*⌝-[*ka-a-a*]). Rs. 3'; SAA 19, 183,6

^{kur}*uk-ka-a-a*

4-13) SAA 1, 31, 8 [Urarṭu]. 20 ($^{[kur]}$⌜*uk*⌝-); SAA 5, 190, Rs. 8 ($^{[k]ur!}$*uk-ka*-[*a-a*]); id., 284, Rs. 10'

^{lú}*ú-ka-a-a*

4-11) SAA 19, 70, Rs. 6' (^{kur}⌜*ú-ka*⌝-⌜*a-a*⌝) [Urarṭu]

4-13) **SAA 1**, 29, 11 (erg.). Rs. 12 [Arzabia]. 15 (-[*ka-a*]-) [id.]; **SAA 5**, 88, Rs. 1 [PN *bēl pīḫati ša pūt* U.]; id., 96, 4 [Urarṭu]; id., 102, 6' ($^{[kur]}$⌜*ú*⌝-*ka*-[*a-a*]); id., 111, 3 [Kummu]; id., 117, 9 [Kumme, Babutta]; id., 129, 7' (^{kur}⌜*ú*⌝-[*ka-a-a*]). Rs. 8'; SAA 19, 183, Rs. 13' (-*k*[*a*]-)

^{lú}*uk ka a a*

4-13) SAA 1, 41, 7 [Urarṭu]. 14. 17 [Kummu]. Rs. 1. 9; id., 42, 5; SAA 5, 285, Rs. 4' ($^{[lú]}$⌜*uk*⌝-[*ka-a*]-); id., 286, 2' ($^{[l]ú}$*uk-ka-a*-⌜*a*⌝) [*bēl pīḫati ša pūt* U.]

¶ NAT, 365.

Land und gleichnamige Stadt an der Grenze zu →³ Urarṭu, nahe an den Ländern → Ulluba 2 und → Kummu, Zadok (2002) 133. Die genaue sowie die relative Lage von U., Ulluba 2 und Kummu sind umstritten. Kessler (1980) 169f. lokalisiert U. und Kummu westlich von Ulluba 2, wie in der TAVO Karte B IV 10, in der aber Ulluba 2 zu weit östlich dargestellt wird. In der TAVO Karte B IV 13 dagegen lokalisiert Kessler U. nordwestlich von Ulluba 2 und südlich des Cudi Dağı (→ Nipur), was dem Vorschlag von Postgate (1973) 59, U. lag im Gebirgland nördlich von Zāḫū, entspricht. Basierend auf der Annahme einer narrativen Kontinuität zwischen der Beschreibung von Sanheribs militärischen Aktionen im Gebirge → Nipur und in U. während seines fünften Feldzugs (697; z. B. RINAP 3/1, 111.16, iv, 70 – v, 40) lokalisieren Ivantchik (1993) 21 Anm. 12 und Parker (2001) 94–97 mit Karte 3.3 auf S. 44 U. nordöstlich vom Cudi Dağı im Tal des Hezilsuyu in der türkischen Provinz Hakkari. Darüber hinaus setzt Ivantchik loc. cit. U. mit Şirnak gleich. Da sich der zweite Teil vom fünften Feldzug nicht in unmittelbarer Nähe vom Gebirge Nipur abspielte, schlägt Radner (2012) 257–260 mit Fig. 17.01 auf S. 245 eine östlichere Lage vor und betrachtet Hakkari als einen plausiblen Kandidaten für die Stadt U. TAVO Karte B IV 10 u. 13; Helsinki Atlas, 4. 27 (Şirnak). S. →¹ Uqi.

Ulāja 1

^{uru}*ú-la-a-a*

1-11) Tigl Ann 5, 45 [Danziun, Luqia]

¶ NAT, 366 (s. v. Ūlāja).

Stadt in →^{3} Urarṭu, wahrscheinlich in der Region nördlich des Murat-Su (→ Arṣania 1), Kessler (1980) 168. S. Komm. zu → Daiqanša.

Ulina

^{kur}*ú-li-na*

1-11) Tigl Summ 9, 21' [Urbakka, Arasilla]

¶ NAT, 366.

(Berg-)Land in Nordmesopotamien, im Gebiet südlich des Murat-Su (→ Arṣania), das von Tiglatpileser III. annektiert und der „Provinz des Generals" (→ Pīḫat-Bīt-Turtāni) zugeordnet wurde, Kessler (1980) 166f. Vgl. → Til-ulina.

Ulliba

^{kur}*ul-li-ba*

1-04) RIMA 2, 101.19, 98 [Aggunu, Arbakki]

¶ NAT, 366 (s. v. Ulluba); vgl. RGTC 9, 93 (urar. Ulibā).

Land am oberen Tigris in → Na'iri, vielleicht in der Gegend zwischen dem Botan Çayi und dem Batman Çayi, wo Forrer (1920) 88 Ulluba sucht, Liverani (1992a) 61 Anm. 265; nicht mit → Ulluba 2 zu verwechseln.

Ulluba 2

^{kur}*ul-lu-ba*

1-11) Tigl Ann, 19, 12 (^{kur}*ul*$^{!!}$-) [*pīḫatu*]; Tigl Summ 1, 25. 28 [Aššur-iqīša]; id., 3, 27' ($^{[kur]}$*ul*) [Ḫabḫu, Nal]. 29' (-⸢*lu*⸣-[*ba*]) [Aššur-iqīša]; id., 7, 43 ([^{kur}*ul-lu*]-) [Ḫabḫu]; id., 9, 6'. 7' (2x erg.)

2-05) Canon 828 B4; id. B10 ([^{kur}*ul-l*]*u*$^{?}$-*ba*$^{?}$)

2-11) Canon 739 B1 [Birtu]

N:
^{kur}*ul-lu-ba-a-a*
1-11) Tigl RR, 16 [U. *ašib pūt* Māt-Aššur]. 33 (-[*ba*]) [29 *ālāni ša* U.]. 35 (^{kur}⌜*ul*⌝-[*lu*]-)
4-11) SAA 19, 65, 8 (ND 2434). u. Rd. 13 ([^{kur}*u*]l-⌜*lu-ba*⌝-)

¶ NAT, 366; entspricht etwa aB Māt-Ḫābūrātim (RGTC 3, 84f., Joannès/Ziegler [1995] 17), Radner (2012) 256; vgl. RGTC 9, 93 (urar. Ulibā).

Land nordwestlich von Zentralassyrien, das sich in der Ebene von Cizre im Tal des östlichen Ḫābūrs bis zum Gebiet nördlich vom Gebirge → Nal (Čiyā Bēhēr), wo sich das Felsrelief von Mila-Mergi (hier Tigl RR) befindet, erstreckte, Kessler (1980) 169, Parker (2001) 37–102, Postgate (1973) 57f., id. (1995) 7. Gegen Hannoon (1986) 245f. ist U. nicht mit → Ulliba, urar. Ulibā (RGTC 9, 93) zu verwechseln, da dieses Land weiter nordwestlich am oberen Tigris gelegen haben muß, nämlich etwa in der gleichen Gegend zwischen dem Botan Çayi und dem Batman Çayi, wo Forrer (1920) 88 U. suchte (s. Liverani [1992] Karte Nr. 6). U. wurde auch zusammen mit „Provinz der Stadt → Aššur-iqīša" als alternativer Name für die Provinz → Birtu 2 verwendet. Nach Kessler loc. cit. grenzte das Gebiet von U. an die Ländern → Ukku und → Kummu, die (nord)westlich davon lagen. Forrer (1920) 85 lokalisiert U. weiter nördlich, da er das Gebirge → Nal mit dem Taurus gleichstellte. Deswegen sind alle seine Lokalisierungsvorschläge für Orte in diesem Gebiet ungültig. TAVO Karte B IV 10 u. 13 (zu weit östlich); Helsinki Atlas, 4. 28.

Unter den 29 von Tiglatpileser III. eroberten Städten in U. sind folgende erhalten: → Atuka, → Gaurna, → Mama[...], → Mini[...], → Na[...]1, → Pa[...], → Qina[...], → Qurula, → Sa[...]zabea, → Siruka, → Ta[...] 2, → Zaluaka, → [...]ra, → [...]zālâ, →$^{fr\ uru}$[...]21 bis 28; s. auch → Kapar-rēšēti (??). Festungen in U. bzw. urartäische Grenzfestungen, die in diese Provinz eingegliedert wurden, sind → Ašurdāja, → Babutta, → Bitirru, → Diulla-ana-Nal, → Lusia, → Maṭun, → Parisu, → Sarduriana, → Sikibsa, → Tašuḫa und → Tupsia; Lusia, Sarduriana und Tupsia werden auch im Zusammenhang mit → Māt-Masenni erwähnt.

Ulmu (?)

^{uru}*ul-mu*
5-07) GPA 101, Rs. 3' (-*mu*$^?$)

¶ NAT, 333 (Šašte).

Möglicherweise eine Stadt in Zentralasssyrien, vermutlich in der Nähe von → Kalḫu, Zadok (1995a) 249, 4.7.4.1.10.

Uluruš 1

kur*ú-lu-ru-uš*
1-11) Tigl Ann 20, 6' (erg.); Tigl Summ 9, 18' [Tasa; *eli piāti ša* Diglat]

¶ NAT, 367.

Berg(-Land) nördlich von den Quellen des Tigris (möglicherweise ist die Tigris-Grotte von Birkleyn gemeint) entlang des südlichen Ufers des Murat-Su (→ Arṣania), Kessler (1980) 166, id. (1995) 60. Vielleicht ist U. mit dem Gebirge Akdağ bzw. mit dem westlichen Teil des Muşgüneyı Dağları zu identifizieren. Vgl. → Uluruš 2 (Fluss). Helsinki Atlas, 3. 19.

Uluzu[...]

kur*ú-lu-zu*-x
1-01) RIMA 2, 98.2, 6' [Ḫalḫalauš]

¶ Lage unbekannt. Von U. zog Aššur-dān II. nach → Ḫalḫalauš (zur Problematik der Lokalisierung s. Komm. s. v.). Falls Ḫalḫalauš südlich von →[3] Gilzānu lag, könnte U. mit →[3] Uluaza identisch sein.

Um[...]

uru*um*-[...]
3-05) Billa 82, 17' [Ḫiḫiḫina]

¶ NAT, 367.

Stadt, die in den Texten aus Tall Billā (→ Šibaniba) erwähnt wird und vermutlich in ihrer Umgebung lag.

Umalia

uru*ú-ma-li-a*
1-04) RIMA 2, 101.1, iii, 97 [Ḫirānu]

¶ NAT, 367.

Stadt in → Adani, Liverani (1992a) 83.

Umbi[...]

uru*um-bi-x*
5-22) Edubba 10, 46, Rs. 8 (-⌜x⌝)

¶ Vermutlich eine Stadt in Zentralassyrien bzw. in einem benachbarten Gebiet (K).

Un[...]

kur*un*-x [x x]
4-13) SAA 15, 21, Rs. 5'

¶ Möglicherweise eine Region in bzw. in der Nähe von → Arrapḫa.

Unu

uruAN-*u-nu*
1-16) Asb F, i, 50 (Var.)

uruAN-*ú-nu*
1-16) Asb F, i, 50 (Var.)

uru*ú-nu*
1-16) Asb A, ii, 23 [Nī']; Asb B, ii, 12 [id.]; Asb C, iii, 30 [id.]; Asb F, i, 50 [id.]

¶ NAT, 368; RGTC 6/1, 15 (heth. Ana); äg. *ȝinw*; bibl. *'ôn* (HAL, 22); klass. Hēliou Polis (TAVO Karte B V 21). Zur Schreibung uruAN-*ú/u-nu* s. BIWA, S. 25.

Stadt in → Muṣur (Ägypten), das mit klass. Hēliou Polis, heute Tall al-Ḥiṣn (al-Maṭarīya) im Nildelta, identifiziert wird, Ranke (1910) 36, Steindorff (1890) 610f. Eine

Gleichstellung mit klass. Hermōnthis (Armant) südlich von → Theben (Nī') ist nicht ganz ausgeschlossen, Delitzsch (1881) 318, BIWA, S. 25. TAVO Karte B IV 13 (Hēliou Polis).

Upî

^{uru}*u-pi-e*
5-16) StAT 2, 56, u. Rd. 8 ($^{\mathrm{[uru]}}$*u*$^{?}$-*pi*$^{?}$-*e*)

^{uru}*ú-pe-e*
5-15) SAA 6, 276, 4 ($^{\mathrm{[uru]}}$⌜*ú*$^{!}$⌝-)

^{uru}*ú-pi-a*
1-14) **RINAP 3/1**, 111.20, i, 10' ($^{\mathrm{[uru]}}$*ú*-). 11' (erg.); **RINAP 3/2**, 111.46, 61 [Diglat]. 62 [Araḫtu]
4-13) SAA 1, 94, Rs. 7

^{uru}*ú-pi-i*
3-16) SAA 7, 60, Rs. i, 9'
4-13) SAA 15, 158, 11 ($^{\mathrm{[ur]u!}}$*ú*-) [*nasīku*]; id., 159, Rs. 7 [id.]; id., 370, Rs. 3' ([^{uru}*ú*]-)
5-16) StAT 2, 56 (Hülle), Rs. 4' (-*i*$^{!}$)
9-16) SAA 11, 1, i, 10 (erw. zw. Apšu u. Eridu]

¶ NAT, 368; RGTC 2, 216 (Ur III, Upi); RGTC 5, 272 (mA/mB Upī); RGTC 8, 320 (nB/spB Upija); RGTC 11, 297 (elam. Upī); klass. Opis (TAVO Karte B IV 23; Barrington Atlas, 91 F4).

Stadt im Osttigrisgebiet, die wahrscheinlich mit Tulūl al-Muğayli' zu identifizieren ist, Kessler (2009) 107, Postgate/Mattila (2004) 251, RlA 10, 113–116 (M. P. Streck). U. und das nah liegende → Bāb-bitqi waren wichtige Übergangsstellen über den Tigris, Fuchs (2011) 233. Südlich von U. lag → Dūr-Šarrukku. TAVO Karte B IV 10 u. 13; Helsinki Atlas, 10. 32. 33.

Uppa

^{kur}*up-pa*
1-14) **RINAP 3/1**, 111.16, v, 17 [*šadû dannu*; Anara]; id. 111.17, iv, 45 [id.]; id., 111.19, ii', 3'; id., 111.22, iv, 18 [*šadû dannu*; Anara]; id., 111.23, iv, 13 (-⌜*pa*⌝) [id.]; **RINAP 3/2**, 111.46, 43 [id.]

¶ NAT, 368.

Berg in der Nähe von → Ukku, Zadok (2002) 133.

Uppumu

^{kur}*pu-u-me*
3-23) SAA 7, 18, Rs. ii, 1 (^{kur}*pu*$^{!}$-*u*$^{!}$-)

^{kur}*up-pu-um-me*
1-16) Asb B, iv, 10 [Kullimeri]; Asb C, v, 14 (^{kur}⸢*up*⸣-*pu*-[*um-me*]) [id.]

^{uru}*i-bu-me*
1-05) RIMA 3, 102.28, 44 [Ḫasmetu]

^{uru}*pu-mu*
3-16) SAA 7, 3, i, 8' [*bēl pīḫati*]

^{uru}*pu-u-me*
4-13) SAA 5, 31, Rs. 6'. 13'
5-19) WO 46, 153f., u. Rd. 20 [*šaknu*]

^{uru}*pu-ú-mu*
1-18) KAH 2, 130, Rs. ii, 6' (erg.) [*šaknu*]
8-15) SAA 4, 18, 9 [Šubria, Kullimeri]

^{uru}*pu-um-me*
1-16) Asb B, iv, 10 (Var.) [Kullimeri]

^{uru}*pu-um-mu*
5-18) StAT 2, 141, Rs. 19 (-*um*$^{!}$-[*mu*]) [*šaknu*]

^{uru}*ú-bu-me*
1-05) RIMA 3, 102.73, 1 (-*m*[*e*]) [Beischrift]

^{uru}*ú-pu-me*
4-13) SAA 19, 186, 10

^{uru}*ú-pu-mu*
4-13) SAA 1, 195, Rs. 3 (^{u}[$^{ru!}$-*ú-p*]*u*$^{!}$-)

^{uru}*up-pu-me*
1-15) RINAP 4, 112.33, i, 36 [*āl šarrūti*]. ii, 2 [id.]. 6. 13

^{uru}*up-pu-um-me*
1-16) Asb B, iv, 10 (Var.) [Kullimeri]; Asb C, v, 14 (Var.) [id.]
7-15/16) SAA 123, 89, 2' (-*u*[*m-me*]) [*pīḫatu*]

¶ NAT, 368 (Uppūme); klass. Aphoumōn (Barrington Atlas, 89 D2; TAVO Karte B VI 14).

Westliches Hauptzentrum von → Šubria, das 673 Sitz eines assyrischen Gouverneurs wurde und wahrscheinlich mit Fum, ca. 3 km östlich von Lice zu identifizieren ist, Kessler (1995) 57, Parker (2001) 231, Radner (2012) 260 mit Fig. 17.01 auf S. 244, Radner und Schachner (2001) 765 mit Figs. 1–3 auf S. 749–751, RlA 14, 351f. (G. van Buylaere), Schachner (2007) 232. 234 mit Abb. 160 auf S. 231. Die Provinz U. umfasste den westlichen Teil von Šubria zwischen dem Oberlauf des Tigris und dem Batman Su, während die Provinz → Kullimeri den östlichen Teil einnahm, RlA 11, 63f, Nr. 66 (K. Radner). Helsinki Atlas, 3. 19.

Uqaba

^{uru}*ú-qa-ba*
5-16/19) StAT 2, 256, 6 [Šapadi, Ši(...) 2]

¶ Möglicherweise eine Stadt in Zentralassyrien bzw. in einem benachbarten Gebiet (A); s. Komm. zu → Šapadi.

Ura 1

^{uru}*ú-ra*
1-11) Tigl Summ 9, 20' [Tasu; *ša* Bāzi 1]

^{uru}*ur-ra* [Arānu, Tasu]
1-11) Tigl Summ 1, 32

¶ NAT, 374 (Urra); RGTC 3, 101f. (aB Ḫurra), RGTC 5, 132 (mA Ḫurra); vgl. RGTC 8, 168 (nB/spB Ḫurra).

Stadt in → Bāzi 1, wahrscheinlich im nördlichen Ḫābūr-Gebiet, RlA 4, 505f. (W. Röllig). Nicht mit → Ura 2 zu verwechseln, RlA 8, 497 (K. Kessler, s. v. Muṣri I.1).

Ura 2

uru*ú-ra*

1-11) Tigl Ann, 5, 7 [U. *ša ina qabal* Muṣurni(…)]
5-13) SAA 5, 111, Rs. 3

¶ NAT, 374 (s. v. Urra); vgl. RGTC 2, 217 (Ur III Ura'um), RGTC 5, 274 (mA Uru), RGTC 8, 320 (nB/spB Ura') u. RGTC 12/1, 310 (Ebla Ura) mit Astour (1987) 38.

Stadt in → Muṣurni[…], in der Nähe von → Ukku und → Kummu. Nicht mit → Ura 1 zu verwechseln, RlA 8, 497 (K. Kessler, s. v. Muṣri I.1).

Urakka

uru*ú-rak-ka*

1-06) Andrae Stelen Nr. 41, 4 (SAAS 2, 120 [815], jedoch nicht uru*ú-šal-ka*) [Naṣībīna, Masaka]; RIMA 3, 103.1, i, 47 [Aššur, Raqmat]
5-14) SAA 6, 96, 19
5-23) SAAB 2, 3, 17'
7-07) SAA 12, 2, Rs. 5 [*ḫarrān šarri ša issu* U.]

¶ NAT, 370.

Stadt im Ḫābūr-Dreieck an der Königsstraße zwischen → Guzāna und → Naṣībīna und nicht weit von → Nabulu, die mit Tall ʿĀmūdā identifiziert wird, Kessler (1980) 225f., Radner (2006) 300f, Zadok (1995) 235, 3.6.1.2. Donbaz (1988) 6 lokalisiert U. bei Kemaliye in der Nähe von → Nabul/Girnavaz. Tall ʿĀmūdā wird auch für einen plausiblen Kandidaten für mA Kulišḫinaš (Postgate [1985] 98, RGTC 5, 171) gehalten. Die Gleichstellung mit Urkiš/Tall Muzān aus dem 3. und 2. Jt. ist umstritten und nach dem archäologischen Kontext unwahrscheinlich, Radner loc. cit. TAVO Karte B IV 10 u. 13 (Tall ʿĀmūdā); Helsinki Atlas, 3 (Tall Muzān!).

Urbakka

^{kur}*ur-ba-ak-ka*
1-11) Tigl Summ 9, 21' [Uilla, Ulina]

¶ NAT, 373.

(Berg-)Land in Nordmesopotamien im Gebiet südlich des Murat-Su (→ Arṣania 1), das von Tiglatpileser III. annektiert und der „Provinz des Generals" (→ Pīḫat-Bīt-Turtāni) zugeordnet wurde, Kessler (1980) 166f.

Uriṣṣu

^{kur}*ú-ri-iṣ-ṣu*
1-13) SgF Prunk, 110 (-[*r*]*i*$^{?}$-) [Meluḫḫa]

¶ Oberägypten, Fuchs (1994) 469; vgl. → Paturisu.

Urmu (?)

^{uru}*ur-mu*
4-11) SAA 19, 34, Rs. 3 ($^{[uru?}$*u*]*r*-) [Ilanasa]

¶ Möglicherweise eine Stadt in der nordwestlichen Ǧazīra.

Urmuše

^{uru}*ur-mu-še*
1-11) Tigl Summ 5, i, 5 [(...)anu, (Eli)zanšu?]

¶ NAT, 374 (Urmuse).

Wahrscheinlich eine Stadt in →^{3} Urarṭu. U. wird in einer Liste von ON, die „an einem See" (*ša muḫḫi tâmtim*) lagen, erwähnt und von Tiglatpileser III. erobert und wahrscheinlich auch annektiert wurden. Eine plausible Ergänzung wäre →^{3} Tâmtu [elītu ša Na'iri], nämlich der Van-See; s. Komm. s. v. → Elizanšu. Die anderen ON sind leider nur fragmentarisch erhalten (Reihenfolge wie im Text): → [...]anšu 1, → [...]au, → [...]ariṣa, → [...]anu, [Eli]zanšu (Ergänzung unsicher), [Luqad]anšu (id.), → [...]tanšu und → [...]esanšu.

Urra s. Ura 1

Urulli

^{uru}*ur-ul-li*
5-14) SAA 6, 201, 3 [*ṭēḫi ḫarrān ša ina* Kipšūnu]

¶ NAT, 376.

Stadt in Nordmesopotamien in der Nähe von → Kipšūnu in → Māt-Masenni.

Urume

^{kur}*ú-ru-me*
1-04) RIMA 2, 101.1, ii, 13 [Nirdun]; id., 101.17, ii, 42 [Nirdun, Na'iri]; id., 101.33, 11' [Nirbu]; id., 101.40, 22 [Subnat]; id., 101.41, 10 (erg.) [Subnat]; id., 101.42, 4 (erg.) [id.]; id., 101.44, 4' ($^{[kur]}$*ú-ru-m*[*e*])

¶ NAT, 376; nach Salvini (1984) 29 urar. Urme (RGTC 9, 95f.); vgl. RGTC 5, 276f (mA Urumāja).

Land in Nordmesopotamien, wahrscheinlich südlich von → Tušḫan, Liverani (1992a) 60–61 mit fig. 3.

Urzâ

^{uru}*ur-za*
3-22) CTN 3, 87, Rs. 8 ($^{[u]ru}$*ur-*) [Samak(k)u]

^{uru}*ur-za-a*
5-20) SAA 14, 396, 6' (*-a*$^{?}$) [*ina ḫūl* U.]

¶ Vermutlich eine Stadt in Zentralassyrien bzw. in einem benachbarten Gebiet, Zadok (1995a) 266, 5.1.1.7.12. Wegen der Erwähnung von → Samakku könnte es sich um eine Stadt im Ḫābūr-Dreieck handeln.

Urzunapi

^{uru}*ur-zu-na-pi*
5-20) SAA 14, 473, 3’ (^{uru}⸢*ur*⸣-)

¶ NAT, 376.

Möglicherweise eine Stadt in Zentralassyrien (N). Zadok (1995a) 243f., 4.1.4.3 schlägt eine Lage nicht weit von → Aššur vor und zwar aus folgenden Gründen: 1. der Ausdruck, der zum Vertragsbruch führt, „das Feld gehört unserem Vater(haus)“, (*ma-a* A.ŠÀ *ša* AD-*ni šu-u*, Vs. 17’-18’) sei ansonsten nur in Urkunden aus Aššur belegt (nach einer Bemerkung von K. Deller in NALK, S. 107 zu dieser Stelle), und 2. Aššur wird in der Strafklausel genannt („er soll zwei weiße Pferde für Aššur anspannen“, Rs. 3–4). Der erste Ausdruck ist in der Tat in den zwei von Deller erwähnten Unrkunden StAT 3, 32, Rs. 1’ (VAT 9763) und VAT 9842, Rs. 3 bezeugt, scheint aber keinen Bezug zur Lage des verkauften Objekts zu haben. Das Anspannen von Pferden für Aššur ist als Strafklausel in Texten aus Aššur, Ninive und Nimrud belegt (Radner [1997b] 308f.) und hat ebenfalls nichts mit der Lage des verkauften Objekts zu tun.

Usalâ

^{uru}*ú-sa-la-a*
1-03) RIMA 2, 100.5, 102 (erg.). 103 (erg.). 104 (-⸢*la*⸣-) [It. von Sūru, nach Dūr-katlimmu]

¶ NAT, 376.

Stadt in → Lāqê. U. wird mit Tall Suwwar am rechten Ḫābūrufer, ca. 20 km südlich von Tall Šēḫ Ḥamad/→ Dūr-katlimmu (Kühne [1980] 61) bzw. mit Tall Namlīya am gegenüber liegenden Ufer, ca. 10 km stomabwäts von Tall Suwwar (Geyer/Monchambert [2003] 141, Lipiński [2000] 83) identifiziert. Die frühere Identifizierung mit Tall Marqada (Dussaud [1927] 487) ist ausgeschlossen, da dieser Tell nördlich von Tall Šēḫ Ḥamad liegt. TAVO Karte B IV 10 (Tall Suwwar); Helsinki Atlas, 9. 26. 31 (Tall Suwwar).

Usia

^{uru}*ú-si-a*
1-02) WVDOG 121, 104 (VAT 11320), 5’

¶ Möglicherweise eine Stadt in → Na'iri; von →[1] Usi und →[1] Usian zu unterscheiden, WVDOG 121, S 121.

Ustu

^{uru}*us-tú*

1-04) RIMA 2, 101.18, 31' [Bugu, Dannuna]

¶ Stadt im Land → Dannuna.

Usuru s. Uzurra

Ušḫu

^{uru}*uš-ḫi*

1-02/04) WVDOG 121, 98f, 8' (erg.) [Atkun]. 10' [id.]

^{uru}*uš-ḫu*

1-04) RIMA 2, 101.1, i, 71 [Atkun, Pilazi]

N:
^{lú}*uš-ḫa-a-a*
4-13) SAA 5, 78, 4 [Quda]

¶ NAT, 377.

Stadt im Gebiet am Fuß der Gebirge → Nipur (Cudi Dağı) und → Piṣate, nördlich vom östlichen Ḫābūr-Fluss, zwischen Silopi und Dernāḫ, Liverani (1992a) 29, Zadok (2000a) 11. Forrer (1920) 37 schlägt Šaḫ, 12 km nordöstlich von Ǧazīrat Ibn 'Umar als möglichen Kandidaten vor. Der Lokalisierungsvorschlag basiert nur auf der Ähnlichkeit der Namen. TAVO Karte B IV 13 (Ǧazīrat Ibn 'Umar).

Uštalaḫi (?)

^{uru}*uš-ta-la-ḫi*

5-20) SAA 14, 305, Rs. 4' (^{uru}*uš*$^{?}$-)

¶ NAT, 377.

Vermutlich eine Stadt in Zentralassyrien bzw. in einem benachbarten Gebiet, Zadok (1995a) 266, 5.1.1.7.6.

Ušurnu

uru*ú-šur-nu*
1-11) Tigl Summ 1, 30 [Šimirra, Uzurra]; id. Summ 9, 14' [id.]

¶ NAT, 378.

Stadt in der „Provinz des Mundschenks" (→ Māt-Rab-šāqê). Harouthyounyan (1984) 84 (Karte) identifiziert U. mit Şirnak, nödlich vom Cudi Dağı (→ Nipur). Nach Diakonoff (1951) 312 Anm. 16 (zit. in Tadmor [1994] 77) könnte U. identisch mit →[3] Muṣurni[...] sein.

Utu'u s. Itu'u

Uzurra

uru*ú-su-ru*
1-11) Tigl Summ 9, 14' [Ušurnu]

uru*ú-zu-ur-ra*
1-11) Tigl Summ 1, 30 [Ušurnu, Auibi]

¶ NAT, 378.

Stadt in der „Provinz des Mundschenks" (→ Māt-Rab-šāqê); vgl. →[3] Surra.

Z

Za[...] 1

^{uru}*za*-[x x x]

7-17) SAA 12, 37, 11' [Azma(...), Ṣilgangâ]

¶ Möglicherweise eine Stadt in Zentralassyrien bzw. in einem benachbarten Gebiet.

Zabanni

^{uru}*za-ban-ni*

1-07) RIMA 3, 104.6, 22 ($^{uru!!}$*za*-, nach CNA u. Weippert [1992] 44 Anm. 16, nach der Kopie AN *za-ban-ni*)

¶ Ursprünglicher Standort einer Stele Adad-nērārīs III., die in Saba'a/Sabḫat aṣ-Ṣubbaḫ gefunden wurde (Weippert [1992] 43 Anm. 12), wo keine Besiedlung nachweisbar ist. Als möglicher Kandidat für Z. wird Tall Umm 'Aqrubba am Wādī 'Ağīğ, 45 km östlich von → Dūr-Katlimmu, vorgeschlagen, Bernbeck (1993) 143 u. 181 (Nr. 15), Kühne (1995) 81. Radner (2002) 3f. bevorzugt, Tall Umm 'Aqrubba mit → Parakkišu zu identifizieren. Helsinki Atlas, 3. 9. 27 (Tall Umm 'Aqrubba).

Zabarra

^{kur}*za-bar-ra*

7-16) SAA 12, 27, Rs. 8' (*-bar*$^{!}$-)

¶ NAT, 382 (Zapapra).

Möglicherweise eine Region (oder Stadt?) in einem Zentralassyriens benachbarten Gebiet, Zadok (1995a) 268, 5.1.2.16.7.

Zabban

za-ban

1-03) RIMA 2, 100.6, 7 (in RIMA, S. 180 irrtümlich als Fluss übersetzt!) [Til-bāri *ša ellān* Z.]

1-04) RIMA 2, 101.1, iii, 123 (Var.) (*-ban**, das Zeichen BAN hat einen senkrechten Keil zu viel) [Til-bāri *ša ellān* Z.]

^{kur}*za-ban*

1-04) Harrak 2004, Side A, 8 [Til-bāri *ša ellān* Z.]; RIMA 2, 101.1, ii, 130 [id.]. iii, 123 [id.]; id., 101.2, 14 [id.]; id., 101.23, 10 [id.]; id., 101.30, 16 [id.]; id., 101.31, 9 [id.]; id., 101.32, 5 [id.]; id., 101.34, 16 [id.]; id., 101.35, 6 [id.]; id., 101.38, 13 [id.]; id., 101.40, 25 [id.]; id., 101.42, 8 [id.]; id., 101.50, 15 [id.]; id., 101,52, Vs. 10' (^{kur}⸢*za*⸣-[*ban*]) [id.]; id., 101.56, 12 (erg.) [id.]; id., 101.61, 5'(-⸢*ban*⸣) [Til-bāri *ša ellān* Z.]

^{kur}*za-ban*^{an}

1-03) Ahmad, Qadhiah, Nr. 1, 51, 8 (*-b*[*a*]*n*^{an}) [Til-bāri *ša ellān* Z.]

1-04) RIMA 2, 101.26, 26 (Var.) [Til-bāri *ša ellān* Z.]; id. 53, 4 [id.]

^{uru}*za-ban*

1-01) TCS 5, 167, iii, 20 (-[*ban*]) [Til-bāri *ša ellān* Zāba (sic), nach Glassner/Foster [2004] 180 *šá el-la-an* ^{íd}*za-*(*ban*), jedoch irrtümlich für ^{uru}*za-ban*!]

1-04) Bronze bands, 71, piece 7, 3 (*-b*[*an*]) [Til-bāri *ša ellān* Z.]; RIMA 2, 101.3, 41 [id.]; id. 26, 26 [id.]; id. 28, iv, 6 [id.]; id. 51, 22 [id.]; id. 66, 8 ($^{⸢\text{uru}⸣}$*za-*)

1-05) RIMA 3, 102.5, iv, 2. [Mê-Turnat]. 3

1-06) RIMA 3, 103.1, i, 48 [Darigu, Lubdu]. iv, 2 [Zaddi]

3-20) ND 2664, 4 (Iraq 23, pl. 22) [Laḫīru, Dūr-Bēl-ilā'ī]

4-11) GPA 183, 5 [Šišil]

4-13) SAA 15, 48, 6 ($^{\text{[ur]u}}$*za-*); id., 199, 10 [Arrapḫa]; id., 259, Rs. 1 (*-ba*[*n*])

^{uru}*za-ban*^{an}

1-04) RIMA 2, 101.26, 26 [Til-bāri *ša ellān* Z.]

^{uru}*zab-ban*

4-13) SAA 15, 25, 10 [Daduni]; id. 26, 12 [Dūr-Bēl-ilā'ī]; id. 129, Rs. 16 [Mê-Turnat, Dūr-Bēl-ilā'ī]

$^{\text{kur uru}}$*za-ban*

3-13) ND 2619, Rs. 9 (Iraq 23 pl. 19) (*-b*[*an*]) [Zamua]

¶ NAT, 379; RGTC 5, 279f. (mA, mB, ma/mB hist. Zabban); RGTC 8, 332 (nB/spB Zabban); lexikalisch wird Z. mit Simurrum gleichgesetzt (MSL 11, 35, 18 u. 36, 3 mit. Frayne [1997] 260), s. RGTC 3, 221 (aB Šimurrum, Simurrum) u. ältere Belege u. Lit. in RlA 12, 508–511 (D. R. Frayne) u. Frayne (1997); nA PN Zabbanāju, PNA 3/II, 1428.

Stadt und Land im westlichen Diyālā-Gebiet, wahrscheinlich nicht weit von → Mê-Turnat, Fuchs (2011) 230f., Hannoon (1986) 389–392, Postgate/Mattila (2004) 245. Nach Fuchs loc. cit. könnten Z., Mê-Turnat und → Lubdu entlang derselben Straße gelegen haben. Nashef lokalisiert Z. in der Hügellandschaft zwischen Kifrī und Qara Tappe, nördlich des Ḥamrīn-Stausees (RGTC 5, loc. cit.). Kessler (1982) 56 hält es für möglich, Qara Tappe (ca. 20 km westlich vom Diyālā (→ Turnat) mit → Zaddi bzw. Z. zu identifizieren. Da aber Qara Tappe nordöstlich des Ǧabal Ḥamrīn (→ Ebiḫ) liegt, scheidet es als möglicher Kandidat für Zaddi aus. Frayne (1997) 266 lokalisiert Z. ca. 25 km stromaufwärts bei Qalʿat Širvāna. In RlA 12, 511 schlägt er aber eine weiter nördliche Lage vor und identifiziert Z. mit Šamīrān in den Ausläufern der Zagrosgebirge, ca. 14 km westlich von Ḥalabǧa. Helsinki Atlas, 10 (Qara Tappe).

Zaddi

uru*za-ad-di*

1-06) RIMA 3, 103.1, ii, 10 [*miṣir* Māt-Akkadî]; id. iv, 2 [Zabban, Ebiḫ]

4-13) SAA 5, 241, Rs. 2; SAA 15, 49, 6’ (*-a*[*d-di*]) [*ina batti* (*ammîte*) *ša* Ša(…)]

¶ NAT, 380; RGTC 5, 280 (mB Zaddu)

Stadt im Osttigrisgebiet, die in der Region südwestlich vom Ǧabal Ḥamrīn (→ Ebiḫ), zwischen dem Nahr al-ʻUẓaim (→ Radānu) und dem (→ Turnat) zu suchen ist. Während der Überquerung des Gebirges Ebiḫ gönnte sich Šamšī-Adad V. eine Löwenjagd, als er durch eine Gebirgsschlucht zwischen Z. und → Zabban zog. Beide Orte befanden sich daher auf unterschiedlichen Seiten des Ǧabal Ḥamrīn, Fuchs (2011) 231. Nach der Überquerung des Ebiḫ marschierte die assyrische Armee nach → Mê-Turnat (Tall Ḥaddād) weiter, überquerte anschließend den Fluss → Turnat (Diyālā) und zog weiter nach → Qarnê. Kessler (1982) 56 schlug vor, Qara Tappe mit Z. bzw. Zabban zu identifizieren. Da Qara Tappe nordöstlich des Ǧabal Ḥamrīn liegt, scheidet er als möglicher Kandidat für Z. aus. Irregeführt von einem Lokalisierungsvorschlag von Albright (1925) 210, Z. am Unteren Zab stromabwärts von Altūn Kūbrī zu lokalisieren, identifiziert Hannoon (1986) 392 Z. mit Tall Māḥūz am linken Flussufer.

Zadidāni

[uru]*za-di-da-a-ni*
1-03) RIMA 2, 100.5, 66 [It. von Ḫudubīlu, nach Sūru; Sabirutu]. 67 (-⌜*di*⌝-)

¶ NAT, 380. Die Lesung des ersten Zeichens als *za-* und nicht *ḫa-* ist (gegen EAK 2, 9 u. RlA 1, 284 s. v. Assyrien [E. Forrer]) gesichert, RIMA 2, S. 174. Die alternative Lesung [uru]*ṣa-di-da-a-ni* ist aber möglich.

Stadt am Mittleren Euphrat in → Suḫu, in der Nähe der Stadt → Sabirutu (Ǧazīrat Bēǧān), Horn (1922) 135, Zadok (1995a) 229, 2.1.2.8. Musil (1927a) 203 erwähnt als möglichen Kandidaten die Ruine al-Mḥddâde, die aber am linken Ufer liegt. Diese Strecke des Itinerars scheint auf dem rechten Euphratufer stattgefunden zu haben.

Zaduri

[uru]*za-du-ri*
1-02) RIMA 2, 99.2, 35 [Arinu, Turḫu]

¶ NAT, 380.

Stadt an der nordwestlichen Grenze Zentralassyriens, die zusammen mit → Arinu und → Turḫu an den von Adad-nērārī II. zurückeroberten Städten gezählt wird, die vor seiner Zeit in die Hände von → Šubria gefallen waren.

Zaḫê

[uru]*za-ḫe-e* (bzw. [uru]*ṣa-ḫe-e*)
4-13) SAA 1, 63, Rs. 6 [Sabirutu *pūt* Z.]

¶ Stadt am Mittleren Euphrat in → Sūḫu, gegenüber von → Sabirutu/Ǧazīrat Bēǧān, Zadok (1995a) 229, 2.1.2.10.

Zalla/Zallu s. Izalla

Zaluaka

uru*za-lu-a-ka*
1-11) Tigl RR, 29 (-⌜*lu*⌝-) [Qina(...)]

¶ Stadt in → Ulluba 2.

Zamaḫâ s. Zamaḫi

***Zamaḫu**

uru*za-ma-ḫa-a*
5-18) TH 106, 3 (s. Kessler [1980] 214)

uru*za-ma-ḫi*
1-07) RIMA 3, 104.7, 2
5-08) Iraq 32, 31, 8 [*nāgiru*]

¶ NAT, 380 (Zamaḫâ); RGTC 3, 132 (aB Karanā); RGTC 5, 151 (mA Karānā); RGTC 10, 132f. (Nuzi Karāna); s. ferner RlA 5, 405–407 s. v. Karanā (S. Dalley), RlA 11, 158 s. v. Qaṭarā (C. Michel) u. → Gidara.

Stadt in der nordöstlichen Ǧazīra, heute Tall ar-Rimāḥ, Hannoon (1986) 145–147, Page (1968) 140, Postgate (1970a) 34, Reade (1978b) 176, Zadok (1995a) 238, 3.8.6. TAVO Karte B IV 10 u. 13; Helsinki Atlas, 4. 27. 28 (Zamaḫâ).

Zamba

kur*za-am-ba*
1-04) RIMA 2, 101.1, iii, 102 [Mallānu, Ṣūa]

¶ NAT, 381.

Land in Nordmesopotamien zwischen → Mallānu und dem Tigris (→ Diglat), östlich vom Tal des Çermik Çayı und südöstlich vom Maden Dağları (→ Arqania), Liverani (1992a) 85, Toffteen (1907) 348.

Zanbāja

uru*za-an-ba-a-a*
5-17) SAA 14, 428, u. Rd. 1

¶ Wahrscheinlich eine Stadt unweit von → Ninive, Zadok (1995a) 254, 4.13.2.2.3.3. Nach einer Urkunde aus Ninive schuldet Ilā-erība aus Z. dem Inūrta-šarru-uṣur 220 *Eselbeine* (?), die in Ninive geliefert werden sollen.

Zapputu[(...)]

uru*za-ap-pu-tu*-x(-)x
3-05) Billa 82, 5' (uru*z[a-a]p-pu-tu*?(-)x(-)x) [Aḫusutu, Zatputukina]

¶ NAT, 383 (Zatputu[...]).

Stadt, die in den Texten aus Tall Billā (→ Šibaniba) erwähnt wird und vermutlich in ihrer Umgebung lag, Zadok (1995a) 256, 4.17.1.36.

Zaqqu

uru*za-a-qu*
7-07) SAA 12, 72, Rs. 8 [*ša ḫalzi* Arbail; Dunuequ]

uru*zaq-qu*
1-02) RIMA 2, 99.2, 34 [Idu Z. *birāte ša* Māt-Aššur]

¶ NAT, 382; RGTC 5, 281 (mA Zaqqu).

Zusammen mit → Idu, eine der Festungen an der assyrisch-babylonischen Grenze, die von Adad-nērārī II. zurückerobert wurden, Zadok (1995a) 246, 4.6.4.4. Da Idu mit Tall Sātu Qala am rechten Ufer des Unteren Zāb identifiziert wird, ist Z. unweit davon zu suchen. Wenn Z. zum Bezirk von Arbail (Lücke in SAA 12, 72 vor *ša qanni*) gehörte, sollte es – gegen Pappi (2012) 606, die eine Lage am linken Ufer vorschlägt – am gleichen Flussufer gelegen haben.

***Zarānu**

uru*za-ra-na*
4-13) SAA 1, 233, 8 (uru[*za-ra-na*]). 16 [Kummu]

uru*za-ra-ni*
1-04) RIMA 2, 101.2004, 20

¶ aram. *'zrn* (TF, 13); vgl. klass. Osrhoene (s. dazu Lipiński [2000] 124; TAVO Karte B V 13).

Stadt, die im Oberen Ḫābūr-Gebiet in der Region von → Guzāna, gelegen haben könnte, Lipiński (1989-90) 303, Zadok (1995a) 232, 3.4.3. Lipiński (2000) 124 schlägt Tall Ḫanzīr, ca. 20 km südwestlich von Tall Ḥalāf als möglichen Kandidaten vor.

Zarzāta

uru*za-ar-za-a-ta*
1-16) Asb E12, 23 [(…)meš, Šanḫara]

¶ NAT, 383.

Stadt im Bergland → Ḫalēḫasta, nordöstlich von → Dēru in der Umgebung von → Qirbit.

Zatputukina

uru*za-at-pu-tu-ki-na*
3-05) Billa 82, 6' [Zapputu(…)]

¶ NAT, 383.

Stadt, die in den Texten aus Tall Billā (→ Šibaniba) erwähnt wird und vermutlich in ihrer Umgebung lag, Zadok (1995a) 256, 4.17.1.37.

Zazabuḫa

^{uru}*za-za-bu-ḫa*

1-04) RIMA 2, 101.1, ii, 91 [It. von Matiātu nach Irsia; Ḫabḫu]. 92; id., 101.17, iv, 19 [id.]. 23; id., 101.19, 55 [id.]

¶ NAT, 383.

Stadt im → Kāšiāru-Gebirge (Ṭūr ‘Abdīn). Der Vorschlag von Sachau (1897) 51 Anm. 1, Z. mit Zaz, ca. 20 km nordöstlich von Midyat (Matiātu), zu identifizieren, passt gut zu diesem Abschnitt des Itinerars. Außerdem kann nicht ausgeschlossen werden, dass der moderne ON eine verkürzte Form des alten darstellt, Kessler (1980) 51–54 mit Karte auf S. 77f., Liverani (1992a) 58, Radner (2006) 289 Anm. 56.

Zi[...]

^{uru}*zi*-[x x x]

5-14) SAA 6, 112, Rs. 5 [*rab* (...)]

¶ Vermutlich eine Stadt in Zentralassyrien bzw. in einem benachbarten Gebiet, Zadok (1995a) 265, 5.1.1.5.2.

Zidada (?)

^{uru}*zi-da-da*

5-15) SAA 6, 210, 4 (^{uru}⌜*zi*$^{?}$⌝-)

¶ Vermutlich eine Stadt in Zentralassyrien bzw. in einem benachbarten Gebiet, Zadok (1995a) 265, 5.1.1.1.2.

Zikkû

^{uru}*zi-ik-ku-u*

4-15/16) SAA 10, 279, 11 (-*ik*$^{!}$-⌜*ku*$^{!}$⌝-*u*$^{!}$) [*ḫūlu ša* Z., Ninua]

^{uru}*zi-ik-ku-ú*

8-16) SAA 4, 316, Rs. 3 ([^{uru}*z*]*i*-)

¶ NAT, 384 (Zi[...]); vgl. RGTC 3, 265 (aB Zikkû) u. RGTC 12/2 ,355 (Al. Zikku).

Stadt in Zentralassyrien, die zwischen → Ninive und → Kalḫu lag, Deller (1990b) 61, Nr. 83, Hannoon (1986) 218f., Parpola (1983) 202 (zu LAS 206, 11), Zadok (1995a) 253, 4.13.2.1.3.2. Der Beschwörungspriester Nabû-nādin-šumi berichtet in einem Brief an den König, dass er von Ninive aus die Straße nach → Z. nahm und bis nach → Sasiqani kam, wo er Befehle den Kurieren von Ninive und Kalḫu erteilte. Diese sollten sich im Zusammenhang mit Reinigungsritualen nach → Kasappa begeben. Im Helsinki Atlas, 4. 28 wird Z. mit Yāramğa identifiziert; der Lokalisierungsvorschlag wird aber als spekulativ eingestuft, id. Gazetteer, 18.

Zinbanu

^{uru}*zi-in-ba-nu*

3-20) SAA 11, 225, 2' (*-ba*$^{!}$*-nu*$^{!}$) [*pīḫat* Si'immê]

¶ NAT, 384 (Zinnabat).

Stadt in der Provinz → Si'immê, Zadok (1995a) 268, 5.1.2.16.2.1.

Zinia

^{uru}*zi-ni-a*

1-11) Tigl Summ 5, i, 19 ($^{\text{[uru]}}$*zi-*) [Birdanša, (...)ḫuli]

¶ Stadt in → Enzi bzw. →^{3} Urarṭu. Z. wird in einer Liste von ON, die „in Enzi, [...] und Urarṭu" lagen, erwähnt, von Tiglatpileser III. erobert und annektiert wurden. Während einige der aufgelisteten ON auch in anderen Listen bezeugt sind (→ Birdanša, → Danzium, → Ezzēda, → Lupsua, → Parisu), sind andere leider nur fragmentarisch erhalten: → [...]anšu 2, → [...]tuarizu, → [...]nistu, → [...]meza, → [...]ḫuli, → [...]lianša. Vgl. → Sinia.

***Zuka**

N:

^{lú}*zu-ka-a-a*

7-16) SAA 12, 50, Rs. 34' [Bazrê *ša* Z.]

¶ NAT, 384 (Zukaja); vgl. nA PN Zūku, PNA 3/II, 1450.

Lage unbekannt; Leute aus Z. wohnten anscheinend in → Bazrê, s. Komm. s. v.

Zuri (?)

uru*zu-ri*

5-22) GPA 39, Rs. 8' (uru*zu*?-*r*[*i*?])

¶ Möglicherweise eine Stadt in der Region von → Kalḫu, Zadok (1995a) 249, 4.7.4.1.27.2.

Zūriḫ

uru*zu-ú-ri-iḫ*

1-02) RIMA 2, 99.2, 114 [It. von Dūr-katlimmu, nach Ālu-ša-Ḫarāni; Lāqê, Bīt-Ḫalupê]

¶ Auch die Lesung Ṣuriḫ (uru*ṣu-ú-ri-iḫ*) ist möglich.

Stadt am → Ḫābūr in → Bīt-Ḫalupê. Kühne (1980) 67 setzte Ṣ. (früher Aš...uriḫ gelesen) mit Tall Namlīya, 27 km südlich von → Dūr-katlimmu gleich, Zadok (1995a) 230, 2.3.2.2. Dagegen Lipiński (2000) 83 identifiziert Ṣ. mit Tall Suwwar (wahrscheinlich → Usalâ), 18 km von Dūr-katlimmu entfernt. Sein wichstigstes Argument ist, dass der Name auch *Ṣuwariḫ lauten könne, da "the signs U and Ú can be used in Neo-Assyrian to mark *wa*, at least at the end of the name" (s. Lipiński [1994] 230). Es gibt tatsächlich Belege hierfür, z. B. für die Graphien *ni-nu-u* für den ON → Ninua und den PN *pa-na-am-mu-u/ú* (PNA 3/I, s. v. Panammû) für aram. Panamuwa. Die Aussprache von U und Ú im Auslaut in den erwähnten Fällen ist weiterhin unklar (von Soden/Röllig [1991] Nr. 169 u. 242, aber ABZ, 285a). Dass Ú im Inlaut den Lautwert wa_x haben könnte, ist rein hypothetisch. Kühne (1980) Karte (Aš…uriḫ).

Zuzāna

uru*zu-za-na*

5-16) SAAB 3, 67, 6 (Būrāte *gabdi nāri ša* Z.)
5-19) WO 46, 153f., 6

¶ Stadt, die sich wahrscheinlich im Ḫābūr-Dreieck befand, van Buylare/Lukko (2016) 156, Komm. zu Z. 6, Zadok (1995a) 237, 3.6.4.6.

FRAGMENTARISCHE ORTSNAMEN
(AKEPHALA)

Wie in der Einführung erklärt (S. lxxiiif.), werden hier nur solche fragmentarischen Ortsnamen (Akephala) behandelt, deren Ende bzw. mittlerer Teil erhalten ist. Die restlichen Akephala finden sich in RGTC 7/3.

[...]a 1

[^{uru}x-x]-*a*
3-05) Billa 69, 9 [Baqarri]

¶ Stadt, die in den Texten aus Tall Billā (→ Šibaniba) erwähnt wird und vermutlich in ihrer Umgebung lag.

[...]a[...] (?)

^{uru}[x]-x-[x]-*a*-[x x]
3-05) Billa 82, u. Rd. 19' [Ša(...), Kullunu]

¶ Stadt, die in den Texten aus Tall Billā (→ Šibaniba) erwähnt wird und vermutlich in ihrer Umgebung lag.

[...]ab

[^{uru}x-x-x]-*ab*
4-13) SAA 1, 170, Rs. 3

¶ Stadt in Zentralassyrien.

[...]-Adad

[^{uru}x]-^{d}IM
4-13) SAA 1, 170, 5' [Arbail]

¶ Stadt in Zentralassyrien; vgl. → Āl-Adad 2, → Āl-Dajjān-Adad, → Kār-Adad 2, → Til-Adad und → Ṣābū-Adad.

[…]āja 1

[x x x]-*a-ia*
3-13) SAA 11, 209, Rs. i, 4' [*qanni* Ḫarrānu]

¶ Dorf im Gebiet von → Ḫarrānu, Zadok (1995a) 272, 7.1.1.7.

[…]āja 2

N:
$^{⌜uru⌝}$x x x x-*a-a*
5-20) Edubba 10, 51, 2

¶ Nach Edubba 10, S. 67 könnte der Anfang von Z. 2 nach dem Photo in BaM 24, Taf. 84 *ša* $^{uru\ d}$IM-[x]-*a-a* lauten.

Möglicherweise eine Stadt in der Umgebung von → Kalḫu, Zadok (1995a) 250, 4.7.4.9.2

[…]āja 3

N:
^{uru}⌜x x x x⌝-*a-a*
5-20) Edubba 10, 51, Rs. 5

¶ Möglicherweise eine Stadt in der Umgebung von → Kalḫu (K).

[…]āja 4

N:
^{uru}x [x (x x)] x-*a-a*
5-05) Edubba 10, 1, Rs. 14

¶ Möglicherweise eine Stadt in der Umgebung von → Kalḫu (K).

[…]āja 5

N:
^{u}[^{ru}x x x-*a*]-*a*
5-05) Edubba 10, 1, Rs. 15

¶ Möglicherweise eine Stadt in der Umgebung von → Kalḫu (?).

[…]āja 6

N:
^{lú}[x x]-x-*a-a*
5-15) StAT 3, 70, l. Rd. 32 (^{l}[$^{ú?}$x x]-⸢x⸣-)

¶ Möglicherweise eine Stadt in Zentralassyrien bzw. in einem benachbarten Gebiet (A).

[…]āja 7

N:
⸢$^{lú!}$x x x⸣-*a-a*
5-16) SAA 6, 335, 5’ [*ina* Qatnu; Kapar-Kīni, *ḫūl šarri ša* Dūr-katlimmu]

¶ Gebiet oder Stadt in → Qatnu, in der Nähe von → Kapar-Kīni und dem Königsweg von → Dūr-katlimmu.

[…]alaḫina

^{uru}[x]-*al-a-ḫi-na*
7-16) SAA 12, 50, Rs. 29’ (-⸢*na*⸣) [*ina madbar* Kalḫu; Āl-Bēl-iqbi]

¶ Stadt in der „Steppe von → Kalḫu“ (s. Komm. zu → Dūr-Nanāja 1), Zadok (1995a) 248, 4.7.1.4.4.

[…]ani

^{uru}x-x-*a-ni*
3-20) SAA 11, 87, Rs. 8’ (^{uru}⸢x-x⸣-*a*$^{!}$-*ni*$^{!}$)

¶ Vermutlich eine Stadt in Zentralassyrien oder in einem benachbarten Gebiet (N).

[…]anšu 1

[…]-*an-šu*
1-11) Tigl Summ 5, i, 1 [(…)au]

¶ Wahrscheinlich eine Stadt in →[3] Urarṭu am Van-See (→[3] Tâmtu elītu ša Na'iri); s. Komm. s. v. → Urmuše.

[…]anšu 2

[…]-*an-šu*
1-11) Tigl Summ 5, i, 11 [(…)tuarizu]

¶ Stadt in → Enzi bzw. in →[3] Urarṭu; s. Komm. s. v. → Zinia.

[…]anu

[…]-*a-nu*
1-11) Tigl Summ 5, i, 4 [(…)ariṣa, Urmuše]

¶ Wahrscheinlich eine Stadt in →[3] Urarṭu am Van-See (→[3] Tâmtu elītu ša Na'iri); s. Komm. s. v. → Urmuše.

[…]appi

[^{uru}x]-*ap-pi*
4-13) SAA 1, 170, 7' ([^{uru}x]-) [Baqarri]

¶ Stadt in Zentralassyrien, in der Nähe von → Baqarri.

[…]ariṣa

[…]-*a-ri-ṣa*
1-11) Tigl Summ 5, i, 3 [(…)au 1, (…)nu]

¶ Wahrscheinlich eine Stadt in →[3] Urarṭu am Van-See (→[3] Tâmtu elītu ša Na'iri); s. Komm. s. v. → Urmuše.

[…]asi

[…]-*a-si*
1-11) Tigl RR, 27 [(…)siza]

¶ Berg (oder Stadt?) in → Ulluba 2. […]asi und → […]siza scheinen eher am Ende einer Liste von Bergen als am Anfang der bruchstückhaft erhaltenen Auflistung von 29 Städten zu stehen, da genügend Lücken für die fehlenden Städten vorhanden sind.

[…]au

[…]-*a-ú*
1-11) Tigl Summ 5, i, 2 [(…)anšu 1, (…)ariṣa]

¶ Wahrscheinlich eine Stadt in →^{3} Urarṭu am Van-See (→^{3} Tâmtu elītu ša Na'iri); s. Komm. s. v. → Urmuše.

[…]ba

^{uru}[x]-*ba*
4-13) SAA 1, 149, Rs. 4 [Ḫamedê, Tillê]

¶ Möglicherweise eine Stadt in Zentralassyrien bzw. in einem benachbarten Gebiet.

[…]banu

$^{uru!}$⌜x⌝-*ba*$^{!}$-*nu*
4-13) SAA 1, 221, 13 [Apku]

¶ Wahrscheinlich eine Stadt in Zentralassyrien, jedoch nicht zwingend in der Nähe von → Apku (so Zadok [1995a] 259, 4.24.1).

[…]biḫi

[^{uru}(x x)]-x-*bi-ḫi*
3-13) KAV 131, Rs. 11' [Ḫudupa]

¶ Lage unbekannt, nach Zadok (1995a) 239, 3.9.8.3 vielleicht in der Ǧazīra.

[…]bite (?)

[^{uru}x x x]-*bi-te*
3-05) Billa 72, Rs. 5 [Ālu-eššu]

¶ Stadt, die in den Texten aus Tall Billā (→ Šibaniba) erwähnt wird und vermutlich in ihrer Umgebung lag.

[…]butu

^{uru}[x]-*bu-tu*
3-13) SAA 11, 202, ii, 2' [*qanni* G.]

¶ Dorf im Balīḫ-Becken, in der Umgebung der Stadt → Galali, Zadok (1995a) 274, 7.1.11.2.3.1.

[…]da[…]

^{uru}[x]-da-[x x]
5-23) BATSH 6, 88, 6

¶ Vgl. aram. *w/r d*[…] (BATSH 6, 88, a mit Komm. id., S. 128).

Möglicherweise eine Stadt in der Region von → Dūr-katlimmu.

[…]dilašu

[^{uru}x x]-*di-la-šú*
5-19) BATSH 6, 70, 3

¶ Möglicherweise eine Stadt in der Nähe von → Dūr-katlimmu.

[…]dudi
^{uru}x-*du-di*
3-13) KAV 131, 5' [Ṭuḫuna, Ḫilapi]

¶ Eine mögliche Lesung wäre ^{uru}⸢*aš*⸣-*du-di*, aber →[1] Asdūdu wird immer mit dem Zeichen AZ geschrieben, so dass eine Verbindung mit diesem ON unwahrscheinlich ist (contra Weidner [1940] 11f.).

Lage unbekannt, nach Zadok (1995a) 239, 3.9.8.8 vielleicht in der Ǧazīra.

[…]esanšu

[…]-*e-sa-an-šu*
1-11) Tigl Summ 5, i, 9 [(…)tanšu]

¶ Wahrscheinlich eine Stadt in →[3] Urarṭu am Van-See (→[3] Tâmtu elītu ša Na'iri); s. Komm. s. v. → Urmuše.

[…]ga (?)

$^{\text{u[ru?}}$x x x]-*ga*$^{?}$
5-18) PSBA 30, 2, 10

¶ Lage unbekannt, möglicherweise in Zentralassyrien, vielleicht nicht weit von → Kanu', die in der gleichen Urkunde erwähnt wird (Rs. 11), s. Komm. zu → Idri[...] (?).

[…]garēšu

^{uru}x-*ga-re-e-šu*
4-15) SAA 10, 361, Rs. 8 [Ampiḫabi, Kamanāte]

¶ Lage unbekannt; s. Komm. zu → Kamanāte; nach dem Kontext sicher nicht ^{uru}*ša-bi*$^{!!}$-*re-e-šu* (→ Šabirēšu) zu ergänzen und emendieren, Parpola (1983) 302 Anm. 551.

[…]gira

[^{uru}x-x]-x-*gi-ra*
3-13) KAV 33, 2

¶ Lage unbekannt, nach Zadok (1995a) 239, 3.9.8.18 vielleicht in der Ǧazīra.

[...]ḫāni

[...]-⌜*ḫa*?⌝-*a-ni*
1-04) RIMA 2, 101.21, 7' (*āl dannūti*)

¶ Befestigte Stadt im Ḫābūr-Dreieck, nicht weit vom Fluss → Ḫarmiš (erw. in Z. 10'); s. RIMA 2, S. 265, Komm. Ob hier der gleiche Ort wie in Z. 11' (→ Mal[...]ḫāni) gemeint ist, ist unklar.

[...]ḫili

[uru x]-x-*ḫi-li*
5-16) SAA 6, 334, 18

¶ Stadt in der „Provinz des Mundschenks", → Māt-Rab-šāqê.

[...]ḫina (?)

[uru x x x]x-*ḫi-n*[*a*?]
3-20) SAA 7, 116, Rs. 1' [Tušḫan, Amēdu]

¶ Möglicherweise eine Stadt in Nordmesopotamien.

[...]ḫirima

u[ru? x]-x-*ḫi-ri-ma*
5-22) Edubba 10, 30, 5

¶ Vielleicht eine Stadt im Gebiet von → Guzāna.

[...]ḫuli

[...]-*ḫu-li*
1-11) Tigl Summ 5, i, 16 [Zinia, (...)lianša]

¶ Stadt in → Enzi bzw. →[3] Urarṭu; s. Komm. s. v. → Zinia.

[…]ḫūte (?)

^{uru}x-*ḫu-ú-te*
5-14) SAA 6, 176, 4’ (⌈^{uru}x-*ḫu*$^{?}$-*ú*⌉-*te*$^{!}$) [*ḫūl ša ana* (…)ḫute]

¶ Vermutlich eine Stadt in Zentralassyrien bzw. in einem benachbarten Gebiet, Zadok (1995a) 265, 5.1.1.1.6.2.

[…]irra[…]

[^{uru}x]-*ir-ra*-[x x]
3-05) Billa 82, 9’ [Karuḫa, Samānu]

¶ Stadt, die in den Texten aus Tall Billā (→ Šibaniba) erwähnt wird und vermutlich in ihrer Umgebung lag.

[…]ispi

[^{uru}x-x-x]-*is-pi*
4-13) SAA 1, 170, Rs. 9

¶ Stadt in Zentralassyrien.

[…]issê

^{uru}[x-x]-*is-se-e*
3-13) SAA 11, 202, ii, 24’

¶ Stadt im Balīḫ-Becken, Zadok (1995a) 274, 7.1.11.2.4.

[…]kabti

[^{uru}x]-*kab-ti*
7-17) SAA 12, 37, 3’ [Kapar-Qanâ-ilu]

¶ Möglicherweise eine Stadt in Zentralassyrien bzw. in einem benachbarten Gebiet (N).

[…]kin

^{uru}[x-x]-*kin*
5-20) SAA 14, 345, 9 (-[^{1}x]-x-) [Kapar-(…)duni, Āl-Armāja]

¶ Möglicherweise eine Stadt in Zentralassyrien bzw. in einem benachbarten Gebiet (N); s. Komm. zu → Āl-Armāja.

[…]kuāni

^{uru}[x]-*ku*$^{?}$-*a-ni*
5-20) GPA 55, Rs. 14. 15 (^{uru}KIMIN). 16 (id.)

¶ Möglicherweise eine Stadt in Zentralassyrien bzw. in einem benachbarten Gebiet (K).

[…]lal[…] (?)

^{uru}[x]-*lal*-[x]
3-07) TH 34, 5 (-*lal*$^{?}$-)

¶ Vermutlich eine Stadt in Guzāna bzw. in der Ǧazīra.

[…]lianša

[…]-*li-an-šá*
1-11) Tigl Summ 5, i, 21 [(…)ḫuli, Parīsu]

¶ Stadt in → Enzi bzw. →^{3} Urarṭu; s. Komm. s. v. → Zinia.

[…]lite

^{uru}x-*li-te*
4-13) SAA 5, 126, 9 (^{uru}[x]-⸢*li*$^{!}$-*te*$^{!}$⸣)

¶ Wahrscheinlich eine Stadt in Nordmesopotamien.

[…]luppi

[…]-*lu-up-pi*
1-11) Tigl Summ 9, Vs. 10’ [*šadû*; Maṭun, Sarduriana]

¶ Berg in → Ulluba 2.

***[…]mâ (?)**

N:
[$^{\text{uru?}}$x x x]-*ma-a-a*
5-19) TH 108, 7

¶ Möglicherweise eine Stadt in der Umgebung von → Guzāna, Zadok (1995a) 233, 3.4.6.5.

[…]ma’a-nāṣir-apli (??)

[…]-x-*ma-’a*-PAB-A
5-22) Edubba 10, 30, Rs. 29

¶ Vielleicht eine Stadt im Gebiet von → Guzāna; in Edubba 10, S. 80 als ON mit Fragezeichen gebucht.

[…]me (?)

^{uru}[x]-*me*
7-16) SAA 12, 27, Rs. 8’ (-*me*$^{?}$)

¶ Wahrscheinlich eine Stadt in Zentralassyrien bzw. in einem benachbarten Gebiet, Zadok (1995a) 267, 5.1.2.5.2.

[…]meš (?)

^{uru}x-*meš*
1-16) Asb E12, 23 [Zarzāta]

¶ NAT, 206 (Kimeš). Thompson (1940) 101, 17 (u. Onasch [1994b] 49, BM 121018, 2’) liest ^{uru}*ki-meš*. Nach der Kopie (Thompson [1940] fig. 12, Nr. 21, B, 2) ist das erste

Zeichen sicher kein KI, sondern sieht vielmehr wie das Zeichen PÚ aus. R. Borger schlägt daher die Emendation ^{uru}PÚ.MEŠ/*būrāti* vor und verweist auf SAA 15, 114 (ABL 1348), in dem eine Stadt →[3] Būrāti auf einem Berg erwähnt wird, in der sich der elamische König aufhält. Nach zwei weiteren Belegen war die befestigte Stadt Būrāti nicht weit von → Bīt-Bunakki entfernt (SAA 15, 113 u. 129). Wenn die vorgeschlagene Lesung Būrāti richtig ist, wäre eine Gleichstellung mit der Burg an der elamischen Grenze nicht auszuschließen.

***[…]mezâ (?)**

N:
[…]-*me-za-a-a*
1-11) Tigl Summ 5, i, 16 [Danziun, Ezzēda]

¶ Stadt in → Enzi bzw. →[3] Urarṭu; s. Komm. s. v. → Zinia.

[…]na 1

^{ur}[^{u}x-x-x]-*na*
7-07) SAA 12, 1, 6 [Kār-Mullissi *ša* Šamaš-abū'a *šaknu* (…)na]

¶ Stadt in Zentralassyrien, vielleicht in der Provinz → Libbi-āli. Der Name der Stadt Kār-Mullissi 2, die an → Qibīt-Aššur angrenzte, wird durch die Angabe „des Šamaš-abū'a, des Statthalters der Stadt […]na“ ergänzt.

[…]na 2 (?)

^{uru}[(x)]-x-*na*
5-10) GPA 24, Rs. 26 (-*na*$^{?}$)

¶ Möglicherweise eine Stadt in der Region von → Kalḫu, Zadok (1995a) 249, 4.7.4.1.3.

[…]ni[…]

^{ur}[$^{u?}$x-*n*]*i*-x [x]
4-11) SAA 19, 39, 17

¶ Möglicherweise eine Stadt in Zentralassyrien bzw. einem an → Isāna angrenzenden Gebiet; s. Komm. zu → Li[…].

[…]ni-Aššur

^{uru}x-*ni-aš-šur*
8-15) SAA 4, 88, 5 (⸢^{uru}x-*ni-aš-šur*⸣)

¶ Stadt in → Muṣur (Ägypten).

[…]nistu

[…]-*ni-is-tu*
1-11) Tigl Summ 5, i, 13 [(…)tuarizu, Lupsua]

¶ Stadt in → Enzi bzw. →^{3} Urarṭu; s. Komm. s. v. → Zinia.

[…]nu

[^{uru}x x x]-*nu*
3-20) ND 2791, u. Rd. 13’ (Iraq 23, pl. 28)

¶ Vermutlich eine Stadt in Zentralassyrien bzw. in einem benachbarten Gebiet (K).

[…]nû’a

[^{uru}x]-x-*nu-u-a*
7-20) SAA 12, 64, 3’

¶ Möglicherweise eine Stadt in Zentralassyrien bzw. in einem benachbarten Gebiet (N).

[…]pû (?)

^{uru}*x-pu-ú*
3-20) SAA 11, 228, i, 7’ ([^{uru}x-*p*]*u*$^{?}$-)

¶ Möglicherweise eine Stadt in Zentralassyrien bzw. in einem benachbarten Gebiet (N).

[...]qini (?)

^{uru}[x x x]-*qi-ni*
5-11) Edubba 10, 34, 3 ([SUḪUR$^{?}$ KASKAL$^{?}$] *ana* ^{uru}[x x x]-*qi*$^{?}$-*ni*)

¶ Stadt in Zentralassyrien. Ein Feld in der Stadt → Mannu-dān grenzt – falls die Ergänzung stimmt – an eine Straße, die nach [...]qini führte.

[...]ra

^{uru}x-*ra*
1-11) Tigl RR, 30 [Ta(...)]

¶ Stadt in → Ulluba 2.

[...]rāni

[^{uru}x]-x-*ra-a-ni*
7-16) SAA 12, 50, 38

¶ Wahrscheinlich eine Stadt in Zentralassyrien bzw. in einem benachbarten Gebiet, Zadok (1995a) 267, 5.1.2.1.2.

[...]ri 1 (?)

[x x x]-*ri*
3-13) SAA 11, 213, Rs. ii, 20 [*ina* Qipāni]

¶ Stadt in → Qipāni.

[...]ria

$^{\text{[u]ru}}$⸢x⸣-*ri-a*
3-21) Billa 87, Rs. 7'

¶ Stadt, die in den Texten aus Tall Billā (→ Šibaniba) erwähnt wird und vermutlich in ihrer Umgebung lag.

[...]ritu

[^{uru}x]-*ri-tú*
4-13) SAA 1, 233, Rs. 4 [*qanni* Guzāna]

¶ Stadt im Bereich von → Guzāna, Zadok (1995a) 232, 3.4.1.1 (als [Kapar-Gi]rītu nach einer aus Platzmangel nicht zutreffenden Ergänzung von Kessler [1980] 213 wiedergegeben).

[...]-samsi

[x x x]-*sam-si*
3-13) SAA 11, 213, Rs. ii, 18

¶ Stadt im Balīḫ-Becken, Zadok (1995a) 273, 7.1.3.1.8; s. Komm. zu → Qipāni.

[...]siza

[...]-*si-za*
1-11) Tigl RR, 27 [(...)asi, Mama(...)]

¶ Berg (oder Stadt?) in → Ulluba 2; s. Komm. zu → [...]asi.

[...]su

^{uru}[...]-*su*
1-04) RIMA 2, 101.83, 1 [Beischrift; (...)su *ša* Bīt-Jaḫiri]

¶ Stadt in → Bīt-Jaḫiri (→ Izalla). Die Ergänzung ^{uru}[*ma*$^{?}$-*ga*$^{?}$-*r*]*i*$^{?}$-*su* ist unwahrscheinlich. → Magarisu lag am mittleren Ḫābūr und wird außerdem in den Inschriften Assurnasirpals II. konsequent ^{uru}*ma-ga-ri-si* geschrieben, s. Lipiński (2000) 137 Anm. 14. Zur Darstellung: Curtis/Tallis (2008) 197, Fig. 96.

[...]ša'ate

^{uru}x-*šá-'a-te*
5-22) StAT 3, 74, 6 ($^{[uru]}$⌜x⌝-) [*ḫūl ša* Lāra(...) *ana* (...)ša'ate]

[…]šanî

¶ Möglicherweise eine Stadt in Zentralassyrien bzw. in einem benachbarten Gebiet (A). Die Straße, die von → Lāra[…] zu […]ša'ate führte, lag nicht weit von → Benuḫše.

[…]šanî (?)

uru[x (x)]-*šá-ni-i*
5-22) Edubba 10, 37, Rs. 4' (-*šá*?-) [*ḫazannu*]

¶ Alternativ kann der ON uru[x (x)-*b*]*ur-ni-i* gelesen werden, Edubba 10, S. 49.

Vermutlich eine Stadt in Zentralassyrien bzw. in einem benachbarten Gebiet (K)

[…]še

x x x-*še*?
1-07) Andrae Stelen Nr. 39, 5 (SAAS 2, 100 [799]) [*šaknu*; Mallānu, Suḫni]

¶ Stadt (oder Land) in Nordmesopotamien, das am Anfang des 8. Jh. zum Zuständigkeitsbereich des Gouverneurs von → Amēdu gehörte (SAAS 2, 1000 [799]).

[…]ši

urux-*ši*
4-20) StAT 2, 12, Rs. 5 (ur[u?]⸢x⸣-) [Ālu-ša-nappāḫī, Bīt-Gabiu]

¶ Wahrscheinlich eine Stadt in Zentralassyrien, vermutlich in der Nähe von → Ninive.

[…]šia

[…]-*ši-a*
1-11) Tigl Summ 9, 14 [Marḫatianša]

¶ Land in der „Provinz des Mundschenks" (→ Māt-Rab-šāqê).

[…]tadda

[kur]x-*ta-ad-da*
1-11) Tigl RR, 26 [Ilimmeru, Abia(…)]

¶ Berg an der südlichen Grenze von → Ulluba 2, nördlich vom Berg → Illimeru (Zaw-e Dağ), wahrscheinlich in den nördlichen Bergzügen des Čiyā Bēhēr (→ Nal).

[…]tanšu

[…]-*ta-an-šu*
1-11) Tigl Summ 5, i, 8 [(Luqad)anšu?, (…)esanšu]

¶ Wahrscheinlich eine Stadt in →[3] Urarṭu am Van-See (→[3] Tâmtu elītu ša Na'iri); s. Komm. s. v. → Urmuše.

[…]ti-Aššur

$^{\ulcorner uru \urcorner}$[x]-⸢*ti*⸣-*aš-šur*
1-11) Summ 9, 11' [Nal]

¶ NAT, 54 (s. v. Aššūr-iqīša). Tadmor [1994] 183 schlägt ^{uru}[*li*]-*ti-aš-šur* als mögliche Ergänzung vor (die Einwände von Pongratz-Leisten [1997] 332f. Anm. 51 gegen diese Ergänzung treffen nicht zu, da es sich um einen Ort im irakischen Kurdistan handelt); vgl. mit dem ON →[1] Līt-Aššur (→ Nappigi 1) in der Levante und mit der Graphie des PN Līt-Aššur-āmur (^{1}*li-ti-aš-šur-a-mur*, PNA 2/II, 664).

Stadt, die von Tiglatpileser III. im Gebirge → Nal (Čiyā Bēhēr) gebaut und befestigt wurde. Sie lag im Grenzgebiet zwischen der Provinz → Ulluba/→ Aššur-iqīša und der „Provinz des Schatzmeisters" (→ Māt-Masenni) und wurde anscheinend der letztgenannten zugeordnet.

[…]tu

[…]-⸢*tu*⸣
1-11) RINAP 1, 108.36, 8' [Lusia]

¶ Wahrscheinlich ein Land am Oberen Tigris, das zusammen mit → Lusia erwähnt wird.

[…]tuarizu

[…]-*tú-a-ri-zu*
1-11) Tigl Summ 5, i, 12 [(…)anšu 2, (…)nistu]

¶ Die Lesung $^{\text{[uru]}}$*tú-a-ri-zu* kann nicht ausgeschlossen werden. Auch wenn *tú* im Anlaut bei ON nicht häufig vorkommt (Tadmor [1994] 145 zu Z. 12], gibt es einige Ausnahmen wie manche Graphien von → Tu'immu und → Tuḫana, die gerade in Tiglatpilesers Inschriften belegt sind. Vgl. RGTC 9, 87 (urar. Ṭuaraṣe).

Stadt in → Enzi bzw. →^{3} Urarṭu; s. Komm. s. v. → Zinia.

[…]u[…]

^{uru}[(x) x](-)⸢ú(-) x x⸣
5-10) GPA 24, Rs. 25

¶ Möglicherweise eine Stadt in der Region von → Kalḫu, Zadok (1995a) 249, 4.7.4.1.4

[…]zālâ

[^{uru} (x)]-*za-a-*⸢*la*⸣*-a*
1-11) Tigl RR, 32 [^{uru}(…), Atuka]

¶ Stadt in → Ulluba 2.

[…]zula

[…]-*zu-la*
1-11) Tigl Summ 6, 18 [Sikibsa, Simirra]

¶ Land in Nordmesopotamien, wahrscheinlich nicht weit von → Ulluba 2, das von Tiglatpileser III. erobert und (in die Provinz → Birtu 2/Ulluba 2?) annektiert wurde.

[…]zuliḫi (?)

^{uru}x-*zu-li-ḫi*
3-20) SAA 11, 163, Rs. ii, 10' (^{uru}⸢x⸣-*zu*$^{?}$-*li*$^{?}$-)

¶ Möglicherweise eine Stadt in Zentralassyrien bzw. in einem benachbarten Gebiet.

GEWÄSSERNAMEN

Arṣania 1

^{íd}*ar-ṣa-ni-a*
1-05) RIMA 3, 102.2, ii, 45 [Enzite, Suḫme]; id., 102.14, 143 [*nērebu ša* Ammaš]; id., 102.16, 231' (^{íd}<*ar*>-) [id.]
1-11) RINAP 1, 108.36, 12' ($^{\text{[íd]}}$*ar-*)

¶ NAT, 33; klass. Arsanias (TAVO Karte B V 3, Barrington Atlas, 89 B2).

Fluss in Nordmesopotamien, dessen Identifizierung mit dem Murat-Su allgemein akzeptiert wird, Kessler (1980) 95, id. (1995) 57 mit Karte auf S. 66, RlA 1, 161f. (Kara-Su!, E. Ebeling), RlA 5, 214 s. v. Išuwa (H. Klengel), Salvini (1995) 30, Schachner (2007) 228, Vera Chamaza (1995-96) 241. TAVO Karte B IV 13; Helsinki Atlas, 3. 19.

Bābelat-ḫegalli

^{íd}*ba-be-lat-*ḪÉ.GÁL
1-04) RIMA 2, 101.17, v, 6 [Zāba elû]

¶ NAT, 58 (Bābilat-nuḫši).

Der „Träger des Überflusses“, eine weitere Bezeichnung des → Patti-ḫegalli.

***Balīḫu 2**

^{íd}*ba-li-ḫa*
1-04) RIMA 2, 101.94, 1

^{íd}*ba-li-ḫi*
1-04) RIMA 2, 101.93, 1
1-05) RIMA 3, 102.8, 13'. 14'; id., 102.10, ii, 14; id., 102.14, 54; id., 102.16, 28

^{íd}KASKAL.KUR.A
1-05) RIMA 3, 102.2, ii, 79 [*ālāni ša* Gē-ammu]

^{íd}*pa-li-ḫi*
1-05) RIMA 3, 102.6, ii, 20 [*ālāni ša šiddi* B.]. 23 [Purattu]

¶ NAT, 65; RGTC 3, 277 (aB Baliḫ); RGTC 6/1 (heth. Baluḫašša); klass. Balicha, Bilecha, Balissus (Barrington Atlas, 67 H3). Zur Schreibung ^{íd}KASKAL.KUR.A s. Gordon (1967) 77f.

Der Nahr al-Balīḫ, ein linker Nebenfluss des Euphrat (→ Purattu) in der nordwestlichen Ǧazīra, RlA 1, 394 (E. Unger). TAVO Karte B IV 10 u. 13; Helsinki Atlas, 3. 25.

Diglat

^{íd}*di-ig-lat*

4-07) TH 9, 5 (-[*i*]*q*-)

4-13) CT 53, 74+542, 9; SAA 15, 193, 5' ($^{⸢íd⸣}$*di*-)

^{íd}ḪAL.ḪAL

1-03) Ahmad, Qadhiah, Nr. 1, 51, 3. 9 [Aṣūṣi]; id. Nr. 2, 52, 3. 7 [id.]; RIMA 2, 100.6, 2 [Ḫatti]; id., 100.5, 49. 50; id., 100.6, 8 [Aṣūṣi]

1-04) Bronze bands, 71, piece 6, 1' (^{í}[^{d}ḪAL].ḪAL); Harrak 2004, Side B, 16' ($^{[í]d}$ḪAL.ḪAL); RIMA 2, 101.1, ii, 87. iii, 28 [Kalḫu]. 51 [id.]. 56 [id.]. 93 [id.]; id., 101.2, 43 [Kalḫu]; id., 101.3, 35 [Labnāna]; id., 101.19, 29. 71; id., 101.23, 8 [Labnāna]; id., 101.30, 11 [id.]; id., 101.30, 38; id., 101.31, 5 [Labnāna]; id., 101.33, 5' (^{íd}I[DIGNA] bzw. ^{íd}Ḫ[AL.ḪAL]); id., 101.38, 6 [Labnāna]; id., 101.39, 5 [id.]; id. 101.41, 4 [id.]; id. 101.50, 7 [id.]; id., 101.51, 17 [id.]

1-05) RIMA 3, 102.1, 82' ($^{⸢íd⸣}$ḪAL.ḪAL); id., 102.2, i, 29 [Ninua]. ii, 14 [Ninua]. 31 [id.]. 75 (Fehler Diglat statt Purattu). 78 [Ninua]; id., 102.6, ii, 38 [*ina rēš ēni ša* D.]. iii, 35 [*ina rēš ēni ša* D.]. iv, 29 [*issu rēš ēni ša* D.]; id., 102.8, 21' [*ana rēš ēni ša* D.]. 27 [*issu rēš ēni ša* D.]. 48' [*ina rēš ēni ša* D.]; id., 102.10, ii, 29 [*adi rēš ēni ša* D.]. iii, 27 [*ina rēš ēni ša* D.]. 32 [*adi rēš ēni ša* D.]; id., 102.12, 14 [*issu rēš ēni ša* D.]; id., 102.13, 2' [*adi rēš ēni ša* D.]; id., 102.14, 69 [*adi rēš ēni ša* D.]. 92 [*ina rēš ēni ša* D.]; id., 102.16, 11 (erg.). 40 (^{íd}ḪAL.[ḪAL]) [*adi rēš ēni ša* D.]; id., 102.21, 17 [*ina rēš ēni ša* D.]; id., 102.22, 13 [*rēš ēni*]; id., 102.23, 18 [*issu rēš ēni ša* D.]; id., 102.24, 8 (erg.); id., 102.25, 13 [*ēnāte ša* D. *u* Purattu]. 25; id., 102.29, 27 [*issu rēš ēni ša* D.]; id., 102.31, 10 [id.]; id., 102.32, 6 [id.]; id., 102.33, 8 [id.]; id., 102.34, 10 [id.]; id., 102.38, 7' (^{í}[^{d}ḪAL.ḪAL]) [id.]

1-11) Tigl Summ 2, 7 [Purattu]

1-14) **RINAP 3/1**, 111.17, viii, 24 (geschr. ^{íd}ḪAL.ḪAL-*eš* mit der Endung des Terminativ-Adverbialis); **RINAP 3/2**, 111.222, 31 (^{íd}[ḪAL].ḪAL$^{?}$); id., 111.230, 115 [Sur-marrāti *ša kišād* D.]

4-11) SAA 19, 60, Rs. 6

^{íd}IDIGNA

1-02) RIMA 2, 99.1, Rs. 1’ ([^{íd}ID]IGNA)

1-04) RIMA 2, 101.1, i, 73. ii, 104. 127 [Labnāna]. iii, 1 (2x) [Kalḫu]. 102. 103 [Arqānia]. 121 [Labnāna]; id., 101.2, 11 [Labnāna]; id., 101.3, 38 [*adi rēš ēni ša* D.]; id., 101.17, iv, 63 (^{í}[^{d}IDIGNA]); id., 101.22, 10’ (^{íd}[IDIGNA] bzw. ^{íd}[ḪAL.ḪAL]); id., 101.24, 3’ (erg.); id., 101.26, 21 [Gargamis]; id., 101.28, iv, 3 [*adi rēš ēni ša* D.]; id., 101.32, 3 [Labnāna]; id., 101.34, 7 [id.]; id., 101.35, 3 [id.]; id., 101.40, 20 [id.]; id., 101.42, 2 (erg.); id., 101.43, 15’ ($^{[í]d}$IDIGNA); id., 101.53, 3 [Ḫatti]; id., 101.56, 8 [Labnāna]

1-07) RIMA 3, 104.2012, 3’ [Šarru-iddina]

1-11) Tigl Ann, 20, 7’ (erg.); id., 28, 4’; Tigl Summ 1, 5 [Surappu]; id. 6, 6 (erg.) [Purattu]; id. 7, 9 [Purattu, Surappu]; id. 7, Rs. 19’; id. 9, 18’ [Uluruš *eli piāte ša* D.]. 19’ (erg.) [Ateia *ša ina muḫḫi piāte ša* D.]; id. 11, 7 [Purattu, Uqnû]; id. 12, 7 [Purattu]

1-13) IM 72131, 11 [Surappu, Uqnû]; SAAS 8, VIIb, 35; SgF Prunk, 18; SgF S1, 13 [Surappu, Uqnû]; SgF S2, 10 [id.]; SgF S3, 14 [id.]; SgF S4, 70; SgF S5, 19 [Surappu, Uqnû]; SgF XIV, 23 (erg.) [id.]; Sg Clh D, vi, 23 [Purattu]; Sg Malatya 3, 8’ (^{íd}IDIGN[A]) [id.]; Sg Tang, 31 ($^{⸢íd⸣}$IDIGNA)

1-14) **RINAP 3/1**, 111.1, 12 ($^{⸢íd⸣}$[IDIGNA]); id., 111.2, 51 (erg.); id., 111.3, 51; id., 111.4, 79; id., 111.15, v, 56; id., 111.15, vi, 18; id., 111.16, v, 81 [Tastiāte *ša ebertān* D.]; id., 111.16, vi, 36; id., 111.18, v, 3’ (erg.); id., 111.17, v, 65 [Tastiāte *ša ebertān* D.]; id., 111.20, i’,9 (erg.) [Upî]; id., 111.22, v, 60 [Ḫalulê *ša kišād* D.]; id., 111.23, v, 51 [id.]; **RINAP 3/2**, 111.46, 7 [Purattu]. 61; id., 111.75, 2; id., 111.76, 3 ($^{[íd]}$⸢IDIGNA⸣) [Labnāna]; id., 111.151, Vs. i’, 7 ([^{íd}I]DIGNA]); id., 111.213, 12; id., 111.222, 27; id., 111.1016, Rs. 5’ [Zāba]

1-15) RINAP 4, 112.1, i, 84. 86; id., 112.34, 10’ [Purattu]; id., 112.1015, v, 9

1-16) Asb A, viii, 79 [Purattu]

1-17) RIMB 2, B6.35.3, 4 [Purattu]

4-11) SAA 19, 100, 7 [Itu’u]

$^{mul\ íd}$IDIGNA

8-15) SAA 8, 253, 6’

¶ NAT, 102; RGTC 1, 216f. (präsarg./sarg. Idigina/Idiglat); RGTC 2, 268f. (Ur III, Idigina); RGTC 3, 287f. (aB Idiglat); RGTC 4, 144f. (aA Idiqlat); RGTC 5, 301–303 (mA, mB, mA/mB hist. Idiqla[t], Diqla[t]); RGTC 6/1, 524f. (heth. Aranzaḫi) u. 530 (heth. IDIGNA); RGTC 8, 361 (nB/spB Idiglat); RGTC 11, 329 (elam. Diglat); bibl. *ḥiddeqel* (HAL, 281); klass. Tigrēs (TAVO Karte B IV 22).

Der Tigris (Diğla), RE Tigris (E. Honigmann), RlA 14, 24–28 (W. Heimpel) u. 28–30 (A. M. Bagg). Zur Regime s. Gasche/Tanret (1998), Gasche et al. (2002), Hannoon (1986) 25–33, Ionides (1937) u. Rzóska (1980). TAVO Karte B IV 10 u. 13; Helsinki Atlas, 4. 10. 16. 28. 30. 32. 33. S. → Kār-Diglatāja, →^{3} ZUBI.

Nebenflüsse des D. sind (von Norden nach Süden) der Ḫosr (→ Ḫusur), der Obere Zāb (→ Zāba elû), der Untere Zāb (→ Zāba šaplû), der Nahr al-ʻUẓaim (→ Radānu), der Diyālā (→ Turnat) und der Rūd-e Kārūn (s. →^{3} Idide, →^{3} Uqnû).

Elamunia

^{íd}*e-la-mu-ni-a*

1-13) Sg 8, 323 [Zāba elû *ša nišê* Na'iri u Ḫabḫu E. *iqabbûšūni*]

¶ NAT, 123; vgl. RGTC 5, 11 (mA Alamun) u. 103 (mA Elamuni).

Laut dem Bericht von Sargons 8. Feldzug war E. für die Leute von → Na'iri und →^{3} Ḫabḫu 2 der einheimische Name des Oberen Zab (→ Zāba elû), Astour (1987) 21, Fuchs (2000) 75, Hannoon (1986) 188f., Maniori (2014) 247, Mayer (2002) 344, Radner (2012) 246, Reade (1978c) 141. E. bezieht sich aber wahrscheinlich auf den Rūbār Rāwandūz, einen Nebenfluss des Oberen Zab, Russell (1984) 198, Zimansky (1990) 20.

Ḫābūr

^{íd}*ḫa-bur*

1-02) RIMA 2, 99.2, 100. 102. 105 (⸢^{íd}⸣*ḫa-*) [*šiddi* Ḫ.]. 111
1-03) RIMA 2, 100.5, 96 (^{íd}⸢*ḫa*$^{?}$*-bur*$^{?}$⸣) [*palgu ša* Ḫ.]. 97 (⸢^{íd}*ḫa-bur*⸣)
1-04) RIMA 2, 101.1, i, 77 [*šiddi* Ḫ.]. iii, 3. 31 [*issu piāte ša* Ḫ.]; id., 101.2004, 25
5-16) SAA 6, 335, 3' (^{íd}*h*[*a*$^{!}$]-⸢*bur*$^{!}$⸣)

¶ NAT, 140; RGTC 2, 266 (Ur III *Ḫabūr), RGTC 3, 284 (aB Ḫabur), RGTC 4, 144 (aA Ḫabur), RGTC 5, 299 (mA Ḫabur); aram. *ḥbwr* (TF, 16); bibl. *ḥābôr* (HAL, 273); klass. Aborras/Chabōras (TAVO Karte B V 11, Barrington Atlas 91, B2); zu Ḫ. in nA PN, PNA 2/I, 437.

Linker Nebenfluss des Euphrat (→ Purattu) in Nordsyrien, heutzutage Ḫābūr. Zum „Kanal des Ḫābūr" (RIMA 2, 100.5, 96) s. Horn (1922) 151f., Lipiński (2000) 84 (liest ^{íd}*si*[*q*]-*i*[*a*] statt ^{íd}⸢*ḫa*$^{?}$*-bur*$^{?}$⸣), Musil (1927a) 204, Russell (1985) 63. Zum Kanalsystem am Ḫābūr s. Ergenzinger/Kühne (1991), Fales (2008), Morandi Bonacossi (1994-95) 7–12, Kühne (1990). Zum Ḫābūr-Gebiet s. RlA 4, 28f. (J. N. Postgate), Röllig/Kühne (1977/78). TAVO Karte B IV 10 u. 13; Helsinki Atlas, 3. 9. 26. 31.

Ḫarmiš

ídḫ*ar-miš*

1-04) RIMA 2, 101.1, iii, 2 [*šiddi* Ḫ.]; id., 101.21, 9' [*ālāni ša šiddi* Ḫ.]

¶ NAT, 152; vgl. RGTC 5, 305 (mA Marirtu).

Fluss im Ḫābūr-Dreieck, wahrscheinlich der Wādī Ǧaġǧaġ (arab. *ḥirmās*), RlA 4, 122 (J. N. Postgate), Zadok (1995a) 231, 3.3.6. Röllig (1983) 282 schlägt die alternative Lesung íd*mur-rid* vor. TAVO Karte B IV 10; Helsinki Atlas, 3. 27.

Ḫazur

íd*ḫa-zu-ur*

1-14) RINAP 3/2, 111.226, 2 [*kilallān*; Pulpullia]; id., 111.227,1 (-[*ur*])

¶ NAT, 170 (s. v. Ḫusur).

Der Nahr al-Ḫāzir, ein Zufluss des Oberen Zab (→ Zāba elû), Zadok (1995a) 257, 4. 18.2. Nach einer zutreffenden Bemerkung von Th. Jacobsen (Jacobsen/Lloyd [1935] 21–22 mit Fig. 9; s. auch Bagg [2000] 212–214, Fales/Del Fabbro [2014] 79–81), bezieht sich der Ausdruck „Zwillingsfluss" in Sanheribs Aquäduktinschrift B auf die zwei Nebenarme, die den Nahr al-Ḫāzir bilden: der westliche Arm (→ Pulpullia), denen unterer und oberer Lauf Gōmel und Rūbār Atrūš genannt werden, und der östliche Arm, der Nahr al-Ḫāzir heißt. Da der letztgenannte der wasserreichste von beiden ist, trägt die Strömung nach der Einmündung beider Nebenarme seinen Namen. Das in den Ḫ. Geleitete Wasser aus → Ḫanusa und → Gammagara speiste einen Kanal, der in einen Nebenfluss des Ḫosr (→ Ḫusur) mündete (→ Nār-Sîn-aḫḫē-erība). Helsinki Atlas, 4. 28.

Ḫusur

íd*ḫu-su-ur*

1-14) **RINAP 3/1**, 111.1, 90; id., 111.2, 76 (erg.); id., 111.3, 60; id., 111.4, 88; id., 111.8, 3' (erg.). 15' (id.); id., 111.15, viii, 17' ([íd*ḫu*]-⸢*su*⸣-); id., 111.16, vi, 23 (erg.). vii, 81. viii, 21; id., 111.17, vi, 2. viii, 22. 41; **RINAP 3/2**, 111.42, 45'; id., 111.43, 96; id., 111.46, 120 (erg.). 156; id., 111.50, 15; id., 138, Rs. ii', 28; id. 111.223, 11

¶ NAT, 170f.; RGTC 5, 301 (mA Ḫusir); in PVA Nr. 744 (Landsberger/Gurney [1957-58] 334) wird die mA Vokalisierung (ídḫu-sír) bewahrt, Deller/Postgate (1985) 76.

Der Ḫosr ist ein Nebenfluss des Tigris (→ Diglat), der durch → Ninive fließt, Hannoon (1986) 189f., RlA 4, 524 (J. N. Postgate), Zadok (1995a) 256, 4.17.1.4; zuerst von Pognon (1879-80) 116 identifiziert. TAVO Karte, B IV 10; Helsinki Atlas, 4. 28.

Ilabbiašu s. Nār-Ilabbiaššu

Jaru'u

íd*ia-ru-'u-ú*
1-16) Asb LET, 36' [Nī']

¶ NAT, 185; äg. *Jtr-'ȝ*; bibl. *ye'ōr* (HAL, 365); klass. Neilos (TAVO Karte B IV 23).

Der Nil, Delitzsch (1881) 312, RlA 5, 268 (D. O. Edzard), Steindorff (1890) 612. TAVO Karte B IV 13.

Kalla[…]

íd*kal-la-*⌈x⌉
1-11) Tigl Summ 1, 35 [Urarṭu]

¶ NAT, 193 (Kallama).

Fluss in →3 Urarṭu im Gebiet etwa zwischen dem Oberen Euphrat und den Tigrisquellen, das von Tiglatpileser III. annektiert und der Provinz → Na'iri bzw. der „Provinz des Generals" (→ Pīḫat-Bīt-turtāni) zugeordnet wurde. Forrer (1920) 85f.

schlägt vor, ^{íd}*kal-la-*⌜*at*⌝ zu ergänzen und identifiziert den Fluss mit dem Batman Çayı, der in der Antike syr. Kallat ("Braut"), gr. Nymphios (Barrington Atlas, 89, D3: TAVO Karte B V 13) genannt wurde (RE Tigris 1, 1012f). Nach den Zeichenspuren wäre eine solche Ergänzung denkbar, RINAP 1, 98, zu. Z. 35. Der Batman Çayı fließt aber weiter östlich vom Gebiet um die Tigris-Quellen. Da er im Text wahrscheinlich als (östliche) Grenze der eroberten Gebieten zu betrachten ist (d. h. eine Kurzform des Ausdrucks <*adi muḫḫi*> K. *nārišu*, „bis zum K., seinem Fluss", RINAP 1, loc. cit.), wäre die Gleichstellung nicht ganz ausgeschlossen. Helsinki Atlas, 3. 19. Vgl. jedoch mit dem Fluss →[3] Qallania 2, der zwischen →[3] Ajadi und →[3] Uajis fließt.

Kirara

^{íd}*ki-ra-ra*

3-11/13) ND 3475, 3 (Iraq 15, 159, s. v.)

¶ NAT, 208.

Vermutlich ein Fluss in Zentralassyrien bzw. in einem benachbarten Gebiet, Zadok (1995a) 269, 5.3.9.

Luqia 3

^{íd}*lu-qi-a*

1-04) RIMA 2, 101.1, ii, 20 [Bulijanu]; id., 101.17, ii, 65 ($^{\text{í[d]}}$⌜*lu*⌝-) [id.]

¶ NAT, 229.

Fluss in Nordmesopotamian in der Umgebung des Ṭūr ʻAbdīn (→ Kāšiāru), dessen genaue Lage umstritten ist, RlA 7, 163, s. v. Lukka §4c (W. Röllig). Auf dem Rückmarsch von → Tušḫan zieht die assyrische Armee durch das Gebirge → Kāšiāru, den Pass von → Bulijanu und entlang des Flusses L. nach → Ardupa. Radner (2006) 290 identifiziert L. mit dem Cehennem Deresi/Wādī Salo, einem Zufluss des Tigris, dessen Quellgebiet in der Umgegung von Midyat, südlich vom Ṭūr ʻAbdīn liegt. Olmstead (1918) 229 Anm. 46 mit Karte auf S. 260 schlägt eine östlichere Lage vor, und setzt L. aufgrund der Namensähnlichkeit mit Gülükka, auch einem Zufluss des Tigris nördlich von Gerçüs (Tall Abade, nach Olmstead [1918] 229 Anm. 45 identisch mit der Stadt → Bulijanu), gleich, s. dazu Liverani (1992a) 42. Olmstead loc. cit. und Streck (1898) 100 gehen davon aus, dass die in Tiglatpilesers Inschriften genannte homonyme Stadt (eigentlich zwei verschiedene Orte, → Luqia 1, → Luqia 2) am Fluss L. lag. Nach Kessler (1980) 179f. dagegen ist L. von den zwei gleichlautenden Städten zu trennen.

Maliasû

íd*ma-li-a-su-ú*
4-13) SAA 1, 55, 4'

¶ NAT, 235; vgl. RGTC 10, 380 (Nuzi Malašu) u. 171.

Der unbekannte Sender des Briefes an Sargon II. berichtet über die problemlose Überquerung des Flusses M., bevor er nach Aššur (→ Libbi-āli) kam. Nach S. Parpola könnte es sich um die Strecke des Tigris flussabwärts von Qayyāra, 40 km stromaufwärts von Aššur, handeln, wo Stromschnellen zu finden sind (SAA 1, S. 51). Zadok (1995a) 227, 1.3.10 verbindet M. mit dem in den Nuzi-Texten bezeugten Wasserlauf Malašu, der durch Unap-še(we) floss. Fadhil (1983) 328 lokalisiert Unap-še(we) in der Mitte der Strecke zwischen → Kurruḫanni (Tall al-Faḫḫār) und Turša/→ Tursana (Tall Māḫūz). Da der Anfang des Briefes nicht erhalten ist, und → Arrapḫa im gleichen Text erwähnt wird, scheint diesen Vorschlag plausibel.

***(Naḫallu-)Kusu**

*na-ḫal-li-*d*ku-si*
5-19) SAA 14, 42, 21 [*ḫarrānu ša* Sairi]. Rs. 6 ([*na*]-) [*ummu ša* Kapar-diqārāte]

¶ Wadi in der östlichen Ğazīra, der nah an den Straßen nach → Sairi und → Kapardiqārāte lag.

Naḫlu ša Napiḫi s. Napiḫi

Nār-Ilabbiašu

ÍD-*i-lab-bi-a-šú*
5-15/16) SAA 6, 332, 3' (-*b*[*i-a-šú*]). [íd(...) 1]. 6' ([íd]*i*!-)

¶ NAT, 172 (Ilabbiašu).

Fluss oder – wahrscheinlicher – Kanal in Assyrien, möglicherweise in der Umgebung von → Ninive, Zadok (1995a) 255, 4.13.2.3.10. Da in der Kaufurkunde aus dem Archiv des Rēmanni-Adad u. a. einen Weingarten erwähnt wird, der an zwei Wasserläufen – den N. und einen anderen, dessen Name nicht erhalten ist, – angrenzt, ist es unwahrscheinlich, dass es sich in beiden Fällen um natürliche Wasserläufe handelt. Zumindest einer der genannten Hydronyme muss ein Kanal gewesen sein. Da sich die meisten Transaktionen des Rēmanni-Adad auf die Region von Ninive konzentrieren (s. PNA 3/I, 1038–1041, s. v. Rēmanni-Adad 4), ist es wahrscheinlich, dass sich die genannten Wasserläufe auch in diesem Gebiet befanden.

Nār-Sîn-aḫḫē-erība

ÍD-$^{1\ d}$30-PAB^{meš}-SU

1-14) RINAP 3/2, 111.223, 15

¶ nA PN Sîn-aḫḫē-erība, PNA 3/I, 1112–1127.

„Sanheribs Kanal" ist der Name eines ca. 35 km langes Kanal, der den Kanalkopf bei Ḫinis (→ Ḫanusa) mit einem Nebenfluss des Ḫosr (→ Ḫusur) verband. Das Ḫinis-Kanalsystem war die letzte und anspruchsvollste Phase von Sanheribs Wasserbauten für → Ninive, Bagg (2000) 212–224, Jacobsen/Lloyd (1935) 31–49, Reade (1978a) 168–170. Durch eine Kombination von künstlichen und natürlichen (ev. kanalisierten) Wasserläufe, darunter der Rūbār Atrūš/Gōmal (→ Pulpullia), wurde Wasser aus dem ca. 50 km von Ninive entfernten Zagrosgebirge (→ Tas) in den Ḫosr geleitet. Damit der Kanal etwa auf halbem Wege ein Tal überqueren konnte, wurde beim Dorf Ǧerwān (→ Girmua) ein Aquädukt aus Quadersteinen gebaut. Der Name N. bezog sich höchstwahrscheinlich nicht nur auf den Ḫinis-Ḫosr-Kanal, sondern entsprach auch den damit verbundenen natürlichen Wasserläufen, worauf die Umbenennung des Flusses Pulpullia – angenommen, dass die Ergänzung des Hydronyms in Z. 13 der Bavian-Inschrift richtig ist – hinzudeuten scheint, Frahm (1997) 153 zu Z. 13. Zur Trasse des Kanals s. Bagg (2000) Taf. 63, Fales/Del Fabbro (2014) 78, fig. 15, Jacobsen/Lloyd (1935) fig. 9 u. RlA 9, 406, fig. 9 (J. E. Reade). S. auch → Patti-Sîn-aḫḫē-erība.

Patti-ḫegalli

^{íd}*pa-ti*-ḪÉ.GÁL

1-04) RIMA 2, 101.1, iii, 135 [Zāba elû]; id., 101.26, 53 [id.]; id., 101.30, 37 [id.]

ídpa-tu-ḪÉ.GÁL
1-04) RIMA 2, 101.33, 25' [Zāba elû]

¶ NAT, 276 (s. v. Patti-nuḫši).

Der „Kanal des Überflusses", den Assurnasirpal II. vom Oberen Zab (→ Zāba elû) her graben ließ, um Felder und Gärten in → Kalḫu zu bewässern, Bagg (2000) 95–104, Oates (1968a) 43–49. Der Kanal wird auch → Patti-nuḫši und → Bābelat-ḫegalli genannt, s. dazu RIMA 2, S. 223 zu 101.1, iii, 135; s. auch → Tebilti.

Patti-nuḫši

ídpa-ti-ḪÉ.NUN
1-04) RIMA 2, 101.26, 53 (Var.) [Zāba elû]

¶ NAT, 276 (Patti-nuḫši).

Der „Kanal der Fülle", ein weitere Bezeichnung des → Patti-ḫegalli.

Patti-Sîn-aḫḫē-erība

pat-ti- 1 d 30-PAB^{meš}-SU
1-14) RINAP 3/2, 111.223, 12 [Kisiri, Ninua]

¶ NAT, 276; nA PN Sîn-aḫḫē-erība, PNA 3/I, 1112–1127.

Da P. („Sanheribs Kanal") gleich nach der Erwähnung des Kisiri-Kanals (→ Kisiri 2), der ersten Phase von Sanheribs Wasserbauten für → Ninive, als neuer Kanalname genannt wird, scheint es, dass der Kisiri-Kanal nach 689 in P. umbenannt wurde, Frahm (1997) 153 zu. Z. 13. Alternativ könnte P. eine Variante von → Nār-Sîn-ahḫē-erība sein. Betrachtet man, 1. dass der Kisiri-Kanal in der Bavian-Inschrift nach einer Passage, in dem das „Gebirge Muṣri-Kanalsystem" und das „Nördliche Kanalsystem" zusammen vorkommen (Z. 8–11a), und vor einem längeren Abschnitt, in dem das „Ḫinis-Kanalsystem" behandelt wird (Z. 12b–34a), genannt wird; 2. dass es merkwürdig wäre, dass direkt nach der Erwähnung des P. vom älteren Namen eines Flusses im Gebirge → Tas die Rede sei, ohne den neuen Namen vorher genannt zu haben (Z. 12b–13a); 3. dass der Verfasser offensichtlich Probleme bei der zusammenfassenden Darstellung der drei Bauphasen, die dem „Ḫinis-Kanalsystem" vorangingen, hatte und sie durcheinander brachte; 4. dass der Ḫinis-Ḫosr-Kanal samt den damit verbundenen natürlichen Wasserläufen Nār-Sîn-aḫḫē-erība genannt wurde, und 5. dass Kanalnamen Varianten aufweisen können (s. → Patti-ḫegalli, → Patti-nuḫši u. → Bābelat-ḫegalli), liegt die Schlussfolgerung nahe, dass der P. identisch mit dem Nār-Sîn-aḫḫē-erība ist, Bagg (2000) 213f. Dass der Kisiri-Kanal P. genannt wird, lässt sich entweder durch eine misslungene Redaktion der Passage bzw. dadurch erklären, dass der Kisiri-Kanal, da er vom Ḫosr (→ Ḫusur) gespeist wurde und diesem zusätzliche Wassermengen über das „Ḫinis-Kanalsystem" hinzugefügt wurden, als Teil dieses Systems betrachtet wurde, Reade (1978a) 169.

Pulpullia

^{íd}*pul-pul-li-a*

1-14) RINAP 3/2, 111.223, 13 (^{íd}[*pul-pu-li-a*], erg. nach Jacobsen/Lloyd [1935] 42 u. Frahm [1997] 153 zu Z. 13); id., 111.226, 3 [Ḫanusa]

¶ NAT, 279 (Pulpullija); nach Reade (1978a) 169 ev. mit klass. Bumelos/Boumodos (RE 5, 1051 s. v. Bumadus; TAVO Karte B VII 16, Barrington Atlas, 89, F4) identisch, s. aber Fales/Del Fabbro (2014) 80 Anm. 54.

Fluss im Gebirge → Tas, der westliche Nebenarm des Nahr al-Ḫāzir (→ Ḫazur), der im oberen Lauf Rūbār Atrūš und im unteren Lauf Gōmel genannt wird, Fales/Del Fabbro (2014) 79–81, Hannoon (1986) 189, Jacobsen/Lloyd (1935) 21–22 mit Fig. 9, Zadok (1995a) 257, 4.18.1. Mit Frahm (1997) 155 zu T 124 u. Fales/Del Fabbro (2014) 77 Anm 47 ist P. gegen Dalley (1994) 55 Anm. 63 als Hydronym und nicht als *nār bulbullīja* „flood-prone" – mit *bulbullīja* als eine vermeintliche, von *wabālu* D-Stamm abgeleitete Form – zu verstehen. Wasser aus → Ḫanusa und → Gammagara wurde in den P. geleitet, der Teil von Sanheibs „Ḫinis-Kanalsystem" wurde, s. → Nār-Sîn-aḫḫē-erība.

Purattu

^{íd}A.RAD

1-04) RIMA 2, 101.1, iii, 64. 134 (Zamua); id., 101.23, 16 (id.); id., 101.26, 51 (id.)

1-05) RIMA 3, 102.1, 85' (⌜^{íd}A⌝.RAD]); id., 102.2, i, 36.38. ii, 16. 32. 36 [Mutkīnu]. 37. 39. 69 (2x). 82 (2x). 85 [Sagurri]. 86; id., 102.5, iii, 4 [Šītamrat]. vi, 6 [Baqānu]; id., 102.6, i, 42. 48. 51. 56. 58. 60. ii, 4 [Ninua]. 5. 23. 55. 68. iii, 16 [Paqarḫubuni]. 25. 40 [*adi rēš ēni ša* P.]. 41 [*ina rēš ēni ša* P.]. 47 [*rēš ēni ša* P., Suḫnu]. 54 [*ina pūt* Meliddu]. 57. iv, 30 [*adi rēš ēni ša* P.]; id., 102.8, 28 [*adi rēš ēni ša* P.]. 4' (^{íd}[A.RAD]) [Balīḫu]. 6' [Ninua]. 7' (erg.). 30'. 35'. 41'

[Paqarḫubuni]. 45’. 50’ [*ina rēš ēni ša* P.]. 50’ [*adi rēš ēni ša* P.]. 1’’; id., 102.10, i, 23. 33. 39. [Ana-Aššur-utēr-aṣbat]. 41 [Sagurri]. 49. ii, 1.16. 45. 51. iii 6 [Paqarḫubuni]. 16. 33 [*adi rēš ēni ša* P.]. 37. 44. 46; id. iv, 16. 22. 23; id. 102.11, 18’ (erg.). Rs. 2’ (erg.). 3’ (id.); id., 102.12, 14 [*adi rēš ēni ša* P.]. 21. 30. 31 [Ḫamānu]; id., 102.13, 2’. 4’ (erg.). 8’ ($^{\text{í[d]}}$A.RAD); id., 102.14, 27. 33. 37 [Ana-Aššur-utēr-aṣbat]. 39 [Sagurri]. 45 [Ninua]. 47. 57 [Til-ša-turāḫi]. 85. 87. 89 [Paqarḫubuni]. 91. 92 [*ina rēš ēni ša* P., Diglat]. 96. 97. 99 [Ḫamānu]. 100 [Que]. 102. 104 [Tabālu]. 108 [Uetaš]. 127. 150; id., 102.16, 8. 13, 15 (erg.). 16 ([^{íd}A.RA]D). 20 (^{íd}A.R[AD]) .22. 30. 66’. 71’. 82’ [Paqarḫubuni]. 116’ (^{íd}[A.RAD]). 122’ (erg.). 137’ (^{íd}A.[RAD]). 144’ (erg.). 152’ ($^{\text{[í]d}}$A.RAD). 162’. 182’. 273’. id., 102.28, 35; id., 102.29, 15; id., 102.29, 28. 30; id., 102.30, 19 (erg.) [Ḫatti]. 24 ($^{\text{[íd]}}$A.RAD); id., 102.31, 6 [Ḫatti]. 11 [*adi rēš ēni ša* P.]; id., 102.32, 4 [Ḫatti]. 6 [*adi rēš ēni ša* P.]; id., 102.33, 5 [Ḫatti]. 9 [*adi rēš ēni ša* P.]; id., 102.34, 5 [Ḫatti]. 11 [*adi rēš ēni ša* P.]; id., 102.35, 4 [Ḫatti]; id., 102.36, 6 [Ḫatti]; id., 102.38, 7’ [*adi rēš ēni ša* P.]; WVDOG 121, 62, Vs. 6’ ([^{íd}A.RA]D). 10’ ([^{íd}]A.RAD). 13 (^{í}[^{d}A.RA]D). Rs. 3’ ([^{íd}A.RA]D). 10’

1-07) RIMA 3, 104.4, 4’ (^{íd}A.[RAD]); id. 104.5, 4 [Ḫatti]; id. 104.8, 11 [id.]

1-11) Tigl Ann, 17, 11’; Tigl Stele, ii B, 6’ (^{íd}A.[RAD]) [Qarnê]; Tigl Summ 2, 8 ($^{\text{⸢íd⸣}}$[A.RAD]) [Diglat]; id. 6, 6 ($^{\text{⸢íd⸣}}$A.RAD); id. 7, 9 [Surappu]; id. 9, 22’ [Kummuḫu]; id. 11, 7 [Surappu]; id. 12, 7 ($^{\text{⸢íd⸣}}$[A.RAD])

^{íd}BURANUM (UD.KIB.NUN)

1-14) RINAP 3/1, 111.1, 14 ($^{\text{⸢íd⸣}}$[UD.KIB.NUN])

1-17) RIMB 2, B6.35, 4 (^{íd}⸢UD.KIB.NUN⸣)

^{íd}BURANUM (UD.KIB.NUN)^{ki}

1-05) RIMA 3, 102.23, 18 [^{íd}UD].KIB.[NUN^{k}]^{i}. id. 102.24, 9 (^{íd}U[D.KIB.NUN]^{ki})

1-11) Tigl Summ 1, 32 [Uallia]

1-13) Sg Clh D, vi, 23 [Diglat]. 35; Sg Malatya 3, 8’ (erg.) [Diglat]. id. 11’ (^{íd}⸢UD.KIB.NUN⸣^{ki}); Sg Melid, 3’ (erg.)

1-14) RINAP 3/2, 111.46, 7 [Diglat]; id., 111.213, 14

1-15) RINAP 4, 112.34, 10’ [Diglat]

1-16) Asb A, viii, 79 [Diglat]

5-16) StAt 2, 56, 2 (^{íd}UD.KIB.N[UN^{ki}])

^{íd}*pu-rat* (?)

4-13) SAA 15, 332, Rs. 2’ ([$^{\text{íd?}}$*p*]*u*-)

^{íd}*pu-rat-te*

1-02) RIMA 2, 99.2, 48. 116; WVDOG 121, 104, 10’ ([^{íd}*p*]*u*$^{?}$-)

1-03) RIMA 2, 100.5, 54 (-[*ra*]*t*-) [*ana rēš* P.]. 56. 57 ([íd]*p*[*u-rat-t*]*e*). 58 (-⸢*te*⸣). 62 (2x; 1x -⸢*rat-te*⸣). 66 [Sabirutu]. 68 [Talbiš]. 69. 74 (-[*ra*]*t*-). 80. 81. 83 (íd⸢*pu*⸣-) [*rēš* P.]. 95 [Sirqu]. 96 [Rummunina]; WVDOG 121, 50, 94f. 95f. ([íd*pu-r*]*at*-)

1-04) RIMA 2, 101.1, iii, 12. 14. 15. 16 [Anat]. 19. 24. 29 [*ana rēš* P.]. 30. 32. 41 [Bisuru *ša rēš* P.]. 44. 48. 49. 50. 96, id., 101.2, 54 [Sirqu]; id., 101.28, v, 4 [id.]; id., 101.30, 35 [Sirqu *ša nēberti* P.]. id., 101.33, 22’ (erg.); id., 101.92, 1 (í[d]*pu-rat-t*[*e*]); id., 101.95, 1

1-05) RIMA 3, 102.1, 46 (-*rat*?-*te*?). id., 102.5, iii, 4; id., 102.20, 14; id., 102.25, 13 [*ēnāte ša* Diglat *u* P.]

1-07) RIMA 3, 104.6, 13

1-13) SgF Ann, 336 (-*te*!)

4-13) SAA 5, 3, Rs. 11

íd*pu-rat-ti*

1-03) RIMA 2, 100.5, 60 (-[*t*]*i*)

1-04) RIMA 2, 101.1, iii, 50 [Kār-Aššur-nāṣir-apli]

1-13) RIMB 2, B.6.22.1, 14; Sg Najaf, ii, 20 [Gargamis]; SgF Prunk, 128; Sg Wi, 168ff., 22 [Ḫatti]

1-14) RINAP 3/2, 111.46, 71; id., 111.168, 39

1-15) RINAP 4, 112.108, iv, 16’

4-13) SAA 5, 72, (í[d*pu-rat-ti*?]

íd*pu-rat-tu*

1-04) RIMA 2, 101.1, iii, 27. 34 [Ḫaradu]

1-13) SgF Ann, 304 (íd!*pu*-)

1-14) RINAP 3/2, 111.46, 69. 77

íd*pu-rat-tú*

1-04) RIMA 2, 101.1, iii,37. 41

1-05) RIMA 3, 102.20, 13. 18

1-07) RIMA 3, 104.3, 10

¶ NAT, 281f.; RGTC 1, 208f. (präsarg./sarg. Buranuna); RGTC 2, 257f. (Ur III, Buranuna); RGTC 3, 303–305 (aB Purattum); RGTC 4, 146 (aA Purattu); RGTC 5, 312f.; RGTC 6/1, 543f. (heth. Puratti); RGTC 6/2, 208 (heth. Puratti); RGTC 8, 396–398 (nB/spB Purattu); RGTC 9, 111 (urar. Puranade); RGTC 11, 334 (elam. Purattu, Upratuš, Ufrātuva); RGTC 12/2, 393 (MEup Purattu); bibl. *p*e*rāt* (HAL 920); klass. Euphratēs (TAVO Karte B IV 23, Barrington Atlas, 93 A2).

Der Euphrat (al-Furāt), Maniori (2014) 113–115, Musil (1927a), RE Euphrates, RlA 2, 483f. (G. Meier), Woods (2005). Zur Regime s. Ionides (1937), Nöldecke (1948), Rzóska (1980) u. ferner Confort et al. (2000), Gasche/Tanret (1998), Gasche et al. (2002). TAVO Karte B IV 10 u. 13; Helsinki Atlas, 3. 9. 10. 16. 30. 32. Vgl. →^{3} Āl-Purattāja, s. →^{3}Araḫtu.

Nebenflüsse des P. sind (von Norden nach Süden) der Nahr as-Sāǧūr (→^{1} Sagurri), der Nahr al-Balīḫ (→ Balīḫu 2) und der Ḫābūr (→ Ḫābūr).

Qassu

$^{\text{íd giš}}$BAN

3-07) TH 72, 2 [Maqallu *ša eli* Q.]

4-07) TH 11, u. Rd. 6 (⸢$^{\text{íd giš}}$BAN⸣)

¶ Ein Zufluss des → Ḫābūr zwischen → Guzāna und → Naṣībīna, wahrscheinlich der Zerkansuyu oder der Wādī ʻUwaiǧ, Dornauer (2014) 22 mit Anm. 113, Weidner (1940) 18f. Dornauer (2014) 22 mit Anm. 114 erwägt auch die Möglichkeit, dass es sich um einen größeren Kanal handeln könnte. Vgl. → Qaštu.

Radānu

^{íd}*ra-da-a-nu*

1-04) RIMA 2, 101.1, ii, 52 [Babite]; id., 101.17, iii, 34 [id.]

^{íd}*ra-da-nu*

4-11) SAA 19, 89, 18 [Azari]

^{íd}*rad-da-ni*

3-13) SAA 11, 14, 15 [Azari]. 16 (erg.)

¶ NAT, 290; RGTC 5, 314 (mA/mB Radānu); klass. Physkos (TAVO Karte B IV 23); vgl. LGN 19 (präsarg. *ri-da-an-na*, Frayne [1992] 79).

Fluss im Osttigrisgebiet, der allgemein mit dem Nahr al-ʻUẓaim, einem Nebenfluss des Tigris (→ Diglat) zwischen den Unteren Zab (→ Zaba šaplû) und dem Diyālā (→ Turnat), Hannoon (1986) 36–38 u. 354f., RlA 11, 221 (J. N. Postgate), Streck (1900) 275. In Assurnasirpals II. Inschriften und im Itinerar SAA 11, 14 bezieht sich R. auf den Oberlauf des Nahr al-ʻUẓaim, nämlich den Tainal Çāy, der in nordwestlichsüdöstliche Richtung fließt, den Qara Dāğ durchquert und weiter in nordöstlich-südwestliche Richtung in den Ṭāwūq-Çāy mündet, Fuchs (2011) 230 Anm. 3, Liverani (1992a) 51. Nach dem Brief SAA 19, 89 befand sich der R. innerhalb des Zuständigkeitsbereichs des Gouverneurs von → Arzuḫina. In diesem Fall könnte sich R. eventuell auf einen anderen Zufluss beziehen (der in RlA 11, loc. cit. der vorgeschlagene Āq Sū scheint nach TAVO Karte A I 4 zu weit südlich). TAVO Karte B IV 10 u. 13; Helsinki Atlas, 10. 30. 32. S. → Radāni.

Rūru

^{íd}*ru-ú-ru*

1-02) RIMA 2, 99.1, Rs .8' [*ālāni ša šiddi* R. *ša* Meḫri]

¶ NAT, 296; vgl. LSG 128 (präsarg. *ra-ra* / *ru-ru*) s. dazu Astour (1987) 5f.

Fluss im Land → Meḫri.

Saniti (?)

^{íd}*sa-ni-ti*

5-20) SAA 14, 320, 5 (*-ni*$^{?}$*-ti*$^{?}$)

¶ NAT, 304.

Möglicherweise ein Fluss in Zentralassyrien bzw. in einem benachbarten Gebiet (N).

Subnat

^{íd}*su-ub-na-at*

1-03) RIMA 2, 100.5, 14

1-04) Bronze bands, 70, piece 5, 1 ($^{\text{[íd]}}$*su-ub-na-*[*at*]); Harrak 2004, Side 2, 18' ([^{íd}*su*]-*ub-*); RIMA 2, 101.1, i, 104 [*rēš ēni* S.]. ii, 129 [id.]. iii, 122 [id.]; id., 101.2, 13 [id.]; id., 101.3, 38 [id.]; id., 101.23, 9 [*rēš ēni* S.]; id., 101.26, 23 [id.]; id., 101.28, iv, 2 (^{íd}⌜*su-ub-na-at*⌝) [id.]; id., 101.30, 13 [id.]; id., 101.31, 7 [id.]; id., 101.32, 4 [id.]; id., 101.33, 10' [id.]; id., 101.34, 11 [id.]; id., 101.35, 4 [id.]; id., 101.38, 9 [id.]; id., 101.40,21 [id.]; id., 101.41, 9 [id.]; id., 101.42, 4 ($^{\text{í[d]}}$*s*[*u-ub-na-at*] [id.]; id., 101.43, 17' ($^{\text{[íd]}}$*su-*); id., 101.50, 11; id., 101.51, 19 [*rēš ēni* S.]; id., 101.52, 3' [id.]; id., 101.53, 2 [id.]; id., 101.56, 9 [id.]

ídsu-ub-nat
1-04) RIMA 2, 101.50, 11 [*rēš ēni* S.]

¶ NAT, 315.

Der Sufāndere bzw. Sufan çay, ein Zufluss des Tigris im Gebiet des Ṭūr ʻAbdīn (→ Kāšiāru), Kessler (1980) 31–38, Liverani (1992a) 34, Radner (1002) 290, RlA 13, 238 (A. M. Bagg). Die Subnatquelle befand sich beim heutigen Bābil, 25 km südwestlich von Cizre, Donbaz/Galter (1997), Kessler (1980) 34. TAVO Karte B IV 10 (Rēš Subnat); Helsinki Atlas, 4. 27.

Ṣūa

ídṣu-ú-a
1-04) RIMA 2, 101.1, iii, 102 [Arqānia, Zamba]

¶ NAT, 324 (Ṣū'a).

Fluss in Nordmesopotamien, wahrscheinlich der Boğaz Çayı (Devegeçidi Çayı) zwischen Diyarbakır (→ Amēdi) und das Maden Dağları (→ Amadani, → Arqānia), Liverani (1992a) 85 mit älterer Lit. Toffteen (1907) 348 identifiziert Ṣ. mit einem anderen Zufluss des Tigris, der bei Eğil fließt.

Ša[…] 3

ídšá-[x]
4-13) SAA 15, 49, u. Rd. 8' [*ina* Zaddi *ina batti* (*ammîte*) *ša* Š.]

¶ Fluss im Osttigrisgebiet, nicht weit von → Zaddi entfernt.

***Tartāru**

ídtar-ta-ra
1-03) RIMA 2, 100.5, 42. 45 (3x; -⌜*ra*⌝, ⌜íd⌝[*tar-t*]*a*-). 46 [*ina muḫḫi piāte ša* T.]. 47 [*issu muḫḫi piāte ša* T.]
4-13) SAA 1, 82, 17 [Sūḫu]

^{íd}*tar-ta-ri*
4-15) SAA 16, 104, 2’

¶ NAT, 348 (Tartār); vgl. mA Šiššar (RGTC 5, 317 mit AfO 32, 76, s. v.).

Der Wādī aṯ-Ṯarṯār in der östlichen Ǧazīra, Hannoon (1986) 107f., Horn (1922) 124f., Zadok (1995a) 224, 1.1.11. Die Annahme, dass es frühneuassyrische Belege für den mA bezeugten Wasserlauf Šiššar (VAT 9968, 4. 5. 7, ^{íd}*ši-iš-šar* u. 14 ^{íd}*ši-šar*) gibt, basiert auf dem Vorschlag von Weidner (1966) 44, den Text VAT 9968 als nA zu betrachten und in die Zeit des Adad-nērārī III. zu datieren. Diese Datierung wurde oft übernommen (Grayson [1972] 220, Hannoon [1986] 108, RGTC 5, 317) und als Argument für eine mögliche Identifizierung des mA Šiššar mit nA T. und demzufolge mit dem Wādī aṯ-Ṯarṯār (Nissen [1967] 115f.) gehalten. Der Text VAT 9968 ist jedoch nach Deller/Postgate (1985) 68 mA, so dass die entsprechenden Belege für Šiššar gehören zu RGTC 5 (Deller/Postgate [1985] 76) und nicht hierher. TAVO Karte B V 10 u. 13; Helsinki Atlas, 10. 30.

Tebilti (??)

1.
^{íd}*te-bil-ti*
1-14) **RINAP 3/1**, 111.1, 74. 75; id., 111.2, 46. 48 (beide erg.); id., 111.3, 46 [*agû šitmuru*]. 48; id., 111.4, 73 [*agû šitmuru*]. 75; id., 111.15, v, 66 [*agû šitmuru*]. vi, 2; id., 111.16, vi, 11 [*agû šitmuru*]. vi, 17; id., 111.17, v, 79 [*agû šitmuru*]. v, 85; **RINAP 3/2**, 111.42, 20 (^{íd}[*te-bil*]-) [*agû šitmuru*]. 21 (^{íd}[*te-bi*]*l*-); id., 111.39, 14. 18 (⸢^{íd}⸣*te*-); id., 111.43, 13 (-⸢*bil*⸣-) [*agû šitmuru*]. 15; id., 44, 34. 36; id., 111.46, 115 [*agû šitmuru*]. 117; id., 111.49, 13 ([^{íd}*te*]-⸢*bil-ti*⸣); id., 111.50, 10. 13 (beide erg.)
2.
^{íd}*te-bil-ti*
1-15) RINAP 4, 112.87, 6 (-*bil*$^{?}$-; in RINAP 4 als Eigenname betrachtet)

¶ NAT, 350. Wegen der problematischen Deutung von T. werden die Belege aus Sanheribs und Asarhaddons Inschriften zusammen behandelt, obwohl zwei verschiedene Wasserläufe gemeint sind.

In Sanheribs Bauberichten wird mit T. ein Wasserlauf bezeichnet, der die Fundamente des alten Palastes in → Ninive erodierte und für den Bau der Terrasse vom Sanheribs neuen Palast abgeleitet bzw. kanalisiert werden musste. Der T., „eine tobende Strömung“ (*agû šitmuru*), könnte ein Nebenarm des Tigris (→ Diglat), die Krümmung des Ḫosr (→ Ḫusur) an der südöstlichen Seite von der Zitadelle (Kuyuncik) oder ein Abwasserkanal, der sie entwässerte, gewesen sein, Bagg (2000) 171–175. Dass es sich um einen Eigennamen handelt, wird allgemein akzeptiert (Frahm [1997] 84 [zu Z. 50] u. 267, Reade [1978a] 61, RINAP 3/1 u. 3/2, RlA 13, 498 (K. Lämmerhirt), Stronach [1994] 98f.). Nach Dalley (1994) 55 Anm. 63 wäre T. aber nicht ein Eigenname, sondern eine beschreibende Bezeichnung, die sich auf den Ḫosr beziehen würde. So wären *tēbilti* als eine von *wabālu* D abgeleitete Form und *nār tēbilti* als eine Genitivverbindung, etwa „wegspülende Strömung“, zu verstehen (diese Interpretation wird als Möglichkeit in RlA 9, 394 [J. E. Reade] in Erwägung gezogen, dagegen wurde eine solche Nominalbildung in CAD T nicht verzeichnet).

Während T. in Sanheribs Inschriften einen Wasserlauf in Ninive bezeichnet, die unter Kontrolle gebracht werden musste, bezieht sich „der früherer T.“ in Asarhaddons Inschrift vom Nagūb-Tunnel auf den Kanal, den Assurnasirpal II. vom Oberen Zab (→ Zāba elû) ableitete, um die Felder und Gärten von → Kalḫu zu bewässern. Dieser Kanal, der zu Asarhaddons Zeiten außer Betrieb war, wird in Assurnasirpals II. Inschriften → Patti-ḫegalli, → Bābelat-ḫegalli bzw. → Patti-nuḫši genannt. Wie von Thomson/Hutchinson (1929) 123 Anm. 1 bereits bemerkt wurde, scheint T. in diesem Fall vielmehr eine Kanalbezeichnung, etwa „Zubringerkanal“ (< *wabālu* im Sinne von „bringen“) als ein Eigenname zu sein, Bagg (2000) 357 (Komm. zu Z. 6). Ob T. ein Eigenname, eine beschreibende Bezeichnung oder beides war, lässt sich bei der aktuellen Quellenlage nicht abschließend klären.

Turnat

^{íd}*tur-na-at*

1-04) RIMA 2, 101.1, ii, 54 [Simaki, Ammali]

^{íd}*tur-nu*

4-13) SAA 15, 156, Rs. 18; id., 157, Rs. 5’

^{íd}*túr-an*

1-02) RIMA 2, 99.2, 27 [Jalman, Laḫīru]

^{íd}*túr-na-at*

1-04) RIMA 2, 101.1, ii, 83 [Simaki]; id, 101.17, iii, 38 [Simaki, Mamli]

1-06) RIMA 3, 103.1, iv, 9 [Qarnê]; id., 103.2, iii, 20’ (⌜^{íd}⌝*túr-*) [Ebiḫ, Qai(…]na]; id., 103.2, iv, 13’ (^{íd}⌜*túr*⌝-[*na-at*]) [Ebiḫ]

¶ NAT, 360 (Tur-ilāni [lies ^íd^*túr-an*, s. RIMA 2, 148 zu Z. 27] u. Turnat); RGTC 1, 210 (sarg. Durul); RGTC 2, 259 (Ur III Durul); RGTC 3, 279 (aB Durul); RGTC 5, 321f. (mA/mB Turran); vielleicht auch RGTC 9, 111 (urar. Tura[...]); klass. Tornadotus (Barrington Atlas, 91 F4); nA PN Turni-il, PNA 3/II, 1336.

Wichtigster Fluss im Osttigrisgebiet, der heutige Diyālā, der in den Tigris (→ Diglat) mündet, Hannoon (1986) 38f. u. 355f., RlA 14, 206f. (A. M. Bagg), Streck (1900) 275. In Assurnasirpals II. Inschriften bezieht sich T. auf den Oberlauf des Diyālā (Tānğerō), Fuchs (2011) 231, Liverani (1992a) 51. Nebenarme des T. sind der → Ṭaban 2 und ein weiterer, davon östlich gelegene Wasserlauf (Sānu/Šānu), an wessen Ufer die Stadt → Nēmetti-šarri (→ Aḫ-Sāna) lag, Fuchs loc. cit., Postgate/Mattila (2004) 244. Diese Nebenflüsse entsprachen ungefähr jeweils den heutigen Nahr Mahrūt und Nahr ar-Rūz. TAVO Karte B IV 10 u. 13; Helsinki Atlas, 10. 32. Vgl. → Mê-Turnat.

Ṭaban 2

^íd^*ṭa-ban*

1-06) RIMA 3, 103.1, iv, 41 [Dūr-Papsukkal]

¶ Nashef (1982) 118 (sarg. Ṭaban) u. vgl. RGTC 1, 230 (sarg. Ṭāban/Daban); Nashef (1982) 119 (Ur III Ṭaban); RGTC 3, 312 (aB Ṭabān) mit Nashef (1982) 119–122; RGTC 5, 322 (mB Ṭaban) mit Nashef (1982) 122–125.

Einer der Nebenarme des Diyālā (→ Turnat) nach seinem Durchbruch durch den Ğabal-Ḥamrīn (→ Ebiḫ), der dem heutigen Nahr Kan'ān/Mahrūt ungefähr entsprechen könnte, Nashef (1982) mit Karten auf S. 136f, RlA 2, 96 (E. Unger), RlA 13, 392 (M. Stol). Am Fluss Ṭ. lag die Stadt → Dūr-Papsukkal (s. auch → Ṭaban 1). Helsinki Atlas, 11 (Rūdḫāne-ye Gangīr nach RlA 2, 96!).

Uluruš 2

^íd^*ú-lu-ru-uš*

1-11) Tigl Ann 5, 1 [Tasa]

¶ NAT, 367.

Fluss in Nordmesopotamien, im Gebiet des gleichnamigen Berglands (→ Uluruš 1). Nicht der Murat-Su, der mit dem → Arṣania 1 identifiziert wird, da dieser FN in den Inschriften des Tiglatpileser III. auch bezeugt ist. Es könnte sich vielleicht um den

Bikilin Čay handeln. Man muss auch mit der Möglichkeit rechnen, dass das Determinativ íd ein Schreiberfehler für kur ist, so dass auch dieser Beleg zu Uluruš 1 gehören würde, Kessler (1995) 60.

Zāba s. Zāba elû u. Zāba šaplû

Zāba elû

^{íd}*za-ba*

1-05) RIMA 3, 102.14, 93 (^{íd}*<a>-za-ba*). 160; id., 16, 294' ($^{í[d]}$*za-⸢ba⸣*)

^{íd}*za-ba* AN.TA

1-04) RIMA 2, 101.1, iii, 135; id., 101.17, v, 5 [Bābelat-ḫegalli]; id., 101.26, 53 [Patti-ḫegalli]; id., 101.30, 36 [id.]; id., 101.33, 24' (AN.T[A]) [id.]

1-05) RIMA 3, 102.5, iv, 5 (^{íd}*za-ba* AN.TA u KI.TA)

^{íd}*za-ban*

1-14) RINAP 3/2. 111.1016, Rs. 5' ($^{[í]d}$*za-*)

1-15) RINAP 4, 112.87, 7 [Kalḫu]

^{íd}*za-ban* AN.TA-*ú*

1-13) Sg 8, 8. 323

¶ NAT, 56 (Azaba), 378 (Zāba) u. 378 (Zāba elû); RGTC 5, 323 (mA/mB hist. Zabbu-elû); s. PN s. v. → Zāba šaplû.

Der Obere bzw. Große Zab, heute az-Zāb al-Kabīr, einer der östlichen Nebenflüsse des Tigris (→ Diglat), Hannoon (1986) 34f. u. 188f., Maniori (2014) 207. TAVO Karte B IV 10 u. 13; Helsinki Atlas, 4. 28. S. auch → Elamunia.

Zāban s. Zāba elû u. Zāba šaplû

Zāba šaplû

^{íd}*za-ab-bi*

4-15) SAA 16, 163, 5' (*-a[b-b]i*) (wahrscheinlich der Untere Zab)

^{íd}*za-ba*
1-01) RIMA 2, 98.1, 22 [Ruqaḫu]
1-11) Tigl Ann 19,13 (-⸢*ba*⸣). 14 (^{íd}[*za-ba*])
4-13) SAA 1, 62, 5 (wahrscheinlich der Untere Zab)

^{íd}*za-ba* KI.TA
1-03) Ahmad, Qadhiah, Nr. 1, 51, 7 (^{íd}[*za-ba* K]I.TA); id., Nr. 2, 52, 6
1-03) RIMA 2, 100.6, 6
1-04) RIMA 2, 101.1, ii, 51 [Kalzi]. 129 [Til-bāri]. iii, 123 [id.]; id., 101.2, 14 [id.]; id., 101.3, 40 [id.]; id., 101.17, iii, 33 [Kalzi]; id., 101.23, 9 [Til-bāri]; id., 101.26, 25 [id.]; id., 101.28, iv, 5 [id.]; id., 101.30, 15 (K[I].TA) [id.]; id., 101.31, 9 [id.]; id., 101.32, 5 [id.]; id., 101.34, 15 [id.]; id., 101.35, 6 [id.]; id., 101.38, 12 [id.]; id., 101.40, 25 [id.]; id., 101.42, 8 (KI.⸢TA⸣) [id.]; id., 101.50, 13 [id.]; id., 101.51, 21 [id.]
1-05) RIMA 3, 102.5, iv, 5 (^{íd}*za-ba* AN.TA u KI.TA)

^{íd}*za-ba* KI.TA-*ú*
1-05) RIMA 3, 102.14, 110; id., 102.16, 195' (^{í}[^{d}*za-ba* KI.TA-*ú*])

^{íd}*za-ban*
1-06) RIMA 3, 103.1, ii, 34; id., iv, 2; RIMA 3, 103.2, iii, 19' [Ebiḫ]; id., iv, 12' (erg.)

^{íd}*za-ban* KI.TA
1-04) RIMA 2, 101.56, 11 (-⸢*ban*⸣) [Til-bāri]

^{íd}*za-ban* KI.TA-*ú*
1-13) Sg 8, 10

^{íd}*za-ba šap-le-e*
1-03) RIMA 2, 100.5, 39. 40

^{íd}*za-ba šu-pa-li-i*
1-04) RIMA 2, 101.52, 9'; id., 101.53, 4

^{íd}*za-be šu-pa-li-i*
1-02) RIMA 2, 99.2, 23 (⸢*šu-pa*⸣-); id., 99.4, 13' ([^{íd}*za-be šu-pa-l*[*i*]-)

¶ NAT, 378 (Zāba), 379 (Zāba šaplû) u. 382 (Zanani); RGTC 1, 232 (sarg. Zābum); RGTC 3, 315 (aB Zaibum); RGTC 5, 323 (mA Zabu-šupālû); RGTC 8, 394 (nB/spB Nār-Zaban); nA PN Zābāju, PNA 3/II, 1426f.; vgl. RGTC 11, 339 (elam. Zabum); vgl.

Zāba šaplû

PN Zāba-aḫu-iddina, PNA 3/II, 1425, Zāba-bēlet. u. Zāba-iqīša, id., 1426, Zāban-iddina u. Zāban-[...], PNA 3/II, 1427. In RIMA 2, 100.6, 7 wird die Stadt → Zabban mit dem Unteren Zab verwechselt.

Der Untere bzw. Kleine Zab, heute az-Zāb aṣ-Ṣaġīr, einer der östlichen Nebenflüsse des Tigris (→ Diglat), Hannoon (1986) 36 u. 283f., Maniori (2014) 208, Pappi (2012) 599f. TAVO Karte B IV 10 u. 13; Helsinki Atlas, 10. 30.

FRAGMENTARISCHE GEWÄSSERNAMEN

[…]a 2 (?)

[…]-*a*
1-11) RINAP 1, 108.36, 13’

¶ Wahrscheinlich ein Fluss in →[3] Urarṭu, im Gebiet des Murat-Su (→ Arṣania 1). Nachdem Tiglatpileser III. den Arṣania bei Hochwasser überquerte, seien seine Truppen, über den […]a „wie über ein Bewässerungsgraben“ hinweggesprungen. Ob es sich um ein Hydronym handelt, und in diesem Fall nicht der Arṣania gemeint ist, ist unklar, Fuchs (2003) 51*.

REGISTER

1. Bearbeitete Ortsnamen

In diesem Register werden alle bearbeiteten Ortsnamen alphabetisch aufgelistet. In der zweiten Spalte wird die Kodierung der sprachlichen Herkunft angegeben.

Schlüssel

*	rekonstruierte Lesung
(?)	Lesung unsicher
(??)	ON unsicher
[B]	Berg
[F]	Fluss
[I]	Insel
[M]	Meer
ON1 → ON2	ON1 nur als Querverweis zu ON2
[Pass]	Pass von ON

Fragmentarisches

In diesem Band wurden nur die fragmentarischen Ortsnamen bearbeitet, deren Ende bzw. mittlerer Teil erhalten ist. Für die restlichen Akephala s. RGTC 7/3.

[...]a 1
[...]a 2 (?) [F]
[...]a[...] (?)
[...]ab
[...]-Adad
[...]āja 1
[...]āja 2
[...]āja 3
[...]āja 4
[...]āja 5
[...]āja 6
[...]āja 7
[...]alaḫina
[...]ani
[...]anšu 1
[...]anšu 2
[...]anu
[...]appi
[...]ariṣa
[...]asi [B]
[...]au
[...]ba
[...]banu
[...]biḫi
[...]bite (?)
[...]butu
[...]da[...]
[...]dilašu
[...]dudi
[...]esanšu
[...]ga (?)
[...]garēšu
[...]gira
[...]ḫāni
[...]ḫili
[...]ḫina (?)
[...]ḫirima
[...]ḫuli
[...]ḫūte (?)
[...]irra[...]
[...]ispi
[...]issê
[...]kabti
[...]kin
[...]kuāni (?)
[...]lal[...] (?)
[...]lianša
[...]lite
[...]luppi [B]
*[...]mâ (?)
[...]ma'a-nāṣir-apli (??)
[...]me (?)
[...]meš (?)
*[...]mezâ (?)
[...]na 1
[...]na 2 (?)
[...]ni[...]
[...]ni-Aššur
[...]nistu
[...]nu
[...]nû'a
[...]pû (?)
[...]qini (?)
[...]ra
[...]rāni
[...]ri 1 (?)
[...]ria
[...]ritu
[...]-samsi
[...]siza [B]
[...]su
[...]ša'ate
[...]šanî (?)
[...]še

2. Moderne Ortsnamen

Koordinaten in Klammern stammen meist aus dem TAVO-Register. Orthographien nach dem TAVO-Register bzw. nach der Publikation, in der der Ortsname erwähnt wird. „s." bedeutet „erwähnt im Zusammenhang mit", d. h. der moderne Ortsname ist kein Lokalisierungsvorschlag. Alle Koordinaten sind Suchkoordinaten (s. TAVO-Register Bd. I, xii). Flüsse u. Kanäle, Berge, Seen, Landschaften und Inseln werden jeweils mit „[F]", „[B]", „[S]", „[L]" und „[I]" gekennzeichnet. In der dritten Spalte wird auf die entsprechenden TAVO-Karten ggf. auf andere Publikationen hingewiesen.

Kriterien für die alphabetische Reihenfolge (nach dem TAVO Register Bd. I, xvii):

1) Die Namen sind nach den Buchstaben des deutschen Alphabets geordnet.
2) Artikel am Anfang der Namen werden nicht berücksichtigt, wohl aber innerhalb eines mehrgliedrigen Namens.

Abū Kamāl (34.20/40.50)	s. Nagiāte	A I 4
Abū Ṣīr (30.55/31.10)	Puširu	B V 21
Abydos (26.10/31.55)	s. Tajani	B V 21
ʻAin al-ʻArūs (36.40/38.55) [F]	Balīḫu 1	i. d. N. v. → Tall Abyaḍ
ʻAin Kawa (36.00/44.00)	Milqia	bei → Arbīl
ʻAin Sifnī (36.40/43.20)	s. Banbarina	A I 4
Akdağ (38.40/40.00) [B]	Uluruš 1	A I 2 (Ostteil)
Akhwâr → Aktepe		
Aktepe (34.05/45.05)	Dandammusu	B II 12.1
Aleppo → Ḥalab		
Alqōš (36.40/43.05)	Qumanî	A I 4
Altınbaşak → Ḥarrān		
Altūn Kūbrī (35.45/44.00)	Arzuḫina, Sarê	A I 4
al-ʻAmādīya (37.00/43.15)	Kipšūna	A I 4
ʻĀmūdā (37.00/40.45)	s. Til-naḫīri	A I 4
ʻĀna (34.20/41.50) [I]	Anat	A I 4
ʻAnaz → Anaz Höyük		
Anaz Höyük (37.00/39.00)	Dūru 1	TPC G4B
Ankawa → ʻAin Kawa		
ʻAnqā (34.15/41.00)	s. Ḫindānu	A I 4
ʻAqra (36.40/43.50)	Ḫalzi-atbāri	A I 4
Āq Sū (34.30/44.30) [F]	Radānu	A I 4
al-ʻArāba al-Madfūna (26.19/31.55)	s. Tajani	B V 21
ʻArafah (35.20/44.20)	Arrapḫa	3 km N von → Kirkūk

Arbīl (36.00/43.30)	Arbail	A I 4
Armant (25.35/32.30)	s. Unu	B V 21
Arpatepe (37.40/40/50)	Udu	7 km W v. → Matar
Arwah (37.55/42.30)	Arbakki	Harouthyounyan (1984) Karte
Askī Kalak (36.00/43.30)	Adian	Helsinki Atlas, 4
Aswān (24.05/32.50)	s. Tajani	B V 21
Asyūṭ (27.10/31.10)	Šijātu	A I 1
al-Aswad (34.30/43.00)	Dajašeti	Musil (1927) Karte
al-Ašmūnēn (27.45/30.45)	Ḫimuni	B V 21
Aṭfīḥ (29.20/31.15)	s. Piḫattiḫurunpiki	B V 21
Azraq Oase (31.50/36.40)	Bāzu	A I 5
Bābil (37.15/42.00)	s. Subnat	B IV 10
Badra (33.00/ 45.50)	Dēru	A I 4
Bāġūz aš-Šimālī (34.15/40.45)	s. Ḫindānu, Nagiāte	A I 4
Baḫrenuf (36.45/43.00)	Kannu'	4 km NÖ v. → Maltai
Ba'īğī (34.45/43.30)	s. Kār-Ištar 1	A I 4
al-Bahasna → Tall Abū Ḥasan		
Baḥrain (26.00/50.30) [I]	s. Bāzu	A I 1
Baḥzani (36.20/43.20)	Dūr-Ištar 2	Jacobsen/Lloyd (1934) 32, Fig. 9
Balad Sinğār (36.20/41.50)	s. Singāra 2	A I 4
Bālāne (37.45/41.20)	Bulijanu	i. d. N. v. → Gerçüs
Balāwāt (36.10/43.20)	Imgur-Enlil	B IV 10
Balīḫ (36.00/39.00) [F]	s. Ḫarrānu	A I 4
Bana-Bawi Dāġ (36.15/44.15) [B]	Ḫāni	Levine (1973) 6
Ba Sebrina → Haberli		
Basbirin → Haberli		
Bāšiqā (36.20/43.20)	s. Dūr-Ištar 2	Jacobsen/Lloyd (1934) 32, Fig. 9
Basorin (37.10/42.20)	Šabirēšu	B III 7
Bastūre-Çāy (36.15/44.00) [F]	s. Ḫāni	A I 4
Batman Çayı (38.00/41.10) [F]	s. Aggunu, s. Birtu 2, Kalla[…], s. Kullimeri, s. Uppumu	A I 2 (Ostteil)
Beidul (36.40/43.20)	Biturra	N v. → Ḫinis
Bekan Dağı (37.50/40.55) [B]	Matnu	Parker (2001) 109
Berkilin (38.35/40.30)	s. Uluruš 1	B IV 10
Berkilin Čay (38.35/40.30) [F]	Uluruš 2	A I 2 (Ostteil)
Beyboḫ (36.30/43.10)	Kisiri 2	Bagg (2000) Taf. 37
Beystüşşebap (37.30/43.00)	Kummu	A I 2 (Ostteil)
al-Birba (26.20/31.50)	Tajani	B V 21

Birecik (37.00/37.50)	s. Isāna	A I 4
Birkleyn → Berkilin		
Boğaz Çayı (38.15/39.40) [F]	Ṣūa	A I 2 (Ostteil)
Botan Çayı (38.00/42.30) [F]	s. Šariššu	A I 4
Bughēdrā (37.20/40.45)	Gidara	20 km S v. → Mardin
Burēr (31.30/34.35)	Barūri	B VI 10 (Südteil)
Buṣaira (35.30/40.30)	Rummunina, Sūru 1	Lipiński (2000) 81
aç-Ça'ābi (34.45/40.30)	Arbate	Musil (1927a) Karte
Çam Çayı-Tal (37.35/39.20)	s. Ašša	A I 2
Cehennem Deresi (37.25/41.25) [F]	Luqia 3	i. d. N. v. → Midyat
Çermik Çayı (38.10/39.25) [F]	s. Mallānu	A I 2 (Ostteil)
Çinar (37.45/40.20)	s. Barzaništa	A I 2 (Ostteil)
Čiyā Bēhēr (37.00/42.30) [B]	Nal	A I 4
Cizre (37.10/42.10)	s. Asiḫi 1, Subnat	A I 4
Cudi Dağı (37.20/42.30) [B]	Nipur	A I 2 (Ostteil)
Dahūk (36.50/43.00)	Adian	A I 4
Darband-e Ḫān (35.00/45.30)	Pass v. Ḫašmar	B II 7
Derbent (37.30/40.50)	s. Šingiša	Kessler (1980) 78
Darewiškeh (34.20/45.20) [B]	Ḫašimur	S v. → Ḫānaqīn
Daryāče-ye Zarībār (35:30/46.00) [S]	s. Idu	A I 4
Dereyani s. Ṣuri		
Derik (37.15/40.15)	s. Išpallurê, Tela 1, Uḫira	A I 2 (Ostteil)
Dernāḫ (37.00/42.30)	s. Atkun, Pilazi, Ušḫu	A I 4
Devegeçidi Çayı → Boğaz Çayı		
Dibek Dağı (37.00/41.15) [B]	Izalla	A I 2 (Ostteil)
Dibil (30.25/40.25)	(nicht) Diuiapli	ca. 3 km SW v. → Hani
Diğla → Tigris		
Diyālā (34.30/44.30) [F]	Turnat	A I 4
Diyarbakır (37.50/40.10)	Amēdu, Andi, s. Luqia 2, Luqia 3	A I 2 (Ostteil)
Doura Eurōpos (34.45/40.30)	s. Arbate, Aqarbāni	B V 3
Ebsi (37.25/41.25)	Lapsia, s. Apsia	Kessler (1980) 77
Eğil (38.15/40.05)	s. Ṣūa	A I 2 (Ostteil)
Elâsiğ (38.30/39.10)	Alzi, Musku 2	A I 2 (Ostteil)
Ergani (38.10/39.30)	s. Amadani, Arqānia	A I 2 (Ostteil)
Ergani-Pass (38.15/39.25)	(Pass von) Amadani	→ Maden Dağları
Eski Kifrī (34.30/44.30)	s. Laḫīru 1	B IV 10
Eski Mosul → al-Mauṣil-al-Qadīm		

Faida (36.45/42.45)	s. Ālum-riksi	A I 4
Failaka (29.30/48.15)	s. Tilmun	B IV 13
al-Fallūğa (33.15/43.45)	s. Rapiqu	A I 4
Fafih (37.15/40.45)	s. Sinabu	ca. 12 km Ö v. → Ömerli
Finik (37.10/42.10)	s. Šariššu	N v. → Cizre
Fis (38.20/40.0)	s. Abbissâ	B VI 4
Fittar (37.15/40.15)	Išpallurê	i. d. N. v. → Derik
Fum (38.10/41.10)	Uppumu	ca. 3 km Ö v. → Lice.
al Furāt (35.30/39.45) [F]	Purattu	A I 4
Ğabal al-'Afs (37.20/40.45) [B]	s. Apsia	A I 2 (Ostteil), NW v. → Mardin
Ğabal Bāšiqā (36.30/43.15) [B]	Muṣri 2	Jacobsen/Lloyd (1934) 32, Fig. 9
Ğabal Bišrī (35.00/39.00) [B]	Bisuru	A I 4
Ğabal Ḥamrīn (35.00/43.30) [B]	Ebiḫ	A I 4
Ğabal Kaukab (36.30/40.45) [B]	Kukibi	B IV 13
Ğabal Makḥūl (35.00/43.15) [B]	s. Kār-Ištar 1	A I 4
Ğabal Maqlūb (36.30/43.30) [B]	Muṣri 2	A I 4
Ğabal Najma [B]	s. Ekallāte	ca. 30 km N v. → Qal'at Širqāt
Ğabal Sinğār (36.30/41.00) [B]	Singāra 1, s. Marê	A I 1
al-Ğābirīya (34.20/41.00)	Ḫindānu	B IV 13
Ğamğamal (35.30/44.40)	Dūr-tālitte	A I 4
Ğarābulus (36.40/38.00)	s. Isāna	A I 4
al-Ğarāhīya (36.40/43.10)	Talmusu	B III 7
Ğarwān (36.30/43.00)	Girmua	B IV 13
Garzansuyu (38.10/41.30) [F]	s. Pitura	unterer Lauf des → Yanarsu Çayı
al-Ğauf (29.45/39.45)	Adummatu, s. Mas'a	A I 4
al-Ğauf-Plateau (30.00/39.30)	Qidru, s. Kapānu	A VII 1
Gaziantep (37.00/37.20)	s. Ḫirāna	A I 4
Ğazīra [L]	s. Ḫarrānu et passim	A I 1
Ğazīrat Bēğān (34.10/42.00) [I]	Sabirutu	B IV 10
Ğazīrat Ibn 'Umar (37.15/42.00) [I]	s. Šariššu, Ušḫu	B V 8
Ğazīrat Talbīs (34.20/42.00) [I]	Talbiš, s. Sūru 2	B IV 10
Ġazza (31.30/34.25)	s. Barūri	A I 5
Gefše (37.00/42.30)	s. Kipšūnu	15 km NÖ v. → Zāḫū
Genç (38.45/40.30)	Penzâ, s. Ṭunibuni	A I 2 (Ostteil)
Gerçüs (37.45/41.20)	s. Bulijanu, Luqia 3	A I 4
Ğermawa (36.45/43.00)	Girmua	14 km NW v. → Maltai

Germiş (36.40/38.00)	s. Isāna	Archi et al. (1971) Karte H8-10
Ğerwān → Ğarwān		
Girbel → Tall Beš Taḥtānī		
Gir-e pan (36.40/42.50)	Talmusu	B IV 10
Ğirğā → al-Birba		
Girnavaz (37.00/41.10)	Nabulu, s. Urakka	B IV 10
Glei'eh → Qulai'a		
Göktepe (37.45/40.20)	Barzaništa	A I 2 (Ostteil), 5 km SW v. → Çinar
Gök Tepe (35.40/44.10)	Arzuḫina	B IV 10
Gōmel (36.45/43.00) [F]	Ḫazir, Pulpullia	Jacobsen/Lloyd (1934) 32, Fig. 9
Gre Amera (37.50/41.30)	Pitura	Parker (2001) 124, fig. 4.12, Nr. 24
Gre Dimse (37.50/40.55)	Arbakki	6 km SÖ v. → Salat, Radner/Schachner (2001) figs. 2–4
Gre Migro (38.00/41.10)	Kullimeri	25 km N v. der Mündung des → Batman Çayı in den Tigris, Parker (2001) 181, Fig. 5.8, Nr. 212
Gülharin (37.00/40.30)	Ḫirānu	Lipiński (2000) 139
Gülükka (37.45/41.20) [F]	Luqia 3	N v. → Gerçüs
Gümüş Çay → Gümüş Deresi		
Gümüş Deresi (37.10/40.30) [F]	s. Arnabāni, Arqānia, Kapar-Tatû	A I 2 (Ostteil)
Gunduk (36.50/43.50)	Niramu	Fiey (1965) 224
Haberli (37.30/41.35)	Ištarāte	A I 2 (Ostteil)
Ḫābūr (35.30/40.00) [F]	Ḫābūr	A I 1
Ḫābūr, östlicher (37.00/42.45) [F]	s. Atkun, Birtu 2, Pilazi, Ušḫu	A I 4
Haikal (35.30/43.10)	Ekallāte	B IV 10
Hakkari (37.30/4.40)	Ukku	A I 2 (Ostteil)
Ḥalab (36,10/37.10)	s. Isāna	A I 1
Ḥalabğa (35.10/45.30)	s. Zabban	A I 4
Ḥalabīya (35.30/39.45)	Kipina, s. Nēbarti-Aššur	B V 12
Ḫānaqīn (34.20/45.20)	s. Ḫašimur	A I 4
Hani (38.25/40.25)	s. Diuiapli, Ezzēda	A I 2 (Ostteil)
Ḫan-i Zadeh (36.15/44.00) [B]	Ḫāni	am linken Ufer des → Bastūre-Çāy

Ḥarrān (36.50/39.00)	Ḫarrānu, s. Badāni 1	A I 4
al-Ḥasā' (26.00/49.30)	Ḫazû	A I 1
Ḥasaka (36.20/40.40)	Magarisu	A I 4
Hasanah (37.20/42.30)	Ezāma	am Fuß des → Cudi Dağı
Hazak → Idil		
Hedil (37.15/41.45)	Andulu	12 km W v. → Idil
Hezilsuyu (37.30/42.30) [F]	s. Meḫri, Ukku	A I 4
al-Ḥiğāz (25.00/37.00)	Ḫazû	A I 6
Hilvan (37.30/38.45)	s. Aššа	A I 2
Ḫinis (36.40/43.20)	Ḫanusa	B IV 10
Ḫirbat ad-Dīnīya (34.20/41.30)	Ḫarādu, s. Mašqīte	B IV 10
Ḫirbat Qara Qounly (36.00/43.20)	Adia	Hannoon (1986) 195, Nr. 13
Ḫirbat Qara Reš (35.50/44.40)	Sarê	ca. 50 km stromaufwärts v. → Altūn Kūbrī
Ḫirbat Reḥḥal (36.30/43.30)	Elmunaqinnê	9 km NÖ v. → Bāšiqā
Hīt (33.30/42.45)	Ītu	A I 4
Ḥolwān → Sar-e Pol-e Ẕahāb		
Hormuz, Straße von (26.00/56.30)	Bāzu	A I 6
Ḫorsābād (36.30/43.15)	Dūr-Šarrukīn	B IV 13
Ḫosr (36.20/43.00) [F]	Ḫusur	B IV 10
Idil (37.15/41.45)	s. Asiḫi 1, Izalla	A I 2 (Ostteil)
Ilām (33.30/46.30)	s. Qirbit	A I 4
'Imādıya (37.00/43.30)	s. Kummu	B VII 16
Inğāna (34.30/44.30)	Dūr-Bēl-ilā'ī	A I 4
Isân Köi → Izan		
Istilil (37.20/41.00)	Patiškun	Lipiński (2000) 139
Izan (36.45/37.40)	s. Isāna	B III 3
Izkī (22.30/57.30)	Izkê	A VIII 1
Jemen (15.30/43.30)	s. Saba'a	A VII 1
Jerraḥiyeh (36.40/43.10)	s. Talmusu	Jacobsen/Lloyd (1935) 32, Fig. 9
Kāf (31.15/37.30)	Kapānu	A I 5
Kafr Tūṯā (36.50/40.20)	Kapar-Tatû, s. Kubanaše	B VIII 8
Kalatā (36.30/43.10)	s. Ḫattâ	Jacobsen/Lloyd (1936) 32, Fig. 9

Kale-i Zerzevan (37.40/40.10)	s. Damdammusa	Barrington Atlas, 89, C3
Kan-i-kola (36.40/43.20)	Kukkinu	N v. → Ḫinis
Karabugan (38.30/40.10)	Ezzēda	zwischen → Hani und → Palu
Karaca Dağ (37.30/39.45) [B]	s. Barzaništun, Izalla, Jasume 2	A I 2 (Ostteil)
Karamlais (36.10/43.20)	Kār-Mullissi 1	B IV 10
Karmē (34.45/43.30)	Karmê	B VI 11
Kawwašte (34.30/43.15)	Kabsite	Musil (1927) Karte
Kayapınar (37.30/41.10)	Irsia	A I 2 (Ostteil)
Kemaliye (37.05/41.10)	Urakka	i. d. N. v. → Girnavaz
Kerh → Üçtepe		
Kifrī (34.30/44.45)	s. Zabban	A I 4
Killith (37.30/40.50)	Udu	6 km NW v. → Savur
Kindē Kufli (36.50/42.30)	s. Aššur-iqīša	erw. v. Hannoon (1986) 246f.
Kirkūk (35.20/44.20)	Arrapḫa	A I 4
Kivah (37.30/41.35)	Kibaki	8 km S v. → Haberli
Kızıltepe (37.10/40.30)	s. Kapar-Tatû	A I 4
Komame (37.00/43.30)	s. Kummu	9 km SÖ v. → ʻImādıya
al-Koṭbijje (33.40/42.40)	Ḫarbê	ca. 25 km stromaufwärts v. → Ḥīt, erw. v. Musil (1927b) 203
Küçükköy (38.20/40.20)	Kulisi	Schachner (2007) 231
Kuyuncik → Tall Qūyunğuq		
Kūm Abū Billū (30.20/30.45)	Piḫattiḫurunpiki	B V 21
Kürthaçitepe (34.05/45.05)	Mariri	Lipiński (2000) 139
Lēlān (34.30/44.15)	Arzuḫina	am →Ṭāwūq-Çāy
Lice (38.40/40.40)	s. Diuiapli, Ṭunibuni	A I 2 (Ostteil)
Luxor (25.30/32.30)	Nī'	B V 21
Matar (37.40/40/50)	Madara	Kessler (1980) 77
Maden Dağları (38.15/39.25) [B]	Amadani, Arqānia, Namdānu	A I 2 (Ostteil)
Mâḥûz (32.20/42.10)	Rapiqu	Musil (1927a) Karte
Malatya (38.20/38.10)	s. Musku 2	A I 2 (Ostteil)
Maltai (36.45/43.00)	Malijāti	B IV 13
Malṭeh Naṣara (36.50/42.50)	Ālu-ša-raṭāṭīšu	Hannoon (1986) 239, Nr. 9.
Mandalī (33.40/45.30)	s. Dūr-Papsukkal	A I 4

Maqbarat Šēẖ ‘Ala’ ad-Din (36.50/42.30)	s. Aššur-iqīša	erw. v. Hannoon (1986) 246f.
Mardin (37.20/40.45)	s. Eẖiman, Gidara, Izalla, Mardijanê, Til-zanî	A I 2 (Ostteil)
Maryamīn (34.35/36.15)	s. Mariametu	B VI 1
al-Maṭarīya → Tall al-Ḥiṣn		
al-Mauṣil (36.20/43.00)	Ninive	A I 4
al-Mauṣil-al-Qadīm (36.30/42.40)	Balāṭāja	A I 4
Mayādīn (35.00/40.15)	s. Arbate	A I 4
Mazı Dağı (37.20/40.25) [B]	Uẖira	A I 2 (Ostteil)
Mazıdağı (37.20/40.25)	s. Tēla 1	A I 2 (Ostteil)
al-Mazza (33.30/36.10)	s. Mezê	B VI 10 (Nordteil)
Mehri (37.30/42.40)	s. Meẖri	A I 4, 40 km Ö v. → Şirnak
Meirina (36.40/43.20)	Mēsu	N v. → Ḫinis
Mekka (21.25/39.50)	s. Ḫajappa	A I 1
al-Mḥddâde (34.10/42.00)	Zadidāni	Musil (1927a) Karte
Midyat (37.25/41.25)	Matiātu; s. Apsia, Lapsia, Luqia	A I 4
Mīt Ruhaina (29.50/31.15)	Mempi	A II 2
Mohammed Saghir → Tall Muḥammad		
Mosul → al-Mauṣil		
Mosul Tepe (36.20/43.20)	Sulu	Jacobsen/Lloyd (1934) 32, Fig. 9
Munaireh (35.45/43.15)	Isāna	erw. v. Hannoon (1986) 117f.
Muqbil al-Fawqānī (37.20/40.45)	Gidara	i. d. N. v. → Bughēdrā
Muqbil al-Taḥtānī (37.20/40.45)	Gidara	i. d. N. v. → Bughēdrā
Murat-Su (38.40/40.30) [F]	Arṣania 2	A I 2 (Ostteil)
Muş (38.40/41.20)	s. Ammaš	A I 2 (Ostteil)
Muşgüneyı Dağları (38.0/40.30) [B]	Uluruš 1	A I 2 (Ostteil)
Nahr al-Balīẖ (36.10/39.00) [F]	Balīẖu 2	A I 4
Nahr al-Ḫāzir (36.30/43.30) [F]	Ḫazir	A I 4
Nahr al-‘Uẓaim (35.00/44.00) [F]	Radānu	A I 1
Nah ar-Rūz (33.45/44.45) [F]	s. Nēmetti-šarri, Turnat	Ö v. → Nahr Mahrūt
Nahr Kan’ān → Nahr Mahrūt		
Nahr Mahrūt (33.45/44.45) [F]	Ṭaban 2	A I 4
Nahr Ṣaklāwīya (33.15/43.30) [F]	s. Rapiqu	Cole/Gasche (1998) 51
Narin Čāy (34.30/44.30) [F]	s. Dūr-Anunīti	etwa 25 km NW v. → Tall Ḥaddād

Nil (19.00/33.30)	Jau'ru	A I 1
Nimrūd (36.00/43.20)	Kalḫu	B IV 13
Nusaybin (37.00/41.00)	Naṣībīna; s. Ḫamedê 2, Izalla	A I 4
Oberer Zāb → az-Zāb al-Kabīr		
Oman ('Umān)	Qadê, s. Izkê	A I 6
Ömerli (37.15/40.45)	s. Sinabu	A I 2 (Ostteil)
Orta Alan (37.50/41.30)	Kūkunu	Parker (2001) 124, Fig. 4.12, Nr. 15.
Palu (38.45/39.55)	s. Ezzēda	A I 2 (Ostteil)
Pamuk Çayı (38.00/40.35) [F]	s. Aggunu	A I 2 (Ostteil)
Pirmam Dāġ (36.15/44.15) [B]	Ḫāni	Levine (1973) 6
Pornak (37.40/40.20)	Damdammusu, Sinabu	B IV 10
Qadhiah (36.00/43.00)	Nēmed-Tukultī-Ninurta	5 km N v. → Mosul
Qal'at Širqāṭ (35.20/43.10)	Aššur, Libbi-āli	B IV 10
Qal'at Širvāna (34.30/45.15)	Zabban	A I 4
Qara Dāğ (34.15/45.15) [B]	s. Radānu	A I 4
Qara Tappe (34.15/44.45)	Zabban; s. Zaddi	A I 4
Qara Tcheraf (36.30/39.00)	Til-ša-turāḫi	Frayne (2001) 230
Qaṣr-e Šīrīn (34.30/45.35)	Gannanāte	A I 4
Qaṣr Šimāmūk (36.00/43.40)	Kalzu	B IV 10
Qayyāra (35.45/43.15)	Šišil, Ubasê	A I 4
Qizil Ribāṭ (34.00/45.00)	Qarnê 2	A I 4
Qulai'a (34.10/42.10)	Kār-Apladad	B IV 10
ar-Ramādī (32.25/43.30)	s. Rapiqu	A I 4
Ra's al-'Ain (36.45/40.00)	s. Šūdu	A I 4
Ra's al-'Ain (36.30/43.15)	Rēš-ēni	Jacobsen/Lloyd (1936) 32, Fig. 9
Rūbār Atrūš (36.45/43.00) [F]	Pulpullia	A I 4
Rūbār Dahūk (36.45/42.45) [F]	s. Nal, Si'immê	A I 4
Rūbār Rāwandūz (36.30/44.15) [F]	Elamunia	A I 4
Rūd-e Kārūn (32.15/38.45) [F]	s. Diglat	A I 4
Rūdḫāne-ye Gangīr (33.45/45.30) [F]	Ṭaban 2	A I 4
ar-Ruṣafa (35.30/38.30)	Raṣappa	B VII 12
Saba'a (34.50/41.10)	s. Zabanni	B IV 10
Sabḫat aṣ-Ṣubbaḫ → Saba'a		
Sâda (37.00/41.00)	s. Šūdu	ca. 31 km N v. → Nusaybin

Safin Dāġ (36.15/44.15) [B]	Ḫāni	A I 4
Safṭ al-Ḥinnā (30.30/31.30)	Pišaptu	B IV 2.1
Šaḫ (37.30/42.20)	Ušḫu	Forrer (1920) Karte
Sakız Dağı (38.20/39.45) [B]	Arqānia	A I 2 (Ostteil)
as-Salāmīya (36.00/43.20)	Sasiqani	Helsinki Atlas, 4
Salat (37.50/40.55)	s. Matnu	A I 2 (Ostteil)
Salat Tepe (37.50/40.55)	Pitura	bei → Salat
Ṣā l-Ḥağar (30.55/30.45)	Sai	B IV 13
aṣ-Ṣāliḥīyah (34.30/4030)	Arbate	A IV 4
Sāmarrā' (34.10/43.50)	Sur-marrāti	A I 4
Šamīrān (35.10/45.30)	Zabban	14 km W v. → Ḥalabğa
Sammanūd (31.00/31.10)	Ṣabnūti	B V 21
Sân el-Ḥagar (31.00/31.45)	Ṣa'nu	B IV 13
as-Santa (30.45/31.05)	Punubu	B X 13
Šaqlāwa (36.15/44.15)	Issēte	A I 4
Sar-e Pol-e Ẕahāb (34.15/45.45)	Ḫalman	A I 3
Šarīf Ḫān (36.20/43.00)	Tarbiṣi	B IV 10
Savur (37.30/40.50)	Sūru 3 (Šūra)	A I 4
Savur Çayı (37.30/40.50) [F]	s. Nirdun, Šingiša	A I 2 (Ostteil)
as-Sawwâri (34.20/42.00) [I]	s. Ṣibate	Musil (1927a) Karte
Šēḫ 'Ādī (36.40/43.20)	Adia	SÖ v. Daḫūk
aš-Šēḫ Ğābir (34.20/41.00)	s. Ḫindānu	erw. v. Musil (1927a) 203
Šekaft-e Golgol (33.30/46.30)	s. Ḫalēḫasta	B IV 13
Selamye (36.00/43.20)	s. Darraska	4 km N v. → Nimrūd
Şeriş (37.30/41.00)	s. Šariššu	B V 6
Sihratepe (37.40/40.20)	s. Mariri, Tēla 1	Kessler (1980) 115
Silopi(ebene) (37.10/42.20)	s. Šabirēšu	A I 2 (Ostteil)
Silsile (36.40/38.00)	s. Isāna	Archi et al. (1971) Karte H8-10
Silvan (38.10/41.00)	(nicht) Qilissa	A I 2 (Ostteil)
as-Sinn (35.15/43.15)	Isāna, Sinnu	B VII 12
Şirnak (37.30/42.30)	s. Šariššu, Ukku, Ušurnu	A I 4
Širu Malikta (36.45/43.45)	s. Ālum-riksi	B IV 13
Siverek (37.45/39.20)	s. Aššа	A I 2
Šiwasor (36.00/43.40) [F]	s. Kalzu	Helsinki Atlas, 28
as-Slejmijje (34.10/42.20)	s. Ḫudubili	Musil (1927a) Karte
Šubasi (36.30/43.15) [F]	s. Ḫattâ	Jacobsen/Lloyd (1936) 32, Fig. 9

Subnatquelle → Bābil

Sufan çay → Sufāndere		
Sufāndere (37.00/42.00) [F]	Subnat	A I 2 (Ostteil)
Sultān ʻAbdallāh (35.55/43.23)	Amante	12 km S v. → Tall Kašāf
Sultantepe (37.00/38.50)	Ḫuzīrīna, s. Qipāni	B IV 10
Şuri (37.30/40.50)	Sūru 3 (Šūra)	12 km S v. → Savur
Surīya (35.50/38.50)	Sūru-Nūrāni	B IV 10
Sūr Mur'eh (34.10/42.10)	s. Ḫudubili	Young (1983) 25
Sūr Talbīs (34.20/42.00)	Sūru 2	B IV 10
Süvrihalil (Pass) (37.30/43.24)	Elizkun	Radner (2012) 244
Taimā' (27.30/38.30)	Tēma'; s. Ḫajappa	A I 6
Tainal Çāy (35.30/45.00) [F]	Radānu	A I 4
Takyan Höyük (37.00/42.30)	Aššur-iqīša	Parker (2001) 70, Nr. 49
Tall Abade (37.45/41.20)	Bulijanu, s. Luqia 3	bei → Gerçüs, Kessler (1980) 77
Tall ʻAbṭa (35.55/42.35)	Dūr-Bēl-Ḫarrān-bēlu-uṣur	A X 12.3
Tall Abū Arzala (36.35/41.00)	Tabite	B II 7
Tall Abū Bakr (36.30/40.40)	Magarisu	B IV 10
Tall Abū Ḥā'it (35.10/40.30)	Ālu-ša-Ḫarāni	B III 7
Tall Abū Ḥasan (34.40/40.50)	Ṣupria	B II 7
Tall Abū Māriyā (36.20/42.30)	Apku	B IV 10
Tall Abyaḍ (36.40/38.55)	Balīḫu 1	A I 4
Tall Addāya (36.00/43.00)	s. Adia	Reade (1968) pl. lxxvii
Tall ʻAfar (36.20/42.20)	Nēmed-Issar	A I 4
Tall 'Afrīya (34.45/40.30)	s. Arbate	erw. v. Horn (1922) 150
Tall ʻAğāğa (36.10/40.40)	Šadikanni	B IV 10
Tall ʻAğāğī (35.00/43.30)	s. Kār-Ištar 1	B III 7
Tall ʻAgūb (36.00/43.20)	s. Darraska	4 km NÖ v. → Selamiye
Tall ʻAin Ṭelṯameh (36.30/43.10)	Kisiri 2	Bagg (2000) Taf. 37
Tall al-ʻAbbāsīyah (36.20/43.10)	Ḫalaḫḫu	B III 7
Tall al-Anbār (32.20/42.10)	Rapiqu	B IV 10
Tall al-ʻAqar (33.00/ 45.50)	Dēru	B IV 10
Tall al-ʻAšāra (34.50/40.30)	s. Kār-Aššur- nāṣir-apli, Sirqu, Sūru 1	B IV 13
Tall al-Faḫḫār (35.00/44.00)	Kurru[...]	B III 3
Tall al-Faramā (31.00/32.35)	Kār-Banīte, Ṣi'nu	B IV 23
Tall al-Ḫair (30.45/32.30)	Magdali	B IV 23
Tall al-Ḥamīdīya (36.10/37.40)	Nilibši	B V 15.1

Tall al-Helif (37.20/40.45)	Gidara	i. d. N. v. → Bughēdrā
Tall al-Ḥiṣn (30.00/31.15)	Unu	B V 21
Tall al-Huḏail (36.00/42.00)	Raṣappa	B IV 10
Tall al-Ḥusainiyeh (36.40/43.10)	Dadiualla	Hannoon (1986) 195
Tall al-Ḥuwaiš (35.30/43.10)	Ubasê	B IV 10
Tell al-Menāḫer (35.10/40.40)	Til-naḫīr	20 km NO der Mündung des → Balīḫ
Tall al-Muqdām (30.40/31.20)	Natḫû 2	B IV 2.1
Tall al-Resim (36.20/43.00)	s. Āl-ša-Libbālāja	bei → Yarimya
Tall al-Ruhban (36.30/43.15)	Qurani	1 km N v. Ḫorsābād
Tall al-ʿUwaynāt (36.40/42.23)	Šabirēšu	Iraq 26, 1964, 107 Fig. 1
Tall al-Yahūdīya (30.10/31.10)	s. Aḫni, Natḫu 1	B V 21
Tall ʿĀmūdā (37.00/40.45)	Urakka	B IV 10
Tall ʿArāda (37.00/40.20)	Aridi	B IV 10
Tall Arḍ al-Ḫerab (36.20/43.00)	s. Ālu-ša-Libbālāja	bei → Yāramğa
Tall ar-Rimāḥ (36.19/42.20)	s. Gidara, Zamaḫu	B IV 10
Tall ar-Rubʿ (30.55/31.30)	Pinṭiṭi	B V 21
Tall ar-Rummān (36.30/40.30)	s. Arnabāni	erw. v. Seidmann (1935) 68f. Anm. 1
Tall Asmar (33.30/44.30)	Ešnunna	B II 7
Tall aṣ-Ṣafa' (34.45/40/30)	s. Ṣupria	Geyer/Monchambert (2003) 258 Nr. 140
Tall as-Sulaima (34.05/45.00)	Padnu, Til-ša-Abtāni	B II 12
Tall Aswād (36.30/40.50)	Gurēte, Magarisu	B IV 10
Tall Ašamšānī (35.50/40.50)	Qatnu	B IV 10
Tall Aṯrīb (30.25/31.10)	Ḫatḫariba	B IV 2.1
Tall Aušerīya (36.35/38.00)	s. Aššur-aṣbat	B III 3
Tall Ayîd (30.50/32.10)	Ḫininši	B V 21, ca. 4 km v. → Tall Balīm
Tall Baḥza (36.00/40.40)	Kisiri 1, Latiḫi	Morandi (1996a) 45
Tall Balīm (30.50/32.10)	Ḫininši	B V 21
Tall Baqqaq 2 (36.40/42.50)	Bīt-Adad-erība	B IV 10
Tall Baradān (34.10/45.00)	Mê-Turnat	B III 7
Tall Barbara (36.10/43.20)	Kār-Mullissi 1	in → Karamlais
Tall Barrī (36.40/41.00)	Kaḫat	B IV 10
Tall Beš Taḥtānī (37.10/40.30)	Kubanaše	Lipiński (2000) 125
Tall Bēzari (36.40/40.40)	Magarisu	Barrington Atlas 89, C4
Tall Billā (36.20/43.20)	Šibaniba	B IV 10
Tall Bqarta	Baqarri	ca. 30 km NW v. → Altūn Kūbrī
Tall Brāk (36.30/41.00)	Tabite	B IV 10

Tall Buldaġ (35.00/44.15)	Lubdu	Mühl (2013) Taf. 1
Tall Dairik (36.20/42.10)	Isparirra	Jacobsen/Lloyd (1934) 32, Fig. 9
Tall Dekūk (37.20/40.45)	Gidara	i. d. N. v. → Bughēdrā
Tall Diban 3 (35.00/40.15)	Rummunina	Lipiński (2000) 81
Tall Dinkis (36.00/43.20)	Sasiqani	Hannoon (1986) 195 Nr. 17
Tall Faḫarīya (36.50/40)	s. Arnabāni; Sikāni	B IV 10
Tall Feddān (37.00/39.00)	Badāni 2	Barrington Atlas 67, H3
Tall Fidēn (35.30/40.30)	Dūr-Adad-nērārī, Sūru 1	Kühne (1980) Karte
Tall Ǧikān (36.37/42.50)	Tamnūnu	Iraq 45, 239, map 2, Nr. 13.
Tall Ǧilāġa (36.50/42.00)	Tillê	Kessler (1980) 21
Tall Gōmel (36.30/43.00)	Gammagara	Morandi-Bonacossi/Iamoni (2015) 11, fig. 1
Tall Graiye 3 (35.10/40.30)	Nēbarti-Aššur	Masetti-Rouault (2010) 133
Tall Ḥaddād (34.10/45.00)	Mê-Turnat	B IV 13
Tall Ḥalaf (36.40/40.00)	Guzāna	B IV 10
Tall Ḥamdūn (37.00/40.50)	Til-naḫīri	B II 7
Tall Ḥamīdī (36.40/41.00)	Ḫamedê 2	B III 7
Tall Ḫanāfiz (36.40/40.00)	Kubanaše	van Liere/Lauffray (1954-55) Faltkarte vor S. 147
Tall Ḫanḏal (35.10/40.30)	Ālu-ša-Ḫarāni	B I 17
Tall Ḫanzīr (36.50/40.50)	Zarānu	B I 16
Tall Ḥarīrī (34.30/49.50)	s. Aqarbāni, Marê	B II 7
Tall Harzem (37.20/40.45)	Karania	Lipiński (2000) 139
Tall Ḥawmat Hayin (34.45/40/30)	s. Arbate, Aqarbāni	Geyer/Monchambert (2003) 261 Nr. 141
Tall Ḫumreh Ḫatūn (36.10/43.20)	s. Kār-Mullissi 1	bei → Karamlais
Tall Ḥuwēra (35.30/43.10)	s. Ḫarbāte, Ḫarbê	B III 7
Tall I'gab (36.00/43.00)	Tastiāte	1 km N v. → Mosul
Tall Isân → Izan		
Tall Jawen (36.10/43.20)	s. Kār-Mullissi 1	bei → Karamlais
Tall Jikan (36.30/42.49)	Balāṭāja	15 km N v. Eski Mosul
Tall Kašāf (35.45/43.15)	Kasappa	B IV 13
Tall Kedua (30.45/32.30)	(nicht) Magdali	1 km NW von → Tall al-Ḫair
Tall Kurbaliuz (36.50/42.50)	(eher nicht) Kurbail	Hannoon (1986) 239, Nr. 1

Tall Māḫūz (35.20/43.50)	Tursana, s. Zaddi	B I 17
Tall Mardīḫ (35.50/36.45)	s. Ib'ala, Ibli	B III 3
Tall Marqada (35.30/40.40)	s. Usalâ	Kühne (1980) Karte
Tall Mašiḥ (35.10/40.30)	Kār-Aššur-nāṣir-apli	Masetti-Rouault (2010) 133
Tall Mašrafa (34.50/36.50)	s. Qatnu	B III 3
Tall Mektel (36.20/43.20)	Dūr-Ištar 2	i. d. N. v. → Baḥzani
Tall Muḥammad (36.50/41.00)	Masaka	B I 17
Tall Muzān (37.00/41.00)	s. Urakka	B II 7
Tall Nabī Yunus (36.20/43.00)	Ninive	B IV 20, 1.1
Tall Namlīya (35.20/40.30)	Usalâ, Zuriḫ	B III 7
Tall Nimrūd (36.00/43.20)	Kalḫu	B IV 10
Tall Qaiseri (36.50/42.50)	(eher nicht) Kadišḫi	Hannoon (1986) 239, Nr. 8
Tall Qal'at Raqqa (34.30/43.30)	s. Ruqaḫu	19 km N v. → Tikrīt, am rechten Tigrisufer
Tall Qara Khogh (35.40/44.10)	Arzuḫina	ca. 30 km NÖ v. → Gök Tepe
Tall Qreiye (35.30)/40.00)	Kipina	Herles (2007) 414
Tall Qūyunğuk (36.20/43.00)	Ninive	B IV 20, 1.1, 1.2
Tall Rumailā (36.50/42.00)	Tillê	B IV 10
Tell Rummāneh (35.45/43.15)	Isāna	N v. → Qayyāra
Tall Saḫlān (36.30/39.00)	Saḫlalu	B III 7
Tall Sātu Qala (35.50/44.40)	Idu	B II 7
Tall Ṣifr (31.15/45.55)	s. Kutuli	B II 9.1
Tall Suwwar (35.20/40.30)	s. Sūru 1, Usalâ, Zuriḫ	B IV 10
Tall Šaddāda (36.00/40.40)	Kisiri 1, Latiḫi	Morandi (1996a) 45
Tall Šēḫ Ḥamad (35.30/40.40)	Dūr-katlimmu	B IV 13
Tall Šehīr (37.20/40.45)	Gidara	i. d. N. v. → Bughēdrā
Tall Šemšāra (36.10/44.50)	s. Šušāri	B II 12.1
Tall Ṭābān (36.10/40.40)	s. Arnabāni, Ṭābēte	B IV 10
Tall Tepe Kimtar (36.00/43.00)	s. Ālum-riksi	9–11 km NÖ v. → Ninive
Tall Umm 'Aqrubba (35.30/41.30)	Parakkišu, Zabanni	Kühne (1995) 80, A15
Tanga Dria (43.15/37.00) [B]	Tas	Hannoon (1986) 6, Nr. 51
Tānğerō (35.15/45.15) [F]	Turnat	Oberlauf des → Diyālā
Tappe Ya'qūb (35.45/44.00)	Baqarri	A I 4
Taşdelen (38.30/38.50)	Tasa	A I 2 (Ostteil)
Tauşantepe (37.40/40.20)	Dandammusu, Kinabu	Kessler (1980) 115
Tawakkal (35.45/55:55)	Dūr-atānāte	Helsinki Atlas, 10
Ṭāwūq (35.00/44.15)	Diqūqīna	B VII 12
Ṭāwūq-Çāy (34.30/44.15) [F]	Radānu	A I 4

Tektek Dağlari (37.00/39.15) [B]	Ḫasamu	A I 4
Tepe → Ziyaret Tepe		
Tepe Čenči (36.20/42.10)	Gingiliniš	Jacobsen/Lloyd (1934) 32, Fig. 9
Tepe Ḫetel (36.00/43.00)	s. Ālum-riksi	9–11 km NÖ v. → Ninive
Tepeköy (37.40/40/50)	Madara, Tēla 1	Radner/Schachner (2001) fig. 3
Tepe Kurran (35.40/44.30)	Dūr-atānāte	B IV 10
Tikrīt (34.30/43.30)	Tagaritejāni	A I 4
Til (38.00/42.30)	s. Šariššu	an der Mündung des → Botan Çayı
Tigris (34.45/43.30) [F]	Diglat	A I 4
Tulūl al-'Aqar (35.20/43.10)	Kār-Tukultī-Ninurta	B IV 10
Tulūl al-Ġizlani (36.00/43.00)	(nicht) Barḫalzu	bei →Mosul
Tulūl al-Lak (36.20/43.00)	Gāgal	Hannoon (1986) 195
Tulūl al-Muğayli' (33.10/44.40)	Upī	B IV 13
Ṭūr 'Abdīn (37.30/41.30) [B]	Kāšiāru, s. Izalla	A I 2 (Ostteil)
Üçtepe (37.50/40.30)	Tīdu	B IV 10
Unterer Zāb → az-Zāb aṣ-Ṣaġīr		
Urfa (37.10/38.45)	s. Dūru 1, Immerina	A I 4
Viranşehir (37.00/39.45)	s. Tiluli 3	A I 2 (Ostteil)
Wādī 'Ağīğ (35.30/41.30) [F]	s. Parakkišu, Zabanni	Kühne (1995) 80
Wādī 'Āmūda (36.50/41.00] [F]	s. Gurēte	Kühne (1980) Karte
Wādī aṯ-Ṯarṯār (35.35/42.40) [F]	s. Dūr-Bēl- Ḫarrān-Bēlu-uṣur, Tartāru	A I 4
Wādī Ğaġğaġ (37.00/41.00) [F]	s. Ḫamedê 2, Ḫarmiš	A I 4 (ohne Name)
Wādī Radd (36.40/41.20) [F]	s. Tabite	Kühne (1980) Karte
Wādī Salo → Cehennem Deresi		
Wādī Sirḥān (30.30/38.30) [F]	s. Kapānu, Qidru	A I 4
Wādī Ṭumīlāt (30.20/31.35) [F]	s. Išḫupri	B II 2
Wādī 'Uwaiğ (36.45/40.30) [F]	Qassu	A I 4
Wādī Zerqān → Gümüş Deresi		
Yanarzu Çayı (38.10/41.30) [F]	s. Pitura	A I 2 (Ostteil)
Yāramğa (36.20/43.00)	Āl-ša-Libbālāja, Zikkû	Helsinki Atlas, 4
Yayla (38.40/40.30)	Tasa	A I 2 (Ostteil)
Yaylım Dağı (38.30/39.40) [B]	Arqānia	A I 2 (Ostteil)
Yorġān Tepe (35.20/44.10)	s. Kurru[...]	B II 12.1
az-Zāb al-Kabīr (36.00/43.00) [F]	Zāba elû	A I 4 (az-Zāb al-A'lā)

az-Zāb aṣ-Ṣaġīr (35.00/44.00) [F]	Zāba šaplû	A I 4 (az-Zāb al-Asfal)
Zāḫū (37.00/42.30)	s. Māt-Rab-šāqê	A I 4
Zalabīya (35.30/39.45)	s. Kār-Aššur-nāṣir-apli	Herles (2007) 414
Zani (37.20/40.45)	Til-zanî	A I 2 (Ostteil) 13 km N v. → Mardin
Zaw-e Dağ (37.00/42.30) [B]	Illimmeru	A I 4, SÖ Bergzug im → Čiyā Bēhēr
Zeribor-See → Daryāče-ye Zarībār		
Zerkansuyu (37.00/40.15) [F]	Qassu	A I 4
Ziyaret Tepe (37.40/40.40)	Tušḫan	A I 2 (Ostteil)

3. Ägyptische Ortsnamen

ꜣinw	Unu
Jẖnw	Aẖni
Jtr-ʿꜣ	Jaru'u
Wsr-ḫprw	(nicht) Išḫupri
Pr-jnbw	Punubu
Pr-Wsjr	Puširu
Pr-Bꜣ-nb-ḏd.t	Pinṭiṭi
Pr-Ḥwt-Ḥr-nb.t-Mfk.t	Piḫattiḫurunpiki
Pr-ḥrj-š\\f-nb-Nn-nsw	Ḫininši
Pr-Spdw	Pišaptu
Pr-spdw-m-jꜣ.tj	Pišapdi'a
Pꜣ-tꜣ-rsj	Paturisu
Mn-nfr	Mempi
Nꜣj-n-tꜣ-Ḥw.t	Natḫû 1, Natḫû 2
Njwt	Nī'
Ḥw.t-tꜣ-ḥrj-jb	Ḫatḫariba
Ḫmnw	Ḫimuni
Ḫḏm	Ḫasamu
Sꜣw	Sai
Sꜣwt	Šijāutu
Sjn	Ṣi'nu
Kꜣš	Kūsu
Gbgb	Kipkipi
Tnj	Tajani
Ṯb-nṯr	Ṣabnūti
Ḏʿnt	Ṣa'nu

4. Altarabische Ortsnamen

Thamūd	Tamudi

5. Aramäische Ortsnamen

'glh	Ekallāte
'zrn	Zarānu
'nh	Anat
'rbl	Arbail
'rzḥn	Arzuḫina
'šr/'šwr	Māt-Aššur

byt ṣll	(nicht) Izalla
bt	Dūru (?)
ḥbwr	Ḫābūr
ḥdwh	Ḫanduāte
ḥwrh	s. Qipāni
ḥm‘	Ḫamê
ḥrn	Ḫarrānu
kpr nabšmn	Kapar-Nabû-šimanni
l‘r	Laḫīru 1
mgdl	Magdalu
mzh	s. Mezê
mnpy, mpy	Mempi
m‘lnh	Mallanāte
mṣryn	Muṣur
mt rbšqn	Māt-Rab-šāqê
nbyh	Nabajāti
skn	Sikāni
s‘lm	Saḫlala (?)
qdr	Qidru
qpn	Qipāni
qšt	Qaštu
tym’	Tēma’
tll	Tiluli 3

6. Biblische Ortsnamen

Transkriptionen und alphabetische Reihenfolge nach HEC.

’adb^{e}’ēl	Idiba’il
’ûzāl	s. Izalla
’ôn	Unu
’aššûr	Aššur, Māt-Aššur
bûz	s. Bāzu
boṣrâ	s. Bazrê
gôzān	Guzāna
dûmâ	Adummatu
ḥābôr	Ḫābūr
ḥiddeqel	Diglat
ḥ^{a}zô	s. Ḫazû
ḥ^{a}laḥ	Ḫalaḫḫu
ḥārān	Ḫarrānu
y^{e}’ōr	Jaru’u

yišmā'ē'l	(nicht) Sumu'il
kûš, kûsî	Kūsu
kûsî	Kūsu
kelaḥ	Kalḫu
kilmad	Kullimeri
kannēh	Kannu'
migdōl	Magdali
mōp	Mempi
miṣrayim	Muṣur
maśśā'	Mas'a
nō'	Nī'
n^ebāyôt	Nabajāti
nîn^ewēh	Ninua
nōp	Mempi
nōpaḥ	Napiḫi (Etym.)
s^ebā'î → š^ebā'	
sîn	Ṣi'nu
'eden	Ḫindānu
'êpâ	Ḫajappa
'^arab	Arubu
'arbî → '^arab	
'^arābî → '^arab	
p^erāt	Purattu
patrôs	Paturisu
patrusîm → patrôs	
qēdār	Qidru
qāmôn	s. Qamani
reṣep	Raṣappa
š^ebā'	Saba'a
š^ebā'îm → š^ebā'	
šûḥî	Sūḫu
têmā'	Tēma'
teraḥ (PN)	Til-ša-turāḫi

7. Hurritische Ortsnamen

lbtġ (alphabetisch aus Ugarit)	Lubdu

8. Klassische Ortsnamen

Im Folgenden werden die erwähnten Toponyme aus den klassischen Quellen aufgelistet. Toponyme aus lateinischen Quellen werden gekennzeichnet (lat.); die restlichen Toponyme stammen aus griechischen Quellen. Akzente werden nicht wiedergegeben.

Aborras → Chabōras	
Abydos	s. Tajani
Adiabēnē	s. Adia
Aegyptus (lat.)	Muṣur
Aethiopia	Kūsu
Aigyptos	Muṣur
Aisoumas	Jasume 2
Amida	Amēdu
Anatho	Anat
Antoninoupolis	Tiluli 3
Anzitēnē	Enzi/Enzite
Aphoumōn	Uppumu
Aphroditēs Polis	(nicht) Piḫattiḫurunpiki
Arabes (lat.)	Arubu
Araps	Arubu
Arbēla	Arbail
Arcamo (lat.) → Arxama	
Arsanias	Arṣania 2
Arxama	s. Arqānia
Arzamon → Arxama	
Arzanēnē	s. Arṣania 1
Assuria	Māt-Aššur
Assurios	Māt-Aššur
Athribis	Ḫatḫariba
Balicha	Balīḫu 2
Balissus (lat.)	Balīḫu 2
Beonan (Bethonan?)	s. Dūr-Nanâ
Bilecha	Balīḫu 2
Birtha Arūpān	Kipina
Birtha Aspōrakou	Birtu 1
Birthon	Birtu 2
Boumadus → Bumelos	
Bousiris	Puširu
Bumelos	Pulpullia
Cedrei (lat.)	Qidru
Cadaei (lat.)	Qadê

Carrhae (lat.)	Ḫarrānu
Chabōras	Ḫābūr
Chlomarōn	Kullimeri
Constantia (lat.)	Tiluli 3
Dacharenoi	Diḫrānu
Dios polis megalē → Thēbai	
Domatha (lat.)	Adummatu
Doumaitha	Adummatu
Eddana	Ḫindānu
Euphratēs	Purattu
Fadana (lat.)	Badāni 1
Gaugamela	Gammagara
Gauzanitis	Guzāna
Handziṭ → Anzitēnē	
Hēliou Polis	Unu
Hērakleous Polis Mikra	Ḫininši
Herakleopolis parva (lat.)	Ḫininši
Hermōnthis	s. Unu
Hermopolis magna (lat.)	Ḫinuni
Hermou polis megalē	Ḥinuni
Hostra (lat.)	Ḫuzīrīna
Ingilēnē	Anganu
Is	Ītu
Isphrium (lat.)	Ispallurê
Izala mons (lat.)	Kāšiāru, s. Izalla
Izan	(nicht) Isāna
Karrhai	Ḫarrānu
Katne	Qatnu
Korsotē	Qurašute
Larisa	Kalḫu
Leontōn Polis	Natḫû 1, Natḫû 2, s. Aḫni
Lykōn Polis	Šijātu
Magdala (gr./lat.)	Magdalu
Magdolos	Magdali
Magrus (lat.)	Magarisu
Mardê/Margdis	s. Mardijānê
Mariammē	s. Mariametu
Marrhan	s. Aqarbāni
Marsaimaineis	Marsīmani
Masion oros	Kāšiāru
Masius mons (lat.)	Kāšiāru, s. Izalla
Maska	s. Masaka
Matzaron	Madaranzu

Melaggitai	Magalānu
Memphis	Mempi
Mendēs	Pinṭiṭi
Mespila	Ninua?
Mezzē	s. Mezê
Moschoi	s. Musku 2
Nagabath	(nicht) Nampagāte
Neilos	Jaru'u
Nineuē	Ninua
Ninos	Ninua
Ninus (lat.)	Ninua
Nisibis	Naṣībīna
Nymphios	Kalla[...]
Olaphia	Alpijana
Opis	Upî
Osrhoene	s. Zarānu
Pēlousium	Kār-Banīte, Ṣi'nu
Phathakon	Patiškun
Pheison	s. Abbissâ
Physkos	Radānu
Rene (lat.)	s. Aridi
Rhesapha	s. Raṣappa
Risapa (lat.) → Rhesapha	
Sabaei (lat.)	Saba'a
Sabaioi	Saba'a
Sais	Sai
Sardebar (lat.)	s. Damdammusa
Sareisa	Šariššu
Sauras	Sūru 3
Sebennytos	Ṣabnūti
Sergioupolis → Rhesapha	
Singaras (lat.)	Singāra 1
Singara (lat.)	s. Singāra 2
Sinna	s. Sinabu
Sitha	Dajašeti
Sophene	Ṣuppa
Soura	Sūru-Nūrāni
Suria	Māt-Aššur
Surios	Māt-Aššur
Syēnē	s. Tajani
Tanis	Ṣa'nu
Terenouthis	Piḫattiḫurunpiki
Thamoudēnoi	Tamudi

Thēbai	Nī’
Theben → Thēbai	
Thebeta (lat.)	Tabite, Ṭābēte
Thilabous	Talbiš
Thilutha (lat.)	Talbiš
Thinis	Tajani
This → Thinis	
Tigrēs	Diglat
Tornadotus	Turnat
Tylos	Tilmun

9. Luwische Ortsnamen

Adana/Adanawa	s. Adani
Ana	Anat
Asura	Aššur, Māt-Aššur
Laka	Lāqê
Mizra	Muṣur
Muzka	Musku 2
Taimani	s. Tēma, Temannu

10. Phönizische Ortsnamen

’šr	Māt-Aššur
mnp	Mempi
mṣrj → *mṣrm*	
mṣrm	Muṣur
mṣrt → *mṣrm*	

11. Götternamen

Adad/Adda	Āl-Adad 1, Āl-Adad 2, Āl-Adad-[…] 1, Āl-Adad-[…] 2, Āl-Adad-ilā’ī, Āl-Adad-išmanni, Āl-Dajjān-Adad, Āl-Mār-Danna-Adda, Bīt-Adad-erība, Bīt-Adad-ēreš, Bīt-Adad-lē’i, Bīt-Adad-[(…)], Dūr-Adad-nērārī, Kapar-Adda-Bi’di, Kār-Adad 2, Kār-Adad-nērārī, Ṣābū-Adad, Til-Adad (?), […]-Adad
Aia	Dūr-Ubru-Aia
Apladad	Kār-Apladad

Aššur	Abat-Aššur-lā-tenni, Āl-Aššur-ēṭir, Āl-Iddin-Aššur, Ālu-ša-Šallimanni-Aššur, Aššur-inâr-garū'a, Aššur-mannu-išannan, Aššur-māssu-urappiš, Aššur-māssu-utēr, Aššur-nāsiḫ-gallî, Aššur-nīrka-rappiš, Aššur-nīrka-uṣur, Aššur-nīršu-urappiš, Bīt-Aššur-lē'i, Dūr-Aššur 1, Dūr-Aššur-aḫu-iddina, Kapar-Aššur-ilā'ī, Kapri-Qurdi-Aššur, Kār-Aššur, Kār-Aššur-nāṣir-apli, Lilbur-munīḫ-libbi-Aššur, Mannu-šānin-Aššur, Māt-Aššur, Nēbarti-Aššur, Qibīt-Aššur, Ša-Aššur-tāru, Ša-emūq-Aššur
Bēl	Āl-Bēl-na'di, Ālu-ša-Nasḫur-Bēl, Bīt-Bēl-[...], Kapar-Ṣill-Bēl, Kapar-Ṭāb-Bēl
Banītu	Kār-Banīte
Dādi	Ālu-ša-Bi-Dādi
Dagān	Ālu-ša-Dagān-bēlu-uṣur, Bīt-Dagān (?)
Enlil	Dunābu-Enlil (?), Dūr-Enlil, Imgur-Enlil
^{d}IGI.DU	Dūr-*Nergal*-ēreš (?)
Ištar	Āl-Ištar (?), Dūr-Ištar 1, Dūr-Ištar 2, Dūr-Ištar 3, Īn-Ištar, Kapar-Kansi-Ištar, Kār-Ištar 1, Nēmed-Ištar,
Kusu	Naḫallu-Kusu
Li[...]aja	Dūr-Li[...]aja
Manāt	Inabir-Manāt
Mār-bīti	Ālu-ša-Mār-bīti-erība
Marduk	Bīt-Marduk, Dūr-Marduk
Mullissu	Kār-Mullissi 1, Kār-Mullissi 2
Nabû	Āl-Ubru-Nabû, Dūr-Nabû 1, Kapar-Nabû, Kapar-Nabû-nāṣir, Kapar-Nabû-šēzib, Kapar-Nabû-šimanni
Nanāja	Dūr-Nanāja 1, Dūr-Nanāja 2
Nergal	Kapar-Nergal
Ninurta	Kapar-Ṭāb-Ninurta, Kār-Tukultī-Ninurta, Kišād-[...]-Ninurta, Nēmed-Tukultī-Ninurta, Til-Ninurta
Pap-Sukkal	Dūr-Papsukkal
Ramannu (Rammān)	Bīt-Ramannu
Salmānu	Kār-Salmānu
Sē'	Sē'-altaru (?)
Sîn	Āl-Sîn-ēṭir, Bīt-Sîn-ibni, Kapri-ša-Sîn-[...], Kār-Sîn 1, Nār-Sîn-aḫḫē-erība, Patti-Sîn-aḫḫē-erība
Šamaš	Bīt-Šamaš, Dūr-Šamaš, Kapar-Šamaš, Kār-Šamaš, Kār-Šamaš-nāṣir, Mušēzib-Šamaš, Šamaš-nāṣir, Šamaš-rīqa
Ter	Kapar-Ter
Wēr	Būru-Wēr

12. Personennamen

Folgende Personennamen wurden in das Register aufgenommen:

1. Personennamen, die Bestandteil von Ortsnamen sind
2. Ortsnamen, die auch als Personenamen bezeugt sind (100% identisch)
3. Nisben, die als Personennamen bezeugt sind

Falls nicht anders angegeben, handelt es sich um männliche Namen. Weibliche Namen werden mit „f." gekennzeichnet. * = Nur als Bestandteil v. ON bezeugt.

12.1 *Personennamen, die Bestandteil von Ortsnamen sind*

x-ili	Kapar-x-ili
[...]ute	Kapar-[...]ute
*Abi-ḫimme	Āl-Abi-ḫimme
Abtānu/Aptānu/Abdānu	Til-ša-Abtāni
Abu-[...]	Kapar-Abu-[...]
Abu-ilā'ī	Bīt-Abu-ilā'ī
Adad-[...]	Āl-Adad-[...] 1, Āl-Adad-[...] 2
Adad-ēreš	Bīt-Adad-ēreš
Adad-erība	Bīt-Adad-erība
Adad-ilā'ī	Āl-Adad-ilā'ī (?)
*Adad-išmanni	Āl-Adad-išmanni
Adad-lē'i	Bīt-Adad-lē'i
Adad-nērārī (III.)	Dūr-Adad-nērārī, Kār-Adad-nērārī
Addâ	Ālu-ša-Addâ
Adda-bi'di	Kapar-Adda-bi'di
Adallal	Kapar-Adallal
Aḫi-iaqar	Kapar-Aḫi-iaqar
Aḫu-bani	Kapar-Aḫu-bani
Aḫūnu	Kapar-Aḫūni
Akaru	Kapar-Akaru
Akkulānu	Kapar-Akkulāni
Amdānu	Kapar-Amdānu
'Anâ	Kapar-'Anâ
*Ani[...]	Ālu-ša-Ani[...]
*Armāja	Āl-Armāja, Kapar-Armāja
Andarānu	Kapar-Andarāni
Arrizu	Kapar-Arrizu
Aššur-aḫu-iddina	Dūr-Aššur-aḫu-iddina
Aššur-ēṭir	Āl-Aššur-ēṭir

Aššur-ilā'ī	Kapar-Aššur-ilā'ī
Aššur-lē'i	Bīt-Aššur-lē'i
Aššur-nāṣir-apli	Kār-Aššur-nāṣir-apli
*Azḫula	Kapar-Azḫula
Bābî	Kapar-Bābî (?)
Bābû	Kapar-Bābû
Baḫāja	Kapar-Baḫāja
Baḫiānu	Bīt-Baḫiāni
Bāni-aḫḫē	Kapar-Bāni-aḫḫē
Bar-ūri	Barūri
Bēl-[...]	Kapri-Bēl-[...]
Bēl-abū'a	Kapar-Bēl-abū'ā
Bēl-aḫḫē	Kapar-Bēl-aḫḫē
Bēl-Ḫārrān-bēlu-uṣur	Dūr-Bēl-Ḫārrān-bēlu-uṣur
Bēl-na'di	Āl-Bēl-na'di
Bi-Dādi	Ālu-ša-Bi-Dādi
Bir-Ḫanūni	Kapar-Bir-Ḫanūni
Birtāju	Ālu-ša-Birtāja, Kapri-Birtāja
Bēl-ilā'ī	Dūr-Bēl-ilā'ī
Bēl-iqbi	Āl-Bēl-iqbi 1, Āl-Bēl-iqbi 2
*Bēl-libūr	Āl-Bēl-libūr
*Bisê (vgl. Bīsâ)	Kapar-Bisê
Dagān-bēlu-uṣur	Ālu-ša-Dagān-bēlu-uṣur
Dajjān-Adad	Āl-Dajjān-Adad
Dakanâ	Kapar-Dakanâ
*Danna-Adda	Āl-Mār-Danna-Adda
Dannāja	Āl-Dannāja, Kapar-Dannāja
*Emūqī	Ālu-ša-Emūqī
Erība-ilu	Bīt-Rība-ilu
Gabia	Bīt-Gabiu
Gurrabâ	Kapar-Gurrabâ
Ḫa'iri	Bīt-Ḫa'iri
Ḫanê*	Kapar-Ḫanê
Ḫarānu	Ālu-ša-Ḫarāni
Ḫunnî	Kapri-ša-Ḫunnî
Ḫurāpu	Bīt-Ḫurāpî
Iddin-Aššur	Āl-Iddin-Aššur
Ilā'ī-Bēl	Ḫarbat-Ilā'ī-Bēl
Ilittu	Kapar-Ilit(t)i
Ilu-bāni	Kapar-Ilu-bāni
Ilu-ēreš	Ālu-ša-Ilu-ēreš
Ilumma-lē'i	Kapar-Ilumma-lē'i
*Ilu-ṣalê	Kapar-Ilu-ṣalê

*Ilu-zarû	Ālu-ša-Ilu-zarû
Išme-ilu	Kapar-Išme-ilu
Jaḫiri	Bīt-Jaḫiri
Jaqīru	Kapar-Jaqīri
Kaparu	Kapar-Kaparu
Kē-lamši	Ālu-ša-Kē-lamši
Kēnu	Kapar-Kīni
Kurbailāju	Ālu-ša-Kurbailāju
Kuṣur	Kapar-Kuṣur
Lā-ḫīṭāju	Ālu-ša-Lā-ḫīṭāja
Laqê	Kapar-Lāqê
Lā-qēpu	Kapar-Lā-qēpu
Libluṭ	Ālu-ša-Libluṭāja
Lū-aḫḫē	Kapar-Lū-aḫḫē
*Mallaṣi	Kapar-Mallaṣi
Mannu-lū-aḫū'a	Kapar-Mannu-lū-aḫū'a
*Mannu-lušēzib	Āl-Mannu-lušēzib
*Mār-bīti-erība	Ālu-ša-Mār-bīti-erība
Mār-jaba	Kapar-Mār-jaba
Maṣi-ilu	Kapar-Maṣi-ili
Milki-[...]	Kapar-Milki-[...]
Nabû-nāṣir	Kapar-Nabû-nāṣir
Nabû-šēzib	Kapar-Nabû-šēzib
Nabû-šimanni	Kapar-Nabû-šimanni
Nasḫur-Bēl	Ālu-ša-Nasḫur-Bēl
Nergal(-...)	Kapar-Nergal
Nergal-ēreš	Dūr-Nergal-ēreš
Ni[...]	Kapar-Ni[...]
Nūni	Kapar-Nūni
Nūrānu	Sūru-Nūrāni
*Nūr-bīti	Kapar-Nūr-bīti
Palṭi	Kapar-Bīt-Palṭi
Puruttāju	Āl-Puruttāja
Qajānu (PN?)	Kapar-Qajāni
Qanâ-il	Kapar-Qanâ-il
Qarīḫi/Qarīḫu	Kapar-Qarīḫi
*Qiluḫte	Kapar-Qiluḫte
Qiqî	Kapar-Qiqî
Quāju	Kapar-Quāja
*Qurâ	Ālu-ša-Qurâ
Qurdi-Aššur	Kapri-Qurdi-Aššur
Raḫī	Ḫarbat-Raḫî
Raḫīmi-[...]	Ālu-ša-mār-Raḫīmi-[...]

Rēmanni-ilu	Kapar-Rēmanni-ilu, Rebīt-Rēmanni-ilu
Rēmūti	Kapar-Rēmūti
*Saḫaranu	Kapar-Saḫaranāja
Sa'īlu	Bīt-Sa'īli
Sāmidu	Dūr-Samēdi
*Saqamānu	Kapar-Saqamānu
Sîn-[...]	Kapri-ša-Sîn-[...]
Sîn-aḫḫē-erība	Nār-Sîn-aḫḫē-erība, Patti-Sîn-aḫḫē-erība
Sîn-ēṭir	Āl-Sîn-ēṭir
Sîn-ibni	Bīt-Sîn-ibni
Sumu'il	Kapar-Sumu'il
Sūri-Ba'al	Kapar-Sūri-Ba'al
*Ṣāṣi	Āl-Ṣāṣi
Ṣidqī	Kapar-Ṣidqī (?)
Ṣil-[...]	Kapar-Ṣil-[...]
Ṣil-Bēl	Kapar-Ṣil-Bēl 1, Kapar-Ṣil-Bēl 2
Ṣillāja	Ālu-ša-Ṣillāja
Ṣillī-[...]	Mār-Ṣillī-[...]
Šabāja	Bīt-Šabāja
*Šallimanni-Aššur	Ālu-ša-Šallimanni-Aššur
Šamaš-nāṣir	Kār-Šamaš-nāṣir
Šarrukīn	Dūr-Šarrukīn
Šašši	Kapar-Šašši
Še[...]	Āl-Še[...]
*Šī-tabni (f.)	Āl-Šī-tabni
Šumma-ilā'ī	Kapar-Šumma-ilā'ī
Šumma-šarru	Kapar-Šumma-šarru
Tabālāju	Kapar-Tabālāja
Tapḫa-ari/Tapḫāri	Kapar-Tapḫa-ari/Tapḫāri
Tukultī-Ninurta (I.)	Kār-Tukultī-Ninurta
Tukultī-Ninurta (II.)	Nēmed-Tukultī-Ninurta
Ṭāb-[...]	Kapar-Ṭāb-[...]
Ṭāb-Bēl	Kapar-Ṭāb-Bēl
Ṭāb-Ninurta	Kapar-Ṭāb-Ninurta
*Ṭūba	Kapar-Ṭūba
*U[...]a	Kapar-U[...]a
Ubru-Aia	Dūr-Ubru-Aia
Ubru-Nabû	Āl-Ubru-Nabû
Uradâ*	Kapar-Uradâ
Urbiru (Urburu)	Bīt-Urbiru
Urdî	Kapar-Urdî
*Usāni	Kapar-Usāni
*Utani	Kapar-Utani

Zabīnu	Ālu-ša-Zabīni, Asiḫ-Zabīnu
Zammānu	Bīt-Zamāni
Zārūtî, Zērūtî	Kapar-Zārūtî
Zibâ	Ālu-ša-Zibâ
Zīzê	Bīt-Zīzê
Zabdānu	Til-ša-Zabdāni
Zīzî	Kapar-Zīzî
Zunbu	Kapar-Zumbi
[...]a	Mār-[...]a
[...]du	Kapar-[...]du
[...]ḫa	Kapar-[...]ḫa
[1][...]	Kapar-[...] 8, Kapar-[...] 11, Kapar-[...] 12, Kapar-[...] 13, Kapar-[...] 14, Kapar-[...] 15

12.2 *Ortsnamen, die auch als Personennamen bezeugt sind*

Allî	PNA 1/I, 97
Ariri (s. *Ariru)	PNA 1/I, 132
Dāri-abu	PNA 1/I, 379
Ḫandasu	PNA 2/I, 456
Ḫašānu	PNA 2/I, 464
Kankānu	PNA 2/I, 601
Kunnu	PNA 2/I, 639
Laqê	PNA 2/II, 652
Mušēzib-Šamaš	PNA 2/II, 781
Pādê	PNA 3/I, 977f.
Qibīt-Aššur	PNA 3/I, 1011–1013
Sa'iru (s. Sairi)	PNA 3/I, 1064f.
Salilānu	PNA 3/I, 1070
Samāku (s. Samak[k]u)	PNA 3/I, 1081f.
Samānu	PNA 3/I, 1082
Šamaš-nāṣir	PNA 3/II, 1207f.
Šarru-iddina	PNA 3/II, 1237
Tanê	PNA 3/II, 1310.

12.3 *Nisben, die als Personennamen bezeugt sind*

Arbailāju	Arbail
Arbailītu (f.)	Arbail
Arbāju	Arubu
Arrapḫāju	Arrapḫa

Aššurāju	Aššur, Māt-Aššur
Balīḫītu (f.)	Balīḫu 1
Balīḫû	Balīḫu 1
Barḫalzāju	Barḫalzu
Bāzāju	Bāza, Bāzi 1, Bāzi 2, Bāzu
Bāzītu	Bāza, Bāzi 1, Bāzi 2, Bāzu
Birtāju	Birtu 2
Dērāju	Dēru
Ḫalaḫḫāju	Ḫalaḫḫu
Ḫamunāju	Ḫamuna
Ḫarrānāju, Ḫarrānû	Ḫarrānu
Ḫindānāju	Ḫindānu
Ḫubābāju	Ḫubāba
Illatāju	Illatu
Isānāju	Isāna
Isānītu (f.)	Isāna
Itu'āju`	Itu'u
Kalḫāju	Kalḫu
Kalḫītu (f.)	Kalḫu
Kalziāju	Kalzu
Kummāju	Kummu
Kurbailāju	Kurbail
Kūsāja	Kūsu
Kūsāju	Kūsu
Kūsītu (f.)	Kūsu
Laḫīrāju	Laḫīru 1
Libbālāju	Libbi-āli
Libbālitu (f.)	Libbi-āli
Ninuāju	Ninua
Ninuītu (f.)	Ninua
Qummānāju	Qumanî
Qidrî	Qidru
Raṣappāju	Raṣappa
Masa'āju	Mas'a
Muskāju	Musku 2
Muṣurāju	Muṣur
Muṣurī	Muṣur
Ruqāhāju	Ruqāḫu
Sabāju	Saba'a
Sūḫāju	Sūḫu
Sunāja (?)	Sunê (?), s. Zadok (1995a) 235
Zabbanāju	Zabban

13. Akkadische Ausdrücke

Im Folgenden werden akkadische Ausdrücke aufgelistet, die in der Bearbeitung der Lemmata als Anmerkungen zu den Belegen in eckigen Klammern angegeben sind. Die Ausdrücke werden in fünf Gruppen unterteilt:

1. Beamte (und Berufe)
2. Angaben zur politischen Geographie
3. Angaben zur Art des Ortes
4. Angaben zur geographischen Lage des Ortes
5. Weitere Angaben

Innerhalb der jeweiligen Gruppen sind die Ausdrücke alphabetisch geordnet.

Abkürzungen:

FN	Flussname
ON	Ortsname

13.1 *Beamte* (*und Berufe*)

bēl āli	Stadtherr
bēl pīḫati (^{lú}EN NAM)	Gouverneur
bēl pīḫati ša pūt ON	der Gouverneur (des Gebiets) gegenüber ON
bēl pīḫati ša qanni ON	der Gouverneur (des Gebiets) in der Umgebung von ON
ḫazannu	Bürgermeister
kurgarrû	ein Tempelbeamter
masennu	*Schatzmeister*
nāgiru	Herold
nasīku	Stammesführer, Scheich
pīḫatu (^{lú}NAM)	Gouverneur
rab ālāni	Oberstadtherr (*village manager*)
rab āli	Stadtherr (*town manager*)
rab aṣappī	Aufseher der Lasttiere

rab birti	Festungskommandant
rab ḫalzi	Festungskommandant
rab nuḫatimmi	Oberkoch
rab kiṣri	Kommandant einer Einsatzeinheit
sangû	Priester
sūsānu	Wagenlenker
ṣīru (^{lú}MAḪ)	Abgesandte
ša muḫḫi āli (*ša* UGU URU)	Stadtvorsteher
šakintu (^{mí}GAR)	Haremleiterin
šaknu (^{lú}GAR, ^{lú}GAR.KUR)	Statthalter
šaniu (^{lú}2)	Stellvertreter
šarru	König
šarratu	Königin
tamkāru	Kaufmann
tupšarru (^{lú}A.BA)	Schreiber
turtānu	General

13.2 *Angaben zur politischen Geographie*

ālāni dannūti ša nagie ON	Befestigte Städte im Distrikt von ON
ālāni ša ON	Städte von ON
ḫalzu	Bezirk
ina (*libbi*) *nagie ša* ON	im Distrikt von ON
ina pīḫat (NAM) ON	in der Provinz ON
ina talbīt ON	im Bezirk von ON
x *kaprānīšu* (*ina* ON)	x Dörfer in ON
nagie ša ina muḫḫi piāte ša Idiglat	Distrikte, die (sich) oberhalb der Tigrisquellen (befinden)
nagiu	Distrikt
nagiu ša ašaršu rūqu	ein weitentfernter Distrikt
pīḫatu (NAM) ON	Provinz ON
ša ON	in ON

ša bēl pīḫati ša ON	(im Zuständigkeitsbereich) des Gouverneurs von ON
ša limēt ON	in der Umgebung von ON

13.3 *Angaben zur Art des Ortes*

60 *ālāni dūrāni dannūti ša šēp* ON	60 mächtige ummauerte Städte am Fuß des ON
āl dannūti/ālāni dannūti	ummauerte Stadt/Städte
āl šarrūti	königliche Stadt, Residenz
ašar palgu ša Ḫābūr	wo (sich) der Kanal des Ḫābūr (befindet)
(uru)*birtu/birāte*	Festung(en)
birāti dannāti	starke Festungen
(uru)*birtu ša* ON/PN	Festung von ON / des PN
nēreb(u) (*ša*) ON	Pass von ON
ON *ša bītani*	Inneres-ON
šadû	Berg
šadû dannu eqel namrāṣi	ein mächtiges Gebirge und ein schwieriges Gelände
šadû marṣu	ein schwieriges Gebirge
šaddi saggilmud	Berg aus *saggilmud*-Stein

13.4 *Angaben zur geographischen Lage oder Art des Ortes*

abul ša ON	Stadttor von ON
abul qabal āli (*ša*) ON	Stadttor der Zitadelle von ON
adi rēš ēni ša FN	bis zur Quelle des FN
ālāni ša šiddi FN (*ša* ON)	Städe am Ufer des FN (des Landes ON)
amēlū ON_1 *āšibūt* Nipur	Die Leute aus ON_1, die auf dem Berg ON_2 wohnen.
amēlū ON_1 *ša kīma qinni erî ṣēr zuqti* ON_2	Die Leute aus ON_1, deren Wohnstätten sich wie Adlerneste auf der Spitze des Gebirges ON_2 befinden.
ana rēš ēni ša FN	zur Quelle des FN
Aribi (*ša*) *nipiḫ Šamši*	„östliche Araber", eine Bezeichnung für die Nomadenstämme des iranischen Hochlandes
ON_1 *ašib pūt* ON_2	(Leute aus) ON_1, die gegenüber ON_2 wohnen.

birit/birti ON_1 u ON_2	zwischen ON_1 und ON_2
bīt ridûti qereb ša āli ša N.	Kronprinzenpalast inmitten von der Stadt von Ninive
ekal qabal āli ša N.	Palast der Zitadelle von Ninive
ekal ša qereb N.	Palast inmitten von Ninive
eli piāti ša FN	oberhalb der Quellen des FN
ēnāte ša FN_1 u FN_2	die Quellen von FN_1 und FN_2
gabdi nāri ša ON	neben dem Fluss von ON
ḫūl šarri ša issu ON_1 (*ana* ON_1)	Königsweg von ON_1 (nach ON_2)
ḫūlu ša naḫal ON	(angrenzend an die) Straße des Wadis von ON
ḫūlu ša ON	Straße nach ON
ina aḫāt ON	an der Seite von ON, neben ON
ina aḫi Dilmun *qablat tâmtim*	neben Dilmun, mitten im Meer
ina batti ammîte ša FN (*šaknū*)	die auf der anderen Seite des Flusses FN (angesiedelt sind)
ina dūr qabal āli ša N.	in der Mauer der Zitadelle von Ninive
ina eqel ON *ša muḫḫi* FN	im Gebiet von ON am FN
ina erṣet(*i*)(*m*) ON	im Territorium von ON
ina ḫarrān ON	an der Straße von ON
ina libbi ON	in ON
ina madbar (*ša*)	in der Wüste (von)
ina ^{kur}*mudabir / ina madbari*	in der Steppe
ina muḫḫi FN	am FN
ina muḫḫi tilli kamri ša ON *iqabbûšūni*	auf dem Ruinenhügel, der ON genannt wird
ina muḫḫi umme ON	an der *Nebenstraße* von ON (zu *ummu* s. u. *ṭēḫi umme*)
ina nagie ša ON	im Bezirk von ON
ina nērebe ša ON_1 *ina rēš* ON_2	in den Pass von ON_1 vor ON_2
ina nērebe ša ON_1 (*ša* ON_2)	in den Pass von ON_1 (bei ON_2)
ša pī nēreb ša šadê ON	am Eingang des Passes vom Gebirge ON
ina pūt ON	gegenüber ON
ina qabal āli ša N.	in der Zitadelle von Ninive
ina qereb FN *ṣali*	(ON) liegt mitten im Fluss FN, d. h. eine Insel
ina qereb ON	inmitten von ON
ina qereb qabal āli ša N.	inmitten von der Zitadelle von Ninive
(*ša*) *ina rēš ēni ša* FN	an den Quellen des FN

ina rēš ēni ša FN	an der Quelle des FN
ina rēš ēni ša kupri	an der Asphaltquelle
ina rēš ON	an der besten Lage von ON
ina šadê ša ON	in den Bergen von ON
(*ina*) *šēp ammâte ša* FN	am jenseitigen Ufer des FN
(*ina*) *šēp ammâte ša* FN *ṣali*	(ON) liegt am jenseitigen Ufer des FN
ina šēpē ON (*šadî*)	am Fuß des (Gebirges) ON
ina šēpē ON_1 *elēnu* (Var. *elēn*, *elēna*) ON_2	am Fuß des (Gebirges) ON_1 oberhalb von ON_2
ina ugārī ON	in den Fluren von ON
ina ušalli (ON)	im Uferland (von ON)
issu rēš ēni ša FN	von der Quelle des FN
(*ša*) *itê* ON	bei ON
miṣir ON	die Grenze v. ON / an der Grenze v. ON
nipiḫ Šamši → *Aribi* (*ša*) *nipiḫ Šamši*	
qablat tâmtim	das mitten im Meer (liegt)
(*ina*) *qanni* (*ša*)	in der Umgebung von
rab ekalli ša qabal āli ša N.	Palastoberst der Zitadelle von Ninive
(*ša*) *ina aḫ*(*i*) ON	am Ufer des ON bzw. neben ON
ON *ša ebertān* FN	ON, an dem gegenüberliegenden Ufer des FN
ša eli ON	oberhalb von ON
ša ellān	oberhalb von
ša ina muḫḫi piāte ša FN	oberhalb von der Quellen des FN
ON_1 *ša ina qabal* ON_2	ON_1, dass mitten in ON_2 (liegt)
(*ša*) *ina qereb* ON	inmitten von ON
ša kišād FN	das am Ufer des FN (liegt)
ša kutal ON	hinter ON
ša miṣir mātāti ša šulum Šamši	die an der Grenze der Länder im Westen (wohnen)
ša pī nēreb ša ON	am Eingang des Passes von ON
ša pūt ON	gegenüber ON
ša qabal tâmti(*m*)	das mitten im Meer (liegt)
ša (*ina*) *qereb* ON	inmitten von ON
ša šēp/šēpē (*šadê*) ON	am Fuß des Gebirges ON
(*ša*) *šēp/šēpē ammâte ša* Purattu	das an jenem Euphratufer (liegt)
šadû dannu	mächtiges Gebirge
šadû marṣu	schwer zugängliches Gebirge

šadû ša rēš ON	Gebirge oberhalb von ON
ṭēḫi ḫarrān/ḫūlu ša (*ina*) ON	angrenzend an die Straße von ON
ṭēḫi ḫirīte ša ON	angrenzend an den Kanal von ON
ṭēḫi ḫūl šarri	angrenzend an die Königsstraße
ṭēḫi naḫalli ša ON	angrenzend an den Wadi von ON
ṭēḫi nāri	angrenzend an einen Fluss/Kanal
ṭēḫi umme ON	angrenzend an die *Seitenenstraße* von ON (zu *ummu*, topographisches Merkmal, s. CAD U/W, 133, s. v. ummu E)
ummu ša ON	*Nebenstraße* nach ON (s. o. *ṭēḫi umme*)

13.5 *Weitere Angaben*

abullu ša ON	Stadttor von ON
abul ON	ON-Tor
adi rēš ēni ša FN	bis zur Quellen des FN
ālu šû ša Ukkāja *ana nērebi ša* Kumme Elizkun *iqabbûnišu*	Eine Stadt der Ukkuäer am Pass von Kummu, die sie Elizkun nennen.
agû šitmuru	tobende Strömung
ana rēš FN	zum Quellkopf des FN
Arbāja rūqūti āšibūt madbari	weitentfernte Araber, die in der Wüste wohnen.
Edurgina *šubat* ^{d}*Bēl-ṣarbi ša qereb* B.	Edurgina, der Wohnsitz des Gottes Bēl-ṣarbi, der in der Stadt Baṣ (liegt).
ekal šarrūti	königlicher Palast
ēnāte ša Diglat *u* Purattu	Die Quellen von Tigris und Euphrat
Gidara *ša* ^{kur}Arumu^{meš} R. *iqabbīšūni*	Gidara, das das Land der Aramäer Raqamātu nennt
ḫarrānu ša (*issu*) ON	Straße, die zu ON führt.
PN *ina* ON_1 *ša* ON_2 *šumšu ana šarrūte aškun*	PN habe ich in ON_1, dessen Name ON_2 ist, als Herrscher eingesetzt
ina muḫḫi piāte ša FN	an der Einmündung des FN
ina qabsi ON	in der Mitte von ON
issu (*muḫḫi*) *piāte ša* FN	von der Einmündung des FN
kaprāni ON	Dörfer in ON
kaspu ša ON	Silber von ON

kiriu zaqpu ša tillit ina kapri qabsi ON	ein gepflanzter Weingarten in einem Bauernhof inmitten von ON
mê tabikūte ša ON	etwa „Reservoir (wö. gespeichertes Wasser) von ON“
nār ša ON	Fluss des ON
ṣalam šarrūti	königliches Bild
ša Kār-bēl-mātāti *šumšu*	(Sai), dessden Name Kār-bēl-mātāti ist.
ša Sai *ina* Muṣur *inambû*	(Kār-bēl-mātāti), das in Ägypten Sais genannt wird.
šiddi FN	am Ufer des FN
šumšu abbi	ON habe ich sie (nämlich die Stadt) genannt
Zāba elû *ša nišē* Na'iri u Ḫabḫu E. *iqabbûšūni*	Der Obere Zab, den die Leute von Na'iri und Ḫabḫu E. nennen.

14. Sumerogramme

Sumerogramme, die in ON oder in Belegstellen vorkommen:

1	*ištēn*	Issētu
^{d}10	*Adad, Adda*	Āl-Adad-ilā'ī, Bīt-Adad, ēreš, Bīt-Adad-erība, Bīt-Adad-lē'i, Bīt-Adad-[(...)], Dūr-Adad-nērārī, Kapar-Adda-Bi'di, Kār-Adad-nērārī, Til-Adad (?)
^{d}15	*Ištar*	Dūr-Ištar 1, Dūr-Ištar 2, Dūr-Ištar 3, Īn-Ištar, Kapar-Kansi-Ištar, Kār-Ištar 1, Nēmed-Ištar
^{d}30	*Sîn*	Bīt-Sîn-ibni, Kapri-ša-Sîn-[...], Kār-Sîn 1, Nār-Sîn-aḫḫē-erība, Patti-Sîn-aḫḫē-erība
A	1. *aplu*	[...]ma'a-nāṣir-apli, Kār-Aššur-nāṣir-apli, Si[...]ḫu-nāṣir-apli
	2. *māru*	Ālu-ša-Mār-bīti-erība, Ālu-ša-mār-šarri, Kapar-mār-šarri
A	*mê*	Mê-ṭābūti
A.10	*Apladad*	Kār-Apladad
^{lú}A.BA	*tupšarru*	s. Barma
A.GÀR	*ugāru*	Ugār-sallum
^{íd}A.RAD	*Purattu*	Purattu
AD	*abu*	Āl-Abi-ḫimme, Bīt-Abu-ilā'ī, Dāri-abu, Kapar-Abu-[...], Kapar-Bēl-abū'a
$^{(na4)}$AD.BAR	*atbāru*	Ḫalzi-atbāri
^{d}AG	*Nabû*	Kapar-Nabû, Kapar-Nabû-nāṣir, Kapar-Nabû-šimanni
AGRIG	*masennu*	Āl-masenni, Māt-Masenni
^{d}AMAR.UTU	*Marduk*	Bīt-Marduk, Dūr-Marduk
AN.ŠÁR	*Aššur*	Aššur-aṣbat, Kār-Aššur, Lilbur-munīḫ-libbi-Aššur, Māt-Aššur
ANŠE	*imāru*	Āl-rādi-imāri
^{mí}ANŠE	*atānu*	Dūr-atānāte
^{mí}ANŠE.KUR	*atānu*	Dūr-atānāte
^{mí}ANŠE.KUR.RA	*atānu*	Dūr-atānāte
AN.TA	*elû*	Pabite elû, Zāba elû
APIN	*erēšu*	Ālu-ša-Ilu-ēreš
AŠ	1. *Aššur*	Kār-Aššur-nāṣir-apli, Māt-Aššur
	2. *nadānu*	Dūr-Aššur-aḫu-iddina
AŠ.TE	*kussu*	Mukīn-palê-kussīšu
^{lú}AZLAG (TÚG.UD)	*ašlāku*	Āl-ašlākāni
BA	*qiāšu*	Aššur-iqiša
BÀD	1. *dūru*	Amat-šarri-dūru-[...] (?), Dūru 1, s. ON des Typs „Dūr-"

	2. *Dēru*	Dēru
BÀD.AN	*Dēru*	Dēru
BÁḪAR	*paḫḫāru*	Āl-paḫḫārāni, Til-paḫḫāri
$^{(uru)}$BAL.TIL$^{(ki)}$	*Aššur*	Aššur
BALA	*palû*	Mukīn-palê-kussīšu
BAN	*qaštu*	Qaštu
BARAG	*parakku*	Parakkišu
BE	*šumma*	Kapar-Šumma-ilā'ī, Kapar-Šumma-šarru
^{d}BE	*Enlil*	Dūr-Enlil 1, Dunābu-Enlil (?), Imgur-Enlil
BI.LUL	*šāqû*	Kapar-šāqê, Māt-Rab-šāqê
^{íd}BURANUM	*Purattu*	Purattu
DAB	*ṣabāṭu*	Aššur-aṣbat
DAM.GÀR	*tamkāru*	Ālu-ša-tamkāri
DI	*šulmu*	Ālu-ša-Šallimmani-Aššur, Šulmu-bēlīja (Denia)
DINGIR	*ilu*	Ālu-ša-Ilu-[...] (?), Ālu-ša-Ilu-ēreš, Anî-il, Bīt-Abu-ilā'ī, Bīt-ili, Bīt-Rība-ilu, Dūr-Bēl-ilā'ī, Kapar-Aššur-ilā'ī, Kapar-ili, Kapar-Ilu-bāni, Kapar-Ilumma-lē'i, Kapar-Ilu-ṣalê, Kapar-Išme-ilu, Kapar-Maṣi-ili, Kapar-Qanâ-il, Kapar-Rēmanni-ilu, Kapar-Šumma-ilā'ī, Rebīt-Rēmanni-ilu
DÙ	*banû*	Kapar-Bāni-aḫḫē
DU$_6$	*tillu*	Til-[..]āja, Til-(Bīt-)bāri, Til-ḫalulina, Til-kišādi, Til-kunāši, Til-kurgarrî, Til-līni, Tillu, Til-mašqâti, Til-Ninurta, Til-paḫḫāri, Til-rā[...], Til-ša-Abtāni, Til-ša-Zabdāni, Til-ulina
DÙG.GA	*ṭābu*	Kapar-Ṭāb-[...], Kapar-Ṭāb-Bēl, Kapar-Ṭāb-Ninurta, Mê-ṭābūte, Ṭābtāja
DUMU	*māru*	Āl-Mār-Danna-Adda, Āl-rā'âni-ša-mār-šarri, Ālu-ša-mār-Raḫīmi-[...], Ālu-ša-mār-šarri, Bīt-Baḫiāni, Mār-Ṣillī-[...], Māt-Aššur
DUMU.MÍ	*mar'utu*	Ālu-ša-mar'at-šarri
É	*bītu*	Ālu-ša-Mār-bīti-erība, Kapar-Bīt-balāṭi, Kapar-Bīt-sasanâ, Kapar-Nūr-bīti, Pīḫat-Bīt-turtāni, Til-Bīt-bāri u. ON des Typs „Bīt-",
É.GAL	*ekallu*	Ekallāte, Ekal-pî-nāri, Kapar-issi-ekalli
^{mí}É.GAL	*sēgallu*	Kapar-sēgalli
É.ŠÁR.RA	*Ešarra*	Ešarra
EN	1. *bēlu*	Āl-Bēl-iqbi 1, Āl-Bēl-iqbi 2, Āl-Bēl-libūr, Āl-Bēl-na'di, Ālu-ša-Dagān-bēlu-uṣur, Ālu-ša-Nasḫur-Bēl, Dūr-Bēl-Ḫarrān-bēlu-uṣur, Dūr-Bēl-ilā'ī, Ḫarbat-Ilā'ī-Bēl, Kapar-Bēl-abū'a, Kapar-Bēl-aḫḫē, Kār-bēl-mātāti 1, Kapar-Ṣil-Bēl 1,

		Kapar-Ṣil-Bēl 2, Kapri-Bēl-[…], Šulmu-bēlīja (Denia)
	2. *adi*	Adian
$^{(lú)}$ENGAR	*ikkāru*	Āl-ikkārāti, Kapar-ikkāri
EN.ZU	*Sîn*	Āl-Sîn-ēṭir
ÉNSI	*iššaku*	Limmer-iššak-Aššur
ERIM	*šābu*	Ṣābū-Adad
ERÌM	*išittu*	Išittu(?)
ÉRIN.TÁḪ	*nērāru*	Dūr-Adad-nērārī, Kār-Adad-nērārī
GAL	*rabû*	Kapar-rabûti, Māt-Rab-šāqê
GAL$_5$.LÁ	*gallû*	Aššur-nāsiḫ-gallî
GAŠAN	*bēltu*	Dūr-bēltīja
$^{lú\ giš}$GIGIR	*sūsānu*	Āl-sūsānī
GI(.NA)	*kânu*	Dūr-Šarrukīn
GIBIL	*eššu*	Ālu-eššu, Kapri-eššu
GIN	*kânu*	Dūr-Šarrukīn, Dūr-Šarrukkāja, Dūr-Šarrukku
GISSU	*ṣillu*	Ālu-ša-Ṣillāja, Kapar-Ṣil-Bēl 2
GÚ	*kišādu*	Kišād-[…]-Ninurta, Til-kišādi
GUR	*târu*	Aššur-māssu-utēr
ḪAL	*šemû*	Kapar-Nabû-šimanni
^{íd}ḪAL.ḪAL	*Diglat*	Diglat
ḪAL.ṢU	*birtu*	Birtu 1, Birtu 2, Šulmu-birāti
ḪÉ.GÁL	*ḫegallu*	Bābelat-ḫegalli, Patti-ḫegalli
ḪÉ.NUN	*nuḫšu*	Patti-nuḫši
I	*nâdu*	Āl-Bēl-na'di,
ÍD	*nāru*	Ekal-pî-nāri, Kapri-ša-muḫḫi-nāri
^{íd}IDIGNA	*Diglat*	Diglat, Kār-Diglatāja
IGI.2^{meš}	*īnāti*	Īnāti, Rēš-ēnāte (s. Rēš-ēni)
^{d}IGI.DU	? [*Nergal*]	Dūr-Nergal-ēreš
^{d}IM	*Adad*	Āl-Adad 1, Āl-Adad 2, Āl-Adad-[…] 1, Āl-Adad-[…] 2, Āl-Mār-Danna-Adda, Ṣābū-Adad
IM.SA$_5$	*šaššeru*	Bīt-šaššeri
^{d}INANNA	*Ištar*	Āl-Ištar (?), Dūr-Ištar, Ištarāte, Nēmed-Ištar
KÁ	*bābu*	Bāb-bitqi, Bāb-būri, Ḫubāba
KAL	*danānu*	Mannu-dān, Šal[…]tu-da'attu
KAM	1. *diqāru*	Kapar-diqārāte
	2. *erēšu*	Bīt-Adad-ēreš, Dūr-Nergal-ēreš
KAR	1. *kāru*	s. ON des Typs „Kār-"
	2. *eṭēru*	Āl-Aššur-ēṭir, Āl-Sîn-ēṭir
KASKAL	*ḫarrānu*	Dūr-Bēl-Ḫarrān-bēlu-uṣur, Ḫarrānu
KASKAL.GÍD	*bēru*	Šabirēšu
KI.TA	*šaplû*	Pabite šaplû, Zāba šaplû
KU$_6$	*nūnu*	Tamnūnu

KUR	1. *mātu*	Aššur-māssu-utēr, Lā-iplaḫ-māssu-iḫpi, Māt-Aššur, Māt-Masenni, Māt-Rab-šāqê, Pilaḫma-mātka-šallim
	2. *ekallu*	Ekallāte
KUR.GAR.RA	*kurgarrû*	Til-kurgarrî
KUR.KUR	*mātātu*	Kār-bēl-mātāti 1
LUGAL	*šarru*	Āl-rā'âni-ša-mār-šarri, Ālu-ša-mar'at-šarri, Būr-šarri, Dūr-Šarrukīn, Dūr-Šarrukku, Kapar-šarri, Šarru-iddina
^{lú}LÚNGA	*sirāšû*	Āl-sirāšî
^{giš}MÁ	*eleppu*	Bīt-eleppāte
MAN	*šarru*	Abat-šarri-lā-tenni, Amat-šarri-dūru-[...] (?), Būr-šarri, Dūr-Šarrukīn, Dūr-Šarrukku, Kapar-mār-šarri, Kapar-Šumma-šarru, Maḫri-gārê-šarri, Nēmetti-šarri, Šipir-šulmi-amāt-šarrīšu
^{d}MAŠ	*Ninurta*	Kapar-Ṭāb-Ninurta, Kār-Tukultī-Ninurta, Kišād-[...]-Ninurta, Nēmed-Tukultī-Ninurta, Til-Ninurta
^{d}MAŠ.MAŠ	*Nergal*	Kapar-Nergal
MÍ	*issu*	Kapar-issi-ekalli
MUL (Determinativ)	*kakkabu*	Diglat
NAM	*pīḫatu*	Pīḫat-Bīt-turtāni, Pīḫat-Masenni (Māt-Masenni)
NIGIN	*saḫāru*	Ālu-ša-Nasḫur-Bēl
NIN	*bēltu*	Šulmu-bēlāti
^{d}NIN.LÍL	*Mullissu*	Kār-Mullissi
NIN.TUK^{ki}	*Tilmun*	Tilmun
$^{\text{(uru)}}$NINA$^{\text{(ki)}}$	*Ninua*	Ninua,Tarninu (phonetisch *nina*)
$^{\text{(lú)}}$NINDA	*āpiu*	Āl-āpiāni, Kapar-āpiāni
NU.^{giš}KIRI$_{6}^{\text{meš}}$	*nukaribbu*	Āl-nukaribbī
NUMUN	*zēru, zāru*	Kapar-Zārūtî
^{d}PA	*Nabû*	Āl-Ubru-Nabû, Dūr-Nabû, Kapar-Nabû-šēzib, Kapar-Nabû-šimanni
PAB	1. *naṣāru*	[...]ma'a-nāṣir-apli, Ālu-ša-Dagān-bēlu-uṣur, Aššur-nīrka-uṣur, Dūr-Bēl-Ḫarrān-bēlu-uṣur, Kapar-Nabû-nāṣir, Kār-Aššur-nāṣir-apli, Kār-Šamaš-nāṣir, Si[...]ḫu-nāṣir-apli, Šamaš-nāṣir
	2. *aḫu*	Dūr-Aššur-aḫu-iddina, Kapar-Aḫi-iaqar, Kapar-Aḫu-bani, Kapar-Bāni-aḫḫē, Kapar-Bēl-aḫḫē, Kapar-Lū-aḫḫē, Kapar-Mannu-lū-aḫū'a, Nār-Sîn-aḫḫē-erība, Patti-Sîn-aḫḫē-erība
PÚ	*būru*	Bāb-būri, Būr-šarri
$^{\text{(lú)}}$SAG	*rēšu*	Āl-ša-rēšāni, Rēš-ēni
^{lú}SANGA	*sangû*	Bīt-sangî

SILIM	*šalāmu*	Šulmu-belāti
^{d}SILIM	*Salmānu*	Kār-Salmānu
SIMUG	*nappāḫu*	Āl-nappāḫē
SIMUG.KUG.GI	*ṣarrāpu*	Āl-ṣarrāpī
^{lú}SIPA	*rā'iu*	Āl-rā'âni-ša-mār-šarri
SU	*erēbu*	Ālu-ša-Mār-bīti-erība, Bīt-Adad-erība, Bīt-Rība-ilu, Nār-Sîn-aḫḫē-erība, Patti-Sîn-aḫḫē-erība
SU.(BIR$_{4}$)$^{(ki)}$	*Subartu*	Subartu
SUḪUŠ	*ubru*	Āl-Ubru-nabû, Dūr-Ubru-Aia
$^{(lú)}$SUKKAL	*sukallu*	Dūr-Papsukkal, Kapar-sukalli
SUM	*nadānu*	Šarru-iddina
SUMUN	*labīru*	Kapri...BAD (Kapri-labīri)
ŠÀ	*libbi*	Libbi-āli, Lilbur-munīḫ-libbi-Aššur
^{lú}ŠÀ-URU-*a-a*	*libbālāju*	Ālu-ša-Libbālāja
TI.LA	*balāṭu*	Dūr-balāṭi1, Dūr-balāṭi 2, Kār-balāṭi
^{lú}TU-É	*ērib bīti*	Āl-ērib-bīti
^{lú}*ša*-TÚG.U.SAG^{meš}	*ša kubšātēšu*	Ālu-ša-kubšātīšu
TUKUL	*tukultu*	Kār-Tukultī-Ninurta, Nēmed-Tukultī-Ninurta
U	*bēlu*	Dūr-Bēl-Ḫarrān-bēlu-uṣur
UD.KIB.NUN s. BURANUM		
UD.MÁ.NINAxŠIR	*Sirara*	Sirara 2
UGU	*muḫḫi*	Bīt(u)-ša-muḫḫi-āli, Kapri-ša-muḫḫi-nāri, Muḫḫi-naḫli
UN^{meš}	*nišû*	Māt-Aššur
URU	*ālu*	Bīt(u)-ša-muḫḫi-āli, Kapar-ālāni, Libbi-āli, Qerebti-ālāni; Taḫāl(u), u. ON des Typs „Āl-", „Ālu-*ša*-"
URU.ŠE	*kapru*	s. ON des Typs „Kapar-"
UŠ	1. *rādiu*	Āl-rādi-imāri
	2. *šiddu*	Šiddi-ḫirīti
^{d}UTU	*Šamaš*	Bīt-Šamaš, Dūr-Šamaš, Kapar-Šamaš, Kār-Šamaš, Kār-Šamaš-nāṣir, Mušēzib-Šamaš, Šamaš-nāṣir, Šamaš-rīqa
ZADIM	*sasinnu*	Āl-sasinnī
ZÁLAG	*nūru*	Kapar-Nūr-bīti
ZÍZ	*kunāšu*	Til-kunāši
ZU	*lē'û*	Bīt-Adad-lē'i, Bīt-Aššur-lē'i, Kapar-Ilumma-lē'i

15. Konkordanz mit NAT

In der 1. Spalte werden die Ortsnamen in ihrer Schreibung nach NAT angegeben, in der 2. nach derjenigen in der vorliegenden Sammlung.

Abarakku	Māt-Masenni
Abat-[...]	Abattê
Abat-Aššūr-lā-tenni	Abat-Aššur-lā-tenni
Abat-šarri-lā-tenni	Abat-šarri-lā-tenni
Abbissa	Abissâ
Abilate	Abilāte
Abrania	Abrania
Ad[...]	Ad[...]
Adad-[...]	Āl-Adad 2
Adani	Adani
Adaru	Adari
Adia	Adia
Adian	Adian
Adumanu	Adumānu
Adummatu	Adummatu
Agganu	Agganu
Aggunu	Aggunu
Aḫdatsaeri	AḪdatsama[...] (?)
Aḫni	Aḫni
Aḫsana	Aḫ-Sāna
Aḫusutu	Aḫusutu
Aira	Aira
Ajanatâ	Ajanatâ
Alê	Alê
Alinzirānu	Alinzirānu
Allabria	Lapsia
Allî	Allî 1
Alpijana	Alpijana
Alqi[...]	Alqi[...]
Alu'iṣṣa	Alu'iṣṣa (?)
Alum-labir	Ālum-labīr
Alum-ṣusi	Ālum-riksi (?)
Alzi	Alzi
Amadani	Amadani
Amadi	Amadīnu
Amante	Amante
Amatti	Amante

Amatu	Amatu
Amedi	Amēdu
Āmiršu-liglud	Āmiršu-liglud
Amlattu	Amlatti
Ammaštubi	Ammaš
Ampiḫābi	Ampiḫābi
Anara	Anara
Anatu	Anat, Issēte
Andi	Andi
Anditâ	Anditâ
Anduli	Anduli
Anganu	Anganu
Anīan	Anî-il
Apku	Apku
Appina	Appina
Appunā	Appūni
Apsija	Apsia
Aqarsallu	Ugār-sallum
Aradina	Aradina
Arānu	Arānu
Arasilla	Arasilla
Arbaga	Arbaga
Arba'il	Arbail
Arbakki	Arbakki
Arbate	Arbate
Arbunâ	Arbunâ, Timbu'nu
Ardīzi	Ardīzi
Arduba	Arduba
Argada	Argada
Argazu	Argasu
Argu[...]	Argūnu
Argunu	Argūnu
Ariawati	Ariauāte
Aridu	Asridi
Arijuati	Ariauāte
Arinu	Arinu
Arlāja	Arlāja
Arman	Ḫalman 2
Arnabani	Arnabāni
Arqānia	Arqānia
Arra[...]	Arra[...]
Arrapḫa	Arrapḫa
Arṣania	Arṣania 1

Arubu	Arubu
Arumu	Āl-Armāja, Kapar-Armāja
Arzabīa	Arzabīa 1
Arzuḫina	Arzuḫina
Asajati	Asajāti
Asamānu	Asamānu
Asiḫi	Asiḫi 1
Aṣalli	Izalla
Aṣūṣi	Aṣūṣi
Ašlakē	Āl-ašlākāni
Ašnaḫu	Ašnaku (?)
Ašša	Ašša
Aššūr	Aššur, Libbi-āli, Māt-Aššur
Aššūr-ēṭir	Āl-Aššur-ēṭir
Aššūr-inār-garū'a	Aššur-inâr-garū'a
Aššūr-iqīša	Aššur-iqīša
Aššūr-mannu-išannan	Aššur-mannu-išannan
Aššūr-mātsu-urappiš	Aššur-māssu-urappiš
Aššūr-mātsu-utīr	Aššur-māssu-utēr
Aššūr-nāsiḫ-gallî	Aššur-nāsiḫ-gallî
Aššūr-nīrka-urappiš	Aššur-nīrka-rappiš
Aššūr-nīršu-urappiš	Aššur-nīršu-urappiš
Ašurdāja	Ašurdaja
'Atānu	'Akuānu
Ateja	Ateia
Atḫimme	Āl-Abi-ḫimme
Atkun	Atkun
Auibi	Auibi
Azaba	Zāba elû
Azir[...]	Amu[...]
Bāb-bitqi	Bāb-bitqi
Bāb-būri	Bāb-būri
Bābilat-nuḫši	Bābelat-ḫegalli
Babsaḫ	Babsaḫ
Babutta	Babutta
Badḫawar	Til-ḫauar
Badutu	Badūa
Balāṭu	Balātāja
Balīḫu	Balīḫu 1, Balīḫu 2
Bambuki	Bambuki
Banbakabna	Banbarina
Bana[...]	Bana[...]
Baqarru	Baqarri

Bar’āja	s. RGTC 8, 222 s. v. Maš’a
Barbaz	Barbaz
Barḫalzi	Barḫalzu
Bariḫtu	Bariḫti
Barma	Barma
Baruḫu	Barūri
Barzaništun	Barzaništa, Barzaništun
Barzunna	Barzunna
Basrê	Bazrê
Bašānu	Bašānu
Batraḫajate	Til-raḫajāte
Bāzu	Bāza, Bāzi 1, Bāzi 2, Bāzu
Bēl-iqbi	Āl-Bēl-iqbi 1, Āl-Bēl-iqbi 2
Benzu	Benzu
Beraḫajate	Til-raḫajāte
Bēzu	s. RGTC 8, 73 s. v. Bazza
Bezūti	Til-sūti
Binṭiṭi	Pinṭiṭi
Birdanša	Birdanša
Birdunu	Birdunu
Bir-nāri	Bir-nāri
Birra[...]	Piru’a
Bīrtu	Birte, Birtu 2, Kapri-Birtāja
Birtūri	Birtūri
Bisuru	Bisuru
Bīt-Abī-Ilāja	Bīt-Abu-ilā’ī
Bīt-Adad-erība	Bīt-Adad-erība
Bīt-Baḫiāni	Bīt-Baḫiāni
Bīt-Da[…]	Bīt-da[…], Bīt-Dagan (?)
Bīt-Erība-ilu	Bīt-Rība-ilu
Bīt-Erpitia	Bīt-šaššeri
Bīt-Ḫā’iri	Bīt-Ḫa’iri
Bīt-Ḫalupê	Bīt-Ḫalupê
Bīt-ḫardini	Bīt-ḫardini
Bīt-ḫija[…]	Bīt-ḫijaṣi[(…)]
Bīt-Ḫurapî	Bīt-Ḫurāpî
Bīt-ili	Bīt-ili
Bīt-kutî	Bīt-kutî
Bīt-Marduk	Bīt-Marduk
Bīt-Ramannu	Bīt-Ramannu
Bīt-rēdûti	Bīt-rēdûti
Bīt-Šabāja	Bīt-Šabāja
Bīt-šaššeri	Bīt-šaššeri

Bīt-Urbiru	Bīt-Urbiru
Bīt-Zamāni	Bīt-Zamāni
Bitzua	Bitzua
Bu[...]	Bu[...] 1
Buda'	Padê
Bugu	Bugu
Bulia	Bulijanu
Bulul	Bulul
Buni	Buni
Bunnu	Bunnu([...])
Burallu	Buralli
Burrim	Burrim
Burudarri	Buruqi 1
Burunatu	Burunatu
Buruqu	zu streichen
Bususu	Bususu
Būṣu	Būṣi
Daban	Ṭaban 1
Daduni	Daduni
Daḫmuri	Gabmuri
Daikanša	Daikanša
Dajān-Adad	Āl-Dajjān-Adad
Dalajin	Dalājin
Dalazania	Dalazania
Dajašeti	Dajašeti
Damdammusa	Damdammusu
Danāia	Āl-Dannāja
Dania	Dania
Dannānu	Dannāni
Dannuna	Dannuna
Danziun	Danziun
Daria	Daria
Dariga	Darigu
Dariki	Dariki
Darraska	Darraska
Datēbir	Datēbir
Daunani	Da'unāni
Diati	Diati
Dēr	Dēru
Di'bina	Di'bina
Dibirati	DIbirāti (?)
Didual	Diduala
Diglat	Diglat

Diḫnunu	Diḫnunu
Diḫrānu	Diḫrānu
Diḫri	Dēru
Dilmun	Tilmun
Dimmeti	Dimmeti
Diquqīna	Diqūqīna
Dirria	Dirria
Diujabli	Diuiapli
Diullānal	Diulla-ana-Nal
Dunābube	Dunābu-Enlil (?)
Dunu	Dunni
Dunuequ	Dunuequ
Dūr-adūklimmu	Dūr-katlimmu
Dūr-Anunīti	Dūr-Anunīti
Dūr-Aššūr-aḫu-iddina	Dūr-Aššur-aḫu-iddina
Dūr-atānāte	Dūr-atānāte
Dūr-balāṭi	Dūr-balāṭi 1
Dūr-Bēl-ilāja	Dūr-Bēl-ilā'ī
Dūr-Bēl-Ḫarrān-bēlu-uṣur	Dūr-Bēl-Ḫarrān-bēlu-uṣur
Dūr-bēltīja	Dūr-bēltīja
Dūr-Enlil	Dūr-Enlil 1
Dūr-Ištar	Dūr-Ištar 2
Dūr-Nabû	Dūr-Nabû 1
Dūr-Nanâ	Dūr-Nanāja 1, Dūr-Nanāja 2
Dūr-Papsukkal	Dūr-Papsukkal
Dūr-pariki	Dūr-pariki
Dūr-Samedi	Dūr-Sāmedi
Dūr-Šamaš	Dūr-Šamaš
Dūr-Šarrukīn	Dūr-Šarrukīn, Dūr-Šarrukku
Dūr-Talīti	Dūr-tālitte
Dūru	Dēr
Dušunu	Dušunu
Du'ua	Du'ūa
Ebiḫ	Ebiḫ
Eḫiman	Eḫiman
Ekallāte	Ekallāte
Ekal-pî-nāri	Ekal-pî-nāri
Elammaki	Elammaki
Elamunia	Elamunia
Elizanšu	Elizanšu
Elizki	Elikzun
Elmunaqinê	Elmunaqinnê
Elugia	Elugia

Enu	Enu
Enzi	Enzi
Enzi	Enzi
Erudi	Erudi
Esazi	Kalḫu
Esi[…]	Ja[…] 2
Eššа[...]	Singāra 1
Eššu	Ālu-eššu 1
Eusa	Eusa
Ezāma	Ezāma
Eziat	Eziat
Gabasê	Gabaṣê
Gabê	Gabê, Gar[…]
Gadisê	Gadisê
Gaduatâ	Gaduatâ
Gammagara	Gammagara
Gananāte	Gannanāte
Ga'uānu	Ga'uani
Gidara	Gidara
Gingiliniš	Gingiliniš
Girmua	Girmua
Gubbat	GubBAD (?)
Gulgul	Gulgul
Gumedu	Gumedu
Gurēte	Gurēte
Gurrāja	Gurru
Gūzāna	Guzāna
Ḫā'u	Ḫāu
Ḫāba	Ḫāba
Ḫabḫu	Ḫabḫu 3, Ḫabḫu 4, Ḫabḫu 5
Ḫābūr	Ḫābūr
Ḫadabiti	Ḫadabiti
Ḫadallu	Ḫatallu
Ḫajappâ	Ḫajappa
Ḫalaḫḫu	Ḫalaḫḫu
Ḫalbuda	Ḫalbuda
Ḫaldianu	Ḫaldiānu
Ḫaldisu	Ḫandasu
Ḫalēḫasta	Ḫalēḫasta
Ḫalḫalauš	Ḫalḫalauš
Ḫallāia	Ḫallāja
Ḫalman	Ḫalman 2
Ḫalulê	Ḫalulê, Ḫalulî

Ḫalzi	Ḫalzi
Ḫalzi[…]	Ḫalzi[…]
Ḫalziadbar	Ḫalzi-atbāri
Ḫalziluḫa	Ḫalziluḫa
Ḫamarāni	Ḫamaru
Ḫame[...]	Ḫamê
Ḫamedi	Ḫamedê 1, Ḫamede 2
Ḫamuna	Ḫamuna
Ḫandasu	Ḫandasu
Ḫanduate	Ḫanduāte
Ḫāni	Ḫāni
Ḫanigalbat	Ḫanigalbat
Ḫanimu	Ḫanimu
Ḫansuri	Ḫansūri
Ḫanuru	Ḫanūri
Ḫanusa	Ḫanusa
Ḫara[…]	Ḫara[…]
Ḫarad	Ḫaradu
Ḫarbê	Ḫarbê
Ḫarbīna	Ḫarbina
Ḫarbisinna	Ḫarbisinna
Ḫardian	Kalḫu
Ḫarēḫasta	Ḫalēḫasta
Ḫariḫumba	Ḫariḫumba
Ḫarira	Ḫarira
Ḫarlazu	Ḫarlazu
Ḫarmiš	Ḫarmiš
Ḫarnuanzen	Ḫarbat-Ilā'ī-Bēl
Ḫarrān	Ḫarrānu
Ḫarrutu	Ḫarutu
Ḫasamu	Ḫasame, Ḫasamu
Ḫasmetu	Ḫasmetu
Ḫašanu	Ḫašānu
Ḫašimur	Ḫašimur
Ḫašmar	Ḫašmar
Ḫatajate	Ḫatajāte
Ḫatḫariba	Ḫatḫariba
Ḫatpi	Ḫatpina[…]
Ḫatâ	Ḫattâ
Ḫattē'a	Ḫatte
Ḫāurīna	Ḫāurīna 2
Ḫazabiri	Ḫazabiri
Ḫazû	Ḫazû

Ḫi[…]aṣi[…]	Ḫi[…]aṣi[…]
Ḫidiniba	Ḫidiniba
Ḫigi-Bēl	Imgur-Enlil
Ḫiḫiḫina	Ḫiḫiḫina
Ḫilapi	Ḫilapi
Ḫimuni	Ḫimuni
Ḫindānu	Ḫindānu, Ḫinzānu
Ḫinḫinia	Ḫinḫinia
Ḫininši	Ḫininši
Ḫirana	Ḫirāna
Ḫīrānu	Ḫīrānu 1
Ḫirimmu	Ḫirimmu
Ḫista	Ḫista
Ḫu[…]	Ḫub[…] 2, Ḫuzīrīna
Ḫubāba	Ḫubāba
Ḫuddukia	Ḫuddukia
Ḫudubili	Ḫudubili
Ḫududi	Ḫudupa
Ḫulî	Ḫulî
Ḫulla[…]	Ḫullari[…]
Ḫumu[…]	Ḫuzīrīna
Ḫumut	Ḫumut
Ḫupapa	Ḫu[…]
Ḫusana	Ḫusana
Ḫusur	Ḫazur, Ḫusur
Ḫuzirīna	Ḫuzīrīna
Ibādidi	Ibādidi
Ib'ala	Ib'ala
Ibli	Ibli
Idiba'il	Idiba'il
Idu	Idu
Igāja	Igāja
Iḫilu	Iḫilu
Ilabbiašu	Nār-Ilabbiašu
Ilaja	Ijaja
Ilḫini	Ilḫini
Illimmer	Ilimmeru
Ilpiatu	Alpijana
Ilqiamat	Ilqi-amat
Ilzi	Ilgie
Imgur-Bēl	Imgur-Enlil
Immirīna	Immerina
Inagibi	Inagibi

Ingula	Ingul(a)
In-Šamaš	Īn-Ištar
Inabirmanat	Inabir-Manāt
Īnāte	Īnāti
Ippa	Ippa
Irbuāja	Irbû
Irinniḫ	Irinniḫ
Irsia	Irsia
Isāna	Isāna
Isītāti	Isītāti
Ispallurê	Ispallurê
Isparirra	Isparirra
Iṣalli	Izalla
Išḫupri	Išḫupri
Išnunak	Ešnunna
Išpilipria	Išpilipria
Iššabri	Iššabri
Ištaḫup	Šaḫuppa
Ištarāte	Āl-Ištar/Išittu, Ištarāte
Ištarāti	Ištarāte
Išua	Išua
Ītu	Ītu, Itu'u
Itu'u	Itu'u
Izduja	IzdujaI
Izzēda	Ezzēda
Ja[...]	Ja[...] 3, Jaqa[...]
Jada'i	Jada'î
Jadi'	Jadi'
Jaḫānu	Jaḫānu 2
Jaḫudê	Jaḫudê
Jalman	Jalman
Jaluna	Jalūna
Jamutbal	*Jamutbal(u)
Janibir	Janibir-ṣuḫuri
Jaranu	Jarānu
Jaribi	Aribi
Jaru'u	Jaru'u
Jasaddu	Jasaddu
Jasubigallāja	Jasibigallu
Jasubu	Jasubu
Jasumu	Jasume 2
Jatana'	Janata'
Jausa	*Jausa

Kabsite	Kabsite
Kadišḫaru	Kadišḫaru
Kagal	Gāgal
Kaḫat	Kaḫat
Ka'ilite	Kailete
Kakkabnamušat	Kakkabnaše
Kalgubisi	Kalgurig
Kalḫu	Kalḫu
Kallama	Kalla[…]
Kalzi	Kalzi
Kamanāte	Kamanāte
Katkānu	Kankānu
Kanni	Izalla
Kannu'	Kannu'
Kapar-diqarat	Kapar-diqārāte
Kapru	Kapra[...] (?)
Kār-[...]	Kār-[...] 1
Karania	Karania
Kār-Adad	Kār-Adad 2
Kār-Apladda	Kār-Apladad
Kār-Aššūr	Kār-Aššur
Kār-Aššūr-nāṣir	Kār-Aššur-nāṣir-apli
Kār-balāṭi	Kār-balāṭi
Kār-banapa	Karbanapa
Kār-Banīti	Kār-Banīte
Kār-bēl-mātāti	Kār-bēl-mātāti 1
Kār-Ištar	Kār-Ištar 1
Karmê	Karmê
Kār-Ninlil	Kār-Mullissi 1
Kār-nūri	Kār-nūri
Kār-Šamaš	Kār-Šamaš
Kār-Šamaš-nāṣir	Kār-Šamaš-nāṣir
Kār-Tukultī-Nin(urta)	Kār-Tukultī-Ninurta
Karuḫa	Karuḫa
Kasappa	Kasappu
Kāšidsu-lilbur	Kāšissu-lilbur
Kašjâru	Kāšiāru
Kašpi	Kašpi
Kaštirru	Bitirru
Ki[...]	Ki[...] 2
Kibaki	Kibaki
Kimeš	[…]meš (?)
Kinabu	Kinabu

Kipina	Kipina
Kipkipi	Kipkipi
Kipšu	Kipšu
Kipšūna	Kipšūnu
Kirara	Kirara
Kirbit	Qirbit
Kisiri	Kisiri 1, Kisiri 2
Kirmese	Kirmesi
Kissik (Beleg Tigl III.)	Nasikku
Kitbula	Ubula
Kitlala	Saḫlala
Ku[...]	Tusḫan
Kubana	Kubanaše
Kubbu	Kubbu
Kukibi	Kukibi
Kūkunu	Kukkinu, Kūkunu
Kulisi	Kulisi
Kullimmeri	Kullimeri
Kullunu	Kullunu
Kulute	Kuluna
Kumme	Kummu
Kummuḫi	Katmuḫi
Kunnu	Kunnu
Kunuš-lā-kanšu	Kunuš-lā-kanšū
Kuppi	Kuppi
Kupruna	Kupruna 1
Kurba'il	Kurbail
Kurru[...]	Kurru[...]/Kurruḫanni (?)
Kurzuḫâ	Kurzuḫā[(...)]
Kūsu	Kūsu
Kutuli	Kutuli/Kutli
Labbasta	LULbasta
Laḫiru	Laḫīru 1
Lā-iplaḫ-mātsu-iḫpi	Lā-iplaḫ-māssu-iḫpi
Langa[...]	Langa[...]
Lapsia	Lapsia
Lāqê	Lāqê
La[x]ḫi	Napiḫi
Latiḫi	Latiḫi
Lidi'aja	Līdu 2
Lilbur-munīḫ-libbi-Aššūr	Lilbur-munīḫ-libbi-Aššur
Limmir-iššak-Aššūr	Limmer-iššak-Aššur
Lītir-ajimṭi	Lītir-aj-imṭi

Lubda	Lubdu
Luddin-ilu	Luddin-ilu
Luluta	Luluta
Lumiḫina	Luamma 1
Lupsua	Lupsa
Luqadanša	Luqadanšu
Luqaše	Luqaše
Luqia	Luqia 1, Luqia 2, Luqia 3
Lurisite	Lurisite
Lusia	Lusia
Lušanda	Lušanda
Madara	Madara
Madaranzu	Madaranzu
Magalānu	Magalānu
Maganisi	Maganiṣi, Maganuba
Maganūba	Maganuba
Magarisi	Magarisu
Magdal	Magdali
Maḫdi(.)	Āl-Maḫdî
Makan	Makan
Makrisu	Magarisu
Makurrite	Makurrete
Malḫina	Malḫina
Maliasû	Maliasû
Malijatu	Malijāti
Maliku	Māliku
Mallānu	Mallānu
Mannu-lišissu	Mannu-lišissu
Mannu-šannin-Aššūr	Mannu-šānin-Aššur
Mantun	Manṭun
Maqiraja	Naq(i)ru
Mar[...]	Mar[...]
Mardijānê	Mardijānê
Marḫatianša	Marḫatianša
Marḫuḫa	Marḫuḫa
Mariru	Mariri
Marpada	Marpada
Marsīmani	Marsīmani
Mas'a	Mas'a
Masaka	Masaka
Masitu	Masiti
Maṣula	Maṣula
Maškala	Maškala

Maškaritaja	Maškaritu
Mašqītu	Mašqīte
Matjatu	Matiātu
Matnu	Matnu
Matuḫanzaḫ	Matuḫanzaḫ
Me[...]	Mēsu
Meḫinî	Meḫinî
Meḫrānu	Meḫrāni
Meḫri	Meḫri
Meluḫḫa	Meluḫḫa
Mempi	Mempi
Mera	Mera
Merḫisua	Merḫisu
Meri[...]	Meri[...]
Mēturna	Mê-Turnat
Mezê	Mezê
Miḫri-garê-šarri	Maḫri-gārê-šarri
Miljāba	Miljāba
Milqia	Milqia
Muḫḫi-naḫli	Muḫḫi-naḫli
Muma	Mumu
Muqani	Muqania
Musku	Musku 2
Musru	Muṣri 2
Muṣru	Muṣri 1, Muṣur, Muṣurni[...]
Mušakšid-nakiri	Mušakšid-nakirī
Mušēzib-[...]	Mušēzib-Šamaš
Mutianni	Mutianni
Nabâtu	Nabajāti
Nagiate	Nagiāte 1
Naḫu	Naḫu
Na'iri	Na'iri
Nakru	Naq(i)ru
Nal	Nal
Namdānu	Namdānu
Nampagāte	Nampagāte
Napulu	Nabulu
Naqarbani	Aqarbāni/Naqarabāni
Naṣībina	Naṣībīna
Natḫû	Natḫû 1, Natḫû 2
Nēbarti-Aššur	Nēbarti-Aššur
Nēmed-Ištar	Nēmed-Ištar
Nēmed-Tukultī-[Ninurta]	Nēmed-Tukultī-Ninurta

Nī’	Nī’
Nibu[…]	Nēmetti-šarri
Niḫu	Irri(a)
Niḫutu	Niḫutu
Nimitti-šarri	Nēmetti-šarri
Nini	Izalla
Ninili	Izalla
Ninua	Ninua
Nipur	Nipur
Nirama	*Niramu
Nirbu	Nirbu
Nirdun	Nirdun
Nuḫba	Nuḫubu
Nuniba	Nuniba
Nurāni	Sūru-Nūrāni
Pabite	Pabite (elû u. šaplû)
Padāni	Padnu
Padê	Padê
Padnu	Padnu
Paḫarāni	Āl-paḫḫārāni
Paḫnuti	Paḫnuti
Pa’izi	Pa’uza
Pan[…]	Patiškun
Paqutu	Paqutu
Parḫaḫa	Tamnūnu
Parisu	Parisu
Parnuna	Tamnūnu
Parute	Parute
Paṣata	Paṣate
Patti-nuḫši	Patti-ḫegalli, Patti-nuḫši
Patti-Sîn-aḫḫē-erība	Patti-Sîn-aḫḫē-erība
Pattu	Pattu[…]
Paturisu	Paturisu
Penzâ	Penzâ
Pi[…]	Pi[…]
Pidū’a	Piru’a
Piḫattiḫurunpiki	Piḫattiḫurunpiki
Pilaḫma-mātka-šallim	Pilaḫma-mātka-šallim
Pilazi	Pilazi
Piqdani	Piqdani
Pīru	Pīru
Pisapdi’a	Pišapdi’a
Pisaptu	Pišaptu

Pitura	Biturra, Pitura
Pulpullija	Pulpullia
Punubu	Punubu
Purammu	Buramma
Purattu	Purattu
Puširu	Puširu
Qablitu	Qablit
Qadaba'u	Qatabu'
Qadê	Qadê
Qadinê	Qatnu
Qai[...]na	Qai[...]na
Qamani	Qamani
Qamurra	Gurru
Qana	Qana
Qappataja	Qappata
Qar[...]	Qar[...]aja
Qaradbaqa'āni	Qarat-baqa'āni
Qarenabis	Qarena
Qari[...]	Qari[...]
Qarnê	Qarnê 2
Qarti-Ḫaldi	Qarti-Ḫaldi
Qatabu'	Qatabu'
Qatna	Qatnu
Qedar	Qidru
Qilissa	Qilissa
Qipani	Qipāni
Qirbutu	Qirbit
Qiribtu	Qerebti-ālāni
Qūa	Qūa
Quda	Quda 1, Quda 2, Quta
Qumanû	Qumanî
Qumbāte	Qubbāte
Ququsanšu	Ququsanšu
Qurani	Qurani
Qurdê	Qurdê
Qurūbu	Qurubi
Qururu	Qururu
Rab-šaqê	Māt-Rab-šāqê
Radammatu	Raqamātu
Radani	Radāni
Radānu	Radānu
Rādi-emāri	Āl-rādi-imāri
Raḫimmu	Raḫimme

Ramatba	Ramatba
Rami	Rami
Rapa[...]	Rapâ
Rapiqu	Rapiqu
Rapšu	Rapšu
Raqammatu	Raqamātu
Raṣâ	Raṣâ
Raṣappa	Raṣappa
Ratme	Radme
Rebīt-Rēmanni-ilu	Rebīt-Rēmanni-ilu
Rēš-ēni	Rēš-ēni
Rimsanu	Gilsanu
Rīmusu	Talmusu
Rummunidu	Rummunina
Ruqaḫa	Ruqāḫu
Rūru	Rūru
Ruṣapu	Raṣappa
Sa[...]	Sa[...] 4
Sa[...]zi	Sa[...]zi
Sab'a	Saba'a
Sabirutu	Sabirutu
Saḫiru (nB)	Saḫiru (nA)
Sailu	Sailu
Sairi	Sairi
Saji	Sai
Sakka	Sakka
Sala[...]	Sala[...]
Salammê	Salammê
Salaniba	Salaniba
Salimānu	Salilānu, Salimāni
Sallat	Raqamātu
Salum	Ugār-sallum
Saluria	Saluria
Sama[...]	Sama[...]
Samaku	Samaku
Sa'mal	Samatu
Samḫarâ	Samḫara
Saniti	Saniti (?)
Sa'nu	Ṣi'nu
Sapānu	Sapānu
Sapirrutu	Sabirutu
Saraku	Saraku
Sar'arīna	Sa'rarīna

Sarbalia	Sarbalia
Sardaurri	Sardurianu
Sarê	Sarê
Sarun	Sarun
Sasiqani	Saiqani
Sassu	Sassu
Sasuka	Sasuka
Satkuri	Satkuri
Si[…]e	Si'immê
Sikāni	Sikāni
Sikibsa	Sikibsa
Sikiru	Kisiri 1
Sikur	Sikur
Si'me	Si'immê
Sinabu	Sinabu
Singāra	Singāra 1
Sinu	Sinnu
Siqa'in	Sina'ini
Sirgana	Sirgana
Sirqu	Sirqu
Sirura	Sirura
Sissil	Sissil (?)
Sissû (erster Beleg)	Gurru
Suba	Suba
Subartu	Subartu
Subnat	Subnat
Suena	Suena
Suḫne	Suḫnu
Sūḫu	Sūḫu
Suli	Sulu
Sulu	Sulu
Sumu	Ḫasamu
Sumu'il	Sumu'il
Sumurunu	Sumurunu
Sunê	Sunê
Supurēdete	Supūri-eddette
Surdurānu	Sardurianu
Sur-marrāti	Sur-marrāti
Su:ru	Su:ru 1, Su:ru 2
Sūsānu	Āl-sūsānī
Sutia[.]	Sutia[…]
Suti[..]	Sutia[…]
Ṣabat-lukun	Ṣābat-lū-kūn

Ṣābē-Adad	Ṣābū-Adad
Ṣābitsu-likūn	Ṣābissu-likūn
Ṣabnūti	Ṣabnūti
Ṣaidi	Ṣaidinu
Ṣalli-urši	Nilibši
Ṣarrāpu	Āl-ṣarrāpī
Ṣēlâ	Ṣēlâ (?)
Ṣia[...]	Ṣiamaninu
Ṣibate	Ṣiba:te
Ṣibtu	Ṣibte
Ṣilimte	Ṣibte
Ṣil-Šamaš-agâ	Ṣilgangâ
Ṣi'nu	Ṣa'nu, Ṣi'nu
Ṣū'a	Ṣūa
Ṣuppa	Ṣuppa
Ṣupria	Ṣupria
Ša-Aššūr-tāru	Ša-Aššur-tāru
Šabbu	Šabbu
Šabirīšu	Šabirēšu
Šadikanni	Šadikanni
Šadi-Samalla	Dadiualla
Ša-emūq-Aššūr	Ša-emūq-Aššur
Šaḫarasi'	Šaḫarasi'
Šalimu	Šalimu
Šamaš-nāṣir	Šabarme, Šamaš-nāṣir
Šamaš-rīqa	Šamaš-rīqa
Šanḫara	Šanḫara
Šānini-ajirši	Šānini-aj-irši
Šanugû	Šanugû
Šapiani	Āl-āpiāni
Šapparisu	Šappārīšu
Šaqa[x]	Ālu-ša-qāribi
Šara[...]	Šara[...]
Šarīš	Ālu-ša-rēšāni, Šaḫuppa, Šariššu
Šarru-iddina	Šarru-iddina
Šarum	Šarum
Šašte	Šašlê
Šazabina	Ālu-ša-Zabīni
Šeliḫiram	Šeliḫiram
Ši[...]-šulmi-amāt-šarrīšu	Šipir-šulmi-amat-šarrīšu (?)
Šibaniba	Šibaniba
Šibṭiniš	Šibḫiniš (?)
Šiddiasika	Šiddi-asika

Šijāutu	Šijāutu
Šimirra	Šimirra
Šīmu	Šīmu
Šingiša	Šingiša
Šiprapa	Šiprapa
Širpi[…]	Širpi[…]
Šišda	Šišil
Šišlu	Šišil
Šubria	Šubarû, Šubria
Šūdu	Šūdu
Šulmu-birāti	Šulmu-birāti
Šunu[…]	Šunu[…]
Šūra	Šūri, Šūru
Šuruba	Laruba 2
Tabite	Tabite
Tabsia	Tapsia
Taḫāl	Taḫāl(u)
Tajini	Tajani
Takku	Takku[…]
Talamusa	Talmusu
Talbiš	Talbiš
Talid…	Tamarana (?)
Tamanuni	Tamnūnu
Tamudi	Tamudi
Tanat	Tanat
Tanê	Tanê
Tarbiṣu	Tarbiṣi
Tarninu	Tarninu
Tarqana	Tarqana (?)
Tartār	Tartāru
Tas	Tas
Tas[...]	Tastiāte
Tasa	Tasa
Tastiate	Tastiāte
Tasu	Tasu
Tasume	Jasume 1
Tašliana	Tašliana
Tašuḫa	Tašuḫa
Tau[…]	Tau[…]
Tazi’	Tazi’
Tebiltu	Tebilti (??)
Te’di	Tīdu
Tedi	Tīdu

Teiš[...]	Kapar-Milki-[…]
Tēla	Tēla 1
Tēma	Tēma
Teman	Temannu
Temeni	Temeni
Teqi	Kapar-Qiqî
Tīdu	Tīdu
Ti'i	Ti'i
Til-[…]	Til-līni
Til-bāri	Til-bāri
Tillê	Tillê, Tillu
Til-ḫalulina	Til-ḫalulina
Til-ḫardušina	Til-ḫarrapina
Til-kurgarri	Til-kurgarrî
Tillīni	Til-līni
Til-naḫīri	Til-naḫīri
Til-Ninurta	Til-Ninurta
Til-rā[…]	Til-rā[…]
Til-raḫāwa	Til-raḫaua
Til-ša-Abtāni	Til-ša-Abtāni
Til-ša-Zabdāni	Til-ša-Zabdāni
Til-tūraḫi	Til-ša-turāḫi
Til-Tūri	Til-kišādi
Tiluli	Tiluli 2
Til-ulina	Tilulina
Til-zanî	Til-zanî
Tinunî	Tinunî
Tirḫim	Tirḫim
Tīte	Tīdu
Tua	Tu'e
Tumma[…]	Azma[…]
Tumurru	Tumurru
Turḫu	Turḫu
Tūr-ilāni	Turnat
Turnat	Turnat
Tursana	Tursana
Turtānu	Pīḫat-Bīt-turtāni
Tušḫan	Tušḫan
Ṭabēte	Ṭābēte
Ṭuḫuna	Ṭuḫuna
Ṭunibuni	Ṭunibuni
Uallia	Uallia
Uaštal	Uaštal

Ubasê	Ubasê
Uda	Udu
Udēru	Udēru
Udūa	Udūa
Ukku	Ukku
Ūlāja	Ulāja 1
Ulina	Ulina
Ulluba	Ulliba, Ulluba 2
Uluruš	Uluruš
Um[…]	Um[…]
Umalia	Umalia
Unu	Unu
Upî	Upî
Uppa	Uppa
Uppūme	Uppumu
Uppu'na	Timbu'nu
Urakka	Uqaba, Urakka
Urbakka	Urbakka
Urmuse	Urmuše
Urra	Ura 1, Ura 2
Urtiabu	Tastiāte
Urulli	Urulli
Urumu	Urume
Urzunapi	Urzunapi
Usalâ	Usalâ
Ušḫiriti	Šiddi-ḫirīti
Ušḫu	Ušḫu
Uštalaḫi	Uštalaḫi
Ušurnu	Ušurnu
Uzurra	Uzurra
Zāba	Zāba šaplû, Zāba elû
Zāba elû	Zāba elû
Zāba šaplû	Zāba šaplû
Zabban	Zabban
Zaddi	Zaddi
Zadidāni	Zadidāni
Zaduri	Zaduri
Zaidini	Ṣaidinu
Zamaḫâ	Zamaḫu
Zamba	Zamba
Zanani	Zāba šaplû
Zapapra	Zabarra
Zatputu[…]	Zapputu[(…)]

Zaqqu	Zaqqu
Zarzāta	Zarzāta
Zatputukina	Zatputukina
Zazabuḫa	Zazabuḫa
Zi[…]	Zikkû
Zinnabat	Zinabu
Zukaja	Zuka

Nicht in NAT (ohne Akephala):

A[…] 1
A[…] 2
A[…] 3
A[…] 4
A[…] 5
A[…]te (??)
Ab[…] 1 (?)
Abdudu
Abia[…]
Abisite
Abiṣa[…]
Abna[…]
Adî
Aguna (?)
Aḫ[…]
Aḫrijê
Ak[…]
Akuḫî
Āl-Adad 1
Āl-Adad 2
Āl-Adad-[…] 1
Āl-Adad-[…] 2
Āl-Adad-ilā'ī (?)
Āl-Adad-išmanni
Āl-Bēl-[…]
Āl-Bēl-libūr
Āl-Bēl-na'di
Āl-ērib-bīti
Āl-Iddin-Aššur (?)
Āl-ikkārāti
Āl-Mannu-lušēzib (?)
Āl-Mār-Danna-Adda
Āl-masenni
Āl-nukaribbī
Āl-Purattāja
Āl-rā'âni-ša-mār-šarri
Aliqina
Āl-sasinnī
Āl-Sîn-ēṭir
Āl-sirāšî
Āl-Ṣāṣi
Āl-Še[…]
Āl-Šī-tabni
Āl-Ubru-Nabû
Ālu-eššu 2
Ālu-ša-[…] 1
Ālu-ša-Addâ
Ālu-ša-Ani[…]
Ālu-ša-Bi-Dādi
Ālu-ša-Birtāja
Ālu-ša-Dagān-bēlu-uṣur
Ālu-ša-Emūqī
Ālu-ša-ḫābīšu
Ālu-ša-Ḫarāni (?)
Ālu-ša-Ilu-[…] (?)
Ālu-ša-Ilu-ēreš
Ālu-ša-Ilu-zarû
Ālu-ša-Kē-lamši
Ālu-ša-kubšātīšu
Ālu-ša-Kurbailāju
Ālu-ša-Lā-ḫīṭāja
Ālu-ša-Libbālāja
Ālu-ša-Libluṭāja
Ālu-ša-mar'at-šarri
Ālu-ša-Mār-bīti-erība
Ālu-ša-mār-Raḫīmi-[…]
Ālu-ša-mār-šarri
Ālu-ša-nappāḫī
Ālu-ša-Nasḫur-Bēl
Ālu-ša-pūlīšu (?)
Ālu-ša-Qurâ
Ālu-ša-rāṭāṭīšu
Ālu-ša-Ṣillāja
Ālu-ša-tamkāri
Ālu-ša-Turmiš
Ālu-ša-Zibâ
Amat-šarri-dūru-
-[…] (?)
Ammanaiâ
An[…] (?)
Apallâ
Ar[…]
Argue
Ari[…] 2
Ariru
Arkuḫi
Asiḫi 2
Asiḫ-Zabīnu
Ašihi
Aššur-aṣbat
Aššur-nīrka-uṣur
Atuka
Azamâ
Azubiti
Ba[…] 2
Badāni 2

Ilanasa (?)
Illatu
Illi[...]
Ināja
Inimat (?)
Irmeriti (?)
Irmuna
Is[...]
Ismeani
Iṣ[...]
Iṣunâ
Išgiria (?)
Itâ
Izkê
Izza[...]
Ja[...] 3
Jaḫu[...]
Kadišḫi
Kalše
Kapānu
Kapar-[...] 1
Kapar-[...] 2
Kapar-[...] 5
Kapar-[...] 6
Kapar-[...] 7
Kapar-[...] 8
Kapar-[...] 9
Kapar-[...] 10
Kapar-[...] 11
Kapar-[...] 12
Kapar-[...] 13
Kapar-[...] 14
Kapar-[...] 15
Kapar-[...] 16
Kapar-[...] 17
Kapar-[...] 18
Kapar-[...] 19
Kapar-[...] 20
Kapar-[...]āja (?)
Kapar-[...]du
Kapar-[...]duni
Kapar-[...]-ili
Kapar-[...]ḫa
Kapar-[...]ute
Kapar-Abu-[...]
Kapar-Adallal
Kapar-Adda-bi'di
Kapar-Aḫi-iaqar
Kapar-Aḫu-bani
Kapar-Aḫu-lāmur
Kapar-Aḫūni
Kapar-Akaru
Kapar-Akkulāni
Kapar-ālāni
Kapar-am[...]
Kapar-Amdānu
Kapar-'Anâ
Kapar-Andarāni
Kapar-āpiāni
Kapar-Armāja
Kapar-Arrizu
Kapar-Aššur-ilā'ī
Kapar-Azḫula
Kapar-Bābî (?)
Kapar-Bābû
Kapar-Baḫāja
Kapar-Bāni-aḫḫē
Kapar-Bēl-abū'a
Kapar-Bēl-aḫḫē
Kapar-Bir-[...]
Kapar-Bir-Ḫanūni
Kapar-Bisê
Kapar-Bīt-balāṭi
Kapar-Bīt-sasanâ
Kapar-Būdāja
Kapar-Dakanâ
Kapar-Dannāja 1
Kapar-Dannāja 2
Kapar-Dannāja 3
Kapar-gis[...] (?)
Kapar-Gurrabâ
Kapar-ḫa[...]
Kapar-Ḫanê
Kapar-ikkāri
Kapar-ili
Kapar-Ilit(t)i
Kapar-ilkāti
Kapar-Ilṭiši
Kapar-Ilu-bāni
Kapar-Ilumma-lē'i
Kapar-Ilu-ṣalê
Kapar-issi-ekalli (??)
Kapar-Išme-ilu
Kapar-Jaqīri
Kapar-Kaldu
Kapar-Kansi-Ištar
Kapar-Kaparu
Kapar-kaUD (?)
Kapar-Kīni
Kapar-Kuṣur
Kapar-la[...]
Kapar-Lāqê
Kapar-Lā-qēpu
Kapar-Lū-aḫḫē
Kapar-Mallaṣi
Kapar-Mannu-lū-aḫū'a
Kapar-Mār-jaba
Kapar-mār-šarri
Kapar-Maṣi-ili
Kapar-Nabû
Kapar-Nabû-nāṣir
Kapar-Nabû-šēzib
Kapar-nabû-šimanni
Kapar-Naga[...]
Kapar-Nergal
Kapar-Ni[...]
Kapar-Nūni
Kapar-Nūr-bīti
Kapar-Qajāni
Kapar-Qanâ-il

Na[…] 2
Na[…] 3
Na[…]kar (?)
Nabiḫu
Nabur
Nagba (?)
Naḫal-[…] 1
Naḫal-[…] 2
(Naḫallu-)Kusu
Naḫal-ṣarbite
Napisina
Napisu
Nār-Sîn-aḫḫē-erība
Našmedi (?)
Ni[…] 1
Ni[…]aqi (?)
Nikūa
Ni'mite
Ninnazua
Ninu
Nirgi
Nisalḫuna
Nu[…]
Nuḫu[…]
Nunak
Nura[…]
Pa[…] 1
Pa[…] 2
Paiê
Palê (?)
Pandu([…])
Pappaḫa
Parakkīšu
Piua
Qabainna
Qabrīna 1
Qaianiḫu
Qaqīni
Qassu
Qaštu
Qibīt-Aššur
Qina[…]
Qitu
Qudāru
Qurašute
Quri'
Quruba
Qurula
Qurumat
Radamena
Rame[…]
Rasa[…]
Rešāli
*Ru[…]gu
Rubu
Ruzidak
Sa[…] 3
Saga:ni
SAG-ap-LAL-rinu (?)
Sakkuana
Samānu
Sa'mê
Same[…]
Sapalāte
Saraga
Sasu[…]
Satiba[…] (?)
Sa[…]zabea
Sē'-altaru (?)
Si[…] (?)
Si[…]ḫu-nāṣir-apli
Singāra 2
Sinia
Sirara 2
Siri
Siruka
Sirumi (?)
Sueia (?)
Sukarana
Sukur (?)
Suqaḫuna
Sūru 3 (?)
Ṣabit-akšudu
Ṣibti
Ṣuṣāni
Ṣūṣi
Ša[…] 1
Ša[…] 2
Ša[…] 3
Šaba[…]
Šaburam
Šaia[…]
Šal[…]tu-da'attu
Šapadi
Ši[…] 1
Ši[…] 2
Šibara
Šima[…] (?)
Šipur
Šu[…]
Šudâ (?)
Šulmu-belāti
Šuqidate
Šuqiri
Šušāri
Šutani
Ta[…] 2
Ta[…] 3
Tagaritejāni
Tarḫê
Tarqunani
Te[…]
Ti[…] (?)
Til-[…]
Til-[…]āja
Til-Adad (?)
Til-kunāši
Til-marasiluti
Til-mašqâti (?)
Til-paḫḫāri

Til-Saḫiḫâ (?)
*Tiluli 3
Til-zae
Tīna (??)
Tu[…] 1
Tu[…] 2
Tu'i[…]
Tupḫa
Tur[…] 1
Tur[…] 2
Turmuna
*Turnû
Ṭaban 2
Ṭābtāja
Ṭuajabi
U[…]
U[…]āja
Ubu[…] (?)
Uḫira
Uilla
Ulmu (?)
Uluzu[…]
Umbi[…]
Un[…]
Uriṣṣu
Urmu (?)
Urzâ
Usia
Ustu
Za[…]
Zabanni
Zaḫê
Zaluaka
Zanbāja
*Zarānu
Zi[…]
Zidada
Zinia
Zuri (?)
Zuriḫ
Zuzāna

16. Rückläufiges Register

In diesem Register werden nur die Lemmata aufgelistet und nicht die einzelnen Graphien (z. B. Arubu, aber nicht Arabi, Aribi, Aribu usw.). Bei der alphabetischen Sortierung werden die Länge der Vokale sowie das Alif (') nicht berücksichtigt. Homonyme werden nur einmal angegeben. Fragmentarische Ortsnamen werden nur berücksichtigt, wenn nur der Anfang des Ortsnamens fehlt.

Tašuḫa
Kurzuḫā[(...)]
Dūr-Ubru-Aia
Arzabīa
Adia
Ateia
Sueia
Pišapdi'a
Elugia
^{uru}DU$_{6}$-ZÍZ.ḪI.A
*Ḫuddukia
Sarbalia
Umalia
Uallia
Pulpullia
Dania
Arqānia
Muqania
Karania
Abrania
Arṣania
Dalazania
Barzania
Ḫinḫinia
Sinia
Zinia
Elamunia
Milqia
Luqia
[...]ria
Daria
Šubria
Išgiria
Ṣupria
Dirria
Saluria
Apsia
Lapsia
Tapsia
Irsia
Usia
Lusia
[...]šia

Dūr-kuššia
[...]āja
Dūr-Li[...]aja
Kapar-[...]āja
Qar[...]aja
U[...]āja
Bīt-Šabāja
Zanbāja
Ašurdāja
Kapar-Būdāja
Igāja
Kapar-Šugāja
Kapar-Baḫāja
Ijaja
Dūr-Šarrukkāja
Kapar-Tabālāja
Ālu-ša-Libbālāja
Ḫallāja
Ālu-ša-Ṣillāja
Arlāja
Ulāja
Āl-Armāja
Kapar-Armāja
Kapar-Temanāja
Ammanajâ
Dūr-Nanāja
Ināja
Āl-Dannāja
Kapar-Dannāja
Kapar-Saḫarunāja
Ikamaraja
Bīt-Dērāja
Kār-Diglatāja
Ṭābtāja
Ālu-ša-Birtāja
Kapri-Birtāja
Āl-Purattāja
Balāṭāja
Ālu-ša-Lā-ḫīṭāja
Ālu-ša-Libluṭāja
Kapar-Quāja
Dūr-bēltīja
Izduja

Masaka
Zaluaka
Šiddi-asika
Urbakka
Urakka
Sakka
Malka
Darraska
Siruka
Sasuka
Atuka
*Zuka
Ib'ala
Jamutbala
*Maškala
Saḫlala
Usalâ
Diduala
[...]zālâ
Izalla
Ṣēlâ
Tēla
Mannu-kalla
Apallâ
Dadiualla
Arasilla
Uilla
Ubula
Ingul(a)
Kapar-Azḫula
Qurula
Maṣula
[...]zula
[...]mâ
*Li[...]gama
Azamâ
Ezāma
Tēma
[...]ḫirima
Buramma
Luamma
Dūr-ajjumma
Barma

Dumâ
[...]na
Qai[...]na
Kapar-'Anâ
Ḫidana
Sirgana
Tašliana
Alpijana
Kapar-Dakanâ
*Benana
Qana
*Tarqana
*Sukarana
Tamarana
Ḫirāna
Kapar-Bīt-sasanâ
Aḫ-Sāna
Isāna
Tursana
Ḫusana
*Sakkuana
Guzāna
Zuzāna
Radamena
Qarena
Suena
Di'bina
Naṣībīna
Ḫarbina
Aradina
Dūr-Aššur-aḫu-iddina
Šarru-iddina
[...]ḫina
[...]alaḫina
Ḫiḫiḫina
Malḫina
Arzuḫina
Zatputukina
Ḫalina
Ulina
Til-ḫalulina
Til-ulina
Rummunina

Til-ḫarrapina
Kipina
Appina
Aliqina
Diqūqīna
Banbarina
Sa'rarīna
Qabrīna
Immerina
Ḫuzīrīna
Ḫāurīna
Napisina
Tīna
Qabainna
Ḫarbisinna
Ešnunna
Barzunna
Gaurna
Bīt-šelēbuna
Arbunâ
Duna[(...)]
Aguna
Suqaḫuna
Nisalḫuna
[...]ṭuḫuna
Jalūna
Kuluna
Ḫamuna
Irmuna
Turmuna
Dannuna
Kupruna
Iṣunâ
Karbanapa
Rapâ
Šiprapa
Ḫajappa
Raṣappa
Ippa
Uppa
Šaḫuppa
Ṣuppa
Ḫudupa

Šamaš-rīqa
[...]ra
*Ḫa[...]ra
Šibara
Madara
Gidara
Gammagara
Singāra
*Samḫara
Šanḫara
Anara
Gupāra
Kirara
Sirara
Mera
Aira
[...]gira
Uḫira
Ḫarira
Zabarra
Ešarra
Šimirra
Isparirra
Biturra
Uzurra
Ura
Ālu-ša-Qurâ
Sirura
Šūra
Pitura
Mas'a
Ilanasa
Tasa
Sikibsa
Lupsa
Abbissâ
Qilissa
*Jausa
Eusa
Ḫanusa
Raṣâ
[...]ariṣa
Alu'iṣṣa

Šingiša
Aššur-iqīša
Birdanša
[...]lianša
Marḫatianša
Daiqanša
Ašša
Bušâ
Bidušâ
Janata'
Ajanatâ
Ḫinata
*Qappata
Gaduatâ
Zarzāta
*Itâ
Anditâ
Kišād-[...]-Ninurta
Kapar-Ṭāb-Ninurta
Nēmed-Tukultī-Ninurta
Kār-Tukultī-Ninurta
*Til-Ninurta
LULbasta
Ḫalēḫasta
Ḫista
Barzaništa
Ḫattâ
Babutta
Luluta
Quta
Til-raḫaua
Kapar-Bēl-abū'a
Badūa
Bidūa
Udūa
Kapar-Mannu-lū-aḫū'a
Piua
Nikūa
Kulmūa
Girmua
[...]nû'a
Ninua
Qūa
Aššur-inâr-garū'a
Piru'a
Ṣūa
Išua
Du'ūa
Ninnazua
Bitzua
Bāza
*[...]mezâ
[...]siza
Penzâ
Urzâ
Pa'uza
[...]ab
Kapar-Nabû-šēzib
Āl-Mannu-lušēzib
[...]-Adad
Āl-Adad
Til-Adad
Kār-Apladad
Āl-Dajjān-Adad
Kār-Adad
Ṣābū-Adad
EN-PAD
Kapar-kaUD
Āmiršu-liglud
Til-zae
Gabê
(GubBAD) Gubbe
Ḫarbê
Padê
Qadê
Ḫamedê
Qurdê
Jaḫudê
Zaḫê
Kapar-Bāni-aḫḫē
Kapar-Bēl-aḫḫē
Kapar-Lū-aḫḫē
Ḫašiniḫê
Tarḫê
Paiê
Ilgie

Aḫrijê
Izkê
Alê
Limalê
Palê
Kapar-Ilu-ṣalê
Tillê
Šašlê
Ḫalulê
Sa'amê
Dame
Ḫamê
Ḫasame
Radme
Gilgimê
Salammê
Si'immê
Raḫimme
Āl-Abi-ḫimme
Šabarme
Karmê
Urume
Jasume
Kapar-Ḫanê
Mardijānê
Kunanê
Tanê
Elmunaqinnê
Qarnê
Sunê
Bīt-Ḫalupê
Lāqê
Kapar-Lāqê
Māt-Rab-šāqê
Kapar-šāqê
Marê
Sarê
Ispallurê
Bazrê
Ubasê
Kapar-Bisê
Gadisê
[...]issê

Gabaṣê
[...]še
Luqa*še*
Kubanaše
Kakkabnaše
Benuḫše
Kalše
Urmuše
A[...]te
[...]ša'ate
Maza[...]ate
Qubbāte
Ṣibāte
Arbate
Ḫarbāte
Šuqidate
Nampagāte
Nagiāte
Tastiāte
Til-raḫajāte
Ḫatajāte
Sapalāte
Abilāte
Ekallāte
Kamanāte
Mallanāte
Gannanāte
Dūr-atānāte
Dunnāte
Bīt-eleppāte
Kapar-diqārāte
Ištarāte
Būrāte
Paṣate
Ariauāte
Ḫanduāte
Gab'ete
Ṣibte
Ṭābēte
Kailete
Makurrete
Gurēte
Gabšuete

Kapar-Qiluḫte
Pabite
Tabite
Naḫal-ṣarbite
Ḫurubite
[...]lite
Ni'mite
Kār-Banīte
Mašqīte
Kabsite
Abisite
Lurisite
Enzite
Amante
Burukutunte
Birte
Abattê
Ḫatte
Supūri-eddette
Dūr-tālitte
Kapar-[...]ute
Mê-ṭābūte
[...]ḫūte
Parute
Qurašute
Argue
Tu'e
Mezê
Bīt-Zīzê
Kalgurig
Babsaḫ
Matuḫanzaḫ
Ebiḫ
Zuriḫ
Jada'î
Ḫaiai
*Kapar-Šumma-ilā'ī
Āl-Adad-ilā'ī
Dūr-Bēl-ilā'ī
Kapar-Aššur-ilā'ī
Bīt-Abu-ilā'ī
Sai
*Kapar-Bābî

Ampiḫābi
Ṭuajabi
Āl-nukaribbī
Inagibi
Kukibi
Ālu-ša-qāribi
Eribi
Auibi
Kapar-Zumbi
Āl-Bēl-iqbi
Mubi
Qurubi
Adî
Ālu-ša-Bi-Dādi
Jadi'
Āl-Bēl-na'di
Šapadi
Til-kišādi
Zaddi
Dūr-Samēdi
Našmedi
Āl-Maḫdî
Kapar-Adda-bi'di
Ibādidi
Aridi
Qarti-Ḫaldi
Andi
Kapar-Urdî
[...]dudi
Tamudi
Erudi
Kapar-Ilumma-lē'i
Bīt-Aššur-lē'i
Bīt-sangî
Nirgi
Uštalaḫi
Ālu-ša-nappāḫī
Ḫarbat-Raḫî
Til-ša-turāḫi
*Ḫazaḫi
[...]biḫi
[...]zuliḫi
Napiḫi

Kapar-Qarīḫi
Asiḫi
Masiḫi
Latiḫi
Kadišḫi
Akuḫî
Arkuḫi
Katmuḫi
Ti'i
Kibaki
Elammaki
Piḫattiḫurunpiki
Dariki
Dūr-pariki
Arbakki
Bambuki
Kapri-[(...)]-ša-rab-āli
Jamutbali
Magdali
Libbi-āli
Marriti-ša-šākin-Libbi-āli
Galali
Rešāli
Ibli
Muḫḫi-naḫli
Kapar-[...]-ili
Kapar-Sa'īli
Bīt-Sa'īli
Ḫudubili
[...]ḫili
Kapar-ili
Kapar-Maṣi-ili
Kinnili
Bīt-ili
Kapar-Zizānu-ilī
Allî
Patti-ḫegalli
Bābelat-ḫegalli
Kapar-sēgalli
Aššur-nāsiḫ-gallî
Kapar-issi-ekalli
Kapar-sukkalli
Buralli
Urulli
Diuiapli
[...]ma'-nāṣir-apli
Kār-Aššur-nāṣir-apli
Si[...]ḫu-nāṣir-apli
Kutli
Anduli
[...]ḫuli
Ḫulî
Ḫalulî
Tiluli
Kutuli
Rami
Erimi
Sirumi
Nī'
Kapar-[...]ni
[...]ani
Qarat-baqa'āni
Arnabāni
Naqarabāni
Aqarbāni
Kapar-Aḫu-bani
Kapar-Ilu-bāni
Adani
Amadani
Radāni
Til-ša-Zabdāni
Zadidāni
Piqdani
Ismeani
Sagāni
Ḫāni
[...]ḫāni
Mal[...]ḫāni
Bīt-Baḫiāni
Āl-āpiāni
Kapar-āpiāni
Kapar-Qajāni
Tajani
Tagaritejāni
Āl-ašlākāni
Sikāni

Qerebti-ālāni
Kapar-ālāni
Kapar-Akkulāni
Qamani
Bīt-Zamāni
Salimani
Marsīmani
Qumanî
Ḫazmāni
Dannāni
Da'unāni
Tarqunani
Qipāni
Sasiqani
[...]rāni
Kapar-Andarāni
Ālu-ša-Ḫarāni
Āl-paḫḫārāni
Sūru-Nūrāni
Qurani
Kapar-Usāni
Āl-sūsāni
Ṣuṣāni
Bīt-ṣuṣānī
[...]šanî
Ālu-ša-rēšāni
Til-ša-Abtāni
Kapar-tartāni
Pīḫat-Bīt-turtāni
Mattani
Kapar-Utani
Šutani
Ga'uani
[...]kuāni
Ḫazāni
Mazani
Til-zanî
Āl-Šī-tabni
Bīt-Sîn-ibni
Temeni
Rēš-ēni
Abat-šarri-lā-tenni
Abat-Aššur-lā-tenni

Aḫni
Sina'ini
*Ālu-ša-Zabīni
Bīt-ḫardini
Meḫinî
Ilḫini
Kapar-Kīni
Til-līni
Bīt-Binini
[...]qini
Qaqīni
Ḫirini
Zabanni
Kurru[ḫa(n)ni]
Mutianni
Šadikanni
Kapar-Nabû-šimanni
Āl-Adad-išmanni
Āl-masenni
Māt-Masenni
Āl-sasinnī
Dunni
Kapri-ša-Ḫunnî
Buni
Ṭunibuni
Kapar-[...]duni
Daduni
Kapar-Aḫūni
Ḫimuni
Kapar-Bir-Ḫanūni
Tinunî
Kapar-Nūni
Appūni
Ḫilapi
Urzunapi
Āl-ṣarrāpī
Bīt-Ḫurāpî
Lā-iplaḫ-māssu-iḫpi
Kipkipi
Mempi
[...]appi
Kuppi
[...]luppi

[...]ispi
Kašpi
Upî
Ni[...]aqi
Kapar-Ṣidqī
Kapar-Qiqî
Bāb-bitqi
Ālu-ša-Emūqī
Buruqi
[...]ri
Kapar-Tapḫa-ari
Til-bāri
Ḫalzi-atbāri
Adari
Kapar-Sangari
Til-paḫḫāri
Ḫarbat-niāri
Kapar-ikkāri
Ālu-ša-tamkāri
Āl-rādi-imāri
Kapri-ša-muḫḫi-nāri
Ekal-pî-nāri
Bir-nāri
Kār-Adad-nērārī
Dūr-Adad-nērārī
Šušāri
Iššabri
Kullimeri
Bīt-šaššeri
Bīt-erî
Daḫri
Meḫri
Bīt-Ḫa'iri
Na'iri
Sairi
(Kapri...BAD) Kapri-labīri
Ḫazabiri
Bīt-Jaḫiri
Til-naḫīri
Mušakšid-nakirī
Sikiri
Kapar-Jaqīri
Šuqiri

Mariri
Siri
Kisiri
Išḫupri
Til-kurgarrî
Baqarri
Maḫri-gārê-šarri
Nēmetti-šarri
Ālu-ša-mār-šarri
Āl-rā'âni-ša-mār-šarri
Kapar-mār-šarri
Kapar-šarri
Būr-šarri
Ālu-ša-mar'at-šarri
Irri
Muṣri
Bāb-būri
Zaduri
Janibir-ṣuḫuri
Satkuri
Gabmuri
Ḫanūri
Kār-nūri
Quri'
Barūri
Ḫansūri
Šūri
Birtūri
Zuri
[...]asi
Šaḫarasi'
Kirmesi
Kulisi
Ālum-riksi
[...]samsi
Kār-Mullissi
Bīt-ḫijaṣi[(...)]
Āl-Ṣāṣi
Tarbiṣi
Maganiṣi
Būṣi
Ṣūṣi
Aṣūṣi

[...]ši
Āl-sirāšî
Nilibši
Patti-nuḫši
Kapar-Ilṭiši
Ālu-ša-Kē-lamši
Ḫininši
Šānini-aj-irši
Kapar-Šašši
Diati
Nabajāti
Asajāti
Kapar-ilkāti
Dūr-balāṭi
Kapar-Bīt-balāṭi
Šulmu-belāti
Īnāti
Ḫappati
Ḫanqāti
Til-mašqâti
Āl-ikkārāti
DIbirāti
Šulmu-birāti
Sur-marrāti
Kār-bēl-mātāti
Isītāti
[...]kabti
Ṣibti
Dimmeti
Dajašeti
Kapar-rēšēti
Bariḫti
Ḫadabiti
Āl-ērib-bīti
Kapar-Nūr-bīti
Azubiti
Saniti
Dūr-Anunīti
Irmeriti
Šiddi-ḫirīti
Masiti
Tebilti
Kapar-Ilit(t)i

Amlatti
Kapar-rabûti
Bīt-rēdûti
Bīt-kutî
Til-marasiluti
Kapar-Rēmūti
Ṣabnūti
Paḫnuti
Kapar-Zārūtî
Til-sūti
Kār-balāṭi
Pinṭiṭi
Lītir-aj-imṭi
Sa[...]zi
Ḫalzi
Bāzi
Pilazi
Tazi'
Ardīzi
Kapar-Zīzî
Alzi
Enzi
Ruzidak
Nunak
Bīt-Marduk
Dūr-Marduk
Bīt-Marduk
Gāgal
Kapar-Nergal
Taḫāl
Dūr-Papsukkal
Kapar-Adallal
Nal
Diulla-ana-Nal
Uaštal
Kapar-Ṭāb-Bēl
Ḫarbat-Ilā'ī-Bēl
Kapar-Ṣil-Bēl
Ālu-ša-Nasḫur-Bēl
Arbail
Idiba'il
Kurbail
Kapar-Qanâ-il

Anî-il
Dūr-Enlil
Imgur-Enlil
(DunābuBE) Dunābu-Enlil
Sissil
Šišil
Sumu'il
Kapar-Sumu'il
Gulgul
Bulul
Šeliḫiram
Šaburam
Tirḫim
Burralim
Pilaḫma-mātka-šallim
Galgulim
Burrim
Ugār-sallum
Šarum
Ṭaban
Zabban
Mannu-dān
Bīt-Dagan
Tušḫan
Adian
Makan
Eḫiman
Ḫalman
Jalman
Arman
Aššur-mannu-išannan
*Badiadin
Dalājin
[...]kin
Dūr-Šarrukīn
Kār-Sîn
Medun
Nirdun
Danziun
Dikun
Ṣābissu-likūn
Patiškun
Atkun

Ṣabat-lū-kūn
Tilmun
Sarun
Barzaništun
Manṭun
Na[...]kar
Ḫašmar
Kapar-Aḫi-iaqar
Nēmed-Ištar
Kapar-Kansi-Ištar
Āl-Ištar
Īn-Ištar
Kār-Ištar
Dūr-Ištar
Til-ḫauar
Kapar-Ter
Aššur-māssu-utēr
Būru-Wēr
Ālum-labīr
Datēbir
Šamaš-nāṣir
Kār-Šamaš-nāṣir
Kapar-Nabû-nāṣir
Āl-Sîn-ēṭir
Āl-Aššur-ēṭir
Ḫābūr
Nabur
Āl-Bēl-libūr
Kāšissu-lilbur
Sikur
Sukur
Kapar-Aḫu-lāmur
Ḫašimur
Nipur
Šipur
Ḫusur
Kapar-Kuṣur
Aššur-nīrka-uṣur
Ālu-ša-Dagān-bēlu-uṣur
Dūr-Bēl-Ḫarrān-bēlu-uṣur
Muṣur
Aššur
Kapri-Qurdi-Aššur

Lilbur-munīḫ-libbi-Aššur
[...]ni-Aššur
Ālu-ša-Šallimanni-Aššur
[...]ti-Aššur
Nēbarti-Aššur
Limmer-iššak-Aššur
Āl-Iddin-Aššur
Mannu-šānin-Aššur
Ša-emūq-Aššur
Kār-Aššur
Dūr-Aššur
Māt-Aššur
Qibīt-Aššur
Ḫazur
Tas
Mušēzib-Šamaš
Kār-Šamaš
Kapar-Šamaš
Dūr-Šamaš
Bīt-Šamaš
Ammaš
Karaš
[...]meš
Dūr-Nergal-ēreš
Ālu-ša-Ilu-ēreš
Talbiš
Ḫarmiš
Ālu-ša-Turmiš
Šibḫiniš
Gingiliniš
Aššur-nīrka-rappiš
Aššur-nīršu-urappiš
Aššur-māssu-urappiš
Ḫalḫalauš
Uluruš
(GubBAD) Gubbat
Ḫanigalbat
Aššur-aṣbat
Kaḫat
Eziat
Diglat
Ilqi-amat
Inimat

Qurumat
Anat
Inabir-Manāt
Tanat
Subnat
Turnat
Mê-Turnat
Qirbit
Qablit
Ḫumut
[...]au
*Ba'û
Ḫāu
Dāri-abu
Kapar-Bābû
Kinabu
Sinabu
Kapar-Nabû
Dūr-Nabû
Āl-Ubru-Nabû
Qatabu'
Šabbu
Qubbu
*Irbû
Nirbu
*Nuḫubu
Punubu
Rubu
Arubu
Jasubu
Kapar-[...]du
Ḫaradu
Lubdu
Jasaddu
Amēdu
Gumedu
Idu
*Līdu
Ḫaṣidu
Tīdu
Kapar-Kaldu
*Udu
*Abdudu

Šūdu
Ṣabit-akšudu
*Darigu
Dargu
Bugu
Šanugû
*Ru[...]gu
*Zamaḫu
Naḫu
Ruqāḫu
Ḫabḫu
Ḫalaḫḫu
Nabiḫu
Balīḫu
Qaianiḫu
Marriti-ša-šakin-Kalḫu
Turḫu
Ušḫu
Natḫû
Sūḫu
Bīt-Gabiu
Ālu-ša-Kurbailāju
Samaku
Ašnaku
Saraku
Māliku
Nasikku
Zikkû
Ukku
Dūr-Šarrukku
Apku
Musku
Magdalu
Taḫāl(u)
Zāba elû
Bīt-Rība-ilu
Sailu
Kapar-Išme-ilu
Kapar-Rēmanni-ilu
Rebīt-Rēmanni-ilu
Iḫilu
Luddin-ilu
*Jasubigallu

Maqallu
Ḫatallu
Tillu
Zāba šaplû
Nabulu
Sulu
*Niramu
Ḫasamu
Šalimu
Ḫanimu
Šīmu
Ulmu
Dūr-katlimmu
Ḫirimmu
Kummu
Urmu
*Mumu
Uppumu
Ḫurumu
[...]nu
[...]anu
[...]banu
Zinbanu
Badānu
Radānu
Namdānu
Kapar-Amdānu
Ḫindānu
Agganu
Anganu
Jaḫānu
Ḫaldiānu
Sardurianu
*Bulijanu
Kankānu
Magalānu
Salilānu
Mallānu
Kapar-Saqamānu
Samānu
Asamānu
Kār-Salmānu
Adumānu

Kapānu
Sapānu
Arānu
Jarānu
Zarānu
Meḫrānu
Diḫrānu
Ḫirānu
Alinzirānu
Ḫarrānu
Gilsanu
Ṣa'nu
Bašānu
Ḫašānu
'Akuānu
*Ḫinzānu
Gamuzānu
Padnu
Enu
Suḫnu
Ḫabīnu
Asiḫ-Zabīnu
Amadīnu
Ṣaidinu
Kukkinu
Ninu
Ṣiamaninu
Tarninu
Arinu
SAG-ap-LAL-rinu
Ṣi'nu
Kannu'
Bīt-Ramannu
*Temannu
Sinnu
Bunnu([...])
Kunnu
Ušurnu
*Turnû
Matnu
Qatnu
Unu
*Timbu'nu

Birdunu
Aggunu
Argūnu
Kūkunu
Kullunu
Diḫnunu
Tamnūnu
Sumurunu
Gulsunu
*Kipšūnu
Dušunu
[...]pû
Kapar-Lā-qēpu
*Kasappu
Dunuequ
Rapiqu
Zaqqu
Sirqu
*Šubarû
Qudāru
Kadišḫaru
Kāšiāru
Kapar-Akaru
*Ḫamāru
Kapar-Kaparu
Sē'-altaru
*Tartāru
Ša-Aššur-tāru
Ālu-ša-Ilu-zarû
Qidru
Dēru
Udēru
Ilimmeru
*Labīru
Bīt-Urbiru
Laḫīru
Saḫiru
Pīru
*Naq(i)ru
*Ariru
Puširu
Kapar-Šumma-šarru
Bitirru

Gurru
*Tumurru
Dūru
Rūru
Qururu
Sūru
Bisuru
Šūru
[...]su
Ḫandasu
Argasu
Maliasû
Tasu
Mēsu
Ḫaldisu
Merḫisu
Napisu
Magarisu
Parisu
Paturisu
Qassu
Sassu
Mannu-lišissu
Uriṣṣu
Kūsu
(Naḫallu-)Kusu
Damdammusu
*Bususu
Nār-Ilabbiašu
[...]dilašu
[...]garēšu
Šabirēšu
Ḫabatešu
Ālu-ša-ḫābīšu
Parakkīšu
Ālu-ša-pūlīšu
Šappārīšu
Šipir-šulmi-amat-šarrīšu
Mukīn-palê-kussīšu
Ālu-ša-kubšātīšu
Ālu-ša-rāṭāṭīšu
[...]anšu
Luqadanšu

Kunuš-lā-kanšū
[...]esanšu
Ququsanšu
[...]tanšu
Elizanšu
Rapšu
Kipšu
Kapri-eššu
Ālu-eššu
Šariššu
[...]tu
Ilpi'atu
Matiātu
*Barikatu
*Illatu
Amātu
Raqamātu
Samatu
Adummatu
Burunatu
Ḫararatu
Kapar-Tatû
Mariametu
Ḫasmetu
Issētu
Ītu
Qitu
[...]ritu
*Maškaritu
Pišaptu
Subartu
Birtu
[...]nistu
Ustu
Qaštu
Šal[...]tu-da'attu
Purattu
Išittu
Šijāutu
[...]butu
*Niḫutu
Zapputu[(...)]
Paqutu

Ḫarutu
Sabirutu
Aḫusutu
Jaru'u
Itu'u
Bāzu
Ḫazû
Ḫarlazu

[…]tuarizu
Kapar-Arrizu
Barḫalzu
Kalzu
Madaranzu
Benzu
Barbaz

Anhang 1: Konkordanz zu Tiglatpilesers Königsinschriften

In der ersten Spalte werden die in RGTC 7 verwendeten Sigel (nach Tadmor [1994]) aufgelistet, während die zweite Spalte die Sigel nach RINAP 1 wiedergibt.

RGTC 7	**RINAP 1**
Tigl Ann, 1	RINAP 1, 108.1
Tigl Ann, 2	RINAP 1, 108.26
Tigl Ann, 3	RINAP 1, 108.27
Tigl Ann, 4	RINAP 1, 108.28
Tigl Ann, 5	RINAP 1, 108.18
Tigl Ann, 6	RINAP 1, 108.19
Tigl Ann, 7	RINAP 1, 108.23
Tigl Ann, 8	RINAP 1, 108.24
Tigl Ann, 9	RINAP 1, 108.5
Tigl Ann, 10	RINAP 1, 108.6
Tigl Ann, 11	RINAP 1, 108.7
Tigl Ann, 12	RINAP 1, 108.8
Tigl Ann, 13	RINAP 1, 108.14
Tigl Ann, 14	RINAP 1, 108.15
Tigl Ann, 15	RINAP 1, 108.16
Tigl Ann, 16	RINAP 1, 108.17
Tigl Ann, 17	RINAP 1, 108.9
Tigl Ann, 18	RINAP 1, 108.22
Tigl Ann, 19	RINAP 1, 108.13
Tigl Ann, 20	RINAP 1, 108.10
Tigl Ann, 23	RINAP 1, 108.20
Tigl Ann, 26	RINAP 1, 108.61
Tigl Ann, 27	RINAP 1, 108.32
Tigl Ann, 28	RINAP 1, 108.25
Tigl M 1.1	RINAP 1, 108.53
Tigl M 1.2	RINAP 1, 108.54
Tigl M 2.1	RINAP 1, 108.55
Tigl M 2.2	RINAP 1, 108.55
Tigl M 2.3	RINAP 1, 108.57
Tigl M 3.1	RINAP 1, 108.58
Tigl M 3.2	RINAP 1, 108.59
Tigl M 4.1	RINAP 1, 108.61
Tigl M 4.2	RINAP 1, 108.63
Tigl M 5	RINAP 1, 108.64

Tigl RR (Mila Mergi)	RINAP 1, 108.37
Tigl Summ 1	RINAP 1, 108.39
Tigl Summ 2	RINAP 1, 108.40
Tigl Summ 3	RINAP 1, 108.41
Tigl Summ 4	RINAP 1, 108.42
Tigl Summ 5	RINAP 1, 108.43
Tigl Summ 6	RINAP 1, 108.46
Tigl Summ 7	RINAP 1, 108.47
Tigl Summ 8	RINAP 1, 108.48
Tigl Summ 9	RINAP 1, 108.49
Tigl Summ 11	RINAP 1, 108.51
Tigl Summ 12	RINAP 1, 108.52
Tigl Summ 13	RINAP 1, 108.44
Tigl Summ 14	RINAP 1, 108.45
Tigl Stele, i A	RINAP 1, 108.35, i, 1–38
Tigl Stele, i B	RINAP 1, 108.35, i, 1’–43’
Tigl Stele, ii B	RINAP 1, 108.35, ii, 1’–44’
Tigl Stele, iii A	RINAP 1, 108.35, iii, 1–36
Tigl Stele, iii B	RINAP 1, 108.35, iii, 1’–10’

Anhang 2: Konkordanz zu Sanheribs Königsinschriften

In der ersten Spalte werden die in RGTC 7/1 verwendeten Sigel aufgelistet, während die zweite Spalte die Sigel nach RINAP 3 wiedergibt.

RGTC 7/1	RINAP 3
3R, 12f. (T 29)	RINAP 3/2, 111.46
A 16934 (T 4 NNN)	RINAP 3/1, 111.4 (Ex. 66)
A 16919 (T 10/T11 KK)	RINAP 3/1, 111.16 (Ex. 13)
A 16920 (T 11/T12 bB)	RINAP 3/1, 111.16 (Ex. 26)
A 16933 (T 4 MMM)	RINAP 3/1, 111.4 (Ex. 33)
A 35257 (T 10 O)	RINAP 3/1, 111.15 (Ex. 8)
AfO 20, 83ff. (T 128)	RINAP 3/2, 111.230
Arch. 79, 135, Nr. 122 M (T 37)	RINAP 3/2, 111.49
Arch. 79, 135, Nr. 122 N (T 37)	RINAP 3/2, 111.49
ARRIM 5, Nr. 46 (T 85)	RINAP 3/2, 111.111
ARRIM 5, Nr. 54 (T 87)	RINAP 3/2, 111.113
ARRIM 5, Nr. 56 (T 88)	RINAP 3/2, 111.114
ARRIM 5, Nr. 60 (T 86)	RINAP 3/2, 111.112
ARRIM 5, Nr. 71 (T 89)	RINAP 3/2, 111.115
ARRIM 6, 9, Löwe Nr. 2 (T 36)	RINAP 3/2, 111.40
BASOR 214 (Frahm [1997] 229–232)	RINAP 3/2, 111.1015
Bav. (T 122)	RINAP 3/2, 111.223
Bell. (T 3)	RINAP 3/1, 111.3
BS, Taf, 6f. (T 33)	RINAP 3/2, 111.39 (Ex. 1)
BS, Taf, 8 (T 34)	RINAP 3/2, 111.44 (Ex. 1)
Chic. (T 16)	RINAP 3/1, 111.22
CT 26 (T 12)	RINAP 3/1, 111.17
CT 26, 39 (T 177)	RINAP 3/2, 111.151
First camp. (T 1)	RINAP 3/1, 111.1
Frahm Sanherib, 88 (Pushkin)	RINAP 3/1, 111.17 (Ex. 1)
Frahm Sanherib, 130ff. (T 62)	RINAP 3/1, 111.35
Frahm Sanherib, 201 (T 172)	RINAP 3/2, 111.142
ICC 51f. (T 25)	RINAP 3/2, 111.42
ICC 61f. (T25)	RINAP 3/2, 111.42
Iraq 7, 89ff. (T 13)	RINAP 3/1, 111.18
Iraq 7 94f (T 19)	RINAP 3/1, 111.26
Jer (T 17)	RINAP 3/1, 111.23
Judi Dagh (T116–121)	RINAP 3/1, 111.222
Nebi Yunus (T 61)	RINAP 3/1, 111.34

OIP 2, 76ff (T 27)	RINAP 3/2, 111.44
OIP 2, 119–121 (T 30 Bull. Nr. 1)	RINAP 3/2, 111.43
OIP 2, 121–125 (T 30 Bull. Nr. 2)	RINAP 3/2, 111.43
OIP 2, 135ff. (T 139)	RINAP 3/2, 111.168
OIP 2, 156, 19 (T 175)	RINAP 3/2, 111.149
Rass. (T 4)	RINAP 3/1, 111.4
RlV 6, Taf. 61b (T 28)	RINAP 3/1, 111.44 (Ex. 3)
Russell Palace, 276, door p (T 72)	RINAP 3/2, 111.51
Russell (1999) 287, xxxvii, 12 (T 50)	RINAP 3/2, 111.66
Russell (1999) 290 Nr. 1 (T 55)	RINAP 3/2, 111.76
Russell (1999) 290 Nr. 2	RINAP 3/2, 111.75
Sm 2093 (T 15)	RINAP 3/1, 111.20
Taylor (T 16)	RINAP 3/1, 111.22
T10(/T11) Baub.	RINAP 3/1, 111.15
(T10/)T11) Baub.	RINAP 3/1, 111.16
T 170	RINAP 3/2, 111.138

Anhang 3: Konkordanz zu Asarhaddons Königsinschriften (RGTC 7/1)

In der ersten Spalte werden die in RGTC 7/1 verwendeten Sigel aufgelistet, während die zweite Spalte die Sigel nach RINAP 4 wiedergibt.

RGTC 7/1	RINAP 4
A 16925 (4° Heft, 220)	RINAP 4, 112.1 (Ex. 19)
Borger Ash, AsBb A2	RINAP 4, 112.48
Borger Ash, AsBbE	RINAP 4, 112.60
Borger Ash, Ass A1c	RINAP 4, 112.57 (Ex. 1)
Borger Ash, Ass Ax	RINAP 4, 112.57 (Ex. 2)
Borger Ash, Ass D	RINAP 4, 112.70 u. 71
Borger Ash, Bab A	RINAP 4, 112.104
Borger Ash, Bab C	RINAP 4, 112.105
Borger Ash, Frt A	RINAP 4, 112.30
Borger Ash, Frt B	RINAP 4, 112.31
Borger Ash, Frt D+	RINAP 4, 112.40
Borger Ash, Frt F	RINAP 4, 112.34
Borger Ash, Frt G	RINAP 4, 112.36
Borger Ash, Gbr II	RINAP 4, 112.33
Borger Ash, Klh A1	RINAP 4, 112.77 (Ex. 2)
Borger Ash, Klh A2	RINAP 4, 112.77 (Ex. 4)
Borger Ash, Klh A3	RINAP 4, 112.77 (Ex. 3)
Borger Ash, Mnm B	RINAP 4, 112.97
Borger Ash, Mnm C	RINAP 4, 112.103
Borger Ash, Nin A1	RINAP 4, 112.1 (Ex. 1)
Borger Ash, Nin A2	RINAP 4, 112.1 (Ex. 2)
Borger Ash, Nin A3	RINAP 4, 112.1 (Ex. 3)
Borger Ash, Nin A5	RINAP 4, 112.1 (Ex. 5)
Borger Ash, Nin A6+	RINAP 4, 112.1 (Ex. 6)
Borger Ash, Nin A6b	RINAP 4, 112.1 (Ex. 6)
Borger Ash, Nin A8	RINAP 4, 112.1 (Ex. 8)
Borger Ash, Nin A11	RINAP 4, 112.1 (Ex. 2)
Borger Ash, Nin A15	RINAP 4, 112.1 (Ex. 15)
Borger Ash, Nin A16	RINAP 4, 112.1 (Ex. 6)
Borger Ash, Nin A17	RINAP 4, 112.1 (Ex. 6)
Borger Ash, Nin A18	RINAP 4, 112.1 (Ex. 6)
Borger Ash, Nin B1	RINAP 4, 112.2 (Ex. 2)
Borger Ash, Nin B3	RINAP 4, 112.2 (Ex. 4)
Borger Ash, Nin C	RINAP 4, 112.3

Borger Ash, Nin D	RINAP 4, 112.6
Borger Ash, Nin F	RINAP 4, 112.5
Borger Ash, Trb A	RINAP 4, 112.93
Iraq 26, Taf. 27 (ND 5404A)	RINAP 4, 112.79
Sumer 12, 10ff.	RINAP 4, 112.2 (Ex. 1)

Im Anschluss:

Karte „Ägypten in den neuassyrischen Texten“

Karte „Assyrien und benachbarte Gebiete“

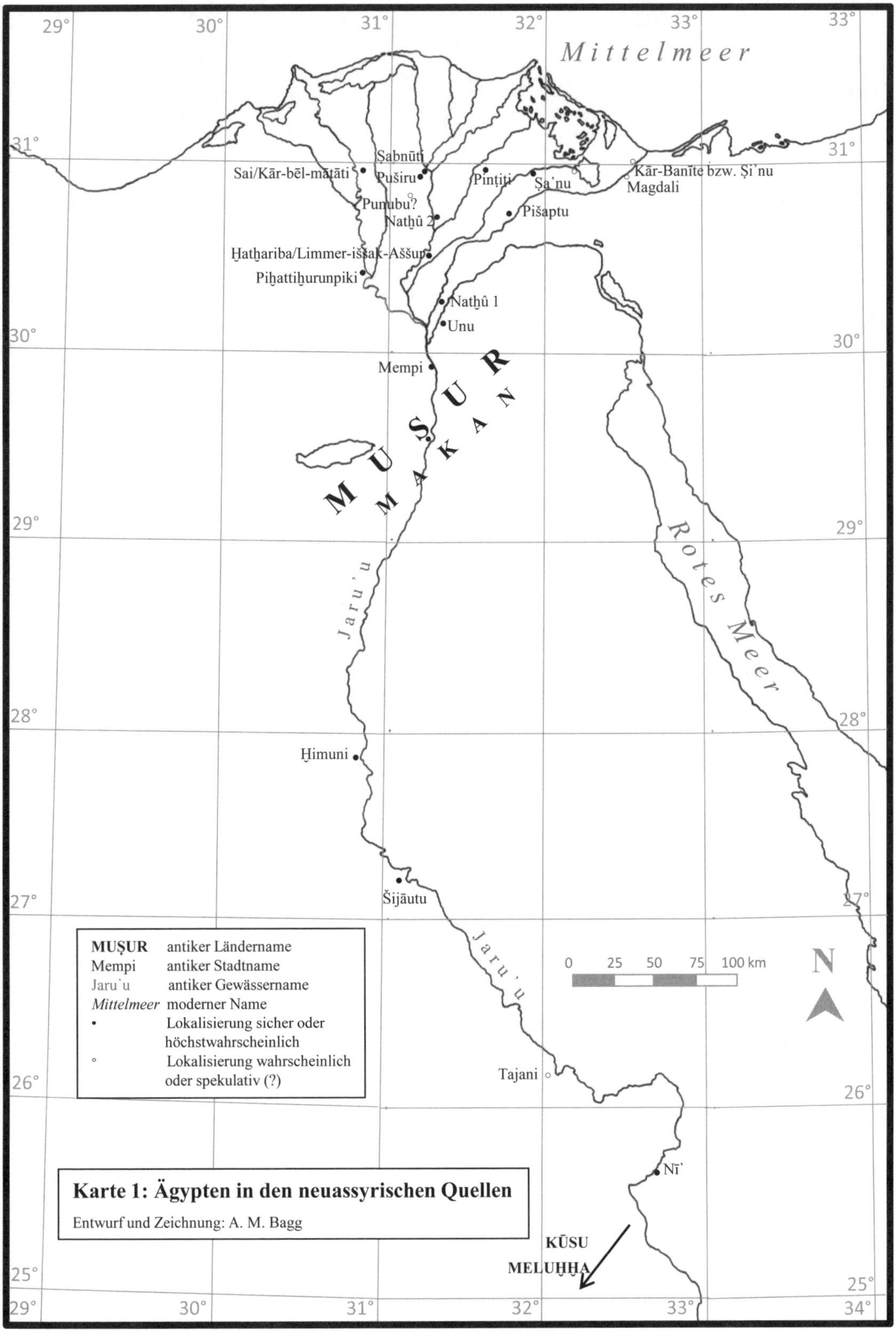

Karte 1: Ägypten in den neuassyrischen Quellen

Entwurf und Zeichnung: A. M. Bagg